炼油核心装置大作业系列丛书

硫黄回收专家培训班大作业选集

（第一期）

赵日峰　主编

中国石化出版社

内 容 提 要

本书精选自中国石化股份公司炼油事业部组织的硫黄回收专家培训班5名优秀学员的大作业，涵盖了5套不同的硫黄回收装置，涉及装置概况、标定报告、工艺计算及分析等方面的内容。大作业是这些学员经过较为系统的专业理论培训后返回工作岗位完成的，历经专家指导、教师批改和学员答辩。

本书内容详实、实用性强，是一本很好的硫黄回收装置工艺计算范例和数据集。可供炼油行业的技术人员、设计人员和管理工作者参考使用。

图书在版编目(CIP)数据

硫黄回收专家培训班大作业选集．第一期／赵日峰主编．—北京：中国石化出版社，2019.9
(炼油核心装置大作业系列丛书)
ISBN 978-7-5114-1984-2

Ⅰ.①硫… Ⅱ.①赵… Ⅲ.①硫黄回收-文集 Ⅳ.①TE644-53

中国版本图书馆CIP数据核字(2019)第212186号

中国石化出版社出版发行

地址：北京市东城区安定门外大街58号
邮编：100011　电话：(010)57512500
发行部电话：(010)57512575
http://www.sinopec-press.com
E-mail：press@sinopec.com
北京富泰印刷有限责任公司印刷

*

787×1092毫米 16开本 42.75印张 1086千字
2019年11月第1版　2019年11月第1次印刷
定价：198.00元

《硫黄回收专家培训班大作业选集》

编 委 会

序

我在分管炼油化工业务时，常常思考为什么相同的炼油装置，不同的企业效益差距有时那么大？我们有些同志是管理专家，有些是技术专家，而真正能把企业效益充分发挥出来的应该是技术专家加管理专家。对技术认知的深度决定了企业的未来前途，而我们有的管理专家在技术认知深度方面欠缺一点，所以虽然他们也能够使企业出效益，但是不会太高。能否将管理专家再培养成技术专家？我发现这种培养路径难度很大，反而将技术专家再培养成管理专家相对容易一些。也就是说，在技术认知深度方面从点扩展到面相对容易，而从面开始到点再达到一定深度是很难的。在这样的情况之下，我就考虑如何从中国石化中青年技术人才中来培养装置专家，提高他们对技术认知的深度，形成科学的思维方式，再逐步培养成为技术专家加管理专家。

在这方面我本人有很深的体会，我在扬子石化工作了 20 年，其间在车间工作 8 年。当时我所在的连续重整装置是全国同类装置中规模最大的，各级领导和专家极其重视。在扬子石化工作期间，我本人有幸得到石化大家侯祥麟先生、石油化工科学研究院赵仁殿先生和工程建设公司罗家弼先生等专家给予的无私指导，提高了我的专业理论水平，改变了我学习思维方式，可以说在基层工作的 8 年奠定了我职业生涯的重要基础。

石化行业是技术密集、人才密集和资金密集型的行业，培养高素质的专家队伍是推动石化事业持续健康发展的重要保证。2015 年 5 月，我参加了中科院陈俊武院士《催化裂化工艺与工程》第三版的出版座谈会。在座谈会期间，我就如何培养高素质的专家队伍向德高望重的陈俊武院士请教。陈俊武先生在立德、立功、立言方面都是我们学习的榜样。陈先生年轻时到国外学习催化裂化技术，通过消化吸收再创新，奠基了我国催化裂化技术。先生在 85 岁高龄时，又领衔了国内首套大型 MTO 工程开发与设计。可以说，如果没有陈俊武先生的付出，就没有我国 DMTO 大型工程的诞生。陈先生首创的“三段回归式培训模式”，开创了催化裂化专业高层级专家培养的先河。从 1992 年起至 2000 年，陈先生共办了三期催化裂化高研班，效果非常好，大部分学员成为了我们的专家，成为了我国炼油行业的技术中坚，部分学员不仅成为技术专家也成为管理专家。

2016 年，我要求中国石化总部炼油事业部牵头，举办了新世纪第一期催化裂化专家培训班，恢复了中断 16 年之久的催化裂化高研班，这个班仍然采用陈俊武院士开创的三段式教学模式，由石油化工科学研究院许友好同志担任班主任并全程跟班。这个班招收了 39 名学员，其中 7 人来自兄弟企业。在为期一年的培训过程中，经过两个月的集中授课，学员回到企业后，根据所学的知识对所在企业催化裂化装置进行了详细工艺核算与标定，形成了大作业报告，2017 年 1 月学员顺利通过答辩。

催化裂化专家培训班指导小组将 10 名优秀学员的大作业编辑成书，交由石化出版社于 2018 年出版，并邀请我作序。我认为学员们通过这次学习，认认真真地完成了作业，把所学理论与工程计算知识转化为所在装置的技术分析，是理论与实践、设计与生产运行的有机结合。新时代是奋斗者的时代。专家班优秀学员们振兴石化的使命担当，肯为中国炼油工业发展付出努力的奋斗精神，使我甚感欣慰，故乐为之作序。希望选集出版后，能够为我国炼油行业技术工作者和有志于提高技术认知水平的管理工作者提供一些有益的参考。

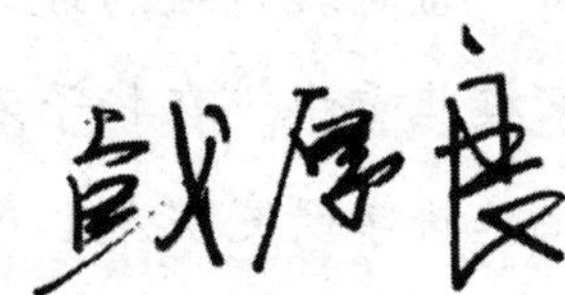

前言

陈俊武院士1992年开始对催化裂化专业高层级专家培养模式进行了探索实践，首创了集中授课-企业研修-结业答辩的“三段回归式培训模式”，并成功举办了三期催化裂化技术高级研修班。经过三期高研班培训的大多数学员已成为催化裂化领域的知名专家和技术中坚，部分学员既成为技术专家也成为管理专家，为中国炼油事业发展发挥着重要作用。

中国石化集团公司董事长戴厚良结合自身经历，在分析相同炼油装置，不同企业效益差距较大时发现：将管理专家培养成技术专家难度较大，将技术专家再培养成管理专家相对容易一些。2016年，戴厚良董事长站在国家石化事业发展的战略高度，要求恢复举办了第一期催化裂化专家培训班，经过为期一年的培训，圆满实现了预期的培训目标。2018年，中国石油化工股份有限公司炼油事业部又将培训拓展到硫黄回收专业，成功举办了第一期硫黄回收专家培训班。

第一期硫黄回收专家培训班由中国石化26名学员、中国石油6名学员和延长石化1名学员组成，齐鲁石化研究院刘爱华担任班主任，洛阳工程有限公司郭宏昶和工程建设公司朱学军担任副班主任。本期培训班于2018年3月5日开学，学员系统学习了：硫黄回收技术进展、硫黄回收相关国内外环保标准及进展、硫黄回收原料、反应机理和产品、硫黄回收及上游相关溶剂再生、酸性水汽提工艺、硫黄回收催化剂进展及工业应用、硫黄回收反应及反应器的动力学和热力学、硫黄回收设备、硫黄回收装置的工程设计基本原则和基本计算、硫黄回收尾气处理反应机理及影响催化剂寿命特征、硫黄回收装置的绿色开停工、硫黄回收装置疑难问题研讨及典型事故案例分析等，2019年1月19日30名学员顺利毕业。

根据陈俊武院士“三段式”教学理念，为更好地理解与掌握工艺计算的方法和意义，专家班学员经过集中学习后，回到企业要依据所学的知识对所在装置进行工艺核算，相当于对装置进行一次详细手动标定计算，最后形成一份大作业。2018 年石化出版社把第一期催化裂化专家培训班优秀学员的大作业汇编成册，编辑出版，并由戴厚良董事长亲自作序，这样既可以把专家班培训成果传承保存下来，又可以作为装置技术人员学习培训的教学案例。

本书由第一期硫黄回收专家培训班 5 名优秀学员的大作业汇编而成，学员分别是陈上访(镇海炼化)、杜金禹(燕山石化)、王刻文(洛阳工程)、袁强(九江石化)、兰敏(广州石化)。该书主要涉及装置概况、标定报告、工艺计算及分析等方面的内容，其中工艺计算及分析包括原料和产品性质计算、物料平衡、热量平衡、塔器水力学和节能计算等，是一本很好的硫黄回收装置工艺计算范例和数据集，可供炼油行业的技术人员、设计人员和管理工作者参考使用。

总 目 录

镇海炼化100kt/a硫黄回收装置工艺计算

完成人：陈上访
单　位：中国石化镇海炼化公司

目 录

第一部分 概述

一、装置简介

中国石化镇海炼化公司Ⅵ硫黄回收装置设计规模为年产硫黄100kt，负责处理延迟焦化、加氢裂化和蜡油/柴油加氢等装置酸性气，以及配套的低压无侧线污水汽提装置的含氨酸性气。装置采用二级克劳斯(Claus)+尾气加氢还原-吸收工艺，由二级克劳斯、尾气加氢还原-吸收和焚烧三部分组成。酸性气通过酸性气管网进入Ⅵ硫黄回收装置进行回收处理，其中的硫被回收，生产出优等品硫黄(硫黄产品质量符合国标 GB 2449—92 要求)，废气得以净化排放，原始设计装置烟气中二氧化硫平均排放浓度低于《大气污染综合排放标准》(GB 16297—1996)。

2016 年 3 月Ⅵ硫黄装置结束第二周期运行并安排停工检修改造，其间对装置所有催化剂按普通制硫催化剂+钛基催化剂+常规加氢催化剂进行级配更新、改通了主风机至焚烧炉供风流程、对部分机泵进行节能改造、增设了烟气排放在线监测分析仪。《石油炼制工业污染物排放标准》(GB 31570—2015)于 2015 年 7 月 1 日开始实施，新标准要求 2017 年 7 月 1 日起本装置 SO_2排放按小于 100mg/m^{3}控制。2017 年 1 月开始对本装置进行尾气提标改造，将液硫池废气经罗茨风机增压后改至反应炉燃烧制硫，吸收塔顶出口尾气增设尾气碱洗塔，同步将国产溶剂更换成某进口高效溶剂，装置于 2017 年 5 月 24 日完成升级改造并投用，烟气 SO_2排放浓度满足小于 100mg/m^{3}的新标排放要求。目前工况下，装置运行期间烟气 SO_2排放浓度在 30mg/m^{3}以下。

二、装置工艺原则流程图和平面布置图

装置平面布置图见图 1-1。

三、装置主要工艺技术特点

1) 装置采用直接注入式烧氨技术，含氨酸性气和预热后的清洁酸性气混合后直接进入反应炉，在 1250℃以上的炉温环境实现烧氨；装置采用二级常规克劳斯制硫和加氢还原尾气净化工艺。克劳斯部分采用在线加热炉再热流程，克劳斯尾气还原设在线加热炉再热。

2) 尾气净化部分采用性能良好、浓度为 35%(质)的 MDEA 水溶液作为吸收剂，采用两级吸收，两段再生技术，可使净化后尾气的 H_2S 浓度≤30mg/m^3。同时具有较低的能耗，与常规的一级吸收、一段再生相比，可节省蒸汽约 30%。

3) 在二级克劳斯反应器后设 H_2S/SO_2比值分析仪，根据二级克劳斯尾气中 H_2S/SO_2的比例值，调节空气/酸性气控制回路中的空气量，使空气中的 H_2S/SO_2达到 2/1，以保证有较高的硫黄回收率和正常操作。同时在急冷塔后设置 H_2分析仪实现闭环控制，根据尾气中 H_2含量，调节加氢炉氢气补充流量或者调整加氢炉燃料气/空气的燃烧比值，使尾气中 H_2有一定的过量，保证尾气还原完全。在急冷塔的急冷水系统设置 pH 分析仪，检测急冷水的 pH 值，当 pH 值偏离设定值时，可向急冷水系统注氨水，以保证急冷水的 pH 值在 8~9。在焚烧炉后设置 O_2分析仪、CEMS 分析仪及 VOCs 分析仪，根据尾气中 O_2含量调节焚烧炉配风以防生成 NO_x有害物，并能降低能耗，同时实时监控装置烟气 SO_2、NO_x 及 VOCs 排放浓度，

氧分析仪
R=4750
A302
架-29
E311
E310
M305
F305
R303
R302
R304
E303
E302
R301
E312
H$_2$S&SO$_2$分析仪
M303
M301
E301
F301
构-3
EL6400层以下
V314
AP4
AI4
构-2
EL5000层以下
C304A
C304B
T304
T303
T302
T301
P311A/B
E313A/B
E307A/B
S304
S302
S301
2分析仪
P307A/B
E309
V305D
V305C
V305B
V305A
A301D
A301C
A301B
A301A
PO-301
V304
V301
V302
V303
V308
V309
V310
A
B
V307
P306
S303
P305A/B
P304A/B
P303A/B
P302A/B
P301A/B
P308A/B
P309A/B
P310A/B
C310B
C310A
P303B
P303A
V313
架-1
架-2
架-3
架-4
架-5
架-6
架-7
架-8
架-9
架-10
架-11
架-12
架-13
架-14
架-15
架-15a
架-16
架-16a
架-16b
架-17a
架-17b
架-18a
架-18b
架-19a
架-19b
架-20a
架-20b
架-21
架-22
架-23
架-24
架-25
架-26
架-27
图1-1 装置平面布置图

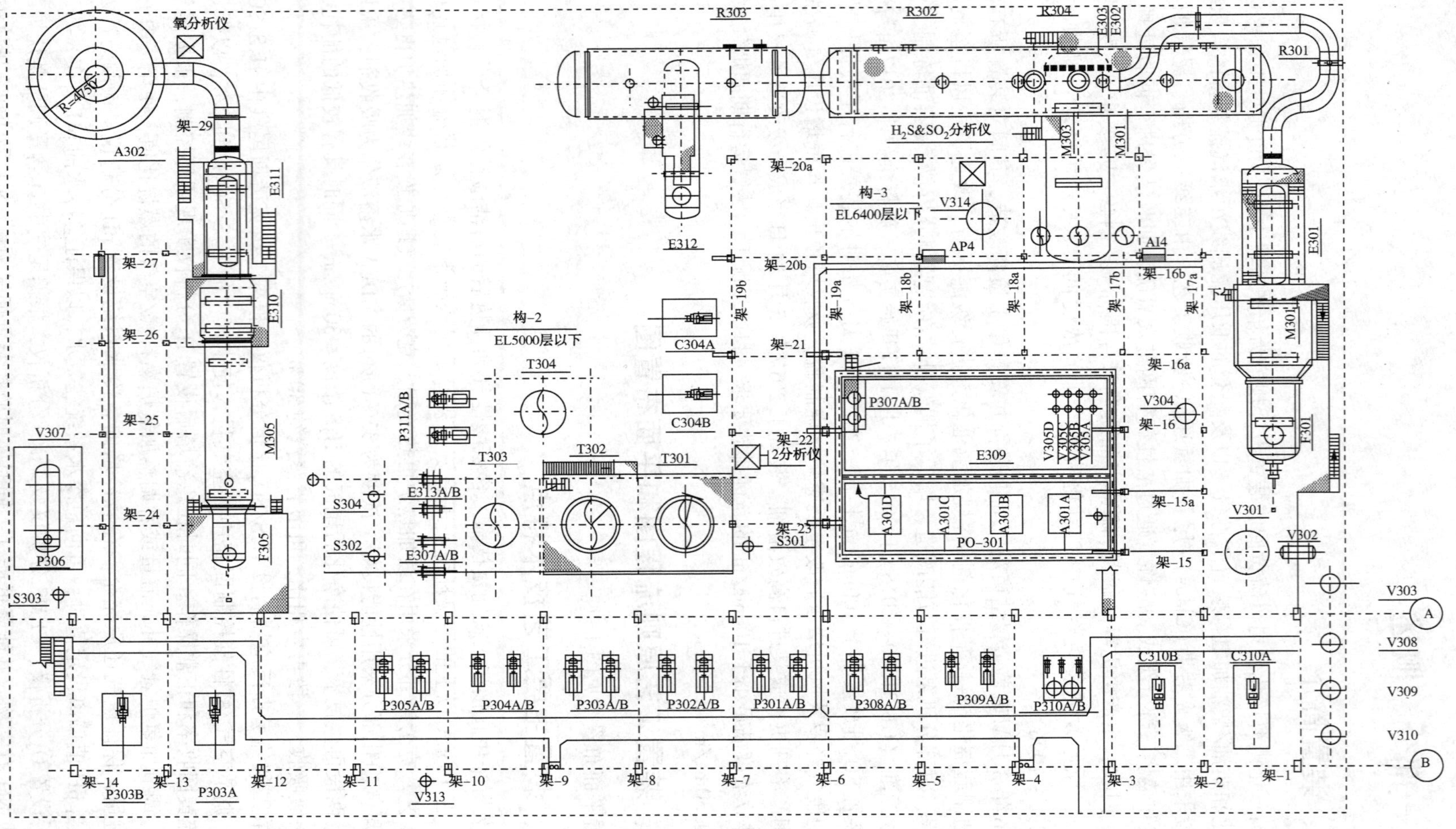

确保装置烟气环保排放。

4）反应炉采用进口高强度专用烧氨烧嘴，保证酸性气中氨和烃类杂质全部燃烧。克劳斯部分采用在线加热炉再热工艺，使装置具有较大的操作灵活性，易于催化剂再生升温。尾气净化加热炉采用专用烧嘴，在次化学配比工况下燃烧具备产氢功能，可为尾气加氢提供部分氢气。

5）采用地下液硫储槽，槽主体为水泥结构，内置蒸汽加热盘管，采用保温性能和抗腐蚀性能良好的保温层。槽内还设有专用的脱气设施，可将溶解在液硫中的微量 H_2S 脱至10mg/kg 以下。

6）酸性气进料设预热器，避免产生铵盐结晶堵塞管道与设备。焚烧炉后设蒸汽过热器和废热锅炉，以充分回收能量。

7）液硫池废气由罗茨风机增压后送反应炉处理，回收其中的硫元素，降低烟囱二氧化硫排放浓度。

8）反应炉、在线炉和焚烧炉配备可伸缩点火器、火焰检测仪，并采用光学温度计测量反应炉温度。

9）采用三合一冷凝器、二合一反应器，减少占地。为了减少循环水用量，在条件许可的场合，尽可能采用空气冷却器。

四、工艺流程介绍

（一）克劳斯硫回收部分

自系统管网来的炼油厂酸性气和尾气净化部分再生塔（T303）顶返回的酸性气混合，经酸性气预热器（E306）预热、升温后，再和自Ⅱ套污水汽提装置来的含氨酸性气混合，然后进入酸性气分液罐（V301），分离酸性气携带的液体，分离出的液体进入酸性水排液罐（V302），再由 N_2 压至系统酸性水管网。自酸性气分液罐（V301）顶部出来的酸性气与空气鼓风机（C301）来的适量空气在主烧嘴（F301）内混合进行燃烧反应，接着在主燃烧室（M301）内进一步达到平衡，生成的过程气经克劳斯废热锅炉（E301）取热发生 3.5MPa 蒸汽后冷却，进入第一硫冷凝器（E302）被除氧水冷却，其中的硫蒸气被冷凝、捕集分离。第一硫冷凝器（E302）出来的过程气进入第一在线燃烧室（M302），由燃料气加热至合适温度后进入第一级克劳斯反应器（R301），在催化剂作用下发生克劳斯反应，过程气出反应器（R301）后进入第二硫冷凝器（E303）被除氧水冷却，其中的硫蒸气被冷凝、捕集分离。第二硫冷凝器（E303）出来的过程气进入第二在线燃烧室（M303），由燃料气加热至合适温度后进入第二级克劳斯反应器（R302），在催化剂作用下发生克劳斯反应，过程气出反应器（R302）后进入第三硫冷凝器（E304）被除氧水冷却，其中的硫蒸气被冷凝、捕集分离。第三硫冷凝器（E304）出来的过程气经捕集器（V314）进一步分离出液硫后进入尾气净化单元。当尾气净化单元故障时，直接去尾气焚烧炉（M305）焚烧，焚烧后的高温气体经随后的蒸汽过热器（E310）取热，废热锅炉（E311）发生 3.5MPa 蒸汽后冷却后，由烟囱（A302）高空排放。

各个硫冷凝器（E302/303/304）和捕集器（V314）出来的液硫经硫封罐（V305A/B/C/D）后汇集到液硫池（PO301），经过脱气后由液硫泵（P307）送至液硫罐区。

（二）尾气净化单元

克劳斯硫回收部分出来的尾气进入还原燃烧室（M304），与其产生的还原气（当其产生的还原气不足时，可由系统供给）混合，加热后进入还原反应器（R303），在催化剂作用下发生水解还原反应，尾气中的各种硫化物水解、加氢还原为H_2S，加氢尾气出还原反应器后进入蒸汽发生器(E312)被除氧水冷却，产生0.4MPa蒸汽。尾气出蒸汽发生器(E312)后进入急冷塔(T301)冷却，其中的水蒸气组分被冷凝成工艺水，冷却后的尾气进入吸收塔(T302)，其中H_2S和部分CO_2等气体被MDEA溶剂吸收，吸收塔(T302)顶的尾气进入超净塔(T304)，利用氢氧化钠溶液进一步吸收硫化氢后进入焚烧室(M305)焚烧。

出急冷塔(T301)底的急冷水由泵(P301)送至急冷水空冷器(AC301)冷却后循环使用，多余的急冷水冷凝过滤后由泵(P301)送入系统酸性水管网。

吸收了H_2S和部分CO_2等气体的富溶剂(富液)从吸收塔(T302)底进入富液泵(P302)，升压后送至半贫液-富液换热器(E313)、精贫液-富液换热器(E307)换热，进入再生塔(T303)上段再生。再生后的一部分粗溶剂(半贫液)由泵(P305)送至半贫液-富液换热器(E313)、半贫液空冷器(AC304)冷却后进入吸收塔中部；另一部分贫溶剂进入再生塔(T303)下段再生，再生后的精溶剂(精贫液)由泵(P303)送至精贫液-富液换热器(E307)、精贫液空冷器(AC302)冷却，再进入精贫液水冷却器(E321)进一步冷却，然后进入吸收塔(T302)上部，溶剂循环使用。再生塔(T303)顶出来的酸性气经再生塔顶空冷器(AC303)冷却后进入回流罐(V306)，经分离后气相返回至克劳斯单元。回流罐(V306)底的凝液经回流泵(P304)升压后返回再生塔(T303)上部回流。损耗的MDEA溶剂由储罐(V319)经泵(P313)升压后补充。

（三）尾气焚烧单元

来自尾气净化单元的尾气或尾气净化单元旁路的克劳斯尾气以及来自液硫池(PO301)的抽空气进入焚烧炉(M305)焚烧。焚烧后的高温烟气经随后的蒸汽过热器(E310)取热产生过热蒸汽，再经焚烧炉废热锅炉(E311)取热发生3.5MPa蒸汽，冷却后的烟气由烟囱(A302)高空排放。

焚烧炉烧嘴的主要空气量约为瓦斯燃烧化学计量的80%(摩尔)，此空气进烧嘴前部，此状态下瓦斯燃烧空气不足，因此产生的NO_x含量低。第一空气从烧嘴后部进入，在瓦斯火焰之后，与烟道气混合，空气量约为瓦斯燃烧化学计量的30%(摩尔)，以确保烧嘴前部来燃烧的组分在空气10%(摩尔)过量情况下得以完全燃烧。尾气与从烧嘴来的高温气体以及第二空气在焚烧炉内混合，把烟道气降温到700℃。第二空气具有两个作用，其一确保尾气在过氧量情况下完全燃烧，使烟道气中氧含量大于1.8%(体)；其二对焚烧炉起到冷却作用，使其温度接近700℃，其流量由装在烟道气中的氧含量在线分析仪控制。

（四）水及蒸汽单元

1. 给水系统

除盐水自系统进入除氧器，出除氧器的除氧水由高压给水泵(P309)和低压除氧水泵(P308)分别送至废热锅炉(E301和E311)和硫冷凝器(E302/303/304)及蒸汽发生器(E312)。

2. 蒸汽系统

废热锅炉(E301)、焚烧炉废热锅炉(E311)产生的4.0MPa饱和蒸汽，经蒸汽过热器(E310)加热、减温器(M307)调温后，过热蒸汽以3.5MPa、430℃送至装置外蒸汽系统管网。

由硫冷凝器(E302/303/304)及蒸汽发生器(E312)发生的0.4MPa蒸汽进入装置低压蒸汽系统。装置产生的高、中压凝结水进入蒸汽冷凝液闪蒸罐(V313)发生二次汽化，低压蒸汽进入装置低压蒸汽系统，凝结水进入装置低压凝结水系统。装置产生的低压凝结水进入除氧器。除氧器所需的加热蒸汽由装置低压蒸汽或系统提供。1.0MPa 蒸汽自系统进入装置，经减温减压器(M306)减温减压后补入装置低压蒸汽系统。

3. 加药系统

为了保证锅炉水质符合要求，防止汽包及受热面结垢和腐蚀，需向汽包(E301 和 E311)内加入磷酸三钠药剂，外购磷酸三钠药剂在药剂罐内用除氧水调至合适的浓度，经加药泵(P310)升压后分别送至汽包(E301 和 E311)。

4. 炉水取样

废热锅炉(E301、E311)、硫冷凝器(E302/303/304)和蒸汽发生器(E312)分别设置一台取样冷却器，以满足对给水、炉水的取样需求。过热蒸汽出装置前设有取样冷却器，以检验蒸汽品质。

五、工艺流程简图

Ⅵ硫黄回收装置流程简图见图 1-2。

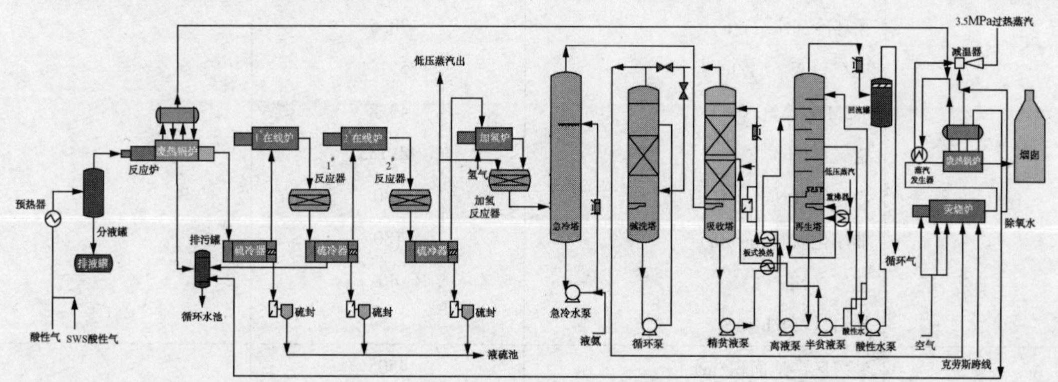

图 1-2 Ⅵ硫黄回收装置流程简图

六、主要工艺和技术经济指标

(一) 设计物料平衡

装置设计物料平衡表按生产硫黄 100kt/a 规模进行计算，年开工时数为 8400h。装置设计物料平衡表见表 1-1。

表 1-1 装置设计物料平衡表

项 目	流量/(kg/h)	流量/(10^4t/a)	项 目	流量/(kg/h)	流量/(10^4t/a)
入方			出方		
酸性气	18413	15.47	硫黄	11905	10
合计	18413	15.47	合计	11905	10

物料平衡基准：酸性气中 H_2S 含量 70%(体)，硫回收率 99.9%(质)。

(二) 主要技术经济指标

主要技术经济指标见表 1-2。

表 1-2　装置主要技术经济指标

序　号	项　目	数　值	备　注
1	设计规模/(10^4t/a)	10	按产品硫黄计
2	消耗指标		
	原料/(kg/h)	18413	酸性气
	主要辅助材料催化剂		
	克劳斯反应 Al_2O_3 基催化剂/m^3	74	一次性装入
	TiO_2 基催化剂/m^3	36	一次性装入
	尾气加氢还原催化剂/m^3	41	一次性装入
	N-甲基-二乙醇胺(MDEA)/(t/a)	35	
	磷酸三钠/(t/a)	0.6	
	新鲜水/(t/h)	105	
	除盐水/(t/h)	66	
	循环冷却水/(t/h)	38.5	
	电/[(kW·h)/h]	2551.1	
	3.5MPa 蒸汽/(t/h)	43.8	
	空气/(t/h)	48.135	
	净化风/(Nm^3/h)	180	
	非净化风/(Nm^3/h)	180	
	氮气/(Nm^3/h)	40	
	燃料气/(t/h)	1.34	
3	装置区占地面积/m^2	4505	
4	装置总建筑面积/m^2	5205	包括配电室
5	废气/(t/a)	200.76	
	废油/(t/a)	0.5	
	废水/(t/a)	20.8	
6	装置工艺设备台数		
	塔类/座	4	
	容器类/台	17	
	反应器类/台	3	
	冷换类/台	15	
	空冷类/片	18	
	烧嘴类/台	5	
	燃烧室类/台	5	
	过滤器类/台	4	
	蒸汽喷射器类/台	4	
	机泵类/台	29	
	其他/台	9	

(三) 装置能耗计算表

装置能耗计算表见表 1-3。

表 1-3 装置设计能耗计算表

序号	项目	消耗量	能量折算值	设计能耗/(MJ/h)	单位设计能耗/(MJ/t)
1	电力	1868kW	12.46 MJ/(kW·h)	21051.52	1768.3
2	新鲜水	0.71t/h	7.12MJ/t	5.06	0.43
3	循环水	38.5t/h	4.19MJ/t	161.32	13.55
4	除盐水	66t/h	96.3MJ/t	6355.8	533.9
5	1.0MPa 蒸汽	12.57t/h	3182MJ/t	39997.7	3359.7
6	3.5MPa 级蒸汽	-44.62t/h	3684MJ/t	-164380.1	-13807.7
7	燃料气	1.34t/h	41868MJ/t	56103.1	4712.6
8	净化压缩空气	$180Nm^3/h$	$1.59MJ/m^3$	286.2	24.04
9	非净化压缩空气	$40Nm^3/h$	$1.17MJ/m^3$	46.8	3.93
10	凝结水	-30.466t/h	$320.3MJ/m^3$	-9758.3	-819.7
11	氮气	$60m^3/h$	$6.28MJ/m^3$	376.8	31.65
12	合计			-49754.1	-4179.3

注：负值为装置输出，硫黄产量 11.905t/h。

七、分析化验一览表

装置设计化验分析情况见表 1-4、表 1-5。

表 1-4 装置设计化验分析一览表

序号	样品名称	分析项目	序号	样品名称	分析项目
1	酸性气	H_2S CO_2 烃	7	急冷水	pH 值 氨
			8	烟道气	H_2S
2	过程气 E302 入口	H_2S SO_2 COS	9	富溶剂	H_2S CO_2 MDEA
3	过程气 E303 入口	H_2S SO_2 COS	10	贫溶剂	H_2S CO_2 MDEA 发泡高度 消泡时间
4	过程气 E304 入口	H_2S SO_2 COS			
5	R303 出口	H_2S H_2	11	溶剂再生塔顶回流罐 V306 酸性水	pH 值 总铁 氯离子
6	净化后尾气	H_2S 总硫	12	高压瓦斯	H_2S

表 1-5　设计锅炉蒸汽动力系统汽水分析

设备位号	样品位号及名称	项　目	标　准
E301/E311	过热蒸汽	Na^+/(μg/kg)	≤15
		Fe/(μg/kg)	≤20
		Cu/(μg/kg)	≤5
		SiO_2/(μg/kg)	≤20
		电导率/(μS/cm)	≤0.3
	锅炉给水	pH 值	8.8~9.3
		硬度/(μmol/L)	≤2
		Fe/(μg/L)	≤50
		Cu/(μg/L)	≤10
		油/(mg/L)	≤1
		溶解 O_2/(μg/L)	≤15
	炉水	pH 值	9~11
		PO_4^{3-}/(mg/L)	5~15
E302/3/4、E312	炉水	pH 值	10~12

八、装置三剂性质

(一) LS-300 活性氧化铝催化剂

LS-300 活性氧化铝催化剂理化性质见表 1-6。

表 1-6　LS-300 活性氧化铝催化剂理化性质

外　观	φ4~6mm 白色小球	压碎强度/(N/颗)	≥140
比表面积/(m^2/g)	≥300	孔容积/(mL/g)	≥0.4
堆密度/(g/L)	650~750	Al_2O_3负载金属化合物	
磨损率/%(质)	≤1.0		

(二) LS-901 钛基制硫催化剂

LS-901 钛基制硫催化剂理化性质见表 1-7。

表 1-7　LS-901 钛基制硫催化剂理化性质

外　观	φ4~5mm 白色三叶草条状	压碎强度/(N/颗)	≥120
比表面积/(m^2/g)	≥100	孔容积/(mL/g)	≥0.35
堆密度/(g/L)	900~1100	Al_2O_3负载金属化合物	
磨损率/%(质)	≤2.0		

(三) LS-951Q 尾气加氢催化剂

LS-951Q 尾气加氢催化剂理化性质见表 1-8。

表 1-8　LS-951Q 尾气加氢催化剂理化性质

外　观	ϕ4~6mm 蓝灰色小球	压碎强度/(N/颗)	≥120
比表面积/(m^2/g)	≥230	孔容积/(mL/g)	≥0.3
堆密度/(g/L)	700~800		

（四）高效复合脱硫剂

本装置使用脱硫剂为某进口高效脱硫剂，淡黄色液体，能溶于水，水溶液呈碱性。直接接触液体或蒸汽会引起严重的眼睛刺激，皮肤接触会有局部不适或疼痛、发红和肿胀。强烈加热或明火接触会燃烧，闪点大于 191℃。适宜存储于阴凉、干燥、通风良好的地方，远离阳光、热源和火源。物理及化学性质见表 1-9。

表 1-9　高效复合脱硫剂理化性质

指标名称	指标值(一级)	指标名称	指标值(一级)
物理状态	液体，黏稠	密度(20℃)/(g/cm^3)	1.030~1.050
外观，颜色和气味	淡黄色，胺味	沸点/℃	263
相对密度(25℃)	1.04~1.06		

（五）余热锅炉加药剂

本装置废热锅炉使用加药剂为磷酸三钠。磷酸三钠也叫正磷酸钠，商业上又称磷酸钠。分子式 $Na_3PO_4 \cdot 12H_2O$，相对分子质量 380.20。无色针状六方晶系结晶。可溶于水，不溶于有机溶剂，相对密度为 1.62(20℃)，熔点为 73.3~76.7℃(分解)。在干燥空气中风化，100℃时即失去十二个结晶水而成无水物(Na_3PO_4)。水溶液呈碱性，对皮肤有一定的侵蚀作用。

（六）碱液

碱液是质量分数 20%的氢氧化钠，化学式为 NaOH，俗称烧碱、火碱、苛性钠，为一种具有很强腐蚀性的强碱，一般为片状或颗粒形态，易溶于水(溶于水时放热)并形成碱性溶液，另有潮解性，易吸取空气中的水蒸气。该品有强烈刺激和腐蚀性。粉尘或烟雾会刺激眼和呼吸道，腐蚀鼻中隔，皮肤和眼与 NaOH 直接接触会引起灼伤，误服可造成消化道灼伤，黏膜糜烂、出血和休克。

九、产品质量及指标

产品硫黄符合国标(GB/T 2449—2006)中的优等品标准，其质量指标如表 1-10 所示。

表 1-10　硫黄装置设计产品性质表

控制项目	硫/%(质)	固体硫黄		液体硫黄	
		水分/%(质)	灰分/%(质)	水分/%(质)	灰分/%(质)
优等品	≥99.95	≤2.0	≤0.03	≤0.10	≤0.02

控制项目	硫黄产品			
	酸度(以 H_2SO_4 计)/%(质)	铁/%(质)	有机物/%(质)	砷/%(质)
优等品	≤0.003	≤0.003	≤0.03	≤0.0001

续表

控制项目	硫黄产品	
	液硫中硫化氢和多硫化氢含量（以 H_2S 计）/%（质）	液硫外观
控制指标	0.0015	常温下呈黄色或淡黄色，无肉眼可见杂质

十、装置技改情况

2016 年 3 月Ⅵ硫黄装置进行停工检修改造，对装置所有催化剂按普通制硫催化剂+钛基催化剂+常规加氢催化剂进行级配更新，改造主风机至焚烧炉供风流程、对部分机泵进行节能改造、增设了烟气在线监测系统。2017 年 1 月开始对该装置进行尾气提标改造，将液硫池废气经罗茨风机增压后送反应炉回收处理，吸收塔顶出口尾气增设尾气碱洗塔，同步将国产溶剂更换成某进口高效溶剂，装置于 2017 年 5 月 24 日完成尾气提标改造并投用，烟气 SO_2 排放浓度满足小于 100mg/m^3 的新标排放要求。目前工况下，装置运行期间烟气 SO_2 排放浓度在 30mg/m^3 以下。

第二部分　标定报告

一、标定安排

1）标定时间：2018 年 7 月 18 日 8：00~7 月 21 日 8：00，共 72h。

2）标定目的及内容：标定装置的实际生产能力及运行情况，计算主要运行参数。根据计算结果，对制约装置生产的问题和瓶颈进行技术分析，提出有效的解决措施。针对装置能耗、产品质量和长周期运行等方面问题，以装置基础核算为依据，提出优化方案。标定内容包括装置物料平衡、硫转化率、产品质量、装置能耗、关键设备负荷、污染物排放水平等。

二、标定结果

（一）原料及产品性质

1. 装置原料数据

装置原料由混合清洁酸性气[包括两套加氢裂化、蜡油/柴油加氢酸性气、Ⅲ焦化（含混合加氢）酸性气]、Ⅱ污水汽提装置含氨酸性气，另外还有该装置加氢单元溶剂再生回流酸性气。标定期间酸性气流量为 9745~12332kg/h，平均流量为 11045kg/h，酸性气分析浓度为 81.50%（体），CO_2 和氨含量、烃含量具体见表 2-1。

（1）标定期间装置原料酸性气流量及分析数据

表 2-1　标定期间装置原料酸性气流量及分析数据

项　目	设计点（设计范围）	最高值	最低值	平均值	分析数据（湿基）
酸性气流量/（kg/h）	16601	12332	9745	11045	
H_2S/%（体）	70（45~95）				81.50

续表

项　　目	设计点（设计范围）	最高值	最低值	平均值	分析数据（湿基）
H_2O/%(体)	5.8				
NH_3/%(体)	5(0~8)	2.6	1.2	2.3	
CO_2/%(体)	16.2(0~42)				3.26
N_2/%(体)	0				0.02
总烃(含 CH_4、C_2H_6、C_2H_4、C_3以上)/%(体)	3.0(0~3.0)				0.1

由于酸性气采样及分析偏差，引起装置酸性气分析浓度偏低，通过装置硫平衡计算，得出本装置酸性气体积浓度(湿基)为83.85%。

(2) 原料酸性气 CO_2 含量测算

根据酸性气原料特点，本装置原料酸性气中 CO_2 主要来自清洁酸性气和本装置加氢单元回流酸性气，由于装置 CO_2 含量直接通过分析所得，直接作为核算数据，并可通过原料酸性气中 CO_2 分析数据，计算得到清洁酸性气和回流酸性气相关 CO_2 分测算数据，具体见表2-4。

(3) 原料酸性气 H_2O 含量测算

酸性气 H_2O 含量不分析，因此装置原料 H_2O 含量通过上游装置酸性气温度进行饱和蒸气压反推酸性气 H_2O 含量。水的饱和蒸气压通过查询数据，并进行线性回归。各种酸性气工况 H_2O 含量测算见表2-2。

表2-2　各种酸性气工况 H_2O 含量测算

原料性质	酸性气		
	清洁混合酸性气	汽提含氨酸性气	回流酸性气
温度/℃	36.5	90	30
压力(a)/kPa	160.5	248	175.5
水的饱和蒸气压/kPa	6.22	67.40	4.30
气相中水的分压/%	3.87	27	2.45
各股物料水的流量/(kmol/h)	11.13	6.46	0.48
进炉酸性气水含量/%(摩尔)		5.46	

(4) 酸性气烃含量分析

装置酸性气中烃大部分来自于清洁酸性气，目前进反应炉酸性气烃分析浓度为0.09%(体)，可看成全部来自系统清洁酸性气，通过物流平衡，可以计算出清洁酸性气烃含量在0.1%(体)，同时为方便后续的计算，把酸性气中的烃全部简化为 CH_4 组分。

(5) 原料酸性气 N_2 含量测算

清洁酸性气、硫黄装置再生酸性气和污水汽提装置酸性气本身不含 N_2，酸性气中的微量 N_2 可看成是上游溶剂再生装置部分设备氮封保护氮气进入酸性气系统引起，本次标定分析得到装置原料酸性气 N_2 体积含量(湿基)0.02%，直接作为核算数据。

(6) 酸性气氨含量测算

装置酸性气氨主要来自配套的Ⅱ污水汽提装置含氨酸性气，由于酸性气中氨含量无法通过化验分析得到数据，因此通过计算Ⅱ污水汽提装置氨平衡，并参考Ⅱ污水汽提装置设计参数，得到标定工况下装置酸性气氨含量为3.03%(体)，低于设计要求，主要是因为Ⅱ污水汽提装置原料水氨含量较低。

装置标定期间，Ⅱ污水汽提装置平均负荷120t/h，原料水氨氮浓度为1445mg/L，净化水中氨氮浓度为23.5mg/L，按原料水密度为1.0g/cm³、装置净化水按经验产率99.5%计算。酸性气氨测算见表2-3。

表2-3　酸性气氨测算表

入		出	
污水流量/(t/h)	120.00	净化水流量/(t/h)	119.40
污水氨浓度/(g/m³)	1445.00	净化水氨浓度/(g/m³)	23.50
污水总氨量/(kg/h)	17.34	酸性气氨量/(kmol/h)	10.035
		净化水氨量/(kmol/h)	0.165
污水总氨量/(kmol/h)	10.20	出塔总氨量/(kmol/h)	10.20
进炉酸性气氨浓度			
酸性气总量/(kmol/h)	331.2	氨浓度/%	3.03

(7) 超声波流量计流量换算

装置酸性气进反应炉采用超声波流量计，超声波流量计是一种利用超声波脉冲来测量流体流量的速度式流量仪表。本装置使用的是时差式超声波流量计，该流量计是利用检测探头在管道内发射声波，同时检测声波在流体中顺流传播和逆流传播的时间差来测量流体流速，时差式超声波流量计还具备介质分子量检测功能，再通过管道参数和介质性质参数进行流体流量计算。超声波流量计测量原理图见图2-1。

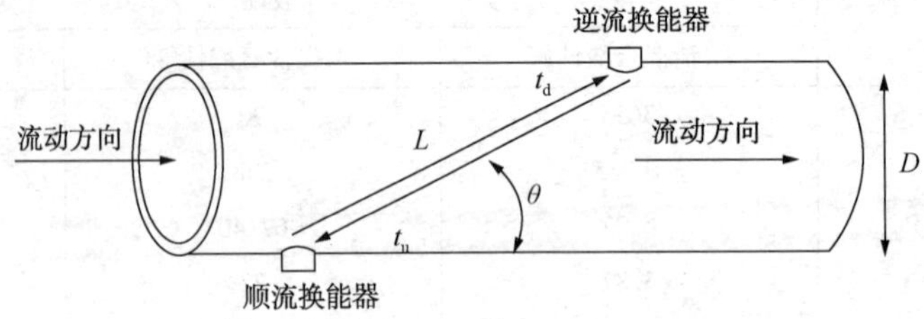

图2-1　超声波流量计测量原理图

图2-1中有两个超声波换能器：顺流换能器和逆流换能器，两只换能器分别安装在流体管线的两侧并相距一定距离，管线的内直径为D，超声波行走的路径长度为L，超声波顺流速度为t_u，逆流速度为t_d，超声波的传播方向与流体的流动方向加角为θ。由于流体流动的原因，是超声波顺流传播L长度的距离所用的时间比逆流传播所用的时间短，其时间差可用式(2-1)、式(2-2)表示：

$$t_u=\frac{L}{c-V\cos\theta} \tag{2-1}$$

$$t_d=\frac{L}{c+V\cos\theta} \tag{2-2}$$

式中　c——超声波在非流动介质中的声速；

V——流体介质的流动速度。

t_u和t_d之间的差为：

$$\Delta t = t_u - t_d = \frac{2VX}{c^2\left[1-\left(\frac{V}{c}\right)^2\right]\cos^2\theta} \tag{2-3}$$

式中　X——两个换能器在管线方向上的间距。

为了简化，假设流体的流速和超声波在介质中的速度相比是个小量，即：$V \ll c \Rightarrow \left(\frac{V}{c}\right)^2 \approx 0 \ll 1$，上式可简化为：

$$\Delta t \approx \frac{2VX}{c^2} \tag{2-4}$$

由此可见，流体的流速与超声波顺流和逆流传播的时间差成正比。

流量Q可以表示为：

$$Q = \frac{\pi D^2}{4}\int V\mathrm{d}t \tag{2-5}$$

（8）反应炉进料酸性气特性数据

通过上述测算和分析数据，并结合装置原料酸性气组分流量，可以得出装置酸性气特性数据，见表2-4。

表2-4　标定期间酸性气特性数据

原料性质	酸性气				
	原料设计值	清洁混合酸性气	汽提含氨酸性气	回流酸性气	进炉酸性气（总）
H_2S/%（体）	70	90.29	31	54.21	83.85
CO_2/%（体）	16.2	5.72	0	43.34	7.55
H_2O/%（体）	5.8	3.87	27	2.45	5.46
CH_4/%（体）	3	0.1	0	0	0.09
N_2/%（体）	0	0.02	0	0	0.02
NH_3/%（体）	5	0	42	0	3.03
组分合计	100	100	100	100	100
平均相对分子质量	33.30	33.93	22.54	37.94	33.35
温度/℃	40	33.9	95	40	140
压力/kPa	50	62	100	50	18
流量/(kmol/h)		287.52	23.91	19.77	331.2
流量/(m^3/h)					9637.59
流量/(kg/h)		9755.61	538.93	750.11	11045.52

注：以上数据测算均为湿基工况，通过去除组分中的H_2O含量，可以计算干基状态下的各组分含量，这里不再计算。

2. 装置原料理化性质

（1）硫化氢的理化性质

硫化氢是一种无色、具有臭鸡蛋气味的可燃性剧毒气体，分子式为H_2S，相对分子质量为34.08，比重为1.53kg/cm^3，纯硫化氢在空气中246℃或在氧气中220℃即可燃烧，与空气混合会爆炸，其爆炸极限为：4.3%～45.5%(体)。H_2S 溶于水，1 体积水可以溶解 4.65 体积 H_2S，水溶液呈弱酸性(氢硫酸)，氢硫酸是不稳定的，易被水溶液中的氧氧化，而使其 H_2S 溶液呈混浊状(单质硫易析出)。

(2) 二氧化碳的理化性质

二氧化碳俗名为碳酸气，分子式为 CO_2，相对分子质量 44，无色无味气体，有水分时呈酸味，密度 0.7710g/L，相对密度 0.5971(空气=1.00)，溶于水，部分生成碳酸，化学性质很稳定，它是在燃烧过程中生成的，对于硫黄装置来说，CO_2主要有两个来源，一是酸性气含有一定量的 CO_2，另一个是烃类燃烧产生的。高温环境下，CO_2还可与 S 相关的介质反应，生产 COS 等物质。

(3) 氨的理化性质

氨分子式为 NH_3，相对分子质量为 17.03，氨为无色具有强烈刺激性气味的气体，俗称阿莫尼亚，相对密度 0.76，相对蒸汽密度 0.5971。氨易溶于水，在常温下加压即可使其液化(临界温度 132.4℃，临界压力 112.2 大气压)，沸点-33.5℃，其水溶液称为氨水，呈碱性。还可溶于乙醇、乙醚，有还原作用，在催化剂作用下氧化为一氧化氮。高温下可分解成氮和氢，也可与 SO_2等组分反应，生产 H_2S、H_2O、N_2等。

(4) 烃

仅由碳和氢两种元素组成的有机化合物称为碳氢化合物，又叫烃，在室温下，含有 1～4 个碳原子的烃一般为气体。一般炼油厂酸性气中都有一定的烃含量，主要来自上游溶剂再生装置在醇胺溶液中的溶解烃和污水汽提装置含硫污水夹带的烃类。

本装置制硫单元采用直接注入式烧氨的克劳斯硫回收工艺，要求反应炉达到 1300℃左右的高温，酸性气中一定的烃含量，进入反应炉充分燃烧后可提高反应炉温度，使其符合工艺指标，如果酸性气烃含量偏小，在装置负荷较小或酸性气浓度较低时，酸性气燃烧产生的温度达不到反应炉温度指标，此时就需要向反应炉补充一定的瓦斯，以提高反应炉温度。但是如果酸性气中烃含量过高或者烃含量波动较大时，可能由于配风不足或配风不能及时跟上烃含量的变化，烃在空气不足的情况下进行燃烧产生了炭黑，炭黑会污染硫黄，使硫黄产品外观发青甚至出现黑硫黄，炭黑还会污染催化剂，使反应器床层压力降增加，因此不希望出现生成炭黑的副反应。

3. 产品质量及性质

(1) 硫黄理化性质

工业硫黄性状：外观为淡黄色脆性结晶固体或粉末或液体，有特殊臭味。硫黄不溶于水，微溶于乙醇、醚，易溶于二硫化碳。固体硫黄一般在 116℃左右时开始熔融，继续加热至 159℃时液体硫的黏度急剧增加，主要是由于硫黄受热激发 S_8环打开形成两端带不饱和硫原子的链状自由基单体，此自由基单体再进行可逆的聚合反应生成长度不等的长链聚合硫。硫黄蒸气中含有 S_8、S_4、S_2等分子，1000℃以上时硫黄蒸气由 S_2组成。随温度变化硫黄有如下变换形式：

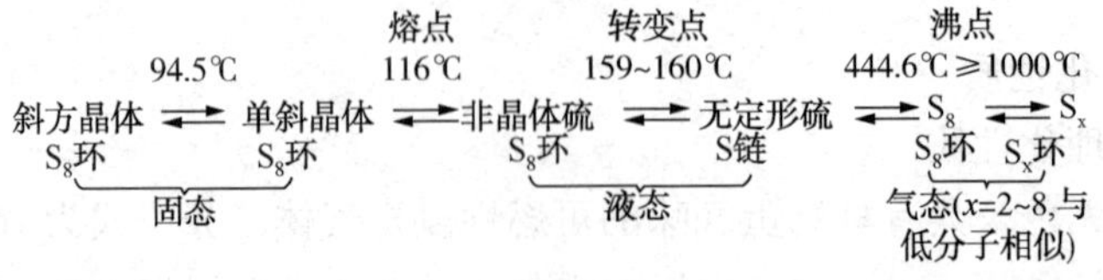

熔点　转变点　沸点
94.5℃　116℃　159～160℃　444.6℃　≥1000℃
斜方晶体 ⇌ 单斜晶体 ⇌ 非晶体硫 ⇌ 无定形硫 ⇌ S_8 ⇌ S_x
S_8环　S_8环　S_8环　S链　S_8环　S_x环
固态　液态　气态(x=2～8,与低分子相似)

液体硫黄黏度和比热容与温度的关系：液体硫黄的黏度和比热容的温度曲线上有一个突变点。150℃以下的液体硫黄的黏度和比热较小，在160℃左右突然急速增大，而后逐渐变少。这是因为液体硫黄在160℃附近发生聚合反应，体系形态变生了改变。

液体硫黄黏度和比热容与温度的关系见图2-2。

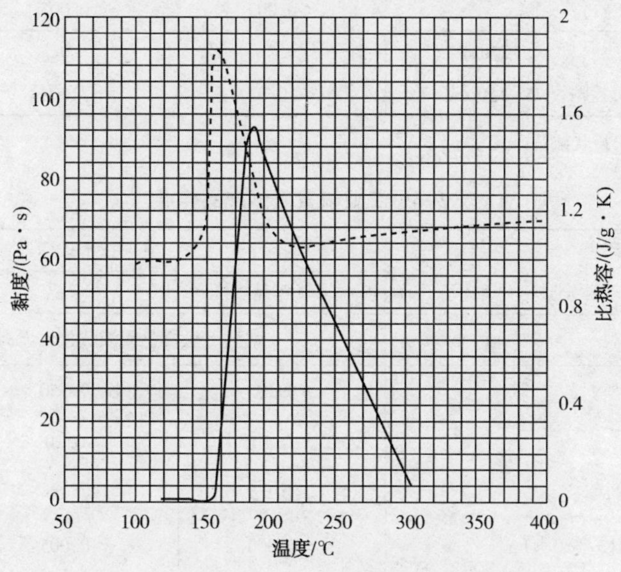

图2-2　液体硫黄黏度和比热容与温度的关系图

—— 黏度　----- 比热容

当温度高于120℃时，硫黄开始熔化。继续加热，当温度低于157℃时，硫黄呈浅黄色液体，黏度随温度升高略有降低，基本结构单元仍为S_8环。当温度超160℃则颜色变暗，黏度迅速增大，因此，160℃通常为液硫的转变温度。液硫黏度约在200℃附近达到最大，之后随温度升高黏度快速减小。

(2) 硫黄用途

工业硫黄：工业制酸、磷肥、化纤、染料、农药等工业原料。

食品添加剂硫黄：食糖、淀粉、医药等加工，用于杀菌、消毒、漂白等。

不溶性硫黄：橡胶、化纤硫化剂、高等级子午线轮胎硫化剂等。

(3) 硫黄产品标准

《工业硫黄第1部分：固体产品》(GB/T 2449.1—2014)于2015年5月1日起正式实施，见表2-5；《工业硫黄第2部分：液体产品》(GB/T 2449.2—2015)于2016年5月1日正式实施，见表2-6。

表2-5　工业硫黄固体产品标准

项　目	技术指标		
	优等品	一等品	合格品
硫(S)(以干基计)/%(质)	≥99.95	≥99.50	≥99.00
水分/%(质)	≤2.0	≤2.0	≤2.0
灰分(以干基计)/%(质)	≤0.03	≤0.10	≤0.20
酸度(以H_2SO_4、干基计)/%(质)	≤0.003	≤0.005	≤0.02
有机物，(以C、干基计)/%(质)	≤0.03	≤0.30	≤0.80

续表

项目		技术指标		
		优等品	一等品	合格品
砷(As)(以干基计)/%(质)		≤0.0001	≤0.01	≤0.05
铁(Fe)(以干基计)/%(质)		≤0.003	≤0.005	
筛余物*/%(质)	颗粒>150μm	≤0	≤0	≤3.0
	颗粒 75~150μm	≤0.5	≤1.0	≤4.0

注：筛余物指标仅用于粉状硫黄。

表 2-6　工业硫黄液体产品标准

项目	技术指标		
	优等品	一等品	合格品
外观	常温下呈黄色或淡黄色，无肉眼可见杂质		
硫(S)(以干基计)/%(质)	≥99.95	≥99.50	≥99.00
水分/%(质)	≤0.10	≤0.20	≤0.50
灰分(以干基计)/%(质)	≤0.02	≤0.05	≤0.20
酸度(以 H_2SO_4、干基计)/%(质)	≤0.003	≤0.005	≤0.01
有机物，(以 C、干基计)/%(质)	≤0.03	≤0.10	≤0.30
砷(As)(以干基计)/%(质)	≤0.0001	≤0.001	≤0.01
铁(Fe)(以干基计)/%(质)	≤0.003	≤0.005	≤0.02
硫化氢和多硫化氢(以 H_2S 计)/%(质)	≤0.0015	≤0.0015	≤0.0015

注：以上项目除水分、硫化氢和多硫化氢外，均以干基计。

(4) 液硫产品中硫化氢

液体硫黄多来自石化炼油厂或高硫天然气净化厂的克劳斯硫回收装置，原料酸性气主要有效成分为硫化氢，因此装置生产的液体硫黄中通常会含有微量的游离的 H_2S 和反应生产的多硫化氢(H_2S_x)。若未经脱气将液体硫黄装入槽车，在运输过程中因搅动而释放到槽车液面上部空间的 H_2S 和 H_2S_x 摩尔总量可达到 300×10^{-6}，极易造成环境污染、人员中毒等事故。经过脱气后，液体硫黄中的 $H_2S+H_2S_x$ 残存量约为 $10\sim50\times10^{-6}$，释放形成的尾气仍有一定的毒性。液体硫黄的各项技术指标较固体硫黄要求要高一些，并增加一项硫化氢和多硫化氢检测指标。工业液体硫黄产品增设硫化氢和多硫化氢技术指标的检测，对液体硫黄进行硫化氢含量的监控，能够有效降低液硫在储存和使用过程中的安全隐患，防止环境污染，减少损失。

(5) 本装置产品质量

本装置产品结构相对单一，其产品只有工业硫黄，且装置未配置固体硫黄成型设施，装置产品全部以液硫形式外送公司液硫罐区，再由专用槽车装车外销。装置标定 72h 共回收液体优等品硫黄 620t，其间对液硫进行了一次全分析，硫黄质量达到国家优质标准(GB/T 2449.2—2015)，与国家工业硫黄优质品质量指标对比见表 2-7。

表 2-7　液硫质量分析数据

项　目	质量指标	7 月 19 日分析值
状态	液硫	液硫
液硫外观	常温下呈黄色或淡黄色，无肉眼可见杂质	合格
硫(S)/%(质)	≥99.95%	99.98%
水分/%(质)	≤0.10%	0.02%
灰分/%(质)	≤0.02%	0.01%
酸度(以 H_2SO_4计)/%(质)	≤0.003%	0.002%
有机物/%(质)	≤0.03%	0.01%
砷(As)/%(质)	≤0.0001%	0.00002%
铁(Fe)/%(质)	≤0.003%	0.0003%
硫化氢和多硫化氢(以 H_2S 计)/%(质)	≤0.0015%	0.0004%

(二) 装置物料平衡

标定期间Ⅵ硫黄装置平均负荷为 72.33%(以装置硫黄产量计算)，装置最高负荷达到 80.76%，最低负荷为 63.82%，装置标定负荷满足设计的 30%~105%要求。装置标定总物料平衡表见表 2-8。

表 2-8　Ⅵ硫黄装置标定物料平衡数据

输　入		输　出	
酸性气/(kg/h)	11045	硫黄/(kg/h)	8611
空气/(kg/h)	35928	含硫污水/(kg/h)	5444
瓦斯/(kg/h)	536	烟道气/(kg/h)	32710
氢气/(kg/h)	25	回流酸性气/(kg/h)	550
		损失/(kg/h)	219
合计/(kg/h)	47534	合计/(kg/h)	47534

装置加工损失为 219kg/h，分析主要原因为装置各流量计测量偏差引起。

(三) 装置三废排放情况

硫黄回收装置是主要环保装置，装置主要三废分布情况见表 2-9。

表 2-9　硫黄装置主要三废分布情况

项　目	三废名称	排放情况
废气	装置烟道气	经 100m 烟囱高空连续排放
	液硫池废气	正常工况无排放，异常工况通过 15m 高排气筒排放
废液	急冷水(含硫污水)	连续外送Ⅱ污水汽提装置
	再生酸性水(含硫污水)	间歇外送Ⅱ污水汽提装置
	废醇胺溶剂	间歇回收处理
	含油污水	间歇送公司含油污水系统
废渣	废催化剂	更换周期，废催化剂回收处理
	检维修废渣	检修期间产生，填埋处理

1. 烟道气排放情况

装置烟气排放点设置烟气 CEMS 在线分析表和烟气非甲烷总烃(VOCs)在线分析表，在线分析仪表取样点均安装在烟囱 40m 高度处。标定期间装置运行工况正常，液硫池废气全部有效回收至装置反应炉，装置废气排放只有烟道气。装置烟道气监测数据见表 2-10。

表 2-10 Ⅵ硫黄装置烟道气在线检测数据

监测日期	SO_2/(mg/m³)	NO_x/(mg/m³)	H_2S/(mg/m³)	非甲烷总烃/(mg/m³)	O_2/%(体)
2018.7.18 13 时	23.5	44.3	未检出	11.8	3.74
2018.7.19 13 时	25.1	51.0	未检出	2.3	3.62
2018.7.20 13 时	26.4	42.2	未检出	1.8	5.33
均值	25	45.8		5.3	4.23

Ⅵ硫黄回收尾气 SO_2、NO_x、非甲烷总烃排放浓度均符合国家标准。

2. 急冷水(含硫污水)排放情况

1）标定期间，急冷水(含硫污水)分析结果见表 2-11。

表 2-11 装置外排急冷水分析数据

日　期	H_2S/(mg/L)	氨氮/(mg/L)	COD/(mg/L)	pH 值
2018.7.18	550	1880	1700	8.23
2018.7.20		2005	2200	8.37

本装置采用直接注入式烧氨工艺，即含氨酸性气和清洁酸性气直接混合后进入反应炉烧嘴，对反应炉温度及配风操作要求较高。从分析数据看，急冷水氨氮含量基本在 2000mg/L 左右，且急冷水 pH 值能够稳定在 8~8.5，可判断烧氨效果达到工艺要求。

2）标定期间，再生酸性水分析结果见表 2-12。

表 2-12 V306 回流酸性水分析数据

日　期	H_2S/(g/L)	氨氮/(mg/L)	氯离子/(mg/L)	总铁/(mg/L)	COD/(mg/L)	pH 值
2018.7.18	5.85	2950	4.0	0.8	13400	7.60
2018.7.20	5.97	3600	4.1	0.6	16750	7.67

(四) 装置能耗核算

装置标定装置平均负荷 72.3%(以硫黄产量计)，平均能耗为 -88.3kgEO/t，高于 -104.86kgEO/t 的设计值。装置标定能耗数据与设计值对比见表 2-13。

表 2-13 Ⅵ硫黄装置标定期间能耗数据

项　目	设计/(kgEO/t)	实际/(kgEO/t)	实物消耗/(t 或 kW·h)	实际单耗/(t/t 或 kW·h/t)
新鲜水	0.01	0	0	0
循环水	0.323	0.782	4851	7.824
除盐水	12.73	4.778	1288	2.077

续表

项　目	设计/(kgEO/t)	实际/(kgEO/t)	实物消耗/(t 或 kW·h)	实际单耗/(t/t 或 kW·h/t)
电	42.16	36.007	97063	156.6
1.0MPa 蒸汽	56.78	29.297	239	0.385
3.5MPa 蒸汽	-329.225	-221.987	-1564	-2.523
燃料气	112.36	62.823	41	0.1
合计	-104.86	-88.3		

1）标定期间造成装置能耗高于设计值的主要原因是装置酸性气负荷低，同时标定期间装置含氨酸性气流量小于设计值，原料酸性气烃含量小于设计值，引起3.5MPa蒸汽发汽单量下降，装置能耗上升。标定期间3.5MPa蒸汽能耗为-221.987kgEO/t，高于设计能耗(-329.225kgEO/t)。

2）经过前期优化操作，本装置先后实施了停用液硫池蒸汽抽射器(改罗茨增压机)、适当降低酸性气预热后温度、减小溶剂循环流量节约重沸器蒸汽等节汽措施，装置1.0MPa蒸汽耗量下降明显，标定期间，装置实际蒸汽能量单耗为29.297kgEO/t，设计蒸汽能量单耗为56.78kgEO/t。

3）装置凝结水回用良好，除盐水单耗较设计下降7.952kgEO/t。

4）装置前期经过优化改造，停用焚烧炉风机，同时对急冷水泵、溶剂泵等进行叶轮切割，实现节电操作，虽然2017年装置尾气提标改造时增加了液硫池废气罗茨增压机，但标定期间装置电耗依旧较设计值下降约6kgEO/t。

5）装置前期改造增设精贫液水冷器，增加了部分循环水消耗，同时标定期间装置负荷低于100%，标定期间装置循环水能耗高于设计值。

(五) 标定操作数据对比

Ⅵ硫黄装置标定主要操作数据比对见表2-14。

表2-14　Ⅵ硫黄装置标定主要操作数据比对

序　号	数 据 名 称	数据设计值	实际操作值	
			18日8：00	19日8：00
1	酸性气流量/(kg/h)		10055	11590
2	装置负荷/%	30~105	65.8	75.9
3	酸性气分子量/(kg/kmol)	25.00~45.00	33.45	33.43
4	酸性气入炉温度/℃	120~300	140.1	139.9
5	反应炉总风量/(kg/h)	0~60000	17810	20520
6	主空气阀位开度/%		42.4	48.3
7	空气入炉温度/℃	5.0~180.0	149.7	150.0
8	反应炉温度/℃	1250~1400	1286	1285
9	反应炉余锅蒸汽流量/(t/h)		17.3	20.0
10	反应炉余锅出口温度/℃	265~360	348	349
11	一级硫冷器出口温度/℃		169	170

续表

序　号	数 据 名 称	数据设计值	实际操作值	
			18 日 8：00	19 日 8：00
10	F302 空气流量/(kg/h)		715	821
12	F302 瓦斯流量/(kg/h)		43.1	50.6
13	瓦斯阀位开度/%		32.0	32.2
14	R301 入口温度/℃	220~250	242.8	242.9
15	R301 床层温度/℃	260~350	312.8	313.1
16	二级硫冷器出口温度/℃		163	163
17	硫冷器蒸汽流量/(kg/h)		6.20	7.15
18	F303 空气流量/(kg/h)		593	681
19	F303 瓦斯流量/(kg/h)		36.2	40.3
20	R302 入口温度/℃	200~230	216.6	216.6
21	R302 床层温度/℃	210~280	232.1	232.1
22	二级硫冷器出口温度/℃		161	161
23	F304 空气流量/(kg/h)	1.50~3.00	1400	1611
24	F304 瓦斯阀流量/(kg/h)		98.5	115.3
25	R303 入口温度/℃		281.7	282.0
26	R303 床层温度/℃	260.0~330.0	298.7	297.9
27	加氢反应器后蒸汽发生器出口温度/℃		152	153
28	加氢反应器后蒸汽发生器蒸汽流量/(t/h)		1.73	2.0
29	加氢炉氢气流量/(kg/h)		15	17
30	T301 急冷水流量/(t/h)	250~480	374	375
31	T301 尾气温度/℃	15~50	35.3	35.8
32	急冷水外排流量/(kg/h)		4915	5658
33	过程气氢含量/%	2.30~5.50	2.87	3.31
34	半贫液流量/(t/h)	5~100	30	30
35	精贫液流量/(t/h)	20~180	90	90
36	精贫液入塔温度/℃	15~45	29.9	30.6
37	半贫液入塔温度/℃	20~50	30.3	31.1
38	重沸器蒸汽流量/(t/h)	5.50~28.00	13.21	13.20
39	V306 酸性气回流量/(kg/h)	0.30~1.00	658	773
40	F305 主空气流量/(t/h)	4.00~11.00	5.28	5.45
41	F305 一段空气流量/(t/h)	1.00~5.00	4.01	4.36
42	F305 二段空气流量/(t/h)	0.70~6.00	3.62	3.64
43	F305 瓦斯流量/(kg/h)		341	391
44	瓦斯阀位开度/%		34.6	34.7

续表

序 号	数据名称	数据设计值	实际操作值	
			18日8：00	19日8：00
45	过热蒸汽出流量/(t/h)	7.00~40.00	19.8	22.5
46	过热蒸汽出温度/℃	410~450	420.1	425.7
47	主风机流量/(Nm^3/h)	30000~58000	42067	43042
48	去M305尾气压力/kPa	3.00~19.00	8.58	8.62
49	F301前空气压力/kPa	25~40	35	34
50	T302顶部出口压力/kPa	2.00~20.00	8.58	9.19
51	液硫池废气流量/(kg/h)	100~3480	2082	2069
52	液硫池废气风机出口压力/kPa	0.02~0.055	30	30
53	液硫池废气风机回流阀开度/%	0~100	41	41

(六) 净化后尾气分析结果

在标定期间委托化验对净化后尾气进行硫化氢及总硫含量分析，分析结果见表2-15。

表2-15 净化后尾气分析数据表

监测日期	项 目	H_2S/(mg/m^3)	组分总硫/(mg/m^3)
2018.7.18	净化后尾气	13	24.19
2018.7.19	净化后尾气	16	25.50
2018.7.20	净化后尾气	15	24.63

Ⅵ硫黄回收装置净化后尾气硫化氢含量满足工艺指标要求，检测结果满足高效进口溶剂协议中≤20mg/m^3的指标，满足技术协议要求。

(七) 溶剂分析结果

装置标定期间委托化验对装置贫、富溶剂进行分析，分析结果见表2-16。

表2-16 贫、富溶剂分析数据

日 期	项 目	H_2S/(g/L)	CO_2/(g/L)	MDEA/(g/100mL)	泡高/cm	消泡时间/s	热稳态盐/%(质)
2018.7.18	贫溶剂	0.24	3.73	39.66	2.0	1.0	0.32
	富溶剂	3.63	6.35	38.77			0.43
2018.7.20	贫溶剂	0.21	3.76	38.77	2.3	1.0	0.20
	富溶剂	3.60	6.40	38.17			0.44

标定期间，装置溶剂外观正常，分项装置溶剂发泡高度、热稳态盐浓度正常，贫液H_2S浓度低于0.3g/L，小于0.5g/L协议指标要求，满足过程气净化要求。

(八) 装置催化剂性能

1. 标定期间反应器进出口过程气分析数据

装置标定期间委托化验对装置过程气、尾气进行分析，分析结果见表2-17。

表 2-17　反应器进出口分析数据

序　号	样品名称	组分名称	7 月 18 日分析值	7 月 19 日分析值
1	E302 入口过程气/%(体)	硫化氢	2.99	2.77
2		羰基硫	0.24	0.25
3		二氧化硫	0.01	0.01
4	E303 入口/%(体)	硫化氢	1.46	1.22
5		羰基硫	0.01	0.01
6		二氧化硫	0.01	0.01
7	E304 入口/%(体)	硫化氢	0.57	0.58
8		羰基硫	0.01	0.01
9		二氧化硫	0.01	0.01
10	R303 入口/%(体)	硫化氢	0.50	0.51
11		氢气	4.43	4.44
12	R303 出口尾气/%(体)	硫化氢	1.57	1.28
13		氢气	3.15	3.43
14	T302 出口净化后尾气/(mg/m^3)	硫化氢	13	16.01
15		硫含量	24.19	25.50

2. 制硫单元总 S 转化率

根据化验分析值计算制硫单元硫转化率：由表 2-17 可知二级克劳斯反应器出口的 H_2S 浓度为 0.57%(体)、SO_2浓度 0.01%(体)、COS 浓度 0.01%(体)，进装置酸性气中的硫化氢体积浓度为 81.50%(体)，根据制硫单元总硫转化率计算方法：[1-第三硫冷凝器出口总硫($H_2S+SO_2+CO_S+2CS_2$)mol/原料气入口总硫($H_2S+SO_2+COS+2CS_2$)mol]×100%=99.3%，满足技术协议中第二级克劳斯反应器后总硫转化率≥96%的考核指标要求。

3. 一级制硫反应器 COS 水解率

根据化验分析值计算一级制硫反应器 COS 水解率，第一硫冷凝器入口 COS 浓度为 0.24%(体)，第二硫冷凝器入口 COS 浓度为 0.01%(体)，根据第一制硫反应器 COS 水解率计算方法：(1-第二硫冷凝器入口 COS mol/第一硫冷凝器入口 COS mol)×100%=95.8%。制硫反应器 COS 总水解率高于 95%，满足协议要求。

4. 一、二级制硫反应器 CS_2总水解率

由于 CS_2含量较低，化验设备无法分析，可认为尾气中 CS_2总水解率为 100%，满足技术协议中一、二级克劳斯反应器后 CS_2总水解率>95%的要求。

5. 加氢反应器出口 S、SO_2转化率

标定期间加氢反应器入口温度维持在 282℃，出口尾气 H_2含量均高于 1.5%(体)，出口 S、SO_2含量未检出，可认为 S、SO_2转化率为 100%，满足技术协议中尾气加氢还原反应器在入口温度 260~300℃、出口尾气中 H_2含量不小于 1.5%(体)的条件下，反应器出口 S、SO_2转化率 100%的要求。

6. 加氢反应器出口 COS+CS_2含量

标定期间加氢反应器入口温度维持在 282℃，出口尾气 H_2含量均高于 1.5%(体)，根据 T302 出口净化后尾气分析数据，可计算得到净化后尾气中 COS 含量为 20.4mg/m^3，近似

20mg/m^3，可认为反应器出口尾气中 $COS+CS_2$ 含量（尾气加氢还原反应器出口）满足不高于 20mg/m^{3}的要求。

7. 反应器床层压降

标定期间，装置克劳斯单元系统压降在 4.5kPa，由于一、二级克劳斯反应器无床层压差表，通过测算可得一、二级制硫反应器床层压差为 0.5kPa。加氢反应器床层压降测量值为 0.6kPa，各级反应器床层压降满足技术协议中每级反应器床层压降均不大于 2kPa 的要求。

（九）装置总硫回收率

标定期间装置烟气中二氧化硫平均排放浓度为 25mg/m^3，装置急冷水、酸性水带走的 H_2S 至污水汽提装置回收，最终还是酸性气形式到硫黄装置回收，再生酸性气直接回流到装置反应炉，根据装置生产实际，可认为烟气排放带走的硫元素和加工损失为硫损失，根据装置总硫平衡计算得到装置总硫回收率在 99.97%。

三、存在问题分析及建议

（一）装置标定发现问题

1）根据标定方案要求，装置标定过程中，装置烟气 SO_2 排放浓度全部低于 80mg/m^3，尾气脱硫塔 T304 未投用，T304 对过程气中 H_2S 的吸收效果及碱液消耗有待进一步验证。

2）按照以往经验，硫黄装置开停工过程中催化剂预硫化、引酸性气开工、停工系统吹硫及钝化等阶段，烟气 SO_2 排放浓度均大于 100mg/m^3，在当前工艺条件下，开停工过程确保装置烟气 SO_2 排放满足《石油炼制工业污染物排放标准》（GB 31570—2015）要求，装置需做进一步改造和操作优化。

（二）装置标定建议

1）装置液硫池废气启用罗茨增压机 C304，停用蒸汽抽射器 J301。标定期间，C304 电耗为 1.405kgEO/t，停用 J301 节约蒸汽消耗 2.372kgEO/t，同时标定期间装置尾气脱硫塔 T304 停运，碱液循环泵 P311 停运，节约电耗 1.314kgEO/t（按设计轴功率计算），并节约 T304 碱液消耗和除盐水消耗。通过计算，停用 T304 节约能耗 2.281kgEO/t，节能效果明显。因此，当使用高效醇胺溶剂能够满足装置烟气 SO_2 排放要求时，建议停用尾气脱硫塔 T304。

2）标定期间，装置反应炉炉头压力为 18kPa，尾气加氢单元入口压力为 13.5kPa，装置制硫单元压差 4.5kPa，吸收塔出口控制阀后压力为 2kPa，尾气加氢单元压差为 11.5kPa，装置系统总压差较低。硫黄装置为炼油生产链末端装置，装置工艺过程气系统压力低，维持装置系统低压降，能够降低装置运行能耗，并有利于装置长周期运行，建议装置在源头设计上考虑低压差工况。

第三部分　工艺原理分析

一、克劳斯工艺发展历史

克劳斯反应历史发展：原始克劳斯法是两步过程，专门用于回收吕布兰法生产碳酸钠时所产生的 H_2S，此过程是由英国伦敦的化学家 C. F. Claus（克劳斯）发明的，并于 1883 年申请了英国专利。

第一步，把二氧化碳通入水和硫化钙的混合物中，反应生成硫化氢。反应式如下：

$$CaS(s)+CO_2(g)+H_2O(l)\longrightarrow CaCO_3(s)+H_2S(g) \tag{3-1}$$

第二步，一定比例的硫化氢与氧气充分混合，通入内有催化剂的反应器中，在一定温度下(200~300℃)生成硫。反应式如下：

$$3H_2S(g)+3/2O_2(g)\rightarrow 3/xS_x(g)+3H_2O(g)+Q \tag{3-2}$$

将上述第二步中，硫化氢在催化剂作用下部分氧化生成元素硫的过程称为克劳斯(Claus)反应。该工艺只能在空速很低的条件下进行，而且反应热无法回收，硫的转化率较低。

1938年德国法本公司对克劳斯工艺做了重大改革，使硫化氢的氧化分为两个阶段完成。第一阶段称为热反应阶段，有三分之一体积的硫化氢在反应炉内被氧化为二氧化硫并放出大量的反应热；第二阶段称为催化反应阶段，在催化剂床层上剩余的三分之二体积的硫化氢与生成的二氧化硫继续反应生成硫。经过改进，反应热的大部分被吸收利用。催化转化反应器的进口温度也比较容易调节，大大提高了装置的处理能力。这种经过改革的克劳斯工艺习惯上称为“改良克劳斯工艺”。

改良克劳斯工艺成为世界上为数众多的硫黄回收装置的基础，后来该工艺虽然又经历了多次变革，并且增加了尾气处理设施，但操作原理未变。现在使用的硫黄回收方法基本都是改良克劳斯法。第一套较现代化的改良型克劳斯工业装置投产于1944年，其后无论在基础理论、工艺流程、催化剂研制、设备结构及材质、自控方案及仪表选择等方面都有了很大发展与改进。

改良克劳斯工艺目前应用的有直流法、分流法和硫循环法三种。其中前两种应用最为广泛。在这三种的基础上又发展了一系列特殊的工艺，例如超级克劳斯工艺、低温克劳斯工艺、克劳斯直接氧化工艺以及富氧克劳斯工艺等。

(一) 直流法工艺流程

直流法又称部分燃烧法，该工艺是将全部酸气进入反应炉，要求严格配给空气量，以使酸气中的全部烃完全燃烧，而 H_2S 仅有1/3氧化成 SO_2，使剩余2/3的 H_2S 与氧化生成的 SO_2 在反应炉内直接进行高温克劳斯反应，未完成反应的剩余 H_2S 和 SO_2 继续进入后续反应器在催化剂作用下进行催化转化，以获取更高的转化率。该类工艺流程经过三级转化器、四级冷凝器以除去生成的单质硫，分离出液态硫后的尾气通过捕集器，进一步捕集液态硫后进入尾气处理装置进一步处理后排放。各级冷凝器及捕集器中分离出来的液态硫自流入液硫储罐，直接外送液硫或者成型为固体硫黄产品。

(二) 分流法工艺流程

该法中只有1/3的酸性气通过反应炉和余热锅炉，其余2/3的酸性气与余热锅炉出口气相混合后进入一级冷凝器，其余流程基本上与直流法相同。此工艺的反应炉中无大量硫生成，适合反应热不足以使整个酸气气流温度升高到高温克劳斯反应所需温度的工况。

(三) 其他工艺流程

克劳斯硫黄回收法除了直流法和分流法外，还有许多特殊变形，这里介绍几种常见工艺。

1. 超克劳斯工艺(Super Claus)

传统的克劳斯工艺一般采用转化、冷凝、分硫、过程气再热等步骤。常规的三级克劳斯工艺总硫回收率一般可达到96%~97%，但是具有以下局限：受到热力学平衡的限制；过程气流中 H_2O 含量会增加，而 H_2S、SO_2 含量减少；在火焰中生成COS和 CS_2，需要水解，有时还生成硫醇，致使工艺热负荷提高，硫产率降低；O_2和 H_2S 的比例要求严格控制为 1 ∶ 2，导致整个过程控制困难。

超级克劳斯工艺结合了两个新概念：空气和酸气比例控制范围增大；采用新型选择性氧化催化剂，使 H_2S 直接生产硫，而不是 SO_2。其工艺流程有超级克劳斯-99 和克劳斯-99.5 两种，前者总硫回收率在 99%左右，后者总硫回收率可达 99.5%。

2. 低温克劳斯工艺

该法特点是在低于硫露点的条件下进行克劳斯反应。已工业化的亚露点(MCRC)法和冷床吸附(CBA)法用于尾气处理后，引起了克劳斯装置设计概念的变化，即转化器操作温度可以低于硫露点以提高转化率。

3. 克劳斯直接氧化工艺

采用常规克劳斯硫黄回收工艺，当酸气中 H_2S 含量很低时，其燃烧不足以维持炉温，装置无法正常运行，这时可采用直接氧化工艺。直接氧化工艺可分为两类：一类是将 H_2S 选择性催化氧化为元素硫，此类工艺在处理克劳斯尾气中获得了良好的应用；另一类是将 H_2S 催化氧化为元素硫及 SO_2，在氧化段后再增加常规克劳斯催化段，此类工艺的典型代表是 Selectox 工艺。

4. 富氧克劳斯工艺

常规克劳斯装置均以空气作为 H_2S 氧化的催化剂，由于带入了大量的 N_2 等惰性气体稀释了过程气，降低了装置的总硫回收率。为此，20 世纪 80 年代开发了以富氧空气作为 H_2S 氧化剂的富氧克劳斯工艺，能够提高装置效率、扩大装置的处理能力，且延伸了对酸气中 H_2S 含量的适应范围。由于较低的富氧程度可在较少的投入下获得较多的收益，因此目前富氧克劳斯装置大多在较低的富氧程度下运行。

二、克劳斯工艺原理

(一) 反应炉高温克劳斯主反应

原料酸性气中除主要含有硫化氢外，通常还含有二氧化碳、水、氨、烃类等介质，反应炉高温克劳斯主反应，是指酸性气中硫化氢燃烧及生产硫的反应、烃类完全燃烧的反应、硫的氧化及同素异形体的反应等，主要化学反应见表 3-1。

表 3-1　常规克劳斯法反应炉内主要化学反应　　mol

反　应	ΔF①/kJ		ΔH②/kJ	
	927℃	1204℃	927℃	1204℃
(1) $3H_2S+3/2O_2 \longrightarrow SO_2+H_2O+2H_2S$	-423.3	-401.2	519.6	-519.2
(2) $2H_2S+SO_2 \longrightarrow 3/2S_2+2H_2O$	-26.3	-42.1	42.1	41.3
(3) $3H_2S+3/2O_2 \longrightarrow 3/2S_2+3/2H_2O$	-449.5	-443.3	-475.4	-477.9
(4) $H_2S+1/2O_2 \longrightarrow H_2O+S_1$	-5.4	-20.0	58.0	57.5
(5) $S_1+O_2 \longrightarrow SO_2$	-417.8	-381.1	-577.1	-577.5
(6) $2S_1 \longrightarrow S_2$	-289.0	-255.6	-432.8	-434.5
(7) $S_2+2O_2 \longrightarrow 2SO_2$	-547.1	506.7	721.4	720.6
(8) $CH_4+2O_2 \longrightarrow CO_2+2H_2O$	767.9	796.5	797.3	801.5

续表

反应	ΔF①/kJ		ΔH②/kJ	
	927℃	1204℃	927℃	1204℃
(9) $C_2H_6+\frac{7}{2}O_2 \longrightarrow 2CO_2+3H_2O$	-1484.1	-1497.0	-1424.9	-1429.5
(10) C_6H_6(气态苯)$\longrightarrow 6C+3H_2$	-299.4	-354.9	-603.0	-593.8
(11) C_7H_8(气态甲苯)$\longrightarrow 7C+4H_2$	-914.9	1022.1	-334.0	-607.2

①吉布斯自由能的变化，负值表示有自发反应的可能性。

②列出的是反应热，负值则表示放热反应。

(二) 反应炉高温克劳斯副反应

原料酸性气的二氧化碳、水、氨、烃类等介质，在1000℃以上高温的反应炉内，相互之间反应十分复杂，反应后的气体组成也相当复杂，据推导有上百种反应，目前一般认为可按生成或消耗CO和H_2的副反应、生成或消耗COS的副反应、生成或消耗CS_2的副反应、烧氨反应等进行分类。具体见表3-2~表3-4。

表3-2　常规克劳斯法反应炉内可能生成或消耗CO和H_2的副反应　mol

反应	ΔF①/kJ		ΔH②/kJ	
	927℃	1204℃	927℃	1204℃
生成(1) $CH_4+3/2O_2 \longrightarrow CO+2H_2O$	-619.7	-643.0	-518.3	-522.1
(2) $CH_4+O_2 \longrightarrow CO+H_2O+H_2$	-439.1	-477.9	-270.2	-272.9
(3) $CH_4+2H_2O \longrightarrow CO_2+4H_2$	-74.2	-136.4	193.5	196.0
(4) $H_2+CO_2 \longrightarrow CO+H_2O$	-3.3	-11.3	32.9	31.7
(5) $CO_2+H_2S \longrightarrow CO+H_2O+1/2S_2$	-27.5(1649℃)	-48.1(1927℃)	114.7(1649℃)	113.8(1927℃)
(6) $2CO_2+H_2S \longrightarrow 2CO+H_2+SO_2$	7.5(1649℃)	-32.6(1927℃)	284.8(1649℃)	281.5(1927℃)
(7) $H_2S \longrightarrow 1/2S_2+H_2$	-4.2(1649℃)	-18.0(1927℃)	89.2(1649℃)	88.8(1927℃)
消耗(8) $2CO+O_2 \longrightarrow 2CO_2$	-355.3	-307.7	-561.7	-599.2
(9) $4CO+2SO_2 \longrightarrow 4CO_2+S_2$	-163.9	-109.3	-402.4	-397.8
(10) $H_2+1/2O_2 \longrightarrow H_2O$	-181.0	-165.1	-248.1	-249.4
(11) $H_2+1/2S_2 \longrightarrow H_2S$	-31.3	-17.5	-89.7	-89.2

①吉布斯自由能的变化，负值表示有自发反应的可能性。

②列出的是反应热，负值则表示放热反应。

表3-3　常规克劳斯法燃烧炉内可能生成或消耗COS的副反应　mol

反应	ΔF①/kJ		ΔH②/kJ	
	927℃	1204℃	927℃	1204℃
生成(1) $2CH_4+3SO_2 \longrightarrow 2COS+1/2S_2+4H_2O$	-411.2	-475.4	-130.9	-135.9
(2) $2CO_2+3S_1 \longrightarrow 2COS+SO_2$	-343.2	-278.1	-624.2	-625.5
(3) $CS_2+CO_2 \longrightarrow 2COS$	-12.5	-15.8	2.5	2.9
(4) $2S_1+2CO_2 \longrightarrow COS+CO+SO_2$	-202.7	-175.6	-319.8	-321.9

续表

反应	ΔF[①]/kJ		ΔH[②]/kJ	
	927℃	1204℃	927℃	1204℃
(5) $CO+S_1 \longrightarrow COS$	-140.5	-102.6	-304.4	-303.6
(6) $CH_4+SO_2 \longrightarrow COS+H_2O+H_2$	-161.4	-199.3	2.5	-1.3
(7) $CS_2+H_2O \longrightarrow COS+H_2S$	-44.6	-47.5	-31.7	-30.9
消耗(8) $COS+H_2O \longrightarrow H_2S+CO_2$	-32.1	-31.7	-34.6	-33.8
(9) $2COS+SO_2 \longrightarrow 3/2S_2+2CO_2$	-90.1	-105.1	-25.0	-26.3
(10) $COS+CO+SO_2 \longrightarrow S_2+2CO_2$	-85.9	-80.1	-113.0	-112.6
(11) $COS+H_2 \longrightarrow CO+H_2S$	-35.0	-43.0	-2.1	-3.8
(12) $COS+3/2O_2 \longrightarrow CO_2+SO_2$	-455.4	-432.4	-553.4	-553.4
(13) $COS \longrightarrow CO+1/2S_2$	-4.2	-25.4	88.0	86.3

①吉布斯自由能的变化，负值表示有自发反应的可能性。

②列出的是反应热，负值则表示放热反应。

表 3-4　常规克劳斯法燃烧炉内可能生成或消耗 CS_2 的副反应　　mol

反应	ΔF[①]/kJ		ΔH[②]/kJ	
	927℃	1204℃	927℃	1204℃
生成(1) $C_1+2S_1 \longrightarrow CS_2$	-307.7	-275.6	-443.7	-444.9
(2) $CH_4+2H_2S \longrightarrow CS_2+CH_4$	2.5	-57.1	259.8	260.6
(3) $CH_4+4S_1 \longrightarrow CS_2+2H_2S$	-699.7	-638.0	-965.8	-967.9
(4) $CH_4+2S_2 \longrightarrow CS_2+H_2S$	-121.7	-127.2	-99.7	-99.2
(5) $CO_2+3S_1 \longrightarrow CS_2+SO_2$	-330.7	-261.9	-627.2	-628.0
(6) $C_2H_6+7/2S_2 \longrightarrow CS_2+3H_2S$	-282.7	-305.7	-183.9	-183.9
(7) $C_3H_8+5S_2 \longrightarrow 3CS_2+4H_2S$	-430.1	-474.1	-261.5	-262.3
消耗(8) $CS_2+2H_2O \longrightarrow CO_2+2H_2S$	-76.7	-79.2	-66.3	-64.6
(9) $CS_2+SO_2 \longrightarrow CO_2+3/2S_2$	-102.6	-102.9	-22.5	-23.4
(10) $CS_2+CO_2 \longrightarrow 2CO_2+S_2$	-20.4	-66.3	178.9	175.6

①吉布斯自由能的变化，负值表示有自发反应的可能性。

②列出的是反应热，负值则表示放热反应。

(三) 高温克劳斯反应炉烧氨反应

1. 克劳斯反应炉烧氨反应

NH_3在高温克劳斯反应炉中的反应非常复杂，同时会发生氧化反应、分解反应，还会和SO_2、CO_2和S_2发生反应。主要反应式如下：

$$2NH_3+3/2O_2 \longrightarrow N_2+3H_2O \tag{3-3}$$

$$2NH_3 \longrightarrow N_2+3H_2 \tag{3-4}$$

$$2NH_3+SO_2 \longrightarrow 2H_2O+H_2S+N_2 \tag{3-5}$$

$$2NH_3+CO_2 \longrightarrow CO+H_2O+2H_2+N_2 \tag{3-6}$$

$$2NH_3+S_2 \longrightarrow H_2S_2+2H_2+N_2 \tag{3-7}$$

2. 克劳斯工艺装置烧氨影响

酸性气中氨对装置带来的危害，主要有以下几点：

1）酸性气中氨不完全燃烧，氨和气流中某些硫化物反应生成 NH_4HS、$(NH_4)_2S$、NH_4HSO_3、NH_4HSO_4等，氨盐与水蒸气在温度较低的部位，如硫冷器出口的液硫和过程气管线处以铵盐晶体形式析出，同时还会与催化剂粉尘、金属管线腐蚀物、耐火材料脱落物、酸性气不完全燃烧产生的炭黑和多硫化碳等形成固体混合物，堵塞管线使装置不能正常运行。

2）酸性气中由于氨的存在，氧化需要额外的空气，从而产生更多的氮气和水，降低了装置的处理能力和硫转化率。另外，氨消耗的空气量难以确定，对反应炉的合适配风带来了困难。

3）酸性气中氨燃烧过度，会产生微量的 NO_x，它对 SO_2进一步氧化成 SO_3有促进作用，使催化剂加速硫酸盐化。

（四）高温克劳斯反应炉烃类反应

酸性气中的烃类会提高反应炉的温度，增加原料气的空气需要量，主要反应见表 3-1，生成物 CO_2、H_2O 使过程气的 H_2S、SO_2浓度下降。另外烃类在高温反应炉内还会发生复杂的副反应，见表 3-2～表 3-4，它会使反应气中 COS 和 CS_2的含量增加，影响装置的硫回收率。在烃类组分较重或浓度较高时，在缺氧的条件下会分解产生碳（$C_6H_6 \longrightarrow 6C+3H_2$），并导致催化剂床层积炭，使反应器床层压降增加，催化剂活性下降。同时生产的炭会污染硫黄产品，甚至产生黑硫黄。为此一般要求酸性气中总烃体积含量小于 3%，不带或少带重烃（C_5 以上组分）。

（五）反应炉气风比影响

炼油厂硫黄装置大都采用部分燃烧法生产工艺，反应炉的气风比即进反应炉空气流量和酸性气流量的比值(一般为质量流量)，直接决定了过程气中硫化氢与二氧化硫的浓度比，同时从克劳斯反应的基本原理可以知道，反应器中硫化氢与二氧化硫反应的浓度比为 2∶1，即当过程气中 $H_2S/SO_2=2:1$ 时，克劳斯反应的平衡转化率最高，因此在装置运行中应尽可能满足这一条件，以获取最高转化率。硫黄回收装置气风比一般通过安装在最后一级硫冷器(或硫捕集器)后部的 H_2S/SO_2 在线比值分析仪进行实时分析检测，实现闭环监控和调节。空气的不足和过剩都影响硫黄回收率，反应炉配风量在同等条件下对转化率的影响关系见图 3-1，从图中可以看出，选择合适的气风比是很关键的操作，空气量不足或过剩均会降低硫黄回收率，但空气不足比空气过剩对硫黄回收率的影响更大。

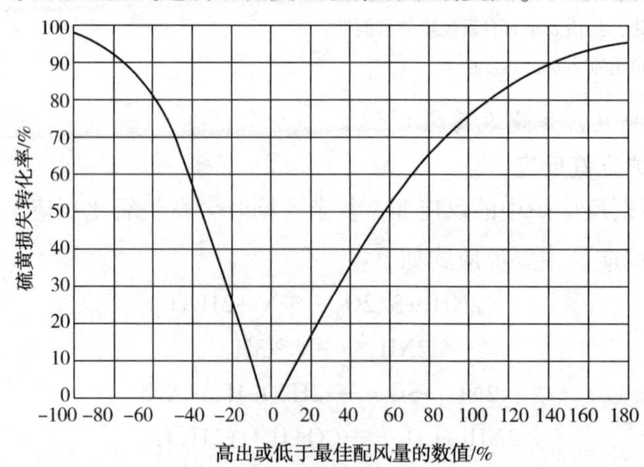

图 3-1　配风量与硫黄回收转化率关系对比

三、硫黄回收装置催化剂

（一）硫黄装置催化反应简介

催化剂：在化学反应里能够改变反应物化学反应速率(提高或降低)，不改变化学平衡，且本身的质量和化学性质在化学反应前后都没有发生改变的物质。硫黄回收装置催化反应主要包括制硫单元的低温克劳斯反应、有机硫水解反应和加氢单元的加氢反应和水解反应，催化剂为固相，反应介质全部为气相，是典型的固定床气-固相催化反应。

（二）制硫单元催化剂

制硫单元催化反应主要包括低温克劳斯反应和有机硫水解反应，低温克劳斯反应主要包括以下5个步骤：反应物料(H_2S和SO_2)向催化剂颗粒表面扩散；反应物料吸附在催化剂表面；在催化剂表面上进行反应；反应产物(S_x和H_2O)从催化剂表面上脱附；反应产物扩散离开催化剂颗粒。气-固反应催化剂的活性不仅与催化剂颗粒的外表面积(或其尺寸)有关，更与其孔结构有关。制硫催化剂一般包括：活性氧化铝催化剂、脱漏氧催化剂、助剂型氧化铝催化剂、含钛氧化铝催化剂、钛基有机硫水解催化剂、多功能复合催化剂等种类。

1. 制硫单元的反应

（1）低温克劳斯反应

$$H_2S+O_2 \rightleftharpoons SO_2+H_2O \tag{3-8}$$

$$2H_2S+SO_2 \rightleftharpoons S_x+2H_2O \tag{3-9}$$

（2）有机硫水解反应

$$CS_2+H_2O \rightleftharpoons COS+H_2S \tag{3-10}$$

$$COS+H_2O \rightleftharpoons H_2S+CO_2 \tag{3-11}$$

（3）硫酸盐化反应

在克劳斯反应条件下，原料气中存在的微量O_2能破坏Al_2O_3表面活性中心，导致催化剂中毒，具体反应如下。

$$Al_2O_3+3SO_2 \rightleftharpoons Al_2(SO_3)_3 \tag{3-12}$$

$$2SO_2+O_2 = 2SO_3 \tag{3-13}$$

$$Al_2O_3+3SO_3 = Al_2(SO_4)_3 \tag{3-14}$$

$$Al_2(SO_4)_3+9H_2S = Al_2O_3+9H_2O+3/2S_8 \tag{3-15}$$

反应式(3-12)是可逆反应，中毒的催化剂具备自足复原能力；反应式(3-14)在正常生产工况下是不可逆吸附反应，会导致催化剂失活；反应式(3-15)是失活催化剂的还原再生反应，需要特殊的操作安排。

（4）脱漏氧反应

漏氧保护催化剂上的铁离子优先和过程气中的氧反应。

$$FeS_2+3O_2 = FeSO_4+SO_2 \tag{3-16}$$

$$FeSO_4+2H_2S = FeS_2+SO_2+2H_2O \tag{3-17}$$

反应式3-16为除氧反应，反应式3-17为催化剂还原反应。

2. 活性氧化铝催化剂

活性氧化铝催化剂适用于普通克劳斯反应，一般装填于保护剂的下部。优点：初期活性好，压碎强度高，成本低，克劳斯硫回收率高。缺点：易发生硫酸盐化中毒，结构稳定性差，活性下降速度快，CS_2、COS等有机硫水解活性低。几种常用氧化铝催化剂物化性质见表3-5。

制硫催化剂发展趋势：大孔体积：≥0.45mL/g；大比表面积：≥350m²/g；合理的孔分布：孔径≥100nm 的孔体积占 30%，同时具备较强的耐硫酸盐化能力。

表 3-5 几种常用氧化铝催化剂物化性质

项目	普通型氧化铝催化剂			改进型氧化铝催化剂		
	LS-300	CT6-2B	S-201	CR-3S	727	LS-02
外观	白色小球	白色小球	白色小球	白色小球	白色小球	白色小球
外形尺寸/mm	ϕ4~6	ϕ4~6	ϕ4~6	ϕ3~5	ϕ3~5	ϕ3~5
比表面积/(m^2/g)	315	280	305	360	371	365
孔容/(mL/g)	0.41	0.42	0.41	0.47	0.48	0.48
大孔体积/(mL/g)	0.05	0.04	0.05	0.14	0.17	0.17
平均孔径/nm	4.40	4.30	4.20	4.89	4.96	4.88
强度/(N/颗)	150	140	150	120	120	120

3. 脱漏氧保护催化剂

优点：含有铁助剂，具有脱漏氧保护功能，保护下游氧化铝基催化剂，同时具有硫回收功能，其活性与氧化铝基催化剂基本相似。缺点：有机硫水解性能不理想。可部分装填，也可全床层装填。部分装填一般装填在催化剂床层的顶部，脱除过程气携带的氧气，保护下部的氧化铝催化剂，延长催化剂使用周期。几种常用脱漏氧保护催化剂的物化性质见表 3-6。

表 3-6 几种常用脱漏氧保护催化剂物化性质

项目	LS-971	CT6-4B	AM
外观	褐色小球	褐色小球	褐色小球
外形尺寸	ϕ4~6	ϕ4~6	ϕ4~6
比表面积/(m^2/g)	240	240	240
孔容/(mL/g)	0.35	0.34	0.33
平均孔径/nm	4.6	4.5	4.5
强度/(N/颗)	150	140	150
Al_2O_3/%(质)	80	80	80
$FeSO_4$/%(质)	5	5	5

4. 钛基制硫催化剂

钛基制硫催化剂：由于二氧化钛具有变价性能，硫化氢和二氧化硫在二氧化钛表面容易脱附，不易发生硫酸盐化，催化剂可保持较高的催化活性。同时由于氧化钛的表面酸性较弱，碱性中心较多，而有机硫的水解反应是在催化剂的碱性中心进行，因此钛基催化剂的有机硫水解活性较高，稳定性较好。优点：低温克劳斯反应和有机硫(CS_2、COS)水解活性高，总硫回收率高，耐氧稳定性好，不易发生硫酸盐化中毒，转化率高，可以缩小反应器体积。缺点：制备成本较高，孔容、比表面积低，反应启动温度高，磨耗较大抗结炭性能差。使用：特别适用于过程气中有机硫含量较高的反应过程或者没有尾气加氢单元的硫回收装置，可提高制硫单元硫回收率，减少硫的排放。近年来钛基制硫催化剂用量逐年增多，配套低温尾气加氢催化剂应用，装填在第一制硫反应器下部1/3~1/2处。几种常用钛基制硫催化剂物化性质见表3-7。

表3-7 几种常用钛基制硫催化剂物化性质

项　目	LS-901	LS-981G	CRS-31
外观	白色条形	白色条形	白色条形
外形尺寸	ϕ3×(2-15)	ϕ3×(2-15)	ϕ3×(2-10)
比表面积/(m^2/g)	110	130	120
孔容/(mL/g)	0.20	0.25	0.24
大孔孔容/(mL/g)	0	0	0
强度/(N/颗)	140	200	130
TiO_2/%(质)	80	85	85

5. 制硫单元催化剂钝化

（1）催化剂热浸泡

装置负荷降低至30%左右，提高制硫反应器床层温度到320℃，进行24~48h的催化剂热浸泡。如果催化剂需要在下周期继续使用，需要安排进行催化剂还原，热浸泡后期降低进炉空气量，使H_2S/SO_2比值达到3~4，反应器床层温度维持热浸泡工况，运转24h进行催化剂还原再生，以减少Al_2O_3催化剂上的硫酸盐数量。

（2）惰性气体吹扫

环保条件允许情况下，降低装置负荷，并提高反应炉配风(高于正常操作0.5~1.5倍)，进行二氧化硫吹扫。二氧化硫吹扫24h后，切换至燃料气燃烧吹扫，装置停止酸性气进料，吹扫时间48h。如果装置有热氮吹扫条件，热浸泡后直接停止酸性气料，改用热氮吹硫，赶净催化剂上吸附或沉积的元素硫。

（3）催化剂钝化

惰性气体吹扫完成后，逐步降低反应器床层温度至150℃，反应器引入微量空气进行催化剂钝化反应，前期控制尾气中O_2含量约为1%(体)，后期根据反应器床层温度(不超200℃)，逐步提高过程气氧含量最高至20%。催化剂钝化后期进行系统降温，当床层降至常温后方可打开反应器人孔。

（三）尾气加氢单元催化剂

硫黄装置尾气加氢催化剂大多以活性氧化铝为载体的钴/钼(Co/Mo)浸渍型催化剂，国外产品主要有荷兰壳牌公司的C-534、美国UOP公司的N-39、德国BASF公司的M8-10等，国内产品主要有齐鲁研究院的LS系列和天然气研究院的CT6系列。尾气加氢单元催化反应主要包括克劳斯尾气中的硫及二氧化硫还原反应、有机硫(COS、CS_2)水解反应，也是典型的气-固催化反应，反应主要包括以下5个步骤：反应物料向催化剂颗粒表面扩散；反应物料吸附在催化剂表面；在催化剂表面上进行反应；反应产物从催化剂表面上脱附；反应产物扩散离开催化剂颗粒。加氢催化剂一般根据使用温度不同分常规加氢催化剂、低温加氢催化剂和低温耐氧催化剂等。

1. 尾气加氢催化反应

（1）尾气加氢主反应

$$S_8+8H_2 = 8H_2S \tag{3-18}$$

$$SO_2+3H_2 = 2H_2S+H_2O \tag{3-19}$$

$$CS_2+4H_2 = 2H_2S+CH_4 \tag{3-20}$$

$$COS+4H_2 = 4H_2S+CO \tag{3-21}$$

$$COS+H_2O = H_2S+CO_2 \tag{3-22}$$

$$CS_2+H_2O = H_2S+COS \tag{3-23}$$

反应式(3-18)~反应式(3-21)为加氢反应，属放热反应；反应式(3-22)、反应式(3-23)为水解反应，属吸热反应。

（2）尾气加氢副反应

$$SO_2+2H_2S = 3S+2H_2O \tag{3-24}$$

$$SO_2+3CO = COS+2CO_2 \tag{3-25}$$

$$S_8+8CO = 8COS \tag{3-26}$$

$$CO+H_2O = CO_2+H_2 \tag{3-27}$$

$$CO+H_2S = COS+H_2 \tag{3-28}$$

$$CS_2+3H_2 = CH_3SH+H_2S \tag{3-29}$$

$$CH_3SH+H_2 = H_2S+CH_4 \tag{3-30}$$

$$2COS+SO_2 = 2CO_2+3S \tag{3-31}$$

$$2CS_2+SO_2 = 2COS+3S \tag{3-32}$$

（3）钴钼催化剂在有氢气无硫化氢工况下可能的反应(200℃以上工况)

$$3H_2+MoO_3 = 3H_2O+Mo \tag{3-33}$$

$$H_2+CoO = H_2O+Co \tag{3-34}$$

（4）钴钼催化剂在无氢情况下可能的反应

$$MoS_2+3SO_2 = 2MoO_3+7S \tag{3-35}$$

$$2Co_9S_8+9SO_2 = 18CoO+25S \tag{3-36}$$

$$2H_2S+SO_2 = 2H_2O+3S \tag{3-37}$$

上述三个反应，产生单质硫，会导致元素硫沉积，床层积硫。

（5）有氧气时可能发生的反应

$$MoS_2+7/2O_2 = MoO_3+2SO_2 \tag{3-38}$$

$$Co_9S_8+25/2O_2 = 9CoO+8SO_2 \tag{3-39}$$

2. 常规加氢催化剂

目前国内应用的常规加氢催化剂有C-534、LS-951Q、LS-951T、CT6-5B，其中C-534为进口产品，随着国产催化剂性能的提升，目前进口催化剂量逐年减少。中国石化齐鲁石化公司研究院(简称齐鲁石化研究院)研发的LS-951T牌号催化剂，具有孔容和比表面积大、堆积密度小、低温活性和稳定性好、床层压降低等特点；LS-951Q牌号催化剂还具有强度高、有机硫水解活性良好等特点。中国石油西南油气田天然气研究院的CT6-5B催化剂具有性能稳定、强度高、磨耗率低、堆密度小等特点。表3-8为几种常规加氢催化剂的物化性质。

表 3-8　几种常用常规加氢催化剂物化性质

项　目	LS-951Q	LS-951T	CT6-5B
外观	蓝灰色小球	蓝灰色三叶草形	蓝灰色小球
外形尺寸/mm	$\phi 3 \sim 5$	$\phi 3 \times (2 \sim 8)$	$\phi 4 \sim 6$
侧压强度/(N/cm)	168	182(N/颗)	≥100(N/粒)
磨耗/%(质)	≤0.5	≤0.5	0.11
比表面积/(m^2/g)	312	335	204.7
孔容/(mL/g)	0.40	0.55	≥0.19(<30mm 孔)
堆密度/(kg/L)	0.78	0.6~0.7	0.88

3. 低温型尾气加氢催化剂

为实现节能操作，降低加氢反应器入口温度，并为加氢反应器入口过程气采用蒸汽加热创造条件，近年来低温型尾气加氢催化剂逐步得到研发和推广应用，常见的型号有 C-234(进口)、TG-107(进口)、LS-02、LS-03、LS-03A 等。低温型尾气加氢催化剂是通过在钴钼氧化铝催化剂的基础上添加助剂，提高催化剂的有机硫水解活性和耐水热稳定性，降低催化剂的使用温度。表 3-9 为 LS-02 牌号低温加氢催化剂物化性质。

表 3-9　LS-02 牌号低温加氢催化剂物化性质

项　目	LS-02	项　目	LS-02
外观	蓝灰色三叶草形	孔容/(mL/g)	≥0.30
外形尺寸/mm	$\phi 3$	堆密度/(kg/L)	0.75~0.85
磨耗/%(质)	≤0.5	活性组分含量/%(质)	≥15
比表面积/(m^2/g)	≥200		

4. 加氢催化剂脱氧原理

为适应处理 S-Zorb 装置再生烟气和硫黄装置液硫池废气工况，中国石化齐鲁石化公司研究院根据物料含氧、含蒸汽特性，研发了 LS-03、LS-03A 两个牌号的低温型加氢催化剂，该型号催化剂水热稳定性好，具备一定脱氧功能(抗氧能力体积浓度 1%)，具体脱氧原理如图 3-2 所示。

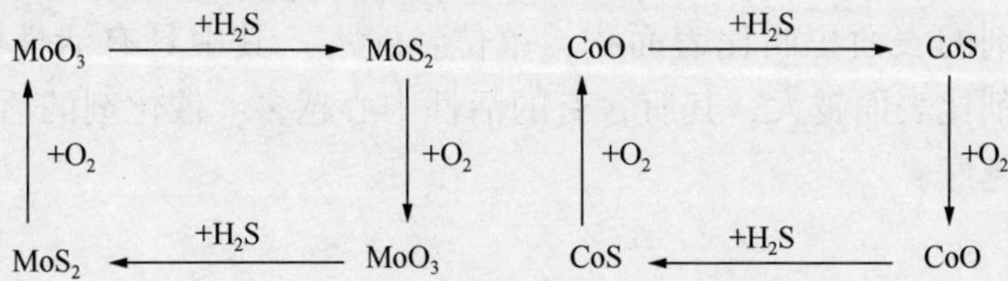

图 3-2　加氢催化剂脱氧反应原理图

具体反应过程为：进加氢反应器过程气含氧，过程气中的氧和催化剂的活性中心 MoS_2 和 Co_9S_8 发生如上述反应式(3-21)、反应式(3-22)反应，生产 MoO_3 和 CoO，随后 MoO_3 和 CoO 又和过程气中的 H_2S 和 H_2 发生硫化反应，重新生产 MoS_2 和 Co_9S_8，使催化剂具备自足恢复能力，反应式如下：

$$MoO_3+H_2S+2H_2 \longrightarrow MoS+3H_2O \qquad (3-40)$$

$$9CoO+8H_2S+H_2 \longrightarrow Co_9S_8+9H_2O \qquad (3-41)$$

5. 加氢催化剂预硫化

加氢催化剂为方便保存、运输及装填，生产的催化剂一般为氧化态，即活性组分为 MoO_3、CoO，但是生产中加氢催化剂的活性中心为 MoS_2 和 Co_9S_8，因此催化剂正式投用前，需要安排进行催化剂预硫化。预硫化主要过程如下：加氢催化剂床层温度升到 190℃时，建立系统 H_2 含量并保持在 3%左右，往反应器加注酸性气或者硫黄装置制硫尾气[要求尾气中 $(H_2S+COS)/SO_2$ 的比值达到 4~6]，控制过程气 H_2S 体积含量在 1%，然后开始反应器入口按 20℃/h 的速度升温，当床层中部温度达到 250℃时进行恒温操作，并将反应器入口的 H_2 含量提高到 4%~5%的范围，其间保持过程气 H_2S 体积含量稳定在 1%，在 250℃恒温状况下开始进行催化剂的预硫化操作。当反应器入口和出口的 H_2S 浓度达到平衡或反应器出口的 H_2S 浓度略高于入口的 H_2S 浓度时，可判断催化剂预硫化基本完成；亦可参考床层温升变化情况，当床层温度不再上升或略有下降时，即判定催化剂预硫化结束。对于常规加氢催化剂，可再次提温到 280℃，进行深度预硫化。

6. 加氢催化剂钝化

在硫黄装置停工前，控制加氢反应器催化剂床层中部温度以 20~30℃/h 的速度降温，至 250℃时将制硫尾气改出，同时逐步降低加氢反应器过程气 H_2 含量，在反应器温度降低到 100℃时，往反应器逐步引入微量氧，反应器入口 O_2 体积含量控制在 0.5%~1.0%，开始进行催化剂钝化反应。加氢催化剂钝化反应机理如上述反应式(3-18)、式(3-19)、式(3-21)、式(3-22)等方式进行。当床层温升不明显时，可按递次逐步提高 O_2 含量至 2%、3%、5%，直至 20%，但须保证反应器床层温度≤150℃。当反应器出入口过程气中 H_2S、SO_2、H_2、O_2、CO_2 含量基本上达到平衡且床层无温升时，可判断钝化已经结束。

（四）催化剂活性影响因素

1. 孔体积

孔体积指单位质量催化剂所具有的细孔总体积，单位：mL/g。其中又分为小孔体积：2~100nm(氮吸附、乙醇吸附)；大孔体积：100nm 以上(压汞法)。总孔容：大孔孔体积+小孔孔体积。肉眼可以观察到的机械孔道不能计孔体积。其中 3~10nm 的中型孔体积为催化剂提供了 95%的比表面积及相应的高转化率，适宜的大孔(100nm 以上)可增加反应介质扩散速度及反应物和产物的进出速度，但是大孔过多催化剂的强度会有所下降。

2. 比表面积

单位质量催化剂的表面积叫比表面积，单位：m^2/g。其中具有活性的表面叫作活性比表面。同一类催化剂比表面越大，其所含有的活性中心越多，催化剂的活性也相对越高，但并非比表面积越大越好。

3. 堆密度

堆密度是以催化剂颗粒堆积时的体积为基准的密度。堆密度有松装密度、紧密度(密相装填)、骨架密度、真密度等，其中密相装填可提高催化剂装填量(提高 10%~25%)和均匀性，减少催化剂之间的空隙，可提高反应器反应空速。

4. 压碎强度

压碎强度是指催化剂均匀施压直到压裂所承受的最大负荷，是保证催化剂长周期运转必要的条件。压碎强度和催化剂的孔结构密切相关，孔径越小，压碎强度越大。

5. 磨耗

磨耗是指催化剂抗磨损的强度。磨耗与催化剂的强度存在着一定的关系。磨耗率的高低直接关系到反应器床层的压降、催化剂粉化情况和硫黄产品的质量。过多的催化剂粉末会导致系统压降增加，发生沟流及引发硫黄块的形成并在冷凝器中产生硫雾及硫阻塞。

（五）装置催化剂级配方案

装置采用二级常规克劳斯+尾气净化工艺，一级克劳斯、二级克劳斯过程气再热方式均采用在线炉。克劳斯单元催化剂包括常规克劳斯反应 Al_2O_3 基催化剂和钛基催化剂，克劳斯尾气加氢单元采用常规尾气加氢催化剂。

表 3-10　VI硫黄装置反应器催化剂装填方案

项　目	催化剂	装填体积/m^3	装填位置
第一级常规克劳斯反应器	1/3Al_2O_3基(LS-300)	19	反应器上部
	2/3TiO_2基(LS-901)	36	反应器下部
第二级常规克劳斯反应器	Al_2O_3基(LS-300)	55	
尾气加氢反应器	LS-951Q	41	

四、硫黄装置醇胺溶剂

（一）醇胺溶剂发展历史

目前，国内大多数硫黄装置采用醇胺溶剂法脱硫工艺。该工艺具有流程简单、处理量大、对酸性组分适应范围广、脱除率高等优点，被广泛应用于含 H_2S 的炼油厂尾气治理。醇胺溶剂法脱硫工艺自 1930 年由 R. R Bottoms 发明并申请专利，至今已有 90 余年的发展历史。

回顾其发展历程，大致经历了以下 6 个阶段：①20 世纪 30 年代，脱硫脱碳装置都主要以乙醇胺(MEA)为溶剂；②20 世纪 50 年代初，二乙醇胺(DEA)为溶剂新工艺开发成功；③20世纪 50 年代后期，二异丙醇胺(DIPA)开始应用，早期硫黄回收装置 SCOT 法尾气处理工艺主要采用 DIPA 溶剂；④20 世纪 60 年代，壳牌公司开发成功 Sulfinol 溶剂，国内通常称之为砜胺法工艺，是由物理溶剂环丁砜与 DIPA 混合而成；⑤20 世纪 80 年代初，甲基二乙醇胺(MDEA 溶剂)逐步被广泛应用，我国也于 1980 年后在天然气净化和炼油厂气治理装置开始广泛应用 MDEA 溶剂，且于 1986 年完成 MDEA 选择性脱硫工艺的工业化；⑥20 世纪后期开始，新型配方型溶剂工艺(以 MDEA 为主要组分，再复配物理溶剂或化学添加剂)得到广泛应用。

（二）醇胺溶剂工艺原理及 MDEA 溶剂

1. 醇胺溶剂脱硫工艺原理

醇胺溶剂脱硫工艺是一种典型的吸收-再生反应过程。其中，醇胺按连接在氮原子上的氢原子数，可分为伯醇胺(如一乙醇胺 MEA)、仲醇胺(如二乙醇胺 DEA 和二异丙醇胺 DIPA)和叔醇胺(如甲基二乙醇胺 MDEA)3 类。因目前炼油厂几乎全采用 MDEA 溶剂或复配型 MDEA 溶剂，这里仅以 MDEA(甲基二乙醇胺)为例，展开相关内容的介绍。

MDEA 与 H_2S、CO_2的主要反应：

$$2R_3N+H_2S \rightleftharpoons (R_3NH)_2S \tag{3-42}$$

$$(R_3NH)_2S+H_2S \rightleftharpoons 2R_3NHHS \tag{3-43}$$

$$2R_3N+CO_2 \rightleftharpoons (R_3NH)_2CO_3 \tag{3-44}$$

$$(R_3NH)_2CO_3+H_2O+CO_2 \rightleftharpoons 2R_3NHHCO_3 \tag{3-45}$$

由于上述 MDEA 和 H_2S、CO_2的主要反应均为可逆反应，在吸收塔的常温条件下反应平衡向右移动，尾气中的酸性气体组分被溶剂吸收脱除，在再生塔的高温和蒸汽汽提条件下平衡向左移动，溶剂释放出酸性气体组分而再生。同所有其他的吸收-再生过程一样，加压和低温利于吸收；减压和高温利于再生，但为了减少溶剂损耗，溶剂再生塔底温度一般要求低于127℃。

2. MDEA选择性脱硫工艺原理

研究显示，各种醇胺与H_2S的反应都可被认为是瞬时反应。但各种醇胺与CO_2的反应速度却有很大差别。不同于MEA和DEA能与CO_2快速反应，MDEA由于结构上在氮原子上没有游离的氢根，因而不会生成氨基甲酸酯。按双膜理论，MDEA对H_2S和CO_2吸收速率的巨大差别是选择性吸收的基础。硫黄回收装置在生产中就是通过控制H_2S和CO_2与MDEA溶液的接触时间、接触面积，使之有利于H_2S的吸收反应，而不利于CO_2的吸收反应，以提高其选择性吸收能力。

3. MDEA溶剂主要理化性质及特点

甲基二乙醇胺（学名MDEA）为棕色液体，能溶于水，水溶液呈弱碱性，分子式为$C_5H_{11}N(OH)_2$，相对分子质量119.16，密度（20℃）为1.038~1.044g/cm³，冰点-21℃，黏度10cP（1cP=10^{-3}Pa·s），蒸发热124kcal/kg（1kcal=4.1868kJ），pH值8~9，不随水蒸气挥发。而在应用于硫黄回收装置脱硫工艺（相较于MEA和DEA）具有以下几个特点：①由于MDEA是叔醇胺，分子中不存在活泼H原子，因而化学稳定性好，溶剂不易降解变质；②MDEA溶液的发泡倾向和腐蚀性也均低于MEA和DEA，MDEA溶液的浓度可达到50%（质）以上，酸气负荷也可取0.5~0.6（H_2S与MDEA的摩尔比），甚至更高；③MDEA比MEA和DEA容易再生，且蒸气压也较低，故再生塔板数可适当减少；④MDEA的反应热（与CO_2、H_2S反应）较其他低；⑤选择性吸收H_2S效果好。

（三）醇胺溶剂工艺及影响因素

1. 硫黄装置醇胺溶剂工艺流程

如图3-3所示，Ⅵ硫黄装置采用MDEA醇胺溶剂的二级吸收两段再生工艺流程。过程气进入吸收塔T302，被塔顶贫液吸收净化，吸收了H_2S和部分CO_2等气体的富溶剂从吸收塔T302底进入富液泵P302，增压并经过换热后进入再生塔上塔再生，再生后的一部分半贫液由泵P305增压并换热冷却后进入吸收塔中部；另一部分半贫液进入再生塔T303下段继续再生为精贫液，由泵P303增压并换热冷却后进入吸收塔T302上部，溶剂循环使用。

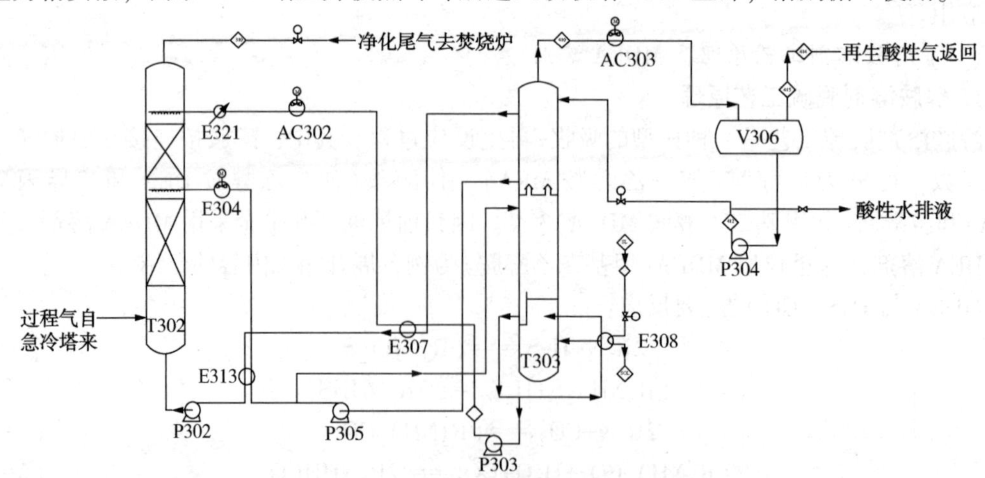

图3-3 Ⅵ硫黄装置溶剂吸收-再生流程简图

2. 硫黄装置醇胺溶剂脱硫影响因素

工业生产中，通常按照参与的醇胺溶剂是否吸收酸性组分(H_2S、$C0_2$等)分为贫胺液和富胺液，醇胺溶剂脱硫影响因素主要分为2类：①醇胺溶剂自身配比及组成；②包括塔操作温度及压力、气液比、贫胺液浓度、塔板数等实际生产工艺条件参数。以Ⅵ硫黄装置为例做简单讨论。

(1) 操作压力

对于吸收过程，压力越高脱硫效果越好，但操作压力受上游工艺限制，硫黄装置系统压力低(30kPa左右)，不会为了提高脱硫效果而对脱硫气体采取增压措施，一般选择工艺条件安全前提下压力适当即可。

(2) 贫液入塔温度

在Ⅵ硫黄装置溶剂吸收-再生系统中，最主要的温度参数有两个。影响吸收效果的吸收塔贫胺液入塔温度和影响富胺液再生效果的再生塔底温度。由表3-11实际生产数据及资料数据论证可知，贫液入塔温度对装置影响较大，正常操作中，应控制精贫液入塔温度不高于40℃，吸收塔顶温度不高于42℃。当吸收塔顶温度高于44℃时，贫胺液吸收H_2S效果有比较大下降。

表3-11　2017年6月Ⅵ硫黄装置溶剂极限条件测试数据

装置处理量/(m^3/h)	吸收塔顶温度/℃	溶剂循环量/(t/h)	蒸汽/溶剂配比	精贫液H_2S含量/(g/L)	净化后尾气H_2S/(mg/m^3)	净化后尾气总硫/(mg/m^3)	烟气SO_2/(mg/m^3)
9700	36	120	0.095	0.05	14.2	28.8	62
10400	35	120	0.095	0.03	8.52	16.7	57
9800	34	105	0.100	0.02	14.2	27.0	57
8400	33	100	0.11	0.03	7.1	13.7	33
8500	44	150	0.095	0.12	35	50.5	84
10000	41	150	0.095	0.10	19.8	26.5	65

(3) 富液再生塔底温度

图3-4为依据生产数据，借助Aspen Hysys V9.0模拟的实际再生塔工况下塔底温度对脱硫影响趋势图。从图中可看出，条件一定下，在塔底温度高于114℃以上时，富液再生塔底温度对脱硫效果影响趋于稳定，因此考虑装置能耗及溶剂损耗角度建议将塔底温度控制在118℃左右。

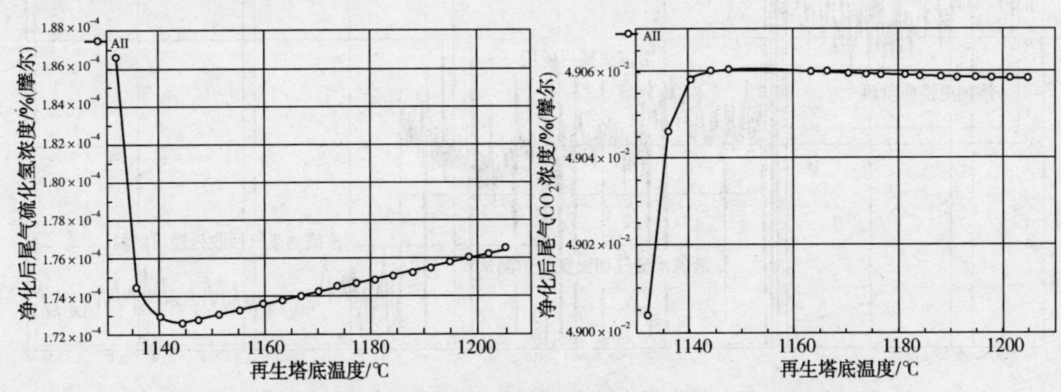

图3-4　富液再生塔底温度对脱硫影响趋势图(左图H_2S、右图CO_2)

(四) 溶剂外观

1. 富液与贫液颜色

刚刚配置的胺液颜色是透明的，一旦胺液开始接受过程气，颜色会出现变化。由于过程气中的硫化氢与铁发生反应，富液由无色迅速变为褐绿色，贫液一般显示淡棕色、淡黄色。随后硫化亚铁保护膜在管道、换热系统、塔器等设备表面积聚，逐步形成较为紧密的保护膜，可防止硫化氢与铁的进一步反应。如胺液颜色发红，说明胺液中含有大量的铁离子，也可能存在胺液氧化问题；贫液颜色偏绿色，说明贫液硫化氢含量较高，再生塔操作可能存在一定的问题。

2. 富液与贫液颗粒

胺液中一般都会存在固体颗粒，或多或少对系统产生一定的影响。固体颗粒的来源可能是 FeS、$FeCO_3$、HSS(热稳态盐)等多个方面，对于胺液中固体颗粒的数量没有严格的规定或行业标准，但固体颗粒的冲刷和磨损作用是胺液系统腐蚀主要原因之一。HSS 在胺液中的控制浓度在 1%~2%(质)，最高不应该超过 3%(质)。

(五) Ⅵ硫黄装置醇胺溶剂实际应用

Ⅵ硫黄装置尾气加氢单元采用二级吸收、二段再生技术，长期以来主要使用国产某品牌复合溶剂，净化后尾气总硫在 100mg/m³左右。为满足新的排放指标要求，2017 年 5 月装置实施了尾气提标改造，溶剂循环系统采用某进口品牌高效溶剂，随后进行装置工况测试。测试期间，溶剂浓度 40%，精贫液流量 120t/h、温度 40℃，半贫液流量 40t/h、温度 42℃，再生塔蒸汽单耗为 0.11t 蒸汽/t 溶剂，精贫液硫化物平均含量为 0.225g/L，净化前尾气硫化氢含量为 1.14%(体)，净化后尾气硫化氢含量为 15mg/m³。对比国产溶剂使用工况，在溶剂循环量、溶剂进塔温度、再生塔重沸器蒸汽流量等参数不变情况下，尾气净化效果增强，主要表现在装置烟气 SO_2 排放浓度从 350mg/m³下降至 200mg/m³，液硫池废气回收至反应炉处理后，装置烟气 SO_2 排放浓度下降至 50mg/m³左右，减排效果明显。近期通过持续优化操作和装置负荷调整，烟气 SO_2 排放浓度基本能稳定在 10~30mg/m³。Ⅵ硫黄装置溶剂更换前后三个阶段烟气 SO_2 排放趋势见图 3-5。

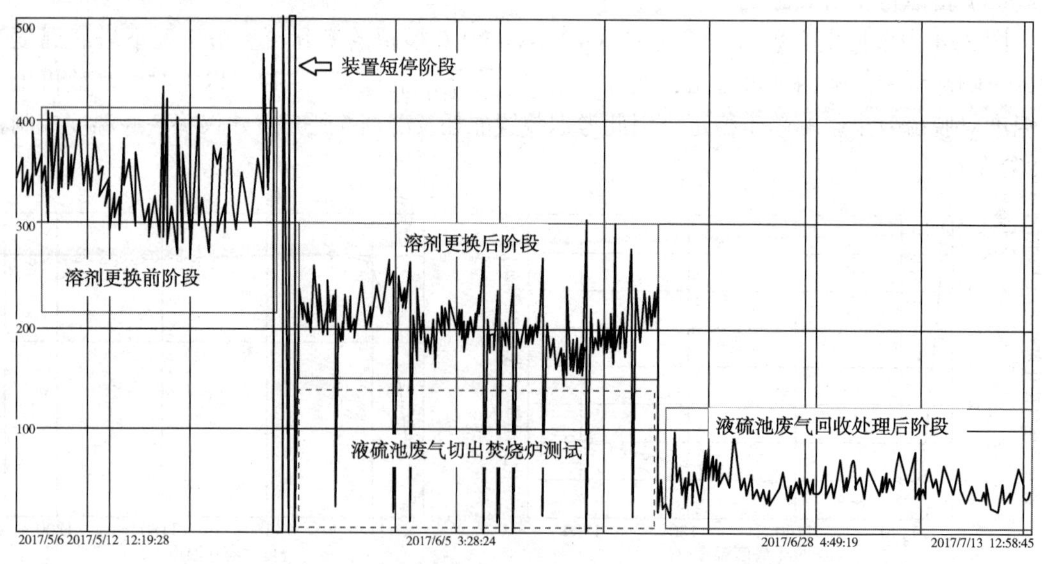

图 3-5 Ⅵ硫黄装置溶剂更换前后三个阶段烟气 SO_2 排放趋势

第四部分　工艺计算及分析

一、工艺技术条件设置

工艺的计算条件见表4-1。

表4-1　计算条件

序号	条件内容	序号	条件内容
1	反应炉通过假设测算，并忽略了CS_2等的微量的副反应	5	部分常数计算采用线性回归公式
2	把一般概念上的焓($U+pV$)和反应生成热、燃烧焓等合并统一考虑	6	不考虑液硫池废气进反应炉的影响
		7	酸性气中的烃全部按CH_4考虑
3	忽略了S_1~S_8的多种形态，只选取其中主要的S_2、S_6、S_8等进行计算	8	根据宁波气候条件，空气湿度按70%考虑
4	忽略了尾气吸收再生返回酸性气的迭代计算	9	系统压力先根据标定工况进行估算

二、高温克劳斯反应计算

(一) 反应炉酸性气原料测算

由标定数据，可得标定期间酸性气特性数据(见表2-4)，并以此作为工艺计算原料数据，得出装置反应炉酸性气原料情况见表4-2。

表4-2　反应炉酸性气原料

酸性气 / 原料性质	原料设计值/%(体)	酸性气湿基组分/%(体)	酸性气干基组分/%(体)	组分流量/(kmol/h)
H_2S	70	83.85	88.69	277.71
CO_2	16.2	7.55	7.99	25.01
H_2O	5.8	5.46		18.08
CH_4	3	0.09	0.10	0.30
N_2	0	0.02	0.02	0.07
NH_3	5	3.03	3.20	10.04
组分合计	100	100	100	331.2
平均相对分子质量	33.30	33.35		
温度/℃	40	140		
压力/kPa	50	18		
流量/(m^3/h)		9637.59		
流量/(kg/h)		11045.52		

由酸性气湿基组分，通过去除组分中的H_2O含量，可以计算干基状态下的各组分含量，见表4-2。

为消除过程气中的水分对采样及化验分析的影响，本次标定中，装置过程气样品均使用干基样品(过滤水分)，分析数据可视为干基数据，为此可通过计算组分干基数据，进行计算数据和化验分析数据比对。

(二) 空气组分测算

通过查询《主要城市室外气象设计计算参数》，宁波夏季通风室外相对湿度为70%，以该湿度作为计算值，标定期间环境温度为35℃，查询空气绝对湿度与相对湿度对应表(见表4-3)。

表 4-3　空气绝对湿度与相对湿度对应表(大气压 10^5Pa)

温度/℃	相对湿度(RH)																			
	5%	10%	15%	20%	25%	30%	35%	40%	45%	50%	55%	60%	65%	70%	75%	80%	85%	90%	95%	100%
	绝对湿度/(g/m³)																			
5	0.34	0.68	1.02	1.36	1.70	2.04	2.38	2.72	3.06	3.40	3.73	4.07	4.41	4.75	5.09	5.43	5.77	6.11	6.45	6.79
10	0.47	0.94	1.41	1.88	2.35	2.82	3.29	3.76	4.23	4.70	5.16	5.63	6.10	6.57	7.04	7.51	7.98	8.45	8.92	9.39
15	0.64	1.28	1.92	2.56	3.21	3.85	4.49	5.13	5.77	6.41	7.05	7.69	8.33	8.97	9.62	10.26	10.90	11.54	12.18	12.82
20	0.86	1.73	2.69	3.45	4.32	5.18	6.04	6.91	7.77	8.64	9.50	10.36	11.23	12.09	12.95	13.82	14.68	15.54	16.41	17.27
25	1.15	2.30	3.45	4.60	5.75	6.90	8.05	9.20	10.35	11.51	12.66	13.81	14.96	16.11	17.26	18.41	19.56	20.71	21.86	23.01
30	1.52	3.03	4.55	6.06	7.58	9.09	10.61	12.12	13.64	15.16	16.67	18.19	19.70	21.22	22.73	24.25	25.76	27.21	28.79	30.31
35	1.98	3.95	5.93	7.90	9.88	11.85	13.83	15.80	17.78	19.76	21.73	23.71	25.68	27.66	29.63	31.61	33.58	35.56	37.53	39.51
40	2.55	5.10	7.65	10.20	12.75	15.30	17.85	20.40	22.95	25.50	28.05	30.60	33.15	35.70	38.25	40.80	43.35	45.90	48.46	51.00
45	3.26	6.52	9.78	13.04	16.30	19.56	22.82	26.08	29.34	32.61	35.87	39.13	42.39	45.65	48.91	52.17	55.43	58.69	61.95	65.21
50	4.13	8.27	12.40	16.53	20.66	24.80	28.93	33.06	37.19	41.33	45.46	49.59	53.72	57.86	61.99	66.12	70.25	74.39	78.52	82.65
55	5.19	10.39	15.58	20.78	25.97	31.17	36.36	41.56	46.75	51.95	57.14	62.33	67.53	72.72	77.92	83.11	88.31	93.50	98.70	103.89
60	6.18	12.95	19.43	25.91	32.39	38.86	45.34	51.82	58.29	64.77	71.25	77.72	84.20	90.68	97.16	103.63	110.11	116.59	123.06	129.54
65	8.02	16.03	24.05	32.06	40.08	48.09	56.11	64.12	72.14	80.15	88.17	96.18	104.20	112.21	120.23	128.24	136.26	144.27	152.29	160.30
70	9.85	19.69	29.54	39.39	49.24	59.08	68.93	78.78	88.62	98.47	108.32	118.16	128.01	137.88	147.71	157.55	167.40	177.25	187.09	196.94
75	12.02	24.03	36.05	48.06	60.08	72.09	84.11	96.12	108.14	120.16	132.17	144.19	156.20	168.22	180.23	192.25	204.26	216.28	228.29	240.31
80	14.57	29.13	43.70	58.27	72.83	87.40	101.97	116.53	131.10	145.67	160.23	174.80	189.36	203.93	218.50	233.06	247.63	262.20	276.76	291.33
85	17.55	35.10	52.65	70.20	87.75	105.29	122.84	140.39	157.94	175.49	193.04	210.59	228.14	245.69	263.24	280.78	298.33	315.88	333.43	350.98
90	21.02	42.04	63.05	84.07	105.09	126.11	147.13	168.14	189.16	210.18	231.20	252.22	273.23	294.25	315.27	336.29	357.31	378.32	399.34	420.36
95	25.03	50.06	75.09	100.12	125.15	150.18	175.21	200.24	225.27	250.30	275.33	300.36	325.39	350.42	375.45	400.48	425.51	450.54	475.57	500.60
100	29.65	59.30	88.94	118.59	148.24	177.89	207.54	237.18	266.83	296.48	326.13	355.78	385.42	415.07	444.72	474.37	504.02	533.66	563.31	592.96

得温度35℃，湿度70%空气水含量为27.66g/m³，不考虑水的体积占比。

由 $$pV=nRT \tag{4-1}$$

式中 p——压力，Pa；

V——体积，L；

T——温度，K；

R——摩尔气体常数，其值为8.3144J/mol·K；

n——物质的量，mol。

推导空气中水的摩尔分数为：

22.4×(273+空气温度)×空气水含量÷273÷1000÷18 =22.4×(273+35)×27.66÷273÷1000÷18

=0.0388=3.88%

则空气中水含量约3.88%。

空气组分简化为O_2、N_2和H_2O，干空气按N_2比O_2为78/21进行计算，则湿空气组分见表4-4。

表4-4 湿空气组分数据

组　分	N_2	O_2	H_2O	合计
数据/%(摩尔)	75.74	20.38	3.88	100

本装置全部空气均由主风机提供，后续计算中，空气组分均采用本表格数据。

（三）反应炉反应测算

1. 反应炉生产COS测算

本次标定期间，反应炉后部过程气分析数据COS体积含量为0.24%，计算时假定为0.25%，同时反应炉生成COS反应全部按反应式(4-1)进行，并通过分析过程气的COS浓度，反推该反应量。假设燃烧后过程气总量940kmol/h，则COS量为940×0.25%=2.35kmol/h。

$$2CO_2+1.5S_2 = 2COS+SO_2 \tag{4-2}$$

则可以得出以下关系：

$2CO_2$	$1.5S_2$	$2COS$	SO_2
2	1.5	2	1
2.35	1.763	2.35	1.175

2. 反应炉NH_3反应测算

反应炉NH_3反应全部按反应式(4-3)进行，并完全在反应炉内完成反应。表4-2显示酸性气NH_3流量为10.04kmol/h。

$$2NH_3+SO_2 = 2H_2O+H_2S+N_2 \tag{4-3}$$

则可以得出以下关系：

$2NH_3$	SO_2	N_2	$2H_2O$	H_2S
2	1	1	2	1
10.04	5.02	5.02	10.04	5.02

3. 反应炉产生氢气反应

反应炉产生氢气反应按反应式(4-4)进行，并通过分析过程气的H_2浓度，反推反应炉产氢量，分析数据显示，反应炉余热锅炉后 H_2 含量湿基为 2.0%，假设燃烧后过程气总量 940kmol/h，则 H_2 量为 940×2.0% = 18.8。

$$H_2S = 1/2S + H_2 \tag{4-4}$$

则可以得出以下关系：

H_2S	1/2S	H_2
1	0.5	1
18.8	9.4	18.8

4. 反应炉烃燃烧反应

酸性气烃全部按 CH_4 考虑，且在反应炉中全部按反应式(4-5)燃烧完全，表 4-2 显示酸性气烃流量为 0.30kmol/h。

$$CH_4 + 2O_2 = CO_2 + 2H_2O \tag{4-5}$$

则可以得出以下关系：

CH_4	$2O_2$	CO_2	$2H_2O$
1	2	1	2
0.30	0.60	0.30	0.60

5. 反应炉 H_2S 燃烧反应测算

假设反应炉进行分步反应，先对组分进行燃烧，再进行高温克劳斯反应。在考虑反应炉烧氨、产氢、烧烃、生产 COS 等反应基础上，酸性气中参与燃烧生产二氧化硫的硫化氢量按三级硫冷器出口过程气中 H_2S/SO_2 为 2 进行配风核算。

1）副反应产销量统计：

消耗 H_2S 的副反应主要是反应式(4-4)产氢反应，消耗的 H_2S 为 18.80kmol/h。

产销 SO_2 的副反应主要是反应式(4-2)、反应式(4-3)烧氨反应，消耗 SO_2 为 3.845kmol/h。

2）由第一制硫反应器出口过程气分析，COS 体积浓度在 0.01%，考虑到分析误差，假设第一制硫反应器中 COS 水解率 90%，则 COS 水解产生 H_2S 会增加过程气中 H_2S 的量，并得到以下关系式。

$$COS + H_2O = H_2S + CO_2 \tag{4-6}$$

COS	H_2O	H_2S	CO_2
1	1	1	1
2.35×90%	2.115	2.115	2.115

则第一制硫反应器后部会增加 H_2S2.115kmol/h。

3）反应炉 H_2S 燃烧量核算：

考虑反应式(4-2)~反应式(4-6)反应影响，并把第三硫冷器后部的 H_2S/SO_2 比为 2 作为 H_2S 燃烧量计算点，假设燃烧的硫化氢为 X，由 H_2S 燃烧反应式：

$$H_2S + 3/2O_2 = SO_2 + H_2O \tag{4-7}$$

可以得到以下关系：

H_2S	O_2	SO_2	H_2O
1	1.5	1	1
X		X	

则燃烧后最终的 SO_2 为 $X-5.02+1.175$(kmol/h)；燃烧后最终的 H_2S 为 $277.71-X+5.02-18.80+2.115$(kmol/h)。

由 $H_2S/SO_2=2$，则 $(277.71-X+5.02-18.80+2.115)/(X-5.02+1.175)=2$，推算的 $X=91.245$kmol/h。

则主反应 $H_2S+3/2O_2=SO_2+H_2O$ 参加燃烧的硫化氢量为 91.245kmol/h。

则由反应式(4-7)，可以得到以下关系：

H_2S	O_2	SO_2	H_2O
1	1.5	1	1
X		X	
91.245	136.86	91.245	91.245

6. 反应炉燃烧空气需求量测算

反应炉反应总需氧量为 H_2S 燃烧需氧加甲烷燃烧需氧，由反应式(4-5)和反应式(4-7)，可得总需氧量为：136.86+0.60=137.46。

反应炉燃烧空气需求量计算数据见表4-5。

表4-5 反应炉空气量数据

空 气	空气组分/%(摩尔)	进炉空气量/(kmol/h)
N_2	75.74	510.86
O_2	20.38	137.46
H_2O	3.88	26.17
合计	100	674.49

7. 反应炉进炉原料组分及流量

结合表4-2和表4-5，并考虑 H_2S 燃烧量，得出反应炉进料及燃烧后气体组分情况见表4-6。

表4-6 反应炉进炉组分及流量 kmol/h

组 分	酸性气	空气	总气量	燃烧后气体
H_2S	277.71	0	277.71	172.69
CO_2	25.01	0	25.01	22.95
H_2O	18.08	26.17	44.25	146.13
CH_4	0.30	0	0.30	0.00
NH_3	10.04	0	10.04	0.00

续表

组　分	酸性气	空气	总气量	燃烧后气体
SO_2	0	0	0.00	87.40
N_2	0.07	510.86	510.92	515.94
O_2	0	137.46	137.46	0.00
COS	0	0	0	2.35
H_2	0	0	0	18.8
S_2	0	0	0	7.6375
合计	331.20	674.49	1005.69	973.90

8. 反应炉高温克劳斯反应

(1) 反应炉制硫平衡反应

假设反应炉有 X 硫化氢参与高温克劳斯反应生成硫黄，为简化计算，假设反应炉制硫反应产生的硫元素全部以 S_2 形式存在。

$$H_2S+0.5SO_2 \xlongequal{} 0.75S_2+H_2O \tag{4-8}$$

组分	H_2S	$0.5SO_2$	$0.75S_2$	H_2O
反应比例	1	0.5	0.75	1
假设反应量	X	$0.5X$	$0.75X$	X
反应结果量	115	57.5	86.25	115

反应炉制硫反应转化率按60%~70%考虑，先取反应的硫化氢为120kmol/h，根据反应式(4-8)，则可以得到反应后组分情况，见表4-7。

表4-7　假定反应炉制硫反应后组分情况　　kmol/h

组　分	反应气体量	组　分	反应气体量
H_2S	52.69	O_2	0.00
CO_2	22.95	COS	2.35
H_2O	266.13	H_2	18.80
CH_4	0.00	S_2	97.64
NH_3	0.00	S_6	0.00
SO_2	27.40	S_8	0.00
N_2	515.94	合计	1003.90

然后根据高温克劳斯反应的热力学平衡和动力学平衡，核算该反应热力学和动力学平衡常数 K_p 相等，同时通过反应前后物料热量守恒，以参与反应的物料量和反应后物料温度进行迭代计算，得到参与反应的 H_2S 物料量和反应后组分温度，并最终确定反应炉转化率。

(2) 介质焓值参数

根据装置各气体组分在一定温度下的焓值，利用 Excel 表格对相关函数进行线性回归，硫黄装置相关介质焓值见表4-8。

表 4-8　硫黄装置相关介质焓值　　MJ/kmol

项　目	700℃	800℃	900℃	1000℃	1100℃	1200℃
H_2S	6.389	10.958	15.661	20.489	25.418	30.43
CO_2	-361.55	-356.08	-350.51	-344.85	-339.11	-333.29
H_2O	-216.83	-212.68	-208.42	-204.06	-199.6	-195.04
CH_4	-38.466	-31.179	-23.522	-15.539	-7.28	1.2
NH_3	-14.004	-8.118	-1.92	4.554	11.268	18.186
SO_2	-264.06	-258.64	-252.17	-247.65	-239.99	-236.47
N_2	20.581	23.866	27.209	30.598	34.024	37.476
O_2	21.765	25.263	28.803	32.38	35.991	39.627
COS	-107.22	-101.53	-95.78	-89.989	-84.144	-78.274
H_2	19.874	22.903	25.97	29.075	32.22	35.409
S_2	148.87	152.6	156.4	160.03	163.75	167.5
S_6	177.94	187.66	197.54	205.3	217.74	228.07
S_8	193.73	206.41	219.3	232.39	245.68	259.17
CO	-89.734	-86.4	-83.02	-79.584	-76.111	-72.613
CS_2	154.1	160	165.94	171.9	177.89	183.89

（3）H_2S 焓值回归及验证

选择 H_2S 和温度参数，通过 Excel 表格，在表格中插入所选数据的散点图，如图 4-1 所示。

选择 Excel 表格选中其中一个“散点”，右键点击，选择“添加趋势线”，选择“趋势线选项”，选择“多项式”，顺序为“2 至 5”，本次计算选择 4 项式进行，同时选择“显示公式”，得到图 4-2。

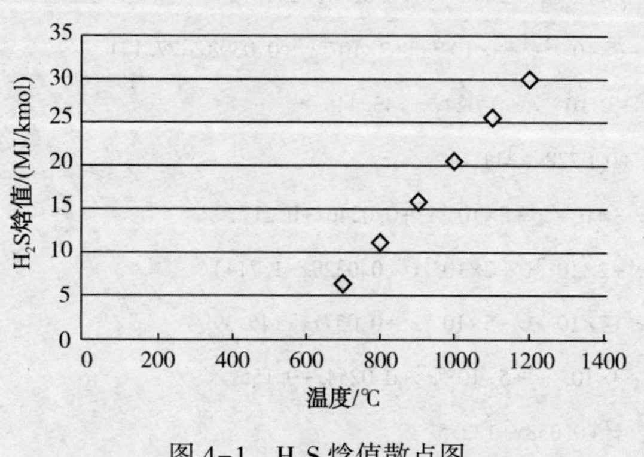

图 4-1　H_2S 焓值散点图

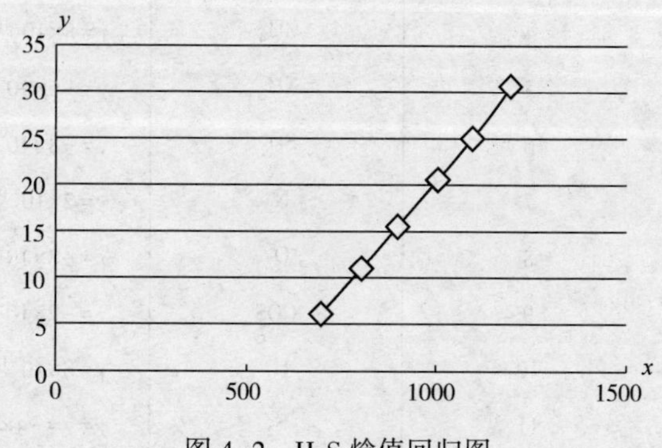

图 4-2　H_2S 焓值回归图

得到回归 H_2S 焓值与温度的 4 项式公式：

$$y=-2\times10^{-12}x^4+4\times10^{-9}x^3+4\times10^{-6}x^2+0.0357x-21.586 \tag{4-9}$$

其中“x”为温度数据，单位为℃。

同理可以求得以下各项组分的焓值回归公式见表 4-9，直接查询焓值回归公式，CO、CS_2本计算不考虑，焓值回归未计算。

表 4-9 硫黄装置各组分焓值回归公式

项	目	回归公式
1	H_2S	$y=-2\times10^{-12}x^4+4\times10^{-9}x^3+4\times10^{-6}x^2+0.0357x-21.586$
2	CO_2	$y=2\times10^{-12}x^4-9\times10^{-9}x^3+2\times10^{-5}x^2+0.0382x-394.94$
3	H_2O	$y=2\times10^{-12}x^4-8\times10^{-9}x^3+2\times10^{-5}x^2+0.0258x-241.12$
4	CH_4	$y=-2\times10^{-12}x^4+4\times10^{-10}x^3+3\times10^{-5}x^2+0.0366x-76.553$
5	NH_3	$y=-6\times10^{-9}x^3+3\times10^{-5}x^2+0.024x-43.446$
6	SO_2	$y=-9\times10^{-10}x^4+3\times10^{-6}x^3-0.0045x^2+2.753x-903.15$
7	N_2	$y=2\times10^{-13}x^4-3\times10^{-9}x^3+8\times10^{-6}x^2+0.0246x+0.2171$
8	O_2	$y=-8\times10^{-13}x^4+2\times10^{-9}x^3-2\times10^{-7}x^2+0.0329x-1.7144$
9	COS	$y=-2\times10^{-12}x^4+7\times10^{-9}x^3-5\times10^{-6}x^2+0.0571x-146.39$
10	H_2	$y=8\times10^{-13}x^4-3\times10^{-9}x^3+5\times10^{-6}x^2+0.0254x+0.155$
11	S_2	$y=4\times10^{-11}x^4-1\times10^{-7}x^3+0.0002x^2-0.0715x+146.42$
12	S_6	$y=-9\times10^{-10}x^4+4\times10^{-6}x^3-0.0052x^2+3.3783x-647.59$
13	S_8	$y=2\times10^{-12}x^4-8\times10^{-9}x^3+2\times10^{-5}x^2+0.1036x+112.53$

由上述的回归公式，对表 4-9 各温度点的焓值进行计算验证，发现部分回归公式偏差较大，再次进行改变回归项数进行回归，得到各回归公式见表 4-10。

表 4-10 硫黄装置各组分焓值回归校正公式

项	目	回归公式
1	H_2S	$y=-2\times10^{-12}x^4+4\times10^{-9}x^3+4\times10^{-6}x^2+0.0357x-21.586$
2	CO_2	$y=2\times10^{-12}x^4-9\times10^{-9}x^3+2\times10^{-5}x^2+0.0382x-394.94$
3	H_2O	$y=2\times10^{-12}x^4-8\times10^{-9}x^3+2\times10^{-5}x^2+0.0258x-241.12$
4	CH_4	$y=8\times10^{-16}x^5-6\times10^{-12}x^4+8\times10^{-9}x^3+2\times10^{-5}x^2+0.0398x-77.141$
5	NH_3	$y=-6\times10^{-9}x^3+3\times10^{-5}x^2+0.024x-43.446$
6	SO_2	$y=-8\times10^{-6}x^2+0.0728x-311.08$
7	N_2	$y=2\times10^{-13}x^4-3\times10^{-9}x^3+8\times10^{-6}x^2+0.0246x+0.2171$
8	O_2	$y=-8\times10^{-13}x^4+2\times10^{-9}x^3-2\times10^{-7}x^2+0.0329x-1.7144$
9	COS	$y=-2\times10^{-12}x^4+7\times10^{-9}x^3-5\times10^{-6}x^2+0.0571x-146.39$
10	H_2	$y=8\times10^{-13}x^4-3\times10^{-9}x^3+5\times10^{-6}x^2+0.0254x+0.155$
11	S_2	$y=y=-4\times10^{-7}x^2+0.038x+122.5$
12	S_6	$y=y=2\times10^{-5}x^2+0.0545x+128.47$
13	S_8	$y=2\times10^{-12}x^4-8\times10^{-9}x^3+2\times10^{-5}x^2+0.1036x+112.53$

使用表 4-10 回归校正公式进行一定温度情况下的焓值验证，验证公式为：

(表 4-8 焓值-回归计算)÷表 2 焓值×100% (4-10)

得到表 4-11 验证结果。

表 4-11 硫黄装置各组分焓值回归验证偏差 %

项　目	700℃	800℃	900℃	1000℃	1100℃	1200℃
H_2S	2.08	1.78	1.74	1.83	1.96	2.14
CO_2	0.15	0.20	0.26	0.32	0.39	0.48
H_2O	0.60	0.81	1.06	1.34	1.67	2.05
CH_4	1.10	1.86	3.27	6.42	17.46	-132.67
NH_3	0.00	0.00	0.00	0.00	0.00	0.00
SO_2	0.01	0.26	0.05	0.55	-0.29	0.52
N_2	1.00	1.27	1.57	1.90	2.25	2.64
O_2	0.25	0.35	0.47	0.60	0.74	0.89
COS	0.25	0.38	0.54	0.78	1.07	1.47
H_2	1.64	1.91	2.18	2.48	2.78	3.10
S_2	-0.02	-0.03	0.02	-0.04	-0.04	-0.01
S_6	0.85	1.49	1.93	1.13	2.35	2.37
S_8	0.59	0.72	0.84	0.97	1.10	1.23

上表显示，除 CH_4外，各回归公式验证偏差绝对值基本小于 3%，可以作为焓值回归公式进行其他温度工况下的焓值计算。由于 CH_4组分含量少，回归偏差不再考虑。

(4) 反应炉进料组分焓值和热量计算

根据表 4-6 和上述焓值回归公式，测算反应炉入口组分的焓值，见表 4-12。

同时根据装置实际生产工况，酸性气和空气进反应炉温度和压力均为 140℃、118kPa，酸性气和空气均经过余热。

$$组分热值=组分量\times组分焓值 \tag{4-11}$$

表 4-12 反应炉入口物料数据(温度 180℃，压力 118kPa)

项　目	反应炉入口组分/(kmol/h)	组分焓值/(MJ/kmol)	反应炉入口组分热量/(MJ/h)
H_2S	277.71	-16.50	-4582.07
CO_2	25.01	-389.22	-9732.78
H_2O	44.25	-237.14	-10494.19
CH_4	0.30	-71.16	-21.21
NH_3	10.04	-39.51	-396.54
SO_2	0.00	-301.04	0.00
N_2	510.92	3.81	1946.49
O_2	137.46	2.89	397.65
COS	0.00	-138.48	0.00
H_2	0.00	3.80	0.00
S_2	0.00	127.81	0.00

续表

项　目	反应炉入口组分/(kmol/h)	组分焓值/(MJ/kmol)	反应炉入口组分热量/(MJ/h)
S_6	0.00	136.49	0.00
S_8	0.00	127.40	0.00
合计	1005.69		-22882.64

(5) 反应炉转化率计算

根据反应炉温度迭代求解方式，计算反应炉转化率，具体如图 4-3 所示。

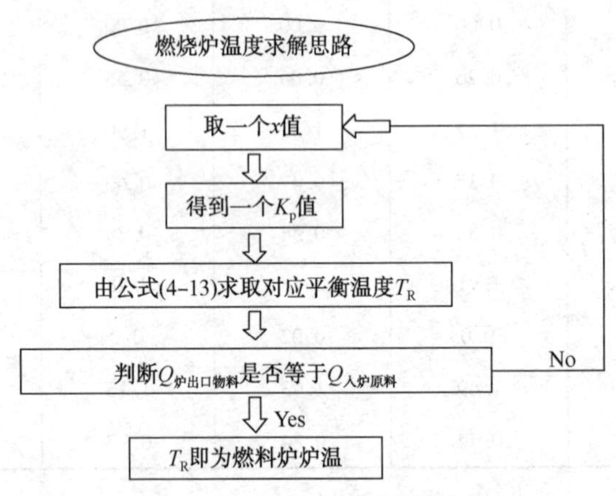

图 4-3　反应炉温度迭代计算流程

根据装置实际工况，反应炉烧嘴压降 1kPa，反应炉压力为 117kPa，根据反应式 4-7，达到平衡时，反应式变化的摩尔量，$\Delta n=1/4$，根据反应动力学方程，得到反应平衡常数公式：

$$K_p=\frac{[H_2O][S_2]^{\frac{3}{4}}}{[H_2S][SO_2]^{0.5}}\cdot\left[\frac{\pi}{\sum n_i}\right]^{\frac{1}{4}} \tag{4-12}$$

式中　K_p——反应平衡常数；

$[H_2O]$——反应平衡摩尔数，kmol/h；

$[S_2]$——S_2 的反应平衡摩尔数，kmol/h；

$[H_2S]$——H_2S 的反应平衡摩尔数，kmol/h；

$[SO_2]$——SO_2 的反应平衡摩尔数，kmol/h；

π——反应气相压力，绝压，kPa；

n_i——反应产物组分摩尔数。

同时反应炉高温 Claus 反应，温度≥700K，根据反应热力学方程得到反应平衡常数和温度 T 的公式。

$$\ln K_p=-4438/T+1.3260\ln T-1.58\times10^{-3}T+0.2611\times10^{-6}T^2-2.1235 \tag{4-13}$$

式中　K_p——反应平衡常数；

T——反应产物温度，K。

在 Excel 表格内按上述公式(4-4)、公式(4-5)进行简单编程，进行反应炉内不同转化率(不同数量摩尔硫化氢反应)的迭代计算，并根据装置工况给定不同反应炉温度进行迭代计算，分别计算出反应式(4-7)的动力学反应平衡常数 K_p、热力学反应平衡常数 K_p 和反应炉反应后的各组分热值总和，根据反应式(4-7)的动力学反应平衡常数 K_p 和热力学反应平衡常数 K_p 相等、反应炉反应前后总热值相等判断反应炉转化率。

另外，在反应炉热值计算中，考虑热损失5%，即：

$$Q_{损}=-Q_{入}\times0.05 \tag{4-14}$$

$$Q_{入}-Q_{出}=Q_{损} \tag{4-15}$$

通过Excel表格迭代计算，当反应炉硫化氢转化到122.41kmol/h，且反应炉温度在1561.61K(1288.62℃)时，满足反应式(4-7)的动力学反应平衡常数 K_p 和热力学反应平衡常数 K_p 相等，同时在考虑热损失的基础上，反应炉反应前后总热值相差0.14MJ，可认为热值相等。

此时反应炉反应式(4-7)反应平衡常数 K_p 根据公式(4-3)计算 $K_p=19.2$。

根据反应炉硫化氢反应量122.41kmol/h，反应炉温度1288.62℃，根据该问题下，通过焓值回归公式，计算反应后各组分焓值和反应平衡时热值，计算反应后组分物性，见表4-13。

表4-13　反应炉反应平衡状态物料数据(温度1288.62℃，压力117kPa)

项　目	反应平衡组分/(kmol/h)	反应后组分焓值/(MJ/kmol)	反应平衡组分热量/(MJ/h)	反应后组分比例/%(摩尔)
H_2S	50.28	34.10	1714.63	5.01
CO_2	22.95	-326.25	-7488.58	2.29
H_2O	268.54	-186.27	-50019.65	26.73
CH_4	0.00	10.77	0.00	0.00
NH_3	0.00	24.46	0.00	0.00
SO_2	26.20	-230.55	-6039.40	2.61
N_2	515.94	39.33	20293.79	51.36
O_2	0.00	42.42	0.00	0.00
COS	2.35	-71.65	-168.37	0.23
H_2	18.80	36.98	695.13	1.87
S_2	99.45	170.80	16985.54	9.90
S_6	0.00	231.91	0.00	0.00
S_8	0.00	267.64	0.00	0.00
合计	1004.50		-24026.91	100

由表4-12、表4-13及公式(4-14)，得出：

$$Q_{损}=Q_{入}-Q_{出}=(-22882.64)-(-24026.91)=1144.27\text{MJ/h}$$

根据公式(4-5)：$Q_{损}=-Q_{入}\times0.05=-(-22882.64)\times0.05=1144.13\text{MJ/h}$

验证热量符合前面假设要求。

根据表4-6反应炉燃烧后组分数据和表4-13反应炉反应平衡状态物料数据，可以求得反应炉制硫反应转化率=122.41÷172.69×100%=70.88%。

即反应炉转化率为70.88%。

三、反应炉废热锅炉进出工艺计算

为简化计算，反应炉过程气经废热锅炉降温后，过程气温度降低，期间发生硫元素相互转化反应，为简化计算，只考虑S_2同步转化为S_6和S_8，即：

$$3S_2 = S_6 \quad 4S_2 = S_8 \quad 4S_6 = 3S_8$$

同时反应后过程气在废热锅炉管束中降温过程其他化学反应忽略不计，废热锅炉管束压降按0.6kPa考虑，根据装置标定实际工况，反应炉废热锅炉出口温度为350℃。根据硫蒸气平衡曲线图4-4，可查询得到，在350℃工况下，S_2全部转化，S_6和S_8之比为0.25/0.575，且根据装置设计工况，反应炉废热锅炉后液硫未冷凝。

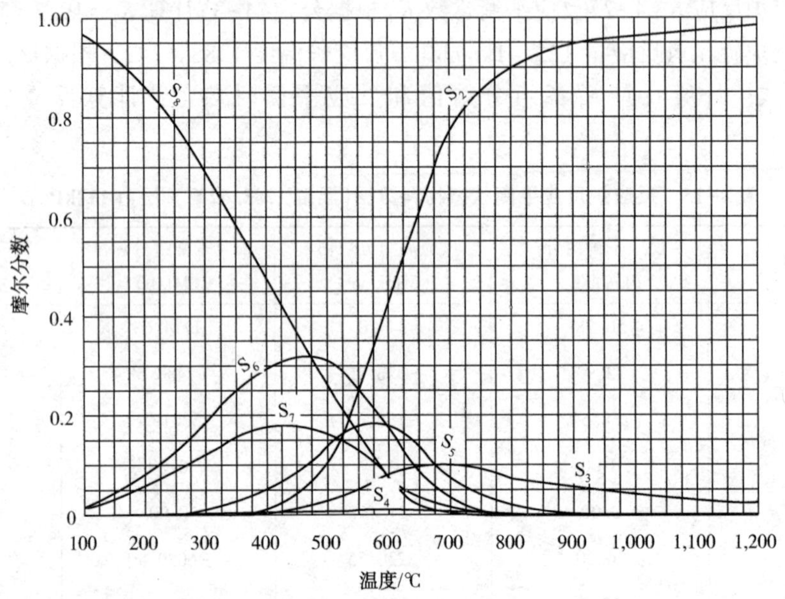

图4-4　硫蒸气平衡曲线图

假设锅炉后有Xmol的S_2转化为S_6，则由废热锅炉后过程气总硫平衡计算：

$$99.45\times2=6X+0.575/0.25\times8X$$

求得$X=8.15$，即尾气中S_6为8.15kmol/h，S_8为18.75kmol/h。

由此可以得出反应炉废热锅炉出口气相各组成情况，见表4-14。

同时根据废热锅炉出口温度350℃和表4-10焓值回归计算式，得出350℃时各组分的焓值，并计算出废热锅炉出口气相热量数据，具体见表4-14。

表4-14　反应炉废热锅炉出口物料数据(温度350℃，压力116.4kPa)

组　分	出口组分流量/(kmol/h)	组分焓值/(MJ/kmol)	组分热量/(MJ/h)	组分比例/%(摩尔)
H_2S	50.28	-8.46	-425.31	5.39
CO_2	22.95	-379.48	-8710.37	2.46
H_2O	268.54	-229.95	-61751.16	28.81
CH_4	0.00	-60.50	0.00	0.00

续表

组　　分	出口组分流量/(kmol/h)	组分焓值/(MJ/kmol)	组分热量/(MJ/h)	组分比例/%(摩尔)
NH_3	0.00	-31.63	0.00	0.00
SO_2	26.20	-286.58	-7507.05	2.81
N_2	515.94	9.68	4995.07	55.36
O_2	0.00	9.85	0.00	0.00
COS	2.35	-126.75	-297.86	0.25
H_2	18.80	9.54	179.37	2.02
S_2	0.00	135.75	0.00	0.00
S_6	8.15	150.00	1222.64	0.87
S_8	18.75	150.93	2829.55	2.01
合计	931.95		-69465.11	100.00

由表4-13和表4-14可计算废热锅炉需要取热热量为：

$$Q_{入}-Q_{出}=-24026.91-(-69465.11)=45438.19\text{MJ/h}$$

四、一级硫冷器出口组分及取热计算

根据装置标定工况，一级硫冷器气相出口温度为170℃，硫冷器压差按0.7kPa估算，即硫冷器出口过程气压力115.7kPa，废热锅炉出口过程气进入一级硫冷器后，气相温度再次降低，至硫冷器出口气相温度为170℃，其间热量被硫冷器取走，通过硫的饱和蒸气压核算，可以得出有液硫冷凝，同时为简化计算，气相和液相中的硫均按S_6和S_8计算。

（一）一冷出口硫冷凝计算

一冷出口温度假设170℃，查询图4-4硫蒸汽平衡曲线图，得出$S_6/S_8=0.05/0.90$。

假设该温度下，气相S_6先转化为S_8，且假设一冷出口有Xmol的S_6，则根据总硫平衡：$S_6\times6+S_8\times8=6X+0.90/0.05\times8X$，求得$X=1.33$，即硫冷器硫元素转化后，$S_6$为1.33kmol/h，则$S_8$为23.87kmol/h。并可根据转化平衡结果计算各组分比例，见表4-15。

根据硫饱和蒸气压和温度关系式：

$$\ln p_s=89.274-13463/T-8.9643\ln T \tag{4-16}$$

式中　p_s——饱和蒸气压，Pa；

T——温度，K。

根据公式4-16可得硫冷器后气相硫的饱和蒸气压p_s：

$$\ln p_s=89.273-13463/(273+170)-8.9643\times\ln(273+170)$$

$\ln p_s=4.26$，则$p_s=e^{4.26}=70.66$Pa。

根据气相硫分压公式：

$$p=\pi\sum S_e \tag{4-17}$$

式中　π——过程气压力，绝压，kPa；

p——平衡时过程气中硫饱和蒸气压，Pa；

S_e——气相中S_2、S_6、S_8各组分的摩尔分率。

根据公式(4-17)，假设过程气温度降低到170℃，平衡时还没有液硫冷凝出来，则此时液硫的气相分压为：

$$p=115.7\times(S_6\text{ 摩尔比}+S_8\text{ 摩尔比})\div100\times1000$$
$$=115.7\times(0.14+2.57)\div100\times1000=3135.47\text{Pa}$$

由此，硫冷器出口气相硫分压 $p\geqslant p_s$，可知硫冷器出口有液硫冷凝析出。

气相中的硫分压最终达到该温度（170℃）下的饱和蒸气压，即 $p=p_s$。

假设硫冷器出口剩余气相 S_6摩尔比为 X，硫分压降低到该温度下的饱和蒸气压，同时不考虑总摩尔数变化，根据公式 4-17，可得：

$$p=115.7\times(X+0.90/0.05\times X)\times1000=70.66\text{Pa}$$
$$X=70.66/115.7/(1+0.90/0.05)/1000=3.2\times10^{-5}$$

即第一硫冷器出口气相中 S_6摩尔比为 3.2×10^{-5}，同时可得第一硫冷器出口气相中 S_8摩尔比为 5.76×10^{-4}。

根据总硫元素平衡，计算得出第一硫冷器出口气相和液相组分见表 4-15。

表 4-15　一级硫冷器出口物料数据（温度 170℃，压力 115.7kPa）

组　分	出口析硫前 组分流量/(kmol/h)	出口析硫前 组分比例/%(摩尔)	出口析硫后 组分流量/(kmol/h)	出口析硫后 组分比例/%(摩尔)
H_2S	50.28	5.40	50.28	5.55
CO_2	22.95	2.47	22.95	2.53
H_2O	268.54	28.87	268.54	29.65
CH_4	0.00	0.00	0.00	0.00
NH_3	0.00	0.00	0.00	0.00
SO_2	26.20	2.82	26.20	2.89
N_2	515.94	55.46	515.94	56.97
O_2	0.00	0.00	0.00	0.00
COS	2.35	0.25	2.35	0.26
H_2	18.80	2.02	18.80	2.08
S_2	0.00	0.00	0.00	0.00
S_6	1.33	0.14	0.030	3.2×10^{-5}
S_8	23.87	2.57	0.538	0.06
气相合计	930.25	100.00	905.62	100
液相 S_6			1.296	
液相 S_8			23.329	
液硫量			24.625	

（二）一冷取热计算

第一硫冷器中的液硫冷凝过程，随着过程气温度减低至 170℃，假设气相中的 S_6、S_8只存在降温和相互转化过程，计算降温放热，再计算 170℃气相 S_6、S_8转化为液相 S_6、S_8相变热，最终计算得到第一硫冷器取热量。根据图 4-5S_6、S_8冷凝热图，可查询在 170℃工况下，S_6冷凝热为-420kJ/kg（即-82.32MJ/kmol），S_8冷凝热为-290kJ/kg（即-74.24MJ/kmol），且硫蒸气冷凝为放热，根据170℃时S_6、S_8冷凝热，可以算出第一硫冷器中S_6、S_8冷凝产生的热量。

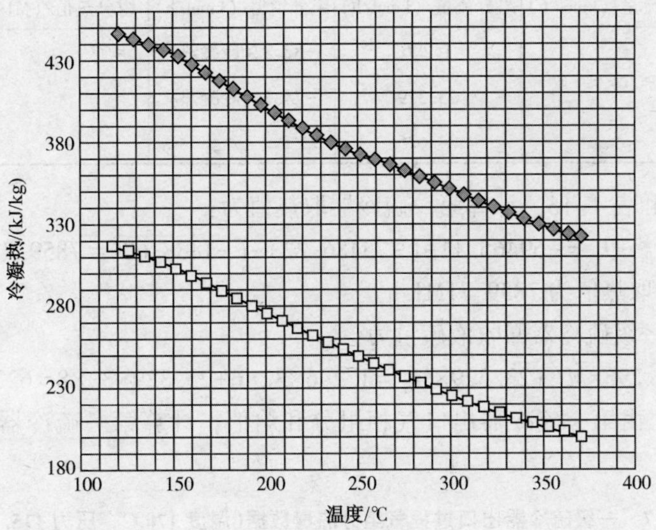

图4-5 S_6、S_8冷凝热图

—◆— S_6 —□— S_8

第一硫冷器S_6、S_8冷凝产生的热量：

$$1.296\times(-82.32)+23.329\times(-74.24)=-1838.60\text{MJ/h}$$

根据一级硫冷器出口温度170℃和表4-10焓值回归计算式，得出170℃时各组分的焓值和热值，具体见表4-16。

表4-16 一级硫冷器出口组分热量等数据(温度170℃，压力115.7kPa)

组 分	出口析硫前组分流量/(kmol/h)	出口析硫后组分流量/(kmol/h)	一冷出口组分焓值/(kmol/h)	出口析硫前组分热值/(MJ/h)	液硫冷凝热量/(MJ/h)
H_2S	50.28	50.28	-15.38	-773.41	
CO_2	22.95	22.95	-387.91	-8903.97	
H_2O	268.54	268.54	-236.19	-63427.01	
CH_4	0.00	0.00	-69.76	0.00	
NH_3	0.00	0.00	-38.53	0.00	
SO_2	26.20	26.20	-298.94	-7830.70	
N_2	515.94	515.94	4.62	2381.44	
O_2	0.00	0.00	3.88	0.00	
COS	2.35	2.35	-136.79	-321.47	
H_2	18.80	18.80	4.60	86.54	
S_2	0.00	0.00	128.95	0.00	
S_6	1.33	0.030	138.31	183.39	
S_8	23.87	0.538	130.68	3118.97	
气相合计	930.25	905.62		-75486.22	

续表

组　分	出口析硫前组分流量/(kmol/h)	出口析硫后组分流量/(kmol/h)	一冷出口组分焓值/(kmol/h)	出口析硫前组分热值/(MJ/h)	液硫冷凝热量/(MJ/h)
液相 S_6		1.296	-82.32(冷凝热)		-106.69
液相 S_8		23.329	-74.24(冷凝热)		-1731.91
液硫量		24.625			-1838.60

根据表 4-14 和表 4-16，计算第一硫冷器取热值为：

$$Q_{入}-Q_{出}-Q_{冷}=-69465.11-(-75486.22)-(-1838.60)=7859.71\text{MJ/h}$$

即第一硫冷器取热值为 7859.71MJ/h。

表 4-16 计算一级硫冷器回收液硫量为：

$$m_{硫}=1.296\times M_{S_6}+23.329\times M_{S_8}=1.296\times 32\times 6+23.329\times 32\times 8=6221\text{kg/h}$$

根据表 4-16，由第一硫冷器出口气相组分和焓值，计算第一硫冷器出口过程气热值，见表 4-17。

表 4-17　一级硫冷器出口过程气组分热量数据(温度 170℃，压力 115.7kPa)

组　分	一冷出口气相组分流量/(kmol/h)	一冷出口气相组分比例/%(摩尔)	一冷出口组分焓值/(MJ/kmol)	一冷出口气相组分热值/(MJ/h)
H_2S	50.28	5.546	-15.38	-773.41
CO_2	22.95	2.534	-387.91	-8903.97
H_2O	268.54	29.649	-236.19	-63427.01
CH_4	0.00	0.000	-69.76	0.00
NH_3	0.00	0.000	-38.53	0.00
SO_2	26.20	2.896	-298.94	-7830.70
N_2	515.94	56.978	4.62	2381.44
O_2	0.00	0.000	3.88	0.00
COS	2.35	0.259	-136.79	-321.47
H_2	18.80	2.075	4.60	86.54
S_2	0.00	0.000	128.95	0.00
S_6	0.030	0.003	138.31	4.14
S_8	0.538	0.059	130.68	70.34
气相合计	905.62	100.00		-78714.11

五、第一在线炉出口组分及加热计算

本装置采用在线炉加热工艺，主风机来的空气和配比的瓦斯在第一在线炉烧嘴内按化学配比完全燃烧，产生高温烟气，一级硫冷器出口过程气进入在线加热炉后部炉膛和烧嘴来的高温烟气直接混合，实现过程气加热升温，满足第一制硫反应器入口温度要求。

（一）在线炉燃料气和空气组分确定

根据7月23日燃料气分析数据和装置燃料气分子量在线检测值，同时对燃料气中的微量组分进行简化考虑，装置燃料气组分还原情况见表4-18。同时根据装置标定工况，燃料气温度90℃，燃料气压力580kPa，在线炉空气来自主风机，温度80℃，压力35kPa，同时根据表4-10焓值回归计算式得到在线炉燃料气和空气的焓值。

表4-18　装置在线炉燃料气和空气组分

燃料气			空气		
温度/℃		90	温度/℃		80
压力/kPa		580	压力/kPa		35
折算平均分子量/(kg/kmol)		17.90	平均分子量/(kg/kmol)		28.43
在线检测分子量/(kg/kmol)		17.80			
项目	比例/%(体)	焓值/(MJ/kmol)	项目	比例/%(体)	焓值(MJ/kmol)
CH_4	73	-73.392	O_2	20.38	0.917
C_2H_6	13	-80.150	N_2	75.74	2.235
C_3H_8	3	-99.990	H_2O	3.88	-238.9320
H_2	8	2.479			
N_2	3	2.494			
合计	100		合计	100	

注：C_2H_6、C_3H_8焓值直接通过HYSYS模拟确定。

（二）在线炉燃料气和空气流量计算

在线炉燃料气按化学当量配比燃烧，燃烧反应（其中N_2不参与反应）如下：

$$CH_4+2O_2 = CO_2+2H_2O \tag{4-18}$$

$$C_2H_6+3.5O_2 = 2CO_2+3H_2O \tag{4-19}$$

$$C_3H_8+5O_2 = 3CO_2+4H_2O \tag{4-20}$$

$$2H_2+O_2 = 2H_2O \tag{4-21}$$

假设一定量的燃料气进入在线炉和空气按化学当量配比燃烧，燃烧后的高温烟气和第一硫冷器来的过程气在在线炉膛内混合充分后，进入第一制硫反应器。由于是化学当量燃烧配比，在燃料气组分、空气组分确定的情况下，一定量的燃料气对应的空气量也是一定的，产生的高温烟气量也是一定的。

根据标定工况，在线炉出口过程气温度为240℃，在线炉炉膛压差0.1kPa，根据表4-10焓值回归计算式，可以计算在线炉出口各组分焓值。对于在线炉来说，有以下热量计算式：

$$Q_{入}+Q_{燃}+Q_{空}=Q_{出} \tag{4-22}$$

根据上述条件，用Excel表格列出计算关系式，并采用给定燃料气流量进行迭代计算，得到燃料气流量在2.5144kmol/h时，即燃料气流量45.01kg/h时，在线炉进出口热值满足公式(4-22)，符合生产情况。并由此得到如表4-19所示的第一在线炉燃烧物料表。

表 4-19　第一在线炉燃烧物料表

燃料气			空气		
温度/℃		90	温度/℃		80
压力/kPa		580	压力/kPa		35
折算平均分子量/(kg/kmol)		17.90	平均分子量/(kg/kmol)		28.43
在线检测分子量/(kg/kmol)		17.80			
项目	流量/(kmol/h)	热量/(MJ/h)	项目	流量/(kmol/h)	热量/(MJ/h)
CH_4	1.8355	-134.711	O2	5.293	4.855
C_2H_6	0.3269	-26.199	N2	19.670	43.958
C_3H_8	0.0754	-7.542	H2O	1.008	-240.7622
H_2	0.2012	0.499			
N_2	0.0754	0.188			
合计	2.5144	-167.765	合计	25.971	-191.95

根据燃料气燃烧后的烟气和过程气混合，计算第一在线炉出口过程气物性数据见表 4-20。

表 4-20　第一在线炉出口过程气物性数据表(温度 240℃，压力 115.6kPa)

组分	第一在线炉出口组分流量/(kmol/h)	第一在线炉出口组分比例/%(摩尔)	第一在线炉出口组分焓值/(MJ/kmol)	第一在线炉出口组分热值/(MJ/h)
H_2S	50.28	5.382	-12.739	-640.46
CO_2	25.67	2.748	-384.738	-9875.92
H_2O	274.70	29.403	-233.880	-64246.91
CH_4	0.00	0.000	-66.346	0.00
NH_3	0.00	0.000	-36.041	0.00
SO_2	26.20	2.804	-294.069	-7703.23
N_2	535.69	57.339	6.541	3503.98
O_2	0.00	0.000	6.195	0.00
COS	2.35	0.252	-132.884	-312.28
H_2	18.80	2.012	6.500	122.20
S_2	0.00	0.000	131.597	0.00
S_6	0.03	0.003	142.702	4.27
S_8	0.54	0.058	138.442	74.51
C_2H_6	0.00	0.000		
C_3H_8	0.00	0.000		
气相合计	934.25	100.00		-79095.65

根据公式(4-22)，验证第一在线炉进出热值：

$$Q_{入}+Q_{燃}+Q_{空}-Q_{出}=-78714.11+(-167.765)+(-191.95)-(-79073.825)=0.015\text{MJ/h}$$

偏差值可忽略，在线炉燃料气及空气核算符合要求。

六、第一制硫反应器计算

第一在线炉出口240℃的过程气进入第一反应器，进行低温克劳斯反应，为简化计算，反应器出口均按S_8估算，根据第一反应器出口COS体积浓度(<0.01%)，可近似认为第一反应器COS水解率95%，反应器压差按0.5kPa、反应器出口压力115.1kPa考虑。第一制硫反应器反应式：

$$\text{COS 水解反应：} COS+H_2O \xlongequal{} CO_2+H_2S \tag{4-23}$$

水解反应为吸热反应，按第一反应器COS水解率95%计算，可得以下关系式：

COS	H_2O	CO_2	H_2S
1	1	1	1
2.235×0.95	2.2325	2.2325	2.2325

$$\text{低温克劳斯反应：} 2H_2S+SO_2 \xlongequal{} 3/8S_8+2H_2O \tag{4-24}$$

由于低温克劳斯反应式(4-7)是可逆反应，在一定温度、压力和介质组分下达到反应平衡，假设第一反应器有Ykmol/h硫化氢参与低温克劳斯反应，则有以下关系式：

$2H_2S$	SO_2	$3/8S_8$	$2H_2O$
2	1	3/8	2
Y	$0.5Y$	$3/16Y$	Y

根据动力学平衡常数公式：

$$K_p=\frac{[H_2O]^2[S_8]^{3/8}}{[H_2S]^2[SO_2]}\times\left[\frac{\pi}{\sum n_i}\right]^{-5/8} \tag{4-25}$$

根据标定工况，第一反应器温度低于700K，低温克劳斯反应的热力学平衡公式：

$$\ln K_p=14596.4/T+5.9181\ln T-5.1239\times10^{-3}T+0.7829\times10^{-6}T^2-54.7634 \tag{4-26}$$

低温克劳斯反应平衡状态，低温克劳斯反应的动力学平衡常数和热力学平衡相等，同时反应器进出口热值相等。根据上述关系式、公式(4-25)、公式(4-26)和表4-20物料性质参数，在Excel表格中进行简单编程，进行第一反应器内不同转化率(不同摩尔数量硫化氢反应)的迭代计算，并根据装置工况给定不同第一反应器温度进行迭代计算，迭代计算出反应式(4-13)的动力学反应平衡常数K_p和热力学反应平衡常数K_p相等，同时迭代计算第一反应器进出口热值相等，最后由参与低温克劳斯反应的硫化氢量计算第一反应器转化率。

通过Excel表格迭代计算，当第一反应器硫化氢转化到35.228kmol/h，且反应器温度在572.163K(299.163℃)时，满足反应式4-13的动力学反应平衡常数K_p和热力学反应平衡常数K_p相等，此时根据公式(4-25)计算低温克劳斯反应平衡常数$K_p=283.90$。

另外根据第一反应器反应温度和表4-10焓值回归计算式，可以计算反应器出口各组分热值，根据硫化氢转化率可计算反应器出口气相组成，具体见表4-21。

表 4-21　第一反应器出口物料数据(温度 299.163℃，压力 115.1kPa)

项　目	第一反应器出口组分流量/(kmol/h)	第一反应器出口组分焓值/(MJ/kmol)	第一反应器出口组分热值/(MJ/h)	第一反应器出口组分比例/%(摩尔)
H_2S	17.24	-10.457	-180.290	1.87
CO_2	27.90	-381.947	-10657.229	3.02
H_2O	307.75	-231.810	-71338.878	33.32
CH_4	0.00	-63.276	0.000	0.00
NH_3	0.00	-33.742	0.000	0.00
SO_2	8.62	-290.017	-2500.039	0.93
N_2	535.91	8.214	4401.835	58.03
O_2	0.00	8.157	0.000	0.00
COS	0.12	-129.584	-15.226	0.01
H_2	18.80	8.127	152.794	2.04
S_2	0.00	133.832	0.000	0.00
S_6	0.03	146.564	4.384	0.00
S_8	7.14	145.115	1036.648	0.77
合计	923.51		-79096.00	100

由表 4-20、表 4-21 及公式(4-25)，得出：

$$Q_{损}=Q_{入}-Q_{出}=(-79095.65)-(-79096.00)=0.35\text{MJ/h}$$

验证热量符合前面假设要求。

根据表 4-20、表 4-21，可以求得第一反应器低温克劳斯反应转化率=35.228÷50.24×100%=70.12%。

即第一反应器低温克劳斯反应转化率为 70.12%。

七、二级硫冷器出口组分及取热计算

根据装置标定工况，二级硫冷器气相出口温度为 163℃，硫冷器压差按 0.7kPa 估算，即硫冷器出口过程气压力 114.4kPa，并根据图 4-4，得出 S_6/S_8=0.05/0.92，参考一级硫冷器出口组分及取热计算，可得表 4-22 中二级硫冷器出口组分及热量数据和表 4-23 中二级硫冷器出口过程气组分热量数据。

表 4-22　二级硫冷器出口组分及热量数据(温度 163℃，压力 114.4kPa)

组　分	出口析硫前组分流量/(kmol/h)	出口析硫后组分流量/(kmol/h)	一冷出口组分焓值/(MJ/kmol)	出口析硫前组分热值/(MJ/h)	液硫冷凝热量/(MJ/h)
H_2S	17.24	17.24	-15.645	-269.72	
CO_2	27.90	27.90	-388.220	-10831.3	
H_2O	307.75	307.75	-236.416	-72757	
CH_4	0.00	0.00	-70.092	0	
NH_3	0.00	0.00	-38.763	0	

续表

组　分	出口析硫前组分流量/(kmol/h)	出口析硫后组分流量/(kmol/h)	一冷出口组分焓值/(MJ/kmol)	出口析硫前组分热值/(MJ/h)	液硫冷凝热量/(MJ/h)
SO_2	8.62	8.62	-299.426	-2581.05	
N_2	535.91	535.91	4.427	2372.474	
O_2	0.00	0.00	3.651	0	
COS	0.12	0.12	-137.187	-16.4624	
H_2	18.80	18.80	4.416	83.0208	
S_2	0.00	0.00	128.683	0	
S_6	0.0299	0.0208	137.885	4.122762	
S_8	7.144	0.383	129.915	928.1128	
气相合计	923.51	916.74		-83067.9	
液相 S_6		0.009	-84.28(冷凝热)		-0.766
液相 S_8		6.761	-76.80(冷凝热)		-519.208
液硫量		6.7696			-519.974

根据表4-21和表4-22，计算第二硫冷器取热值为：

$$Q_{入}-Q_{出}-Q_{冷}=-79096.00-(-83067.9)-(-519.974)=4492.34\text{MJ/h}$$

即第二硫冷器取热值为4492.34MJ/h。

表4-22计算二级硫冷器回收液硫量为：

$$m_{硫}=0.009\times M_{S_6}+6.761\times M_{S_8}$$
$$=0.009\times32\times6+6.761\times32\times8=1732.4\text{kg/h}$$

根据表4-22，由二级硫冷器出口气相组分和焓值，计算二级硫冷器出口过程气组分及热量数据，见表4-23。

表4-23　二级硫冷器出口过程气组分及热量数据(温度163℃，压力114.4kPa)

组　分	二冷出口气相组分流量/(kmol/h)	二冷出口气相组分比例/%(摩尔)	二冷出口组分焓值/(MJ/kmol)	二冷出口气相组分热值/(MJ/h)
H_2S	17.241	1.881	-15.645	-269.736
CO_2	27.902	3.044	-388.220	-10832.250
H_2O	307.747	33.570	-236.416	-72756.564
CH_4	0.000	0.000	-70.092	0.000
NH_3	0.000	0.000	-38.763	0.000
SO_2	8.620	0.940	-299.426	-2581.149
N_2	535.909	58.458	4.427	2372.255
O_2	0.000	0.000	3.651	0.000
COS	0.118	0.013	-137.187	-16.119
H_2	18.800	2.051	4.416	83.014
S_2	0.000	0.000	128.683	0.000

续表

组　分	二冷出口气相组分流量/(kmol/h)	二冷出口气相组分比例/%(摩尔)	二冷出口组分焓值/(MJ/kmol)	二冷出口气相组分热值/(MJ/h)
S_6	0.021	0.002	137.885	2.871
S_8	0.383	0.042	129.915	49.771
气相合计	916.74	100		-83947.909

八、第二在线炉出口组分及加热计算

根据标定工况，第二在线炉出口过程气温度为217℃，在线炉炉膛压差0.1kPa，参考第一在线炉出口组分及加热计算，可得到表4-24第二在线炉燃烧物料表和表4-25第二在线炉出口过程气物性数据表。

表4-24　第二在线炉燃烧物料表

燃料气			空气		
温度/℃		90	温度/℃		80
压力/kPa		580	压力/kPa		35
折算平均分子量/(kg/kmol)		17.90	平均分子量/(kg/kmol)		28.43
在线检测分子量/(kg/kmol)		17.80			
项目	流量/(kmol/h)	热量/(MJ/h)	项目	流量/(kmol/h)	热量/(MJ/h)
CH_4	1.5581	-114.352	O_2	4.493	4.855
C_2H_6	0.2775	-22.239	N_2	16.697	43.958
C_3H_8	0.0640	-6.403	H_2O	0.855	-240.762
H_2	0.1708	0.423			
N_2	0.0640	0.160			
合计	2.1344	-142.41	合计	22.046	-162.940

表4-25　第二在线炉出口过程气物性数据表(温度217℃，压力114.3kPa)

组　分	第二在线炉出口组分流量/(kmol/h)	第二在线炉出口组分比例/%(摩尔)	第二在线炉出口组分焓值/(MJ/kmol)	第二在线炉出口组分热值/(MJ/h)
H_2S	17.241	1.834	-13.614	-234.729
CO_2	30.208	3.213	-385.796	-11653.956
H_2O	312.123	33.198	-234.657	-73241.822
CH_4	0.000	0.000	-67.494	0.000
NH_3	0.000	0.000	-36.887	0.000
SO_2	8.620	0.917	-295.659	-2548.676
N_2	552.670	58.783	5.902	3261.750
O_2	0.00	0.000	5.434	0.000
COS	0.118	0.013	-134.168	-15.765

续表

组　分	第二在线炉出口组分流量/(kmol/h)	第二在线炉出口组分比例/%(摩尔)	第二在线炉出口组分焓值/(MJ/kmol)	第二在线炉出口组分热值/(MJ/h)
H_2	18.800	2.000	5.873	110.419
S_2	0.000	0.000	130.727	0.000
S_6	0.021	0.002	141.238	2.941
S_8	0.383	0.041	135.876	52.055
C_2H_6	0.00	0.000		
C_3H_8	0.00	0.000		
气相合计	940.184	100.00		-84267.783

九、第二制硫反应器计算

第二在线炉出口217℃的过程气进入第一反应器，进行低温克劳斯反应，为简化计算，反应器出口均按 S_8 估算，第二反应器不考虑有机硫水解反应，反应器压差按0.5kPa，反应器出口压力113.8kPa考虑，参考第一制硫反应器计算，可得表4-26第二反应器出口物料数据。

表4-26　第二反应器出口物料数据(温度235.3℃，压力113.8kPa)

项　目	第二反应器出口组分流量/(kmol/h)	第二反应器出口组分焓值/(MJ/kmol)	第二反应器出口组分焓值/(MJ/h)	第二反应器出口组分焓值/%(摩尔)
H_2S	6.206	-12.918	-80.177	0.66
CO_2	30.208	-384.955	-11628.551	3.22
H_2O	323.158	-234.040	-75631.884	34.50
CH_4	0.000	-66.582	0.000	0.00
NH_3	0.000	-36.216	0.000	0.00
SO_2	3.103	-294.393	-913.461	0.33
N_2	552.670	6.410	3542.583	59.00
O_2	0.000	6.039	0.000	0.00
COS	0.118	-133.146	-15.645	0.01
H_2	18.800	6.372	119.790	2.01
S_2	0.000	131.419	0.000	0.00
S_6	0.021	142.401	2.965	0.00
S_8	2.452	137.916	338.192	0.26
合计	936.74		-84266.19	100.00

公式(4-10)计算得到第二反应器反应平衡常数 $K_p=4567$。

由表4-25、表4-26及公式(4-14)，得出：

$$Q_{损}=Q_{入}-Q_{出}=(-84267.78)-(-84266.19)=1.59\text{MJ/h}$$

验证热量符合前面要求。

根据表4-25、表4-26，可以求得第二反应器低温克劳斯反应转化率=11.035÷17.241×100%=64.0%。

即第二反应器低温克劳斯反应转化率为64.0%。

十、三级硫冷器出口组分及取热计算

根据装置标定工况，三级硫冷器气相出口温度为160℃，同时为简化计算，三级硫冷器后的硫捕集器看成三级硫冷器的一部分，三级硫冷器和硫捕集器压差按0.9kPa考虑，即三级硫冷器出口过程气压力112.9kPa，根据图4-4，得出 S_6/S_8=0.05/0.92，参考一级硫冷器出口组分及取热计算，可得表4-27三级硫冷器出口组分及热量数据和表4-28三级硫冷器出口过程气组分热量数据。

表4-27　二级硫冷器出口组分及热量数据(温度160℃，压力112.9kPa)

组　分	出口析硫前组分流量/(kmol/h)	出口析硫后组分流量/(kmol/h)	一冷出口组分焓值/(MJ/kmol)	出口析硫前组分热值/(MJ/h)	液硫冷凝热量/(MJ/h)
H_2S	6.206	6.206	-15.757	-97.7879	
CO_2	30.208	30.208	-388.352	-11731.3	
H_2O	323.158	323.158	-236.511	-76430.4	
CH_4	0.000	0.000	-70.232	0	
NH_3	0.000	0.000	-38.863	0	
SO_2	3.103	3.103	-299.637	-929.774	
N_2	552.670	552.670	4.346	2401.904	
O_2	0.000	0.000	3.552	0	
COS	0.118	0.118	-137.355	-16.2079	
H_2	18.800	18.800	4.335	81.498	
S_2	0.000	0.000	128.570	0	
S_6	0.021	0.018	137.702	2.891742	
S_8	2.452	0.338	129.587	317.7473	
气相合计	936.74	934.619		-86401.5	
液相 S_6		0.002	-84.28(冷凝热)		-0.206
液相 S_8		2.114	-76.80(冷凝热)		-162.350
液硫量		2.116			-162.556

根据表4-26和表4-27，计算第三硫冷器取热值为：

$$Q_{入}-Q_{出}-Q_{冷}=-84266.19-(-86401.5)-(-162.556)=2297.82\text{MJ/h}$$

即第三硫冷器取热值为2297.82MJ/h。

表4-27计算三级硫冷器回收液硫量为：

$$m_{硫}=0.002\times M_{S_6}+2.114\times M_{S_8}=0.002\times32\times6+2.114\times32\times8=541.64\text{kg/h}$$

根据表4-27，由三级硫冷器出口气相组分和焓值，计算三级硫冷器出口过程气组分及热量数据，见表4-28。

表 4-28　三级硫冷器出口过程气组分及热量数据(温度 160℃，压力 112.9kPa)

组　分	三冷出口气相组分流量/(kmol/h)	三冷出口气相组分比例/%(摩尔)	三冷出口组分焓值/(MJ/kmol)	三冷出口气相组分热值/(MJ/h)
H_2S	6.206	0.664	-15.757	-97.792
CO_2	30.208	3.232	-388.352	-11731.142
H_2O	323.158	34.576	-236.511	-76430.546
CH_4	0.000	0.000	-70.232	0.000
NH_3	0.000	0.000	-38.863	0.000
SO_2	3.103	0.332	-299.637	-929.731
N_2	552.670	59.133	4.346	2401.763
O_2	0.000	0.000	3.552	0.000
COS	0.118	0.013	-137.355	-16.139
H_2	18.800	2.012	4.335	81.502
S_2	0.000	0.000	128.570	0.000
S_6	0.018	0.002	137.702	2.531
S_8	0.338	0.036	129.587	43.828
气相合计	934.619	100		-86675.726

十一、加氢炉出口组分及加热计算

本装置加氢反应器入口过程气采用加氢炉加热工艺，主风机来的空气和燃料气在加氢炉烧嘴内配比燃烧，并通过调整加氢炉燃料气和空气配比使加氢炉烧嘴燃烧按次化学反应进行，根据标定工况可假定加氢炉次化学燃烧配风比为 0.8，同时假设加氢炉烧嘴次化学燃烧产生的 CO 直接在炉膛内全部反应成 H_2。三级硫冷器(捕集器)来的过程气进入加氢炉后，和烧嘴燃烧产生的高温气体混合，过程气温度升高，同时次化学燃烧产生的 CO 和水蒸气反应转化为 H_2，提高过程气中的 H_2浓度。为确保进加氢反应器过程气有充足的 H_2，本装置同时设置外补氢气流程，外补氢气直接进入加氢炉膛后部，和过程气混合后进入加氢反应器。

(一) 加氢炉燃料气、空气、氢气组分确定

加氢炉燃料气来自装置燃料气总管，物料性质和在线炉燃料气一致；加氢炉空气来自主风机，物料性质和在线炉空气一致，物料性质同表 4-18。

本装置外补氢气来自镇海炼化公司Ⅲ重整氢气，由 7 月 22 日Ⅲ重整氢气分析数据，并结合装置实际工况，得到外补氢气组分，见表 4-29。

(二) 加氢炉燃料气和空气流量计算

加氢炉按次化学配比燃烧，配风比为 0.8，燃料气在烧嘴燃烧时，假设燃料气中的 C_2H_6、C_3H_8、H_2都得到充分燃烧，各燃烧反应式同反应式(4-22)~反应式(4-24)。CH_4发生产氢燃烧反应，反应式如下：

$$CH_4+O_2 = CO+2H_2O \tag{4-27}$$

$$CO+H_2O = H_2+CO_2 \tag{4-28}$$

整合反应式(4-14)和反应式(4-15)：

$$CH_4+O_2 = H_2+CO_2+H_2O \tag{4-29}$$

加氢炉烧嘴在次化学当量配比燃烧过程中，假设氧气首先和全部的 C_2H_6、C_3H_8、H_2 按化学当量燃烧，剩余氧气再通过反应式(4-29)和 CH_4 进行产氢燃烧反应，根据参与燃烧的 CH_4 和 O_2 量，可计算加氢炉燃烧产氢量。

燃烧后的高温烟气和第三硫冷器来的过程气及外补氢气在加氢炉膛内混合充分后，进入加氢反应器。本装置采用常规加氢催化剂，根据标定工况，加氢炉出口过程气温度为282℃，加氢炉炉膛压差 0.1kPa，根据表 4-10 焓值回归计算式，可以计算加氢炉出口各组分焓值。对于加氢炉来说，有以下热量计算式：

$$Q_{入}+Q_{燃}+Q_{空}+Q_{氢}=Q \tag{4-30}$$

根据上述条件，利用 Excel 表格进行简单编程，采用给定燃料气流量进行迭代计算，满足公式(4-25)热量要求。

同时根据标定工况加氢炉出口过程气分析数据，该过程气氢干基体积含量为 4.492%，通过干基、湿基计算，得到加氢炉出口过程气湿基氢含量为 3%。在加氢炉进出口热值迭代计算按公式(4-25)初步平衡后，再往加氢炉补充外补氢气，使加氢炉出口过程气湿基氢含量为 3%。因为外补氢气影响加氢炉出口过程气热值，外补氢调整时，需要同步对加氢炉燃料气量进行微调，以确保热值平衡。通过上述迭代计算，得到燃料气流量在 6.027kmol/h 时，即燃料气流量 107.88kg/h 时，且外补氢气流量在 7.1kmol/h(26kg/h)时，加氢炉进出口热值满足公式(4-25)，加氢炉出口过程气氢含量符合标定工况分析数据，并由此得到加氢炉燃烧物料表(表 4-29)和装置外补氢组分及流量表(表 4-30)。

表 4-29　加氢炉燃烧物料表

燃料气			空气		
温度/℃		90	温度/℃		80
压力/kPa		580	压力/kPa		35
折算平均分子量/(kg/kmol)		17.90	平均分子量/(kg/kmol)		28.43
项目	流量/(kmol/h)	热量/(MJ/h)	项目	流量/(kmol/h)	热量/(MJ/h)
CH_4	4.3997	-322.902	O_2	10.149	9.310
C_2H_6	0.7835	-62.798	N_2	37.719	84.294
C_3H_8	0.1808	-18.079	H_2O	1.9323	-461.684
H_2	0.4822	1.195			
N_2	0.1808	0.451			
合计	6.0270	-402.133	合计	25.971	-368.080

表 4-30　装置外补氢组分及流量

外补氢组分	
温度/℃	40
压力/kPa	600
折算平均分子量/(kg/kmol)	3.66

续表

项目	比例/%(体)	焓值/(MJ/kmol)	氢流量/(kmol/h)	热值/(MJ/h)
N_2	0.9	1.214	0.064	0.078
H_2	94.0	1.179	6.674	7.867
CH_4	1.5	-75.517	0.107	-8.043
C_2H_6	1.9	-83.020	0.135	-11.199
C_3H_8	1.7	-104.000	0.121	-12.553
合计	100		7.100	-23.85

注：C_2H_6、C_3H_8焓值直接通过 HYSYS 模拟确定。

根据表4-29和反应式4-29，并计算参与燃烧反应的CH_4和O_2量，可计算加氢炉燃烧产氢量，得到以下关系：

CH_4	O_2	H_2	CO_2	H_2O
4.400	6.262	5.075	4.400	3.725

可算得加氢炉产氢量为5.075kmol/h。

根据表4-28~表4-30，可计算得到加氢炉出口过程气物性数据，见表4-31。

表4-31 加氢炉出口过程气物性数据表(温度282℃，压力112.8kPa)

组分	加氢炉出口组分流量/(kmol/h)	加氢炉出口组分比例/%(摩尔)	加氢炉出口组分焓值/(MJ/kmol)	加氢炉出口组分热值/(MJ/h)
H_2S	6.206	0.620	-11.123	-69.037
CO_2	36.717	3.670	-382.766	-14053.912
H_2O	332.371	33.223	-232.421	-77249.847
CH_4	0.107	0.011	-64.184	-6.836
NH_3	0.000	0.000	-34.427	0.000
SO_2	3.103	0.310	-291.187	-903.512
N_2	590.634	59.039	7.724	4562.343
O_2	0.000	0.000	7.587	0.000
COS	0.118	0.012	-130.541	-15.339
H_2	30.549	3.054	7.653	233.796
S_2	0.000	0.000	133.184	0.000
S_6	0.018	0.002	145.429	2.673
S_8	0.338	0.034	143.169	48.422
C_2H_6	0.135	0.013	-66.150	-8.924
C_3H_8	0.121	0.012	-79.600	-9.608
气相合计	1000.416	100.00		-87469.780

注：C_2H_6、C_3H_8焓值直接通过 HYSYS 模拟确定。

根据表4-28~表4-31和公式(4-25)，验证加氢炉进出热值：

$$Q_{入}+Q_{燃}+Q_{空}+Q_{氢}-Q_{出}=-86675.726+(-402.133)+(-368.080)+(-23.85)-(-87469.780)=0\text{MJ/h}$$

加氢炉燃料气及空气核算符合要求。

十二、加氢反应器计算

加氢炉出口282℃的过程气进入加氢反应器，进行加氢和水解反应，其中的S_6、S_8、SO_2全部加氢为H_2S，同时过程气中的COS发生部分水解反应，另外为简化计算，不考虑其他副反应，加氢反应器压差按0.5kPa考虑。

（一）COS水解率测算

标定期间分析数据显示，净化后尾气总硫25mg/m³，净化后尾气H_2S浓度15mg/m³，假设净化后尾气有机硫全部为COS，由此计算净化后尾气COS浓度为8.02mg/m³，由此可计算净化后尾气H_2S和COS浓度，见表4-32。

表4-32　净化后尾气H_2S和COS浓度还原计算

项　　目	质量密度/(mg/m³)	体积浓度/(μL/L)
总硫合计	25	
H_2S	15	10.41
尾气COS中硫元素	10.88	
尾气中COS	20.4	8.02

因为尾气中COS是微量组分，在假设过程气组分不变情况下，同时假设在加氢尾气急冷和吸收过程中COS不损失，由COS水解反应式(4-25)和表4-31，可以推算尾气中的COS在加氢反应器中的水解率为95.5%。

（二）加氢反应计算

加氢反应器中的反应主要包括以下内容：

$$S_6+6H_2 = 6H_2S \quad (4-31)$$

$$S_8+8H_2 = 8H_2S \quad (4-32)$$

$$SO_2+3H_2 = H_2S+2H_2O \quad (4-33)$$

从装置运行工况分析，加氢反应器出口过程气采样分析SO_2含量为0%，且急冷塔急冷水pH值能够稳定在8左右，也说明加氢反应器没有SO_2穿透，因此可认为加氢反应器加氢转化率为100%。根据表4-10焓值回归计算式、表4-31、反应式(4-31)~反应式(4-33)和COS在加氢反应器中的水解率，在Excel表格中进行简单编程，根据反应器进出口热值相同原理，可计算得到加氢反应器出口物料温度为305.7℃，同时可得到加氢反应器出口物料组分数据，见表4-33。

表4-33　加氢应器出口物料数据(温度305.7℃，压力112.3kPa)

项　　目	加氢反应器出口组分流量/(kmol/h)	加氢反应器出口组分焓值/(MJ/kmol)	加氢反应器出口组分热值/(MJ/h)	加氢反应器出口组分比例/%(摩尔)
H_2S	12.237	-10.202	-124.844	1.227

续表

项　目	加氢反应器出口组分流量/(kmol/h)	加氢反应器出口组分焓值/(MJ/kmol)	加氢反应器出口组分热值/(MJ/h)	加氢反应器出口组分比例/%(摩尔)
CO_2	36.829	-381.633	-14055.030	3.694
H_2O	338.465	-231.575	-78379.917	33.950
CH_4	0.107	-62.927	-6.702	0.011
NH_3	0.000	-33.477	0.000	0.000
SO_2	0.000	-289.573	0.000	0.000
N_2	590.634	8.401	4961.908	59.244
O_2	0.000	8.375	0.000	0.000
COS	0.006	-129.219	-0.714	0.001
H_2	18.424	8.308	153.074	1.848
S_2	0.000	134.079	0.000	0.000
S_6	0.000	147.000	0.000	0.000
S_8	0.000	145.858	0.000	0.000
C_2H_6	0.135	-64.610	-8.716	0.014
C_3H_8	0.121	-73.370	-8.856	0.012
合计	996.957		-87469.796	100

注：C_2H_6、C_3H_8焓值直接通过 HYSYS 模拟确定。

十三、加氢反应器后蒸汽发生器计算

(一) 加氢反应器后蒸汽发生器取热计算

加氢反应器出口过程气进入蒸汽发生器，高温过程气被冷却，根据标定工况，蒸汽发生器出口过程气温度为 154℃，同时假设蒸汽发生器压差为 0.7kPa，同时蒸汽发生器内只有气相降温，没有介质冷凝或者化学反应发生。根据表 4-10 焓值回归计算式和表 4-33，可得蒸汽发生器出口物料数据，见表 4-34。

表 4-34　蒸汽发生器出口物料数据(温度 154℃，压力 111.6kPa)

项　目	蒸汽发生器出口组分流量/(kmol/h)	蒸汽发生器出口组分焓值/(MJ/kmol)	蒸汽发生器出口组分热值/(MJ/h)	加氢反应器出口组分比例/%(摩尔)
H_2S	12.237	-15.980	-195.550	1.227
CO_2	36.829	-388.615	-14312.160	3.694
H_2O	338.465	-236.701	-80114.752	33.950
CH_4	0.107	-70.512	-7.509	0.011
NH_3	0.000	-39.060	0.000	0.000
SO_2	0.000	-300.059	0.000	0.000
N_2	590.634	4.184	2471.441	59.244
O_2	0.000	3.354	0.000	0.000

续表

项　目	蒸汽发生器出口组分流量/(kmol/h)	蒸汽发生器出口组分焓值/(MJ/kmol)	蒸汽发生器出口组分热值/(MJ/h)	加氢反应器出口组分比例/%(摩尔)
COS	0.006	-137.691	-0.760	0.001
H_2	18.424	4.175	76.915	1.848
S_2	0.000	128.343	0.000	0.000
S_6	0.000	137.337	0.000	0.000
S_8	0.000	128.931	0.000	0.000
C_2H_6	0.135	-76.280	-10.290	0.014
C_3H_8	0.121	-94.350	-11.388	0.012
合计	996.957		-92104.054	100

注：C_2H_6、C_3H_8焓值直接通过 HYSYS 模拟确定。

$$Q_{入}-Q_{出}=Q_{取} \tag{4-34}$$

$$Q_{取}=-87469.796-(-92104.054)=4634.26\text{MJ/h}$$

加氢反应器后蒸汽发生器取热值为4634.26MJ/h。

(二) 加氢反应器后蒸汽发生器出口水的饱和度计算

查询水的饱和蒸气压表，154℃工况下，水的饱和蒸气压为528.96kPa，根据表4-34，可计算蒸汽发生器出口水的分压：

$$P_{水}=111.6\times33.950\div100=37.88\text{kPa}$$

因为$P_{水}<528.96$kPa，因此加氢后尾气经过蒸汽发生器取热后，过程气不会有凝结水析出。

十四、急冷塔工况计算

加氢反应器后蒸汽发生器来的过程气，由底部进入急冷塔，和塔上部来的循环急冷水逆向接触，过程气被冷却，同时过程气中的水蒸气因过饱和被冷凝成液体水，随急冷水循环，多余部分急冷水外送。冷却后的过程气由急冷塔顶出去，进入下道处理工序。

急冷塔计算过程简化为：先把过程气全部降温至38℃，塔顶出去过程气水含量为水在该温度下的饱和蒸气压；过程气水被冷凝为液相进入急冷水循环，并外送部分急冷水，由于急冷水溶解H_2S，因此外送急冷水会携带部分H_2S，导致过程气硫化氢含量降低；急冷水经与过程气换热后，温度上升，通过热量平衡，可以计算急冷水温升。除冷凝水及其携带的H_2S外，过程气不考虑其他跑损。

(一) 急冷塔出口过程气组分计算

根据标定工况，急冷塔顶温度38℃，急冷塔顶压力109.6kPa，急冷塔压差2kPa；标定工况分析数据，外排急冷水中H_2S含量为550mg/L；查询水的饱和蒸气压表，38℃时水的饱和蒸气压为6.6298kPa，则急冷塔出口水的分压为6.6298kPa。

则急冷塔顶过程气水含量体积比为：6.6298÷109.6×100%=6.049%。

由外排急冷水中H_2S含量为550mg/L，同时急冷水密度按1000kg/m^{3}计算，则溶解到外排急冷水的H_2S摩尔比为：$M_{H_2S}=550\div34\times18\times10^{-6}=291.176\times10^{-6}$。

通过表4-10焓值回归计算式和表4-34及上述条件，在Excel表格中进行简单编程，由

急冷塔出口过程气 H_2O 的摩尔浓度和外排急冷水的 H_2S 浓度，通过迭代计算外排急冷水流量，确定外排急冷水流量，并推算确认急冷塔出口气相组分，见表4-35。

表4-35　急冷塔出口物料数据(温度38℃，压力109.6kPa)

项　目	急冷塔出口组分流量/(kmol/h)	急冷塔出口组分焓值/(MJ/kmol)	急冷塔出口组分热值/(MJ/h)	急冷塔出口组分比例/%(摩尔)
H_2S	12.151329	−20.223	−245.737	1.734
CO_2	36.829	−393.460	−14490.609	5.255
H_2O	42.389	−240.111	−10178.083	6.049
CH_4	0.107	−75.599	−8.051	0.015
NH_3	0.000	−42.491	0.000	0.000
SO_2	0.000	−308.325	0.000	0.000
N_2	590.634	1.163	687.078	84.281
O_2	0.000	−0.464	0.000	0.000
COS	0.005	−144.227	−0.796	0.001
H_2	18.424	1.127	20.769	2.629
S_2	0.000	123.943	0.000	0.000
S_6	0.000	130.570	0.000	0.000
S_8	0.000	116.495	0.000	0.000
C_2H_6	0.135	−83.020	−11.199	0.019
C_3H_8	0.121	−104.000	−12.553	0.017
合计	700.795		-24239.181	100

注：C_2H_6、C_3H_8焓值直接通过 Aspen HYSYS 流程模拟软件计算确定。

(二) 急冷塔外排水计算

由表4-35和表4-34，可计算得到外排急冷水及其携带的 H_2S 量。同时查询38℃下水的汽化潜热为2410.6kJ/kg，外排急冷水量即过程气中水的冷凝量，由此可以计算冷凝急冷水所需热量，同时通过焓值计算，可得出急冷水外排携带的热量，具体数据见表4-36。

表4-36　外排急冷水物性数据(温度38℃，压力109.6kPa)

项　目	外排组分摩尔量/(kmol/h)	外排组分流量/(kg/h)	外排组分焓值/(MJ/kmol)	外排组分热值/(MJ/h)
H_2S	0.0862	2.7584	−20.223	−1.7435
H_2O	296.076	5329.368	−240.111	−71091.0302
H_2O 冷凝	43.39	−12846.9528		
合计	296.162	5332.1264		−83939.726

(三) 急冷塔取热及急冷水温升计算

由表4-34、表4-35、表4-36可得急冷塔取热量：

$$Q_{取}=Q_{入}-Q_{出}-Q_{排}=-92104.054-(-24239.181)-(-83939.726)$$

$$Q_{取}=16074.854\text{MJ/h}$$

急冷水循环冷却过程气，并带走热量，根据装置标定工况，急冷水循环量380t/h，急冷水入塔温度37℃，为简化计算，急冷水循环，只考虑水组分的取热温升。查询得到水的比热容为4.181kJ/kg，则急冷水温度上升1℃所需热量为：

$$Q_{升}=4.181\times380=1588.78\text{MJ}$$

$$T_{升}=Q_{取}\div Q_{升}=16074.854\div1588.78=10.12℃$$

急冷塔急冷水温升为10.12℃。

十五、吸收塔工况计算

（一）吸收塔 H_2S 和 CO_2 吸收数据确认

急冷后的过程气进入吸收塔，其中的部分 H_2S 和 CO_2 被溶剂吸收，达到尾气净化目的，同时根据吸收塔出口温度变化计算净化后尾气水含量，尾气中其他组分不变。根据标定工况，净化后尾气分析结果见表4-32，净化后尾气 H_2S 为15mg/m³，合计10.41μg/g，为此吸收塔 H_2S 吸收量，以净化后尾气 H_2S 浓度来计算分析。

净化后尾气没有 CO_2 分析数据，因此吸收塔 CO_2 吸收量，根据吸收塔进出的贫富液中 CO_2 分析数据进行计算。根据标定期间富液分析数据：H_2S：3.68g/L；CO_2：6.72g/L；MDEA：38.70g/100mL，以及精贫液、半贫液分析数据，可以求得吸收塔 CO_2 的吸收量，具体见表4-39。

（二）吸收塔出口组分测算

根据标定工况，吸收塔压差3.6kPa，吸收塔顶压力为106kPa，温度35℃，查询得到温度35℃下水的饱和蒸气压为5.6267kPa，则吸收塔出口水摩尔含量为：

$$M_{水}=5.6267\div106\times100\%=5.308\%$$

根据表4-35、表4-32、表4-10焓值回归计算式和急冷塔出口过程气组分计算说明，在Excel表格中进行简单编程，给定吸收塔对硫化氢和水分的吸收量，进行迭代计算，当吸收塔吸收12.144kmol/h的 H_2S、吸收 H_2O 为6.563kmol/h时，净化后尾气 H_2S 浓度符合分析数据，且水含量符合上述计算的5.308%含量要求，并得到吸收塔出口物料数据，见表4-37。

表4-37 吸收塔出口物料数据表（温度35℃，压力106kPa）

项目	吸收塔出口组分流量/(kmol/h)	吸收塔出口组分焓值/(MJ/kmol)	吸收塔出口组分热值/(MJ/h)	吸收塔出口组分比例/%(摩尔)
H_2S	0.00733	-20.331	-0.144	0.001086
CO_2	29.656	-393.579	-11671.953	4.3941
H_2O	35.826	-240.193	-8605.124	5.3082
CH_4	0.107	-75.723	-8.065	0.0158
NH_3	0.000	-42.570	0.000	0.0000
SO_2	0.000	-308.542	0.000	0.0000
N_2	590.634	1.088	642.475	87.5124
O_2	0.000	-0.563	0.000	0.0000

续表

项　目	吸收塔出口组分流量/(kmol/h)	吸收塔出口组分焓值/(MJ/kmol)	吸收塔出口组分热值/(MJ/h)	吸收塔出口组分比例/%(摩尔)
COS	0.005	-144.397	-0.797	0.0008
H_2	18.424	1.050	19.345	2.7298
S_2	0.000	123.830	0.000	0.0000
S_6	0.000	130.402	0.000	0.0000
S_8	0.000	116.180	0.000	0.0000
C_2H_6	0.135	-83.020	-11.199	0.0200
C_3H_8	0.121	-104.000	-12.553	0.0179
合计	674.915		-19648.014	100

注：C_2H_6、C_3H_8焓值直接通过 HYSYS 模拟确定。

（三）吸收塔进出贫富液组分确认

根据表 4-35 和表 4-38，吸收塔溶剂吸收的 H_2S 为 12.144kmol/h，则吸收的 H_2S 质量流量为：12.144×34＝412.896kg/h；吸收的 CO_2 质量流量为：7.1727×44＝315.60kg/h；进入富液的 H_2O 质量流量为：6.563×18＝118.14kg/h。吸收塔精贫液流量 90t/h，半贫液流量 30t/h，溶剂密度均按 1025kg/m^3 计算，已知贫液分析数据和半贫液分析数据，可以求出富液流量及富液组分含量，具体见表 4-38。

表 4-38　溶剂还原数据

组　分	精贫液/(g/L)	精贫液量/(kg/h)	半贫液/(g/L)	半贫液量/(kg/h)	富液量/(kg/h)	富液组分含量/(g/L)
H_2S	0.2	17.56	1.0	29.27	459.73	3.90
CO_2	3.76	330.15	5.0	146.34	792.09	6.72
MDEA	39g/100mL	34243.90	38.5g/100mL	11268.29	45512.20	38.60g/100mL
H_2O		55408.39		18556.10	74082.62	
总量		90		30	120846.63	

装置标定期间，富液分析数据为：H_2S：3.68g/L；CO_2：6.72g/L；MDEA：38.70g/100mL，H_2S 含量分析值偏低，可能因为样品 H_2S 扩散逃逸引起，MDEA 浓度分析偏差值较小，符合计算要求值。

（四）吸收塔吸收效率计算

1. H_2S 吸收率计算

急冷后的过程气进入吸收塔，其中的部分 H_2S 和 CO_2 被溶剂吸收，达到尾气净化目的，H_2S 吸收率是指吸收塔吸收的 H_2S 和进塔 H_2S 的比值。

由表 4-35 和表 4-38 可知，吸收塔入口 H_2S 量为 12.151329kmol/h，吸收塔出口 H_2S 量为 0.00733kmol/h，则吸收塔 H_2S 吸收率为：

$$y_{H_2S}=(12.151329-0.00733)/12.151329\times100\%=99.94\%$$

一般胺法脱硫工艺，溶剂对 H_2S 的吸收率通常在 99.5%～99.8%，该装置吸收塔对 H_2S

的吸收率达99.94%，可见装置溶剂对H_2S吸收效率非常高。

2. CO_2共吸率计算

CO_2共吸率指的是吸收塔在选择性吸收H_2S的同时，也会吸收部分CO_2，由表4-35和表4-38可知，吸收塔CO_2的吸收率为：

$$y_{CO_2}=(36.829-29.656)/36.829\times100\%=19.48\%$$

CO_2的共吸率，表示每吸收1molH_2S的同时，吸收多少摩尔的CO_2，由前面计算可知，本装置该工况下吸收塔CO_2的共吸率为：

$$y_{共}=(36.829-29.656)/(12.151329-0.00733)\times100\%=50.06\%$$

（五）溶剂酸性负荷计算

酸性负荷是指溶液中酸气与胺的摩尔比（mol酸气/mol醇胺），表示的是胺液脱硫能力高低。溶液的酸气负荷越高，酸气在溶液中的浓度越大，根据亨利定律，酸气的气相分压越高，即净化气中H_2S和有机硫的含量越高，净化效果越差。当醇胺液酸气负荷增加超过设计值时，会导致净化装置溶液系统发生设备及管线的严重腐蚀、胺液浊度高、溶液发泡、降解等一系列严重问题。MDEA溶剂在脱硫装置中的酸性摩尔负荷一般在0.2~0.6之间。由表4-38可算得本装置标定期间富液中的酸性组分摩尔比，见表4-39富液组分比例。

表4-39　富液组分比例

组　分	富液质量流量/(kg/h)	富液摩尔量/(kmol/h)	富液酸性组分摩尔分数/%
H_2S	459.73	13.521	0.0354
CO_2	792.09	18.002	0.0471
MDEA	45512.20	381.942	

溶剂酸性总负荷为：0.0354+0.0471=0.0825（mol酸气/molMDEA），即在装置标定工况下，每摩尔富液MDEA的酸性组分负荷只有0.0825mol，远小于一般脱硫装置的MDEA溶剂酸性负荷，主要是硫黄装置吸收塔压力极低，基本上可看成常压吸收，溶剂酸性负荷会有所下降，另外为强化尾气净化效果，一般保持较高的溶剂循环量，因此装置溶剂MDEA酸性负荷较低。

十六、焚烧炉计算

燃料气和空气以一定比例进入焚烧炉烧嘴，进行完全燃烧，产生高温气体进入焚烧炉炉膛，吸收塔来的净化尾气进入焚烧炉炉膛和烧嘴来的高温烟气混合，同时通过过氧，对净化后尾气中的可燃介质进行焚烧，全部转化为SO_2。为简化计算，焚烧过程不考虑产生NO_x、CO等反应，也不考虑燃料气燃烧不完全产出是VOCs等影响。根据标定工况，焚烧炉后部温度为640℃，焚烧炉烟气氧含量湿基为4.2%。

焚烧炉燃料气组分来自装置总管，燃烧空气来自装置主风机，具体物性数据参考表4-18。焚烧炉燃料气燃烧为过氧燃烧，燃烧反应式同反应式(4-5)~反应式(4-8)。净化后尾气CH_4、C_2H_6、C_3H_8、H_2等组分焚烧反应同燃料气燃烧反应，净化后尾气H_2S、COS焚烧反应式如下：

$$H_2S+1.5O_2 = SO_2+H_2O \quad (4-35)$$

$$2COS+3O_2 = 2SO_2+2CO_2 \quad (4-36)$$

根据表4-10焓值回归计算式，可求得焚烧炉后部640℃工况下的烟气各组分焓值，根据表4-38和前面的化学反应式等已知条件，在Excel表格中进行简单编程，当焚烧炉给定19.035kmol/h的燃料气流量、氧气给定100kmol/h时，根据烟气氧含量给定多余的氧，求得焚烧炉进出烟气热值相等。根据焚烧炉燃料气流量、烟气4.2%过氧量和表4-18，可得到焚烧炉所需燃烧物料数据，见表4-40。

表4-40　焚烧炉燃烧物料表

燃料气			空气		
温度/℃		90	温度/℃		80
压力/kPa		580	压力/kPa		35
折算平均分子量/(kg/kmol)		17.90	平均分子量/(kg/kmol)		28.43
项目	流量/(kmol/h)	热量/(MJ/h)	项目	流量/(kmol/h)	热量/(MJ/h)
CH_4	13.896	-1019.816	O_2	100.000	91.731
C_2H_6	2.3023	-198.335	N_2	371.639	830.528
C_3H_8	0.5313	-57.099	H_2O	19.038	-4548.853
H_2	1.4168	3.776			
N_2	0.571	1.424			
合计	19.035	-1270.051	合计	490.677	-3626.594

根据燃料气燃烧后产生的高温烟气在炉膛内和净化后尾气混合，继续对净化后尾气中的可燃组分进行高温焚烧，可得焚烧后烟气物性数据，见表4-41。

表4-41　焚烧后烟气物性数据(温度640℃，压力101kPa)

项目	焚烧后烟气组分流量/(kmol/h)	焚烧后烟气组分焓值/(MJ/kmol)	焚烧后烟气组分热值/(MJ/h)	焚烧后烟气组分比例/%(摩尔)
H_2S	0.0000	3.613	0	0
CO_2	50.9577	-364.324	-18565.088	4.331
H_2O	113.4176	-218.178	-24745.191	9.639
CH_4	0.0000	-42.301	0.000	0.000
NH_3	0.0000	-17.371	0.000	0.000
SO_2	0.0076	-267.765	-3.376	0.00065
N_2	962.8443	18.485	17798.198	81.830
O_2	49.4117	19.650	970.927	4.199
COS	0.0000	-110.395	0.000	0
H_2	0.0000	17.807	0.000	0
S_2	0.0000	146.656	0.000	0
S_6	0.0000	171.542	0.000	0
S_8	0.0000	185.264	0.000	0
C_2H_6	0.0000		0.000	0
C_3H_8	0.0000		0.000	0
合计	1176.644		-24544.529	100

热量验证：$Q_{入}+Q_{燃}+Q_{空}-Q_{出}=-19648.014+(-1270.051)+(-3626.594)-(-24544.529)$
$=-0.13MJ/h$

焚烧炉燃烧及焚烧符合要求。

根据表 4-42 求得装置烟气二氧化硫排放浓度为 $30mg/m^3$，符合生产实际要求。

十七、焚烧炉蒸汽过热器和废热锅炉取热计算

焚烧炉后高温烟气通过蒸汽过热器，对 3.5MPa 饱和蒸汽进行过热，并取走高温烟气一定热量，标定工况，高温烟气一次取热后温度降低至 368℃，然后烟气再进入焚烧炉废热锅炉，对烟气进行第二次取热，烟气出废热锅炉后的温度为 260℃，烟气在取热过程组分不发生变化，根据表 4-10 焓值回归计算式，可得焚烧炉蒸汽过热器和废热锅炉取热数据，见表 4-42。

表 4-42　焚烧后烟气物性数据

项　目	过热器后 烟气焓值/(MJ/kmol)	过热器后 烟气热值/(MJ/h)	废热锅炉后 烟气焓值/(MJ/kmol)	废热锅炉后 烟气热值/(MJ/h)
CO_2	-378.5858	-19291.846	-383.8050	-19557.809
H_2O	-229.2791	-26004.300	-233.1915	-26448.028
SO_2	-285.3730	-3.598	-292.6928	-3.690
N_2	10.2075	9828.187	7.1021	6838.203
O_2	10.4507	516.388	6.8576	338.844
合计		-34955.170		-38832.480
取热值		10410.641		3877.310

注：过热器后烟气温度 368℃，压力 101.8kPa。废热锅炉后烟气温度 260℃，压力 101.9kPa。

十八、再生塔物料计算

吸收塔底出来的富液，经过换热后，进入再生塔上部，并由上往下，和塔底来的高温气相接触，对富液进行再生，塔底得到贫液，送往吸收塔循环利用，塔顶酸性气送空冷冷却，并经分液罐分液后，作为回流酸性气送至装置边界酸性气管线，再进入反应炉回收。再生塔产生的多余水，通过回流罐收集，间断脱液。

(一) 再生酸性气、外排酸性水组分

标定工况，再生塔回流酸性气 40℃，回流酸性水中 H_2S 含量 5.9g/L，回流酸性水密度按 $1000kg/m^3$ 计算。通过贫液吸收的 H_2S、SO_2 计算再生塔再生酸性气的 H_2S、SO_2 量。通过吸收塔进出 H_2O 平衡，可计算吸收塔在尾气净化期间，同步有 H_2O 进入富液中，并和富液一同进入再生塔，再通过再生塔回流罐酸性水间歇外排。则由表 4-38 可得再生塔外排物料物性数据，见表 4-43。

表 4-43　再生塔外排物料物性数据

组　分	回流酸性气		酸性水	
	流量/(kmol/h)	摩尔分数/%(摩尔)	流量/(kmol/h)	摩尔分数/%(摩尔)
H_2S	12.126	59.90	0.018	0.32

续表

组　分	回流酸性气		酸性水	
	流量/(kmol/h)	摩尔分数/%(摩尔)	流量/(kmol/h)	摩尔分数/%(摩尔)
CO_2	7.173	35.43		
H_2O	0.945	4.67	5.618	99.68
合计	20.244	100	5.636	100
质量流量/(kg/h)	744.910		101.723	

（二）再生塔物料平衡

根据表 4-38 和表 4-43，可以得到溶剂再生塔的物料平衡数据，见表 4-44。

表 4-44　再生塔物料平衡表　　kg/h

组　分	再生塔进料	再生塔出料			
	富液进	半贫液出	精贫液出	酸性气出	酸性水出
H_2S	459.73	29.27	17.56	412.284	0.612
CO_2	792.09	146.34	330.15	315.612	
MDEA	45512.20	11268.29	34243.90		
H_2O	74082.62	18556.10	55408.39	17.01	101.124
合计	120846.63	30000.00	90000.00	744.91	101.74
		120846.64			

再生塔进出差 0.01kg/h 主要是计算过程小数点取数引起的，进出料平衡。

（三）再生塔溶剂蒸汽配比

一般 MDEA 溶剂再生装置，再生塔蒸汽单耗为 0.12~0.18，硫黄回收装置尾气处理单元由于富溶剂酸性负荷低(4.15.5 分析)，再生塔蒸汽单耗可降低至 0.08~0.12 范围。装置再生塔重沸器使用 0.35MPa 饱和蒸汽，装置标定期间蒸汽平均流量为 13.6t/h，因此再生塔蒸汽/富液比值为：13.65×1000/120846.63=0.113，蒸汽单耗对于硫黄装置来说，处于偏高水平。原因是为满足装置高标准的烟气排放，提高溶剂吸收效果，根据溶剂厂家建议，提高了装置溶剂再生塔蒸汽单耗，以强化溶剂再生，提高精贫液溶剂质量。

十九、计算数据与实际工况对比

通过对比，7 月 19 日 12 时装置酸性气负荷最接近计算工况值，装置实际工况参数和计算参数对比见表 4-45。

表 4-45　工艺计算数据与实际工况对比表

项　目	19 日 12 时工况实际值	工况计算值	工况差值
反应炉酸性气流量/(kg/h)	11040	11045	-5
反应炉空气总流量/(kg/h)	19815	19526	289
反应炉温度/℃	1286.0	1288.6	-2.6
反应炉余锅蒸汽流量/(kg/h)	19.01	19.07	-0.6
反应炉废热锅炉出口温度/℃	348	350	-2

续表

项　目	19日12时工况实际值	工况计算值	工况差值
一级硫冷器气相出口温度/℃	169	170	-1
第一在线炉瓦斯流量/(kg/h)	45.4	45.4	0
第一在线炉空气流量/(kg/h)	783.5	745.2	38.3
第一制硫反应器入口温度/℃	243	240	3
第一制硫反应器温度/℃	310.0	299.2	10.8
二级硫冷器出口温度/℃	163	163	0
第二在线炉瓦斯流量/(kg/h)	39.7	38.2	1.5
第二在线炉空气流量/(kg/h)	650	627	23
第一制硫反应器入口温度/℃	216	217	-1
第二制硫反应器温度/℃	231.5	235.3	-3.8
三级硫冷器出口温度/℃	161	160	1
硫冷器蒸汽流量/(kg/h)	6.85	6.36	0.49
加氢炉瓦斯流量/(kg/h)	106.2	107.9	-1.7
加氢炉空气流量/(kg/h)	1535	1430	105
加氢炉外补氢流量/(kg/h)	16	14.2	1.8
加氢反应器温度/℃	302.0	305.7	-3.7
加氢反应器后蒸汽发生器后温度/℃	152	154	-2
加氢反应器后蒸汽发生器蒸汽流量/(kg/h)	1.9	2.0	-0.1
急冷塔出口温度/℃	38	38	0
急冷水循环量/(t/h)	375	380	-5
急冷水外排流量/(kg/h)	5393.5	5332.1	61.4
急冷塔出口氢浓度/%	3.3	2.6	0.7
吸收塔顶温度/℃	35	35	0
焚烧炉后部温度/℃	640	640	0
焚烧炉瓦斯流量/(kg/h)	375	341	35
焚烧炉空气流量/(kg/h)	13450	13541	91
焚烧炉蒸汽发生器蒸汽流量/(kg/h)	1.60	1.61	-0.01
3.5MPa蒸汽过热温度/℃	429	432.6	-3.6
蒸汽过热器后过程气温度/℃	368	368	0
烟气温度/℃	260	260	0
再生塔回流酸性气流量/(kg/h)	620	745	-125
再生塔外排酸性水流量/(kg/h)	101.7	101.7	0
烟气二氧化硫排放浓度/(mg/m^3)	25.3	30.6	-11.4
烟气氧含量/%	3.3	4.2	-0.9

各炉子空气流量计算值和实际工况偏差在1%~5%，分析原因为：工况波动引起的测量偏差；流量计本身测量偏差。

反应炉温度实际偏低2.6℃，分析原因为反应炉热损失引起。

余热锅炉、蒸汽发生器等产出蒸汽流量均略低于实际值，分析为热损失引起；硫冷器蒸汽流量实际值较计算值高 0.49t/h，判断为蒸汽流量计测量偏差引起。

在线炉瓦斯流量实际值和计算值基本接近；加氢炉实际值略小，主要原因分析为炉子配风略高于计算值引起。焚烧炉瓦斯流量高于设计值 35kg/h，分析原因第一个是焚烧炉热损失引起；第二焚烧炉燃烧中还存在产生的 NO_x、CO，燃烧产生热量降低；第三是瓦斯本身有部分未充分燃烧，并以 VOCs 形式外排，也降低燃烧热量。由于该三种工况计算复杂，这里不再详细计算。装置计算瓦斯总耗量为 532.5kg/h，如果增加焚烧炉瓦斯耗量偏差，装置总瓦斯耗量 567.5kg/h，符合能耗计算瓦斯耗量。

第一制硫反应器温度实际高 10.8℃，分析原因为催化剂高活性，反应深度较计算值高，同时分析数据也显示反应器转化率较计算值高；第二制硫反应器温度实际低 3.8℃，主要是第一反应器由于转化率高于计算值，第二反应器反应量下降，温升较计算值低；加氢反应器温度实际低-3.7℃，主要是制硫单元催化剂活性高，硫回收率高于计算值，反应器加氢反应量下降，温升降低。

急冷塔出口氢浓度实际值高于计算值 0.7%，原因为：加氢炉外补氢流量较计算值高；同时加氢反应器加氢反应量下降也导致氢含量较计算值高。

急冷水外排流量略高于计算值，分析为仪表测量偏差或急冷塔液位波动引起。

3.5MPa 蒸汽过热温度低于计算值 3.6℃，分析为热损失引起。

再生塔回流酸性气流量偏低 125kg/h，分析为流量计偏差引起。

烟气二氧化硫排放浓度和烟气氧含量可认为是分析偏差引起。

第五部分　物料平衡计算

一、装置进出物料分析

Ⅵ硫黄装置工艺介质进料组分主要有酸性气、空气、燃料气、外补氢气等，工艺介质外排物料主要有液体硫黄、急冷水、再生塔脱水(间歇)、烟气等，装置物料平衡计算主要围绕装置工艺介质进出物料进行分析，同时由于装置酸性气进料流量计位于酸性气进反应炉入口管线上，因此酸性气进料流量包括再生塔回流酸性气，为此装置工艺介质物料总平衡时，把再生塔回流酸性气作为一个组分流量。另外装置还有除盐水、1.0MPa 蒸汽进料，同时外送 3.5MPa 过热蒸汽，以维持装置生产总热量平衡。装置物料平衡核算主要围绕工艺介质进料中的硫、碳、氢、氮等组分进行，同时装置除盐水、1.0MPa 蒸汽、3.5MPa 过热蒸汽单独进行水汽平衡核算，装置维持运行所需的风、氮气等介质，按工厂公用工程配套考虑，不再进行物料平衡计算。Ⅵ硫黄装置进出物料示图如图 5-1 所示。

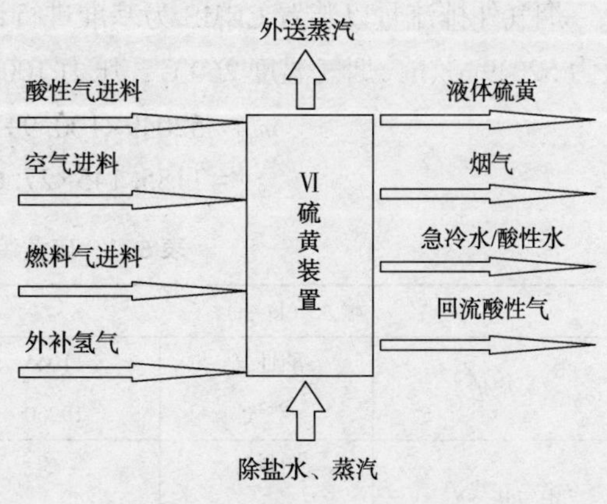

图 5-1　Ⅵ硫黄装置进出物料示图

二、装置标定工艺介质物料总平衡

Ⅵ硫黄装置 72h 标定期间，共回收液体优等品硫黄 620t，装置平均负荷为 72. 33%（以装置硫黄产量计算）。装置标定工艺介质物料总平衡数据，以标定期间装置各流量计实际测量流量为准，并根据工艺计算进行适当还原，具体物料数据见表 5-1。

（一）酸性气进料量

以表 2-4 标定期间酸性气特性数据为依据，标定期间装置酸性气平均进料流量 11045kg/h。

（二）空气进料

空气进料以标定期间装置各炉子空气进料流量计测量值平均值为准，各炉子空气流量具体见表 5-1。

（三）燃料气进料

燃料气进料以标定期间装置各炉子燃料气进料流量计测量值平均值为准，各炉子燃料气流量具体见表 5-1。

（四）氢气进料

氢气进料以标定期间装置加氢炉外补氢气流量计测量值平均值为准，具体见表 5-1。

（五）液硫出料

液硫出料以装置标定期间的液硫产量为准，$m_{液硫}=620\times10^3\div72=8611$kg/h。

（六）急冷水出料

急冷水出料以标定期间急冷塔外排酸性水平均流量为准。

（七）回流酸性气出料

回流酸性气出料以再生塔回流酸性气测量流量为准。

（八）外排酸性水出料

外排酸性水量以再生塔回流罐间歇脱液总量除以总标定时间为准，不考虑标定期间再生塔和回流罐液位小范围波动。酸性水脱液总量 7. 5t，小时排放均值 104kg/h。

（九）烟气外排量

烟气外排流量以装置 CEMS 为基准进行计算，标定期间装置烟气 CEMS 表流量检测平均值为 52049m³/h，烟气温度 260℃，压力 100. 9kPa，对烟气进行还原计算：

$$m_{烟}=52049\times100.9\div8.413\div(273+260)\times M_{烟}$$
$$=1185.145\times27.6=32710\text{kg/h}$$

表 5-1 硫黄装置物料总平衡数据

输入/(kg/h)			输出/(kg/h)		
反应炉	酸性气	11045	液硫池	液硫	8611
	空气	19250	急冷塔	急冷水	5340
第一在线炉	燃料气	45	再生塔	回流酸性气	550
	空气	738		外排酸性水	104
第二在线炉	燃料气	38	烟囱	烟气	32710
	空气	630	损失		219

续表

输入/(kg/h)			输出/(kg/h)	
加氢炉	燃料气	102		
	空气	1360		
	氢气	25		
焚烧炉	燃料气	351		
	空气	13950		
合计		47534	合计	47534

根据表5-1，装置加工损失为219kg/h，分析主要原因为装置各流量计测量偏差。

三、装置标定硫平衡

装置硫平衡根据装置酸性气进料中的硫元素和出料中的硫元素进行平衡计算。以表5-1为基础进行计算。

(一) 酸性气原料中的硫

酸性气原料中的硫：

$$m_{硫}=m_{酸性气}\div M_{酸性气}\times C_{硫化氢}\times M_{硫} \tag{5-1}$$

式中 $m_{硫}$、$m_{酸性气}$——硫、酸性气质量，kg；

$M_{酸性气}$、$M_{硫}$——酸性气、硫黄分子质量，kg/kmol；

$C_{硫化氢}$——硫化氢摩尔浓度，%。

$$m_{酸1}=11045\div 33.35\times 0.8385\times 32=8886.34\text{kg/h}$$

式中 $m_{酸1}$——酸性气中硫元素质量流量，kg/h。

(二) 液硫产品中的硫

根据液硫产品质量浓度，液硫中硫质量浓度为99.98%，则液硫中总硫量：

$$m_{酸2}=m_{液硫}\times 99.98\%=8611\times 99.98\%=8609.28\text{kg/h}$$

式中 $m_{酸2}$——液硫中硫元素质量流量，kg/h；

$m_{液硫}$——液硫质量流量，kg/h。

(三) 急冷水中的硫

根据分析数据，急冷水中含 H_2S 为550mg/L，则有：

$$m_{酸3}=m_{急冷水}\times 550\times 10^{-6}\times M_{硫}/M_{硫化氢}$$
$$=5340\times 550\times 10^{-6}\times 32/34=2.76\text{kg/h}$$

式中 $m_{酸3}$——急冷水中硫元素质量流量，kg/h；

$m_{急冷水}$——急冷水质量流量，kg/h；

$M_{硫}$、$M_{硫化氢}$——硫黄、硫化氢分子质量，kg/mol。

(四) 酸性水中的硫

根据分析数据，回流酸性水中 H_2S 含量5.9g/L，则有：

$$m_{酸4}=m_{酸性水}\times 5.9\times 10^{-3}\times M_{硫}/M_{硫化氢}$$
$$=104\times 5.9\times 10^{-3}\times 32/34=0.58\text{kg/h}$$

式中 $m_{酸4}$——酸性水中硫元素质量流量，kg/h；

$m_{酸性水}$——酸性水质量流量，kg/h。

(五) 回流酸性气中的硫

根据工艺数据及表4-43，回流酸性气中 H_2S 体积含量59.90%，则有：

$$m_{酸5}=m_{酸性气}\div M_{平均}\times V\times M_{硫}$$
$$=550\div36.80\times59.90\%\times32=286.48\text{kg/h}$$

式中 $m_{酸5}$——回流酸性气中硫元素质量流量，kg/h；

$m_{酸性气}$——回流酸性气质量流量，kg/h；

$\bar{m}_{平均}$——回流酸性气平均分子质量，kg/mol。

(六) 烟气中的硫

根据表5-2及装置烟气排放检测的 SO_2 浓度(25mg/m^3)，计算烟气中的硫排放量：

$$m_{酸6}=V_{烟气}\times C_{烟气}$$
$$=32710\div27.90\times8.314\times533\div100.9\times25\times10^{-6}=1.29\text{kg/h}$$

式中 $m_{酸6}$——烟气中硫元素质量流量，kg/h；

$V_{烟气}$——烟气体积流量，m^3/h；

$C_{烟气}$——烟气硫含量，mg/m^3。

(七) 装置硫平衡计算

根据上文内容，可列表计算装置硫平衡，见表5-2。

表5-2 Ⅵ硫黄装置硫平衡数据

输入/(kg/h)		输出/(kg/h)	
酸性气中的硫	8886.34	液硫中的硫	8593.78
		急冷水中的硫	2.76
		酸性水中的硫	0.58
		回流酸性气中的硫	286.48
		烟气中的硫	1.29
		损失	1.46
合计	8886.34	合计	8886.34

根据表5-2，装置加工硫损失为1.46kg/h，分析主要原因为装置各流量计测量偏差引起。

四、装置标定碳平衡

装置含碳组分进料包括酸性气、燃料气、氢气等，碳元素出料主要是再生塔回流酸性气、烟气等，以表5-1为基础进行计算。

(一) 装置酸性气进料碳计算

酸性气进料中的碳主要是酸性气中的 CO_2 和 CH_4 所带的C元素。

酸性气原料中的碳： $$m_{碳}=m_{酸性气}\div M_{酸性气}\times C_{碳}\times M_{碳} \quad (5-2)$$

$$m_{碳1}=11045\div33.35\times(0.0755+0.0009)\times12=303.63\text{kg/h}$$

(二) 燃料气进料碳计算

燃料气进料中的碳主要是 CH_4、C_2H_6、C_3H_8 所带的C元素。

根据表5-1，装置燃料气总量为：536kg/h，即29.94kmol/h，同时根据表4-18燃料气组分，可计算燃料气碳元素量，见表5-3。

表 5-3 燃料气碳含量计算数据

项 目	比例/%(摩尔)	组分摩尔流量/(kmol/h)	碳元素摩尔流量/(kmol/h)	碳元素质量流量/(kg/h)
CH_4	73	21.86	21.86	262.31
C_2H_6	13	3.89	7.79	93.43
C_3H_8	3	0.90	2.69	32.34
H_2	8	2.40	0	0
N_2	3	0.90	0	0
合计	100	29.94	32.34	388.08

(三) 氢气进料碳计算

根据表4-30，外补氢气中的碳元素主要来自氢气中的 CH_4、C_2H_6、C_3H_8等组分，根据表5-1，装置外补氢气量为：25kg/h，即6.83kmol/h，同时根据表4-30氢气组分，可计算氢气碳元素量，见表5-4。

表 5-4 氢气中碳含量计算数据

项 目	比例/%(摩尔)	组分摩尔流量/(kmol/h)	碳元素摩尔流量/(kmol/h)	碳元素质量流量/(kg/h)
N_2	0.9	0.06	0	0
H_2	94.0	6.42	0	0
CH_4	1.5	0.10	0.10	1.23
C_2H_6	1.9	0.13	0.26	3.11
C_3H_8	1.7	0.12	0.35	4.18
合计	100	6.83	0.71	8.52

(四) 回流酸性气碳计算

回流酸性气的碳主要来自酸性气的 CO_2，根据表5-1和表4-43回流酸性气摩尔分数数据计算，回流酸性气质量流量550kg/h，则酸性气 CO_2量：

$$m_{CO_2}=550/36.8\times35.43\%\times12=63.54\text{kg/h}$$

(五) 烟气碳计算

烟气中的碳主要来自烟气 CO_2，根据表5-1和表4-41焚烧后烟气摩尔分数，则烟气含碳量为：

$$m_{CO_2}=32710\div27.9\times4.331\%\times12=609.32$$

(六) 装置碳平衡计算

根据回流酸性气碳计算和烟气碳计算可得Ⅵ硫黄装置碳平衡数据，见表5-5。

表 5-5 Ⅵ硫黄装置碳平衡数据

输入/(kg/h)		输出/(kg/h)	
酸性气进料碳	303.63	回流酸性气碳	63.54
燃料气进料碳	388.08	烟气中的碳	609.32
氢气进料碳	8.52	损失	27.37
合计	700.23	合计	672.86

根据表 5-2，装置加工碳损失为 27.37kg/h，分析主要原因为装置各流量计测量偏差。同时外排急冷水、酸性气溶解的 CO_2 没有进行计算也可能是引起加工碳损失的主要原因之一。

五、装置标定氢平衡

装置含氢组分进料包括酸性气、空气、燃料气、氢气等，氢元素出料主要是急冷水、酸性水、再生塔回流酸性气及烟气等，以表 5-1 为基础进行计算。

（一）装置酸性气进料氢计算

酸性气进料中的氢主要是酸性气中的 H_2S、H_2O、NH_3 和 CH_4 所带的 H 元素。根据表 4-2和表 5-1，可计算酸性气氢元素量，见表 5-6。

表 5-6　酸性气进料氢计算数据

项　目	比例/%(摩尔)	酸性气摩尔流量/(kmol/h)	氢元素摩尔流量/(kmol/h)	氢元素质量流量/(kg/h)
H_2S	83.85	277.71	555.42	555.42
CO_2	7.55	25.01	0.00	0.00
H_2O	5.46	18.08	36.17	36.17
CH_4	0.09	0.30	1.19	1.19
N_2	0.02	0.07	0.00	0.00
NH_3	3.03	10.04	30.11	30.11
合计	100	331.20	622.89	622.89

（二）装置空气进料氢计算

空气进料氢主要是空气中的 H_2O 组分带来，根据表 4-5 可知空气组分，根据表 5-1 可知装置空气总流量为 35928kg/h，则空气的氢含量为：

$$m_{氢}=35928\div28.427\times3.88\%\times2=98.08\text{kg/h}$$

（三）装置燃料气进料氢计算

燃料气进料中的氢主要是燃料气中的 CH_4、C_2H_6、C_3H_8和 H_2所带的 H 元素，装置燃料气总量为：536kg/h，即 29.94kmol/h，根据表 5-1 和表 4-18，可计算燃料气氢元素量，见表 5-7。

表 5-7　燃料气氢元素计算数据

项　目	比例/%(体)	燃料气摩尔流量/(kmol/h)	氢元素摩尔流量/(kmol/h)	氢元素质量流量/(kg/h)
CH_4	73	21.86	87.42	87.42
C_2H_6	13	3.89	23.35	23.35
C_3H_8	3	0.90	7.19	7.19
H_2	8	2.40	4.79	4.79
N_2	3	0.90	0.00	0.00
合计	100	29.94	122.75	122.75

（四）装置氢气进料氢计算

根据表4-30，外补氢气中的氢元素主要来自氢气中的H_2、CH_4、C_2H_6、C_3H_8等组分，根据表5-1，装置外补氢气量为：25kg/h，即6.83kmol/h，同时根据表4-30氢气组分，可计算外补氢气中氢元素量，见表5-8。

表5-8 氢气进料中氢含量计算数据

项　目	比例/%（体）	氢气摩尔流量/（kmol/h）	氢元素摩尔流量/（kmol/h）	氢元素质量流量/（kg/h）
N_2	0.9	0.06	0	0
H_2	94	6.42	12.84	12.84
CH_4	1.5	0.1	0.4	0.4
C_2H_6	1.9	0.13	0.78	0.78
C_3H_8	1.7	0.12	0.96	0.96
合计	100	6.83	14.98	14.98

（五）装置急冷水出料氢计算

急冷水出料中的含氢组分主要是H_2O、H_2S，根据表5-1和表4-36外排急冷水物性数据，急冷水外排流量5340kg/h，可计算急冷水中氢元素量，见表5-9。

表5-9 急冷水氢含量计算数据

项　目	比例/%（摩尔）	急冷水摩尔流量/（kmol/h）	氢元素摩尔流量/（kmol/h）	氢元素质量流量/（kg/h）
H_2S	0.03	0.09	0.17	0.17
H_2O	99.97	296.50	593.01	593.01
合计	100.00	296.59	593.18	593.18

（六）装置酸性水出料氢计算

酸性水出料中的含氢组分主要是H_2O、H_2S，根据表4-43外排酸性水物性数据和表5-1酸性水外排流量104kg/h，可计算酸性水中氢元素量，见表5-10。

表5-10 酸性水氢含量计算数据

项　目	比例/%（摩尔）	酸性水摩尔流量/（kmol/h）	氢元素摩尔流量/（kmol/h）	氢元素质量流量/（kg/h）
H_2S	0.32	0.02	0.04	0.04
H_2O	99.68	5.74	11.49	11.49
合计	100	5.76	11.52	11.52

（七）装置再生塔回流酸性气出料氢计算

装置再生塔回流酸性气出料中的含氢组分主要是H_2O、H_2S，根据表4-43再生塔外排物料物性数据和表5-1酸性气外排流量550kg/h，可计算酸性气中氢元素量，见表5-11。

表 5-11　再生塔回流酸性气氢含量计算数据

项　目	比例/%(摩尔)	酸性气摩尔流量/(kmol/h)	氢元素摩尔流量/(kmol/h)	氢元素质量流量/(kg/h)
H_2S	59.90	8.95	17.91	17.91
CO_2	35.43	5.30	0.00	0.00
H_2O	4.67	0.70	1.40	1.40
合计	100.00	14.95	19.30	19.30

(八) 烟气出料氢计算

装置烟气出料中的含氢组分主要是 H_2O，根据表 4-41 焚烧后烟气物性数据和表 5-1 烟气外排流量 32710kg/h，可计算烟气中氢元素量如下：

$$m_{氢}=32710÷27.9×9.639\%×2=226.02kg/h$$

(九) 装置氢平衡计算

根据装置酸性气、空气、燃料气、氢气进料氢计算和酸性水出料氢计算，可得Ⅵ硫黄装置氢平衡数据，见表 5-12。

表 5-12　Ⅵ硫黄装置氢平衡数据

输入/(kg/h)		输出/(kg/h)	
酸性气进料氢	622.89	急冷水外排氢	593.18
燃料气进料氢	122.75	酸性水外排氢	11.52
氢气进料氢	14.98	酸性气外排氢	19.3
空气进料氢	98.08	烟气外排氢	226.02
		损失	8.68
合计	858.70	合计	858.70

根据表 5-12，装置加工氢损失为 8.68kg/h，分析原因为装置各流量计测量偏差，另外装置焚烧炉未完全燃烧携带的烃类也会带走氢。

六、装置标定氮平衡

装置含氮组分进料包括酸性气、空气、燃料气、氢气等，氮元素出料主要是烟气，以表 5-1 为基础进行计算。

(一) 装置酸性气进料氮计算

酸性气进料中的氮主要是酸性气中的 N_2 和 NH_3 所带的氮元素。根据表 4-2 和表 5-1，可计算酸性气氮元素量，见表 5-13。

表 5-13　酸性气进料氮计算数据

项　目	比例/%(摩尔)	酸性气摩尔流量/(kmol/h)	氮元素摩尔流量/(kmol/h)	氮元素质量流量/(kg/h)
H_2S	83.85	277.71	0.00	0.00
CO_2	7.55	25.01	0.00	0.00
H_2O	5.46	18.08	0.00	0.00

续表

项　目	比例/%(摩尔)	酸性气摩尔流量/(kmol/h)	氮元素摩尔流量/(kmol/h)	氮元素质量流量/(kg/h)
CH_4	0.09	0.30	0.00	0.00
N_2	0.02	0.07	0.14	0.98
NH_3	3.03	10.04	10.04	70.28
合计	100	331.20	10.18	71.26

（二）装置空气进料氮计算

空气进料氮主要是空气中的N_2组分带来，根据表4-5可知空气组分，根据表5-1可知装置空气总流量为35928kg/h，则空气的N_2含量为：

$$m_{氮}=35928\div28.427\times75.74\%\times14=13403.33\text{kg/h}$$

（三）装置燃料气进料氮计算

燃料气进料中的氮主要是燃料气中的N_2所带，装置燃料气总量为536kg/h，即29.94kmol/h，根据表5-1和表4-18燃料气组分表，可计算燃料气氢元素量，见表5-14。

表5-14　燃料气氮元素计算数据

项　目	比例/%(摩尔)	燃料气摩尔流量/(kmol/h)	氮元素摩尔流量/(kmol/h)	氮元素质量流量/(kg/h)
CH_4	73	21.86	0.00	0.00
C_2H_6	13	3.89	0.00	0.00
C_3H_8	3	0.90	0.00	0.00
H_2	8	2.40	0.00	0.00
N_2	3	0.90	1.8	12.60
合计	100	29.94	1.8	12.60

（四）装置氢气进料氮计算

根据表4-30，外补氢气中的氢元素主要来自氢气中的N_2组分，根据表5-1，装置外补氢气量为25kg/h，即6.83kmol/h，同时根据表4-30氢气组分，可计算外补氢气中氮元素量，见表5-15。

表5-15　氢气中氮含量计算数据

项　目	比例/%(摩尔)	氢气摩尔流量/(kmol/h)	氮元素摩尔流量/(kmol/h)	氮元素质量流量/(kg/h)
N_2	0.9	0.06	0.12	0.84
H_2	94	6.42	0.00	0.00
CH_4	1.5	0.1	0.00	0.00
C_2H_6	1.9	0.13	0.00	0.00
C_3H_8	1.7	0.12	0.00	0.00
合计	100	6.83	0.12	0.84

（五）烟气出料氮计算

装置烟气出料中的含氮组分主要是 N_2，根据表 4-41 焚烧后烟气物性数据和表 5-1 烟气外排流量 32710kg/h，可计算烟气中氢元素量如下：

$$m_{氢}=32710\div27.9\times81.83\%\times14=13431.26kg/h$$

（六）装置氮平衡计算

根据上文内容，可得Ⅵ硫黄装置氢平衡数据，见表 5-16。

表 5-16　Ⅵ硫黄装置氮平衡数据

输入/(kg/h)		输出/(kg/h)	
酸性气进料氮	71.26	烟气外排氢	13431.26
燃料气进料氮	12.6	损失	56.77
氢气进料氮	0.84		
空气进料氨	13403.33		
合计	13488.03	合计	13488.03

根据表 5-16，装置加工氮损失为 56.77kg/h，分析原因为装置各流量计测量偏差。

七、装置标定氧平衡

装置含氧组分进料包括酸性气和空气，氧元素出料主要是急冷水、酸性水、酸性气回流和烟气，以表 5-1 为基础进行计算。

（一）装置酸性气进料氮计算

酸性气进料中的氧主要是酸性气中的 CO_2 和 H_2O 所带的氧元素。根据表 4-2 和表 5-1，可计算酸性气氧元素量，见表 5-17。

表 5-17　酸性气进料氧计算数据

项　目	比例/%(摩尔)	酸性气摩尔流量/(kmol/h)	氧元素摩尔流量/(kmol/h)	氧元素质量流量/(kg/h)
H_2S	83.85	277.71	0	0
CO_2	7.55	25.01	50.02	800.32
H_2O	5.46	18.08	18.08	289.28
CH_4	0.09	0.30	0	0
N_2	0.02	0.07	0	0
NH_3	3.03	10.04	0	0
合计	100	331.20	68.1	1089.6

（二）装置空气进料氧计算

空气进料氧主要是空气中的 O_2 和 H_2O 组分带来，根据表 4-5 可知空气组分，根据表5-1 可知装置空气总流量为 35928kg/h，可计算空气氧元素量，见表 5-18。

表 5-18 空气进料氧计算数据

空　气	空气组分/%(摩尔)	空气组分流量/(kmol/h)	氧元素摩尔流量/(kmol/h)	氧元素质量流量/(kg/h)
N_2	75.74	957.25	0.00	0.00
O_2	20.38	257.57	515.15	8242.39
H_2O	3.88	49.04	49.04	784.60
合计	100	1263.86	564.19	9026.99

（三）装置急冷水出料氧计算

急冷水出料中的含氧组分主要是 H_2O，根据表 5-1 和表 4-36 外排急冷水物性数据，急冷水外排流量 5340kg/h，可计算急冷水中氧元素量，见表 5-19。

表 5-19 急冷水氧含量计算数据

项　目	比例/%(摩尔)	急冷水摩尔流量/(kmol/h)	氧元素摩尔流量/(kmol/h)	氧元素质量流量/(kg/h)
H_2S	0.03	0.09	0	0
H_2O	99.97	296.50	296.50	4744
合计	100.00	296.59	296.50	4744

（四）装置酸性水出料氧计算

酸性水出料中的含氧组分主要是 H_2O，根据表 4-43 外排酸性水物性数据和表 5-1 酸性水外排流量 104kg/h，可计算酸性水中氧元素量，见表 5-20。

表 5-20 酸性水氧含量计算数据

项　目	比例/%(摩尔)	酸性水摩尔流量/(kmol/h)	氧元素摩尔流量/(kmol/h)	氧元素质量流量/(kg/h)
H_2S	0.32	0.02	0	0
H_2O	99.68	5.74	5.74	91.84
合计	100	5.76	5.74	91.84

（五）装置再生塔回流酸性气出料氧计算

装置再生塔回流酸性气出料中的含氧组分主要是 H_2O、CO_2，根据表 4-43 再生塔外排物料物性数据和表 5-1 酸性气外排流量 550kg/h，可计算酸性气中氧元素量，见表 5-21。

表 5-21 再生塔回流酸性气氧含量计算数据

项　目	比例/%(摩尔)	酸性气摩尔流量/(kmol/h)	氧元素摩尔流量/(kmol/h)	氧元素质量流量/(kg/h)
H_2S	59.90	8.95	0	0
CO_2	35.43	5.30	10.60	169.6
H_2O	4.67	0.70	0.7	11.2
合计	100.00	14.95	11.30	180.8

（六）烟气出料氧计算

装置烟气出料中的含氧组分主要是 H_2O、CO_2、SO_2，根据表 4-41 焚烧后烟气物性数据和表 5-1 烟气外排流量 32710kg/h，可计算烟气中氧元素量，见表 5-22。

表 5-22 烟气氧含量计算数据

项目	比例/%（摩尔）	烟气摩尔流量/（kmol/h）	氧元素摩尔流量/（kmol/h）	氧元素质量流量/（kg/h）
CO_2	4.33	50.78	101.56	1624.92
H_2O	9.64	113.02	113.02	1808.31
SO_2	0.00	0.01	0.03	0.40
N_2	81.83	959.46	0.00	0.00
O_2	4.20	49.24	98.48	1575.62
合计	100.00	1172.51	313.08	5009.25

（七）装置氧平衡计算

根据上文内容，可得Ⅵ硫黄装置氧平衡数据，见表 5-23。

表 5-23 Ⅵ硫黄装置氧平衡数据

输入/（kg/h）		输出/（kg/h）	
酸性气进料氧	1089.6	急冷水外排氧	4744
空气进料氧	9026.99	酸性水外排氧	91.84
		酸性气外排氧	180.8
		烟气外排氧	5009.25
		损失	90.7
合计	10116.59	合计	10116.59

根据表 5-23，装置加工氧损失为 90.7kg/h，分析原因为装置各流量计测量偏差。

八、装置加工损失测算

根据上述物料平衡计算，可得到装置加工损失测算，见表 5-24。

表 5-24 Ⅵ硫黄装置加工损失测算表 kg/h

总物料平衡损失	219	硫平衡损失	1.46
		碳平衡损失	27.37
		氢平衡损失	8.68
		氮平衡损失	56.77
		氧平衡损失	90.7
合计	219	合计	184.98

根据表 5-24，装置另有加工损失 34kg/h，分析为液硫携带杂质组分到液硫池，并影响液硫纯度，本装置液硫分析纯度为 99.98%，则液硫产品携带杂质量为 1.72kg/h，另外一些杂质直接在液硫池中沉淀，比如炭黑、硫酸盐、铵盐、硫化亚铁等，总体来说本装置工艺介质物料平衡不存在问题。

九、装置水汽平衡计算

装置标定期间，水汽进料组分主要有除盐水、1.0MPa 蒸汽、0.35MPa 蒸汽，装置水汽外送主要是 3.5MPa 过热蒸汽，水汽平衡如图 5-2 所示。装置水汽平衡计算表见表 5-25。

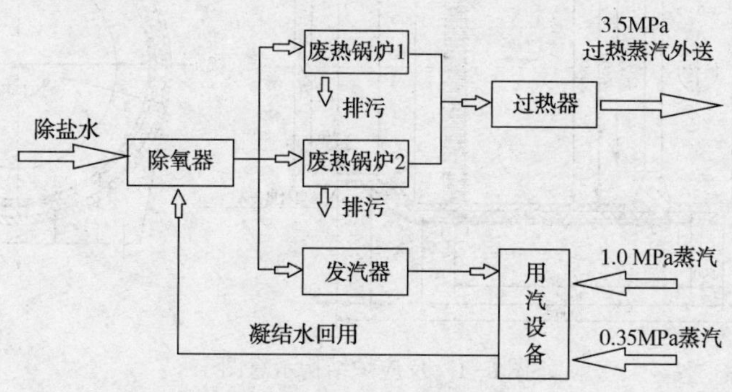

图 5-2　装置水汽平衡图

表 5-25　Ⅵ硫黄装置水汽平衡计算表　t/h

装置进料		装置出料	
除盐水	17.89	3.5MPa 蒸汽	21.72
1.0MPa 蒸汽	3.32	锅炉排污	1.5
0.35MPa 蒸汽	2.15	损失	0.14
合计	23.36	合计	23.36

装置标定 72h 除盐水总耗量为 1288t，计 17.89t/h，1.0MPa 蒸汽耗量 239t，计 3.32t/h，3.5MPa 过热蒸汽外送 1564t，计 21.72t/h，进装置 0.35MPa 蒸汽流量 2.15t/h，损失 0.14t/h，主要是锅炉定期排污、炉水和除氧水采样连续排放等引起。

第六部分　单元设备计算

本章节选取装置部分关键设备，进行设计核算，并根据核算结果和装置实际运行数据进行分析。

一、反应炉计算

(一)反应炉结构

硫黄装置反应炉是装置核心设备，运行工况炉内温度达 1300℃，运行条件十分苛刻。镇海炼化Ⅵ套硫黄装置反应炉为卧式圆筒形结构，反应炉前端为进口某型号高效燃烧器，反应炉后端为余热锅炉，烧嘴、反应炉、反应炉余热锅炉三台设备全部通过焊接连接。三台设备通过中间固定支座，两端滑动支座连接，确保升降温期间设备可以向两端移动，消除热应力；炉子壳体上部设半圆形防雨罩。炉子主体长 7000mm，外径 *DN*4600mm×28mm，两端设备连接处设锥形过渡段，内部主体采用高铝轻质浇注料+轻质莫来石砖+刚玉砖结构，主体衬里厚度 300mm。前部 1/3 处设置缩颈挡火墙(内径 *DN*3000mm)，后部设花墙，以提高炉子运行期间蓄热量和增加反应介质混合度。具体见图 6-1。

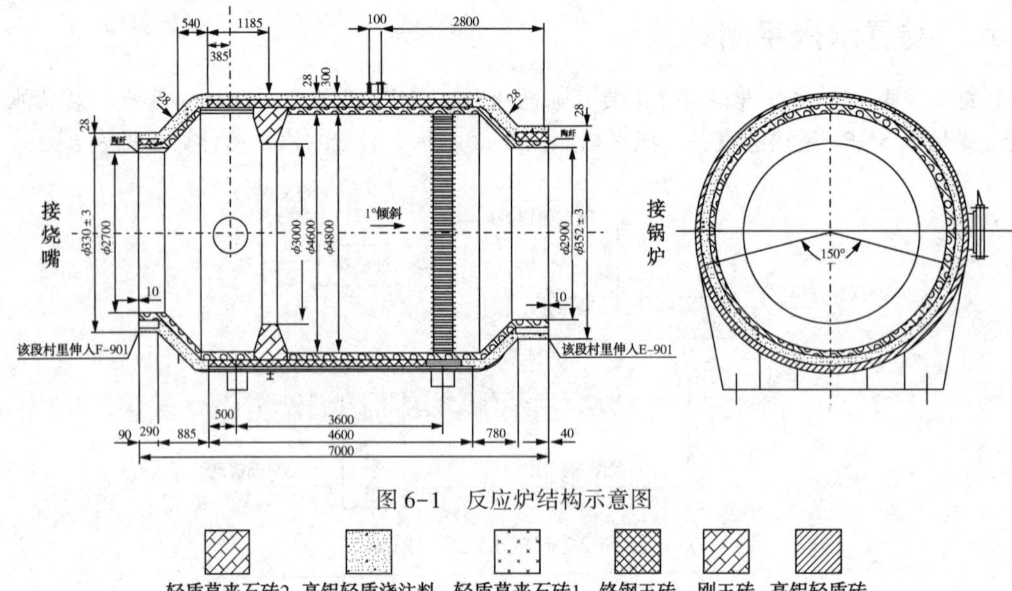

图 6-1　反应炉结构示意图

(二) 反应炉停留时间计算

根据反应炉结构部分内容，为方便计算，反应炉体积计算分为（$L=290$、$\phi=2700$ 圆筒）+（$L=885$、$\phi=2700/4000$ 圆台体）+（$L=4600$、$\phi=4000$ 圆筒）+（$L=780$、$\phi=4000/2900$ 圆台体）+（$L=445$、$\phi=2900$ 圆筒）5 个部分，体积计算情况如下：

圆筒体积计算公式：

$$V=\pi\times r^2\times L \tag{6-1}$$

式中　r——圆筒半径，mm；

L——圆筒长度，mm。

圆锥体积计算公式：

$$V=\frac{1}{3}\times\pi\times L\times(R^2+Rr+r^2) \tag{6-2}$$

式中　R——下台面半径，mm；

r——上台面半径，mm。

由公式 6-1、公式 6-2 可求得本装置反应炉体积 $V=77.61\text{m}^3$。

由表 4-12 可知反应炉入口物料总摩尔流量为 1005.69kmol/h，由表 4-13 可知反应炉出口物料总摩尔流量为 1004.50kmol/h，温度 1288.62℃，压力 117kPa，由于相差较小，直接以反应炉入口物料作为计算依据。

则反应炉内组分体积流量：

$$Q=[1005.69\times8.314\times(273+1288.62)]/117=111599.86\text{m}^3/\text{h}$$

停留时间 $T=V/Q=77.61/111599.86\times3600=2.5\text{s}$。

则反应炉停留时间为 2.5s。

(三) 反应炉露点温度计算

反应炉内衬浇注料存在缝隙，装置运行中会有部分反应气体穿透衬里材料逃逸到反应炉炉壁和衬里之间的缝隙内，因反应介质高含 SO_2、H_2S 等腐蚀介质，设计上必须确保反应炉外壁温高于逃逸气体的露点温度，否则容易出现露点腐蚀，导致反应炉筒体钢板腐蚀。反应炉露点包括反应后介质的水露点温度和硫黄露点温度。

1. 反应炉内部水露点温度计算

水的露点温度表示含水气体组分介质，在温度降低过程中出现第一滴液体水的温度，可通过该气体组分一定温度下水的分压进行计算，水的分压高于该温度下水的饱和蒸气压，则会有液体水析出。

根据表4-13反应炉反应平衡状态物料数据，反应炉水的摩尔比为26.73%，反应炉压力117kPa，则反应炉水的气相分压为：

$$P_{水}=117\times26.73\%=31.274\text{kPa}$$

查询水的饱和蒸气压表，70℃水的饱和蒸气压为31.176kPa，71℃水的饱和蒸气压为32.549kPa，为此反应炉水的露点温度可视为72℃，该温度远低于反应炉操作工况温度。

2. 反应炉内部硫露点温度计算

根据表4-13反应炉反应平衡状态物料数据，反应炉S_2的摩尔比为9.90%，反应炉压力117kPa。反应炉中过程气穿透衬里逃逸到炉壁过程，也伴随着逃逸介质的温度降低过程，此时计算硫露点，可以参考一冷出口硫冷凝计算过程。根据装置设计工况，一般反应炉壁温度低于350℃，因此过程气逃逸到炉壁过程，按S_2全部转化为S_6和S_8计算，同时由于随着温度变化，过程气中的S_6与S_8组分也发生变化，因此必须进行假设并利用Excel表格进行编程迭代计算。

根据硫饱和蒸气压和温度关系公式4-16：

$$\ln p_s=89.274-13463/T-8.9643\ln T$$

可以求得每个对应温度下硫的饱和蒸气压。

同时根据图4-4硫蒸汽平衡曲线图，求得各温度下S_6和S_8比值，由表4-13，在反应炉压力117kPa下可求得给定温度下的硫分压。

假设给定温度为200℃，则由公式4-7，得$p_s=270\text{Pa}$。

由硫蒸气平衡曲线图及反应炉压力，可求得$p=3.19\text{kPa}$。

$p\geqslant p_s$，说明200℃低于硫露点温度。

温度为275℃时，$p_s=3548\text{Pa}$；$p=3.27\text{kPa}$。

则$p_s\geqslant p$，275℃高于硫露点温度，但此时硫饱和蒸气压只是略高于硫分压。

温度为272.1℃时，$p_s=3265\text{Pa}$；$p=3.263\text{kPa}$。

$p_s\approx p$，因此可认为反应炉硫露点温度为272℃。

该计算也说明，反应炉余热锅炉出口过程气温度350℃，无液硫产生。

（四）反应炉硫平衡

反应炉硫元素进料主要是酸性气中的H_2S，硫元素出料包括过程气中H_2S、SO_2、COS、S_2等组分，由表4-12和表4-13，得到硫平衡表，见表6-1。

表6-1　反应炉硫平衡数据

输入/(kmol/h)		输出/(kmol/h)		
		组分	组分量	硫元素量
酸性气中的硫	277.71	H_2S	50.28	50.28
		SO_2	26.20	26.20
		COS	2.35	2.35
		S_2	99.45	198.90
合计	277.71	合计		277.73

根据表4-14，装置反应炉核算硫平衡数据偏差-0.02kmol/h，主要是计算小数点取数偏差引起的。

(五) 反应炉出口过程气分析数据对比

工艺计算过程，不考虑余热锅炉中的化学反应，因此可以认为余热锅炉后的过程气组分和反应炉后的过程气组分一致，因此反应后数据分析对比采用余热锅炉出口过程气分析数据和余热锅炉后计算数据对比。

1. 干湿基数据折算

采样过程经过干燥过滤，因此样品数据可认为是干基数据，工艺计算过程为湿基数据，以反应炉后部工艺计算过程气组分为准，进行干湿基数据换算，换算过程为过程气组分去除 H_2O 后，重新进行组分比例计算，根据表 4-14，余热锅炉后组分干湿基数据换算结果见表 6-2。

表 6-2　余热锅炉后组分干湿基数据折算表

组　分	工艺计算数据		
	取数点	工艺计算值/%(体)	干基计算值/%(体)
硫化氢	余热锅炉出口	5.39	7.57
羰基硫	余热锅炉出口	0.25	0.35
二氧化硫	余热锅炉出口	2.81	3.95

2. 样品分析数据和工艺计算数据对比

根据反应炉余热锅炉出口过程气标定分析数据和表 6-2 数据，得到对比数据，见表 6-3。

表 6-3　反应后组分和标定分析数据对比表

组　分	化验分析数据		工艺计算数据(干基)	
	采样点	分析值/%(体)	取数点	计算值/%(体)
硫化氢	余热锅炉出口过程气	2.99	余热锅炉出口	7.57
羰基硫	余热锅炉出口过程气	0.24	余热锅炉出口	0.35
二氧化硫	余热锅炉出口过程气	0.01	余热锅炉出口	3.95

由表 6-3 发现余热锅炉出口过程气硫化氢、羰基硫、二氧化硫浓度分析值和计算值偏差较大，分析原因主要有：

1）余热锅炉后部过程气温度高，且带水较多，样品在采样至分析时间较长，过程会有硫化氢和二氧化硫的反应，以及二氧化硫溶剂在没有充分干燥的水分内，导致数据偏低。因样品含 SO_2，若样品中出现明水，则呈酸性，可认为 H_2S 不被样品水分吸收。如果反应考虑 H_2S/SO_2 为 2，则根据样品分析数据，样品中 H_2S 减少 4.58%(摩尔)，则反应的 SO_2 应该为 2.29%(摩尔)，估算样品中的 SO_2 被水吸收的量为 1.65%(摩尔)。

2）余热锅炉管束内气相温度从 1288℃降低到 350℃，气相降温过程也伴随着组分反应，比如 COS 发生部分水解反应，使余热锅炉后组分分析数据值下降。

3）样品分析偏差。

(六) 反应炉壁温确定

炉子壁温若低于 H_2S、SO_2 露点温度，则必然导致 H_2S、SO_2 露点腐蚀，这种现象在装置运行中已得到验证，制硫燃烧炉壳体在某些部位确实存在较严重的腐蚀。因此，炉子的壁温设计必须保证在任何环境条件下均高于 H_2S、SO_2 露点温度，否则均会导致严重的腐蚀，影响装置的使用寿命。为确保有一定的裕度，在衬里计算时，炉体最低壁温取 200℃，且一般高于露点温度 50℃。国外工艺包有要求 343℃的情况。

二、反应炉废热锅炉计算

装置反应炉余热锅炉产 3.8MPa 饱和蒸汽，锅炉本体直接焊接在反应炉出口筒体上，分换热管束部分和汽包部分，换热管束部分规格 $DN3200\times68L=8570$，汽包 $DN1600\times36L=7360$。换热管束管板为挠性管板，同时锅炉前管箱的烟气温度达 1300℃，运行中既有对流、辐射，也有传导，传热形式复杂。同时工作介质含 H_2S、SO_2、硫蒸气等，且管束内外压差大，使用条件非常苛刻。锅炉迎火面设置隔热衬里，和反应炉衬里同步施工形成一体，管束处安装保护陶瓷套管，汽包和换热管束通过升汽管和降液管连接。具体结构见图 6-2。

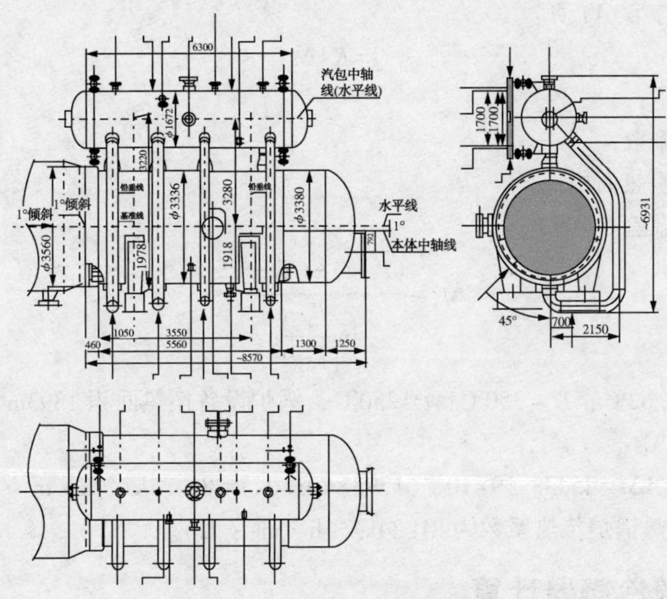

图 6-2　反应炉余热锅炉结构图

（一）余热锅炉产汽量计算

装置 105℃除氧水进入锅炉汽包，并经降液管进入锅炉换热管束，换热后的高温水汽由升汽管进入汽包，汽液分离后，3.8MPa 饱和蒸汽外送。计算过程可看成 105℃除氧水升温至 250℃饱和水，再由 250℃饱和水转化为 250℃饱和蒸汽的过程，同时根据操作经验，余热锅炉排污按上述水量的 5%计。根据反应炉废热锅炉出口组分及取热计算，反应炉余热锅炉取热量为 45438.19MJ/h。同时根据装置标定工况，余热锅炉出口饱和蒸汽温度为 250℃，查询《化工原理》(科学出版社，2001) P665 可得 105℃液体水的焓值为 440.03kJ/kg，250℃液体水焓值为 1081.45kJ/kg，250℃水饱和蒸汽焓值为 2790.1kJ/kg，250℃水汽化热为 1708.6kJ/kg。

根据《九江石化总厂Ⅱ套硫黄回收装置废热锅炉改造》(江西化工，1999 年第 1 期)，余热锅炉产汽量由公式(6-3)计算：

$$D=\frac{Q}{(H_{汽}-H_{水1})+(H_{水2}-H_{水1})\phi} \tag{6-3}$$

式中　D——发汽量；

Q——取热量；

$H_{汽}$——饱和蒸汽焓值；

$H_{水1}$——除氧水焓值；

$H_{水2}$——锅炉饱和水焓值；

ϕ——锅炉连续排污率。

则 $D=\dfrac{45438.19}{(2790.1-440.03)+(1081.45-440.03)\times5\%}=19.07\times10^3\text{kg/h}=19.07\text{t/h}$

则余热锅炉发汽量为19.07t/h。

（二）余热锅炉传热系数计算

余热锅炉为连续生产过程，可近似看成稳态传热方式，根据《化工工艺设计手册》（化学工业出版社，2009）第611页：

$$Q=KA\Delta t \tag{6-4}$$

式中 Q——取热量；

K——传热系数；

A——锅炉换热面积；

Δt——平均温差。

$$\Delta t_x=\frac{(T_1-t)-(T_2-t)b}{\ln\dfrac{T_1-t}{T_2-t}a} \tag{6-5}$$

已知 $T_1=1288.62℃$；$T_2=350℃$；$t=250℃$，锅炉设备换热面积1393m^2。

则 $\Delta t=401.04℃$

$$K=Q/A\Delta t=45438.19\times10^3/(1393\times401.04)=81.34\text{kJ/(h}\cdot\text{m}^2\cdot℃)$$

则计算得到余热锅炉传热系数为81.34kJ/(h·m^2·℃)。

三、装置硫冷凝器计算

装置硫冷凝器采用三合一结构，即三台硫冷凝器共用一个设备壳体，该结构硫冷器具有设备结构紧凑、占地面积小、设备投资少等优点，但也存在设备结构复杂、管板受力不均、隔板窜气等不利因素。装置硫冷器剖面结构如图6-3所示。

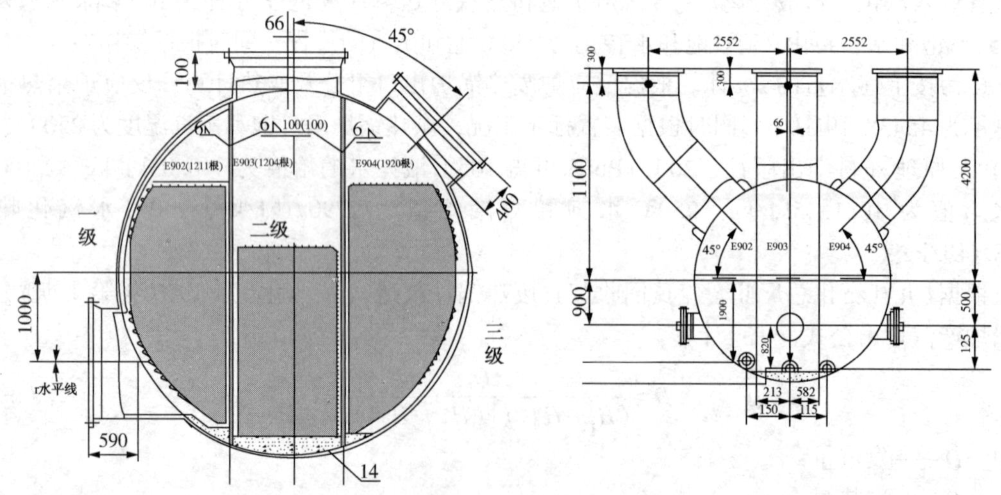

图6-3 硫冷器剖面结构

由图6-3，可以发现一、二、三级硫冷器管束不一致，主要是各级硫冷器换热量不一致，同时为提高三级硫冷器的冷却能力，增加了三级硫冷器换热面积，三台硫冷器的换热面积分别是920m²、915m²、1260m²。

（一）硫冷凝器产汽量计算

装置硫冷器共用壳体，装置105℃除氧水进入硫冷器壳体后，与过程气换热，产生0.35MPa饱和蒸汽（145℃）并外送。计算过程可看成105℃除氧水升温至145℃饱和水，再由145℃饱和水转化为145℃饱和蒸汽的过程，同时硫冷器为低压蒸汽发生器，没有设置排污，即ϕ为0。为简化计算过程，三台硫冷器取热量合并计算。根据一级、二级硫冷器出口组分及取热计算和第二制硫反应器计算结果，各硫冷器取热量分别为：7859.71MJ/h、4492.34MJ/h、2297.82MJ/h。参考反应炉计算，并查询得到145℃饱和水焓值610.85kJ/kg、145℃水饱和蒸汽焓值2744.4kJ/kg。

根据公式6-3，硫冷器0.35MPa饱和蒸汽产汽总量为：

$$D=\frac{Q}{(H_{汽}-H_{水1})+(H_{水2}-H_{水1})\phi}$$

$$D=\frac{7859.71+4492.34+2297.82}{(2744.4-440.03)+(1081.45-440.03)\times 0\%}=6.36\times 10^3\text{kg/h}=6.36\text{t/h}$$

则硫冷器0.35MPa饱和蒸汽产汽总量为6.36t/h。

（二）余热锅炉传热系数计算

硫冷器为连续生产过程，可近似看成稳态传热方式，根据公式（6-4）、公式（6-5）：

$$Q=KA\Delta t$$

$$\Delta t_x=\frac{(T_1-t)-(T_2-t)b}{\ln\dfrac{T_1-t}{T_2-t}a}$$

因硫冷器有三个过程气进口和出口，存在三组换热初温和终温，为简化计算，换热初温和终温取平均值，即$T_1=295$℃；$T_2=164$℃；$t=145$℃

已知，三台硫冷器的换热面积分别是920m²、915m²、1260m²，

则$\Delta t=63.40$℃，

$$K=Q/A\Delta t=(7859.71+4492.34+2297.82)\times 10^3/(3095\times 63.40)$$
$$=74.66\text{kJ/(h}\cdot\text{m}^2\cdot℃)$$

则计算得到余热锅炉传热系数为74.66kJ/(h·m²·℃)。

四、制硫反应器计算

第一在线炉来的过程气进入第一制硫反应器，在反应器床层催化剂的作用下，发生低温克劳斯反应。为降低反应器压差，硫黄装置反应器一般采用卧式反应器，镇海炼化Ⅵ硫黄回收装置制硫反应器采用二合一结构，尺寸为DN4300×28L=28686的圆筒型卧罐，中部通过隔板分为两个反应器，为方便设备布置，过程气从上部的边侧进料，反应器底部边侧出料。反应器内部整体浇筑衬里以防腐和隔热，反应器底部设置不锈钢格栅和丝网。第一制硫反应器由下往上催化剂装填为100mm瓷球+600mmTiO_2基（LS-901）催化剂+300mmAl_2O_3基（LS-300）催化剂；第二制硫反应器由下往上催化剂装填为100mm瓷球+900mmAl_2O_3基（LS-300）催化剂。催化剂总体积均为55m³。

(一) 第一制硫反应器计算

1. 第一制硫反应器硫平衡计算

第一制硫反应器主要发生低温克劳斯反应和有机硫水解反应，根据表4-20和表4-21，可得到反应器硫平衡数据，见表6-4。制硫反应器结构简图见图6-4。

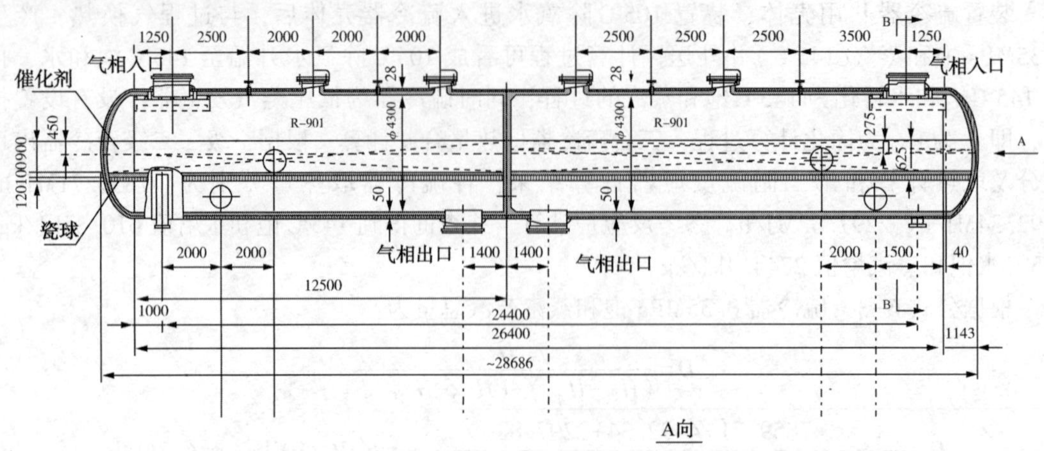

图6-4 制硫反应器结构简图

表6-4 第一制硫反应器硫平衡数据

输入/(kmol/h)			输出/(kmol/h)		
组分	组分量	硫元素量	组分	组分量	硫元素量
H_2S	50.28	50.28	H_2S	17.24	17.24
SO_2	26.2	26.2	SO_2	8.62	8.62
COS	2.35	2.35	COS	0.12	0.12
S_2	0	0	S_2	0	0
S_6	0.03	0.18	S_6	0.03	0.18
S_8	0.54	4.32	S_8	7.14	57.12
合计		83.33	合计		83.28

根据表6-4，装置第一制硫反应器核算硫平衡数据偏差0.05kmol/h，主要是计算小数点取数偏差引起的。

2. 第一制硫反应器出口过程气分析数据对比

根据表4-21，第一制硫反应器后组分干湿基数据换算结果见表6-5。

表6-5 第一制硫反应器后组分干湿基数据换算

组　分	工艺计算数据		
	取数点	工艺计算值/%(体)	干基计算值/%(体)
硫化氢	第一反应器后	1.87	3.03
羰基硫	第一反应器后	0.01	0.02
二氧化硫	第一反应器后	0.93	1.51

根据第一制硫反应器后过程气标定分析数据和表6-5，得到对比数据表，见表6-6。

表 6-6　第一制硫反应器后组分和标定分析数据对比表

组　分	化验分析数据		工艺计算数据(干基)	
	采样点	分析值/%(体)	取数点	计算值/%(体)
硫化氢	第一反应器后	1.46	第一反应器后	3.03
羰基硫	第一反应器后	0.01	第一反应器后	0.02
二氧化硫	第一反应器后	0.01	第一反应器后	1.51

由表 6-6 发现第一制硫反应器后过程气硫化氢、羰基硫、二氧化硫浓度分析值和计算值有偏差，分析原因主要有：

1）样品在采样至分析时间较长，过程会有硫化氢和二氧化硫的反应，以及二氧化硫溶解在样品中剩余的水分内，导致数据偏低。因样品含 SO_2，若样品中出现明水，则呈酸性，可认为 H_2S 不被样品水分吸收。如果反应考虑 H_2S/SO_2 为 2，则根据样品分析数据，样品中 H_2S 减少 1.57%，则反应的 SO_2 应该为 0.785%，估算样品中的 SO_2 被水吸收的量为 0.715%。

2）样品分析偏差。分析数据 0.01%表示组分浓度低，无法测定。

3. 第一制硫反应器硫露点核算

第一制硫反应器硫露点按反应后组分进行计算，装置标定期间制硫反应器床层温度 299.2℃，低于 350℃，反应器中的硫组分全部按转化为 S_6 和 S_8 计算，同时由于随着温度变化，过程气中的 S_6 与 S_8 组分也发生变化，因此须进行假设并利用 Excel 表格进行编程迭代计算。

根据硫饱和蒸气压和温度关系公式 4-16：

$$\ln p_s = 89.274 - 13463/T - 8.9643\ln T$$

可以求得每个对应温度下硫的饱和蒸气压。

同时根据图 4-4 硫蒸气平衡曲线图，求得各温度下 S_6 和 S_8 比值，由表 4-21 通过物料平衡，在第一制硫反应器压力 115.1kPa 下可求得给定温度下的硫分压。

给定温度为 232.3℃，则由公式 4-16，得 $p_s = 920.8\text{Pa}$。

由硫蒸气平衡曲线图及第一制硫反应器压力，可求得 $p = 920.4\text{Pa}$。

$p_s \approx p$ 因此可认为第一制硫反应器硫露点温度为 232.3℃。

为确保反应器催化剂有正常的反应活性，一般要求反应器床层温度高于硫露点温度 30℃，为此本装置该工况下第一制硫反应器温度 300℃符合要求。

4. 第一制硫反应器反应空速计算

反应空速是指规定的条件下，单位时间单位体积催化剂处理的气体量，单位为 $m^3/(m^3$催化剂·h)，可简化为 h^{-1}。硫黄装置制硫反应器为典型的固定床气-固相催化反应器，反应器的空速计算公式为：

$$V_R = \frac{V_q}{S_V} \tag{6-6}$$

式中 V_R——催化剂装填量，m^3；

V_q——反应过程气标态体积流量，Nm^3/h；

S_V——反应器体积空速，h^{-1}。

以反应器入口组分流量进行反应器空速计算。

由表 4-20，$V_q = 934.25 \times 22.4 = 20927.2\text{Nm}^3/\text{h}$，本装置设计反应器催化剂装填体积

$55m^3$，则 $S_v = V_q/V_R = 20927.2/55 = 380.5h^{-1}$。

（二）第二制硫反应器计算

1. 第二制硫反应器硫平衡计算

第二制硫反应器主要发生低温克劳斯反应，根据表 4-25 和表 4-26，可得到反应器硫平衡数据，见表 6-7。

表 6-7　第二制硫反应器硫平衡数据

组分	输入/(kmol/h)		组分	输出/(kmol/h)	
	组分量	硫元素量		组分量	硫元素量
H_2S	17.241	17.241	H_2S	6.206	6.206
SO_2	8.62	8.62	SO_2	3.103	3.103
COS	0.118	0.118	COS	0.118	0.118
S_2	0	0	S_2	0	0
S_6	0.021	0.126	S_6	0.021	0.126
S_8	0.383	3.064	S_8	2.452	19.616
合计		29.169	合计		29.169

根据表 6-7，装置第二制硫反应器硫元素计算数据平衡。

2. 第二制硫反应器出口过程气分析数据对比

根据表 4-26，第二制硫反应器后组分干湿基数据换算结果见表 6-8。

表 6-8　第二制硫反应器后组分干湿基数据换算

组　分	工艺计算数据		
	取数点	工艺计算值/%(体)	干基计算值/%(体)
硫化氢	第一反应器后	0.66	1.008
羰基硫	第一反应器后	0.01	0.015
二氧化硫	第一反应器后	0.33	0.504

根据第二制硫反应器后过程气标定分析数据和表 6-8 数据，得到对比数据表，见表 6-9。

表 6-9　第二制硫反应器后组分和标定分析数据对比表

组　分	化验分析数据		工艺计算数据(干基)	
	采样点	分析值/%(体)	取数点	计算值/%(体)
硫化氢	第二反应器后	0.57	第二反应器后	1.01
羰基硫	第二反应器后	0.01	第二反应器后	0.02
二氧化硫	第二反应器后	0.01	第二反应器后	0.50

由表 6-9 可知第二制硫反应器后过程气硫化氢、羰基硫、二氧化硫浓度分析值和计算值略有偏差，分析原因主要有：

1）同第一制硫反应器出口过程气分析数据比对分析，如果反应考虑 H_2S/SO_2 为 2，则根据样品分析数据，样品中 H_2S 减少 0.44%，则反应的 SO_2 应该为 0.22%，估算样品中的 SO_2 被水吸收的量为 0.28%。

2）样品分析偏差。分析数据0.01%表示组分浓度低，无法测定。

由表6-3、表6-6、表6-9可以发现化验分析数据和计算值偏差在减少，可以解释为样品中H_2S、SO_2等反应组分浓度降低，反应发生量减少；另外分析数据中，SO_2浓度均为0.01%，可以解释为因为样品水分干燥不充分，导致样品含有一定水分，因SO_2容易溶剂在水里，气相中SO_2进入液相，影响样品分析数据。

3. 第二制硫反应器硫露点核算

第二制硫反应器硫露点按反应后组分进行计算，装置标定期间制硫反应器床层温度235.3℃，低于350℃，反应器中的硫组分全部按转化为S_6和S_8计算，同时由于随着温度变化，过程气中的S_6与S_8组分也发生变化，因此须进行假设并利用Excel表格进行编程迭代计算。

根据硫饱和蒸气压和温度关系公式4-16：

$$\ln p_s = 89.274 - 13463/T - 8.9643\ln T$$

可以求得每个对应温度下硫的饱和蒸气压。

同时根据图4-4硫蒸气平衡曲线图，求得各温度下S_6和S_8的比值，由表4-21通过物料平衡，在第一制硫反应器压力113.8kPa下可求得给定温度下的硫分压。

给定温度为203.06℃，则由公式(4-7)，得$p_s=305.87$Pa。

由硫蒸气平衡曲线图及第一制硫反应器压力，可求得$p=305.85$Pa。

$p_s \approx p$，因此可认为第二制硫反应器硫露点温度为203.06℃。

另外也可以通过公式4-16和一定温度下该组分的硫分压，列出一组数据，见表6-10。

表6-10　第二制硫反应器出口组分各温度与硫分压数据

温度/℃	203.06	150	200.00	250	175	190	100	225
硫饱和蒸气压p_s/Pa	305.87	25.41	269.89	1666.29	89.70	176.76	1.10	709.94
组分硫分压p/Pa	305.85	302.93	305.85	310.49	304.17	305.47	301.32	308.11

再根据该表格，利用EXCEL进行多项式曲线回归，得到如图6-5所示的图形。

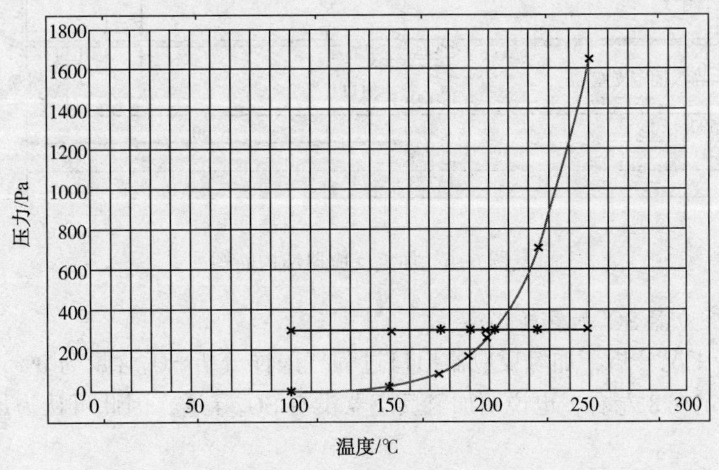

图6-5　第二制硫反应器出口组分温度与硫分压回归曲线

× 硫饱和蒸气压　* 组分硫分压　— 多项式(硫饱和蒸气压)　— 多项式(组分硫分压)

由图6-5可知，在硫饱和蒸气压曲线和组分硫分压曲线交点处，即该组分工况下硫的露点温度，可以发现该温度略小于205℃，符合上述203.6℃的计算值。

为确保反应器催化剂有正常的反应活性，一般要求反应器床层温度高于硫露点温度30℃，为此装置该工况下第二制硫反应器温度235.3℃符合要求。

4. 第二制硫反应器反应空速计算

根据反应器的空速计算公式(6-6)：

$$V_R = \frac{V_q}{S_V}$$

以第二制硫反应器入口组分流量进行反应器空速计算。

由表4-25可得，$V_q = 940.184 \times 22.4 = 21060 Nm^3/h$。

本装置设计反应器催化剂装填体积55m^3。

则 $S_v = V_q / V_R = 21060/55 = 383h^{-1}$。

五、加氢反应器计算

制硫单元来的尾气经过加热和补充氢气后，进入加氢反应器，在催化剂作用下主要发生S_6、S_8、SO_2加氢反应和COS、CS_2水解反应。本装置加氢反应器为卧罐式反应器，尺寸*DN*4300×24L=15778，反应器上部中间进料，底部中间出料，反应器内部整体浇筑衬里以防腐和隔热，反应器底部设置不锈钢格栅和丝网。加氢反应器由下往上催化剂装填为100mm瓷球+650mm钴钼催化剂(LS-951Q)+100mm瓷球，催化剂总体积41m^3。具体结构见图6-6。

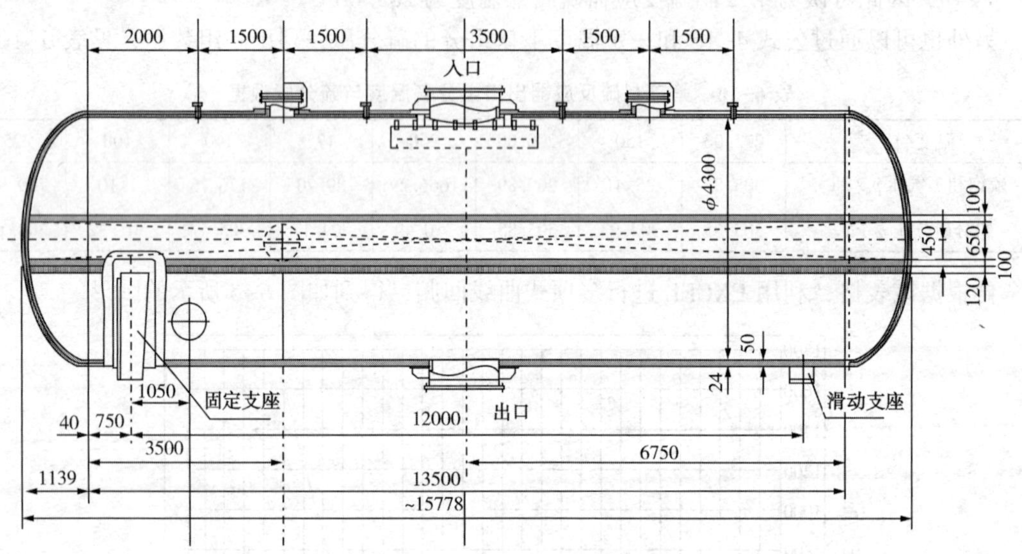

图6-6 加氢反应器结构简图

(一) 加氢反应器SO_2加氢转化率

从装置运行工况分析，加氢反应器出口过程气采样分析SO_2含量为0%，且急冷塔急冷水pH值能够稳定在8左右，也说明加氢反应器没有SO_2穿透，因此可认为加氢反应器加氢转化率100%。

(二) 加氢反应器有机硫水解率

由表4-32可知，净化后尾气COS体积浓度为8.02μL/L，假设净化后尾气有机硫全部为COS，同时假设在加氢尾气急冷和吸收过程中COS不损失，由净化后尾气的COS可以推算得到加氢反应器出口COS的摩尔流量为0.00529kmol/h，由表4-31可知加氢反应器入口COS的摩尔量为0.1175kmol/h，可以推算尾气中的COS在加氢反应器中的水解率：

$$y_{有机硫}=(0.1175-0.00529)/0.1175=95.5\%$$

即加氢反应器有机硫水解率为95.5%

(三) 加氢反应器氢消耗计算

根据反应式(4-17)~反应式(4-19)和表4-31，可列以下关系：

$$S_6+6H_2 = 6H_2S$$

S_6	$6H_2$	H_2S
1	6	6
0.018	0.110	0.110

$$S_8+8H_2 = 8H_2S$$

S_8	H_2	H_2S
1	8	8
0.338	2.706	2.706

$$SO_2+3H_2 = H_2S+2H_2O$$

SO_2	H_2	H_2S	H_2O
1	3	1	2
3.103	9.309	3.103	6.206

则耗H_2总量为：

$$n_{H_2}=0.110+2.706+9.309=12.125\text{kmol/h}$$

过程气H_2浓度下降值为1.206%。

(四) 加氢反应器出口过程气分析数据对比

根据表4-33数据，加氢反应器后组分干湿基数据换算结果见表6-11。

表6-11 加氢反应器后组分干湿基数据换算

组　分	工艺计算数据		
	取数点	工艺计算值/%(体)	干基计算值/%(体)
H_2S	加氢反应器后	1.227	1.858
H_2	加氢反应器后	1.848	2.798

根据加氢反应器后过程气标定分析数据和表6-11，得到对比数据，见表6-12。

表6-12 加氢反应器后组分和标定分析数据对比表

组　分	化验分析数据		工艺计算数据(干基)	
	采样点	分析值/%(体)	取数点	计算值/%(体)
H_2S	加氢反应器后	1.57	加氢反应器后	1.858
H_2	加氢反应器后	3.15	加氢反应器后	2.798

由表6-12发现加氢反应器后过程气H_2S和H_2浓度分析值和计算值略有偏差，分析原因主要有：

1）反应炉产氢数据给定出现偏差，导致计算结果偏差。

2）H_2S分析数据偏低，与采样点在反应器后，水含量高，采样过程的水分过滤不充分有影响。

（五）加氢反应器反应空速计算

根据反应器的空速计算公式(6-6)：

$$V_R=\frac{V_q}{S_V}$$

以加氢反应器入口组分流量进行反应器空速计算，由表4-31，$V_q=1000.416\times22.4=22409.32Nm^3/h$，装置设计反应器催化剂装填体积$41m^3$，则$S_v=V_q/V_R=22409.32/42=533.6h^{-1}$。

六、急冷塔计算

装置急冷塔为规整填料塔，尺寸$DN3200\times(14+3)L=19400$。气相进口在塔下部往上6m高位置，管径1000mm，塔内设气相进口分布器，塔内单层填料高度3000mm，为不锈钢孔板波纹规整填料，填料上设置二级槽式液体分布器，塔顶设置丝网除雾器，减少出口过程气液体夹带。具体结构见图6-7。规整填料优点：具有明确的几何结构，并且按一定方式排列；人为规定的气相通道；改善了沟流和壁流现象；改善了填料层内气液流体的分布状况；更好的水力学性能和传质性能。金属板波纹填料塔具有通量大、压降低、分离效率高的特性。急冷塔计算内容主要为塔内件水力学计算。

（一）泛点气速计算

塔设备中出现液泛时的操作点即泛点，液泛是指在塔中进行气液逆流接触过程或液液逆流接触过程，由于流速过大而不能实现逆流操作的状态。在气液接触的塔中达到泛点时，液体不能顺畅地下流而向上漫延，并被气体大量带出。填料塔的最大操作气速为泛点气速的95%，适宜的操作气速一般为泛点气速的70%左右。查询《化工工艺设计手册》(第四版)(化学工业出版社，2009)第480页，规整填料的泛点计算，可使用贝恩-霍根(Bain-Hougen)公式计算泛点气速：

$$\lg\left(\frac{u_F^2}{g}\times\frac{a}{\varepsilon^3}\times\frac{r_g}{r_L}\times\mu_L^{0.2}\right)=A-1.75\left(\frac{L}{G}\right)^{\frac{1}{4}}\left(\frac{r_g}{r_L}\right)^{\frac{1}{8}} \tag{6-7}$$

式中 u_F——泛点空塔气速，m/s；

g——重力加速度，m/s^2；

$\frac{a}{\varepsilon^3}$——干填料因子，m^{-1}；

r_g、r_L——气相、液相密度，kg/m^3；

μ_L——液相黏度，cP；

L、G——液相、气相流量，kg/h；

A——常数，见《化工工艺设计手册》(第四版)第480页表12-28；

ε——填料空隙率，m^3/m^3；

a——填料比表面积，m^2/m^3。

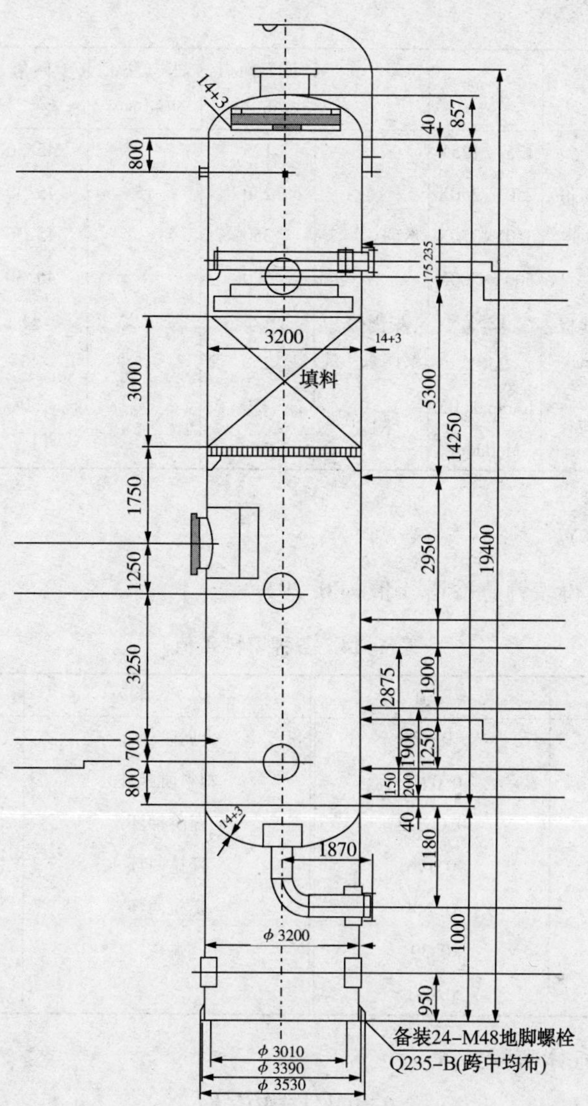

图 6-7　装置急冷塔结构简图

装置急冷塔金属薄板填料型号为250Y/250X，查询表6-13，可得装置急冷塔相关数据：

$$a=250\text{m}^2/\text{m}^3\text{；}\ \varepsilon=97\%\text{m}^3/\text{m}^3$$

表 6-13　波纹填料几何参数表

名　称		类型	材料	比表面积 $a/(\text{m}^2/\text{m}^3)$	水力直径 d_H/mm	倾角 $\varphi/(°)$	空隙率 $\varepsilon/\%$	密度/ (kg/m^3)
丝网波纹填料	金属丝网	AX	不锈钢	250	15	30	95	125
		BX	不锈钢	500	7.5	30	90	250
		CY	不锈钢	700	5	45	85	350
		CX，EX						
	塑料丝网	BX	聚丙烯/聚丙烯腈	450	7.5	30	85	120

续表

名称		类型	材料	比表面积 $a/(m^2/m^3)$	水力直径 d_H/mm	倾角 $\varphi/(°)$	空隙率 $\varepsilon/\%$	密度/ (kg/m^3)
板波纹填料	金属薄板 Mellapak	125Y/125X	不锈钢、碳钢、铝等	125	15	45/30	98.5	100①
		250Y/250X		250		45/30	97	200①
		350Y/350X		350		45/30	95	280①
		500Y/500X		500		45/30	93	400①
	塑料薄板 Mellapak	125Y	聚丙烯、聚偏氟乙烯	125	15	45	98.5	37.5
		250Y		250		45	97	75
	陶瓷薄片	Karapak BX	陶瓷	450	6	30	75	550
		Melladur		250②		45		

①不锈钢片厚 0.2mm。

②结构类似 Mellapak 250Y。

查询表 6-14，可得装置急冷塔 A 值为 0.291。

表 6-14　各种填料 *A* 值

填　料	A 值	填　料	A 值
金属鲍尔环	0.10	金属阶梯环	0.106
塑料鲍尔环	0.0942	塑料阶梯环	0.204
金属矩鞍	0.06225	瓷阶梯环	0.2943
瓷矩鞍	0.176	瓷拉西环	(蒸馏用)-0.134(-0.125)
塑料矩鞍	0.244	瓷拉西环	(吸收用)0.022
700 丝网波纹	0.30	弧鞍	0.26
250 金属孔板波纹	0.291		

由 $PV=nRT$，则气体密度：

$$\rho=nM/V=MP/RT \tag{6-8}$$

式中　M——气体分子量，kg/kmol；

ρ——气体密度，kg/m^3。

根据表 4-34 和表 4-35，可求得急冷塔入口、出口气体平均分子量分别为：24.79、27.66，同时可知急冷塔进出口温度分别为 154℃、38℃，压力分别为 111.6kPa 和 109.6kPa，可求得急冷塔进出口气体密度分别为：

$$\rho_{入}=24.79\times111.6\div8.314\div(273+154)=0.77kg/m^3$$

$$\rho_{出}=27.66\times109.6\div8.314\div(273+38)=1.17kg/m^3$$

急冷塔对进塔气相进行冷凝，计算可按气体平均密度进行。

即：$\rho_{平}=r_g=0.97kg/m^3$。

同时根据表 4-34 和表 4-35 可求得液相、气相流量平均值分别为：

$$L=382.66\times10^3kg/h$$

$$G=22048.9kg/h$$

液相为急冷水，急冷水入塔温度 37℃，急冷水出塔温度为 47.12℃，同时为简化计算，不考虑急冷水中溶解的H_2S。查询《化工原理》第662页水的重要物性表，可得急冷塔进、出口水的密度分别为993.3kg/m^{3}和989.4kg/m^3，液体密度取进出口平均值，即：$r_L=991.3kg/m^3$。

查询《化工原理》第663页水的黏度表，得到急冷塔平均温度42℃水的黏度：

$$\mu_L=0.6321cP$$

根据公式(6-5)和上述已知条件，进行μ_F——泛点空塔气速计算：

$$\lg\left(\frac{u_F^2}{g}\times\frac{a}{\varepsilon^3}\times\frac{r_g}{r_L}\times\mu_L^{0.2}\right)=A-1.75\left(\frac{L}{G}\right)^{\frac{1}{4}}\left(\frac{r_g}{r_L}\right)^{\frac{1}{8}}$$

$$\lg\left(\frac{u_F^2}{9.81}\times\frac{250}{0.97^3}\times\frac{0.97}{991.3}\times0.6321^{0.2}\right)=0.291-1.75((382.66\times10^3)/22048.9)\hat{}(1/4)\left(\frac{0.97}{991.3}\right)^{\frac{1}{8}}$$

求得$u_F=1.57m/s$。

本装置急冷塔泛点气速为1.57m/s。

（二）操作空塔气速计算

空塔气速是指按空塔计算得到的气体线速度，查询《化工工艺设计手册》(第四版)第481页得到空塔气速公式如下：

$$D=\sqrt{\frac{V_S}{0.785u}} \tag{6-9}$$

式中 V_S——气体体积流量，m^3/s；

D——塔径，m；

u——操作空塔气速，m。

装置急冷塔内径为DN3200，即$D=3.2m$。

由气体平均流量：$G=22048.9kg/h$；气体平均密度：$r_g=0.97kg/m^3$，可得：$V_S=22730.8m^3/h=6.314m^3/s$。

根据公式(6-7)，则$u=V_s\div D^2\div0.785=0.78m$，则装置急冷塔空塔气速为0.78m，则当前工况空塔气速/泛点气速=0.78/1.57=49.7%。

一般填料塔的操作空塔气速要低于泛点气速，对于波纹填料塔，不易发泡介质工艺条件下，空塔气速一般可按泛点气速75%取值，对于容易发泡的介质，可按45%考虑。本装置急冷塔为非易发泡介质，在当前工况下，空塔气速/泛点气速为49.7%，说明塔有较高的操作富裕度。

（三）急冷塔压降计算

规整填料压差计算方法较多，比如有卢励生、Brova(1986，1993)、Speigel、Billet公式和Kister关联图等，但是这些计算方法均是在一定的工艺条件下，并根据实验条件导出的近似公式，都会有偏差。

1. Rocha 模型核算

现以《化学工程实用专题设计手册》(学苑出版社，2002)为参考进行计算，查询《化学工程实用专题设计手册》第88页，得到以下公式：

(1) 液相Weber数

$$We_L=U_{Ls}^2\rho_L S/\sigma \tag{6-10}$$

式中 We_L——液相Weber数；

U_{Ls}——塔内液体负荷，m/s；

ρ_L——塔内液相密度，kg/m^3；

S——填料波纹板长，m；

σ——液体表面张力，kg/s^2。

根据装置急冷塔设备提供数据，波纹板长度 $S=17.8\text{mm}=0.0178\text{m}$。查询《化工原理》(科学出版社，2001)第662页，可得到急冷塔平均温度42℃下，急冷水的表面张力 $\sigma=0.069\text{N/m}$；由液体流量 $L=382.66\times10^3\text{kg/h}$ 和液体密度 $\rho_L=r_L=991.3\text{kg/m}^3$，同时塔径 $DN3200$，可得：$U_{LS}=0.01334\text{m/s}$；则 $We_L=0.01334^2\times991.3\times0.0178\div0.069=0.0455$。

(2) 液相 Froude 数

$$Fr_L=U_{LS}^2/(S\cdot g) \tag{6-11}$$

式中 Fr_L——液相 Froude 数；

g——重力加速度，m/s^2，其他同上。

则 $Fr_L=U_{LS}^2/(S\cdot g)=0.01334^2\div(0.0178\times9.81)=1.019\times10^{-3}$。

(3) 液相雷诺数

$$Re_L=U_{LS}\rho_L S/\mu_L \tag{6-12}$$

式中 μ_L——液相黏度，kg/(m·s)。

根据泛点气速计算得到急冷塔平均温度42℃水的黏度：$\mu_L=0.6321\text{cP}$，则 $Re_L=0.01334\times991.3\times0.0178\div0.6321=0.3724$。

(4) 填料特定修正系数

$$K_2=0.614+71.35S \tag{6-13}$$

则 $K_2=1.884$。

(5) 表面张力修正系数，因 $\sigma=0.069\text{N/m}$；符合 $\sigma\geqslant0.055$，表面张力修正系数：

$$\cos r=5.211\times10^{16.835\sigma} \tag{6-14}$$

$\cos r=75.602$，则 $r=0.24866$。

(6) 持液量校正系数

$$F_L=\frac{29.12\,(We_L Fr_L)^{0.15}S^{0.359}}{Re_L^{0.2}\varepsilon^{0.6}(1-0.93\cos r)(\sin\theta)^{0.3}} \tag{6-15}$$

式中 ε——填料空隙率，本塔填料为97%；

θ——波纹倾角，本塔填料为45°。

则 $F_L=-0.0305$。

(7) 干填料压降

$$\Delta P_{dry}=\frac{0.177\,\rho_v}{S\,\varepsilon^2(\sin\theta)^2}U_{VS}^2+\frac{88.774\mu_v}{S^2\varepsilon\sin\theta}U_{VS} \tag{6-16}$$

式中 ρ_v——气相密度，kg/m^3，$\rho_v=r_g=0.97\text{kg/m}^3$；

U_{VS}——塔内气体负荷，m/s，根据 $G=22048.9\text{kg/h}$，$U_{VS}=22048.9\div0.97\div3600\div3.14\div1.6^2=0.7855\text{m/s}$；

μ_v——气体动力黏度，kg/(m·s)，急冷塔出口气相氮气组分占比近84%，以 N_2 为参考进行气体黏度查询，查询《化工原理》(科学出版社，2001)第670页，可得到急冷塔平均温度42℃下，氮气黏度 $\mu_v=0.0178\text{cP}=0.0178\times10^{-3}\text{kg/(m·s)}$。

则 $\Delta P_{dry}=12.521+5.712=18.233\text{Pa/m}$。

2. 实验数据关联式核算

根据《工业塔新型规整填料应用手册》(天津大学出版社，1993)第154页表10-4，250Y型板波纹填料压差为36Pa/m，和计算值偏差较大，重新核算。由《工业塔新型规整填料应用手册》(天津大学出版社，1993)第46页，可得干填料压降关系式：

$$\Delta p/Z=802\left(W_G\sqrt{\rho_G}\right)^{1.72} \tag{6-17}$$

湿填料压降关系式：

$$\Delta p/Z=984\times10^{4.46\times10^{-3}L}\left(W_G\sqrt{\rho_G}\right)^{1.72+3.8\times10^{-3}L} \tag{6-18}$$

式中 $\Delta P/Z$——单位填料层的压降，Pa/m；

W_G——空塔气速，m/s；

ρ_G——气体密度，kg/m^3；

L——液体喷淋密度，$m^3/(m^2\cdot h)$。

由前可知，$W_G=0.78m/s$，$\rho_G=0.97kg/m^3$，$L=382.66\div991.3\div(3.14\times1.6^2)=48.022m^3/(m^2\cdot h)$。

则干填料压降：

$$\Delta P/Z=802\left(0.78\sqrt{0.97}\right)^{1.72}=509Pa/m$$

湿填料压降：

$$\Delta P/Z=984\times10^{4.46\times10^{-3}\times48.022}\left(0.78\sqrt{0.97}\right)^{1.72+3.8\times10^{-3}\times48.022}=625Pa/m$$

3. 通用压降关联式核算

通用压降关联式：

$$\Delta p/H=\left\{\frac{1}{a}\left[\mu_L^{0.025}(\rho_G/\rho_L)^{0.25}U_G^{0.5}+m\cdot U_L^{0.5}\right]\right\}^{1/b} \tag{6-19}$$

式中 $\Delta p/H$——单位填料层的压降，Pa/m；

U_G——空塔气速，m/s；

U_L——液体喷淋密度，$m^3/(m^2\cdot s)$；

a、b、m——填料常数，无因次；

μ_L——液相黏度，mPa·s；

ρ_G、ρ_L——气体、液体密度，kg/m^3。

由前可知：

$$U_G=0.78m;\ \rho_G=0.97kg/m^3;\ \rho_L=991.3kg/m^3$$

$$U_L=48.022m^3/(m^2\cdot h)=0.01334m^3/(m^2\cdot s)$$

$$\mu_L=0.6321mPa\cdot S$$

常用填料的压降常数，见表6-15。

表6-15 常用填料的压降常数

序号	填料类型	填料规格	a	b	m
1	Mellapak	250Y	0.094954	0.20582	0.570
2	塑料板波纹填料	250Y	0.14365	0.10918	0.939
3	塑料网波纹填料	450(BX)	0.087615	0.19536	0.569
4	不锈钢网波纹填料	峰高3.5mm	0.070673	0.17983	0.872

续表

序号	填料类型	填料规格	*a*	*b*	*m*
5	板网波纹填料	2 型	0.094348	0.15929	0.772
6	脉冲填料	50 型	0.12737	0.12891	0.383
7	格里奇栅格填料	EF-25A	0.16880	0.14454	0.708
8	金属压延孔板波纹填料	10 型	0.13688	0.13850	0.521
9	拉鲁派克填料	250YC	0.13405	0.14950	0.631

填料常数 a、b、m 参考 0.14365、0.10918、0.939。

则：$$\Delta P/H=\left\{\frac{1}{0.14365}\left[0.6321^{0.025}(0.97/991.3)^{0.25}0.78^{0.5}+0.939\cdot 0.01334^{0.5}\right]\right\}^{1/0.10918}$$

$$\Delta p/H=253.4\text{Pa/m}$$

通过 Rocha 模型核算、实验数据关联式核算和通用压降关联式核算计算所得，通用压降关联式核算计算的压差更加符合装置实际工况，因此装置急冷塔湿塔压差为 760Pa，工艺计算假设急冷塔压差 2kPa，加上塔顶除雾器压差、气相分布器，基本符合计算工况。

（三）持液量计算

填料塔的持液量是指给定操作条件下，单位体积填料层中于填料表面上和空隙中所持的液体体积。它由两部分组成：静态持液量和动态持液量，静态持液量是由填料中的毛细作用力所保持的液体。装置急冷塔工况，可近似看成空气-水体系，持液量计算关联式：

$$h_L=ca_1^{0.83}L^x(\mu_L/\mu_{L0})^{0.25} \tag{6-20}$$

式中 μ_L——液体黏度，为 0.6321cP；

μ_{L0}——液体 20℃黏度，查询值为 1.006cP；

a_1——填料比表面积，本装置为 250；

L——为液相负荷，48.022m^3/(m^2·h)。

由 $L>40\text{m}^3/(\text{m}^2\cdot\text{h})$，则 $c=0.0075$；$x=0.59$，则 $h_L=0.0075\times250^{0.83}48.022^{0.59}(0.6321/1.006)^{0.25}=6.41\%$。

装置急冷塔持液量计算值为 6.41%。

七、吸收塔计算

装置吸收塔为规整填料塔，尺寸 *DN*3000×14L=25654，内设两层填料，两层填料高度分别为 5670mm、3360mm。气相底部进，经过下层高 5670mm 填料后，继续进入上层高 3360mm 填料层，经过两级吸收后，尾气过塔顶除雾器后外排。吸收精贫液从吸收塔上部进入，经分布器后进入上层填料，对尾气进行吸收净化，上层贫液吸收后，直接到下层填料收集器，和外部送来的半贫液混合后，进入下层填料分布器，再进入下层填料继续吸收。吸收后的溶剂在塔底集聚并外送。具体结构见图 6-8。吸收塔塔内件水力学计算参考急冷塔进行。

标定期间，吸收塔溶剂流量为精贫液 90t/h，半贫液 30t/h，进塔尾气流量为 700.795kmol/h，尾气平均分子量为 27.658，吸收塔出口温度 35℃，压力 106kPa，溶剂进塔温度 34℃，塔底温度 37℃。

（一）吸收塔泛点气速计算

根据公式(6-7)、公式(6-8)，$r_G=27.658\times106\div8.314\div(273+36)=1.141\text{kg/m}^3$。

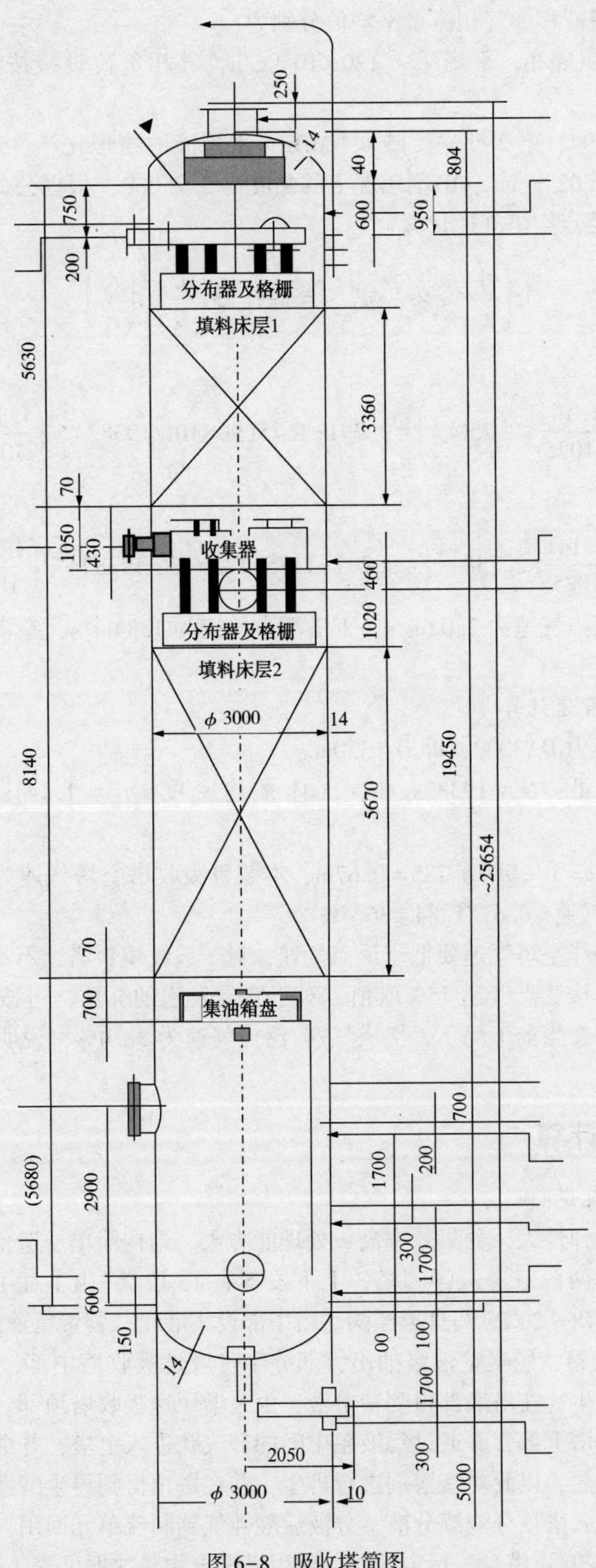

分布器及格栅
填料床层1
收集器
分布器及格栅
填料床层2
集油箱盘
φ 3000
φ 3000
250
14
40
804
750
600
950
200
5630
3360
70
1050
430
460
1020
14
8140
19450
5670
~25654
70
700
700
(5680)
2900
1700
200
300
1700
600
150
14
100
1700
300
5000
2050
10

图 6-8 吸收塔简图

同时可求上下塔液相、气相流量平均值分别为：

上塔 $L_1=90\times10^3$ kg/h，下塔 $L_2=120\times10^3$ kg/h，气相负荷直接按入塔负荷计算，$G=$ 19382kg/h。

查询《川化》(1994，第 2 期) 第 15 页"MDEA 水溶液的物理化学性质"，得到装置精贫液、半贫液黏度为 1.025g/mL，溶剂工况下的黏度为 2.750cP，根据公式(6-7)和上述已知条件，进行 u_F——泛点空塔气速计算：

$$\lg\left(\frac{u_F^2}{g}\times\frac{a}{\varepsilon^3}\times\frac{r_g}{r_L}\times\mu_L^{0.2}\right)=A-1.75\left(\frac{L}{G}\right)^{\frac{1}{4}}\left(\frac{r_g}{r_L}\right)^{\frac{1}{8}}$$

则上塔 U_F 为：

$$\lg\left(\frac{u_F^2}{9.81}\times\frac{250}{0.97^3}\times\frac{1.141}{1025}\times2.750^{0.2}\right)=0.291-1.75(90\times10^3/19382)^{1/4}\left(\frac{1.141}{1025}\right)^{\frac{1}{8}}=2.02\text{m/s}$$

下塔 U_F：

$$\lg\left(\frac{u_F^2}{9.81}\times\frac{250}{0.97^3}\times\frac{1.141}{1025}\times2.750^{0.2}\right)=0.291-1.75(120\times10^3/19382)^{1/4}\left(\frac{1.141}{1025}\right)^{\frac{1}{8}}=1.84\text{m/s}$$

则吸收塔上塔泛点气速为 2.02m/s，下塔泛点气速为 1.84m/s，整塔考虑，泛点气速取 1.84m/s。

(二) 操作空塔气速计算

装置急冷塔内径为 $DN3000$，即 D=3.0m。

由气体平均流量：$G=19382$kg/h，气体平均密度：$r_g=1.141\text{kg/m}^3$，可得：$V_S=4.72\text{m}^3/\text{s}$。

根据公式 6-9，$u=V_s\div D^2\div0.785=0.67$m，本装置吸收塔空塔气速为 0.67m，当前操作工况空塔气速/泛点气速=0.67/1.84=36.4%。

一般填料塔的操作空塔气速要低于泛点气速，对于波纹填料塔，不易发泡介质工艺条件下，空塔气速一般可按泛点气速 75%取值，对于容易发泡的介质，可按 45%考虑。本装置溶剂为易发泡介质，在当前工况下，空塔气速/泛点气速为 36.4%，说明塔有较高的操作富裕度。

八、再生塔计算

(一) 再生塔工况说明

浮阀塔具有操作弹性大、分离效率高、处理能力大、结构简单、造价低廉、安装方便等特点。装置再生塔为两段双溢流浮阀塔，上下段各有 15 层盘(由下往上共有 30 层塔盘)，塔盘为标准型(JB 1118—2000)圆盘形浮阀。塔中部设集液箱，装置富液由第 24 层塔盘进入(上塔)，往下到集液箱，经半贫液泵抽出，部分半贫液送吸收塔中部，部分半贫液继续进入下塔，进行强化再生，在塔底部得到精贫液，由泵增压送吸收塔顶部。塔底重沸器提供热量，产生再生蒸汽往塔上部，并通过集液箱中间的升气孔进入上塔，并继续往塔顶走，实现气液相接触传质、传热，以此对富溶剂进行再生，并在塔顶得到再生酸性气。再生酸性气经塔顶空冷冷却后，进入塔顶分液罐分液，分液后酸性气到制硫单元回用，分液罐底部酸性水回流至再生塔上塔第 30 块塔盘。标定期间，再生塔进出物料数据见表 4-44。再生塔简图如图 6-9 所示。

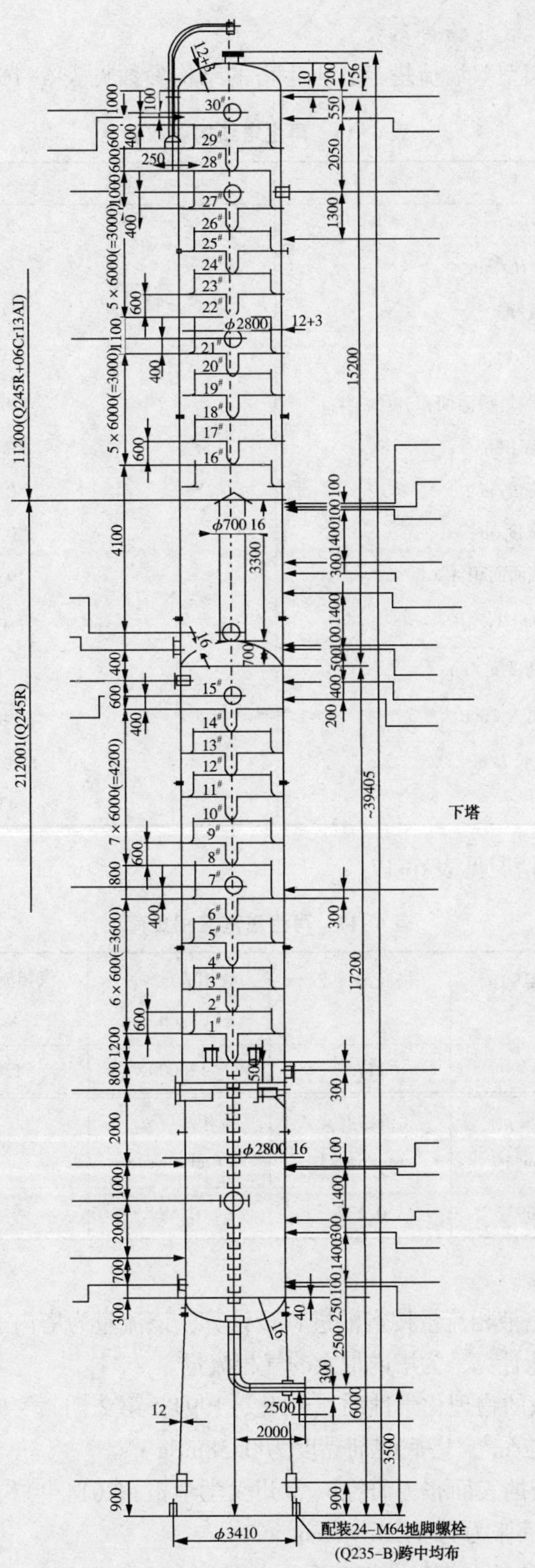

图 6-9　再生塔结构简图

（二）再生塔结构参数及物料参数

再生塔采用F1浮阀型双溢流塔盘，再生塔的结构参数见表6-16。

表6-16　再生塔结构参数表

名　称	数　据
塔径 D/m	2.6
塔盘间距 H_t/mm	600
塔板数/层	30
塔截面面积 A_f/m^2	5.3066
开孔率(升气孔总面积/塔截面面积)ϕ/%	10.2
升气孔总面积/m^2	0.5413
降液管宽度/m	0.4
受液盘宽度/m	0.4
降液管总面积/塔截面面积 A_d/A_t/%	19.51
降液管总面积 A_d/m^2	1.035
降液管底隙高度 h_b/mm	50
溢流堰堰高 h_w/mm	40
溢流堰堰长 L/m	1.876/2.569
阀孔数/个	454

再生塔汽液相负荷情况见表6-17。

表6-17　再生塔汽液相负荷

项　目	压力(绝压)p/kPa	塔底温度 T/℃	液相流量 w_L/(kg/h)	汽相流量 w_v/(kg/h)	液相密度 ρ_L/(kg/m^3)
数据	74	117.2	120000	13000	965
项　目	气相密度 ρ_v/(kg/m^3)	气相黏度 μ_v/(mPa·s)	液相黏度 μ_L/(mPa·s)	液体的表面张力 σ_L/(dyn/cm)	
数据	1.109	0.237	0.58	41.5	

注：1dyn·cm=10^{-7}N·m。

标定工况下，再生塔液相流量按富液进料量计算，该流量为塔内液相最大值，即120t/h；气相流量按塔底蒸汽流量计算，为塔内最大的气相流量。

查询《MDEA水溶液的物理化学性质》(川化，1994，第2期)第15页，可得到标定工况下塔底溶剂浓度为965kg/m^3，塔底溶剂黏度为0.58mPa·s。

查询《MDEA脱硫液的表面张力研究》(常州大学学报，2014年7月)第89页，可得标定工况下，塔底溶剂的表面张力为41.5dyn/cm。

再生塔气相黏度，参考水蒸气在该工况下的黏度为0.237mPa·s。

（三）再生塔流体力学验算

以下计算参考《化工原理》(天津大学出版社，1999)第154~173页。

1. 塔板压降计算

气体通过一层浮阀塔板时的压降应为：

$$\Delta p_p = \Delta p_c + \Delta p_1 + \Delta p_\sigma \tag{6-21}$$

式中 Δp_p——气体过一层浮阀塔盘的压降，Pa；

Δp_c——气体克服干板阻力所产生的压降，Pa；

Δp_1——气体克服板上充气液层的静压强所产生的压降，Pa；

Δp_σ——气体克服液体的表面张力所产生的压降，Pa。

把压降折合成液体的液柱高度表示，上式可以写成：

$$h_p = h_c + h_1 + h_\sigma \tag{6-22}$$

式中，$h_p = \dfrac{\Delta p_p}{\rho_L g}$，m；$h_v = \dfrac{\Delta p_v}{\rho_L g}$，m；$h_1 = \dfrac{\Delta p_1}{\rho_L g}$，m；$h_\sigma = \dfrac{\Delta p_\sigma}{\rho_L g}$，m。

(1) 干板阻力

气体通过浮阀塔板的干板阻力，在浮阀全部开启前后有着不同的规律，板上所有浮阀刚好全开时，气体通过阀孔的速度称为临界空速，以 u_{oc} 表示。

对于 F1 型重阀可用以下经验公式求取 h_c 值：

$$阀全开前(u_0 \leqslant u_{oc}) \quad h_c = 19.9\frac{u_0^{0.175}}{\rho_L} \tag{6-23}$$

$$阀全开后(u_0 \geqslant u_{oc}) \quad h_c = 5.34\frac{\rho_V u_0^2}{2\rho_L g} \tag{6-24}$$

式中 u_{oc}——阀孔气速，m/s；

ρ_L——液体密度，kg/m³；

ρ_V——气体密度，kg/m³。

上面公式(6-23)、公式(6-24)两式联立，代入数值，解得：

$$19.9\frac{u_{oc}^{0.175}}{\rho_L} = 5.34\frac{\rho_v u_{oc}^2}{2\rho_L g}$$

将 $g=9.81\text{m/s}$、$\rho_V=1.11\text{kg/m}^3$ 带入，求得：

$$u_{oc} = \sqrt[1.825]{\frac{73.1}{1.109}} = 9.92\text{m/s}$$

$$u_0 = 13000 \div 1.109 \div 3600 \div (5.3066 \times 10.2\%) = 6.016\text{m/s}$$

根据动能因子 F_0 公式：

$$u_o = \frac{F_0}{\sqrt{\rho_v}} \tag{6-25}$$

可得 $F_0 = 6.33$。

因为$u_o \leqslant u_{oc}$，使用阀全开前的经验公式计算，得：

$$h_c = 19.9\frac{u_o^{0.175}}{\rho_L} = 19.9 \times \frac{6.016^{0.175}}{965} = 0.028\text{m 液柱}$$

(2) 板上充气液层阻力

一般利用下面经验公式计算：

$$h_l=\varepsilon_0 h_L \tag{6-26}$$

式中 h_L——板上液层高度，m；

ε_0——反应板上液层充气程度的参数，称为充气因数，液相为水时，$\varepsilon_0=0.5$，为油时，$\varepsilon_0=0.2\sim0.35$，为碳氢化合物时，$\varepsilon_0=0.4\sim0.5$。

$$h_L=h_w+h_{ow} \tag{6-27}$$

式中 h_w——堰高，m；

h_{ow}——堰上液层高度，m。

平直堰的 h_{ow} 计算公式为：

$$h_{ow}=\frac{2.84}{1000}E\left(\frac{L_h}{l_w}\right)^{\frac{2}{3}} \tag{6-28}$$

式中 L_h——塔内液体流量，m^3/h；

l_w——堰长，m；

E——液体收缩系数，一般情况下取 1。

带入数据，得：

$$h_{ow}=\frac{2.84}{1000}\left(\frac{120/0.965}{1.876}\right)^{\frac{2}{3}}=0.0465\text{m 液柱}$$

液相为 MDEA 溶液，ε_0 取 0.45，板上充气液层阻力：

$$h_l=0.45\times(0.04+0.0465)=0.0389\text{m}$$

液体表面张力所造成的阻力很小，忽略不计。则由公式 6-8：

$$h_p=\Delta p_p=\Delta p_c+\Delta p_l+\Delta p_\sigma=0.0669\text{m 液柱}$$

2. 液泛(淹塔)计算

为使液体能由上层塔板稳定地流入下层塔板，降液管内必须维持一定高度的液柱用来克服相邻两层塔板间的压降阻力，降液管内的清液层高度 H_d公式：

$$H_d=h_p+h_L+h_d \tag{6-29}$$

式中 h_p——与上升气体通过一层塔板的压强降相当的液柱高度，m 液柱；

h_L——板上液层高度，m；

h_d——与液体流过降液管的压降相当的液柱高度，m 液柱。

h_p、h_L 已计算，对于不设进口堰的塔板，h_d 计算经验公式为：

$$h_d=0.153\left(\frac{L_s}{l_w h_0}\right)^2=0.153\,(u'_0)^2 \tag{6-30}$$

式中 L_s——液体流量，m^3/s；

l_w——堰长，m；

h_0——降液管底隙高度，m；

u'_0——液体通过降液管底隙时的流速，m/s。

则：$h_d=0.153\times\left(\frac{120/0.965/3600}{1.876\times0.05}\right)^2=0.021m$ 液柱，$H_d=h_p+h_L+h_d=0.0669+0.0789+0.021=0.1668\text{m}$ 液柱。

为防止液泛，降液管中的液体总高不能超过上层塔板的出口堰，为此：$H_d\leqslant\Phi(H_T+h_w)$，

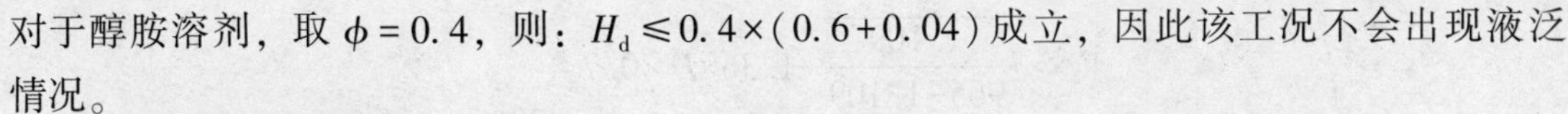

对于醇胺溶剂，取 $\phi=0.4$，则：$H_d \leqslant 0.4\times(0.6+0.04)$ 成立，因此该工况不会出现液泛情况。

3. 雾沫夹带计算

空塔气速与发生液泛时的空塔气速的比值作为估算雾沫夹带量的指标，此点称泛点率。可按经验公式(6-31)计算。

$$F_1=\frac{V_S\sqrt{\dfrac{\rho_V}{\rho_L-\rho_V}}+1.36L_SZ_L}{KC_PA_b}\times 100\% \tag{6-31}$$

式中 F_1——泛点率,%

V_S、L_S——分别为塔内气、液相负荷，m^3/s；

ρ_V、ρ_L——分别为塔内气、液相密度，kg/m^3；

Z_L——板上液体流径长度，m，对于双溢流塔板，$Z_L=(D-2W_d-W'_d)/2$，其中 D 为塔径，W_d 弓形降液管宽度，W'_d 为中间受液盘宽度；

A_b——板上液流面积，m^2，对于双溢流塔板，$A_b=A_T-A_t-A_s$，·其中 A_T 为塔截面积，A_t 为塔板降液管，A_s 受液盘总面积，同时 $A_t=A_T\times A_d/A_t$；

C_F——泛点负荷系数；

K——物性系数。

板上液体流径长度：$Z_L=(D-2W_d-W'_d)/2=(2.6-2\times0.4-0.4)/2=0.7m$。

板上液流面积：$A_b=5.3066(1-0.1952)-A_s=4.27-1=3.27m^2$。

再生塔 $H_T=0.6m$；$\rho_V=1.109kg/m^3$，为醇胺溶液，查询《化工原理》第 166 页图 3-16 和表 3-4，得：$C_F=0.128$；$K=0.85$。

$$F_1=\frac{V_S\sqrt{\dfrac{\rho_V}{\rho_L-\rho_V}}+1.36L_SZ_L}{KC_PA_b}\times 100\%$$

$$V_S=13000/1.109/3600=3.256m^3/s$$

$$L_S=120000/965/3600=0.0345m^3/s$$

$$F_1=\frac{3.256\times\sqrt{\dfrac{1.109}{965-1.109}}+1.36\times0.0345\times0.7}{0.85\times0.128\times3.27}\times 100\%=40.27\%$$

对于大塔，泛点率≤80%，故本塔雾沫夹带量能够满足 $e_v<0.1$kg 液体/kg 蒸汽，符合生产要求。

4. 塔板负荷性能图计算

(1) 雾沫夹带线

依公式 6-31：对于一定的物系及已知的塔板结构，式中各参数都是已知的，相应于雾沫夹带量 $e_V=0.1$ 的泛点率上限值可确定，将各已知数带入上式，便得出 V_S-L_S 的关系式，据此可做出负荷性能图中的雾沫夹带线。

按 $F_1=80\%$ 计算如下：

$$\frac{V_s\times\sqrt{\frac{1.109}{965-1.109}}+1.36\times L_s\times0.7}{0.85\times0.128\times3.27}=80\%$$

$$0.0339V_s+0.952L_s=0.285$$

$$V_s=8.41-28.08L_s \tag{6-32}$$

由公式(6-32)可知雾沫夹带线为直线，在操作范围内任取两个 L_s 值，可算出相应的 V_s，可确定两点并划线。具体如图 6-10 所示。

(2) 液泛线

联立液泛线计算公式，

$$\phi(H_T+h_w)=h_p+h_L+h_d=h_c+h_1+h_\sigma+h_L+h_d \tag{6-33}$$

由式(6-33)确定液泛线。

$$\phi(H_T+h_w)=5.34\frac{\rho_V\times u_0^2}{2g\rho_L}+0.153\left(\frac{L_s}{l_w h_0}\right)^2+(1+\varepsilon_0)\left[h_w+\frac{2.84}{1000}E\left(\frac{3600L_s}{l_W}\right)^{2/3}\right] \tag{6-34}$$

又有关系：

$$u_0=\frac{V_s}{\frac{\pi}{4}d_0{}^2N} \tag{6-35}$$

对于一定的物系及已知的塔板结构，$\varepsilon_0=0.45$、$E=1$、$h_w=0.04$、$\phi=0.4$、阀孔直径 $d_o=0.039$m，阀孔 $N=454$，式中各参数都是已知的。

则：$u_0=1.845$Vs，代入上式得：

$$0.198=0.00106V_s{}^2+17.389L_s{}^2+0.6359L_s{}^{2/3}$$

$$V_s{}^2=186.8-16405L_s{}^2-599.9L_s{}^{2/3} \tag{6-36}$$

在操作范围内任取若干个 L_s 值，可算出相应的 V_s，可进行划线。具体如图 6-10 所示。

(3) 液相负荷上限

液体的最大流量应保证在降液管中停留时间不低于 3~5s，根据液体在降液管内停留时间按 5s 计：

$$\theta=\frac{3600A_fH_T}{L_h}=5 \tag{6-37}$$

则：

$$(L_s)_{max}=\frac{A_fH_T}{5}=1.0\times0.6\div5=0.12\text{m/s}$$

(4) 漏液线

对于 F_1 型重阀 $F_0=u_0\sqrt{\rho_v}=5$ 计算，得：

$$V_s=\frac{\pi}{4}d_0{}^2Nu_0=\frac{\pi}{4}d_0{}^2N\frac{5}{\sqrt{\rho_v}}$$

$$V_s=\frac{\pi}{4}\times(0.039)^2\times454\times\frac{5}{\sqrt{1.109}}=2.57\text{m/s}$$

(5) 液相负荷下限线

取堰上液层高度 $h_{ow}=0.006$m 作为液相负荷下限条件，根据公式(6-28)：

$$\frac{2.84}{1000}E\left[\frac{3600\ (L_s)_{min}}{l_w}\right]^{2/3}=0.006$$

取 $E=1$，则：

$$(L_s)_{min}=\left(\frac{0.006\times1000}{2.84\times1}\right)^{3/2}\times\frac{1.876}{3600}=0.0016m/s$$

根据公式(6-32)、公式(6-35)和上述计算所得的$(L_s)_{max}$、V_s、$(L_s)_{min}$等可得到下面塔的性能曲线，见图6-10。

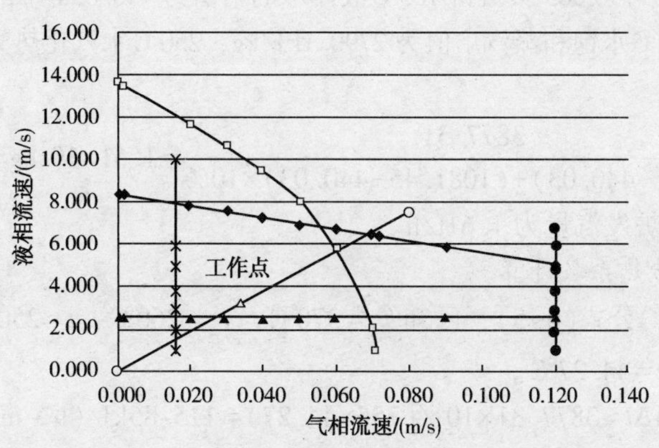

图6-10　再生塔性能曲线图

◆ 雾沫夹带　—□— 液泛线　▲ 漏液线　—●— 液相上限　—×— 液相下限　△ 工作点　—○— 工作线

九、装置焚烧炉余热锅炉计算

装置焚烧炉余热锅炉产3.8MPa饱和蒸汽，锅炉设备分换热管束部分和汽包部分，换热管束部分规格 $DN2500\times54L=8330$，汽包 $DN1200\times32L=6320$。换热管束管板为挠性管板，工作介质为装置烟道气(入口温度370℃)，且管束内外压差大，使用条件苛刻。锅炉迎火面设置隔热衬里，和炉子炉衬里同步施工形成一体，管束处安装保护陶瓷套管，汽包和换热管束通过升汽管和降液管连接。设备具体结构见图6-11。

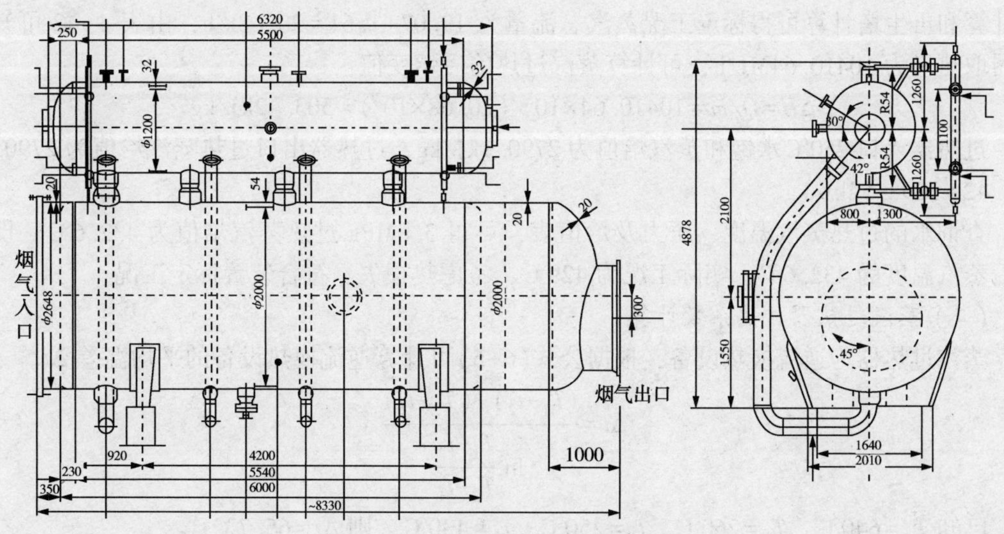

图6-11　焚烧炉余热锅炉结构图

(一) 余热锅炉产汽量计算

装置105℃除氧水进入锅炉汽包，并经降液管进入锅炉换热管束，换热后的高温水汽由升汽管进入汽包，汽液分离后，3.8MPa饱和蒸汽外送。计算过程可看成105℃除氧水升温为250℃饱和水，250℃饱和水再转化为250℃饱和蒸汽的过程，同时根据操作经验，因为余热锅炉产汽量较小，锅炉排污按上水量的10%计。根据表4-42，焚烧炉余热锅炉取热量为3877.31MJ/h。同时根据装置标定工况，余热锅炉出口饱和蒸汽温度为250℃，查询《化工原理》(科学出版社，2001)第665页可得105℃液体水的焓值为440.03kJ/kg，250℃液体水的焓值为1081.45kJ/kg，250℃水饱和蒸汽焓值为2790.1kJ/kg，250℃水汽化热为1708.6kJ/kg。

根据公式(6-3)：

$$D=\frac{3877.31}{(2790.1-440.03)+(1081.45-440.03)\times 10\%}=1.61\times 10^3\text{kg/h}=1.61\text{t/h}$$

则焚烧炉余热锅炉发汽量为1.61t/h。

(二) 余热锅炉传热系数计算

根据公式(6-4)，公式(6-5)，已知 $T_1=370℃$，$T_2=260℃$，$t=250℃$，锅炉设备换热面积A为756m^2，则 $\Delta t=44.27℃$。

$$K=Q/A\Delta t=3877.31\times 10^3/(756\times 44.27)=115.85\text{kJ/(h}\cdot\text{m}^2\cdot℃)$$

则计算得到余热锅炉传热系数为115.85kJ/(h·m^2·℃)。

十、装置蒸汽过热器计算

装置蒸汽过热器安装在焚烧炉后部，为集合管束U型管结构，属对流式过热器，换热流程上为逆流，焚烧炉高温烟气进入过热器后，对过热器中的3.8MPa蒸汽进行过热，使3.8MPa饱和蒸汽温度由250℃升高到420℃以上温度，并进行温度控制后外送。高温烟气经过过热器取热后，进入后部的焚烧炉余热锅炉继续回收热量。过热器换热面积384m^2，设备具体结构见图6-12。

(一) 蒸汽过热后温度计算

由于蒸汽过热器蒸汽进料全部由反应炉余热锅炉和焚烧炉余热锅炉产生，反应炉废热锅炉计算和再生塔计算可得标定工况蒸汽总流量为19.07+1.61=20.68t/h，由表4-42可知过热器取热量为10410.64MJ/h，可计算蒸汽过热前后焓变值：

$$\Delta H=Q/m=10410.64\times 10^3/(20.68\times 10^3)=503.42\text{kJ/kg}$$

过热器入口250℃水饱和蒸汽焓值为2790.1kJ/kg，过热器出口过热蒸汽焓值为2790.1+503.42=3293.52kJ/kg。

查询水的过热蒸汽温度、压力及焓值表，可得3.8MPa过热蒸汽焓值为432.6℃，即过热后蒸汽温度为432.6℃，实际工况为429℃，考虑热损失，符合装置标定工况。

(二) 蒸汽过热器传热系数计算

蒸汽过热器为逆流换热设备，根据公式(6-5)可计算逆流换热设备的平均温差 Δt。

$$\Delta t=\frac{(T_1-t_2)-(T_2-t_1)}{\ln\dfrac{T_1-t_2}{T_2-t_1}}$$

已知 $T_1=640℃$，$T_2=260℃$，$t_1=250℃$，$t_2=430℃$，则 $\Delta t=65.7℃$。

锅炉设备换热面积为384m^2，根据 $Q=KA\Delta t$，

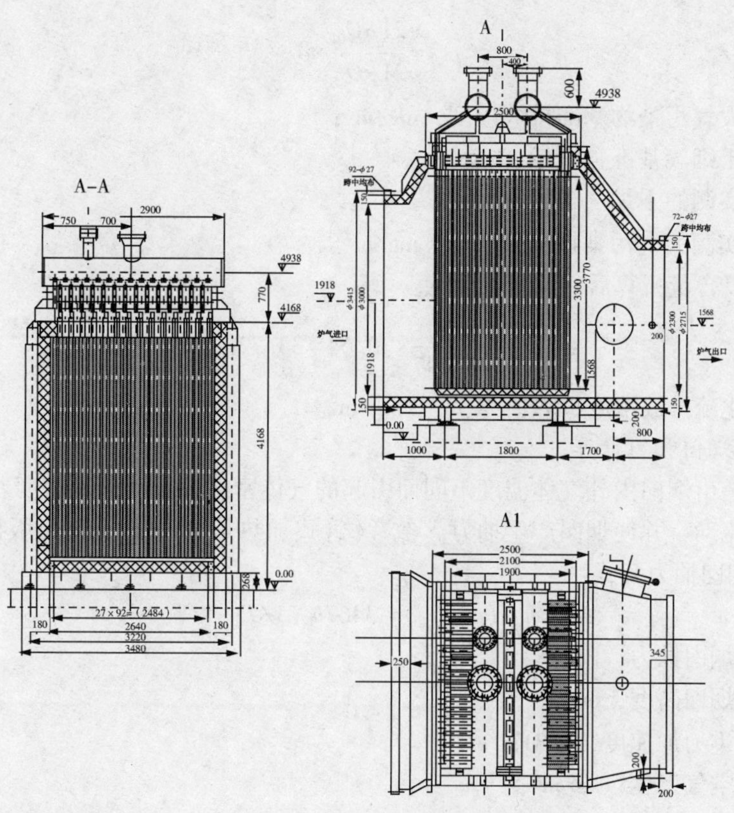

图 6-12　蒸汽过热器结构图

$$K=Q/A\Delta t=10410.64\times10^3/(384\times65.7)=412.65\text{kJ}/(\text{h}\cdot\text{m}^2\cdot℃)$$

则计算得到蒸汽过热器传热系数为412.65kJ/(h·m²·℃)。

十一、装置烟囱计算

(一) 烟气 SO_2 排放浓度折算

根据表4-41，不考虑烟气 NO_x、CO 和 VOC 等影响因素，装置烟气物料参数见表6-18。

表 6-18　装置烟气物料参数(温度 260℃，压力 100.9kPa)

项　目	焚烧后烟气组分流量/(kmol/h)	焚烧后烟气组分比例(湿基)/%	焚烧后烟气组分比例(干基)/%
CO_2	50.9577	4.331	4.793
H_2O	113.4177	9.639	0.000
SO_2	0.012617	0.0010723	0.0011867
N_2	962.8443	81.830	90.559
O_2	49.4117	4.199	4.647
合计	1176.644	100	100

通过烟气组分，去除水分后，即得到烟气干基组分比例，见表6-18。

则干基烟气 SO_2 排放浓度：

$$\rho_{实}=0.012617\times64/(1176.644\times22.4)=30.64\text{mg/m}^3$$

根据 GB 31570—2015《石油炼制工业污染物排放标准》，有公式：

$$\rho_{基}=\frac{21-O_{基}}{21-O_{实}}\times\rho_{实} \tag{6-38}$$

式中 $\rho_{基}$——大气污染物基准排放浓度，mg/m^3；

$O_{基}$——干烟气基准含氧量,%；

$O_{实}$——实测的干烟气含氧量,%；

$\rho_{实}$——实测大气污染物排放浓度，mg/m^3。

则按标准氧含量折算后的排放浓度为：

$$\rho_{基}=\frac{21-3}{21-4.647}\times30.64=33.72\text{mg/m}^3$$

烟气二氧化硫排放浓度折算值为33.72mg/m^3。

（二）装置烟囱抽力计算

烟囱抽力是由烟囱内外气体温度不同而引起的气体密度差异，这种密度差异产生压力差进而推动烟气流动，并使烟囱产生抽力。参考《管式加热炉》(中国石化出版社，第二版)第198页，得到烟囱抽力公式：

$$\Delta H=h_a g(\rho_a-\rho_{gs})=3467h_a(1/T_a-1/T_{ms}) \tag{6-39}$$

式中 ΔH——烟囱抽力，Pa；

h_a——烟囱高度，m；

g——重力加速度，9.81m/s^2；

ρ_a——空气密度，kg/m^3；

ρ_{gs}——烟气密度，kg/m^3；

T_a——大气温度，K；

T_{ms}——烟气平均温度，K。

且

$$T_{ms}=a_s(T_b-T_a)+T_a \tag{6-40}$$

式中 T_b——烟囱底部烟气温度，K；

a_s——烟囱内部温降系数，通过《管式加热炉》(中国石化出版社，2003)第198页之表6-5查询，按0.75计。

标定期间，装置环境温度35℃，即308K；烟囱底部烟气温度260℃，即533K。

由公式(6-40)，则烟气平均温度 $T_{ms}=0.75\times(533-308)+308=476.75$K。

由公式(6-39)，可以计算烟囱抽力：

$$\Delta H=3467\times100\times(1/308-1/476.75)=398\text{Pa}$$

因此装置烟囱抽力可以近似看成400Pa。

另外通过公式(6-39)，烟囱抽力影响因素分析如下：

1）高度 H 的影响：由公式可知，H 愈大，也即烟囱越高，抽力越大；H 越小，也即烟囱越低，抽力越小。

2）空气温度的影响：由公式可知，在 H、ρ_{gs}(烟气密度)不变的情况下，ρ_a(空气密度)愈大，亦即外界空气温度越低，空气密度越大，烟囱抽力越大。因此同一座烟囱，冬天的抽力比夏天大，晚上的抽力比白天大，这就是因为冬天、晚上外界空气的温度比夏天、白天低。

3）烟气温度的影响：由公式可知，在 H、ρ_a 不变的情况下，ρ_{gs}越大，亦即烟气温度越低，抽力越小；ρ_{gs}越小，亦即烟气温度越高，抽力越大。

（三）装置烟气露点计算

1. 烟气水的露点计算

根据“表 6-20”，先计算该工况烟气的水露点。

烟气水分压 $P_{水}=P_{总}\times V=100.9\times 9.639\%=9.726kPa$。

查询水的饱和蒸气压，45℃为 9.583kPa；46℃为 10.085kPa。

因此单考虑烟气中的水分，露点温度约为 45℃。

2. 烟气露点机理

硫黄装置焚烧炉焚烧净化后尾气，因其中含有微量未净化的 H_2S 和 COS 等介质，同时焚烧炉燃烧的燃料气中也含有一定组分的 H_2S 等含硫组分，相关含硫介质焚烧后大都转化为 SO_2。由烟气水的露点计算可知，烟气水露点很低，因此烟气中一般不会形成冷凝水，也没有机会出现 SO_2溶剂在液体水中形成亚硫酸腐蚀设备的情况。然而，由于焚烧炉为过氧燃烧，且温度较高，所有一般会有少量的 SO_2进一步转化为 SO_3，参考普通加热炉，在过剩空气系数条件下，全部 SO_2中约 1%～3%会转化为 SO_3。但是 SO_2转化为 SO_3机理非常复杂，一般有两种理论，即：烟气中的 SO_2被原子氧氧化，该反应发生在炉膛高温火焰区；另一种是认为烟气 SO_2被直接氧分子氧化，一般认为燃烧器温度低于 1127℃会有该反应产生。SO_2转化为 SO_3的量，与过剩空气量和烟气 SO_2浓度有关，过剩空气量多、烟气 SO_2浓度高都会引起 SO_3的量增加。在高温工况下，SO_3气体不腐蚀金属，但当烟气温度降低到 400℃以下，SO_3将与水蒸气化合生产硫酸蒸气，其反应式如下：

$$SO_3\uparrow + H_2O\uparrow \xrightarrow{400℃以下} H_2SO_4\uparrow \tag{6-41}$$

当烟气温度继续降低，硫酸蒸气就会在低温部位产生凝结，并腐蚀金属设备，同时硫酸蒸气还好黏附在烟尘中形成黏灰，附在设备表面，也会产生设备腐蚀，并容易堵塞设备，一般认为在低于露点温度 10～40℃工况下，腐蚀最为严重。烟气露点温度除与过剩空气系数、烟气 SO_2浓度有关外，还与烟气中的水蒸气含量有关，且硫黄装置尾气焚烧在焚烧炉后部，反应过程更加复杂。

由于影响烟气露点温度因素很多，而且各因素由于实际操作条件有关，所以很难进行准确计算，对于投用的炉子，可以采用检测的方法进行测定。查询《烟气酸露点温度的计算分析》(《热力发电》，2009)，文章记录了 5 种烟气露点计算方法，同时也分析了各种方法存在的差别，以下选取三种方法进行计算。

3. 烟气露点计算方法 1

根据表 6-18，可知烟气中的 H_2O 含量为 9.639%，SO_2 含量为 0.0010723%即 10.723×10^{-6}，参考《管式加热炉》第 528 页，SO_2 转化率按 2%计算，因此烟气中的 SO_3 含量为：$10.723\times 10^{-6}\times 2\%=0.214\times 10^{-6}$。

同时查询《管式加热炉》第 526 页图 13-7(图 6-13)，烟气 SO_2浓度低于 1×10^{-6}，直接视为图中最低值，可得装置露点温度在 245℉，即 118.3℃。

4. 烟气露点计算方法 2

查询《烟气酸露点温度的计算分析》(《热力发电》，2009)，采用经验方法进行计算：

$$t_u=186+20\times \log V_{H_2O}+26\times \log V_{SO_2} \tag{6-42}$$

根据装置烟囱计算部分，烟气中 SO_2 为 10.723×10^{-6}，H_2O 为 9.639%，

则：$t_u=186+20\times \log 9.639\%+26\times \log 10.723\times 10^{-6}$，$t_u=36.5℃$。

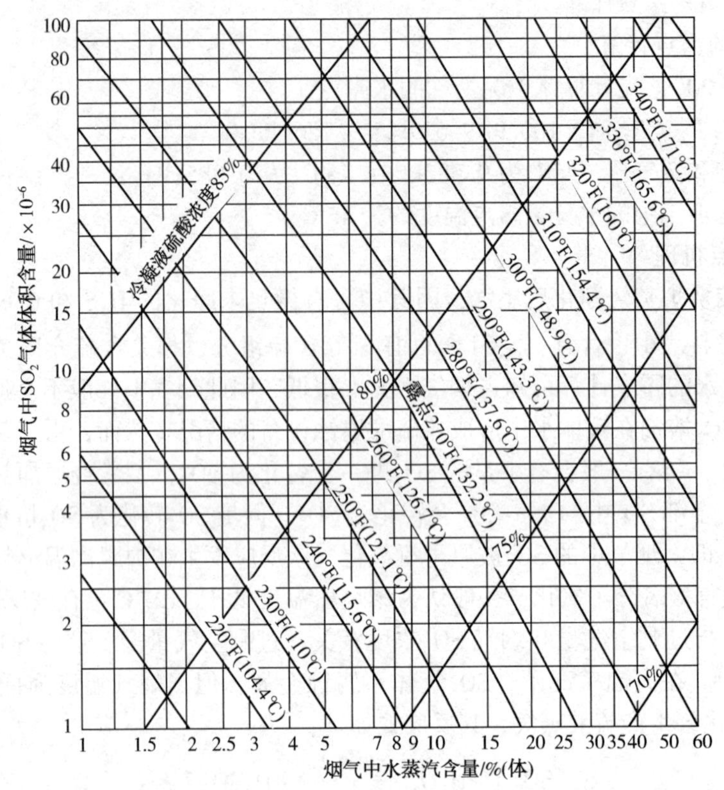

图 6-13　露点与烟气水含量及SO_2浓度的关系图

计算得到的露点温度，低于烟气水的露点温度(45℃)，判断为不合适。

5. 烟气露点计算方法 3

查询《烟气酸露点温度的计算分析》，采用日本电力工业中心研究所方法进行计算：

$$t_p = 20\times\log V_{SO_3}+a \tag{6-43}$$

式中　t_p——露点温度℃；

V_{SO_3}——烟气 SO_3浓度；

a——水分常数，当水分为 5%，$\alpha=184$；当水分为 10%，$\alpha=194$；当水分为 15%，$\alpha=201$。

$V_{SO_3}=0.214\times10^{-6}$，烟气水含量 9.639%，取 $a=194$，则 $t_P=60.61$℃。

由以上三种计算方法判断，装置烟气露点温度 60.61℃比较接近实际值，主要是因为装置烟气 SO_2浓度较低，同时由第一种方法计算的露点温度 118.3℃，可认为在 118.3℃以上，能够确保不出现露点腐蚀。

(四) 装置紧急工况烟气露点温度计算

硫黄装置紧急工况包括装置加氢单元联锁、装置焚烧炉单元联锁、装置制硫单元联锁等工况，目前装置联锁回路中装置加氢单元联锁时，装置制硫尾气会直接切换到焚烧炉，此时装置焚烧炉达到最苛刻运行条件。参考工艺计算及分析部分三级硫冷器出口组分及取热计算和焚烧炉蒸汽过热器和废热锅炉取热计算，可知制硫尾气直接进焚烧炉焚烧及焚烧后的物性数据，见表 6-19。

表 6-19 装置紧急工况焚烧炉物料参数

组分	第三硫冷器出组分流量/(kmol/h)	焚烧炉瓦斯流量/(kmol/h)	焚烧炉空气流量/(kmol/h)	焚烧炉烟气组分流量/(kmol/h)	焚烧炉烟气组分比例/%(摩尔)
H_2S	6.206			0.0000	0
CO_2	30.208			67.1216	3.345
H_2O	323.158		44.438	462.4458	23.048
CH_4	0.000	24.8711		0.0000	0.000
NH_3	0.000			0.0000	0.000
SO_2	3.103			9.1360	0.4553
N_2	552.670	1.0221	867.462	1421.1542	70.830
O_2	0.000		233.415	46.5847	2.322
COS	0.118			0.0000	0
H_2	18.800	2.7256		0.0000	0
S_2	0.000			0.0000	0
S_6	0.018			0.0000	0
S_8	0.338			0.0000	0
C_2H_6		4.4291		0.0000	0
C_3H_8		1.0221		0.0000	0
气相合计	934.619	34.07	1145.32	2006.44	100

根据表 6-19，可知烟气中的 SO_2 体积浓度为 0.4553%，H_2O 为体积浓度 23.048%，参考《管式加热炉》第 528 页，SO_2 转化率按 2% 计算，因此烟气中的 SO_3 含量为：$V_{SO_3}=0.4553\%\times2\%=0.9106\times10^{-4}$

查询图 6-13，可得装置烟气该工况露点温度为 165.6℃。

采用公式(6-43)进行计算：

$$t_p=20\times\log V_{SO_3}+a$$

$$V_{SO_3}=0.4553\%\times2\%=0.9106\times10^{-4};$$

烟气水含量 23.04%，用线性回归，得到该水含量情况下，$\alpha=206$，则 $t_P=165.2$℃。

由以上两种计算方法判断，装置应急工况烟气露点温度为 165℃。

第七部分　硫黄装置设备防腐

一、装置腐蚀机理分析

硫黄装置腐蚀根据设备操作介质腐蚀特性分为：高温硫腐蚀、湿硫化氢应力腐蚀、胺液+胺液系统(二氧化碳+硫化氢+水)腐蚀、二氧化硫露点腐蚀、吸氧腐蚀。

(一) 高温硫腐蚀

硫黄装置高温硫腐蚀主要发生在反应炉保温钉、掺合阀金属阀芯、反应炉余热锅炉管板、无衬里的后管箱至一级冷凝器前管箱(含过程气管线)、转化器、加氢反应器壳体及内构件等部位。高温硫腐蚀形态为 H_2S 气体对钢材的化学腐蚀，特别是在富氢环境中，原子氢能不断侵入硫化物垢层中，造成垢的疏松多孔，使金属原子和 H_2S 介质得以互相扩散渗透，加剧腐蚀进行。

1. 高温硫腐蚀反应机理

$$Fe+S \longrightarrow FeS \tag{7-1}$$

$$Fe+H_2S \longrightarrow FeS+H_2 \tag{7-2}$$

当温度达到350~400℃时，硫化氢按下式分解：

$$H_2S \longrightarrow S+H \tag{7-3}$$

分解出来的硫以及过程气中的单质硫比硫化氢具有更强的活性，腐蚀更加剧烈。温度达到480℃时 H_2S 分解完全，腐蚀率下降。

2. 高温硫腐蚀影响因素

1）温度：高温硫腐蚀的起始温度为240℃，温度升高，腐蚀越快。

2）浓度：H_2S 是所有活性硫中腐蚀性最大的，H_2S 浓度越高，腐蚀速率越大。

3）流速：流速越高，FeS保护膜越容易被冲刷脱落，金属腐蚀就进一步加剧。

3. 高温硫腐蚀预防措施及材料选用

高温硫腐蚀主要通过材料优化选择和控制温度方式进行预防。材料抵抗高温硫腐蚀的能力主要随钢中铬含量的增加而增强，由于铬的存在，促进了钢材表面钝化，减少了钢材对硫化氢的吸收量。处于高温（$t \geqslant 240$℃）硫腐蚀环境的材料，如腐蚀裕量超过6mm/a时，应选用耐蚀性能更好的材料（不锈钢）。

（二）湿硫化氢腐蚀

容器接触的介质存在游离水（在液相中），且具备下列条件之一时称为湿 H_2S 腐蚀环境：游离水中溶解的 H_2S 浓度大于50mg/L；游离水pH的值小于4.0，且溶有 H_2S；游离水中氰氢酸（HCN）含量大于20mg/L并溶有 H_2S；气相中的 H_2S 分压大于3kPa（绝）。腐蚀形态分一般腐蚀、硫化氢应力腐蚀（SSC）、氢诱导开裂（HIC）、氢鼓包（HB）、应力导向氢诱导开裂（SOHIC）等。硫黄装置主要存在酸性气分液罐、急冷塔、酸性气回流罐等设备，装置停工期间未有效保护的余热锅炉至液硫脱气等容易出现游离水的设备。

1. 湿硫化氢腐蚀反应机理

硫化氢在水溶液中发生离解：

$$H_2S \longrightarrow H+HS^- \tag{7-4}$$

$$HS^- \longrightarrow H+S^{2-} \tag{7-5}$$

钢在硫化氢的水溶液中发生电化学反应：

阳极反应：

$$Fe \longrightarrow Fe^{2+}+2e \tag{7-6}$$

二次过程：

$$Fe^{2+}+S^{2-} \longrightarrow FeS \tag{7-7}$$

或

$$Fe^{2+}+HS^- \longrightarrow FeS+H^+ \tag{7-8}$$

阴极反应：

$$2H^++2e \longrightarrow 2H \longrightarrow H_2\uparrow \tag{7-9}$$

2. 湿硫化氢腐蚀影响因素

1）材料因素：Mn在钢中形成MnS呈条状夹杂，会成为鼓泡、裂纹及开裂的起点，是引起 H_2S+H_2O 腐蚀的主要因素；钢的化学成分含Ni、Mn、P、S，不利湿硫化氢腐蚀；细小晶粒组织抗硫裂性能好；钢材强度（抗拉强度、屈服强度）越高（延伸率和收缩率越低），产生硫化物应力腐蚀开裂的可能性越大。

2）环境因素：对同一钢材，硫化氢浓度越高，越容易产生硫化物应力开裂；pH值越高开裂可能性越小，pH值<4.0最严重，pH值在5~6时不易开裂，pH值≥7时基本上不会发生开裂，但当存在氰化物时pH值>7情况下仍然会发生硫化物开裂；硫化氢应力腐蚀开裂必须有水分存在，或存在水蒸气结露的情况；在室温下开裂机率大，超过60℃机率下降，超过150℃不存在湿硫化氢应力腐蚀开裂。

3）应力因素：冷加工产生的冷作硬化，使钢材硬度增加，残余应力变大，抗硫化物应力开裂能力下降；焊接产生焊接残余应力，特别是熔合线会导致硫化物应力开裂；在拉应力和腐蚀介质共同作用的部位，更容易产生应力腐蚀开裂。

3. 湿硫化氢腐蚀预防措施

1）改进材料性能：如降低钢中的有害元素含量；加Ca处理，控制Mn含量；增加不超过0.25%的铜，可以减少氢向钢中的扩散量；焊后热处理，降低焊接残余应力。

2）材料选用：材料屈服强度 Re_L≤355MPa，抗拉强度 R_m≤630MPa；材料使用状态应至少为正火+回火、正火、退火；低碳钢和碳锰钢的碳当量 C_E 按板厚限制；进行焊后消除应力热处理；提高钢材抗氢诱导裂纹(HIC)能力(包括抗应力导向氢诱导裂纹SOHIC和氢鼓泡HB的能力)。

(三)溶剂循环系统(二氧化碳+硫化氢+水)腐蚀

1. 腐蚀部位及形态

1）腐蚀部位：再生系统的再生塔、塔底重沸器及贫富液换热器(富液温度>88℃)的部位。

2）在碱性介质下，由碳酸盐及胺引起的应力腐蚀开裂和均匀腐蚀，其腐蚀主要是吸收硫化氢及二氧化碳的胺盐，重新分解生成硫化氢和二氧化碳，形成湿硫化氢及二氧化碳的腐蚀。

2. 腐蚀机理

1）湿硫化氢腐蚀。

2）二氧化碳腐蚀：

$$Fe+2CO_2+H_2O \longrightarrow Fe(HCO_3)_2+H_2 \tag{7-10}$$

$$Fe(HCO_3)_2 \longrightarrow FeCO_3\downarrow+CO_2+H_2O \tag{7-11}$$

CO_2生成碳酸可直接腐蚀设备：

$$Fe+H_2CO_3 \longrightarrow FeCO_3\downarrow+H_2 \tag{7-12}$$

3. 腐蚀影响因素

1）对再生系统的腐蚀主要为二氧化碳腐蚀，硫化氢有抑制二氧化碳腐蚀的作用。

2）热稳定盐会造成设备的腐蚀。

3）固体物质(硫化铁、氧化铁)及热稳定盐对设备有冲蚀，破坏金属保护膜，加剧腐蚀。

4. 防腐措施及材料选用

1）严格控制工艺操作参数，控制热稳定盐浓度不高于2%。

2）在操作温度高于88℃以上选用碳素钢及低合金钢，应进行消除应力热处理，尽可能采用S32168或S31603材料。

3）再生塔底重沸器采用带蒸发空间的釜式重沸器结构，管束采用S32168或S31603材料；贫富液换热器，管束管束采用S32168或S31603材料。

（四）二氧化硫露点腐蚀

1. 腐蚀部位

尾气焚烧炉及后续设备(蒸汽过热器、尾气余热锅炉等)，装置停工吹扫降温阶段的过程气设备及管线。

2. 腐蚀机理

亚硫酸对金属材料的腐蚀行为表现在对氢的置换反应，从腐蚀学理论可解释为氢去极化腐蚀过程(亦称析氢腐蚀)，腐蚀反应如下：

$$2SO_2+O_2 \longrightarrow 2SO_3 \quad (7-13)$$

$$SO_2+H_2O \longrightarrow H_2SO_3 \quad (7-14)$$

$$2Fe+H_2SO_3 \longrightarrow FeSO_3+H_2\uparrow \quad (7-15)$$

$$SO_3+H_2O \longrightarrow H_2SO_4 \quad (7-16)$$

$$Fe+H_2SO_4 \longrightarrow FeSO_4+H_2\uparrow \quad (7-17)$$

3. 腐蚀影响因素

1）氧含量：控制氧含量，减少SO_3生成。

2）浓度：SO_2浓度越高，露点温度越高，腐蚀越厉害。

3）温度：超过露点温度，腐蚀轻微，低于露点温度，腐蚀严重。

4. 防腐措施及材料选用

1）防腐措施：操作温度(或控制金属材料)保持在露点温度以上(一般露点温度以上20~50℃)；控制氧含量；装置停工做好设备保护，防止产生露点腐蚀；选择耐露点腐蚀材料。

2）材料选用：选择耐SO_2露点腐蚀的金属材料；选择碳素钢、低合金钢、奥氏体不锈钢应控制在露点温度以上使用；腐蚀严重则用904L、SMO254、C-276等材料。

（五）吸氧腐蚀

1. 腐蚀部位及形态

余热锅炉及冷凝器等水侧。

腐蚀形态：碳钢在水中会构成氧的浓差电池而遭受吸氧腐蚀，腐蚀速度随水中氧含量的增加而加大。水处于流动状态和密闭系统内，水的温度升高会使钢材在水中的腐蚀加剧。

2. 腐蚀反应

碳钢在水中的腐蚀产物，初为氢氧化亚铁，次为氢氧化铁，最后被氧化为铁锈，腐蚀反应为：

$$Fe \longrightarrow Fe^{2+}+2e\text{(阳极)} \quad (7-18)$$

$$1/2O_2+H_2O+2e \longrightarrow 2OH^-\text{(阴极)} \quad (7-19)$$

$$Fe^{2+}+2OH^- \longrightarrow 2Fe(OH)_2 \quad (7-20)$$

$$4Fe(OH)_2+O_2+2H_2O \longrightarrow 4Fe(OH)_3 \quad (7-21)$$

$Fe(OH)_2$与$Fe(OH)_3$虽然溶解度很小，但由于水中离子的影响，这些腐蚀产物不能形成保护膜，疏松地覆盖在钢铁表面，最后在水、氧的共同作用下，生成铁锈，造成阳极区孔蚀，直至穿孔。

3. 腐蚀影响因素

1）氧含量：氧含量越高，腐蚀越严重。

2）温度：温度越高，腐蚀越严重。

4. 防腐措施及材料选用

1）防腐措施：投用除氧设施，控制水中氧含量；适当提高除氧水的温度。

2）材料选用：选用耐腐蚀材料（如不锈钢）；采用碳素钢或低合金钢时，提高材料的质量。

二、硫黄装置防腐蚀操作

1. 装置原料控制

严格按照装置设计值控制加工原料的性质，保证加工原料性质在装置设计值范围之内，酸性气烃含量按≤3%（质）控制。本装置酸性气烃含量小于0.1%（质）。

2. 制硫单元指标控制

制硫单元设置H_2S/SO_2在线比值分析仪，根据其比值实时调节反应炉配风，防止出现过量配风燃烧；控制反应炉外壁温度大于150℃，避免露点腐蚀；余热锅炉过程气出口气流温度宜限制在350℃以下，防止余热锅炉出口管箱及出口管线遭受高温硫化腐蚀；当硫冷凝冷却器管束选用碳钢时，管壁温宜控制在350℃以下；系统相关设备和管线改善内外保温隔热结构，维持金属壁温，避免露点腐蚀。经过现场检测，标定工况本装置反应炉外壁温度180~250℃，余热锅炉出口温度350℃（该点温度偏高）。

3. 液硫脱气单元指标控制

加强液硫脱气管理，保证脱气后液硫中硫化氢小于20μg/g，防止硫化氢腐蚀生成硫铁化合物产生自燃。本装置液硫硫化氢为4μg/g。

4. 尾气处理单元指标控制

根据操作工况，定期清理急冷水过滤器，控制急冷水pH值为7~9；避免焚烧炉炉膛温度的突升突降，控制排烟温度，确保余热锅炉管壁温度高于烟气露点温度5℃。本装置急冷水pH值控制在8~9，如果pH值低于8，则安排少量注氨水；根据装置烟气露点计算，装置烟气露点为60.6℃，实际检测烟道管线外壁温度为130℃。

5. 溶剂循环系统指标控制

装置溶剂循环系统贫胺液流速不宜超过6m/s，富胺液在管道内的流速应不高于1.5m/s，在换热器管程中的流速不宜超过0.9m/s，富液进再生塔流速不宜超过1.2m/s；再生塔顶酸性水系统碳钢管线控制流速不宜超过5m/s，奥氏体不锈钢管线控制流速不宜超过15m/s；吸收塔操作温度小于50℃，再生塔重沸器蒸汽温度不宜超过149℃。经过计算，装置富液管线流速设计工况为1.24m/s，标定操作工况为0.68m/s，其他流量也均符合上述要求；吸收塔操作温度37℃，再生塔重沸器气相返塔温度117.2℃。

6. 再生塔顶酸性水分析

溶剂再生塔为装置重点防腐监控点，日常安排塔顶回流酸性水做常规分析，具体控制指标及分析数据见表7-1。

表7-1 再生塔顶回流酸性水控制指标

采样点	项目	控制指标	实际值
V306出口回流酸性水	pH值		6.36
V306出口回流酸性水	总铁/(mg/L)	≤3	0.6
V306出口回流酸性水	氯离子/(mg/L)		4.0

根据中国石化集团公司指导性意见，溶剂再生塔顶酸性水控制指标为总铁含量，本装置分析指标远低于指标值。

7. 装置开停工保护

装置停工时吹扫介质中不能含有硫化氢、二氧化硫、三氧化硫等腐蚀性组分，在高温时过氧时间尽可能短，保证装置停工后，设备和管线内部不应存在任何酸性介质(残硫、过程气)。对于任何不需要打开检查的设备和管线应充满氮气保护密封，防止系统中湿气的冷凝，保持温度在系统压力所对应的露点温度以上。检查或检修的设备，应先用氮气吹扫设备，清除酸性介质和腐蚀产物。对于余热锅炉炉管、硫冷凝冷却器内存在的硫化亚铁腐蚀产物，需要按照相关标准进行处理，防止硫化亚铁自燃。装置开工时，余热锅炉和硫冷器壳体通加热蒸汽，防止设备升温时局部过冷，生成凝结水造成腐蚀。同时开停工过程应遵循“先升温、后升压，先降压、后降温”的原则。

8. 装置设置腐蚀监测系统

有条件的装置，建议增设腐蚀监测系统，腐蚀监测方式包括在线监测仪(在线 pH 计、高温电感或电阻探针、低温电感或电阻探针等)、定期化学分析、定点测厚、腐蚀挂片、红外热测试、烟气露点测试等。

三、装置典型部位腐蚀判断及分析

(一) 装置硫冷凝器泄漏的判断、原因分析及处理

1. 判断方式

硫冷器上水量和发汽量差值增加，或者同等工况上水阀位开度增加，严重泄漏时硫冷器液位无法控制；相应硫冷器过程气出口温度开始逐渐下跌，低于该硫冷却产生的低低压蒸汽温度，甚至低于 100℃；相应硫冷器外排液硫流量减小，或出现外排液硫夹杂固体硫黄颗粒，甚至断流，同时反应炉炉头压力上升；拆开硫封顶盖，打开液硫球阀，硫封顶部有水汽喷出；相应硫冷器后过尾气加热器蒸汽耗量(在线炉为瓦斯耗量)较同等负荷增加，后部反应器温升较同等负荷降低；加氢反应器入口加热器蒸汽耗量(在线炉为瓦斯耗量)较同等负荷增加，反应器温升同等负荷降低，急冷水外送流量较正常增加，急冷塔顶温度较同等工况升高；装置烟气二氧化硫排放浓度增加。

2. 原因分析

硫冷器管板受低温露点腐蚀影响，导致管板及焊缝腐蚀泄漏，露点腐蚀主要发生在装置开工升温阶段，或者前面换热设备泄漏引起后续设备出现露点腐蚀，主要在硫冷器下部管束；硫冷凝器管板受高温硫腐蚀和应力腐蚀影响，导致管板和管束连接处腐蚀泄漏，主要发生在一级硫冷器，如果是应力腐蚀，一般在中部管束；硫冷凝器液位控制不好，导致上部管束没有浸没在除氧水液面以下，产生高温硫腐蚀，一般腐蚀点在最上部管束；有接受中压蒸汽凝结水的硫冷凝器，如凝结水入口在上部管束，且没有凝结水入口分布管，中压凝结水汽化，容易对换热管局部造成强烈的冲蚀甚至穿孔；硫冷器除氧水入口管线布置不合理，除氧水直接冲刷管束，除氧水入口附近也可能产生管束冲刷腐蚀；硫冷器给水没有水质控制，容易导致管束结垢、炉水 pH 值低于 8 等工况，容易产生垢下腐蚀和化学腐蚀；设备制造质量问题。

3. 腐蚀机理

高温硫腐蚀：酸性气体在克劳斯炉内燃烧后，过程气含有 H_2S、COS、CS_2、SO_2以及气态硫和水蒸气等组分，高温状态下硫的腐蚀主要是硫在 350℃以上时可以直接和普通碳钢反应生成硫化亚铁。反应式如下：

$$Fe+S \longrightarrow FeS \tag{7-22}$$

建议避免进硫冷器的过程气温度超过 350℃，硫冷器进口管板处涂刷高温耐酸涂料，防止温度过高后 S 直接与 Fe 接触。

低温露点腐蚀：露点腐蚀主要为 SO_2露点腐蚀，发生在温度低于露点的腐蚀部位，主要在硫冷凝器出口部位，因此要避免硫冷器过程气出口温度低于水液化温度，特别在停工阶段和停工后再次开工阶段，用瓦斯除硫和升温期间，更应避免低温期间 SO_2露点腐蚀。

壳程冲刷腐蚀：建议设有中压蒸汽凝结水进入硫冷器产蒸汽的流程，从硫冷器的壳程顶部进入气相空间，避免从液相直接进入到硫冷器，导致外侧管束冲刷和两相腐蚀，同时最好设置防冲板。

4. 处理措施

少量泄漏应急处置：降低硫冷器液位，进行泄漏测试，如果为上部管束泄漏引起，则随着液位降低至泄漏点以下，除氧水泄漏量减少，如果该硫冷器出口过程气温度能够提高到 130℃以上，装置生产工况好转且能够维持生产；如果如泄漏管束在下部，可以排空相应硫冷器，并加 0.35MPa 蒸汽保护，消除除氧水泄漏，维持装置生产，但装置负荷会下降，且制硫单元硫黄收率会下降。

大量泄漏处置：装置停工进行管束堵漏，或者安排更换设备，管束堵漏后，会导致装置处理能力下降。

5. 预防措施

1）做好设备定期监测和日常设备维护等，严格控制炉水质量，做好工艺防腐工作。

2）在设备选型和材质选择时，工艺人员提供准确的工艺参数作为参考。

3）维持硫冷器液位、给水等仪表正常运行，如发生异常，工艺人员确定仪表问题，设备人员进行维护。

4）工艺现场调整时，尤其是工况或者介质发生变化时，要注意管线和设备的运行参数，必要时制定应对方案。

（二）装置废热锅炉泄漏的判断、原因分析及处理

1. 判断方式

废热锅炉上水量和发汽量差值增加，严重泄漏时废热锅炉液位无法控制；反应炉废热锅炉出口过程气温度逐渐下跌，甚至低于锅炉所产饱和蒸汽温度；一级硫冷器出口过程气温度下降，外排液硫流量减小，或出现外排液硫夹杂固体硫黄颗粒，甚至断流；拆开一级硫封顶盖，打开液硫球阀，硫封顶部有水汽喷出；各反应器入口加热器蒸汽耗量(在线炉为瓦斯耗量)较同等负荷增加，后部反应器温升较同等负荷降低；加氢反应器入口加热器蒸汽耗量(在线炉为瓦斯耗量)较同等负荷增加，反应器温升较同等负荷降低，急冷水外送流量较同等负荷增加，急冷塔顶温度较同等负荷升高；装置烟气二氧化硫排放浓度增加；反应炉炉头压力上升；焚烧炉锅炉泄漏，烟气如果直接排放至烟囱，装置烟气排放出现冒白烟情况。

2. 原因分析

1）前管板高温硫腐蚀：比如高温热冲击导致炉膛耐火砖部分脱落、浇筑衬里开裂，含硫过程气直接接触管板，导致管板发生高温硫腐蚀；衬里铆钉材质选择错误，比如材质为025CrNi20的铆钉在高温过程气作用下熔化，衬里脱落，并导致管板上部分环形焊缝熔化，一般泄漏点发生在前管板。

2）锅炉水质差：炉水pH值、磷酸根浓度不符合指标要求，锅炉定期排污和连续排污没有按规范执行，容易导致管束结垢，因为过程气中不可避免的有SO_2、SO_3、H_2S、C_2S、水蒸气、硫蒸气等，此类物质在含碳含硫污垢下集聚，极易形成局部强酸从而腐蚀换热管束，一般发生在锅炉下部管束。

3）应力腐蚀：装置负荷波动过大、反应炉炉膛超温等工况，导致锅炉管束应力集中产生腐蚀；酸性气带烃、瓦斯组分波动等工况，导致反应炉组分燃烧不完全，产生炭黑造成锅炉管束内部结垢甚至管束堵塞，导致换热不均出现应力集中，一般应力腐蚀发生在锅炉中部管束。

4）锅炉管束泄漏产生的凝结水在管束底部积聚，与过程气中的SO_2结合生成亚硫酸，使得底部换热管管口处泄露，加剧下部管束管口腐蚀。

5）设备制造质量问题，比如锅炉管束与管板焊接不到位，使用中因为应力产生腐蚀开裂。

6）不带汽包锅炉，液位控制不好，锅炉上部管束没有浸没在炉水中，导致管束高温硫腐蚀。

3. 生产控制措施

1）平稳装置生产，控制原料稳定，避免酸性气大幅度波动和锅炉给水流量大幅度波动。

2）控制好锅炉水水质，平稳锅炉加药操作，锅炉定期排污量控制为稳定除氧水流量工况下锅炉液位下降2%；连排控制流量为锅炉上水量的5%，且一般不小于0.5t/h。3.5MPa锅炉炉水pH值按8~12控制，磷酸根浓度按5~15mg/100mL控制。

3）严格进行锅炉质量验收和后期管板衬里制作。

4）不带汽包锅炉，合理设置液位计引线位置，确保锅炉管束浸没在炉水液位以下。

5）装置改造，比如进行富氧改造，必须对整个反应炉系统进行整体核算，更换富氧燃烧器，改善热量分布，消除隐患，决不可因眼前利益，影响装置长周期运行。

4. 泄漏处理措施

1）锅炉泄漏量较小情况，可以通过降低锅炉产汽压力，短期维持装置运行。

2）焚烧炉废热锅炉管束泄漏，如果锅炉前面有蒸汽过热器，可以通过降低蒸气压力等级和过热后蒸汽温度，从而降低锅炉入口烟气温度，锅炉引低压蒸汽保护，短期维持生产。

3）锅炉泄漏量较大时，会影响后续正常生产，必须停工堵漏或更换锅炉。

第八部分　动设备处理能力分析计算

一、急冷水泵处理能力分析计算

装置急冷水泵是单级悬臂式离心泵，根据急冷塔计算内容，标定工况下，装置急冷水泵流量 382.66×10³ kg/h、急冷水密度 989.4kg/m³、急冷水黏度μ_L=0.6321cP、泵入口压力 0.05MPa，泵出口压力 0.65MPa。查询设备资料，急冷水泵 P301A/B 相关数据见表 8-1。

表 8-1 装置急冷水泵参数表

项　目	参　数	项　目	参　数
设计流量 $Q/(m^3/h)$	385	电机功率 N/kW	90
设计扬程 H/m	60	电机效率 $\eta_{电}$/%	95.2
泵效率 η/%	78	电机 $\cos\phi$	0.88
轴功率/kW	79.2		

（一）急冷水泵功率计算

根据《化工原理》(科学出版社，2001)第 103~104 页，标定工况，泵的运行功率：

$$
\begin{aligned}
N_e &= \rho g Q H \\
&= 989.4\times9.81\times382.66\times10^3/989.4\times60\div3600 \\
&= 62.76\text{kW} \qquad (8-1)
\end{aligned}
$$

已知泵的效率为 78%，

则泵轴功率：

$$N=N_e/\eta=62.76/78\%=80.46\text{kW} \qquad (8-2)$$

标定工况，急冷水泵的电流为 149A，则由电机功率公式：

$$P=1.732IU\cos\phi \qquad (8-3)$$

式中 P——电机功率；

U——电源电压；

I——电流；

$\cos\phi$——功率因数(0.88)。

求得 P=1.732×149×380×0.88=86298W=86.3kW。

则电机实际效率 $\eta_{电}$=80.46/86.3×100%=93.23%。

（二）急冷水泵处理能力计算

根据电机实际效率 $\eta_{电}$=93.23%，计算电机额定功率下的泵处理能力：

泵轴功率 $N=\eta_{电}\times N_{电}$=93.23%×90=83.91kW；

由 $N=N_e/\eta$ 得 N_e=83.91×78%=65.45kW；

则泵的额定功率处理量为：Q=382.66÷62.76×65.45=399.1t/h；

泵的额定处理量能够达到 399.1t/h，即 403.3m³/h。

二、装置主风机处理能力分析计算

为满足硫黄装置反应炉精确配风，必须确保装置主风机供风压力和流量的稳定，特别是装置酸性气负荷波动工况下，对主风机稳定运行要求更高，因此硫黄装置主风机为装置核心动设备，好比装置"心脏"，其安稳运行直接关系装置运行工况。本装置主风机为单级高速离心鼓风机，查询设备资料，装置主风机相关设计参数见表 8-2。

表 8-2 主风机参数表

名　称	参　数	名　称	参　数
进口流量 Q/(kg/h)	44452	电机电压/V	6000
入口风压 P/kPa	100.65	电机 $\cos\phi$	0.89
入口温度/℃	39	风机出口管径/mm	700
出口风压 P/kPa	155.65	主轴转速/(r/min)	9885
电机功率 N/kW	800		

(一) 主风机实际功率及效率计算

根据空气组分测算，装置标定工况空气密度为：1.12kg/m³。

根据伯努利方程：

$$p_t=\rho g(z_2-z_1)+(p_2-p_1)+\frac{\rho(u_2^2-u_1^2)}{2}+\sum h_f \tag{8-4}$$

式中，$z_2=z_1$；气体直接由大气进入风机，故 $u_1=0$，再忽略入口到出口的管道能量损失 $\sum h_f$。

则公式 8-4 简化为：

$$p_t=(p_2-p_1)+\frac{\rho u_2^2}{2} \tag{8-5}$$

根据表 4-4 及标定工况，空气密度 $\rho=1.12\text{kg/m}^3$，风机入口压力 101kPa，入口温度 35℃，风机出口压力 136kPa，风机出口温度 75℃，主风机入口流量 42500kg/h，电机电压 6000V，电流 61A。

根据风机空气流量可求得主风机出口空气流速：

进出口空气体积比：$V_{进}/V_{出}=T_{进}P_{出}/T_{出}P_{进}=308\times136/448\times101=0.9527$

$$u_2=42500\div1.12\div0.9527\div(3.14\times0.35^2)\div3600=28.76\text{m/s}$$

$$P_t=35\times10^3+1.12\times28.76^2\div2=35413.6\text{Pa}$$

则风机运行功率：

$$N_e=Q_{体}P_t \tag{8-6}$$

$$N_e=Q_{质}/(\rho3600)\times P_t=42500/(1.12\times3600)\times35413.6$$
$$=373283\text{W}=373.3\text{kW}$$

标定工况，主风机电机电流 61A，根据公式(8-3)，

电机功率 $P=1.732IU\cos\phi=1.732\times61\times6000\times0.89=564.2\text{kW}$。

则主风机总效率(含轴功率和电机效率)为：

$$\eta=373.3/564.2\times100\%=66.16\%$$

假定风机电机效率为 90%，则运行工况主风机效率：

$$\eta_P=66.16\%/92\%=73.5\%$$

根据主风机标定工况的总效率，如果风机电机按额定功率运行，则主风机功率为：$N_1=\eta N=66.16\%\times800=529.3\text{kW}$。

则按此功率运行，可供标定同等温度、压力工况下的风量为：

$$Q_1=42500/373.3\times529.3=60260\text{kg/h}$$

该流量大于风机额定流量，主要是风机运行的出口压力降低引起的。

（二）主风机电耗影响因素分析

主风机是硫黄装置主要的耗电设备，主风机电耗的影响因素除风机本身的性能特性外，还与风机入口流量、风机出口压力相关，因此降低主风机运行能耗，必须从风机入口流量和出口压力两个方面考虑。

1. 风机入口流量对电耗影响

根据公式(8-6)，可知风机运行功率与风机入口流量成正比关系。当前装置运行期间，为确保装置主风机出口流量及压力稳定，风机出口放空阀未全关，根据装置各炉子风量，可初步计算标定工况下，主风机放空风量在5000kg/h，如果放空阀全关，则风机运行功率将下降到$N_e=329.4$kW，在风机同等效率情况下，电机功率下降到497.9kW，每小时节电达66.3kW·h。

2. 风机出口压力对电耗影响

主风机出口压力必须满足硫黄装置系统压降要求，装置系统压力低，意味着主风机出口压力可以降低，实现节能操作。本装置标定期间，装置系统压降在20kPa以下，处于较低水平，因此主风机出口压力只控制在136kPa，假设装置系统压差高，引起主风机出口压力上升10kPa，即主风机出口压力为145kPa，其他工况假设不变，则主风机电耗计算情况如下：

根据公式(8-5)：$P_t=(146-101)\times10^3+1.12\times28.76^2\div2=45463.2$Pa。

$N_e=479.2$kW

则电机功率$P=724.3$kW。

电耗增加160kW。

（三）主风机特性曲线换算

风机特性曲线，是风机在制造条件下测试得到的性能曲线转换到风机使用条件下的性能曲线，主要考虑使用环境变化、风机转速变化(是否变频)等引起。根据《克劳斯硫黄回收装置主风机选用》(天然气与石油，1996年，14(1)：29)离心风机性能曲线基本换算公式：

$$Q=\left(\frac{n}{n_0}\right)\times Q^0 \tag{8-7}$$

$$G=\frac{n}{n_0}\times\frac{T^0}{T}\times\frac{P}{P^0}\times G^0 \tag{8-8}$$

$$N=\frac{T^0}{T}\times\frac{P}{P^0}\times\left(\frac{n}{n_0}\right)^3\times N^0 \tag{8-9}$$

$$\varepsilon=\left[\frac{T^0}{T}\times\left(\frac{n}{n_0}\right)^2\times(\varepsilon^{0\frac{m-1}{m}}-1)+1\right]^{\frac{m}{m-1}} \tag{8-10}$$

$$P'=(\varepsilon-1)\times P \tag{8-11}$$

$$\frac{m}{m-1}=\frac{K}{K-1}\times\eta_p \tag{8-12}$$

式中 Q——实际工况入口气体体积流量，m^3/min；

Q^0——设计工况入口气体体积流量，m^3/min；

G——实际工况入口气体质量流量，kg/min；

G^0——设计工况入口气体质量流量，kg/min；

N——实际工况耗功，kW；

N^0——设计工况耗功，kW；

T——实际工况入口气体温度，K；

T^0——设计工况入口气体温度，K；

P——实际工况入口气体压力，kPa；

P^0——设计工况入口气体压力，kPa；

n——实际工况转速，r/min；

n^0——设计工况转速，r/min；

ε——实际工况压缩比；

ε^0——设计工况压缩比；

p'——实际工况出口气体压力，kPa；

m——多变指数；

K——绝热指数；

η_p——风机效率。

本装置主风机为非变频电机，转速一定，因此体积流量 $Q=Q^0$。

根据公式(8-8)：

$$G=\frac{312}{308}\times\frac{101.3}{100.65}\times G^0$$

则 $G=1.02\,G^0$，同理，$N=1.02\,N^0$。

由于压缩介质为空气，根据参考资料，$K=1.4$。

根据公式(8-12)：

$$\frac{m}{m-1}=\frac{1.4}{1.4-1}\times 73.5\%$$

则 $m=1.636$。

同时$\varepsilon^0=p_1/p^0=136/101=1.35$。

由公式(8-10)求得 $\varepsilon=1.355$。

根据公式(8-11)得$p'=35.9$kPa。

第九部分　硫黄回收装置流程模拟报告

一、模拟项目概况

本项目借助 Aspen Hysys V9.0 模拟软件，运用 Sulsim 与 Acid Gas 物性包，对镇海炼化Ⅵ套硫黄回收装置进行全流程模拟，建立初步模型后与装置实际运行数据进行校验，最终得到可靠模拟流程。

硫黄装置因为反应较为复杂，在旧版 Aspen Hysys 软件中一直都很难做到精确的模拟。直到 Aspen Hysys V9.0 及后续软件引入了 Sulsim Sulfur Recovery 模块，其中包括 Sulsim Hysys 物性包及相关拓展组分(S_1-S_8)，已经支持硫黄回收的精确建模。

本项目在 Sulsim Sulfur Recovery 模块建立克劳斯反应模型、加氢还原反应模型、焚烧炉模型，加入 ADA 比值控制器。并使用 Acid Gas 物性包建立溶剂吸收与再生循环模型，打通物料循环，最终得到完整的硫黄回收装置全流程模拟。

下文将分别对克劳斯单元、加氢还原单元、溶剂吸收与再生单元模型进行分块详细说明。

二、克劳斯单元模型

（一）流程介绍

克劳斯单元流程简图如图 9-1 所示。

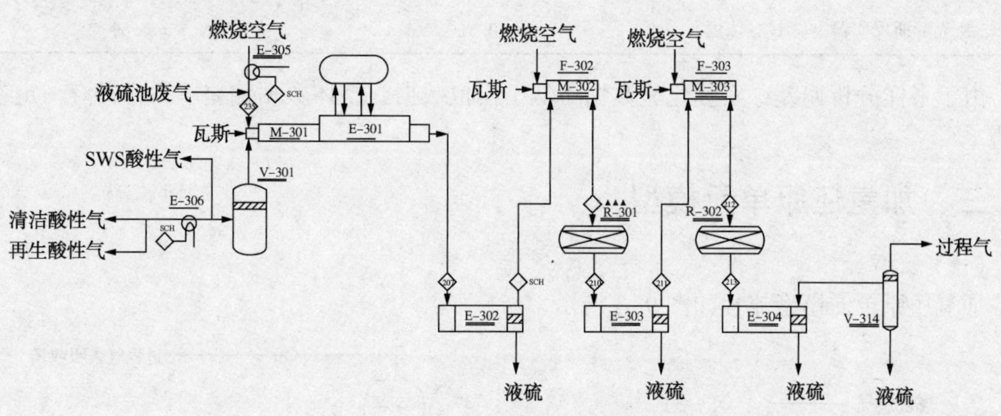

图 9-1　克劳斯单元流程简图

（二）模拟过程介绍

在 Aspen Hysys V9.0 的 Sulsim Sulfur Recovery 模块中进行克劳斯单元模型搭建。模型中包含完整的酸性气进料物流，并通过模型整体循环加入再生酸性气物流循环演算。模型还包含高温克劳斯反应炉模块、反应炉废热锅炉模块、硫冷凝器模块、在线炉模块、低温克劳斯反应器模块。另外还加入了 Adjust 控制模块对在线炉风量进行调节，加入 ADA 控制模块对反应炉风量进行调节。克劳斯模拟流程简图如图 9-2 所示。

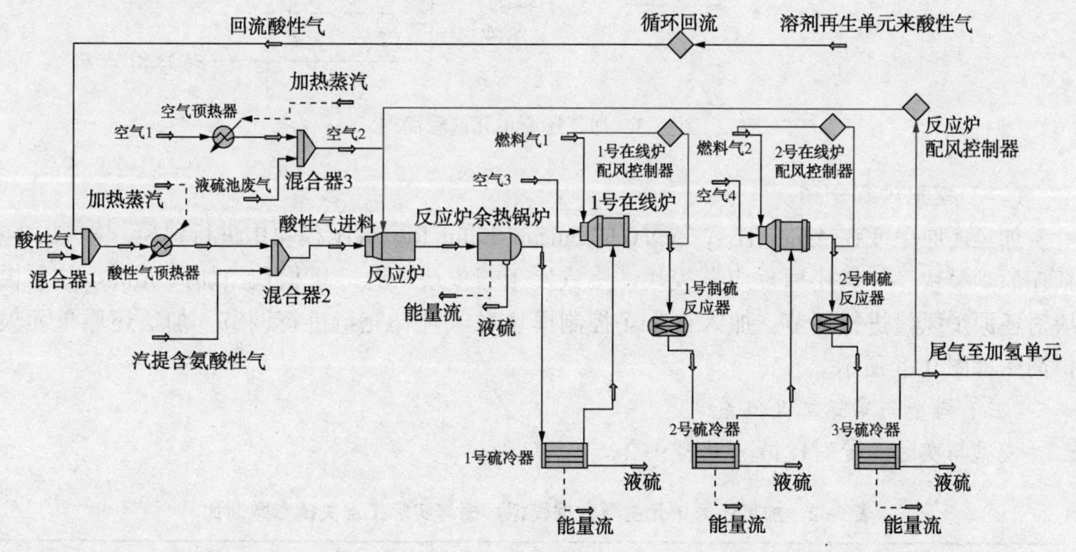

图 9-2　克劳斯单元模拟流程简图

（三）模型与实际工况偏差

模型与实际工况对比情况见表 9-1。

表 9-1　克劳斯单元主要数据模拟数据与实际工况关键参数对比

对比项目	实际工况/%(体)	模拟工况/%(体)
反应炉出口 H_2S 浓度	2.94	5.16
一级克劳斯反应器出口 H_2S 浓度	1.06	1.63
二级克劳斯反应器出口 H_2S 浓度	0.51	0.59

由于采样分析偏差，实际化验数据略低于模拟数据，整体数据偏差不大，具有一定参考价值。

三、加氢还原单元模型

(一) 流程介绍

加氢还原单元模型流程如图 9-3 所示。

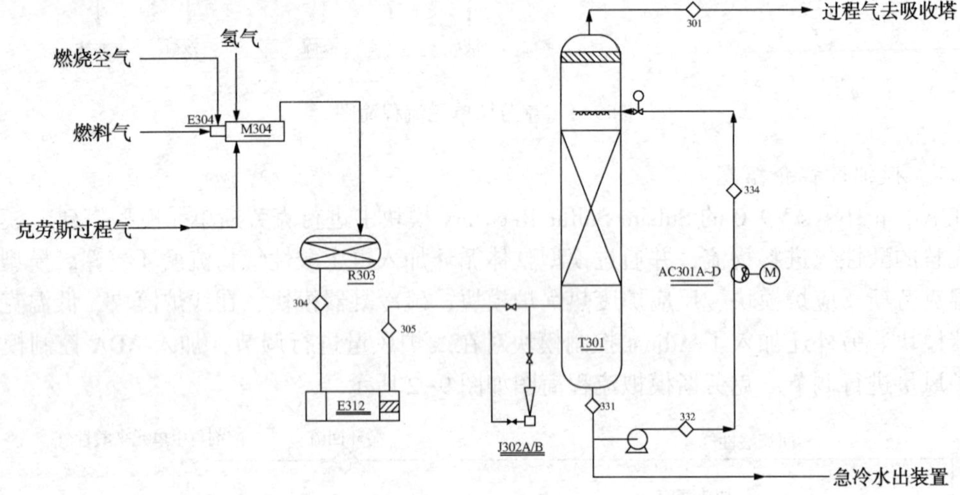

图 9-3　加氢还原单元流程简图

(二) 模拟过程介绍

加氢还原单元在 Aspen Hysys V9.0 的 Sulsim Sulfur Recovery 模块中进行建模。模型中包括还原炉模块、加氢还原反应器模块、蒸汽发生器模块、急冷塔模块，加入 Adjust 控制模块对还原炉风量进行调节，加入 Adjust 控制模块对氢气补充量进行调节。加氢还原单元模拟简图如图 9-4 所示。

(三) 模型与实际工况偏差

模型与实际工况对比情况见表 9-2。

表 9-2　加氢还原单元主要数据模拟数据与实际工况关键参数对比

对比项目	实际工况/%(体)	模拟工况/%(体)
加氢还原反应器出口 H_2S 浓度	1.20	1.14
加氢还原反应器出口 H_2 浓度	3.93	3.98

模拟工况和实际基本相符。

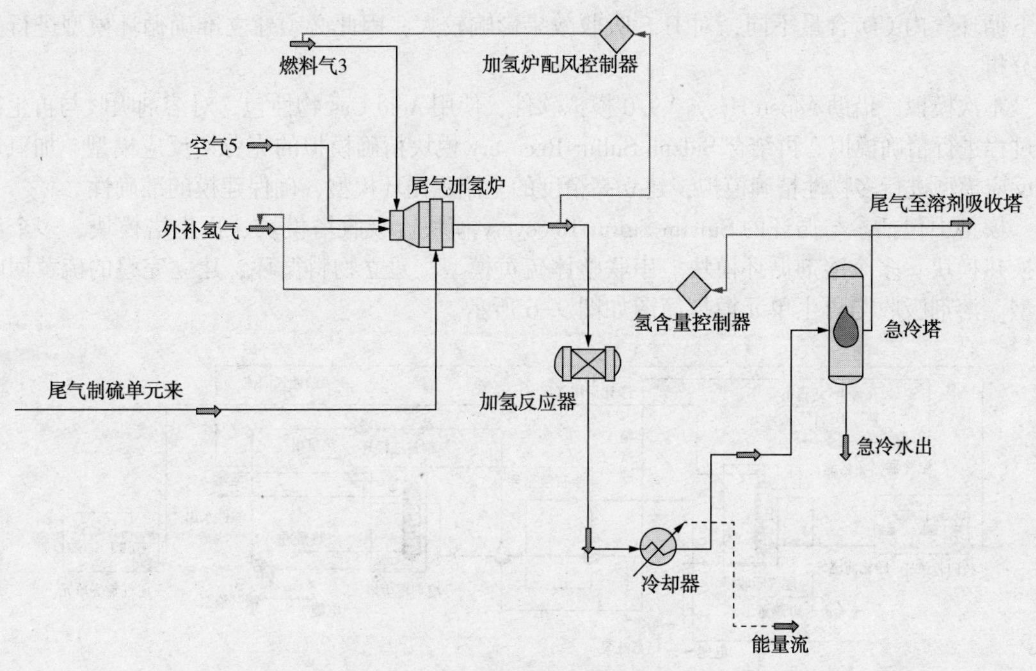

图 9-4　加氢还原单元模拟简图

四、溶剂吸收与再生单元

（一）流程介绍

溶剂吸收与再生单元模型流程如图 9-5 所示。

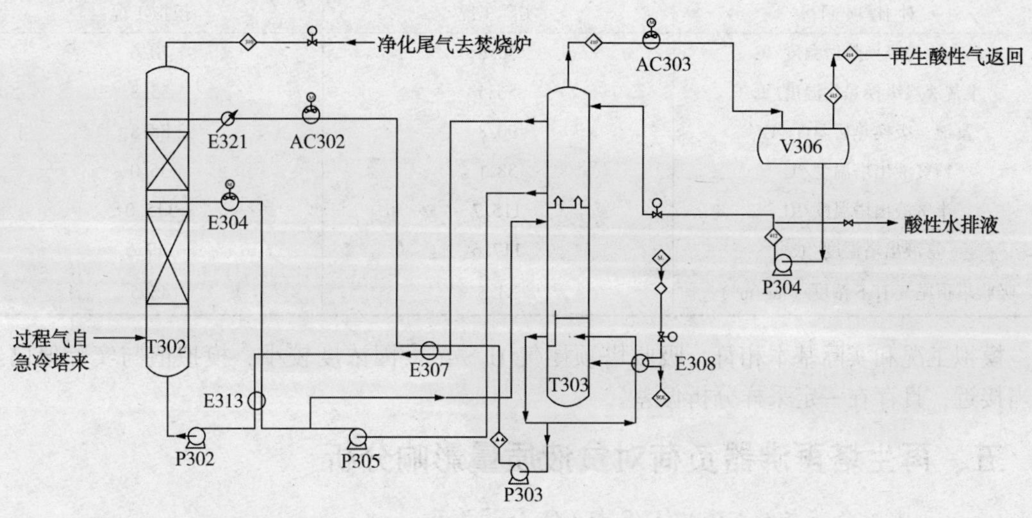

图 9-5　溶剂吸收与再生单元流程简图

（二）模拟过程介绍

研究硫黄装置溶剂再生系统存在以下难点：

1）对净化后尾气中硫（包括 H_2S、COS 等）含量的要求极为严格，几十 ppm 的差距就影响到尾气排放 SO_2合格与否，因此要引入精确的物性模块进行严格模拟计算。

2）再生气体返回进料建立循环，且过程气中含大量 CO_2同样可被溶剂吸收，在不同工

况下循环气内 CO_2 含量不同，对 H_2S 吸收效果影响较大，因此必须建立准确循环模型进行变量分析。

本次模拟，借助 Aspen Hysys V9.0 模拟软件，使用 Acid Gas 物性包，对溶剂吸收与再生循环过程进行精确模拟。再结合 Sulsim Sulfur Recovery 模块精确模拟的克劳斯反应模型、加氢还原反应模型进行多物性精确模拟，建立高精度的全流程循环模型，确保建模的准确性。

模型中包括参与循环的 Sulsim Sulfur Recovery 模块、吸收塔模块、再生塔模块、多个溶剂换热模块、多个溶剂循环模块。串联整体硫黄模型，建立物料循环，建立完整的硫黄回收模型。溶剂吸收与再生单元模拟简图如图 9-6 所示。

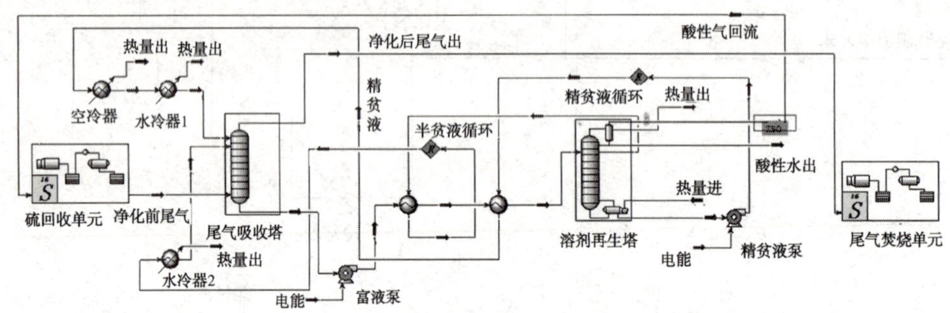

图 9-6　溶剂吸收与再生单元模拟简图

（三）模型与实际工况偏差

溶剂吸收与再生单元主要参数模拟数据与实际工况的对比见表 9-3。

表 9-3　溶剂吸收与再生单元主要参数模拟数据与实际工况的对比

对比项目	实际工况	模拟工况
精贫液二级换热后温度/℃	70.6	70.6
半贫液二级换热后温度/℃	56.5	55.8
富液二级换热后温度/℃	90.8	88.8
精贫液出塔温度/℃	38.1	36.0
半贫液出塔温度/℃	115.7	115.0
富液出塔温度/℃	117.6	117.5
吸收塔顶尾气 H_2S 浓度/(mg/m^3)	34.5	45.5

模拟工况和实际基本相符，吸收塔顶尾气 H_2S 浓度因浓度较小，模拟值与实际值已经相当接近，且存在一定采样分析偏差。

五、再生塔再沸器负荷对贫液质量影响分析

（一）再沸器负荷与精贫液中 H_2S 与 CO_2 含量关系

在模型中改变再生塔塔底再沸器负荷，分析精贫液中 H_2S 与 CO_2 的质量分数，如图 9-7、图 9-8 所示。

半贫液中 H_2S 与 CO_2 的质量分数随再沸器能耗的变化情况与精贫液相似。

由图 9-7、图 9-8 可以得知，随着再生塔再沸器能耗的上升，精贫液与半贫液中的 H_2S 含量都有明显上升的趋势，而 CO_2 的含量却有明显的下降，总体 H_2S 的升高趋势比 H_2S 的下降趋势更强，可以推算出溶剂的总体再生质量随再生塔塔底再沸器能耗的上升是有下降趋势的。

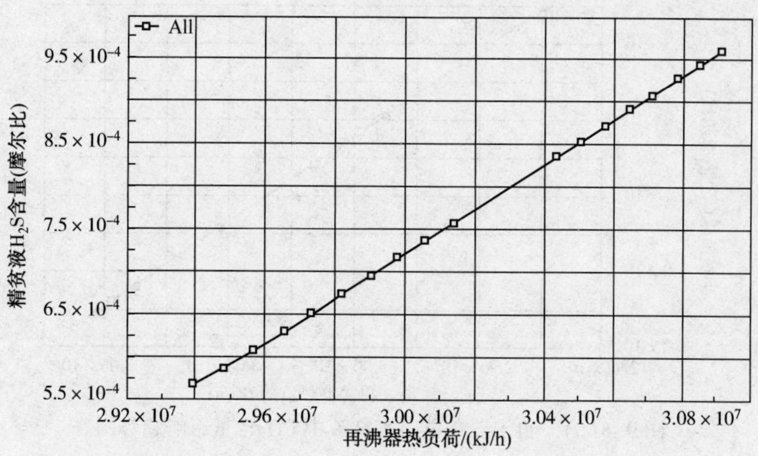

图 9-7(a) 再沸器负荷对精贫液中 H_2S 含量影响趋势图

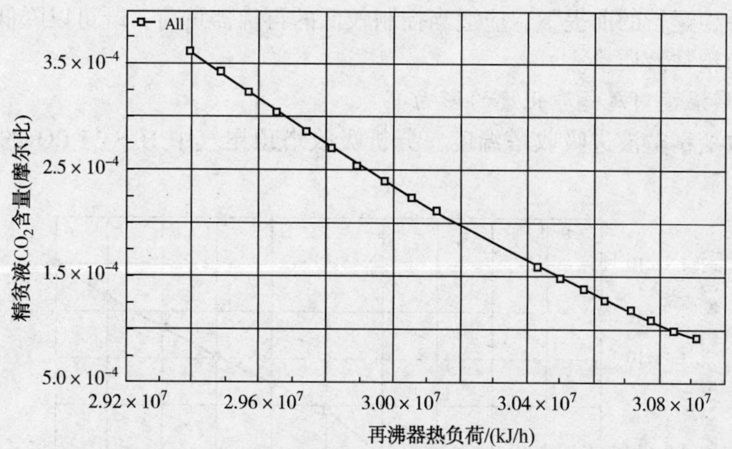

图 9-7(b) 再沸器负荷对精贫液中 CO_2 含量影响趋势图

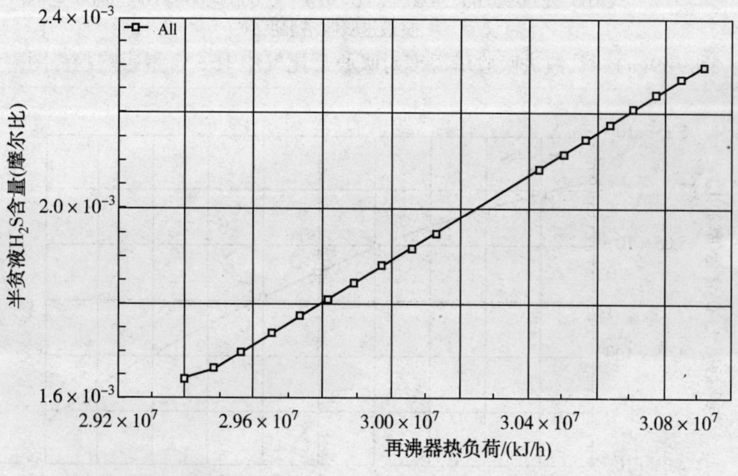

图 9-8(a) 再沸器负荷对半贫液中 H_2S 含量影响趋势图

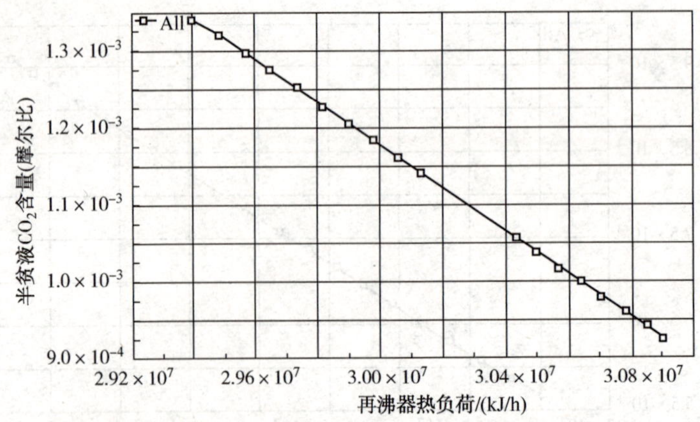

图 9-8(b)　再沸器负荷对半贫液中 CO_2 含量影响趋势图

分析其中原因：随着再生塔塔底再沸器负荷的增加，塔底温度上升，压力上升。前者促进溶剂再生，后者抑制溶剂再生，整体影响导致贫液与精贫液质量下降。所以在正常生产中在保证再生塔平稳运行的前提下，应适当控制较低的再沸器负荷，既可以降低能耗也可以保证较高的贫液与精贫液质量。

(二) 吸收塔温度对尾气净化度的影响

在模型中改变精贫液进吸收塔温度，分析吸收塔顶尾气中 H_2S 与 CO_2 的质量分数，如图 9-9 所示。

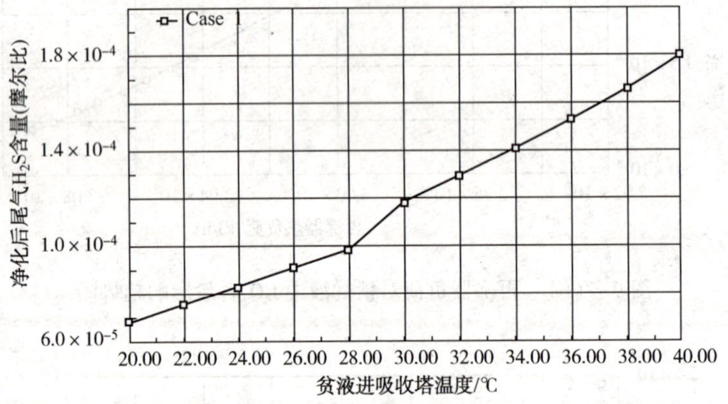

图 9-9(a)　贫液进吸收塔温度对吸收后尾气中 H_2S 含量影响趋势图

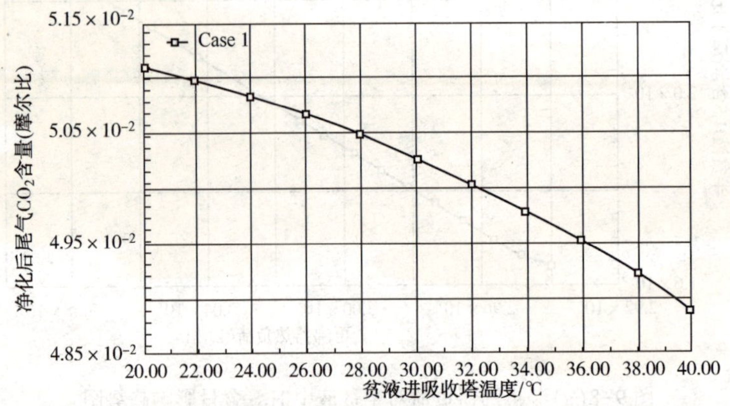

图 9-9(b)　贫液进吸收塔温度对吸收后尾气中 CO_2 含量影响趋势图

由图9-9可知，精贫液进吸收塔温度对溶剂吸收效果影响明显。精贫液进吸收塔温度的变化不仅对H_2S的吸收效果有影响，也影响到溶剂对H_2S和CO_2的选择性吸收。

降低贫液进吸收塔温度不仅可以提高溶剂对H_2S的吸收效果，还可以明显减少对CO_2的吸收，减少循环系统内CO_2量，减少对溶剂吸收能力与再生能量的不必要浪费。但目前装置工艺受限于气温影响，无法保证贫液进吸收塔温度控制在较低值，建议通过添加氨冷器等设备来保证溶剂吸收效果。

第十部分　装置系统压差测算

硫黄回收装置正常运行最基本的条件是系统畅通，其中包括系统气相的畅通和液相地畅通，也就是说酸性气燃烧之后的过程气可以畅通地抵达烟囱并排放大气，液相硫黄作为产品能够顺畅地到达液硫池，这是装置长周期运行的关键。由于硫黄装置处于炼油装置链末端，酸性气原料压力低，同时装置生产中伴随着气相降温和液相冷凝回收，另外装置系统低压差运行还可降低装置运行能耗(上游溶剂再生能耗和主风机运行电耗等)，因此装置过程气系统流程和总图布置优化显得特别重要。目前硫黄装置进料压力一般控制在50kPa以下，装置过程气系统压差一般要求在30kPa以下。

硫黄装置系统压力的监控可以使用一个简单的公式：

$$A=p/(Q_1+Q_2) \tag{10-1}$$

式中　p——系统压力；

Q_1——酸性气总量；

Q_2——消耗空气总量。

计算固定频率(以天或者周为单位)进程的参数A，可以形成一条相对稳定的曲线，当曲线出现大幅度地波动或持续地升高、降低都意味着整个系统存在一定的隐患，需要及时检查分析并处理。同理，定期对装置反应器、硫冷器、塔设备等压差进行定期监控，也能发现系统压差问题。

一、装置反应炉烧嘴压差测算

装置反应炉烧嘴是酸性气进入过程气系统的第一个减压设备，对烧嘴设备本身，适当的高压差，可以使烧嘴出口酸性气和空气混合更加充分，有利于提高燃烧效果，且过低的压差也会导致烧嘴回火，烧坏设备。烧嘴压差是设备的特有属性，在烧嘴出厂时厂家就进行了表述，并绘制了曲线，本装置反应炉烧嘴压差对比图情况如图10-1所示。

根据装置负荷，查询图10-1，装置标定工况下，烧嘴压差为1.4kPa。

二、硫黄装置典型设备压降计算

硫黄装置过程气经过的换热器有反应炉余热锅炉、三台硫冷凝器、蒸汽发生器、焚烧炉蒸汽过热器和余热锅炉等。

(一) 反应炉余热锅炉压差计算

反应炉1290℃高温过程气经反应炉余热锅炉管束，高温气体被冷却到350℃，对于过程气侧来说，不考虑高温气体降温过程的化学反应，可简化为气体组分经过固定管板换热器管束，可参考管壳式换热器管束压力降计算方法。反应炉余热锅炉管束尺寸为1925根ϕ38mm×5mm，L=6122，管束迎火面设置陶瓷保护套管，压差计算时，忽略陶瓷套管压差。

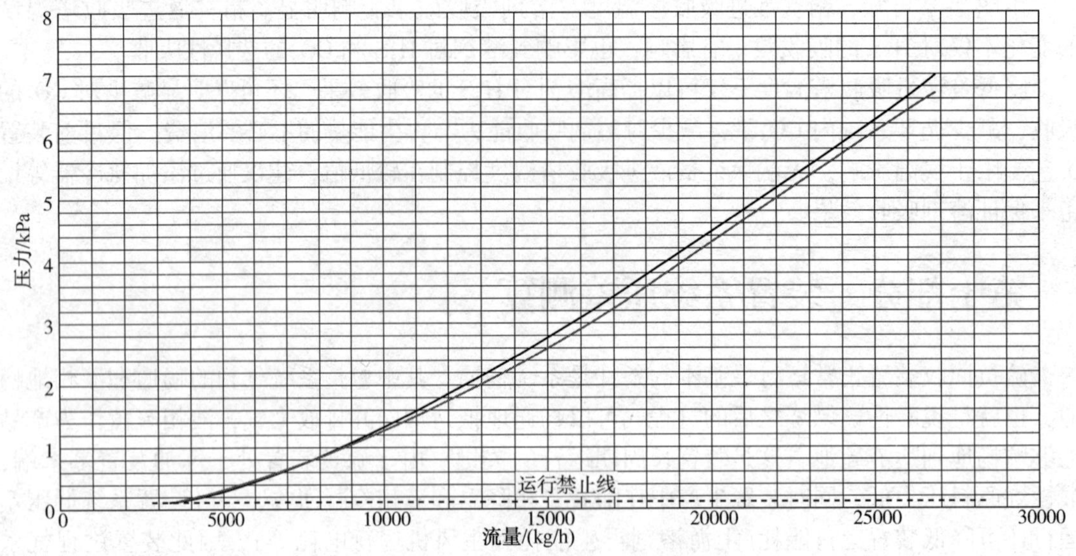

图 10-1　装置反应炉烧嘴压差对比图

换热器直管段压差公式为：

$$\Delta p=\frac{4f\,G_i^2L_s n_{tpass}}{2\rho d_i}\times\frac{1}{\phi_t} \tag{10-2}$$

式中　Δp——管束压差，Pa；

f——摩擦系数；

G_i——管内流速，m/s；

L_s——管束长度，m；

ρ——流体密度，kg/m^3；

d_i——管束内径，m；

n_{tpass}——管程数；

ϕ_t——黏度校正系数。

$$Re_t>2100，为\left(\frac{\mu}{\mu_w}\right)^{0.14} \tag{10-3}$$

$$Re_t<2100，为\left(\frac{\mu}{\mu_w}\right)^{0.25} \tag{10-4}$$

其中，μ、μ_w为流体平均温度、管壁温度下的黏度，Pa·s。

工业设计时，摩擦系数可分别取为：

$$Re_t<2100\text{ 时}，f=\frac{16}{Re_t} \tag{10-5}$$

$$Re_t>2100\text{ 时}，f=\frac{0.04}{Re_t^{0.16}} \tag{10-6}$$

$$Re_t=\frac{du\rho}{\mu} \tag{10-7}$$

式中　d——管束内径，m；

u——管束内流速，m/s。

根据管束尺寸，单根管束截面积为：$A_{单}=\frac{\pi}{4}(38-2\times5)^2=615.44\ mm^2$。

管束总截面积：$A=615.44\times1925=1184722mm^2=1.1847m^2$。

高温过程气进入管束后，温度快速下降，同时管束外壁温度为250℃，简化计算，管束内部中心平均温度按500℃计算，管束边缘温度按280℃计算：

$$u=\frac{V}{A}=\frac{\frac{nRT}{P}}{A}=\frac{\frac{932.22\times8.314\times773}{116.4}}{1.1847}=43445m/h=12.07m/s$$

$$\rho=\frac{MP}{RT}=\frac{32.425\times116.4}{8.314\times773}=0.587kg/m^3$$

查询气体黏度共线图，并进行简化处理，得到混合气体黏度为：0.04mPa·s。

则：$Re_t=\frac{du\rho}{\mu}=0.028\times12.07\times0.587\div0.03\times1000=6613$。

管壁温度按300℃计算，查询得到$\mu_w=0.025mPa\cdot s$。

$$\phi_t=\left(\frac{\mu}{\mu_w}\right)^{0.14}=\left(\frac{0.04}{0.025}\right)^{0.14}=1.068$$

$$f=\frac{0.04}{{Re_t}^{0.16}}=\frac{0.04}{6613^{0.16}}=0.0098$$

$$\Delta P=\frac{4f\,G_i^2L_sn_{tpass}}{2\rho d_i}\times\frac{1}{\phi_t}=\frac{4\times0.0098\times12.07^2\times6.122\times1}{2\times0.587\times0.028}\times\frac{1}{1.058}$$
$$=996Pa$$

（二）一级硫冷器压差计算

反应炉余热锅炉出口350℃过程气进入一级硫冷却器，降温至170℃，同时部分硫蒸汽冷凝为液硫，因为硫冷器倾斜安装，为简化计算，不考虑液硫冷凝产生的阻力压差，硫冷器平均温度按260℃、管束表面温度按150℃计。一级硫冷器管束共1211根尺寸为ϕ38mm×3mm，$L=6500mm$。

根据管束尺寸，单根管束截面积为：$A_{单}=\frac{\pi}{4}(38-2\times3)^2=803.84\ mm^2$。

管束总截面积：$A=803.84\times1211=973450mm^2=0.97345m^2$。

$$u=\frac{V}{A}=\frac{\frac{nRT}{P}}{A}=\frac{\frac{905.89\times8.314\times533}{115.7}}{0.97345}=35642m/h=9.9m/s$$

$$\rho=\frac{MP}{RT}=\frac{32.425\times115.7}{8.314\times533}=0.846kg/m^3$$

查询《化工原理》气体黏度共线图，并进行简化处理，得到混合气体黏度为：0.02mPa·s。

则：$Re_t=\frac{du\rho}{\mu}=0.032\times9.9\times0.846\div0.02\times1000=13400$。

管壁温度按300℃计算，查询得到$\mu_w=0.018mPa\cdot s$。

$$\phi_t=\left(\frac{\mu}{\mu_w}\right)^{0.14}=\left(\frac{0.02}{0.018}\right)^{0.14}=1.015$$

$$f=\frac{0.02}{Re_{t}^{0.16}}=\frac{0.02}{13400^{0.16}}=0.0044$$

$$\Delta p=\frac{4f G_{i}^{2} L_{s} n_{tpass}}{2\rho d_{i}}\times\frac{1}{\phi_{t}}=\frac{4\times0.0044\times9.9^{2}\times6.5\times1}{2\times0.846\times0.032}\times\frac{1}{1.015}=204\text{Pa}$$

因为硫冷器出口还有丝网捕集器，因此该处压差较高，可按 0.5kPa 考虑，因此硫冷器总压差在 0.7kPa 左右，剩余两台硫冷器也参考该压差值，加氢反应器后的蒸汽发生器也参考该压差值。

（三）制硫反应器压差计算

过程气进入反应器后，通过反应器床层，在催化剂作用下发生反应并穿过反应器床层，根据《化工工艺设计手册》P349，固定床反应器压差计算公式：

$$\Delta p=\frac{f_{m}\rho u_{m}^{2} L}{d_{p}}\times\left(\frac{1-\varepsilon_{B}}{\varepsilon_{B}}\right) \tag{10-8}$$

式中 u_{m}——床层平均流速，m/s；

ρ——流体密度，kg/m^3；

L——床层高度，m；

Δp——压力降，Pa；

f_{m}——摩擦系数；

d_{p}——催化剂粒径，m；

ε_{B}——反应器床层空隙率。

根据反应器结构，反应器床层按最小流通面积算平均速度：

最小流通面积为：$A=4.08\times12.5=51\text{m}^2$。

$$u_{m}=\frac{nRT}{PA}=\frac{934.52\times8.314\times(273+300)}{115.1\times51}=758\text{m/h}=0.21\text{m/s}$$

气体密度：$\rho=\frac{26.84\times115.1}{8.314\times573}=0.648\text{kg/m}^3$，

查询可知气体黏度为 0.025mPa·s。

根据《化工工艺设计手册》（化学工业出版社，2009）P350，则反应器内有：

$$Re=\frac{d_{P}\rho}{\mu}u \tag{10-9}$$

$$Re=0.004\times0.648\times0.21\div0.025\times1000=21.8$$

根据资料，

$$f_{m}=a+b\left(\frac{1-\varepsilon_{B}}{R_{e}}\right) \tag{10-10}$$

系数 a、b 采用 Ergun 提出的数值，$a=1.75$，$b=150$。

$$f_{m}=1.75+150\left(\frac{1-0.5}{21.8}\right)=5.19$$

$$\Delta p=\frac{f_{m}\rho u_{m}^{2} L}{d_{p}}\times\left(\frac{1-\varepsilon_{B}}{\varepsilon_{B}}\right)=\frac{5.19\times0.648\times0.21^{2}\times1}{0.004}\times\left(\frac{1-0.5}{0.5}\right)=37\text{Pa}$$

反应器入口管道有气体分布器，会产生一定压差，因此反应器总压差按 0.5kPa 计，第二制硫反应器、加氢反应器压差参考第一制硫反应器压差。

三、装置过程气系统压差测算

标定期间，装置系统各压力情况进行测算见表 10-1，其中备注为“测量值”的是装置压力表实时测量值，“估算值”为根据系统压降进行的估算结果，设备压差为计算值。

表 10-1　装置过程气系统压差测算值　kPa

设备名称	设备入口压力值	设备压差	备注
酸性气预热器/空气预热器	20	2	测量值
反应炉烧嘴	18	1	估算值
反应炉	17	0.6	估算值
反应炉锅炉	17.4	0.4	估算值
第一硫冷器冷压差	17	0.7	估算值
第一在线炉	16.3	0.1	估算值
第一制硫反应器	16.2	0.5	估算值
第二硫冷器冷压差	15.7	0.7	估算值
第二在线炉	15.0	0.1	估算值
第二八制硫反应器	14.9	0.5	估算值
第三硫冷器冷压差	14.4	0.9	估算值
加氢炉	13.5	0.1	测量值
加氢反应器	13.4	0.5	估算值
蒸汽发生器	12.9	0.7	估算值
急冷塔	12.2	2	测量值
吸收塔	10.2	9.9	测量值
焚烧炉入口	0.3	0.1	估算值
蒸汽过热器入口	0.2	0.2	估算值
焚烧炉废热锅炉	0	0.4	估算值
烟囱	-0.4		估算值

注：第三硫冷器冷压差，含硫捕集器压差；吸收塔压差高达 9.9kPa，主要是塔顶控制阀节流引起高压差。

四、硫黄回收装置设备布置原则

(一) 满足工艺要求

充分考虑原料气压力低因素，按物流顺序布置设备，克服系统阻力余量小的问题，与过程气有关的设备尽可能按流程靠近布置，减少管道长度，从而降低系统压力损失。设备竖向布置考虑液硫自封、自流和泵抽吸等对位差的要求。

（二）方便设备安装与检修

大型设备如克劳斯反应器、加氢还原反应器、废热锅炉等均靠马路侧并落地布置，方便设备安装维修和催化剂装卸；急冷塔、吸收塔和再生塔成单排布置，其周围留有一定的空间，便于设备的检修。空冷器布置在主管架上层同一高度，与装置内贯通式通道并行布置，方便安装检修。

（三）满足生产和安全要求

装置按照“流程顺畅、紧凑布置”的原则布置，机泵、空冷器、塔和反应器设备分类集中布置，以减少占地。主空气鼓风机组和机泵布置在管桥下，有效利用管桥下的空间。

第十一部分　装置绿色开停工改造

一、工艺现状简介

当前国内硫黄回收装置工艺以部分燃烧法的克劳斯制硫和尾气加氢组合工艺为主，其中克劳斯制硫单元又因为反应器再热方式不同分为蒸汽换热、在线炉加热、高掺阀提温、气气换热等不同路线，尾气加氢单元分为在线炉加热、蒸汽加热、管式炉加热、气气换热+电加热、高温烟气换热等路线，尾气加氢单元开工循环又分为蒸汽抽射循环、循环风机路线，尾气加氢单元溶剂系统也分为单独溶剂再生、集中溶剂再生、一级吸收一段再生、两级吸收两段再生等路线，各装置工艺路线差别较大。同时各炼油厂在硫黄装置配置上也存在多套并列装置、两头一尾(两个制硫单元+一个尾气单元)装置、单独一套装置等形式，装置停开工也存在正常开停车、紧急停开车、热备开车等操作。随着新环保标准的实施，硫黄装置停开工面临的环保压力越来越大，对应的技术要求也越来越高，为此当前工艺条件下，必须实施适当的工艺技术改造。

镇海炼化Ⅵ硫黄回收装置采用克劳斯+尾气加氢工艺，各反应器入口设置在线加热炉(加氢反应器为加氢炉)，装置尾气吸收塔后设置尾气碱洗塔，目前正常工况尾气排放满足GB 31570标准要求，碱洗塔停运备用，装置尾气净化后进焚烧炉焚烧换热后，直接进烟囱排放。但目前工艺条件下，在装置正常停开工和紧急停开工阶段烟气二氧化硫均无法达标排放，不满足GB 31570标准要求(低于100mg/m^{3}标准)。可能超标排放操作点如下。

1）装置正常开工加氢催化剂预硫化操作期间，在实施预硫化尾气脱硫操作后，烟气二氧化硫排放浓度可以降低到960mg/m^{3}以内，但还是无法满足低于100mg/m^{3}的标准。装置正常开工阶段，由于系统升温操作时瓦斯燃烧产生尾气氧含量较高，无法提前引进加氢单元，在反应炉进行瓦斯燃烧和酸性气燃烧切换操作时，制硫尾气短时间直排焚烧炉，会引起短时间烟气二氧化硫超排。

2）装置紧急停工后恢复开工，需要先后进行焚烧炉、反应炉、在线炉、加氢炉等点炉操作，紧急开工反应炉采用直接进瓦斯点炉，点炉过程制硫尾气(存在过氧)无法直接进加氢单元，尾气直接由Claus跨线排至焚烧炉焚烧后排放。由于装置紧急停工，系统存在积硫，点炉尾气夹带硫蒸气排至焚烧炉焚烧势必引起烟气二氧化硫排放浓度超标。如果装置紧急停工时间长，系统温度下降，开工过程需要进行系统升温操作，则尾气直排引起的超排时间更长。

3）当前工艺条件下，装置正常停工操作无法实施热氮吹扫或过程气循环吹扫除硫，在系统惰性气体吹扫后期，制硫尾气也需要直排焚烧炉，也会引起烟气二氧化硫超排。

二、工艺改造方案提出

（一）装置正常开工操作优化

针对装置正常开工加氢催化剂预硫化操作期间的烟气超排问题，首先是可以考虑使用已经预硫化好的加氢催化剂，避免装置开工期间的催化剂预硫化操作；其次是优化装置设备和流程配置，克劳斯尾气进尾气单元切断阀密封等级按6级设计，以便能够有效隔离系统升温期间制硫单元和加氢单元介质互窜；装置开工系统升温，采用天然气燃烧，提高配风准确性，并合理补充降温蒸汽、氮气等操作，并设置克劳斯尾气氧含量在线分析仪，提前将该尾气引入加氢单元，并在较短时间引进酸性气，并要求装置在短时间调整至正常工况。

（二）装置紧急停工后生产恢复操作优化

装置紧急停工后生产恢复时，原则上要采取倒开车流程，同时装置全部改用天然气，以便更好进行配风调整。首先启动焚烧炉，并合理控制焚烧炉配风，控制烟气氧含量5%。焚烧炉升温到位后，建立尾气加氢单元循环，点加氢炉，调整配风正常工况，加氢炉升温尾气进吸收塔吸收后至焚烧炉。切断克劳斯尾气至焚烧炉跨线，并打通克劳斯尾气进尾气加氢单元流程，再点反应炉。反应炉优先使用紧急启动点火（撞火），如果反应炉温度已经不满足紧急启动条件，可用热启动点火。点火后立即调整好反应炉配风，并加注一定量的降温蒸汽、氮气，控制反应炉、反应器及各管线设备不超温。最后点在线炉，对装置系统进行升温到引酸性气开工条件，条件满足后，按正常引酸性气开工操作。

另外需要对当前装置联锁回路进行优化，目前装置加氢单元存在炉子灭火克劳斯尾气直接改至焚烧炉的联锁回路，一旦出现该工况，烟气排放浓度必定超标，因此必须对装置联锁回路进行优化，在加氢炉灭炉情况下，制硫单元尾气短时间内不切出加氢单元，以便利用加氢反应器余温继续进行尾气加氢处理，具体时间点以加氢反应器温度不低于催化剂活性温度为控制点，具体常规加氢催化剂可按260℃控制，低温加氢催化剂以240℃控制。

（三）置正常停工操作优化

硫黄装置正常停工操作，必须对装置各反应器的催化剂进行除硫吹扫和钝化，针对装置当前停工操作工况，需进行适当改造。

1. 热氮吹硫

装置停工采用热氮吹扫除硫，装置第一在线炉入口过程气管线增加*DN*100氮气线，装置停工时引进大流量氮气（100kt/a装置按不小于1000m^3/h控制），经第一在线炉预热至300℃后，进入反应器进行吹硫，吹硫尾气继续进加氢单元处理，回收硫元素。其间反应炉引小量氮气缓慢降温，控制反应炉按降温曲线进行降温。热氮吹硫由于吹扫气量小，必须延长吹扫时间，具体以第二制硫反应器出口过程气二氧化硫浓度低于50mg/m^3为吹扫时间控制标准。

2. 天然气燃烧吹硫

装置停工前，反应炉、在线炉改烧天然气，利用天然气组分稳定特点，合理配风，同时反应炉加注降温蒸汽，控制炉温，利用天然气燃烧产生的高温惰性气体进行吹扫除硫，具体操作参考硫黄装置绿色开工引酸性气操作。

三、硫黄装置绿色开工引酸性气操作

（一）天然气当量燃烧分析

由 Aspen 软件模拟计算，在反应炉引天然气燃烧，配风过量后过程气氧体积含量在 1%工况下，过程气温度 1885℃，如果反应炉没有进行蒸汽补充，要求控制反应炉温度在 1300℃以下，则需提高配风量，过程气过氧量至少在 8%以上，该过程气无法引进加氢单元处理。

按操作法要求，对反应炉进行补充低压蒸汽进行降温，且按蒸汽：燃料气质量比不大于 4：1 进行操作，当反应炉补充低压蒸汽流量为 4 倍天然气流量时，反应炉后部过程气温度可降低至 1088℃，此时通过调整配风，降低配风过氧量，当配风降低至过程气氧含量 1%时，过程气氮气含量 51.46%，反应炉温度依旧在 1438℃，对硫黄装置反应炉来说，温度依旧偏高。

此时继续向反应炉通低温氮气进行降温，当氮气：燃料气质量比为 1：1 时，反应炉温度降低至 1356℃，此时过程气氧含量降低至 0.92%，而烟气氮气含量提高至 56%。如果此时过程气氧含量依旧按 1%，则可再适当提高空气量，但此时反应炉温度能降低至 1351℃，同时反应炉存在一定的热损失，因此这个工况下，反应炉温度应该在 1300℃以下，一般装置的制硫反应炉都能够承受。

上述工况，通过硫冷器换热，把过程气温度降低至 150℃，过程气不会产生露点，且通过模拟计算，当过程气温度降低到 77℃时，过程气会产生露点冷凝。因此对于硫黄装置过程气系统来说，反应炉加一定量的低压蒸汽降温对过程气系统来说是安全的。

操作难点：由于反应炉降温蒸汽和降温氮气流程均由酸性气烧嘴进入反应炉，通过酸性气喷枪进入炉膛，且酸性气喷枪位于瓦斯喷枪和空气入口的中间，酸性气管线加降温蒸汽和低温氮气，正好把反应炉的燃料气进行包围，如果出现流量波动、蒸汽带液等异常工况，可能导致反应炉熄火。另外，对于没有烧氨装置来说，反应炉设计温度能否满足 1300℃高温，也是一个考验，同时部分老装置没有配备天然气、反应器降温蒸汽等流程，也需要改造后才能实施。

对于使用天然气而不能使用炼油厂燃料气的说明：因炼油厂燃料气组分不稳定，且存在 C_3、C_4及以上重组分，在化学当量燃烧过程中，肯定会产生烟炱和过氧，导致锅炉管束、反应器床层等整个制硫系统积炭，影响装置正常运行。另外产生高过氧量的过程气也可能导致加氢催化剂被氧化。而天然气组分稳定，且没有重组分，化学当量燃烧过程，即使出现部分次化学燃烧，产物也主要是 CO，产生烟炱情况很小，同时在化学当量配风情况下也不容易产生因反应不充分的过氧工况。

（二）引酸性气前反应炉配风调整

装置达到引酸性气条件后，先对反应炉的天然气燃烧配风进行调整，降低配风，并提高反应炉降温蒸汽补充量，按蒸汽质量流量不大于天然气质量流量的 4 倍进行调整，同时按天然气和氮气质量流量同样比例加氮气降温，并根据反应炉温度进行调整，保持反应炉烧嘴最小压差基础上，控制稳定火焰（控制合适的天然气量）。反应炉配风调整到当量化学燃烧后，对制硫单元尾气进行氧含量分析，要求过程气氧体积含量小于 1%。装置仪表配置上，可要求在制硫尾气上配备在线分析仪（或者临时的氧含量分析仪），以便在线监控反应炉配风情况，避免氧含量高于 1%。

（三）制硫单元尾气提前引进加氢单元

加氢单元催化剂预硫化结束，继续保留预硫化酸性气进加氢单元，并控制加氢单元循环气 H_2S 体积含量在 2%~4%，H_2 体积含量在 3%~6%，加氢反应器温度降低到 230~250℃，加氢尾气进吸收塔净化后排至焚烧炉。

制硫尾气氧含量调整到位后，缓慢引制硫尾气进加氢单元，此时控制加氢反应器温度，反应器床层温度不超 300℃。全部制硫尾气引进加氢单元后，制硫单元尾气至焚烧炉跨线全关，并进行流程隔离，全部制硫尾气通过加氢单元处理后排至焚烧炉。

（四）反应炉引酸性气

上述条件满足后，投用过程气 H_2S/SO_2 比值分析仪，再反应炉缓慢引进酸性气，并逐步降低天然气流量，同时合理控制配风，根据反应炉温度不超（1350℃）及时降低反应炉降温蒸汽量，其间产生的过程气全部进加氢单元处理，加氢负荷逐步增加，控制好加氢反应器不超 350℃。

逐步增加酸性气流量，降低天然气和降温蒸汽流量（按 1：4 进行调整降量），同时降低降温氮气流量。

调整过程，维持反应炉温度在装置工艺指标内，在酸性气流量提高至装置负荷 30%后，天然气、降温蒸汽和降温氮气全部关闭。

增加酸性气进反应炉流量，确保装置反应炉正常工况。

其间及时调整加氢单元工况，控制加氢反应器温度、急冷水 pH 值、净化后尾气硫化氢浓度等，维持装置烟气达标排放。

参 考 文 献

[1] 肖锋，陈继明，徐宏，等．硫黄回收装置设备运行与维护[M]．北京：中国石化出版社，2009.

[2] 李菁菁，闫振乾．硫黄回收技术与工程[M]．北京：石油工业出版社，2010.

[3] 陈赓良，肖学兰，杨仲熙，等．克劳斯法硫黄回收工艺技术[M]．北京：石油工业出版社，2007.

[4] 中国石化集团上海工程有限公司．化工工艺设计手册[M]．4 版．北京：化学工业出版社，2009：611.

[5] 王抚华，等．化学工程实用专题设计手册[M]．北京：学苑出版社，2002.

[6] 刘乃泓，等．工业塔新型规整填料应用手册[M]．天津：天津大学出版社，1993：154.

[7] 夏清，陈常贵．化工原理[M]．天津：天津大学出版社，1999：154-173.

[8] 冯霄，何潮洪．化工原理[M]．北京：科学出版社，2001：665.

[9] 环境保护部．石油炼制工业污染物排放标准[M]．2015：16.

[10] 朱玉琴．管式加热炉[M]．北京：中国石化出版社，2016：198.

[11] 李钧，闫维平．烟气酸露点温度的计算分析[J]．热能基础研究：热力发电，2009：31.

[12] 陈运强．克劳斯硫黄回收装置主风机选用[J]．天然气与石油，1996，(14)：29.

[13] 蔡剑明．时差式超声波流量计的原理及应用[J]．内蒙古科技与经济，2007，(24).

[14] 国家质量监督检验检疫总局．中华人民共和国国家标准：工业硫黄．GB/T 2449. 2—2015[S].

燕山石化65kt/a硫黄回收装置工艺计算

完成人：杜金禹
单　位：中国石化燕山石化公司

目　录

第一部分　装置整体标定情况

一、装置介绍

中国石化燕山石化公司第三套三废联合装置主体设计采用镇海石化工程公司的硫黄回收技术(ZHSR)，装置的系统配套由北京燕山玉龙石化工程有限公司设计。装置设计采用成熟、安全可靠的工艺流程和技术先进的工艺设备，该技术具有工艺先进、设计合理、硫回收率高、装置能耗低、占地面积小、操作弹性宽、原料适应性范围广、自动化程度高等优点。装置分为三个单元，分别为酸性水汽提单元、溶剂再生单元、硫黄回收及尾气处理单元。

1. 酸性水汽提单元

污水汽提单元采用单塔低压汽提工艺，包括原料水罐脱气、分油、污水汽提、净化水冷却存储与回用等。加工的进料为来自高压加氢装置、润滑油加氢装置、2[#]催化汽油脱硫装置、3[#]催化裂化装置及联合装置内的硫黄回收装置来的酸性水，单元产的净化水用泵送出至各装置回用和污水处理场进一步处理，产的酸性气自压送至硫黄回收单元，污油用泵送至污油系统。

单元公称规模：170t/h，开工时数为8400h/a，装置操作弹性50%~110%。

单元特点：

1）酸性水汽提单元采用单塔低压汽提工艺，该工艺具有投资少，设备、工艺简单、消耗小等优点，目前大型三废处理装置中大部分采用此工艺。

2）设置了原料水脱气设施：考虑到上游装置操作不正常时，酸性水中的轻烃含量会突然增加，导致原料水罐因大量的气体逸出而引起设备损坏或爆炸事故。

3）采用了罐中罐与旋流除油器相结合的除油技术：由于原料水带油会破坏汽提塔内的气液平衡，造成操作波动，从而影响产品质量，故要求进塔水的油含量越低越好(一般要求小于50mg/L)。为确保汽提塔的操作工况稳定，在两个酸性水储罐T-8101A与T-8101B之间增设一组旋流除油器，在3000m^{3}的原料水罐中应用罐中罐的除油技术，使水中的浮油加以脱除，从而保证进塔酸性水的油含量满足要求。

4）酸性水罐顶废气治理采用专用脱臭设施：装置有两个3000m^{3}的酸性水罐，酸性水罐顶废气治理一直是个难题。采用水封加专用尾气脱臭设施，可有效防止装置因氨和硫化氢挥发带来的恶臭问题。

2. 溶剂再生单元

溶剂再生单元采用溶剂集中再生方案，包括溶剂脱气除油、贫富液换热、溶剂再生汽提、溶剂配制储存等。处理的富胺液来自高压加氢装置、2[#]及3[#]催化裂化装置、干气提浓装置及联合装置的中压加氢来的富胺液，均由管道输送至本单元。溶剂再生单元生产的贫胺液送至上游各装置循环使用。

单元公称规模：500t/h，开工时数为8400h/a，装置操作弹性50%~110%。

单元特点：

1）溶剂再生单元采用常规汽提再生法，再生后的贫液送至上游各装置循环使用，再生塔底重沸器热源采用低压蒸汽。

2）溶剂选用复合型MDEA溶剂，该溶剂具有良好的H_2S选择吸收性能、酸性气负荷大、腐蚀轻、溶剂使用浓度高、循环量小、能耗低等特点；再生后的贫液返回上游装置使用，酸性气送至硫黄回收单元进行回收。

3）再生塔底重沸器热源由 0.4MPa 蒸汽提供，以防止重沸器管束壁温过高，造成溶剂的热降解。

4）为方便操作，增加灵活性，MDEA 溶剂浓度按≥25%(质)进行设计。

5）再生塔采用高性能塔盘的先进设备技术，具有压降低、效率高、操作弹性大等优点，适应长周期运转。

6）集中后的富溶剂采用中温低压闪蒸，保证装置稳定操作，降低再生酸性气烃含量。

7）富溶剂及部分贫溶剂设置过滤设施，以防止溶剂发泡和降解。

8）设置完善的溶剂回收系统，降低溶剂消耗。

3. 硫黄回收单元和尾气处理单元

制硫系统包括酸性气燃烧炉、过程气三级冷凝、二级转化、液硫脱气、液硫成型及尾气捕集部分；尾气处理系统包括尾气还原处理、尾气急冷、尾气吸收、尾气焚烧、吸收溶剂再生、烟气脱硫等。本单元以联合装置内溶剂再生单元产生的富 H_2S 酸性气、酸性水汽提单元产生的含 NH_3 酸性气及催化汽油吸附脱硫装置的含硫烟气为原料，生产工业硫黄，产品以液体形式送出装置，或在装置内液硫成型后，包装运输出厂。固体硫黄产品质量满足 GB 2449—2006 一级品指标要求，装置经净化后的尾气 $SO_2<100mg/Nm^3$；颗粒物 $<30mg/Nm^3$；$NO_x<50mg/Nm^3$，经烟囱排入大气，其指标满足国家《大气污染物综合排放标准》(GB 16297—1996)二级标准及《石油炼制工业污染物排放标准》(GB 31570—2015)的要求。

单元公称规模：硫黄回收单元和尾气处理单元按两个工况设计，工况为 65kt/a，同时满足工况二 80kt/a，以工况二为设计点，设计操作弹性为 50%~110%(一头一尾工艺配置)，开工时数为 8400h/a，尾气排放 SO_2 浓度满足小于 $100mg/Nm^3$ 的要求。硫黄成型设一台 30t/h 的转筒成型机，一台 600 包/h、50kg/包的全自动包装码垛机。

单元特点：

1）硫黄回收单元采用镇海石化工程公司的“ZHSR”硫回收技术，由二级克劳斯、尾气加氢还原-吸收和焚烧三部分组成。

尾气加热方式为：克劳斯单元一、二级反应器、加氢反应器采用蒸汽加热。

2）硫回收率大于 99.98%；烟道气中 SO_2 浓度低于 $100mg/m^3$。

3）装置处理酸性水汽提出的含氨酸性气，采用了部分清洁酸性气从燃烧炉后部进入的办法，保证了含氨酸性气的充分燃烧所需的燃烧温度。

4）硫黄回收采用二级转化克劳斯制硫工艺，过程气采用自产 3.5MPa 中压蒸汽加热方式。

5）反应炉采用高强度烧嘴，保证酸性气中氨和烃类杂质全部氧化。反应炉配备燃烧器，并带自动点火器和火焰检测仪，为了确保反应炉温度得到有效控制，温度测量采用光学温度计。

6）尾气处理采用还原-吸收工艺。克劳斯尾气采用蒸汽加热升温，并设置外部氢气源，保持尾气加氢反应所需的氢气浓度。

7）装置处理 S-Zorb 尾气，采用了 S-Zorb 尾气入反应炉或加氢反应器的办法，同时尾气加氢反应器采用新型低温催化剂，期望能降低加氢反应入口温度，从而达到处理 S-Zorb 尾气和节能的双重目标。

8）尾气净化部分采用两级吸收技术，溶剂采用进口高效脱硫剂，可使净化后尾气的

H_2S 降至小于 10μL/L；尾气加氢反应器出口设置废热锅炉，产生 0.4MPa 低压蒸汽（装置自用）；尾气焚烧炉出口设置蒸气过热器及废热锅炉，产生 3.5MPa 蒸汽；液硫脱气采用空气鼓泡脱气，尾气加压后入反应炉回收硫；尾气采用热焚烧后进入烟气吸收塔，吸收其中的 SO_2，之后经 100m 高的烟囱排空，烟气中二氧化硫排放浓度<100mg/Nm^3，满足《石油炼制工业污染物排放标准》的要求。

9）仪表控制采用 DCS 控制系统和高可靠性的安全仪表系统（SIS），设置尾气在线分析控制系统，连续分析尾气的组成，在线控制进酸性气燃烧炉空气量，尽量保证过程气 $H_2S/2SO_2=0$，提高总硫转化率。

二、工艺技术路线

装置中溶剂再生装置采用常规汽提再生工艺；酸性水汽提装置采用单塔汽提工艺；硫黄回收装置制硫部分采用一级热反应+两级催化转化的常规克劳斯硫回收工艺，尾气处理部分采用加氢还原吸收+热焚烧+钠法烟气脱硫工艺，液硫成型部分采用干法液硫成型工艺。除关键的国内不能生产或质量不过关的设备、仪表国外进口外，其他设备均国产化。

装置主反应炉采用进口（Duiker）高强度专用烧氨烧嘴，以保证酸性气中氨和其他烃类杂质全部得以燃烧完全。尾气吸收部分采用性能良好的、浓度为 30%（质）的 MDEA 水溶液作为吸收剂，采用两级吸收、两段再生技术，可使净化后尾气的 H_2S 含量≤10（mg/m^3），同时具有较低的能耗，与常规的一级吸收、一段再生相比，可节省蒸汽约 30%。装置采用地下液硫储槽，槽主体为水泥结构，内置蒸汽加热盘管，采用保温性能和抗腐蚀性能良好的保温层，槽内还设有专用的脱气设施，可将溶解在硫中的微量 H_2S 脱至 10mg/kg 以下。尾气焚烧炉采用了三级配风的交叉限位控制方案，使尾气中的 H_2S 充分燃烧生成 SO_2，同时最大限度减少空气和燃料气的消耗，以及 NO_x 的生成，具有较好的节能、环保效果。

钠法脱硫工艺采用氢氧化钠作为脱硫吸收剂。氢氧化钠与水混合制成 30%（质）的溶液作为吸收液。在脱硫塔内，吸收液与含硫尾气接触混合，尾气中的二氧化硫与吸收液中的氢氧化钠反应生成亚硫酸钠。亚硫酸钠再与鼓入的空气进行氧化反应生成硫酸钠，硫酸钠随废水直接外排。装置钠法脱硫设施的技术路线具有以下特点：

1）脱硫塔采用矩鞍环散装填料，SO_2 脱除率高。

2）废水排放量小。

3）装置流程简单，占地面积小。

4）塔顶部设置两级除雾器，压降低、除雾效果好。

5）与现有钠法烟气脱硫比，充分利用烟气余热，用加热空气提高排放烟气的温度，避免烟囱顶部排放烟气冒白烟的现象，并有利于烟囱的防腐。

6）尾气经洗涤脱硫后经 100m 高的烟囱排空，烟气中二氧化硫排放浓度小于 50mg/Nm^3，优于《石油炼制工业污染物排放标准》（GB 31570—2015）的要求。

整套装置采用了日本横河的 DCS 集散控制系统；为保证高硫回收率与平稳率，装置采用了 H_2S/SO_2 比值分析仪、氧含量分析仪、氢含量分析仪和 pH 值分析仪等在线分析仪表，实现装置闭环控制，有效减少了上游装置波动带来的干扰；为确保周边地区有较好的生态环境，装置增设了二氧化硫在线监测仪表。

第三套三废联合装置由镇海石化工程公司总承包设计建设，装置于 2015 年 5 月 15 日开始建设，2015 年 12 月 2 日生产出合格硫黄，装置一次开车成功，进入试生产阶段。2016 年 5 月 18 日开始，对装置进行第一次停工检修，2016 年 7 月 19 日开工，目前运行状况良好。

三、主要经济技术指标设计值

主要经济技术指标见表 1-1。

表 1-1　主要经济技术指标设计值

指标名称	设计指标	备注
主要产品(固体硫黄)/(10^4t/a)	8	工况二
副产品(贫溶剂)/(10^4t/a)	410.14	
副产品(净化水)/(10^4t/a)	139.94	
主要原料(富溶剂)/(10^4t/a)	420	
辅助原料(酸性水)/(10^4t/a)	142.8	
催化剂及主要辅助材料		
氧化钛催化剂/m^3	40.2	五年用量
氧化铝催化剂/m^3	44.8	五年用量
还原催化剂(低温)/m^3	28.1	五年用量
瓷球/m^3	19.5	五年用量
MDEA 高效复配剂/m^3	170	一次加入量
进口高效脱硫剂/m^3	35	一次加入量
动力和公用物料消耗		
燃料气/(kg/h)	498	
新鲜水/(t/h)	150	间断最大
生活水/(t/h)	10	间断
循环冷却水/(t/h)	671	
除盐水/(t/h)	40.4	
电/kW	2554.3	
3.5MPa 蒸汽/(t/h)	-22.649	送出装置
1.0MPa 蒸汽/(t/h)	101.009	
氮气/(Nm^3/h)	300	
仪表风/(Nm^3/h)	460	
非净化风/(Nm^3/h)	840	间断
凝结水/(t/h)	-91.263	送出装置
三废排放量		
废气(烟道气)/(10^4t/a)	25.14	
废渣(废剂)/(t/a)	26.52	间断平均年排量
废碱/(t/a)	1906	
装置建筑面积/m^2	22640	
装置定员	28	操作人员
工程费/万元	33466.11	

四、标定期间主要操作条件

标定期间装置主要操作条件见表 1-2。

表 1-2　标定期间装置主要操作条件

项　　目	设计值	2018 年 6 月 21 日				2018 年 6 月 22 日				2018 年 6 月 23 日			
		0：00	6：00	12：00	18：00	0：00	6：00	12：00	18：00	0：00	6：00	12：00	18：00
酸性水上塔流量/(t/h)	170	111.53	118.41	119.81	118.42	121.34	119.73	114.91	109.09	107.21	106.78	106.67	103.64
净化水出装置流量/(t/h)	166.591	109.72	117.89	117.94	116.18	119.84	117.95	113.06	107.78	105.45	105.11	104.83	101.75
含氨酸性气流量/(Nm^3/h)	3409kg/h	1450.13	1457.21	1453.43	1448.26	1449.31	1453.24	1456.89	1455.24	1447.98	1445.17	1456.28	1467.29
汽提塔底温度/℃	129	118.31	118.34	118.11	118.26	118.38	118.41	118.31	118.09	118.03	118.15	118.17	117.99
汽提塔顶温度/℃	116	111.49	111.63	110.86	111.25	111.22	111.32	111.22	111.26	111.03	111.63	111.22	111.45
汽提蒸汽用量/(t/h)	24.494	17.23	17.91	17.86	17.78	17.98	17.69	17.27	16.37	17.11	16.5	16.66	16.31
含氨酸性气温度/℃	90	95.01	94.59	93.21	94.64	93.81	93.98	94.85	94.56	92.87	94.37	94.9	94.3
C8101 冷回流流量/(t/h)	15.325	10.75	10.72	10.85	10.41	10.63	10.69	10.77	9.64	10.5	10.44	10.53	9.84
富液上塔量/(t/h)	503.739	333.27	330.15	331.48	330.21	334.75	334.53	337.71	336.61	327.38	328.41	326.26	333.87
贫胺液出装置流量/(t/h)	488.263	323.1	319.35	322.39	322.39	326.4	325.62	328.86	328.69	318.05	319.81	317.91	325.09
再生塔底温度/℃	121	118.26	118.25	118.35	118.39	118.34	118.27	118.52	118.15	118.21	118.38	118.51	118.31
再生塔顶温度/℃	113	104.88	105.04	104.92	104.99	105.09	104.44	105.51	104.74	104.83	104.79	105.58	105.23
再生蒸汽用量/(t/h)	52	41.06	41.52	41.74	40.9	41.33	41.92	41.58	40.02	41.26	42.05	41.93	40.85
冷后清洁酸性气温度/℃	40	43.25	46.89	45.77	42.15	49.03	46.21	46.17	47.51	42.16	41.06	43.25	41.22
C8201 冷回流流量/(t/h)	35.274	15.94	16.32	17.99	18.91	16.41	17.07	19.09	18.17	16.32	16.31	16.98	18.81
D8202 清洁酸性气流量/(Nm^3/h)	8000kg/h	5700.36	5698.23	5731.24	5811.13	5667.82	5739.28	5769.43	5913.17	5746.78	5711.89	5745.62	5673.17
尾气酸性气流量/(Nm^3/h)		518.11	517.34	516.99	517.42	518.17	519.01	520.44	515.37	519.24	517.31	516.25	518.44
入炉前部混合酸性气量/(Nm^3/h)		7526.61	7555.36	7555.20	7606.61	7450.68	7556.08	7573.76	7706.65	7559.82	7526.82	7556.99	7514.23
入炉中部混合酸性气量/(Nm^3/h)		1244.10	1248.85	1248.83	1257.32	1231.55	1248.97	1251.89	1273.86	1249.59	1244.14	1249.12	1242.06
清洁酸性气加热后温度/℃		145.01	145.25	146.17	146.31	145.25	145.78	145.24	145.32	145.12	145.17	145.03	146.12
入炉酸性气压力/kPa	45	50.01	48.27	48.33	48.26	49.18	49.21	49.19	48.33	49.14	49.27	50.17	51.16
入炉前部清洁酸性气温度/℃	150	145.32	147.23	146.21	146.37	145.25	146.44	147.38	147.29	147.35	146.24	147.25	146.37
入炉中部清洁酸性气温度/℃	150	145.21	146.35	146.82	146.62	145.97	146.98	147.47	147.51	147.18	146.97	147.03	146.87

续表

项目	设计值	2018年6月21日				2018年6月22日				2018年6月23日			
		0：00	6：00	12：00	18：00	0：00	6：00	12：00	18：00	0：00	6：00	12：00	18：00
克劳斯尾气 H_2S 浓度/%(体)		0.76	0.72	0.78	0.77	0.71	0.69	0.81	0.67	0.73	0.82	0.73	0.68
克劳斯尾气 SO_2 浓度/%(体)		0.33	0.37	0.31	0.29	0.41	0.37	0.44	0.26	0.32	0.31	0.33	0.26
克劳斯尾气 H_2S-2SO_2 差值	0	0.1	-0.02	0.16	0.19	-0.11	-0.05	-0.07	0.15	0.09	0.2	0.07	0.16
硫池液位/%		32.37	39.79	26.24	30.42	27.58	35.13	30.12	23.59	24.79	32.59	19.88	21.02
硫池鼓泡气进焚烧炉量/(Nm^3/h)		1102.11	1131.43	1102.37	1087.12	1046.93	1093.52	1078.89	1096.73	1095.41	1096.59	1087.96	1097.39
硫池鼓泡气进反应炉温度/℃		158.31	158.27	157.98	158.59	158.79	159.12	158.29	158.42	158.17	158.05	158.39	158.14
主风机入口流量/(Nm^3/h)		22270.31	23368.14	23476.21	24356.89	22657.21	23436.78	26343.22	23467.22	23467.31	25348.98	26874.29	24876.37
主风机出口温度/℃		76.58	77.24	75.37	73.22	77.19	76.43	78.25	76.31	75.42	74.37	78.22	75.24
空气加热后温度/℃		144.37	143.97	145.22	144.67	145.02	144.46	144.29	143.87	145.02	145.07	143.22	143.76
燃烧总风量/(Nm^3/h)	19104kg/h	13603.3	13748.29	13563.58	13666.07	13656.01	13616.08	13644.92	13609.38	13785.59	13873.76	13596.6	13648.86
主空气量/(Nm^3/h)	16238kg/h	12225.32	12139.38	11935.24	12008.26	11745.86	11900.74	12158.44	12123.29	12461.28	12619.13	12130.46	12275.98
微调风量/(Nm^3/h)	2866kg/h	1377.98	1608.91	1628.34	1657.81	1910.15	1715.34	1486.48	1486.09	1324.31	1254.63	1466.14	1372.88
F8301 前部温度/℃	1306	1230.13	1222.22	1257.84	1234.01	1267.11	1236.18	1248.11	1227.83	1259.22	1231.27	1238.41	1239.33
F8301 中部温度/℃	1306	1217.31	1216.24	1232.47	1216.78	1224.56	1231.22	1219.27	1210.42	1209.77	1214.33	1222.46	1213.56
余热锅炉 E8301 出口温度/℃	318	302.93	301.54	302.38	299.69	301.79	302.88	303.98	298.75	301.41	302.99	301.43	302.45
除氧水温度/℃	104	104.11	104.32	104.22	103.98	104.43	104.07	104.62	104.55	104.31	104.24	104.23	104.37
余热锅炉 E8301 发汽量/(t/h)	19.6	18.24	18.95	18.31	18.29	18.71	18.93	18.44	18.35	18.88	18.26	18.18	18.48
余热锅炉 E8301 发汽温度/℃	251	248.89	248.87	248.67	249.29	249.25	249.37	249.22	249.31	249.01	249.51	249.56	249.34
余热锅炉出口过程气温度/℃		300.12	301.03	299.78	299.65	301.34	299.87	300.34	301.26	301.67	299.88	299.17	301.45
E8302 出口温度/℃	170	162.44	162.92	163.37	163.53	162.99	162.73	163.83	163.39	163.01	163.24	163.54	163.75
E8305 蒸汽流量/(t/h)	1.008	0.958	0.936	0.986	0.973	0.973	0.954	0.988	0.987	0.932	0.931	0.967	0.968
E8305 蒸汽温度/℃	251	254.65	253.58	254.65	254.94	253.91	254.57	254.45	252.93	253.66	252.54	254.05	253.89
R8301 入口温度/℃	230	217.04	216.91	217.95	217.02	216.99	216.95	217.02	217.99	216.99	217.06	216.28	217.07

续表

项　　目	设计值	2018 年 6 月 21 日				2018 年 6 月 22 日				2018 年 6 月 23 日			
		0：00	6：00	12：00	18：00	0：00	6：00	12：00	18：00	0：00	6：00	12：00	18：00
R8301 上层床层温度/℃		292. 37	291. 21	291. 22	290. 96	290. 86	290. 07	290. 89	291. 27	291. 64	290. 89	291. 93	289. 66
R8301 出口温度/℃	283. 9	276. 12	278. 76	279. 03	279. 74	279. 61	277. 59	276. 79	276. 07	276. 16	276. 44	276. 61	276. 15
E8303 出口温度/℃	160	160. 51	160. 78	160. 81	160. 72	160. 54	160. 65	160. 96	160. 74	160. 57	160. 66	160. 88	160. 89
E8306 蒸汽流量/(t/h)	0. 813	0. 977	0. 974	1. 002	1. 022	0. 983	0. 998	1. 022	1. 004	0. 979	0. 995	1. 008	1. 018
E8306 蒸汽温度/℃	251	254. 37	252. 91	253. 77	253. 87	253. 35	254. 49	253. 13	253. 54	253. 71	251. 43	252. 67	253. 47
R8302 入口温度/℃	210	211. 03	211. 04	210. 76	210. 93	211. 21	211. 19	210. 83	210. 94	210. 88	211. 37	211. 19	210. 92
R8302 上层床层温度/℃		223. 31	222. 92	223. 26	222. 59	223. 03	222. 94	222. 68	224. 51	224. 63	223. 25	222. 86	224. 32
R8302 出口温度/℃	231. 7	216. 77	215. 97	216. 45	216. 58	216. 51	216. 35	216. 69	216. 77	216. 56	216. 16	217. 02	216. 13
E8304 出口温度/℃	155	154. 36	155. 41	153. 61	155. 66	154. 46	155. 29	153. 62	155. 52	154. 49	155. 48	154. 48	155. 62
三合一硫冷器发汽量/(t/h)	5. 4	4. 59	5. 12	4. 37	5. 14	4. 54	4. 47	4. 63	5. 23	5. 05	4. 33	4. 29	5. 03
三合一硫冷器发汽温度/℃	152	150. 77	150. 82	151. 08	150. 99	150. 96	150. 88	151. 09	150. 97	150. 81	150. 86	150. 99	151. 09
中压凝结水温度/℃		250. 37	251. 16	247. 22	246. 57	252，19	247. 42	247. 35	246. 22	249. 07	250. 24	251. 81	253. 24
E8401 蒸汽流量/(t/h)	1. 209	0. 843	0. 767	0. 842	0. 942	0. 841	0. 815	0. 824	0. 842	0. 831	0. 837	0. 894	0. 821
E8401 蒸汽温度/℃	251	261. 21	260. 65	260. 64	260. 96	260. 25	260. 94	260. 11	259. 29	260. 23	259. 53	259. 09	259. 83
R8401 入口温度/℃	230	219. 05	219. 35	218. 92	219. 19	218. 87	218. 69	218. 86	218. 76	218. 79	218. 69	218. 95	219. 03
R8401 上层床层温度/℃		280. 35	281. 89	282. 97	281. 21	280. 89	278. 65	281. 45	279. 45	282. 19	277. 59	277. 94	277. 79
R8401 出口温度/℃	260. 8	257. 62	260. 66	256. 74	258. 24	258. 17	260. 04	256. 64	259. 51	259. 09	258. 84	253. 69	263. 26
R8401 配氢量/(Nm^3/h)		530. 14	528. 91	532. 58	531. 96	532. 43	531. 71	544. 36	545. 17	534. 84	540. 14	540. 38	544. 04
S-Zorb 烟气进加氢反应器量/(Nm^3/h)		1200. 13	1186. 32	1134. 59	1187. 46	1191. 36	1187. 31	1196. 38	1201. 01	1179. 37	1187. 98	1184. 23	1198. 63
S-Zorb 烟气进加氢反应温度/℃		200. 03	202. 17	201. 35	201. 16	200. 77	203. 25	201. 31	198. 24	199. 33	201. 17	198. 26	202. 08
R8401 出口氢含量/%		3. 64	3. 46	3. 68	3. 74	3. 99	3. 09	4. 19	3. 89	3. 51	3. 31	3. 33	3. 35
E8402 出口温度/℃	160	155. 63	156. 06	156. 22	156. 39	155. 84	156. 04	156. 12	156. 28	156. 01	156. 06	155. 84	156. 89
E8402 蒸汽发汽量/(t/h)	1. 636	1. 492	1. 383	1. 548	1. 591	1. 453	1. 368	1. 574	1. 397	1. 388	1. 534	1. 399	1. 526

续表

项目	设计值	2018年6月21日				2018年6月22日				2018年6月23日			
		0：00	6：00	12：00	18：00	0：00	6：00	12：00	18：00	0：00	6：00	12：00	18：00
E8402 蒸汽发汽温度/℃	152	151.08	151.41	151.22	151.31	151.13	151.37	151.17	151.37	151.12	151.13	151.16	151.53
C8401 急冷水循环量/(t/h)	162.5	150.89	150.71	150.21	150.39	32.24	32.49	149.74	150.46	35.78	150.92	149.46	149.37
C8401 急冷水温度/℃	40	34.69	34.58	37.04	34.72	150.62	150.76	34.99	34.67	149.19	35.19	37.96	37.99
C8401 酸性水外排量/(t/h)	4.916	1.74	1.64	2.17	2.18	1.89	2.26	1.57	2.35	1.86	1.62	1.47	1.86
急冷水 pH 值		7.03	7.42	7.29	7.39	7.42	7.17	7.25	7.18	7.16	7.34	7.26	7.51
C8401 顶出口温度/℃	40	37.28	37.02	37.53	35.33	35.84	36.97	35.54	35.19	36.46	35.69	35.65	37.72
C8401 塔底温度/℃		59.31	58.24	60.32	61.27	57.43	58.98	60.04	59.83	57.26	58.98	59.42	58.79
C8402 顶出口温度/℃	40	37.09	36.52	38.42	37.31	37.75	36.63	38.16	38.31	37.27	37.72	37.65	37.09
精贫液流量/(t/h)	101.563	100.02	99.59	99.37	98.54	99.32	97.38	99.41	99.15	99.55	99.79	99.85	99.97
精贫液温度/℃	40	40.01	38.88	39.26	38.63	38.54	39.72	38.05	38.81	39.54	39.81	38.36	39.59
半贫液流量/(t/h)	60.937	50.02	50.19	50.35	49.98	49.01	49.24	49.89	49.86	49.17	49.03	49.21	49.15
半贫液温度/℃	40	40.17	39.13	40.71	39.04	39.34	39.26	38.61	38.95	39.99	38.82	38.84	38.87
尾气富胺液流量	163.17	150.71	150.49	150.43	149.23	149.04	147.33	150.01	149.72	149.43	149.53	149.77	149.83
尾气富胺液温度	40	41.22	41.79	41.27	41.89	40.99	41.65	41.66	40.98	41.07	40.83	40.96	41.24
净化尾气温度/℃		40.36	39.98	40.27	41.01	39.87	40.57	40.54	39.87	39.66	40.23	39.35	40.24
净化尾气压力/MPa		0.012	0.012	0.011	0.012	0.011	0.012	0.012	0.013	0.012	0.012	0.012	0.012
尾气再生塔底温度/℃	121.5	125.95	125.32	124.75	124.81	125.21	125.27	125.25	125.24	125.27	125.27	125.02	125.08
尾气再生塔顶温度/℃	117.5	103.08	104.18	103.95	103.49	103.89	103.96	104.75	104.45	104.26	104.03	103.59	104.28
尾气再生塔中部温度		116.82	115.97	116.45	117.01	116.98	117.24	116.43	117.07	117.22	116.69	116.44	117.23
尾气再生塔蒸汽用量/(t/h)	11.513	12.23	12.39	12.99	12.15	12.44	12.43	12.37	12.39	12.05	12.19	12.15	12.16
尾气再生塔冷回流量/(t/h)	7.44	3.93	3.98	3.99	3.95	3.91	3.99	3.97	3.93	4.21	3.92	4.01	3.88
焚烧炉温度/℃	650	603.74	602.63	601.51	601.11	600.57	602.34	603.34	602.89	601.64	602.72	601.58	602.71
F8401 燃料气流量/(kg/h)	405	407.11	391.7	404.87	400.52	406.15	401.78	407.14	408.11	401.09	403.03	403.25	400.78
F8401 燃料气/℃	32	34.71	35.02	9	33.98	36.01	35.24	36.73	34.99	34.67	35.21	34.78	33.99

续表

项目	设计值	2018年6月21日				2018年6月22日				2018年6月23日			
		0：00	6：00	12：00	18：00	0：00	6：00	12：00	18：00	0：00	6：00	12：00	18：00
F8401一级风量/(Nm^3/h)	3767.44	4271.02	4331.32	4410.34	4001.41	4140.35	4472.57	4211.27	4117.71	4480.39	4064.81	4186.68	4272.27
F8401二级风量/(Nm^3/h)	941.86	1076.68	1158.32	970.24	1275.34	1172.57	980.68	1082.05	1164.11	975.26	1063.71	1068.64	968.24
F8401三级风量/(Nm^3/h)	1569.76	1985.77	1897.25	1970.26	2065.83	2041.05	1946.18	2112.62	2097.33	1979.47	2132.06	215.29	2101.28
F8401总风量/(Nm^3/h)	6279.06	7333.47	7386.89	7350.84	7342.58	7353.97	7399.43	7405.94	7379.15	7435.12	7260.58	5470.61	7341.79
过热段出口过程气温度/℃	415	348.78	350.66	349.73	351.56	350.86	348.58	349.34	349.08	347.92	349.82	350.92	348.88
E8405出口过程气温度/℃	260	265.51	265.07	263.84	263.89	264.82	264.69	265.29	264.31	264.55	265.89	265.41	262.94
E8405蒸汽出装置流量/(t/h)	1.793	1.19	1.25	1.18	1.25	1.36	1.24	1.17	1.18	1.22	1.23	1.19	1.23
E8405蒸汽出装置压力/MPa	4	3.71	3.71	3.69	3.72	3.72	3.72	3.72	3.72	3.72	3.72	3.73	3.72
E8405蒸汽出装置温度/℃	251	247.54	247.53	247.32	247.41	247.32	247.22	247.35	247.51	247.44	247.29	247.31	247.51
过热蒸汽出装置流量/(t/h)	18.4	18.78	17.98	18.23	18.04	17.96	18.25	18.32	18.76	18.42	17.99	18.26	18.76
过热蒸汽出装置压力/MPa	3.8	3.69	3.61	3.68	3.69	3.68	3.69	3.67	3.68	3.68	3.69	3.72	3.67
过热蒸汽出装置温度/℃	435	402.64	402.59	402.54	402.59	402.65	402.83	402.16	403.29	403.04	402.42	402.46	402.61
减温降压除氧水至过热段出口1/(kg/h)		2437.12	2398.24	2485.13	2365.22	2298.76	2436.19	2465.25	2346.71	2424.79	2438.62	2396.18	2436.79
减温降压除氧水至过热段出口2/(kg/h)		2114.37	2098.77	2134.26	2207.19	2146.48	2135.24	2268.79	2276.98	2178.37	2165.24	2266.17	2276.53
补充碱液量/(kg/h)	58	46	47	48	51	52	49	50	52	48	52	52	51
氧化风/(m^3/h)	1288	177	177	177	176	177	177	176	176	177	177	176	176
C8801补水/(kg/h)	2045	30.69	30.63	25.98	31.64	24.19	31.25	35.67	31.09	23.26	31.09	32.33	28.95
排放尾气量/(m^3/h)	49603	45445.91	43838.34	44237.60	44509.92	43506.65	43593.32	44838.20	44997.91	44593.19	44261.49	44523.57	45083.22
排放尾气温度/℃		93.12	93.99	93.21	94.37	92.89	92.62	93.49	92.87	93.36	92.79	92.67	92.87
排放尾气SO_2含量/(mg/m^3)		18.92	19.17	18.78	18.98	18.64	18.31	18.22	18.21	18.43	19.12	19.24	19.36
排放尾气O_2含量/%		10.3	11.1	10.8	11.4	11.2	10.7	10.6	10.7	10.8	11.1	10.3	11.1
废水排放量(Na_2SO_4)/(kg/h)	208	210	214	227	208	231	224	223	214	217	246	213	217

五、标定数据及分析

1. 原料性质

标定期间原料性质见表 1-3。

表 1-3　标定期间原料性质

原　　料	分析项目	6 月 21 日	6 月 22 日	6 月 23 日
3#三废含硫污水	硫化物含量/(mg/L)	4823.4	5184.2	5764.2
	氨氮/(mg/L)	1536.9	1547.7	1879.4
	油含量/(mg/L)	104.6	112.8	82
3#三废富液	硫化氢/(g/L)	17.9	15.8	17
	CO_2 含量/(g/L)	0.7	0.7	0.6
	乙醇胺浓度/(g/100mL)	27.3	28.5	27.5

标定期间酸性水组成不稳定，硫化物组分变化较大，对装置的操作带来一定的波动。硫黄回收单元及溶剂再生单元标定期间组分较为稳定。

2. 装置负荷标定

(1) 酸性水汽提单元负荷标定

酸性水汽提单元在保证净化水质量合格的情况下，考察单元的最大及最佳处理负荷。标定结果见表 1-4。

表 1-4　酸性水气体单元负荷标定

项　目	2018 年 6 月 21 日				2018 年 6 月 22 日				2018 年 6 月 23 日			
	0：00	6：00	12：00	18：00	0：00	6：00	12：00	18：00	0：00	6：00	12：00	18：00
酸性水入装置流量/(t/h)	111.5	118.4	119.8	118.4	121.3	119.7	114.9	109.1	107.2	106.8	106.7	103.6
净化水出装置流量/(t/h)	109.72	117.89	117.41	116.18	119.84	117.95	113.23	107.78	105.45	105.11	104.96	101.75
汽提蒸汽流量/(t/h)	17.2	17.9	17.9	17.8	17.9	17.7	17.3	16.4	17.1	16.5	16.7	16.3
含氨酸性气流量/(Nm^3/h)	1450.13	1457.21	1453.43	1448.26	1449.31	1453.24	1456.89	1455.24	1447.98	1445.17	1456.28	1467.29
冷回流流量/(t/h)	10.8	10.7	10.9	10.4	10.6	10.7	10.8	9.6	10.5	10.4	10.5	9.8
产品指标	2018 年 5 月 29 日				2018 年 5 月 30 日				2018 年 5 月 31 日			
	3：00	9：00	15：00	21：00	3：00	9：00	15：00	21：00	3：00	9：00	15：00	21：00
净化水氨氮/(mg/L)	17.8	23.85	25.35	27.91	24.54	22.63	24.77	29.86	11.09	12.18	12.88	11.84
净化水硫化物/(mg/L)	2.6	2.5	2.8	2.1	2.6	2.5	2.8	2.1	4	4.1	3.6	3.5

标定期间酸性水汽提单元处理量控制在 100~120t/h，平均处理量为 110t/h。汽提蒸汽/酸性水处理量的平均比例控制在 0.159。标定结果表明，不同负荷下可以达到净化水氨氮小

于 80mg/L、硫化物小于 20mg/L 的质量要求。

（2）硫黄回收单元负荷标定

标定结果见表 1-5。

表 1-5 硫黄单元负荷标定

项目	2018 年 6 月 21 日				2018 年 6 月 22 日				2018 年 6 月 23 日			
	0：00	6：00	12：00	18：00	0：00	6：00	12：00	18：00	0：00	6：00	12：00	18：00
清洁酸性气流量/(Nm^3/h)	5700. 36	5698. 23	5731. 24	5811. 13	5667. 82	5739. 28	5769. 43	5913. 17	5746. 78	5711. 89	5745. 62	5673. 17
含氨酸性气流量/(Nm^3/h)	1450. 13	1457. 21	1453. 43	1448. 26	1449. 31	1453. 24	1456. 89	1455. 24	1447. 98	1445. 17	1456. 28	1467. 29
尾气酸性气流量/(Nm^3/h)	518. 11	517. 34	516. 99	517. 42	518. 17	519. 01	520. 44	515. 37	519. 24	517. 31	516. 25	518. 44
炉温/℃	1270. 13	1262. 22	1257. 84	1264. 01	1237. 11	1276. 18	1248. 11	1247. 83	1259. 22	1261. 27	1278. 41	1259. 33
H_2S-2SO_2 值	0. 1	0. 08	-0. 04	0. 09	0. 09	0. 05	0. 13	0. 05	-0. 01	0. 1	0. 07	0. 06
液硫池液位	32. 37	39. 79	26. 24	30. 42	27. 58	35. 13	30. 12	23. 59	24. 79	32. 59	19. 88	21. 02

硫黄单元装置设计工况一负荷为 65kt/a，操作弹性 50%～130%。标定期间，反应炉的混合酸性气平均负荷在 8500Nm^3/h 左右，液硫池上升速度为 1. 3%/h（每个液位约 6t），硫黄产量核算为 62. 5kt/a，达到设计工况一负荷的 100. 86%。

（3）溶剂再生单元负荷标定

标定结果见表 1-6。

表 1-6 溶剂单元负荷标定

项目	2018 年 6 月 21 日				2018 年 6 月 22 日				2018 年 6 月 23 日			
	0：00	6：00	12：00	18：00	0：00	6：00	12：00	18：00	0：00	6：00	12：00	18：00
富胺液装置流量/(t/h)	333. 27	330. 15	331. 48	330. 21	334. 75	334. 53	337. 71	336. 61	327. 38	328. 41	326. 26	333. 87
贫胺液出装置流量/(t/h)	323. 1	319. 35	323. 47	322. 39	326. 4	325. 62	328. 86	328. 69	318. 05	319. 81	314. 91	325. 09
汽提蒸汽流量/(t/h)	41. 06	41. 52	41. 74	40. 9	41. 33	41. 92	41. 58	40. 02	41. 26	42. 05	41. 93	40. 85
清洁酸性气流量/(Nm^3/h)	5700. 36	5698. 23	5731. 24	5811. 13	5667. 82	5739. 28	5769. 43	5913. 17	5746. 78	5711. 89	5745. 62	5673. 17
冷回流流量/(t/h)	15. 94	16. 32	17. 99	18. 91	16. 41	17. 07	19. 09	18. 17	16. 32	16. 31	16. 98	18. 81
产品指标	2018 年 6 月 21 日				2018 年 6 月 22 日				2018 年 6 月 23 日			
	9：00		15：00	21：00	9：00		15：00	21：00	9：00		15：00	21：00
贫液硫化氢含量/(g/L)	0. 8		0. 7	0. 8	0. 8		0. 8	0. 7	0. 7		0. 6	0. 6
贫液乙醇胺含量/(g/100mL)	26. 6				27. 5				28. 1			

续表

产品指标	2018 年 6 月 21 日			2018 年 6 月 22 日			2018 年 6 月 23 日		
	9：00	15：00	21：00	9：00	15：00	21：00	9：00	15：00	21：00
贫液 CO_2 含量/(g/L)	0.5			0.4			0.4		

标定期间溶剂再生单元处理量控制在 330~335t/h，平均处理量为 333t/h。汽提蒸汽/溶剂处理量的平均比例控制在 0.129。标定结果表明，不同负荷下可以达到贫液硫化氢小于 1g/L。

六、物料平衡

1. 酸性水汽提单元

污水汽提单元物料平衡见表 1-7。

表 1-7　酸性水汽提单元物料平衡表

项目	物料名称	进出料量(6 月 21~23 日标定)			
		流速/(t/h)	日流量/(t/d)	年流量/(10^4t/a)	收率/%
进料	含硫污水	119.81	2875.4	4.373	100
出料	含氨酸性气	1.782	42.8	0.065	1.49
	净化水	117.937	2830.5	4.305	98.44
	污油和轻油气	0.091	2.2	0.003	0.08
	合计	119.81	2875.4	4.373	100

上表为标定期间的平均数据，酸性水汽提单元净化水产率为 98.44%，含氨酸性气产率为 1.49%。

2. 溶剂再生单元

溶剂再生单元物料平衡见表 1-8。

表 1-8　溶剂再生单元物料平衡表

项目	物料名称	进出料量(6 月 21~23 日标定)			
		流速/(t/h)	日流量/(t/d)	年流量/(10^4t/a)	收率/%
进料	富液	331.48	7955.5	12.10	100
出料	贫液	322.39	7737.4	11.77	97.26
	清洁酸性气	8.943	214.6	0.33	2.7
	污油和轻油气	0.15	3.5	0.01	0.04
	合计	331.48	7955.5	12.10	100

溶剂再生单元贫液产率为 97.26%，清洁酸性气产率为 2.7%，其余的 0.04%为从富液闪蒸罐进入低压瓦斯系统的轻油气。根据标定期间的平均数据，溶剂单元的富液硫化氢含量在 15~19g/L。清洁酸性气产量约为 5700Nm^3/h，硫黄回收单元负荷已达到 96.15%。溶剂再生单元的设计负荷为 500t/h，整个炼油系统的胺液总量为 440t/h。其中，2# 三废装置胺液处理量为 145~165t/h 左右。由此造成装置溶剂单元的加工负荷为 66.08%。

3. 硫黄回收及尾气再生单元

硫黄回收单元物料平衡见表1-9。

表1-9 硫黄单元物料平衡表

项目	物料名称	进出料量(6月21~23日标定)			
		t/h	t/d	10^4t/a	收率/%
进料	清洁酸性气	8.943	214.629	7.834	
	含氨酸性气	1.782	42.772	1.561	
	燃烧空气	17.505	420.127	15.335	
	尾气焚烧用空气	8.946	214.714	7.837	
	氢气	0.021	0.514	0.019	
	燃料气	0.327	7.846	0.286	
	胺液补充量	0.157	3.767	0.137	
	碱洗塔碱液补充量	1.327	31.837	1.162	
	S-Zorb尾气	1.558	37.389	1.365	
	鼓泡空气	1.416	33.981	1.240	
	总计	41.982	1007.575	36.777	100
出料	液硫	7.181	172.344	6.291	17.105
	酸性水	4.254	102.105	3.727	10.134
	烟道气	30.516	732.380	26.732	72.687
	碱洗外排	0.031	0.747	0.027	0.074
	总计	41.982	1007.575	36.777	100

注：表中的数据为标定期间的平均数据。

硫黄回收单元的设计负荷为65kt/a，操作弹性50%~130%。标定期间，平均酸性气量约为7600Nm^3/h，硫黄产量核算后为62.5kt/a，硫黄单元负荷为设计负荷的96.15%。硫黄收率为17.105%。

七、装置能耗标定

装置能耗主要包括水、电、汽、燃料气、凝结水外送等，各公用工程计算的折标系数见表1-10。

表1-10 公用工程计算折标系数

能耗	折标系数/(kg/t)	能耗	折标系数/(kg/t)
新鲜水	0.17	耗0.35MPa蒸汽	66
循环水	0.1	产凝结水	7.65
除氧水	9.2	耗凝结水	7.65
除盐水	2.3	氮气	150
发电量	-0.23	净化风	38
耗电量	0.23	非净化风	28
产3.5MPa蒸汽	-88	燃料油/烧焦	950

续表

能耗	折标系数/(kg/t)	能耗	折标系数/(kg/t)
耗3.5MPa蒸汽	88	制氢吸附干气	200
产1.0MPa蒸汽	-76	脱乙烯干气	800
耗1.0MPa蒸汽	76	燃料气	950
产0.35MPa蒸汽	-66	热输出	1

在计算时，各个单元选取本单元所消耗的能源种类并查询使用量，并计算单耗。

单耗计算公式为：

$$单耗=\frac{能源消耗量(t/h或kW\cdot h/h)\times对应的折标系数}{含硫污水加工量(t/h)} \tag{1-1}$$

各个能源单耗总和，即为各个单元总能耗(kgEO/t)。

根据上述方法，计算各个单元总能耗，并与设计值进行对比。

1. 污水汽提单元能耗

污水汽提单元能耗见表1-11。

表1-11　酸性水单元能耗表

项　　目	6月21~23日标定			
	设计/(kgEO/t)	实际/(kgEO/t)	实物消耗/(t或kW·h)	实际单耗/(t/t或kW·h/t)
循环水	0.016	0.34	26632	3.36
电	0.611	0.74	25365	3.2
1.0MPa蒸汽	10.953	12.69	1323	0.17
合计	11.58	13.77		

酸性水汽提单元选取6月21~23日进行能耗标定，标定期间加工量7923t。能耗标定结果为13.77kgEO/t。其中，蒸汽单耗明显高于设计值。主要原因是：

1）装置处于1.0蒸汽管线末端，蒸汽品质低，温度和压力均未达到设计条件下的要求；

2）酸性水组成变化较大，为保证净化水质量合格，蒸汽消耗量按照酸性水中硫化物及氨氮最高值进行控制。

2. 溶剂再生单元能耗

溶剂再生单元能耗见表1-12。

表1-12　溶剂再生单元能耗表

项　　目	6月21~23日标定			
	设计/(kgEO/t)	实际/(kgEO/t)	实物消耗/(t或kW·h)	实际单耗/(t/t或kW·h/t)
循环水	0.005	0.11	26632	1.11
电	0.423	0.47	49145	2.04
1.0MPa蒸汽	10.823	9.06	2859	0.119
合计	11.251	9.64		

溶剂再生单元选取 6 月 21~23 日进行能耗标定，标定期间加工量 23979t，溶剂再生单元在标定期间的能耗为 9. 64kgEO/t。从表中可以看出，单耗低于设计值。主要原因是：①加工负荷较高，约 333t/h；②根据产品质量，优化汽提蒸汽用量。

3. 硫黄回收及尾气处理单元能耗

硫黄回收单元能耗见表 1-13。

表 1-13　硫黄单元能耗表

项　目	6 月 21~23 日标定			
	设计/(kgEO/t)	实际/(kgEO/t)	实物消耗/(t 或 kW·h)	实际单耗/(t/t 或 kW·h/t)
循环水	0. 39	6. 32	35510	68. 18
除盐水	1. 01	5. 86	1433	2. 55
电	38. 38	39. 71	97023	172. 65
1. 0MPa 蒸汽	111. 63	11. 49	85	0. 151
3. 5MPa 蒸汽	-209. 09	-210. 15	-1242	-2. 39
燃料气	51. 12	14. 88	8. 8	0. 016
热输出	-75. 4	-54. 07	-30387	-54. 07
合计	-81. 96	-185. 96		

硫黄回收单元选取 6 月 21 日 ~6 月 23 日进行能耗标定，标定期间硫黄产量约为 561. 96t，硫黄单元能耗为-185. 96kgEO/t。其中，循环水及电耗较设计值偏高，除盐水基本较设计值偏高。硫黄回收单元消耗的是经 1. 0MPa 蒸汽减温减压后的 0. 4MPa 蒸汽，用于再生塔塔底重沸器的加热蒸汽，折算成 1. 0MPa 蒸汽后，其单耗较设计值有较大幅度地降低。此外，3. 5MPa 蒸汽的产出量也比设计值略高。综合来讲，硫黄回收单元在当前负荷的生产条件下，其能耗较设计值有大幅地降低。

八、标定期间产品质量和重要指标分析结果

1. 污水汽提单元

化验分析结果见表 1-14。

表 1-14　酸性水汽提单元质量分析

样品名称	分析项目	6 月 21 日	6 月 22 日	6 月 23 日
上塔酸性水	硫化物/(mg/L)	4823. 4	5184. 2	5764. 2
	氨氮/(mg/L)	1536. 9	1547. 7	1879. 4
	CO_2/(g/L)	0. 4	0. 5	0. 6
	悬浮物/(mg/L)			
	挥发酚/(mg/L)	83. 4	82. 4	79. 8
	油含量/(mg/L)	104. 6	112. 8	82
	pH 值	8. 27	8. 31	8. 23
	铁含量/(mg/L)	2. 14	1. 97	1. 99
	氯离子/(mg/L)	196	183	187

续表

样品名称	分析项目	6月21日	6月22日	6月23日
含氨酸性气	H_2S/%	54	53	53
	CO_2/%	10	9	8
	氨氮/%	0	0	0
净化水	H_2S/(mg/L)	2.5	2.8	4.1
	氨氮/(mg/L)	23.85	22.63	12.18
	油含量/(mg/L)	24.15	23.18	22.69
	pH值	8.41	8.43	8.32
	酚含量/(mg/L)	62.63	73.12	71.23
脱臭后气体	O_2/%	0.65	0.62	0.65
	N_2/%	57.94	53.16	51.28
	硫化氢/%	0	0	0
	二氧化碳/%	0	0	0
	一氧化碳/%	0	0	0
	氢气/%	12.11	14.25	12.03
	甲烷/%	2.73	4.35	3.12
	乙烷/%	1.77	1.35	1.65
	乙烯/%	0.94	0.96	1.21
	丙烷/%	3.94	3.87	3.65
	丙烯/%	3.27	3.46	3.79
	异丁烷/%	9.66	9.76	9.81
	正丁烷/%	3.1	3.2	3.1
	正丁烯/%	0	0.11	0.12
	异丁烯/%	0.11	0.19	0.16
	反丁烯/%	0.11	0.12	0.14
	顺丁烯/%	0.15	0.14	0.15
	C_5/%	3.52	3.98	5.69
	C_3/%	7.21	7.38	7.42
	氢含量/%	12.11	13.21	12.98
	硫含量/%	27.9	25.6	26.4

从分析结果可以看出，标定期间净化水质量合格；脱臭后气体内无硫化氢和 CO_2，但脱臭后气体中的总硫含量为25~28mg/m^3，说明现有脱硫剂无法脱除酸性水储罐罐顶气中的气态有机硫。

2. 溶剂再生单元

化验分析结果见表1-15。

表 1-15 溶剂再生单元质量分析

样品名称	分析项目	6月21日	6月22日	6月23日
上塔富液	硫化氢/(g/L)	17.9	15.8	17
	乙醇胺/(g/100mL)	27.3	28.5	27.5
	CO_2/(g/L)	0.7	0.7	0.6
清洁酸性气	H_2S/%	80	80	79
	CO_2/%	17	16	18
	烃/%	3	4	3
贫液	H_2S/(g/L)	0.8	0.89	0.7
	CO_2/(g/L)	0.5	0.4	0.4
	乙醇胺/(g/100mL)	26.6	27.5	28.1

标定期间，溶剂再生单元富液组分比较稳定，出装置贫液硫化氢含量平均值0.796g/L。

3. 硫黄回收及尾气处理单元

分析化验结果见表1-16。

表 1-16 硫黄回收单元质量分析

样品名称	分析项目	6月21日	6月22日	6月23日
清洁酸性气	H_2S/%(体)	80	80	79
	CO_2/%(体)	17	16	18
	烃含量/%(体)	3	4	3
尾气处理单元来循环酸性气	H_2S/%(体)	54.9	55	55.6
	CO_2/%(体)	45.1	45	44.4
	烃/%(体)	0	0	0
含氨酸性气	H_2S/%	54	53	53
	CO_2/%	10	9	8
	氨氮/%	0	0	0
焚烧炉后烟气	SO_2/(mg/m^3)	518	473	426
钠法脱硫后烟气	SO_2/(mg/m^3)	18.78	18.22	19.24
急冷水	pH值	8.19	7.97	8.36
富液	H_2S/%(质)	2.1	2.2	2.3
	CO_2/%(质)	2.4	2.2	2.4
	MDEA/(g/100mL)	38.4	38.2	38.5
精贫液	H_2S/%(质)	0.2	0.4	0.3
	CO_2/%(质)	0.2	0.5	0.4
	MDEA/(g/100mL)	40	39	41
半贫液	H_2S/%(质)	1.3	1.8	1.6
	CO_2/%(质)	1.2	1.5	1.5
	MDEA/(g/100mL)	35.8	34.1	35.6

续表

样品名称	分析项目	6月21日	6月22日	6月23日
反应炉炉水	磷酸盐/(mg/L)	9.15	10.75	7.09
	电导率/(μS/cm)	73.3	80.1	71.5
	pH值	10.1	9.97	9.85
焚烧炉炉水	磷酸盐/(mg/L)	12.99	11.32	10.02
	电导率/(μS/cm)	102	86.5	103
	pH值	10.3	10.1	10.1
液硫	状态	液体	液体	液体
	颜色	黄色	黄色	黄色
	硫含量/%	99.8	99.9	99.8
	水分/%	0.05	0.05	0.05
	灰分/%	0.006	0.006	0.006
	酸度/%	0.0012	0.0013	0.0014
	有机物/%	0.093	0.092	0.095
	砷含量/%	0.00008	0.00008	0.00008
	硫化氢/%	0.0007	0.0007	0.0007
	铁含量/%	0.0032	0.0033	0.0034
固硫	状态	固体	固体	固体
	颜色	黄色	黄色	黄色
	硫含量/%	99.9	99.9	99.9
	水分/%	0.06	0.05	0.09
	灰分/%	0.006	0.006	0.008
	酸度/%	0.0016	0.001	0.001
	有机物/%	0.095	0.096	0.095
	砷含量/%	0.00008	0.00008	0.00008

标定负荷下，硫黄产品的各项指标全部合格。

4. 烟气检测

烟气检测结果见表1-17、表1-18。

表1-17 脱硫前烟气检测结果

监测点	监测日期	SO_2/(mg/m^3)	NO_x/(mg/m^3)	粉尘/(mg/m^3)
钠法脱硫前硫黄尾气	2018.06.21	244	35	18.3
	2018.06.22	230	37	18.2
	2018.06.23	215	36	17.9

表 1-18　脱硫后烟气检测结果

监测点	监测日期	SO_2/(mg/m³)	NO_x/(mg/m³)	氧含量/%	粉尘/(mg/m³)	非甲烷总烃/(mg/m³)
钠法脱硫外排烟气	2018.06.21	18.78	28	10.3	14	44.4
	2018.06.22	12.22	17	11.2	14	28.5
	2018.06.23	11.24	23	10.8	13	27.6

从监测结果可以看出，装置的烟气 SO_2 排放在最新要求的 100mg/m³ 以下，钠法脱硫设施有效起到了降低 SO_2 排放的目的。其他排放也均在指标要求的范围之内。

5. 作业环境空气检测

环境空气检测结果见表 1-19。

表 1-19　环境空气检测结果

监　测　点	监 测 日 期	SO_2/(mg/m³)	H_2S/(mg/m³)
液流池旁	2018.06.21	0	0
	2018.06.22	0	0
	2018.06.23	0	0
酸性气分液罐	2018.06.21	0	0
	2018.06.22	0	0
	2018.06.23	0	0
酸性气回流罐旁	2018.06.21	0	0
	2018.06.22	0	0
	2018.06.23	0	0
外操室室外	2018.06.21	0	0
	2018.06.22	0	0
	2018.06.23	0	0

结果显示，装置内环境空气检测合格。

九、标定结论

装置第二生产周期于 2016 年 7 月 17 日正式投料生产，标定结果显示：

1）酸性水汽提单元加工量最高可达到 120t/h。能耗标定结果为 13.77kgEO/t，高于设计值，体现在蒸汽单耗较高。蒸汽用量大的主要原因为蒸汽品质交叉，未达到设计要求。

2）溶剂再生单元加工量最高可达到 380t/h。能耗标定结果为 9.64kgEO/t，低于设计值。

3）硫黄回收单元硫黄产量为 7.805t/h，达到设设计工况一负荷的 100.86%。

能耗为-185.96kgEO/t，较设计值低。

4）标定期间净化水氨氮均达到了小于 80mg/L 的指标；贫液硫化氢含量均小于 1g/L，位于指标范围内；中压蒸汽质量合格；硫黄产品质量等级为一级品。

第二部分 硫黄回收单元流程

一、克劳斯反应炉部分

克劳斯反应炉部分流程见图 2-1。

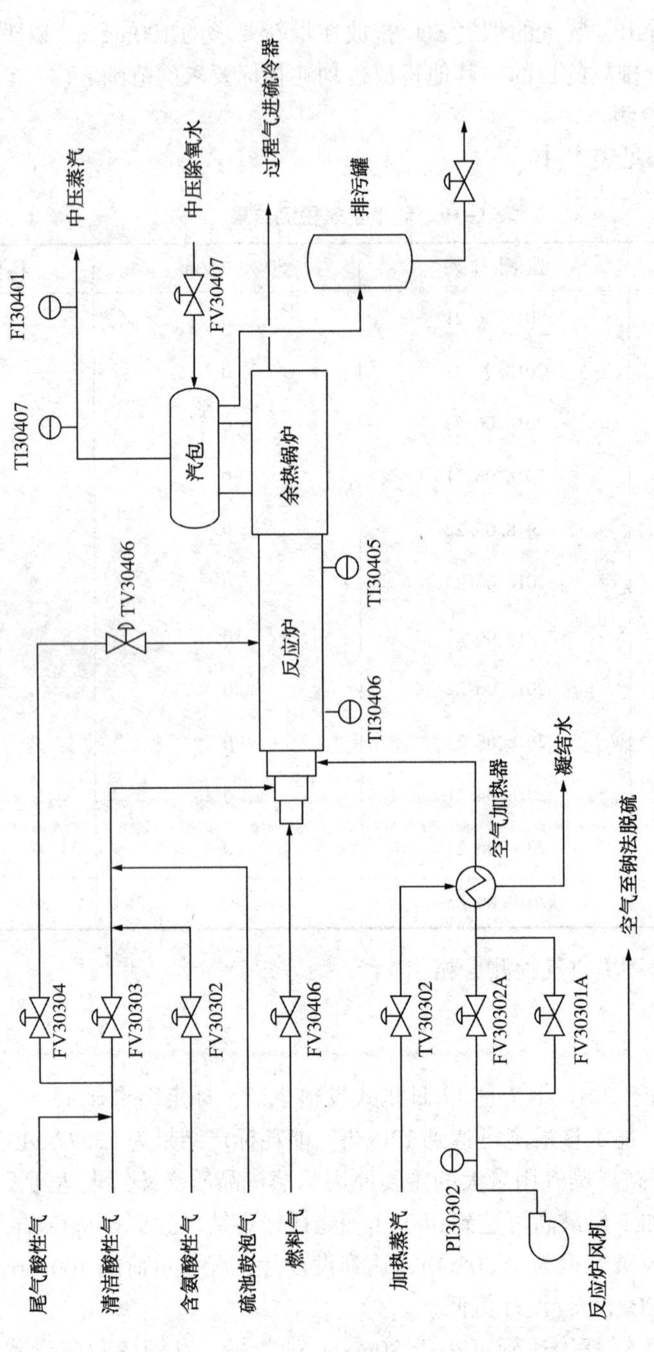

图 2-1 克劳斯反应炉部分流程图

二、克劳斯催化反应部分

克劳斯催化反应部分流程见图 2-2。

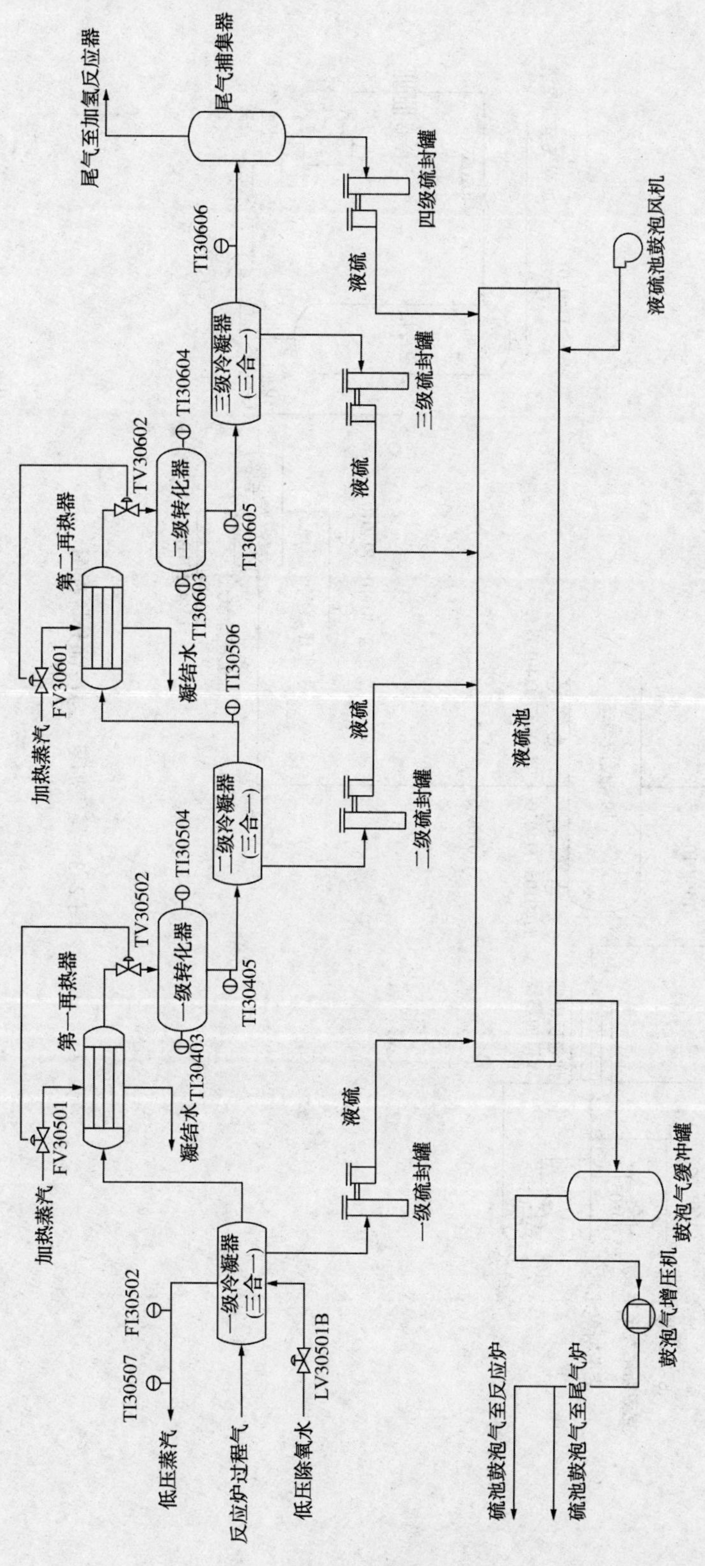

图 2-2 克劳斯催化反应部分流程图

三、尾气加氢及急冷部分

尾气加氢及急冷部分流程见图 2-3。

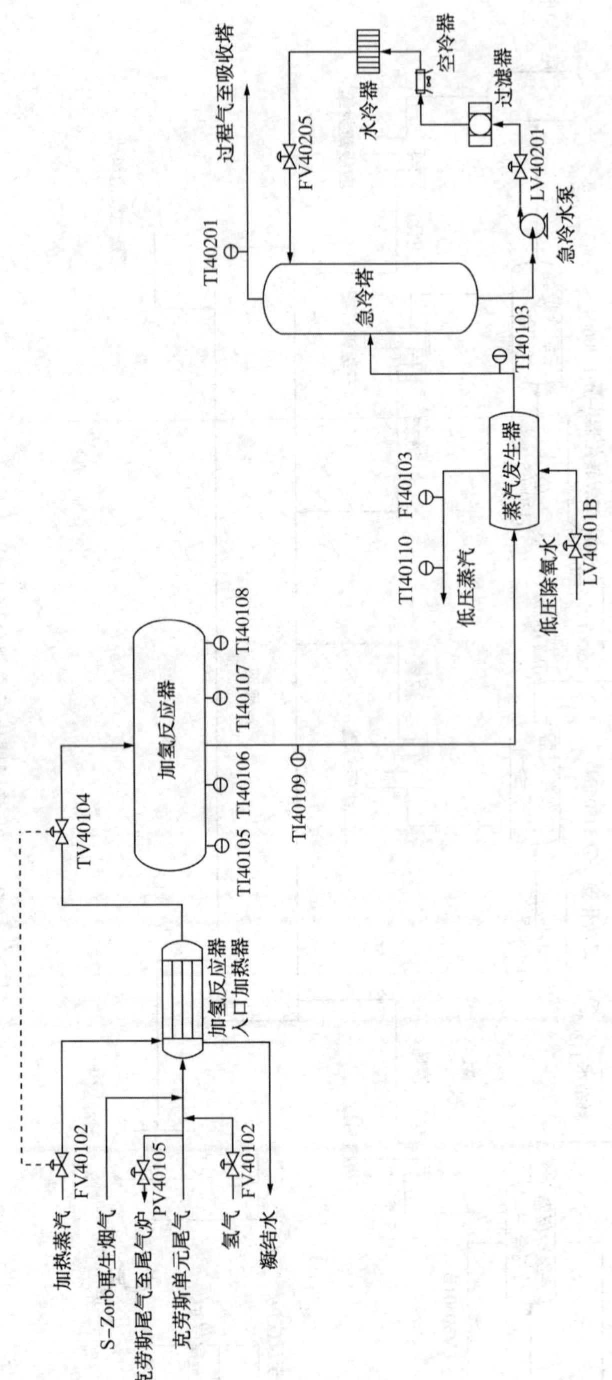

图 2-3 尾气加氢及急冷部分流程图

四、尾气吸收及溶剂再生部分

尾气吸收及溶剂再生部分流程见图 2-4。

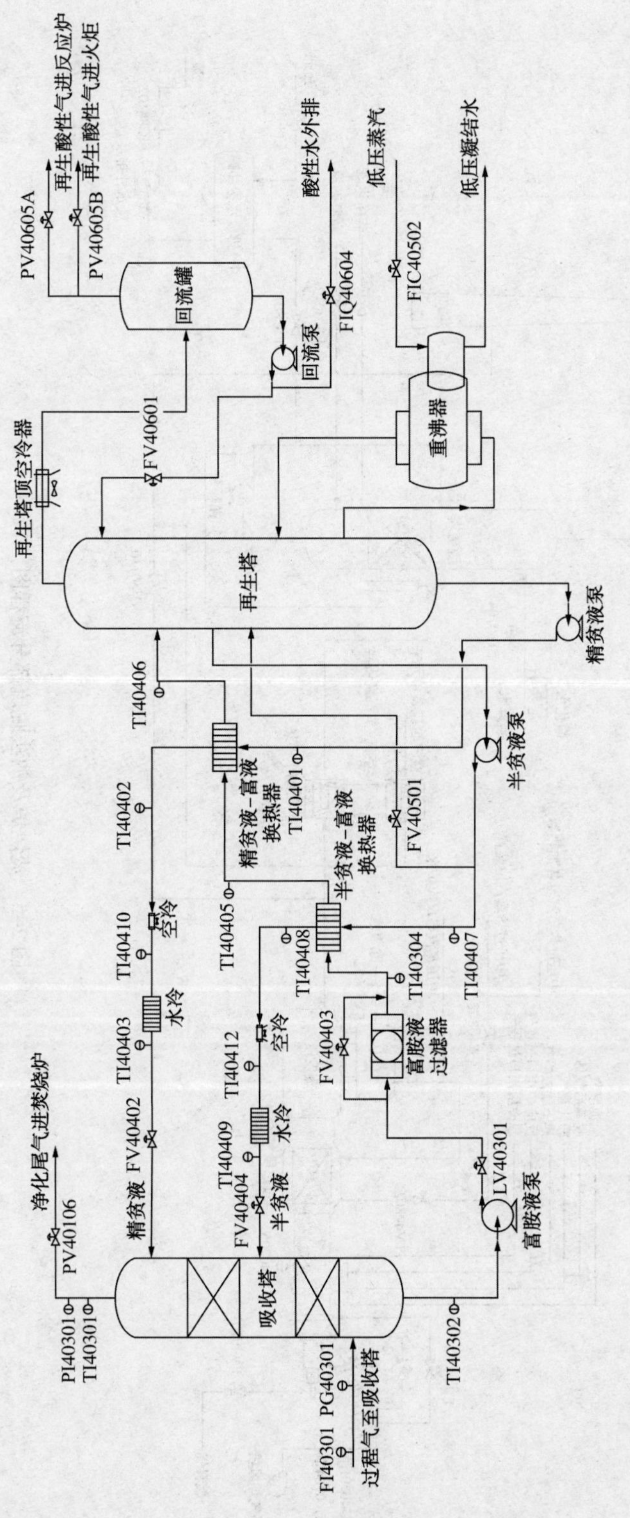

图 2-4 尾气吸收及溶剂再生部分流程图

五、焚烧炉及钠法脱硫部分

焚烧炉及钠法脱硫部分流程见图 2-5。

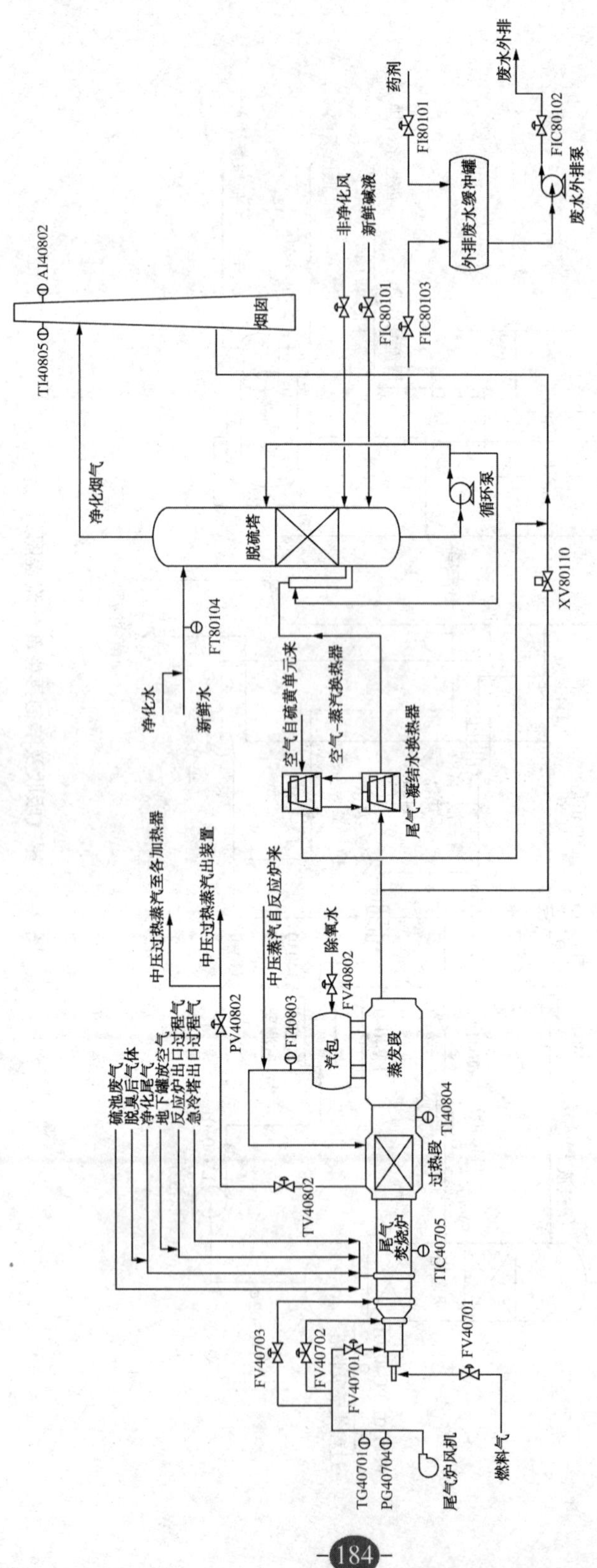

图 2-5　焚烧炉及钠法脱硫部分流程图

第三部分　硫黄回收单元原料及产品基础数据及影响因素分析

一、气体原料

本装置酸性气原料分为含氨酸性气、清洁酸性气、尾气再生酸性气及硫池鼓泡气，标定期间各个酸性气性质如下。

1. 含氨酸性气

含氨酸性气主要来源于污水汽提单元，污水原料中含有大量的硫化物与氨氮，经过污水汽提塔的处理，污水中的硫化物以 H_2S 的形式、氨氮以 NH_3 的形式进入气相，所以此部分酸性气称为含氨酸性气。由于本装置污水汽提塔没有氨回收流程，所以 NH_3 会进入反应炉进行反应。由于含硫污水进料有除油脱烃设施，所以此部分酸性气中烃类含量可以忽略。

(1) 温度、流量数据

氨酸性气温度、流量数据见表 3-1。

表 3-1　含氨酸性气温度、流量数据

日　期	时　间	流量/(Nm³/h)	温度/℃
6.21	0:00	1450.13	95.01
	6:00	1457.21	94.59
	12:00	1453.43	93.21
	18:00	1448.26	94.64
6.22	0:00	1449.31	93.81
	6:00	1453.24	93.98
	12:00	1456.89	94.85
	18:00	1455.24	94.56
6.23	0:00	1447.98	92.87
	6:00	1445.17	94.37
	12:00	1456.28	94.9
	18:00	1467.29	94.3

在标定期间，含氨酸性气流量稳定，温度稳定。

(2) 化验分析数据

含氨酸性气化验分析数据见表 3-2。

表 3-2　含氨酸性气化验分析数据

日　期	组成/%(体)	
6.21	CO_2	10
	H_2S	54
	H_2O	0
	氨	0

续表

日　期	组成/%(体)	
6.22	CO_2	9
	H_2S	53
	H_2O	0
	氨	0
6.23	CO_2	8
	H_2S	53
	H_2O	0
	氨	0

实际化验分析过程中，酸性气中的氨无法分析，酸性气为干基样品，水含量也无法分析。

(3) 含氨酸性气氨与水含量估算

含氨酸性气组成中，氨的摩尔分率是根据原料污水及净化水中硫化物与氨氮的化验分析结果(质)，再将 NH_3 与 H_2S 换算为摩尔量，确定摩尔比，通过 H_2S 的摩尔分数，估算 NH_3 摩尔分数，其余含量按水计算。

含硫污水及净化水中氨氮与硫化物含量分析见表 3-3、表 3-4。

表 3-3　含硫污水氨氮与硫化物含量分析

原　料	分析项目	6月21日	6月22日	6月23日
含硫污水	硫化物含量/(mg/L)	4823.4	5184.2	5764.2
	氨氮/(mg/L)	1536.9	1547.7	1879.4
	油含量/(mg/L)	104.6	112.8	82

表 3-4　净化水氨氮与硫化物含量分析

产　品	分析项目	6月21日	6月22日	6月23日
净化水	净化水氨氮/(mg/L)	23.85	22.63	12.18
	净化水硫化物/(mg/L)	2.5	2.8	4.1

以6月21日分析为例，计算酸性气中氨含量。含硫污水中硫化物含量为 4.8234g/L，氨氮含量为 1.5369g/L。净化水中硫化物含量为 0.02385g/L，氨氮含量为 0.0028g/L。根据汽提塔工艺原理，污水中硫化物全部转化为 H_2S，氨氮全部转化为 NH_3。

计算酸性气中 H_2S 摩尔浓度 $W_{H_2S}=\dfrac{\Delta m_{H_2S}}{C_{H_2S}}=\dfrac{4.8324-0.02385}{34}=0.141\text{mol/L}$；

计算酸性气中 NH_3 摩尔浓度 $W_{NH_3}=\dfrac{\Delta m_{NH_3}}{C_{NH_3}}=\dfrac{1.5369-0.0028}{17}=0.086\text{mol/L}$；

则酸性气中 H_2S 与 NH_3 摩尔比为 $\dfrac{W_{H_2S}}{W_{NH_3}}=1.636$；

含氨酸性气化验分析数据中 H_2S 含量为 0.54%(体)，气相各组分的体积比即为摩尔比，所以 NH_3 含量约为 0.33%(体)，水含量为 0.03%(体)。

根据上述计算方法，估算得到含氨酸性气组成见表3-5。

表3-5　含氨酸性气组成估算

日　期	组成/%(体)	
6.21	CO_2	10
	H_2S	54
	H_2O	3
	氨	33
6.22	CO_2	9
	H_2S	53
	H_2O	6
	氨	32
6.23	CO_2	8
	H_2S	53
	H_2O	6
	氨	33

2. 清洁酸性气

清洁酸性气来源于溶剂集中再生单元，溶剂(也成为胺液)主要用于上游装置气体脱硫使用，胺液在吸收 H_2S 的同时，对 CO_2 和烃类也有一定的吸收作用，是制硫反应炉进料气体中烃类的主要来源。

(1) 温度、流量数据

含氨酸性气温度、流量数据见表3-6。

表3-6　含氨酸性气温度、流量数据

日　期	时　间	流量/(Nm^3/h)	温度/℃
6.21	0：00	5700.36	145.01
	6：00	5698.23	145.25
	12：00	5731.24	146.17
	18：00	5811.13	146.31
6.22	0：00	5667.82	145.25
	6：00	5739.28	145.78
	12：00	5769.43	145.24
	18：00	5913.17	145.32
6.23	0：00	5746.78	145.12
	6：00	5711.89	145.17
	12：00	5745.62	145.03
	18：00	5673.17	146.12

在标定期间，清洁酸性气流量稳定，温度稳定。

(2) 化验分析数据

清洁酸性气化验分析数据见表3-7。

表 3-7 清洁酸性气化验分析数据

日 期	组成/%(体)	
6.21	CO_2	17
	H_2S	80
	H_2O	0
	烃	3
6.22	CO_2	16
	H_2S	80
	H_2O	0
	烃	4
6.23	CO_2	18
	H_2S	79
	H_2O	0
	烃	3

3. 尾气酸性气

尾气酸性气来源于尾气吸收再生单元，是胺液再生后的气相组分。此单元胺液在吸收 H_2S 的同时，对 CO_2 也有很高的共吸率。

(1) 温度、流量数据

尾气酸性气温度、流量数据见表 3-8。

表 3-8 尾气酸性气温度、流量数据

日 期	时 间	流量/(Nm^3/h)	温度/℃
6.21	0：00	518.11	47.09
	6：00	517.34	46.52
	12：00	516.99	48.42
	18：00	517.42	47.31
6.22	0：00	518.17	47.75
	6：00	519.01	46.63
	12：00	520.44	48.16
	18：00	515.37	48.31
6.23	0：00	519.24	47.27
	6：00	517.31	47.72
	12：00	516.25	47.65
	18：00	518.44	47.09

在标定期间，尾气酸性气流量稳定，温度稳定。

(2) 化验分析数据

尾气酸性气化验分析数据见表 3-9。

表 3-9　尾气酸性气化验分析数据

日　期	组成/%(体)	
6.21	H_2	0
	N_2	0
	CO_2	45.1
	H_2S	54.9
	H_2O	0
6.22	H_2	0
	N_2	0
	CO_2	45
	H_2S	55
	H_2O	0
6.23	H_2	0
	N_2	0
	CO_2	44.4
	H_2S	55.6
	H_2O	0

4. 硫池鼓泡气

本装置硫池鼓泡采用空气鼓泡，鼓泡后气体进入制硫反应炉，此部分酸性气中氧含量较高。

(1) 温度、流量数据

硫池鼓泡气温度、流量数据见表 3-10。

表 3-10　硫池鼓泡气温度、流量数据

日　期	时　间	流量/(Nm^3/h)	温度/℃
6.21	0：00	1102.11	158.31
	6：00	1131.43	158.27
	12：00	1102.37	157.98
	18：00	1087.12	158.59
6.22	0：00	1046.93	158.79
	6：00	1093.52	159.12
	12：00	1078.89	158.29
	18：00	1096.73	158.42
6.23	0：00	1095.41	158.17
	6：00	1096.59	158.05
	12：00	1087.96	158.39
	18：00	1097.39	158.14

在标定期间，硫池鼓泡气流量稳定，温度稳定。

（2）化验分析数据

硫池鼓泡气化验分析数据见表3-11。

表3-11 硫池鼓泡气化验分析数据

日　期	组成/%(体)	
6.21	O_2	21
	N_2	78.85
	H_2S	0.15
6.22	O_2	19.5
	N_2	80.37
	H_2S	0.13
6.23	O_2	20
	N_2	88.86
	H_2S	0.14

5. S-Zorb 烟气

S-Zorb 烟气主要来源于 S-Zorb 装置吸附剂再生单元，此烟气中硫化物以 SO_2 为主，进入硫黄回收装置尾气加氢反应器进行处理。

（1）温度、流量数据

S-Zorb 烟气温度、流量数据见表3-12。

表3-12 S-Zorb 烟气温度、流量数据

日　期	时　间	流量/(Nm^3/h)	温度/℃
6.21	0：00	1200.13	200.03
	6：00	1186.32	202.17
	12：00	1134.59	201.35
	18：00	1187.46	201.16
6.22	0：00	1191.36	200.77
	6：00	1187.31	203.25
	12：00	1196.38	201.31
	18：00	1201.01	198.24
6.23	0：00	1179.37	199.33
	6：00	1187.98	201.17
	12：00	1184.23	198.26
	18：00	1198.63	202.08

在标定期间，S-Zorb 烟气流量稳定，温度稳定。

（2）分析化验数据

S-Zorb 烟气分析化验数据见表3-13。

表 3-13　S-Zorb 烟气分析化验数据

日　期	组成/%(体)	
6.21	O_2	0.1
	N_2	96.9
	SO_2	3
6.22	O_2	0.1
	N_2	97.9
	SO_2	2
6.23	O_2	0.2
	N_2	96.8
	SO_2	3

6. 氢气

本装置加氢反应器配氢为高纯氢气，氢气进料温度、流量数据见表 3-14。

表 3-14　氢气温度、流量数据

日　期	时　间	流量/(Nm^3/h)	温度/℃
6.21	0：00	530.14	
	6：00	528.91	
	12：00	532.58	
	18：00	531.96	
6.22	0：00	532.43	
	6：00	531.71	
	12：00	544.36	
	18：00	545.17	
6.23	0：00	534.84	
	6：00	540.14	
	12：00	540.38	
	18：00	544.04	

氢气温度按常温 35℃，纯度 99.99%接近 100%。

二、产品性质

1. 硫黄产品

本装置生产的硫黄产品主要有固体硫黄及液体硫黄，硫黄各项指标分析不仅可以用来评价硫黄产品品质的高低，同时也可以反映出装置的运行状况。

(1) 硫黄产品指标

硫黄产品按不同指标分为三个品级，分别为合格品、一级品与优等品，指标见表3-15。

表 3-15　硫黄产品分级表　　%(质)

控制项目	硫黄等级		
	优等品	一级品	合格品
纯度	≥99.95	≥99.50	≥99.00
水分	≤1.0	≤1.0	≤1.0
灰分	≤0.03	≤0.10	≤0.20
酸度	≤0.003	≤0.005	≤0.02
有机物	≤0.03	≤0.30	≤0.80
砷	≤0.0001	≤0.01	≤0.05
铁	≤0.003	≤0.005	

(2) 硫黄产品质量分析

装置在标定期间，对液硫和固硫进行分析，结果见表 3-16、表 3-17。

表 3-16　液硫产品质量表　　%(质)

样品名称	分析项目	6 月 21 日	6 月 22 日	6 月 23 日
液硫	状态	液体	液体	液体
	颜色	黄色	黄色	黄色
	硫含量	99.8	99.9	99.8
	水分	0.05	0.05	0.05
	灰分	0.006	0.006	0.006
	酸度	0.0012	0.0013	0.0014
	有机物	0.093	0.092	0.095
	砷含量	0.00008	0.00008	0.00008
	硫化氢	0.0007	0.0007	0.0007
	铁含量	0.0032	0.0033	0.0034

表 3-17　固硫产品质量表　　%(质)

样品名称	分析项目	6 月 21 日	6 月 22 日	6 月 23 日
固硫	状态	固体	固体	固体
	颜色	黄色	黄色	黄色
	硫含量	99.9	99.9	99.9
	水分	0.06	0.05	0.09
	灰分	0.006	0.006	0.008
	酸度	0.0016	0.001	0.001
	有机物	0.095	0.096	0.095
	砷含量	0.00008	0.00008	0.00008

根据数据对比可以看出，本装置生产的固体硫黄与液体硫黄均满足一级品的等级要求，部分指标满足优等品品级要求。

2. 净化水

(1) 外排净化水指标

装置污水汽提单元的净化水外排至污水处理厂，为保证外排水不对处理厂造成冲击进而影响处理效果，公司对净化水外排指标要求见表3-18。

表3-18　净化水排放指标　mg/L

	控制项目	控制指标
净化水	氨氮	≤80
	硫化物	≤20

(2) 外排净化水质量分析

装置在标定期间，对净化水中氨氮及硫化物进行分析，结果见表3-19。

表3-19　净化水排放检测　mg/L

产品指标	2018年6月21日				2018年6月22日				2018年6月23日			
	3：00	9：00	15：00	21：00	3：00	9：00	15：00	21：00	3：00	9：00	15：00	21：00
净化水氨氮	17.8	23.85	25.35	27.91	24.54	22.63	24.77	29.86	11.09	12.18	12.88	11.84
净化水硫化物	2.2	2.5	2.85	2.1	2.6	2.8	2.5	2.1	3.7	4.1	3.6	3.5

标定期间装置净化水氨氮与硫化物排放指标合格。

三、催化剂性质及集配方案

1. 克劳斯反应器催化剂性质(一级与二级)

克劳斯反应器催化剂性质见表3-20。

表3-20　克劳斯反应器催化剂性质(一级与二级)

项目		质量指标	
		氧化铝催化剂	氧化钛催化剂
生产厂家			
牌号			
外观	颜色及形状	白色小球	挤压圆柱
	外形尺寸/mm	ϕ3~6	ϕ3~4
Al_2O_3/TiO_2/%(质)		≥93	≥85
Na_2O/%(质)		<0.24	
比表面积/(m^2/g)		≥300	≥180
孔容/(mL/g)		≥0.40	
堆密度/(g/mL)		0.65~0.80	0.90~1.00
抗压碎力/(N/颗)		≥140	≥200
磨耗率/%(质)		≤0.5	≤1.0
活性评价	CS_2 水解率/%(体)		≥98
	克劳斯转化率/%(体)		≥75
	脱氧率/%(体)		≥99

续表

项目	质量指标	
	氧化铝催化剂	氧化钛催化剂
一次装填量/m^3	44.8	
使用寿命/a	5	
运行周期/a	4	

2. 尾气加氢反应器催化剂性质

尾气加氢反应器催化剂性质见表3-21。

表3-21　尾气加氢反应器催化剂性质

项　目		钴钼催化剂
生产厂家		
牌号		
外观	颜色及形状	灰绿色三叶草
	外形尺寸/mm	ϕ3~10
三氧化钼/%(质)		12±0.5
氧化钴/%(质)		1.8±0.2
抗压碎力/(N/cm)		150
堆密度/(g/mL)		0.75~0.85
比表面积/(m^2/g)		180
孔容/(mL/g)		0.30

3. 催化剂瓷球性质

催化剂瓷球的性质见表3-22。

表3-22　催化剂瓷球的性质

项　目	瓷　球
生产厂家	
牌号	
外形尺寸/mm	ϕ(6±0.5) ϕ(1±0.5)
氧化铝+氧化硅/%(质)	90
氧化铁/%(质)	<1
抗压碎力/(N/颗)	500

四、克劳斯一转、二转进出口过程气

克劳斯部分一、二级转化器的作用是，反应炉出口过程气中剩余的 H_2S 与 SO_2 在一、二级转化器中，通过催化剂的作用继续反应生成硫黄，提高硫黄回收率，同时部分 CS_2 与 COS 会发生水解反应。主要反应如下：

$$2H_2S(g)+SO_2(g)═══1.5S_2(g)+2H_2O(g)$$

$$CS_2(g)+2H_2O(g)═══CO_2(g)+2H_2S(g)$$

$$COS(g)+H_2O(g)═══CO_2(g)+H_2S(g)$$

1. 一级转化器过程气

一级转化器过程气分析见表 3-23、表 3-24。

（1）一级转化器入口

表 3-23　一级转化器入口气体组成(干基)

日期	组成/%(体)		日期	组成/%(体)		日期	组成/%(体)	
6.21	H_2	1	6.22	H_2	1	6.23	H_2	1.2
	N_2	78		N_2	78.2		N_2	78.3
	CO	1.1		CO	1.1		CO	1.1
	CO_2	9		CO_2	8		CO_2	8
	H_2S	7.5		H_2S	7.1		H_2S	7.1
	有机硫	0.3		有机硫	0.3		有机硫	0.3
	SO_2	3.8		SO_2	3.9		SO_2	3.8
	H_2O	0		H_2O	0		H_2O	0
	O_2	0.03		O_2	0.03		O_2	0.04
	烃	0.048		烃	0.048		烃	0.038

（2）一级转化器出口

表 3-24　一级转化器出口气体组成(干基)

日期	组成/%(体)		日期	组成/%(体)		日期	组成/%(体)	
6.21	H_2	1	6.22	H_2	1.1	6.23	H_2	1
	N_2	84.9		N_2	84.7		N_2	85.1
	CO	1.2		CO	1.3		CO	1
	CO_2	9.5		CO_2	9.4		CO_2	9.4
	H_2S	2.5		H_2S	2.2		H_2S	2.2
	有机硫	0.07		有机硫	0.07		有机硫	0.07
	SO_2	1		SO_2	1		SO_2	1
	H_2O	0		H_2O	0		H_2O	0
	O_2	0		O_2	0		O_2	0
	烃	0.049		烃	0.038		烃	0.042

2. 二级转化器过程气

二级转化器过程气分析见表 3-25。

表 3-25 二级转化器出口气体组成(干基)

日期	组成/%(体)		日期	组成/%(体)		日期	组成/%(体)	
6.21	H_2	1.2	6.22	H_2	1.1	6.23	H_2	1.2
	N_2	86.8		N_2	86.6		N_2	86.6
	CO	1.2		CO	1.1		CO	1.1
	CO_2	10		CO_2	10		CO_2	10
	H_2S	0.74		H_2S	0.73		H_2S	0.64
	有机硫	0.04		有机硫	0.03		有机硫	0.03
	SO_2	0.34		SO_2	0.34		SO_2	0.35
	H_2O	0		H_2O	0		H_2O	0
	O_2	0		O_2	0		O_2	0
	烃	0.05		烃	0.046		烃	0.051

五、加氢反应器进出口过程气

加氢反应器的作用是将克劳斯部分过程气中的硫化物在催化剂的作用下加氢或水解生成 H_2S，便于吸收塔进行吸收。主要反应如下：

$$CO+H_2O=H_2+CO_2$$

$$SO_2+3H_2=H_2S+2H_2O$$

$$S_n+nH_2=nH_2S$$

$$CS_2+2H_2O=CO_2+2H_2S$$

$$COS+H_2O=CO_2+H_2S$$

1. 加氢反应器入口气体组成

加氢反应器入口气体组成见表 3-26。

表 3-26 加氢反应器入口气体组成(干基)

日期	组成/%(体)		日期	组成/%(体)		日期	组成/%(体)	
6.21	H_2	4.6	6.22	H_2	4.5	6.23	H_2	4.4
	N_2	85		N_2	86.1		N_2	86.6
	CO	1.1		CO	1.2		CO	1.1
	CO_2	9.2		CO_2	9.1		CO_2	8.9
	H_2S	0.67		H_2S	0.5		H_2S	0.4
	有机硫	0.03		有机硫	0.03		有机硫	0.03
	SO_2	0.5		SO_2	0.5		SO_2	0.5
	H_2O	0		H_2O	0		H_2O	0
	O_2	0.01		O_2	0.01		O_2	0.01
	烃	0.05		烃	0.046		烃	0.043

2. 加氢反应器出口气体组成

加氢反应器出口气体组成见表 3-27。

表 3-27 加氢反应器出口气体组成(干基)

日期	组成/%(体)		日期	组成/%(体)		日期	组成/%(体)	
6.21	H_2	3.1	6.22	H_2	3.3	6.23	H_2	3.4
	N_2	87.9		N_2	87.9		N_2	87.5
	CO	0.1		CO	0.12		CO	00.12
	CO_2	10.4		CO_2	9.6		CO_2	9.6
	H_2S	1.33		H_2S	1.23		H_2S	1.31
	有机硫	0.01		有机硫	0		有机硫	0
	SO_2	0.01		SO_2	0.01		SO_2	0.01
	H_2O	0		H_2O	0		H_2O	0
	O_2	0		O_2	0		O_2	0
	烃	0.053		烃	0.051		烃	0.049

六、尾气吸收塔相关分析数据

尾气吸收塔主要采用贫胺液对加氢反应器出口过程气中的 H_2S 进行吸收，在吸收过程中，胺液对 CO_2 也有很大共吸率。吸收塔气相净化尾气进入尾气焚烧炉，液相富胺液进入溶剂再生系统进行再生。

1. 尾气吸收塔出口气体

尾气吸收塔出口气体组成见表 3-28。

表 3-28 尾气吸收塔出口气体组成(干基)

日期	组成/%(体)		日期	组成/%(体)		日期	组成/%(体)	
6.21	H_2	3.3	6.22	H_2	3.4	6.23	H_2	3.6
	N_2	89.9		N_2	89.7		N_2	89.6
	CO	0.1		CO	0.1		CO	0.1
	CO_2	9.4		CO_2	9.1		CO_2	9.3
	H_2S	0.012		H_2S	0.011		H_2S	0.012
	有机硫	0.01		有机硫	0.011		有机硫	0.01
	SO_2	0.01		SO_2	0.011		SO_2	0.01
	H_2O	0		H_2O	0		H_2O	0
	O_2	0		O_2	0		O_2	0
	烃	0.05		烃	0.04		烃	0.05

2. 精贫液

(1) 温度、流量数据

精贫液温度、流量数据见表 3-29。

表 3-29 精贫液温度、流量数据

日 期	时 间	循环/(t/h)	温度/℃
6.21	0:00	100.02	40.01
	6:00	99.59	38.88

续表

日　期	时　间	循环/(t/h)	温度/℃
6.21	12:00	99.37	39.26
	18:00	98.54	38.63
6.22	0:00	99.32	38.54
	6:00	97.38	39.72
	12:00	99.41	38.05
	18:00	99.15	38.81
6.23	0:00	99.55	39.54
	6:00	99.79	39.81
	12:00	99.85	38.36
	18:00	99.97	39.59

在标定期间，尾气单元精贫液流量稳定，温度稳定。

(2) 化验分析数据

精贫化验分析数据见表3-30。

表3-30　精贫化验分析数据

日期	组成/%(质)		日期	组成/%(质)		日期	组成/%(质)	
6.21	H_2O	59.2	6.22	H_2O	59.9	6.23	H_2O	57.3
	MDEA	40		MDEA	39		MDEA	41
	H_2S	0.2		H_2S	0.4		H_2S	0.3
	CO_2	0.2		CO_2	0.5		CO_2	0.4
	热稳态盐	0.6		热稳态盐	1.1		热稳态盐	1.6
	金属离子			金属离子			金属离子	
	盐含量			盐含量			盐含量	
	颜色	接近透明		颜色	接近透明		颜色	接近透明

3. 半贫液

(1) 温度、流量数据

半贫液温度、流量数据见表3-31。

表3-31　半贫液温度、流量数据

日　期	时　间	循环/(t/h)	温度/℃
6.21	0:00	50.02	40.17
	6:00	50.19	39.13
	12:00	50.35	40.71
	18:00	49.98	39.04
6.22	0:00	49.01	39.34
	6:00	49.24	39.26
	12:00	49.89	38.61
	18:00	49.86	38.95

续表

日　期	时　间	循环/(t/h)	温度/℃
6.23	0:00	49.17	39.99
	6:00	49.03	38.82
	12:00	49.21	38.84
	18:00	49.15	38.87

在标定期间，尾气单元半贫液流量稳定，温度稳定。

(2) 化验分析数据

半贫液化验分析数据见表3-32。

表3-32　半贫液化验分析数据

日期	组成/%(质)		日期	组成/%(质)		日期	组成/%(质)	
6.21	H_2O	61.2	6.22	H_2O	62.1	6.23	H_2O	61.1
	MDEA	35.8		MDEA	34.1		MDEA	35.6
	H_2S	1.3		H_2S	1.8		H_2S	1.6
	CO_2	1.2		CO_2	1.5		CO_2	1.5
	热稳态盐	0.6		热稳态盐	1.1		热稳态盐	1.6
	金属离子			金属离子			金属离子	
	盐含量			盐含量			盐含量	
	颜色	接近透明		颜色	接近透明		颜色	接近透明

4. 富胺液

(1) 温度、流量数据

富胺液温度、流量数据见表3-33。

表3-33　富胺液温度、流量数据

日　期	时　间	循环/(t/h)	温度/℃
6.21	0:00	150.71	41.22
	6:00	150.49	41.79
	12:00	150.43	41.27
	18:00	149.23	41.89
6.22	0:00	149.04	40.99
	6:00	147.33	41.65
	12:00	150.01	41.66
	18:00	149.72	40.98
6.23	0:00	149.43	41.07
	6:00	149.53	40.83
	12:00	149.77	40.96
	18:00	149.83	41.24

在标定期间，尾气单元富液流量稳定，温度稳定。

(2) 化验分析数据

富胺化验分析数据见表3-34。

表3-34 富胺化验分析数据

日期	组成/%(质)		日期	组成/%(质)		日期	组成/%(质)	
6.21	H_2O	56.8	6.22	H_2O	56.9	6.23	H_2O	56.5
	MDEA	38.4		MDEA	38.2		MDEA	38.5
	H_2S	2.8		H_2S	2.9		H_2S	2.8
	CO_2	3.1		CO_2	3		CO_2	3
	热稳态盐	0.6		热稳态盐	1.1		热稳态盐	1.6
	金属离子			金属离子			金属离子	
	盐含量			盐含量			盐含量	
	颜色	淡黄		颜色	淡黄		颜色	淡黄

5. 影响胺液吸收效果的因素

(1) 还原尾气进吸收塔的温度

还原尾气进吸收塔的温度对尾气的净化效果也有直接影响，低温条件下有利于发挥脱硫剂的吸收效果；尾气温度太高，胺液的吸收效果变差，尾气中的 H_2S 气体就不能被充分吸收，经焚烧后进入大气中对环境造成污染。除此之外，还原气急冷塔中循环冷却水的循环量也是影响冷却效果的重要因素，循环水量较小，在过程气进冷却塔温度正常的情况下，仍会使出塔温度较高。另外操作上的失误与燃烧炉中 NH_3燃烧不充分也可能使得还原急冷塔出现结盐堵塞而影响操作的正常进行，从而影响尾气的净化效果。

(2) 胺液的影响

胺液的影响因素主要有以下几个方面：

1) 胺液循环量；

2) 胺液的质量；

3) 胺液的入塔温度；

4) 胺液的浓度。

这就要求胺液的循环量适当，与尾气量相匹配；胺液质量要好，无变质，无降解物，浓度适中，否则引起胺液起泡；贫胺液进入吸收塔的温度控制在工艺范围，这就要求尾气溶剂再生系统控制好尾气脱硫贫富液换热器与尾气脱硫贫液空冷器的温度，进而控制好贫液进尾气吸收塔温度较尾气进吸收塔温度高2~3℃左右。

七、尾气焚烧炉燃料气

1. 温度、流量数据

尾气焚烧炉燃料气温度、流量数据见表3-35。

表3-35 尾气焚烧炉燃料气温度、流量数据

日　期	时　间	流量/(Nm^3/h)	温度/℃
6.21	0:00	407.11	34.71

续表

日　期	时　间	流量/(Nm³/h)	温度/℃
6.21	6：00	391.7	35.02
	12：00	404.87	9
	18：00	400.52	33.98
6.22	0：00	406.15	36.01
	6：00	401.78	35.24
	12：00	407.14	36.73
	18：00	408.11	34.99
6.23	0：00	401.09	34.67
	6：00	403.03	35.21
	12：00	403.25	34.78
	18：00	400.78	33.99

在标定期间，尾气炉燃料气流量稳定，温度稳定。

2. 化验分析数据

尾气焚烧炉燃料气化验分析数据见表3-36。

表3-36　尾气焚烧炉燃料气化验分析数据

日期	组成/%(体)		日期	组成/%(体)		日期	组成/%(体)	
6.21	H_2	30.24	6.22	H_2	30.17	6.23	H_2	29.89
	O_2	2.74		O_2	2.73		O_2	2.29
	N_2	23.39		N_2	23.13		N_2	26.98
	CO_2	0.26		CO_2	0.25		CO_2	0.22
	甲烷	28.55		甲烷	28.87		甲烷	25.67
	乙烷	6.64		乙烷	6.65		乙烷	6.34
	乙烯	4.72		乙烯	4.69		乙烯	4.22
	丙烷	0.93		丙烷	0.92		丙烷	0.98
	丙烯	0.42		丙烯	0.46		丙烯	0.59
	异丁烷	0.62		异丁烷	0.69		异丁烷	0.79
	正丁烷	0.16		正丁烷	0.18		正丁烷	0.36
	正丁烯	0.04		正丁烯	0.03		正丁烯	0.06
	异丁烯	0.01		异丁烯	0.01		异丁烯	0.01
	反丁烯	0.02		反丁烯	0.02		反丁烯	0.02
	顺丁烯	0.01		顺丁烯	0.01		顺丁烯	0.01
	CO	1.17		CO	1.12		CO	1.48
	C_5	0.08		C_5	0.07		C_5	0.09
	H_2S	0		H_2S	0		H_2S	0

八、外排烟气

1. 外排烟气相关数据

（1）温度、流量数据

外排烟气温度、流量数据见表 3-37。

表 3-37　外排烟气温度、流量数据

日　期	时　间	烟气量/(m^3/h)	温度/℃
6.21	0：00	45445.91	93.12
	6：00	43838.34	93.99
	12：00	44237.60	93.21
	18：00	44509.92	94.37
6.22	0：00	43506.65	92.89
	6：00	43593.32	92.62
	12：00	44838.20	93.49
	18：00	44997.91	92.87
6.23	0：00	44593.19	93.36
	6：00	44261.49	92.79
	12：00	44523.57	92.67
	18：00	45083.22	92.87

（2）化验分析数据

外排烟气化验分析数据见表 3-38。

表 3-38　外排烟气化验分析数据

监测点	监测日期	SO_2/(mg/m^3)	NO_x/(mg/m^3)	氧含量/%	粉尘/(mg/m^3)	非甲烷总烃/(mg/m^3)
脱硫外排烟气	6.21	18.78	28	10.3	14	44.4
	6.22	12.22	17	11.2	14	28.5
	6.23	11.24	23	10.8	13	27.6

2. 影响尾气 SO_2 排放的因素

净化尾气经过钠法脱硫设施，进入尾气焚烧炉进行燃烧后，烟气排入大气。烟气的排放指标有很多，但对于硫黄回收装置来说，烟气中 SO_2 含量为重点监控指标。根据《石油炼制工业污染物排放标准》(GB 31570—2015)，本装置外排烟气 SO_2 含量≤100mg/m^3。影响尾气 SO_2 排放的因素有：

1）净化尾气硫含量。包括高效溶剂未吸收的 H_2S，系统反应未水解完全的 COS 和 CS_2，是烟气 SO_2 的主要影响因素。

2）尾气炉瓦斯硫含量。瓦斯质量异常时可能影响排放，一般要求瓦斯硫化氢含量不大于 10mg/m^3。

3）脱臭净化气硫含量。目前酸性水罐脱臭系统净化后废气通入焚烧炉处理，脱硫剂失

效时可能造成烟气 SO_2 排放超标。

4）尾气炉氧含量。烟气 SO_2 要求换算成基准氧含量为3%的大气污染物基准排放浓度，尾气炉氧含量越高，折标后 SO_2 排放量越高。

5）尾气炉直接烧硫。装置异常波动(如开、停工，紧急停工等)，尾气单元大跨线开启或装置在线除硫时，硫黄直接进入尾气炉，造成排放超标。

6）尾气溶剂再生塔操作参数波动。贫胺液质量、温度受到影响，都会影响吸收效果。

7）CEMS 烟气分析仪分析结果偏差大或仪表故障时将直接影响 SO_2 排放量。

8）H_2S/SO_2 比值分析仪。安装在捕集器出口管线上，可判断克劳斯炉配风是否合适。配风过大或过小可能影响净化尾气硫含量，造成烟气 SO_2 排放超标。

9）H_2 在线分析仪。安装在急冷塔顶气相线出口，检测净化尾气中氢气含量，一般控制在2%~4%。氢气含量过高，造成能量浪费，在尾气中不含 H_2S 和 SO_2 时，氢气可能将催化剂还原成金属态，造成催化剂永久失活。氢气含量过低，加氢反应器存在硫穿透风险，造成急冷塔积硫堵塞，酸性气系统压力升高，严重时可能导致装置异常停工。

第四部分　硫黄回收单元生产数据计算及设备能力分析

硫黄回收单元生产数据计算是基于化验分析结果、仪表指示数据进行的，如流量的计算、压力的计算、转化率的计算、回收率的计算等。但是，由于化验分析数据存在偏差，仪表指示存在偏差，计算所得的结果也会出现误差，比如按实际化验分析换算后的各组分流量计算，那么计算各个元素平衡(如硫平衡)就比较困难。

本次计算，除按实际化验分析计算各个数据外，再加入平衡计算公式及模型，对实际运算结果进行对比计算。

标定期间，装置运行参数记录点及化验分析数据较多，在计算过程中只选取其中一组数据。由于标定期间各个参数较为平稳，化验分析结果偏差不大，所以在计算时温度、压力、各组分流量等参数选取标定部分中《标定期间装置主要操作条件》第一列数据，化验分析结果采用6月21日数据。

一、化验分析数据及处理

1. 酸性气进料组成化验分析数据处理与摩尔流量推算

选取原料气组成分析结果见表4-1。

表4-1　原料气组成

原料种类	流量/(Nm^3/h)	温度/℃	组成/%(摩尔)	
含氨酸性气	1450.13	95.01	CO_2	10
			H_2S	54
			H_2O	3
			氨	33

续表

原料种类	流量/(Nm^3/h)	温度/℃	组成/%(摩尔)	
清洁酸性气	5700.36	145.01	CO_2	17
			H_2S	80
			H_2O	0
			烃	3
尾气酸性气	518.11	47.09	H_2	0
			N_2	0
			CO_2	45.1
			H_2S	54.9
			H_2O	0
硫池鼓泡气	1102.11	158.31	O_2	21
			N_2	78.85
			H_2S	0.15

尾气酸性气与清洁酸性气考虑到酸性气进炉前分液罐的存在，暂时将尾气及清洁酸性气中的水去除，特别是尾气酸性气，由于流量较小，可以不考虑水的影响，同理硫池鼓泡气量比较小，其中水含量也忽略不计。

根据 DCS 流量指示(Nm^3/h)，采用公式：

$$V_{mol}=\frac{V_{体积}}{22.4} \tag{4-1}$$

将各酸性气流量换算成摩尔流量，再根据其各组分含量(%摩尔)及组分分子量(g/mol)，将各组分也换算成摩尔流量与质量流量，换算结果见表 4-2。

表 4-2　原料气组成(摩尔流量)

原料种类	流量/(Nm^3/h)	气体摩尔流量/(kmol/h)	温度/℃	组成/%(摩尔)		组分摩尔流量/(kmol/h)
含氨酸性气	1450.13	64.74	95.01	CO_2	10	6.47
				H_2S	54	34.96
				H_2O	3	1.94
				氨	33	21.36
清洁酸性气	5700.36	254.48	145.01	CO_2	17	43.26
				H_2S	80	203.58
				H_2O	0	0
				烃	3	7.63

续表

原料种类	流量/(Nm³/h)	气体摩尔流量/(kmol/h)	温度/℃	组成/%(摩尔)		组分摩尔流量/(kmol/h)
尾气酸性气	518.11	23.13	47.09	H_2	0	0
				N_2	0	0
				CO_2	45.1	10.43
				H_2S	54.9	12.7
				H_2O	0	0
硫池鼓泡气	1102.11	49.20	158.31	O_2	21	10.33
				N_2	78.85	38.8
				H_2S	0.15	0.074

2. 一级转化入口组成化验分析数据处理

一级转化入口气体组成见表4-3。

表4-3　一级转化入口气体组成

组成/%(体)		组成/%(体)	
H_2	1	有机硫	0.3
N_2	78	SO_2	3.8
CO	1.1	H_2O	0
CO_2	9	O_2	0.03
H_2S	7.5	烃	0.048

由于一转入口气体无流量指示，所以需要通过氮气平衡来计算各组分摩尔流量。进料中的氮气摩尔流量在将氨转化为氮气后可直接加和，但是需要增加空气中氮含量的计算。

(1) 原料总氮气计算(炉头保护氮气不计)

$$W_{原料氮}=W_{含氨氮}+W_{清洁氮}+W_{尾气氮}+W_{鼓泡氮}+\frac{W_{氨氮}}{2}=49.48\text{kmol/h}$$

(2) 空气中氮含量计算

北京燕山地区标定期间空气相对湿度为45%，环境空气温度按$T=35$℃，根据表4-4查得空气绝对湿度为$\rho_w=17.78\text{g/m}^3$。

已知$V_{进炉空气}=13603.3\text{Nm}^3/\text{h}$(标定数据)，$W_{空气}=\frac{V_{进炉空气}}{22.4}=607.29\text{kmol/h}$，则空气中含水量为：

$$W_{H_2O}=\frac{W_{进炉空气}\times 22.4}{1000}\times\rho_w\times(T+273)/273/M_r(H_2O) \tag{4-2}$$
$$=15.16\text{kmol/h}$$

将含水量去除，剩下的部分为N_2与O_2，按照$\frac{N_2}{O_2}\approx\frac{79}{21}$进行分配后，空气组分见表4-5。

表 4-4　绝对湿度与相对湿度对应表(大气压 10^5Pa)

温度/℃	相对湿度(RH)/%																			
	5	10	15	20	25	30	35	40	45	50	55	60	65	70	75	80	85	90	95	100
	绝对湿度/(g/m³)																			
5	0. 34	0. 68	1. 02	1. 36	1. 70	2. 04	2. 38	2. 72	3. 06	3. 40	3. 73	4. 07	4. 41	4. 75	5. 09	5. 43	5. 77	6. 11	6. 45	6. 79
10	0. 47	0. 94	1. 41	1. 88	2. 35	2. 82	3. 29	3. 76	4. 23	4. 70	5. 16	5. 63	6. 10	6. 57	7. 04	7. 51	7. 98	8. 45	8. 92	9. 39
15	0. 64	1. 28	1. 92	2. 56	3. 21	3. 85	4. 49	5. 13	5. 77	6. 41	7. 05	7. 69	8. 33	8. 97	9. 62	10. 26	10. 90	11. 54	12. 18	12. 82
20	0. 85	1. 73	2. 69	3. 45	4. 32	5. 18	6. 04	6. 91	7. 77	8. 64	9. 50	10. 36	11. 23	12. 09	12. 95	13. 82	14. 68	15. 54	16. 41	17. 27
25	1. 15	2. 30	3. 45	4. 60	5. 75	6. 90	8. 05	9. 20	10. 35	11. 51	12. 66	13. 81	14. 96	16. 11	17. 26	18. 41	19. 56	20. 71	21. 86	23. 01
30	1. 52	3. 03	4. 55	6. 06	7. 58	9. 09	10. 61	12. 12	13. 64	15. 16	16. 67	18. 19	19. 70	21. 22	22. 73	24. 25	25. 76	27. 21	28. 79	30. 31
35	1. 98	3. 95	5. 93	7. 90	9. 88	11. 85	13. 83	15. 80	17. 78	19. 76	21. 73	23. 71	25. 68	27. 66	29. 63	31. 61	33. 58	35. 56	37. 53	39. 51
40	2. 55	5. 10	7. 65	10. 20	12. 75	15. 30	17. 85	20. 40	22. 95	25. 50	28. 05	30. 60	33. 15	35. 70	38. 25	40. 80	43. 35	45. 90	48. 45	51. 00
45	3. 26	6. 52	9. 78	13. 04	16. 30	19. 56	22. 82	26. 08	29. 34	32. 61	35. 87	39. 13	42. 39	45. 65	48. 91	52. 17	55. 43	58. 69	61. 95	65. 21
50	4. 13	8. 27	12. 40	16. 53	20. 66	24. 80	28. 93	33. 06	37. 19	41. 33	45. 46	49. 59	53. 72	57. 86	61. 99	66. 12	70. 25	74. 39	78. 52	82. 65
55	5. 19	10. 39	15. 58	20. 78	25. 97	31. 17	36. 36	41. 56	46. 75	51. 95	57. 14	62. 33	67. 53	72. 72	77. 92	83. 11	88. 31	93. 50	98. 70	103. 89
60	6. 48	12. 95	19. 43	25. 91	32. 39	38. 86	45. 34	51. 82	58. 29	64. 77	71. 25	77. 72	84. 20	90. 68	97. 16	103. 63	110. 11	116. 59	123. 06	129. 54
65	8. 02	16. 03	24. 05	32. 06	40. 08	48. 09	56. 11	64. 12	72. 14	80. 15	88. 17	96. 18	104. 20	112. 21	120. 23	128. 24	136. 26	144. 27	152. 29	160. 30
70	9. 85	19. 69	29. 54	39. 39	49. 24	59. 08	68. 93	78. 78	88. 62	98. 47	108. 32	118. 16	128. 01	137. 88	147. 71	157. 55	167. 40	177. 25	187. 09	196. 94
75	12. 02	24. 03	36. 05	48. 06	60. 08	72. 09	84. 11	96. 12	108. 14	120. 16	132. 17	144. 19	156. 20	168. 22	180. 23	192. 25	204. 26	216. 28	228. 29	240. 31
80	14. 57	29. 13	43. 70	58. 27	72. 83	87. 40	101. 97	116. 53	131. 10	145. 67	160. 23	174. 80	189. 36	203. 93	218. 50	233. 06	247. 63	262. 20	276. 76	391. 33
85	17. 55	35. 10	52. 65	70. 20	87. 75	105. 29	122. 84	140. 39	157. 94	175. 49	193. 04	210. 59	228. 14	245. 69	263. 24	280. 78	298. 33	315. 88	333. 43	350. 98
90	21. 02	42. 04	63. 05	84. 07	105. 09	126. 11	147. 13	168. 14	189. 16	210. 18	231. 20	252. 22	273. 23	294. 25	315. 27	336. 29	357. 31	378. 32	399. 34	420. 36
95	25. 03	50. 06	75. 09	100. 12	125. 15	150. 18	175. 21	200. 24	225. 27	250. 30	275. 33	300. 36	325. 39	350. 42	375. 45	400. 48	425. 51	450. 54	475. 57	500. 60
100	29. 65	59. 30	88. 94	118. 59	148. 24	177. 89	207. 54	237. 18	266. 83	296. 48	326. 13	355. 78	385. 42	415. 07	444. 72	474. 37	504. 02	533. 66	563. 31	592. 96

表 4-5　进反应炉空气组成

名称	流量/(Nm^3/h)	气体摩尔流量/(kmol/h)	压力/kPa	温度/℃	组成/%(摩尔)		组分摩尔流量/(kmol/h)
进炉空气	13603. 3	607. 29	50. 01	144. 37	O_2	21	124. 35
					N_2	77	467. 78
					H_2O	2	15. 16

所以进炉氮气总量为 $W_{进炉氮}=W_{原料氮}+W_{空气氮}=517.26$kmol/h；

一转进口过程气总量(干基)为 $W_{一转入}=\dfrac{W_{进炉氮}}{C_{N_2}}=\dfrac{517.26}{0.78}=663.154$kmol/h。

再根据其他各组分体积分数(摩尔分数与体积分数一致)，计算其摩尔流量。换算结果见表 4-6。

表 4-6　一级转化入口气体组成(一冷出口)

组成/%(摩尔)		摩尔流量/(kmol/h)	总摩尔流量/(kmol/h)
H_2	1	6. 6	663. 154
N_2	78	517. 26	
CO	1. 1	7. 295	
CO_2	9	56. 368	
H_2S	7. 5	49. 737	
有机硫	0. 3	1. 658	
SO_2	3. 8	25. 2	
H_2O	0	0	
O_2	0. 03	0. 199	
烃	0. 048	0. 318	

按照氮平衡及化验分析组分体积分数计算，其余过程气分析结果如下。

3. 一级转化出口组成化验分析

一级转化出口气体组成见表 4-7。

表 4-7　一级转化出口气体组成(二冷出口)

组成/%(摩尔)		摩尔流量/(kmol/h)	总摩尔流量/(kmol/h)
H_2	1	6. 093	609. 26
N_2	84. 9	517. 26	
CO	1. 2	7. 311	
CO_2	9. 5	57. 880	
H_2S	2. 5	15. 231	
有机硫	0. 07	0. 426	
SO_2	1	7. 311	
H_2O	0	0	
O_2	0	0	
烃	0. 049	0. 299	

4. 二级转化出口组成化验分析

二级转化出口气体组成见表 4-8。

表 4-8 二级转化出口气体组成(三冷出口)

组成/%(摩尔)		摩尔流量/(kmol/h)	总摩尔流量/(kmol/h)
H_2	1.2	6.971	595.85
N_2	86.8	517.26	
CO	1.2	7.15	
CO_2	10	59.526	
H_2S	0.74	4.409	
有机硫	0.04	0.21	
SO_2	0.34	2.01	
H_2O	0	0	
O_2	0	0	
烃	0.05	0.30	

5. 加氢反应器入口组成化验分析

加氢反应器入口增加 S-Zorb 烟气与氢气的影响，其分析结果见表 4-9、表 4-10。

表 4-9 S-Zorb 烟气组成

原料种类	流量/(Nm^3/h)	气体摩尔流量/(kmol/h)	温度/℃	组成/%(摩尔)		组分摩尔流量/(kmol/h)
S-Zorb 烟气	1200.13	53.58	200.03	O_2	0.1	0.054
				N_2	96.9	51.916
				SO_2	3	1.607

表 4-10 氢气组成

原料种类	流量/(Nm^3/h)	气体摩尔流量/(kmol/h)	温度/℃	组成/%(摩尔)		组分摩尔流量/(kmol/h)
H_2	530.14	23.67	35	H_2	100	23.67

经过氮气平衡换算后，其分析结果见表 4-11。

表 4-11 加氢反应器入口气体组成

组成/%(摩尔)		摩尔流量/(kmol/h)	总摩尔流量/(kmol/h)
H_2	4.6	30.638	673.097
N_2	85	569.176	
CO	1.1	7.498	
CO_2	9.2	61.925	
H_2S	0.67	4.517	
有机硫	0.03	0.222	
SO_2	0.5	3.621	
H_2O	0	0	
O_2	0.01	0.054	
烃	0.05	0.323	

6. 加氢反应器出口组成化验分析

加氢反应器出口气体组成见表 4-12。

表 4-12　加氢反应器出口气体组成

组成/%(摩尔)		摩尔流量/(kmol/h)	总摩尔流量/(kmol/h)
H_2	3.1	20.073	657.9
N_2	87.9	569.176	
CO	0.1	0.648	
CO_2	10.4	67.343	
H_2S	1.33	8.612	
有机硫	0.01	0.0412	
SO_2	0.01	0.0648	
H_2O	0	0	
O_2	0	0	
烃	0.053	0.343	

7. 胺液吸收塔净化尾气组成化验分析

吸收塔净化尾气组成见表 4-13。

表 4-13　吸收塔净化尾气组成

组成/%(摩尔)		摩尔流量/(kmol/h)	总摩尔流量/(kmol/h)
H_2	3.3	20.87	641.75
N_2	89.99	569.18	
CO	0.1	0.632	
CO_2	9.4	59.454	
H_2S	0.012	0.0753	
有机硫	0.01	0.0427	
SO_2	0.01	0.0506	
O_2	0	0	
烃	0.05	0.316	

二、制硫反应炉相关计算

在硫黄回收装置中，反应炉是最核心的设备。反应炉内发生的反应种类及各个反应的进行程度，不仅决定硫黄转化率、总硫回收率等主要参数，同时也决定了后续尾气处理的工艺与方向。所以在计算制硫反应炉时，最主要的是要确定反应炉内反生了什么反应，各个反应进行程度是多少，确定上述内容后，再根据相关公式对反应炉的运行状况进行计算分析。

1. 进料酸性气浓度计算

将所有酸性气中 H_2S 物质的量加和，计算原料进炉酸性气中 H_2S 的浓度：

$$C_{H_2S}=\frac{W_{H_2S}}{W_{总}}\times100\%=\frac{251.31}{391.55}\times100\%=64.18\%$$

2. 进料氨浓度计算

将所有酸性气中 NH_3 物质的量加和，计算原料进炉酸性气中 NH_3 的浓度：

$$C_{NH_3}=\frac{W_{NH_3}}{W_{总}}\times100\%=\frac{21.36}{391.55}\times100\%=5.46\%$$

一般来说，酸性气原料中 NH_3 的浓度如果大于 25%，那么反应炉中烧氨会不完全，容易形成铵盐，造成流程堵塞。本装置标定期间酸性气中 NH_3 浓度为 5.46%，不会对反应炉烧氨效果造成影响。

3. 反应炉物料分配计算

反应炉进料分为两部分，尾气酸性气与含氨酸性气混合后，部分在反应炉中部进料，其余部分与含氨酸性气、液硫鼓泡气及进炉空气混合在炉头进料。在计算反应炉进料分配时，混合进料采用相同组分摩尔流量加和的方法，各股物料的温度、压力、体积流量选用表 1-2 中第一列数据。混合后的物料及各个反应过程气的总体积流量与总摩尔流量无法在 DCS 中显示计量，需要通过各组分摩尔流量的总和与公式 $V_{体积}=V_{mol}\times22.4$ 进行反算。

1）其中进炉空气参数计算见表 4-5。

2）尾气酸性气与清洁酸性气混合后参数计算见表 4-14（组分摩尔流量加和）。

表 4-14　尾气酸性气与清洁酸性气混合后参数

原料种类	流量/（Nm^3/h）	气体摩尔流量/（kmol/h）	压力/kPa	温度/℃	组成/%		组分摩尔流量/（kmol/h）
尾气与清洁混合酸性气	6218.47	277.61	50.01	145.01	CO_2	19.3	53.69
					H_2S	77.91	216.28
					H_2O	0	0
					烃	2.8	7.63
					H_2	0	0
					N_2	0	0

3）根据标定数据，尾气酸性气与清洁酸性气混合后进炉中部流量为 1244.1Nm^3/h，各组分摩尔分数不变，计算进炉中部酸性气参数，见表 4-15。

表 4-15　进反应炉中部酸性气参数

原料种类	流量/（Nm^3/h）	气体摩尔流量/（kmol/h）	压力/kPa	温度/℃	组成/%		组分摩尔流量/（kmol/h）
进炉中部酸性气	1244.1	55.54	50.01	145.21	CO_2	19.3	10.74
					H_2S	77.91	43.27
					H_2O	0	0
					烃	2.8	1.53
					H_2	0	0
					N_2	0	0

4）尾气酸性气与清洁酸性气混合后除去进反应炉中部外，其余部分（6218.47-1244.1=4974.37Nm^3/h）与含氨酸性气和硫池鼓泡气混合进入反应炉前部，并在反应炉前部与空气混合进入反应炉。将上述物料各相同组分摩尔流量进行加和，计算得出进入反应炉前部物料参数，见表 4-16。

表 4-16 进反应炉前部各酸性气与空气混合后参数

名称	流量/(Nm^3/h)	气体摩尔流量/(kmol/h)	压力/kPa	温度/℃	组成/%		组分摩尔流量/(kmol/h)
进炉前部酸性气与空气混合	21129.91	943.3	50.01	145.32	CO_2	5.2	49.42
					H_2S	22.1	208.04
					H_2O	1.8	17.10
					烃	0.6	6.11
					H_2	0	0.00
					N_2	53.7	506.58
					氨	2.3	21.36
					O_2	14.3	134.68

4. 制硫反应炉内反应的选取

(1) 制硫反应炉内反应种类分析

目前，大多数硫黄回收装置采用克劳斯法回收硫黄，其回收主要硫黄的原理为：

$$2H_2S+3O_2 = 2SO_2+2H_2O$$

$$2H_2S+SO_2 = 3S_2+2H_2O$$

尽管主要原理基本相同，但是由于各个企业硫黄回收装置所处理的酸性气来源不尽相同，酸性气进料中除 H_2S 外的其他组分更是千差万别，其他组分主要包括 NH_3、CH_4、C_2H_6、$C_3 \sim C_8$、醇类等诸多“干扰”组分，而且每一种组分在反应炉中同时存在多个反应方向，生成不同物质，称为副反应。副反应由于进料的组成的差异，其数量巨大，在此做简单的举例：

$3H_2S+1.5O_2 = 1.5S_2+3H_2O$　　$H_2S+0.5O_2 = H_2O+S_1$

$S_1+O_2 = SO_2$　　$2S_1 = S_2$

$S_2+2O_2 = 2SO_2$　　$CH_4+2O_2 = CO_2+3H_2O$

$2NH_3+SO_2 = 2H_2O+H_2S+N_2$　　$C_2H_6+3.5O_2 = CO_2+3H_2O$

$CH_4+1.5O_2 = CO+2H_2O$　　$CH_4+O_2 = CO+H_2O+H_2$

$H_2+CO_2 = CO+H_2O$　　$CH_4+2H_2O = CO_2+4H_2$

$2CO+O_2 = 2CO_2$　　$4CO+2SO_2 = 4CO_2+S_2$

$H_2+0.5O_2 = H_2O$　　$H_2+0.5S_2 = H_2S$

$C+2S_1 = CS_2$　　$CH_4+2H_2S = CS_2+4H_2$

$CH_4+4S_1 = CS_2+2H_2S$　　$CO_2+3S_1 = S_2+SO_2$

$C_2H_6+S_2 = 2CS_2+H_2S$　　$C_3S_8+5S_2 = 3CS_2+4H_2S$

$CS_2+2H_2O = CO_2+2H_2O$　　$CS_2+2H_2O = 2SO_2+CH_4$

$2CH_4+3SO_2 = 2COS+0.5S_2+4H_2O$　　$2CO_2+3S_1 = 2COS+SO_2$

$CS_2+CO_2 = 2COS$　　$2S_1+2CO_2 = COS+CO+SO_2$

$CO+S_1 = COS$　　$CH_4+SO_2 = COS+H_2O+H_2$

$CS_2+H_2O = COS+H_2S$　　$COS+H_2O = H_2S+CO_2$

$2COS+SO_2 = 1.5S_2+2CO_2$　　$COS+CO+SO_2 = S_2+2CO_2$

$COS+H_2 = CO+H_2S$　　$COS+O_2 = CO_2+SO_2$

上述反应举例只列出一些常见的“干扰”组分所发生的部分反应方程式，实际反应炉内的反应种类要比上述反应复杂得多。多数副反应对克劳斯部分的影响不是很大，但是有些副反应可能会带来比较不好的结果，比如形成铵盐堵塞管路，烃类燃烧不完全析炭造成催化剂失活，烃类与 H_2S 或 SO_2 反应生成羰基硫等，这些副反应不仅会降低硫黄回收率甚至会导致更严重的事故发生。

(2) 制硫反应炉内反应的选取

由于这些副反应在实际生产过程中真实存在，所以在本次计算过程中除了计算主反应外，还需要考虑一些副反应的影响。副反应的确定要根据反应炉酸性气进料组成及炉出口过程气组成进行综合分析(一般选取余热锅炉出口)，由于本装置余热锅炉出口未设置采样器，不能进行对比。但是，理论上一级转化器入口过程气组成与余热锅炉出口过程气组成除硫黄及少量硫化物含量不同外，其余组分相差不大。而且实际采样过程中，余热锅炉出口样品也为干基样品，同样不含硫黄和水。所以本次计算反应炉时采用反应炉进料组成(含空气)与一级转化入口过程气组成进行对比，其组成表见表 4-17。

表 4-17 反应炉与一级转化入口过程气组成对比

酸性气进料组分	一级转化器入口过程气组分	酸性气进料组分	一级转化器入口过程气组分
CO_2	H_2	N_2	有机硫
H_2S	N_2	氨	SO_2
H_2O(空气中带水)	CO	O_2	O_2
烃	CO_2	CO	烃
H_2	H_2S		

尽管在化验分析过程中，H_2O 含量和 S 单质无法分析，但这两种物质大多时候是作为主反应生成物存在的，并且至关重要，在选取制硫炉反应式时必须考虑它们的存在。

本次计算选取制硫炉反应方程式时，为了方便计算，烃类按 CH_4 计算，有机硫分为 COS 与 CS_2。本装置反应炉进料分为两部分，炉膛前部进料与炉膛中部进料，经过综合考虑，最终选取制硫炉内可能发生的如下反应：

$$CH_4+2O_2 = CO_2+2H_2O \qquad CH_4+1.5O_2 = CO+2H_2O$$
$$2NH_3+1.5O_2 = N_2+3H_2O \qquad H_2S+1.5O_2 = SO_2+H_2O$$
$$2H_2S+SO_2 = 1.5S_2+2H_2O \qquad CH_4+SO_2 = COS+H_2O+H_2$$
$$CH_4+2H_2S = CS_2+4H_2 \qquad H_2S = 0.5S_2+H_2$$

(3) 各个反应顺序排列

为了能够直观、简便地计算与说明反应炉中各个反应的进程，在计算时需要对选取的反应进行先后顺序的排列，其依据是各个反应在反应炉环境下的化学平衡常数，平衡常数越大，反应进行得越快。为了简化，只考虑温度对各个反应平衡常数造成的影响，由于反应炉进料分为两部分，在计算炉内反应及反应排序时，要将反应炉前部与中部分开计算。

在选取反应炉前部与中部发生的反应后，根据本装置反应炉膛温度(1200~1260℃)，用软件 HSC Chemistry 6 分析各个反应的平衡常数及热力学参数，并且对各个反应进行如下排序：

1) 炉膛前部发生的反应及反应顺序：

① $CH_4+2O_2 = CO_2+2H_2O$；其平衡常数与温度关系见表 4-18。

表 4-18　反应 $CH_4+2O_2 = CO_2+2H_2O$ 温度(T)与平衡常数(K)关系

T/℃	ΔH/kJ	ΔS/(J/K)	ΔG/kJ	K	lg$K$
1200	-805.400	-4.060	-799.419	2.228×10^{28}	28.348
1210	-805.507	-4.132	-799.378	1.430×10^{28}	28.155
1220	-805.615	-4.205	-799.337	9.234×10^{27}	27.965
1230	-805.724	-4.277	-799.294	5.996×10^{27}	27.778
1240	-805.833	-4.350	-799.251	3.916×10^{27}	27.593
1250	-805.942	-4.422	-799.207	2.571×10^{27}	27.410
1260	-806.053	-4.494	-799.163	1.698×10^{27}	27.230

② $CH_4+1.5O_2 = CO+2H_2O$；其平衡常数与温度关系见表 4-19。

表 4-19　反应 $CH_4+1.5O_2 = CO+2H_2O$ 温度(T)与平衡常数(K)关系

T/℃	ΔH/kJ	ΔS/(J/K)	ΔG/kJ	K	lg$K$
1200	-524.887	81.282	-644.628	7.227×10^{25}	22.859
1210	-525.043	81.177	-645.440	5.413×10^{25}	22.733
1220	-525.199	81.072	-646.251	4.070×10^{25}	22.610
1230	-525.356	80.967	-647.062	3.071×10^{25}	22.487
1240	-525.514	80.862	-647.871	2.326×10^{25}	22.367
1250	-525.673	80.758	-648.679	1.768×10^{25}	22.248
1260	-525.832	80.653	-649.486	1.349×10^{25}	22.130

③ $2NH_3+1.5O_2 = N_2+3H_2O$；其平衡常数与温度关系见表 4-20。

表 4-20　反应 $2NH_3+1.5O_2 = N_2+3H_2O$ 温度(T)与平衡常数(K)关系

T/℃	ΔH/kJ	ΔS/(J/K)	ΔG/kJ	K	lg$K$
1200	-638.380	64.009	-732.674	9.576×10^{22}	25.981
1210	-638.504	63.925	-733.314	6.738×10^{22}	25.829
1220	-638.628	63.841	-733.953	4.763×10^{22}	25.678
1230	-638.752	63.759	-734.591	3.382×10^{22}	25.529
1240	-638.876	63.676	-735.228	2.413×10^{22}	25.383
1250	-639.000	63.595	-735.864	1.729×10^{22}	25.238
1260	-639.124	63.513	-736.500	1.244×10^{22}	25.095

④ $H_2S+1.5O_2 = SO_2+H_2O$；其平衡常数与温度关系见表 4-21。

表 4-21　反应 $H_2S+1.5O_2 = SO_2+H_2O$ 温度(T)与平衡常数(K)关系

T/℃	ΔH/kJ	ΔS/(J/K)	ΔG/kJ	K	lg$K$
1200	-520.008	-79.424	-403.005	1.95×10^{14}	14.291
1210	-520.019	-79.431	-402.21	1.47×10^{14}	14.167
1220	-520.029	-79.438	-401.416	1.11×10^{14}	14.044

续表

T/℃	ΔH/kJ	ΔS/(J/K)	ΔG/kJ	K	lgK
1230	-520.04	-79.446	-400.622	8.37×10^{13}	13.923
1240	-520.051	-79.452	-399.827	6.36×10^{13}	13.803
1250	-520.061	-79.459	-399.033	4.85×10^{13}	13.685
1260	-520.071	-79.466	-398.238	3.71×10^{13}	13.569

⑤ $2H_2S+SO_2$ ══ $1.5S_2+2H_2O$；其平衡常数与温度关系见表4-22。

表4-22 反应 $2H_2S+SO_2$ ══ $1.5S_2+2H_2O$ 温度(T)与平衡常数(K)关系

T/℃	ΔH/kJ	ΔS/(J/K)	ΔG/kJ	K	lgK
1200	41.423	56.495	-41.803	3.036×10	1.482
1210	41.335	56.435	-42.367	3.106×10	1.492
1220	41.247	56.376	-42.931	3.177×10	1.502
1230	41.159	56.318	-43.495	3.248×10	1.512
1240	41.072	56.260	-44.058	3.319×10	1.521
1250	40.985	56.202	-44.620	3.391×10	1.530
1260	40.898	56.146	-45.182	3.463×10	1.539

2）炉膛中部发生的反应及反应顺序：

① CH_4+SO_2 ══ $COS+H_2O+H_2$；其平衡常数与温度关系见表4-23。

表4-23 反应 CH_4+SO_2 ══ $COS+H_2O+H_2$ 温度(T)与平衡常数(K)关系

T/℃	ΔH/kJ	ΔS/(J/K)	ΔG/kJ	K	lgK
1200	-2.322	133.887	-199.557	1.192×10^7	7.076
1210	-2.413	133.825	-200.895	1.191×10^7	7.076
1220	-2.505	133.763	-202.233	1.189×10^7	7.075
1230	-2.599	133.700	-203.571	1.188×10^7	7.075
1240	-2.694	133.637	-204.907	1.186×10^7	7.074
1250	-2.790	133.574	-206.243	1.184×10^7	7.073
1260	-2.887	133.510	-207.579	1.183×10^7	7.073

② CH_4+2H_2S ══ CS_2+4H_2；其平衡常数与温度关系见表4-24。

表4-24 反应 CH_4+2H_2S ══ CS_2+4H_2 温度(T)与平衡常数(K)关系

T/℃	ΔH/kJ	ΔS/(J/K)	ΔG/kJ	K	lgK
1200	260.286	214.337	-55.465	9.264×10	1.967
1210	260.253	214.315	-57.608	1.069×10^2	2.029
1220	260.217	214.291	-59.751	1.232×10^2	2.090
1230	260.179	214.265	-61.894	1.416×10^2	2.151
1240	260.138	214.238	-64.036	1.625×10^2	2.211

续表

T/℃	ΔH/kJ	ΔS/(J/K)	ΔG/kJ	K	lgK
1250	260.095	214.210	-66.179	1.861×10^{2}	2.270
1260	260.049	214.180	-68.321	2.128×10^{2}	2.328

③ $2H_2S+SO_2 \longrightarrow 1.5S_2+2H_2O$；其平衡常数与温度关系见表4-25。

表4-25 反应 $2H_2S+SO_2 \longrightarrow 1.5S_2+2H_2O$ 温度(T)与平衡常数(K)关系

T/℃	ΔH/kJ	ΔS/(J/K)	ΔG/kJ	K	lgK
1200	41.423	56.495	-41.803	3.036×10	1.482
1210	41.335	56.435	-42.367	3.106×10	1.492
1220	41.247	56.376	-42.931	3.177×10	1.502
1230	41.159	56.318	-43.495	3.248×10	1.512
1240	41.072	56.260	-44.058	3.319×10	1.521
1250	40.985	56.202	-44.620	3.391×10	1.530
1260	40.898	56.146	-45.182	3.463×10	1.539

④ $H_2S \longrightarrow 0.5S_2+H_2$；其平衡常数与温度关系见表4-26。

表4-26 反应 $H_2S \longrightarrow 0.5S_2+H_2$ 温度(T)与平衡常数(K)关系

T/℃	ΔH/kJ	ΔS/(J/K)	ΔG/kJ	K	lgK
1200	181.050	98.599	35.799	5.377×10^{-2}	-1.269
1210	181.051	98.600	34.813	5.941×10^{-2}	-1.226
1220	181.052	98.600	33.827	6.554×10^{-2}	-1.183
1230	181.052	98.600	32.841	7.222×10^{-2}	-1.141
1240	181.051	98.600	31.855	7.948×10^{-2}	-1.100
1250	181.050	98.599	30.869	8.736×10^{-2}	-1.059
1260	181.047	98.597	29.883	9.589×10^{-2}	-1.018

本次反应的排序是按照一定温度下，各反应达到平衡时的化学平衡常数K进行的，在同一温度下，K值越大，说明其反应越容易。实际发生反应时，其限制条件很多，本次反应顺序的选取虽然是在忽略其他因素的情况下进行的，但是在一定程度上也能说明反应进行的难易程度。

5. 反应炉内各个反应计算及参数校正

在确定进反应炉前部物料、进反应炉中部物料各组分摩尔流量及各个反应顺序后，开始计算反应炉内各个反应的进行程度。在反应炉内，各个反应几乎同时发生，但为了简便，模拟计算时将各个反应进行排序，而且由于实际化验分析数据不含水和硫黄，而模拟计算时是含有水和硫黄的，所以各个反应进行程度要依据进炉物料各组分摩尔流量与一转入口各组分摩尔流量的对比而不是摩尔分数的对比。

因为化验分析数据也会存在偏差，导致各个元素摩尔流量并不能平衡，而模拟计算时，各个元素是严格按照平衡进行的，所以在模拟计算各个反应进行程度及反应后各组分剩余量时，其结果与实际化验分析推算结果接近即可。

在反应炉内，配风量与炉膛温度直接影响反应进行程度，所以本次计算炉内反应的同时，对反应炉的配风量与炉膛温度也进行校正。

(1) 进炉空气量校正

在模拟计算过程中，进反应炉空气流量采用标定数据 13603.3Nm³/h，计算氧含量为 124.35kmol/h。按照此数据计算各个反应后，在其他组分计算数据与实际化验分析推算数据接近的情况下，一级转化入口组成中氧含量为-15kmol/h，显然存在配风偏低的错误。而空气流量标定数据为 DCS 仪表指示值，难免存在偏差。

经过大量验算及反复迭代，假设氧当量反应，在一级转化入口各组分计算数据(摩尔流量)与实际化验分析推算数据(摩尔流量)接近的情况下，反应炉配风量应为 15243Nm³/h，再按照表 4-5 中空气组成计算方法，得出校正后进反应炉空气参数，见表 4-27。

表 4-27 校正后进炉空气参数

名称	流量/(Nm^3/h)	气体摩尔流量/(kmol/h)	压力/kPa	温度/℃	组成/%		组分摩尔流量/(kmol/h)
进炉空气(校正值)	15243	680.49	50.01	144.37	O_2	21	139.34
					N_2	77	524.17
					H_2O	2	16.99

此次校正，说明日常生产过程中反应炉配风量 DCS 指示存在偏差，偏差率 $\eta=\left(\frac{13603.3-15243}{15243}\right)\times100\%=-10.75\%$，需要对仪表进行校验或者修理。

(2) 化验分析数据组分摩尔流量校正

由于进炉空气量发生变化，保持原料氮不变，所以校正进炉氮气总量为 $W_{进炉氮}=W_{原料氮}+W_{空气氮}=573.65$kmol/h。

根据新的氮平衡，保持 S-Zorb 烟气参数不变，根据硫黄回收单元生产数据计算及设备能力分析中的计算方法，校正化验分析数据推算值。校正结果见表 4-28~表 4-33。

表 4-28 一级转化入口气体校正后

组成/%		摩尔流量/(kmol/h)	总摩尔流量/(kmol/h)
H_2	1	7.4	737.1
N_2	78	573.65	
CO	1.1	8.09	
CO_2	9	62.513	
H_2S	7.5	55.158	
COS	0.3	1.839	
SO_2	3.8	27.95	
CS_2	0	0	
H_2O	0	0	
O_2	0.03	0.221	
烃	0.048	0.353	

表 4-29 一级转化出口气体校正后

组成/%		摩尔流量/(kmol/h)	总摩尔流量/(kmol/h)
H_2	0.9	6.757	
N_2	84.9	573.65	
CO	1.2	8.108	
CO_2	9.5	64.189	
H_2S	2.5	16.892	
COS	0.07	0.473	678.5
SO_2	1.3	8.108	
CS_2	0	0	
H_2O	0	0	
O_2	0	0	
烃	0.049	0.331	

表 4-30 二级转化出口气体校正后

组成/%		摩尔流量/(kmol/h)	总摩尔流量/(kmol/h)
H_2	1.2	7.731	
N_2	86.8	573.65	
CO	1.2	7.930	
CO_2	10	66.014	
H_2S	0.74	4.89	
COS	0.04	0.23	663.01
SO_2	0.34	2.23	
CS_2	0	0	
H_2O	0	0	
O_2	0	0	
烃	0.05	0.33	

表 4-31 加氢反应器入口气体校正后

组成/%		摩尔流量/(kmol/h)	总摩尔流量/(kmol/h)
H_2	4.3	31.398	
N_2	85	625.56	
CO	1.1	8.22	
CO_2	9.2	67.901	
H_2S	0.67	4.953	
COS	0.03	0.244	742.53
SO_2	0.5	3.841	
CS_2	0	0	
H_2O	0	0	
O_2	0.01	0.059	
烃	0.05	0.354	

表 4-32 加氢反应器出口气体校正后

组成/%		摩尔流量/(kmol/h)	总摩尔流量/(kmol/h)
H_2	3.1	22.062	732.31
N_2	87.9	625.562	
CO	0.1	0.712	
CO_2	10.4	74.014	
H_2S	1.33	9.465	
COS	0.01	0.0489	
SO_2	0.01	0.0712	
CS_2	0	0	
H_2O	0	0	
O_2	0	0	
烃	0.053	0.377	

表 4-33 吸收塔净化尾气校正后

组成/%		摩尔流量/(kmol/h)	总摩尔流量/(kmol/h)
H_2	3.3	22.94	715.07
N_2	89.9	625.56	
CO	0.1	0.695	
CO_2	9.4	65.344	
H_2S	0.012	0.0827	
COS	0.01	0.0487	
SO_2	0.01	0.0556	
CS_2	0	0	
H_2O	0.05	0.348	

过程气各组分摩尔流量校正后，在模拟计算各个反应进行程度及反应后各组分剩余量时将按照校正后的数值进行计算。

(3) 进炉前部酸性气与空气混合各组分流量校正

在进炉空气流量校正完成后，需要对进反应炉前部物料组成重新进行计算，计算方法依旧是各个物料组分摩尔流量加和，而进炉中部酸性气组成不变，计算结果见表 4-34。

表 4-34 进反应炉前部各酸性气与空气混合后校正参数

名称	流量/(Nm^3/h)	气体摩尔流量/(kmol/h)	压力/kPa	温度/℃	组成/%		组分摩尔流量/(kmol/h)
进炉前部酸性气与空气混合	22769.61	1016.5	50.01	145.32	CO_2	4.9	49.42
					H_2S	20.5	208.04
					H_2O	1.9	18.93
					烃	0.6	6.11
					H_2	0	0.00
					N_2	55.4	562.96
					氨	2.1	21.36
					O_2	14.7	149.67

(4) 反应炉前部各反应计算及炉温校正

由于在制硫反应炉相关计算中说明了反应炉内各个反应顺序，所以在计算反应炉前部时按如下流程：

1) 反应 $CH_4+2O_2 = CO_2+2H_2O$ 计算：

此反应代表烃类完全燃烧生成 CO_2 的反应，但是反应炉前部进料与中部进料中 CO_2 总量为 60. 17kmol/h，而一级转化入口化验分析推算 CO_2 含量为 62. 51kmol/h，所以在反应炉内此反应进行程度很小，综合 CO 生成量，本次不考虑此反应的发生。尽管此反应在反应炉中根据温度计算的化学平衡常数极高，但是实际化学反应过程不仅仅受温度限制，而是与反应物与产物的分率、压力、混合程度、设备等诸多因素有关。

反应结束后，过程气组成见表 4-35。

表 4-35　反应过程物料 1

名称	流量/(Nm^3/h)	气体摩尔流量/(kmol/h)	组成/%		组分摩尔流量/(kmol/h)
反应过程物料 1	22769. 61	1016. 5	CO_2	4. 9	49. 42
			H_2S	20. 5	208. 04
			H_2O	1. 9	18. 93
			烃	0. 6	6. 11
			H_2	0	0
			N_2	55. 4	562. 96
			氨	2. 1	21. 36
			O_2	14. 7	149. 67

2) 反应 $CH_4+1.5O_2 = CO+2H_2O$ 计算：

一级转化入口化验分析推算 CO 含量为 8. 09kmol/h，反应炉前部进料中 CH_4 含量为 6. 11kmol/h，并且只有这一个生成 CO 的反应，所以模拟计算时假设 CH_4全部转化为 CO 进行。虽然反应后 CO 的量并不能完全与化验分析推算结果吻合，但是此假设反映了炉内烃类的反应方向。

根据化学反应式，CH_4消耗量为 6. 11kmol/h，消耗的氧气量为 9. 17kmol/h，生成的 CO 量为 6. 11kmol/h，生成的水量为 12. 22kmol/h，反应结束后，过程气组成见表 4-36(反应过程物料的总体积流量与摩尔流量为反算结果，依次类推)。

表 4-36　反应过程物料 2

名称	流量/(Nm^3/h)	气体摩尔流量/(kmol/h)	组成/%		组分摩尔流量/(kmol/h)
反应过程物料 2	22838. 04	1019. 56	CO_2	4. 8	49. 42
			H_2S	20. 4	208. 04
			H_2O	3. 1	31. 15
			烃	0	0
			H_2	0	0

续表

名称	流量/(Nm^3/h)	气体摩尔流量/(kmol/h)	组成/%		组分摩尔流量/(kmol/h)
反应过程物料2	22838.04	1019.56	N_2	55.2	562.96
			氨	2.1	21.36
			O_2	13.8	140.5
			CO	0.6	6.11

3）反应 $2NH_3+1.5O_2 = N_2+3H_2O$ 计算：

由前文进料氨浓度计算可知，反应炉氨含量为5.46%，并不会给烧氨带来影响，而且实际生产过程中，也未发生由于氨不完全燃烧带来的问题，所以这里按氨完全燃烧计算，已知原料中氨的摩尔流量为21.36kmol/h。

根据化学反应式，NH_3 消耗量为21.36kmol/h，消耗的氧气量为16.02kmol/h，生成的 N_2 量为10.68kmol/h，生成的水量为32.04kmol/h，反应结束后，过程气组成见表4-37(反应过程物料3的总体积流量与摩尔流量为反算结果)。

表4-37 反应过程物料3

名称	流量/(Nm^3/h)	气体摩尔流量/(kmol/h)	组成/%		组分摩尔流量/(kmol/h)
反应过程物料3	22957.68	1024.9	CO_2	4.8	49.42
			H_2S	20.3	208.04
			H_2O	6.2	63.19
			烃	0	0.00
			H_2	0	0
			N_2	56	573.65
			氨	0	0
			O_2	12.1	124.48
			CO	0.6	6.11

4）反应 $H_2S+1.5O_2 = SO_2+H_2O$ 计算：

此反应为克劳斯主反应之一，与 $2H_2S+SO_2 = 1.5S_2+2H_2O$ 反应一起构成了克劳斯制硫基本反应。此反应是选取的反应中氧气参与的最后一个反应，而配风量是按照氧气当量反应校正的，所以在计算此反应时，按剩余的氧气量124.48kmol/h全部反应计算。

根据化学反应式，O_2 消耗量为124.48kmol/h，消耗的 H_2S 量为82.99kmol/h，生成的 SO_2 量为82.99kmol/h，生成的水量为82.99kmol/h。反应结束后，过程气组成见表4-38。

表4-38 反应过程物料4

名称	流量/(Nm^3/h)	气体摩尔流量/(kmol/h)	组成/%		组分摩尔流量/(kmol/h)
反应过程物料4	22028.23	983.4	CO_2	5	49.42
			H_2S	12.7	125.06
			H_2O	14.9	146.18

续表

名称	流量/(Nm^3/h)	气体摩尔流量/(kmol/h)	组成/%		组分摩尔流量/(kmol/h)
反应过程物料 4	22028.23	983.4	烃	0	0
			H_2	0	0
			N_2	58.3	573.65
			氨	0	0
			O_2	0	0
			SO_2	8.4	82.99
			CO	0.62	6.11

5）反应 $2H_2S+SO_2 = 1.5S_2+2H_2O$ 计算：

此反应为克劳斯部分生成硫黄的主要反应，其反应进行程度受温度影响很大，所以在计算转化率时，需要考虑温度影响的因素。

反应炉前部温度标定为 1230.13℃，由图 4-1 查得此时硫单质形态基本全部为 S_2。

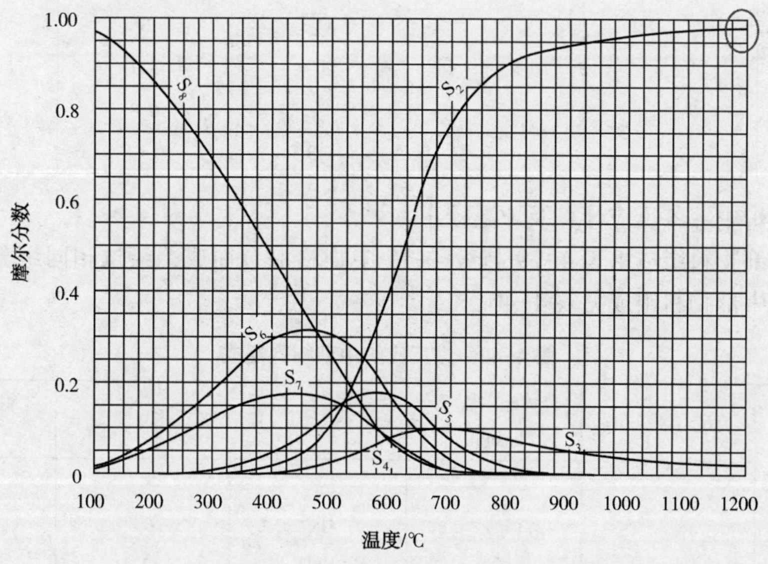

图 4-1　硫单质形态与温度的关系

将反应变换为 $H_2S+0.5SO_2=0.75S_2+H_2O$ 此反应的物料组成平衡常数为：

$$K_p(x)=[H_2O]\times[S_2]^{0.75}\times[\pi/M_{总}]^{0.25}/[H_2S]/[SO_2]^{0.5} \tag{4-3}$$

炉膛压力 $\pi=150kPa(g)$（大气压力按 100kPa 计算）。

由于反应温度为 1503.13K（1230.13℃）大于 700K，所以平衡常数也可按下述公式计算：

$$\ln K_p(T)=-4438/T+1.3260\ln T-1.58\times10^{-3}T+0.2611\times10^{-6}T^2-2.1235 \tag{4-4}$$

由于本次模拟计算，假定 $2H_2S+SO_2=1.5S_2+2H_2O$ 反应在炉膛前部与中部都会发生，最终一级转化入口的 H_2S 与 SO_2 含量与实际化验分析推算结果接近，所以本次计算 $K_p(T)$ 的值不能直接带入标定数据，需要通过两个平衡常数计算公式反复迭代 H_2S 消耗量与炉膛温度进行验算，同时还要考虑炉膛中部发生的这个反应。

最后当炉膛前部温度校正为1236℃（1509K）时，计算得 $K_p(T)=17.306$；消耗 H_2S 为 91.64kmol/h 时，$K_p(x)=17.314$，与 $K_p(T)$ 基本一致。校正后的炉膛前部温度与标定数据相差6℃，说明实际生产过程中，DCS反应炉炉膛温度指示较为准确。

根据化学反应式，H_2S 消耗量为91.6kmol/h，消耗的 SO_2 量为45.82kmol/h，生成的 S_2 量为68.73kmol/h，生成的 H_2O 量为91.64kmol/h。反应结束后，过程气组成见表4-39。

表4-39　反应过程物料5

名称	流量/（Nm^3/h）	气体摩尔流量/（kmol/h）	组成/%		组分摩尔流量/（kmol/h）
反应过程物料5	22541.41	1006.31	CO_2	4.9	49.42
			H_2S	3.3	33.42
			H_2O	23.6	237.82
			烃	0	0.00
			H_2	0	0
			N_2	57	573.65
			氨	0	0
			O_2	0	0
			SO_2	3.7	37.17
			S_2	6.8	68.73
			CO	0.61	6.11

（5）反应炉中部各反应计算及炉温校正

反应炉中部物料组成由表4-39与表4-15中物料混合而成，经过相同组分摩尔流量加和后，反应炉中部物料组成见表4-40。

表4-40　进反应炉中部物料组成

名称	流量/（Nm^3/h）	气体摩尔流量/（kmol/h）	组成/%		组分摩尔流量/（kmol/h）
进反应炉中部物料组成	23785.51	1061.86	CO_2	5.7	60.17
			H_2S	7.2	76.69
			H_2O	22.4	237.82
			烃	0.1	1.5
			H_2	0	0.00
			N_2	54	573.65
			氨	0	0
			O_2	0	0
			SO_2	3.5	37.17
			S_2	6.5	68.73
			CO	0.575	6.11

1）$CH_4+SO_2 = COS+H_2O+H_2$ 反应计算：

此反应为生成COS与 H_2 的反应，为使模拟计算结果中的数据与实际化验分析推算数据接近，将 CH_4消耗量设定为 0.9kmol/h。

根据化学反应式，CH_4消耗量为 0.9kmol/h，消耗的 SO_2 量为 0.9kmol/h，生成的 COS 量为 0.9kmol/h，生成的 H_2 量为 0.9kmol/h。反应结束后，过程气组成见表 4-41。

表 4-41 反应过程物料 6

名称	流量/(Nm^3/h)	气体摩尔流量/(kmol/h)	组成/%		组分摩尔流量/(kmol/h)
反应过程物料 6	23805.67	1062.76	CO_2	5.7	60.17
			H_2S	7.2	76.69
			H_2O	22.5	238.72
			烃	0.03	0.63
			H_2	0.1	0.90
			N_2	54	573.65
			氨	0	0
			O_2	0	0
			SO_2	3.4	36.27
			S_2	6.5	68.73
			COS	0.1	0.900
			CO	0.57	6.11

2）CH_4+2H_2S ══ CS_2+4H_2 反应计算：

此反应为生成 CS_2 与 H_2 的反应，为使模拟计算结果中的数据与实际化验分析推算数据接近，将 CH_4消耗量设定为 0.3kmol/h。

根据化学反应式，CH_4消耗量为 0.3kmol/h，消耗的 H_2S 量为 0.6kmol/h，生成的 CS_2 量为 0.3kmol/h，生成的 H_2 量为 1.2kmol/h。反应结束后，过程气组成见表 4-42。

表 4-42 反应过程物料 7

名称	流量/(Nm^3/h)	气体摩尔流量/(kmol/h)	组成/%		组分摩尔流量/(kmol/h)
反应过程物料 7	23819.11	1063.36	CO_2	5.7	60.17
			H_2S	7.2	76.09
			H_2O	22.4	238.72
			烃	0.03	0.33
			H_2	0.2	2.1
			N_2	53.9	573.65
			氨	0	0
			O_2	0	0
			SO_2	3.4	36.27
			S_2	6.5	68.73
			COS	0.1	0.900
			CO	0.57	6.11
			CS_2	0.028	0.3

3）$2H_2S+SO_2 \longrightarrow 1.5S_2+2H_2O$ 反应计算：

此反应计算思路与方法同反应炉前部一致。反应炉前部温度标定为 1217.31℃，将反应变换为 $H_2S+0.5SO_2=0.75S_2+H_2O$，此反应的平衡常数为：

$K_p(x)=[H_2O]\times[S_2]^{0.75}\times[\pi/M_{总}]^{0.25}/[H_2S]/[SO_2]^{0.5}$，炉膛压力 $\pi=145kPa(g)$（假设反应炉前部到中部有 5kPa 压力降）。

由于反应温度 1490.46K 大于 700K，所以平衡常数也可按下述公式计算：

$$\ln K_p(T)=-4438/T+1.3260\ln T-1.58\times10^{-3}T+0.2611\times10^{-6}T^2-2.1235$$

选取炉膛中部温度校正为 1210℃（1483K）时，计算 $K_p(T)=16.39$；消耗 H_2S 为 22.4kmol/h 时，$K_p(x)=16.39$，与 $K_p(T)$ 基本一致。校正后的炉膛前部温度与标顶数据相差 7℃，说明实际生产过程中，DCS 反应炉炉膛温度指示较为准确。

根据化学反应公式，H_2S 消耗量为 22.4kmol/h，消耗的 SO_2 量为 11.2kmol/h，生成的 S_2 量为 16.8kmol/h，生成的 H_2O 量为 22.4kmol/h。反应结束后，过程气组成见表 4-43（反应过程物料 8 的总体积流量与摩尔流量为反算结果）。

表 4-43　反应过程物料 8

名称	流量/(Nm^3/h)	气体摩尔流量/(kmol/h)	组成/%		组分摩尔流量/(kmol/h)
反应过程物料 8	23931.11	1068.96	CO_2	5.6	60.17
			H_2S	5.1	53.69
			H_2O	24.4	261.12
			烃	0.03	0.33
			H_2	0.2	2.10
			N_2	53.7	573.65
			氨	0	0
			O_2	0	0
			SO_2	2.3	25.07
			COS	0.1	0.900
			S_2	8	85.53
			CO	0.6	6.110
			CS_2	0.028	0.3

4）$H_2S \longrightarrow 0.5S_2+H_2$ 反应计算：

此反应为生成 S_2 与 H_2 的反应，虽然此反应正逆反应速率均很快，但是反应炉后有余热锅炉，可以迅速降温，所以此反应还是会发生，为使模拟计算结果中的数据与实际化验分析推算数据接近，将 H_2S 消耗量设定为 4.5kmol/h。

根据化学反应式，H_2S 消耗量为 0.3kmol/h，生成的 S_2 量为 2.25kmol/h，生成的 H_2 量为 4.5kmol/h。反应结束后，过程气组成见表 4-44（反应过程物料 9 的总体积流量与摩尔流量为反算结果）。

表 4-44 反应过程物料 9(炉出口)

名称	流量/(Nm^3/h)	气体摩尔流量/(kmol/h)	组成/%		组分摩尔流量/(kmol/h)
反应过程物料 9(炉出口)	23981.51	1071.21	CO_2	5.6	60.17
			H_2S	4.7	49.19
			H_2O	24.4	261.12
			烃	0.03	0.33
			H_2	0.6	6.6
			N_2	53.6	573.65
			氨	0	0
			O_2	0	0
			SO_2	2.3	25.07
			COS	0.1	0.9
			S_2	8.2	87.78
			CO	0.6	6.11
			CS_2	0.028	0.3

6. 反应炉热平衡计算

反应炉热量平衡计算可以计算出反应炉的热损失，也可以对反应炉内物料组成进行校正。通过对计算结果的分析，可以发现部分反应炉运行过程中存在的问题。

在计算反应炉热平衡时，需要找到与硫黄回收单元相关的组分 ΔH 与温度的关系，见表 4-45。

表 4-45 各组分 ΔH 与温度的关系

组分	ΔH/(kJ/kmol)
H_2S	$\Delta H=-2\times10^{-12}T^4+4\times10^{-9}T^3+4\times10^{-6}T^2+0.0357\times T-21.586$
SO_2	$\Delta H=-8\times10^{-6}T^2+0.0728T-311.08$
COS	$\Delta H=-2\times10^{-12}T^4+7\times10^{-9}T^3-5\times10^{-6}T^2+0.0571T-146.39$
CS_2	$\Delta H=3\times10^{-21}T^4-1\times10^{-9}T^3+4\times10^{-6}T^2+0.0543T+114.33$
S_2	$\Delta H=5\times10^{-9}T^3-2\times10^{-5}T^2+0.0522T+118.15$
S_6	$\Delta H=8\times10^{-8}T^3-0.0002T^2+0.2772T+60.643$
S_8	$\Delta H=-5\times10^{-10}T^3+1\times10^{-5}T^2+0.1105T+110.96$
CO_2	$\Delta H=-1\times10^{-9}T^3+8\times10^{-6}T^2+0.0451T-396.51$
CO	$\Delta H=-2\times10^{-9}T^3+6\times10^{-6}T^2+0.0262T-110.72$
H_2O	$\Delta H=-5\times10^{-10}T^3+6\times10^{-6}T^2+0.0327T-242.69$
H_2	$\Delta H=3\times10^{-10}T^3+1\times10^{-6}T^2+0.0282T-0.4731$
CH_4	$\Delta H=-8\times10^{-9}T^3+4\times10^{-5}T^2+0.029T-74.825$
N_2	$\Delta H=-2\times10^{-9}T^3+7\times10^{-6}T^2+0.0253T+0.0601$
O_2	$\Delta H=-9\times10^{-10}T^3+4\times10^{-6}T^2+0.0301T-1.0862$
NH_3	$\Delta H=-6\times10^{-9}T^3+3\times10^{-5}T^2+0.024T-43.446$

热量计算公式为 $Q_x=M_x\times\Delta H$，其中 x 代表任意组分。

(1) 反应炉进料热量计算

反应炉进料分为两部分，进炉前部酸性气与空气混合后组成见表 4-16；进炉中部酸性气组成见表 4-15。

根据表各组分 ΔH 与温度的关系(表 4-45)，分别计算两股进料的热量，计算结果见表 4-46与表 4-47。

表 4-46 进炉前部酸性气与空气混合后总热量

原料种类	组成	流量/(kmol/h)	ΔH 焓值/[MJ/(kmol/h)]	热量 Q(焓值×物质的量)/(GJ/h)	总热量 Q/(GJ/h)
进炉前部酸性气与空气混合	CO_2	49.42	-390.188	-19.285	-25.738
	H_2S	208.04	-16.614	-3.456	
	H_2O	18.93	-238.102	-4.507	
	烃	6.11	-70.125	-0.428	
	H_2	0	3.407	0	
	N_2	562.96	3.650	2.055	
	氨	21.36	-39.613	-0.846	
	O_2	149.67	3.107	0.465	

表 4-47 进炉中部酸性气总热量

原料种类	组成	流量/(kmol/h)	ΔH 焓值/[MJ/(kmol/h)]	热量 Q(焓值×物质的量)/(GJ/h)	总热量 Q/(GJ/h)
进炉中部酸性气	CO_2	10.74	-389.795	-4.187	-5
	H_2S	43.27	-16.306	-0.706	
	H_2O	0	-237.817	0	
	烃	1.53	-69.795	-0.107	
	H_2	0	3.644	0	
	N_2	0	3.875	0	

计算进料总热量为：

$$Q_{炉进料}=Q_{进料1}+Q_{进料2}=-25.738-5=-30.738\text{GJ/h}$$

(2) 反应炉出口物料热量计算

反应炉出口物料组成见表 4-44。

根据表各组分 ΔH 与温度的关系(表 4-45)，计算反应炉出口物料热量结果见表 4-48。

表 4-48 反应过程物料 9(炉出口)总热量

名称	组成	流量/(kmol/h)	ΔH 焓值/[MJ/(kmol/h)]	热量 Q(焓值×物质的量)/(GJ/h)	总热量 Q/(GJ/h)
反应过程物料 9(炉出口)	CO_2	60.17	-331.998	-19.975	-39.99
	H_2S	49.79	30.266	1.507	
	H_2O	261.12	-195.224	-50.977	

续表

名称	组成	流量/(kmol/h)	ΔH 焓值/[MJ/(kmol/h)]	热量 Q(焓值×物质的量)/(GJ/h)	总热量 Q/(GJ/h)
反应过程物料9(炉出口)	烃	0.33	4.657	0.002	-39.99
	H_2	6.60	35.644	0.235	
	N_2	573.65	37.379	21.442	
	氨	0.00	18.888	0	
	O_2	0.00	39.597	0	
	SO_2	25.07	-234.705	-5.883	
	COS	0.90	-76.506	-0.069	
	S_2	87.78	160.888	14.123	
	CO	6.11	-73.776522	-0.450774549	
	CS_2	0.3	184.117839	0.055235352	

(3) 反应炉热量损失计算

反应炉热量损失 $Q_{损}=Q_{炉进料}-Q_{炉出口}=-30.738-(-39.99)=9.27\text{GJ/h}$。按 1kW=3600kJ/h 换算，$Q_{损}=\dfrac{9.27\times10^6}{3600}=2575.78\text{kW/h}$。

三、反应炉余热锅炉相关数据计算

制硫炉余热锅炉的作用是通过换热的方式将反应炉出口的过程气温度降低为后续硫冷器冷凝硫黄做准备，同时将过程气所带的大部分热量回收利用，用于生产 3.5MPa 中压蒸汽，此蒸汽部分回用于装置自身的中压蒸汽加热器，剩余部分则是外送至中压蒸汽管网，作为能量输出。

1. 余热锅炉出口物料组成计算

余热锅炉进料即为反应炉出口过程气，但是随着过程气在余热锅炉中发生取热过程，过程气会被取走大部分热量用来生产蒸汽，温度就随之降低很多。随着温度的变化，余锅出口过程其中硫的形态会发生变化，计算过程如下：

硫形态变化以余锅出口最终状态为准，不考虑变化的具体过程。余热锅炉出口温度标定值为 302.93℃，压力为 140KPa(假设炉出口至余热锅炉有 5kPa 压力降)。

根据公式 $T(℉)=T(℃)\times1.8+32$，计算余热锅炉出口温度 $T(℉)=577.274℉$。由图 4-2可知，此温度下 S_2 全部转化为 S_6 与 S_8，摩尔分数之比为 $S_{8余}/S_{6余}\approx0.65/0.35$。

根据公式：

$$2W_{S_2}=6W_{S_6}+8W_{S_8}$$

$$\frac{W_{S_{8余热锅炉}}}{W_{S_{6余热锅炉}}}=\frac{0.65}{0.35}=1.857$$

其中 $W_{S_2}=87.78\text{kmol/h}$；

计算得到 $W_{S_{6余热锅炉}}=8.42\text{kmol/h}$；$W_{S_{8余热锅炉}}=15.63\text{kmol/h}$。

余热锅炉出口物料组成见表 4-49。

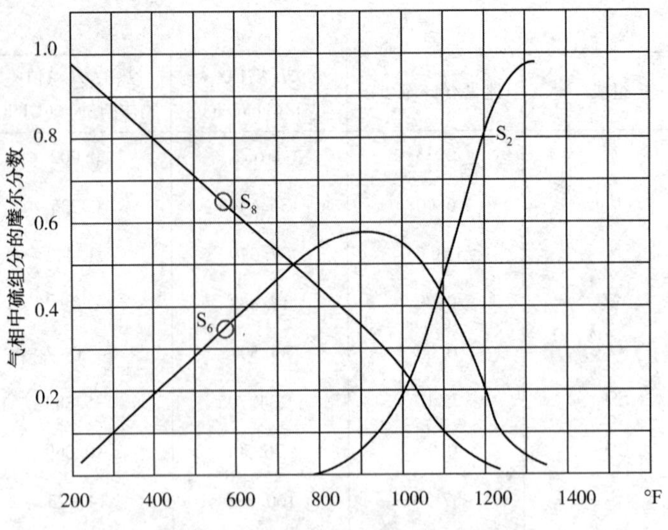

图 4-2 硫黄形态随温度变化曲线

表 4-49 反应过程物料 10(余锅出口)

名称	流量/(Nm^3/h)	气体摩尔流量/(kmol/h)	温度/℃	组成/%(摩尔)		组分摩尔流量/(kmol/h)
反应过程物料 10(余热锅炉出口)	22503. 54	1007. 48	302. 93	CO_2	6	60. 17
				H_2S	5	49. 19
				H_2O	26	261. 12
				烃	0. 03	0. 33
				H_2	0. 7	6. 60
				N_2	57. 1	573. 65
				氨	0	0
				O_2	0	0
				SO_2	2. 5	25. 07
				COS	0. 09	0. 90
				S_2	0	0
				S_6	0. 8	8. 42
				S_8	1. 6	15. 63
				CO	0. 61	6. 11
				CS_2	0. 03	0. 3

2. 硫黄形态分析

过程气中硫蒸气压力 $p=\dfrac{S_2+S_6+S_8}{M_{总}}\times\pi$，$\pi=140\text{kPa}$。

则 $p=\dfrac{0+8.42+15.63}{1007.48}\times140=3.344\text{kPa}$。

根据液硫蒸气压计算公式：

$$V_{P_s}=10^{-3}\times e^{[89.273-(13463/(T+273.15))-8.9643\ln(T+273.15)]} \quad (4-5)$$

e = 2. 71828，计算得 $T_1=302.93$℃时，液硫蒸气压 $p_s\approx7.508\text{kPa}$，$p_s>p$，所以组分中无液硫($p_s$ 查图 4-3 可知)。

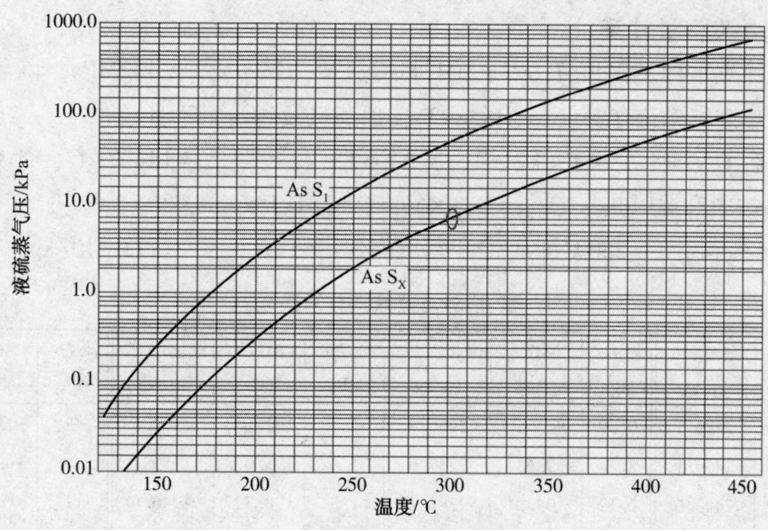

图 4-3 液硫蒸气压与温度关系

3. 余热锅炉热负荷计算

根据各组分 ΔH 与温度的关系(表 4-45)，计算余热锅炉出口物料热量结果见表 4-50(T=302.93℃)。

表 4-50 反应过程物料 10(余热锅炉出口)总热量

名称	组成	流量/(kmol/h)	ΔH 焓值/[MJ/(kmol/h)]	热量 Q(焓值×物质的量)/(GJ/h)	总热量 Q/(GJ/h)
反应过程物料 10(余热锅炉出口)	CO_2	60.17	-382.142	-22.99232626	-83.96
	H_2S	49.79	-10.310	-0.513315661	
	H_2O	261.12	-232.247	-60.64472696	
	烃	0	-62.592	-0.020491326	
	H_2	6.60	8.170	0.053919573	
	N_2	573.65	8.311	4.767563762	
	氨	0	-33.589	0	
	O_2	0	8.374	4.06649E-06	
	SO_2	25.07	-289.761	-7.263338106	
	COS	0.90	-129.374	-0.116436402	
	S_2	0	132.267	0	
	S_6	8.42	128.4857871	1.081498312	
	S_8	15.63	145.3375314	2.271924255	
	CO	6.11	-102.2882322	-0.624981099	
	CS_2	0.3	131.1183665	0.03933551	

计算余热锅炉热负荷 $\Delta Q_{余} = Q_{炉出口} - Q_{余热锅炉出口} = -40.01-(-83.96) = 43.95$GJ/h。

按 1kW = 3600kJ/h 换算，计算热负荷为 12213.82kW/h，余热锅炉设计热负荷为 16380.5kW/h，存在偏差。造成偏差的原因有如下几点：

1）余热锅炉换热效果较差，常见原因有换热管壁结垢等。

2）计算结果受反应炉热损失影响。

3）实际反应炉酸性气量负荷没有达到设计值，造成过程气携带热量不足，换热量偏低。

4. 余热锅炉发汽量计算

余热锅炉除氧水标定温度 $T_{除氧水}=104.11℃$，压力按 $p_{除氧水}=4.2MPa$，除氧水按纯水计算，饱和蒸汽温度标定值 $T_{饱和蒸汽}=248.89℃$，加药量及排污量不计。

水的比热容 $C_{H_2O}=4.186kJ/(kg·℃)$，$\Delta T=T_{饱和蒸汽}-T_{除氧水}=144.78℃$，计算单位质量水(kg)在余热锅炉中升温吸热量 $Q_{H_2O}=C_{H_2O}\times\Delta T=606.51kJ/kg$。

由表 4-51 查得，$T\approx250℃$时，饱和蒸汽汽化潜热 $H_{饱和蒸汽}=1713.4kJ/kg$。

表 4-51 蒸汽汽化潜热表

压力/MPa	温度/℃	汽化潜热/kJ/kg	压力/MPa	温度/℃	汽化潜热/kJ/kg	压力/MPa	温度/℃	汽化潜热/kJ/kg	压力/MPa	温度/℃	汽化潜热/kJ/kg
0.001	6.9491	2484.1	0.09	96.7121	2265.3	1.3	191.644	1972.1	9	303.385	1378.9
0.002	17.5403	2459.1	0.1	99.634	2257.6	1.4	195.078	1959.1	10	311.037	1317.2
0.003	24.1142	2443.6	0.12	104.81	2243.9	1.5	198.327	1946.6	11	318.118	1255.7
0.004	28.9533	2432.2	0.14	109.318	2231.8	1.6	201.41	1934.6	12	324.715	1193.8
0.005	32.8793	2422.8	0.16	113.326	2220.9	1.7	204.346	1923	13	330.894	1131
0.006	36.1663	2415	0.18	116.941	2210.9	1.8	207.151	1911.7	14	336.707	1066.7
0.007	38.9967	2408.3	0.2	120.24	2201.7	1.9	209.838	1900.7	15	342.196	1000.2
0.008	41.5075	2402.3	0.25	127.444	2181.4	2	212.417	1890	16	347.396	930.8
0.009	43.7901	2396.8	0.3	133.556	2163.7	2.2	217.298	1869.4	17	352.334	857.1
0.01	45.7988	2392	0.35	138.891	2147.9	2.4	221.829	1849.8	18	357.034	777.4
0.015	53.9705	2372.3	0.4	143.642	2133.6	2.6	226.085	1830.8	19	361.514	688.9
0.02	60.065	2357.5	0.5	151.867	2108.2	2.8	230.096	1812.6	20	365.789	585.9
0.025	64.9726	2345.5	0.6	158.863	2086	3	233.893	1794.9	21	396.868	452.4
0.03	69.1041	2335.3	0.7	164.983	2066	3.5	242.597	1752.9			
0.04	75.872	2318.5	0.8	170.444	2047.7	4	250.394	1713.4			
0.05	81.3388	2304.8	0.9	175.389	2030.7	5	263.98	1639.5			
0.06	85.9496	2293.1	1	179.916	2014.8	6	275.625	1570.5			
0.07	89.9556	2282.8	1.1	184.1	1999.9	7	285.869	1504.8			
0.08	93.5107	2273.6	1.2	187.995	1985.7	8	295.048	1441.2			

那么，在此工况下，单位质量(kg)104℃除氧水产生 248.89℃饱和蒸汽，其需热量为 $Q_{需}=Q_{H_2O}+H_{饱和蒸汽}=2319.91kJ/kg$，余热锅炉换热效率按 0.98 计算。

计算蒸汽产汽量 $M_{饱和蒸汽}=0.98\times\frac{\Delta Q_{余}}{Q_{需}}=18574.16kg/h=18.57t/h$，此发汽量为计算值，装置实际发汽量标定值为 18.24t/h，相差 0.33t/h。

所以余热锅炉热损失 $Q_{损}=\Delta Q_{余}-\Delta Q_{余1}43.95-43.18=0.77GJ/h$。

5. 饱和中压蒸汽压力计算

$$T=-2.9371P^4+32.653P^3-125.85P^2+216.19P+68.609 \tag{4-6}$$

根据公式计算出当温度为 248.89℃时，饱和蒸汽压为 3.692MPa，由于装置反应炉余热锅炉蒸汽无压力指示，所以暂无法对比，但是此压力高于蒸汽管网压力(蒸汽管网压力约为 3.2~3.4MPa)，所以压力计算值较为合理。

饱和蒸汽压力也可以根据表 4-52 查得。

表 4-52 饱和蒸汽温度、压力对照表

压力/MPa	饱和温度/℃	压力/MPa	饱和温度/℃	压力/MPa	饱和温度/℃	压力/MPa	饱和温度/℃	压力/MPa	饱和温度/℃
0.02	59.67	0.88	174.53	4.31	254.87	7.75	293.00	11.58	322.00
0.029	68.68	0.98	179.04	4.32	255.00	7.84	293.61	11.76	323.15
0.039	75.42	1.08	183.00	4.41	257.00	7.85	294.00	11.77	323.00
0.049	80.86	1.17	187.08	4.51	257.56	7.94	294.00	11.96	324.42
0.059	85.45	1.27	190.71	4.61	259.00	8.04	295.33	12.16	325.66
0.069	89.45	1.37	194.13	4.71	260.17	8.14	297.00	12.36	327.00
0.088	96.18	1.47	197.37	4.81	261.00	8.24	297.02	12.4	326.89
0.098	45.45	1.57	200.43	4.90	262.69	8.34	298.00	12.5	328.11
0.098	99.09	1.66	203.36	5.00	264.00	8.40	298.68	12.7	329.31
0.10	99.00	1.67	203.00	5.10	265.14	8.43	299.00	12.75	329.00
0.117	104.25	1.76	206.15	5.20	266.00	8.53	299.00	13.34	333.00
0.137	108.75	1.77	206.00	5.29	267.52	8.63	300.31	13.7	335.1
0.157	112.73	1.86	208.82	5.40	269.00	8.73	301.00	13.73	335.00
0.177	116.33	1.96	211.39	5.49	269.84	8.83	301.91	14.32	338.00
0.196	119.62	2.06	214.00	5.60	271.00	8.92	302.00	14.7	340.57
0.20	120.00	2.15	216.24	5.79	273.00	9.02	303.48	14.71	341.00
0.216	122.64	2.16	216.00	5.88	274.28	9.12	304.00	15.3	344.00
0.235	125.45	2.26	218.00	5.98	275.00	9.22	305.03	15.59	346.00
0.255	128.08	2.35	220.76	6.08	276.42	9.32	306.00	15.69	345.75
0.275	130.55	2.45	223.00	6.18	277.00	9.4	306.55	16.28	349.0
0.294	132.88	2.55	224.99	6.27	278.5	9.41	307.00	16.67	350.67
0.30	133	2.65	227.00	6.28	278.00	9.51	307.00	17.26	354.00
0.314	135.08	2.74	228.98	6.37	279.00	9.6	308.05	17.65	355.35
0.333	137.19	2.75	229.00	6.47	280.54	9.61	308.00	18.24	358.00
0.353	139.18	2.84	231.00	6.57	281.00	9.71	309.00	18.6	359.81
0.373	141.09	2.94	233.00	6.67	282.53	9.8	309.53	19.22	362.00
0.392	142.92	3.00	232.76	6.77	283.00	9.81	310.00	19.6	364.07
0.40	143.00	3.13	236.00	6.86	284.47	10.0	310.98	19.61	364.00
0.412	144.68	3.14	236.35	6.87	284.00	10.2	312.41	20.6	368.15
0.431	146.38	3.33	239.77	6.96	285.00	10.4	313.82	21.6	372.05
0.451	148.01	3.53	243.04	7.06	286.38	10.6	315.21	21.9	373.57
0.471	149.59	3.63	245.00	7.16	287.00	10.74	317.00	22.12	374.15
0.49	151.11	3.72	246.17	7.25	288.24	10.78	316.58		
0.588	158.08	3.73	246.00	7.26	288.00	10.98	317.93		
0.59	158.00	3.83	248.00	7.36	289.00	11.18	319.00		
0.68	164.17	3.9	249.8	7.45	290.06	11.37	320.58		
0.78	169.61	4.02	251.00	7.55	291.00	11.38	321.00		
0.83	175.00	4.12	252.07	7.65	291.85	11.57	321.87		

如果装置余热锅炉有压力指示，也可以判断饱和蒸汽温度是否在合理范围。

四、一级硫冷器计算

1. 一级硫冷器出口物料组成计算

（1）未冷凝硫计算

一级硫冷出口温度标定值为162.44℃，压力为$\pi=137$kPa(假设余热锅炉出口至一级硫冷有3kPa压力降)。

根据公式(4-5)，计算出当$T_2=162.44$℃时，硫分压$p=0.049$kPa。

根据未冷凝硫计算式：

$$S_{未冷凝}=(p/\pi)\times[W_{余总}-(S_{8硫冷}+S_{6硫冷}-S_{未冷凝})] \tag{4-7}$$

计算得到$S_{未冷凝}=0.35$kmol/h。

根据公式$T(℉)=T(℃)\times1.8+32$，计算一冷出口温度$T(℉)=324.39$℉。

根据图4-2可得，摩尔分率之比为$S_{8余}/S_{6余}\approx0.87/0.13$。

根据公式：

$$W_{S未冷凝}=0.351\text{kmol/h};$$

$$\frac{W_{S_8一冷}}{W_{S_6一冷}}=\frac{0.87}{0.13}$$

计算得到$W_{S_6未冷凝}=0.0456$kmol/h；$W_{S_8未冷凝}=0.3053$kmol/h。

（2）液硫组分计算

假设，被冷凝部分的硫总量为$W_{S液硫}$，根据下列公式：

$$W_{S液硫}=6W_{S_6余热锅炉}+8W_{S_8余热锅炉}-6W_{S_6未冷凝}-6W_{S_8未冷凝}=175.21\text{kmol/h}$$

$$\frac{W_{S_8一冷}}{W_{S_6一冷}}=\frac{0.87}{0.13}=6.692$$

计算得到$W_{S_6一冷}=2.903$kmol/h；$W_{S_8一冷}=19.428$kmol/h。

2. 一级冷凝出口物料组成计算

一级冷凝出口物料相比余热锅炉出口来说，仅有硫黄组分含量发生变化，大部分硫黄在一级冷凝器中变成液体硫黄，并夹带小部分H_2S和其他组分，由于携带量较小，本次计算不予考虑。

一级冷凝出口物料中，硫黄含量即为未冷凝的S_6与S_8其余组分摩尔流量按余热锅炉出口计算，计算完成后，一级冷凝器出口物料组见表4-53。

表4-53　反应过程物料11(一冷出口)

名称	流量/(Nm³/h)	气体摩尔流量/(kmol/h)	气相组成/%		组分摩尔流量/(kmol/h)
反应过程物料11(一冷出口)	22023.12	983.78	CO_2	6.1	60.17
			H_2S	5	49.19
			H_2O	26.6	261.12
			烃	0.03	0.33
			H_2	0.7	6.6

续表

名称	流量/(Nm³/h)	气体摩尔流量/(kmol/h)	气相组成/%		组分摩尔流量/(kmol/h)
反应过程物料 11(一冷出口)	22023.12	983.78	N_2	58.3	573.65
			氨	0	0
			O_2	0	0
			SO_2	2.5	25.07
			COS	0.09	0.9
			S_2	0	0
			S_6	0.0047	0.0457
			S_8	0.031	0.306
			CO	0.62	6.11
			CS_2	0.03	0.30
液硫	流量/(t/h)	摩尔流量/(kmol/h)	液相组成/%		组分摩尔流量/(kmol/h)
	5.531	22.33	S_6	13	2.903
			S_8	87	19.427

3. 一级硫冷器热负荷计算

根据表各组分 ΔH 与温度的关系(表 4-45),计算一级冷凝出口物料热量结果见表 4-54(T=162.44℃)。

表 4-54 反应过程物料 11(一冷出口)总热量

名称	气相组成	流量/(kmol/h)	ΔH 焓值/[MJ/(kmol/h)]	热量 Q(焓值×物质的量)/(GJ/h)	总热量 Q/(GJ/h)
反应过程物料平衡 11(一冷出口)	CO_2	60.17	-388.977	-23.40360562	-91.82
	H_2S	49.19	-15.666	-0.770562813	
	H_2O	261.12	-237.222	-61.94368596	
	烃	0.33	-69.093	-0.022619727	
	H_2	6.60	4.135	0.027293512	
	N_2	573.65	4.346	2.493042964	
	氨	0.00	-38.782	0	
	O_2	0.00	3.905	1.89626E-06	
	SO_2	25.07	-299.465	-7.506600915	
	COS	0.90	-137.218	-0.123496199	
	S_2	0.00	126.123	0	
	S_6	0.05	100.7369184	0.004606463	
	S_8	0.31	129.1713444	0.039529472	
	CO	6.11	-106.314324	-0.64958052	
	CS_2	0.30	123.2517528	0.036975526	
	液相组分	流量/(kmol/h)	ΔH 焓值/[MJ/(kmol/h)]	热量 Q(焓值×物质的量)/(GJ/h)	总热量 Q/(GJ/h)
	S_6	2.903	100.7369184	0.292434692	2.801
	S_8	19.427	129.1713444	2.509471751	

计算一级冷凝器热负荷：

$\Delta Q_{一冷}=Q_{余热锅炉出口}-Q_{一冷出口}=-83.96-(-91.82)-2.802=5.062$GJ/h。按 1kW＝3600kJ/h 换算，计算热负荷为 1406kW/h。

本装置硫冷凝器采用三合一的形式，即单台硫冷器产汽量无法计量，需要将三台硫冷器的热负荷分别计算出来后，再计算三合一硫冷凝器的产汽量，并与标定产汽量进行对比。

五、转化炉及一级冷凝部分计算数据与化验分析数据对比分析

本次计算开始时，所有计算都是按照贴合实际化验分析数据的方向进行的，其中最主要的是反应炉的选取，反应的选取是根据反应炉进料组成与一级转化入口的化验分析推算数据进行的。

1. 计算数据真实性评估

一级冷凝器出口与一级转化器入口过程气除温度不同外，过程气中各组分摩尔流量基本不会发生变化，所以一级冷凝器出口气相组成即为一级转化器入口气相组成。

实际化验分析是针对干基样品进行的，其中不包括水与硫黄，所以过程气中各组分摩尔分率的计算数据与实际化验分析数据没有可比性，本次对比只采用组分摩尔流量进行对比。

尽管在实际化验分析过程中，样品中的水硫单质别除去，但是在各组分化验分析结果齐全的情况下，部分组分是可以通过计算得到的，一级转化入口过程气中虽然含有硫黄，但是一级硫冷液硫产量无法直接计量，且间接计量方式不稳定，所以通过实际化验分析结果不容易计算。

而过程气中水含量是一个很重要的指标，影响很多反应的化学平衡及各设备的热量平衡，并且硫黄回收装置整体来说压力偏低，所以水在反应炉至急冷塔前基本都处于气相，计算起来比较方便。为了更好地将一转入口过程气组成计算数据与实际化验分析推算数据进行对比，需要将一转入口过程气组成实际化验数据中的水含量推算出来，具体计算过程如下：

计算过程气含水量根据转化炉 H_2 平衡，已知入炉总氢量为反应炉所有进料中氢原子总和，而空气含水量按进炉空气流量校正后的数值计算。

$$W_{H_{总}}=2\times W_{H_2}+2\times W_{H_2S}+4\times W_{CH_4}+3\times W_{NH_3}+2W_{H_2O}=635.12\text{kmol/h}$$

一转入口过程气化验分析总氢量(见表 4-6)：

$$W_{H一转入}=2\times W_{H_2}+2\times W_{H_2S}+4\times W_{CH_4}=126.43\text{kmol/h}$$

液硫按不含水计算，则一转入口过程气水含推算值为：

$$W_{H_2O}=\frac{W_{H_{总}}-W_{H一转入}}{2}=\frac{635.116-126.43}{2}=254.34\text{kmol/h}$$

此部分水在采样过程气中是被干燥剂吸收的。

将一转入口过程气各组分摩尔流量计算数据与化验分析数据对比见表 4-55。

表 4-55　反应过程物料一级转化入口组分组成对比表

名称	气相组分	组分摩尔流量模型计算结果/(kmol/h)	组分摩尔流量化验分析推算结果/(kmol/h)
反应过程物料一级转化入口	CO_2	60.17	62.513
	H_2S	49.19	55.158
	H_2O	261.12	254.34

续表

名称	气相组分	组分摩尔流量模型计算结果/(kmol/h)	组分摩尔流量化验分析推算结果/(kmol/h)
反应过程物料一级转化入口	烃	0.33	0.353
	H_2	6.6	7.4
	N_2	573.65	573.65
	氨	0	0
	O_2	0	0.221
	SO_2	25.07	27.95
	COS	0.90	1.839
	S_2	0	0
	S_6	0.0457	0
	S_8	0.3060	0
	CO	6.11	8.090
	CS_2	0.30	算在COS里面

可以看出，在氮平衡的计算结果下，一级转化器入口计算值与化验分析推算值中各组分摩尔流量基本接近，摩尔流量差值相对较多的组分如H_2S、SO_2、CO等，其原因在于，一方面反应炉选取的反应式种类有限，造成计算结果不够精确；另一反面由于化验分析数据存在一定偏差。不过综合炉膛温度、余热锅炉产汽量等因素，计算结果依然有较高的可信度，所以之后的所有计算过程采用化验分析数据中各组分摩尔流量校正后的推算值进行一次计算，再通过模型计算值进行对比计算。

2. 制硫反应炉及余热锅炉各重要参数对比计算

(1) 制硫炉总回收率

制硫炉总硫收率计算公式：

$$\eta=\left(1-\frac{\text{一冷出口气体}(H_2S+SO_2+COS+2CS_2)\text{总摩尔流量}}{\text{入反应炉}(H_2S+SO_2+COS+2CS_2)\text{总摩尔流量}}\right)\times100\% \tag{4-8}$$

1）根据实际化验分析计算得到：

$$\eta=\left(1-\frac{55.158+1.839+27.95}{34.96+203.58+12.7+0.074}\right)\times100\%=\left(1-\frac{84.944}{251.31}\right)\times100\%=66.19\%$$

2）根据模型计算结果计算得到：

$$\eta=\left(1-\frac{49.19+0.9+25.07+0.6}{34.96+203.58+12.7+0.074}\right)\times100\%=\left(1-\frac{84.944}{251.31}\right)\times100\%=69.85\%$$

制硫反应炉的硫回收率一般在60%~70%之间，所以上述两种计算结果都在范围之内。

(2) 制硫炉硫黄产量计算

由于每一级硫冷实际产硫量无法计量，根据化验分析结果计算硫黄产量采用硫单质摩尔流量与S相对原子质量进行计算：

$$M_{\text{转化炉S}}=\frac{(251.31-84.944)\times32}{1000}=5.322\text{t/h}$$

而通过模型计算所得到的硫黄产量则采用一级冷凝出口液相组分中S_6与S_8的摩尔流量直接计算：

$$M_{转化炉S}=\frac{(6\times2.903+8\times19.427)\times32}{1000}=5.53t/h$$

两种结果相差不大。

(3) 制硫炉硫露点计算

1) 根据实际化验分析计算此时硫分压如下：

在计算露点时，先要计算出余热锅炉出口过程气 S_6 与 S_8 的摩尔流量，根据实际化验分析数据，推算出 $W_{S_2}=\frac{251.31-84.974}{2}=83.168kmol/h$，保持余热锅炉出口温度 302.93℃(577.27℉)，压力 140kPa(g)不变，根据余热锅炉出口物料组成的计算方法，假设 S_2 全部转换为 S_6 与 S_8，根据实际化验分析数据计算余热锅炉出口 S_6 与 S_8 的摩尔流量为：

$$W_{S_6化验分析}=7.975kmol/h，W_{S_8化验分析}=14.811kmol/h$$

$$p=\frac{W_{S_2}+W_{S_6}+W_{S_8}}{W_{总}}\times\pi=\frac{7.975+14.811}{737.1+7.975+14.811+254.34}\times140=3.145kPa(g)$$

注：737.1 为一级转化入口化验分析数据总流量推算值(kmol/h)，254.34 为一级转化入口推算的水含量(kmol/h)。

根据公式 4-5，计算得出当 $p=3.126kPa(g)$ 时，$T=270.5$℃，此温度为当前工况下转化炉液硫露点温度。

2) 根据模型计算结果计算此时硫分压如下：

$$p=\frac{W_{S_2}+W_{S_6}+W_{S_8}}{W_{总}}\times\pi=\frac{8.42+15.63}{1007.48}\times140=3.344kPa(g)$$

根据公式 4-5，计算得出当 $p=3.344kPa(g)$ 时，$T=272.8$℃，两种结果相差不大。

(4) 制硫炉组分变化率

将各组分摩尔流量的化验分析推算结果与模型计算结果一起与反应炉进料部分各组分摩尔流量进行对比，见表 4-56。

表 4-56 各组分摩尔流量变化率化验分析推算结果与模型计算结果对比

进反应炉组分/(kmol/h)		实际化验分析		模型计算结果	
		一级转化入口/(kmol/h)	组分变化率/%	一级转化入口/(kmol/h)	组分变化率/%
H_2	0	7.4	100	6.6	100
N_2	562.96	573.65	1.897	573.65	1.898
CO	0.00	8.09	100	6.11	100
CO_2	60.17	62.513	3.90	60.17	0.005
H_2S	251.31	55.158	-78.05	49.19	-80.427
COS	0	1.839	100	0.9	100
SO_2	0	27.95	100	25.07	100
CS_2	0	0	0	0.3	100
H_2O	18.93	254.34	1243.6	261.12	1279.5
O_2	149.67	0.221	-99.85	0	-100

续表

进反应炉组分/(kmol/h)		实际化验分析		模型计算结果	
		一级转化入口/(kmol/h)	组分变化率/%	一级转化入口/(kmol/h)	组分变化率/%
烃	7.63	0.353	-95.38	0.33	-95.68
氨	21.36	0	-100	0	-100
S_2	0	0	0	0	0
S_6	0	7.975	100	8.42	100
S_8	0	14.811	100	15.63	100

六、一级加热器计算

过程气在加热器中被蒸汽加热，各组分含量没有变化，计算加热器的目的主要是对蒸汽用量进行核算，由于化验分析数据部分内容不完善，所以计算的数据采用各组分模型计算结果。

1. 一级加热器热负荷计算

一级加热器入口温度为一冷出口标定温度 $T_1=162.44$℃，一级加热器出口温度为一转入口标定温度 $T_2=217.04$℃。一级加热器出口物料组成与一冷出口物料气相组成一致，并采用模型计算结果。

根据各组分 ΔH 与温度的关系(表4-45)，计算一级加热器出口物料热量结果见表4-57($T=217.04$℃)。

表4-57 反应过程物料12(一级加热出口)总热量

名称	气相组成	流量/(kmol/h)	ΔH焓值/[MJ/(kmol/h)]	热量Q(焓值×物质的量)/(GJ/h)	总热量Q/(GJ/h)
反应过程物料12(一级加热器出口)	CO_2	60.17	-386.355	-23.24583083	-90.07
	H_2S	49.19	-13.613	-0.669589025	
	H_2O	261.12	-235.315	-61.44578834	
	烃	0.33	-66.728	-0.021845575	
	H_2	6.6	5.698	0.03760417	
	N_2	573.65	5.861	3.36185263	
	氨	0	-36.885	0	
	O_2	0	5.626	2.73199E-06	
	SO_2	25.07	-295.656	-7.411118895	
	COS	0.9	-134.165	-0.120748876	
	S_2	0	128.588	0	
	S_6	0.05	112.2031329	0.005130786	
	S_8	0.31	135.4088716	0.041438302	
	CO	6.11	-104.7713618	-0.64015302	
	CS_2	0.3	126.2934735	0.037888042	

计算一级加热器热负荷：

$$\Delta Q_{一级加热}=Q_{一冷出口}-Q_{一级加热出口}=-91.82-(-90.07)=-1.75\text{GJ/h}$$

按 1kW＝3600kJ/h 换算，计算热负荷为-485.43kW/h。

2. 一级加热器蒸汽耗量计算

中压蒸汽温度标定值为 254.65℃，凝结水温度标定值为 250.37℃，水的比热容 C_{H_2O}＝4.186KJ/(kg·℃)，$\Delta T=T_{凝结水}-T_{中压蒸汽}=-4.28℃$，计算单位质量水(kg)热量变化 $Q_{H_2O}=C_{H_2O}\times\Delta T=-17.91\text{kJ/kg}$。

由表 4-51 查得，$T\approx250℃$时，饱和蒸汽汽化潜热 $H_{饱和蒸汽}=1713.4\text{kJ/kg}$。

那么，在此工况下，单位质量(kg)中压蒸汽产生发热量为 $Q_{发}=Q_{H_2O}+H_{饱和蒸汽}=1731.32\text{kJ/kg}$，加热器换热效率按 0.98 计算，保温良好的情况下，不计热损失。

计算加热所需中压蒸汽量 $M_{中压蒸汽}=0.98\times\dfrac{\Delta Q_{一级加热}}{Q_{发}}=989.186\text{kg/h}=0.989\text{t/h}$，此蒸汽耗量为计算值，装置实际蒸汽耗量标定值为 0.958t/h，相差 0.031t/h，相差不大，此偏差与加热器换热效率及蒸汽焓值选取有关。

七、一级转化器计算

根据图 4-4 可以看出，在低于 500℃(773.15K)时，克劳斯反应的转化率随温度的降低而提高。

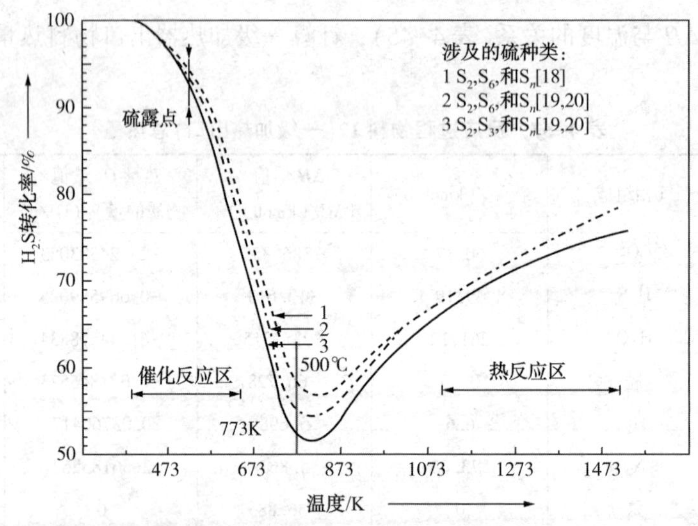

图 4-4 克劳斯反应转化率与温度关系

在此低温区域内温度降低对转化率的影响要高于 500℃(773.15K)以上的高温区，而且一级转化入口的 H_2S 与 SO_2 已经远低于转化炉，不适合在高温低转化率的环境下继续反应。

一级转化器的主要作用是将反应炉出口过程气中未回收的 H_2S 与 SO_2 在催化剂的作用下在低温下去继续反应生成单质硫，进一步回收硫。

1. 一级转化器反应的选取与排序

在计算反应炉时，建立了计算理念，即自己选取反应种类并且自定反应进行程度，最终将各个组分摩尔流量的计算值与化验分析数据推算值进行靠近，最大限度靠近反应实际。由于一级转化器内存在反应，所以在计算时依旧采用上述流程，一级转化器入口过程气组成按照计算值进行，通过反应的选取及反应程度的计算，将一级转化器出口过程气各组分的摩尔流量计算值与实际化验分析推算值靠近，之后再进行其他方面的计算。

一级转化器内能够发生的反应很多，不过在催化剂的作用下，一些主要反应比较突出，为了计算能够准确，在反应选取后依然需要对各个反应进行排序并逐步计算，排序依据与反应炉计算时相同。

用软件(HCS 6.0)分析各个反应的平衡常数及热力学参数，并且对各个反应进行如下排序：

1）$2H_2S+SO_2 \longrightarrow 3/8S_8+2H_2O$；其平衡常数与温度关系见表4-58。

表4-58　反应 $2H_2S+SO_2 \longrightarrow 3/8S_8+2H_2O$ 温度(T)与平衡常数(K)关系

T/℃	ΔH/kJ	ΔS/(J/K)	ΔG/kJ	K	lgK
200.000	-280.682	-301.636	-137.962	1.706×10^{15}	15.232
220.000	-279.921	-300.061	-131.946	9.482×10^{13}	13.977
240.000	-279.171	-298.572	-125.959	6.649×10^{12}	12.823
260.000	-278.448	-297.188	-120.002	5.728×10^{11}	11.758
280.000	-277.756	-295.914	-114.071	5.926×10^{10}	10.773
300.000	-277.094	-294.738	-108.165	7.220×10^{9}	9.859
320.000	-276.457	-293.647	-102.281	1.018×10^{9}	9.008

2）$CS_2+2H_2O \longrightarrow CO_2+2H_2S$；其平衡常数与温度关系见表4-59。

表4-59　反应 $CS_2+2H_2O \longrightarrow CO_2+2H_2S$ 温度(T)与平衡常数(K)关系

T/℃	ΔH/kJ	ΔS/(J/K)	ΔG/kJ	K	lgK
200.000	-68.548	7.058	-71.887	8.646×10^{7}	7.937
220.000	-68.625	6.898	-72.027	4.263×10^{7}	7.630
240.000	-68.694	6.760	-72.163	2.220×10^{7}	7.346
260.000	-68.755	6.643	-72.297	1.213×10^{7}	7.084
280.000	-68.809	6.545	-72.429	6.921×10^{6}	6.840
300.000	-68.854	6.464	-72.559	4.105×10^{6}	6.613
320.000	-68.892	6.399	-72.688	2.521×10^{6}	6.402

3）$COS+H_2O \longrightarrow CO_2+H_2S$；其平衡常数与温度关系见表4-60。

表4-60　反应 $COS+H_2O \longrightarrow CO_2+H_2S$ 温度(T)与平衡常数(K)关系

T/℃	ΔH/kJ	ΔS/(J/K)	ΔG/kJ	K	lgK
200.000	-34.348	-2.476	-33.177	4.602×10^{3}	3.663
220.000	-34.396	-2.574	-33.126	3.229×10^{3}	3.509
240.000	-34.439	-2.659	-33.074	2.328×10^{3}	3.367
260.000	-34.477	-2.733	-33.020	1.719×10^{3}	3.235
280.000	-34.511	-2.796	-32.965	1.298×10^{3}	3.113
300.000	-34.542	-2.850	-32.908	9.986×10^{2}	2.999
320.000	-34.567	-2.894	-32.851	7.820×10^{2}	2.893

2. 一级转化器内各个反应计算及参数校正

(1) $2H_2S+SO_2 = 3/8S_8+2H_2O$

此反应为一级转化器内主要反应，其反应进行程度受温度影响很大，所以在计算转化率时，需要考虑温度影响的因素。

此反应的物料组成平衡常数为：

$$K_p(x)=[H_2O]^2\times[S_8]^{0.375}\times[\pi/M_{总}]^{-0.625}/[H_2S]^2/[SO_2] \tag{4-9}$$

炉膛压力 π=135kPa(g)(假设一级转化器有2kPa压力降)。

由于反应温度565.52K(292.37℃)小于700K，所以平衡常数也可按下述公式计算：

$$\ln K_p(T)=14596.4/T+5.9181\ln T-5.1239\times10^{-3}T+0.7829\times10^{-6}T^2-54.7634 \tag{4-10}$$

由于本次模拟计算，最终一级转化出口的 H_2S 与 SO_2 含量与实际化验分析推算结果接近，所以本次计算 $K_p(T)$ 的值不能直接带入标定数据，需要通过两个平衡常数计算公式反复迭代 H_2S 消耗量与炉膛温度进行验算。

最后当一转床层温度校正为299.6℃(572.75K)时，计算 $K_p(T)$=277.39；消耗 H_2S 为33.2kmol/h时，$K_p(x)$=277.97，与 $K_p(T)$ 基本一致。校正后的一级转化床层温度与标定数据相差7.23℃，温度指示略有偏差。

根据化学反应式，H_2S 消耗量为33.2kmol/h，消耗的 SO_2 量为16.6kmol/h，生成的 S_8 量为6.23kmol/h，生成的 H_2O 量为33.2kmol/h。

此温度下摩尔分数之比为 $S_{8余}/S_{6余}\approx0.65/0.35$，计算总硫单质：

$$W_{S总}=8\times(W_{一转生成S_8}+W_{一转入口S_8})+6\times W_{一转入口S_6}=52.52\text{kmol/h}$$

计算一转出口 S_8 与 S_6 的含量为：$W_{一转出口S_8}$=4.68kmol/h，$W_{一转出口S_6}$=2.52kmol/h。

反应结束后，过程气组成见表4-61。

表4-61 反应过程物料13

名称	流量/(Nm³/h)	气体摩尔流量/(kmol/h)	气相组成/%		组分摩尔流量/(kmol/h)
反应过程物料13	21790.72	974.02	CO_2	6.2	60.2
			H_2S	1.6	15.99
			H_2O	30.3	294.32
			烃	0.03	0.3
			H_2	0.7	6.6
			N_2	59	573.6
			氨	0	0.0
			O_2	0	0.0
			SO_2	0.9	8.47
			COS	0.09	0.9
			S_2	0	0.0
			S_6	0.259	2.52
			S_8	0.481	4.68
			CO	0.63	6.1
			CS_2	0.03	0.3

（2）$CS_2+2H_2O═══CO_2+2H_2S$

此反应为 CS_2 的水解反应，根据一转出口化验分析，将 CS_2 的消耗量定为 0.2kmol/h。

根据化学反应式，CS_2 消耗量为 0.2kmol/h，消耗的 H_2O 量为 0.4kmol/h，生成的 CO_2 量为 0.2kmol/h，生成的 H_2S 量为 0.4kmol/h。反应结束后，过程气组成见表 4-62。

表 4-62　反应过程物料 14

名称	流量/(Nm^3/h)	气体摩尔流量/(kmol/h)	气相组成/%		组分摩尔流量/(kmol/h)
反应过程物料 14	21790.72	974.02	CO_2	6.2	60.37
			H_2S	1.7	16.39
			H_2O	30.2	293.92
			烃	0.03	0.33
			H_2	0.7	6.60
			N_2	59	573.65
			氨	0	0
			O_2	0	0
			SO_2	0.9	8.47
			COS	0.09	0.9
			S_2	0	0
			S_6	0.259	2.52
			S_8	0.481	4.68
			CO	0.63	6.11
			CS_2	0.01	0.1

（3）$COS+H_2O═══CO_2+H_2S$

此反应为 COS 的水解反应，根据一转出口化验分析，将 COS 的消耗量定位为 0.53kmol/h。

根据化学反应公式，COS 消耗量为 0.53kmol/h，消耗的 H_2O 量为 0.53kmol/h，生成的 CO_2 量为 0.53kmol/h，生成的 H_2S 量为 0.53kmol/h。反应结束后，过程气组成见表 4-63（反应过程物料 13 的总体积流量与摩尔流量为反算结果）。

表 4-63　反应过程物料 15(一级转化出口)

名称	流量/(Nm^3/h)	气体摩尔流量/(kmol/h)	气相组成/%		组分摩尔流量/(kmol/h)
反应过程物料 15(一级转化出口)	21790.72	974.02	CO_2	6.3	60.9
			H_2S	1.7	16.92
			H_2O	30.2	293.39
			烃	0.03	0.33
			H_2	0.7	6.60

续表

名称	流量/(Nm^3/h)	气体摩尔流量/(kmol/h)	气相组成/%		组分摩尔流量/(kmol/h)
反应过程物料15(一级转化出口)	21790.72	974.02	N_2	59	573.65
			氨	0	0
			O_2	0	0
			SO_2	0.9	8.47
			COS	0.04	0.37
			S_2	0	0
			S_6	0.259	2.52
			S_8	0.481	4.68
			CO	0.63	6.11
			CS_2	0.01	0.1

3. 一级转化器出口温度校正

已知，一级转化器入口过程气总热量为 $Q_{一级加热出口}=-90.07$GJ/h，一级转化器不计算热损失，所以 $Q_{一级转化出口}$应该约等于-90.07GJ/h。一级转化器出口物料组成采用模型计算结果，根据表各组分 ΔH 与温度的关系(表4-45)，当 $T=271.28$℃时，一级转化出总热量见表4-64。

表4-64 反应过程物料15(一级转化出口)总热量

名称	气相组成	流量/(kmol/h)	ΔH 焓值/[MJ/(kmol/h)]	热量 Q(焓值×物质的量)/(GJ/h)	总热量 Q/(GJ/h)
反应过程物料15总热量(一级转化出口)	CO_2	60.9	-383.720	-23.36743086	-90.07
	H_2S	16.92	-11.549	-0.195383821	
	H_2O	293.39	-233.398	-68.47678736	
	烃	0.33	-64.188	-0.021013768	
	H_2	6.60	7.249	0.047840178	
	N_2	573.65	7.391	4.239629242	
	氨	0	-34.858	0	
	O_2	0	7.347	3.56763E-06	
	SO_2	8.47	-291.939	-2.471747897	
	COS	0.37	-131.155	-0.048527193	
	S_2	0	130.927	0	
	S_6	2.52	122.6682009	0.308903634	
	S_8	4.68	141.6299587	0.662355982	
	CO	6.11	-103.218959	-0.63066784	
	CS_2	0.1	129.3191615	0.012931916	

由计算结果可知，此时一级转化器出口温度为271.28℃，而标定温度为276.12℃，相差4.84℃，温度指示略有偏差。

八、二级冷凝器计算

1. 二级硫冷器出口物料组成计算

(1)未冷凝硫计算

二级硫冷出口温度标定值为160.51℃，压力为$\pi=135$kPa(与一级转化器相同)。

根据液硫蒸汽压公式4-5，计算出当$T_2=160.51$℃时，硫分压$P=0.044$kPa。

根据未冷凝硫计算公式4-7，计算得到$S_{未冷凝}=0.318$kmol/h。

根据公式T(℉)=T(℃)×1.8+32，计算二冷出口温度T(℉)=320.92℉。

由图4-2查得，摩尔分率之比为$S_{8余}/S_{6余}\approx0.87/0.13$。

根据公式：

$$W_{S未冷凝}=0.318\text{kmol/h}$$

$$\frac{W_{S_8二冷}}{W_{S_6二冷}}=\frac{0.87}{0.13}$$

计算得到$W_{S_6未冷凝}=0.0413$kmol/h；$W_{S_8未冷凝}=0.2767$kmol/h。

(2) 液硫组分计算

假设，被冷凝部分的硫总量为$W_{S液硫}$，根据下列公式：

$$W_{S液硫}=6W_{S_6一转}+8W_{S_8一转}-6W_{S_6未冷凝}-6W_{S_8未冷凝}=50.06\text{kmol/h}$$

$$\frac{W_{S_8二冷}}{W_{S_6二冷}}=\frac{0.87}{0.13}=6.692$$

计算得到$W_{S_6二冷}=0.841$kmol/h；$W_{S_8二冷}=5.627$kmol/h。

2. 二级冷凝出口物料组成计算

二级冷凝出口物料相比一级转化出口来说，仅有硫黄组分含量发生变化，大部分硫黄在二级冷凝器中变成液体硫黄，并夹带小部分H_2S和其他组分，由于携带量较小，本次计算不予考虑。

二级冷凝出口物料中，硫黄含量即为未冷凝的S_6与S_8，其余组分摩尔流量按一级转化出口计算，计算完成后，二级冷凝器出口物料组成见表4-65。

表4-65 反应过程物料平衡16(二冷出口)

名称	流量/(Nm³/h)	气体摩尔流量/(kmol/h)	气相组成/%		组分摩尔流量/(kmol/h)
反应过程物料平衡16(二冷出口)	21636.68	967.1	CO_2	6.3	60.9
			H_2S	1.8	16.92
			H_2O	30.4	293.39
			烃	0.03	0.33
			H_2	0.7	6.60
			N_2	59.4	573.65
			氨	0	0
			O_2	0	0
			SO_2	0.9	8.47

续表

名称	流量/(Nm^3/h)	气体摩尔流量/(kmol/h)	气相组成/%		组分摩尔流量/(kmol/h)
反应过程物料平衡16(二冷出口)	21636.68	967.1	COS	0.04	0.37
			S_2	0	0.00
			S_6	0.0043	0.041
			S_8	0.029	0.277
			CO	0.63	6.11
			CS_2	0.01	0.10
液硫	流量/(t/h)	摩尔流量/(kmol/h)	液相组成/%		组分摩尔流量/(kmol/h)
	1.602	6.47	S_6	13	0.841
			S_8	87	5.627

3. 二级硫冷器热负荷计算

根据表各组分 ΔH 与温度的关系(表4-45)，计算二级冷凝出口物料热量结果见表4-66(T=160.51℃)。

表4-66　反应过程物料16(二冷出口)总热量

名称	气相组成	流量/(kmol/h)	ΔH焓值/[MJ/(kmol/h)]	热量Q(焓值×物质的量)/(GJ/h)	总热量Q/(GJ/h)
反应过程物料16(二冷出口)	CO_2	60.9	-389.069	-23.69315406	-94.3
	H_2S	16.92	-15.738	-0.266251125	
	H_2O	293.39	-237.289	-69.61843229	
	烃	0.33	-69.173	-0.022645817	
	H_2	6.6	4.080	0.026929888	
	N_2	573.65	4.293	2.462702805	
	氨	0	-38.846	0	
	O_2	0	3.844	1.86691E-06	
	SO_2	8.47	-299.601	-2.536621628	
	COS	0.37	-137.326	-0.050810648	
	S_2	0	126.034	0	
	S_6	0.041	100.3145034	0.004147539	
	S_8	0.28	128.951922	0.03568046	
	CO	6.11	-106.3683278	-0.649910483	
	CS_2	0.1	123.1446115	0.012314461	
	液相组分	流量/(kmol/h)	ΔH焓值/[MJ/(kmol/h)]	热量Q(焓值×物质的量)/(GJ/h)	总热量Q/(GJ/h)
	S_6	0.841	100.3145034	0.08434608	0.81
	S_8	5.627	128.951922	0.725612738	

计算二级冷凝器热负荷：

$\Delta Q_{二冷}=Q_{一转出口}-Q_{一冷出口}=-90.07-(-94.296)-0.81=3.456GJ/h$。按 1kW=3600kJ/h 换算，计算热负荷为 960.03kW/h。

九、一级转化器各重要参数对比计算参数计算

1. 一转出口组成计算数据与化验分析推算数据对比

与反应炉计算思路一致，一级转化反应的选取都是按照贴合实际化验分析数据的方向进行的。

二级冷凝器出口与一级转化器出口过程气除硫黄单质含量不同外，气相中各组分摩尔流量基本不会发生变化，所以二级冷凝器出口气相组成即为一级转化器出口气相组成。

实际化验分析是针对干基样品进行的，其中不包括水与硫黄，依旧需要对水含量进行校正。

计算过程气含水量根据转化炉 H_2 平衡，已知入炉总氢量为反应炉所有进料中氢原子总和：$W_{H总}=2\times W_{H_2}+2\times W_{H_2S}+4\times W_{CH_4}+3\times W_{NH_3}+2W_{H_2O}=635.12kmol/h$；

一转出口过程气化验分析总氢量（根据制硫反应炉相关计算中推算结果）：

$$W_{H一转出}=2\times W_{H_2}+2\times W_{H_2S}+4\times W_{CH_4}=48.621kmol/h$$

液硫按不含水计算，则一转出口过程气水含推算值为：

$$W_{H_2O}=\frac{W_{H总}-W_{H一转出}}{2}=\frac{635.116-48.621}{2}=298.25kmol/h$$

将一转出口过程气各组分摩尔流量计算数据与化验分析数据对比，见表4-67。

表4-67　一级转化出口各组分摩尔流量计算数据与化验分析数据对比

名称	气相组分	组分摩尔流量模型计算结果/(kmol/h)	组分摩尔流量化验分析推算结果/(kmol/h)
反应过程物料一级转化出口	CO_2	60.9	64.19
	H_2S	16.92	16.892
	H_2O	293.39	298.25
	烃	0.33	0.33
	H_2	6.6	6.76
	N_2	573.65	573.65
	氨	0	0
	O_2	0	0
	SO_2	8.47	8.11
	COS	0.37	0.47
	S_2	0	0
	S_6	0.041	0
	S_8	0.28	0
	CO	6.11	8.11
	CS_2	0.1	算在COS里面

可以看出，在氮平衡的计算结果下，一级转化器出口计算值与化验分析推算值中各组分摩尔流量基本接近。

2. 一级转化器各重要参数对比计算

（1）一级转化硫回收率

$$\eta=\left(1-\frac{\text{二冷出口气体}(H_2S+SO_2+COS+2CS_2)\text{总摩尔流量}}{\text{一转入口}(H_2S+SO_2+COS+2CS_2)\text{总摩尔流量}}\right)\times100\% \tag{4-11}$$

1）根据化验分析推算值计算得到：

$$\eta=\left(1-\frac{16.892+0.47+8.11}{55.158+1.839+27.95}\right)\times100\%=\left(1-\frac{25.472}{84.947}\right)\times100\%=70.01\%$$

2）根据模型计算结果算值计算得到：

$$\eta=\left(1-\frac{16.92+0.1+0.37+8.47}{49.19+0.3+0.9+25.07}\right)\times100\%=\left(1-\frac{25.86}{75.46}\right)\times100\%=65.73\%$$

数据存在偏差，但按模型计算值考虑，实际硫回收率偏低。

（2）一级转化克劳斯转化率

$$\eta=\left(1-\frac{\text{第二冷凝器入口 }SO_2\text{ 总摩尔流量}}{\text{第一冷凝器出口 }SO_2\text{ 总摩尔流量}}\right)\times100\% \tag{4-12}$$

1）根据化验分析推算值计算得到：$\eta=\left(1-\frac{8.11}{27.95}\right)\times100\%=70.98\%$；

2）根据模型计算结果算值计算得到：$\eta=\left(1-\frac{8.47}{25.07}\right)\times100\%=66.13\%$。

数据存在偏差，但按模型计算值考虑，实际克劳斯转化率偏低。

（3）一级转化有机硫水解率

$$\eta=\left(1-\frac{\text{第二冷凝器入口}(COS+2CS_2)\text{总摩尔流量}}{\text{第一冷凝器出口}(COS+2CS_2)\text{总摩尔流量}}\right)\times100\% \tag{4-13}$$

1）根据化验分析推算值计算得到：$\eta=\left(1-\frac{0.47}{1.839}\right)\times100\%=74.44\%$；

2）根据模型计算结果算值计算得到：$\eta=\left(1-\frac{0.47}{1.2}\right)\times100\%=60.83\%$。

数据存在偏差，但按模型计算值考虑，有机硫水解率偏低。

（4）一级转化硫黄产量计算

由于每一级硫冷实际产硫量无法计量，根据化验分析结果计算硫黄产量采用硫单质摩尔流量与S相对原子质量进行计算：

1）根据化验分析推算值计算得到：$M_{\text{一转S}}=\frac{(84.947-25.472)\times32}{1000}=1.903\text{t/h}$；

2）而通过模型计算所得到的硫黄产量则采用二级冷凝出口液相组分中 S_6 与 S_8 的摩尔流量直接计算：$M_{\text{一转S}}=\frac{(6\times0.841+8\times5.627)\times32}{1000}=1.602\text{t/h}$。

（5）一级转化硫露点计算

1）根据化验分析计算此时硫分压如下：

在根据实际化验分析推算值计算露点时，先要计算出一转出口过程气 S_6 与 S_8 的摩尔流量，已知 $W_S=84.947-25.472=59.475\text{kmol/h}$，一转床层温度为 292.37℃（558.27℉），压力

135kPa(g)，此温度下 $S_6/S_8 \approx 0.35/0.65$，根据余热锅炉相关数据的计算方法，假设S全部为 S_6 与 S_8，根据实际化验分析数据计算一转出口 S_6 与 S_8 的摩尔流量为：$W_{S_6化验分析}=2.852kmol/h$，$W_{S_8化验分析}=5.296kmol/h$。

$$P=\frac{W_{S_2}+W_{S_6}+W_{S_8}}{W_{总}}\times\pi=\frac{2.852+5.296}{678.5+2.852+5.296+298.25}\times135=1.116kPa(g)$$

注：678.5为一级转化出口化验分析数据总流量推算值(kmol/h)，298.25为推算的水含量(kmol/h)

根据液硫蒸气压公式 $V_P=10^{-3}\times e^{[89.273-(13463/(T+273.15))-8.9643\ln(T+273.15)]}$；计算得出当 $p=1.116kPa(g)$ 时，$T=237.8℃$，此温度为当前工况下一级转化器硫露点温度。

2）根据模型计算结果计算此时硫分压如下：

$$P=\frac{W_{S_2}+W_{S_6}+W_{S_8}}{W_{总}}\times\pi=\frac{2.52+4.68}{974.02}\times135=0.99kPa(g)$$

根据公式4-5，计算得出当 $p=0.998kPa(g)$ 时，$T=234.5℃$，两种结果相差不大。

（6）一级转化空速计算

1）反应器体积空速计算公式为：

$$s=\frac{原料气流量}{催化剂体积} \tag{4-14}$$

2）根据化验分析结果推算一转入口气量：

$$V_{一转}=(W_{一转入口气}+W_{炉H_2O})\times22.4=(737.1+254.34)\times22.4=22208.26Nm^3/h(不考虑硫单质)$$

3）已知一转入口温度 $T_{一转入}=217.04℃$，压力为 $\pi_{一转}=0.035MPa$，换算一转入口过程气流量公式：

$$Q_f=Q_N\times\frac{0.10132\times(273.15+T)}{(P+0.10132)\times273.15}m^3/h \tag{4-15}$$

计算得到 $V_{一转}=22208.26\times\frac{0.10132\times(273.15+217.04)}{(0.035+0.10132)\times273.15}=29621.93m^3/h$；

4）已知剂装填体积 $V_{一转催}=44.8m^3$，

则一转空速 $s=\frac{V_{一转}}{V_{一转催}}=\frac{29621.93}{44.8}=661.2m^3/(m^3\cdot h)$。

5）根据模型计算结果计算则一转空速：

$$s=\frac{V_{一转}}{V_{一转催}}=974.02\times22.4\times\frac{0.10132\times(273.15+217.04)}{(0.035+0.10132)\times273.15\times44.8}=656.09m^3/(m^3\cdot h)$$

两种结果偏差不大。

十、二级加热器计算

1. 二级加热器热负荷计算

二级加热器出口温度为二转入口标定温度 $T=211.03℃$。二级加热器出口物料组成与二冷出口物料气相组成一致，采用模型计算结果进行相关计算。

根据表各组分 ΔH 与温度的关系（表4-45），计算二级加热器出口物料热量结果见表4-68。

表 4-68　反应过程物料 17(二级加热器出口)总热量

名称	气相组成	流量/(kmol/h)	ΔH 焓值/[MJ/(kmol/h)]	热量 Q(焓值×物质的量)/(GJ/h)	总热量 Q/(GJ/h)
反应过程物料 17(二级加热器出口)	CO_2	60.9	-386.646	-23.54557914	-92.74
	H_2S	16.92	-13.840	-0.234156283	
	H_2O	293.39	-235.527	-69.10147891	
	烃	0.3	-66.999	-0.021934161	
	H_2	6.6	5.525	0.036466974	
	N_2	573.65	5.692	3.265245126	
	氨	0	-37.102	0	
	O_2	0	5.435	2.6395×10^{-6}	
	SO_2	8.47	-296.073	-2.506753815	
	COS	0.37	-134.501	-0.049765383	
	S_2	0	128.322	0	
	S_6	0.041	110.9856189	0.00458874	
	S_8	0.277	134.7194526	0.037276312	
	CO	6.11	-104.9426079	-0.641199334	
	CS_2	0.1	125.9576657	0.012595767	

计算二级加热器热负荷：

$\Delta Q_{二级加热}=Q_{二冷出口}-Q_{二级加热出口}=-94.03-(-92.74)=-1.551$GJ/h。按 1kW=3600kJ/h 换算，计算热负荷为-430.93kW/h。

2. 二级加热器蒸汽耗量计算

中压蒸汽温度标定值为 254.37℃，凝结水温度标定值为 250.37℃，水的比热容 $C_{H_2O}=4.186$kJ/(kg·℃)，$\Delta T=T_{凝结水}-T_{中压蒸汽}=-4$℃，计算单位质量水(kg)热量变化 $Q_{H_2O}=C_{H_2O}\times\Delta T=-16.74$kJ/kg。

由表 4-51 查得，$T\approx250$℃时，饱和蒸汽汽化潜热 $H_{饱和蒸汽}=1713.4$kJ/kg。

那么，在此工况下，单位质量(kg)中压蒸汽发生发热量为 $Q_{发}=Q_{H_2O}+H_{饱和蒸汽}=1730.14$kJ/kg，加热器换热效率按 0.98 计算，保温良好的情况下，不计热损失，计算加热所需中压蒸汽量 $M_{中压蒸汽}=0.98\times\dfrac{\Delta Q_{二级加热}}{Q_{发}}=878.73$kg/h=0.879t/h，此蒸汽耗量为计算值，装置实际蒸汽耗量标定值为 0.977t/h，相差 0.098t/h，说明加热器存在内漏或疏水器失效导致部分蒸汽进入凝结水系统。

十一、二级转化器计算

二级转化器的反应的选取及反应顺序与一级转化器一致，其入口过程气各组分摩尔流量与二级加热器出口一致，采用模型计算值。各个反应量的多少按二级转化出口(三冷出口)化验分析数据去给定。

1. 二级转化器内各个反应计算及参数校正

(1) $2H_2S+SO_2=\!=\!=3/8S_8+2H_2O$

此反应为二级转化器内主要反应，其反应进行程度受温度影响很大，所以在计算转化率时，需要考虑温度影响的因素。

此反应的物料组成平衡常数：$K_p(x)$按公式4-9计算，炉膛压力$\pi=133kPa(g)$（假设二级转化器有2kPa压力降）。

由于反应温度496.46K（223.31℃标定值）小于700K，所以平衡常数也可按公式4-10计算：

由于本次模拟计算，最终需要二级转化出口的H_2S与SO_2含量与实际化验分析推算结果接近，所以本次计算$K_p(T)$的值不能直接带入标定数据，需要通过两个平衡常数计算公式反复迭代H_2S消耗量与炉膛温度进行验算。

最后当炉膛前部温度校正为220.18℃（493.33K）时，计算$K_p(T)=9756.51$；消耗H_2S为12.37kmol/h时，$K_p(x)=9756.39$，与$K_p(T)$基本一致。校正后的一级转化床层温度与标定数据相差3.31℃，温度指示略有偏差。

根据化学反应公式，H_2S消耗量为12.37kmol/h，消耗的SO_2量为6.185kmol/h，生成的S_8量为2.32kmol/h，生成的H_2O量为12.37kmol/h。

查图4-2可得此温度下[220.18℃（428.32℉）]，摩尔分数之比为$S_{8余}/S_{6余}\approx0.78/0.22$。

计算总硫单质：$W_{S_{总}}=8\times(W_{二转生成S_8}+W_{二转入口S_8})+6\times W_{二转入口S_6}=21.02kmol/h$；

计算一转出口S_8与S_6的含量为：$W_{二转出口S_8}=2.17kmol/h$，$W_{二转出口S_6}=0.61kmol/h$。反应结束后，过程气组成见表4-69。

表4-69　反应过程物料18

名称	流量/（Nm^3/h）	气体摩尔流量/（kmol/h）	气相组成/%		组分摩尔流量/（kmol/h）
反应过程物料18	21550.09	963.42	CO_2	6.3	60.90
			H_2S	0.5	4.55
			H_2O	31.8	305.76
			烃	0.03	0.33
			H_2	0.7	6.60
			N_2	59.6	573.65
			氨	0	0
			O_2	0	0
			SO_2	0.2	2.28
			COS	0.04	0.37
			S_2	0	0
			S_6	0.0636	0.61
			S_8	0.225	2.17
			CO	0.64	6.11
			CS_2	0.01	0.1

（2）$CS_2+2H_2O=\!=\!=CO_2+2H_2S$

此反应为CS_2的水解反应，根据一转出口化验分析，将CS_2的消耗量定位0.1kmol/h，全部反应完全。

根据化学反应公式，CS_2消耗量为0.1kmol/h，消耗的H_2O量为0.2kmol/h，生成的CO_2量为0.1mol/h，生成的H_2S量为0.2kmol/h。反应结束后，过程气组成见表4-70（反应过程物料19的总体积流量与摩尔流量为反算结果）。

表 4-70 反应过程物料 19

名称	流量/(Nm^3/h)	气体摩尔流量/(kmol/h)	气相组成/%		组分摩尔流量/(kmol/h)
反应过程物料 19	21550.09	963.42	CO_2	6.3	61.00
			H_2S	0.5	4.75
			H_2O	31.8	305.56
			烃	0.03	0.33
			H_2	0.7	6.6
			N_2	59.6	573.65
			氨	0	0
			O_2	0	0
			SO_2	0.2	2.28
			COS	0.04	0.37
			S_2	0	0
			S_6	0.0636	0.61
			S_8	0.225	2.17
			CO	0.64	6.11
			CS_2	0	0

(3) $COS+H_2O═══CO_2+H_2S$

此反应为 COS 的水解反应，根据一转出口化验分析，将 COS 的消耗量定位 0.53kmol/h。

根据化学反应公式，COS 消耗量为 0.14kmol/h，消耗的 H_2O 量为 0.14kmol/h，生成的 CO_2 量为 0.14mol/h，生成的 H_2S 量为 0.14kmol/h。反应结束后，过程气组成见表 4-71。

表 4-71 反应过程物料 20(二级转化出口)

名称	流量/(Nm^3/h)	气体摩尔流量/(kmol/h)	气相组成/%		组分摩尔流量/(kmol/h)
反应过程物料 20(二级转化出口)	21550.09	963.42	CO_2	6.4	61.14
			H_2S	0.5	4.89
			H_2O	31.7	305.42
			烃	0.03	0.33
			H_2	0.7	6.60
			N_2	59.6	573.65
			氨	0	0
			O_2	0	0
			SO_2	0.2	2.28
			COS	0.02	0.23
			S_2	0	0
			S_6	0.0636	0.61
			S_8	0.225	2.17
			CO	0.64	6.11
			CS_2	0	0

2. 二级转化器出口温度校正

已知，二级转化器入口过程气总热量为 $Q_{二级加热出口}=-92.74$GJ/h，二级转化器不计算热损失，所以 $Q_{一级转化出口}$ 应该约等于-92.74GJ/h。一级转化器出口物料组成采用模型计算结果，根据表各组分 ΔH 与温度的关系，当 $T=219.34$℃时，一级转化出口总热量见表4-72。

表4-72 反应过程物料20(二级转化出口)总热量

名称	气相组成	流量/(kmol/h)	ΔH 焓值/[MJ/(kmol/h)]	热量 Q(焓值×物质的量)/(GJ/h)	总热量 Q/(GJ/h)
反应过程物料20(二级转化出口)	CO_2	61.14	-386.243	-23.61378249	-92.74
	H_2S	4.89	-13.526	-0.066115998	
	H_2O	305.42	-235.234	-71.84549479	
	烃	0.33	-66.624	-0.021811456	
	H_2	6.60	5.764	0.038039521	
	N_2	573.65	5.925	3.398886439	
	氨	0	-36.802	0	
	O_2	0	5.699	2.76741×10^{-6}	
	SO_2	2.28	-295.497	-0.674225491	
	COS	0.23	-134.037	-0.03082851	
	S_2	0.00	128.690	0	
	S_6	0.61	112.6662373	0.068906142	
	S_8	2.17	135.6728941	0.294190847	
	CO	6.11	-104.7057367	-0.639752051	
	CS_2	0	126.4220497	0	

由计算结果可知，此时一级转化器出口温度为219.34℃，而标定温度为216.77℃，相差2.57℃，温度指示略有偏差。

十二、三级冷凝器计算

1. 二级硫冷器出口物料组成计算

(1) 未冷凝硫计算

二级硫冷出口温度标定值为154.36℃，压力为 $\pi=133$kPa(压力与二级转化器相同)。

根据液硫蒸气压公式4-5，计算出当 $T_2=154.36$℃时，硫分压 $p=0.032$kPa。

根据未冷凝硫计算公式4-7，计算得到 $S_{未冷凝}=0.233$kmol/h。

根据公式 $T(^{\circ}F)=T(℃)\times1.8+32$，计算二冷出口温度 $T(^{\circ}F)=309.85^{\circ}F$。

根据图4-2可知，此时摩尔分数之比为 $S_{8余}/S_{6余}\approx0.87/0.13$。

根据公式：

$$W_{S未冷凝}=0.233\text{kmol/h}$$

$$\frac{W_{S_8三冷}}{W_{S_6三冷}}=\frac{0.87}{0.13}$$

计算得到 $W_{S_6未冷凝}=0.03$kmol/h；$W_{S_8未冷凝}=0.2$kmol/h。

（2）液硫组分计算

假设被冷凝部分的硫总量为 $W_{S液硫}$，根据下列公式：

$$W_{S液硫}=6W_{S_6二转}+8W_{S_8二转}-6W_{S_6未冷凝}-6W_{S_8未冷凝}=19.21\text{kmol/h}$$

$$\frac{W_{S_8三冷}}{W_{S_6三冷}}=\frac{0.87}{0.13}=6.692$$

计算得到 $W_{S_6三冷}=0.292\text{kmol/h}$；$W_{S_8三冷}=1.957\text{kmol/h}$。

2. 三级冷凝出口物料组成计算

三级冷凝出口物料相比一级转化出口来说，仅有硫黄组分含量发生变化，大部分硫黄在三级冷凝器中变成液体硫黄，并夹带小部分 H_2S 和其他组分，由于携带量较小，本次计算不予考虑。

三级冷凝出口物料中，硫黄含量即为未冷凝的 S_6 与 S_8 其余组分摩尔流量按二级转化出口计算，计算完成后，三级冷凝器出口物料组成见表 4-73。

表 4-73 反应过程物料平衡 21(三冷出口)

名称	流量/(Nm³/h)	气体摩尔流量/(kmol/h)	气相组成/%		组分摩尔流量/(kmol/h)
反应过程物料平衡 21（三冷出口）	21493.04	960.87	CO_2	6.4	61.14
			H_2S	0.5	4.89
			H_2O	31.8	305.42
			烃	0.03	0.33
			H_2	0.7	6.6
			N_2	59.8	573.65
			氨	0	0
			O_2	0	0
			SO_2	0.2	2.28
			COS	0.02	0.23
			S_2	0	0
			S_6	0.0032	0.03
			S_8	0.021	0.2
			CO	0.64	6.11
			CS_2	0	0
液硫	流量/(t/h)	摩尔流量/(kmol/h)	液相组成/%		组分摩尔流量/(kmol/h)
	0.557	2.249	S_6	13	0.292
			S_8	87	1.957

3. 三级硫冷器热负荷计算

根据各组分 ΔH 与温度的关系（表 4-45），计算三级冷凝出口物料热量结果见表 4-74（T=154.36℃）。

表 4-74　反应过程物料 21(三冷出口)总热量

名称	气相组成	流量/(kmol/h)	ΔH 焓值/[MJ/(kmol/h)]	热量 Q(焓值×物质的量)/(GJ/h)	总热量 Q/(GJ/h)
反应过程物料平衡 21(三冷出口)	CO_2	61.14	-389.361	-23.80440705	-95.389
	H_2S	4.89	-15.966	-0.078047796	
	H_2O	305.42	-237.501	-72.53791714	
	烃	0.33	-69.425	-0.022728366	
	H_2	6.6	3.905	0.025771564	
	N_2	573.65	4.125	2.366195352	
	氨	0	-39.049	0	
	O_2	0	3.652	1.77345×10^{-6}	
	SO_2	2.28	-300.033	-0.68457577	
	COS	0.23	-137.671	-0.031664231	
	S_2	0	125.749	0	
	S_6	0.03	98.96042506	0.00300004	
	S_8	0.2	128.2532111	0.026020139	
	CO	6.11	-106.5401618	-0.650960389	
	CS_2	0	122.8033781	0	
	液相组分	流量/(kmol/h)	ΔH 焓值/[MJ/(kmol/h)]	热量 Q(焓值×物质的量)/(GJ/h)	总热量 Q/(GJ/h)
	S_6	0.292	98.96042506	0.028932222	0.28
	S_8	1.957	128.2532111	0.250936818	

计算三级冷凝器热负荷：

$\Delta Q_{三冷}=Q_{二转出口}-Q_{三冷出口}=-92.74-(-95.389)-0.28=2.379GJ/h$。按 1kW=3600kJ/h 换算，计算热负荷为 660.96kW/h。

4. 三合一硫冷器产汽量

硫冷器除氧水标定温度 $T_{除氧水}=104.11℃$，压力按 $p_{除氧水}=1.0MPa$ 计算，除氧水按纯水计算，硫冷器低压蒸汽温度标定值 $T=150.77℃$，加药量及排污量不计。

水的比热容 $C_{H_2O}=4.186kJ/(kg\cdot℃)$，$\Delta T=T_{低压汽}-T_{除氧水}=46.66℃$，计算单位质量水(kg)热量变化 $Q_{H_2O}=C_{H_2O}\times\Delta T=195.32kJ/kg$。

由表 4-51 查得，$T\approx151℃$时，饱和蒸汽汽化潜热 $H_{饱和蒸汽}=2018.2kJ/kg$。

那么，在此工况下，单位质量(kg)104℃除氧水发生 150.77℃饱和蒸汽，其需热量为 $Q_{需}=Q_{H_2O}+H_{低压汽}=2303.52kJ/kg$，硫冷器换热效率按 0.98 计算。

计算蒸汽产汽量 $M_{饱和蒸汽}=0.98\times\dfrac{\Delta Q_{三冷}}{Q_{需}}=4636.04kg/h=4.64t/h$，此发汽量为计算值，装置实际发汽量标定值为 4.59t/h，相差 0.05t/h，此偏差与加热器换热效率及蒸汽焓值选取有关。

根据公式 4-6，计算出当温度为 150.77℃时，低压蒸汽压力为 0.51MPa。

十三、二级转化各重要参数对比计算

1. 二转出口组成计算数据与化验分析推算数据对比

与一级转化计算思路一致，二级转化反应的选取都是按照贴合实际化验分析数据的方向进行的。

三级冷凝器出口与二级转化器出口过程气除硫黄单质含量不同外，气相中各组分摩尔流量基本不会发生变化，所以三级冷凝器出口气相组成即为二级转化器出口气相组成。

实际化验分析是针对干基样品进行的，其中不包括水与硫黄，依旧需要对水含量进行校正。

计算过程气含水量根据转化炉 H_2 平衡计算，已知入炉总氢量为反应炉所有进料中氢原子总和：$W_{H总}=2\times W_{H_2}+2\times W_{H_2S}+4\times W_{CH_4}+3\times W_{NH_3}+2W_{H_2O}=635.116\text{kmol/h}$；

二转出口过程气化验分析总氢量(根据表 4-30 中推算结果)：

$$W_{H二转出}=2\times W_{H_2}+2\times W_{H_2S}+4\times W_{CH_4}=26.56\text{kmol/h}$$

液硫按不含水计算，则二转出口过程气水含推算值为：

$$W_{H_2O}=\frac{W_{H总}-W_{H二转出}}{2}=\frac{635.116-26.56}{2}=304.28\text{kmol/h}$$

将二转出口过程气各组分摩尔流量计算数据与化验分析数据对比见表 4-75。

表 4-75　二级转化出口各组分摩尔流量计算数据与化验分析数据对比

名称	气相组分	组分摩尔流量模型计算结果/(kmol/h)	组分摩尔流量化验分析推算结果/(kmol/h)
反应过程物料二级转化出口	CO_2	61.14	66.014
	H_2S	4.89	4.89
	H_2O	305.42	304.28
	烃	0.33	0.33
	H_2	6.6	7.731
	N_2	573.65	573.65
	氨	0	0
	O_2	0	0
	SO_2	2.28	2.23
	COS	0.23	0.23
	S_2	0	0
	S_6	0.03	0
	S_8	0.2	0
	CO	6.11	7.93
	CS_2	0	0

可以看出，在氮平衡的计算结果下，二级转化器出口计算值与化验分析推算值中各组分摩尔流量基本接近。

2. 二级转化器各重要参数对比计算

（1）二级转化硫回收率

计算公式为：

$$\eta=\left(1-\frac{\text{三冷出口气体}(H_2S+SO_2+COS+2CS_2)\text{总摩尔流量}}{\text{二转入口}(H_2S+SO_2+COS+2CS_2)\text{总摩尔流量}}\right)\times100\% \tag{4-16}$$

1）根据化验分析推算值计算得到：

$$\eta=\left(1-\frac{4.89+0.23+2.23}{16.892+0.47+8.11}\right)\times100\%=\left(1-\frac{7.35}{25.472}\right)\times100\%=71.14\%$$

2）根据模型计算结果算值计算得到：

$$\eta=\left(1-\frac{4.89+2.28+0.23}{16.92+0.1+0.37+8.47}\right)\times100\%=\left(1-\frac{7.4}{25.86}\right)\times100\%=71.38\%$$

一般要求二级转化硫回收率>70%，两种结果与实际相符合。

（2）二级转化克劳斯转化率

计算公式：

$$\eta=\left(1-\frac{\text{第三冷凝器入口 }SO_2\text{ 总摩尔流量}}{\text{第二冷凝器出口 }SO_2\text{ 总摩尔流量}}\right)\times100\% \tag{4-17}$$

1）根据化验分析推算值计算得到：$\eta=(1-\frac{2.23}{8.11})\times100\%=72.5\%$。

2）根据模型计算结果算值计算得到：$\eta=(1-\frac{2.28}{8.47})\times100\%=73.08\%$

（3）二级转化有机硫水解率

计算公式：

$$\eta=\left(1-\frac{\text{第三冷凝器入口}(COS+2CS_2)\text{总摩尔流量}}{\text{第二冷凝器出口}(COS+2CS_2)\text{总摩尔流量}}\right)\times100\% \tag{4-18}$$

1）根据化验分析推算值计算得到：$\eta=\left(1-\frac{0.23}{0.47}\right)\times100\%=51.06\%$。

2）根据模型计算结果算值计算得到：$\eta=\left(1-\frac{0.23}{0.47}\right)\times100\%=51.06\%$。

由于二级转化反应温度为220.18℃偏低，有机硫水解率偏低。

（4）二级转化硫黄产量计算

由于每一级硫冷实际产硫量无法计量，根据化验分析结果计算硫黄产量采用硫单质摩尔流量与S相对原子质量进行计算：

1）根据化验分析推算值计算得到：$M_{\text{二转S}}=\frac{(25.472-7.35)\times32}{1000}=0.58\text{t/h}$；

2）而通过模型计算所得到的硫黄产量则采用二级冷凝出口液相组分中S_6与S_8的摩尔流量直接计算：$M_{\text{二转S}}=\frac{(6\times0.13+8\times0.87)\times32}{1000}=0.557\text{t/h}$。

（5）克劳斯单元硫黄产量核算

1）根据实际化验分析计算硫黄产量：

$M_{\text{硫}}=M_{\text{反应炉S}}+M_{\text{一转S}}+M_{\text{二转S}}=5.322+1.903+0.58=7.805\text{t/h}$，尾气捕集器产生的硫黄无法计算。

2）根据计算模型计算硫黄产量：

设尾气捕集器的捕集效率为 80%，三级冷凝出口 $W_{S_6未冷凝}=0.03$kmol/h，$W_{S_8未冷凝}=0.2$kmol/h。

计算捕集器出口 $W_{S_6未冷凝}=0.006$kmol/h，$W_{S_8未冷凝}=0.04$kmol/h；

计算 $M_{捕集器S}=\frac{[6\times(0.03-0.006)+8\times(0.2-0.04)]\times 32}{1000}=0.046$t/h。

计算 $M_{硫}=M_{反应炉S}+M_{一转S}+M_{二转S}+M_{捕集器S}=5.531+1.602+0.557+0.046=7.736$t/h。

此时捕集器出口过程气组成见表 4-76。

表 4-76　反应过程物料 22(捕集器出口)

名称	流量/(Nm^3/h)	气体摩尔流量/(kmol/h)	气相组成/%		组分摩尔流量/(kmol/h)
反应过程物料 22（捕集器出口）	21488.86	960.69	CO_2	6.4	61.14
			H_2S	0.5	4.89
			H_2O	31.8	305.42
			烃	00.03	0.33
			H_2	0.7	6.6
			N_2	59.8	573.65
			氨	0	0
			O_2	0	0
			SO_2	0.2	2.28
			COS	0.02	0.23
			S_2	0	0
			S_6	0.0006	0.006
			S_8	0.004	0.04
			CO	0.64	6.11
			CS_2	0	0

（6）二级转化硫露点计算

1）根据模型化验分析计算此时硫分压如下：

在根据实际化验分析推算值计算露点时，先要计算出二转出口过程气 S_6 与 S_8 的摩尔流量，已知 $W_S=25.472-7.35=18.122$kmol/h，二转床层温度为 220.18℃（428.32℉），压力 133kPa(g)，此温度下 $S_6/S_8\approx 0.22/0.78$，根据余热锅炉出口物料组成的计算方法，假设 S 全为 S_6 与 S_8，根据实际化验分析数据计算一转出口 S_6 与 S_8 的摩尔流量为：$W_{S_6化验分析}=0.527$kmol/h，$W_{S_8化验分析}=1.87$kmol/h。

$$p=\frac{W_{S_2}+W_{S_6}+W_{S_8}}{W_{总}}\times\pi=\frac{0.527+1.87}{663.01+0.527+1.87+304.28}\times 133=0.328\text{kPa(g)}$$

注：663.01 为二级转化出口化验分析数据总流量推算值(kmol/h)，304.28 为推算的水含量(lmol/h)。

根据液硫蒸气压公式 4-5，计算得出 $p=0.328$kPa(g)时，$T=204.65$℃，此温度为当前工况下二级转化器硫露点温度。

2）根据模型计算结果计算此时硫分压如下：

$$p=\frac{W_{S_2}+W_{S_6}+W_{S_8}}{W_{总}}\times\pi=\frac{0.61+2.17}{963.42}\times133=0.384\text{kPa(g)}$$

根据液硫蒸气压公式(4-5)，计算得出 $p=0.384\text{kPa(g)}$ 时，$T=208.6$℃，两种结果相差不大。

(7) 二级转化空速计算

1）反应器体积空速计算公式为：

$$s=\frac{\text{二级转化入口气量}}{\text{二级转化器催化剂装填体积}}$$

2）根据化验分析结果推算一转入口气量：

$$V_{二转}=(W_{二转入口}+W_{一转H_2O})\times22.4=(678.5+298.25)\times22.4=21879.2\text{Nm}^3/\text{h}$$

3）已知二转入口温度 $T_{二转入}=211.03$℃，压力为 $\pi_{二转}=0.033$MPa，换算一转入口过程气流量：

$$Q_f=Q_N\times\frac{0.10132\times(273.15+T)}{(P+0.10132)\times273.15}\text{m}^3/\text{h}$$

计算得到 $V_{二转}=21879.2\times\frac{0.10132\times(273.15+211.03)}{(0.033+0.10132)\times273.15}=29254.43\text{m}^3/\text{h}$。

4）已知剂装填体积 $V_{二转催}=44.8\text{m}^3$，

则一转空速 $s=\frac{V_{二转}}{V_{二转催}}=\frac{29254.43}{44.8}=653(\text{m}^3)/(\text{m}^3\cdot\text{h})$。

5）根据模型计算结果计算一转空速：

$$s=\frac{V_{二转}}{V_{二转催}}=963.42\times22.4\times\frac{0.10132\times(273.15+211.03)}{(0.033+0.10132)\times273.15\times44.8}=644.09(\text{m}^3)/(\text{m}^3\cdot\text{h})$$

(8) 单程总硫回收率

计算公式：

$$\eta=\left(1-\frac{\text{第三冷凝器出口气体}(H_2S+SO_2+COS+2CS_2)\text{总摩尔流量}}{\text{入反应炉}(H_2S+SO_2+COS+2CS_2)\text{总摩尔流量}}\right)\times100\% \quad (4-19)$$

1）根据化验分析推算值计算得到：

$$\eta=\left(1-\frac{4.89+0.23+2.23}{34.96+203.58+12.7+0.074}\right)\times100\%=\left(1-\frac{7.35}{251.31}\right)\times100\%=97.08\%$$

2）根据模型计算结果算值计算得到：

$$\eta=\left(1-\frac{4.89+0.23+2.28+0.036+0.328}{34.96+203.58+12.7+0.074}\right)\times100\%=\left(1-\frac{7.764}{251.31}\right)\times100\%=96.84\%$$

一般单程总硫回收率95%~97%，两种计算结果都比较贴合实际。

(9) 有机硫总水解率计算

公式：

$$\eta=\left(1-\frac{\text{第三冷凝器入口}(COS+2CS_2)\text{总摩尔流量}}{\text{第一冷凝器出口}(COS+2CS_2)\text{总摩尔流量}}\right)\times100\% \quad (4-20)$$

1）根据化验分析推算值计算得到：

$$\eta=\left(1-\frac{0.23}{1.839}\right)\times100\%=87.49\%\text{（设计值为}\geq90\%\text{）}$$

2)根据模型计算结果算值计算得到：

$$\eta=\left(1-\frac{0.23}{1.2}\right)\times100\%=80.83\%(\text{设计值为}\geqslant90\%)$$

主要原因为一级加热器及二级加热器采用饱和蒸汽加热，加热能力不足，一反及二反的入口温度偏低，达不到240℃的温度要求。

十四、加氢反应器入口加热器计算

捕集器出口过程气进入加氢反应器入口加热器前，与S-Zorb烟气和H_2混合，混合后的气体进入加氢反应器，加热器的作用就是将过程气加热到反应所需的温度。

1. 加氢反应器入口加热器的过程气组成

将捕集器出口过程气(表4-76)与S-Zorb烟气(表4-9)和H_2(表4-10)进行混合，相同组分摩尔流量相加并对其他参数进行换算，此过程气即为加氢反应器入口过程气。加热器出口温度为219.05℃(426.29℉)，此时查图4-2得到$S_6/S_8\approx0.22/0.78$，计算得到此部分过程气中$W_{S_6}=0.011$kmol/h，$W_{S_8}=0.037$kmol/h。得到进入加氢反应器入口加热器的过程气组成见表4-77。

表4-77　反应过程物料平衡23(加氢反应器入口加热器出口)

名称	流量/(Nm^3/h)	气体摩尔流量/(kmol/h)	气相组成/%		组分摩尔流量/(kmol/h)
反应过程物料23(加氢反应器入口加热器出口)	23219.13	1037.93	CO_2	5.9	61.14
			H_2S	0.5	4.89
			H_2O	29.5	305.42
			烃	0.03	0.33
			H_2	2.9	30.27
			N_2	60.3	625.56
			氨	0	0
			O_2	0.005	0.054
			SO_2	0.4	3.89
			COS	0.02	0.23
			S_2	0	0
			S_6	0.0006	0.011
			S_8	0.004	0.037
			CO	0.59	6.11
			CS_2	0	0

2. 加热器热负荷计算

1) 捕集器出口温度为$T=154.36$℃。根据各组分ΔH与温度的关系(表4-45)，计算捕集器出口物料热量结果见表4-78。

表 4-78　反应过程物料 22(捕集器出口)总热量

名称	组成	流量/(kmol/h)	ΔH 焓值/[MJ/(kmol/h)]	热量 Q(焓值×物质的量)/(GJ/h)	总热量 Q/(GJ/h)
反应过程物料 22(捕集器出口)	CO_2	61.14	-389.361	-23.80440705	-95.41
	H_2S	4.89	-15.966	-0.078047796	
	H_2O	305.42	-237.501	-72.53791714	
	烃	0.33	-69.425	-0.022728366	
	H_2	30.27	3.905	0.025771564	
	N_2	625.56	4.125	2.366195352	
	氨	0	-39.049	0	
	O_2	0.054	3.652	1.77345E-06	
	SO_2	3.89	-300.033	-0.68457577	
	COS	0.23	-137.671	-0.031664231	
	S_2	0	125.749	0	
	S_6	0.011	98.96042506	0.000600008	
	S_8	0.037	128.2532111	0.005204028	
	CO	6.11	-106.5401618	-0.650960389	
	CS_2	0	122.8033781	0	

2）S-Zorb 烟气标定温度为 $T=200.03$℃。根据表各组分 ΔH 与温度的关系，计算物料热量结果见表 4-79。

表 4-79　S-Zorb 烟气总热量

名称	组成	流量/(kmol/h)	ΔH 焓值/[MJ/(kmol/h)]	热量 Q(焓值×物质的量)/(GJ/h)	总热量 Q/(GJ/h)
S-Zorb 烟气	O_2	0.054	-1.086	-5.81956×10^{-5}	-0.497
	N_2	51.916	0.06	0.003120172	
	SO_2	1.607	-311.08	-0.500004161	

3）氢气温度为 $T=35$℃。根据各组分 ΔH 与温度的关系，计算物料热量结果见表4-80。

表 4-80　氢气总热量

名称	组成	流量/(kmol/h)	ΔH 焓值/[MJ/(kmol/h)]	热量 Q(焓值×物质的量)/(GJ/h)	总热量 Q/(GJ/h)
氢气	H_2	23.67	-0.473	-0.011196841	-0.0112

4）加热器出口温度为加氢反应器入口标定温度 $T=219.05$℃。根据各组分 ΔH 与温度的关系，计加热器出口物料热量结果见表 4-81。

表 4-81　反应过程物料平衡 23(加氢入口加热器出口)总热量

名称	组成	流量/(kmol/h)	ΔH 焓值/[MJ/(kmol/h)]	热量 Q(焓值×物质的量)/(GJ/h)	总热量 Q/(GJ/h)
反应过程物料 23(加氢入口加热器出口)	CO_2	61.14	-386.257	-23.61464173	-93.49
	H_2S	4.89	-13.537	-0.06616979	
	H_2O	305.42	-235.244	-71.84861769	
	烃	0.33	-66.637	-0.021815765	
	H_2	30.27	5.755	0.174193828	
	N_2	625.56	5.917	3.701400083	
	氨	0	-36.812	0	
	O_2	0.054	5.690	0.0003076	
	SO_2	3.89	-295.517	-1.149260866	
	COS	0.23	-134.053	-0.030832234	
	S_2	0	128.677	0	
	S_6	0.011	112.6079319	0.000682754	
	S_8	0.037	135.6395987	0.005503739	
	CO	6.11	-104.7140139	-0.639802625	
	CS_2	0	126.405836	0	

计算加氢反应器入口加热器热负荷：

$\Delta Q_{加热器}=Q_{捕集器出口}-Q_{S-Zorb烟气}-Q_{氢气}-Q_{加热器出口}=-1.415GJ/h$。按 1kW＝3600kJ/h 换算，计算热负荷为-393.15kW/h。

3. 加热器蒸汽耗量计算

加热中压蒸汽温度标定值为 261.21℃，凝结水温度标定值为 250.37℃，水的比热容 $C_{H_2O}=4.186kJ/(kg\cdot ℃)$，$\Delta T=T_{凝结水}-T_{中压蒸汽}=-10.84℃$，计算单位质量水(kg)热量变化 $Q_{H_2O}=C_{H_2O}\times\Delta T=-45.38kJ/kg$。

由表 4-51 查得，$T\approx263℃$时，饱和蒸汽汽化潜热 $H_{饱和蒸汽}=1639.5kJ/kg$。

那么，在此工况下，单位质量(kg)中压蒸汽发生发热量为 $Q_{发}=Q_{H_2O}+H_{饱和蒸汽}=1684.88kJ/kg$，加热器换热效率按 0.98 计算，保温良好的情况下，不计热损失。

计算加热所需中压蒸汽量 $M_{中压蒸汽}=0.98\times\dfrac{\Delta Q_{二级加热}}{Q_{发}}=823.22kg/h=0.823t/h$，此蒸汽耗量为计算值，实际蒸汽耗量标定值为 0.843t/h，相差 0.02t/h，此偏差与加热器换热效率及蒸汽焓值选取有关。

十五、加氢反应器计算

1. 加氢反应器入口组成计算数据与化验分析推算数据对比

加氢反应器入口组成计算数据与化验分析推算数据对比见表 4-82。

表 4-82　加氢反应器入口组成计算数据与化验分析推算数据对比

名称	组分	组分摩尔流量模型计算结果/(kmol/h)	组分摩尔流量化验分析推算结果/(kmol/h)
反应过程物料加氢反应器入口	CO_2	61.14	67.9
	H_2S	4.89	4.95
	H_2O	305.42	0
	烃	0.33	0.354
	H_2	30.27	31.398
	N_2	625.56	625.56
	氨	0	0
	O_2	0.054	0.059
	SO_2	3.89	3.84
	COS	0.23	0.244
	S_2	0	0
	S_6	0.011	0
	S_8	0.037	0
	CO	6.11	8.22
	CS_2	0	0

经过对比，可以看出模型计算结果与化验分析推算结果中，关键组分含量比较吻合，可以通过模型进行下一步计算。

2. 加氢反应器反应的选取与排序

加氢反应器内主要发生硫化物的加氢与水解反应生成 H_2S，便于尾气吸收塔吸收。为了计算能准确，在反应选取后依然需要对各个反应进行排序并逐步计算，排序依据与反应炉计算时相同。

加氢反应器床层温度为 280.35℃，用软件(HSC 6.0)分析选取的各个反应的平衡常数及热力学参数，并且对各个反应进行如下排序：

1）$O_2+2H_2 = 2H_2O$，其平衡常数与温度关系见表 4-83。

表 4-83　反应 $O_2+2H_2 = 2H_2O$ 温度(T)与平衡常数(K)关系

T/℃	ΔH/kJ	ΔS/(J/K)	ΔG/kJ	K	$\lg K$
220	-487.384	-98.514	-438.802	3.033×10^{46}	46.482
230	-487.566	-98.880	-437.815	2.855×10^{45}	45.456
240	-487.748	-99.238	-436.824	2.944×10^{44}	44.469
250	-487.929	-99.587	-435.830	3.309×10^{43}	43.520
260	-488.109	-99.928	-434.832	4.033×10^{42}	42.606
270	-488.288	-100.261	-433.832	5.309×10^{41}	41.725
280	-488.467	-100.587	-432.827	7.513×10^{40}	40.876
290	-488.645	-100.906	-431.820	1.139×10^{40}	40.057

续表

T/℃	ΔH/kJ	ΔS/(J/K)	ΔG/kJ	K	lg$K$
300	-488.822	-101.217	-430.809	1.843×10^{39}	39.266
310	-488.998	-101.522	-429.795	3.172×10^{38}	38.501
320	-489.174	-101.821	-428.779	5.791×10^{37}	37.763

2) S_8+8H_2══$8H_2S$，其平衡常数与温度关系见表4-84。

表4-84　反应 S_8+8H_2══$8H_2S$ 温度(T)与平衡常数(K)关系

T/℃	ΔH/kJ	ΔS/(J/K)	ΔG/kJ	K	lg$K$
220	-286.159	113.973	-342.365	1.847×10^{36}	36.266
230	-287.214	111.856	-343.494	4.601×10^{35}	35.663
240	-288.261	109.794	-344.602	1.204×10^{35}	35.081
250	-289.301	107.787	-345.690	3.302×10^{34}	34.519
260	-290.334	105.831	-346.758	9.462×10^{33}	33.976
270	-291.359	103.926	-347.807	2.827×10^{33}	33.451
280	-292.377	102.069	-348.837	8.787×10^{32}	32.944
290	-293.388	100.259	-349.848	2.836×10^{32}	32.453
300	-294.391	98.493	-350.842	9.485×10^{31}	31.977
310	-295.386	96.771	-351.818	3.282×10^{31}	31.516
320	-296.374	95.092	-352.778	1.173×10^{31}	31.069

3) S_6+6H_2══$6H_2S$，其平衡常数与温度关系见表4-85。

表4-85　反应 S_6+6H_2══$6H_2S$ 温度(T)与平衡常数(K)关系

T/℃	ΔH/kJ	ΔS/(J/K)	ΔG/kJ	K	lg$K$
220	-239.816	56.202	-267.532	2.185×10^{28}	28.339
230	-240.557	54.714	-268.086	6.819×10^{27}	27.834
240	-241.291	53.268	-268.626	2.220×10^{27}	27.346
250	-242.019	51.863	-269.152	7.517×10^{26}	26.876
260	-242.740	50.498	-269.663	2.643×10^{26}	26.422
270	-243.454	49.171	-270.162	9.629×10^{25}	25.984
280	-244.162	47.881	-270.647	3.628×10^{25}	25.560
290	-244.862	46.627	-271.119	1.411×10^{25}	25.150
300	-245.555	45.407	-271.580	5.659×10^{24}	24.753
310	-246.241	44.221	-272.028	2.336×10^{24}	24.368
320	-246.919	43.067	-272.464	9.909×10^{24}	23.996

4）$SO_2+3H_2=H_2S+2H_2O$，其平衡常数与温度关系见表4-86。

表4-86 反应 $SO_2+3H_2=H_2S+2H_2O$ 温度(*T*)与平衡常数(*K*)关系

T/℃	Δ*H*/kJ	Δ*S*/(J/K)	Δ*G*/kJ	*K*	lg*K*
220	-212.344	-69.752	-177.946	7.074×10^{18}	18.850
230	-212.599	-70.264	-177.246	2.525×10^{18}	18.402
240	-212.851	-70.760	-176.540	9.374×10^{17}	17.972
250	-213.104	-71.247	-175.830	3.610×10^{17}	17.557
260	-213.357	-71.727	-175.116	1.439×10^{17}	17.158
270	-213.610	-72.197	-174.396	5.930×10^{16}	16.773
280	-213.863	-72.660	-173.672	2.520×10^{16}	16.401
290	-214.117	-73.114	-172.943	1.103×10^{16}	16.043
300	-214.370	-73.559	-172.209	4.964×10^{15}	15.696
310	-214.623	-73.997	-171.472	2.294×10^{15}	15.361
320	-214.875	-74.426	-170.730	1.087×10^{15}	15.036

5）$COS+H_2O=CO_2+H_2S$，其平衡常数与温度关系见表4-87。

表4-87 反应 $COS+H_2O=CO_2+H_2S$ 温度(*T*)与平衡常数(*K*)关系

T/℃	Δ*H*/kJ	Δ*S*/(J/K)	Δ*G*/kJ	*K*	lg*K*
220	-34.396	-2.574	-33.126	3.229×10^{3}	3.509
230	-34.418	-2.618	-33.100	2.733×10^{3}	3.437
240	-34.439	-2.659	-33.074	2.328×10^{3}	3.367
250	-34.458	-2.698	-33.047	1.995×10^{3}	3.300
260	-34.477	-2.733	-33.020	1.719×10^{3}	3.235
270	-34.495	-2.766	-32.992	1.490×10^{3}	3.173
280	-34.511	-2.796	-32.965	1.298×10^{3}	3.113
290	-34.527	-2.824	-32.937	1.136×10^{3}	3.055
300	-34.542	-2.850	-32.908	9.986×10^{2}	2.999
310	-34.555	-2.873	-32.880	8.818×10^{2}	2.945
320	-34.567	-2.894	-32.851	7.820×10^{2}	2.893

6）$CO+H_2O=H_2+CO_2$，其平衡常数与温度关系见表4-88。

表4-88 反应 $CO+H_2O=H_2+CO_2$ 温度(*T*)与平衡常数(*K*)关系

T/℃	Δ*H*/kJ	Δ*S*/(J/K)	Δ*G*/kJ	*K*	lg*K*
220	-39.922	-39.009	-20.685	1.553×10^{2}	2.191
230	-39.839	-38.841	-20.296	1.280×10^{2}	2.107
240	-39.754	-38.675	-19.908	1.063×10^{2}	2.027
250	-39.668	-38.508	-19.523	8.901×10	1.949

续表

T/℃	ΔH/kJ	ΔS/(J/K)	ΔG/kJ	K	lg$K$
260	-39.581	-38.343	-19.138	7.502×10	1.875
270	-39.492	-38.178	-18.756	6.366×10	1.804
280	-39.402	-38.014	-18.375	5.436×10	1.735
290	-39.311	-37.851	-17.995	4.670×10	1.669
300	-39.219	-37.689	-17.618	4.034×10	1.606
310	-39.126	-37.528	-17.242	3.504×10	1.545
320	-39.032	-37.368	-16.867	3.058×10	1.485

3. 加氢反应器内各个反应计算及参数校正

(1) O_2+2H_2══$2H_2O$

氧气在加氢反应器中的反应很复杂，它先将硫化物氧化，之后再通过 H_2S 或氢气将其还原，氧气最终产物为水，所以为计算简便直接按氧与氢生成水计算，在加氢反应器中假设氧全部转化为水，反应量为 0.054kmol/h。根据化学反应公式，O_2 消耗量为 0.054kmol/h，消耗的 H_2 量为 0.108kmol/h，生成的 H_2O 量为 0.108kmol/h。反应结束后，过程气组成见表 4-89。

表 4-89　反应过程物料 24

名称	流量/(Nm^3/h)	气体摩尔流量/(kmol/h)	气相组成/%		组分摩尔流量/(kmol/h)
反应过程物料 24	23217.92	1037.88	CO_2	5.9	61.14
			H_2S	0.5	4.89
			H_2O	29.5	305.53
			烃	0.03	0.33
			H_2	2.9	30.16
			N_2	60.4	625.56
			氨	0	0
			O_2	0	0
			SO_2	0.4	3.89
			COS	0.02	0.23
			S_2	0	0
			S_6	0.001	0.011
			S_8	0.004	0.037
			CO	0.59	6.11
			CS_2	0	0

(2) S_8+8H_2══$8H_2S$

此反应为 S_8 的加氢反应，假设 S_8 全部反应完全，消耗量定为 0.037kmol/h。根据化学反应公式，S_8 消耗量为 0.037kmol/h，消耗的 H_2 量为 0.296kmol/h，生成的 H_2S 量为 0.296kmol/h。反应结束后，过程气组成见表 4-90。

表 4-90 反应过程物料平衡 25

名称	流量/(Nm^3/h)	气体摩尔流量/(kmol/h)	气相组成/%		组分摩尔流量/(kmol/h)
反应过程物料 25	23218.30	1037.84	CO_2	5.9	61.14
			H_2S	0.5	5.19
			H_2O	29.5	305.53
			烃	0.03	0.33
			H_2	2.9	29.86
			N_2	60.4	625.56
			氨	0	0
			O_2	0	0
			SO_2	0.4	3.89
			COS	0.02	0.23
			S_2	0	0
			S_6	0.001	0.011
			S_8	0	0
			CO	0.59	6.11
			CS_2	0	0

(3) $S_6+6H_2=\!=\!=6H_2S$

此反应为S_6的加氢反应，假设S_6全部反应完全，消耗量定为0.011kmol/h。根据化学反应公式，S_8消耗量为0.011kmol/h，消耗的H_2量为0.066kmol/h，生成的H_2S量为0.066kmol/h。反应结束后，过程气组成见表4-91。

表 4-91 反应过程物料 26

名称	流量/(Nm^3/h)	气体摩尔流量/(kmol/h)	气相组成/%		组分摩尔流量/(kmol/h)
反应过程物料 26	23218.06	1037.83	CO_2	5.9	61.14
			H_2S	0.5	5.25
			H_2O	29.5	305.53
			烃	0.03	0.33
			H_2	2.9	29.80
			N_2	60.4	625.56
			氨	0	0.00
			O_2	0	0.00
			SO_2	0.4	3.89
			COS	0.02	0.23
			S_2	0	0
			S_6	0	0
			S_8	0	0
			CO	0.59	6.11
			CS_2	0	0

（4）SO_2+3H_2══H_2S+2H_2O

此反应为 SO_2 的加氢反应，根据加氢反应器出口化验分析数据，将 SO_2 消耗量定为3. 819kmol/h。根据化学反应公式，SO_2 消耗量为 3. 819kmol/h，消耗的 H_2 量为 11. 457 kmol/h，生成的 H_2S 量为 3. 819kmol/h，生成的 H_2O 量为 7. 638kmol/h。反应结束后，过程气组成见表 4-92。

表 4-92　反应过程物料 27

名称	流量/（Nm^3/h）	气体摩尔流量/（kmol/h）	气相组成/%		组分摩尔流量/（kmol/h）
反应过程物料 27	23132. 52	1034. 01	CO_2	5. 9	61. 14
			H_2S	0. 9	9. 07
			H_2O	30. 3	313. 17
			烃	0. 03	0. 33
			H_2	1. 8	18. 34
			N_2	60. 6	625. 56
			氨	0	0
			O_2	0	0
			SO_2	0. 007	0. 07
			COS	0. 02	0. 23
			S_2	0	0
			S_6	0	0
			S_8	0	0
			CO	0. 59	6. 11
			CS_2	0	0. 00

（5）$COS+H_2O$══CO_2+H_2S

此反应为COS 的水解反应，根据加氢反应器出口化验分析数据，将 COS 消耗量定为0. 09kmol/h。根据化学反应公式，COS 消耗量为 0. 18kmol/h，消耗的 H_2O 量为 0. 18kmol/h，生成的 H_2S 量为 0. 18kmol/h，生成的 CO_2 量为 0. 18kmol/h。反应结束后，过程气组成见表 4-93。

表 4-93　反应过程物料 28

流量/（Nm^3/h）	气体摩尔流量/（kmol/h）	气相组成/%	组分摩尔流量/（kmol/h）		流量/（Nm^3/h）
反应过程物料 28	23132. 52	1034. 01	CO_2	5. 9	61. 32
			H_2S	0. 9	9. 25
			H_2O	30. 3	312. 99
			烃	0. 03	0. 33
			H_2	1. 8	18. 34
			N_2	60. 6	625. 56
			氨	0	0

续表

流量/(Nm^3/h)	气体摩尔流量/(kmol/h)	气相组成/%	组分摩尔流量/(kmol/h)		流量/(Nm^3/h)
反应过程物料 28	23132.52	1034.01	O_2	0	0
			SO_2	0.007	0.07
			COS	0.01	0.05
			S_2	0	0
			S_6	0	0
			S_8	0	0
			CO	0.59	6.11
			CS_2	0	0

(6) $CO+H_2O═══H_2+CO_2$

反应为 CO 的水解反应，根据加氢反应器出口化验分析数据，将 CO 消耗量定为 5.4kmol/h。根据化学反应公式，CO 消耗量为 5.4 kmol/h，消耗的 H_2O 量为 5.4kmol/h，生成的 H_2S 量为 5.4kmol/h，生成的 CO_2 量为 5.4kmol/h。反应结束后，过程气组成见表 4-94。

表 4-94　反应过程物料 29(加氢反应器出口)

名称	流量/(Nm^3/h)	气体摩尔流量/(kmol/h)	气相组成/%		组分摩尔流量/(kmol/h)
反应过程物料 29(加氢反应器出口)	23132.52	1034.01	CO_2	6.5	66.72
			H_2S	0.9	9.25
			H_2O	29.8	307.59
			烃	0.03	0.33
			H_2	2.3	23.74
			N_2	60.6	625.56
			氨	0	0
			O_2	0	0
			SO_2	0.007	0.07
			COS	0.01	0.05
			S_2	0	0
			S_6	0	0
			S_8	0	0
			CO	0.07	0.71
			CS_2	0	0

4. 加氢反应器热量平衡计算

已知，一级转化器入口过程气总热量为 $Q_{加热器出口}=-93.49$GJ/h，加氢反应器不计算热损失，所以 $Q_{加氢反应出口}$ 应该约等于-93.49GJ/h。加氢反应器出口物料组成采用模型计算结果，根据各组分 ΔH 与温度的关系，当 $T=253.62$℃时，加氢反应器出总热量见表 4-95。

表 4-95　反应过程物料 29(加氢反应器出口)总热量

名称	组成	流量/(kmol/h)	ΔH 焓值/[MJ/(kmol/h)]	热量 Q(焓值×物质的量)/(GJ/h)	总热量 Q/(GJ/h)
反应过程物料 29(加氢反应器出口)	CO_2	66.72	-384.573	-25.65760532	-93.40
	H_2S	9.25	-12.217	-0.112990089	
	H_2O	307.59	-234.019	-71.98121428	
	烃	0.33	-65.028	-0.021288776	
	H_2	23.74	6.748	0.160208035	
	N_2	625.56	6.894	4.312821723	
	氨	0	-35.527	0	
	O_2	0	6.790	0	
	SO_2	0.07	-293.131	-0.020514375	
	COS	0.05	-132.124	-0.0066062	
	S_2	0	130.184	0	
	S_6	0	119.3869332	0	
	S_8	0	139.6200842	0	
	CO	0.71	-103.7218446	-0.07364251	
	CS_2	0	128.3425448	0	

由计算结果可知，此时加氢反应器出口温度为 253.62℃，而标定温度为 257.62℃，相差 4℃，温度指示略有偏差。

十六、加氢反应器各重要参数对比计算

1. 加氢反应器出口组成计算数据与化验分析推算数据对比

加氢反应器内反应的选取都是按照贴合实际化验分析数据的方向进行的。实际化验分析是针对干基样品进行的，其中不包括水，需要对水含量进行校正。

计算过程气含水量根据转化炉 H_2 平衡，已知入炉总氢量为反应炉所有进料及氢气中氢原子总和：

$$W_{H_总}=2\times W_{H_2}+2\times W_{H_2S}+4\times W_{CH_4}+3\times W_{NH_3}+2W_{H_2O}=682.45\text{kmol/h}$$

加氢反应器出口过程气化验分析总氢量(根据表 4-32 中推算结果)：

$$W_{H加氢出}=2\times W_{H_2}+2\times W_{H_2S}+4\times W_{CH_4}=64.56\text{kmol/h}$$

则加氢反应器出口过程气水含推算值为：

$$W_{H_2O}=\frac{W_{H_总}-W_{H二转出}}{2}=\frac{682.45-64.56}{2}=308.945\text{kmol/h}$$

将加氢反应器出口过程气各组分摩尔流量计算数据与化验分析数据对比见表 4-96。

表 4-96　加氢反应器出口各组分摩尔流量计算数据与化验分析数据对比

名称	气相组分	组分摩尔流量模型计算结果/(kmol/h)	组分摩尔流量化验分析推算结果/(kmol/h)
反应过程物料加氢反应器出口	CO_2	66.63	74.014
	H_2S	9.16	9.47

续表

名称	气相组分	组分摩尔流量模型计算结果/(kmol/h)	组分摩尔流量化验分析推算结果/(kmol/h)
反应过程物料加氢反应器出口	H_2O	307.68	308.945
	烃	0.33	0.38
	H_2	23.74	22.06
	N_2	625.56	625.56
	氨	0	0
	O_2	0	0
	SO_2	0.07	0.071
	COS	0.05	0.0498
	S_2	0	0
	S_6	0	0
	S_8	0	0
	CO	0.71	0.712
	CS_2	0	0

可以看出，在氮平衡的计算结果下，二级转化器出口计算值与化验分析推算值中各组分摩尔流量基本接近。其中偏差最大的是 CO_2 的含量，但是 CO_2 的存在没有影响其他反应的进行，本身也属于产物。

2. 加氢反应器各重要参数对比计算

(1) SO_2 加氢率

计算公式：

$$\eta=\left(1-\frac{\text{加氢反应器出口 SO}_2\text{ 总摩尔流量}}{\text{加氢反应器入口 SO}_2\text{ 总摩尔流量}}\right)\times100\% \tag{4-21}$$

1) 根据化验分析推算值计算得到：$\eta=\left(1-\frac{0.071}{3.84}\right)\times100\%=98.15\%$。

2) 根据模型计算结果算值计算得到：$\eta=\left(1-\frac{0.07}{3.89}\right)\times100\%=98.2\%$。

(2) 有机硫水解率

计算公式：

$$\eta=\left(1-\frac{\text{加氢反应器出口有机硫总摩尔流量}}{\text{加氢反应器入口有机硫总摩尔流量}}\right)\times100\% \tag{4-22}$$

1) 根据化验分析推算值计算得到：$\eta=\left(1-\frac{0.0498}{0.244}\right)\times100\%=79.59\%$。

2) 根据模型计算结果计算得到：$\eta=\left(1-\frac{0.05}{0.23}\right)\times100\%=78.26\%$。

(3) 加氢反应器空速计算

1) 反应器体积空速计算公式见式(4-14)。

2) 根据化验分析结果推算一转入口气量：

$$V_{\text{加氢}}=(W_{\text{加氢入口气}}+W_{\text{二转}H_2O})\times22.4=(742.53+304.28)\times22.4=23448.54\text{Nm}^3/\text{h}$$

3）已知加氢反应器入口温度标定值 $T=219.05℃$，压力为 $\pi=30kPa=0.03MPa$（二转出口至加氢反应器有3kPa压力降），换算加氢反应器入口过程气流量公式：

$$Q_f=Q_N\times\frac{0.10132\times(273.15+T)}{(P+0.10132)\times273.15}m^3/h \tag{4-15}$$

计算得到 $V_{加氢}=23448.54\times\frac{0.10132\times(273.15+219.05)}{(0.03+0.10132)\times273.15}=32600.22m^3/h$。

4）已知剂装填体积 $V_{加氢催}=28.1m^3$，

则一转空速 $s=\frac{V_{加氢}}{V_{加氢催}}=\frac{32600.22}{28.1}=1160.15m^3/(m^3\cdot h)$

5）根据模型计算结果计算则一转空速：

$s=\frac{V_{加氢}}{V_{加氢催}}=1037.93\times22.4\times\frac{0.10132\times(273.15+219.05)}{(0.03+0.10132)\times273.15\times44.8}=1150.31m^3/(m^3\cdot h)$，两种结果偏差不大。

十七、加氢反应器出口废热锅炉计算

1. 废热锅炉热负荷计算

加氢反应器废热锅炉出口物料与加氢反应器出口物料一致，出口温度标定值为151.08℃，根据各组分 ΔH 与温度的关系，计算三级冷凝出口物料热量结果见表4-97。

表4-97 反应过程物料30（废热锅炉出口）总热量

名称	组成	流量/(kmol/h)	ΔH 焓值/[MJ/(kmol/h)]	热量 Q（焓值×物质的量）/(GJ/h)	总热量 Q/(GJ/h)
反应过程物料30（废热锅炉出口）	CO_2	66.72	−389.301	−25.97301843	−96.59
	H_2S	9.25	−15.919	−0.147224486	
	H_2O	307.59	−237.457	−73.03888855	
	烃	0.33	−69.373	−0.022711393	
	H_2	23.74	3.941	0.093563108	
	N_2	625.56	4.160	2.602051333	
	氨	0	−39.007	0	
	O_2	0	3.692	0	
	SO_2	0.07	−299.944	−0.020991163	
	COS	0.05	−137.599	−0.006879971	
	S_2	0	125.808	0	
	S_6	0	99.24105398	0	
	S_8	0	128.3974372	0	
	CO	0.71	−106.5047088	−0.075618343	
	CS_2	0	122.8738223	0	

计算废热锅炉热负荷：

$\Delta Q_{废锅}=Q_{加氢出口}-Q_{废锅出口}=-93.4-(-96.59)=3.19GJ/h$。按1kW=3600kJ/h换算，计算

热负荷为 885. 81kW/h。

2. 废热锅炉产汽量

硫冷器除氧水标定温度 $T_{除氧水}=104.11℃$，压力按 $p_{除氧水}=1.0MPa$，除氧水按纯水计算，硫冷器低压蒸汽温度标定值 $T=151.08℃$，加药量及排污量不计。

水的比热容 $C_{H_2O}=4.186kJ/(kg\cdot℃)$，$\Delta T=T_{低压汽}-T_{除氧水}=46.97℃$，计算单位质量水(kg)热量变化 $Q_{H_2O}=C_{H_2O}\times\Delta T=196.62kJ/kg$。

由表 4-51 查得，$T\approx151℃$时，饱和蒸汽汽化潜热 $H_{饱和蒸汽}=2018.2kJ/kg$。

那么，在此工况下，单位质量(kg)104℃除氧水发生 150.77℃饱和蒸汽，其需热量为 $Q_{需}=Q_{H_2O}+H_{低压蒸汽}=2214.82kJ/kg$，硫冷器换热效率按 0.98 计算。

计算蒸汽产汽量 $M_{饱和蒸汽}=0.98\times\dfrac{\Delta Q_{废热锅炉}}{Q_{需}}=1411kg/h=1.411t/h$，此发汽量为计算值，装置实际发汽量标定值为 1.492t/h，相差 0.081t/h，此偏差与加热器换热效率及蒸汽焓值选取有关。

根据公式 4-6，计算出当温度为 151.08℃时，低压蒸汽压力为 0.52MPa。

十八、急冷塔计算

1. 急冷塔排水量计算

在急冷塔中，过程气经过降温后，其中的水会冷凝下来与急冷水混合，为保证急冷塔液位平稳，需要将部分急冷水外排至污水汽提单元，由于急冷水循环量基本稳定，在急冷塔液位平稳的情况下，外排水量即为过程气中冷凝下来的水量。

(1) 未冷凝水计算

急冷塔顶出口气相温度标定为 37.28℃，压力 p 为 0.028MPa，在此温度及压力下，过程气中大部分水都被冷凝下来，但是依旧存在饱和水。

根据水的饱和蒸气压公式：

$$\ln p=9.3876-\frac{3826.36}{T-45.47}MPa(T\text{ 在 }290\sim500K\text{ 之间取值}) \tag{4-23}$$

计算 $T=37.28℃(310.43K)$时水的饱和蒸气压 $p=0.0064MPa$。

根据模型计算结果可知，进急冷塔过程气总摩尔流量(加氢反应器出口)为 $W_{总1}=1034.01kmol/h$，其中水含量为 $W_{H_2O}=307.59kmol/h$，假设未冷凝的水量为 W_x，那么冷凝下来的水量 $W_{H_2O凝}=W_{H_2O}-W_x$，急冷塔出口过程气总摩尔流量为 $W_{总2}=W_{总1}-W_{H_2O}+W_x$。

理想气体道尔顿分压定律为 $p_1=p\times x_1$(p_1为组分分压，p 为气相混合物总压，x_1为组分摩尔分数)，已知水的饱和蒸气压为 $p_1=0.0064MPa$，过程气总压为急冷塔顶压力 $p=0.028MPa$，计算水的摩尔分数 $x_1=0.226$ 而 $x_1=\dfrac{W_x}{W_{总2}}=\dfrac{W_x}{W_{总1}-W_{H_2O}+W_x}=\dfrac{W_x}{1034.01-307.59+W_x}$，计算得到 $W_x=211.38kmol/h$。

(2) 急冷塔排水量计算

$W_{H_2O凝}=307.59-211.38=96.21kmol/h$，$M_{H_2O凝}=\dfrac{96.21\times18}{1000}=1.732t/h$，此部分水即为急冷塔排水，与标定值 1.74t/h 相差 0.008t/h，计算结果与实际计量结果基本相符。

2. 急冷水 pH 值计算

(1) 急冷水 pH 值计算

急冷水的 pH 值作为急冷水最重要的指标，pH 过低会导致设备及管线的腐蚀，在日常生产过程中会通过一些手段如向急冷水注氨、通过除盐水或净化水置换急冷水等方法去控制急冷水的 pH 值，一般急冷水控制指标为 7~9。急冷水一般采用除盐水，导致急冷水 pH 值降低的最主要原因是加氢反应器出口未反应掉的 SO_2 被急冷水吸收，导致 pH 值下降，主要离子反应为 $SO_2+H_2O=HSO_3^-+H^+$。

加氢反应器出口过程气 SO_2 含量为 0.07kmol/h，吸收塔出口净化尾气 SO_2 含量化验分析推算值为 0.0556kmol/h，假设只有急冷水吸收 SO_2，那么被吸收量 $W_{SO_2}=0.07-0.0556=0.0144$kmol/h，计算急冷水中 H^+ 量为 $W_{H^+}=0.0144$kmol/h。

急冷水循环量标定值为 150.89t/h，急冷塔外排水量为 1.65t/h。

计算急冷塔水量 $W_{H_2O}=W_{循环水}+W_{外排水}=152.54$t/h。

水的密度为 1kg/L，计算急冷塔水量 $V_{H_2O}=152540$L/h。

计算急冷水中 H^+ 浓度为 $C_{H^+}=\dfrac{W_{H^+}\times 1000}{V_{H_2O}}=\dfrac{14.4}{152540}=9.42\times10^{-5}$mol/L。

$$急冷水\ pH\ 值=-\log(C_{H^+})=4.03 \tag{4-24}$$

通过计算发现，如果不采取措施，那么急冷水的 pH 值为 4.03，容易造成设备腐蚀。

(2) 进急冷塔过程气含氨量计算

本装置，急冷水的 pH 值标定值为 7.03，但是日常生产过程中未采取注氨或补水置换的措施，但是由于装置处理含氨酸性气，所以极有可能是制硫反应炉中的氨未燃烧完全，在急冷水中溶解并与 HSO_3^- 发生反应。反应离子方程式如下：

$$2NH_3+H^++HSO_3^-=\!=\!=(NH_4)_2SO_3$$

由于急冷水 pH 值接近 7，所以氨的含量应基本等于 HSO_3^- 的含量，即溶解于水中的 SO_2 含量，假设进急冷塔的氨全部溶解在水中，并全部参与反应，所以进急冷塔的过程气中氨含量为 0.0144kmol/h。

3. 急冷塔热量平衡计算

(1) 气相放热量计算

急冷塔气相出口温度为 $T=37.28$℃，出口气相物料组成与急冷塔进口相比水与 SO_2 发生变化，水含量为急冷塔排水量中计算的未冷凝水，SO_2 含量按吸收塔出口计算，其他组分摩尔流量与急冷塔进口气相一致，根据各组分 ΔH 与温度的关系，计算急冷塔出口气相总热量结果见表 4-98。

表 4-98 反应过程物料 31(急冷塔出口)总热量

名称	组成	流量/(kmol/h)	ΔH 焓值/[MJ/(kmol/h)]	热量 Q(焓值×物质的量)/(GJ/h)	总热量 Q/(GJ/h)
反应过程物料 31(急冷塔出口)	CO_2	66.72	-394.936	-26.34895595	0.7781
	H_2S	9.25	-20.343	-0.188132769	
	H_2O	214.23	-241.548	-51.74772011	
	烃	0.33	-73.771	-0.024151255	

续表

名称	组成	流量/(kmol/h)	ΔH焓值/[MJ/(kmol/h)]	热量Q(焓值×物质的量)/(GJ/h)	总热量Q/(GJ/h)
反应过程物料31(急冷塔出口)	H_2	23.74	0.506	0.012021747	-77.81
	N_2	625.56	0.946	0.59184207	
	氨	0	-42.578	0	
	O_2	0	-0.037	0	
	SO_2	0.06	-308.564	-0.017159764	
	COS	0.05	-144.415	-0.007220746	
	S_2	0	119.937	0	
	S_6	0	70.02172844	0	
	S_8	0	114.8052581	0	
	CO	0.71	-109.8039851	-0.077960829	
	CS_2	0	116.2184388	0	

计算急冷塔气相放热量：

$\Delta Q_{急冷}=Q_{废锅出口}-Q_{急冷出口}=-96.58-(-77.74)=-18.85GJ/h$。按1kW=3600kJ/h换算，计算热负荷为-5236.96kW/h。

(2)气相冷凝水放热量

急冷塔中冷凝的水量$M_{冷凝水}=16800kg/h$，温度为155.63℃，查表4-51得汽化潜热$\Delta H=2086kJ/kg$，此部分水在急冷塔中冷凝成液相的放热量为：

$$Q_{冷凝水}=\frac{M_{冷凝水}\times\Delta H}{10^6}=3.51GJ$$

(3)急冷塔底温度核算

1)急冷水循环量为$M_{急冷水}=150.89t/h=150890kg/h$，计算摩尔流量为：

$$W_{急冷水}=\frac{150890}{18}=8382.78kmol/h$$

2)急冷水进塔温度标定值为$T=34.69$℃根据水的ΔH与温度的关系，计算循环急冷水的热量为：$Q_{急冷水1}=-2024.87GJ$；

3)塔底急冷水总热量$Q_{急冷水2}=Q_{急冷水1}+Q_{冷凝水}+\Delta Q_{急冷}=2040.19GJ$；

4)急冷塔底水量$M_{总}=M_{冷凝水}+M_{急冷水}=167690kg/h$，急冷塔底温度标定值为$T=59.31$℃，根据水的$\Delta H$与温度的关系，计算塔底急冷水的热量为：$Q_{急冷水2}=-2040.46GJ$，两种计算结果基本相等，所有急冷塔底温度指示较为准确。

十九、尾气吸收塔计算

1. 吸收部分计算

(1)H_2S吸收率计算

吸收塔H_2S吸收率计算公式：

$$\eta=\left(1-\frac{吸收塔出口H_2S摩尔流量}{加氢反应器出口H_2S摩尔流量}\right)\times100\% \tag{4-25}$$

根据实际化验分析推算结果，加氢反应器出口 H_2S 量为 9.465kmol/h，吸收塔出口 H_2S 量为 0.0827kmol/h(假设 H_2S 不被急冷塔吸收)。

计算得到：$\eta=\left(1-\frac{0.0827}{9.465}\right)\times100\%=99.13\%$。

(2) CO_2 吸收率计算

吸收塔 CO_2 吸收率计算公式：

$$\eta=\left(1-\frac{\text{吸收塔出口 } CO_2 \text{ 摩尔流量}}{\text{加氢反应器出口 } CO_2 \text{ 摩尔流量}}\right)\times100\% \tag{4-26}$$

根据实际化验分析推算结果，加氢反应器出口 CO_2 量为 74.014kmol/h，吸收塔出口 CO_2 量为 65.344kmol/h(假设 CO_2 不被急冷塔吸收)。

计算得到：$\eta=\left(1-\frac{65.344}{74.014}\right)\times100\%=11.71\%$。

(3) CO_2 共吸率计算

CO_2 共吸率计算公式：$\eta=\left(1-\frac{\Delta W_{CO_2}}{\Delta W_{H_2S}}\right)\times100\%$；

计算得到：$\eta=\frac{74.014-65.344}{9.465-0.0827}\times100\%=92.41\%$。

2. 吸收塔出口未冷凝水及物料组成计算

未冷凝水的计算采用模型计算结果，计算水的意义在于可以更精确地计算尾气焚烧炉的相关参数。

吸收塔顶出口气相温度标定为 37.09℃，压力 $p=0.025$MPa。根据水的饱和蒸气压公式 4-23，计算 $T=37.09$℃(310.24K)时水的饱和蒸气压 $p=0.0063$MPa。

根据模型计算结果可知，进吸收塔过程气总摩尔流量(急冷塔出口)为 $W_{总1}=937.79$kmol/h，其中水含量为 $W_{H_2O}=211.38$kmol/h，假设未冷凝的水量为 W_x，那么冷凝下来的水量 $W_{H_2O凝}=W_{H_2O}-W_x$，那么急冷塔出口过程气总摩尔流量为 $W_{总2}=W_{总1}-W_{H_2O}+W_x$。

理想气体道尔顿分压定律为 $p_1=p\times x_1$(p_1 为组分分压，p 为气相混合物总压，x_1 为组分摩尔分数)，已知水的饱和蒸气压为 $p_1=0.0064$MPa，过程气总压为急冷塔顶压力 $p=0.025$MPa，计算水的摩尔分率 $x_1=0.256$ 而 $x_1=\frac{W_x}{W_{总2}}=\frac{W_x}{W_{总1}-W_{H_2O}+W_x}=\frac{W_x}{937.79-211.38+W_x}$，计算得到 $W_x=245.32$kmol/h，说明过程气在经过吸收塔后，将胺液中的水夹带一部分出去，夹带的量为 $W_{夹带}=W_x-W_{H_2O}=245.32-211.38=33.94$kmol/h，$M_{夹带}=0.61$t/h，所以在生产过程中需要定期向系统中补水来维持吸收塔液位稳定。

综合上述计算结果，对吸收塔出口物料组成进行统计，根据加氢反应器出口过程气物料组成的模型计算结果与实际化验分析推算结果的对比来看，其中除 CO_2 外其他组分基本接近，水含量由于化验分析为干基，所以无法对比。吸收塔出口过程气的物料组成以实际化验分析为准，而无法分析的组分则按模型计算结果来确定，将模型计算结果与实际化验分析相结合，得到吸收塔出口过程气物料组成见表 4-99。

表 4-99　过程物料 32(吸收塔出口)

名称	流量/(Nm^3/h)	气体摩尔流量/(kmol/h)	气相组成/%		组分摩尔流量/(kmol/h)
反应过程物料 32(吸收塔出口)	21512.92	960.4	CO_2	6.8	65.34
			H_2S	0.00861	0.0827
			H_2O	25.5	245.32
			烃	0.04	0.348
			H_2	2.4	22.94
			N_2	65.1	625.56
			氨	0	0
			O_2	0	0
			SO_2	0.006	0.0556
			COS	0.005	0.0487
			S_2	0	0
			S_6	0	0
			S_8	0	0
			CO	0.07	0.695
			CS_2	0	0

二十、再生塔计算

1. 胺液计算

(1) 精贫液计算

精贫液/半贫液质量分析见表 4-100。

表 4-100　精贫液/半贫液质量分析

样品名称	分析项目	分析值	样品名称	分析项目	分析值
精贫液	H_2S/(g/L)	0.2	半贫液	H_2S/(g/L)	1.3
	CO_2/(g/L)	0.2		CO_2/(g/L)	1.2
	MDEA/(g/100mL)	40		MDEA/(g/100mL)	35.8
	颜色	接近无色		颜色	接近无色
	金属离子/(g/L)	0		金属离子/(g/L)	0
	盐含量/(g/L)	0.6		盐含量/(g/L)	0.6

精贫液循环量为 $M_{精}=100.02$t/h，温度为 40.01℃，浓度约为 40%，由图 4-5 查得其密度约为 $\rho_{精}=1.045$g/mL(kg/L)。

1) 精贫液循环体积为：

$$V_{精}=\frac{M_{精}}{\rho_{精}}=\frac{100.02}{1.045}\times 10^3=95710\text{L/h}$$

2) 精贫液载 H_2S 量：

$$M_{H_2S精}=\frac{C_{H_2S精}}{1000}\times V_{精}=\frac{0.2}{1000}\times 95710=19.142\text{kg/h}$$

$$W_{H_2S精}=\frac{M_{H_2S精}}{34}=0.563\text{kmol/h}$$

3）精贫液载 CO_2 量：

$$M_{CO_2精}=\frac{C_{CO_2精}}{1000}\times V_{精}=\frac{0.2}{1000}\times 95710=19.142\text{kg/h}$$

$$W_{CO_2精}=\frac{M_{CO_2精}}{44}=0.435\text{kmol/h}$$

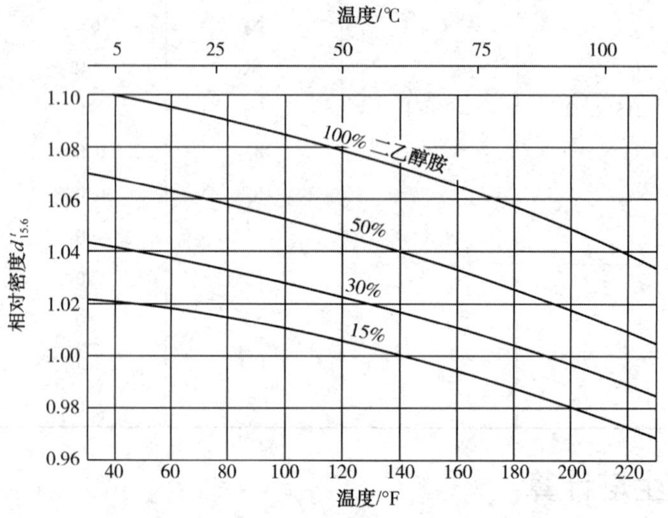

图 4-5　胺液浓度与密度关系图

（2）半贫液计算

半贫液循环量为 $M_{半}=50.02\text{t/h}$，温度为 40.17℃，浓度约为 35.8%，由图 4-5 查得其密度约为 $\rho_{半}=1.042\text{g/mL(kg/L)}$。

1）半贫液循环体积为：

$$V_{半}=\frac{M_{半}}{\rho_{半}}=\frac{50.02}{1.042}\times 10^3=48000\text{L/h}$$

2）半贫液载 H_2S 量：

$$M_{H_2S半}=\frac{C_{H_2S半}}{1000}\times V_{半}=\frac{1.3}{1000}\times 48000=62.4\text{kg/h}$$

$$W_{H_2S半}=\frac{M_{H_2S半}}{34}=1.84\text{kmol/h}$$

3）半贫液载 CO_2 量：

$$M_{CO_2半}=\frac{C_{CO_2半}}{1000}\times V_{半}=\frac{1.2}{1000}\times 48000=57.6\text{kg/h}$$

$$W_{CO_2半}=\frac{M_{CO_2半}}{44}=1.3\text{kmol/h}$$

（3）富胺液计算

富胺液质量分析见表 4-101。

表 4-101 富胺液质量分析

样品名称	分析项目	分析值
富胺液	H_2S/(g/L)	2.8
	CO_2/(g/L)	2.4
	MDEA/(g/100mL)	38.4
	颜色	浅黄
	金属离子/(g/L)	0
	盐含量/(g/L)	0.6

富胺液循环量为 $M_{富}=150.71t/h$，温度为 41.22℃，浓度约为 38.4%，由图 4-5 查得其密度约为 $\rho_{富}=1.043g/mL$。

1）富胺液循环体积为 $V_{富}=M_{富}/\rho_{富}=150.71\times10^3/1.043=144490L/h$。

2）富胺液载 H_2S 量：

$$M_{H_2S富}=\frac{C_{H_2S富}}{1000}\times V_{富}=\frac{2.8}{1000}\times144490=400.69kg/h$$

$$W_{H_2S富}=\frac{M_{H_2S富}}{34}=11.79kmol/h$$

3）富胺液载 CO_2 量：

$$M_{CO_2富}=\frac{C_{CO_2富}}{1000}\times V_{富}=\frac{3.1}{1000}\times144490=457.82kg/h$$

$$W_{CO_2富}=\frac{M_{CO_2富}}{44}=10.41kmol/h$$

2. 再生塔参数计算

再生塔的计算需要分三段进行，第Ⅰ段为回流段(1~3 层塔盘)，第Ⅱ段为半贫液产出段(4~15 层塔盘)，第Ⅲ段为贫胺液产出端(16~30 层塔盘)，由于三段塔中，温度及气相组成存在差异，所以每一段的物料参数也不相同，需要分别计算。由于是在加压操作的清洁物料，在分离操作上要求比较严格，而塔板压力降损失不是主要因素，所以选择导向梯形浮阀。

(1) 再生塔气、液相物料参数设计值

再生塔计算所需的物料参数采用设计值，气液相参数如表 4-102 所示。

表 4-102 再生塔气液相参数

名称(塔板数)		1~3 层	3~15 层	6~30 层
物料名称		MDEA/酸性气	MDEA/酸性气	MDEA/酸性气
液相	流率/(kg/h)	7037	218300	143500
	重度/(kg/m^3)	968	957	954
	黏度/(MPa·s)	0.441	0.495	0.471
	表面张力/(dyn·cm)	56.87	50.11	48.7
	体积流率/(m^3/s)	0.002	0.063	0.042

续表

名称(塔板数)		1~3 层	3~15 层	6~30 层
物料名称		MDEA/酸性气	MDEA/酸性气	MDEA/酸性气
气相	流率/(kg/h)	7654	18170	18390
	重度/(kg/m^3)	1.1	1.095	1.117
	黏度/(MPa·s)	0.01	0.013	0.015
	体积流率/(m^3/s)	1.93	4.61	4.57

注：1dyn·cm=10^{-7}N·m。

(2) 最大允许气速

计算塔板气相空间截面积上最大的允许气体速度公式：

$$W_{max}=\frac{0.055\sqrt{gH_t}}{1+2\dfrac{V_L}{V_v}\sqrt{\dfrac{\gamma_l}{\gamma_v}}}\sqrt{\frac{\gamma_l-\gamma_v}{\gamma_v}} \tag{4-27}$$

式中 W_{max}——塔板气相空间截面积上允许的最大的允许气体速度，m/s；

g——重力加速度，9.81m/s^2；

γ_l——液相重度，kg/m^3；

γ_v——气相重度，kg/m^3；

H_t——塔板间距，m；再生塔三段塔设计塔板间距均为0.6m；

V_v——气相体积流率，m^3/s；

V_L——液相体积流率，m^3/s。

1) Ⅰ段塔最大允许气速计算：

$$W_{max1}=\frac{0.055\sqrt{gH_t}}{1+2\dfrac{V_L}{V_v}\sqrt{\dfrac{\gamma_l}{\gamma_v}}}\sqrt{\frac{\gamma_l-\gamma_v}{\gamma_v}}=\frac{0.055\sqrt{9.81\times0.6}}{1+2\times\dfrac{0.002}{1.93}\sqrt{\dfrac{968}{1.1}}}\times\sqrt{\frac{968-1.1}{1.1}}=3.726\text{m/s}$$

2) Ⅱ段塔最大允许气速计算：

$$W_{max2}=\frac{0.055\sqrt{gH_t}}{1+2\dfrac{V_L}{V_v}\sqrt{\dfrac{\gamma_l}{\gamma_v}}}\sqrt{\frac{\gamma_l-\gamma_v}{\gamma_v}}=\frac{0.055\sqrt{9.81\times0.6}}{1+2\times\dfrac{0.063}{4.61}\sqrt{\dfrac{957}{1.095}}}\times\sqrt{\frac{957-1.095}{1.095}}=2.18\text{m/s}$$

3) Ⅲ段塔最大允许气速计算：

$$W_{max3}=\frac{0.055\sqrt{gH_t}}{1+2\dfrac{V_L}{V_v}\sqrt{\dfrac{\gamma_l}{\gamma_v}}}\sqrt{\frac{\gamma_l-\gamma_v}{\gamma_v}}=\frac{0.055\sqrt{9.81\times0.6}}{1+2\times\dfrac{0.042}{4.57}\sqrt{\dfrac{954}{1.117}}}\times\sqrt{\frac{954-1.117}{1.117}}=2.535\text{m/s}$$

(3) 适宜的气体操作速度

计算适宜的气体操作速度公式：

$$W_a=K\cdot K_s\cdot W_{max} \tag{4-28}$$

式中 W_{max}——塔板气相空间截面积上允许的最大的允许气体速度，m/s；

K——安全系数，再生塔直径为2.6m，塔盘间距为0.6m，所以K=0.82；

K_s——系统因数，由于再生塔属于轻组分的分馏系统，轻微起泡，所以K_s取0.95。

1）Ⅰ段塔适宜的气体操作速度计算：

$$W_{a1}=0.82\times0.95\times3.726=2.903\text{m/s}$$

2）Ⅱ段塔适宜的气体操作速度计算：

$$W_{a2}=0.82\times0.95\times2.18=1.699\text{m/s}$$

3）Ⅲ段塔适宜的气体操作速度计算：

$$W_{a3}=0.82\times0.95\times2.535=1.975\text{m/s}$$

（4）气相空间截面积

计算气相空间截面积公式：

$$F_a=\frac{V_v}{W_a} \tag{4-29}$$

1）Ⅰ段塔气相空间截面积计算：

$$F_{a1}=\frac{V_{v1}}{W_{a1}}=\frac{1.93}{2.903}=0.665\ \text{m}^2$$

2）Ⅱ段塔气相空间截面积计算：

$$F_{a2}=\frac{V_{v2}}{W_{a2}}=\frac{4.61}{1.699}=2.714\ \text{m}^2$$

3）Ⅲ段塔气相空间截面积计算：

$$F_{a3}=\frac{V_{v3}}{W_{a3}}=\frac{4.57}{1.975}=2.314\text{m}^2$$

（5）降液管内液体流速

由于 $H_t=0.6\text{m}<0.75\text{m}$，计算降液管内液体流速公式：

$$V_d=7.98\times10^{-3}\cdot K\cdot K_s\cdot\sqrt{H_t(\gamma_1-\gamma_v)} \tag{4-30}$$

1）Ⅰ段塔降液管内液体流速计算：

$$V_{d1}=7.98\times10^{-3}\cdot K\cdot K_s\cdot\sqrt{H_t(\gamma_{l_1}-\gamma_{v_1})}=0.1497\text{m/s}$$

2）Ⅱ段塔降液管内液体流速计算：

$$V_{d2}=7.98\times10^{-3}\cdot K\cdot K_s\cdot\sqrt{H_t(\gamma_{l_2}-\gamma_{v_2})}=0.1489\text{m/s}$$

3）Ⅲ段塔降液管内液体流速计算：

$$V_{d3}=7.98\times10^{-3}\cdot K\cdot K_s\cdot\sqrt{H_t(\gamma_{l_3}-\gamma_{v_3})}=0.1486\text{m/s}$$

（6）降液管面积

计算降液管面积公式：

$$F_d'=\frac{V_l}{V_d} \tag{4-31}$$

$$F_d'=0.11\times F_a \tag{4-32}$$

两个计算结果取较大值。

1）Ⅰ段塔降液管面积计算：

$$F_{d1}'=\frac{V_{l_1}}{V_{d1}}=\frac{0.002}{0.1497}=0.0133\ \text{m}^2$$

$$F_{d1}'=0.11\times F_{a1}=0.07312\ \text{m}^2$$

降液管面积为 0.07312m^2。

2）Ⅱ段塔降液管面积计算：

$$F_{d2}'=\frac{V_{l2}}{V_{d2}}=\frac{0.063}{0.01489}=0.4232\ m^2$$

$$F_{d2}'=0.11\times F_{a2}=0.2985\ m^2$$

降液管面积为 $0.4232m^2$。

3）Ⅲ段塔降液管面积计算：

$$F_{d3}'=\frac{V_{l3}}{V_{d3}}=\frac{0.042}{0.1486}=0.2826\ m^2$$

$$F_{d3}'=0.11\times F_{a3}=0.2545\ m^2$$

降液管面积为 $0.2826m^2$。

（7）塔横截面积和塔径

计算塔横截面积公式：

$$F_t=F_a+F_d' \tag{4-33}$$

计算塔径公式：

$$d_c=\sqrt{\frac{F_t}{0.785}} \tag{4-34}$$

1）Ⅰ段塔塔横截面积和塔径计算：

$$F_{t1}=F_{a1}+F_{d1}'=0.738\ m^2$$

$$D_{c1}=\sqrt{\frac{F_{t1}}{0.785}}=\sqrt{\frac{0.738}{0.785}}=0.9695m$$

2）Ⅱ段塔塔横截面积和塔径计算：

$$F_{t2}=F_{a2}+F_{d2}'=3.137\ m^2$$

$$D_{c2}=\sqrt{\frac{F_{t2}}{0.785}}=\sqrt{\frac{0.314}{0.785}}=1.99m$$

3）Ⅲ段塔塔横截面积和塔径计算：

$$F_{t3}=F_{a3}+F_{d3}'=2.596\ m^2$$

$$D_{c3}=\sqrt{\frac{F_{t3}}{0.785}}=\sqrt{\frac{0.7379}{0.785}}=1.82m$$

以上计算结果为理论值，实际采用的再生塔内径 $D_c=2.6m$，计算截面积 $F=0.785\times D_c^2=5.307m^2$。

（8）采用的空塔气速

计算空塔气速公式：

$$W=\frac{V_v}{F} \tag{4-35}$$

1）Ⅰ段塔采用的空塔气速计算：

$$W_1=\frac{V_{v1}}{F}=\frac{1.93}{5.037}=0.364m/s$$

2）Ⅱ段塔采用的空塔气速计算：

$$W_2=\frac{V_{v2}}{F}=\frac{4.67}{5.037}=0.869\text{m/s}$$

3）Ⅲ段塔采用的空塔气速计算：

$$W_3=\frac{V_{v3}}{F}=\frac{4.51}{5.037}=0.861\text{m/s}$$

（9）采用的降液管面积及占横截面积比例

计算采用的降液管面积公式：

$$F_d=\left(\frac{F}{F_t}\right)\times F_d' \tag{4-36}$$

计算占横截面积比例公式：

$$\eta=\frac{F_d}{F} \tag{4-37}$$

1）Ⅰ段塔采用的降液管面积及占横截面积比例计算：

$$F_{d1}=\left(\frac{F}{F_{t1}}\right)\times F_{d1}'=\left(\frac{5.037}{0.738}\right)\times 0.07312=0.526\text{m}^2$$

$$\eta_1=\frac{F_{d1}}{F}=\frac{0.529}{5.037}\times 100\%=9.91\%$$

2）Ⅱ段塔采用的降液管面积及占横截面积比例计算：

$$F_{d2}=\left(\frac{F}{F_{t2}}\right)\times F_{d2}'=\left(\frac{5.037}{3.137}\right)\times 0.4232=0.716\text{m}^2$$

$$\eta_2=\frac{F_{d2}}{F}=\frac{0.716}{5.037}\times 100\%=13.49\%$$

3）Ⅲ段塔采用的降液管面积及占横截面积比例计算：

$$F_{d3}=\left(\frac{F}{F_{t3}}\right)\times F_{d3}'=\left(\frac{5.037}{2.596}\right)\times 0.2826=0.577\text{m}^2$$

$$\eta_3=\frac{F_{d3}}{F}=\frac{0.577}{5.037}\times 100\%=10.88\%$$

（10）浮阀数及开孔率的计算

1）阀孔临界速度：

计算阀孔临界速度公式：

$$(W_h)_c=\frac{F_0}{\sqrt{\gamma_v}} \tag{4-38}$$

式中 F_0——阀孔动能因数，m/[s·(kg/m^3)$^{0.5}$]。Ⅰ段塔设计阀孔动能因数 $F_{01}=6.1$，Ⅱ段塔设计阀孔动能因数 $F_{01}=7.2$，Ⅲ段塔设计阀孔动能因数 $F_{01}=7.1$。

① Ⅰ段塔阀孔临界速度计算：

$$(W_h)_{c1}=\frac{F_{01}}{\sqrt{\gamma_{v1}}}=\frac{6.1}{\sqrt{1.1}}=5.816\text{m/s}$$

② Ⅱ段塔阀孔临界速度计算：

$$(W_h)_{c2}=\frac{F_{02}}{\sqrt{\gamma_{v2}}}=\frac{7.2}{\sqrt{1.095}}=6.88\text{m/s}$$

③ Ⅲ段塔阀孔临界速度计算：

$$(W_{\mathrm{h}})_{\mathrm{c3}}=\frac{F_{03}}{\sqrt{\gamma_{\mathrm{v3}}}}=\frac{7.1}{\sqrt{1.117}}=6.718\mathrm{m/s}$$

2）塔板开孔率：

计算塔盘开孔率公式：

$$\phi=\frac{W}{W_{\mathrm{h}}}\times100\%$$

① Ⅰ段塔塔板开孔率计算：

$$\phi_1=\frac{W_1}{W_{\mathrm{h1}}}\times100\%=\frac{0.364}{5.816}\times100\%=6.25\%$$

② Ⅱ段塔塔板开孔率计算：

$$\phi_2=\frac{W_2}{W_{\mathrm{h2}}}\times100=\frac{0.868}{6.88}\times100\%=12.62\%$$

③ Ⅲ段塔塔板开孔率计算：

$$\phi_3=\frac{W_3}{W_{\mathrm{h3}}}\times100\%=\frac{0.861}{6.718}\times100\%=12.82\%$$

3）确定浮阀数：

计算阀孔总面积公式：

$$F_{\mathrm{h}}=F\times\phi \tag{4-39}$$

计算浮阀数公式：

$$N=\frac{F_{\mathrm{h}}}{0.785d_{\mathrm{h}}^2} \tag{4-40}$$

式中　d_{h}——阀孔直径，m，取值为 39×10^{-3}m。

① Ⅰ段塔浮阀数计算：

$$F_{\mathrm{h1}}=F\times\phi_1=0.332\ \mathrm{m}^2$$

$$N_1=\frac{F_{\mathrm{h1}}}{0.785\ d_{\mathrm{h}}^2}=278$$

② Ⅱ段塔浮阀数计算：

$$F_{\mathrm{h2}}=F\times\phi_1=0.67\ \mathrm{m}^2$$

$$N_2=\frac{F_{\mathrm{h2}}}{0.785\ d_{\mathrm{h}}^2}=561$$

③ Ⅲ段塔浮阀数计算：

$$F_{\mathrm{h3}}=F\times\phi_1=0.68\ \mathrm{m}^2$$

$$N_3=\frac{F_{\mathrm{h3}}}{0.785\ d_{\mathrm{h}}^2}=570$$

（11）溢流堰及降液管

再生塔三段塔均采用双溢流塔盘，采用弓形降液管，计算时按气、液相流量平均分配，溢流堰相关参数见表 4-103。

表 4-103 再生塔溢流堰参数

名称(塔板数)	Ⅰ段塔	Ⅱ段塔	Ⅲ段塔
出口堰高或齿堰深/mm	60	40/50	45/50
出口堰长度/m	1. 708/2. 583	1. 857/2. 571	1. 708/2. 583
溢流强度/[m^3/(h·m)]	2. 14/1. 41	61. 44/44. 38	44. 01/29. 11

1）堰上液层高度：

计算堰上液层高度公式：

$$h_{ow}=2.84E\left(\frac{V_1}{l}\right)^{\frac{2}{3}} \tag{4-41}$$

式中 l——溢流堰长度，m，（双溢流塔）

E——液流收缩系数，$E=\frac{l}{D}$，D 为塔径 2. 6m。

计算得到不同堰长下液流收缩系数见表 4-104。

表 4-104 再生塔液流收缩系数

名称(塔板数)	1~3 层	3~15 层	6~30 层
出口堰长度/m	1. 708/2. 583	1. 857/2. 571	1. 708/2. 583
液流收缩系数	0. 656/0. 993	0. 714/0. 989	0. 656/0. 993

① Ⅰ段塔堰上液层高度计算：

$$h_{ow1-1}=2.84\times0.656\times\left(\frac{0.001}{1.708}\right)^{\frac{2}{3}}=0.0131\text{mm}$$

$$h_{ow1-2}=2.84\times0.993\times\left(\frac{0.001}{2.583}\right)^{\frac{2}{3}}=0.0149\text{mm}$$

② Ⅱ段塔堰上液层高度计算：

$$h_{ow2-1}=2.84\times0.714\times\left(\frac{0.0315}{1.857}\right)^{\frac{2}{3}}=0.1339\text{mm}$$

$$h_{ow2-2}=2.84\times0.989\times\left(\frac{0.0315}{2.571}\right)^{\frac{2}{3}}=0.1493\text{mm}$$

③ Ⅲ段塔堰上液层高度计算：

$$h_{ow3-1}=2.84\times0.656\times\left(\frac{0.021}{1.708}\right)^{\frac{2}{3}}=0.0994\text{mm}$$

$$h_{ow3-2}=2.84\times0.993\times\left(\frac{0.021}{2.583}\right)^{\frac{2}{3}}=0.1141\text{mm}$$

2）塔板液层高度

计算塔板液层高度公式：

$$h_1=h_w+h_{ow} \tag{4-42}$$

式中 h_w——出口溢流堰高度。

① Ⅰ段塔塔板液层高度计算：

$$h_{l1-1}=h_{w1-1}+h_{ow1-1}=60+0.29=60.01\text{mm}$$

$$h_{l1-2}=h_{w1-2}+h_{ow1-2}=60+0.396=60.01\text{mm}$$

② Ⅱ段塔塔板液层高度计算：

$$h_{l2-1}=h_{w2-1}+h_{ow2-1}=40+0.732=40.134\text{mm}$$

$$h_{l2-2}=h_{w2-2}+h_{ow2-2}=50+0.934=50.149\text{mm}$$

③ Ⅲ段塔塔板液层高度计算：

$$h_{l3-1}=h_{w3-1}+h_{ow3-1}=45+0.621=45.099\text{mm}$$

$$h_{l3-2}=h_{w3-2}+h_{ow3-2}=50+0.847=50.114\text{mm}$$

3）液体在降液管的停留时间及流速：

计算液体在降液管的停留时间公式：

$$\tau=\frac{F_{d}\cdot H_{t}}{V_{l}} \tag{4-43}$$

计算降液管流速公式：

$$V_{d}=\frac{V_{l}}{F_{d}} \tag{4-44}$$

① Ⅰ段塔液体在降液管的停留时间及流速计算：

$$\tau_{1}=\frac{F_{d1}\cdot H_{t}}{V_{l1}}=\frac{0.526\times0.6}{0.001}=78.88\text{s}$$

$$V_{d1}=\frac{V_{l1}}{F_{d1}}=\frac{0.001}{0.526}=0.002\text{m/s}$$

② Ⅱ段塔液体在降液管的停留时间及流速计算：

$$\tau_{2}=\frac{F_{d2}\cdot H_{t}}{V_{l2}}=\frac{0.716\times0.6}{0.0315}=3.41\text{s}$$

$$V_{d2}=\frac{V_{l2}}{F_{d2}}=\frac{0.0315}{0.716}=0.044\text{m/s}$$

③ Ⅲ段塔液体在降液管的停留时间及流速计算：

$$\tau_{3}=\frac{F_{d3}\cdot H_{t}}{V_{l3}}=\frac{0.578\times0.6}{0.021}=4.13\text{s}$$

$$V_{d3}=\frac{V_{l3}}{F_{d3}}=\frac{0.021}{0.578}=0.036\text{m/s}$$

4）降液管底缘距塔板高度：

计算降液管底缘距塔板高度公式：

$$h_{b}=\frac{V_{l}}{l\times W_{b}} \tag{4-45}$$

式中 W_{b}——降液管底缘出口处流速，m/s。一般取0.1~0.3，由于物料不易发泡，所以本次计算取0.3。

① Ⅰ段塔降液管底缘距塔板高度计算：

$$h_{b1-1}=\frac{V_{l1}}{l_{1-1}\times W_{b}}=\frac{0.001}{1.708\times0.3}=0.00195\text{m}$$

$$h_{b1-2}=\frac{V_{l1}}{l_{1-2}\times W_b}=\frac{0.001}{2.583\times0.3}=0.00129\text{m}$$

② Ⅱ段塔降液管底缘距塔板高度计算：

$$h_{b2-1}=\frac{V_{l2}}{l_{2-1}\times W_b}=\frac{0.0315}{1.857\times0.3}=0.0565\text{m}$$

$$h_{b2-2}=\frac{V_{l2}}{l_{2-2}\times W_b}=\frac{0.0315}{2.571\times0.3}=0.0408\text{m}$$

③ Ⅲ段塔降液管底缘距塔板高度计算：

$$h_{b3-1}=\frac{V_{l3}}{l_{3-1}\times W_b}=\frac{0.021}{1.708\times0.3}=0.0409\text{m}$$

$$h_{b3-2}=\frac{V_{l3}}{l_{3-2}\times W_b}=\frac{0.021}{1.708\times0.3}=0.0271\text{m}$$

二十一、尾气排放相关计算

1. 尾气焚烧炉入口物料组成

尾气焚烧炉入口物料主要有三部分：净化尾气、燃料气、助燃空气。焚烧炉助燃空气分三段进入焚烧炉，可以使炉内物料混合更好，同时也可以更精确地调节炉膛温度。

(1) 进焚烧炉净化尾气

进焚烧炉的净化尾气组成和流量与吸收塔出口一致，组成见表4-105，计算过程吸收塔出口未冷凝水及物料组成计算。

表 4-105　进炉净化尾气组成与流量

名称	流量/(Nm^3/h)	气体摩尔流量/(kmol/h)	气相组成/%		组分摩尔流量/(kmol/h)
进炉净化尾气	21512.92	960.4	CO_2	6.8	65.34
			H_2S	0.00861	0.0827
			H_2O	25.5	245.32
			烃	0.04	0.348
			H_2	2.4	22.94
			N_2	65.1	625.56
			氨	0	0
			O_2	0	0
			SO_2	0.006	0.0556
			COS	0.005	0.0487
			S_2	0	0
			S_6	0	0
			S_8	0	0
			CO	0.07	0.695
			CS_2	0	0

（2）进炉助燃空气量

进炉空气量标定值为7333.47Nm³/h，根据一级转化入口组成化验分析数据处理中空气水分及组成的计算方法，计算得到进焚烧炉炉空气组成见表4-106。

表4-106　尾气炉空气组成与流量

名称	流量/（Nm^3/h）	气体摩尔流量/（kmol/h）	组成/%		组分摩尔流量/（kmol/h）
尾气炉空气	7333.47	327.37	O_2	21	67.03
			N_2	77	252.16
			H_2O	2	8.17

（3）进炉燃料气

进炉燃料气流量标定值为407.11Nm³/h，根据体积与摩尔流量折算结果，及各组分化验分析结果，计算燃料气组成与流量结果见表4-107。

表4-107　燃料气组成与流量

名称	流量/（Nm^3/h）	气体摩尔流量/（kmol/h）	瓦斯组成/%		组分摩尔流量/（kmol/h）
燃料气组成与流量	407.11	18.174	H_2	30.24	5.496
			O_2	2.74	0.498
			N_2	23.39	4.251
			CO_2	0.26	0.047
			甲烷	28.55	5.189
			乙烷	6.64	1.207
			乙烯	4.7	0.858
			丙烷	0.93	0.169
			丙烯	0.42	0.076
			异丁烷	0.62	0.113
			正丁烷	0.16	0.029
			正丁烯	0.04	0.007
			异丁烯	0.01	0.002
			反丁烯	0.02	0.004
			顺丁烯	0.01	0.002
			CO	1.17	0.213
			C_5	0.08	0.015
			H_2S	0	0

2. 尾气炉余热锅炉热负荷计算

尾气炉余热锅炉除氧水进料温度 $T=104℃$，压力为 $p_{除氧水}=4.2MPa$，除氧水按纯水计算，饱和蒸汽温度 $T=247.54℃$，加药量及排污量不计。

水的比热容 $C_{H_2O}=4.186kJ/(kg\cdot℃)$，$\Delta T=T_{饱和蒸汽}-T_{除氧水}=143.54℃$，计算单位质量水(kg)在余热锅炉中升温吸热量 $Q_{H_2O}=C_{H_2O}\times\Delta T=600.86kJ/kg$，由表4-51查得，$T=264℃$时，

饱和蒸汽汽化潜热 $H_{饱和蒸汽}=1239.5kJ/kg$，那么，在此工况下，单位质量(kg)104℃除氧水发生265.5℃饱和蒸汽，其需热量为 $Q_{需}=Q_{H_2O}+H_{饱和蒸汽}=1840.36kJ/kg$。

尾气炉余热锅炉发汽量为 $M_{蒸汽}=1.19t/h$，换热效率按0.98，计算尾气炉余热锅炉热负荷 $Q_{尾余}=\frac{Q_{需}}{0.98}\times1190=2234720.96kJ/h$，已知1kW=3600kJ/h，则 $Q_{尾余}=620.76kW$。

3. 排放烟气流量校正

$$Q_{烟气校}\approx 净化尾气\ Q_{净化尾气}+尾气焚烧炉燃料气\ Q_{尾气炉燃料}+尾气焚烧炉助燃空气\ Q_{尾气炉空气}+钠法脱硫高温空气\ Q_{钠法空气} \tag{4-46}$$

式中 $Q_{净化尾气}=21512.92Nm^3/h$；

$Q_{尾气炉燃料}=407.11Nm^3/h$；

$Q_{尾气炉空气}=7333.47Nm^3/h$；

$Q_{钠法空气}=22270.31-15243=7027.31Nm^3/h$(反应炉风机入口空气量-进反应炉空气量)；

$Q_{烟气校}\approx21512.92+7333.47+407.11+7027.31=36280.81Nm^3/h$。

排烟温度 $T=93.12℃$，压力 $p=0.015$，根据式4-15，计算得到 $Q_{烟气校}=48649.36m^3/h$，实际监测值为45445.91m³/h，存在一定偏差。

4. SO_2 排放值校正

SO_2 排放测量值为 $\rho_{折}=18.78mg/m^3$，排烟氧含量为10.3%，根据 SO_2 排放折标公式：

$$\rho_{折}=\rho_{实}\times\frac{21-O_{基}}{21-O_{实}}=\rho_{实}\times\frac{21-3}{21-10.3} \tag{4-47}$$

计算得到 $\rho_{实}=11.16mg/m^3$。

5. 总硫收率计算

尾气烟气排放量矫正后 $V_{烟气}=48649.36m^3/h$。

则烟气硫含量为：

$M_{SO_2}=V_{烟气(实)}\times\rho_{实}=48649.36\times11.16=564332.576mg/h$，换算成摩尔流量为 $W_{烟气SO_2}=\frac{M_{SO_2}}{64}\times10^{-6}=0.00849kmol/h$。

总硫收率计算公式为：

$$\eta=\left(1-\frac{烟气排放\ SO_2\ 摩尔流量}{进反应炉总硫摩尔数+S\text{-}Zorb\ 烟气总硫摩尔流量}\right)\times100\% \tag{4-48}$$

计算得到总硫收率： $\eta=\left(1-\frac{0.00849}{252.917}\right)\times100\%=99.9966\%$。

6. 烟囱抽力计算

烟囱抽力计算公式：

$$\Delta p=0.0345\times H\times\left(\frac{1}{273+t_b}-\frac{1}{273+t_g}\right)\times B \tag{4-49}$$

式中 H——烟囱高度，本装置烟囱高度为 $m=100m$；

t_b——外部空气温度℃，37℃；

t_g——烟气的平均温度℃，93.12℃；

B——大气压力，1.0132×10^5Pa。

计算 $\Delta p=0.0345\times100\times\left(\frac{1}{273+35}-\frac{1}{273+93.12}\right)\times1.0132\times10^5=177.81\text{Pa}$。

7. 碱洗前尾气排放情况及碱液使用量计算

碱洗塔外排碱液量标定值为 210kg/h，其中 Na_2SO_4 含量为 10%(质)(稀释后)，计算 $M_{Na_2SO_4}=21\text{kg/h}$，$Na_2SO_4$ 相对分子质量为 118，计算摩尔流量为 0.1779kmol/h。

吸收的 SO_2 量也为 0.1779kmol/h，与碱洗后 SO_2 排放量相加，即为碱洗前 SO_2 排放量，$W_{SO_2总}=W_{SO_2碱洗}+W_{烟气SO_2}=0.1779+0.00849=0.1864\text{kmol/h}$，质量流量为 $M_{SO_2}=W_{SO_2总}\times64=11.933\text{kg/h}$。

焚烧炉出口烟气量为 $Q_{烟气}=21512.92+7333.47+407.11=29253.5\text{Nm}^3/\text{h}$，焚烧炉余热锅炉出口温度为 265.51℃，压力为 0.008MPa(碱洗塔的压差)，根据式 4-15 换算焚烧炉余热锅炉出口烟气量为 $Q_{烟气}=53467.14\text{m}^3/\text{h}$，则碱洗前 SO_2 排放量 $=\frac{M_{SO_2}}{V_{烟气}}=11.933\times10^6/53467.14=223.18\text{mg/m}^3$，标定值为 244mg/m^3。

消耗 NaOH 摩尔流量为 0.3558kmol/h，则 $M_{NaOH}=0.3558\times28=9.96\text{kg/h}$，已知补充的碱液浓度为 30%(质)，那么需要碱液量为 $M_{碱液}=\frac{9.96}{0.3}=33.21\text{kg/h}$。

8. 焚烧炉余热锅炉出口排放烟气露点计算

烟气露点计算公式为(F. H. Verhoff 等提出)：

$$\frac{1000}{T}=1.7842+0.0269\lg p_{H_2O}-0.1029\lg p_{SO_3}+0.0329\lg p_{H_2O}\times\lg p_{SO_3} \tag{4-50}$$

式中 T——烟气露点温度，K；

p_{H_2O}——烟气中水蒸气的分压，大气压；

p_{SO_3}——烟气中 SO_3 的分压，大气压。

由于烟囱的压力接近于大气压，故 p_{H_2O}、p_{SO_3} 的值就等于烟气中水蒸气 SO_3 的体积分率。

(1) 余热锅炉出口烟气水含量量计算

烟气中水含量计算方法为：

$$W_{1烟气H_2O}=W_{H_2O(尾气)}+W_{H_2O(进炉空气)}+W_{H_2O(燃料燃烧)}$$

1) $W_{H_2O(尾气)}=245.32\text{kmol/h}$(根据尾气焚烧炉入口物料组成计算)；

2) $W_{H_2O(进炉空气)}=8.17\text{kmol/h}$(根据尾气焚烧炉入口物料组成计算)；

3) 假设其中可燃组分全部充分燃烧，根据燃料气组成，计算总 H 原子总数为 168.05kmol/h，那么燃烧后生产的水量 $W_{H_2O燃料}=84.03\text{kmol/h}$。(根据尾气焚烧炉入口物料组成计算)

$$W_{1烟气H_2O}=W_{H_2O(尾气)}+W_{H_2O(进炉空气)}+W_{H_2O(燃料燃烧)}=337.52\text{kmol/h}$$

$V_{1烟气H_2O}=337.52\times22.4=7560.448\text{Nm}^3/\text{h}$，排烟温度为 265.51℃，压力为 0.008MPa，折算为 m^3 体积流量为 $V^1_{烟气水}=13818.36\text{m}^3/\text{h}$。

那么余热锅炉出口烟气中含水分压 $p^1_{H_2O}=13818.36/53476.14=0.258$。

(2) 余热锅炉出口排放烟气 SO_3 量计算

$W_{烟SO_2}=0.00849\text{kmol/h}$，$SO_3$ 转化率按 3%计算；

$W_{1烟SO_3}=2.55\times10^{-4}kmol/h$；

$V_{1烟SO_3}=2.55\times10^{-4}\times22.4=0.0057Nm^3/h$，排烟温度为 265.51℃，压力为 0.008MPa，折算为 m^3 体积流量为 $V^1_{烟SO_3}=0.00764m^3/h$。

那么烟气中含 SO_3 百分比 $p^1_{SO_3}=0.000764/53476.14=1.94\times10^{-7}$。

（3）余热锅炉出口烟气露点温度计算

根据公式 4-50：$T_1=\dfrac{1000}{1.7842+0.0269\lg p^1_{H_2O}-0.1029\lg p^1_{SO_3}+0.0329\lg p^1_{H_2O}\times\lg p^1_{SO_3}}$；

计算露点温度 $T_1=364.49K=113.1℃$；

T_1<焚烧炉余热锅炉排烟温度 265.51℃，无露点腐蚀风险。

9. 碱洗后烟囱排放烟气露点计算

（1）烟囱出口烟气水含量计算

$$W_{2烟气H_2O}=W_{H_2O(尾气)}+W_{H_2O(进炉空气)}+W_{H_2O(燃料燃烧)}+\Delta W_{H_2O(碱洗塔水量差)}+W_{H_2O(高温空气)}$$

1）碱洗塔水平衡计算：

碱洗塔外排水量 $M_{H_2O排}=M_{总}-M_{Na_2SO_4}=210-21=189kg/h$；

碱洗塔补碱液带水量 $M_{H_2O补}=M_{碱液}-M_{NaOH}=33.21-9.96=23.25kg/h$；

碱洗塔补充水量 $M_{H_2O稀释}=30.69kg/h$；

那么碱洗塔水变化总量为：

$$\Delta M_{H_2O}=M_{H_2O稀释}+M_{H_2O补}-M_{H_2O排}=-135.06kg/h$$

$\Delta W_{H_2O(碱洗塔水量差)}=-135.06/18=-7.5kmol/h$，此部分水需要将烟气中水冷凝。

2）高温空气带水量：

用空气含水量计算的方法，计算高温空气组分见表 4-108。

表 4-108　碱洗补充空气组成

名称	流量/(Nm^3/h)	气体摩尔流速/(kmol/h)	组成/%		组分摩尔流速/(kmol/h)
高温空气	7027.31	313.72	O_2	21	64.24
			N_2	77	241.65
			H_2O	2	7.83

由表 4-108 可知，$W_{H_2O(高温空气)}=7.83kmol/h$。

3）排放烟气含水量计算：

$$W^2_{烟气H_2O}=W^1_{烟气H_2O}-7.5+7.83=337.86kmol/h$$

$V^2_{烟气H_2O}=337.86\times22.4=7568.064Nm^3/h$，排烟温度为 93.12℃，压力不计，折算为 m^3 体积流量为 $V_{烟气水}=10148.1m^3/h$。

那么烟气中含水分压 $P_{H_2O}=10148.1/48649.36=0.209$。

（2）烟囱排放烟气 SO_3 量计算

生成的 SO_3 有 90% 被钠法脱硫吸收，$W^2_{烟SO_3}=2.55\times10^{-5}kmol/h$，$V^2_{烟SO_3}=2.55\times10^{-5}\times22.4=0.00057Nm^3/h$，排烟温度为 93.12℃，压力不计，折算为 m^3 体积流量为 $V_{烟SO_3}=0.000764m^3/h$。

那么烟气中含 SO_3 百分比 $P_{SO_3}=0.000764/48649.36=1.57\times10^{-8}$。

（3）烟囱出口烟气露点温度计算

根据公式 4-50：$T_1=\frac{1000}{1.7842+0.0269\lg p_{H_2O}^{1}-0.1029\lg p_{SO_3}^{1}+0.0329\lg p_{H_2O}^{1}\times\lg p_{SO_3}^{1}}$；

计算露点温度 $T_2=364.49K=91.34℃$；

$T_1<$焚烧炉烟囱排烟温度 93.12℃，无露点腐蚀风险。

二十二、平衡计算

在平衡计算过程中，采用实际化验分析结果数据，各流量采用标定数据。

1. 总硫平衡

$W_{液硫(单质)}$= 液硫产量(kg/h)/32 = 7805/32 = 243.91kmol/h(实际估算结果)

$W_{总硫1}=W_{尾气排放硫}+W_{废碱硫}+W_{急冷水硫}+W_{液硫(单质)}=0.00849+0.1779+0.0144+243.91=244.19$kmol/h

$W_{总硫}$= 入反应炉($H_2S+SO_2+COS+2CS_2$)总摩尔流量+S-Zorb 烟气(SO_2)总摩尔流量
= 252.917kmol/h

偏差率为 $\alpha=\frac{252.917-244.19}{252.917}\times100\%=3.45\%$。

总硫不平衡的原因在于化验数据存在偏差，以及各流量指示存在偏差。

2. 克劳斯部分 H_2 平衡

$W_{总氢}$= 入反应炉($2H_2S+3NH_3+2H_2O+4CH_4$)总摩尔流量+加氢反应器补充氢($2H_2$)
= 682.3kmol/h

$W_{总氢1}=2W_{急冷塔排水}$+加氢反应器出口($2H_2S+2H_2+4CH_4$)$+W_{急冷塔顶带水量}$

$W_{急冷塔排水}$= 1740(kg/h)/18 = 96.67kmol/h(标定值)

$W_{加氢反应器出口氢1}$= 加氢反应器出口($2H_2S+2H_2+4CH_4$) = 64.56kmol/h(化验分析)

$W_{急冷塔顶带水量}$= 211.38kmol/h(根据水分压推算值)

$W_{总氢1}=2\times(211.38+96.67)+64.56=680.66$kmol/h

偏差率为 $\alpha=\frac{680.66-682.3}{682.3}\times100\%=-0.24\%$。

3. 克劳斯部分氧平衡

$W_{总氧}$= 入反应炉($2CO_2+CO+H_2O+2SO_2+2O_2$)总摩尔流量+S-zorb 烟气($2SO_2$)总摩尔流量
= 424.93kmol/h

$W_{总氢1}=W_{急冷塔排水}+W_{急冷塔顶带水量}$+加氢反应器出口($2CO_2+CO+H_2O+2SO_2$)总摩尔流量
= 96.67+211.38+148.93 = 456.98kmol/h

偏差率为 $\alpha=\frac{424.93-456.98}{456.98}\times100\%=7.01\%$。

总氧不平衡的原因在于化验数据存在偏差，其中 CO_2 含量偏差最大。

4. 克劳斯部分碳平衡

$W_{总碳}$= 入反应炉($CO_2+CO+CH_4$)总摩尔流量 = 67.8kmol/h

$W_{总碳1}$= 加氢反应出口($CO_2+CO+CH_4+COS+CS_2$)总摩尔流量
= 75.13kmol/h

偏差率为 $\alpha=\frac{75.13-67.8}{67.8}\times100\%=10.81\%$。

总碳不平衡的原因在于化验数据存在偏差，其中 CO_2 含量偏差最大。

5. 装置中压蒸汽平衡

1）反应炉余热锅炉中压蒸汽产量标定值 $M_{产汽1}=18.24t/h$；

2）尾气炉余热管路中压蒸汽产量标定值 $M_{产汽2}=1.19t/h$；

3）反应部分一级加热器中压蒸汽耗量标定值为 $M_{耗汽1}=0.958t/h$；

4）反应部分二级加热器中压蒸汽耗量标定值为 $M_{耗汽2}=0.977t/h$；

5）加氢反应器入口加热器中压蒸汽耗量标定值为 $M_{耗汽3}=0.843t/h$；

6）减温减压除氧水流量标定值为 $M_{减温水}=2.437+2.114=4.551t/h$；

7）计算中压蒸汽外送量：

$$M_{外送}=M_{产汽1}+M_{产汽2}+M_{减温水}-M_{耗汽1}-M_{耗汽2}-M_{耗汽3}=18.823t/h$$

实际标定值为 18.78t/h，相差不大。(以上数据见表 1-2)

二十三、关键设备运行能力计算

1. 制硫反应炉

(1) 反应炉停留时间计算

反应炉停留时间计算公式：

$$t=\frac{V_1\times p\times T_1}{V_2\times(1+B)\times T_2} \tag{4-51}$$

式中 V_1——炉膛体积，设计值为 $67.9m^3$；

p——炉膛绝压，0.145MPa；

T_1——绝对温度，273.15K；

V_2——反应炉内混合酸性气流量，$V_2=V_{炉前部}+V_{炉中部}=8770.71Nm^3/h$，温度为 145℃，压力为 0.05MPa，按式 4-15 换算 $V_2=8990.1m^3/h=2.497m^3/s$；

B——为 $1/3H_2S$ 燃烧时的空气比例，进炉空气量为 $15243Nm^3/h$，温度、压力与酸性气相同，所以计算 $B=\frac{15243}{8770.71}=1.738$；

T_2——炉膛温度，$T_2=1236+273.15=1509.15$，将数据代入式(4-51)中计算得到 $t=0.25s$。

(2) 反应炉酸性气加工量 *CMK* 分析

机器能力指数(CMK，machine capability index)最适合评估机器对于一个特殊要求的可适用性。它是对生产设备能够满足要求及稳定性的能力评价一般是要求 *CMK* 不小于 1.67。

CMK 计算公式为：

$$CMK=\frac{(1-K)\times(T_U-T_L)}{8\times\sigma} \tag{4-52}$$

式中 K——偏移系数，$K=\mathrm{ABS}\,\frac{2\times\mathrm{AVE}(X)-T_U-T_L}{T_U-T_L}$；

σ——标准偏差，$\sigma=\sqrt{\frac{\sum_{i=1}^{n}(X_i-X)^2}{n-1}}$；

X——样品值；

T_U——公差上限(取反应炉加工负荷上限)；

T_L——公差下限(取反应炉加工负荷下限)。

在计算时，读取反应炉酸性气加工量数值(进炉前部+进炉中部，单位 Nm^3/h)50 组数据见表 4-109。

表 4-109　反应炉酸性气量样品表　　Nm^3/h

规格值	8500	公差上限	9500	公差下限	2100
实测数据	8770.71	8806.11	8556.99	8546.77	8617.25
	8804.21	8756.29	8514.23	8557.29	8548.14
	8804.03	8568.58	8429.88	8568.66	8589.56
	8863.93	8537.24	8657.42	8477.37	8689.71
	8682.23	8425.17	8569.25	8588.55	8665.47
	8805.05	8495.45	8437.98	8531.42	8567.34
	8825.65	8567.26	8564.12	8547.25	8601.22
	8980.51	8349.57	8586.37	8596.87	8446.39
	8809.41	8418.62	8436.88	8433.98	8456.63
	8770.96	8414.79	8568.59	8518.64	8576.81

将数据带入计算公式，计算得到：$K=0.7562$，$\sigma=105.264$，$CMK=2.14$，并得到分析图，如图 4-6 所示。

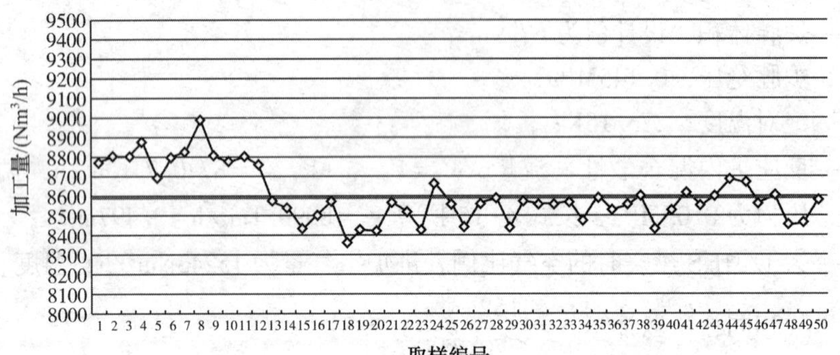

图 4-6　反应炉酸性气加工量 *CMK* 分析图

◇反应炉酸性气加工量；—分布中心8598.06

由于 *CMK* 大于 1.67，所以反应炉对于现加工量比较适应，运行正常。

2. 制硫鼓风机相关计算

制硫鼓风机是反应炉的核心设备之一，主要作用就是向反应炉提供反应所需的配风量，本装置制硫炉风机数量为 2 台，一台运行另一台备用，两台风机所有参数都相同，本次计算开启风机的相关参数。风机参数见表 4-110。

表 4-110　反应炉鼓风机风机参数表

设备名称	型号	介质名称	操作条件					功率/kW		防爆等级	电压/V	转数/(r/min)
			流量/(kg/h)	温度/℃		压力/kPa(g)		轴功率	采用功率			
				进口	出口	进口	出口					
主空气风机	JED26820-1.72	空气	23513	33	90	99	170	535	630	dIIBT4	6000	2980

(1) 风机全压

风机全压计算公式为：

$$p=p_1\times\frac{B}{760}\times\frac{273.15+T_1}{273.15+T_2} \tag{4-53}$$

式中 p_1——为设计标准压力，本装置设计风机出口压力为70000Pa；

760——mmHg，在海拔0m，空气在20℃情况下的大气压；

B——为当地大气压(mmHg)，换算公式为 $B=760$mmHg(海拔高度/12.75)，海拔高度在300m以下的可不修正，本装置所处位置可不进行修正，$B=760$mmHg；

T_1——为工况介质温度，反应炉风机介质为空气，风机出口标定值为温度为76.58℃；

T_2——为风机出口设计温度，本装置风机出口设计温度为80℃；

计算得到 $p=p_1\times\frac{B}{760}\times\frac{273+T_1}{273+T_2}=70000\times\frac{760}{760}\times\frac{273.15+76.58}{273.15+80}=69322.1\text{Pa}=69.32\text{kPa}$。

(2) 电机所需功率

电机所需功率计算公式为：

$$N=\frac{Q(\text{m}^3/\text{h})\times p(\text{全压})\times K}{1000\times3600\times\eta} \tag{4-54}$$

式中 p——全压，69322.1Pa；

Q——为风机鼓风量，已知风机入口风量标定值 Q_N 为22270.31Nm³/h，一部分进反应炉，剩余部分进入钠法脱硫系统。根据式4-15在 $T=76.58$℃、$p=0.06932$MPa时，将鼓风机入口流量换算为m³/h，$Q=16930.59\text{m}^3/\text{h}$；

K——电机电容系数，本次计算取 $K=1$；

η——为机械效率也是一个变数，主风机的传动方式为联轴器连接传动，如图4-7所示，按表4-111取值方法，η 取0.98。

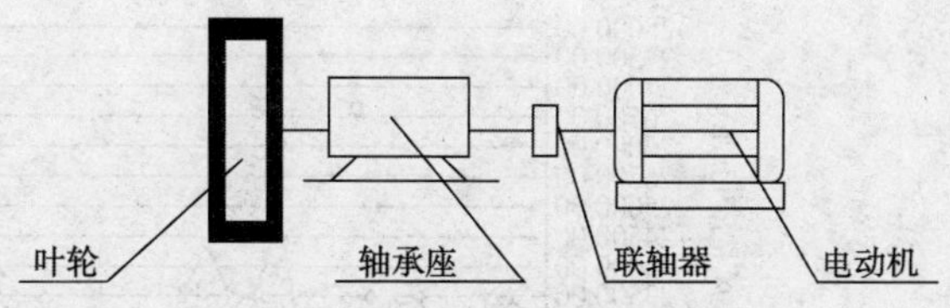

图4-7 风机连轴形式

表4-111 风机传动方式与机械效率的关系

传动方式	机械效率
电动机直联传动(A型)	1.00
联轴器联接转动(D、F型)	0.98
皮带传动(B、C、E型)	0.95

计算得到电机所需功率：

$$N=\frac{Q(\text{m}^3/\text{h})\times p(\text{全压})}{1000\times3600\times\eta}=\frac{16930.59\times69322.1}{1000\times3600\times0.98}=332.67\text{kW}\cdot\text{h}$$

(3) 风机轴功率计算

已知电机电压为6000V，标定期间风机电流现场指示为60A，电机耗电量计算公式为：

$$N_1=\frac{U\times I\times1.732\times0.85\times0.93}{1000}=\frac{6000\times60\times1.732\times0.85\times0.93}{1000}=492.89\text{kW}\cdot\text{h} \tag{4-55}$$

(其中 1.732 为$\sqrt{3}$的约值，0.85 为功率因数，0.93 为电机效率)

计算风机效率为：
$$\eta=\frac{332.67}{492.89}\times 100\%=67.49\%$$

(4) 风机风量 *CMK* 分析

在计算时，读取风机入口风量数值(单位 Nm^3/h)50 组数据见表 4-112。

表 4-112　反应炉鼓风机入口空气量样品　　Nm^3/h

规格值	20000	公差上限	2800	公差下限	7000
实测数据	22270.31	22874.29	22648.17	23179.26	21786.59
	23368.14	24876.37	23413.15	22987.56	24370.42
	23476.21	23472.17	22198.16	21876.14	23198.43
	21356.89	23434.67	23857.21	22416.37	21225.34
	22657.21	24327.91	24190.37	21765.42	24344.76
	23436.78	23565.43	21098.22	23673.56	22857.55
	23343.22	22765.14	21056.17	21867.32	23659.88
	23467.22	23174.41	21985.44	23416.44	23587.19
	23467.31	22593.45	23867.87	21436.57	22426.21
	21348.98	21346.71	22908.17	23867.24	21374.44

将数据带入计算公式，计算得到：$K=0.5108$，$\sigma=741.733$，$CMK=1.73$，并得到分析图如图 4-8 所示。

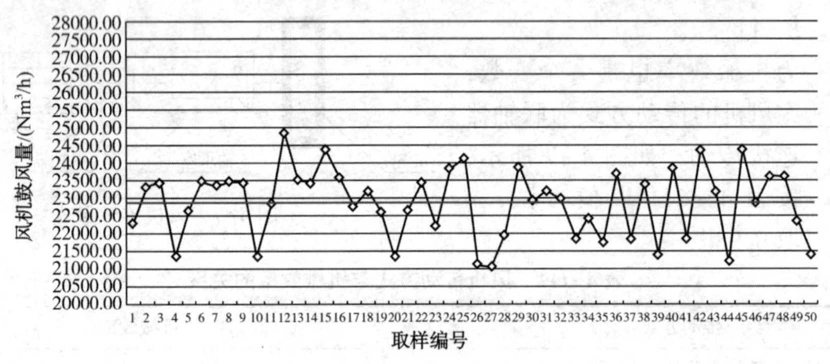

图 4-8　反应炉鼓风机风量 *CMK* 分析图

可以看出 *CMK* 略大于 1.67，经过调整发现，降低风机入口风量，*CMK* 值会有所提高。所以可以判断风机现在的鼓风量偏高，风机负荷偏大。风机的负荷与酸性气的量及各组分的含量有直接关系，当酸性气中各组分变化时，风量的调整可以通过调节风机入口阀开度，也可以平衡风机出口空气进钠法脱硫与进反应炉的量。

3. 急冷塔水力学计算

(1) 急冷塔泛点气速计算

泛点气速计算利用贝恩—霍根关联式：

$$\lg\left[\frac{u_F^{\ 2}}{g}\left(\frac{a}{\varepsilon^3}\right)\frac{\rho_V}{\rho_L}\mu_L^{\ 0.2}\right]=A-K\left(\frac{W_L}{W_V}\right)^{\frac{1}{4}}\left(\frac{\rho_V}{\rho_L}\right)^{\frac{1}{8}} \tag{4-56}$$

式中 u_F——泛点气速，m/s；

g——重力加速度，9.81m/s^2；

a——填料比表面积，急冷塔填料为250Y型金属波纹板，比表面积250m^2/m^3；

ε——填料层空隙率，0.977m^3/m^3；

μ_L——液体黏度，急冷塔液体为水，急冷水标定温度 $T=34.69$℃，查询纯水黏度（表4-113）为0.7225mN·s/m^2；

表4-113 纯水黏度表

温度/℃	黏度/mPa·s	温度/℃	黏度/mPa·s	温度/℃	黏度/mPa·s
0	1.7921	20.2	1	50	0.5459
1	1.7313	21	0.981	60	0.4688
2	1.6728	22	0.9579	70	0.4061
3	1.6191	23	0.9358	80	0.3565
4	1.5674	24	0.9142	90	0.3165
5	1.5188	25	0.8937	100	0.2838
6	1.4728	26	0.8737		
7	1.4284	27	0.8545		
8	1.386	28	0.836		
9	1.3462	29	0.818		
10	1.3077	30	0.8007		
11	1.2713	31	0.784		
12	1.2363	32	0.7679		
13	1.2028	33	0.7523		
14	1.1709	34	0.7371		
15	1.1404	35	0.7225		
16	1.1111	36	0.7085		
17	1.0828	37	0.6947		
18	1.0559	38	0.6814		
19	1.0299	39	0.6685		
20	1.0005	40	0.656		

W_L——相质量流量，急冷塔中液相为急冷水，流量标定值为150.89t/h，计算液相质量流量为 $W_L=158090$kg/h；

W_V——相的质量流量，急冷塔气相为废热锅炉出口过程气，组成见表4-97，各个组分分子量见表4-114，通过摩尔流量与质量的乘积计算各组分质量流量见表4-115，计算过程气总质量流量为 $W_V=26382.362$kg/h；

表 4-114 各组分分子量

计算用物料	分子量/(g/mol)	计算用物料	分子量/(g/mol)
CO_2	44	SO_2	64
H_2S	34	COS	60
H_2O	18	S_2	64
烃	16	S_6	192
H_2	2	S_8	256
N_2	28	CO	28
氨	17	CS_2	76
O_2	32		

表 4-115 急冷塔入口气相各组分质量流量

气相组成	组分质量流速/(kg/h)	气相组成	组分质量流速/(kg/h)
CO_2	2935.55	SO_2	4.479
H_2S	314.44	COS	3
H_2O	5536.571	S_2	0
烃	5.238	S_6	0
H_2	47.482	S_8	0
N_2	17515.723	CO	19.88
氨	0	CS_2	0
O_2	0		

ρ_V——液相密度，急冷塔中液相为急冷水，水的密度为$\rho_L=1000kg/m^3$；

ρ_L——气相密度，急冷塔入口气相温度为废热锅炉出口气相口温度，标定值 $T=151.08℃$，压力为 $\pi=30kPa=0.03MPa$，废热锅炉出口气相摩尔流量模型计算值 $Q_N=23132.52Nm^3/h$，根据式 4-15 换算急冷塔入口过程气流量为：

$$Q_f=3132.52\times\frac{0.10132\times(273.15+151.08)}{(0.03+0.10132)\times273.15}=27719.63m^3/h$$

计算气相密度 $\rho_v=\frac{W_V}{Q_f}=\frac{26382.362}{27719.63}=0.952kg/m^3$；

A、K——为关联常数，关联常数选取见表 4-116。急冷塔采用金属丝网波纹填料，$A=0.3$，$K=1.75$。

表 4-116 关联常数与填料类型的关系

散装填料类型	A	K	规整填料类型	A	K
塑料鲍尔环	0.0942	1.75	金属丝网波纹填料	0.30	1.75
金属鲍尔环	0.1	1.75	塑料丝网波纹填料	0.4201	1.75
塑料阶梯环	0.204	1.75	金属网孔波纹填料	0.155	1.47
金属阶梯环	0.106	1.75	金属孔板波纹填料	0.291	1.75
瓷矩鞍	0.176	1.75	塑料孔板波纹填料	0.291	1.563
金属环矩鞍	0.06225	1.75			

将上述所有数据带入式 4-58 计算得到泛点气速 $u_F = 2.45m/s$。

(2) 空塔气速及泛点率计算

空塔因子计算公式为：

$$F = u \times \sqrt{\rho_v} \tag{4-57}$$

u 为空塔气速。

根据急冷塔设计规格书查询可知，空塔因子 $F=0.86$，ρ_v 为气相密度为 $0.952kg/m^3$，计算得到空塔气速 $u=0.88m/s$，泛点率为 $u/u_F=0.36$。

4. 急冷水泵计算

(1) 急冷水泵扬程计算

扬程计算公式：

$$H = \frac{p}{\rho g} \tag{4-58}$$

式中 p——泵出口压力，现场指示值为 0.58MPa 即 5.8×10^5Pa；

ρ——液体密度，介质为水，取 $1000kg/m^3$；

g——重力加速度，取 $9.81m/s^2$。

计算得到 $H=59.18m$。

(2) 急冷水泵有效功率计算

有效功率计算公式：

$$N_{有效} = \frac{\rho g Q H}{3600 \times 1000 \times 0.98} \tag{4-59}$$

式中 ρ——液体密度，介质为水，取 $1000kg/m^3$；

g——重力加速度，取 $9.81m/s^2$；

Q——液体体积流量 $150.89m^3/h$；

H——扬程 59.18m。

计算得到 $N_{有效}=24.81kW$。

(3) 急冷水泵轴功率计算

轴功率(有功功率)计算公式：

$$N_{轴} = \sqrt{3}\, UI\cos\Phi\, \eta_{机} \tag{4-60}$$

式中 U——电机电压，380V；

I——电机运行是的电流，75A；

$\cos\Phi$——功率因数，取 0.85；

$\eta_{机}$——电机效率，取 0.93。

计算得到 $N_{轴}=39021.8W=39.02kW$。

急冷水泵的效率为 $\eta = \frac{N_{有效}}{N_{轴}} = \frac{24.81}{39.02} \times 100\% = 62.3\%$。

由于急冷水的实际循环量比设计值低，所以泵的效率不高。

5. 吸收塔水力学计算

(1) 吸收塔泛点气速计算

泛点气速计算利用贝恩—霍根关联式[式(4-56)]。

Ⅰ段塔胺液黏度为 1. 66mN · s/m^2，Ⅱ段塔黏度为 1. 56mN · s/m^2。

Ⅰ段塔精贫液流量标定值为 100. 02t/h，计算液相质量流量为 W_L = 100020kg/h；Ⅱ段塔精贫液流量标定值为 50. 02t/h，计算液相质量流量为 W_L = 50020kg/h。

吸收塔气相为急冷塔出口过程气，组成如表 4-98 所示。各个组分分子量如表 4-114 所示，通过摩尔流量与质量的乘积计算各组分质量流量见表 4-117。

表 4-117 急冷塔出口气相各组分质量流量

气相组成	组分质量流速/(kg/h)	气相组成	组分质量流速/(kg/h)
CO_2	2935. 55	SO_2	3. 559
H_2S	314. 44	COS	3
H_2O	3804. 854	S_2	0
烃	5. 238	S_6	0
H_2	47. 482	S_8	0
N_2	17515. 723	CO	19. 88
氨	0	CS_2	0
O_2	0		

计算过程气总质量流量为 W_V = 24649. 726kg/h（吸收过程质量变化不考虑）。

吸收塔中液相为胺液，密度为 ρ_L = 1015kg/m^3。

吸收塔入口气相温度为急冷塔出口气相口温度，标定值 T = 37. 28℃，压力为 π = 28kPa = 0. 028MPa，急冷塔出口气相摩尔流量模型计算值 Q_N = 20977. 17Nm^3/h，根据式 4-15 换算吸收塔入口过程气流量为：$Q_f = 20977.17\times\frac{0.10132\times(273.15+37.28)}{(0.028+0.10132)\times273.15} = 18678.37\text{m}^3/\text{h}$，计算气相密度 $\rho_v = \frac{W_V}{Q_f} = \frac{24649.726}{18678.37} = 1.32\text{kg/m}^3$。

关联常数选取根据图 4-9 选取，急冷塔采用金属丝网波纹填料，A = 0. 3，K = 1. 75。

计算得到Ⅰ段塔泛点气速 u_{F1} = 2. 05m/s，Ⅱ段塔泛点气速 u_{F2} = 2. 5m/s。

（2）空塔气速及泛点率计算

空塔因子计算根据公式 4-57 计算。

1）Ⅰ段塔：根据急冷塔设计规格书查询可知，Ⅰ段塔空塔因子 F = 0. 99，ρ_V 为气相密度为 1. 32kg/m^3，计算得到空塔气速 u_1 = 0. 862，泛点率为 u_1/u_{F1} = 0. 42。

2）Ⅱ段塔：根据急冷塔设计规格书查询可知，Ⅱ段塔空塔因子 F = 0. 98，ρ_V 为气相密度为 1. 32kg/m^3，计算得到空塔气速 u_2 = 0. 853，泛点率为 u_2/u_{F2} = 0. 341。

6. 富胺液泵计算

（1）富胺液泵扬程计算

扬程计算根据公式 4-58，泵出口压力，现场指示值为 0. 55MPa，即 5. 5×10^{5}Pa；介质胺液，密度 ρ 取 1015kg/m^3；重力加速度，取 9. 81m/s^2。计算得到 H = 55. 29m。

（2）富胺液泵有效功率计算

有效功率计算利用公式 4-59，介质为水，液体密度取 1015kg/m^3；重力加速度，取 9. 81m/s^2；液体体积流量 $Q = \frac{150.04}{1.015} = 147.83\text{m}^3/\text{h}$；扬程为 55. 29m；计算得到 $N_{有效}$ = 23. 04kW。

(3) 富胺液泵轴功率计算

轴功率(有功功率)计算利用公式 4-60，电机电压为 380V；电机运行时的电流为 76A；功率因数，取 0.85；电机效率，取 0.93。计算得到 $N_{轴}=39542.1\text{W}=39.54\text{kW}$。

富胺液泵的效率为 $\eta=\dfrac{N_{有效}}{N_{轴}}=\dfrac{23.04}{39.54}\times100\%=58.27\%$。

由于富胺液的实际循环量比设计值低，所以泵的效率不高。

7. 再生塔水力学计算

(1) 塔板总压力降

1) 干板压力降：

计算浮阀全开后干板压力降公式(33 克浮阀)：

$$\Delta p_d=5.37\frac{W_h^2}{2g}\times\frac{\gamma_v}{\gamma_l} \tag{4-61}$$

式中 Δp_d——干板压力降，m 液柱；

W_h——阀孔临界速度，m/s；

g——重力加速度，9.81m/s²；

γ_v——气相重度，kg/m³；

γ_l——液相重度，kg/m³。

① Ⅰ段塔干板压力降计算：

$$\Delta p_{d1}=5.37\frac{W_{h1}^2}{2g}\times\frac{\gamma_{v1}}{\gamma_{l1}}=5.37\times\frac{5.816^2}{2\times9.81}\times\frac{1.1}{968}=0.011\text{m 液柱}$$

② Ⅱ段塔干板压力降计算：

$$\Delta p_{d2}=5.37\frac{W_{h2}^2}{2g}\times\frac{\gamma_{v2}}{\gamma_{l2}}=5.37\times\frac{6.88^2}{2\times9.81}\times\frac{1.095}{957}=0.0148\text{m 液柱}$$

③ Ⅲ段塔干板压力降计算：

$$\Delta p_{d3}=5.37\frac{W_{h3}^2}{2g}\times\frac{\gamma_{v3}}{\gamma_{l3}}=5.37\times\frac{6.718^2}{2\times9.81}\times\frac{1.117}{954}=0.0144\text{m 液柱}$$

2) 气体克服鼓泡表面张力的压力降：

$$\Delta p_0=\frac{2\sigma_1}{h_0\times\gamma_1} \tag{4-62}$$

式中 Δp_0——气体克服鼓泡表面张力的压力降，m 液柱；

σ_1——液体表面张力，kg/m；

h_0——浮阀最大开度，m；

γ_1——液相重度，kg/m³；

一般 Δp_0 很小，可以忽略。

3) 气体通过塔板上液层的压力降：

$$\Delta p_{vl}=0.4h_w+2.35\times10^{-3}\left(\frac{3600\times V_1}{l}\right)^{\frac{2}{3}} \tag{4-63}$$

式中 Δp_{vl}——气体通过塔板上液层的压力降，m 液柱；

h_w——出口溢流堰高度，m；

V_l——液体体积流率，m^3/s；

l——出口堰长度，m。

再生塔板为双溢流，需要分别计算气体通过塔板上液层的压力降。

① Ⅰ段塔气体通过塔板上液层的压力降计算：

$$\Delta p_{vl1-1}=0.4\times0.06+2.35\times10^{-3}\left(\frac{3600\times0.001}{1.708}\right)^{\frac{2}{3}}=0.0279\text{m 液柱}$$

$$\Delta p_{vl1-2}=0.4\times0.06+2.35\times10^{-3}\left(\frac{3600\times0.001}{2.583}\right)^{\frac{2}{3}}=0.0269\text{m 液柱}$$

② Ⅱ段塔气体通过塔板上液层的压力降计算：

$$\Delta p_{vl2-1}=0.4\times0.04+2.35\times10^{-3}\left(\frac{3600\times0.0315}{1.857}\right)^{\frac{2}{3}}=0.0524\text{m 液柱}$$

$$\Delta p_{vl2-2}=0.4\times0.05+2.35\times10^{-3}\left(\frac{3600\times0.0315}{2.571}\right)^{\frac{2}{3}}=0.0493\text{m 液柱}$$

③ Ⅲ段塔气体通过塔板上液层的压力降计算：

$$\Delta p_{vl1-1}=0.4\times0.045+2.35\times10^{-3}\left(\frac{3600\times0.021}{1.708}\right)^{\frac{2}{3}}=0.0474\text{m 液柱}$$

$$\Delta p_{vl1-2}=0.4\times0.05+2.35\times10^{-3}\left(\frac{3600\times0.021}{2.583}\right)^{\frac{2}{3}}=0.0423\text{m 液柱}$$

4）气体通过塔板的压力降

计算气体通过塔板的压力降公式：

$$\Delta p_t=\Delta p_d+\Delta p_{vl} \tag{4-64}$$

① Ⅰ段塔气体通过塔板的压力降计算：

$$\Delta p_{t1-1}=\Delta p_{d1}+\Delta p_{vl1-1}=0.0384\text{m 液柱}$$
$$\Delta p_{t1-2}=\Delta p_{d1}+\Delta p_{vl1-2}=0.0375\text{m 液柱}$$

② Ⅱ段塔气体通过塔板的压力降计算：

$$\Delta p_{t2-1}=\Delta p_{d2}+\Delta p_{vl2-1}=0.0673\text{m 液柱}$$
$$\Delta p_{t2-2}=\Delta p_{d2}+\Delta p_{vl2-2}=0.0642\text{m 液柱}$$

③ Ⅲ段塔气体通过塔板的压力降计算：

$$\Delta p_{t3-1}=\Delta p_{d3}+\Delta p_{vl3-1}=0.0619\text{m 液柱}$$
$$\Delta p_{t3-2}=\Delta p_{d3}+\Delta p_{vl3-2}=0.0568\text{m 液柱}$$

（2）雾沫夹带量

计算雾沫夹带量公式(液体表面张力>35)：

$$e=\frac{A(0.052h_l-0.206)}{H_t^{\,n}\cdot\phi'^2}W^{3.69} \tag{4-65}$$

式中 e——雾沫夹带量，$kg_{(液体)}/kg_{(气体)}$；

ϕ'——系数，取0.6~0.8，本次计算 $\phi'=0.6$；

W——采用的空塔气速，m/s；

H_t——塔板间距，600mm；

A、n——系数，$H_t\geqslant350$mm 时，$A=0.159$，$n=0.95$；

h_1——塔板上液层高度，mm。

1）Ⅰ段塔雾沫夹带量计算

$$e_{1-1}=\frac{A(0.052h_{11-1}-0.206)}{H_t^{\ n}\cdot\phi'^2}W_1^{\ 3.69}=\frac{A(0.052\times60.29-0.206)}{600^{0.95}\times0.6^2}\times0.364^{3.69}=7.108\times10^{-5}$$

$$e_{1-2}=\frac{A(0.052h_{11-2}-0.206)}{H_t^{\ n}\cdot\phi'^2}W_1^{\ 3.69}=\frac{A(0.052\times60.396-0.206)}{600^{0.95}\times0.6^2}\times0.364^{3.69}=7.121\times10^{-5}$$

Ⅰ段塔雾沫夹带量 $e_1=e_{1-1}+e_{1-2}=14.229\text{kg}_{(液体)}/\text{kg}_{(气体)}$。

2）Ⅱ段塔雾沫夹带量计算

$$e_{2-1}=\frac{A(0.052h_{12-1}-0.206)}{H_t^{\ n}\cdot\phi'^2}W_2^{\ 3.69}=\frac{A(0.052\times40.732-0.206)}{600^{0.95}\times0.6^2}\times0.869^{3.69}=0.00115$$

$$e_{2-2}=\frac{A(0.052h_{12-2}-0.206)}{H_t^{\ n}\cdot\phi'^2}W_2^{\ 3.69}=\frac{A(0.052\times50.934-0.206)}{600^{0.95}\times0.6^2}\times0.869^{3.69}=0.00147$$

Ⅱ段塔雾沫夹带量 $e_2=e_{2-1}+e_{2-2}=0.00262\text{kg}_{(液体)}/\text{kg}_{(气体)}$。

3）Ⅲ段塔雾沫夹带量计算

$$e_{3-1}=\frac{A(0.052h_{13-1}-0.206)}{H_t^{\ n}\cdot\phi'^2}W_3^{\ 3.69}=\frac{A(0.052\times40.621-0.206)}{600^{0.95}\times0.6^2}\times0.861^{3.69}=0.00126$$

$$e_{3-2}=\frac{A(0.052h_{13-2}-0.206)}{H_t^{\ n}\cdot\phi'^2}W_3^{\ 3.69}=\frac{A(0.052\times50.847-0.206)}{600^{0.95}\times0.6^2}\times0.861^{3.69}=0.00142$$

Ⅲ段塔雾沫夹带量 $e_3=e_{3-1}+e_{3-2}=0.00268\text{kg}_{(液体)}/\text{kg}_{(气体)}$。

（3）漏液量

计算漏液量公式：

$$N_W\times10^4=2.09\,(W\cdot\gamma_V^{\ 0.5})^{-5.93}\left(\frac{L}{3600}\gamma_1\right)^{1.43}\tag{4-66}$$

式中 N_W——漏液量，%；

W——采用的空塔气速，m/s；

γ_v——气相重度，kg/m^3；

γ_1——液相重度，kg/m^3；

L——溢流强度，$\text{m}^3/(\text{h}\cdot\text{m})$。

此公式适用于塔盘开孔率在9%~11%之间的塔段，只有Ⅰ段塔满足条件。而Ⅱ段、Ⅲ段塔计算时，取动能因数 $F_0=5$ 作为操作负荷下限，计算漏液时的气速。

1）Ⅰ段塔漏液量计算：

Ⅰ段双溢流堰溢流强度分别为 $L_{1-1}=2.14\text{m}^3/(\text{h}\cdot\text{m})$，$L_{1-2}=1.41\text{m}^3/(\text{h}\cdot\text{m})$。

$$N_{w1-1}=2.09\,(W_1\cdot\gamma_{v1}^{\ 0.5})^{-5.93}\left(\frac{L_{1-1}}{3600}\gamma_{11}\right)^{1.43}\times10^{-4}=0.0288\%$$

$$N_{w2-1}=2.09\,(W_1\cdot\gamma_{v1}^{\ 0.5})^{-5.93}\left(\frac{L_{1-2}}{3600}\gamma_{11}\right)^{1.43}\times10^{-4}=0.0158\%$$

2）Ⅱ段塔漏液时的气速计算：

$$W_{h2}=\frac{F_0}{\sqrt{\gamma_{v2}}}=\frac{5}{\sqrt{1.095}}=4.778\text{m/s}$$

3）Ⅲ段塔漏液时的气速计算：

$$W_{h3}=\frac{F_0}{\sqrt{\gamma_{v3}}}=\frac{5}{\sqrt{1.117}}=4.731\text{m/s}$$

(4) 淹塔

计算液相流过一层塔板时所克服的压力公式：

$$\Delta p_l=\Delta p_t+h_l+\Delta p_{dk} \qquad (4-67)$$

式中 Δp_l——液相流过一层塔板所需的压力降，m 液柱；

Δp_t——气相通过一块塔板的总压力降，m 液柱；

h_l——塔板液层高度，m；

Δp_{dk}——不设进口堰时液相通过降液管的压力降，m 液柱；计算公式为：$\Delta p_{dk}=0.153 W_b^2$，$W_b$为降液管底缘出口处流速，m/s，一般取 0.1~0.3，由于物料不易发泡，所以本次计算取 0.3，计算 $\Delta p_{dk}=0.153W_b^2=0.01377$m 液柱。

1）Ⅰ段塔淹塔情况计算：

$$\Delta p_{l1-1}=\Delta p_{t1-1}+h_{l1-1}+\Delta p_{dk}=0.0138+0.0384+0.0603=0.01124\text{m 水柱}$$

$$\Delta p_{l1-2}=\Delta p_{t1-2}+h_{l1-2}+\Delta p_{dk}=0.0138+0.0375+0.0604=0.01116\text{m 水柱}$$

为防止淹塔发生，要求 $\Delta p_L<(0.4\sim0.6)(H_t+H_W)$，系数一般取 0.5。

式中 H_t——塔板间距，m；

H_W——溢流堰高度，m。

计算压力降要求值为：

$$\Delta p_{l1-1}'=0.5\times(0.6+0.06)=0.33\text{m 水柱}$$

$$\Delta p_{l1-2}'=0.5\times(0.6+0.06)=0.33\text{m 水柱}$$

由于 $\Delta p_L<\Delta p_L'$，所以Ⅰ段塔不会淹塔。

2）Ⅱ段塔淹塔情况计算：

$$\Delta p_{l2-1}=\Delta p_{t2-1}+h_{l2-1}+\Delta p_{dk}=0.0138+0.0673+0.0407=0.0122\text{m 水柱}$$

$$\Delta p_{l2-2}=\Delta p_{t2-2}+h_{l2-2}+\Delta p_{dk}=0.0138+0.0642+0.0509=0.0129\text{m 水柱}$$

计算压力降要求值为：

$$\Delta p_{l2-1}'=0.5\times(0.6+0.04)=0.32\text{m 水柱}$$

$$\Delta p_{l2-2}'=0.5\times(0.6+0.05)=0.325\text{m 水柱}$$

由于 $\Delta p_l<\Delta p_l'$，所以Ⅱ段塔不会淹塔。

3）Ⅲ段塔淹塔情况计算：

$$\Delta p_{l3-1}=\Delta p_{t3-1}+h_{l3-1}+\Delta p_{dk}=0.0138+0.0619+0.0456=0.01212\text{m 水柱}$$

$$\Delta p_{l3-2}=\Delta p_{t3-2}+h_{l3-2}+\Delta p_{dk}=0.0138+0.0856+0.0508=0.01213\text{m 水柱}$$

计算压力降要求值为：

$$\Delta p_{l3-1}'=0.5\times(0.6+0.045)=0.3225\text{m 水柱}$$

$$\Delta p_{l3-2}'=0.5\times(0.6+0.05)=0.325\text{m 水柱}$$

由于 $\Delta p_l<\Delta p_l'$，所以Ⅱ段塔不会淹塔。

(5) 降液管负荷

计算降液管最大流速公式：

$$V_d=0.17\cdot K_s \qquad (4-68)$$

$$V_d = 7.98\times10^{-3} \cdot K_s \cdot \sqrt{H_t(\gamma_l - \gamma_v)}\ (H_t < 0.75) \tag{4-69}$$

式中 V_d——降液管最大流速，m/s；

K_s——系统因数，由于再生塔属于轻组分的分馏系统，轻微起泡，所以 K_s 取 0.95。

降液管最大流速取上述两种计算结果中的最小值。

1）Ⅰ段塔降液管最大流速计算：

$$V_d = 0.17 \cdot K_s = 0.17\times0.95 = 0.1615\text{m/s}$$

$$V_{d1} = 7.98\times10^{-3} \cdot K_s \cdot \sqrt{H_t(\gamma_{l1} - \gamma_{v1})} = 0.1826\text{m/s}$$

降液管最大流速取 0.1615m/s。

2）Ⅱ段塔降液管最大流速计算：

$$V_d = 0.17 \cdot K_s = 0.17\times0.95 = 0.1615\text{m/s}$$

$$V_{d2} = 7.98\times10^{-3} \cdot K_s \cdot \sqrt{H_t(\gamma_{l2} - \gamma_{v2})} = 0.1816\text{m/s}$$

降液管最大流速取 0.1615m/s。

3）Ⅲ段塔降液管最大流速计算：

$$V_d = 0.17 \cdot K_s = 0.17\times0.95 = 0.1615\text{m/s}$$

$$V_{d3} = 7.98\times10^{-3} \cdot K_s \cdot \sqrt{H_t(\gamma_{l3} - \gamma_{v3})} = 0.1813\text{m/s}$$

降液管最大流速取 0.1615m/s。

(6) 再生塔适宜操作线和操作区

计算再生塔适宜操作线和操作区以Ⅲ段塔为例，双溢流堰堰高取平均值，堰长取加和值。

1）雾沫夹带线：

取 $e=10\%$ 为雾沫夹带的上限，即：

$$0.1 = \frac{0.159\times(0.052\times H_1 - 0.206)}{600^{0.95} \cdot 0.6^2}\times W^{3.69}$$

整理上式，可得出：

$$\frac{15.69}{W^{3.69}} = 0.0083h_1 - 0.033$$

当假设一个液体负荷，即可算出一个和它对应的空塔线速，就可以在适宜操作区的坐标图上得出一点。适当算出几点，就可以画出雾沫夹带线。

例如，设液体负荷 $V_l = 36\text{m}^3/\text{h} = 0.01\text{m}^3/\text{s}$，由公式(4-41)：

$$h_{ow} = 2.84E\left(\frac{V_l}{l}\right)^{\frac{2}{3}}$$

近似取 $E=1$，计算得到：$h_{ow} = 49.92\text{mm}$；

$$h_1 = h_{ow} + h_w = 49.92 + 47.5 = 97.42\text{mm}$$

解得 $W = 2.259\text{m/s}$。算出几个点，作出雾沫夹带线。

2）淹塔界限

设降液管内液面高度控制在 $0.5(H_t + H_w)$，计算 $\Delta p_1 = 0.5\times(0.6 + 0.0475) = 0.3238\text{m}$ 液注。

根据以下公式：

$$\Delta p_1 = \Delta p_t + h_1 + \Delta p_{dk}$$

$$\Delta p_t = \Delta p_d + \Delta p_{vl}$$

$$\Delta p_{vl} = 0.4h_w + 2.35\times10^{-3}\left(\frac{3600\times V_1}{1}\right)^{\frac{2}{8}}$$

$$h_1 = h_w + h_{ow}$$

$$\Delta p_{dk} = 0.153\ W_b^{\ 2}$$

$$\Delta p_d = 5.37\ \frac{W_h^{\ 2}}{2g}\times\frac{\gamma_v}{\gamma_1}$$

整理得到：

$$0.3238 = 5.37\ \frac{W_h^{\ 2}}{2g}\times\frac{\gamma_v}{\gamma_1} + 0.4h_w + 2.35\times10^{-3}\left(\frac{3600\times V_1}{1}\right)^{\frac{2}{3}} + h_w + h_{ow} + 0.153\ W_b^{\ 2} \qquad (4-70)$$

已知 $W_h = \frac{V_v}{F_h}$，$F_h = 0.68$；$h_b = \frac{V_1}{l\times W_b}$，$h_b = 0.0029$。

把已知数据代入，计算淹塔界限，整理得出：

$$0.000693\ V_v^{\ 2} + h_{ow} + 0.015\ V_1^{\frac{2}{3}} + 12.29\ V_1^{\ 2} = 0.2573 \qquad (4-71)$$

假设一个液体负荷，即可算出一个和它相对应的气体负荷，从而得出对应的空塔气速，即求得适宜操作区上的一点。例如，设液体负荷 $V_1 = 36m^3/h = 0.01m/s$，由公式 4-41，近似取 $E=1$，计算得 $h_{ow} = 49.9mm = 0.0499m$。

计算 $V_v = 17.218\ m^3/s$，已知 $F = 5.307\ m^2$，解得 $W = \frac{V_v}{F} = 3.244m/s$。

在适宜操作区的坐标图上找出对应的一点，此点即为淹塔线上的一点。算出几点，可作出淹塔线。

3）体负荷上限线：

已知Ⅲ段塔降液管允许的最大流速为 $V_{d3} = 0.1615m/s$。

$$V_{lmax} = V_d\times F_d = 0.1615\times0.577 = 0.0932\ m^3/s = 335.76\ m^3/h$$

根据 $V_{lmax} = 335.46\ m^3/h$ 可作出降液管负荷上限曲线。

4）液相负荷下限：

取溢流堰上液层高度 h_{ow} 为 0.008mm 作为液相负荷下限，取 $E=1$，根据公式 4-41 计算，得到 $V_{lmin} = 2.31m^3/h$；根据 $V_{lmin} = 2.31\ m^3/h$ 可作出降液管负荷下限曲线。

5）漏液线：

取动能因数 $F_0 = 5$ 作为操作负荷下限，根据公式(4-38)：

$$W_{h3} = \frac{5}{\sqrt{\gamma_{v3}}} = \frac{5}{\sqrt{1.117}} = 4.731m/s$$

$$W = \phi_3\cdot W_{h3} = 0.1282\times4.731 = 0.38m/s$$

根据 $W = 0.38m/s$ 可作出泄漏界线。

6）再生塔适宜操作线和操作区的确定：

再生塔Ⅲ段塔气液相负荷设计值如下：

$$V_{l3} = 0.042\ m^3/s = 151.2\ m^3/h$$

$$V_{v3} = 4.57\ m^3/s$$

计算 $W=\frac{V_{v3}}{F}=\frac{4.57}{5.307}=0.86\text{m/s}$。

将 $P(151.2, 0.86)$作为坐标系的点，连接坐标原点与 P 的直线为操作线。

将计算的所有曲线放到坐标系中，形成操作线和操作区，如图 4-9 所示。

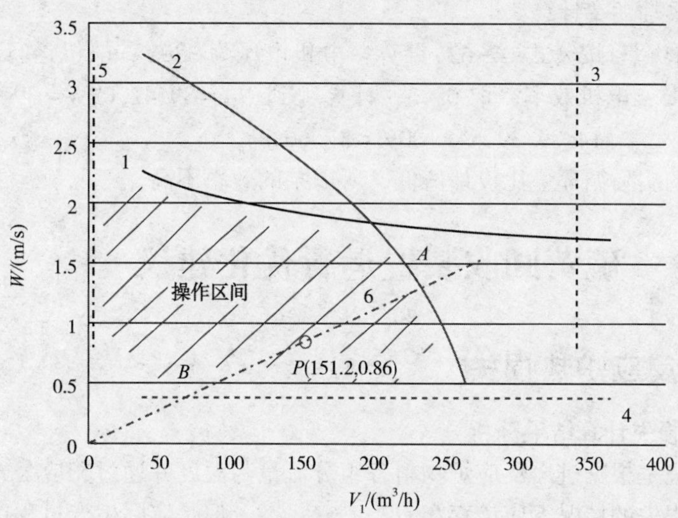

图 4-9　再生塔Ⅲ段塔操作线和操作区

— 再生塔雾沫夹带线1; — 再生塔淹塔线2; --- 液相负荷上限3; --- 漏液线4; --- 液相负荷下限5; --- 操作线6

由图可以看出点 P 在操作区间内。点 A(曲线 2 与曲线 6 交汇点)为操作负荷上限，看图得出此时 $V_{l3}\approx235\ \text{m}^3/\text{h}$，$W\approx1.3\text{m/s}$；点 B(曲线 4 与曲线 6 交汇点)为操作负荷下限，看图得出此时 $V_{l3}\approx65\ \text{m}^3/\text{h}$，$W=0.38\text{m/s}$(漏液气速)，操作弹性 3.62。

8. 半贫液泵计算

(1) 半贫液泵扬程计算

扬程计算利用公式(4-60)，泵出口压力，现场指示值为 0.55MPa，即 5.5×10^5Pa；介质胺液，液体密度取 1042kg/m^3；重力加速度，取 9.81m/s^2；计算得到 H=53.81m。

(2) 半贫液泵有效功率计算

有效功率按公式(4-61)计算，介质为水，液体密度取 1042kg/m^3；重力加速度，取 9.81m/s^2；液体体积流量 Q=50.02/1.042=48m^3/h；扬程 53.81m；计算得到$N_{有效}$=7.33kW。

(3) 半贫液泵轴功率计算

轴功率(有功功率)按公式(4-62)计算：电机电压为 380V；电机运行时的电流为 78A；功率因数，取 0.85；电机效率，取 0.93；计算得到 $N_{轴}$=40582.67W=40.58kW；半贫液泵的效率为 $\eta=N_{有效}/N_{轴}$=7.33/40.58×100%=18.06%。

由于半贫液的实际循环量比设计值低，所以泵的效率不高。

9. 精贫液泵计算

(1) 精贫液泵扬程计算

扬程按公式(4-60)计算：泵出口压力，现场指示值为 0.56MPa，即 5.6×10^5Pa；介质胺液，液体密度取 1045kg/m^3；重力加速度，取 9.81m/s^2；计算得到 H=54.63m。

(2) 精贫液泵有效功率计算

有效功率按公式(4-61)计算：介质为水，液体密度取1045kg/m^3；重力加速度，取9.81m/s^2；液体体积流量 Q = 100.02/1.045 = 95.71m^3/h；扬程为54.63m；计算得到 $N_{有效}$ = 14.89kW。

(3) 精贫液泵轴功率计算

轴功率(有功功率)按公式(4-62)计算：电机电压为380V；电机运行时的电流为76A；功率因数，取0.85；电机效率，取0.93；计算得到 $N_{轴}$ = 39542.09W = 39.54kW；精贫液泵的效率为 $\eta = N_{有效}/N_{轴}$ = 14.89/39.54×100% = 37.66%。

由于精贫液的实际循环量比设计值低，所以泵的效率不高。

第五部分　硫黄回收装置运行优化建议

一、制硫反应炉热损失

1. 加热炉热损失计算结果分析

反应炉热损失是根据进出反应炉物料各组分流量与温度并通过相应公式计算得到的，在不考虑反应炉热损失的情况下应该存在 $Q_{炉进料} = Q_{炉出口}$，但是实际生产过程中，反应炉因所处环境、隔热效果等原因是有一定热损失的，本次运算结果为 $Q_{损} = Q_{炉进料} - Q_{炉出口}$ = 9.27GJ/h。对于本装置加热炉热损失的计算结果是否准确进行如下分析：

(1) 温度因素判定

反应炉进出口物料中每一个组分的 ΔH 都有以温度为变量的计算公式，计算反应炉入口进料的热量时所选取的温度是装置标定报告中的数据，即DCS指示值。反应炉出口进余热锅炉的温度无法计量，本次计算炉出口温度按反应炉中部温度计算，该温度为计算反应炉中部 $2H_2S+SO_2 = 1.5S_2+2H_2O$ 反应时推算的温度。

在反应炉进出口热量出现偏差时，在各物料组成不变的情况下，对上述相关温度都进行了调整，主要分为两个方面：

1) 提高反应炉中部温度：

保持炉前部进料温度136℃，炉中部进料温度145.21℃不变，对反应炉中部温度进行调整，当炉中部温度由1210℃调整至1428℃时，$Q_{炉进料} = Q_{炉出口}$，此时反应炉中部 $2H_2S+SO_2 = 1.5S_2+2H_2O$ 反应的转化率提高，运算至一级转化入口时过程气物料组成中 H_2S 与 SO_2 含量与实际化验分析推算结果存在较大差异。

2) 降低反应炉进料温度：

保持反应炉中部温度不变，对炉前部进料及炉中部进料温度进行调整，但是即使将这两个温度均调整至常温35℃时，$Q_{炉进料}$ 与 $Q_{炉出口}$ 依旧不平衡，并且存在5.609GJ/h的热损失，而炉中部进料温度是清洁酸性气与尾气酸性气混合并通过蒸汽加热后的温度，炉前部进料温度为部分清洁酸性气经过加热并与含氨酸性气混合后的温度，含氨酸性气温度为95.01℃，显然这两股酸性气进反应炉时均不可能达到常温，而且对进料温度指示仪表进行检验，发现温度指示变化不大，说明各个进料温度指示比较准确。

(2) 各组分摩尔流量因素判定

反应炉进料与炉出口过程气总热量与物料中各组分摩尔流量有直接关系，而反应炉进料

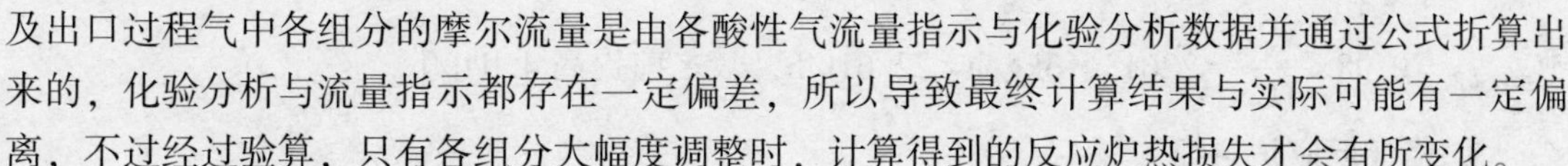

及出口过程气中各组分的摩尔流量是由各酸性气流量指示与化验分析数据并通过公式折算出来的，化验分析与流量指示都存在一定偏差，所以导致最终计算结果与实际可能有一定偏离，不过经过验算，只有各组分大幅度调整时，计算得到的反应炉热损失才会有所变化。

（3）余热锅炉产汽量判定

在计算余热锅炉产汽量时，首先计算余热锅炉的热负荷，余热锅炉入口热量是根据反应炉中部温度1210℃计算得到的，余热锅炉出口温度为标定值302.93℃，由于没有化验分析，余热锅炉出入口过程气物料组成均是依据反应炉相关计算得到的，通过以上数据计算得出余热锅炉热负荷为43.97GJ/h。

余热锅炉中压蒸汽温度标定值为248.89℃，除氧水上水温度标定值为104.11℃，根据公式计算余热锅炉发汽量为18.57t/h相比，与实际标定发汽量18.24t/h相比，相差0.33t/h，偏差很小。

综上所述，本装置反应炉是存在热损失的，虽然各温度指示、化验分析、组分摩尔流量计算值等存在一定偏差，但是基本都是准确的。所以本装置反应炉在标定期间的热损失计算值也是相对可信的。

2. 反应炉热损失影响计算

本次计算反应炉热损失为8.96GJ/h，在日常生产过程中反应炉热损失越大，产生的不利影响越大。如果能减少热损失，不仅对于反应炉，甚至对整个硫黄回收工艺都会产生有利影响。

（1）热损失对制硫炉硫黄生成率的影响

根据反应炉内各个反应计算及参数校正计算结果可知，反应炉出口硫单质含量 $W_S=2\times W_{S_2}=2\times87.78=175.56$kmol/h，而进料总硫为所有进炉原料气总硫之和，$W_{S总}$ = 所有进料 $(W_{H_2S}+W_{SO_2}+W_{COS}+W_{CS_2})=251.914$kmol/h，此时硫黄生成率为 $\eta=W_S/W_{S总}\times100\%=69.69\%$。

在进料组成及温度等条件不变的情况下，假设将加热炉热损失全部回收，即 $Q_{炉进料}=Q_{炉出口}$ 时，经过验算反应炉中部温度将会达到1428℃（1701.15K），炉温会大幅提高。根据图4-4可以看出，在高于500℃时，克劳斯反应的转化率随温度的提高而提高。

炉温提高后，重新计算反应炉硫黄生成率。与制硫反应炉炉中部 $2H_2S+SO_2 \xlongequal{} 1.5S_2+2H_2O$ 计算相同，首先利用公式(4-2)、公式(4-3)计算反应平衡常数：

当炉膛前中温度校正为1428℃（1701.15K）时，计算 $K_p(T)=24.52$；消耗 H_2S 为32.1kmol/h时，$K_p(x)=24.51$，$K_p(x)\approx K_p(T)$。此时，计算反应炉出口硫单质含量 $W_S=190.11$kmol/h，硫黄生成率为 $\eta=W_S/W_{S总}\times100\%=75.47\%$，较之前提高5.78%。

（2）热损失对余热锅炉发汽量的影响

根据余热锅炉热负荷计算中结果可知，余热锅炉热负荷为 $\Delta Q_{余}=Q_{炉出口}-Q_{余热锅炉出口}=-39.99-(-83.96)=43.97$GJ/h。

中压蒸汽发汽量 $M_{饱和蒸汽}=0.98\times\dfrac{\Delta Q_{余}}{Q_{需}}=18574.16\text{kg/h}=18.57\text{t/h}$。

假设将加热炉热损失全部回收，即 $Q_{炉进料}=Q_{炉出口}$ 时，经过验算反应炉中部温度将会达到1428℃，此时 $Q_{炉出口}=31.03$GJ/h，保持余热锅炉出口温度302.93℃，计算 $\Delta Q_{余}=Q_{炉出口}-Q_{余热锅炉出口}=-31.03-(-83.96)=52.93$GJ/h。

保持除氧水上水温度104.11℃，中压蒸汽温度248.89℃不变，计算中压蒸汽产量

$M_{饱和蒸汽}=0.98\times\frac{\Delta Q_{余}}{Q_{需}}=22613.16kg/h=22.61t/h$，较之前提高 4.04t/h。

3. 降低反应炉热损

尽管实际生产过程中反应炉热损失不可避免，但经过上述计算可以看出，尽量减少反应炉热损失对于反应炉的运行有很大益处。提高反应炉硫黄生成率不仅可以提高反应炉硫黄产量，也可以减少后续工艺生产压力，进而提高整套装置的总硫回收率；提高余热锅炉产汽量即可进一步保证蒸汽自产自用，也可以增加中压蒸汽外送量，提高能耗输出。降低反应炉热损失建议如下：

1）检查加热炉隔热情况，修复损坏的隔热衬里，减少散热。

2）提高反应进行程度，减少不完全反应，必要时更换更高效的火嘴来提高原料混合程度。

3）适当调整反应炉前部与反应炉中部酸性气进料配比，通过调节配风提高炉膛温度。

二、反应炉配风对克劳斯部分的影响

在硫黄回收装置中，反应炉的配风是装置运行最关键的指标。在反应炉中空气中的氧不仅用来将 H_2S 转化为 SO_2，更需要用氧来反应掉烃类及氨等物质，稳定反应运行，消除不良影响。

反应炉的配风是根据酸性气中 H_2S、烃类、氨等物质的含量来进行调节的。即在烃类与氨等物质完全反应的前提下，保证 H_2S/SO_2 的比例为 2∶1，大多数情况下是根据二级转化出口比值分析仪的指示进行调节，同时采用比值仪与配风量串级控制。在克劳斯反应中，过程气 H_2S/SO_2 的比例 2∶1 是获得高转化率的化学计量要求，这是克劳斯装置最重要的操作参数。若反应前过程气中 H_2S/SO_2 与 2 有任何微小的偏差，均将对反应后装置的总硫转化率产生更大的偏差，而且转化率越高偏差越大。

1. 反应炉气风比的影响

适量的气风比是提高硫转化率的重要因素，在硫黄回收单元中，气风量的大小通过酸性气量的大小和酸性气中的 H_2S 浓度高低而获得，然后把计算得到的气风比输入仪表，通过主、次实现配风的自动控制，在克劳斯反应过程中，空气的不足和过剩都是没有好处的。

1）空气不足的害处更大一些，这些害处表现在：

① 空气不足破坏了 H_2S 和 SO_2 比值 2∶1 的比例关系，使 H_2S 和 SO_2 不能按最佳配比反应结果造成 H_2S 气体大量过剩，而 SO_2 不足，使 H_2S 的转化率降低。

② 空气不足使酸性气中的烃不能完全燃烧，形成炭黑，一方面使硫黄产品呈黑、灰色，影响质量；另一方面，造成催化剂床层积炭，活性下降，H_2S 转化率降低，同时床层压降增大，影响后续系统稳定操作。

③ 在原料气量小或 H_2S、NH_3 浓度低的情况下，如果配风不足，还会使燃烧炉炉膛温度太低，氨气燃烧不完全，同时其他各部温度不易控制。

2）配风过大的害处在于：

① H_2S 燃烧生成的 SO_2 的量变大，超过了总量的三分之一，H_2S/SO_2 的比值小于 2，在经过转化反应后，SO_2 的浓度很大，而 H_2S 的浓度几乎为零，这样也降低了 H_2S 的转化率。

② 配风过大，大量的过剩空气还会使炉膛温度降低，造成 H_2S 转化率降低或者不能生成硫黄，氨气燃烧不完全，达不到保护环境的目的。

③ 配风过大，使催化剂床层的温度升高，且 SO_2 在过氧情况下生成 SO_3，SO_3 又和催化剂的有效成分 Al_2O_3 反应生成 $Al_2(SO_4)_3$，使催化剂硫酸盐化，发生永久性中毒，活性下降。

2. 反应炉配风量影响计算方法

在制硫反应炉相关计算中，通过化验分析结果及实际酸性气与配风的量，选取了反应炉中发生的反应，并且计算了整个反应炉中的反应过程以及各个物料的消耗与生成的量，同时对炉膛温度与 H_2S+SO_2 反应的转化率进行校正。

在拓展计算部分，需要以模型计算为基础，探究配风量(即氧含量)的变化对反应炉以及整个克劳斯部分的影响，计算的基础数据与制硫反应炉相关计算中一致，各流量取标定值，各组分含量取化验根系推算结果。在对氧含量进行调整时，不考虑氧对烃类与氨等物质的影响，只考虑氧对 H_2S 的影响，通过 H_2S 反应量的变化计算出反应炉温度的变化，再根据温度变化计算 H_2S+SO_2 反应的转化率，同时温度的变化对 COS 与 CS_2 的生成也有影响。

在反应炉中 $H_2S+1.5O_2 \longequal SO_2+H_2O$ 为放热反应，放热量按公式(5-1)进行计算：

$$\Delta_r H_m^\theta = \sum_B v_B \Delta_f H_m^\theta(B) \tag{5-1}$$

式中 $\Delta_r H_m^\theta$——反应热，kJ/mol；

v_B——物料化学反应式系数；

$\Delta_f H_m^\theta(B)$——物料标准摩尔生成焓，kJ/mol。

由于只考虑氧含量对 H_2S 的影响，所以假设反应炉温度的变化只与 $H_2S+O_2 \longequal SO_2+H_2O$ 有关，计算时反应炉不计算热损失(按绝热反应器计算)，那么反应炉温升(绝热温升)按公式(5-2)进行计算：

$$\Delta t_{ad} = \frac{(-\Delta H)c_{b0}}{\rho c_p} \tag{5-2}$$

式中 Δt_{ad}——绝热温升,℃；

ΔH——反应热，kJ/mol；

c_{b0}——物料摩尔浓度，mol/L；

ρ——物料平均密度，g/L；

c_p——物料平均比热容，J/kg·℃。

拓展计算过程中，是以制硫反应炉相关计算现有计算结果为基础，计算每增加或减少一定的配风量后(氧含量)，反应炉膛温度的变化、H_2S+SO_2 反应转化率的变化以及温度变化对有机硫生成率及水解率的影响等。

3. 反应炉配风量影响计算

计算反应炉配风量变化对反应的影响时，只考虑氧对反应炉前部硫化氢的影响，其他反应依旧按反应炉内各个反应计算及参数校正中情况进行，反应种类与反应量都不发生变化。

假设在反应炉内各个反应计算及参数校正中改变进炉空气量，使进炉氧含量增加5kmol/h，以此为例进行计算。

(1) 反应炉配风变化量计算

调整反应炉配风使进炉氧含量增加1kmol/h后，根据表4-27计算进反应炉空气中氧含量 $W_{氧1}=139.34+5=140.34$kmol/h，空气中氧含量所占比例为20.5%，所以计算此时反应炉配风量为：

$$W_{空气}=144.34/0.205=684.59\text{kmol/h}$$

$$V_{空气}=W_{空气}\times 22.4=15334.82\mathrm{Nm^3/h}$$

(2) 反应炉反应热变化计算

进炉氧含量增加 1kmol/h，增加的氧在反应炉前部全部与 H_2S 反应，反应式为 $H_2S+1.5O_2 = SO_2+H_2O$，查得反应式中各物质的标准摩尔生成焓为(298.15K)：

$$\Delta_f H_m^\theta(H_2S)=-20.146\mathrm{kJ/mol}$$

$$\Delta_f H_m^\theta(O_2)=0\mathrm{kJ/mol}$$

$$\Delta_f H_m^\theta(SO_2)=-296.9\mathrm{kJ/mol}$$

$$\Delta_f H_m^\theta(H_2O)=-241.825\mathrm{kJ/mol}$$

根据公式(5-1)计算得到此反应的反应热为：

$$\Delta_r H_m^\theta=-241.825-296.9+20.146=-518.579\mathrm{kJ/mol}$$

此反应总热量变化为：

$$Q=W\times\Delta_r H_m^\theta=1\times10^3\times(-518.579)=-518579\mathrm{kJ}=-0.519\mathrm{GJ/h}$$

即增加 1kmol/h 氧含量，放热量增加 0.519GJ/h。

(3) 反应炉温度变化计算

根据反应炉内各个反应计算及参数校正计算结果，当炉前部与 H_2S 反应的氧增加 1kmol/h 后，O_2 消耗量为 125.32kmol/h，消耗的 H_2S 量为 83.55kmol/h，生成的 SO_2 量为 83.55kmol/h，生成的水量为 83.55kmol/h。反应结束后，根据各组分相对分子质量计算过程气组成及过程气总质量见表 5-1。

表 5-1 调整配风后物料组成

组成/%		组分摩尔流量/(kmol/h)	组分质量流量/(kg/h)	过程气总质量/(kg/h)	过程气总摩尔流量/(kmol/h)
CO_2	5	49.42	2174.7	30719.56	987.23
H_2S	12.6	124.5	4232.89		
H_2O	14.9	146.84	2643.2		
烃	0	0			
H_2	0	0			
N_2	58.4	576.81	16150.65		
氨	0	0			
O_2	0	0			
SO_2	8.5	83.55	5347.05		
CO	0.62	6.11	171.08		

由于反应炉前部温度在 1200℃左右，通过查询资料，得过程气中各物质在 1200℃时的比热容，见表 5-2。

表 5-2 物质比热容

名称	分子式	比热容/[kJ/(kg·K)]
水	H_2O	2.552
氮气	N_2	1.252
一氧化碳	CO	1.264
二氧化碳	CO_2	1.34

续表

名称	分子式	比热容/[kJ/(kg·K)]
二氧化硫	SO_2	0.896
硫化氢	H_2S	1.524

计算得到过程气平均比热容为 $c_p=1.471$kJ/(kg. K)。(比热容单位中，摄氏度和开尔文仅在温标表示上有所区别，在表示温差的量值意义上等价，因此这些单位中的℃和 K 可以任意互相替换)

根据公式(5-2)计算增加 1kmol/h 氧后，假设过程气体积为 V(L)，热量吸收率为 80%，计算 $H_2S+1.5O_2 \Longrightarrow SO_2+H_2O$ 反应给反应炉前部带来的温升为：

$$\Delta T_{ad}=\frac{(-\Delta H)c_{b0}}{\rho c_p}=\frac{518.579\times10^3\times0.8\times\dfrac{987.23\times10^3}{V}}{1.471\times10^3\times\dfrac{30719.56\times10^3}{V}}=9.06℃$$

(4) 反应炉硫回收率变化计算

由反应炉配风量影响计算结果，反应炉内各个反应计算及参数校正中反应炉前部温度由 1236℃升温至 1245.06℃，此时反应炉中部各反应计算及炉温校正中 $K_p(T)=17.626$，计算得到当硫化氢反应量为 91.77kmol/h 时 $K_p(x)=17.623$。

由反应炉配风量影响计算结果，反应炉内各个反应计算及参数校正中反应炉中部温度由 1210℃升温至 1219.06℃，此时反应炉内各个反应计算及参数校正中的进炉前部酸性气与空气混合各组分流量校正中 $K_p(T)=16.713$，计算得到当硫化氢反应量为 22.45kmol/h 时 $K_p(x)=16.717$。

反应炉前部各反应计算及炉温校正及反应炉中部各反应计算及炉温校正中其他反应量不变，计算反应炉前部增加 1kmol/h 氧后，反应炉出口物料组成见表 5-3。

表 5-3 炉出口物料组成

名称	组分摩尔流量/(kmol/h)	组分质量流量/(kg/h)	过程气总质量/(kg/h)		过程气总摩尔流量/(kmol/h)
			CO_2	5.6	60.17
			H_2S	4.5	48.45
			H_2O	24.4	261.96
			烃	0	0.33
			H_2	0.6	6.60
			N_2	53.7	576.81
炉出口物料组成	24483.74	1093.63	氨	0	0
			O_2	0	0
			SO_2	2.4	25.54
			COS	0.1	0.9
			S_2	8.2	87.92
			CO	0.6	6.11
			CS_2	0.028	0.3

计算反应炉硫回收率：

$$\eta=\left(\frac{S_2}{S_{总}}\right)\times100\%=\left(\frac{87.92\times2}{251.31}\right)\times100\%=69.964\%$$

较制硫反应炉及余热锅炉各重要参数对比计算中制硫炉总回收率中计算结果 69.85%提高 0.114%。

（5）克劳斯部分单程总硫回收率计算

假设余热锅炉至尾气捕集器所有操作条件、各反应器反应种类不变，采用前面的计算过程及方法。

在反应炉增加 1kmol/h 氧后，保持一级转化温度不变，此时一级转化器内各个反应计算及参数校正中 $2H_2S+SO_2 \Longrightarrow 3/8S_8+2H_2O$ 反应 $K_p(T)=277.39$，计算得到当硫化氢反应量为 32.95kmol/h 时 $K_p(x)=277.41$。之后，保持二级转化温度不变，此时二级转化器计算中 $2H_2S+SO_2 \Longrightarrow 3/8S_8+2H_2O$ 反应 $K_p(T)=9756.51$，计算得到当硫化氢反应量为 12.37kmol/h 时 $K_p(x)=9756.68$。

余热锅炉、硫冷器、加热器计算在此不做举例，计算完成后尾气捕集器出口气相组成见表 5-4。

表 5-4　尾气捕集器出口物料组成

名称	气相组成/%		组分摩尔流量/（kmol/h）
捕集器出口物料组成	CO_2	6.3	61.14
	H_2S	0.5	4.40
	H_2O	31.8	306.01
	烃	0.03	0.33
	H_2	0.7	6.60
	N_2	59.9	576.81
	氨	0	0
	O_2	0	0
	SO_2	0.3	2.88
	COS	0.02	0.23
	S_2	0	0
	S_6	0.0006	0.006
	S_8	0.004	0.041
	CO	0.63	6.11
	CS_2	0	0

计算克劳斯部分总硫回收率：

$$\eta=\left(1-\frac{H_2S+SO_2+COS+CS_2}{S_{总}}\right)\times100\%=\left(1-\frac{7.51}{251.31}\right)\times100\%=96.87\%$$

较二级转化器各重要参数对比计算中单程硫总回收率中 96.84%提高 0.03%。

此时比值回路 $H_2S:SO_2=1:0.654$，$H_2S-2SO_2=-0.308$。

4. 反应炉配风调整结果汇总分析

根据上述计算过程，在表4-27计算进反应炉空气中氧含量的基础上增加或减少反应炉前部的氧含量(其他进料量不变)，重新计算上述过程，各个计算结果见表5-5及图5-1。

表5-5 不同配风量下各参数计算举例

进炉空气氧含量/(kmol/h)	进炉配风量/(Nm^3/h)	炉膛前部温度/℃	炉膛中部温度/℃	反应炉硫回收率/%	克劳斯硫回收率/%	比值回路$H_2S/2SO_2$
132.34	14461	1172.59	1146.59	67.45	93.74	0.977
133.34	14570	1181.65	1155.65	67.8	94.46	0.963
134.34	14679	1190.70	1164.70	68.15	95.13	0.94
135.34	14788	1199.76	1173.76	68.478	95.74	0.897
136.34	14898	1208.82	1182.82	68.806	96.25	0.818
137.34	15007	1217.9	1191.9	69.105	96.62	0.681
138.34	15116	1226.94	1200.94	69.403	96.84	0.457
139.34	15243	1236	1210	69.86	96.91	0.066
140.34	15335	1245.06	1219.06	69.96	96.89	-0.308
141.34	15444	1254.13	1228.13	70.22	96.74	-0.85
142.34	15553	1263.19	1237.19	70.47	96.55	-1.48
143.34	15663	1272.26	1246.26	70.7	96.31	-2.21
144.34	15772	1281.33	1255.33	70.94	96.05	-3.01
145.34	15881	1290.4	1264.4	71.14	95.76	-3.88
146.34	15990	1299.47	1273.47	71.34	95.45	-4.81

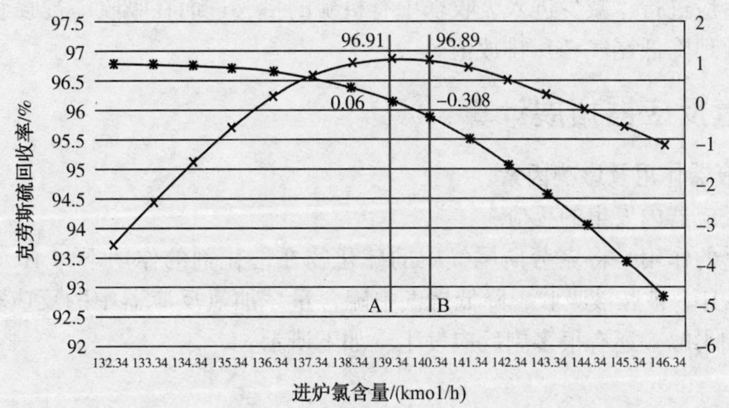

图5-1 进反应炉空气氧含量与克劳斯总硫收率关系图

由于日常操作工艺条件限制，在调整配风时保证反应炉膛温度在表5-5中所示的范围内，根据计算结果可以得出如下结论：

1）在一定范围内，反应炉膛温度随配风量增加而升高。

2）在一定范围内，反应炉硫回收率随炉膛温度的升高而增加。

3）由图5-1可知，调整反应炉配风，使$H_2S/2SO_2$在0.15~-0.31范围内，克劳斯单程总硫回收率曲线较为平缓，达到最高值(理论上 $H_2S/2SO_2=0$ 时单程总硫回收率最大，为曲线顶点)。

4) 在 $H_2S/2SO_2$ 在 0.15~-0.31 范围外，调大或调小反应炉配风，都会造成克劳斯单元总硫收率降低幅度增加(曲线斜率增大)。

5) 经过验算，在相同配风量的情况下，降低一、二级转化器床层温度，克劳斯部分单程总硫收率会提高，提高转化器床层温度，克劳斯部分单程总硫收率会降低。改变一、二级转化器床层温度对 $H_2S:SO_2$ 值影响不大。而且经过计算发现，无论克劳斯部分各个参数如何调整，在 $H_2S/2SO_2$ 在 0.15~-0.31 范围内，克劳斯单程总硫收率都会达到当前操作条件下的最大值。

在反应炉内，炉温度越高，炉出口过程气中 CS_2 量越低，COS 量越高。CS_2 水解反应为两步，如下所示：

$$CS_2+H_2O=COS+H_2S$$
$$COS+H_2O=CO_2+H_2S$$

CS_2 含量的增加，将导致各个反应器中有机硫水解率的降低，在进入吸收塔时有机硫无法被溶剂吸收，导致过程气中有机硫含量越高，尾气 SO_2 排放值越高。

在生产操作时，调整反应炉配风，尽量控制 $H_2S/2SO_2$ 在-0.3 左右，因为-0.3 是在单程总硫回收率达到当前操作条件最大值时，反应炉配风的最高限(单程总硫回收率基本与 $H_2S/2SO_2$ 为 0 时相同)，此时反应炉的温升最大，过程气中的 CS_2 含量将会降低，CO 生成量降低，有机硫水解率提高。同理，如果控制 H_2S-2SO_2 为 0.2，尽管克劳斯部分总硫收率依旧接近最大值，但是过程气中的 CS_2 含量将增加，不利于有机硫水解。

而且，过氧操作会将剩余的氧带入加氢反应器内(配风量越高，漏氧量越大)，在脱氧催化剂的作用下，反应器床层温度将会提高(详见加氢反应器拓展计算)，可以进一步促进有机硫的水解反应进行，减少进入吸收塔中有机硫的量，进而在吸收塔贫胺液吸附空间足够的情况下，有效地降低尾气 SO_2 排放值。

三、加氢反应器拓展计算

1. 加氢反应器作用及影响因素

(1) 加氢反应器内发生的反应

加氢反应器的作用是将克劳斯尾气中的硫化物在催化剂的作用下与 H_2 反应生成 H_2S。进入吸收塔后，H_2S 被胺液吸收，降低尾气中硫含量。加氢反应器中的反应种类极其复杂，主反应有加氢和水解，还有很多副反应发生，如下所示：

主反应有：

$$S_8+8H_2=8H_2S \qquad COS+H_2=H_2S+CO$$
$$SO_2+3H_2=2H_2S+H_2O \qquad COS+H_2O=H_2S+CO_2$$
$$CS_2+4H_2=2H_2S+CH_4 \qquad CS_2+H_2O=H_2S+COS$$

副反应有：

$$SO_2+2H_2S=3S+2H_2O \qquad CO+H_2S=COS+H_2$$
$$SO_2+3CO=COS+2CO_2 \qquad CS_2+3H_2=CH_3SH+H_2S$$
$$S_8+8CO=8COS \qquad CH_3SH+H_2=H_2S+CH_4$$
$$CO+H_2O=CO_2+H_2 \qquad COS+SO_2=CO_2+3/16S_8$$

(2) 还原反应催化剂的活性

在尾气处理部分中，尾气中含硫化合物能否被净化回收的必要条件就是看它能否被还原成 H_2S 气体，因此，催化剂活性成了尾气净化效果好坏的最重要的因素。影响催化剂活性的因素有：

1) 催化剂的预硫化效果：

由于催化剂的有效成分是氧化钼和氧化钴，它们在催化剂中以氧化态存在，而它们只有在硫化态下才具有活性，因此，在操作中必须把它们活化，这个活化过程就是预硫化。在预硫化过程中，最主要的控制参数就是温度，其次是时间。条件是催化剂床层温度控制在250℃，硫黄回收尾气中 H_2S/SO_2 为(4~6)：1，且其中的氢含量达到4%~5%。反应进行8~16h后，看床层温度有无升降，或者根据分析结果看反应器出口入口气体中 H_2S 含量有无变化，若床层温度持平或略有下降，或 H_2S 含量相等，则说明预硫化完毕，催化剂中钴钼的氧化物变成硫化态，活性被激发。

2) 催化剂表面积炭、积硫：

由于尾气中携带的炭粒会沉积在催化剂表面，覆盖了催化剂表面的活性中心，使活性中心数目下降，影响了催化剂的活性。或者由于操作不当，使得 SO_2 和 H_2 反应生成硫以及尾气中硫蒸气没有被还原成 H_2S，也凝结在催化剂表面，降低了催化剂的活性，不过这种活性降低是暂时的，一旦操作正常，过程气中的氢气仍能把积硫还原成 H_2S 气体，而使催化剂复活。

3) 催化剂颗粒粉化：

由于装填时催化剂受潮或受机械冲击太大，以及操作中催化剂床层超温、着火时注蒸汽不慎进水等都会引起催化剂粉化。催化剂粉化导致催化剂的比表面积减少，与硫黄回收尾气的接触面积太小，因而活性变小。催化剂粉化后，只能通过更换催化剂，才能提高其活性。

(3) 氢气补充量

本装置采用氢气管网系统来的氢气与加热到90℃的制硫尾气混合进加氢反应器，混合尾气中氢气量的大小是由系统加入氢气量来决定的。过剩的氢气量决定了反应器的还原反应能否全部完成，即尾气中的 SO_2、S蒸气能否完全反应生成 H_2S(尾气中少量的 CS_2、COS在催化剂的作用下发生水解反应)而被胺液吸收，这就要求氢气的含量必须控制得恰到好处，一般要求急冷塔出口氢气含量约2%~3%。一方面含量太高易造成多余的氢气去尾气焚烧炉燃烧掉，造成浪费，增加了能耗；另一方面如果氢含量太低会造成尾气中的 SO_2、S蒸气还原不完全。S蒸气的存在，造成还原急冷塔堵塞；SO_2 没有充分还原成 H_2S，净化尾气中 SO_2 就不能充分清除掉，造成尾气焚烧烟气中 SO_2 含量高，烟气脱硫消耗的碱液量增大，废液增多。

(4) 反应器床层温度的影响

反应器床层温度的高低影响着催化剂的活性，进而影响还原反应的转化率。反应器床层温度是由尾气中压蒸汽加热器控制的。反应器床层温度比加热器出口混合尾气温度高，是因为反应中产生的反应热，引起床层温度的升高，这个温升与硫黄回收尾气中 SO_2、S蒸气的反应物的含量有关，含量越高温升越大，反之温升就小。在正常操作中，尾气加热器控制尾气出口温度在240℃。

2. 加氢反应器注氧影响计算方法

本装置在运行过程中由于尾气加热器问题，导致加氢反应器床层温度在280.35℃(标定值)，距离有机硫水解反应最佳温度300~320℃还有一定差距。

由于本装置加氢反应器加工S-Zorb烟气，所以催化剂中应有铁基防漏氧组分，由于铁剂的性质，实际生产过程中一般通过各种方式向加氢反应器内注入氧气来提高床层温度。其原理为：

① $MoS_2+7/2O_2 \longrightarrow MoO_3+SO_2$；

② $Co_9S_8+25/2O_2 \longrightarrow 9CoO+8SO_2$；

③ $MoO_3+2H_2S+H_2 = MoS_2+3H_2O$；

④ $9CoO+8H_2S+H_2 = Co_9S_8+9H_2O$。

由于上述四个反应要同时发生，所以计算热量时要考虑四个反应的反应热。通过公式(5-1)可以计算出上述四个反应的反应热，再通过公式(5-2)计算加氢反应器温升。在计算时，要考虑反应器床层温度限制，一般要求≤320℃；还要考虑氧含量过高，H_2S含量不足以将铁剂还原的情况。

3. 加氢反应器床层温升及注风量计算

计算注氧量变化对反应的影响时，加氢反应入口物料组成以表4-77为基础，由于铁剂一般放置在反应器顶层，所以在计算时，只考虑铁剂氧化与还原反应，假设加氢反应器中其他反应还未发生。使进加氢反应器氧含量增加0.06kmol/h，以此为例进行计算。

(1) 加氢反应器注非净化风量计算

一般采用工业非净化风向加氢反应器内注氧来提高床层温度，由于非净化风经过干燥，假设只含N_2与O_2，且氧含量占21%，增加0.06kmol/h氧后，计算所需非净化风量如下：

$$W_{非净化风}=0.06/0.21=0.286\text{kmol/h}$$

$$V_{非净化风}=W_{空气}\times 22.4=6.4\text{Nm}^3/\text{h}$$

(2) 加氢反应器反应热变化计算

根据反应式：

① $MoS_2+7/2O_2 \longrightarrow MoO_3+SO_2$；

② $Co_9S_8+25/2O_2 \longrightarrow 9CoO+8SO_2$；

③ $MoO_3+2H_2S+H_2 = MoS_2+3H_2O$；

④ $9CoO+8H_2S+H_2 = Co_9S_8+9H_2O$。

查得反应式中各物质的标准摩尔生成焓为(298.15K)：

$$\Delta_f H_m^\theta(H_2S)=-20.146\text{kJ/mol}$$

$$\Delta_f H_m^\theta(O_2)=0\text{kJ/mol}$$

$$\Delta_f H_m^\theta(SO_2)=-296.9\text{kJ/mol}$$

$$\Delta_f H_m^\theta(H_2O)=-241.825\text{kJ/mol}$$

$$\Delta_f H_m^\theta(M_oS_2)=-276.14\text{kJ/mol}$$

$$\Delta_f H_m^\theta(M_oO_3)=-744.6\text{kJ/mol}$$

$$\Delta_f H_m^\theta(H_2)=-744.6\text{kJ/mol};$$

$$\Delta_f H_m^\theta(CoO)=-237.94\text{kJ/mol}$$

$$\Delta_f H_m^\theta(Co_9S_8)=-870\text{kJ/mol}$$

根据式(5-1)计算得到反应①反应热为：

$$\Delta_r H_{m1}^\theta=-756.27\text{kJ/mol}$$

根据式(5-1)计算得到反应②反应热为：

$$\Delta_r H_{m2}^{\theta} = -3646 kJ/mol$$

根据式(5-1)计算得到反应③反应热为：

$$\Delta_r H_{m3}^{\theta} = -216.02 kJ/mol$$

根据式(5-1)计算得到反应④反应热为：

$$\Delta_r H_{m4}^{\theta} = -740.92 kJ/mol$$

计算反应总和反应热为：

$$\Delta_r H_{m}^{\theta} = \Delta_r H_{m1}^{\theta} + \Delta_r H_{m2}^{\theta} + \Delta_r H_{m3}^{\theta} + \Delta_r H_{m4}^{\theta} = -5359.21 kJ/mol$$

(3) 加氢反应器温度变化计算

假设反应器钴钼催化剂量足够，增加的氧均能反应完全，增加 0.06kmol/h 氧后过程气 N_2 增加量：

$$W_{N_2} = 0.06 \times \frac{0.79}{0.21} = 0.226 kmol/h$$

根据反应①，假设反应消耗氧 0.03kmol/h，过程气中增加的 SO_2 总量为 0.0086kmol/h；

根据反应②，假设反应消耗氧 0.03kmol/h，过程气中增加的 SO_2 总量为 0.019kmol/h；

根据反应③，过程气中消耗的 H_2S 量为 0.0171kmol/h，消耗的 H_2 量为 0.0857kmol/h，增加的 H_2O 量为 0.0257kmol/h；

根据反应④，过程气中消耗的 H_2S 量为 0.0192kmol/h，消耗的 H_2 量为 0.0024kmol/h，增加的 H_2O 量为 0.0216kmol/h。

反应结束后，以表 4-77 为基础，根据各组分相对分子质量计算过程气组成及过程气总质量见表 5-6。

表 5-6 注氧后加氢反应器入口过程气组成

气相组成	组分摩尔流量/(kmol/h)	组分质量流速/(kg/h)	过程气总质量/(kg/h)	过程气总摩尔流量/(kmol/h)
CO_2	61.14	2690.03	26390.05	1038.19
H_2S	4.85	164.95		
H_2O	305.47	5498.44		
烃	0.33	5.24		
H_2	30.26	60.51		
N_2	625.79	17522.04		
氨	0	0		
O_2	0.05	1.71		
SO_2	3.92	250.69		
COS	0.23	13.8		
S_2	0	0		
S_6	0.01	2.02		
S_8	0.037	9.53		
CO	6.11	171.08		
CS_2	0	0		

由于加氢反应器温度在280~320℃，查得过程气中各物质在该温度下的比热容，并计算平均比热容为 $c_p=2.313\text{kJ/(kg}\cdot\text{K)}$。

根据式(5-2)计算增加0.06kmol/h氧后，假设过程气体积为 V(L)，不计热损失，计算注氧后铁剂反应给加氢反应器带来的温升为：

$$\Delta T_{\text{ad}}=\frac{(-\Delta H)c_{\text{b0}}}{\rho c_{\text{p}}}=\frac{1037.15\times 0.15\times 10^3\times\dfrac{1033.38\times 10^3}{V}}{2.313\times 10^3\times\dfrac{26246.87\times 10^3}{V}}=5.47℃$$

不考虑气相组成变化对反应器床层温度的影响，此时加氢反应器床层温度为 $T=280.35+5.47=285.82$℃。

4. 加氢反应器注氧调整结果分析

根据上述计算过程，计算不同注氧量下加氢反应器床层温升与床层温度等参数见表5-7与图5-2。

表5-7 加氢反应器入口注氧调整结果

注氧增加量/(kmol/h)	非净化风增加量/(Nm^3/h)	温升/℃	床层温度/℃
0.06	6.40	5.47	285.82
0.08	8.53	7.30	287.65
0.1	10.67	9.12	289.47
0.12	12.80	10.94	291.29
0.14	14.93	12.77	293.12
0.16	17.07	14.59	294.94
0.18	19.20	16.41	296.76
0.2	21.33	18.23	298.58
0.22	23.47	20.06	300.41
0.24	25.60	21.88	302.23
0.26	27.73	23.70	304.05
0.28	29.87	25.52	305.87
0.3	32.00	27.34	307.69
0.32	34.13	29.16	309.51
0.34	36.27	30.98	311.33
0.36	38.40	32.80	313.15
0.38	40.53	34.62	314.97
0.4	42.67	36.44	316.79
0.42	44.80	38.26	318.61
0.44	46.93	40.07	320.42
0.46	49.07	41.89	322.24

续表

注氧增加量/（kmol/h）	非净化风增加量/（Nm^3/h）	温升/℃	床层温度/℃
0.48	51.20	43.71	324.06
0.5	53.33	45.53	325.88
0.52	55.47	47.34	327.69
0.54	57.60	49.16	329.51

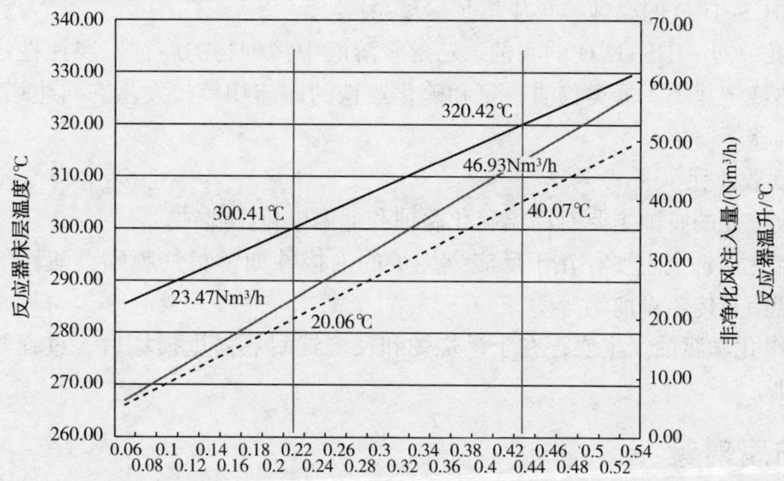

图 5-2　进反应器风量与床层温度关系图

—反应器床层温度；---反应器温升；— 非净化风注入量

由表 5-7 可以看出，在此工况下，要将加氢反应器床层温度提高至 300℃，需要向加氢反应器内补充工业非净化风 23.47Nm^3/h。

当非净化风补充量达到 46.93Nm^3/h，反应器床层温度达到限制值 320℃，需要调整非净化风注入量，避免床层飞温。

在床层温度为 300～320℃范围内，注入加氢反应器的 O_2 含量为(0.22～0.44)kmol/h。由表 4-77 可知，加氢反应器入口 H_2S 的量为 4.89kmol/h，在此温度区间，H_2S 的量足以将被氧化的铁剂还原，不会出现硫化氢不足，造成铁剂氧化失效的现象。

第六部分　装置整体防腐策略

一、装置主要腐蚀类型及易腐蚀部位

三废装置的主要腐蚀和损伤类型包括湿硫化氢腐蚀、硫氢化铵腐蚀、磨蚀/磨蚀-腐蚀，还有高温硫化腐蚀和低温电化学腐蚀等。

1. 污水汽提单元

1）湿硫化氢腐蚀。主要部位是汽提塔顶酸性气系统、回流系统、原料污水罐和酸性水进汽提塔的管线上。

2）硫氢化铵腐蚀。这种腐蚀是由于酸性气中的 H_2S 和 NH_3 生成的 NH_4HS 结晶析出，引起冲蚀和垢下腐蚀，影响腐蚀的主要因素是塔顶温度、NH_4HS 的浓度和流速，次要因素是 pH 值、氰化物含量和氧含量等。在酸性水进料系统、汽提塔顶酸性气系统和回流系统普遍存在。

3）磨蚀/磨蚀-腐蚀。主要发生在汽提塔顶系统和回流系统。由于 NH_4HS、NH_4HCO_3 或氨基甲酸铵结晶而造成对管道和设备的磨蚀。

2. 溶剂再生单元

溶剂再生单元的腐蚀形态有电化学腐蚀、化学腐蚀、应力腐蚀及氢鼓泡。

1）CO_2-H_2S-H_2O 的腐蚀：再生塔顶冷凝系统。

2）乙醇胺-CO_2-H_2S-H_2O 的腐蚀、乙醇胺溶液中污染物的腐蚀，腐蚀性污染主要有胺降解产物、热稳定盐类、烃类物质、氧和硫化亚铁的固体物等，发生在再生塔、富液管线、再生塔底重沸器等部位。

3. 硫黄回收单元

硫黄回收单元的腐蚀主要有高温硫化腐蚀和低温电化学腐蚀。

1)高温硫化腐蚀。主要存在于反应燃烧炉的内构件如燃料气喷嘴、酸性气喷嘴等；废热锅炉进口管箱与传热管前端等。

2）低温电化学腐蚀。主要存在于燃烧炉和反应器耐热衬里损坏后，过程气窜入内衬里造成设备腐蚀。

二、防腐对策

1. 工艺防腐对策

（1）原料质量控制

酸性气中的烃类应限制在 3%以下，防止烃类突增，造成不完全燃烧影响硫黄质量和炉温的升高导致耐火衬里损坏，燃烧过程气窜入炉壁产生腐蚀。

（2）污水汽提塔操作控制

汽提塔塔顶温度应大于 82℃，防止气体冷凝物腐蚀和 NH_4HS 堵塞。

如塔顶冷凝器压降增加，采用间断注水或用蒸汽加热措施。（防止塔顶冷凝器由于 NH_4HS、NH_4HCO_3 或氨基甲酸氨结晶引起的堵塞和腐蚀）

H_2S 汽提塔底液变送器、玻璃板液面计、汽提塔流量计等引线需定期用水冲洗，防止高浓度 NH_4HS 等结晶物堵塞仪表测量引线。

（3）溶剂单元操作控制

重沸器温度低于 140℃，高于此温度易引起胺的分解。

系统不能超负荷，维持溶液负荷酸气/胺液摩尔比低于 0.4。

为防止胺液污染，胺液储罐就使用气体覆盖，以保证空气不进入溶剂系统。

（4）硫黄单元温度控制

为防止余热锅炉出口管箱及出口管线遭受高温硫化腐蚀，余热锅炉的过程气出口气流温度宜限制在 350℃以下；燃烧反应炉的燃烧温度一般在 1100~1300℃；采用 H_2S/SO_2 自动分析仪，根据其比值调节配风，控制进入燃烧反应炉的空气量，防止出现过氧燃烧；控制燃烧反应炉的外壁温度大于 150℃，避免露点腐蚀。硫冷凝冷却器管束选用碳钢，管壁温宜控制在 350℃以下。

(5) 急冷水系统控制

根据实际操作情况，定期清理急冷水过滤器。控制急冷水 pH 值不小于 5.5。

(6) 尾气焚烧炉

避免焚烧炉炉膛温度的突升突降。控制排烟温度，确保余热锅炉管壁温度高于烟气露点温度 5℃，含硫烟气露点温度可通过露点测试仪检测得到或用附件烟气硫酸露点计算方法估算。

(7) 循环水、水冷器腐蚀控制

目前，水冷器腐蚀是国内各炼油厂都面临的一个非常棘手的问题。循环水腐蚀原因：①循环水中富含有氧物质，直接导致管箱内壁的腐蚀；②由于循环水中加入有化学物质及水质本身的不纯净，循环水本身就是电解质溶液，导致发生电化学腐蚀；③循环水质恶化，水质硬度高，导致循环水与较高液相换热时水相侧大量结垢，产生垢下腐蚀；④当个别换热器内漏导致油相进入循环水，致使循环水富含生物质，再加上循环水不纯净，含有黏泥，产生生物黏泥，在微生物的作用下，加剧腐蚀进行。

应采取措施：目前高压加氢装置采取的措施有：①在水冷器管箱加装阳极块；②各操作班组每班检查水冷器水质；③每班检查循环水出口温度不超过 60℃；④确保管程循环水流速不低于 0.9m/s；⑤新更换水冷器芯子喷涂防护涂层。

(8) 开停工保护

装置停工时硫黄回收单元吹扫介质中不能含有硫化氢、二氧化硫、三氧化硫等腐蚀性组分，在高温时过氧时间尽可能短，保证装置停工后，设备和管线内部不应存在任何酸性介质(残硫、过程气)。对于任何不需要打开检查的设备和管线应充满氮气保护密封，防止系统中湿气的冷凝，保持温度在系统压力所对应的露点温度以上。

污水汽提、溶剂再生单元停工时，用工业水切换原料污水并冲洗设备和管线。注意水不能窜进酸性气线和放火炬线，停工时不宜用压缩空气吹扫系统设备，防止发生腐蚀问题。

装置停工后，设备管线内不应有任何酸性介质(残硫、过程气)存于设备和管线内。凡不需打开检查的设备和管线应充满氮气，保持密封，防止系统中湿气的冷凝，保持温度在系统压力所对应的露点以上。

检查或检修的设备，应先用氮气吹扫设备，清除酸性介质和腐蚀产物。对于污水汽提塔、溶剂再生塔等设备，防止硫化亚铁自燃，停工时应采取 FeS 清洗钝化措施。余热锅炉炉管、硫冷凝冷却器内存在硫化亚铁腐蚀产物，需要按照相关标准进行处理，防止硫化亚铁自然。

装置开工时，装置的设备和工艺管线推荐使用蒸汽、氮气或工业水置换装置内的空气，防止腐蚀和腐蚀产物堵塞管道。余热锅炉和硫冷器壳体通加热蒸汽，防止设备升温时局部过冷，生成凝结水造成腐蚀。

2. 设备腐蚀监检测措施

(1) 定点测厚管理

通过定点测厚工作，实现装置测点的全面覆盖，较全面地监控装置管线壁厚变化情况。三废装置定点测厚布点经过一次大检修腐蚀调查后优化，目前全装置布点 246 处共 738 点，覆盖三废装置高低温易腐蚀管线和设备的危险部位。及时组织定点测厚工作，做好各测厚点数据比对，及时发现减薄数据，及时复测核实，及时采取措施。

（2）装置设备（管线）腐蚀风险识别

装置炉类腐蚀风险识别见表 6-1。

表 6-1　装置炉类腐蚀风险识别

序号	设备名称	操作条件			材质				存在的腐蚀风险
		压力/MPa	温度/℃	介　质	规格型号	材质	衬里	厚度/mm	
1	主燃烧室	0.06	1300	过程气	*DN*3600×22L≈6573	Q245R	钢玉浇筑料/钢玉砖	300	高温硫化腐蚀/$SO_2-O_2-H_2O$ 腐蚀
2	焚烧室	0.005	1500	过程气	*DN*2800×18L≈10585	Q245R	钢玉浇筑料/钢玉砖	250	高温硫化腐蚀/$SO_2-O_2-H_2O$ 腐蚀
3	主烧嘴	0.06	1300	燃料气/酸性气/空气	TYPE600	Q245R	钢玉浇筑料	300	高温硫化腐蚀
4	焚烧炉烧嘴	0.005	650	燃料气/尾气/空气	TYPE X	Q245R	钢玉浇筑料	250	高温硫化腐蚀

装置塔类腐蚀风险识别见表 6-2。

表 6-2　装置塔类腐蚀风险识别

序号	设备名称	操作条件			材　质						存在的腐蚀风险
		压力/MPa	温度/℃	介质	主体	衬里	内构件	塔盘	填料	支撑件	
1	主汽提塔	0.13	129	酸性气/酸性水	S11348+Q245R	S11348	06Cr13	06Cr13	321	06Cr13	湿硫化氢腐蚀/硫氢化铵腐蚀
2	油气吸收塔	0.2	50	尾气、溶剂	Q245R（正火）	无	06Cr13	06Cr13	321	06Cr13	湿硫化氢腐蚀
3	溶剂再生塔	0.17	123	溶剂/酸性气	Q245R+S30403	S30403	304L	304L	304L	304L	湿硫化氢腐蚀
4	急冷塔	0.012	200/40	急冷水/过程气	S31603+Q245R	S31603	316	316	316	316	湿硫化氢腐蚀
5	吸收塔	0.008	43	溶剂/过程气	Q245R	无	06Cr13	06Cr13	304	06Cr13	硫化氢和胺应力腐蚀
6	再生塔	0.09	90/120	溶剂/酸性气	Q245R+S30403	S30403	304L	304L	304L	304L	$H_2S-CO_2-H_2O$ 腐蚀
7	脱硫塔	0.01	60	烟气/吸收液	UNS N08020+Q345R	UNS N08020	316	316	316	316	湿硫化氢腐蚀

装置容器腐蚀风险识别见表 6-3。

表 6-3 装置容器腐蚀风险识别

序号	设备名称	操作条件			规格	材质	存在的腐蚀风险
		压力/MPa	温度/℃	介质			
1	原料水脱气罐	0.3	40	酸性水/轻油气	*DN*3000×18L≈8616	Q245R	湿硫化氢腐蚀/硫氢化铵腐蚀
2	旋流除油器	0.6	56	酸性水	*DN*1100×14L≈3419	Q345R	湿硫化氢腐蚀/硫氢化铵腐蚀
3	旋流除油器	0.6	56	酸性水	*DN*1100×14L≈3419	Q345R	湿硫化氢腐蚀/硫氢化铵腐蚀
4	汽提塔顶回流罐	0.13	90	酸性气/酸性水	*DN*2000×16L≈7082	Q245R	湿硫化氢腐蚀/硫氢化铵腐蚀
5	地下污油罐	常压	40	污油/酸性水	*DN*1600×12L≈5874	Q245R(正火)	湿硫化氢腐蚀/硫氢化铵腐蚀
6	地下污水罐	常压	40	酸性水	*DN*2000×16L≈7082	Q245R(正火)	湿硫化氢腐蚀/硫氢化铵腐蚀
8	水封罐	常压	40	水/尾气	*DN*1000×10H≈2700	Q235B	湿硫化氢腐蚀
9	水封罐	常压	40	水/尾气	*DN*1000×10H≈2700	Q235B	湿硫化氢腐蚀
10	水封罐	常压	40	水/尾气	*DN*1000×12H≈2800	Q235B	湿硫化氢腐蚀
11	水封罐	常压	40	水/尾气	*DN*1000×12H≈2800	Q235B	湿硫化氢腐蚀
12	原料水罐	常压	60	酸性水	*DN*15700×16500(3000m^3 拱顶罐)	Q235-B	NH_3-HCl-H_2S-H_2O 腐蚀，应力腐蚀开裂
13	原料水罐	常压	40	酸性水	*DN*15700×16500(3000m^3 拱顶罐)	Q235-B	NH_3-HCl-H_2S-H_2O 腐蚀，应力腐蚀开裂
14	富液闪蒸罐	0.15	92	富液	*DN*3800×20L≈9620H≈8255	Q245R	湿硫化氢腐蚀
15	再生酸性气分液罐	0.085	40	酸性气/酸性水	*DN*2400×14L≈7308	Q245R	湿硫化氢腐蚀
16	碱液罐	常压	40	碱液	*DN*2800×12L≈8940	Q245R	碱腐蚀
17	溶剂配制罐	常压	40	溶剂	*DN*4000×10H≈7596	Q245R	湿硫化氢腐蚀
18	地下废溶剂罐	0.1	60	溶剂	*DN*2000×14L≈7078	Q245R(正火)	湿硫化氢腐蚀
19	溶剂储罐	常压	40	溶剂	*DN*9000×8H≈10915	Q235B	湿硫化氢腐蚀
20	酸性气分液罐	0.06	200	酸性气	*DN*1400×12H≈6325	Q245R(正火)	湿硫化氢腐蚀
21	含氨酸性气分液罐	0.1	120	酸性气(含 H_2O)	*DN*1400×12H≈6325	Q245R(正火)	湿硫化氢腐蚀
22	酸性水排液罐	0.8	170	酸性水	*DN*800×14L=2398	Q245R(正火)	湿硫化氢腐蚀

续表

序号	设备名称	操作条件			规　格	材　质	存在的腐蚀风险
		压力/MPa	温度/℃	介质			
24	硫封罐	0.018/0.4	169/152	液硫/蒸汽	Φ273×6.5H≈5306	S32168	湿硫化氢腐蚀
25	硫封罐	0.018/0.4	169/152	液硫/蒸汽	Φ273×6.5H≈5306	S32168	湿硫化氢腐蚀
26	硫封罐	0.018/0.4	164/152	液硫/蒸汽	Φ168×5H≈5295	S32168	湿硫化氢腐蚀
27	硫封罐	0.018/0.4	164/152	液硫/蒸汽	Φ168×5H≈5295	S32168	湿硫化氢腐蚀
28	尾气捕集器	0.02/0.4	170/152	过程气/蒸汽	*DN*2000×22/*DN*2200×14H≈8146	Q245R	湿硫化氢腐蚀
29	废气缓冲罐	-0.0025	120/152	液硫池废气	*DN*800×18/*DN*900×10H≈5041	Q245R	湿硫化氢腐蚀
30	回流罐	0.039	40	酸性气/酸性水	*DN*2000×14H≈8345	Q245R(正火)	湿硫化氢腐蚀
31	溶剂罐	常压	40	溶剂	*DN*5000×8H≈7559	Q235B	湿硫化氢腐蚀
32	地下溶剂罐	0.1	60	溶剂	*DN*1600x12L≈5674	Q245R(正火)	湿硫化氢腐蚀
36	低压瓦斯脱液罐	0.1	40	低压瓦斯	*DN*1200×12H≈4225	Q245R(正火)	湿硫化氢腐蚀
37	酸性气放火炬脱液罐	0.05	40	酸性气	*DN*1200×12L≈5321	Q245R(正火)	湿硫化氢腐蚀
40	燃料气分液罐	0.3	40	燃料气	*DN*1200×12H≈4525	Q245R(正火)	湿硫化氢腐蚀
43	酸性气火炬水封罐	0.03	40	火炬气	*DN*1400×12H≈9400	Q245R(正火)	湿硫化氢腐蚀
44	外排废水缓冲罐	常压	60	洗涤液	*DN*2400×12(+内衬4)，L≈7537	Q245R	湿硫化氢腐蚀

装置换热器腐蚀风险识别见表6-4。

表6-4　装置换热器腐蚀风险识别

序号	设备名称	规格	操作条件								材质		存在的腐蚀风险管/壳
			压力/MPa		温度/℃				介质		壳体	管束	
			管	壳	进	出	进	出	管	壳			
1	原料水-净化水换热器	BES1200-2.5-505-6/19-2I	0.9	0.16	40	100	128.7	69.4	原料水	净化水	Q245R	304	湿硫化氢腐蚀
2	原料水-净化水换热器	BES1200-2.5-505-6/19-2I	0.9	0.16	40	100	128.7	69.4	原料水	净化水	Q245R	304	湿硫化氢腐蚀

续表

序号	设备名称	规格	操作条件								材质		存在的腐蚀风险管/壳
			压力/MPa		温度/℃				介质		壳体	管束	
			管	壳	进	出	进	出	管	壳			
3	原料水-净化水换热器	BES1200-2.5-505-6/19-2I	0.9	0.16	40	100	128.7	69.4	原料水	净化水	Q245R	304	湿硫化氢腐蚀
4	原料水-净化水换热器	BES1200-2.5-505-6/19-2I	0.9	0.16	40	100	128.7	69.4	原料水	净化水	Q245R	304	湿硫化氢腐蚀
5	重沸器	BKU1400/2000-1.38(-0.1)/0.35(-0.1)-597-6/25-4I	1	0.16	250	180	128.7	128	蒸汽	净化水	Q245R（正火）	08Cr2AlMo	湿硫化氢腐蚀
6	净化水冷却器	BES1100-2.5-430-6/19-2I	0.4	1.1	33	43	55	40	循环水	净化水	Q245R	304	湿硫化氢腐蚀
7	净化水冷却器	BES1100-2.5-430-6/19-2I	0.4	1.1	33	43	55	40	循环水	净化水	Q245R	304	湿硫化氢腐蚀
8	集中再生塔底重沸器	BKU1800/2400-0.6/0.35-1500-6/19-4	0.4	0.1	152	152	121	121	蒸汽	贫液	Q245R（正火）	0Cr18Ni10Ti（S32168）	湿硫化氢腐蚀
9	集中再生塔底重沸器	BKU1800/2400-0.6/0.35-1500-6/19-4	0.4	0.1	152	152	121	121	蒸汽	贫液	Q245R（正火）	0Cr18Ni10Ti（S32168）	湿硫化氢腐蚀
10	集中再生塔顶后冷器	BES700-1.6-165-6/19/2	0.4	0.1	31	41	55	40	循环水	塔顶气	Q245R	304	湿硫化氢腐蚀
11	集中再生塔顶后冷器	BES700-1.6-165-6/19/2	0.4	0.1	31	41	55	40	循环水	塔顶气	Q245R	304	湿硫化氢腐蚀
12	反应炉蒸汽发生器	*DN*3200×68/*DN*1600×36L=7713	0.06	3.89	1300	318	104	250	过程气	水/蒸汽	Q345R（正火）	20#	湿硫化氢腐蚀/硫化物应力腐蚀
13	第一、二、三硫冷凝器	*DN*3800×26L=13955	0.035/0.027/0.019	0.4	318/312/230	169/164/155	104	152	过程气	锅炉水	Q245R（正火）	20#	湿硫化氢腐蚀/硫化物应力腐蚀
14	第一再热器	BIU1200/1900-4.8/0.35-365-5/19-2I	4.1	0.035	251	251	169	210	蒸汽	过程气	Q345R	20#	湿硫化氢腐蚀
15	第二再热器	BIU1200/1900-4.8/0.35-365-5/19-2I	4.1	0.035	251	251	169	210	蒸汽	过程气	Q345R	20#	湿硫化氢腐蚀
16	酸性气预热器	BIU1500-1.18/0.35-296-5/19-4I	1	0.05	240	190	40	160	蒸汽	酸性气	Q245R	10#（正火）	湿硫化氢腐蚀

续表

序号	设备名称	规格	操作条件								材质		存在的腐蚀风险管/壳
			压力/MPa		温度/℃				介质		壳体	管束	
			管	壳	进	出	进	出	管	壳			
17	空气预热器	BIU1500-1.58/0.35-296-5/19-41	1	0.065	240	190	40	160	蒸汽	空气	Q245R	20#	露点腐蚀
18	液硫池蒸汽盘管	$S=152m^2$	0.4	常压	152	152	135	135	蒸汽	液硫	无	321	湿硫化氢腐蚀
19	还原气加热器	BIU1200/1900-4.8/0.35-365-5/19-2I	4.1	0.021	251	251	150	230	蒸汽	还原气	Q245R	10#	湿硫化氢腐蚀
20	蒸汽发生器	*DN*1800×16L=10380	0.016	0.4	324	175	104	152	过程气	水/蒸汽	Q245R	10#	湿硫化氢腐蚀
21	重沸器	BKU1400/2000-0.6/0.35(-0.1)-676-6/19-4	0.4	0.12	152	152	130	130	蒸汽	贫溶剂	Q245R	06Cr18Ni11Ti(S32168)	湿硫化氢腐蚀
22	蒸汽过热器	4147×2850×5070	3.9	0.002	251	435	700	496	高压蒸	焚烧烟道气	15CrMo	20#	湿硫化氢腐蚀
23	焚烧炉蒸汽发生器	*DN*2100×50L≈7500	0.002	2.5	497	260	104	251	尾气	除氧水/蒸汽	Q345R(正火)	20#	湿硫化氢腐蚀/硫化物应力腐蚀
24	尾气-凝结水换热器	34a.1s15.10-02	1	0.003	180	180	267	200	蒸汽	烟气	Q245R	304	湿硫化氢腐蚀/露点腐蚀
25	集中再生贫富液换热器		0.4	0.45	105	87	66	85	贫液	富液	板材316L	板材316L	湿硫化氢腐蚀
26	集中再生贫富液换热器		0.4	0.45	105	87	66	85	贫液	富液	板材316L	板材316L	湿硫化氢腐蚀
27	集中再生贫富液换热器		0.5	0.4	123	105	33	43	贫液	循环水	板材316L	板材316L	湿硫化氢腐蚀
28	集中再生贫富液换热器		0.5	0.4	123	105	33	43	贫液	循环水	板材316L	板材316L	湿硫化氢腐蚀
29	急冷水后冷器		0.43	0.4	48	40	33	43	急冷水	循环水	316	316	湿硫化氢腐蚀
30	急冷水后冷器		0.43	0.4	48	40	33	43	急冷水	循环水	316	316	湿硫化氢腐蚀
31	半贫液-富液换热器		0.65	0.5	120	63	44.5	65	半贫液	富液	板材316L	板材316L	湿硫化氢腐蚀
32	半贫液-富液换热器		0.65	0.5	120	63	44.5	65	半贫液	富液	板材316L	板材316L	湿硫化氢腐蚀
33	精贫液-富液换热器		0.65	0.45	122	79	65	95	精贫液	富液	板材316L	板材316L	湿硫化氢腐蚀

续表

序号	设备名称	规格	操作条件								材质		存在的腐蚀风险管/壳
			压力/MPa		温度/℃				介质		壳体	管束	
			管	壳	进	出	进	出	管	壳			
34	精贫液-富液换热器		0.65	0.45	122	79	65	95	精贫液	富液	板材 316L	板材 316L	湿硫化氢腐蚀
35	半贫液后冷器		0.35	0.4	45	40	33	43	半贫液	循环水	316	316	湿硫化氢腐蚀
36	半贫液后冷器		0.35	0.4	45	40	33	43	半贫液	循环水	316	316	湿硫化氢腐蚀
37	精贫液后冷器		0.45	0.4	50	40	33	43	精贫液	循环水	316	316	湿硫化氢腐蚀
38	精贫液后冷器		0.45	0.4	50	40	33	43	精贫液	循环水	316	316	湿硫化氢腐蚀

装置空冷腐蚀风险识别见表6-5。

表6-5 装置空冷腐蚀风险识别

序号	设备名称	操作条件			材质		存在的腐蚀风险
		压力/MPa	温度/℃	介质	管箱	管束	
1	汽提塔顶空冷器	0.12	119.2	酸性气	Q245R	10#	湿硫化氢腐蚀/硫氢化铵腐蚀
2	汽提塔顶空冷器	0.12	119.2	酸性气	Q245R	10#	湿硫化氢腐蚀/硫氢化铵腐蚀
3	汽提塔顶空冷器	0.12	119.2	酸性气	Q245R	10#	湿硫化氢腐蚀/硫氢化铵腐蚀
4	汽提塔顶空冷器	0.12	119.2	酸性气	Q245R	10#	湿硫化氢腐蚀/硫氢化铵腐蚀
5	净化水空冷器	1.15	69.5	净化水	Q245R	10#	湿硫化氢腐蚀
6	净化水空冷器	1.15	69.5	净化水	Q245R	10#	湿硫化氢腐蚀
7	净化水空冷器	1.15	69.5	净化水	Q245R	10#	湿硫化氢腐蚀
8	净化水空冷器	1.15	69.5	净化水	Q245R	10#	湿硫化氢腐蚀
9	再生塔顶空冷器	0.085	104	酸性气	Q245R	S30408	湿硫化氢腐蚀
10	再生塔顶空冷器	0.085	104	酸性气	Q245R	S30408	湿硫化氢腐蚀
11	再生塔顶空冷器	0.085	104	酸性气	Q245R	S30408	湿硫化氢腐蚀

续表

序号	设备名称	操作条件			材质		存在的腐蚀风险
		压力/MPa	温度/℃	介质	管箱	管束	
12	再生塔顶空冷器	0.085	104	酸性气	Q245R	S30408	湿硫化氢腐蚀
13	再生塔顶空冷器	0.085	104	酸性气	Q245R	S30408	湿硫化氢腐蚀
14	再生塔顶空冷器	0.085	104	酸性气	Q245R	S30408	湿硫化氢腐蚀
15	集中再生贫液空冷器	0.275	84	贫液	Q245R	10#	湿硫化氢腐蚀
16	集中再生贫液空冷器	0.275	84	贫液	Q245R	10#	湿硫化氢腐蚀
17	集中再生贫液空冷器	0.275	84	贫液	Q245R	10#	湿硫化氢腐蚀
18	集中再生贫液空冷器	0.275	84	贫液	Q245R	10#	湿硫化氢腐蚀
19	集中再生贫液空冷器	0.275	84	贫液	Q245R	10#	湿硫化氢腐蚀
20	集中再生贫液空冷器	0.275	84	贫液	Q245R	10#	湿硫化氢腐蚀
21	急冷水空冷器	0.6	66	急冷水	Q345R	10#	湿硫化氢腐蚀
22	急冷水空冷器	0.6	66	急冷水	Q345R	10#	湿硫化氢腐蚀
23	急冷水空冷器	0.6	66	急冷水	Q345R	10#	湿硫化氢腐蚀
24	急冷水空冷器	0.6	66	急冷水	Q345R	10#	湿硫化氢腐蚀
25	半贫液空冷器	0.5	69	贫液	Q345R	10#	湿硫化氢腐蚀
26	半贫液空冷器	0.5	69	贫液	Q345R	10#	湿硫化氢腐蚀
27	精贫液空冷器	0.4	69	精贫液	Q345R	10#	湿硫化氢腐蚀
28	精贫液空冷器	0.4	69	精贫液	Q345R	10#	湿硫化氢腐蚀
29	精贫液空冷器	0.4	69	精贫液	Q345R	10#	湿硫化氢腐蚀
30	精贫液空冷器	0.4	69	精贫液	Q345R	10#	湿硫化氢腐蚀
31	再生塔顶空冷器	0.09	111	再生气	Q245R	10#	湿硫化氢腐蚀
32	再生塔顶空冷器	0.09	111	再生气	Q245R	10#	湿硫化氢腐蚀

装置机泵腐蚀风险识别见表6-6。

表6-6 装置机泵腐蚀风险识别

序号	设备名称	操作条件			泵		存在的腐蚀风险
		扬程/m	温度/℃	介质	泵壳	转子	
1	原料水增压泵	60	40	酸性水	A-7	A-7	湿硫化氢腐蚀
2	原料水增压泵	60	40	酸性水	A-7	A-7	湿硫化氢腐蚀
3	原料水进料泵	105	40	酸性水	A-7	A-7	湿硫化氢腐蚀
4	原料水进料泵	105	40	酸性水	A-7	A-7	湿硫化氢腐蚀
5	净化水泵	125	69.4	净化水	C-6	C-6	湿硫化氢腐蚀
6	净化水泵	125	69.4	净化水	C-6	C-6	湿硫化氢腐蚀
7	汽提塔顶回流泵	80	90	酸性液	316L	316L	湿硫化氢腐蚀
8	汽提塔顶回流泵	80	90	酸性液	316L	316L	湿硫化氢腐蚀
9	地下污油泵	153	40	污油	C-6	C-6	湿硫化氢腐蚀
10	地下酸性水泵	51	40	污水	C-6	C-6	湿硫化氢腐蚀
11	富溶剂泵	80	45	MDEA溶液	C-6	C-6	碱腐蚀
12	富溶剂泵	80	45	MDEA溶液	C-6	C-6	碱腐蚀
13	集中再生塔顶回流泵	58	40	酸性水	A-7	A-7	湿硫化氢腐蚀
14	集中再生塔顶回流泵	58	40	酸性水	A-7	A-7	湿硫化氢腐蚀
15	集中再生塔底泵	65	121	贫液	C-6	C-6	湿硫化氢腐蚀
16	集中再生塔底泵	65	121	贫液	C-6	C-6	湿硫化氢腐蚀
17	集中再生贫液泵	205	65	贫液	C-6	C-6	湿硫化氢腐蚀
18	集中再生贫液泵	205	65	贫液	C-6	C-6	湿硫化氢腐蚀
19	富液入塔泵	35	92	贫液	C-6	C-6	湿硫化氢腐蚀
20	溶剂回收泵	55	40	贫溶剂	C-6	C-6	湿硫化氢腐蚀
21	溶剂配制泵	40	40	贫溶剂	C-6	C-6	湿硫化氢腐蚀
22	碱液泵	60	40	碱液	A-7	A-7	碱腐蚀
23	碱液泵	60	40	碱液	A-7	A-7	碱腐蚀
24	MDEA泵	20	40	贫溶剂			湿硫化氢腐蚀
25	MDEA加入泵	60	40	MDEA	A-7	A-7	碱腐蚀
26	MDEA加入泵	60	40	MDEA	A-7	A-7	碱腐蚀
27	液硫泵	57	135	液硫	316L	316L	湿硫化氢腐蚀
28	液硫泵	57	135	液硫	316L	316L	湿硫化氢腐蚀
29	急冷水泵	60	61	急冷水	A-8	A-8	湿硫化氢腐蚀

续表

序号	设备名称	操作条件			泵		存在的腐蚀风险
		扬程/m	温度/℃	介质	泵壳	转子	
30	急冷水泵	60	61	急冷水	A-8	A-8	湿硫化氢腐蚀
31	富液泵	54	41	富液	C-6	C-6	湿硫化氢腐蚀
32	富液泵	54	41	富液	C-6	C-6	湿硫化氢腐蚀
33	半贫液泵	50	120	半贫液	C-6	C-6	湿硫化氢腐蚀
34	半贫液泵	50	120	半贫液	C-6	C-6	湿硫化氢腐蚀
35	精贫液泵	55	122	精贫液	C-6	C-6	湿硫化氢腐蚀
36	精贫液泵	55	122	精贫液	C-6	C-6	湿硫化氢腐蚀
37	回流泵	55	40	回流液	A-7	A-7	湿硫化氢腐蚀
38	回流泵	55	40	回流液	A-7	A-7	湿硫化氢腐蚀
39	溶剂回收泵	55	40	贫溶剂	C-6	C-6	湿硫化氢腐蚀
40	溶剂配制泵	40	40	贫溶剂	C-6	C-6	湿硫化氢腐蚀
41	MDEA 泵	20	40	贫溶剂			湿硫化氢腐蚀
42	低压锅炉水泵	105	104	锅炉水	C-6	C-6	碱脆
43	低压锅炉水泵	105	104	锅炉水	C-6	C-6	碱脆
44	高压锅炉水泵	530	104	锅炉水	C-6	C-6	碱脆
45	高压锅炉水泵	530	104	锅炉水	C-6	C-6	碱脆
46	含油污水提升泵	75	常温	含油污水	C-6	C-6	湿硫化氢腐蚀
47	含油污水提升泵	75	常温	含油污水	C-6	C-6	湿硫化氢腐蚀
48	循环泵	45	60	废水	2605N	2605N	湿硫化氢腐蚀/碱腐蚀
49	循环泵	45	60	废水	2605N	2605N	湿硫化氢腐蚀/碱腐蚀
50	外排废水泵	60	60	废水	2605N	2605N	湿硫化氢腐蚀/碱腐蚀
51	外排废水泵	60	60	废水	2605N	2605N	湿硫化氢腐蚀/碱腐蚀

装置反应器腐蚀风险识别见表6-7。

表6-7 装置反应器腐蚀风险识别

序号	设备名称	操作条件			规格	材质	存在的腐蚀风险
		压力/MPa	温度/℃	介质			
1	第一反应器	0.03	300	过程气	*DN*3800×24L≈25728	Q245R	低温电化学腐蚀
2	第二反应器	0.03	215	过程气	*DN*3800×24L≈25728	Q245R	低温电化学腐蚀
3	还原反应器	0.02	324	过程气	*DN*3800×24L≈14128	Q245R	低温电化学腐蚀

(3) 装置易腐蚀部位分布图(工艺)

易腐蚀部位见图6-1、图6-2、图6-3，腐蚀机理和腐蚀类型见表6-8，图6-1~图6-3中标号见表6-8。

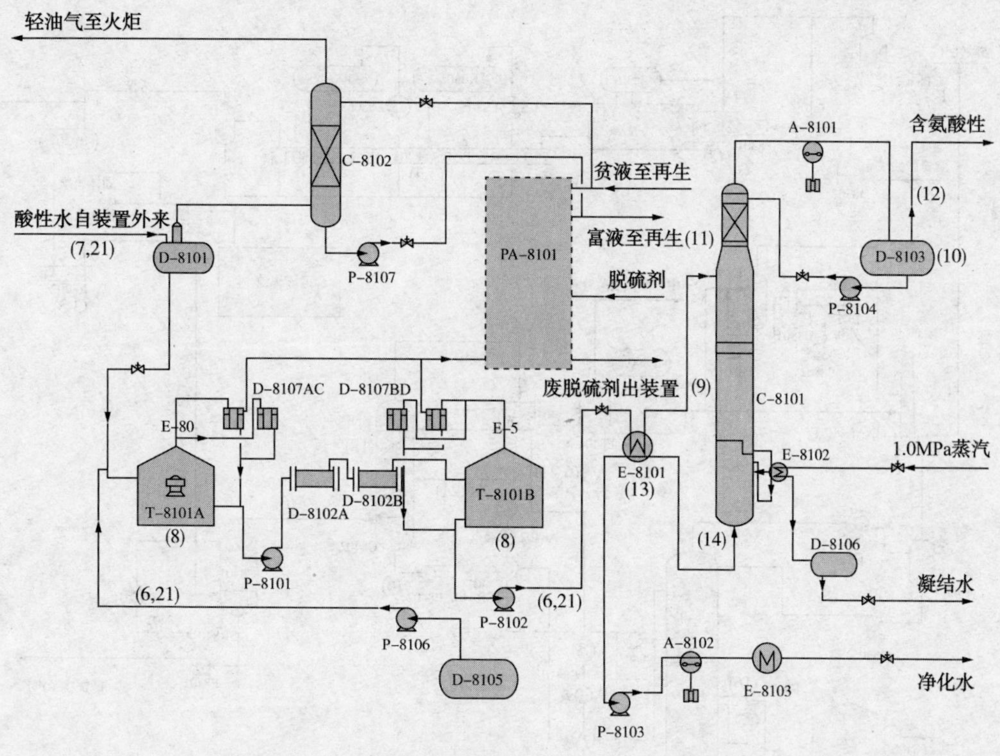

图 6-1　三废装置污水汽提单元易腐蚀点分布

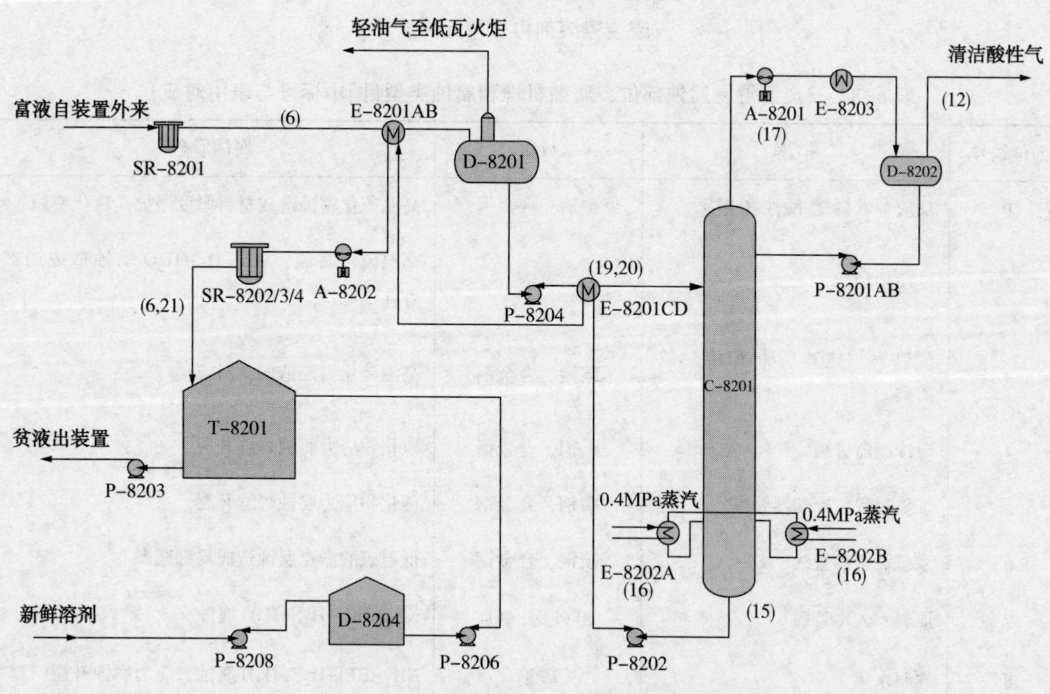

图 6-2　三废装置溶剂再生单元易腐蚀点分布

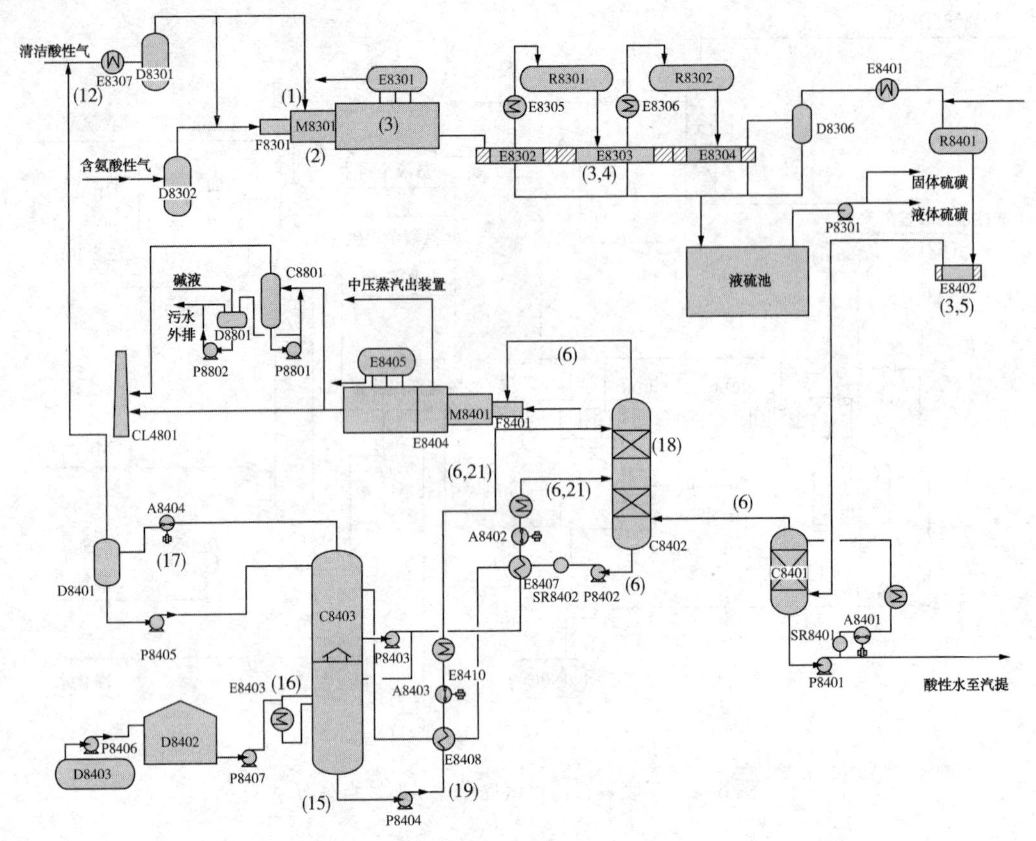

图 6-3 三废装置溶剂再生单元易腐蚀点分布

表 6-8 三废装置易腐蚀部位、腐蚀机理和腐蚀类型(图中标号与表中对应)

部位编号	描述	材质	腐蚀形态
1	反应炉燃料气/酸性气喷嘴	碳钢、合金钢	高温硫化腐蚀造成材料厚度增加，硫化变脆
2	反应炉炉体	碳钢	高温硫化腐蚀、$SO_2-O_2-H_2O$ 腐蚀造成局部穿孔
3	废热锅炉进口管厢和传热管前端	碳钢、合金钢	高温硫化腐蚀造成材料硫化
4	硫冷凝器管板	碳钢、合金钢	硫化物应力腐蚀焊缝开裂
5	加氢过程气冷却器管束	碳钢、合金钢	硫化物应力腐蚀焊缝开裂
6	系统设备和管线	碳钢、合金钢	低温硫酸露点腐蚀造成局部减薄
7	原料水入口管线	20 碳钢，304	$NH_3-HCl-H_2S-H_2O$ 腐蚀
8	原料水罐	碳钢	$NH_3-HCl-H_2S-H_2O$ 腐蚀，应力腐蚀开裂
9	汽提塔入口管线	20 碳钢	$NH_3-HCl-H_2S-H_2O$ 腐蚀
10	酸性气分液罐	0Cr13	$NH_3-HCl-H_2S-H_2O$ 腐蚀

续表

部位编号	描述	材质	腐蚀形态
11	汽提塔(上部)	304	NH_3-HCl-H_2S-H_2O 腐蚀
12	酸性气管线	20碳钢	H_2S-H_2O 腐蚀，应力腐蚀开裂
13	原料水/净化水换热器	壳程0Cr13，管程304	NH_3-HCl-H_2S-H_2O 腐蚀，应力腐蚀开裂
14	汽提塔(下部)	304	NH_3-HCl-H_2S-H_2O 腐蚀，应力腐蚀开裂
15	再生塔塔底	碳钢	内壁RNH2-H_2S-CO_2-H_2O 腐蚀，为大面积的腐蚀凹坑，凹坑连成片
16	再生塔底重沸器管束外表面和壳体的内侧	碳钢	RNH2-H_2S-CO_2-H_2O 腐蚀，管束减薄成深的凹坑状，壳体局部减薄
17	再生塔顶冷凝器	碳钢	H_2S-CO_2-H_2O 腐蚀，管束减薄成深的凹坑和冲刷减薄
18	吸收塔	碳钢	硫化氢和胺应力腐蚀
19	相对高温的贫液管线和贫液在壳程的入口处	碳钢	系统中累积的热稳态盐和胺降解产物引起的腐蚀减薄和焊缝的腐蚀减薄，胺环境下的碳钢应力腐蚀开裂
20	相对高温的富液管线和富液在管程的出口处	碳钢	富液中酸性气负荷增大后随温度升高后解吸出的酸性气造成的管线直管和弯头处的冲刷腐蚀减薄和应力腐蚀开裂
21	低温贫液管线、酸性水管线	碳钢	管线H_2S-H_2O腐蚀减薄和应力腐蚀开裂

第七部分　装置技改项目统计

一、装置脱臭气体改进低压瓦斯项目

1. 项目目的

目前，3#三废装置含硫污水罐顶气经脱硫除臭后进尾气焚烧炉焚烧，按照北京市监测标准(DB11 447 2015)，需要监测装置烟囱中的非甲烷总烃≤20mg/m^3，处理效率≥97%，由于装置的尾气焚烧炉主要作用是将净化尾气中的硫化氢焚烧成二氧化硫，对燃烧后的非甲烷总烃控制效果很差，容易出现非甲烷总烃排放超标现象。因此将罐顶气排放至低压火炬管网，经回收后做燃料。

2. 工艺流程

从脱臭设施出来的脱臭气体，正常情况下经XV-10411切断阀进入低压脱液罐D-8604(原有)脱液后，进入低压瓦斯管网，回收后进入燃料气管网；异常情况下经XV-10412切断阀进入尾气焚烧炉。工艺流程图见图7-1。

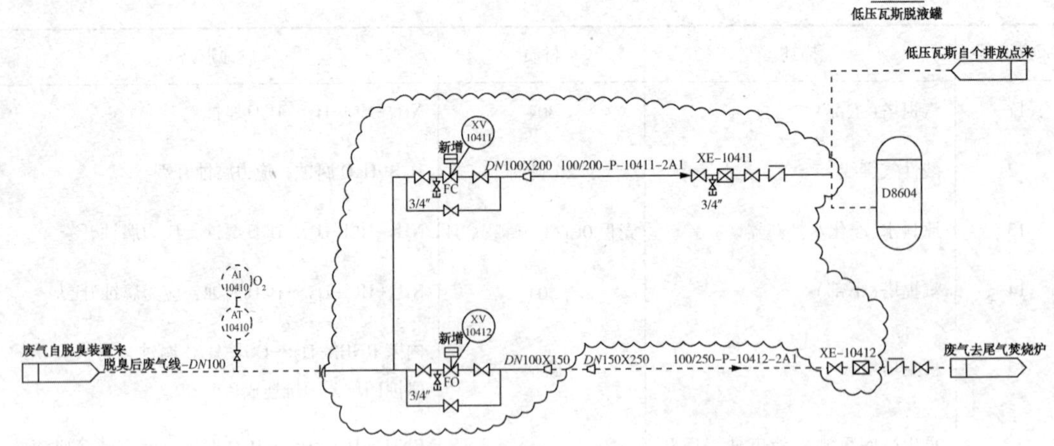

图 7-1 脱臭气体改进低压瓦斯项目工艺流程图

二、掺炼炼油系统碱渣项目

1. 项目目的

目前燕山石化炼油系统每年产生的废碱渣约500t，为消化炼油系统废碱渣、降低安全环保风险，燕山石化参考国内其他企业掺炼废碱渣经验，在2#三废装置进行掺炼废碱渣试验。经试验，装置运行稳定，各项数据正常。为加快炼油系统废碱渣的消化，增加了3#三废装置掺炼废碱渣流程。

2. 酸性水汽提塔注碱的原理及影响

(1) 酸性水汽提塔注碱的原理

酸性水可以看成是一种 H_2S、NH_3 和 CO_2 等多元水溶液，它们在水中以 NH_4HS、$(NH_4)_2S$、$(NH_4)_2CO_3$、NH_4Cl 等铵盐形式存在。这些弱酸弱碱的盐在水中水解后分别产生游离态 H_2S、NH_3和 CO_2 分子，它们又分别与其中气相中的对应分子呈平衡状态，因而该体系是化学平衡、电离平衡和相平衡共存的复杂体系。因此控制化学、电离和相平衡的适宜条件是处理好酸性水和选择适宜操作条件的关键，影响上述三个平衡的主要因素是温度和分子比。

汽提过程中存在如下化学平衡、电离平衡：

$$NH_3+H_2O \rightleftharpoons NH_4^{+}+OH^{-}$$

$$H_2S \rightleftharpoons H^{+}+HS^{-}$$

$$NH_4^{+}+HS^{-} \rightleftharpoons (NH_3+H_2S)_{液} \rightleftharpoons (NH_3+H_2S)_{气}\uparrow$$

$$CO_2+H_2O \rightleftharpoons HCO_3^{-}+H^{+}$$

$$NH_4^{+}+HCO_3^{-} \rightleftharpoons (NH_3+CO_2+H_2O)_{液} \rightleftharpoons (NH_3+CO_2)_{气}\uparrow +H_2O_{液}$$

NH_3在水中的溶解度很大，而且与 H_2S 和 CO_2 的反应平衡常数也大，只有当它在一定条件下达到饱和时，才能使游离的 NH_3分子从液相转入气相。

若加入强碱，会使 NH_4^{+}游离出来，反应平衡如下：

$$NH_4HS+NaOH = NH_4OH+NaHS \quad ①$$

$$(NH_4)_2S+2NaOH = 2NH_4OH+Na_2S \quad ②$$

$$(NH_4)_2CO_3+2NaOH = 2NH_4OH+Na_2CO_3 \quad ③$$

$$NH_4Cl+NaOH \longrightarrow NH_4OH+NaCl \quad ④$$

$$NH_4^++OH^- \longrightarrow NH_3+H_2O \quad ⑤$$

当向汽提塔加碱时，OH^-浓度增加，平衡①~④向右移动，随着NH_3不断被汽提出去，平衡⑤也不断向右移动，从而达到去除氨的目的。

因此，在很多酸性水汽提工艺中都设置了汽提塔注碱流程，目的就是通过OH^-离子的加入，让更多的NH_4^+以NH_3分子的形式从液相转入气相，以此来有效降低塔底净化水中的氨氮含量。

（2）碱液作为汽提塔注碱的可行性

1）废碱液作为汽提塔注碱的可行性：

按照汽提塔注碱工艺的限制条件，炼油系统含有机硫废碱液及少量其他废碱液可以进入酸性水系统。按照酸碱强度顺序，H_2CO_3、H_2S的酸性比RSH要强。RSH、RSNa、NaOH进入酸性水系统后，硫醇被汽提出来与酸性气一起送至硫黄回收系统生产硫黄。并且，产生有机硫的废碱主要是干气/液化气脱硫及罐顶气除臭系统，废碱中的碱浓度一般在10%左右，也满足汽提塔注碱工艺对碱液的要求。

2）注碱量的控制：

基于工艺的原因，酸性水汽提塔采用注碱流程的工艺会严格控制注碱量，基本都是采用间断注碱的方法，或小流量连续注碱。

根据其他装置操作经验，一般选择汽提塔中下部作为注碱点；将碱浓度控制在10%以下，注碱量一般为酸性水处理量的0.05%~0.12%，最佳注入量需要通过操作试验取得。若注碱量偏大，会导致净化水pH值较高，主要原因是碱浓度太高，在塔内混合效果不好。

3）注碱造成的影响：

酸性水汽提塔注碱有利于NH_4^+的水解，对净化水中氨氮的降低具有积极作用。但注碱量过大，会造成净化水中钠离子含量升高。净化水中钠离子含量升高造成的主要影响有：

① 回用净化水的装置（如常减压、加氢等）的产品及半产品中钠含量升高，会导致原油破乳效果及加氢装置催化剂氯化钠沉积结垢，降低催化剂使用寿命，影响装置长周期运行；

② 增加污水处理厂的处理难度，容易造成外排水不合格；

③ 净化水在上游装置回用后，最终又以酸性水的形式返回酸性水汽提装置，造成钠离子累积，造成净化水质量越来越差。

4）净化水中钠离子升高的应对策略：

汽提塔注碱必然会导致净化水中钠离子升高，为了避免对上游装置带来长周期运行及钠离子累积的影响，可以采取以下措施：a. 定期监控净化水中钠离子含量，对净化水中的钠含量制订设防值，接近设防值时严禁上游装置回用净化水；b. 净化水中钠含量升高，减少回用量，加大向污水处理厂的输送量，避免钠离子累积升高，造成恶性循环。

5）碱对设备的腐蚀：

金属及合金材料在碱性溶液中，由于拉应力和腐蚀介质的联合作用产生的开裂叫作碱脆，又称苛性脆化。碳钢的应力腐蚀开裂是碱液腐蚀中危害最大的一种腐蚀现象。碳钢在5%浓度NaOH以上的全部浓度范围内都可能产生碱脆，而当NaOH浓度为30%左右时最危险。目前无法预测所注的碱对设备的腐蚀情况，可以采取以下措施：a. 尽量降低液碱的使用浓度，控制在10%以内；b. 间歇使用盘管加热，保持温度≤40℃；c. 在制作储罐、管线的焊接过程中，进行必要的热处理，减小应力集中现象。

3. 工艺流程

废碱渣回收项目工艺流程见图7-2。

4. 效益核算

碱渣处理外委费用约5000元/t，装置加工碱渣的能力约为25t/mon，可节约成本12.5万元/mon。

三、钠法脱硫改造

1. 概述

燕山石化第三套三废联合装置硫黄回收装置设计公称规模为65kt/a，开工时数为年8400h，装置操作弹性50%~130%，尾气排放SO_2浓度小于200mg/Nm^3，尾气二氧化硫排放执行《大气污染物综合排放标准》(GB 16297—1996)，此标准要求二氧化硫排放浓度小于960mg/Nm^3。根据国家2015年4月16日颁布的标准《石油炼制工业污染物排放标准》(GB 31570—2015)，要求新建硫黄装置的特别排放限值为小于100mg/Nm^3，在2015年7月1日开始实施。因此目前第三套三废联合装置有必要增设尾气脱硫设施，将硫黄回收装置的二氧化硫排放浓度控制在100mg/Nm^{3}以下。考虑硫黄回收装置现有设施，本项目采用钠法脱硫技术。

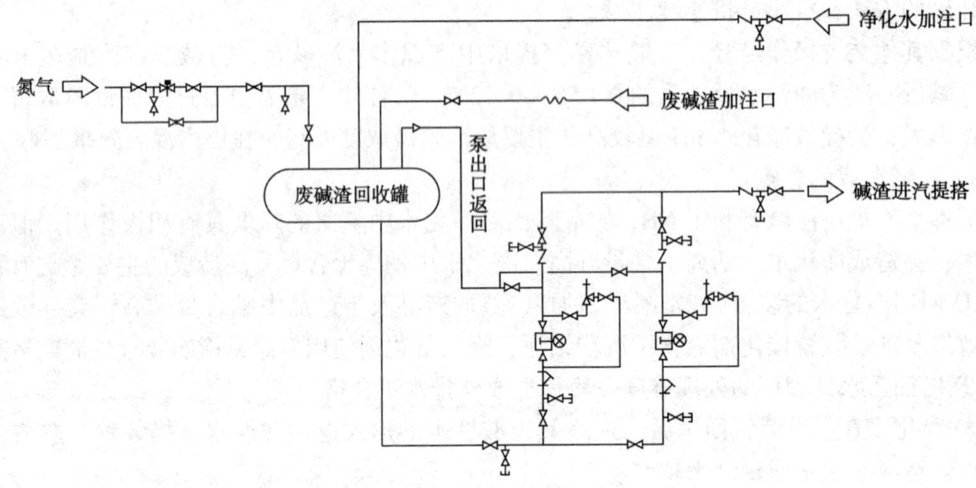

图7-2 废碱渣回收项目工艺流程

2. NaOH脱除SO_2原理

钠法脱硫工艺采用氢氧化钠作为脱硫吸收剂。氢氧化钠与水混合制成30%(质)的溶液作为吸收液。在脱硫塔内，吸收液与含硫尾气接触混合，尾气中的二氧化硫与吸收液中的氢氧化钠反应生成亚硫酸钠。亚硫酸钠再与鼓入的空气进行氧化反应生成硫酸钠。硫酸钠随废水外排，不产生废渣。

SO_2和SO_3与氢氧化钠主要反应方程式如下：

(1) 吸收过程

$$SO_2+H_2O \rightleftharpoons H_2SO_3$$

$$H_2SO_3 \rightleftharpoons H^++HSO_3^-$$

$$HSO_3^- \rightleftharpoons H^++SO_3^{2-}$$

（2）中和过程

$$NaOH = Na^{+} + OH^{-}$$

$$OH^{-} + H^{+} = H_2O$$

（3）氧化过程

$$2SO_3^{2-} + O_2 = 2SO_4^{2-}$$

（4）总反应式

$$SO_2 + 2NaOH = Na_2SO_3 + H_2O$$

$$Na_2SO_3 + O_2 = Na_2SO_4$$

由于吸收液的循环利用，脱硫吸收剂的利用率高。脱硫效率可达到90%以上。

3. 工艺流程说明

来自硫黄回收装置焚烧炉焚烧后的260℃尾气，进入E8802(尾气-凝结水换热器)与凝结水换热至200℃后进入C8801(脱硫塔)。尾气在C8801入口处经吸收液急冷至60℃后进入C8801填料段，在填料段与吸收液逆向接触，脱除尾气中的SO_2。净化后的尾气排入烟囱与来自E8801(空气-蒸汽换热器)的150℃空气混合后至86℃于100m烟囱高空排放至大气。

空气经K8801(增压风机)增压后经E8801(空气-蒸汽换热器)与E8802(尾气-凝结水换热器)来的蒸汽换热至150℃排入烟囱底部，在30m左右与净化后尾气混合。与空气换热后的180℃凝结水回流至E8802。

C8801入口处的吸收液及填料段的吸收液与尾气接触后自流至C8801塔釜。吸收液在塔釜与鼓入的空气反应将Na_2SO_3氧化为Na_2SO_4，反应后的溶液经P8801AB(循环泵)升压后分成三路，一路至C8801入口急冷尾气，第二路至C8801填料段与尾气逆向接触，第三路排放至D8801(外排废水缓冲罐)，在D8801内将pH值调至7~9后外排。

自装置外来的碱液注入P8801A/B出口，维持塔釜吸收液的pH值在7左右。

4. 主要操作条件

钠法脱硫主要操作条件见表7-1。

表7-1　主要操作条件(设计值)

项目	数值	项目	数值
尾气出焚烧炉废锅温度/℃	260	脱硫塔顶气温度/℃	60
脱硫塔进塔压力/kPa(g)	5	烟囱排烟温度/℃	86
脱硫塔进料温度/℃	200	相变换热器总水量控制/kg	400
换热后空气温度/℃	150	脱硫塔pH值	7.0

5. 原料、产品性质及主要技术规格

（1）原料性质

尾气脱硫装置的原料为硫黄回收装置尾气和碱液。硫黄回收装置尾气参数见表7-2。碱液为浓度30%(质)的NaOH溶液。

表7-2　80kt/a硫黄回收装置尾气参数

介质	烟气	介质	烟气
组成	%(摩尔)	分子量/(kg/kmol)	27.73
CO_2	4.76	SO_2浓度/(mg/Nm^3)	571

续表

介质	烟气	介质	烟气
N_2	82.45	温度/(℃)	260
H_2O	10.45	压力/[kPa(g)]	5
O_2	2.35	摩尔流量/(kmol/h)	1097
总量	100	质量流量/(kg/h)	30420

(2) 产品方案及性质

烟气脱硫的主要产品为脱硫后尾气。同时装置还产生少量废水。脱硫后尾气参数见表7-3，废水参数见表7-4。

表7-3　脱硫后尾气参数

序号	指标	设计值
1	SO_2/(mg/Nm^3)(干基)	≤50
2	温度/℃	87

表7-4　废水参数

序号	指标	设计值
1	流量/(t/h)	0.208
2	COD/(mg/L)	≤400
3	pH值	6~9
4	Na_2SO_4/%(质)	15

(3) 脱硫后污染物减排情况

尾气脱硫前后污染物排放情况，详见表7-5。

表7-5　尾气脱硫前后污染物排放变化情况

污染物	脱硫前/(t/h)	脱硫后/(t/h)	减排量/(t/a)
SO_2	0.014	0.00123	107.2

6. 物料平衡

尾气钠法脱硫设施设计物料平衡见表7-6。

表7-6　尾气钠法脱硫设施设计物料平衡

序号	物料名称	流速/(kg/h)	日流量/(t/d)	年流量/(10^4t/a)
进料				
1	尾气量	30420	730.080	25.55280
2	碱液[30%(质)]	58	1.392	0.04872
3	氧化风	1288	30.912	1.08192
4	工艺水	2045	49.080	1.71780
5	补充空气	16000	384.000	13.44000
6	合计	49811	1195.464	41.84124

续表

序号	物料名称	流速/(kg/h)	日流量/(t/d)	年流量/(10^4t/a)
出料			0.000	0.00000
1	尾气量	49603	1190.472	41.66652
2	废水[$Na_2SO_4$15%(质)]	208	4.992	0.17472
3	合计	49811	1195.464	41.84124

7. 公用工程规格及消耗

(1) 公用工程规格

钠法脱硫公用工程规格见表7-7。

表7-7　钠法脱硫公用工程规格

序号	介质名称	状态	输送方式	压力/MPa	温度/℃
1	新鲜水	液	连续	0.4	25
2	低压除氧水	液	间歇	2.0	104
3	净化压缩空气	气	连续	0.5	40
4	非净化压缩空气	气	连续	0.5	40

(2) 水用量

钠法脱硫用水量见表7-8。

表7-8　钠法脱硫水用量

序号	使用地点	给水/(t/h)			排水/(t/h)		备注
		新鲜水	循环冷水	除氧水	循环热水	含盐污水	
1	脱硫塔	2					
2	空气/水/尾气换热器			1			间歇
3	风机		1		1		
4	机封冲洗	0.045					
5	外排污水					0.208	

(3) 电用量

钠法脱硫电用量见表7-9。

表7-9　钠法脱硫电用量

序号	使用地点	电压/V	设备台数/台		设备容量/kW		轴功率/kW	年工作时数/h	年用电量/10^4kW·h
			操作	备用	操作	备用			
1	循环泵	380	1	1	110	110	85.8	8400	72.072
2	外排废水泵	380	1	1	11	11	6.5	8400	5.64
3	风机	380	1	1	90	90	63	8400	52.92
4	照明	380	1	1			1	8400	0.84
	合计						156.3		131.472

(4) 压缩空气用量

钠法脱硫压缩空气用量见表7-10。

表7-10　钠法脱硫压缩空气用量

序号	使用地点及用途	用量/(Nm^3/h)				备注
		净化风		非净化风		
		正常	最大	正常	最大	
1	仪表用风	1	1.2			
2	氧化用风			1000	1200	
3	合计	1	1.2	1000	1200	

(5) 装置消耗指标及能耗

钠法脱硫总的公用工程消耗见表7-11，能耗见表7-12。

表7-11　钠法脱硫总的公用工程消耗

序号	项目	消耗量	备注
1	电力/(kW·h/h)	156.3	
	380V/(kW·h/h)	156.3	
2	新鲜水/(t/h)	2.045	
3	循环水/(t/h)	1	
4	净化压缩空气/(Nm^3/h)	1	
5	非净化压缩空气/(Nm^3/h)	1000	

表7-12　钠法脱硫能耗

序号	项目	消耗量	能量折算值	设计能耗/(MJ/h)	单位设计能耗(kg标油/t产品)
1	电	158kW	10.89MJ/(kW·h)	1702.1	5.25242
2	新鲜水	2t/h	6.28MJ/t	12.8	0.03964
3	净化风	$1Nm^3/h$	$1.59MJ/Nm^3$	1.59	0.00491
4	非净化风	$1000Nm^3/h$	$1.17MJ/Nm^3$	1170	3.61897
5	合计			2886.5	8.91594

注：单位能耗：8.91594kgEO/t硫黄。硫黄产量7.737t/h。

8. 环境保护

(1) 废水处理

脱硫设施新增废水[$Na_2SO_4$15%(质)]208kg/h，有两种处理方式：

1) 排入联合装置的废碱出装置线，由工厂统一处理。

2) 排入装置原料水罐，经过汽提净化后排入下游污水处理厂。

(2) 废气处理

经脱硫塔脱硫合格后的尾气与热空气混合后经100m烟囱高空排放，烟气中二氧化硫排放浓度小于$50mg/Nm^3$，优于《石油炼制工业污染物排放标准》(GB 31570—2015)的要求。

(3) 废渣处理

新增脱硫设施无新增废渣。

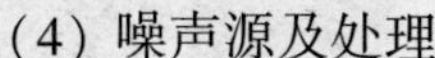

（4）噪声源及处理

新增脱硫设施新增空气增压机及循环泵，设计中对噪声大的噪声源，采取了相应的治理措施：

1）电机都选用低噪声的 YB 系列防爆电机。

2）对大功率的电机采用消声治理，如增压风机的进口及放空口设置有消音器，以改善噪声敏感区的环境，控制其噪声不大于 85dB。

参 考 文 献

[1] 魏寿彭，浮阀塔盘水力学特性的快速模拟计算[J]. 北京化工大学学报：自然科学版，1981，(3).

[2] 环境保护部，国家质量监督检验检疫总局 . GB 31570—2015 石油炼制工业污染物排放标准[S]. 北京：中国环境科学出版社，2015.

[3] 黄荣华，马宪国，张泉根 . 锅炉烟气露点温度计算方法比较分析[J]. 上海节能，2011，(11)：29-32.

[4] 张小康，林本宽 . 硫回收装置主燃烧炉设计需要注意的几个问题[J]. 炼油设计，1997. 27(5).

塔河炼化40kt/a硫黄回收装置工艺计算

完成人：王刻文
单　位：中石化洛阳工程有限公司

目　录

第一部分 装置现状和标定报告

一、厂区情况

中国石化塔河炼化公司前身为中国石化西北石油局塔河油田石油化工厂，炼油能力0.5Mt/a，属于西北油田的存续板块。2003年中国石化集团公司投资11亿元实施稠油处理技术改造，2004年底建成投产，原油加工规模达2.2Mt/a。

塔河炼化公司主要加工塔河油田重质原油，原油由西北油田经管道输送至厂内。炼油工艺以焦化路线为主。塔河炼化公司现有1.5Mt/a(所在装置区域简称1#)及3.5Mt/a(所在装置区域简称2#)两套系列的原油一次加工装置。1#系列后续有1.2Mt/a焦化(与1.5Mt/a常压组成联合装置)、1.1Mt/a汽柴油混合加氢(国V柴油质量升级改造项目实施后)、20kt/a硫黄回收(含双脱、溶剂再生及污水汽提)等二次及辅助生产装置；2#系列后续有2.2Mt/a焦化及0.5Mt/a减压(与3.5Mt/a常压组成联合装置)、1.5Mt/a汽柴油混合加氢(国IV柴油质量升级改造项目实施后)、40kt/a硫黄回收(硫黄反应部分为"4+2"，溶剂再生及污水汽提共用)等二次或辅助生产装置；0.4Mt/a A级沥青、70kt/a汽油非临氢改质等其他装置。2014年8月，0.6Mt/a连续重整和0.3Mt/a临氢异构化、0.3Mt/a航煤加氢等装置建成投产，全厂原油加工规模达到5.0Mt/a，0.15Mt/a半再生催化重整停用，70kt/a汽油非临氢改质停产，增加了航煤产品及高标号汽油，同时外销部分重整生成油，石脑油不再外销。

塔河炼化公司现实际加工原油3.9Mt/a，未来全厂计划通过"两个三年和两个十年"规划，到2035~2040年扩能至千万吨/年原油加工能力，并加工部分哈萨克斯坦、沙雅及顺北原油。

(一)厂址地理情况

1. 地理位置

塔河炼化公司位于新疆维吾尔自治区阿克苏地区库车县以东7.5km处，"十五"石化规划园区塔河炼化公司技改工程预留及西侧新征地内；北临314国道；南部有南疆铁路(吐鲁番至喀什)呈东西向穿过；东侧隔墙与库车化肥厂为邻；西距库车车站3.5km，东距轮台输油末站92.4km。距燃料煤供应地约100km。

2. 地形地貌

塔河炼化公司厂内场地地形平坦开阔，北高南低，黄海高程为1060m左右，已经平整后的场地坡度为0.5%。厂址地貌为粗砂、砾石覆盖，按其成因称为砾质戈壁荒漠。塔化公司新征厂西地场地地形平坦开阔，东北高西南低，黄海高程为1055~1047m之间。

3. 工程地质、水文地质、地震烈度情况

塔河炼化公司场地表面以砾质戈壁为主，卵砾石层深度为0~66.70m，地基容许承载力300kPa。区域内无地下断层，地层稳定性良好。一般建筑物的基础埋深在1.2m以下。

厂址范围内无河流通过，场地地下水主要为潜水，潜水位深在35m以下，含水层厚度25.5m，为砾砂石含水层。地下水对水泥混凝土制成品无侵蚀性，场地0~1.00m地基土对建筑物材料腐蚀性为中腐蚀性。由于地下水位较深，场地干燥，建构筑物施工方便。

本区属于新疆中部地震区，南天山地震区，拜城和靖地震带。根据国家地震局、建设部震发办(1992)160 号文《中国地震烈度区划图(1990)》库车县 50 年超越概率 10%的地震基本烈度为Ⅷ度。

（二）气象条件

1. 气候特征

塔河炼化公司深居亚洲内陆，距海遥远，且四周又有高山环绕，海洋影响很难到达，因此，库车县属于温带大陆性干旱气候。由于天山的屏障作用，北来的寒流和水汽难以进入南疆，所以在气候上表现为：冬季寒冷，夏季干热，平均风速偏小，常年干燥无雨，气温年较差和日较差较大。日照丰富，库车是全国平均晴天最多的县市，阴天年平均只有 44d。夏季白天最长达 16h，冬天白天最短也在 10h 以上。

2. 气象条件

（1）环境温度

年平均气温： 11.3℃
年极端最高气温： 41.5℃(1956 年 7 月 25 日)
年极端最低气温： −27.4℃(1955 年 1 月 3 日)
7 月份平均气温： 25.3℃
1 月份平均气温： −7.1℃

（2）相对湿度

年最大相对湿度： 76.00%
年最小相对湿度： 0~2.0%
年平均相对湿度： 47%

（3）大气压力

年最高气压： 92240Pa
年最低气压： 86970Pa
年平均气压： 89320Pa

（4）风

1）风向：

主导风向　全年 NNW

季节	风向	风速/(m/s)
冬	N	1.9
春	NNW	2.3
夏	W	2.8
秋	N	2.3
平均	N	2.3

以上风速指 10m 高处平均风速。

2）风速：

年平均风速： 2.60m/s
年极大风速： 25.00m/s
历年最大瞬间风速： 34.6m/s

3）风荷载：

10~100m 高度设计风荷载见表 1-1。

表 1-1　10~100m 高度设计风荷载

高度/m	10	20	30	40	50
高度风压/kPa	0.312	0.325	0.338	0.354	0.369
高度/m	60	70	80	90	100
高度风压/kPa	0.388	0.414	0.430	0.450	0.460

4）年平均风向频率：

年最多风向：　N(平均频率 15.3)

(5) 降水

1）降水量：

年最大降水量：　194.7mm(1958 年)
年最小降水量：　33.6mm(1965 年)
年平均降水量：　74.6mm
月最大降水量：　65.30mm
月最小降水量：　0~0.20mm
日最大降水量：　56.3mm(1958 年)
年最长连续降水最多总量：　19.30mm
年最长连续降水最少总量：　1.10mm

2）连续降水日数：

年最长连续降水日数：　6d
年最短连续降水日数：　2d
月最短连续降水日数：　1d

3）蒸发量：

年最大蒸发量：　3483.9mm(1961 年)
月最大蒸发量：　469.00mm
月最小蒸发量：　13.20mm
年均蒸发量：　2337.4mm

4）雷电日数：

年最多雷暴日数：　42d
年最少雷暴日数：　13d
月最多雷暴日数：　16d

5）降雪：

最大积雪深度：　28cm
年最多降雪日数：　30d
月最多降雪日数：　16d

(6) 冻土深度

最大冻土深度：120.0cm

(7) 地震

抗震设防烈度：Ⅷ

（8）雾

年最多雾日数：9d

（9）沙暴

年最多沙暴日数：21d

（10）日照时数

年最多日照时数：　3228.60h
年最少日照时数：　1925.20h
年平均日照时数：　2912.40h
月最高日照时数：　344.10h
月最少日照时数：　54.90h

（11）逆温

年平均逆温层高度：1661.0m

二、硫黄回收装置情况

塔河炼化公司现有3套硫黄回收装置，均由中石化洛阳工程有限公司设计。1#硫黄回收设计年产硫黄20kt，装置于2004年建成投产，现实际产硫黄约16kt/a；2#硫黄回收设计年产硫黄20kt，装置于2010年建成投产，在2013年3#硫黄回收装置建成后停用至今；3#硫黄回收装置设计年产硫黄40kt，装置于2013年建成投产，现实际硫黄产量24~30kt/a。

三套硫黄回收装置酸性气来自两套酸性水汽提和三套溶剂再生装置。两套酸性水汽提装置的设计处理能力分别为30t/h和80t/h，均采用单塔低压全吹出工艺；三套溶剂再生装置设计能力分别为65t/h、150t/h和80t/h，其中3#溶剂再生为2#和3#硫黄回收装置配套的溶剂再生装置，由于2#硫黄回收装置停用，现实际为3#硫黄回收装置单独使用。

装置建设初期，各酸性水汽提和溶剂再生装置的酸性气管线独立进各自相应的硫黄回收装置，后经改造，各酸性气混合后可在三套硫黄回收装置间自由分配。

三、标定报告

（一）标定方法

本次标定对所采用的分析方法见表1-2。

表1-2　分析方法

序号	分析对象	分析项目	分析方法
1	酸性气	硫化氢	碘量法
		二氧化碳	气相色谱
		氨	量气管吸收法
		烃类	气相色谱
2	过程气	硫化氢	气相色谱
		二氧化硫	气相色谱
		羰基硫	气相色谱
		二硫化碳	气相色谱

续表

序号	分析对象	分析项目	分析方法
3	尾气	硫化氢	气相色谱比长管(吸收塔出口)
		二氧化硫	气相色谱
		羰基硫	气相色谱
		二硫化碳	气相色谱
		氢含量	气相色谱
		总硫	微库伦仪
4	含盐污水	盐类	GB 6913. 1~4
5	烟气	硫化氢	CEMS(红外)定电位电解法
		二氧化硫	CEMS(红外)定电位电解法
6	急冷水	硫化氢	碘量法
		氨	HJ537
		pH 值	GB/T 6904. 3
7	产品硫黄	硫黄纯度	GB 2449. 1—2014
		有机物	GB 2449. 1—2014
		水分	GB 2449. 1—2014
		灰分	GB 2449. 1—2014
		酸度	GB 2449. 1—2014
		砷	GB 2449. 1—2014
		铁	GB 2449. 1—2014
8	贫液	硫化氢	碘量法
		二氧化碳	酸解法
		胺浓度	容量滴定法
		热稳定盐	离子交换法
9	富液	硫化氢	碘量法
		二氧化碳	酸解法
		胺浓度	容量滴定法
		热稳定盐	离子交换法

（二）标定报告

塔河炼化公司于 2018 年 8 月 7 日至 9 日对 3#硫黄回收装置进行了标定，相关标定数据作为本次大作业的基础数据。

（三）操作参数与设计参数的对比

塔河炼化公司 3#硫黄回收装置主要设备操作参数与设计参数的对比详见表 1-3。

表 1-3　3#硫黄回收装置主要设备操作参数和设计参数

设备名称	测量值	操作参数	设计参数
克劳斯硫黄回收部分			
酸性气预热器	出口温度/℃	166. 9	160

续表

设备名称	测量值	操作参数	设计参数
空气预热器	出口温度/℃	166.3	160
酸性气燃烧炉	炉膛温度/℃	1172	1268
酸性气燃烧炉	炉膛压力/kPa(g)	30.5	62
燃烧炉废热锅炉	过程气出口温度/℃	324.2	320
废热锅炉汽包	液位/%	52	50
废热锅炉汽包	压力/MPa(g)	3.89	4.4
一级冷凝冷却器	液位/%	48.7	50
一级冷凝冷却器	过程气出口温度/℃	163.6	170
一级冷凝冷却器	产汽压力/MPa(g)	0.364	0.45
一级反应加热器	过程气出口温度/℃	222	240
一级反应器	过程气出口温度/℃	337.0	306
二级冷凝冷却器	液位/%	50.1	50
二级冷凝冷却器	过程气出口温度/℃	156.5	160
二级冷凝冷却器	产汽压力/MPa(g)	0.364	0.45
二级反应加热器	过程气出口温度/℃	202	220
二级反应器	过程气出口温度/℃	229.7	237
三级冷凝冷却器	液位/%	51.3	50
三级冷凝冷却器	过程气出口温度/℃	128.8	135
三级冷凝冷却器	产汽压力/MPa(g)	0.148	0.12
尾气处理部分			
尾气加热器	尾气出口温度/℃	233.2	240
加氢反应器	尾气出口温度/℃	245.8	257.3
尾气处理废热锅炉	尾气出口温度/℃	150.7	170
尾气处理废热锅炉	产汽压力/MPa(g)	0.36	0.45
急冷塔	尾气出口温度/℃	36	40
急冷塔	尾气出口压力/kPa(g)	14.41	20
急冷塔	塔底急冷水温度/℃	50.1	65
急冷水冷却器	出口温度/℃	33.3	40
尾气吸收塔	尾气出口温度/℃	34.8	40
尾气吸收塔	尾气出口压力/kPa(g)	5.8	20
尾气吸收塔	富液出口温度/℃	38.7	40
尾气焚烧炉	炉膛温度/℃	626.7	700
尾气焚烧炉	炉膛压力/kPa(g)	-0.1	20

续表

设备名称	测量值	操作参数	设计参数
中压蒸汽过热器	烟气出口温度/℃	318	520
中压蒸汽过热器	蒸汽出口温度/℃	437.4	460
尾气废热锅炉汽包	液位/%	51	50
尾气废热锅炉汽包	压力/MPa(g)	3.83	4.4
排放烟气(烟道)	温度/℃	269.4	320
排放烟气(CEMS)	温度/℃	168.9	320
3#溶剂再生部分			
贫富液换热器	富液出口温度/℃	98.3	98
再生塔	塔顶温度/℃	106.5	114
再生塔	塔底温度/℃	118.9	126
蒸汽减温器	出口温度/℃	142	147
溶剂缓冲罐	出口温度/℃	34.4	40

四、存在问题

根据塔河炼化公司反馈，3#硫黄回收装置自开工运行以来出现过以下问题：

(一) 尾气焚烧炉震动

开工初期，尾气焚烧炉存在震动，后经改造，震动问题基本消除。

(二) 开停工达标排放

3#硫黄回收装置开工时正常运行及开工时，可以满足烟气 SO_2 含量小于 $400mg/Nm^3$ 的指标要求；但装置在停工钝化时，装置难以保证达标排放。

(三) 急冷塔出口带水

3#硫黄回收装置急冷塔出口带水，导致吸收剂被稀释。

(四) 阀门内漏

尾气捕集器出口至尾气焚烧炉的联锁旁路阀阀门内漏。

(五) 火焰检测器

有时有铵盐结晶，堵塞探头，导致火焰检测器误报。

(六) 烟气带 CO

烟气中的 CO 含量较高，最高时可到 $1300mg/Nm^3$。

第二部分　工艺流程描述

一、工艺流程描述

(一) 工艺原理

克劳斯部分：由硫化氢与空气部分燃烧的热反应段及两级常规克劳斯催化反应段组成。

热反应：$H_2S+1.5O_2 \longrightarrow SO_2+H_2O$

$$2H_2S+SO_2 \longrightarrow \frac{3}{x}S_X+2H_2O$$

催化反应：$2H_2S+SO_2 \longrightarrow \frac{3}{x}S_X+2H_2O$

尾气处理系统：硫黄尾气与氢气混合，经加氢反应器在加氢催化剂作用下，尾气中的二氧化硫、元素硫被加氢还原成硫化氢，有机硫被水解转化成硫化氢。

还原反应：$SO_2+3H_2 \longrightarrow H_2S+2H_2O$

$$S+H_2 \longrightarrow H_2S$$

水解反应：$COS+H_2O \longrightarrow H_2S+CO_2$

$$CS_2+2H_2O \longrightarrow 2H_2S+CO_2$$

尾气中的 H_2S 及部分 CO_2 被高效脱硫溶剂吸收。吸收后的净化尾气采用热焚烧将剩余的硫化合物转化为 SO_2，经由烟囱排放至大气；吸收 H_2S 的富液经过再生后，贫液返回尾气吸收塔循环使用。同时，再生出的酸性气返回到克劳斯部分。

（二）工艺流程简述

1. 硫黄回收部分

自装置外来的混合酸性气进入酸性气分液罐分液，分出的酸性液进入酸性液压送罐由氮气压送至 2#酸性水汽提进行处理。分液后的酸性气经酸性气预热器预热后进入酸性气燃烧炉。

由燃烧炉鼓风机来的空气经空气预热器预热后进入酸性气燃烧炉。酸性气燃烧配风量按烃类完全燃烧和 1/3 硫化氢生成二氧化硫来控制 80%的风量和按克劳斯尾气中 $H_2S/SO_2=2$ 控制 20%的风量。

燃烧后高温过程气进入酸性气燃烧炉废热锅炉冷却至 320℃并发生中压蒸汽后进入一级冷凝冷却器，过程气在一级冷凝冷却器中冷却至 170℃并经除雾后，液硫从一级冷凝冷却器底部经液硫封罐进入硫池。除雾后的过程气经一级反应加热器用酸性气燃烧炉废热锅炉发生的中压蒸汽加热至 240℃后进入一级反应器，在克劳斯催化剂作用下，硫化氢与二氧化硫发生反应，生成硫黄。反应过程气经二级冷凝冷却器冷却至 160℃并经除雾后，液硫从二级冷凝冷却器底部经液硫封罐进入硫池。过程气经二级反应加热器用酸性气燃烧炉废热锅炉发生的中压蒸汽加热至 220℃后进入二级反应器，在克劳斯催化剂作用下，硫化氢与二氧化硫继续发生反应，生成硫黄。反应过程气经三级冷凝冷却器冷却并经除雾后，液硫从三级冷凝冷却器底部经液硫封罐进入硫池。尾气再经捕集器进一步捕集硫雾后，进入尾气处理部分。三级冷凝冷却器吸收过程气中的热量并在壳程发生 0.12MPa(g)蒸汽，发生的蒸汽经乏汽空冷器全部冷凝后返回三级冷凝冷却器壳程。

燃烧空气由酸性气燃烧炉鼓风机供给，进入主燃烧器的全部燃烧空气被分成两路：① 主路；② 旁路。主路设置流控阀，根据酸性气流量前馈比例调节主路空气量；旁路设置流控阀，根据设置在尾气捕集器出口过程气管线上的 H_2S/SO_2 比值分析仪调节旁路空气量。控制的目标是使捕集器出口过程气中 H_2S/SO_2 比值为 2∶1。

对进入主燃烧器的燃烧空气流量进行控制的目的在于：

① 使进入主燃烧器的酸性气中 1/3 的 H_2S 燃烧反应生成 SO_2。

② 燃烧所有酸性气中的烃类。

③ 完全分解汽提酸性气中的氨。

在硫池中液硫用空气气提工艺进行循环脱气，释放出的少量 H_2S 用蒸汽喷射器抽送到酸性气燃烧炉。液硫由液硫泵送至液硫装车设施装车，或送至液硫成型区成型机进行成型，固体硫黄经计量、装袋后由汽车运至厂外。

2. 尾气处理部分

经捕集硫雾后的克劳斯尾气经尾气加热器用装置自产的中压蒸汽加热至240℃后，再经过程气-氢气混合器与氢气混合，以提供进行加氢反应的还原介质，然后进入装载有催化剂的加氢反应器。在加氢反应器中催化剂的作用下，过程气中硫组分(SO_2、COS、CS_2和气态硫黄)被还原或水解成 H_2S。

在加氢反应器中发生的是放热反应，使离开加氢反应器的尾气温度升高，经尾气处理废热锅炉回收热量并降温后进入急冷塔。尾气处理废热锅炉壳程发生 0.45MPa 蒸汽，壳程液位由锅炉给水的流量进行控制，发生的蒸汽与一、二级冷凝冷却器发生的蒸汽合并进入装置内部总管。

尾气在急冷塔内利用循环急冷水来降温。65℃的急冷水自急冷塔底部流出，经急冷水泵加压后，经急冷水空冷器、急冷水冷却器冷却至 40℃后，循环回急冷塔顶。部分急冷水经急冷水过滤器过滤后返回急冷水泵入口。尾气冷却后，其中所含的水蒸气部分冷凝，产生的酸性水由急冷水泵送至2#酸性水汽提处理。为了防止酸性水对设备的腐蚀，需向急冷水中注氨，操作中根据 pH 值大小，确定注入的氨量。

急冷后的尾气离开急冷塔顶进入尾气吸收塔，用高效脱硫溶剂吸收尾气中的硫化氢，同时吸收部分二氧化碳。从塔顶出来的净化尾气进入尾气焚烧炉焚烧，由燃料气流量控制炉膛温度；尾气中残留的硫化氢及其他硫化物转化为二氧化硫。焚烧后的烟气经中压蒸汽过热器和尾气废热锅炉吸收热量后，经烟囱排空。

3. 溶剂再生部分

自尾气处理部分尾气吸收塔来的富液与贫液经贫富液换热器换热至 98℃，进入再生塔，塔底由重沸器供热。塔顶气体经酸性气空冷器、再生塔顶冷凝器冷凝冷却后进入再生塔顶回流罐分液，酸性气送至硫黄回收部分，冷凝液经再生塔顶回流泵返塔作为回流。塔底贫液由贫液加压泵升压，经贫富液换热器换热，贫液空冷器、贫液冷却器冷却后进入溶剂缓冲罐，再经贫液泵加压后送至尾气处理部分的尾气吸收塔循环使用。

酸性气燃烧炉废热锅炉和尾气废热锅炉发生的中压蒸汽除部分用于加热及装置伴热外，其余部分经蒸汽过热器过热后进入系统中压蒸汽管网。

一、二级冷凝冷却器和尾气处理废热锅产生的 0.45MPa 蒸汽供装置内夹套伴热用，剩余部分作为再生塔底重沸器的热源。

硫黄回收部分废热锅炉、冷凝冷却器以及尾气处理废热锅炉排出的含盐污水送至排污罐，经排污冷却器冷却后排至工厂生产废水管网。

硫黄回收装置夹套伴热及加热产生的凝结水汇合后进入凝结水回收罐，凝结水回收罐中闪蒸出的蒸汽经乏汽空冷器冷却为凝结水后返回至凝结水回收罐，凝结水经凝结水泵加压，一部分送至溶剂再生装置作为重沸器减温用水，剩余部分送至工厂凝结水管网。

来自一、二级反应加热器和尾气加热器的中压凝结水进入蒸汽扩容器进行扩容，扩容后的蒸汽并入低低压蒸汽管网，凝结水进入凝结水回收罐。

二、工艺流程示意图

塔河 3#硫黄回收装置工艺流程示意图见图 2-1～图 2-8。

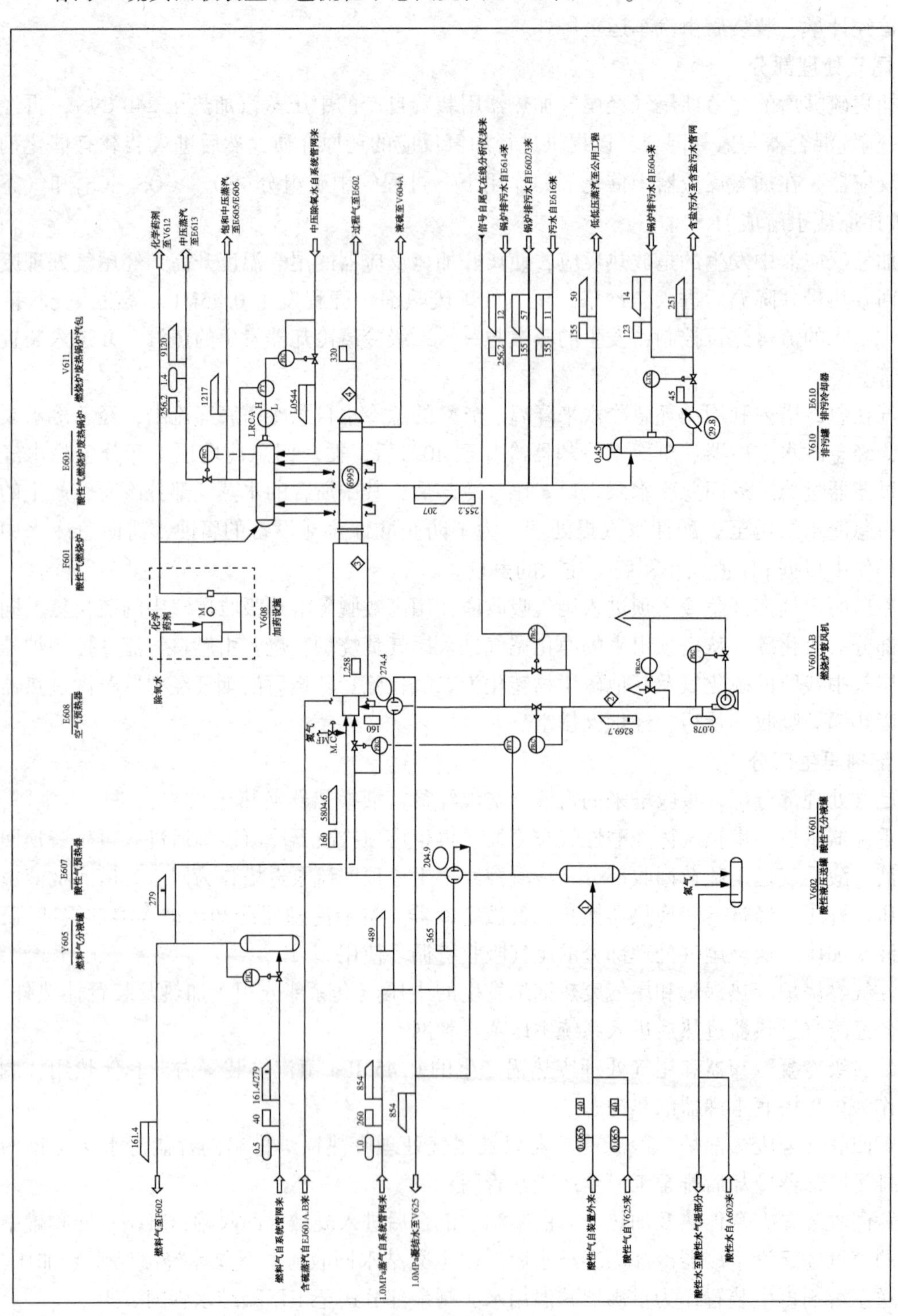

图 2-1 塔河3#硫黄回收装置工艺流程示意图（一）

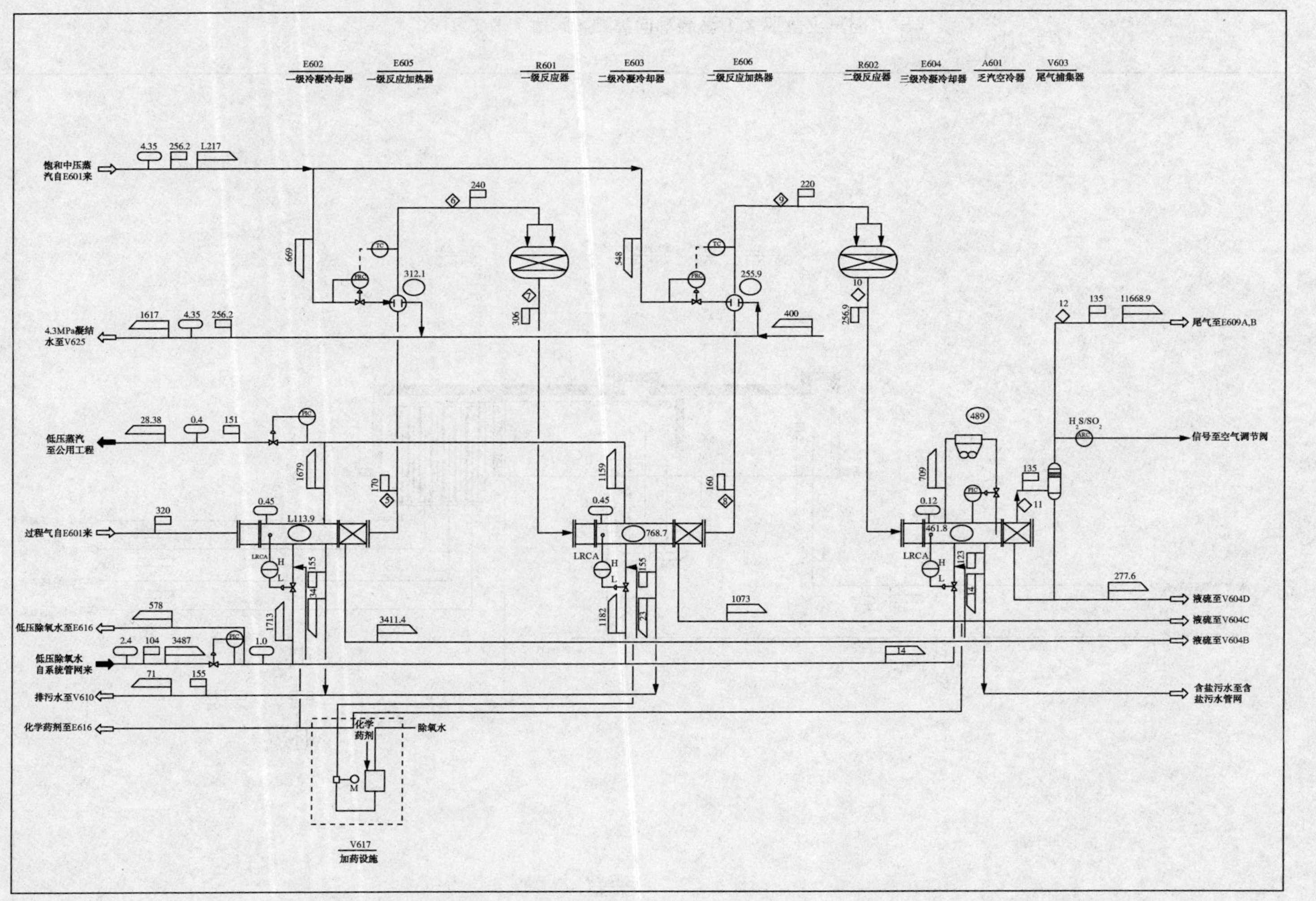

图 2-2 塔河3#硫黄回收装置工艺流程示意图（二）

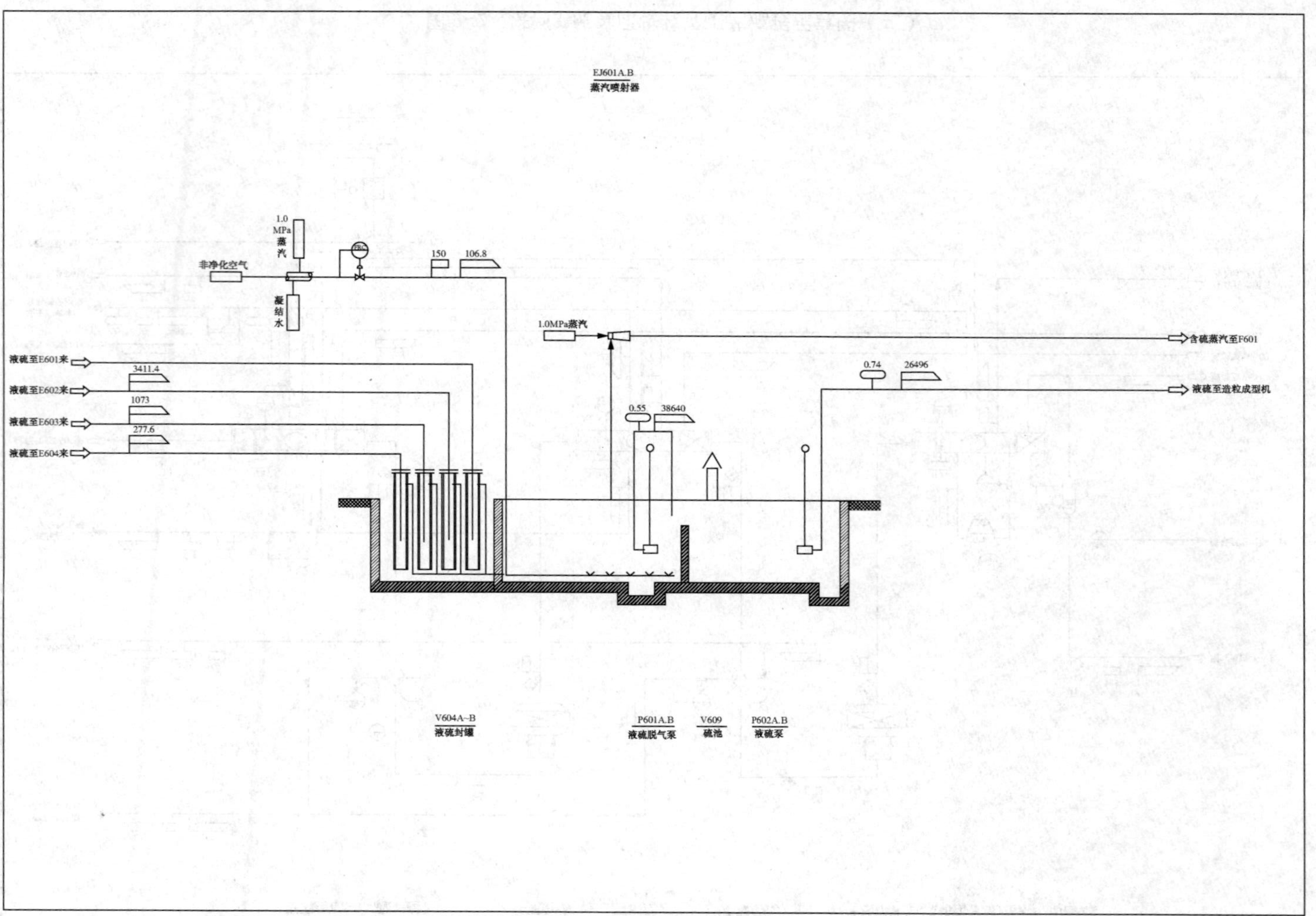

图 2-3　塔河3#硫黄回收装置工艺流程示意图（三）

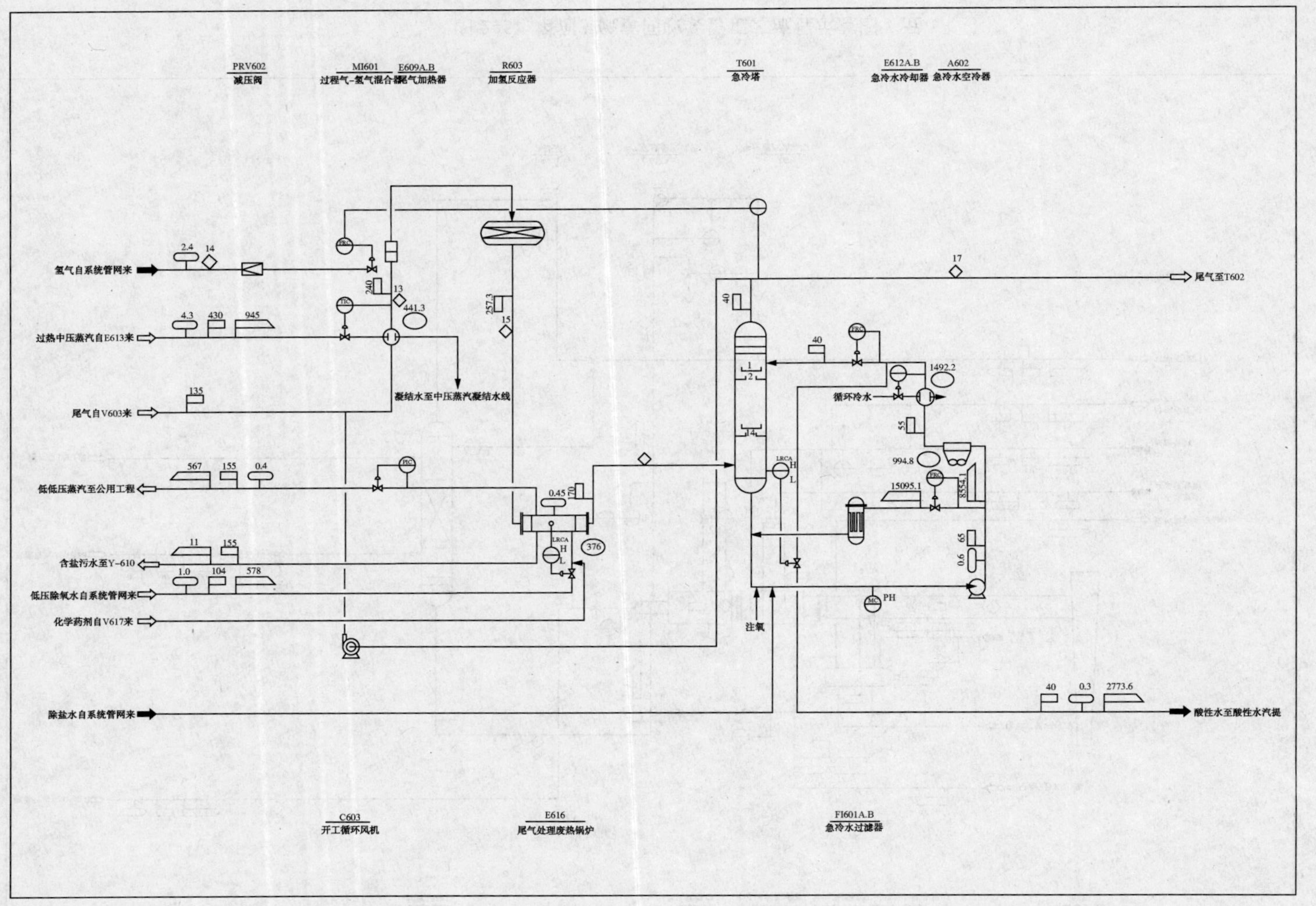

图 2-4 塔河3#硫黄回收装置工艺流程示意图（四）

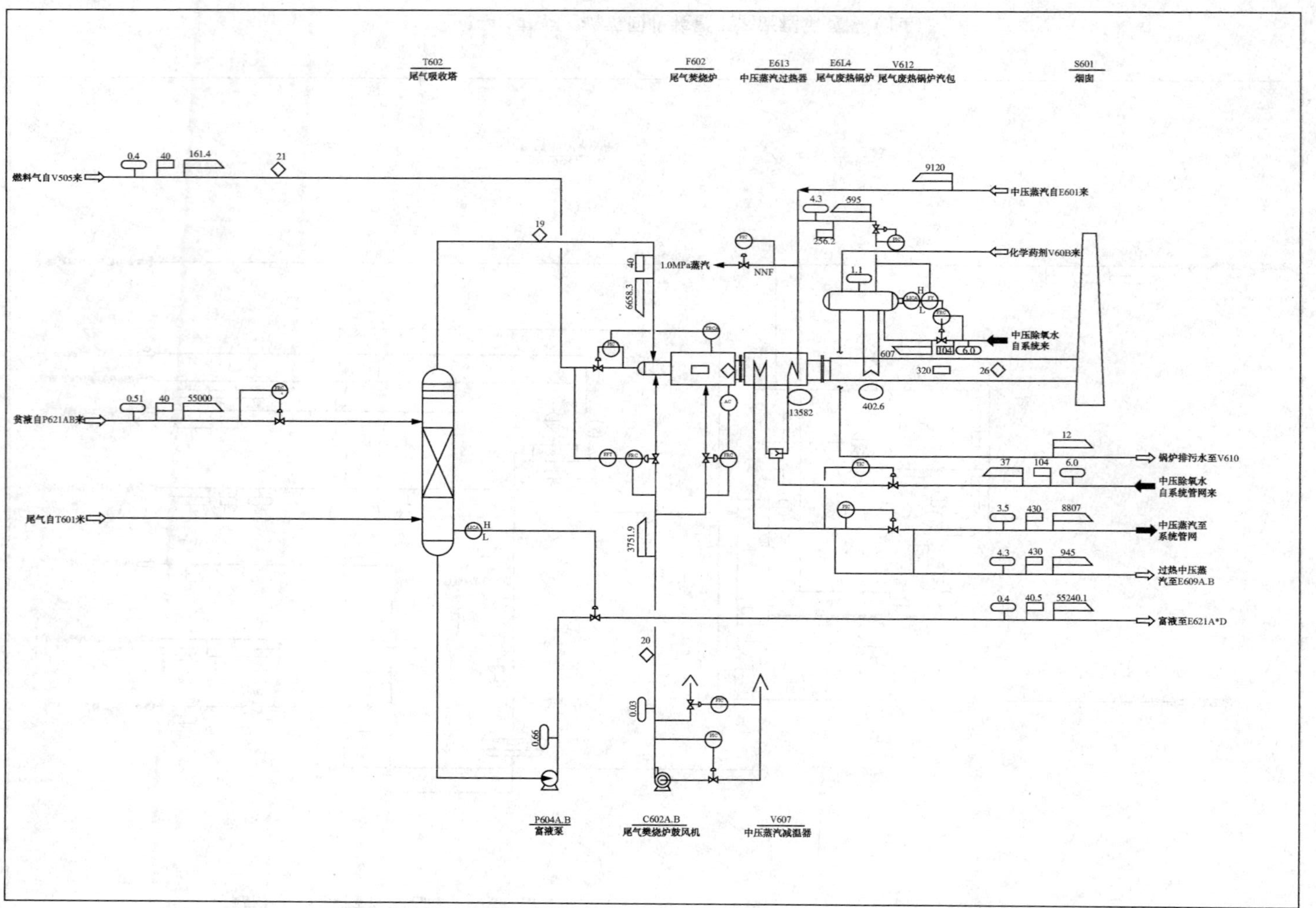

图 2-5 塔河3#硫黄回收装置工艺流程示意图（五）

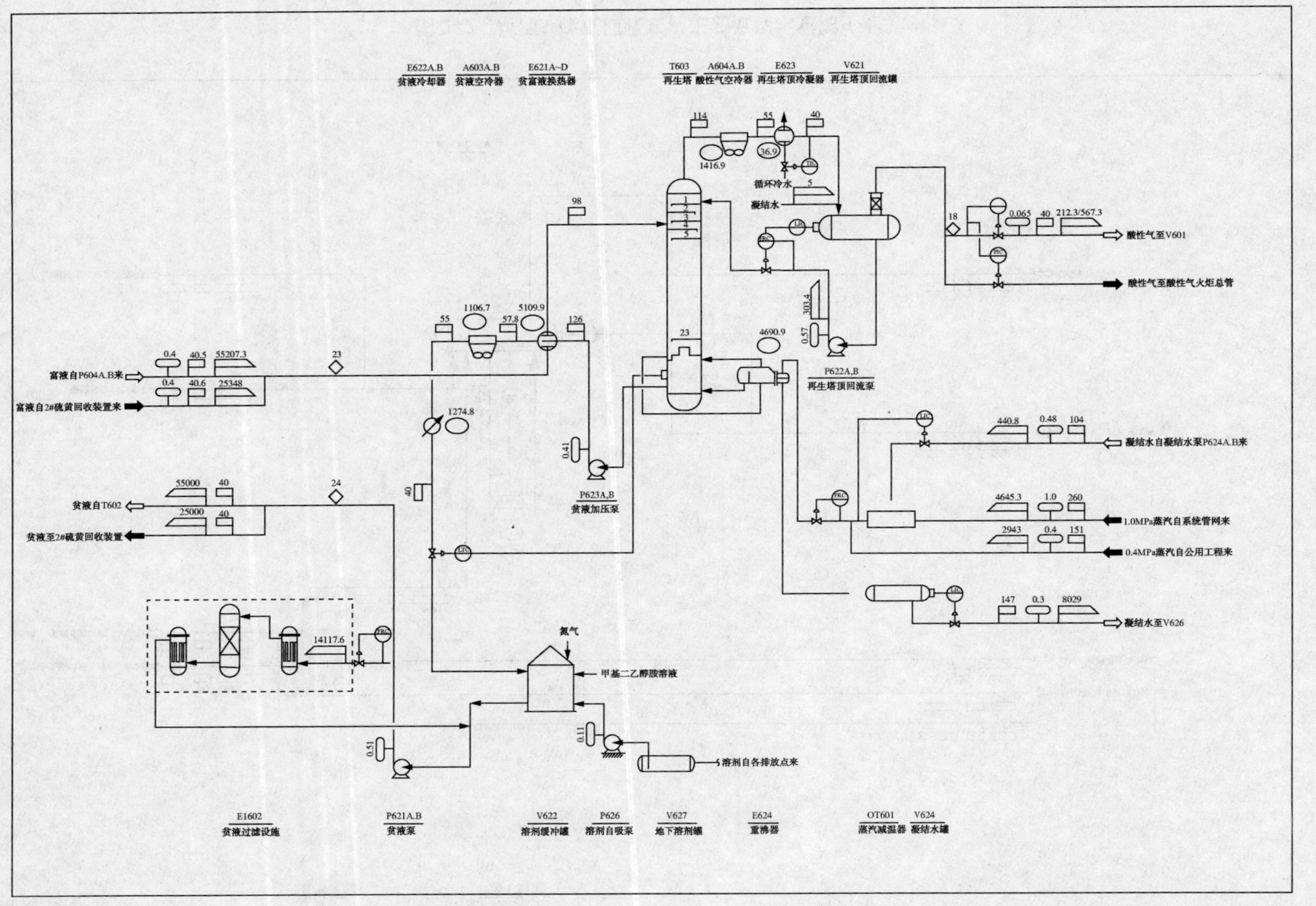

图 2-6 塔河3#硫黄回收装置工艺流程示意图（六）

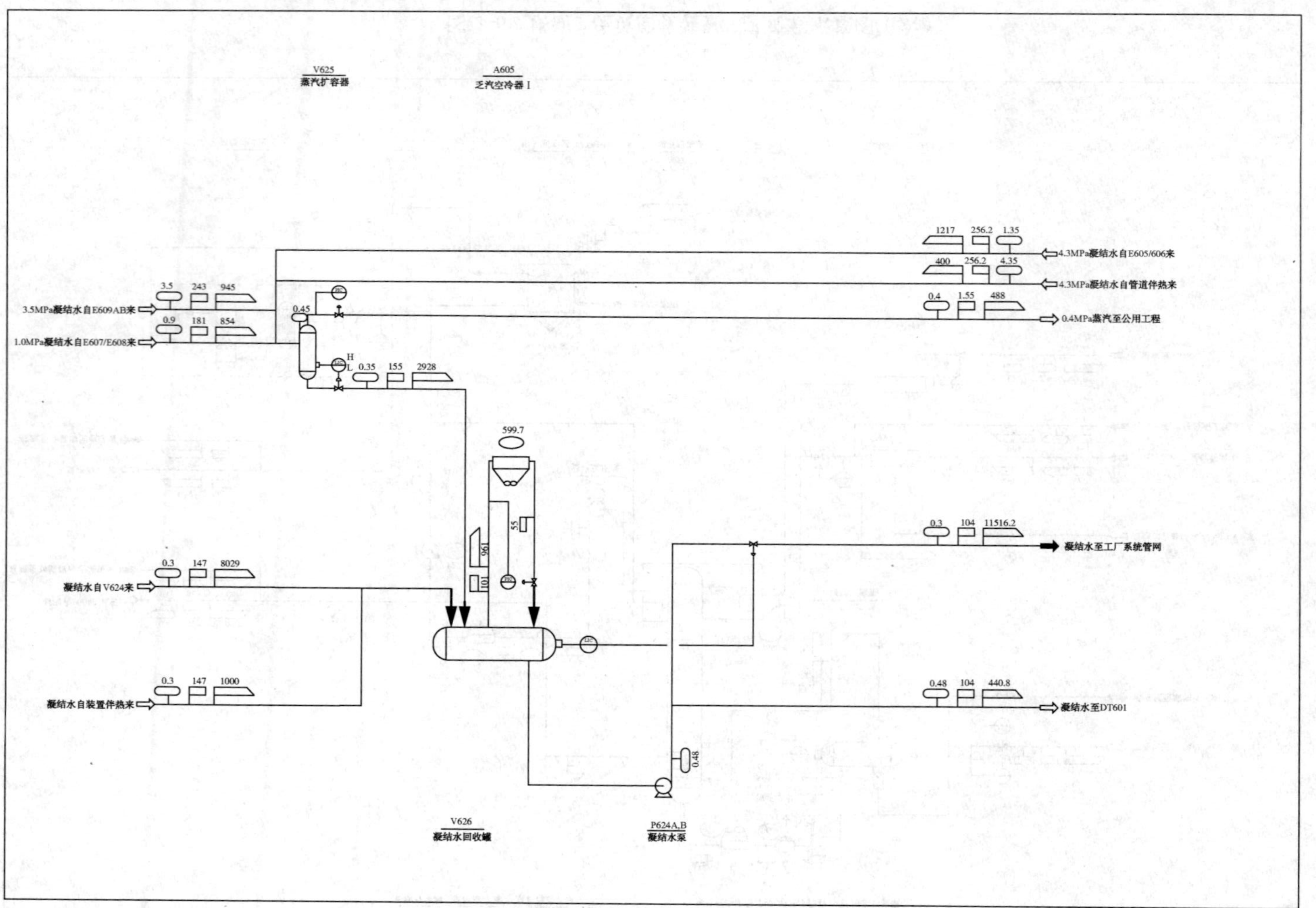

图 2-7 塔河3#硫黄回收装置工艺流程示意图（七）

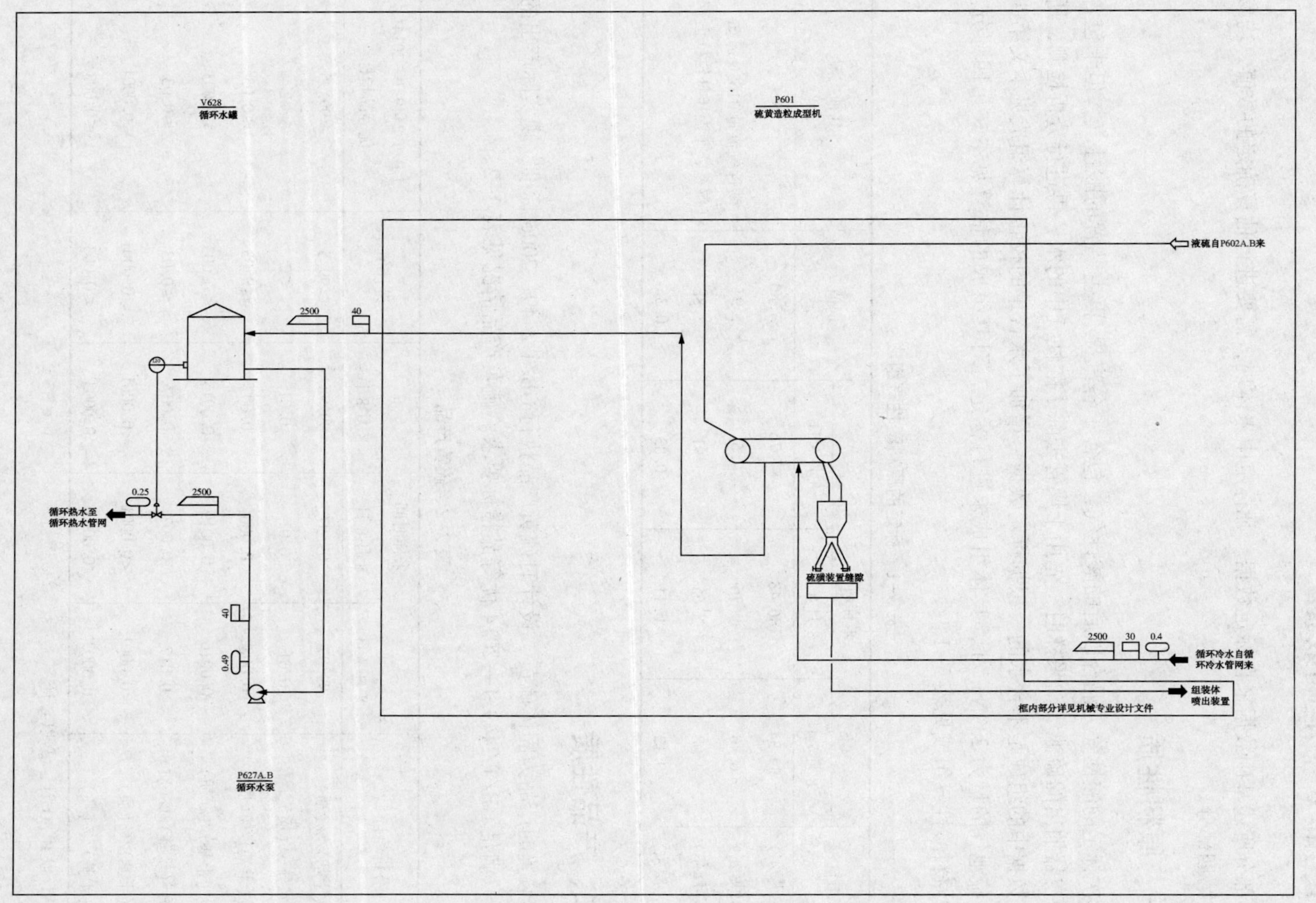

图 2-8　塔河3#硫黄回收装置工艺流程示意图（八）

第三部分　基础数据

本部分所述基础数据来自标定数据。凡标定中未体现，需要进行估算确定的数值，均参见本文第四部分。

一、原料性质

本次标定的酸性气为混合以后的酸性气，包含了各汽提/再生装置的酸性气，但未包含蒸汽抽空器抽出的硫池气。采样时，先用干燥管去除了酸性气中的水，再进行分析检测，所以标定数据中的组成是不含水的。根据标定数据，增加了水含量的校正计算组成见本文第四部分；硫池气的量为239Nm³/h，具体组成未进行标定，对其组成的估算见本文第四部分。标定的原料酸性气组成见表3-1。

表3-1　标定的原料酸性气组成

分析项目	采样时间			均值	其他
	8月7日	8月8日	8月8日		
H_2S/%(摩尔)	89.34	86.48	87.76	87.86	酸性气流量3165Nm³/h（湿基，带温压补偿校正）
CO_2/%(摩尔)	6.46	9.76	7.5	7.91	
NH_3/%(摩尔)	4.08	3.65	3.91	3.88	
烃类/%(摩尔)	0.12	0.11	0.83	0.35	

二、产品性质

本装置的产品为固体硫黄，设计时硫黄产品执行GB/T 2449—2006标准，现实际产出的硫黄可以满足GB/T 2449.1—2014优等品指标要求。硫黄产品情况见表3-2。

表3-2　硫黄产品

分析项目	采样时间			设计值	GB/T 2449.1—2014 优等品指标
	8月7日	8月8日	8月8日		
硫(干基)/%(质)	99.97	99.97	99.98	≥99.5	≥99.95
水分/%(质)	0.01	0.01	0.01	≤2	≤2
灰分(干基)/%(质)	0.008	0.006	0.007	≤0.03	≤0.03
酸度①(干基)/%(质)	0.0016	0.0019	0.0015	≤0.003	≤0.003
有机物②(干基)/%(质)	0.017	0.007	0.007	≤0.03	≤0.03
砷(干基)/%(质)	<0.0001	<0.0001	<0.0001	≤0.0001	≤0.0001
铁(干基)/%(质)	0.0003	0.0003	0.0003	≤0.003	≤0.003

注：① 以H_2SO_4计；② 以C计。

三、催化剂

3#硫黄回收装置实际催化剂级配方案如下：一级反应器上部装填12t铝基催化剂，下部装填7.6t钛基催化剂，总装填高度为800mm；二级反应器全部装填铝基催化剂，装填总量

20t，装填高度800mm；加氢反应器装填CT6-11催化剂，其中CT6-11A装填15t，CT6-11B装填3t，总装填高度800mm。

3[#]溶剂再生装置使用的江苏创新的JS-93复配MDEA吸收剂，吸收剂浓度35%(质)。

四、酸性气燃烧炉及其废热锅炉

根据标定情况，酸性气燃烧炉及其废热锅炉的操作条件见表3-3。

表3-3 酸性气燃烧炉及其废热锅炉操作条件

设备名称	测量值	操作参数	设计参数
酸性气预热器	出口温度/℃	166.9	160
空气流量	风机流量/(Nm^3/h)	7489.85①	8269.7
空气预热器	出口温度/℃	166.3	160
酸性气燃烧炉	炉膛温度/℃	1221	1268
酸性气燃烧炉	炉膛压力/kPa(g)	30.5	62
燃烧炉废热锅炉	过程气出口温度/℃	324.2	320
废热锅炉汽包	液位/%	52	50
废热锅炉汽包	压力/MPa(g)	3.89	4.4

① 空气流量各表读数差值较大，所列值为均值。

根据标定数据，酸性气燃烧炉废热锅炉出口的过程气组成见表3-4。

表3-4 酸性气燃烧炉废热锅炉出口酸性气组成标定数据

分析介质	分析内容	分析时间			平均值	设计值
	分析项目	8.7 10：00	8.8 10：00	8.9 10：00		
酸性气燃烧炉余锅出口过程气	H_2S/%(摩尔)	6.21	7.15	7.23	6.86	
	SO_2/%(摩尔)	3.07	3.56	3.4	3.34	
	COS/(μL/L)	895	1700	1600	1398.33	
	CO_2/%(摩尔)	1.26	1.25	1.37	1.29	

五、一、二级克劳斯反应器

根据标定情况，各级硫冷凝器、过程气加热器以及克劳斯反应器操作条件见表3-5。

表3-5 各级硫冷凝器、过程气加热器以及克劳斯反应器操作条件

设备名称	测量值	操作参数	设计参数
一级冷凝冷却器	出口温度/℃	163.6	170
一级加热器	出口温度/℃	222	240
一、二级冷凝冷却器	产汽压力/MPa(g)	0.364	0.45
一级反应器	出口温度/℃	337.0	306

续表

设备名称	测量值	操作参数	设计参数
二级冷凝冷却器	出口温度/℃	156.5	160
二级加热器	出口温度/℃	202	220
二级反应器	出口温度/℃	229.7	237
三级冷凝冷却器	出口温度/℃	128.8	135
三级冷凝冷却器	产汽压力/MPa(g)	0.148	0.12

其中对一级反应器和二级反应器入口的过程气进行了采样分析，分析结果见表3-6。

表3-6 一二级反应器入口组成标定数据

分析介质	分析内容	分析时间			平均值	设计值
	分析项目	8.7 10：00	8.8 10：00	8.9 10：00		
一级反应器	H_2S/%(摩尔)	6.21	7.15	7.23	6.86	
	SO_2/%(摩尔)	3.07	3.56	3.4	3.34	
	COS/(μL/L)	895	1700	1600	1398.33	
	CO_2/%(摩尔)	1.26	1.25	1.37	1.29	
一级反应器	H_2S/%(摩尔)	2.41	2.71	2.71	2.61	
	SO_2/%(摩尔)	1.2	1.73	1.51	1.48	
	COS/(μL/L)	17	73	7.3	32.43	
	CO_2/%(摩尔)	1.32	1.5	1.5	1.44	

六、加氢反应器

本部分包括尾气加热器、加氢反应器和尾气处理废热锅炉，各设备的主要操作条件见表3-7。

表3-7 尾气加热器、加氢反应器以及尾气处理废热锅炉操作条件

设备名称	测量值	操作参数	设计参数
尾气加热器	出口温度/℃	233.2	240
尾气加热器	蒸汽耗量/(t/h)	0.699	0.945
加氢反应器	出口温度/℃	245.8	257.3
加氢反应器	补氢量/(Nm^3/h)	212.4	224
尾气处理废热锅炉	尾气出口温度/℃	150.7	170
尾气处理废热锅炉	产汽压力/MPa(g)	0.36	0.45
尾气处理废热锅炉	产汽量/(t/h)	0.612	0.567

标定期间，对加氢反应器进出口的过程气进行了采样分析，分析结果见表3-8。

表 3-8　加氢反应器进出口组成标定数据

分析介质	分析内容 / 分析项目	分析时间 8.7 10：00	8.8 10：00	8.9 10：00	平均值	设计值
加氢反应器入口	H_2S/%(摩尔)	1.05	1.16	1.16	1.12	
	SO_2/%(摩尔)	0.27	0.53	0.23	0.34	
	COS/(μL/L)					
	CO_2/%(摩尔)	1.44	1.75	1.75	1.65	
加氢反应器出口	H_2S/%(摩尔)	1.99	1.92	1.92	1.94	
	SO_2/(μL/L)					
	COS/(μL/L)					
	CO_2/%(摩尔)	1.57	1.81	1.81	1.73	

七、急冷塔

本急冷塔的主要操作条件见表 3-9。

表 3-9　急冷塔操作条件

设备名称	测量值	操作参数	设计参数
急冷塔	尾气出口温度/℃	36	40
急冷塔	尾气出口压力/kPa(g)	14.41	20
急冷塔	塔底急冷水温度/℃	50.1	65
急冷水冷却器	出口温度/℃	33.3	40
急冷塔	循环水量/(t/h)	106.8	82.77
急冷塔	外排水量/(t/h)	2.215	2.774

标定期间对急冷水的分析检测数据见表 3-10。

表 3-10　急冷水组成标定数据

分析项目	8月7日	8月8日	8月9日	平均值
H_2S/(mg/L)	254.00	377.00	194.00	275

八、吸收塔/再生塔

吸收塔和再生塔的主要操作参数见表 3-11。

表 3-11　吸收/再生塔操作条件

设备名称	测量值	操作参数	设计参数
吸收塔	尾气入口温度/℃	36	40
吸收塔	尾气出口温度/℃	34.8	40
吸收塔	尾气出口压力/kPa(g)	6.8	
吸收塔	贫液入口温度/℃	34.4	40

续表

设备名称	测量值	操作参数	设计参数
吸收塔	富液出口温度/℃	38.7	40
吸收塔	贫液入口流量/(t/h)	46.19	55
吸收塔	富液出口流量/(t/h)	47.6	55.24
再生塔	富液入塔温度/℃	98.3	98
再生塔	塔顶温度/℃	106.5	114
再生塔	塔底温度/℃	119.2	126
再生塔重沸器	蒸汽耗量/(t/h)	3.88	5.09
再生塔	酸性气量/(Nm^3/h)	306.7	
再生塔	酸性温度/℃	43.8	40

标定期间对贫富液的分析检测数据见表3-12。

表3-12　贫富液标定数据　mg/L

分析项目	8月7日	8月9日	平均值
贫液 H_2S	691	484	587.5
富液 H_2S	4984	4908	4946

九、尾气焚烧炉、焚烧炉废热锅炉

尾气焚烧炉及其废热锅炉的主要操作参数见表3-13。

表3-13　尾气焚烧炉及其废热锅炉的操作条件

设备名称	测量值	操作参数	设计参数
尾气焚烧炉	炉膛温度/℃	626.7	700
尾气焚烧炉	炉膛压力/kPa(g)	-0.1	20
尾气焚烧炉	风机出口温度/℃	54.4	
尾气焚烧炉	风机出口流量/(Nm^3/h)	2871	3752
尾气焚烧炉	燃料气流量/(Nm^3/h)	105.6	161.4kg/h
中压蒸汽过热器	烟气出口温度/℃	318	520
中压蒸汽过热器	蒸汽出口温度/℃	437.4	460
中压蒸汽过热器	过气蒸汽量热/(t/h)	11.06	9.752
尾气废热锅炉汽包	液位/%	51	50
尾气废热锅炉汽包	压力/MPa(g)	3.83	4.4
尾气废热锅炉汽包	产汽量/(t/h)	0.378	0.595
排放烟气(烟道)	温度/℃	269.4	320

十、烟囱和外排烟气

3#硫黄回收装置未设置独立的烟囱，设计时利旧原2#硫黄回收装置的烟囱排放。现2#硫黄回收装置未投用，3#硫黄回收装置烟气单独使用该烟囱排放，操作条件见表3-14。

表 3-14 烟囱及烟气排放操作条件

设备名称	测量值	操作参数	设计参数
烟囱	入口烟道温度/℃	268	
烟气	过热器内压力/kPa(g)	-0.09	
烟气	CEMS 压力读数/kPa(g)	-14.96	

烟道入口处标高 4m，烟囱标高 15m 处设有 CEMS 在线监测，主要检测数据见表 3-15。

表 3-15 CEMS 监测数据

项　目	数　据	项　目	数　据
温度/℃	168.9	SO_2/(mg/Nm^3)	58.26
压力/kPa(g)	-14.96	NO_x/(mg/Nm^3)	12.42
流量/(Nm^3/h)	16894	粉尘/(mg/Nm^3)	15.71
流速/(m/s)	17.82	氧含量/%(体)	11.99

第四部分　计算

一、工艺计算原理

克劳斯硫黄回收工艺过程较为复杂，涉及众多副反应，生成的硫又有 S_1 ~ S_8 等众多形态。实际生产过程中，还可能存在二氧化碳、烃类、氨等介质的反应。还原吸收法尾气处理过程中，再生酸性气回到反应炉还需要反复进行迭代计算。自 Gamson 和 Elkins 于 1953 年首次发表克劳斯反应的热力学研究结果以来[1]，国内外均对克劳斯硫黄回收过程进行了大量研究，并在此基础上结合大量现场标定数据，发展出了多种计算模型和模拟计算软件，现行的计算方法主要包括平衡常数法和吉布斯(Gibbs)最小自由能法。

吉布斯(Gibbs)最小自由能法主要依据系统化学反应达到平衡时，吉布斯自由能最小的热力学原理来对反应进行求解。该方法不涉及具体的反应过程，仅根据相关热力学参数，对规定的产物进行计算。只要有相关的热力学参数，并规定好反应后生成的产物，就可以进行计算。但是有研究认为[2]，该方法对于高温反应产物的计算结果较为精确；但对于低温催化反应段，由于反应的控制因素是动力学因素而不是热力学因素，计算结果可能存在数量级上的差异。有鉴于此，本文未采用该方法进行计算。

平衡常数法主要根据反应前后的物料平衡、反应平衡、热量平衡等列出方程组，再根据已知条件对方程组求解计算。早期 Fischer 等人在此基础上提出的图解计算的方法[3]来求解相关方程组；朱利凯[4]在总结前人计算模型的基础上，引入含生成热的气体焓的概念，对平衡常数法进行了简化。本文采用的计算方法来自美国气体处理和供应商协会(以下简称 GPSA，即 Gas Processors Suppliers Association)的《工程数据手册》第 13 版[5]，该方法也属于简化的平衡常数法的一种。除非特殊注明，本章中相关的焓值、反应平衡常数、反应热等基础数据均来自 GPSA《工程数据手册》第 13 版。

二、原料性质

本文第三部分虽然已有混合原料酸性气的组成标定数据，但是该组成是通过干燥管去除水分以后的组成，酸性气中的水含量并未确定；同时，该股酸性气的组成数据也未包硫池气，这两部分数据可以通过计算确定。

（一）原料酸性气水含量的确定

原料酸性气来自酸性水汽提和溶剂再生装置，汽提塔/再生塔顶的酸性气经冷却器冷却后，在分液罐内分液，分液后的酸性气至硫黄回收装置。分液罐内处于气液相平衡状态，其相应温度下的饱和水分压即反映了酸性气中的水含量。混合以后的酸性气在硫黄回收装置内还要经过分液罐分液，混合后长距离输送温度可能会降低，但同时压力也有所降低，所以还要根据实测温度和压力计算确定分液罐内是否有水析出，最终才能确定入炉的酸性气水含量。

来自各部分的酸性气比例及相应的分液罐和含水情况见表4-1。

表4-1 酸性气来源及含水情况

酸性气来源	分液罐温度/℃	分液罐压力/kPa(a)①	饱和水分压/kPa(a)	含水率/%(体)	酸气比例/%
1#汽提	78.1	188.12	43.7	23.23	7.39
2#汽提	81.3	189.52	49.3	26.01	15.97
1#再生	43.9	167.92	9.1	5.42	23.19
2#再生	36.9	171.62	6.3	3.67	48.49
3#再生	43.8	171.92	9.1	5.29	5.62
合计②				9.20	100

① 本表中绝压计算时，当地大气压按本文第一部分相关章节所述年均大气压893.20hPa折算。
② 本表"合计"一栏中含水率数值为加权平均值。

3#硫黄回收装置酸性气分液罐的标定操作压力为44.1kPa(g)，此时假设水含量不变，折算出此时的水蒸气分压为12.28kPa(a)，对应的露点温度49.9℃。从现场实测情况来看，由于相关酸性气管线从汽提/再生到3#硫黄装置距离较近，且酸性气管线还有蒸汽伴热，实测酸性气分液罐出口温度高于露点温度，而且实测酸性气分液罐内也无液体析出，因此，此水含量数据作为本次标定计算的酸性气水含量数据，见表4-2。

表4-2 带水含量的酸性气组成 %(摩尔)

项 目	标定含量	原设计值
H_2S	79.78	86.5
CO_2	7.18	2.5
NH_3	3.52	3
烃类	0.32	0.5
H_2O	9.20	7.5

（二）硫池气组成的确定

硫池气的主要成分同空气，其中含有少量H_2S_x，这些H_2S_x是上游过程气中的H_2S_x溶解在液硫中带到硫池去的。硫池中的液硫脱气后，H_2S含量≤10mg/L，多的H_2S_x就被带到了硫池气中。H_2S_x在液硫中的溶解度情况见图4-1，其中虚线段标出交叉点的分别是本装置实

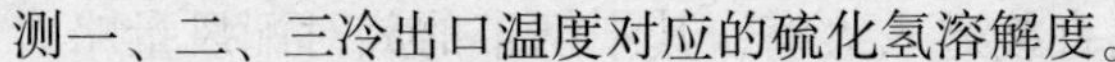

测一、二、三冷出口温度对应的硫化氢溶解度。

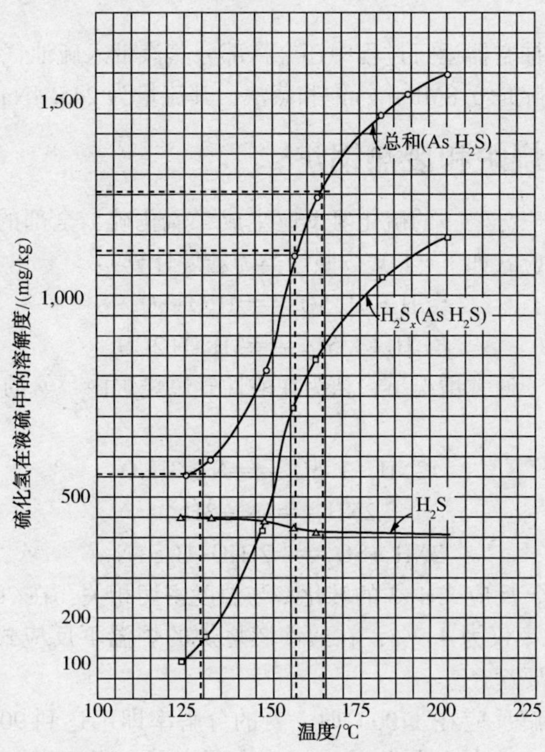

图 4-1 硫化氢在液硫中的溶解度[5]

根据校正后的酸性气组成，本项目原料酸性气中带来的硫元素量 3607.1kg/h。通常，对于两级克劳斯硫黄回收，克劳斯部分的硫回收率在 95%~97%，本文计算时按照 96% 估算得到液硫产量 3463kg/h，假设液硫脱气脱出的硫化氢全部为 H_2S，粗估各冷却器间的硫黄产量大致分配见表 4-3，计算得到硫池气的组成见表 4-3。

表 4-3 液硫池中的硫平衡

	液相-液硫				气相-硫池气		
	流量/(kg/h)	温度/℃	H_2S 溶解度/(mg/kg)	硫化氢量/(kg/h)	流量/(Nm^3/h)	H_2S 含量/%(摩尔)	硫化氢量/(kg/h)
入方							
一冷	2380	163.6	1255	2.99	0		
二冷	850	156.5	1120	0.95	0		
三冷	233	128.8	570	0.13	0		
合计	3463			4.07	0		
出方							
液硫	3463		10	0.03			
硫池气					239	1.11	4.04
合计				0.03			4.07

其中硫池气的硫化氢量等于入方的总硫化氢量减去液硫中残余的硫化氢，其余组分同空

气，至此硫池气的组成确定。本项目硫池气直接进入火嘴，其中携带的氧对配风量略有影响。

除硫池气外，蒸汽抽空器运行过程中还会将部分蒸汽带入硫池气中。本装置标定时，蒸汽抽空器采用的蒸汽实际是 0.8MPa(g) 饱和蒸汽，其流量为 245.4Nm³/h。

三、酸性气燃烧炉和废热锅炉

酸性气燃烧炉内，三分之一的硫化氢反应生成二氧化硫，全部的烃类和氨也进行反应，其中硫化氢和烃类的反应式如下(本文按照烃类为乙烷计算)：

$$H_2S+1.5O_2 = H_2O+SO_2 \quad (4-1)$$

$$C_2H_6+3.5O_2 = 3H_2O+2CO_2 \quad (4-2)$$

氨的反应较为复杂，通常情况下，认为在酸性气燃烧炉内，氨的分解途径主要通过以下三个反应：

$$2NH_3+1.5O_2 = N_2+3H_2O \quad (4-3)$$

$$2NH_3 = N_2+3H_2 \quad (4-4)$$

$$2NH_3+SO_2 = 2H_2O+H_2S+N_2 \quad (4-5)$$

近年来的研究表明，反应式 4-3 的转化率与温度密切相关，在 700℃时，反应才开始进行；在 1000℃时，转化率仅为 4.9%，在酸性燃烧炉的炉温下反应式 4-3 的反应转化率较低，并不是氨分解的主要途径。

反应式(4-4)的分解反应在 1100℃时，氨的分解率即可达到 90%以上；在 1200℃时，氨即可完全分解。但是在酸性气燃烧炉内存在大量的 H_2S 和 H_2O，它们对 NH_3 热裂解反应有强烈抑制的作用，即使在 1300℃左右的高温下，热裂解反应也不是 NH_3 分解的主要途径。

反应式(4-5)在相对较低的温度下，反应即可达到较高的转化率，目前主流研究认为是酸性气燃烧炉内氨的主要分解途径。

根据表 4-2 和相关反应式，可得原料酸性其中相关组分的摩尔流量和氧消耗量见表 4-4。

表 4-4 酸性气燃烧炉氧消耗

项　目	摩尔流量/(kmol/h)	对应氧耗量/(kmol/h)
反应式 4-1 的 H_2S	112.72(其中 1/3 燃烧)	56.36
反应式 4-2 的 C_2H_6	0.45	1.59
反应式 4-3 的 NH_3	4.97	3.73
合计		61.68

忽略微量气体，干空气组成按照 O_2 含量 21%(体)，其余为 N_2 计算。根据本文第一部分相关章节，项目所在地年均气温 11.3℃，年均相对湿度 47%，年均大气压力 89.32kPa。根据相关文献[6]，0~200℃范围内，水的饱和蒸气压可表示为 $P=6\times10^8e^k$。其中：

$$k=10.96485-6523.2/T-0.028432T+3.00805\times10^{-5}T^2-1.23524\times10^{-8}T^3$$

式中　P——水的饱和蒸气压，mmHg 柱(1mmHg=133.3224Pa)；

　　T——温度，K。

由此可得 11.3℃时，水的饱和蒸气压为 10.04mmHg 柱或 1.339kPa，此时空气中水饱和含量1.499%(体)，由此相对湿度47%时空气含水率约为0.704%(体)。酸性气燃烧炉风机入口组成见表4-5。

表4-5 酸性气燃烧炉风机入口组成

组　分	含量/(kmol/h)	组　分	含量/(kmol/h)
O_2	61.68	H_2O	2.08
N_2	232.04	合计	295.80

但以上风机入口流量未考虑硫池气。根据硫池气组成的确定章节内容，硫池还会带入部分空气及硫化氢等。其中硫化氢的量为4.07kg/h，对应消耗氧0.06kmol/h，扣除此部分后，硫池气还可以额外提供2.14kmol的氧。若考虑此量，则燃烧炉的氧来源可参见表4-6。

表4-6 酸性气燃烧的氧来源 kmol/h

组　分	酸性气燃烧炉风机	硫池气
	流量	流量
H_2S	0	0.120
O_2	59.54	2.199
N_2	223.99	8.272
H_2O	2.01	11.030①
合计	285.54	21.501

① 硫池气中的水包含了蒸汽抽空器带入的蒸汽。

在0~400℃时，相关组分的焓值可按表4-7计算。

表4-7 0~400℃时部分组分的焓值拟合公式 kJ/kmol

组　分	计算公式(T单位℃)
H_2S①	$20.1+32.5T+0.00968T^2$
CO_2	$-26.7+37.7T+0.0147T^2$
$NH_3$②	6272.4594(166.9℃)
H_2O	$-4.55+34.4T+0.00292T^2$
C_2H_6	$-4.4468+49.536T+0.0624T^2$
O_2	$-10.9+30.7T+0.00279T^2$
N_2	$4.45+29T+0.00164T^2$
S_2	$-13.4+32.7T+0.00396T^2$
S_6	$-86+115T+0.0202T^2$
S_8	$-92.3+158T+0.0317T^2$

① 该拟合公式首项应为20.1，GPSA手册中误做“-20.1”；

② 氨的焓值在GPSA手册中未提供，本处NH_3在166.9℃处的焓值基于ProII的数据库计算得到的，其基准点设定同GPSA手册数据。

由此可以计算得到入口各组分的热量，见表4-8。

表 4-8　酸性气燃烧炉入口各组分热量

组　　分	流量/(kmol/h)	焓值/(kmol/h)	热量/(MJ/h)
原料酸性气 166.9℃			
H_2S	112.7	5714.0	644.1
CO_2	10.1	6674.9	67.7
NH_3	5.0	6272.5	31.2
C_2H_6	0.5	10001.3	4.5
H_2O	13.0	5818.1	75.7
入炉空气 166.3℃			
O_2	59.5	5171.7	307.9
N_2	224.0	4872.5	1091.4
H_2O	2.0	5796.9	11.7
硫池气 117.7℃			
H_2S	0.12	3939.2	0.47
O_2	2.20	3641.1	8.01
N_2	8.27	3440.5	28.46
H_2O	11.03	4084.8	45.05
以上合计	448.5		2316.2

入口的物料中，NH_3和CH_4完全反应，三分之一的H_2S反应生成SO_2，生成的H_2S和SO_2会进一步进行如反应式 4-6 的克劳斯反应。

$$2H_2S+SO_2 = 2H_2O+1.5S_2 \qquad (4-6)$$

假设 x kmol/h 的H_2S进行了克劳斯反应，则各步反应前后的物料组成见表 4-9。

表 4-9　酸性气燃烧炉各段物料组成　　kmol/h

组　　分	入炉原料	克劳斯反应前	克劳斯反应后
H_2S	112.84	75.23	$75.23-x$
CO_2	10.14	11.05	20.08
NH_3	4.98	0	0
C_2H_6	0.45	0	0
H_2O	26.05	72.49	$72.49+x$
O_2	61.74	0	0
N_2	232.26	232.26	232.26
SO_2	0	37.61	$37.61-0.5x$
S_2	0	0	$0.75x$
S_6	0	0	0
S_8	0	0	0
合计	448.5	321.1	$431.1+0.25x$

酸性气燃烧炉炉膛压力为30.5kPa(g)，约为1.3个大气压。根据反应平衡常数的定义：

$$K_p=\frac{(72.49+x)^2(0.75x)^{1.5}}{(75.32-x)^2(37.61-0.5x)}\left(\frac{1.3}{431.1+0.25x}\right)^{0.5} \tag{4-7}$$

克劳斯反应的反应平衡常数与温度密切相关，在酸性气燃烧炉温度范围内，K_p 与温度的关系大致可如图4-2所示。

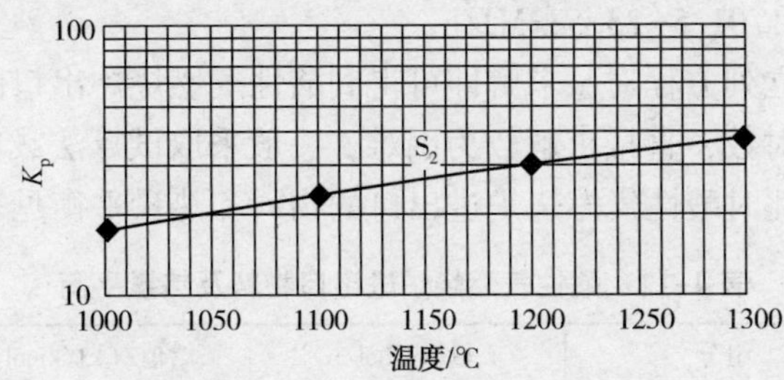

图4-2　高温段克劳斯反应平衡常数与温度的关系[5]

根据图4-2，温度与 K_p 的关系可进行拟合，见式4-8。

$$T=-592.5+1215\ln(K_p)-374.8[\ln(K_p)]^2+50.47[\ln(K_p)]^3 \tag{4-8}$$

式中　T——温度，℃；

K_p——反应平衡常数。

根据式4-7和式4-8，当 x 取值一定时，温度也就随之确定了，此时酸性气燃烧炉出口的组成也是完全确定的，对应的出口物料所带热量也就完全确定了。对应大致酸性气燃烧炉出口温度下，900~1400℃范围内，相关物料的焓值与温度的关系见表4-10。

表4-10　900~1400℃时部分组分的焓值拟合公式　　kJ/kmol

组　分	计算公式（T 单位℃）
H_2S	$-2871+40T+0.00521T^2$
CO_2	$-4241+50.3T+0.00335T^2$
H_2O	$111+32.2T+0.00621T^2$
SO_2	$-2994+50.7T+0.00324T^2$
N_2	$-922+30.4T+0.00181T^2$
S_2	$-493+35.1T+0.00156T^2$

酸性气燃烧炉进出口的热量差即为相关反应的反应热。相关反应的反应热见表4-11。

表4-11　酸性气燃烧炉内相关反应的反应热　　kJ/kmol

反　应	反应热
$H_2S+1.5O_2 = H_2O+SO_2$	517900
$C_2H_6+3.5O_2 = 3H_2O+2CO_2$	1421896
$NH_3+0.75O_2 = 0.5N_2+1.5H_2O$	316800
$2H_2S+SO_2 = 2H_2O+1.5S_2$	-47060①

① 负号表明该反应为吸热反应。在酸性气燃烧炉内，克劳斯反应主要生成 S_2，此时反应为吸热反应，该反应在低于510℃时不能进行；在克劳斯反应器内，生成的主要是 S_6 和 S_8，此时反应为吸热反应，该反应在高于677℃时不能进行。

各反应的产热量如下：

硫化氢燃烧产热量=19480MJ/h；

乙烷燃烧产热量=644.6MJ/h；

烧氨产热量=1577.0MJ/h；

克劳斯反应产热量=-47.060x/2MJ/h=-23.53xMJ/h；

反应产热量之和=21701.5-23.53xMJ/h。

根据上述条件，联立列方程对x求解即可得到酸性气燃烧炉出口的条件。由于该方程组既包含高次幂，又包含对数，直接求解较为困难，一般采取试算法或者图解法。采用试算法求的x=53.79kmol/h，此时酸性气燃烧炉进出口的物料和热量平衡见表4-12。

表4-12 酸性气燃烧炉进出口物料及热量平衡

	组分	流量/(kmol/h)	焓值/(kJ/kmol)	热量/(MJ/h)
入炉	原料酸性气 166.9℃			
	H_2S	112.7	5714.0	644.1
	CO_2	10.1	6674.9	67.7
	NH_3	5.0	6272.5	31.2
	C_2H_6	0.5	10001.3	4.5
	H_2O	13.0	5818.1	75.7
	入炉空气 166.3℃			
	O_2	59.5	5171.7	307.9
	N_2	224.0	4872.5	1091.4
	H_2O	2.0	5796.9	11.7
	硫池气 117.7℃			
	H_2S	0.12	3939.2	0.47
	O_2	2.20	3641.1	8.01
	N_2	8.27	3440.5	28.46
	H_2O	11.03	4084.8	45.05
	本组合计	448.5		2316.2
出炉 1392.1℃	H_2S	21.44	62908.1	1348.6
	CO_2	11.05	72272.0	798.6
	H_2O	126.28	56969.8	7194.0
	N_2	234.75	44904.5	10541.3
	SO_2	10.72	73862.6	791.7
	S_2	40.34	51391.7	2073.2
	本组合计	444.57		22747.5
反应热	硫化氢燃烧			194780.0
	乙烷燃烧			644.6
	烧氨			1577.0
	克劳斯反应			-1265.7
	本组合计			20435.9

该温度值与图 4-3 中不同干基 H_2S 含量下的理论炉温图基本一致。

以上计算是基于携带的烃类是乙烷，本文也对携带烃类假设为甲烷的情况进行了核算，此时的理论炉温为 1365.6℃，较乙烷时低 26.5℃。

废热锅炉内，烟气冷至 324.2℃，在此过程中，部分 S_2 转化为 S_6 和 S_8。不同温度下，不同形态硫的部分比例如图 4-4 所示。

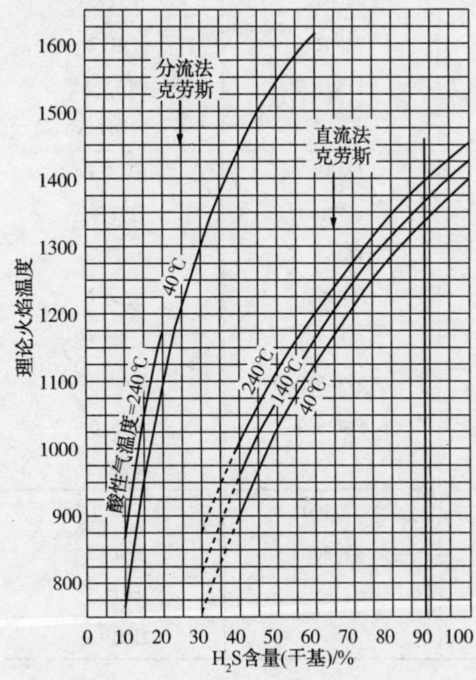

图 4-3　不同硫化氢含量下的理论炉温图[5]

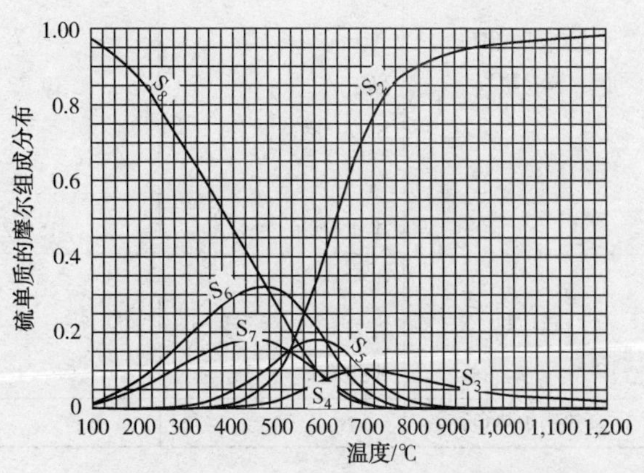

图 4-4　不同温度下硫单质的摩尔组成分布

由图 4-4 可见，在 324.2℃时，忽略其他形态的硫，S_2 : S_6 : S_8 的比例大致为 0 : 22 : 63，按此比例，燃烧炉出口的 40.34kmol/h 的 S_2 转化为 2.79kmol/h 的 S_6 和 7.99kmol/h 的 S_8。此时余热锅炉出口的硫蒸气分压 p_s = 3.11kPa。参见图 4-5，此时的硫分压远低于硫的饱和蒸气压，因此不会有液硫析出。

此时，余热锅炉进出口的组成、热量以及余热锅炉的热负荷即可确定，具体见表 4-13。

本装置实产蒸汽压力 3.89MPa (g)，温度 248.7℃，对应此温度下水的汽化潜热为 1721MJ/t。上游来的除氧水在装置内无测温点，根据设计条件，按照除氧水进装置 104℃，从 104℃升温至饱和温度还需消耗 2.51MJ/t，由此计算得到产汽量 12.79t/h。

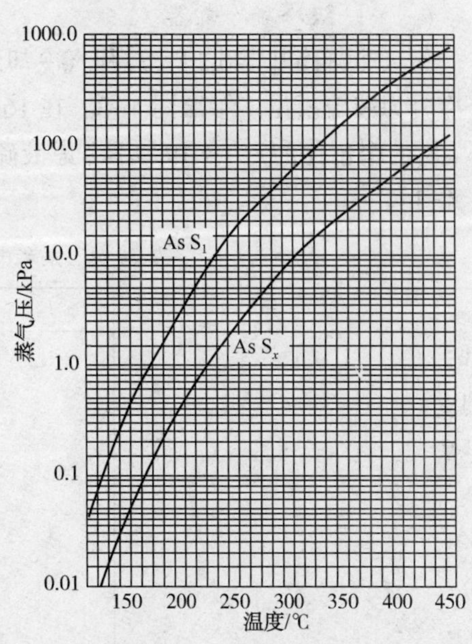

图 4-5　不同温度下硫单质的饱和蒸气压

表 4-13 余热锅炉进出口物料、热量平衡及热负荷

	组　分	流量/(kmol/h)	焓值/(kJ/kmol)	热量/(MJ/h)
余热锅炉入口 1392.1℃	H_2S	21.44	62908.1	1348.6
	CO_2	11.05	72272.0	798.6
	H_2O	126.28	56969.8	7194.0
	N_2	234.75	44904.5	10541.3
	SO_2	10.72	73862.6	791.7
	S_2	40.34	51391.7	2073.2
	本组合计	444.57		22747.5
余热锅炉出口 324.2℃	H_2S	21.44	11581.8	248.3
	CO_2	11.05	13750.1	151.9
	H_2O	126.28	11462.1	1447.4
	N_2	234.75	9584.6	2250.0
	SO_2	10.72	14662.1	157.2
	S_6	2.79	39345.8	109.8
	S_8	7.99	54498.9	435.6
	本组合计	415.02		4800.2
反应热	S_2-S_6		284900	795.1
	S_2-S_8		413800	3307.2
	本组合计			4102.3
余热锅炉热负荷				22049.6

四、一、二级克劳斯反应器

(一) 一级冷凝冷却器

一级冷凝冷却器出口，过程气冷却到 163.6℃，单质硫的形态随温度发生变化，同时部分冷凝为液硫析出。参照图 4-3，在 163.6℃时，S_2基本不存在，忽略其他硫组分的情况下，S_6：S_8的摩尔比约为 1：19。不考虑液硫冷凝，此时余热锅炉出口的过程气发生了变化，见表 4-14。

表 4-14 未考虑冷凝时，一冷进出口组成变化　　kmol/h

组　分	入口 324.2℃	出口 163.6℃
H_2S	21.44	21.44
CO_2	11.05	11.05
H_2O	126.28	126.28
N_2	234.75	234.75
SO_2	10.72	10.72
S_6	2.79	0.51
S_8	7.99	9.70
本组合计	415.02	414.45

假设一冷压降1.5kPa，则一冷出口压力为29kPa(g)或118.32kPa(a)，据此算得此时的硫分压为(0.51+9.70)÷414.45×118.32=2.916kPa(a)。再根据公式 $V_p = 10^{-3} e^{[89.273-13463/(273.15+T)-8.9643\ln(273.15+T)]}$，当 T=163.6℃时，硫的饱和分压为0.052kPa(a)，由此可得一冷出口的S单质分布情况见表4-15。

表4-15　一冷出口的硫单质分布　kmol/h

	S_6	S_8
气相	0.0102	0.1938
液相	0.5005	9.5086

由此，一冷进出口的温度和组成完全确定，只需要再进一步确定硫转化的反应热以及硫的冷凝放热，一冷的热负荷和产汽量即可通过计算确定。不同温度下硫的冷凝热参见图4-6。一冷进出口物料，热量平衡及热负荷见表4-16。

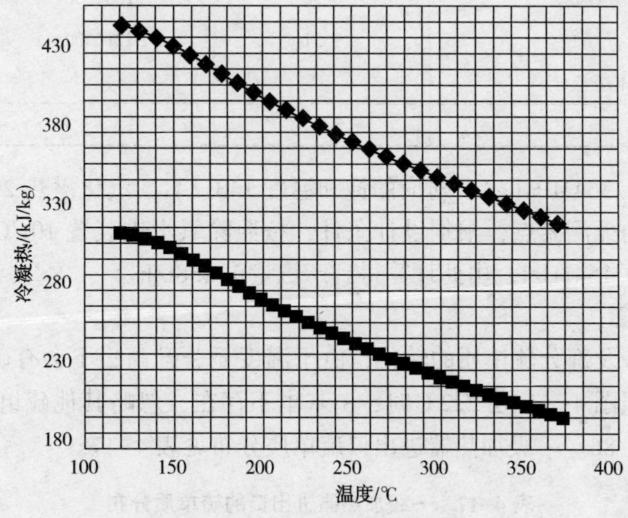

图4-6　不同温度下硫的冷凝热

—◆— S_6　—■— S_8

表4-16　一冷进出口物料、热量平衡及热负荷

	组分	流量/(kmol/h)	焓值/(kJ/kmol)	热量/(MJ/h)
一冷入口 324.2℃	H_2S	21.44	11581.78	248.3
	CO_2	11.05	13750.14	151.9
	H_2O	126.28	11462.10	1447.4
	N_2	234.75	9584.64	2250.0
	SO_2	10.72	14662.06	157.2
	S_6	2.79	39345.75	109.8
	S_8	7.99	54498.86	435.6
	本组合计	415.02		4800.2

续表

	组分	流量/(kmol/h)	焓值/(kJ/kmol)	热量/(MJ/h)
一冷出口 163.6℃	H_2S	21.44	5596.2	120.0
	CO_2	11.05	6534.5	72.2
	H_2O	126.28	5701.4	720.0
	N_2	234.75	4792.7	1125.1
	SO_2	10.72	7018.1	75.2
	S_6(按全气相)	0.5107	19268.7	9.8
	S_8(按全气相)	9.7024	26604.9	258.1
	本组合计	414.45		2380.4
反应热	S_6-S_8	2.280283616	33933.33	77.37762403
	本组合计			77.37762403
相变热	S_6冷凝	0.50	81600.00	40.84
	S_8冷凝	9.51	57216.00	544.05
	本组合计			584.88
一冷热负荷				3082.0

一冷实际产汽0.364MPa(g)，对应的饱和温度140.3℃，汽化潜热2143.75kJ/kg。上游来的除氧水在装置内无测温点，根据设计条件，按照除氧水进装置104℃，从104℃升温至饱和温度还需消耗0.154MJ/t，由此计算得到产汽量1.438t/h。

（二）一级加热器

一级加热器仅涉及部分硫单质的转化，由于温度显著升高，不会有硫冷凝析出的问题，计算较为简单。参照图4-3，在222℃时，S_2基本不存在，忽略其他硫组分的情况下，S_6∶S_8的摩尔比约为14∶86。一级加热器进出口硫单质分布见表4-17。

表4-17　一级加热器进出口的硫单质分布　　kmol/h

	S_6	S_8
一级加热器入口气相	0.0103	0.1957
一级加热器出口	0.0291	0.1816

由此可得一级加热器进出口的物料、热量及热负荷情况见表4-18。

表4-18　一级加热器进出口物料、热量平衡及热负荷

	组　分	流量/(kmol/h)	焓值/(kJ/kmol)	热量/(MJ/h)
一级加热器入口 163.6℃	H_2S	21.44	5596.2	120.0
	CO_2	11.05	6534.5	72.2
	H_2O	126.28	5701.4	720.0
	N_2	234.75	4792.7	1125.1
	SO_2	10.72	7018.1	75.2
	$S_6$①(按全气相)	0.0102	19268.7	0.2
	$S_8$①(按全气相)	0.1938	26604.9	5.2
	本组合计	404.44		2117.8

续表

	组　分	流量/(kmol/h)	焓值/(kJ/kmol)	热量/(MJ/h)
一级加热器出口 222℃	H_2S	21.44	7712.2	165.3
	CO_2	11.05	9067.2	100.2
	H_2O	126.28	7776.2	981.9
	N_2	234.75	6523.3	1531.3
	SO_2	10.72	9713.0	104.1
	S_6(气相)	0.0288	26439.5	0.8
	S_8(气相)	0.1799	36546.0	6.6
	本组合计	404.44		2890.3
反应热	S_8-S_6	0.0139	33933.3	0.5
	本组合计			0.5
一级加热器负荷				772.9

① 表 4-16 中一冷出口列的硫是包含了冷凝的硫的，后面再加上冷凝热，以便进行热量核算；而实际带到下游的硫是不含冷凝下来的硫的，所以本表中的硫的数据与表 4-16 有所不同。反应热单位为 kJ/kmol。

一级加热器热源采用装置自产饱和中压蒸汽，参见酸性气燃烧炉和废热锅炉部分，此对应温度下水的汽化潜热为 1721MJ/t，因此计算蒸汽耗量为 0.45t/h。

（三）一级反应器

一级反应器内继续发生克劳斯反应，反应方程式如下：

$$2H_2S+SO_2 = 2H_2O+0.375S_8 \tag{4-9}$$

假设 y kmol/h 的硫化氢发生了反应，同时为了简化计算，将一反出口的硫单质全部假设为 S_8，此时，一反进出口的物料平衡见表 4-19。

表 4-19　一反进出口的物料组成　kmol/h

组　分	一反入口	一反出口
H_2S	21.44	$21.44-y$
CO_2	11.05	11.05
H_2O	126.28	$126.28+y$
N_2	234.75	234.75
SO_2	10.72	$10.72-0.5y$
S_6(气相)	0.0288	0
S_8(气相)	0.1799	$0.20145+0.1875y$
合计	404.44	$404.43-0.3125y$

一反出口的压力为 26kPa(g)，约为 1.3 个大气压。根据反应平衡常数的定义：

$$K_p=\frac{(126.28+y)^2(0.20145+0.1875y)^{0.375}}{(21.14-y)^2(10.72-0.5x)}\left(\frac{1.3}{404.43-0.3125x}\right)^{-0.625} \tag{4-10}$$

在反应器出口温度范围内，K_p 与温度的关系大致可如图 4-7 所示。

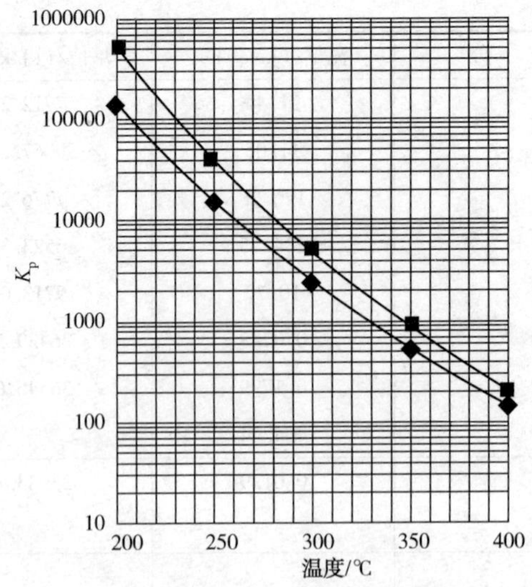

图 4-7　较低温度下克劳斯反应平衡常数与温度的关系

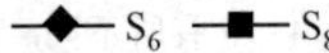

上图的曲线可以用公式表示：

$$T=637-54.75\ln(K_p)+2.069[\ln(K_p)]^2-0.03324[\ln(K_p)]^3 \tag{4-11}$$

相关反应的反应热为 63180*y* kJ/h。由此采用同酸性气燃烧炉计算类似的方法，采用试算法，当 $y=14.7927$kmol/h 时，算得反应前后物料、热量达到平衡，此时相关的数据见表 4-20。

表 4-20　一反进出口的物料、热量平衡

项　目	组　分	流量/(kmol/h)	焓值/(kJ/kmol)	热量/(MJ/h)
一反入口 222℃	H_2S	21.44	7712.2	165.3
	CO_2	11.05	9067.2	100.2
	H_2O	126.28	7776.2	981.9
	N_2	234.75	6523.3	1531.3
	SO_2	10.72	9713.0	104.1
	S_6(气相)	0.0288	26439.5	0.8
	S_8(气相)	0.1799	36546.0	6.6
	本组合计	404.44		2890.3
一反出口 290.1℃	H_2S	6.65	10262.3	68.19
	CO_2	11.05	12146.3	134.22
	H_2O	141.07	10118.2	1427.36
	N_2	234.75	8554.8	2008.23
	SO_2	3.32	12971.6	43.10
	S_6(气相)	0.00	34973.1	0.00
	S_8(气相)	2.98	48408.0	144.02
	本组合计	399.81		3825.13

续表

项　目	组　分	流量/(kmol/h)	焓值/(kJ/kmol)	热量/(MJ/h)
反应热	克劳斯反应			934.6
	本组合计			934.6

实际在284.65℃时，忽略其他硫组分的情况下，S_6∶S_8的摩尔比约为18∶72。由此可得实际出口过程气中的S_6为0.63kmol/h，S_8为2.51kmol/h，过程气的总流量为399.97kmol/h。

（四）二级冷凝冷却器

计算方法同一级冷凝冷却器，其计算结果见表4-21。

表4-21　二冷进出口物料、热量平衡及热负荷

项　目	组　分	流量/(kmol/h)	焓值/(kJ/kmol)	热量/(MJ/h)
二冷入口 290.1℃	H_2S	6.65	10262.3	68.19
	CO_2	11.05	12146.3	134.22
	H_2O	141.07	10118.2	1427.36
	N_2	234.75	8554.8	2008.23
	SO_2	3.32	12971.6	43.10
	$S_6$①	0.63	34973.1	21.90
	$S_8$①	2.51	48408.0	121.28
	本组合计	399.97		3824.30
二冷出口 156.6℃	H_2S	6.65	5343.4	35.5
	CO_2	11.05	6233.4	68.9
	H_2O	141.07	5450.6	768.9
	N_2	234.75	4583.1	1075.9
	SO_2	3.32	6696.8	22.3
	S_6(按全气相)	0.1506	18406.2	2.8
	S_8(按全气相)	2.8621	25411.1	72.7
	本组合计	399.85		2046.9
反应热	S_6-S_8	0.476	33933.33	16.14
	本组合计			16.14
相变热	S_6冷凝	0.14	81600.00	11.70
	S_8冷凝	2.72	57216.00	155.85
	本组合计			167.55
二冷热负荷				1961.1

① 因为考虑了S_6和S_8的实际组成分布，所以本表二冷入口热量同表4-20中的一反出口热量略有差别。反应热单位为kJ/kmol。

二冷实际产汽0.364MPa(g)，对应的饱和温度140.3℃，汽化潜热2143.75kJ/kg。上游来的除氧水在装置内无测温点，根据设计条件，按照除氧水进装置104℃，从104℃升温至饱和温度还需消耗0.154MJ/t，由此计算得到产汽量0.915t/h。

（五）二级加热器

计算方法同一级加热器，其计算结果见表 4-22。

表 4-22　二级加热器进出口物料、热量平衡及热负荷

	组　分	流量/(kmol/h)	焓值/(kJ/kmol)	热量/(MJ/h)
二级加热器入口 156.5℃	H_2S	6.65	5303.2	35.2
	CO_2	11.05	6233.4	68.9
	H_2O	141.07	5450.6	768.9
	N_2	234.75	4583.1	1075.9
	SO_2	3.32	6696.8	22.3
	S_6(按气相)	0.0073	18406.2	0.1
	S_8(按气相)	0.1382	25411.1	3.5
	本组合计	396.98		1974.8
二级加热器出口 202℃	H_2S	6.65	6980.1	46.4
	CO_2	11.05	8188.5	90.5
	H_2O	141.07	7063.4	996.4
	N_2	234.75	5929.4	1391.9
	SO_2	3.32	8779.6	29.2
	S_6(气相)	0.0125	23968.2	0.3
	S_8(气相)	0.1343	33117.2	4.4
	本组合计	396.98		2559.1
反应热	S_8-S_6	0.0039	33933.3	0.1
	本组合计			0.1
二级加热器负荷				584.5

二级加热器热源采用装置自产饱和中压蒸汽，参见酸性气燃烧炉和废热锅炉部分，此对应温度下水的汽化潜热为 1721MJ/t，因此计算蒸汽耗量为 0.34t/h。

（六）二级反应器

计算方法同一级反应器，其计算结果见表 4-23。

表 4-23　二反进出口的物料、热量平衡

	组　分	流量/(kmol/h)	焓值/(kJ/kmol)	热量/(MJ/h)
二反入口 202℃	H_2S	6.65	6980.1	46.4
	CO_2	11.05	8188.5	90.5
	H_2O	141.07	7063.4	996.4
	N_2	234.75	5929.4	1391.9
	SO_2	3.32	8779.6	29.2
	S_6(气相)	0.0125	23968.2	0.3
	S_8(气相)	0.1343	33117.2	4.4
	本组合计	396.98		2559.1

续表

	组　分	流量/(kmol/h)	焓值/(kJ/kmol)	热量/(MJ/h)
二反出口 223.1℃	H_2S	2.19	7752.4	17.01
	CO_2	11.05	9115.6	100.73
	H_2O	145.52	7813.8	1137.06
	N_2	234.75	6555.8	1538.97
	SO_2	1.10	9764.3	10.71
	S_6(气相)	0.00	26575.2	0.00
	S_8(气相)	0.98	36734.3	35.93
	本组合计	395.59		2840.42
反应热	克劳斯反应			281.2
	本组合计			281.2

实际在223.1℃时，忽略其他硫组分的情况下，S_6：S_8的摩尔比约为10：79。由此可得实际出口过程气中的S_6为0.11kmol/h，S_8为0.89kmol/h，过程气的总流量为395.62kmol/h。

(七) 三级冷凝冷却器

计算方法同一级冷凝冷却器，其计算结果见表4-24。

表4-24　三冷进出口物料、热量平衡及热负荷

	组　分	流量/(kmol/h)	焓值/(kJ/kmol)	热量/(MJ/h)
三冷入口 223.1℃	H_2S	2.19	7752.4	17.89
	CO_2	11.05	9115.6	182.34
	H_2O	145.52	7813.8	1188.01
	N_2	234.75	6555.8	1824.08
	SO_2	1.10	9764.3	11.33
	$S_6$①	0.11	26575.2	3.01
	$S_8$①	0.89	36734.3	32.82
	本组合计	395.59		3259.47
三冷出口 128.8℃	H_2S	2.19	4366.7	9.6
	CO_2	11.05	5072.9	56.1
	H_2O	145.52	4474.6	651.1
	N_2	234.75	3766.9	884.3
	SO_2	1.10	5456.4	6.0
	S_6(按全气相)	0.0495	15061.1	0.7
	S_8(按全气相)	0.9410	20784.0	19.6
	本组合计	395.60		1627.3
反应热	S_6–S_8	0.064	33933.33②	2.16
	本组合计			2.16
相变热	S_6冷凝	0.04	81600.00②	3.33
	S_8冷凝	0.67	57216.00②	38.31
	本组合计			41.64
三冷热负荷				1675.9

① 因为考虑了S_6和S_8的实际组成分布，所以本表三冷入口热量同表4-23中的二反出口热量略有差别。反应热及相变热单位为kJ/kmol。

三冷实际产汽压力 0.364MPa(g)，对应的饱和温度 114℃，汽化潜热 2220kJ/kg，由此计算得到循环乏汽汽量 0.755t/h。

五、加氢反应器

(一) 尾气加热器

尾气加热器的计算方法同前述一、二级加热器基本一样，具体计算过程不再赘述，其主要计算结果见表 4-25。

表 4-25 尾气加热器进出口的物料、热量平衡

	组 分	流量/(kmol/h)	焓值/(kJ/kmol)	热量/(MJ/h)
三冷出口 128.8℃	H_2S	2.19	4366.7	9.6
	CO_2	11.05	5072.9	56.1
	H_2O	145.52	4474.6	651.1
	N_2	234.75	3766.9	884.3
	SO_2	1.10	5456.4	6.0
	S_6(按全气相)	0.009	15061.1	0.1
	S_8(按全气相)	0.271	20784.0	5.6
	本组合计	394.89		1612.8
尾气加热器出口 233.2℃	H_2S	2.19	8125.5	17.8
	CO_2	11.05	9564.4	105.7
	H_2O	145.52	8176.3	1189.8
	N_2	234.75	6856.4	1609.5
	SO_2	1.10	10240.4	11.2
	S_6(气相)	0.035	27830.5	1.0
	S_8(气相)	0.252	38477.2	9.7
	本组合计	394.90		2944.8
反应热	S_8-S_6	-0.026	33933.3	0.9
	本组合计			0.9
尾气加热器负荷				1332.8

尾气加热器热源采用装置自产饱和中压蒸汽，参见酸性气燃烧炉和废热锅炉部分，此对应温度下水的汽化潜热为 1721MJ/t，因此计算蒸汽耗量为 0.77t/h。

(二) 加氢反应器

加氢反应器中主要进行以下反应：

$$S_8+8H_2 \xlongequal{} 8H_2S+335kJ/mol \quad (4-12)$$

$$SO_2+3H_2 \xlongequal{} 2H_2S+H_2O+214kJ/mol \quad (4-13)$$

$$CS_2+4H_2 \xlongequal{} 2H_2S+CH_4+232kJ/mol \quad (4-14)$$

$$COS+4H_2 \xlongequal{} 4H_2S+CO+Q \quad (4-15)$$

$$COS+H_2O \xlongequal{} H_2S+CO_2-35kJ/mol \quad (4-16)$$

$$CS_2+H_2O \xlongequal{} H_2S+COS-67kJ/mol \quad (4-17)$$

除上述主要反应外，加氢反应器内还发生众多与 CO 等其他物质相关的副反应：

$$SO_2+2H_2S═══3S+2H_2O+233kJ/mol \quad (4-18)$$

$$SO_2+3CO═══COS+2CO_2 \quad (4-19)$$

$$S_8+8CO═══8COS \quad (4-20)$$

$$CO+H_2O═══CO_2+H_2+41kJ/mol \quad (4-21)$$

$$CO+H_2S═══COS+H_2 \quad (4-22)$$

由于前续克劳斯部分计算时忽略了有机硫的计算，所以本部分在进行计算时，也仅考虑反应式(4-12)和反应式(4-13)的反应。对于 S_6，在计算时先将其按照全部转化为 S_8，再进行计算。通常认为加氢反应进行得较为彻底，所以上述两式均按照完全反应进行计算。

对于 H_2的焓值，按照以下拟合公式进行计算：

$$H=-0.0003T^2+29.244T+1.6672 \quad (4-23)$$

式中 T——温度，℃；

H——焓值，kJ/kmol。

由此可以算得，加氢反应器进出口的物料及热量平衡见表4-26。

表4-26 加氢反应器进出口的物料、热量平衡

	组 分	流量/(kmol/h)	焓值/(kJ/kmol)	热量/(MJ/h)
尾气加热器出口 233.2℃	H_2S	2.19	8125.5	17.8
	CO_2	11.05	9564.4	105.7
	H_2O	145.52	8176.3	1189.8
	N_2	234.75	6856.4	1609.5
	SO_2	1.10	10240.4	11.2
	S_6(气相)	0.035	27830.5	1.0
	S_8(气相)	0.252	38477.2	9.7
	补氢(40℃)	14.70	1170.9	17.2
	本组合计	409.60		2962.0
加氢反应器出口 253.6℃	H_2S	5.52	8884.6	49.0
	CO_2	11.05	10479.4	115.8
	H_2O	146.62	8907.1	1305.9
	N_2	234.75	7464.3	1752.2
	H_2	9.18	7398.7	68.0
	本组合计	407.12		3290.9
反应热	S_6-S_8	0.0260	33933.3	0.9
	SO_2-H_2S	1.10	214000	234.8
	S_8-H_2S	0.278	335000	93.1
	本组合计			328.8

(三) 尾气处理废热锅炉

尾气处理废热锅炉内，加氢反应器出口的尾气被冷却，热量用于产汽。由于此过程不涉及化学反应，所以计算相对简单。尾气处理废热锅炉进出口的物料、热量平衡见表4-27。

表 4-27 尾气处理废热锅炉进出口的物料、热量平衡

	组　分	流量/(kmol/h)	焓值/(kJ/kmol)	热量/(MJ/h)
加氢反应器出口 253.6℃	H_2S	5.52	8884.6	49.0
	CO_2	11.05	10479.4	115.8
	H_2O	146.62	8907.1	1305.9
	N_2	234.75	7464.3	1752.2
	H_2	9.18	7398.7	68.0
	本组合计	407.12		3290.9
尾气处理废热锅炉出口 150.7℃	H_2S	5.52	5137.7	28.3
	CO_2	11.05	5988.5	66.2
	H_2O	146.62	5245.8	769.1
	N_2	234.75	4412.0	1035.7
	H_2	9.18	4401.9	40.4
	本组合计	407.12		1939.8
尾气处理废热锅炉热负荷				1351.1

尾气处理废热锅炉产汽压力同一、二级硫冷凝器，汽化潜热2143.75kJ/kg。上游来的除氧水在装置内无测温点，根据设计条件，按照除氧水进装置104℃，从104℃升温至饱和温度还需消耗0.154MJ/t，由此计算得到产汽量0.630t/h。

六、急冷塔

急冷塔内尾气冷却，部分水冷凝析出。根据标定数据，急冷塔出口尾气36℃，此时水的饱和蒸汽压为5.9453kPa。急冷塔出口压力为14.41kPa(g)，即103.73kPa(a)，由此可得，急冷塔出口的尾气中，水含量为5.9453/103.73=5.73%(体)。在36℃时，常压下H_2S在水中的饱和溶解度约为2.661g/L，但实际上，实测塔底的急冷水温度为50.1℃，远高于急冷塔出口的尾气温度，而气相中的H_2S分压也远低于一个标准大气压，同时受限于气液接触效果等影响，急冷水中的硫化氢含量远低于该饱和溶解度值。根据标定数据，急冷水中的H_2S含量约为275mg/L。急冷塔的外排水量应为进出塔烟气中携带水量的差值，由此可以求出急冷塔进出口的气相组成及其热值。急冷塔进出口物料组成及其热量见表4-28。

表 4-28 急冷塔进出口物料组成及其热量

	组　分	流量/(kmol/h)	焓值/(kJ/kmol)	热量/(MJ/h)
急冷塔入口 150.7℃	H_2S	5.52	5137.7	28.3
	CO_2	11.05	5988.5	66.2
	H_2O	146.62	5245.8	769.1
	N_2	234.75	4412.0	1035.7
	H_2	9.18	4401.9	40.4
	本组合计	407.12		1939.8

续表

	组　分	流量/(kmol/h)	焓值/(kJ/kmol)	热量/(MJ/h)
急冷塔出口 36℃	H_2S	5.50	1202.6	6.61
	CO_2	11.05	1349.6	14.91
	H_2O	15.84	1237.6	19.60
	N_2	234.75	1050.6	246.62
	H_2	9.2	1054.1	9.68
	本组合计	276.32		297.43

计算得到气相进出口的热量差为1642.4MJ/h。根据计算，外排水量130.8kmol/h或2.35t/h，其中含硫化氢0.65kg/h。再计算这部分水/硫化氢在塔内释放的热量，与气相进出口的热量差之和即为急冷塔的热负荷。由于急冷塔出口的实际绝压接近一个标准大气压，此部分计算按照一个标准大气压进行简化。水由150.7℃(气)冷却至100℃(气)释放的热量为130.8kmol/h×(5245.8-3464.7)kJ/kmol=316.0MJ/h；100℃时，水的汽化潜热为2257.2kJ/kg，可得这部分水由100℃(气)变为100℃(液)释放的热量为2257.2kJ/kg×2354kg/h=5313.4MJ/h；最后再假设塔底的温度为t℃，由此可得该部分水由100℃(液)冷至t℃(液)释放的热量Q_1以及0.65kg的H_2S由150.7℃(气)冷却至t℃(气)释放的热量Q_2。急冷塔的热负荷即为Q_0=1642.4MJ/h+316.0MJ/h+5313.4MJ/h+Q_1+Q_2。由于实际的循环水量已确定为106.8t/h，循环水入塔温度为33℃，因此循环水由33℃(液)至t℃(液)吸收的热量Q_3也可以求出。根据热量平衡$Q_0=Q_3$，其中Q_1、Q_2、Q_3均可以表达为t的函数，因此对方程求解即可得到相应的温度t=50.38℃。急冷塔进出口热量平衡见表4-29。

表4-29　急冷塔进出口热量平衡

项　目	起始温度/℃	最终温度/℃	热量/(MJ/h)
放热			
急冷塔气相	150.7(g)	36(g)	1642.4
冷凝水	150.7(g)	100(g)	316.0
冷凝水	100(g)	100(i)	5313.4
冷凝水	100(i)	50.38(i)	488.2
溶解的H_2S	150.7	50.38	0.07
合计			7760.1
吸热			
循环水	33	50.38	7760.1
合计			7760.1

七、吸收/再生

MDEA属于叔胺类溶剂，其对H_2S和CO_2的吸收可由反应式4-24、反应式4-25表达：

$$R_2R'N+H_2S \rightleftharpoons R_2R'NH^++HS^- \tag{4-24}$$

$$R_2R'N+CO_2+H_2O \rightleftharpoons R_2R'NH^++HCO_3^- \tag{4-25}$$

其中反应式4-24的反应为瞬间质子反应，受气膜控制；而其叔胺N原子上由于没有活泼的氢，不能像MEA、DEA那样生成氨基甲酸盐，仅能如反应式4-25所示产生碳酸盐，因而反应较慢，其反应受液膜控制。因反应速率的差异，MDEA溶液在表观上表现出对 H_2S 较好的选择性。上述两反应均为可逆反应，通过对温度和分压的控制，实现吸收和再生。

MDEA对 H_2S 和 CO_2 的吸收由物理相平衡和化学反应平衡共同决定，传统上计算采用逸度平衡法。逸度一般以 f_n 表示，其物理意义是它代表了体系在所处的状态下分子逃逸的趋势，也就是一种物质迁移时的推动力或逸散能力，其单位与压力单位相同。逸度平衡时，即 f_n(非溶剂相)$=f_n$(溶剂相)时，气相中剩余 H_2S 和 CO_2 的逸度与MDEA溶液中未反应的 H_2S 和 CO_2 的逸度相同，此时即认为反应达到平衡。

气相中 H_2S 和 CO_2 的逸度可由公式(4-26)计算：

$$f_n=\Phi_n\cdot p\cdot y_n \tag{4-26}$$

其中 Φ_n 为逸度系数，p 为总压，y_n 为相应 H_2S 或 CO_2 的摩尔分数。气相逸度系数可根据气体组成、温度、压力参数采用合适的热力学状态方程进行计算。在低压至中等压力操作条件下，气相逸度系数近似等于1，因此逸度可以近似表示为气相分压：

$$f_n\approx p_n=p\cdot y_n \tag{4-27}$$

而对于溶剂相中的逸度，则可表示为：

$$f_{H_2S}=\frac{C_aX_s(X_s+X_c)}{(1-X_s-X_c)K_s} \tag{4-28}$$

$$f_{CO_2}=\frac{C_aX_c(X_s+X_c)}{(1-X_s-X_c)K_c} \tag{4-29}$$

其中 C_a 表示贫液浓度，单位kmol/h，X_s 表示溶剂中 H_2S 负荷，X_C 表示溶剂中 CO_2 负荷，K_s 和 K_c 分别表示 H_2S 和 CO_2 的反应平衡常数。

其相应的平衡常数又可以由公式(4-30)表示：

$$\ln(k_n)=k_{n_1}+\frac{k_{n_2}}{T}+k_{n_3}T+\frac{2\left(k_{n_3}+\frac{k_{n_4}}{T}\right)\sqrt{I}}{1+\sqrt{I}}+k_{n_5}I \tag{4-30}$$

式中 T——温度，℃；

I——离子强度，kmol/h；

$k_{n_1}\sim k_{n_5}$——溶液自身性质决定的参数，根据溶液种类、配方不同而有所区别。

现在使用的MDEA溶剂普遍为复配型，各家配方各有区别，出于保密等原因，其配方不对外公布，导致 $k_{n_1}\sim k_{n_5}$ 等关键参数难以取得。实际使用时，一般根据进行脱硫的物质(尾气、干气或者液化气等)、脱除的介质种类、脱除效果、比负荷、再生能耗、腐蚀性、发泡性能、热稳定盐生成速率、溶剂损失、投资等因素综合考虑，选取合适的溶剂种类和溶剂数量。

具体到本项目，所用溶剂为35%的MDEA复配溶剂。尾气吸收塔出口温度34.8℃，出口压力6.8kPa(g)，即96.12kPa(a)。而在34.8℃时，水的饱和蒸汽压为5.5659kPa，这就意味着吸收塔出口的气相中可能还有部分饱和水析出。虽然本次标定未对吸收塔出口的尾气 H_2S 和 CO_2 的含量进行分析，但根据一般经验，吸收塔出口尾气中 H_2S 含量一般在100~200mg/Nm^{3}以下，折为体积比基本可以忽略；CO_2 的共吸率一般在10%~20%，暂按15%考虑，由此可得未考虑饱和水析出时的吸收塔出口尾气组成，见表4-30。

表 4-30 吸收塔出口物料组成(未考虑水冷凝析出时) kmol/h

组分	流量	组分	流量
H_2S	0.00	N_2	234.75
CO_2	9.39	H_2	9.18
H_2O	15.84	合计	269.17

此时水含量为5.89%(体),水的分压为5.657kPa(a),大于水的饱和蒸汽压5.566kPa,因此会有部分水冷凝析出。扣除冷凝析出的水分后,吸收塔出口的尾气组成见表4-31。

表 4-31 吸收塔出口尾气组成 kmol/h

组分	流量	组分	流量
H_2S	0	N_2	234.75
CO_2	9.39	H_2	9.18
H_2O	15.57	合计	268.90

其中析出的水4.85kg/h。在吸收塔中脱除的H_2S+CO_2共计7.15kmol/h。入吸收塔的贫液量为46190kg/h,浓度35%(质),故其中含纯MDEA16166.5kg/h或135.6kmol/h,酸性气负荷=7.15/135.6=0.053,酸性气负荷较低。出塔的富液量为贫液量+脱除的H_2S+脱除的CO_2+析出的水,共计46.5t/h。

再生时,蒸汽耗量3.88t/h,再生蒸汽单耗为83.44kg蒸汽/t富液。根据表4-1的计算,3#再生酸性气的水含量为5.29%(体),H_2S和CO_2的量等于吸收的量,因此可得再生酸性气的组成见表4-32。

表 4-32 再生酸性气组成 kmol/h

组分	流量	组分	流量
H_2S	5.50	H_2O	0.40
CO_2	1.66	合计	7.53

八、尾气焚烧炉及其废热锅炉

硫黄回收装置尾气焚烧炉所用燃料气为来自燃料气管网的全厂自产燃料气。本次标定时未对燃料气进行分析,本次计算所采用的燃料气参数为设计值,其组成及热值情况见表4-33。

表 4-33 燃料气组成及低热值表

组分	含量/%(摩尔)	组分低热值/(kcal/Nm³)	燃料气低热值/(kcal/Nm³)
H_2O	0.807		
H_2	18.07	2650	478.9
H_2S	0.001	5585	0.1
C_1	56.565	8529	4824.4
C_2	20.467	15186	3108.1
$C_2^=$	1.812	20638	374.0

续表

组　分	含量/%(摩尔)	组分低热值/(kcal/Nm^3)	燃料气低热值/(kcal/Nm^3)
C_3	1.058	21742	230.0
$C_3^=$	0.597	20638	123.2
iC_4	0.054	26100	14.1
nC_4	0.18	28281	50.9
$C_4^=$	0.083	27400	22.7
C_5	0.308	32200	99.2
合计	100.00		9325.58

注：1kcal=4.1868kJ。

该热值折合为39.04MJ/Nm^3。同时，根据该燃料气的组成，每标立燃料气消耗的氧气量见表4-34。

表4-34　单位燃料气需氧量

组　分	含量/%(摩尔)	绝对量/(kmol/Nm^3)	反应式	耗氧量/(kmol/Nm^3)
H_2O	0.807	0.00036027	不反应	0.00000000
H_2	18.07	0.00806696	$H_2+0.5O_2=0.5H_2O$	0.00403348
H_2S	0.001	0.00000045	$H_2S+1.5O_2=H_2O+SO_2$	0.00000067
C_1	56.565	0.02525223	$CH_4+2O_2=CO_2+2H_2O$	0.05050446
C_2	20.467	0.00913705	$C_2H_6+3.5O_2=2CO_2+3H_2O$	0.03197969
$C_2^=$	1.812	0.00080893	$C_2H_4+3O_2=2CO_2+2H_2O$	0.00242679
C_3	1.058	0.00047232	$C_3H_8+5O_2=3CO_2+4H_2O$	0.00236161
$C_3^=$	0.597	0.00026652	$C_3H_6+4.5O_2=3CO_2+3H_2O$	0.00119933
iC_4	0.054	0.00002411	$C_4H_{10}+6.5O_2=4CO_2+5H_2O$	0.00015670
nC_4	0.18	0.00008036	$C_4H_{10}+6.5O_2=4CO_2+5H_2O$	0.00052232
$C_4^=$	0.083	0.00003705	$C_4H_8+6O_2=4CO_2+4H_2O$	0.00022232
C_5	0.308	0.00013750	$C_5H_{12}+8O_2=5CO_2+6H_2O$	0.00110000
合计	100.00	0.04464375		0.09450737

吸收塔出口尾气中的H_2S未进行精确计算，根据经验，假设其中残余的H_2S含量为100mg/Nm^3，则该部分H_2S为0.59kg/h或0.017kmol/h，按照式(4-1)，对应耗氧0.026kmol/h。焚烧炉炉膛温度按照实际标定温度626.7℃，假设需要补充燃料气x Nm^3/h，则尾气焚烧炉需氧量见表4-35。

表4-35　尾气焚烧炉需氧量

项　目	需氧量/(kmol/h)
上游带的H_2S	0.026
上游带的H_2	4.592

续表

项　目	需氧量/(kmol/h)
燃料气	0.0945x
合计	4.619+0.0945x

根据酸性气燃烧炉和废热锅炉部分确定的空气组成，可以列出焚烧炉进出口的物料组成、热量以及反应热。此外，为控制CO等的浓度，焚烧炉出口一般还需要控制约2%(体)的氧过剩。据此求解可得当x=187.2438Nm^3/h时，热量平衡，焚烧炉进出口的组成、热量以及反应热情况见表4-36。

表4-36　尾气焚烧炉进出口的组成、热量以及反应热

	组　分	流量/(kmol/h)	焓值/(kJ/kmol)	热量/(MJ/h)
尾气焚烧炉入口酸性气 34.8℃	H_2S	0.0177	1162.8	0.02
	CO_2	9.393	1303.1	12.24
	H_2O	15.571	1196.1	18.62
	N_2	234.749	1015.6	238.42
	SO_2	9.184	1019.0	9.36
	本组合计	268.915		278.66
尾气焚烧炉入口空气 54.4℃	O_2	31.415	1667.436614	52.38
	N_2	118.177	1586.90335	187.53
	H_2O	1.068	1875.5	2.00
	本组合计	150.659		241.920
燃料气 25℃	H_2O	0.067457923	857.3	0.06
	H_2	1.510489047	732.6	1.11
	H_2S	8.3591E-05	838.7	0.00
	C_1	4.728323905	868.8	4.11
	C_2	1.710856632	1275	2.18
	$C_2^=$	0.15146686	1256	0.19
	C_3	0.088439259	1778	0.16
	$C_3^=$	0.049903816	1256	0.06
	iC_4	0.004513913	2331	0.01
	nC_4	0.015046377	2388	0.04
	$C_4^=$	0.006938052	1256	0.01
	C_5	0.025746023	2905	0.07
	本组合计	8.359265396		7.994
	入炉合计			528.577
尾气焚烧炉出口烟气 626.7℃	SO_2	0.02	30936.4	0.55
	CO_2	14.25	29373.4	418.70
	H_2O	30.06	22700.8	682.38
	N_2	352.93	18822.9	6643.08
	O_2	9.10	20324.57056	184.95
	本组合计	406.36		7929.660

续表

	组　　分	流量/(kmol/h)	焓值/(kJ/kmol)	热量/(MJ/h)
反应热	燃料气	187.24	38980.9244	7298.94
	H_2S 燃烧	0.02	23345.3	0.41
	H_2 燃烧	9.18	11077	101.73
	本组合计			7401.08

由此计算可得焚烧炉出口的烟气中 SO_2 含量为 125mg/Nm^3(湿基)或 135mg/Nm^3(干基)。焚烧炉出口烟气还要先后经过中压蒸汽过热器和废热锅炉，其中蒸汽过热器过热的蒸汽包括焚烧炉废热锅炉自产的饱和蒸汽，还包括酸性气燃烧炉余热锅炉所产饱和中压蒸汽扣除一、二级加热器和尾气加热器消耗掉的饱和中压蒸汽。根据前文计算，酸性气燃烧炉余热锅炉产饱和中压蒸汽 12.79t/h，一级加热器用饱和中压蒸汽 0.45t/h，二级加热器用饱和中压蒸汽 0.34t/h，尾气加热器用饱和中压蒸汽 0.77t/h，此外装置伴热等也消耗了部分中压蒸汽。根据标定数据，实际过热的中压蒸汽总量为 10.365t/h。此时可得中压蒸汽过热气的出口温度为 321.0℃。中压蒸汽过热器进出口组成和热量平衡见表 4-37。

表 4-37　中压蒸汽过热器进出口组成和热量平衡

	组　　分	流量/(kmol/h)	焓值/(kJ/kmol)	热量/(MJ/h)
尾气焚烧炉出口烟气 626.7℃	SO_2	0.02	30936.4	0.55
	CO_2	14.25	29373.4	418.70
	H_2O	30.06	22700.8	682.38
	N_2	352.93	18822.9	6643.08
	O_2	9.10	20324.57056	184.95
	本组合计	406.36		7929.660
饱和蒸汽 248.7℃	H_2O	575.83	8731.3	5027.795
入口合计				12957.4
过热器炉出口烟气 321℃	SO_2	0.02	14494.6	0.26
	CO_2	14.25	13591.1	193.73
	H_2O	30.06	11339.8	340.87
	N_2	352.93	9483.3	3346.92
	O_2	9.10	10132.3	92.20
	本组合计	406.36		3973.983
过热蒸汽 437.4℃	H_2O	575.83	15600.7	8983.38
出口合计				12957.4
过热器负荷				3955.6

该部分烟气再进一步冷却至排烟温度 269.4℃，可得焚烧炉废热锅炉的热负荷，见表 4-38。

表 4-38　焚烧炉废热锅炉进出口组成和热量平衡

组	分	流量/(kmol/h)	焓值/(kJ/kmol)	热量/(MJ/h)
过热器炉出口烟气 321℃	SO_2	0.02	14494.6	0.26
	CO_2	14.25	13591.1	193.73
	H_2O	30.06	11339.8	340.87
	N_2	352.93	9483.3	3346.92
	O_2	9.10	10132.3	92.20
	本组合计	406.36		3973.983
焚烧废锅炉出口烟气 269.4℃	SO_2	0.02	11968.4	0.21
	CO_2	14.25	11196.6	159.60
	H_2O	30.06	9474.7	284.81
	N_2	352.93	7936.1	2800.85
	O_2	9.10	8462.2	77.01
	本组合计	406.36		3322.474
焚烧废锅炉负荷				651.5

本项目所产蒸汽压力 3.89MPa(g)，产汽温度 248.7℃，对应此温度下水的汽化潜热为 1721MJ/t。上游来的除氧水在装置内无测温点，根据设计条件，按照除氧水进装置 104℃，从 104℃升温至饱和温度还需消耗 2.51MJ/t，由此计算得到产汽量 0.38t/h。

九、烟囱及烟气

本项目所排烟气为焚烧炉废热锅炉出口的烟气，根据上节计算，相关烟气条件见表 4-39。

表 4-39　烟气条件及组成

烟气流量/(kmol/h)	406.36	SO_2	0.02
烟气流量/(Nm^3/h)	9102.4	CO_2	14.25
烟气温度/℃	269.4	H_2O	30.06
烟气中 SO_2 含量(干基)/(mg/Nm^3)	135.1	N_2	352.93
烟气组成/(kmol/h)		O_2	9.10

本装置所用烟囱未独立设置，与原 2# 硫黄回收装置共用烟囱，烟囱尺寸为 Φ800mm/Φ1000mm×80000mm。烟气沿烟囱上升至排气口会有一定温降，主要包括传热温降、因压力变化导致的热力温降以及漏风等引起的温降。对于温降的计算，有不同的方法，如《火电厂大气污染物排放标准》(GB 13223—2003)的附录 A.1.1 中是按照每 100m 温降 5℃计算的；文献中还有很多其他计算方法，典型的如苏联锅炉设备空气动力计算标准方法中按照 $\Delta t=\frac{AH}{\sqrt{D}}$来进行计算[15]，其中 A 为系数，对烟囱按照材质和有无衬里等进行区分，有衬里的钢烟囱 $A=2$，无衬里的钢烟囱 $A=0.8$，小型的砖烟囱 $A=0.4$，大型的砖烟囱 $A=0.2$；H 是烟囱高度，单位 m；D 是接入该烟囱的锅炉的额定蒸汽发量总和，单位 t/h；Δt 即为烟囱温降，单位℃。也有文献表示[16]，该公式可以简化为 $\Delta t=\frac{0.105}{\sqrt{D}}$。

本装置尾气处理废热锅炉出口温度269.4℃，废热锅炉出口距离烟囱水平距离约6m；烟囱入口处的烟道上温度计测得温度为268℃；烟道上的氧化锆分析仪测得烟气中的氧含量为1.89%(体)。烟囱高度15m处设有CEMS在线分析仪，在线分析仪处测得的温度仅有168.9℃，温降近100℃，同时氧含量上升至11.99%(体)，由此推测在标定时烟囱存在较为严重的漏风，导致氧含量上升，同时温度急剧下降。

根据上文计算，若将烟气中的氧含量提升至11.99%(体)，则漏风量为10020m^3/h。若以现在计算的烟气流量和组成算，则按此漏风量，混合后的烟气温度为145℃，略低于实际测量温度，这可能是由于计算的尾气量及组成与实测略有差别导致的，也可能是计算时选取的空气温度低于实际的空气温度。按此计算漏风后的总烟气量为19122.4Nm^3/h，也与标定数据16894Nm^3/h较为接近。漏风前后烟气组成及热量情况见表4-40。

表4-40 漏风前后烟气组成及热量

	组　分	流量/(kmol/h)	焓值/(kJ/kmol)	热量/(MJ/h)
入烟囱烟气 268℃	SO_2	0.02	11900.9	0.2
	CO_2	14.25	11132.7	158.7
	H_2O	30.06	9424.4	283.3
	N_2	352.93	7894.2	2786.1
	O_2	9.10	8417.1	76.6
	本组合计	406.36		3304.9
空气 30℃	SO_2	0.00	1202.1	0.0
	CO_2	0.00	1117.5	0.0
	H_2O	3.17	1030.1	3.3
	N_2	350.88	875.9	307.3
	O_2	93.27	912.6	85.1
	本组合计	447.32		395.7
混合后烟气 145℃	SO_2	0.0	6185.2	0.11
	CO_2	14.3	5754.3	82.02
	H_2O	33.2	5049.4	167.80
	N_2	703.8	4247.8	2989.59
	O_2	102.4	4503.4	461.02
	本组合计	853.68		3700.5

按照每百米温降5℃，推测烟囱出口处温度165.65℃。

对烟囱的抽力，有不同的计算方法。纽约市EPA推荐的对圆形烟囱抽力的理论计算方法见式(4-31)[7]：

$$D_r = 2.96HB_0\left(\frac{W_0}{T_0}-\frac{W_c}{T_c}\right)-\frac{0.00126\,W^2T_cfH}{D^5B_0W_c} \tag{4-31}$$

式中 D_r——烟囱抽力，in(1in=0.0254m)H_2O；

H——烟囱高度，ft(1ft=0.3048m)；

B_0——大气压力，ft Hg；

W_0——在0℉，标准大气压下的空气密度，lb/ft^3（1lb＝0.45359237kg）；

W_c——0℉，标准大气压下的烟气密度，lb/ft^3；

T_0——外界大气温度，°R［兰氏度（°R）＝（摄氏度+273.15）×1.8］；

T_c——烟气平均温度，°R；

W——烟气流量，lb/s；

f——摩擦系数，对于水泥烟囱，可以取0.016；

D——烟囱内径，in。

国内文献推荐烟囱抽力可按照式4-32计算[9]：

$$S=(\rho_w-\rho_n)gH-(\rho_n/2)(u_2^2-u_1^2)-H\rho_n u_m^2/2d_m \tag{4-32}$$

式中 S——烟囱抽力，Pa；

ρ_w——实际大气密度，kg/m^3，本装置现场按89.32kPa大气压，11.3℃年均气温，$\rho_w=1.09kg/m^3$；

ρ_n——实际烟气密度，kg/m^3，本装置根据前文计算和烟囱出口温度，$\rho_n=0.67kg/m^3$；

g——重力加速度，$9.8m/s^2$；

H——从烟道入口到烟囱顶部的高差，m，本装置烟道入口标高4m，烟囱出口标高80m，所以$H=76m$。

u_1、u_2和u_m——烟囱底部、顶部和平均烟气线速，m/s；

d_m——烟囱平均直径，m。

通常情况下烟囱抽力也可采用简化式(4-33)计算[8]：

$$S=(\rho_w-\rho_n)gH \tag{4-33}$$

式中 S——烟囱抽力，Pa；

ρ_w——实际大气密度，kg/m^3，本装置现场按89.32kPa大气压，11.3℃年均气温，$\rho_w=1.09kg/m^3$；

ρ_n——实际烟气密度，kg/m^3，本装置根据前文计算和烟囱出口温度，$\rho_n=0.67kg/m^3$；

g——重力加速度，$9.8m/s^2$；

H——从烟道入口到烟囱顶部的高差，m，本装置烟道入口标高4m，烟囱出口标高80m，所以H＝76m。

由此可得S为312Pa。

与按图4-8中红线标识法求得的烟囱抽力基本一致。

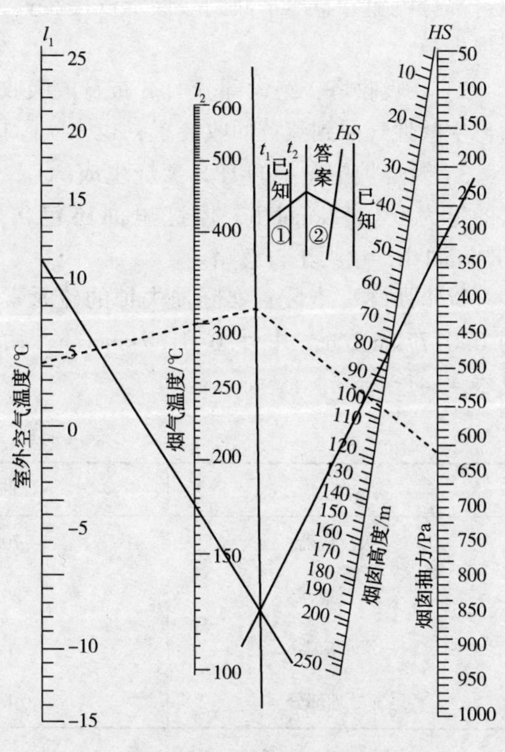

图4-8 烟囱抽力与烟囱高度、烟气温度、环境温度关系图

十、硫回收率

关于硫回收率的计算，由于硫池的存在，短期造粒成型的硫黄产量可能伴随着硫池液位的波动，因此并不能准确反映出实际的硫黄产量；而长期统计，有可能伴随着原料以及装置操作的波动，因此用实际的硫黄产量来统计装置的硫黄回收率，会存在一定的偏差。

本装置的原料酸性气和硫池气带入 112. 84kmol/h 的硫元素，根据前文计算，一冷共产硫黄 2530. 3kg/h，折合硫元素 79. 07kmol/h，折算回收率 70. 07%；二冷共产硫黄 724. 8kg/h，折合硫元素 22. 65kmol/h，折算回收率 20. 07%；三冷共产硫黄 179. 2kg/h，折合硫元素 5. 60kmol/h，折算回收率 4. 97%，克劳斯部分的总回收率 95. 11%。

根据前文计算，克劳斯部分共产硫黄 3434. 379kg/h，折合 2.885×10^4t/a。标定期间，三天硫黄产量分别为 93t/d、91t/d 和 78t/d，三日均值折合 2.905×10^4t/a。根据前文表 4-3 中的假设，这些液硫中溶解有 4. 1kg/h 的 H_2S，这些硫化氢脱气后大部分随硫池气回到酸性气燃烧炉入口；液硫中带 H_2S 量为 10μg/g，通过液硫带入成型机并最终在成型过程中损失掉的硫为 0. 001kmol/h(H_2S_x 按 H_2S 计算)，其余的硫通过过程气带入尾气处理部分。前文在计算物料平衡时，为了简化计划，在算液硫时并未计算这些溶解的 H_2S；本节在表示硫平衡时，也仅仅同样没有将这些 H_2S 加进去。相对于总的硫含量，这可能会对回收率计算数值造成约 0. 1%的误差。

尾气处理部分的硫有三个去向：

1）在急冷时，部分硫元素随 H_2S 进入急冷水并外排，这部分硫元素的量为0. 02kmol/h，但这部分硫随着急冷水回到酸性水汽提装置，并随着汽提酸性气回到硫黄回收装置，并未实际损失掉。

2）在吸收塔，绝大部分 H_2S 被贫液吸收。但这部分 H_2S 随富液进入溶剂再生装置，又随再生酸性气回到硫黄回收装置，也未实际损失掉。

3）焚烧炉中剩余的 H_2S 焚烧生成 SO_2，并随烟气外排。根据计算，本部分损失的硫元素的量为 0. 0177kmol/h，但这里面还包含了燃料气带入的硫，但该部分量约为 8.36×10^{-5}kmol/h，量太小，忽略。

综上所述，本装置实际损失掉的硫元素包括随液硫损失的 0. 001kmol/h 和随烟气损失的 0. 0177kmol/h，共计 0. 0187kmol/h，由此可得总回收率 99. 98%。装置硫回收率见表 4-41。

表 4-41 装置硫回收率

	回收率	累积回收率
一级反应器	70. 07%	70. 07%
二级反应器	20. 07%	90. 14%
三级反应器	4. 96%	95. 11%
尾气处理部分	4. 87%	99. 98%

本装置的硫平衡及硫元素去向分布见图 4-9。

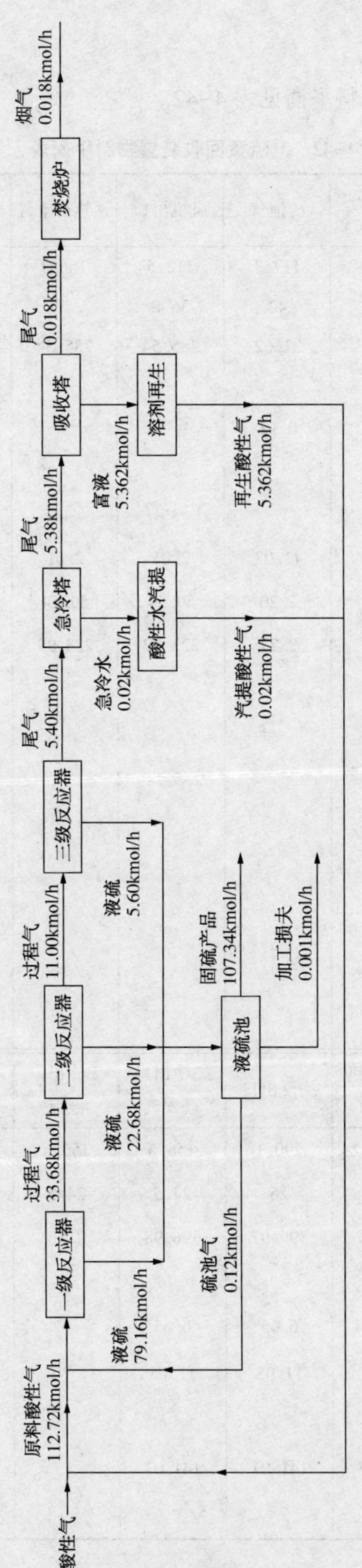

图 4-9 装置硫元素分布图

十一、物料平衡

通过前文计算，本装置的物料平衡见表 4-42。

表 4-42 3#硫黄回收装置物料平衡表

物流	原料酸性气	预热后酸性气	硫池气	风机出口	预热后空气	燃烧炉出口	燃烧炉余热锅炉出口	一冷出口过程气
温度/℃	87.1	166.9	117.7	112.5	166.3	1392.1	324.2	163.6
压力/kPa(g)	44.1	42	42	56.8	42	30.5	30.5	29
流量/(kmol/h)	141.28	141.28	21.62	285.54	285.54	444.57	415.02	404.44
组分								
H_2S/(kmol/h)	112.72	112.72	0.12			21.44	21.44	21.44
CO_2/(kmol/h)	10.14	10.14				11.05	11.05	11.05
NH_3/(kmol/h)	4.98	4.98						
H_2O/(kmol/h)	13.00	13.00	11.03	2.01	2.01	126.28	126.28	126.28
O_2/(kmol/h)			2.20	59.54	59.54			
N_2/(kmol/h)			8.27	223.99	223.99	234.75	234.75	234.75
SO_2/(kmol/h)						10.72	10.72	10.72
S_2/(kmol/h)						40.34		
S_6/(kmol/h)							2.79	0.0102
S_8/(kmol/h)							7.99	0.1938
H_2/(kmol/h)								
CH_4/(kmol/h)								
C_2H_6/(kmol/h)	0.45	0.45						
MDEA/(kmol/h)								
其他/(kmol/h)								

物流	一冷出口液硫	一级加热器出口	一反出口	二冷出口过程气	二冷出口液硫	二级加热器出口	二反出口	三冷出口过程气
温度/℃	163.6	222	290.1	156.6	156.6	202	223.1	128.8
压力/kPa(g)	29	28	26	24.5	24.5	23.5	21.5	20
流量/(kmol/h)	10.01	404.44	399.97	396.98	2.86	396.98	395.62	394.89
组分								
H_2S/(kmol/h)		21.44	6.65	6.65		6.65	2.19	2.19
CO_2/(kmol/h)		11.05	11.05	11.05		11.05	11.05	11.05
NH_3/(kmol/h)								
H_2O/(kmol/h)		126.28	141.07	141.07		141.07	145.52	145.52
O_2/(kmol/h)								

续表

物　流	原料酸性气	预热后酸性气	硫池气	风机出口	预热后空气	燃烧炉出口	燃烧炉余热锅炉出口	一冷出口过程气
N_2/(kmol/h)		234.75	234.75	234.75		234.75	234.75	234.75
SO_2/(kmol/h)		10.72	3.32	3.32		3.32	1.10	1.10
S_2/(kmol/h)								
S_6/(kmol/h)	0.50	0.0288	0.63	0.007	0.14	0.0125	0.11	0.0088
S_8/(kmol/h)	9.51	0.1799	2.51	0.138	2.72	0.1343	0.89	0.2714
H_2/(kmol/h)								
CH_4/(kmol/h)								
C_2H_6/(kmol/h)								
MDEA/(kmol/h)								
其他/(kmol/h)								

物　流	三冷出口液硫	尾气加热器出口	加氢反应器出口	尾气处理废热锅炉出口	急冷塔出口气	急冷塔入口循环水	急冷塔出口循环水
温度/℃	163.6	233.2	253.6	150.7	36	33	50.4
压力/kPa(g)	20	19	17	15.4	14.41	600	14.41
流量/(kmol/h)	0.711	394.90	407.12	407.12	276.32	5932.56	6063.42
组分							
H_2S/(kmol/h)		2.19	5.52	5.52	5.50	0.86	0.94
CO_2/(kmol/h)		11.05	11.05	11.05	11.05		
NH_3/(kmol/h)							
H_2O/(kmol/h)		145.52	146.62	146.62	15.84	5931.70	6062.48
O_2/(kmol/h)							
N_2/(kmol/h)		234.75	234.75	234.75	234.75		
SO_2/(kmol/h)		1.10					
S_2/(kmol/h)							
S_6/(kmol/h)	0.041	0.035					
S_8/(kmol/h)	0.670	0.252					
H_2/(kmol/h)			9.18	9.18	9.18		
CH_4/(kmol/h)							
C_2H_6/(kmol/h)							
MDEA/(kmol/h)							
其他/(kmol/h)							

续表

物　流	急冷外排水	吸收塔出口气	贫液	富液	再生酸性气	焚烧炉燃料气	焚烧炉空气	焚烧炉出口	外排烟气
温度/℃	51.3	34.8	34.4	38.7	40	40	54.4	626.7	269.4
压力/kPa(g)	600	0.42	510	5.8	65	200	5.8	-0.09	-0.292
流量/(kmol/h)	130.80	320.69	1803.05	1810.43	7.55	8.36	150.66	406.36	406.36
组分/(kmol/h)									
H_2S	0.02	0.02	0.833	6.28	5.50	0.00		0.02	0.02
CO_2		9.39	0.105	1.76	1.66			14.25	14.25
NH_3									
H_2O	130.78	15.58	1666.49	1666.76	0.40	0.07	1.07	30.06	30.06
O_2							31.42	9.10	9.10
N_2		234.75					118.18	352.93	352.93
SO_2									
S_2									
S_6									
S_8									
H_2		9.18				1.51			
CH_4						4.73			
C_2H_6						1.71			
MDEA			136.63	136.63					
其他						0.34			

注：本表中“焚烧炉燃料气”物流中的其他指 C_3、iC_4、nC_4、C_5、乙烯、丙烯等其他组分。

十二、动设备

本装置的动设备主要包括风机和机泵。

(一) 风机类

本装置共设计有 3 个位号 5 台风机，包括酸性气燃烧炉风机 2 台，尾气焚烧炉风机 2 台以及开工循环风机 1 台。其中开工循环风机仅用于开工预硫化，其流量、性能等与装置正常操作负荷的变化关系不大，因此无需额外关注。

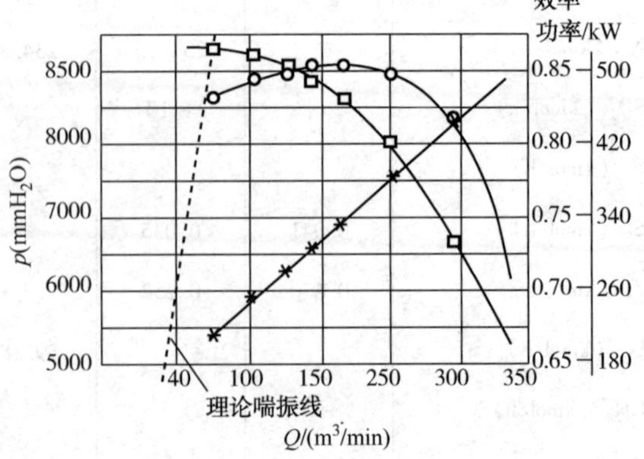

图 4-10　酸性气燃烧炉风机性能曲线图

($1mmH_2O=9.80665Pa$)

压力：□　效率：○　功率：*

酸性气燃烧炉风机采用离心式鼓风机，设计 2 台，1 用 1 备，型号为 D-220-51-1.8，其性能曲线如图 4-10 所示；配套的

电机型号为 $YB_3$4504-2W，电机功率 500kW。

根据前文计算，装置标定时，酸性气燃烧炉风机鼓风量 285.54kmol/h，折合 106.6Nm³/min，按照当地年均气温 11.3℃，年均大气压力 89.32kPa，折合实际风量 125.9m³/min，在风机的正常操作范围内。离心式鼓风机的功率可以按照 $N=HQ\div(3600\times1000\eta)$ 来进行计算，其中 H 是风机的全风压，单位 Pa；Q 是风机的流量，单位 m³/h；η 为风机的效率。本装置风机曲线上已有对应的效率及功率，当前流量下，风机效率约 85%，轴功率约 280kW。

根据设计文件要求，本风机出口压力不小于 80kPa(g)，参照性能曲线，对应流量约 250m³/min，按照当地年均气温 11.3℃，年均大气压力 89.32kPa，折算入口标态气体流量 12697.2Nm³/h，按当前酸性气组成和硫黄产量等比例折算，对应可以满足 5.74×10^4t/a 的硫黄产量空气需求。当流量偏小时，注意保持风机流量大于喘振线流量，必要时适当放空。

尾气焚烧炉风机采用离心式鼓风机，设计 2 台，1 用 1 备，型号为 D-100-1.3，其性能曲线如图 4-11 所示；配套的电机型号为 $YB_3$280M-2W，电机功率 90kW。

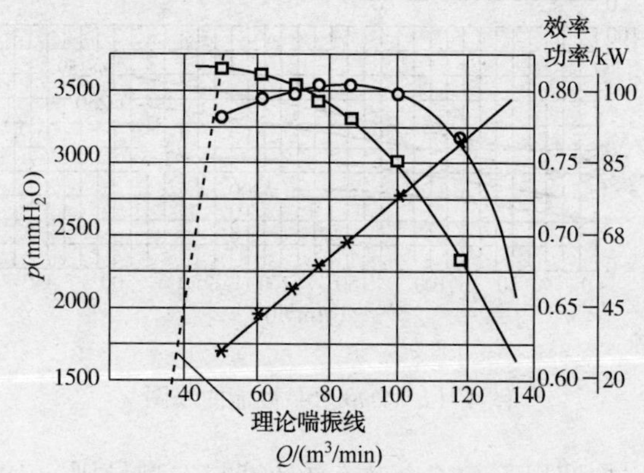

图 4-11　尾气焚烧炉风机性能曲线图

压力：□　效率：○　功率：*

根据前文计算，装置标定时，酸性气燃烧炉风机鼓风量 150.66kmol/h，折合 56.2Nm³/min，按照当地年均气温 11.3℃，年均大气压力 89.32kPa，折合实际风量 66.4m³/min，在风机的正常操作范围内，风机效率约 82%，轴功率约 45kW。

根据设计文件要求，本风机出口压力不小于 30kPa(g)，参照性能曲线，对应流量约 100m³/min，按照当地年均气温 11.3℃，年均大气压力 89.32kPa，折算入口标态气体流量 5078.9Nm³/h，按当前酸性气组成和硫黄产量等比例折算，对应可以满足 4.35×10^4t/a 的硫黄产量空气需求。当流量偏小时，注意保持风机流量大于喘振线流量，必要时适当放空。

(二) 机泵类

本装置共有 11 个位号 20 台机泵。

1. 液硫脱气泵和液硫泵

本装置液硫脱气泵和液硫泵各 2 台，都选用的液下泵，泵设计流量较大，不会对装置运行构成限制。

2. 急冷水泵

本装置急冷水泵 2 台，1 用 1 备，因急冷水中含 H_2S 和 NH_3，选用的磁力泵，泵设计流量 102.7m³/h，设计扬程 65m，$YB_3$225M-2W，电机功率 45kW。该泵相关性能曲线如图 4-12所示。

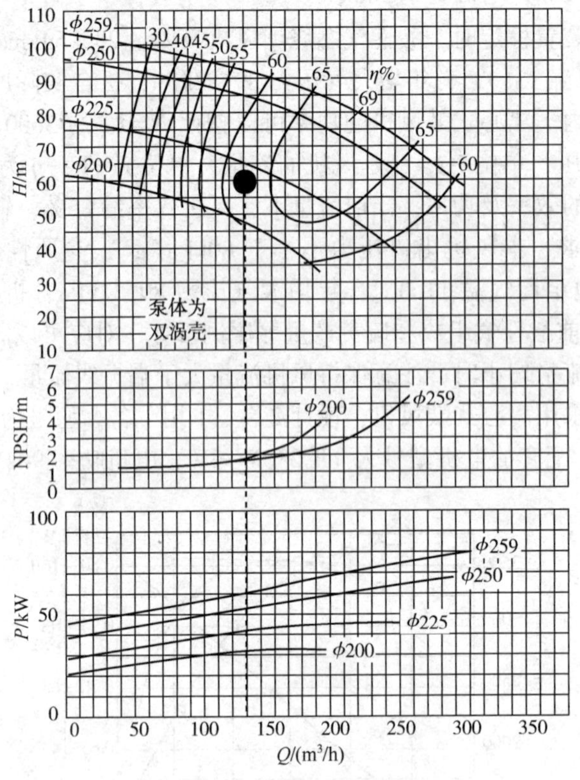

图 4-12　急冷水泵性能曲线图

泵的轴功率计算可以按照以下 SEG 标准《泵计算与选型导则》(DE-T-PE1303-2016)中推荐的公式进行计算：

$$N=\frac{QH\rho}{367000\eta}$$

式中　N——轴功率，kW；

Q——泵输送温度下的液体流量，m^3/h；

H——泵输送系统的扬程，m 液柱；

ρ——泵输送温度下的液体密度，kg/m^3；

η——泵效率。

现泵性能曲线上已有相关功率数据，按当前电机功率，泵最大流量 141.2m^3/h，为当前实际流量的 1.3 倍，此时泵的 $NPSH_r$ 也较低，处于可接受的范围；当前计算急冷水进出急冷塔温差仅 18.3℃，远低于设计值 25℃的温差，这主要是由于当前负荷偏低的缘故，若达到设计的温差，则同等流量下可携带的热量为当前的 1.37 倍。综上，两项叠加，不考虑塔、换热器是否满足要求的情况下，使用当前急冷水泵，最大可以满足现负荷 1.77 倍，即 5.12×10^4t/a 硫黄装置需求。

3. 富液泵/贫液泵/再生塔顶回流泵

本装置富液泵 2 台，1 用 1 备，因富液中含 H_2S，选用的磁力泵，泵设计流量54.4m^3/h，设计扬程 65m，$YB_3200L1-2W$，电机功率 30kW。该泵相关性能曲线如图 4-13 所示。

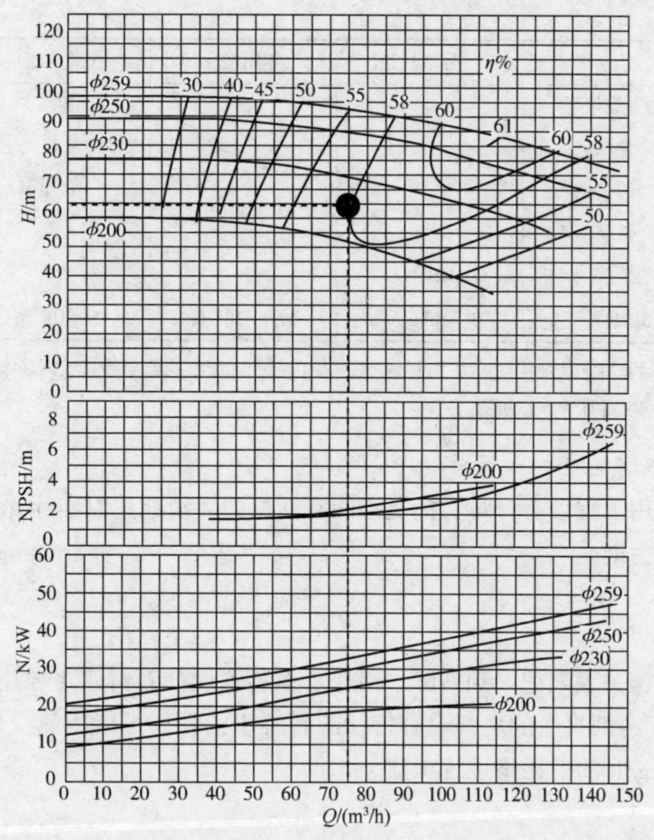

图 4-13　富液泵性能曲线图

按当前电机功率，泵最大流量 74.8m³/h，为当前实际流量的 1.63 倍；且当前计算富液酸性气负荷较低，还有提升余地，因此相较于风机等，该泵并不是提升装置处理能力的限制因素。

贫液泵、贫液加压泵及再生塔顶回流泵各 2 台，均为 1 用 1 备，同样，这些泵的最大可处理能力远高于现实际处理能力，不会构成提升装置处理能力的限制因素。

4. 其他泵

装置还有一些间断使用的机泵，如地下溶剂泵、溶剂加入泵等，这些机泵本身就是间断使用，不会构成提升装置处理能力的限制因素。

十三、装置消耗和能耗

本装置的所有消耗、能耗等均包含了 3#溶剂再生装置。

（一）催化剂及化学品消耗

催化剂及化学品消耗见表 4-43。

表 4-43　催化剂及化学品消耗

序　号	名　称	型号或规格	年用量/t	一次装入量/m³	预期寿命/a
1	Claus 催化剂①	钛基催化剂		10.9	5
		铝基催化剂		32.7	

续表

序　号	名　称	型号或规格	年用量/t	一次装入量/m^3	预期寿命/a
2	加氢催化剂			17.5	5
3	瓷球			9.69	5
4	磷酸三钠		0.4	0.4t	
5	氨瓶			1瓶	
6	脱硫溶剂	MDEA		172t	
7	编织袋②	50kg	57.8×10^4 条	20×10^4 条	

① 一级反应器上半部装填钛基催化剂，下半部装填铝基催化剂，二级反应器全部装填铝基催化剂。

② 年用量为根据当前实际计算产量折算。

(二) 公用工程消耗

本装置部分公用工程设有计量，标定期间有计量的，消耗量以实际计量结果为准；无计量的，以计算结果为准。

1. 水用量

(1) 新鲜水

装置标定期间相关表未记录到新鲜水消耗。本装置设计新鲜水主要用于开停工冲洗等，间断用量 50t/h；3#溶剂再生的水封罐有持续的新鲜水消耗，可能因流量较小，流量计未检出，本文按照 200kg/h 的消耗量进行统计。

(2) 循环水

装置标定期间 72h 内新鲜水消耗共计 14535t，折合连续消耗量 210.86/h。

(3) 除盐水

装置标定期间相关表未记录到除盐水消耗。

(4) 除氧水

装置标定期间 72h 内新鲜水消耗共计 743.47t，折合连续消耗量 10.33/h。

2. 电用量

装置标定期间未对实际用电情况进行记录，根据动设备部分，结合相关性能曲线，本装置根据实际进料，计算的用电情况见表 4-44。

表 4-44　装置用电用量

使用地点	电压/V	设备数量/台		设备容量/kW		轴功率/kW	年工作时数/h	年用电量/(10^4kW·h/a)
		操作	备用	操作	备用			
液硫脱气泵	380	1	1	15	15	7.2	8400	6.05
液硫泵	380	1	1	15	15	9	1200	1.08
急冷水泵	380	1	1	45	45	32.4	8400	27.22
富液泵	380	1	1	30	30	17.5	8400	14.47
贫液泵	380	1	1	30	30	14.2	8400	11.96
再生塔顶回流泵	380	1	1	5.5	5.5	2.69	8400	2.26
贫液加压泵	380	1	1	18.5	11.9	10.6	8400	9.96

续表

使用地点	电压/V	设备数量/台		设备容量/kW		轴功率/kW	年工作时数/h	年用电量/(10^4kW·h/a)
		操作	备用	操作	备用			
凝结水泵	380	1	1	7.5	7.5	4.4	8400	3.70
溶剂自吸泵	380	1		7.5		3.6	500	0.18
循环水泵	380	1	1	11	11	7.8	1200	0.94
乏汽空冷器风机	380	2		11×2		8×2	8400	13.44
急冷水空冷器风机	380	1		37		30	8400	25.2
贫液空冷器风机	380	1		37		30	8400	25.2
酸性气空冷器风机	380	1		37		30	8400	25.2
乏汽空冷器Ⅰ风机	380	2		11×2		8×2	8400	13.44
燃烧炉鼓风机	10000	1	1	500	500	280	8400	235.2
尾气焚烧炉鼓风机	380	1	1	90	90	46	8400	37.8
开工循环风机	380	1		110		75.3	500	3.77
中压锅炉加药设施	380	1套		1.85	1.3	1.48	8400	1.24
低压锅炉加药设施	380	1套		1.30	1.3	1.04	8400	0.87
液硫成型包装	380	1套				25	1200	3
合计	10000	1	1	500	500	280		245.2
	380	22	10	543.7	270.1	380.5		227.2

3. 蒸汽用量

(1) 中压蒸汽

装置标定期间72h内产中压蒸汽746.29t，折合连续量10.365/h。

(2) 1.0MPa蒸汽

装置标定期间72h内1.0MPa蒸汽消耗共计156.44t，折合连续消耗量2.17/h(3#溶剂再生的再生塔蒸汽一部分用低低压蒸汽，一部分用1.0MPa蒸汽，故吸收/再生章节的蒸汽用量与1.0MPa蒸汽消耗量不对应)。

(3) 低低压蒸汽

装置所产低低压蒸汽部分用于3#溶剂再生装置的重沸器，部分用于装置伴热，自产自销，无蒸汽外输。

(4) 凝结水

装置标定期间72h内产凝结水529.89t，折合连续量7.36/h。

4. 压缩空气用量

装置标定期间72h内净化压缩空气消耗量9121.3Nm^3/h，折合连续量126.68Nm^3/h；非净化压缩空气消耗量7693.5Nm^3/h，折合连续量106.85Nm^3/h。

5. 氮气用量

装置标定期间72h内氮气消耗量4870.05Nm^3/h，折合连续量67.64Nm^3/h。

6. 燃料气用量

装置标定期间72h内燃料气消耗量9511.00Nm^3/h，折合连续量132.10Nm^3/h。

7. 氢气用量

装置标定期间未进行氢气消耗量的持续统计，本处氢气消耗量仅为标定期间某一时间的DCS截屏显示的氢气流量，该流量为212.4Nm³/h。

8. 装置公用工程消耗汇总

装置公用工程消耗情况见表4-45。

表4-45 装置消耗量汇总①

序号	项目	数量	备注
1	燃料气/(Nm³/h)	132.1	
2	电/(kW·h/h)	550.46	折算连续量②
3	消耗蒸汽(1.0MPa)/(t/h)	2.17	
4	自产蒸汽(3.5MPa)/(t/h)	-10.365	负号表示外输
5	新鲜水/(t/h)	0.2	
6	循环水/(t/h)	210.86	
7	除氧水/(t/h)	10.33	
8	凝结水/(t/h)	-7.36	负号表示外输
9	净化空气/(Nm³/h)	126.68	
10	非净化空气/(Nm³/h)	106.85	
11	氢气/(Nm³/h)	212.4	
12	氮气(0.6MPa)/(Nm³/h)	67.64	

① 本表中的消耗汇总未包含正常运行期间不使用的间断消耗量；也未包含自产自用，既未从外界获得，也未对外输出的公用工程介质，如低低压蒸汽等。

② 电耗量是按照年用电总量除以年开工时数8400h折算回来的，所以与表4-42中各轴功率加和的数值不一致。

（三）装置能耗

装置能耗按照《石油化工设计能耗计算标准》（GB/T 50441—2016）进行计算，见表4-46。

表4-46 装置能耗

序号	项目	单位耗量		小时耗量		燃料低热值或能耗指标		单位能耗
		单位	数量	单位	数量	单位	数量	kgEO/t硫黄
1	燃料气	Nm³/t	38.46	Nm³/h	132.1	kgEO/Nm³	0.9335	35.91
2	电	kW·h/t	160.28	kW·h/h	550.46	kgEO/kW·h	0.22	35.26
3	1.0MPa蒸汽	t/t	0.63	t/h	2.17	kgEO/t	76	48.02
4	3.5MPa蒸汽	t/t	-3.02	t/h	-10.365	kgEO/t	88	-265.59
5	新鲜水	t/t	0.06	t/h	0.2	kgEO/t	0.15	0.01
6	循环水	t/t	61.40	t/h	210.86	kgEO/t	0.06	3.68
7	除氧水	t/t	3.01	t/h	10.33	kgEO/t	6.5	19.55
8	凝结水	t/t	-2.14	t/h	-7.36	kgEO/t	6.0	-12.86
9	净化空气	Nm³/t	36.89	Nm³/h	126.68	kgEO/Nm³	0.038	1.40

续表

序号	项　目	单位耗量		小时耗量		燃料低热值或能耗指标		单位能耗
		单位	数量	单位	数量	单位	数量	kgEO/t 硫黄
10	非净化空气	Nm^3/t	31.11	Nm^3/h	106.85	$kgEO/Nm^3$	0.028	0.87
11	氮气	Nm^3/t	19.69	Nm^3/h	67.64	$kgEO/Nm^3$	0.15	2.95
	合计	实际硫黄产量：3434.379kg/h 或 2.88×10^4t/a						-130.78

注：根据前文，本厂燃料气低热值 39.04MJ/Nm^3，折合 0.9335kgEO/Nm^3。

十四、炉设备

（一）酸性气燃烧炉

本装置设有酸性气燃烧炉一座，卧式炉，尺寸 Φ2800mm×9600mm，火嘴为国产。为防止酸性气带液影响燃烧器火焰，并会因液体突然汽化，损坏耐火衬里材料，炉前设有酸性气分液罐。为提高炉膛温度，酸性气和空气都有预热。为防止停工时炉子衬里材料热辐射损坏燃烧器，炉子设有 N_2吹扫；开工用燃料气燃烧升温时，为防止由于火焰温度太高而破坏炉子衬里材料，设有蒸汽降温。

本项目酸性气燃烧炉出口过程气流量 444.57kmol/h，温度 1392.1℃，压力30.5kPa(g)，由此可得过程气的实际体积流量为 46677.48m^3/h；根据燃烧炉尺寸可得炉子容积 59.08m^3，炉膛停留时间 4.6s，远大于一般 0.8~2s 的要求。

（二）尾气焚烧炉

本装置设有尾气焚烧炉一座，卧式炉，尺寸 Φ2800mm×8500mm，火嘴为国产，炉前设有燃料气分液罐，燃料气管线设有阻火器。本项目焚烧炉出口烟气流量 406.36kmol/h，温度 626.7℃，压力-0.09kPa(g)，由此可得过程气的实际体积流量为 30024.7m^3/h；根据燃烧炉尺寸可得炉子容积 52.3m^3，炉膛停留时间 6.3s，远大于一般 1~1.5s 的要求。

根据前文计算，炉膛内 SO_2 的含量约 0.044%(体)。根据催化烟气脱硫经验，在 2%(体)氧过剩的情况下，燃烧生成的 SO_3一般为 SO_2 的 3%以下；硫黄回收装置催化剂中没有 V_2O_5的催化作用，SO_3的生成量应当远少于催化裂化装置。本节保守估计，仍按 3%进行计算。根据贾明生[9]等在文献中提供的算法：

$$T=10.8809+27.6\lg P_{H_2O}+10.831P_{SO_3}+1.06(\lg P_{SO_3}+2.9943)^{2.19}$$

式中 P_{H_2O}——烟气中的水分压，Pa；

P_{SO_3}——烟气中的 SO_3分压，Pa；

T——酸露点温度，℃。

由此求得酸露点温度 111.4℃，烟气温度远高于酸露点温度。

十五、关键设备

（一）反应器

本装置由于实际运行负荷较低，各反应器的实际空速都较低，余量较大。各反应器的规格、操作条件及空速见表 4-47。

表 4-47　各反应器的规格、操作条件及空速

	一级反应器	二级反应器	加氢反应器
直径/m	3.2	3.2	3
切线长/m	8	8	7
过程气量/(kmol/h)	404.44	396.98	409.60
催化剂填装量/m^3	21.3	21.3	17.5
空速/h^{-1}	415.57	407.91	524.3

（二）气液分离设备

本装置的气液分离设备包括酸性气分液罐、燃料气分液罐、捕集器等，各气液分离设备的核算依据 SEG 标准《气液分离器计算及选型导则》(DEP-T-PE1502-2016)。临界气速的计算按照式(4-34)：

$$u_c = 0.048\sqrt{\frac{\rho_L - \rho_V}{\rho_V}} \tag{4-34}$$

式中　u_c——临界气速，m/s；

ρ_L——操作条件下的液体密度，kg/m^3；

ρ_V——操作条件下的气体密度，kg/m^3。

根据《气液分离器计算及选型导则》(DEP-T-PE1502-2016)，对于燃料气分液罐等允许一定雾沫夹带的容器，允许气速最高可取临界气速的 170%；对于雾沫夹带有严格要求的容器，要求安装除沫网，同时允许气速可取临界气速的 100%～170%；要求安装除沫网而未安装的，允许气速不得高于临界气速的 80%。各气液分离设备的情况见表 4-48。

表 4-48　各气液分离设备的规格、气速等

	酸性气分液罐	燃料气分液罐	捕集器
直径/m	2.4	0.8	2.1
切线长/m	5	3.2	4.5
温度/℃	120～160	25	128.8
压力/kPa(g)	42	500	19
过程气量/(kmol/h)	141.28	8.36	395.60
气相密度/(kg/m^3)	1.332	4.251	0.947
液相密度/(kg/m^3)	992(酸性液)	700(烃类)	1840(液硫)
临界气速/(m/s)	1.317	0.614	2.138
实际气速/(m/s)	0.197	0.019	0.879
最高允许气速/(m/s)	2.239	1.044	3.635

（三）冷换设备

除额外注明的，本节所有关于冷换设备的计算均依据刘巍等编著的《冷换设备工艺计算手册(第二版)》[10]。

1. 酸性气燃烧炉废热锅炉

酸性气燃烧炉废热锅炉 Φ2200mm×10000mm，其中包含 Φ45mm 的换热管 392 根，换热管长 7.5m，酸性气燃烧炉出口过程气量 444.57kmol/h，温度 1392.1℃，压力 30.5kPa(g)，

其实际体积流率为51198.2m^3/h，管程内气体流速22.82m/s，属于《换热器工艺设计规定》(DEP-T-PE1804-2016)中认为比较适宜的流速范围。

热介质为过程气，入口温度1392.1℃，出口温度324.2℃；冷介质为饱和水/饱和蒸汽，气温度为248.7℃。热端温差$\Delta t_h=1143.4$℃，冷端温差$\Delta t_c=75.5$℃。$|(\Delta t_h/\Delta t_c)-1|>0.1$，其平均对数温差$\Delta t_m=(\Delta t_h-\Delta t_c)/\ln(\Delta t_h/\Delta t_c)=392.9$℃。对于废热锅炉，其传热的控制因素是管内过程气的膜传热系数，在管内气速合理的范围内，其推荐计算采用的传热系数为$K=55-65$W/(m^2·K)。对于本装置酸性气燃烧炉废热锅炉，K取中间值按照60W/(m^2·K)，其计算换热面积$A_d=\dfrac{Q}{K\Delta t_m}$，根据前文计算，$Q=22049.6MJ/h=6.125MJ/s=6124897.6$W；$K$和$\Delta t_m$前文已计算，所以$A_d=259.8$m^2。

本设备实际换热面积$A=\pi\times0.045\times7.5\times392=415.4$m^2。面积余量$C_f=(A/A_d-1)=59.9\%$。

2. 硫冷器

硫冷凝器需控制管内过程气的流率，以防止产生硫雾，推荐气体线速为15~22m/s。在合理的气速下，其传热系数为55~75W/(m^2·K)(脏)，表4-49计算按其中间值65W/(m^2·K)。

表4-49 硫冷凝器的计算结果

	一级冷凝冷却器	二级冷凝冷却器	三级冷凝冷却器
热端入口温度/℃	324.2	290.08	223.09
热端出口温度/℃	163.6	156.6	128.8
冷端入口温度/℃	140.3	140.3	114
冷端出口温度/℃	140.3	140.3	114
过程气量/(m^3/h)	16916.8	16397.8	14877.0
管程管径/m	0.0387	0.0387	0.0387
管程管长/m	6	6	6
管子根数	526	526	291
管程气速	7.60	7.37	12.08
Δt_h/℃	183.9	149.8	109.1
Δt_c/℃	23.3	16.3	14.8
Δt_m/℃	77.7	60.2	47.2
Q/(MJ/h)	3082.0	1961.1	1675.9
K/[W/(m^2·K)]	65	65	65
A_d/m^2	169.4	139.3	151.7
A/m^2	383.5	383.5	212.2
C_f	126.36%	175.40%	39.84%

换热器计算余量较大，但由于管程实际气速较低，可能影响膜传热系数。

3. 再生塔重沸器

再生塔重沸器形式为BKU1200/1800-0.53/0.5-426-6.2/25-2，换热面积426m^2；热介

质为蒸汽/饱和水，温度 141.9℃；冷介质为饱和水/饱和蒸汽，温度为 118.9℃。热端温差 Δt_h=冷端温差 Δt_c。$\Delta t_m=(\Delta t_h+\Delta t_c)/2=23$℃。对于再生塔重沸器，在管内气速合理的范围内，其推荐计算采用的传热系数为 K=700-900W/(m^2·K)。本装置 K 取中间值按照 800W/(m^2·K)，其计算换热面积 $A_d=Q\div K\Delta t_m$，根据前文计算，Q=8300.03MJ/h=2305563W；K 和 Δt_m 前文已计算，所以 $A_d=125.3m^2$。面积余量 $C_f=(A/\grave{A}_d-1)=240\%$。重沸器的设计较大，这主要是由于 3#溶剂再生实际运行负荷远低于设计负荷。

十六、塔器

(一) 急冷塔

除非额外注明，本节急冷塔相关计算的方法、公式、数据、图表等均来自吴德荣等编著的《化工工艺计算手册(第四版)》[11]。

急冷塔尺寸 ϕ2400mm×19100mm(切)，内装 14 层双溢流筛孔塔盘，板间距 H=750/800(人孔处)mm，每层塔盘上开 ϕ25mm 的孔 300 个。以单数层塔盘为例，单侧溢流堰弦长 2030mm，降液管底部间隙 $h_{底}$=75mm。塔盘简图参见图 4-14。

根据前文计算，急冷塔入塔尾气量 407.12kmol/h，温度 150.7℃，压力 15.41kPa(g)；出塔尾气量 276.32kmol/h，温度 36℃，压力 14.41kPa(g)。入塔急冷水 106.8t/h，温度 33℃；出塔急冷水 109.2t/h，温度 51.3℃。

根据相关计算得到如图 4-15 所示性能曲线。

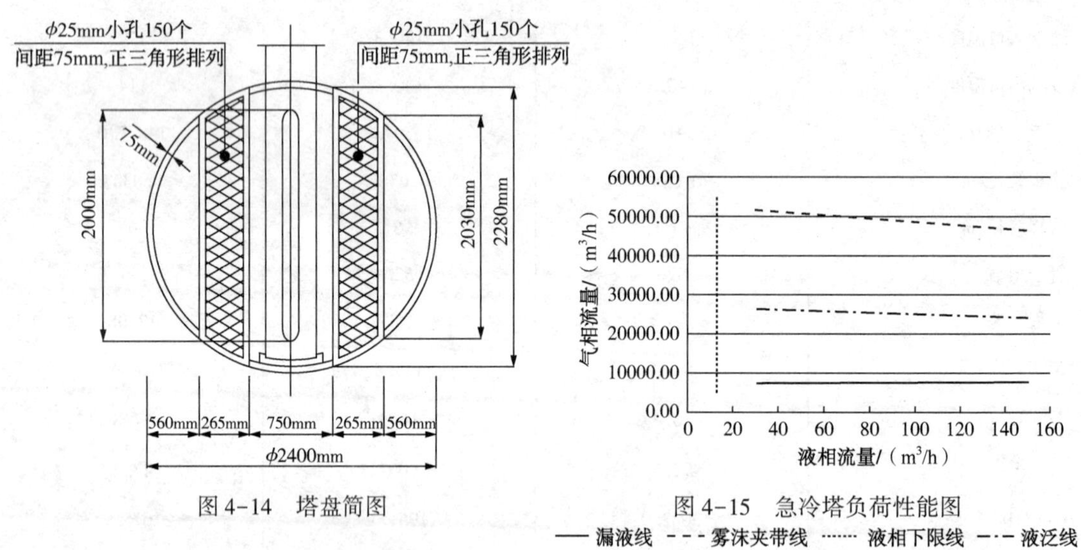

图 4-14 塔盘简图

图 4-15 急冷塔负荷性能图

── 漏液线 - - - 雾沫夹带线 ······ 液相下限线 -·- 液泛线

图中点为当前操作负荷点。液相上限线因在图右侧距离较远，图中未示意出。整体来看，塔的负荷较低。操作条件下急冷塔水力学计算情况见表 4-50。

表 4-50 操作条件下急冷塔水力学计算结果汇总

项 目	数值	项 目	数值
塔径/m	2.4	板间距/m	0.75
开孔直径/m	0.025	开孔面积/m^2	0.147

续表

项　目	数值	项　目	数值
塔板开孔率/%	3.26	降液管面积/m^2	1.603(总计)
降液管底隙/m	0.075	降液管开孔率/%	35.5
堰长/m	4.06(总计)	堰高/m	0.075
气相负荷/(m^3/h)	9983.9	液相负荷/(m^3/h)	111.4
气相密度/(kg/m^3)	0.992	液相负荷/(kg/m^3)	980
空塔气速/(m/s)	0.613	空塔动能因子/{m/[s·(kg/m^3)$^{0.5}$]}	0.611
阀孔气速/(m/s)	18.842	阀孔动能因子/{m/[s·(kg/m^3)$^{0.5}$]}	18.767
堰上液流强度/[m^3/(m·h)]	27.44	堰上液高/m	0.025
降液管内液高/m	0.205	降液管停留时间/s	38.8
降液管底隙流速/(m/s)	0.102	雾沫夹带	0.03%

（二）吸收塔

本节吸收塔泛点计算的方法、公式、数据、图表等均来自吴德荣等编著的《化工工艺计算手册》(第四版)[11]；载点计算的方法、公式、数据、图表等均来自王抚华等编著的《化工工程使用专题设计手册》(上册)[12]。

吸收塔尺寸 ϕ2200mm×21400mm(切)，内装2层IMTP 50#金属环矩鞍不锈钢散堆填料，每层高度4.2m，两层总高8.4m，两层间距1.5m，中间设有再分布器，填料总量31.9m^3。吸收塔入口贫液45.37m^3/h，出口富液45.73m^3/h；吸收塔入塔尾气276.32kmol/h或6821.4m^3/h，吸收塔出塔尾气268.9kmol/h。填料空隙率 $\varepsilon=0.978$，湿填料因子 $\phi=59m^{-1}$，干填料因子 $a/\varepsilon^3=84.7m^{-1}$。操作条件下吸收塔水力学计算情况见表4-51。

表4-51　操作条件下吸收塔水力学计算结果汇总

项　目	数值	项　目	数值
塔径/m	2.2	填料高度/m	4.2×2
开孔直径/m	0.05	填料空隙率	0.978
湿填料因子/m^{-1}	59	干填料因子/m^{-1}	84.7
空塔气速/(m/s)	0.499	喷淋密度/[m^3/(m^2·h)]	12
泛点气速/(m/s)	2.772	载点气速/(m/s)	2.431
泛点率	0.189	填料压降/kPa	13.99

（三）再生塔

本节再生塔浮阀塔板的计算方法、公式、数据、图表等主要来自吴德荣等编著的《化工工艺计算手册》(第四版)[11]，付家新等编著的《化工原理课程设计(典型化工单元操作设备设计)》[13]，以及马江权等编著的《化工原理课程设计》(第二版)[14]。

装置再生塔尺寸 ϕ2000mm×22900mm(切)，内装23层ADV-R浮阀塔盘，其中1~3层塔板为精馏段，4~23层塔板为提馏段，板间距 $H=600/1000$(人孔处)mm，塔板开孔率5.5%(精馏段)/10%(提馏段)。塔盘为单溢流，降液管面积占塔截面积的18%，直降液管，降液管底部间隙30mm(精馏段)/70mm(提馏段)，出口堰高50mm(精馏段)/40mm(提馏段)。

通过计算得到如图4-16所示的性能曲线。

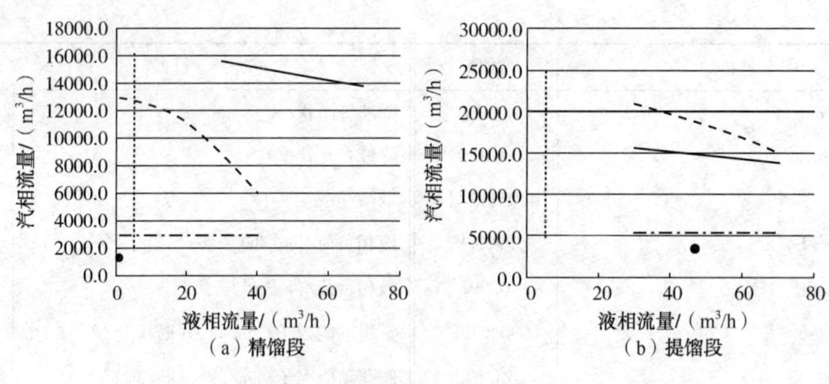

图 4-16 再生塔负荷性能图

— 雾沫夹带线 - - - 液泛线 …… 液相下限线 —·— 漏液线

图中点为当前操作负荷点。液相上限线因在图右侧距离较远，图中未示意出。其中左侧图为精馏段，右侧图为提馏段。操作条件下再生塔水力学计算情况见表 4-52。

表 4-52 操作条件下再生塔水力学计算结果汇总

项目	提馏段	精馏段
塔径/m	2	2
板间距/m	0.6/1	0.6
开孔面积/m^2	0.314	0.1727
塔板开孔率/%	10	5.5
降液管面积/m^2	0.5652	0.5652
降液管面积占比/%	18	18
降液管底隙/m	0.07	0.03
堰长/m	1.698	1.698
堰高/m	0.05	0.04
气相负荷/(m^3/h)	3495.2	1545.2
气相密度/(kg/m^3)	1.077	1.077
液相负荷/(m^3/h)	46.94	1.21
液相负密度/(kg/m^3)	1015	980
空塔气速/(m/s)	0.309	0.137
空塔动能因子/{m/[s·(kg/m^3)$^{0.5}$]}	0.321	0.142
阀孔气速/(m/s)	3.092	2.485
阀孔动能因子/{m/[s·(kg/m^3)$^{0.5}$]}	3.209	2.579
堰上液高/m	25	3
堰上液流强度/[m^3/(m·h)]	27.64	0.72
降液管内液高(阀片全开前)/m	0.098	0.066
降液管内液高(阀片全开后)/m	0.077	0.045
降液管停留时间/s	26.0	1005.4

续表

项　目	提馏段	精馏段
降液管底隙流速/(m/s)	0.110	0.256
泛点率/%	26.51	7.58

整体来看，塔设计偏大，操作点均低于漏液线，精馏段的液相负荷低于液相下限线。这是因为3#溶剂再生设计用于2#和3#两套硫黄回收，现在实际上只有3#硫黄回收投用，且其运行负荷还远低于设计值，塔的气液相负荷偏低。以后检修改造时，应考虑适量堵孔，将溢流堰改为齿堰，并考虑更换精馏段的塔盘。

十七、腐蚀

对于3#硫黄回收装置，根据操作介质腐蚀特性，主要需要考虑的腐蚀类型包括：高温硫腐蚀、湿硫化氢应力腐蚀、胺液+二氧化碳+硫化氢+水腐蚀、吸氧腐蚀、SO_x露点腐蚀等。

（一）高温硫腐蚀

高温硫腐蚀形态为H_2S气体对钢材的化学腐蚀，在氢的促进下可使H_2S加速对钢材的腐蚀。其腐蚀产物不像在无氢环境生成物那样致密、附着牢固，具有保护性。在富氢环境中，原子氢能不断侵入硫化物垢层中，造成垢的疏松多孔，使金属原子和H_2S介质得以互相扩散渗透，因而H_2S的腐蚀不断进行。高温硫腐蚀的起始温度为240℃，温度升高，腐蚀越快。

$$Fe+S \longrightarrow FeS$$

$$Fe+H_2S \longrightarrow FeS+H_2$$

当温度达到350~400℃时，硫化氢按下式分解：

$$H_2S \longrightarrow S+H_2$$

分解出来的硫以及过程气中的单质硫比硫化氢具有更强的活性，腐蚀更加剧烈。温度达到480℃时，H_2S分解，腐蚀率下降。对于高温硫腐蚀H_2S浓度越高，腐蚀速率越大；流速越高，FeS保护膜越容易被冲刷脱落，金属的腐蚀就进一步加剧。

材料抵抗高温硫腐蚀的能力主要随钢中铬含量的增加而增加。铬是具有钝化倾向的元素。由于铬的存在，促进了钢材表面的钝化，因而减少了钢材对硫化氢的吸收量。

因此，对于高温硫腐蚀的防范措施主要包括温度的控制和材料的选择。

（二）湿H_2S应力腐蚀

湿H_2S应力腐蚀主要包括以下几种腐蚀形态：①H_2S对碳素钢及低合金钢存在化学腐蚀。②硫化氢应力腐蚀(SSC)。在有水和H_2S共存的情况下，与腐蚀环境和拉应力有关的一种金属开裂。硫化氢产生的氢原子渗透到钢的内部，降低金属的韧性，增加裂纹敏感性，最终导致脆性断裂，通常发生在焊缝及热影响区的高硬度区域。③氢诱导开裂(HIC)。当氢原子扩散进入钢铁材料中，并在陷阱处结合成氢分子(氢气)时，在碳钢和低合金钢材中所引起金属内部分层或裂纹。④氢鼓包(HB)。发生在钢板表面或近表面的氢诱导开裂常常表现为氢鼓包。⑤应力导向氢诱导开裂(SOHIC)。与主应力方向垂直的一些阶梯小裂纹，使已有的HIC裂纹连接起来的像梯子样形成的一组裂纹(通常是细小的)。这种开裂可被归类为由外应力和氢致开裂及周围的局部应变引起的SSC。

湿硫化氢腐蚀主要包括硫化氢在水溶液中的离解和钢在硫化氢在水溶液中发生的电化学反应。

$$H_2S \longrightarrow H^+ + HS^-$$
$$HS^- \longrightarrow H^+ + S^{2-}$$

阳极反应：

$$Fe \longrightarrow Fe^{2+} + 2e$$

二次过程：

$$Fe^{2+} + S^{2-} \longrightarrow FeS$$
$$Fe^{2+} + HS^- \longrightarrow FeS + H^+$$

阴极反应：

$$2H^+ + 2e \longrightarrow 2H \longrightarrow H_2 \uparrow$$

材料对湿硫化氢腐蚀的发生有重要的影响，其影响因素主要包括：① Mn 含量，Mn 在钢中形成 MnS 夹杂物是引起 H_2S+H_2O 腐蚀的主要因素。② 钢的化学成分。其中 Cr、Mo、V、Ti、Al、B 有利于防止湿硫化氢腐蚀，而 Ni、Mn、P、S 会加剧湿硫化氢腐蚀。③ 金相组织。抗硫化物应力开裂的性能按下列顺序递减：铁素体加球状碳化组织、淬火后经完全回火的纤维组织、正火+回火组织、正火后的显微组织、淬火后未回火的马氏体组织。从晶粒大小看，细小晶粒组织抗硫裂性能好。④ 强度和硬度。钢材的强度(抗拉强度、屈服强度)越高，产生硫化物应力腐蚀开裂的可能性越大。为防止硫化物应力开裂，应限制高强钢使用。钢材的硬度是导致硫化物应力开裂的重要因素，在某一给定的条件下，当硬度低于某个数值时可减少或不发生开裂。为防止设备开裂，对碳素钢和碳锰钢硬度控制在 HBW200，铬钼钢硬度控制在 HBW225。

湿硫化氢腐蚀的发生还需要环境因素，主要包括：① 硫化氢浓度：对同一钢材，硫化氢浓度越高，越容易产生硫化物应力开裂。② pH 值：一般情况下，pH 值越高，开裂可能性越小。pH 值<4.0，最严重，pH 值在 5~6 时不易开裂，但 pH 值≥7 时，基本上不会发生开裂。但当存在氰化物时，pH 值>7 情况下仍然会发生硫化物开裂。③ 水分：硫化氢应力腐蚀开裂必须有水分存在，或存在水蒸气结露的情况。④ 温度：在室温下，开裂概率越大，超过 60℃的概率下降，超过 150℃不存在湿硫化氢应力腐蚀开裂。

湿硫化氢腐蚀的发生还需要应力因素，主要包括：① 冷加工：冷加工产生的冷作硬化，使钢材硬度增加，残余应力变大。因此冷加工降低了抗硫化物应力开裂的能力。② 焊接：焊接接头对开裂的敏感性高于母材，硫化物应力开裂往往发生在焊接热影响区，特别是熔合线。③ 应力水平：硫化物应力开裂发生在拉应力和腐蚀介质共同作用的部位。

相应的，为防范湿硫化氢腐蚀的发生，也需要从以下几个方面着手：① 改进材料性能，包括：降低钢中的 P 含量；加 Ca 处理。使条状 MnS 变成在轧钢过程中易于破碎的球状(MnCa)S；控制 Mn 含量；增加不超过 0.25%的铜，可以减少氢向钢中的扩散量；焊后热处理：降低焊接残余应力，使其硬度值控制在不超过 HBW200。② 材料的选用符合相关的湿 H_2S 腐蚀环境材料选用要求，并进行焊后热处理。③ 尽可能消除湿硫化氢腐蚀发生的环境。

(三) 乙醇胺+二氧化碳+硫化氢+水腐蚀

这种腐蚀主要发生在溶剂再生系统。表现为在碱性介质下，由碳酸盐及胺引起的应力腐蚀开裂和均匀腐蚀。其腐蚀主要是吸收硫化氢及二氧化碳的胺盐，重新分解生成硫化氢和二氧化碳，形成湿硫化氢及二氧化碳的腐蚀。

除上文已提到过的湿硫化氢腐蚀的相关反应，其腐蚀反应还包括：

$$Fe+2CO_2+H_2O \longrightarrow Fe(HCO_3)_2+H_2$$

$$Fe(HCO_3)_2 \longrightarrow FeCO_3\downarrow+CO_2+H_2O$$

$$Fe+H_2CO_3 \longrightarrow FeCO_3\downarrow+H_2$$

该腐蚀的影响因素包括：① 对再生系统的腐蚀主要为二氧化碳腐蚀，硫化氢有抑制二氧化碳腐蚀的作用。② 热稳定盐会造成设备的腐蚀。③ 固体物质(硫化铁、氧化铁)及热稳定盐对设备有冲蚀，破坏金属保护膜。

对这种腐蚀的防范措施主要包括：① 工艺上满足控制热稳定盐的要求，严格控制工艺操作参数。② 在操作温度高于 88℃以上选用碳素钢及低合金钢，应进行消除应力热处理。尽可能采用 S32168 或 S31603 材料。③ 对再生塔底重沸器：采用带蒸发空间的釜式重沸器结构，管束采用 S32168 或 S31603 材料。对贫富液换热器，管束管束采用 S32168 或 S31603 材料。

(四) 吸氧腐蚀

吸氧腐蚀主要发生在余热锅炉及冷凝器等水侧。碳钢在水中会构成氧的浓差电池而遭受吸氧腐蚀，腐蚀速度随水中氧含量的增加而加大。水处于流动状态和密闭系统内，水的温度升高会使钢材在水中的腐蚀加剧。

碳钢在水中的腐蚀产物，初为氢氧化亚铁，次为氢氧化铁，最后被氧化为铁锈。腐蚀反应为：

$$Fe \longrightarrow Fe^{2+}+2e \quad (阳极)$$

$$1/2O_2+H_2O+2e \longrightarrow 2OH^- \quad (阴极)$$

$$Fe^{2+}+2OH^- \longrightarrow 2Fe(OH)_2$$

$$4Fe(OH)_2+O_2+2H_2O \longrightarrow 4Fe(OH)_3$$

$Fe(OH)_2$与 $Fe(OH)_3$虽然溶解度很小，但由于水中离子的影响，这些腐蚀产物不能形成保护膜，疏松地覆盖在钢铁表面上，最后在水、氧的共同作用下，生成铁锈，造成阳极区孔蚀，直至穿孔破坏。

$$Fe^{2+}(Fe^{3+})+H_2O+O_2 \longrightarrow FeO \cdot Fe_3O_4 \cdot nH_2O \cdot Fe_2O_3$$

该腐蚀的影响因素包括：① 氧含量。氧含量越高，腐蚀越严重。② 温度。温度越高，腐蚀越严重。

对这种腐蚀的防范措施主要包括：① 采用除氧设施。② 提高除氧水的温度，控制水中氧含量。③ 选用耐腐蚀材料。

(五) SO_x 露点腐蚀

SO_x 露点腐蚀主要发生在尾气焚烧炉及后续设备，对金属材料的腐蚀行为表现在对氢的置换反应，从腐蚀学理论可解释为氢去极化腐蚀过程。主要腐蚀反应如下：

$$2SO_2+O_2 \longrightarrow 2SO_3$$

$$SO_2+H_2O \longrightarrow H_2SO_3$$

$$Fe+H_2SO_3 \longrightarrow FeSO_3+H_2\uparrow$$

$$SO_3+H_2O \longrightarrow H_2SO_4$$

$$Fe+H_2SO_4 \longrightarrow FeSO_4+H_2\uparrow$$

SO_x 露点腐蚀的影响因素主要包括：① 氧含量。控制氧含量，减少 SO_3生成。② 浓度。相关介质浓度越高，露点温度越高，腐蚀越厉害。③ 温度。超过露点温度，腐蚀轻微。前文尾气焚烧炉章节对相关露点温度进行过计算，本装置发生 SO_3露点腐蚀的风险较低。

SO_x 露点腐蚀的防范措施主要包括：① 控制操作温度保持在露点温度以上。② 停工保护，防止露点腐蚀。③ 选择合适的耐露点腐蚀材料。

（六）3[#]硫黄回收装置的主要设备选材

1. 酸性气燃烧炉

酸性气燃烧炉有多种燃烧反应，介质成分复杂，有湿硫化氢应力腐蚀、二氧化硫露点腐蚀、高温硫腐蚀等多种腐蚀并存。本装置酸性气燃烧炉壳体采用 Q245R，另有 90 刚玉莫来石砖、高温耐火隔热砖、耐酸隔热浇注料、耐酸胶泥等，保温钉材质为 Cr25Ni20。

2. 酸性气燃烧炉废热锅炉

酸性气燃烧炉废热锅炉换热管与管板连接接头及管板承受高温烟气冲刷；传热复杂，既有对流、辐射，也有传导。壳程(水侧)还有沸腾传热；腐蚀介质复杂，管程(烟气侧)有高温硫腐蚀、湿硫化氢应力腐蚀、二氧化硫露点腐蚀，壳程(水侧)有吸氧腐蚀等。

本装置酸性气燃烧炉废热锅炉壳体采用 Q245R，内有 90 刚玉莫来石砖，耐酸隔热衬里等，保温钉材质为 06C19Ni10，管束材质采用 20G。

3. 硫冷凝器

硫冷凝器操作介质复杂，腐蚀成分多，有管程高温硫腐蚀、湿硫化氢腐蚀、二氧化硫腐蚀等，壳程氧腐蚀、酸根离子腐蚀等。温度波动大，对设备容易造成热疲劳。

本装置硫冷凝器壳体采用 Q245R，换热管材质采用 09CrCuSb。

4. 反应器

克劳斯反应器及加氢反应器，由于操作条件相对缓和，出问题较少其主要腐蚀类型有高温硫腐蚀及硫化氢、二氧化硫露点腐蚀。其壳体材质均采用 Q245R，内有耐酸衬里；内构件采用 S11306。

5. 急冷塔

急冷塔均存在湿硫化氢的应力腐蚀，本装置采用 Q245R+S31603 复合板，塔板材质采用 S31608。

6. 吸收塔

吸收塔由于硫化氢被胺液吸收，腐蚀轻微，本装置采用 Q245R，填料材质采用 S30408。

7. 再生塔

再生塔存在硫化氢、二氧化碳、胺液的应力腐蚀，本装置采用 Q245R+S30403 复合板，塔板材质采用 S31608。

本装置运行至今，未因腐蚀导致装置故障，也未发现明显的腐蚀现象。

第五部分　不同计算方法与标定结果的对比分析

一、Aspen-Sulsim 模拟计算结果

（一）计算基础

本章节模拟采用的是 Aspen 公司的 Aspen Hysys V9(35.0.0.270)版本，计算选用的 Property Package 是 Sulsim。计算采用的模型如图 5-1 所示。

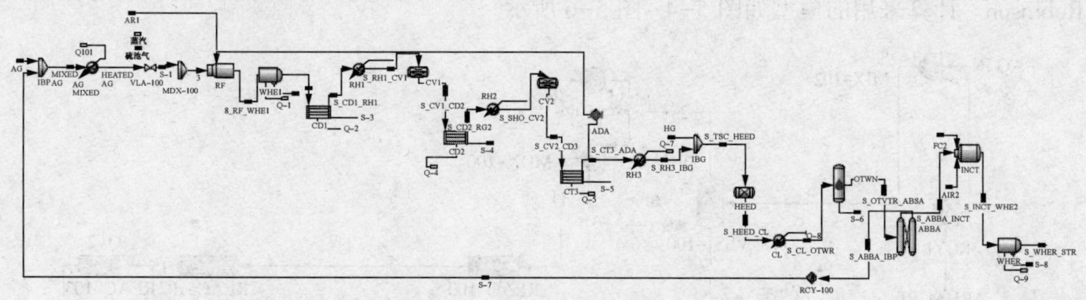

图 5-1　3#硫黄回收装置计算模型

其中包含了 3#溶剂再生装置，另外，还将硫池气和蒸汽抽空器带入的蒸汽列出，这股物流用以评估该股气体对酸性气燃烧炉炉温以及配风量的影响。由于这两股物流属于内部循环物流，所以正常计算时断开；仅在需要时连入 MIX-100。

进炉的硫池气和蒸汽示意图如图 5-2 所示。

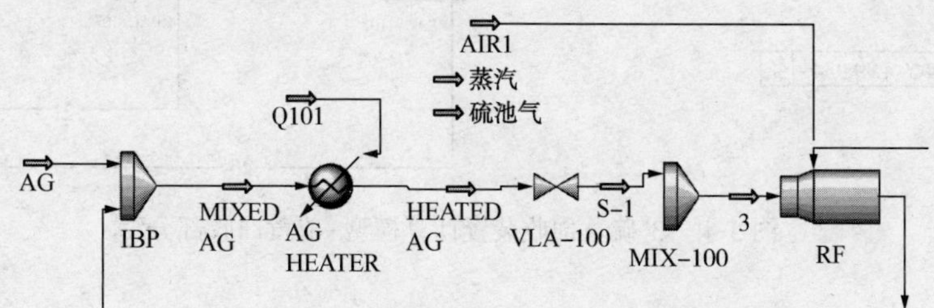

图 5-2　3#硫黄回收装置进炉的硫池气和蒸汽示意

(二) 总体概况

根据 Aspen-Sulsim 模拟结果(见图 5-3)，本装置总回收率 99.95%。

SRU1

Trains　Customize　Efficiency

Train RF

Stage	Thermal: RF	Catalytic: CV1	Catalytic: CV2
Conversion (Unit) [%]	72.15	73.63	65.50
Conversion (Cumulative) [%]	72.15	92.65	97.47
Recovery (Unit) [%]	97.58	95.78	97.43
Recovery (Cumulative) [%]	70.40	91.72	97.32
COS Hydrolysis [%]	N/A	71.75	24.89
CS2 Hydrolysis [%]	N/A	36.51	5.47
Overall Recovery Efficiency [%]	---	---	99.95

Production

Stage	Thermal: RF	Catalytic: CV1	Catalytic: CV2
Conversion (Unit) [kg/h]	2606	740.9	173.8
Conversion (Cumulative) [kg/h]	2606	3347	3521
Recovery (Unit) [kg/h]	2543	770.2	202.4
Recovery (Cumulative) [kg/h]	2543	3313	3516
Total Inlet Sulfur [kg/h]	---	---	3517

图 5-3　3#硫黄回收装置 Aspen 模拟概况

(三) 输出报告

软件模拟输出报告内容较长，另见附件。

二、Promax 模拟计算结果

(一) 计算基础

本章节模拟采用的是 BR&E 公司的 Promax 4.0 版本，计算选用的物性包是 Sulfur Peng-

Robinson。计算采用的模型如图 5-4~图 5-6 所示。

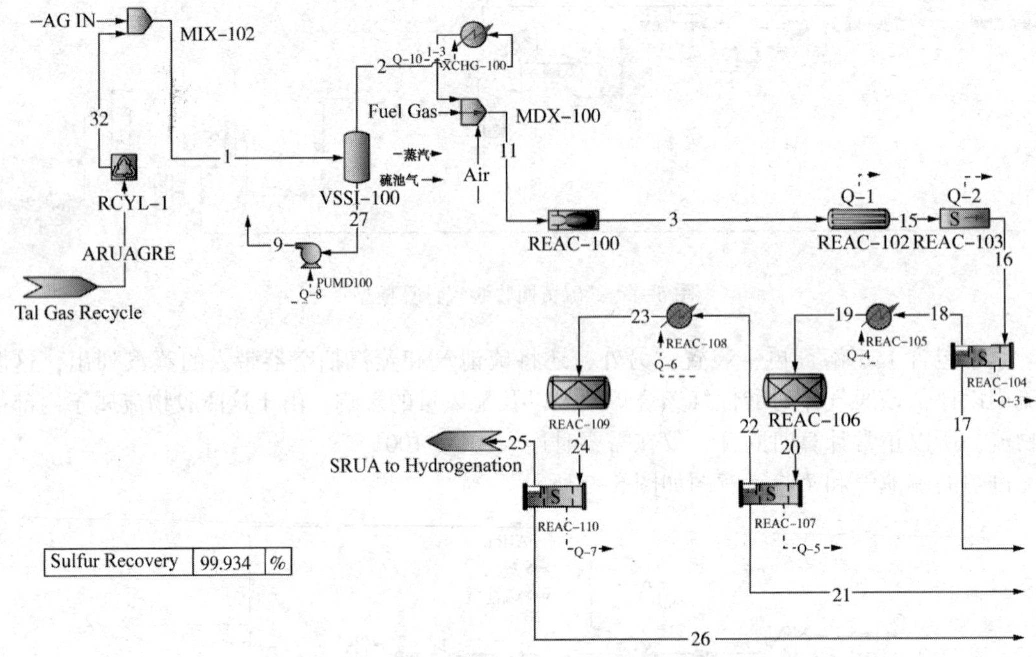

图 5-4　3#硫黄回收装置计算模型-硫黄回收部分

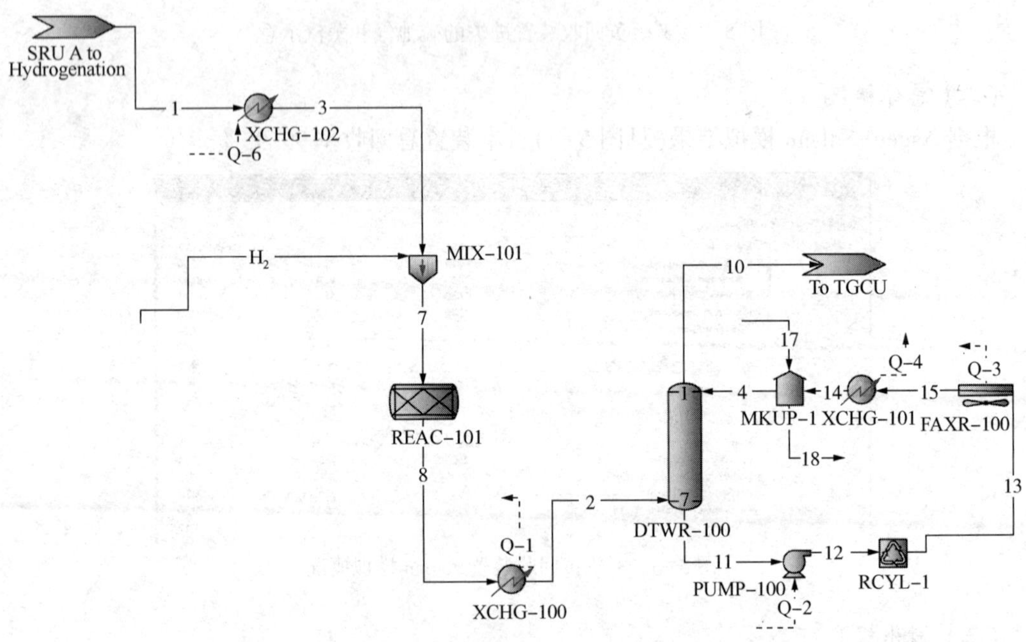

图 5-5　3#硫黄回收装置计算模型-尾气加氢/急冷部分

其中包含了 3#溶剂再生装置。另外，同 Aspen 模拟类似，将硫池气和蒸汽抽空器带入的蒸汽列出，以评估该股气体对酸性气燃烧炉炉温以及配风量的影响。由于这两股物流属于内部循环物流，所以正常计算时断开；仅在需要时连入 MIX-100。进炉的硫池气和蒸汽示意图如图 5-7 所示。

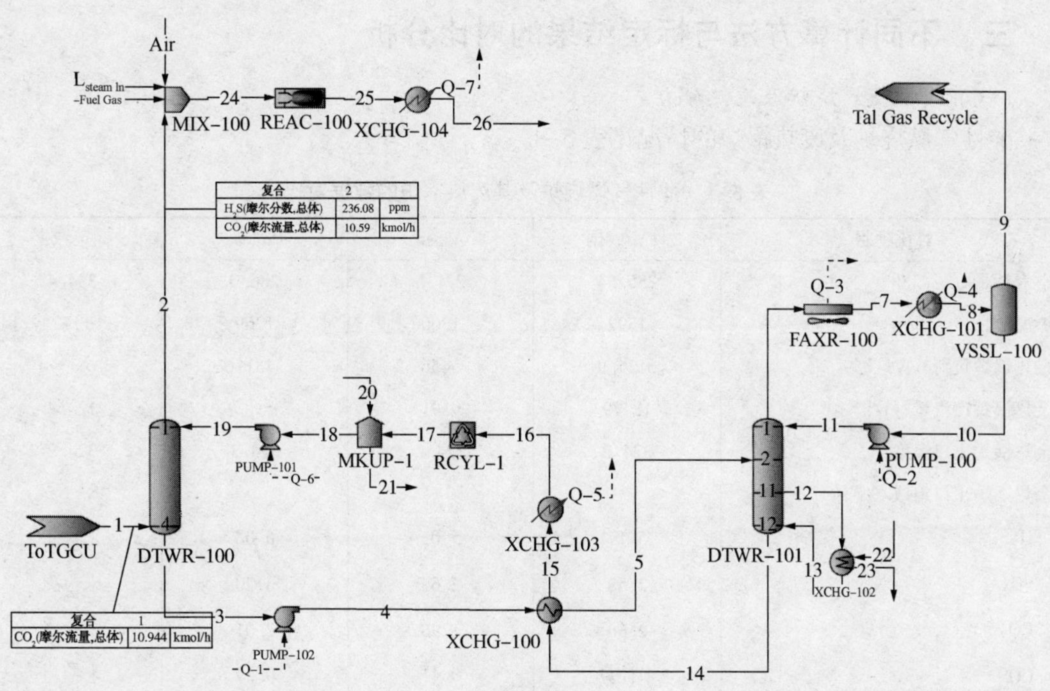

图 5-6　3#硫黄回收装置计算模型-尾气吸收/再生部分

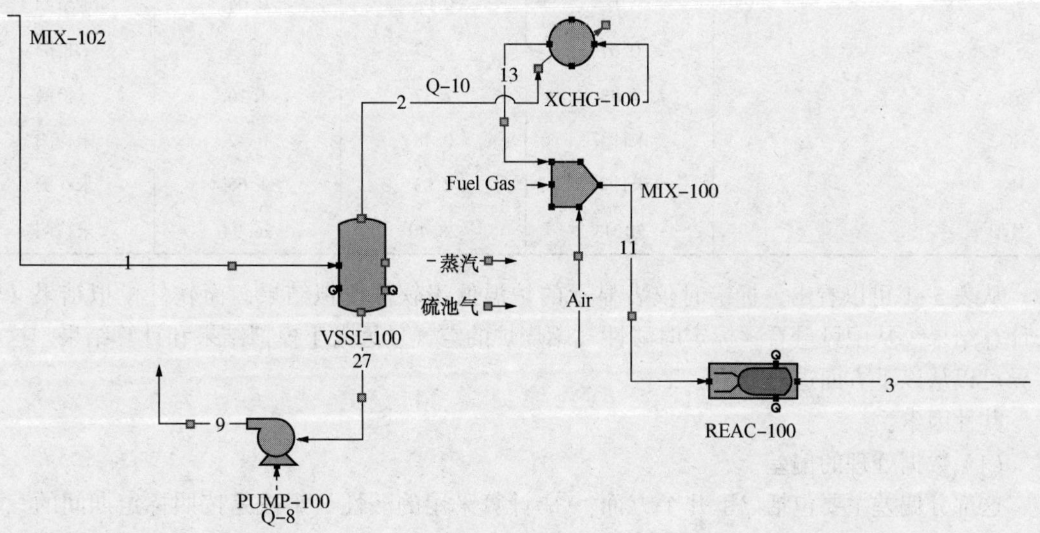

图 5-7　3#硫黄回收装置进炉的硫池气和蒸汽示意

（二）总体概况

根据模拟结果，本装置总回收率 99.934%。

（三）输出报告

软件模拟输出报告内容较长，另见附件。

三、不同计算方法与标定结果的对比分析

(一) 酸性气燃烧炉及废热锅炉

酸性气燃烧炉及废热锅炉的情况见表 5-1。

表 5-1 酸性气燃烧炉及其废热锅炉的数据对比

对比项目	计算数据	Aspen	Promax	标定数据
空气耗量/(kmol/h)	285.54	271.6	286.0	334.4
炉温/℃	1392	1300	1269	1172
余热锅炉负荷/kW	6124.9	5456	5431.6	
余热锅炉产汽量/(t/h)	12.79	9.91	未计算	12.52
余热锅炉出口温度/℃	324.2	324.2	324.3	324.2
余热锅炉出口组成/%(体)				
H_2S	5.17	5.03	6.08	未检测
SO_2	2.58	2.68	3.20	未检测
CO_2	2.66	1.96	2.01	未检测
COS	未计算	0.41	0.39	未检测
N_2	56.56	56.00	56.76	未检测
CS_2	未计算	0.04	0.02	未检测
S_2	0	0.03	0.04	未检测
S_6	0.67	0.87	0.79	未检测
S_8	1.93	1.37	1.16	未检测
CO	未计算	0.48	0.32	未检测
H_2	未计算	2.03	1.65	未检测
H_2O	30.43	28.40	26.94	未检测

从表 5-1 可以看出，标定时仪表显示的炉温低于软件模拟结果，而软件模拟结果又低于计算结果。从配风量看，标定时酸性气燃烧炉的空气量远大于模拟结果和计算结果。这些差异可以从以下方面进行分析：

共性因素：

(1) 数据处理的偏差

这部分偏差主要包括以下几个方面：① 计算采用的酸性气组成是按照标定期间的三日均值，而炉膛温度等取值为标定期间某一时刻的读数值，此时对应的酸性气组成与计算采用的酸性气组成会存在一定偏差。从标定结果来看，配风量远大于设计值，而根据表 5-3 加氢反应器入口的 $H_2S:SO_2=3.29:1$，表现为欠氧，这也印证了测定温度时实际入口的酸性气量和组成与设计值不一致；② 对于焓值、反应热、反应平衡常数等基础数据的取值，不同数据来源的数值存在轻微差异，在进行线性拟合时，又会损失一定的精度，这会导致不同程序计算的结果存在差异；③ 本文计算时采用的空气湿度、空气温度、空气压力等均按照当地的年均值，而进行标定时，上述条件与年均值会存在一定的偏差，从而对计算结果造成影响。

（2）其他

装置部分测量仪表，如空气流量计、硫池气流量计等，未带温压补偿，这可能导致测量结果的偏差。以酸性气燃烧炉风机为例，测得的流量为7264.9Nm^3/h，据此算得表5-1中的空气耗量为334.4kmol/h。但是这个测量值是根据表压测量结果修正后得到的，而计算修正时，可能依据当地的大气压为一个标准大气压进行的，而当地的实际大气压力是89.32kPa，假设该表测的标立值是基于假设环境大气压力是一个标准大气压，即101.325kPa的，则实际的空气流量应为7264.9×89.32/101.325=6404.2Nm^3/h，折合286.0kmol/h，这与计算值及软件模拟值基本一致。

阻垢剂的加入对产汽量存在轻微影响；部分公用工程的实际进装置温度未进行测量，如余热锅炉除氧水等，其实际温度可能低于设计温度，从而对产汽量的计算造成偏差。

个性因素：

（1）炉温测量的准确性

本装置酸性气燃烧炉炉温测量采用红外温度仪，根据授课内容，在温度500~2000℃时，仪表自身的理论误差为±1%；但是为保护测量仪表安全，测量仪表还通有仪表保护风，保护风会导致仪表测量温度比实际温度低100℃以上。另外，根据业主反馈，火检处有铵盐结晶堵塞，红外测温仪的镜头保护窗同样可能受到污染，导致测量结果出现偏差。

实际上本装置酸性气燃烧炉炉膛内共有5台温度仪，标定时5台表的显示温度分别为1138.45℃、1166.6℃、1187.1℃、1197.0℃和913.2℃。本文在计算时就舍弃了其中913.2℃这个偏差较大的数据，取其余四组数的均值作为标定的炉膛温度。但即使这样，各表之间的度数仍然有50℃的最大偏差，由此估得的炉温数据自然也存在一定偏差。

（2）夹带烃类的组成

3#硫黄回收装置标定时，并未对酸性气中携带的烃类组成进行分析，文献[17-19]中对硫黄回收装置酸性气中带烃的种类分布也无一般性的规律描述。本文对携带的烃类统一按照乙烷进行计算，但若烃类不同，对耗氧量及炉温均有影响。参照酸性气燃烧炉和废热锅炉章节，本文实际上对酸性气中携带的烃类假设为甲烷也进行过计算，炉温会降低约26.5℃。

（3）硫池气的影响

硫池气中带空气，会对燃烧炉的配风造成影响；同时，蒸汽抽空器带去的蒸汽又会使炉膛温度降低。表5-1的软件模拟结果是未包含硫池气的；当引入硫池气和相应的蒸汽后，Aspen模拟酸性气燃烧炉空气耗量261.0kmol/h，炉温1266℃；Promax空气耗量275.5kmol/h，炉温1224℃，配风量减少10kmol/h左右，炉温降低30~50℃。

（4）炉体散热损失

本文计算时，并未考虑炉子的热损失。实际上，炉子的热效率肯定不可能达到100%，对燃气炉，仅炉子的理论散热损失就在1.1%~2.9%[20]。本文也对3#硫黄回收装置酸性气燃烧炉的热损失进行过相关计算，在0~5%热损失的范围内，每考虑1%的热损失，酸性气燃烧炉的炉膛温度降低约12℃。

（5）副反应的计算

本文的计算仅考虑了主要的反应，对生成有机硫、CO和H_2的副反应由于反应途径复杂，在计算时进行了忽略。对烃类而言，彻底燃烧生成CO_2和H_2O的反应热远高于生成有机硫、CO和H_2的反应热[21]，同时二者的耗氧量也存在差异；对于酸性气，燃烧生成SO_2的反应热和与其热分解或与CO_2、CO等组分进行副反应的反应热也存在巨大差异[21]，这可能是导致计算结果与软件模拟结果存在差异的重要原因。从表 5-2 一反入口过程气的组成分析，H_2S : SO_2>2：1，表现为略欠氧，这也更有利于有机硫的生成。根据软件模拟结果，产物硫黄中 S_2~S_8各组分都存在，本文计算时也进行了简化。这些都导致了配风量、炉温以及出口组成的差异。

虽然存在上述各种可能的影响，但总体来看，计算结果与标定产汽量基本一致，这从侧面印证了空气耗量的差异可能是因为相关流量计未做温压补偿造成的；炉温的偏差通过上文的分析认为，实际炉温应高于测量炉温。

（二）一、二级克劳斯反应器

硫冷器、加热器和克劳斯反应器情况见表 5-2。

表 5-2　硫冷器、加热器和克劳斯反应器数据对比

对比项目	计算数据	Aspen	Promax	标定数据
一冷出口温度/℃	163.6	163.6	163.6	163.6
一冷液硫量/(t/h)	2.530	2.543	2.315	无测量
一冷产汽量/(t/h)	1.438	1.618	未计算	1.528
一热出口温度/℃	222	222	222	222
一热用汽量/(t/h)	0.45	0.36	未计算	1.133
一反出口温度/℃	290.1	285.8	293.8	337.0
一反温升/℃	68.1	63.8	71.8	115.0
一反入口组成/%(体)				
H_2S	5.30	5.18	6.24	6.86
CO_2	2.73	2.01	2.06	1.29
H_2O	31.22	29.20	27.65	未分析
N_2	58.04	57.58	58.26	未分析
SO_2	2.65	2.76	3.29	3.34
S_2	0	0.00	0.00	未分析
S_6	0.01	0.01	0.01	未分析
S_8	0.04	0.03	0.02	未分析
COS	未计算	0.42	0.40	1398μL/L
CS_2	未计算	0.02	0.02	未分析
CO	未计算	0.50	0.33	未分析
H_2	未计算	2.08	1.69	未分析
二冷出口温度/℃	156.5	156.5	156.2	156.5
二冷液硫量/(t/h)	0.725	0.770	0.890	无测量
二冷产汽量/(t/h)	0.915	0.948	未计算	1.399
二热出口温度/℃	202	202	202	202
二热用汽量/(t/h)	0.34	0.27	未计算	0.299
二反出口温度/℃	223.1	217.8	220.6	229.7
二反温升/℃	21.1	15.8	18.6	27.7

续表

对比项目	计算数据	Aspen	Promax	标定数据
二反入口组成/%(体)				
H_2S	1.67	1.40	1.93	2.61
CO_2	2.78	2.37	2.44	1.44
H_2O	35.54	33.78	32.79	未分析
N_2	59.13	58.92	59.67	未分析
SO_2	0.84	0.72	0.96	1.48
S_2	0	0.00	0.00	未分析
S_6	0.003	0.01	0.01	未分析
S_8	0.03	0.02	0.02	未分析
COS	未计算	0.12	0.09	32.43μL/L
CS_2	未计算	0.01	0.01	未分析
CO	未计算	0.51	0.34	未分析
H_2	未计算	2.13	1.73	未分析
三冷出口温度/℃	128.8	128.8	128.8	128.8
三冷液硫量/(t/h)	0.179	0.202	未计算	无测量
三冷产汽量/(t/h)	0.755	0.506	未计算	无测量

表5-2标定数据与计算结果和软件模拟结果最显著的差异体现在：① 一反的温升，由于一反出口温度的差异，进而导致了二冷的产汽量存在显著差异；② 一级加热器的蒸汽消耗量；③ 过程气组成有所区别。其余数据差别不大。

组成上一反入口的过程气，表现为标定数据 H_2S 和 SO_2 含量高而 CO_2 含量更低。这是因为标定数据测得的含量均为干基组成，若同样按照干基组成，计算结果 H_2S 含量 7.68%(体)，SO_2 含量 3.84%(体)，均略高于标定数据。这可能是因为：① 实际上部分硫转化为了有机硫，而计算时将这部分忽略了；② 实际的炉内转化率可能高于计算值，更多的 H_2S 和 SO_2 通过克劳斯反应消耗掉了。CO_2 含量更低则意味着：① 酸性气中携带的烃类可能更轻；② 生成的 CO_2 进一步通过副反应生成了有机硫。

由于后续的二级加热器、加氢反应器入口加热器等在温升相同的情况下标定的蒸汽耗量与计算值差别不大，推测过程气的量并无太大差别。而一反加热器在同样的温升下，蒸汽耗量较计算值高了数倍，只能推出一反加热器蒸汽出口并非全部液相，而是汽液混相，也就是蒸汽侧出口的疏水阀存在比较严重的内漏。

一般而言，克劳斯反应器的温升主要有以下影响因素：酸性气组成(H_2S 含量、SO_2 含量、是否漏氧等)、入口温度、催化剂活性、装置生产负荷、装置操作波动等。一般而言，一级克劳斯反应器的温升在40~70℃，这与计算结果和软件模拟结果也基本一致，但实测的反应期温升远高于此范围。

对本装置而言，计算时采用的入口温度同标定温度，不存在误差；反应器各层测温点的温度分布比较均匀，不存在明显的气相偏流；装置标定期间也无明显的操作波动；催化剂的活性只是影响反应速率，并不能改变反应平衡，计算是基于反应达到平衡进行的，因此从理论上说，催化剂的活性再高而不能使反应器床层的温度高于理论计算值；从标定结果来看，入口的酸性气中 H_2S、SO_2的含量也比计算值低；从后续的二级加热器、加氢反应器入口加热器蒸汽耗量看，装置负荷也与计算值相差不大，因此单纯从标定结果本身，很难确定一反温升偏高的原因。但是，由于测量的一反入口温度偏低，使得一反实际出口温度在设计范围内；同时，不同测温截面上显示的温度分布较为均匀，显示没有发生明显的偏流等问题，对装置的正常生产运行不会造成不良影响，因此保持关注即可。

从一反各测温点的温度情况来看，一反的温升主要集中在反应器顶部，至床层 1/4 深度处的温升已有 77.4℃，中部和下部的测温点温升不高，且温升比较均匀，由此猜测反应器的高温升有以下可能：① 反应器入口温度计的读数可能存在偏差。一反加热器的换热面积足够，蒸汽量又远大于需求值，根据入口的温度表显示，实际的入口蒸汽 267.7℃，也高于设计值。理论上及 HTRI 模拟结果都表明，其出口的温度应高于 222℃，温度计测量结果可能存在误差。② 火嘴可能存在燃烧不充分，导致后续过程气含游离氧，导致催化剂床层温度升高，这种可能性可以通过后续采样分析化验来进行确认或排除。

(三) 加氢反应器

尾气加热器、加氢反应器和尾气处理废热锅炉情况见表 5-3。

表 5-3 尾气加热器、加氢反应器和尾气处理废热锅炉数据对比

对比项目	计算数据	Aspen	Promax	标定数据
尾气加热器出口温度/℃	233.2	233.2	233.2	233.2
尾气加热器蒸汽消耗量/(t/h)	0.774	0.608	未计算	0.699
加氢反应器出口温度/℃	253.6	250.0	258.2	245.8
补氢量/(kmol/h)	20.4	10	10	9.48
加氢反应器入口组成/%(体)				
H_2S	0.54	0.44	0.72	1.12
CO_2	2.70	2.35	2.39	1.65
H_2O	35.53	33.98	33.31	未检测
N_2	57.31	57.64	58.50	未检测
SO_2	0.27	0.22	0.36	0.34
S_2	0	0.00	0.00	未检测
S_6	0.008	0.00	0.00	未检测
S_8	0.06	0.00	0.00	未检测
COS	未计算	0.09	0.09	未检测
CS_2	未计算	0.01	0.01	未检测
CO	未计算	0.50	0.33	未检测
H_2	3.59	4.55	4.28	未检测
加氢反应器出口组成/%(体)				
H_2S	1.35	0.81	1.23	1.94
CO_2	2.71	2.95	2.84	1.73

续表

对比项目	计算数据	Aspen	Promax	标定数据
H_2O	36.01	33.89	33.71	未检测
N_2	57.66	57.77	58.71	未检测
SO_2	0	0	0	0.00
S_2	0	0	0	未检测
S_6	0	0	0	未检测
S_8	0	0	0	未检测
COS	未计算	0	0	未检测
CS_2	未计算	0	0	未检测
CO	未计算	0	0.004	未检测
H_2	2.26	4.35	3.50	未检测
各种烃类	未计算	0.19	0	未检测
尾气处理废热锅炉出口温度/℃	150.7	150.7	150.7	150.7
尾气处理废热锅炉产汽量/(t/h)	0.630	0.538	未计算	0.612

加氢反应器入口加热器、加氢反应器及尾气处理废热锅炉的计算与软件模拟和标定结果差别不大。需要特别注意的是，根据标定结果，加氢反应器入口的 H_2S : SO_2的摩尔比达到了3.29∶1，远大于2∶1的理想设计值，也高于DCS上显示的比值仪读数。建议后续持续多次采样分析，必要时对比值分析仪进行校准。

（四）急冷塔

急冷塔情况见表5-4。

表5-4 急冷塔数据对比

对比项目	计算数据	Aspen	Promax	标定数据
急冷塔入口温度/℃	150.7	150.7	150.7	150.7
急冷塔出口温度/℃	36	36	33.1	36
急冷水入塔温度/℃	33	无法设定	33	33
急冷水出塔温度/℃	50.4	未计算	47.8	50.1
酸性水排量/(t/h)	2.354	2.034	2.101	2.215
酸性水硫化氢含量/(mg/L)	275	0.00	35	275
急冷塔热负荷/kW	2155.6	1737.5	未计算	未检测
急冷塔入口组成/%(体)				
H_2S	1.35	0.81	1.23	未检测
CO_2	2.71	2.95	2.84	未检测
H_2O	36.01	33.89	33.71	未检测
N_2	57.66	57.77	58.71	未检测
SO_2	0	0	0	未检测
S_2	0	0	0	未检测

续表

对比项目	计算数据	Aspen	Promax	标定数据
S_6	0	0	0	未检测
S_8	0	0	0	未检测
COS	未计算	0	0.00	未检测
CS_2	未计算	0	0	未检测
CO	未计算	0	0.004	未检测
H_2	2.26	4.35	3.50	未检测
急冷塔出口组成/%(体)				
H_2S	1.99	1.16	1.78	未检测
CO_2	4.00	4.23	4.09	未检测
H_2O	5.73	5.19	4.40	未检测
N_2	84.96	82.86	84.68	未检测
SO_2	0	0	0	未检测
S_2	0	0	0	未检测
S_6	0	0	0	未检测
S_8	0	0	0	未检测
COS	未计算	0	0.00	未检测
CS_2	未计算	0	0	未检测
CO	未计算	0.01	0.005	未检测
H_2	3.32	6.24	5.05	未检测

急冷塔计算结果与标定数据基本一致，塔底急冷水温度误差仅0.3℃，排水量的计算误差也仅有6%。但是该急冷塔温度偏低，进出塔的水温差也较小。可以适当减少急冷水量，提高进出塔温差，以实现节能降耗的目的；在保证烟气达标排放的前提下，建议提高急冷水入塔温度，提高急冷水冷却器进出口循环水温差，减少循环水消耗。

(五) 吸收/再生部分

吸收/再生塔情况见表5-5。

表5-5 吸收/再生塔数据对比

对比项目	计算数据	Aspen	Promax	标定数据
吸收塔酸性气入口温度/℃	36	36	33.1	36
吸收塔贫液入口温度/℃	34.4	无法设定	34.5	34.4
吸收塔酸性气出口温度/℃	34.8	34.8	34.5	34.8
吸收塔富液出口温度/℃	38.7	未计算	35.3	38.7
吸收塔酸性气出口压力/kPa(g)	0.42	0.42	0.42	0.42
循环贫液量/(t/h)	46.19	无法设定	46.19	46.19
循环富液量/(t/h)	46.5	未计算	46.34	47.6
再生蒸汽量/(t/h)	3.88	无法设定	3.88	3.88

续表

对比项目	计算数据	Aspen	Promax	标定数据
再生蒸汽单耗/(kg/t)	84	未计算	84	81.51
再生酸性气量/(Nm^3/h)	169.2	121.3	118.5	306.7
吸收塔出口组成/%(体)				
H_2S	0.01	0.02	0.02	未检测
CO_2	3.49	3.45	4.01	未检测
H_2O	5.79	5.47	4.98	未检测
N_2	87.30	84.39	85.85	未检测
SO_2	0	0	0	未检测
S_2	0	0	0	未检测
S_6	0	0	0	未检测
S_8	0	0	0	未检测
COS	未计算	0	0	未检测
CS_2	未计算	0	0	未检测
CO	未计算	0.01	0.006	未检测
H_2	3.42	6.35	5.12	未检测
贫液组成/(kg/h)				
MDEA	16166.5	未计算	16166.5	未检测
H_2S	26.7	未计算	43.3	26.7
H_2O	29996.8	未计算	29946.2	未检测
$CO_2$①	4.62	未计算	5.2	未检测
富液组成/(kg/h)				
MDEA	16166.5	未计算	16166.5	未检测
H_2S	213.5	未计算	203.3	204.2
H_2O	30001.7	未计算	29921.4	未检测
$CO_2$①	77.6	未计算	420.8	未检测
再生酸性气组成/%(体)				
H_2S	72.77	54.86	88.8	94.75②
H_2O	5.29	4.49	4.1	未检测
CO_2	21.94	40.65	6.7	2.98②

① 由于标定时未进行检测，所以贫液中的CO_2绝对量不详。本表是基于贫液中CO_2含量100μg/g。

② 再生酸性气的组成数据为干基，另有微量烃类等其他物质，故所列两数之和并不等于100。

吸收/再生部分计算及模拟结果与标定数据的偏差主要体现在富液量上。然而根据再生酸性气的量及组成，再生酸性气中的H_2S和CO_2之和约471.6kg/h；而标定数据富液减贫液的量差值为1410kg/h，无法对应。对此，有以下原因：

(1) 贫液温度过低，导致溶剂被稀释

由于急冷塔出口的尾气中水是饱和的，当贫液温度低于尾气温度时，随着气液接触，尾气温度降低，就会有水析出。参见计算部分的吸收/再生章节，本装置理论计算约有4.9kg/h的水析出进入溶剂系统，长期累积会导致溶剂被稀释，但该值远不能解释贫富液量的差值。

虽然溶剂温度降低更有利于 H_2S 的吸收，但本装置 CEMs 检测的排气口烟气 SO_2 含量仅有 58.26mg/m^3，远低于 400mg/m^{3}的排放要求。适当的提升溶剂温度不仅可以避免溶剂被稀释，也可以减少循环水的消耗，起到节能降耗的目的。

(2) 急冷塔出口过程气大量带液

根据本文急冷塔章节相关计算，急冷塔的雾沫夹带量很小，且塔顶还有丝网除雾器，理论上不会如此大量带液。但实际运行过程中，可能因筛孔堵塞等原因，导致实际的阀孔动能因子高于计算值。建议对急冷塔出口的尾气多次采样分析其中的游离水含量，确定是否是急冷塔带来的水。如果确系急冷塔带的游离水，可在停工检修时，对急冷塔塔板进行清洗，并对塔顶除雾器进行改造；如果不是急冷塔顶带的游离水，则需要对富液的组成进一步分析，确定其中多的介质组成，并对贫富液的流量计进行校核，确认是否测量误差。

根据计算结果，目前装置的富液酸性气负荷较低，同时装置的烟气中 SO_2 含量也远低于排放标准要求，本应考虑减少溶剂量，以实现节能降耗的目的。但是通过吸收塔和再生塔章节的相关计算，目前吸收塔和再生塔的操作负荷均较低，尤其是再生塔，漏液现象比较严重。建议短期对溶剂量不做调整，但可考虑适当减少再生蒸汽消耗；待停工检修时，可考虑对塔板进行改造减少溶剂循环量，以实现节能降耗的目的。

(六) 尾气焚烧炉

尾气焚烧炉、中压蒸汽过热器及废热锅炉情况见表 5-6。

表 5-6　尾气焚烧炉、中压蒸汽过热器及废热锅炉数据对比

对比项目	计算数据	Aspen	Promax	标定数据
尾气焚烧炉炉膛温度/℃	626.7	626.7	626.7	626.7
焚烧炉风机流量/(Nm^3/h)	3374.8	2318.4	2407.3	2871
焚烧炉风机出口温度/℃	54.4	54.4	70	54.4
焚烧炉出口氧/%(体)	2.24	2.00	1.65	1.89
燃料气流量/(Nm^3/h)	187.2	36.5	120.5	132.10
蒸汽过热器出口烟气温度/℃	321	未计算	未计算	318
蒸汽过热器出口蒸汽温度/℃	437.4	未计算	未计算	437.4
过热蒸汽量/(t/h)	10.365	未计算	未计算	10.365
废热锅炉出口烟气温度/℃	269.4	269.4	269.4	269.4
废热锅炉产蒸汽量/(t/h)	0.378	未计算	未计算	0.378

从表 5-6 可知，燃料气消耗量计算值与实际运行数据及软件模拟结果均存在一定偏差，这主要是因为本装置标定时，并未对燃料气的组成进行分析，计算采用的设计值与实际的燃料气的组成可能存在偏差。此外，Aspen 计算结果中燃料气的消耗量显著低于一般经验值，应首先予以排除；Promax 计算时，由于算出的空气温度高于标定值，也可能导致燃料气消耗量的减少。

（七）烟囱和烟气

烟囱和烟气情况见表5-7。

表5-7 烟囱和烟气数据对比

对比项目	计算数据	Aspen	Promax	标定数据
烟气流量/(Nm^3/h)	9102.4	7902.7	8284.3	16894
排烟温度/℃	269.4	269.4	269.4	168.9
烟囱抽力/Pa	312(按烟气168.9℃)	未计算	未计算	14960.3(CEMs)90(过热器处表)
烟气组成				
SO_2/(mg/Nm^3)	131	416.7	485.3	58.26(CEMs)
CO_2/%(体)	3.51	3.46	4.03	未检测
H_2O/%(体)	7.40	10.45	10.06	未检测
N_2/%(体)	86.85	84.07	84.24	未检测
O_2/%(体)	2.24	2.00	1.65	11.99(CEMs)
CO/(mg/Nm^3)	未计算	27.8	0	843

本装置烟气流量、组成等计算结果与软件模拟结果较为接近，而与标定数据相差甚远，根据前文的相关计算，应为大量漏风导致的。本装置烟囱上连接着2#和3#两套硫黄回收装置，其中2#硫黄回收装置未投用，目前烟道上只有一个蝶阀，未设置盲板，建议2#硫黄回收装置的烟道适时增加盲板。

关于烟囱的抽力，采用不同方法计算的结果较为接近，但与CEMs表上的读数有数量级上的差距；焚烧炉出口及蒸汽过热器内共计有3块压力表，三表读数较为接近，均在-90Pa(g)左右，考虑到后续废热锅炉以及烟道等还有一定压降，这个数也能与计算的烟囱抽力数据对应上。因此，目前认为可能的原因包括：① CEMS的压力测量元件损坏；② CEMS显示的压力读数是基于一个标准大气压的，而本装置地处高原，年均大气压为89.32kPa，本身就远低于标准大气压，导致读数显著偏离正常值。

此外，烟气中还带有大量的CO。烟气中带有CO，可能的原因包括[22]：配风不足；火嘴雾化混合不好，局部不完全燃烧；炉温过低等。本装置焚烧炉出口烟道上氧化锆分析仪测得氧过剩量1.89%(体)，可以考虑适当提高氧过剩量至2%(体)；焚烧炉测量温度偏低，但可能与前文所述原因类似，实际的炉温高于测量炉温，可以考虑适度提升炉温，以降低烟气CO含量；如果上述措施都采取后，仍然没有显著效果，可考虑对火嘴进行检测。

第六部分 硫黄装置的技改方案

一、通过计算发现的问题及其技改方案

（一）部分依赖表压测量的仪表测量结果可能存在偏差

通过不同计算方法与标定结果的对比分析章节对燃烧炉风量的相关比较可以看出，本装置依赖表压测量修正计算的表，如标态流量的测量仪表等，因其基准压力选取的问题，可能存在较大的偏差。若确实存在问题，需要进行修正。

（二）燃烧炉炉温可能偏低

虽然通过不同计算方法与标定结果的对比分析章节的分析，认为测量显示的炉温可能低于实际的炉温，但这并不意味着炉温处于理想的范围。原料酸性气（干基）中带有3.88%（体）的氨，为保证氨的完全分解，一般认为应保持炉温1250℃以上。建议适时对红外温度仪进行校准；对一反入口前的过程气采样时，增加对其中氨残余量的分析，以便对真实炉温和烧氨效果做出辅助判断。

如果确定酸性气燃烧炉温度不能满足烧氨要求，可考虑硫池气不再进酸性气燃烧炉；参见不同计算方法与标定结果的对比分析章节，若硫池气不进酸性气燃烧炉，酸性气燃烧炉的炉温可以提高30~50℃。硫池气可考虑采用LS-DeGAS技术改造，进加氢反应器或采用其他方法处理。

（三）一级加热器蒸汽耗量过大的问题

通过不同计算方法与标定结果的对比分析章节的判断，认为本装置的一级加热器蒸汽耗量偏大，可能蒸汽侧出口疏水阀存在内漏，需要通过进一步检查核实。同时，结合装置实际的蒸汽条件和耗量，判断一级加热器出口温度计测量结果可能存在偏差，建议适时进行校表。

（四）一反出口温升偏高

参见不同计算方法与标定结果的对比分析章节，一反出口温升不仅高于一般经验值，也显著高于理论计算结果和软件模拟结果。根据分析判断，可能的原因包括入口实际温度可能高于仪表显示温度，这点已在一级加热器蒸汽耗量过大的问题章节建议适时进行校表确认；另一个可能的原因是火嘴混合不均匀，燃烧效果不好，导致有游离氧带入，长期会影响催化剂活性。建议在采样时，对相应过程气中的氧含量进行检测，如果发现漏氧现象，需要对火嘴进行改造。

（五）克劳斯尾气H_2S：SO_2比值偏差

根据标定分析结果，克劳斯尾气中H_2S：SO_2为3.29：1，远大于2：1的设计值，也高于DCS上显示的比值仪读数。建议后续持续多次采样分析，必要时对比值分析仪进行校准，以免影响装置回收率。

（六）急冷水温度偏低

急冷水设计入塔温度为40℃，而现装置实际入塔温度为33℃。虽然较低的入塔温度可以使冷后的尾气温度更低，更有利于后续H_2S的吸收，但是这也造成了急冷水冷却器进出口循环水温差偏小，循环水消耗量大、能耗高的问题。同时，装置现阶段尾气温度低于贫液温度，导致吸收塔内水析出，对吸收剂造成稀释。建议装置后续进行操作调整，在保证尾气达标排放的前提下，逐步提高急冷水入塔温度。同时，装置急冷水进出塔的温差也较小，可以适当减少急冷水循环量。

（七）吸收塔贫液温度偏低，富液酸性气负荷偏低

装置贫液进吸收塔的温度为34.4℃，甚至低于尾气入塔温度。虽然低温有利于H_2S的吸收，但是装置尾气温度低于贫液温度，导致吸收塔内水析出，对吸收剂造成稀释；同时，过低的温度也使得贫液冷却器进出口循环水温差偏小，循环水消耗量大，装置能耗升高。建议通过操作逐步提高贫液温度。

根据计算结果，装置总酸性气负荷仅有0.053kmol/kmolMDEA，酸性气负荷偏低。但鉴于目前吸收塔和再生塔的操作负荷均较低，尤其是再生塔，漏液现象比较严重，溶剂量暂不

宜做调整；待停工检修时，可考虑对塔板进行改造减少溶剂循环量，以实现节能降耗的目的。

（八）塔器设备偏大

根据塔器章节相关计算，在装置现有运行负荷情况下，各塔操作负荷均较低，尤其是再生塔，运行负荷仅有设计操作负荷的不到60%，导致漏液现象比较严重。根据全厂生产情况，若硫黄回收装置未来仍将长期处于低负荷运行状态，建议后续检修时对相关塔内件进行改造或者更换。

（九）部分换热器偏大

根据冷换设备章节相关计算，在装置现有运行负荷情况下，部分换热器偏大，管内流速过低，可能影响换热器的膜传热系数，并使换热器内更易积垢。根据全厂生产情况，若硫黄回收装置未来仍将长期处于低负荷运行状态，建议后续检修时对相关换热器部分堵管或插入扰流元件，如交叉锯齿带等。

（十）烟囱漏风问题

根据计算部分烟囱及烟气章节相关计算及不同计算方法与标定结果的对比分析章节相关分析，3#硫黄回收装置烟囱漏风量甚至超过了装置烟气量。据分析这些风主要是通过现停用的2#硫黄回收装置漏过去的，建议装置检修时，在相关烟道上增加盲板。

二、装置运行中发现的问题及其技改方案

（一）尾气焚烧炉震动

课程培训时讲过，引起锅炉震动的原因主要包括燃烧震动、浪涌、应力以及设备管道的设计问题等。

本装置尾气焚烧炉开工初期出现震动，后经现场处理，判断主要是部分管线共振导致，并对流道做了局部改造，改造后，震动现象基本消失。但根据现场反馈情况，装置在外界气温低时，偶尔会有震动。本装置尾气焚烧炉炉温基本稳定，炉体及余热锅炉等均有保温层，外界温度的变化，对炉体内部影响很小。但是气温变化时，往往伴随外界风速、气压以及空气密度等的变化，进而影响烟囱的抽力。因烟囱抽力的变化，导致余热锅炉内部压力分布及气相流速发生变化，可能在某些点上刚巧使部分管束等发生共振。

图6-1 3#硫黄回收装置尾气焚烧炉蒸汽管线

另一种可能是部分蒸汽管线保温效果不佳加之走向不太合理导致的。受平面布置的影响，如图6-1所示部分蒸汽管线较长、拐弯较多，塔河地区冬季气温低，如果保温效果不好，可能使管线中的部分蒸汽发生冷凝，使管线中变为汽液混相，继而发生振动。

（二）开停工达标排放

3#硫黄回收装置正常运行及开工时，可以满足烟气SO_2含量小于400mg/Nm^{3}的指标要求；但装置在停工钝化时，装置难以保证达标排放。由于硫黄回收装置停工时，催化剂等需要进行吹硫；加氢反应器等需要进行钝化处理，钝化时，尾气中含氧，为防止MDEA溶剂

变性，所以停工钝化时，尾气吸收塔是不能正常投用的，此时，未经脱硫的尾气经焚烧后排放，烟气中的SO_2超标。

为使停工尾气实现达标排放，可以采用以下措施：① 采用“热氮吹硫”等新工艺替代传统的吹硫工艺，吹出的硫经溶剂吸收；② 加氢催化剂采用“无氧卸剂”等方法，减少钝化影响；③ 增加尾气脱硫处理。也有文献[23,24]提供了其他停工方法，如吹扫气还原法、同步吹扫法等。通过不同方法的对比，可以择优选择适宜的方案进行改造。

（三）急冷塔出口带水

装置运行中发现吸收塔吸收剂被稀释。根据尾气焚烧炉章节，吸收塔进出口贫富液量相差1.41t/h，但再生出的H_2S和CO_2之和仅有471.6kg/h，同时理论计算因尾气温度降低析出的水也仅有4.85kg/h，尚有约933kg/h的介质无法确定来源，因而推测为上游急冷塔出口气相带的游离水。但根据急冷塔章节相关计算，急冷塔的雾沫夹带量很小，且塔顶还有丝网除雾器，理论上不会如此大量带液。

建议对急冷塔出口的尾气多次采样分析其中的游离水含量，确定是否是急冷塔带来的水。如果确系急冷塔带的游离水，可在停工检修时，对急冷塔塔板进行清洗，并对塔顶除雾器进行改造；如果不是急冷塔顶带的游离水，则需要对富液的组成进一步分析，确定其中多的介质组成，以便分析其来源；并建议对贫富液的流量计进行校核，确认是否测量误差。

（四）阀门内漏

已发现的主要是尾气捕集器出口至尾气焚烧炉的联锁旁路阀阀门内漏。该阀门是当尾气处理部分压力高高、加氢反应器出口温度高高、急冷塔出口尾气温度高高或急冷塔液位低低联锁时，将捕集器出口尾气直接送至尾气焚烧炉。但该股尾气若送至尾气焚烧炉，则出口烟气中的SO_2含量必然会超标；随着环保要求日益严格，该联锁设置以后建议改为装置联锁，相关的阀门及管线取消。

（五）火焰检测器

装置运行中发现，1#硫黄回收装置火焰检测器有时有铵盐结晶、堵塞探头，导致火焰检测器误报，3#硫黄回收装置暂未出现此情况。本装置火焰检测器安装位置位于炉头，参见图6-2中的管嘴3-1和3-2。炉头位置的温度较高，一般不会有铵盐结晶的问题。火焰检测探头几乎是免维护的产品，除了偶尔需要对镜片进行清洁外，不需要额外的维护。但是，为了保护探头，火焰检测器必须通入冷却风；怀疑是冷却风通入量过大，导致火焰检测器附近存在局部低温区，未来得及反应的氨部分在此结晶，导致探头堵塞。建议适当控制冷却风量，防止局部过冷。

（六）烟气带CO

烟气中的CO含量较高，标定时尾气中CO含量843mg/Nm^3，最高时可到1300mg/Nm^3。根据前文分析，烟气中带有CO，可能的原因包括[22]：配风不足；火嘴雾化混合不好，局部不完全燃烧；炉温过低等。本装置焚烧炉出口烟道上氧化锆分析仪测得氧过剩量1.89%（体），可以考虑适当提高氧过剩量至2%（体）；焚烧炉测量温度偏低，但可能由于不同计算方法与标定结果的对比分析章节所述原因类似，实际的炉温高于测量炉温，可以考虑适度提升炉温，以降低烟气CO含量；如果上述措施都采取后，仍然没有显著效果，建议对火嘴进行检测。

三、满足更严苛环保排放标准的技改方案

3#硫黄回收装置现执行《石油炼制工业污染物》（GB 31570—2015）中一般地区要求，SO_2

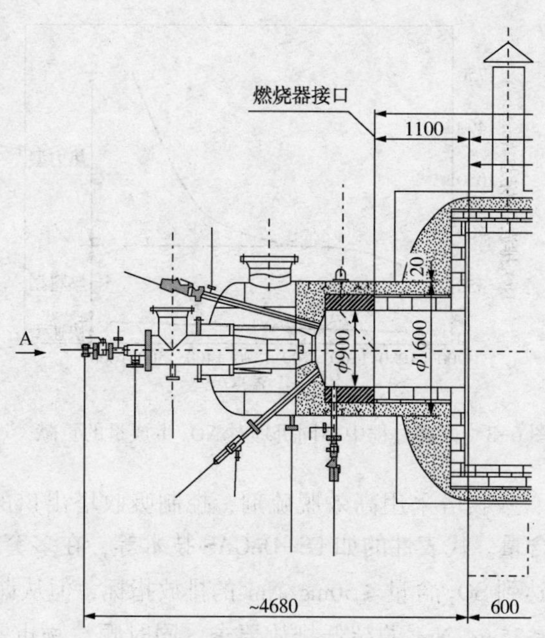

图 6-2　3#硫黄回收装置酸性气燃烧炉炉头

排放指标 400mg/Nm³。未来随着环保要求的日益严格，可能会对硫黄装置的排放提出新的要求。《石油炼制工业污染物》(GB 31570—2015)中对特别排放限制地区的要求是烟气中 SO_2≤100mg/Nm³；部分省区的地方标准要求烟气中 SO_2≤50mg/Nm³。对于电力行业，中华人民共和国国家发展和改革委员会[2015]2835 号文件规定，对于燃气机组，超低排放的要求是在基准氧含量 6%的条件下，烟尘、二氧化硫、氮氧化物排放浓度分别不高于 10mg/Nm³、35mg/Nm³和 50mg/Nm³；而《火电厂大气污染物排放标准》(GB 13223—2011)中，对于以气体为燃料的锅炉，要求烟尘、二氧化硫、氮氧化物排放浓度分别不高于 5mg/Nm³、35mg/Nm³和 50mg/Nm³。未来石化行业也可能会跟进采取类似的超低排放标准。

烟气中的 NO_x 主要有三种生成机理，热力型、燃料型和快速型。热力型 NO_x 是空气中的氮在高温下氧化生成，生成量与温度相关，在温度低于 1350℃时，几乎不生成热力型 NO_x。燃料型 NO_x 是燃料中的含氮化合物在燃烧过程中分解氧化生成，对硫黄回收装置，其酸性气和燃料气中几乎都不含氮化合物。快速型 NO_x 是 1972 年 Fenimore 通过实验发现的，烃类在燃料浓度较高的反应区附近会快速生成 NO_x，其生成量取决于空气过程条件和温度水平，且与压力的 0.5 次方成正比[25]。对燃煤电站，不同温度下三种机理生成的 NO_x 量参见图 6-3。对于硫黄回收装置，尾气焚烧炉的炉温较低，且燃料中几乎不含含氮化合物，烟气中的 NO_x 主要是快速型 NO_x，生成量不大。本装置实测烟气中 NO_x 含量正常也低于 15mg/Nm³，即使考虑氧含量折算，也可以满足超低排放要求。对本装置而言，需要考虑的主要是除尘和控制烟气中的 SO_2含量。

目前国内硫黄回收装置为实现烟气达标排放存在不同的技术方法，这一方面反映了技术的多样性；另一方也反映了目前实际上并没有一种在技术经济、效果、环境效益等各方面占绝对优势的方法，不同方法的采用都是在某些程度上妥协的结果。下文将对各种技术方法做简要介绍，但受篇幅所限，并不做详细说明。

一种方法是将硫池气送至酸性气燃烧炉或加氢反应器，同时提高催化剂的水解活性，降

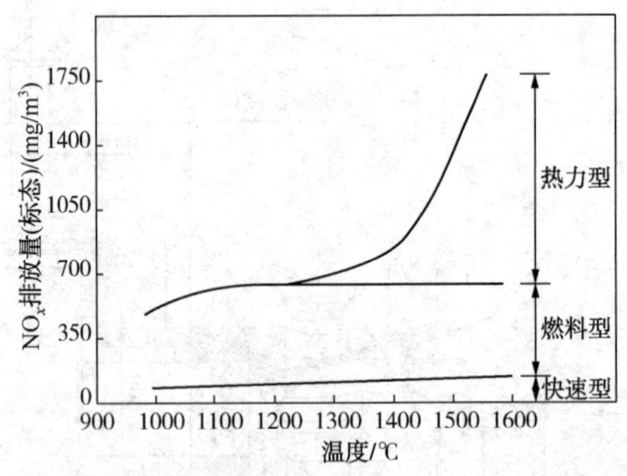

图 6-3 燃烧过程中不同机理对 NO_x 生成量的贡献[25]

低尾气中的有机硫含量，吸收塔采用高效脱硫剂，控制吸收塔出口的 H_2S 含量，进而降低焚烧炉出口烟气的 SO_2 含量。代表性的如 LS-DeGAS 技术等，在多套装置已实现烟气中 SO_2 含量≤100mg/Nm^{3}甚至达到 SO_2 含量≤50mg/Nm^{3}的排放指标，但从课程上提供的案例来看，仍然很难满足 SO_2含量≤35mg/Nm^{3}的超低排放要求，同时颗粒物也需要额外脱除才能满足超低排放指标要求。未来通过催化剂和吸收剂的改进，有可能能够满足超低排放的要求。

也可以将加氢后的 H_2S 采用直接氧化的方法进行处理，将 H_2S 直接转化为单质硫，脱硫后的尾气再进行焚烧处理，代表性的如 Lo-CAT 等技术。Lo-CAT 技术虽然可以将尾气的 SO_2含量控制到≤35mg/Nm^3，但该技术设备比较容易发生堵塞，且所产硫黄杂质较多，无法满足国家标准《工业硫黄第 1 部分：固体产品》(GB/T 2449.1)中合格品的指标要求。

另一类方法是采用烟气脱硫方法处理，石化行业常见的包括碱洗、氨洗、可再生法(含干法及湿法)等。一般而言，对于湿法烟气脱硫，如催化烟气脱硫，如果仅靠塔内喷淋，脱硫后的烟气中颗粒物含量一般难以保证满足超净排放要求；但若采用一些特殊的设计，也可以保证湿法洗涤后的烟气中颗粒物满足超低排放要求。如洛阳工程公司为某厂设计的湿式除尘塔，入口颗粒物浓度 30mg/Nm^3，脱后的颗粒物浓度仅有 1.73mg/Nm^3，同时塔的压降仅有 0.73kPa，完全可以满足超低排放指标要求。某厂的湿式除尘塔运行指标见表 6-1。

表 6-1 某厂湿式除尘塔运行指标

激光粒度仪显示的入口颗粒物粒径分布	CEMS 显示的脱后粉尘含量
0~5μm：101.2% 5~10μm：0.2% >10μm：0.1%	H_2O：8.86% 粉尘：1.73mg/Nm^3 流速：11.64m/s 温度：44.2℃ 压力：-81Pa

碱洗包括前碱洗和后碱洗，前碱洗因对有机硫脱除效果较差，现在已经较少采用；后碱洗的优点是流程简单、温度低、压降低、腐蚀性小、材质要求低、脱硫效果好、占地及投资都不大。但后碱洗本质上是污染物转移的过程，烟气中的 SO_2被洗脱后，以盐的形式转移到了废水中。对于含盐废水，现在并没有好的处理方法；即使采用各种方法将盐类结晶出来，一般也没有太多工业用途，作为固废填埋还需要考虑防水。此外，碱洗脱硫尾气还存在白色

烟羽的问题，虽然可以解决，但需要额外的增加投资和能耗。

氨洗的产物可以经过塔内氧化后，作为硫铵化肥，可以实现对产物的利用。但是氨法脱硫存在气溶胶的问题，气溶胶的产生途径主要有三个[26]：烟气经除尘后剩余的细颗粒；循环浆液液滴在烟气的对流、蒸发作用下形成的气溶胶；氨水挥发出的 NH_3 与烟气中的 SO_2 气相反应生成的微粒。虽然目前有很多氨法脱硫技术公司声称可以很好地控制气溶胶，但从实际运行的情况来看，结果并不总是尽如人意，蓝色/黄色的有色烟羽很难彻底消除。随着现在部分省市地方标准对有色烟羽作出限制，该技术的应用空间进一步受限。

可再生法烟气脱硫通过吸收剂吸收烟气中的 SO_2，再在一定条件下将 SO_2 解吸出来，并实现对硫的回收利用，避免二次污染。可再生法烟气脱硫又分为干法和湿法，也各有其优缺点。湿法的代表如 Cansolv、Rasoc 以及离子液等，这些方法的最大问题是腐蚀问题，由于吸收温度限制，需要先对烟气进行喷水冷却，为避免 SO_2 提前被吸收，循环冷却水的 pH 值需要控制得很低，这使得急冷段的腐蚀性很强；吸收剂如果再生不好，或者热稳定盐累计，也会造成吸收-再生系统的 pH 值降低，甚至低于设计值，造成腐蚀。此外，湿法可再生烟气脱硫由于多了再生部分，占地较大，投资较高，吸收剂需要蒸汽汽提再生，能耗较高，而且同碱法一样有白色烟羽的问题。

干法的代表如活性焦法，发源于 20 世纪 60 年代，德国 BF 公司最早进行相关技术研究，并于 1974 年建成首套装置，国外在 20 世纪 80 年代开始推广应用；国内"十五""863"计划曾支持相关研究，2001 年建成中试装置，2005 年首套工业示范装置投用[27]。该技术采用活性焦吸附 SO_2，在高温时，SO_2 脱附。该方法的优点是硫实现资源化利用，无废液污染，烟气无白龙问题，设备腐蚀风险较小，同时可以对 NO_x 有一定的吸附效果。该方法存在的问题包括：① 为实现较好的气固接触效果和连续运行，活性焦法多采用循环流化床设计，对操作的要求更高，发生停电等事故工况时，重新启动也更慢更复杂；② 后续除尘压力较大，系统的压力降也高于湿法脱硫；③ 再生时一般需要 350~600℃的热氮气等解吸，如果没有其合适的热源，还需要额外设加热炉；④ 运行费用较高。根据相关文献[28]，太钢 $144\times10^4 Nm^3/h$ 烧结烟气采用活性焦脱硫，仅其活性焦日消耗量就达到 8t，其一次性投资是碱法的 2.8 倍；即使考虑副产品做成硫酸后的收益，其年运行成本也是碱法的 1.74 倍。

综上，各种方法各有其优缺点，待有具体要求时，可根据需求，综合考虑，选取适宜的改造方法，满足更严格的环保排放指标要求。

四、装置扩能改造方案

从上文计算来看，3#硫黄回收装置的实际负荷偏小。现在 1#硫黄回收装置实际年产硫黄 1.6×10^4t，负荷 80%；2#硫黄回收装置停用；3#硫黄回收装置实际年产硫黄 2.89×10^4t，负荷 72%。

根据中国石化西北石油局规划，2020 年顺北原油上采规模 1.0Mt/a。为解决新增顺北原油加工出路，根据中国石化要求，塔河炼化将对 1#系列装置进行扩能改造，以满足加工新增 1.0Mt/a 顺北原油的要求。扩能后，1#装置在原加工 1.5Mt/a 塔河原油基础上扩能至 2.5Mt/a 原油加工能力。根据相关分析报告，顺北原油硫含量 0.11%，根据一般经验，原油带入的硫中仅有 30%~40%经过硫黄回收装置成为产品硫黄，塔河石化公司新增百万吨顺北原油加工能力对硫黄年产量的影响预计仅有 300~400t/a，对装置硫黄回收装置影响甚微。

现在装置的运行情况并不十分合理，一旦 3#硫黄回收装置联锁，酸性气将无处可去。

鉴于2#硫黄回收装置停工时间较久，建议对装置进行全面检查，如果装置仍可使用，建议将装置投用。扩能后三套装置总硫黄产量预计45kt/a左右，三套装置平均负荷56%。若2#硫黄回收装置不能使用，建议将1#硫黄回收装置扩能至单系列40kt/a。这样两套装置任意一套故障时，切换至另一套仍可处理全厂的酸性气；将来根据2035~2040年远景规划，全厂扩能至10.0Mt/a原油加工能力时，预计全厂硫黄产量80kt/a左右，只需再新增一套40kt/a硫黄回收装置，即可满足装置备用要求；同时正常生产时，装置负荷也可以达到70%左右，处于比较合理的水平。

参考文献

[1] B. W. Gamson, et al. Sulfur from hydrogen sulfide[J]. Chemical Engineering Process, 1953, 49: 203.
[2] 朱利凯. 克劳斯法制硫过程中最小自由能应用问题[J]. 天然气工业, 1990, 10(5): 7.
[3] H. Fishcher. Bruner / fire box design improves sulfur recovery [J]. Hydrocarbon Processing, 1974, 53 (10): 125.
[4] 朱利凯. 克劳斯法硫回收过程工艺参数的简化计算[J]. 石油与天然气化工, 1997, 26(3): 163.
[5] GPSA. Engineering Data Book. Volume II, 13th edition, Section 22.
[6] 韩翠芳. 利用多次回归拟合水的饱和蒸气压与温度的关系表达式[J]. 环境科学与管理, 2005, 10: 43-45.
[7] Bureau of Environmental Compliance, Procedure for determing the theoretical pressure differential requirement for oil fired combustion equipment.
[8] 李兆坚, 等. 燃气锅炉房烟囱保温对排烟性能的影响分析[J]. 暖通空调, 2010, 10: 47-49.
[9] 李思强, 等. 250t/d全氧超白玻璃熔窑烟气计算及讨论[J]. 玻璃, 2014, 8: 15-19.
[10] 贾明生, 等. 烟气酸露点温度的影响因素及其计算方法[J]. 工业锅炉, 2003, 6: 31-35.
[11] 刘巍, 邓方义, 等. 冷换设备工艺计算手册[M]. 2版. 北京: 中国石化出版社, 2008, 7: 1-80.
[12] 吴德荣, 等. 化工工艺设计手册[M]. 4版. 北京: 化学工业出版社, 2009, 10: 474-506.
[13] 王抚华, 等. 化学工程使用专题设计手册上册[M]. 北京: 学苑出版社, 2002, 10: 103-108.
[14] 付家新, 等. 化工原理课程设计(典型化工单元操作设备设计)[M]. 北京: 化学工业出版社, 2010, 12: 129-192.
[15] 马江权, 等. 化工原理课程设计[M]. 北京: 中国石化出版社, 2011, 1: 95-166.
[16] 张建中. 对烟气抬升高度计算烟囱温降取值的探讨[J]. 电路环境保护, 1997, 9: 6-10.
[17] 刘永久. 火电厂与烟囱内烟气温降及饱和烟气的凝结水量计算[J]. 热力发电, 2008, 2: 72-73.
[18] 曹阳. 硫黄回收装置C_3含量偏高原因分析及解决措施[J]. 炼油与化工, 2016, 3: 18-19.
[19] 肖生科. 硫黄回收原料酸性气带烃的影响及对策[J]. 石油化工安全环保技术, 2010, 1: 24-27.
[20] 程维, 孙宁, 等. 酸性气中烃类组分对硫黄回收装置的影响[J]. 广东化工, 2016, 16: 159-160.
[21] 梁光川, 等. 燃气加热炉热效率计算方法的改进及应用[J]. 油气储运, 2016, 5: 560-563.
[22] Harnold G. Paskall, 著. 解红梅, 等, 译. 硫黄回收装置制硫反应炉[C]//气体脱硫与硫黄回收译文集. 2013, 8: 46-47.
[23] 禹晓伟, 等. 硫黄回收联合装置技术问答[M]. 北京: 中国石化出版社, 2012, 10: 219-220.
[24] 刘洁. 硫黄回收装置清洁停工方法探讨[J]. 硫酸工业, 2016, 12: 39-41.
[25] 任建邦. 硫黄回收装置停开工阶段烟气达标排放探讨[J]. 硫酸工业, 2018, 3: 28-32.
[26] 段传和, 等. 燃煤电站SCR烟气脱硝工程技术[M]. 北京: 中国电力出版社, 2009, 4: 5-7.
[27] 李娟, 等. 氨法脱硫过程中气溶胶的形成机理及控制研究[J]. 硫磷设计与粉体工程, 2018, 2: 6-9.
[28] 梁大明. 活性焦干法烟气脱硫技术[J]. 煤质技术, 2008, 11: 48-51.
[29] 王启杰. 活性焦脱硫工艺在电厂的应用研究[D]. 北京: 华北电力大学, 2014, 6: 30-53.

九江石化70kt/a硫黄回收装置工艺计算

完成人：袁强
单　位：中国石化九江石化公司

目　　录

第一部分　前言

中国石化九江石化公司(以下简称九江石化)1#硫黄回收装置由中石化洛阳工程有限公司(以下简称 LPEC)负责基础设计，由镇海石化工程股份有限公司(以下简称 ZPEC)施工建造，装置于 2015 年 9 月 28 日正式投产，该装置设计年产固体硫黄 7×10^4t，设计操作弹性 30%～120%。该装置采用传统的二级克劳斯工艺+SCOT 还原+两级吸收两段再生技术。

1#硫黄回收装置主要处理炼油酸性气及煤制氢化工酸性气，主要来源有 1#溶剂再生(加氢型)、2#溶剂再生(非加氢型)、3#污水汽提、催化污水汽提、催化干气/液化气脱硫溶剂再生、汽油加氢、3#溶剂再生(3#硫黄配套)和煤制氢等装置酸性气。酸性气在酸性气燃烧炉内不完全燃烧，燃烧后的过程气经二级克劳斯反应提高硫转化率，液硫通过硫冷器收集至液硫池，反应后尾气通过加氢反应将 SO_2 全部转化成 H_2S，再经脱硫剂吸收后进入尾气焚烧炉焚烧，使排放烟气 SO_2 浓度达到国家排放标准(GB 31570—2015)，胺液再生采用两级吸收两段再生工艺。

该装置在 2017 年大检修期间，出于对 2018 年 7 月 1 日执行的新排放标准的考虑，将装置一级反应器催化剂级配由 LS-02 氧化铝催化剂+LS981G 钛基催化剂改为 LS-971 铁基氧化铝催化剂+LS981G 钛基催化剂，且将原复配高效脱硫剂全部更换为亨斯迈 MS-300 脱硫剂。装置于 2018 年 9 月 27 日投用 LS-DeGAS 液硫脱气流程后，排烟稳定在 $50mg/m^3$ 以下。

第二部分　工艺流程

一、制硫部分

酸性气进入高浓度酸性气分液罐(V601)分液，脱出的酸性水经凝液泵(P605A/B)加压后送至污水汽提装置进行处理。自硫黄配套溶剂再生酸性气和煤制氢装置酸脱酸性气(*DN*200)混合，经低浓度酸性气分液罐(V602)分液，脱出的酸性水经凝液泵(P607A/B)加压后，送至 3#污水汽提装置进行处理。高浓度酸性气经酸性气预热器(E607)预热至 160℃后进入酸性气燃烧炉(F601)炉头部位，低浓度酸性气不经预热直接进入酸性气燃烧炉炉膛中后部。

由制硫风机(C601A/B)来的空气经空气预热器(E608)预热至 160℃后进入酸性气燃烧炉。燃烧后高温过程气进入酸性气燃烧炉余热锅炉(E601)冷却至 320℃后进入一级冷凝冷却器(E602)，过程气在一级冷凝冷却器中冷却至 170℃并经除雾，液硫从一级冷凝冷却器底部经硫封罐(V604A)进入液硫池(V609)。除雾后的过程气经一级反应蒸汽加热器(E605)加热至 240℃后进入一级反应器(R601)。反应过程气经二级冷凝冷却器(E603)冷却至 160℃并经除雾后，液硫从二级冷凝冷却器底部经硫封罐(V604B)进入液硫池。过程气经二级反应蒸汽加热器(E606)加热至 220℃后进入二级反应器(R602)。反应过程气经三级冷凝冷却器(E604)冷却至 160℃并经除雾后，液硫从三级冷凝冷却器底部经硫封罐(V604C)进入液硫池，尾气再经捕集器(V603)进一步捕集硫雾，液硫从捕集器底部经硫封罐(V604C)进入液硫池，捕集器顶部出来过程气进入尾气处理部分。

液硫脱气利用制硫风机空气鼓泡，释放出气体用蒸汽抽射器(EJ601A/B)抽出后分两路，一路至酸性气燃烧炉，另一路至尾气焚烧炉进行焚烧，正常情况下引至酸性气燃烧炉。液硫由液硫泵(P602A/B)送至成型机。

LS-DeGAS流程：鼓泡净化气利用鼓泡风机(C603)从T602出口抽出，一路并入鼓泡空气调节阀后，一路返回T602出口，液硫废气经EJ601A/B抽出至加氢反应器加热器前，将液硫脱气尾气引入加氢反应器(9月27日投用)。

二、尾气处理部分

经捕集硫雾后的克劳斯尾气经尾气蒸汽加热器(E618A/B)加热至220~240℃后，再经尾气-氢气混合器(MI601)与氢气混合，然后进入加氢反应器(R603)。加氢尾气经尾气处理蒸汽发生器(E616)回收热量并降温至170℃后进入急冷塔(T601)。

急冷水自急冷塔底部流出，经急冷水泵(P603A/B)加压后，经急冷水空冷器(E611A/B)、急冷水冷却器(E612A/B)冷却至低于40℃后，循环回急冷塔顶。部分急冷水经急冷水过滤器(SR601AB)过滤后返回急冷水泵入口。

急冷后的尾气从塔底进入尾气吸收塔(T602)，半贫液从吸收塔中部进入，精贫液从吸收塔上部进入，吸收尾气中的硫化氢。从塔顶出来的净化尾气直接去尾气焚烧炉(F602)。焚烧后的烟气经中压蒸汽过热器(E613)和焚烧炉余热锅炉(E614)吸收热量后，经烟囱(ST601)排空。

三、胺液再生部分

富液经贫富液换热器(E621A/B)及半贫液富液换热器(E627A/B)换热至98℃，进入再生塔(T603)，塔底由重沸器(E624)供热。塔顶酸性气经酸性气空冷器(E626A/B)冷至55℃，再经酸性气水冷器(E623)冷却至40℃后进入再生塔顶回流罐(V621)分液，酸性气送至硫黄回收部分低浓度酸性气分液罐(V602)，冷凝液经再生塔顶回流泵(P622A/B)返塔作为回流。塔中部半贫液经半贫液泵(P627A/B)升压后经半贫液-富液换热器换热进入吸收塔中段，塔底贫液由贫液加压泵(P623A/B)升压，经贫富液换热器换热，贫液空冷器(E625AB)、贫液冷却器(E622AB)冷却至40℃后进入贫液缓冲罐(V622)，再经贫液泵(P621A/B)加压后分别送至两套尾气处理部分的尾气吸收塔循环使用。

凝结水汇合后进入凝结水罐(V626)，凝结水罐闪蒸出来的蒸汽经乏汽空冷器(E631A/B)冷却为凝结水后返回至凝结水罐，凝结水经凝结水泵(P624A/B)送至凝结水站。

中低压凝结水进入蒸汽扩容器(V625)进行扩容，扩容后产生的0.45MPa蒸汽并入装置0.4MPa蒸汽管网，罐底凝结水进入凝结水罐回收(V626)。

PID图见附件(注：灰色部分为LS-DeGAS液硫脱气)。

第三部分 标定数据

一、主要操作参数

1#硫黄回收装置主要操作参数见表3-1。

表 3-1 1#硫黄回收装置主要操作参数一览表

项　目	位　号	设计值	实际值	备　注
高浓度酸性气流量/(Nm^3/h)	FT60101	8120.45	4108.3	
低浓度酸性气流量/(Nm^3/h)	FT60102		1715.1	
3#污水汽提酸性气流量/(Nm^3/h)	FT10401	1865	1108	
3#污水汽提酸性气温度/℃	TI10417	40	41	
1#溶剂再生酸性气流量/(Nm^3/h)	FT30202	3326.45	1826	
1#溶剂再生酸性气温度/℃	TI30217	40	35.7	
2#溶剂再生酸性气流量/(Nm^3/h)	FT40202	2467.95	550	
2#溶剂再生酸性气温度/℃	TI40217	40	33.5	
空气/高浓度酸性气比值设定			0.84	
空气/低浓度酸性气比值设定			0.97	
酸性气燃烧炉主风流量/(Nm^3/h)	FICA60202A	9582.4	5080	
酸性气燃烧炉次风流量/(Nm^3/h)	FICA60203A	4791.2	1250	
风机出口空气温度/℃	TI60202		88.2	
空气预热后温度/℃	TI60208	160	146.1	
F601 炉膛中部温度/℃	TIA60204	1223.8	1093.5	
F601 炉膛后部温度/℃	TIA60206		1025.3	
酸性气进炉压力/kPa	PI60201		8.18	
酸性气预热后温度/℃	TI60201	160	126.2	
F601 炉前压力/kPa	PI60206		8.18	
V611 汽包压力/MPa	PIC60301	4.3	4.13	
V611 产汽流量/(t/h)	FI60302	18.51	7.87	
V611 产出蒸汽温度/℃	TI60301	256.2	254.8	
V611 除氧水补水流量/(t/h)	FICA60301	18.88	8.97	
E601 过程气出口温度/℃	TI60302	320	346.4	
V603 出口 SO_2 含量/%	AT60601B		0.201	
V603 出口 H_2S 含量/%	AT60601C		0.412	
E602 出口温度/℃	TI60401	170	158.4	
E602 产汽流量/(t/h)	FI60401	3.067	2.09	
R601 入口温度/℃	TIC60403	240	231	
E605 蒸汽流量/(t/h)	FIC60402	1.258	0.602	
R601 床层温度(上)/℃	TI60406A		287.5	
R601 床层温度(中)/℃	TI60406B		297.3	
R601 床层温度(下)/℃	TI60406C		300.8	
R601 出口温度/℃	TI60408	320.8	301.2	
E603 冷后温度/℃	TI60501	160	158.7	
E603 产汽流量/(t/h)	FI60501	2.123	1.18	

续表

项　目	位号	设计值	实际值	备　注
R602 入口温度/℃	TIC60503	220	210	
E606 蒸汽流量/(t/h)	FIC60503	1.037	0.479	
R602 床层温度(上)/℃	TI60506A		230.4	
R602 床层温度(中)/℃	TI60506B		231.9	
R602 床层温度(下)/℃	TI60506C		232.4	
R602 出口温度/℃	TI60508	239.2	228.4	
E604 冷后温度/℃	TI60601	160	153.9	
E604 产汽流量/(t/h)	FIC60601	1.055	0.49	
V603 后点温度/℃	TI60602	160	152.4	
V603 后压力/kPa	PI60602A		0.6	
R603 入口温度/℃	TIC60801	220	238.6	
氢气压力/MPa	PIC60901	0.45	0.4	
氢气流量/(Nm^3/h)	FIC60901		246.7	
吸收塔后氢气含量/%	AIC61001		4.8	
R603 床层温度(上)/℃	TI60903A		266.2	
R603 床层温度(中 1)/℃	TI60903B		265.4	
R603 床层温度(中 2)/℃	TI60903C		262.4	
R603 床层温度(下)/℃	TI60903D		266	
R603 出口温度/℃	TI60905	276.4	259	
E616 出口温度/℃	TI60906	170	154.8	
E616 产汽流量/(t/h)	FI60902	1.284	0.78	
T601 塔底温度/℃	TI61004	65	47.9	
急冷水过滤流量/(t/h)	FIC61101	23.204	23.6	
急冷水 pH 值	AI61002		6.93	
T601 急冷水循环量/(t/h)	FIC61003	127.47	155.4	
T601 塔顶过程气温度/℃	TI61002	40	40.6	
T601 急冷水返塔温度/℃	TI61001	40	37.1	
T601 顶过程气流量/(Nm^3/h)	FI61005	14769	8785.9	
T601 顶过程气压力/kPa	PI61002		0.136	
F602 瓦斯消耗量/(Nm^3/h)	FI61301	378.11	276.4	
F602 炉膛温度/℃	TIC61301	650	625.9	
F602 炉膛温度/℃	TI61302	650	616.3	
焚烧炉氧含量/%	AI61401		3.9	
F602 主风流量/(Nm^3/h)	FICA61302A	4322.35	2748.6	
F602 次风流量/(Nm^3/h)	FICA61303A	2161.15	2953.7	
V612 补水流量/(t/h)	FIC61403	1.128	0.94	
V612 产汽流量/(t/h)	FI61404	1.106	0.88	

续表

项　目	位　号	设计值	实际值	备　注
炉膛过热段温度/℃	TI61401B		484.7	
过热前蒸汽流量/(t/h)	FI61405A		8.39	
减温器前温度/℃	TI61409		363.7	
减温器后温度/℃	TI61408		335.6	
过热后温度/℃	TIC61406	430	441	
排烟温度/℃	TI61403	280	255.9	
烟气流速/(m/s)	AT61402F		7.9	
烟气管道压力/kPa			-0.4	
烟气流量/(Nm^3/h)	AT61402	20562.9	11061	
T602 入塔贫液温度/℃	TI61601	40	37.1	
T602 入塔贫液流量/(t/h)	FI61201	55	49.8	
T602 入塔半贫液温度/℃	TI61601A	40	35.1	
T602 入口半贫液流量/(t/h)	FI61201A	55	37.9	
T602 塔底温度/℃	TI61202	44.3	40.6	
T602 塔顶压力/kPa	PI61201	10	0.09	
T603 富液流量/(t/h)	FI61601	220	146.6	
富液进塔温度/℃	TI61706	98	86.3	
T603 顶部温度/℃	TI61701	111.6	110.2	
T603 顶部压力/MPa	PI61701A	0.065	0.076	
T603 底部温度/℃	TI61703	125	122.3	
T603 塔底蒸汽流量/(t/h)	FI61702	17.84	18.02	
T603 塔顶酸性气流量/(Nm^3/h)	FI61802	916.61	589	
T603 塔顶酸性气温度/℃	TI61801	40	36	
T603 酸性水返塔温度/℃	TI61705	40	40.7	
T603 酸性水返塔流量/(t/h)	FI61801	4.377	2.94	

二、分析化验数据

(一) 酸性气原料分析数据一览表

酸性气原料分析数据见表 3-2。

表 3-2　酸性气原料分析数据一览表

取样位置	分析项目	时间		
		2018/8/27	2018/8/28	2018/8/29
混合高浓度酸性气	H_2S 含量/%(体)	76.01	72.68	74.77
	空气含量/%(体)	6.98	7.84	7.47
	CO_2 含量/%(体)	16.97	19.45	17.71
	烃含量/%(体)	0.04	0.03	0.05

续表

取样位置	分析项目	时间		
		2018/8/27	2018/8/28	2018/8/29
煤制氢低浓度酸性气	H_2S 含量/%(体)	0.3	0.12	0.23
	CO 含量/%(体)	10.478	11.325	10.134
	CO_2 含量/%(体)	71.285	73.252	70.891
	COS 含量/%(体)	无	无	0.052
	空气含量/%(体)	18.3	15.4	19.0
	烃含量/%(体)	无	0.002	无
煤制氢高浓度酸性气	H_2S 含量/%(体)	13.16	13.34	11.33
	N_2 含量/%(体)	2.13	4.87	10.41
	CO_2 含量/%(体)	84.6	81.79	78.26
	甲醇含量/%(体)	800.64	932.17	988.07
	烃含量/%(体)	无	无	无
T603 再生酸性气	H_2S 含量/%(体)	34.6	38.2	33.4
	空气含量/%(体)	3	3.94	3.58
	CO_2 含量/%(体)	62.4	57.86	63.02
	烃含量/%(体)	无	无	无

(二) 过程气分析数据一览表

过程气分析数据见表 3-3。

表 3-3 过程气分析数据一览表

取样位置	分析项目	时　间		
		2018/8/27	2018/8/28	2018/8/29
一级反应器入口过程气	H_2S/%(体)	5.10	4.02	4.81
	SO_2/%(体)	2.49	1.99	2.43
	COS/%(体)	0.34	0.44	0.36
	CS_2/(μL/L)	4.13	1.76	6.62
	空气/%(体)	70.03	73.15	67.89
	CO_2/%(体)	18.65	18.26	18.89
一级反应器出口过程气	H_2S/%(体)	1.79	1.77	1.81
	SO_2/%(体)	0.83	0.88	0.87
	COS/(μL/L)	280.77	310.41	300.67
	CS_2/(μL/L)	0.15	0.24	0.24
	空气/%(体)	78.01	78.68	77.68
	CO/(μL/L)	未分析	未分析	9183.62
	CO_2/%(体)	18.78	18.12	18.84

续表

取样位置	分析项目	时间		
		2018/8/27	2018/8/28	2018/8/29
二级反应器出口过程气	H_2S/%(体)	0.44	0.41	0.52
	SO_2/%(体)	0.21	0.2	0.26
	COS/(μL/L)	260.15	250.41	260.53
	CS_2/(μL/L)	0.03	0.3	0.34
	空气/%(体)	81.13	81.01	81.72
	CO/(μL/L)	未分析	未分析	8884
	CO_2/%(体)	18.22	18.08	17.73

(三) 尾气分析数据一览表

加氢反应器尾气分析数据见表3-4。

表3-4 加氢反应器尾气分析数据一览表

取样位置	分析项目	时间		
		2018/8/27	2018/8/28	2018/8/29
加氢反应器出口气体	H_2/%(体)	2.25	2.28	2.14
	H_2S/%(体)	0.98	0.99	1.03
	SO_2/%(体)	0	0	0
	COS/%(体)	28.6	27.8	26.9
净化尾气	H_2S/(μL/L)	28.4	29.3	33.8
	COS/(μL/L)	8.1	11.8	10.3
	总硫/(μL/L)	33.6	37.2	41.3

(四) 烟气数据一览表

烟气CEMS在线分析数据见表3-5。

表3-5 烟气CEMS在线分析数据一览表

取样位置	分析项目	时间(天平均值)		
		2018/8/27	2018/8/28	2018/8/29
烟道气	SO_2/(mg/m^3)	59.05	73.1	73.4
	NO_x/(mg/m^3)	11.1	10.63	12.03
	粉尘/(mg/m^3)	14.9	14.8	14.9
	CO/(mg/m^3)	547.6	688	719
	O_2/%(体)	5.46	4.8	4.9

注：以上SO_2、NO_x、O_2烟气数据取至九江石化环保地图检测24h平均值，其余取DCS平均数值。

(五) 急冷水分析数据一览表

急冷水分析数据见表3-6。

表 3-6 急冷水分析数据一览表

取样位置	分析项目	时间		
		2018/8/27	2018/8/28	2018/8/29
急冷水	硫化物/(mg/L)	154.2	138.9	143.8
	pH 值	7.23	7.34	7.42

(六) 贫富液分析数据一览表

贫富液分析数据见表 3-7。

表 3-7 贫富液分析数据一览表

取样位置	分析项目	时间		
		2018/8/27	2018/8/28	2018/8/29
贫液	H_2S 含量/(g/L)	0.10	0.17	0.14
	胺液浓度/%(质)	30.00	29.37	29.59
富液	H_2S 含量/(g/L)	1.71	1.98	2.05

其中，胺液中热稳态盐含量 1.83%，胺浓度 35.36%，pH 值 9.53，钠离子 21.6μg/g，电导率 1.52mS/cm。

(七) 固体硫黄分析数据一览表

固体硫黄分析数据见表 3-8。

表 3-8 固体硫黄分析数据一览表 %(质)

名称	项目	时间		
		2018/8/27	2018/8/28	2018/8/29
固体硫黄	水分	0.09	0.095	0.103
	灰分	0.011	0.013	0.015
	酸度	0.0019	0.0022	0.002
	有机物	0.0023	0.002	0.0022
	铁	不分析	不分析	不分析
	砷	≤0.0001	≤0.0001	≤0.0001
	硫	99.96	99.96	99.96
	外观	黄色片状	黄色片状	黄色片状

(八) 焚烧炉瓦斯分析数据一览表

系统瓦斯分析数据见表 3-9。

表 3-9 系统瓦斯分析数据一览表

组成成分	时间		
	2018/8/27	2018/8/28	2018/8/29
氢气/%(体)	50.99	56.67	52.25
空气/%(体)	13.16	13.03	15.2

续表

组成成分	时间		
	2018/8/27	2018/8/28	2018/8/29
甲烷/%(体)	21.93	17.65	17.15
乙烷/%(体)	10.44	7.38	7.4
乙烯/%(体)	0.1	0.08	0.1
丙烷/%(体)	0.68	0.77	0.51
丙烯/%(体)	0.01	0	0
异丁烷/%(体)	0.51	0.22	0.27
正丁烷/%(体)	0.97	0.25	0.38
正丁烯/%(体)	0	0	0
异丁烯/%(体)	0	0	0
反丁烯/%(体)	0	0	0
顺丁烯/%(体)	0	0	0
异戊烷/%(体)	0.12	0	0.02
正戊烷/%(体)	0.02	0	0.04
总戊烯/%(体)	0	0.03	0
碳六/%(体)	0.01	0.11	0
硫化氢/%(体)	0.12	3.12	1.26
二氧化碳/%(体)	0.91	0.64	0.63
一氧化碳/%(体)	0.03	0.05	4.8
氧气/%(体)	0.47	1.02	1.55
氮气/%(体)	12.69	12.01	13.65
总计/%(体)	100	100	100.01
C_3及C_3以上组分含量之和	2.32	1.38	1.22
C_3组分含量之和	0.69	0.77	0.51
C_4组分含量之和	1.48	0.47	0.65
$H_2S/(mg/m^3)$	≤1	≤1	≤1
相对密度	0.4563	0.4154	0.4528

三、物料及能耗统计数据

表 3-10　装置物料及能耗统计数据一览表

序号	名　称	位号	2018/8/26	2018/8/27					2018/8/28			2018/8/29		
			累计表读数	累计表读数	校正系数	分摊系数	与前一天差值	每小时均量	累计表读数	与前一天差值	每小时均量	累计表读数	与前一天差值	每小时均量
1	高浓度酸性气/Nm^3	FIQ60101	129113000.00	129211600.00	1.00	1.00	98600.00	4108.333	129309900.00	98300.00	4095.833	129408900.00	99000.00	4125
2	低浓度酸性气/Nm^3	FIQ60102	39015510.00	39056340.00	1.00	1.00	40830.00	1701.250	39097160.00	40820.00	1700.833	39137970.00	40810.00	1700.417
3	氢气/t	FIQ60901	6304702.00	6310471.00	1.00	1.00	5769.00	240.375	6316438.00	5967.00	248.625	6322150.00	5712.00	238
4	1.0MPa 蒸汽	FIQ00201	68386.65	68454.03	1.00	0.50	33.69	1.404	68521.04	33.50	1.396042	68587.12	33.04	1.376667
5	自产 3.5MPa 蒸汽/t	FIQ61401	316975.70	317150.50	1.00	1.00	174.80	7.283	317323.50	173.00	7.208333	317487.40	163.90	6.829167
6	自产 0.4MPa 蒸汽/t	FIQ60401	60282.24	60329.84	1.00	1.00	47.60	1.983	60377.40	47.56	1.981667	60423.09	45.69	1.90375
7	自产 0.4MPa 蒸汽/t	FIQ60501	40246.04	40275.95	1.00	1.00	29.91	1.246	40305.86	29.91	1.24625	40335.38	29.52	1.23
8	自产 0.4MPa 蒸汽/t	FIQ60601	16096.83	16109.30	1.00	1.00	12.47	0.520	16121.77	12.47	0.519583	16134.13	12.36	0.515
9	自产 0.4MPa 蒸汽/t	FIQ60902	31718.92	31736.09	1.00	1.00	17.17	0.715	31753.34	17.25	0.71875	31770.43	17.09	0.712083
10	循环水/t	FIQ00101	28635730.00	28659800.00	1.00	0.60	14442.00	601.750	28683790.00	14394.00	599.75	28708100.00	14586.00	607.75
11	新鲜水/t	FIQ00102	5080.01	5080.59	1.00	1.00	0.58	0.024	5081.32	0.73	0.030375	5081.54	0.22	0.009083
12	生活水/t	FIQ00103	45811.09	45811.09	1.00	1.00	0.00	0.000	45811.09	0.00	0	45811.09	0.00	0
13	低压除氧水/t	FIQ00202	193998.00	194206.70	1.00	0.49	102.26	4.261	194425.50	107.21	4.467167	194653.20	111.57	4.648875
14	中压除氧水/t	FIQ00203	218166.10	218742.20	1.00	0.52	297.27	12.386	219341.40	309.19	12.8828	219960.00	319.20	13.2999
15	硫黄 380V 电(1#电表)/kW·h	E675	9062280.00	9069840.00	1.00	0.50	3780.00	157.500	9077040.00	3600.00	150	9084480.00	3720.00	155
16	硫黄 380V 电(2#电表)/kW·h	E676	7647360.00	7659240.00	1.00	0.50	5940.00	247.500	7671480.00	6120.00	255	7683600.00	6060.00	252.5
17	燃烧炉鼓风机 C601A/kW·h	E679	5387280.00	5393160.00	1.00	1.00	5880.00	245.000	5398920.00	5760.00	240	5404680.00	5760.00	240
18	燃烧炉鼓风机 C601B/kW·h	E680	2375160.00	2375160.00	1.00	1.00	0.00	0.000	2375160.00	0.00	0	2375160.00	0.00	0
19	干气消耗/Nm^3	FIQ61301	11068520.00	11075410.00	1.00	1.00	6890.00	287.083	11082190.00	6780.00	282.5	11088780.00	6590.00	274.5833
20	凝结水出/t	FIQ62001	2101033.00	2103291.00	0.77	0.25	431.84	17.993	2105567.00	435.29	18.13688	2107842.00	435.09	18.12891
21	T603 消耗 0.45MPa 蒸汽/t	FIQ61702	478750.50	479172.90	1.00	0.60	253.44	10.560	479607.00	260.46	10.8525	480042.60	261.36	10.89
22	固体硫黄产量/t						91.65			83.6			86.15	

第四部分　装置物料平衡

一、装置负荷核算

1#硫黄回收装置标定期间，高浓度酸性气平均处理量为4100Nm³/h，低浓度酸性气平均处理量为1700Nm³/h，装置运行负荷情况如下。

（一）按固体硫黄产量计算

因装置酸性气进料量总体较为平稳，根据三天固体硫黄总产量计算装置每小时产出固体硫黄量为 $Q_1=(91.65+83.6+86.15)/72=3.63t/h$。

装置设计年产硫黄 7×10^4t，年开工时数为8400h，则设计每小时产出固体硫黄量为 $Q_2=7\times10^4/8400=8.33t/h$，故装置负荷 $\phi_1=Q_1/Q_2\times100\%=43.57\%$。

（二）按酸性气进料量计算

设计装置混合酸性气(炉头)进料量为362.52kmol/h，标定三天平均炉头酸性气进料量为 $Q_3=(4108.33+4095.83+4125)(Nm^3/h)/3=4109.72Nm^3/h$，换算为摩尔流量为 $Q_3=\dfrac{4109.72Nm^3/h}{22.4L/mol}=183.47kmol/h$，计算得装置负荷 $\phi_2=50.61\%$。因通过酸性气进料量计算装置负荷未考虑到低浓度酸性气从炉侧进入对负荷的影响，考虑通过烟气流量进行负荷计算，查设计数据烟道气流量为917.99kmol/h，有 $\phi_3=\dfrac{\dfrac{11061Nm^3/h}{22.4L/mol}}{917.99kmol/h}\times100\%=53.79\%$。

通过以上计算可以发现，固体硫黄产量并不能真实反映装置实际运行负荷，主要取决于装置实际运行酸性气中硫化氢浓度情况。

二、装置总硫平衡核算

1#硫黄回收装置硫输入物料为：高浓度酸性气、低浓度酸性气以及瓦斯；硫输出物料为：硫黄、急冷水以及烟道气，液硫脱气尾气及再生酸性气为内部循环不进行计算，因急冷水及烟道气无累计流量计量，故以2018年8月28日小时平均值进行计算，具体核算如下。

1）高浓度酸性气硫输入：

根据物料及能耗统计数据(见表3-10)，有2018年8月28日高浓度酸性气进料为4108.33Nm³/h，进而计算得到硫化氢标准体积流量 $V_{H_2S(h)}=4108.33Nm^3\times76.01\%=3122.74Nm^3/h$，高浓度酸性气中硫化氢的总摩尔流量 $n_{H_2S(h)}=\dfrac{3122.74Nm^3/h}{22.4L/mol}=139.41kmol/h$，计算得到 $m_{H_2S(h)}=139.41kmol/h\times32g/mol=4461.05kg/h$。

2）低浓度酸性气硫输入：

因循环酸性气未对总硫平衡造成影响，故外部硫输入仅煤制氢低浓度酸性气一股物料，查物料及能耗统计数据表低浓度酸性气进料为1701.25Nm³/h，硫化氢标准体积流量 $V_{H_2S(l)}=1126Nm^3/h\times0.3\%=3.38Nm^3/h$，低浓度酸性气硫化氢总摩尔流量 $n_{H_2S(l)}=\dfrac{3.378Nm^3/h}{22.4L/mol}=0.15kmol/h$，得到 $m_{H_2S(l)}=0.15kmol/h\times32g/mol=4.83kg/h$。

3）瓦斯硫输入：

查 2018 年 8 月 27 日瓦斯分析数据显示硫化氢含量≤1.0mg/m^3，按最大值 1.0mg/m^{3}进行计算，24h 消耗瓦斯体积流量为 6890Nm^3，则瓦斯带入最大量硫化氢为 $m_{瓦斯(max)}$ = 6890Nm^3×1.0mg/m^3 = 0.0069kg，24h 硫输入相比于每小时硫输入总量过小，计算予以忽略不计。

4）固体硫黄输出的单质硫质量为：m_S = 3818.75kg/h（无计量仪表，存在较大偏差）。

5）根据上述计算烟道气校准流量为 14108.73Nm^3/h，烟气按当天（2018 年 9 月 27 日）平均值 59.02mg/m^{3}计算，得出烟气携带的硫含量为 $m_{烟气}$ = 14108.73Nm^3/h×59.02mg/m^3 = 0.83kg/h。

6）急冷水硫输出：$m_{急冷水}$ = 2.02m^3×154.2mg/m^3 = 0.00031kg，忽略不计。

由以上计算可以看出，固体硫黄产量偏差较大，偏差量 ϕ = 4461.05kg/h+4.825kg/h−0.832kg/h−3818.75kg/h = 646.29kg/h，实际硫黄产量应为 4465kg/h。

因急冷水硫输出量太小，故可根据烟道气硫输出量计算总硫回收率：

$$\psi_{总硫} = \frac{(4468.34-0.83)}{4468.34} \times 100\% = 99.98\%$$

三、装置总进出物料核算

以表 3-1 数据进行核算，建立以硫黄回收装置为整体的系统进行物料核算，系统进料有空气（含酸性气燃烧炉及尾气焚烧炉配风）、高浓度酸性气、低浓度酸性气、炉头保护氮气、瓦斯；系统出料有急冷水、硫黄以及烟气。

（一）进系统空气质量流量计算

系统空气实际体积为：

$$V_{空气} = \frac{12032.3\text{Nm}^3/\text{h} \times 101.325\text{kPa} \times 361.35\text{K}}{(101.325\text{kPa}+33\text{kPa}) \times 273.15\text{K}} = 12007.02\text{m}^3/\text{h}$$

空气的密度按 1.293kg/m^{3}计算，故空气质量流量为 15489.06kg/h。

（二）进系统酸性气质量流量计算

1. 高浓度酸性气及循环酸性气质量流量计算

根据阿伏加德罗定律由酸性气的组成估算酸性气的分子量如下：

$$M_{酸气} = 34 \times 76.01\% + 44 \times 16.97\% + 28 \times 6.98\% = 35.26\text{g/mol}$$

根据标准气体状态方程有：$V_{酸气} = \dfrac{5811.1\text{Nm}^3/\text{h} \times 101.325\text{kPa} \times 313.15\text{K}}{273.15\text{K} \times 113.325\text{kPa}} = 5956.62\text{m}^3/\text{h}$，

则酸性气的质量流量为 $m = \dfrac{P_{标} V_{标} M_{酸气}}{RT_{标}} = 9142.1\text{kg/h}$。同理可计算出循环酸性气的质量流量为 1043.8kg/h。

2. 低浓度酸性气质量流量计算

煤制氢低浓度酸性气流量为 1126Nm^3/h，分子量为 39.41g/mol（根据阿伏加德罗定律），质量流量为 1979.9kg/h。

（三）尾气焚烧炉瓦斯质量流量计算

瓦斯的实际体积为 $V_{瓦斯} = \dfrac{276.4\text{Nm}^3/\text{h} \times 101.325\text{kPa} \times 313.15\text{K}}{273.15\text{K} \times 451.325\text{kPa}} = 71.22\text{m}^3/\text{h}$。

瓦斯的质量流量为 0.5857kg/m^3×71.22m^3/h = 41.71kg/h。

（四）烟气质量流量计算

烟气的密度根据参考文献[1]中烟气的物性参数估算得到，烟气的性质表见表 4-1。

表 4-1 烟气性质

温度/℃	密度/（kg/m³）	比热容/［kJ/(kg·℃)］	导热系数/［kJ/(m·h·℃)］	普朗特准数 P_r
0	1.295	1.043	8.206	0.72
100	0.950	1.068	11.262	0.69
200	0.748	1.097	14.444	0.67
300	0.617	1.122	17.417	0.65
400	0.525	1.151	20.515	0.64
500	0.457	1.185	23.614	0.63
600	0.405	1.214	26.712	0.62

通过拟合得到烟气密度与烟气温度($\rho-T$)温度关系式：

$$\rho=-9\times10^{-9}T^3+9\times10^{-6}T^2-0.0043T+1.2944$$

从而计算烟气在255.9℃下的密度为0.632kg/m³(利用$\rho_s=1.34\times\frac{273.15}{273.15+T}\times\frac{101.325+P}{101.325}$核算，得出的密度相差不大)。烟气流量为11061Nm³/h，换算为实际体积流量为：

$$V_{烟气}=\frac{101.325kPa\times11061Nm^3/h\times(273.15+255.9)K}{(101.325kPa-0.4kPa)\times273.15K}=21508.38m^3/h$$

从而得到烟气的质量流量为13593.29kg/h。

可以得到硫黄装置物料平衡，见表4-2。

表 4-2 1#硫黄回收装置物料平衡表 kg/h

物料输入		物料输出	
空气	15489.06	硫黄	4465.00(硫平衡)
酸性气	9142.10	含硫污水	6109.00
瓦斯	41.71	烟气	13593.29
炉头氮气	536.46		
煤制氢低浓度	1979.90		
合计	27189.23	合计	24167.29

注：标况下氮气密度为1.251kg/m³，折算为0.5MPa压力的氮气密度为5.647kg/m³，且含硫污水流量见“第四部分-装置各设备分析核算-氢计算”核算结果。

从上述数据可以看出来，硫黄产出量因无直接计量手段为估算量，存在一定的偏差，但偏差量不超过500kg/h，且系统压降较小，藏量忽略不计，故可初步判断烟道气流量计显示偏低，反算烟道气质量流量应为16615.23kg/h，实际烟气标准流量为13519.97Nm³/h，烟气流量测量偏低2458.97Nm³/h。

四、装置各设备分析核算

(一) 数据校正

1. 标定数据干湿基转换

假定干基总体积为$V_干$，硫化氢的体积为V_{H_2S}，干基硫化氢体积流量为a，燃烧炉是通过控制过程气中的$H_2S/SO_2=2/1$，故可将化学反应方程式配平：

$$5H_2S+4O_2 \longrightarrow 2SO_2+H_2S+S_2+4H_2O \tag{4-1}$$

$$\begin{matrix} & 1 & 4 \\ & pV_{H_2S}/RT & x \end{matrix}$$

则有水的摩尔数为 $x=4pV_{H_2S}/RT$，因高温气体中水以气相存在，且系统压力低接近常压，则水的体积应为 $4V_{H_2S}$，湿基硫化氢的体积流量为：

$$b=\frac{aV_{干}}{V_{干}+4aV_{干}}=\frac{a}{1+4a}$$（a 为酸性气燃烧炉出口硫化氢体积流量）

反应器因温度偏低，查温度与硫摩尔分数图，见图 4-1。

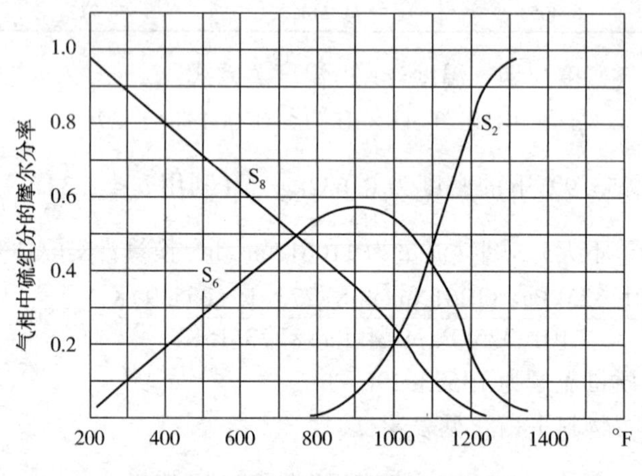

图 4-1　不同温度下硫的摩尔分数

在反应器温度下，硫大部分以 S_8 形式存在，为计算简便，假定反应器生成的硫全部为 S_8，则有反应方程式：

$$10H_2S+\frac{13}{2}O_2 \rightleftharpoons H_2S+2SO_2+9H_2O+S_8 \tag{4-2}$$

湿基硫化氢的体积流量为：

$$b=\frac{cV_{干}'}{V_{干}'+9V_{干}'}=\frac{c}{1+9c}$$（c 为反应器出口硫化氢体积流量）

数据校正后过程气湿基数据，见表 4-3。

表 4-3　过程气干湿基转化后数据

取样位置	分析项目	时间		
		2018/8/27	2018/8/28	2018/8/29
一级反应器入口过程气	H_2S/%(体)	4.23	3.46	4.03
	SO_2/%(体)	2.07	1.71	2.04
	COS/%(体)	0.28	0.379	0.3
	CS_2/(μL/L)	3.43	1.516	5.55
	空气/%(体)	58.16	63.01	56.93
	CO/(μL/L)			
	CO_2/%(体)	15.49	15.73	15.84

续表

取样位置	分析项目	时间		
		2018/8/27	2018/8/28	2018/8/29
一级反应器出口过程气	H_2S/%(体)	1.54	1.53	1.56
	SO_2/%(体)	0.71	0.759	0.748
	COS/(μL/L)	241.8	267.7	258.6
	CS_2/(μL/L)	0.13	0.21	0.21
	空气/%(体)	67.18	67.86	66.80
	CO/(μL/L)			7897.17
	CO_2/%(体)	17.52	16.92	17.57
二级反应器出口过程气	H_2S/%(体)	0.42	0.39	0.49
	SO_2/%(体)	0.20	0.19	0.25
	COS/(μL/L)	250.24	241.5	248.9
	CS_2/(μL/L)	0.029	0.289	0.324
	空气/%(体)	78.04	78.13	78.07
	CO/(μL/L)			8486.82
	CO_2/%(体)	17.90	17.78	17.37

2. 蒸汽孔板流量计校正计算

查参考文献[3]节流式差压流量计的流量计算式：

$$q_m=\frac{C}{\sqrt{1-\beta^4}}\varepsilon\frac{\pi}{4}d^2\sqrt{2\Delta p\rho_1} \tag{4-3}$$

式中 q_m——质量流量，kg/s；

C——流量系数；

ε——可膨胀性系数；

β——直径比，$\beta=d/D$；

d——工作条件下节流件的孔径，m；

D——工作条件下上游管道内径，m；

Δp——差压，Pa；

ρ_1——上游流体密度，kg/m³。

由式(4-3)可以知道 $q_m=K\sqrt{\Delta p\rho_1}$，$K$ 为常数，由此可以对蒸汽孔板流量计进行校正。

(1) 0.45MPa 蒸汽流量校正关系式

由 $q_{DCS}=K\sqrt{\Delta p\rho_{设}}$ 可以计算得到实测差压值为 $\Delta p=\left(\frac{q_{DCS}}{K}\right)^2/\rho_{设}$，再将实测差压带入实际工况下的密度即可计算得到实际的蒸汽流量，利用"Aspen HYSYS"模拟得到其中 0.45MPa 蒸汽密度 $\rho_{设}=915.6\text{kg/m}^3$，0.387MPa 蒸汽密度 $\rho_{实}=923.9\text{kg/m}^3$，即：

$$q_{实}=q_{DCS}\sqrt{\frac{\rho_{实}}{\rho_{设}}}=q_{DCS}\sqrt{\frac{923.9}{915.6}}=1.005q_{DCS}$$

(2) 3.5MPa 蒸汽流量校正关系式

利用"Aspen HYSYS"模拟得到其中 4.4MPa 蒸汽密度 $\rho_{设}'=790\text{kg/m}^3$，4.1MPa 蒸汽密度 $\rho_{实}'=796.1\text{kg/m}^3$，$q_{实}=q_{DCS}\sqrt{\frac{\rho_{实}'}{\rho_{设}'}}=q_{DCS}\sqrt{\frac{796.1}{790}}=1.004q_{DCS}$。

（二）酸性气燃烧炉硫转化率核算

1. 酸性气燃烧炉发生的化学反应

1）酸性气燃烧炉主要是发生硫化氢的部分氧化反应以及附带的烃、氨等其他介质的燃烧，具体化学反应方程式如下：

$$3H_2S+3/2O_2 \longrightarrow SO_2+H_2O+2H_2S \tag{4-4}$$

$$2H_2S+SO_2 \longrightarrow 3/2S_2+2H_2O \tag{4-5}$$

$$H_2S+1/2O_2 \longrightarrow 1/2S_2+H_2O \tag{4-6}$$

$$S_2+2O_2 \longrightarrow 2SO_2 \tag{4-7}$$

$$CH_4+2O_2 \longrightarrow CO_2+2H_2O \tag{4-8}$$

$$C_2H_6+7/2O_2 \longrightarrow 2CO_2+3H_2O \tag{4-9}$$

$$2NH_3+\frac{3+2x}{2}O_2 \longrightarrow 2NO_x+3H_2O \tag{4-10}$$

$$CH_4+3/2O_2 \longrightarrow CO+2H_2O \tag{4-11}$$

2）因煤制氢高、低浓度酸性气及自身再生酸性气中含有较大量的二氧化碳及一氧化碳，酸性气燃烧炉内存在有机硫 COS 及 CS_2 生成，相关反应方程式如下：

$$CH_4+2H_2S \longrightarrow CS_2+8H_2 \tag{4-12}$$

$$CH_4+2S_2 \longrightarrow CS_2+2H_2S \tag{4-13}$$

$$C_2H_6+7/2S_2 \longrightarrow 2CS_2+3H_2S \tag{4-14}$$

$$CS_2+2H_2O \longrightarrow CO_2+2H_2S \tag{4-15}$$

$$CS_2+SO_2 \longrightarrow CO_2+3/2S_2 \tag{4-16}$$

$$CS_2+CO_2 \longrightarrow 2CO+S_2 \tag{4-17}$$

$$2CH_4+3SO_2 \longrightarrow 2COS+1/2S_2+4H_2O \tag{4-18}$$

$$CS_2+CO_2 \longrightarrow 2COS \tag{4-19}$$

$$CH_4+SO_2 \longrightarrow COS+H_2+H_2O \tag{4-20}$$

$$CS_2+H_2O \longrightarrow COS+H_2S \tag{4-21}$$

$$COS+H_2O \longrightarrow H_2S+CO_2 \tag{4-22}$$

$$2COS+SO_2 \longrightarrow 3/2S_2+2CO_2 \tag{4-23}$$

$$COS+CO+SO_2 \longrightarrow 1/2S_2+2CO_2 \tag{4-24}$$

$$COS+H_2 \longrightarrow CO+H_2S \tag{4-25}$$

$$COS+3/2O_2 \longrightarrow CO_2+SO_2 \tag{4-26}$$

$$CO_2+H_2S \longrightarrow COS+H_2O \tag{4-27}$$

$$CO+H_2S \longrightarrow COS+H_2 \tag{4-28}$$

$$COS+1/2SO_2 \longrightarrow CO_2+3/2S \tag{4-29}$$

$$CO_2+H_2S \longrightarrow CO+H_2O+1/2S_2 \tag{4-30}$$

3）因煤制氢低浓度酸性气含有少量甲醇，会发生以下反应：

$$CH_4O+3/2O_2 \longrightarrow CO_2+2H_2O \tag{4-31}$$

4）酸性气燃烧炉内存在不少生成氢气的反应：

$$H_2S \longrightarrow 1/2S_2+H_2 \tag{4-32}$$

$$2CO_2+H_2S \longrightarrow 2CO+H_2+SO_2 \tag{4-33}$$

$$CH_4+2H_2O \longrightarrow CO_2+4H_2 \tag{4-34}$$

$$CH_4+O_2 \longrightarrow CO+H_2O+H_2 \tag{4-35}$$

2. 理论计算[5,6]

(1) 高浓度酸性气理论计算

高浓度酸性气经预热后升温至126.2℃，空气经预热后温度升温至146.1℃，空气湿度按30%进行计算，液硫脱气抽射器耗蒸汽0.6t/h直接进酸性气燃烧炉，高浓度酸性气流量按4108.33Nm³/h，炉头氮气保护风50Nm³/h(10路每路5Nm³/h)，酸性气中水按设计含量4%进行计算，并对原料组成进行归一。因装置设计数据无氨含量，且实际运行过程中炉温仅在1100℃左右，急冷水pH值6~7稳定，说明不存在烧氨不完全的情况，故可认为原料气中无氨。且本次计算不考虑有机硫影响，则可以计算得到高浓度酸性气各组分的摩尔流量，见表4-4。

表4-4 高浓度酸性气组分表

组成成分	各组分占比/%(体)	进炉总物质的量/(kmol/h)
H_2S	73.09	134.05
CO_2	16.32	29.93
H_2O	3.85	40.38
N_2	6.71	14.54
CH_4	0.03	0.07
	100	218.97

根据实际显示炉头压力8.18kPa，则绝对压力为109.5kPa(a)，设计酸性气燃烧炉压降为6kPa，取压降4kPa。

燃烧炉内燃烧反应需氧量计算：

① 硫化氢的燃烧反应：

$$H_2S+3/2O_2 \xlongequal{} H_2O+SO_2 \tag{4-36}$$

各组分变化关系见表4-5。

表4-5 硫化氢燃烧反应配比表

参与反应物料	H_2S	O_2	H_2O	SO_2
摩尔配比	1.00	1.50	1.00	1.00
部分氧化反应/(kmol/h)	44.68	67.02	44.68	44.68

② 甲烷的燃烧反应(见反应式4-8)，各组分变化关系见表4-6。

表4-6 甲烷燃烧反应配比表

参与反应物料	CH_4	O_2	H_2O	CO_2
摩尔配比	1	2	2	1
当量氧化反应/(kmol/h)	0.071	0.141	0.141	0.071

得出燃烧炉总需氧量为 $N(O_2)=67.02\text{kmol/h}+0.141\text{kmol/h}=67.16\text{kmol/h}$。

假定空气中只有氧气和氮气，空气中氧占比为21%，氮气占比为79%，则可以得出随空气带入燃烧炉系统的氮气摩尔流量为(理想情况下)：

$$N_{N_2}^{空气}=67.16\text{kmol/h}\times79\%/21\%=252.67\text{kmol/h}$$

由空气湿度30%，查“绝对湿度与相对湿度对应表”(见表4-7)，空气温度按40℃计算，查表得出绝对湿度为15.30g/m³，从而计算出空气带入水的摩尔流量：

$$N_{H_2O}^{空气}=\frac{15.3\text{g/m}^3\times(67.16+252.67)\text{kmol/h}\times22.4\text{L/mol}\times(40+273)\text{K}}{1000\times273\text{K}\times18\text{g/mol}}=6.98\text{kmol/h}$$

表 4-7　空气绝对湿度与相对湿度对应表(大气压 10^5Pa)

温度/℃	相对湿度/%																			
	5	10	15	20	25	30	35	40	45	50	55	60	65	70	75	80	85	90	95	100
	绝对湿度/(g/m³)																			
5	0.34	0.68	1.02	1.36	1.70	2.04	2.38	2.72	3.06	3.40	3.73	4.07	4.41	4.75	5.09	5.43	5.77	6.11	6.45	6.79
10	0.47	0.94	1.41	1.88	2.35	2.82	3.29	3.76	4.23	4.70	5.16	5.63	6.10	6.57	7.04	7.51	7.98	8.45	8.92	9.39
15	0.64	1.28	1.92	2.56	3.21	3.85	4.49	5.13	5.77	6.41	7.05	7.69	8.33	8.97	9.62	10.26	10.90	11.54	12.18	12.82
20	0.85	1.73	2.69	3.45	4.32	5.18	6.04	6.91	7.77	8.64	9.50	10.36	11.23	12.09	12.95	13.82	14.68	15.54	16.41	17.27
25	1.15	2.30	3.45	4.60	5.75	6.90	8.05	9.20	10.35	11.51	12.66	13.81	14.96	16.11	17.26	18.41	19.56	20.71	21.86	23.01
30	1.52	3.03	4.55	6.06	7.58	9.09	10.61	12.12	13.64	15.16	16.67	18.19	19.70	21.22	22.73	24.25	25.76	27.21	28.79	30.31
35	1.98	3.95	5.93	7.90	9.88	11.85	13.83	15.80	17.78	19.76	21.73	23.71	25.68	27.66	29.63	31.61	33.58	35.56	37.53	39.51
40	2.55	5.10	7.65	10.20	12.75	15.30	17.85	20.40	22.95	25.50	28.05	30.60	33.15	35.70	38.25	40.80	43.35	45.90	48.46	51.00
45	3.26	6.52	9.78	13.04	16.30	19.56	22.82	26.08	29.34	33.61	35.87	39.13	42.39	45.65	48.91	52.17	55.43	58.69	61.95	65.21
50	4.13	8.27	12.40	16.53	20.66	24.80	28.93	33.06	37.19	41.33	45.46	49.59	53.72	57.86	61.99	66.12	70.25	74.39	78.52	82.65
55	5.19	10.39	15.58	20.78	25.97	31.17	36.36	41.56	46.75	51.95	57.14	62.33	67.53	72.72	77.92	83.11	88.31	93.50	98.70	103.89
60	6.18	12.95	19.43	25.91	32.39	38.86	45.34	51.82	58.29	64.77	71.25	77.72	84.20	90.68	97.16	103.63	110.11	116.59	123.06	129.54
65	8.02	16.03	24.05	32.06	40.08	48.09	56.11	64.12	72.14	80.15	88.17	96.18	104.20	112.21	120.23	128.24	136.26	144.27	152.29	160.30
70	9.85	19.69	29.54	39.39	49.24	59.08	68.93	78.78	88.62	98.47	108.32	118.16	128.01	137.88	147.71	157.55	167.40	177.25	187.09	196.94
75	12.02	24.03	36.05	48.06	60.08	72.09	84.11	96.12	108.14	120.16	132.17	144.19	156.20	168.22	180.23	192.25	204.26	216.28	228.29	240.31
80	14.57	29.13	43.70	58.27	72.83	87.40	101.97	116.53	131.10	145.67	160.23	174.80	189.36	203.93	218.50	233.06	247.63	262.20	276.76	291.33
85	17.55	35.10	52.65	70.20	87.75	105.29	122.84	140.39	157.94	175.49	193.04	210.59	228.14	245.69	263.24	280.78	298.33	315.88	333.43	350.98
90	21.02	42.04	63.05	84.07	105.09	126.11	147.13	168.14	189.16	210.18	231.20	252.22	273.23	294.25	315.27	336.29	357.31	378.32	399.34	420.36
95	25.03	50.06	75.09	100.12	125.15	150.18	175.21	200.24	225.27	250.30	275.33	300.36	325.39	350.42	375.45	400.48	425.51	450.54	475.57	500.60
100	29.65	59.30	88.94	118.59	148.24	177.89	207.54	237.18	266.83	296.48	326.13	355.78	385.42	415.07	444.72	474.37	504.02	533.66	563.31	592.96

由以上计算可得出入炉原料气各组分摩尔流量。

反应平衡常数 K_P^{F601} 值确认：

假设在燃烧炉内发生 $H_2S+\frac{1}{2}SO_2 \xlongequal{} \frac{3}{4}S_2+H_2O$ 反应的硫化氢摩尔流量为 x，则根据反应配比，各组分变化关系见表 4-8。

表 4-8　高温克劳斯反应配比表

参与反应物料	H_2S	SO_2	S_2	H_2O
摩尔配比	1	0.5	0.75	1
各物质摩尔流量/(kmol/h)	x	$0.5x$	$0.75x$	x

根据化学反应各组分变化，可以得到燃烧炉内物料平衡情况，见表 4-9。

表 4-9　酸性气燃烧炉物料平衡表　　kmol/h

物料组成	入炉原料	燃烧产物	反应产物
H_2S	134.05	89.36	$89.36-x$
CO_2	29.93	30.00	30
H_2O	47.37	92.19	$92.19+x$
SO_2	0.00	44.68	$44.68-0.5x$
N_2	267.20	267.20	317.20
O_2	67.16	0	0
S_2	0.00	0	$0.75x$
S_6	0.00	0	0
S_8	0.00	0	0
CH_4	0.07	0	0
总计 $N_{总}$	545.78		$573.73+0.25x$

经 $H_2S+\frac{1}{2}SO_2 \xlongequal{} \frac{3}{4}S_2+H_2O$ 反应后，燃烧炉内四种物料达到平衡状态，根据物料平衡方程：

$$K_P^{F601}=\frac{[H_2O]\,[S_2]^{\frac{3}{4}}}{[H_2S]\,[SO_2]^{\frac{1}{2}}}\left[\frac{p_{F601}}{N_{F601}}\right]^{\frac{1}{4}} \tag{4-37}$$

假定燃烧炉系统压降为 3kPa，则 $p_{F601}=109.5\text{kPa}-4\text{kPa}=105.5\text{kPa}$。

则得出一个 $K_P^{F601}\sim x$ 之间的函数关系式。

通过假定一个 x_1 值，将对应得出一个值 $K_{P_1}^{F601}$。在燃烧炉内炉膛温度一般在 1000℃以上(即 1273K 以上)，故根据 K_P^{F601} 与 T^{F601} 之间的关系可得出一个炉膛温度值 T_1^{F601}，K_P^{F601} 与 T^{F601} 关系式：

$$\ln K_P^{F601}=-\frac{4438}{T^{F601}}+1.326\ln T^{F601}-1.58\times10^{-3}T^{F601}+0.2611\times10^{-6}(T^{F601})^2-2.1235 \tag{4-38}$$

(此关系式基于 $H_2S+\frac{1}{2}SO_2 \xlongequal{} \frac{3}{4}S_2+H_2O$ 反应方程式)

通过此方法，假定四个 x 值，得出相应的 K_P^{F601} 、T^{F601} 及各物料组分的摩尔流量，取 x 值分别为 52、55、58、62，得出不同参与反应硫化氢摩尔流量对应的各组分摩尔流量，具体见表 4-10。

表 4-10　不同参与反应硫化氢摩尔流量与燃烧炉物料关系表

项　目	参与反应硫化氢摩尔流量			
	52kmol/h	55kmol/h	58kmol/h	62kmol/h
平衡常数 K_P^{F601}	9.80	11.87	14.54	19.48
炉膛温度 T^{F601}/℃	1000.15	1071.00	1155.00	1296.50
H_2S/(kmol/h)	31.76	28.76	25.76	21.76
CO_2/(kmol/h)	30.00	30.00	30.00	30.00
H_2O/(kmol/h)	153.45	156.45	159.45	163.45
SO_2/(kmol/h)	24.29	22.79	21.29	19.29
N_2/(kmol/h)	348.83	348.83	348.83	348.83
S_2/(kmol/h)	39.00	41.25	43.50	46.50
S_6/(kmol/h)	0.00	0.00	0.00	0.00
S_8/(kmol/h)	0.00	0.00	0.00	0.00
CH_4/(kmol/h)	0.00	0.00	0.00	0.00

根据各组分的 $\Delta H_T \sim T$ 的关系式得出以上四个温度下各组分的生成热，拟合关系式见表 4-11，根据焓值与温度关系式可以求得各组分的摩尔焓值，见表 4-12。

表 4-11　各组分焓值与温度拟合关系表

物质一	物质二
H_2S：$\Delta H_T = 0.048T - 27.488$	SO_2：$\Delta H_T = -8\times10^{-6}T^2 + 0.072T - 311.08$
CS_2：$\Delta H_T = 1\times10^{-6}T^2 + 0.0572T + 113.43$	COS：$\Delta H_T = 2\times10^{-6}T^2 + 0.0536T - 145.84$
S_2：$\Delta H_T = 0.0372T + 122.84$	S_6：$\Delta H_T = 2\times10^{-5}T^2 + 0.0545T + 128.47$
S_8：$\Delta H_T = 0.1309T + 101.77$	CO_2：$\Delta H_T = 0.0565T - 401.27$
CO：$\Delta H_T = 2\times10^{-6}T^2 + 0.0302T - 111.93$	CH_4：$\Delta H_T = 1\times10^{-5}T^2 + 0.051T - 81.533$
N_2：$\Delta H_T = 2\times10^{-6}T^2 + 0.0299T - 1.3414$	H_2O：$\Delta H_T = 0.0436T - 247.51$

表 4-12　酸性气燃烧炉不同温度下物料的摩尔焓值

组分温度/℃	1000.15	1071.00	1155.00	1296.50
H_2S/(MJ/kmol)	20.62	24.03	28.07	34.87
CO_2/(MJ/kmol)	-344.76	-340.76	-336.01	-328.02
H_2O/(MJ/kmol)	-203.90	-200.81	-197.15	-190.98
SO_2/(MJ/kmol)	-246.27	-242.29	-237.67	-230.14
N_2/(MJ/kmol)	30.56	32.98	35.86	40.79
S_2/(MJ/kmol)	160.05	162.68	165.81	171.07

续表

组分温度/℃	1000.15	1071.00	1155.00	1296.50
S_6/(MJ/kmol)	202.98	209.78	218.10	232.75
S_8/(MJ/kmol)	232.69	241.96	252.96	271.48
CH_4/(MJ/kmol)	−20.52	−15.44	−9.29	1.40

由此可以计算反应产物热量 $Q^{F601}_{反应产物}=\Delta H_T\times N^{F601}_{物料}$，得出酸性气燃烧炉在不同温度下的物料热量表，见表4-13。

表4-13 酸性气燃烧炉不同温度下物料的热量表

参与反应硫化氢摩尔流量/(kmol/h)	56	60	62	65
炉膛温度/℃	1020.60	1117.94	1175.30	1275.90
H_2S/(MJ/h)	654.87	691.03	723.03	758.86
CO_2/(MJ/h)	−10342.06	−10221.98	−10079.61	−9839.79
H_2O/(MJ/h)	−31288.32	−31416.76	−31435.24	−31215.48
SO_2/(MJ/h)	−5980.93	−5520.75	−5058.99	−4438.50
N_2/(MJ/h)	10661.42	11502.76	12509.32	14227.16
S_2/(MJ/h)	6241.78	6710.60	7212.56	7954.75
S_6/(MJ/h)	0.00	0.00	0.00	0.00
S_8/(MJ/h)	0.00	0.00	0.00	0.00
CH_4/(MJ/h)	0.00	0.00	0.00	0.00
反应产物热量/(GJ/h)	−30.05	−28.26	−26.13	−22.55

根据表4-13作参与反应硫化氢摩尔流量 x 与反应产物热量 $Q^{F601}_{反应产物}$ 关系图，并拟合得出 $Q^{F601}_{反应产物}\sim x$ 之间的拟合关系式，曲线及拟合式如图4-2所示。

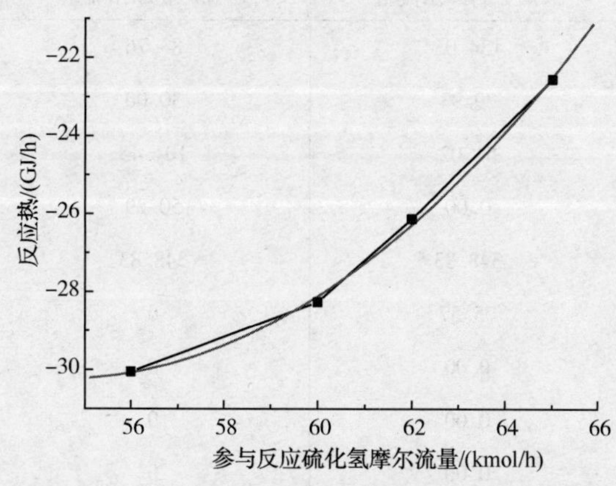

图4-2 参与反应硫化氢摩尔流量与反应热关系曲线

拟合的 $Q^{F601}_{反应产物}\sim x$ 关系式：

$$Q^{F601}_{反应产物}=7.5396\times10^{-4}x^3-0.1055x^2+5.411x-132.1227$$

计算反应原料气热量 $Q_原=\Delta H_T\times N_{原料气}$，酸性气燃烧炉入炉原料的总热量，可根据各组分的焓值及摩尔流量求得，具体见表4-14。

表4-14　酸性气燃烧炉入炉原料能量表

入口原料组成	各组分摩尔流量/(kmol/h)	各组分焓值/(MJ/kmol)	热量/(MJ/h)
H_2S	134.05	-21.42	-2870.97
CO_2	29.93	-394.14	-11795.49
H_2O(原料气)	43.16	-242.01	-10446.05
H_2O(空气)	7.86	-241.14	-1894.30
SO_2	0.00	-302.02	0.00
N_2	348.83	3.07	1070.79
O_2	75.57	2.99	225.62
S_2	0.00		0.00
S_6	0.00		0.00
S_8	0.00		0.00
CH_4	0.07	-73.87	-5.21
总计 $Q_{原}$			-25.72×10^3

得出原料气热量 $Q_{原}=-25.72\times10^3$MJ/h=-25.72GJ/h。

根据能量守恒定律，燃烧炉无其他热源输入，则只有当 $Q^{F601}_{反应产物}=Q_{原}$ 时，此时对应的 x 值为接近实际参与反应的硫化氢摩尔流量。反算得出当 $x=58.45$kmol/h，从而可以得出对应的炉膛温度为1169℃，平衡常数 $K_P^{F601}=15.00$。

燃烧炉炉膛出入口各物料组成见表4-15。

表4-15　酸性气燃烧炉物料变化表　kmol/h

物料组成	入炉原料摩尔流量	燃烧产物摩尔流量	反应产物摩尔流量
H_2S	134.05	83.76	25.31
CO_2	29.93	30.00	30.00
H_2O	51.02	101.45	159.90
SO_2	0.00	50.29	21.06
N_2	348.83	348.83	348.83
O_2	75.57	0	0.00
S_2	0.00	0	43.84
S_6	0.00	0	0.00
S_8	0.00	0	0.00
CH_4	0.07	0	0.00
总计	639.46		628.93

可以计算得出酸性气燃烧炉的硫转化率为：

$$\eta_1^{F601}=(134.05-25.31)/134.05=81.11\%$$

（2）低浓度酸性气理论计算

因低浓度酸性气从酸性气燃烧炉炉膛中后部进入，在酸性气燃烧炉内的停留时间较短，且低浓度酸性气未进行预热，进入炉膛对炉膛起到降温作用，通过以下计算出低浓度酸性气引入后酸性气燃烧炉热量变化。

假设酸性气燃烧炉终温，由终温计算低浓度酸性气取走的热量，根据热量守恒进行迭代计算酸性气燃烧炉终温如下：

1）煤制氢低浓度酸性气：

煤制氢低浓度酸性气在温度由40℃升高至1016.8℃时的热量变化，见表4-16。

表4-16　煤制氢低浓度酸性气在不同温度下各组分热量表

低浓度酸性气			入口温度40℃		升温后温度1016.8℃	
组成	体积分数/%	摩尔流量/（kmol/h）	焓值/（MJ/kmol）	热量/（GJ/h）	焓值/（MJ/kmol）	热量/（GJ/h）
H_2S	0.29	0.08	-25.56	-1.94	21.42	1.63
CO_2	68.68	18.04	-399.01	-7196.73	-343.82	-6201.31
H_2O	3.66	0.96	-245.77	-236.30	-203.18	-195.35
N_2	20.94	5.50	-0.14	-0.78	31.13	171.20
H_2		0.00	0.89	0.00	29.62	0.00
CO	10.09	2.65	-110.72	-293.53	-79.15	-209.85
总计		27.22		-7.73		-6.43

煤制氢低浓度酸性气的热量变化为$Q_{煤低}^{酸气}=1.30$GJ/h。

2）循环再生酸性气：

循环再生酸性气在温度由40℃升高至1016.8℃时的热量变化，见表4-17。

表4-17　循环酸性气不同温度下各组分热量表

循环酸性气			入口温度40℃		升温后温度1016.8℃	
组成	体积分数/%	摩尔流量/（kmol/h）	焓值/（MJ/kmol）	热量/（GJ/h）	焓值/（MJ/kmol）	热量/（GJ/h）
H_2S	33.27	16.74	-25.56	-427.83	21.42	358.48
CO_2	60.00	30.18	-399.01	-12042.98	-343.82	-10377.25
H_2O	3.85	1.93	-245.77	-475.50	-203.18	-393.10
N_2	2.88	1.45	-0.14	-0.21	31.13	45.17
H_2		0.00	0.89	0.00	29.62	0.00
总计		26.26		-12.95		-10.37

循环再生酸性气的热量变化为$Q_{循环}^{酸气}=2.58$GJ/h。

可以理解为酸性气燃烧炉因低浓度酸性气的引入导致总热量降低3.87GJ/h，即按酸性气燃烧炉$Q_{反应产物}^{F601}{}'=Q_{原}-3.87$GJ/h进行计算炉温，可以得到酸性气燃烧炉炉温为1016.8℃，说明低浓度酸性气的引入导致酸性气燃烧炉炉温下降152.2℃，此时得到的酸性气燃烧炉出口物料见表4-18。

表 4-18　加工低浓度酸性气时酸性气燃烧炉物料变化表　kmol/h

物料组成	炉头摩尔流量	炉侧摩尔流量	燃烧产物摩尔流量	反应产物摩尔流量
H_2S	139.41	16.81	83.76	47.83
CO_2	31.12	48.22	30.00	78.22
H_2O	40.59	2.89	101.45	157.08
SO_2	0.00	0	50.29	23.92
N_2	277.80	6.95	348.83	348.83
O_2	82.51	0	0	0.00
S_2	0.00	0	0	39.56
S_6	0.00	0	0	0.00
S_8	0.00	0	0	0.00
CH_4	0.07	0	0	0.00
总计	620.46			702.37

同样可以计算出当低浓度酸性气从炉膛中后部引入时酸性气燃烧炉的硫转化率：

$$\eta_2^{F601}=(139.41-31.02)/(139.41+16.81)=69.38\%$$

酸性气燃烧炉转化率由 81.11%下降至 69.38%，分析主要原因是低浓度酸性气因可燃组分有限，引入炉内会降低炉温，导致反应深度下降。

(3) 酸性气带烃理论计算

假设酸性气带烃全部为甲烷组分，则分别计算当甲烷组分占酸性气体为 0.5%、1%、2%及 5%时，对酸性气燃烧炉炉温的影响，具体见表 4-19。

表 4-19　酸性气带烃量对燃烧炉炉膛温度影响

烃占体积比/%	0	0.5	1	2	5	8.2
炉膛温度/℃	1169	1188	1225	1240	1320	1405
一级反应器温度/℃	287	284	282	280	274	
二级反应器温度/℃	233	223	220	219	219	

由表 4-19 可知，假设烃在酸性气燃烧炉完全燃烧，则当烃含量高达 8%后，酸性气燃烧炉将达到联锁温度值 1400℃，由图 4-3 可知，当高浓度酸性气烃含量达到 2.0%以上时，对炉膛温度的冲击较大，温度上升较快，故可要求上游装置严禁酸性气带烃超过 2.0%，否则装置存在超温联锁风险。

酸性气带烃对一级反应器温度有影响，对二级反应器的影响程度有限。可以发现当带烃量越大，一级反应器温度下降速度越快，从而影响一级反应器有机硫水解效率。(计算空速、压降、应该在煤制氢酸性气的基础上进行计算)

(4) 掺烧氢气对炉膛温度的贡献

装置在低负荷运行或酸性气浓度低时，由于酸性气中可燃组分偏低，无法维持炉温，生产采取酸性气燃烧炉炉头掺烧氢气的形式维持，现用 4.4.2.2.1 迭代法计算，在加工煤制氢酸性气时，分别当掺烧氢气 0.5%、1.5%、3.0%、5.0%、8%(占高浓度酸性气比例)时，炉膛后部温度分别为 1022.3℃、1040.8℃、1066℃、1092.6℃、1125.2℃，具体变化趋势见图 4-4。

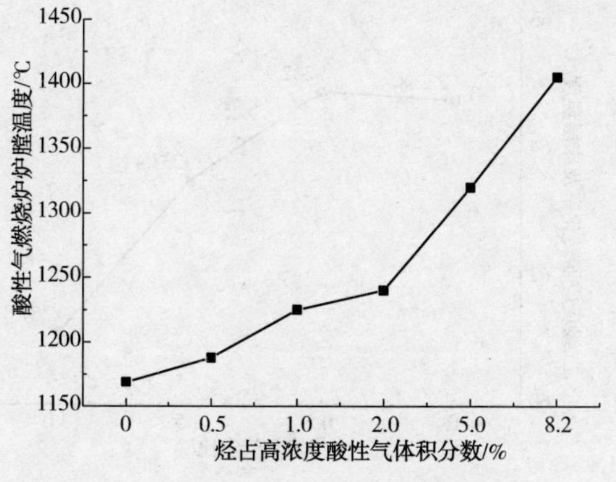

图 4-3　高浓度酸性气带烃量对燃烧炉炉膛温度影响趋势图

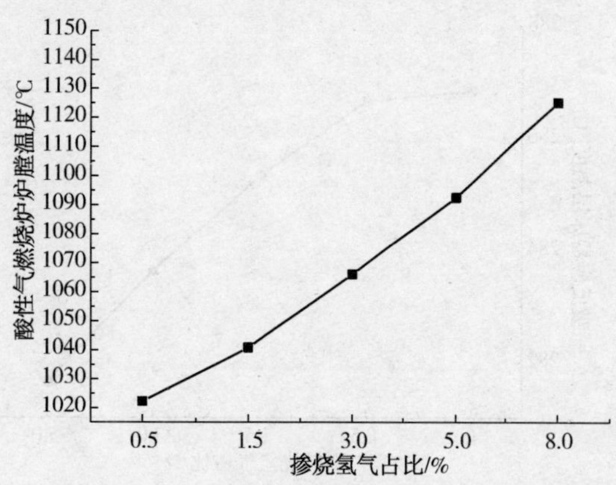

图 4-4　酸性气燃烧炉掺烧氢气量与炉膛温度变化曲线

由图 4-4 可知，掺烧氢气的比例越大，炉膛温度越高。

通过计算掺烧氢气对一级反应器的影响，因掺烧氢气量越大，燃烧所需氧气量越大，随氧气带入的氮气量约为氧气的 3 倍，从而使得过程气中的硫化氢及二氧化硫浓度均降低，见图 4-5，进而影响到一级反应器床层温度及硫化氢转化率，见图 4-6 及图 4-7。

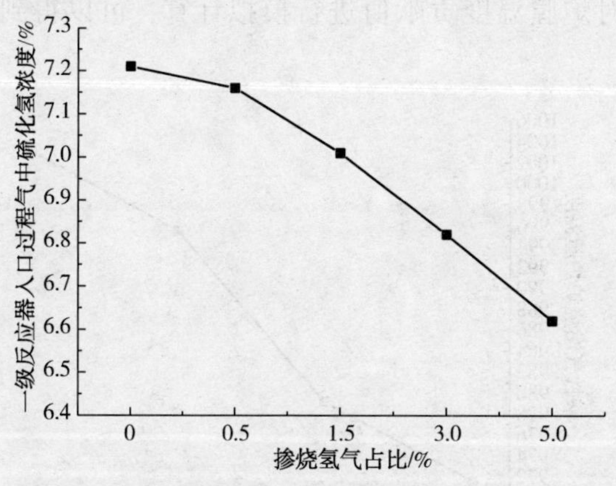

图 4-5　酸性气燃烧炉掺烧氢气量与一级反应器入口硫化氢浓度关系曲线

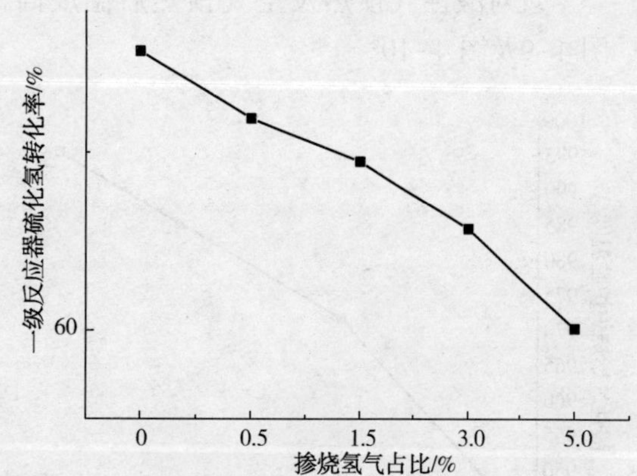

图 4-6　酸性气燃烧炉掺烧氢气量与一级反应器硫化氢转化率关系曲线

因计算时考虑了低浓度酸性气的影响，故计算得到的温度为炉膛后部温度，从实际运行可以发现，炉膛后部温度测点 TI60206 温度要低于炉膛中部温度 60℃左右。即在当前负荷下，掺烧氢气量在 330Nm^3/h 时，炉膛后部温度将达到 1125.2℃，炉膛中部温度将接近 1200℃。(计算反应器空速)

同理计算掺烧氢气对二级反应器床层温度及硫化氢转化率的影响见图 4-8。

由图 4-8 可以看出，当掺烧氢气量低于 0.5%时，二级反应器转化率有略微升高的趋势，分析主要是掺烧量少时，因一级转化率有所下降，使得二级的硫化氢浓度相对未掺烧时略高，但当继续加大氢气的掺烧量时，二级反应器床层温度与一级反应器一致，呈现下降趋势，但是下降幅度较一级反应器缓慢。

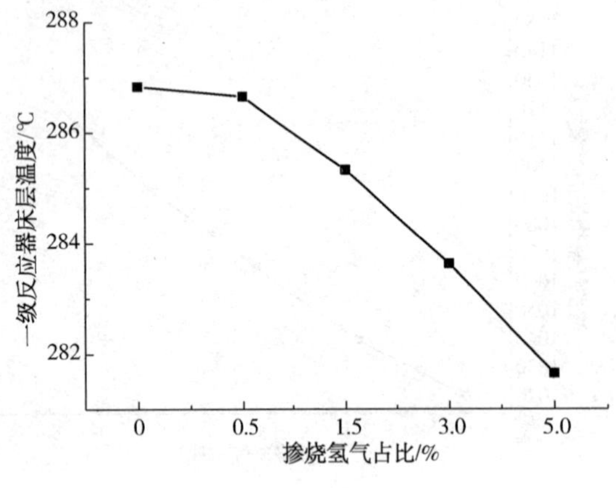

图 4-7 酸性气燃烧炉掺烧氢气量与一级反应器床层温度关系曲线

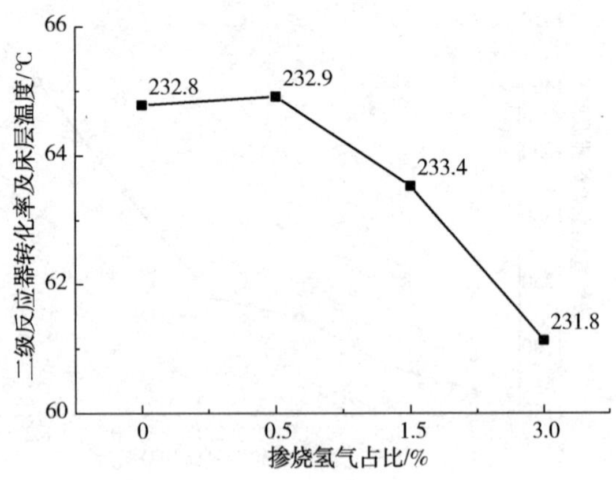

图 4-8 酸性气燃烧炉掺烧氢气量对二级反应器的影响

(5) 空气及酸性气预热对炉膛温度的贡献值

将空气温度改为风机出口温度 90℃，酸性气温度改为 40℃进行计算，可以得到此时酸性气燃烧炉炉膛温度为 946.5℃，由此可以看出，当空气及酸性气不预热直接进入焚烧炉时，炉膛温度将降低 70℃左右。

现对酸性气预热及空气预热后温度高低对炉膛温度贡献值进行模拟计算，可以得到图 4-9及图 4-10。

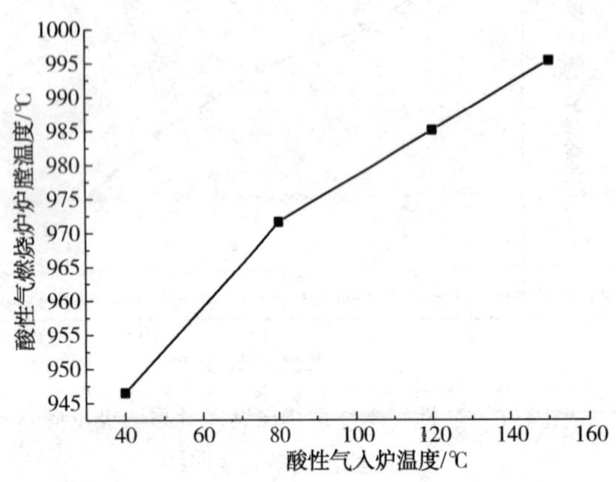

图 4-9 酸性气入炉温度与酸性气燃烧炉炉膛温度变化曲线

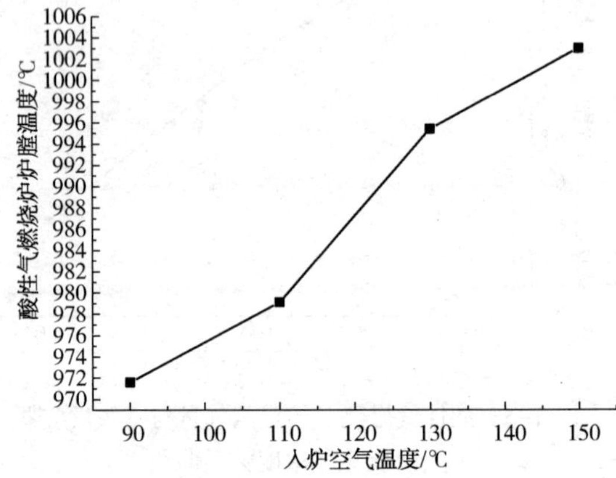

图 4-10 空气入炉温度与酸性气燃烧炉炉膛温度变化曲线

由图 4-9、图 4-10 可以看出，当酸性气入炉温度高于 80℃时，炉膛温度的增幅降低，而当空气温度处于 110~130℃之间时的增幅最大，在后期综合考虑能耗的情况下，可适当对酸性气及空气入炉温度进行调整控制。

3. 分析数据核算

(1) 氮平衡法(干基计算)

① 根据氮气在系统内物质的量不发生变化的原则，即氮平衡原则，假设空气按氮气占比 79%计算，则酸性气燃烧炉进炉氮气总量：

$$N_{入}=N_{空气}+N_{酸性气}$$

$$=\frac{(6330+396)\times 79\%+4096\times 6.98\%+539\times 18.3\%+1176\times 3\%}{22.4}$$

$$=256.33\text{kmol/h}$$

则根据一级反应器入口分析数据氮气占比为70.03%，则有一级反应器入口物料的总摩尔流量为$N_{一反入口}=256.33/70.03\%=366.03\text{kmol/h}$，从而可以计算得到一级转化器入口气体组成的摩尔流量，见表4-20。

表4-20　一级转化器入口气体组成

取样位置	分析项目	时间 (2018/8/27)	摩尔流量/ (kmol/h)
一级反应器入口过程气	H_2S/%(体)	5.10	18.67
	SO_2/%(体)	2.49	9.11
	COS/%(体)	0.34	1.24
	CS_2/(μL/L)	4.13	0.003
	空气/%(体)	70.03	256.33
	CO_2/%(体)	18.65	68.27

则有：

$$\eta=\left(1-\frac{一冷出口气体(H_2S+SO_2+COS+2CS_2)总摩尔流量}{入反应炉(H_2S+SO_2+COS+2CS_2)总摩尔流量}\right)\times 100\%$$

$$=\left(1-\frac{(18.67+9.11+1.24+0.003)\times 22.4}{4108.3\times 76.01\%+1126\times 0.3\%+589\times 34.6\%}\right)\times 100\%$$

$$=80.42\%$$

② 采用氮平衡法[7,8]经验公式计算硫回收率：

$$\eta_3^{F601}=1-\frac{78.09R^{F601}}{C_{H_2S}^{原料}C_{N_2}^{R601入口}}(C_{H_2S}^{R601入口}+C_{SO_2}^{R601入口}+2C_{CS_2}^{R601入口}+C_{COS}^{R601入口}+C_{S}^{R601入口})\tag{4-39}$$

式中　R^{F601}——总空气与总酸气之比(流量比，干基/干基)；

$C_{H_2S}^{原料}$——酸气中H_2S含量(干基)，%；

$C_{N_2}^{R601入口}$、$C_{H_2S}^{R601入口}$、$C_{SO_2}^{R601入口}$、$C_{CS_2}^{R601入口}$、$C_{COS}^{R601入口}$、$C_{S}^{R601入口}$——尾气中相应组分的含量(干基)，%。

取2018年8月27日酸性气数据，假定为理想气体，根据道尔分压定律，可以得出高、低浓度混合酸性气$C_{H_2S}^{原料}=60\%$，$C_{H_2S}^{R601入口}=5.10\%$，$C_{SO_2}^{R601入口}=2.49\%$，$C_{COS}^{R601入口}=0.34\%$，$C_{CS_2}^{R601入口}=0.000343\%$，$C_{N_2}^{R601入口}=70.03\%$，假定液硫全部从系统脱出，则$C_{S}^{R601入口}=0\%$，$R$值用碳平衡法计算：

$$R^{F601}=\frac{C_{CH_4}^{原料}+C_{CO_2}^{原料}}{(C_{CO_2}^{R601入口}+C_{COS}^{R601入口}+C_{CO}^{R601入口}+C_{CH_4}^{R601入口}+C_{CS_2}^{R601入口})\times\frac{78.10}{C_{N_2}^{R601入口}}-0.03}=1.65$$，则硫回收率：

$$\eta_3^{F601}=1-\frac{78.09\times 1.65}{60\times 70.03}\times(5.1+2.49+2\times 0.000343+0.34+0)$$

$$=75.68\%$$

（2）硫平衡估算法（湿基计算）

$$\eta_4^{R601}=\frac{N_S^{E602}}{N_S^{原料}}=\frac{F^{E602}V_S^{E602}/22.4}{F^{原料}V_S^{原料}/22.4} \tag{4-40}$$

因 E-602 出口过程气流量无计量表，故无法直接进行核算。

假定过程气为理想气体，一级反应器 R-601 入口过程气中硫化氢摩尔流量为 N_1，参与反应硫化氢含量为 Z_1，假设 CS_2摩尔流量为 N_2，参与反应的量为 Z_2，假设 COS 摩尔流量为 N_3，参与反应的量为 Z_3，假设 SO_2摩尔流量为 N_4，则有：

$\frac{N_1}{4.23\%}=\frac{10^6N_2}{3.43}=\frac{N_3}{0.28\%}=\frac{N_4}{2.07\%}$，即可得到各摩尔流量与 N_4的关系：$N_1=2.04N_4$；$N_2=0.00016N_4$；$N_3=0.13526N_4$（计算一级反应器还需用到）。

假定酸性气燃烧炉内只发生以下四个反应：

$$2H_2S+O_2 \rightleftharpoons S_2+2H_2O \quad ①$$

$$2H_2S+3O_2 \rightleftharpoons 2SO_2+2H_2O \quad ②$$

$$H_2S+CO_2 \rightleftharpoons CS_2+H_2O \quad ③$$

$$H_2S+CO_2 \rightleftharpoons COS+H_2O \quad ④$$

由上述四个反应式可以看出，只有反应②体积发生变化，假设原料气中硫化氢含量为 $N_总$，以二氧化硫量为计算依据有：$\frac{N_4}{\frac{N_总}{73.08\%}-0.5N_4}=2.07\%$，得到 $N_总=35.6697N_4$，则有硫化氢总转化率 $\eta_4^{F601}=\frac{N_总-N_4-N_2-N_3}{\frac{N_总}{73.08\%}-0.5N_4}=71.48\%$。

由上述三种方法得到的硫回收率较经验值酸性气燃烧炉硫转化率 60%~70%大，分析造成计算结果偏大的原因有几个：

1）酸性气中硫化氢化验分析数据波动较大，原料中硫的浅含量误差较大，二反后的总转化率同样会出现偏大的情况；

2）酸性气及过程气等气体检测过程中，没有做到全组分分析，部分数据如一氧化碳等数据缺失，且氮气（空气）含量采用差减法得到，数据准确性有待考究。

（三）克劳斯反应器硫平衡核算

1. 克劳斯反应器催化剂级配方案

本装置催化剂采用中国石化齐鲁石化研究院研发的防“漏氧”催化剂、氧化铝催化剂及钛基催化剂，由齐鲁科力公司生产，具体级配方案见表 4-21。

表 4-21　1#硫黄回收装置克劳斯反应器催化剂级配方案

反应器	级配方案	装填质量/t
一级反应器	LS-971（上）	11.00
	LS-981G（下）	23.00
二级反应器	LS-02	24.43

2. 克劳斯反应器催化剂物化性质

一级克劳斯反应器采用 LS-971+LS981G 催化剂级配方式，二级克劳斯反应器全部使用 LS-02，具体物化性质介绍如下。

(1) LS-971 防“漏氧”保护催化剂[9]

LS-971 防“漏氧”保护催化剂是通过将氧化铝基催化剂浸渍在铁基溶液中，从而使氧化铝基催化剂具备高克劳斯反应活性的同时，还有脱“漏氧”功能，是中国石化齐鲁石化研究院开发的保护型双功能催化剂，可减缓克劳斯催化剂接触氧造成硫酸盐化现象。且因铁基在结合氧的过程中会释放大量热量，从而可提高一级反应器床层温度，提高有机硫水解效率，性质见表 4-22。

表 4-22 LS-971 防漏氧保护催化剂物性表

项目	指标	项目	指标
颜色及形状	红褐色球形	孔体积/(mL/g)	≥0.35
外形尺寸/mm	Φ3~5	堆密度/(g/cm^3)	0.75~0.85
主要化学组成	Al_2O_3+Fe_2O_3	抗压碎力/(N/cm)	≥140
比表面积/(m^2/g)	≥220		

(2) LS-02 氧化铝基催化剂

LS-02 催化剂是一种大比表面积、高强度的氧化铝基克劳斯催化剂，具有颗粒均匀、磨耗小、活性高和稳定性好等特点，性质见表 4-23。

表 4-23 LS-02 氧化铝基催化剂物性表

项目	指标	项目	指标
颜色及形状	白色球形	孔体积/(mL/g)	≥0.40
外形尺寸/mm	Φ3~5	堆密度/(g/cm^3)	0.63~0.70
Al_2O_3/%(质)	≥90	抗压碎力/(N/颗)	≥120
比表面积/(m^2/g)	≥350		

(3) LS981G 有机硫水解钛基催化剂

LS981G 催化剂(见表 4-24)是一种高克劳斯活性和高有机硫水解活性的硫黄回收催化剂。具有以下三个特点：

1) 由于二氧化钛具有变价性能，硫化氢和二氧化硫在二氧化钛表面容易脱附，不易发生硫酸盐化，催化剂可保持较高的催化活性。同时由于二氧化钛的表面酸性较弱，碱性中心较多，而有机硫的水解反应是在催化剂的碱性中心进行，因此，钛基催化剂的有机硫水解活性较高，稳定性较好。

2) 对于“漏氧”中毒不敏感，有机硫水解反应耐“漏氧”能力为 0.2%，克劳斯反应耐“漏氧”能力为 1%，且活性可以恢复。

3) 介质在钛基催化剂发生的扩散-吸附-反应-脱附-扩散等过程快，接触时间短，允许的反应空速大。

表 4-24　LS981G 有机硫水解钛基催化剂物性表

项目	指标	项目	指标
颜色及形状	白色条形	孔体积/(mL/g)	≥0.20
外形尺寸/mm	Φ(4±0.5)×(5~20)	堆密度/(g/cm³)	0.90~1.00
主要化学组成	TiO_2	抗压碎力/(N/cm)	≥100
比表面积/(m²/g)	≥100		

(4) 克劳斯反应器发生的化学反应

克劳斯反应器涉及的化学反应方程式有如下三个，二级反应器一般只发生化学反应 4-41。

$$2H_2S+SO_2 \longrightarrow \frac{3}{x}S_x+2H_2O \tag{4-41}$$

$$CS_2+H_2O \longrightarrow COS+H_2S \tag{4-42}$$

$$COS+H_2O \longrightarrow H_2S+CO_2 \tag{4-43}$$

催化剂涉及的化学反应：

1) LS-971 防漏氧功能：

$$FeSO_4+2H_2S \longrightarrow FeS_2+SO_2+2H_2O \tag{4-44}$$

$$FeS_2+O_2 \longrightarrow FeSO_4+SO_2 \tag{4-45}$$

2) 催化剂硫酸盐化：

$$Al_2O_3+3SO_2 \longrightarrow Al_2(SO_3)_3 \tag{4-46}$$

$$2SO_2+O_2 \longrightarrow 2SO_3 \tag{4-47}$$

$$Al_2O_3+3SO_3 \longrightarrow Al_2(SO_4)_3 \tag{4-48}$$

3. 两级克劳斯反应器理论计算

(1) 余热锅炉计算

余热锅炉出口冷后温度为 356℃，过程气经余热锅炉主要变化发生在单质硫形态，查温度在 356℃[672.8℉，华氏度(℉)=32+1.8×摄氏度(℃)]时的单质硫存在形式比例。

由图 4-11 得出 S_6 占比 0.42，S_8 占比 0.58。

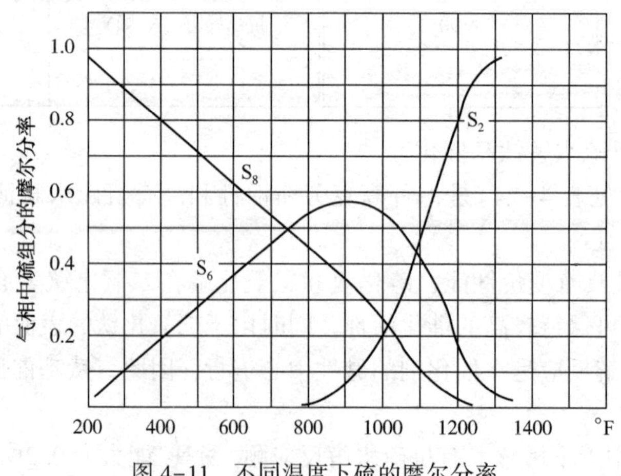

图 4-11　不同温度下硫的摩尔分率

根据硫平衡有：$N_{S_2}^{E601}=N_{S_6}^{E601}+N_{S_8}^{E601}$，得出：

$$N_{S_6}^{E601}=\frac{2\times39.56}{6+8\times\frac{0.58}{0.42}}=4.64\text{kmol/h},\ N_{S_8}^{E601}=\frac{4.64\times0.58}{0.42}=6.41\text{kmol/h}$$

从而计算余热锅炉出口热量，见表4-25。

表4-25 余热锅炉E601出口各物料热量

项目	摩尔流量/(kmol/h)	ΔH_T/(MJ/kmol)	单项热值/(GJ/h)
余热锅炉出口物料组分			
H_2S	47.83	−10.36	−495.75
CO_2	78.22	−381.16	−29812.63
H_2O	157.08	−231.99	−36441.42
SO_2	23.92	−286.18	−6844.19
N_2	355.78	9.56	3399.98
O_2	0.00	10.00	0.00
S_2	0.00	136.08	0.00
S_6	4.64	150.35	697.69
S_8	6.41	148.37	950.81
CH_4	0.00	−62.11	0.00
总计	673.87		−68.55

余热锅炉取热量 $Q^{E601}=-25.72-6.43-10.37+68.55=26.02$GJ/h。

根据 $Q^{E601}=Q_{\Delta T}^{E601}+Q_{相变}^{E601}$，查水的温度与比热容表，拟合得到曲线，如图4-12所示。

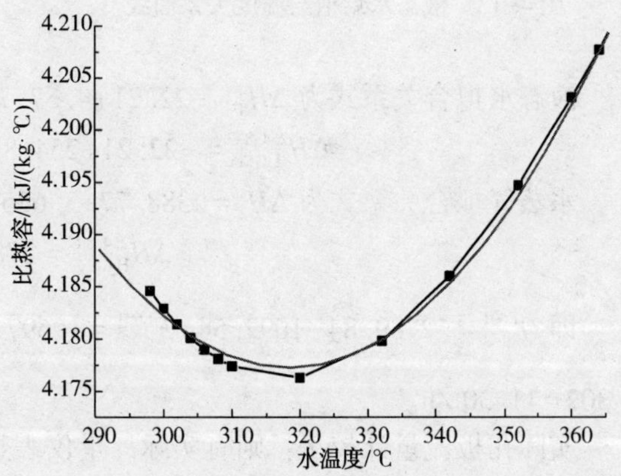

图4-12 水的比热容与温度的关系曲线

关系式为：$c_P=4.90335-0.00502T+8.5437\times10^{-6}T^2$，得平均热容[10]为：

$$\bar{c}_P^{254.8}=\int_{T_1}^{T_2}c_P\mathrm{d}T/(T_2-T_1)$$
$$=4.1513\text{kJ/(kg·K)}$$
$$Q_{\Delta T}^{E601}=F_g^{E601}\ \bar{c}_P^{254.8}\cdot\Delta T^{E601}$$
$$=F_g^{E601}\times4.1513\times(254.8-109)$$
$$=0.605F_g^{E601}\text{GJ/h}$$

$$Q_{相}^{E601}=F_g^{E601}(\Delta H_{H_2O(g)}^{254.8℃}-\Delta H_{H_2O(l)}^{254.8℃})$$

水及水蒸气温度与焓值见表4-26。

表4-26 水蒸气温度与焓值对应表

水温度/℃	水的焓值/(kJ/kg)	水蒸气温度/℃	水蒸气的焓值/(kJ/kg)
100	419.19	99.63	2675.7
110	461.34	120.23	2706.9
150	632.2	143.62	2738.5

续表

水温度/℃	水的焓值/(kJ/kg)	水蒸气温度/℃	水蒸气的焓值/(kJ/kg)
180	763.25	170.42	2768.4
190	807.63	191.6	2786
220	943.71	204.3	2793.8
240	990.18	230.04	2801.7
250	1085.64	263.92	2792.8
260	1135.04	303.31	2741.8

拟合水的温度与焓值曲线如图 4-13 所示，拟合水蒸气的温度与焓值曲线如图 4-14 所示。

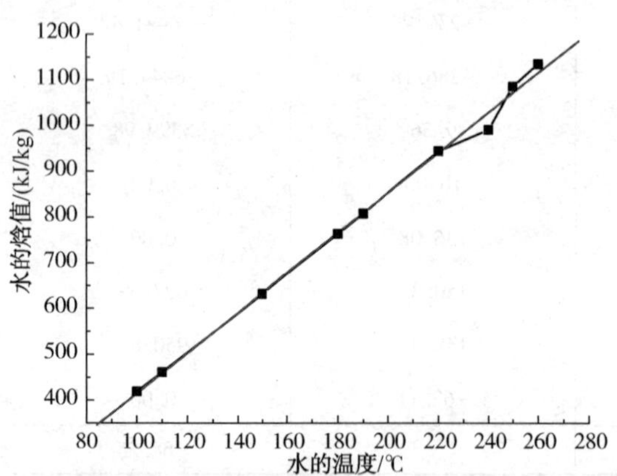

图 4-13　液态水焓值与温度关系曲线

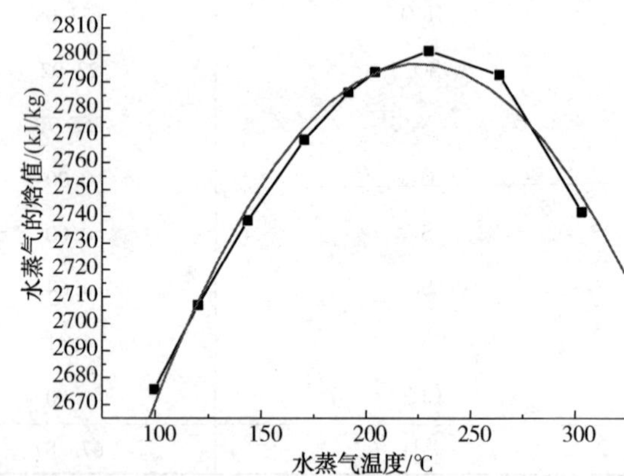

图 4-14　水蒸气焓值与温度关系曲线

液态水拟合关系式为 $\Delta H_T = -22.21 + 4.375T$，从而计算可得：

$$\Delta H_{H_2O(l)}^{254.8℃} = -22.21 + 254.8 \times 4.375 = 1092.54\text{kJ/kg}$$

水蒸气拟合关系式为 $\Delta H_T = 2388.77 + 3.6255T - 0.00805T^2$，从而计算可得：

$$\Delta H_{H_2O(g)}^{254.8℃} = 2789.84\text{kJ/kg}$$

即 $Q_{相变}^{E601} = (2789.84 - 1092.54) F_g^{E601} = 1.697 F_g^{E601}$GJ/h，则有 $F_g^{E601} = \dfrac{Q^{F601}}{0.605 + 1.697} = 26.02/2.302 = 11.30$t/h。

实际孔板流量计校正：则有实际计量仪表显示平均数值为 7.87t/h，$m_{实} = 1.004 \times 7.87$t/h=7.90t/h，与计算所得数据偏差较大，由此数据可大致估算余热锅炉的热效率在 70%左右。

（2）一级硫冷器理论核算

查操作参数表 3-1，一级硫冷器冷后温度为 158.7℃（317.66℉），一级硫冷器压降为 1kPa，则由 $p \sim T$ 关系式：

$$\ln p = 89.273 - 13463/T - 8.9643\ln T \tag{4-49}$$

得出 158.7℃下的硫的饱和蒸气压 p_s^{E602} 为 40.207Pa。

根据 T=158.7℃=431.7K 查该温度下的 S_6 与 S_8 的摩尔分数有：S_6 占比为 0.12，S_8 占比为 0.88。

根据硫平衡有：$N_{S_2} = N_{S_6(g)}^{E602} + N_{S_8(g)}^{E602}$，得出：

$$N_{S_6(g)}^{E602}=1.223\text{kmol/h}，N_{S_8(g)}^{E602}=8.971\text{kmol/h}$$

从而由道尔顿分压定律有：$p_{S_6(g)}^{E602}=0.190\text{kPa}$，$p_{S_8(g)}^{E602}=1.393\text{kPa}$。

假设一级硫冷器出口总硫摩尔流量为 z kmol/h，则有：

$$\frac{z}{z+N_{非硫}}=\frac{p_S^{E602}}{P_{总压}^{E602}}=\frac{40.207\text{Pa}}{109.5\text{kPa}-4\text{kPa}-1\text{kPa}}$$

$N_{非硫}$为余热锅炉 E601 出口除去 S_6 及 S_{S8} 的其他组分摩尔流量总和，详见表 4-25，计算得出一级硫冷器出口总硫摩尔流量为 0.255kmol/h，由此计算出一级硫冷器出口 S_6与 S_8相关数据，见表 4-27。

表 4-27　一级硫冷器出口硫形态分布表　kmol/h

物质	摩尔流量	物质	摩尔流量
气相 S_6	0.031	液相 S_6	1.193
气相 S_8	0.225	液相 S_8	8.747

各物料在 158.7℃下的热量按拟合公式计算，液态下的 S_6与 S_8热量通过查询其热容曲线(见图 4-15)有：$C_{S_6}^{E602}(l)=428\text{kJ/kg}$，$C_{S_8}^{E602}(l)=300\text{kJ/kg}$。

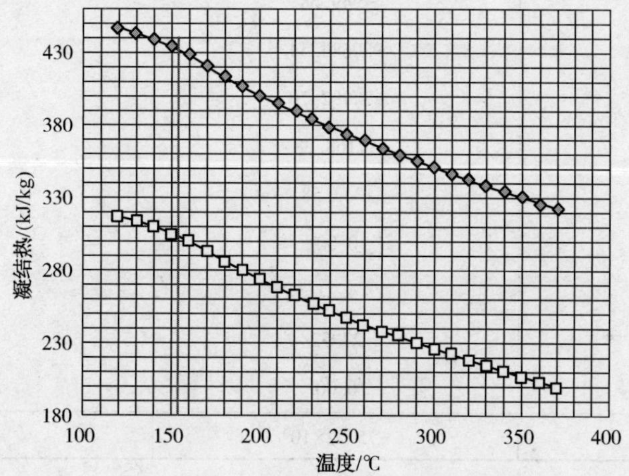

图 4-15　S_6、S_8热容随温度变化曲线

—◆— S_6　—□— S_8

从而可以得出焓值为 $H_{S_6}^{E602}(l)=(428\times32\times6)\text{kJ/kmol}$，$H_{S_8}^{E602}(l)=(300\times32\times8)\text{kJ/kmol}$，液相热量则为 $\Delta H_T(l)=\Delta H_T(g)-H_S$，其中 $\Delta H_T(l)$为液相焓值，$\Delta H_T(g)$为气相焓值，H_S 为相变焓，得到一级硫冷器出口各物料摩尔焓值表，见表 4-28。

表 4-28　一级硫冷器出口各物料摩尔焓值表

一级硫冷出口物料组分	气相摩尔流量/(kmol/h)	气相中热量/(MJ/kmol)	液相摩尔流量/(kmol/h)	液相中热量/(MJ/kmol)
H_2S	47.832	-19.85		
CO_2	78.216	-392.30		
H_2O	157.083	-240.59		
SO_2	23.916	-299.73		
N_2	355.777	3.78		

续表

一级硫冷出口物料组分	气相摩尔流量/(kmol/h)	气相中热量/(MJ/kmol)	液相摩尔流量/(kmol/h)	液相中热量/(MJ/kmol)
O_2	0.000	3.40		
S_2	0.000	128.74		
S_6	0.031	137.56	1.193	55.387
S_8	0.225	122.54	8.747	45.744
CH_4	0	-73.19		

计算气体总热量=摩尔流量$_{(g)}$×热量$_{(g)}$+摩尔流量$_{(l)}$×热量$_{(l)}$，从而可以计算得到一级硫冷器出口物料热量分布，见表4-29。

表4-29 一级硫冷器出口物料热量分布表

项目	气相总热量/(MJ/mol)	液相总热量/(MJ/mol)
一级硫冷出口物料组分		
H_2S	-949.68	
CO_2	-30684.54	
H_2O	-37792.70	
SO_2	-7168.28	
N_2	1343.58	
S_2	0.00	
S_6	4.21	66.06
S_8	27.52	400.10
CH_4	0.00	
总计	-75.22×10^3	0.47×10^3

由表4-29，可计算一级硫冷器的热负荷：

$$Q^{E602}=Q^{E601}-[Q_S^{E602}(g)+Q_S^{E602}(l)]=6.208GJ/h$$

产出蒸汽计算（计算方法同余热锅炉产汽）：水的比热容关系式为：$c_p=4.90335-0.00502T+8.5437\times10^{-6}T^2$，产出蒸汽温度为0.389MPa压力下的饱和温度142℃，得平均比热容为$\bar{c}_p^{142}=4.068kJ/(kg\cdot K)$。

$$Q_{\Delta T}^{E602}=F_g^{E602}\ \bar{c}_p^{142}\cdot\Delta T^{E602}=F_g^{E602}\times4.068\times(142-109)=0.134F_g^{E602}GJ/h$$

液态水拟合焓值与温度的关系式为$\Delta H_T=-22.21+4.375T$，从而计算：

$$\Delta H_{H_2O(l)}^{142℃}=-22.21+142\times4.375=599.04kJ/kg$$

水蒸气拟合关系式为$\Delta H_T=2388.77+3.6255T-0.00805T^2$，从而计算可得：

$$\Delta H_{H_2O(g)}^{142℃}=2741.27kJ/kg$$

即$Q_{相变}^{E602}=(2741.27-599.04)F_g^{E602}=2.142F_g^{E602}GJ/h$，则有$F_g^{E602}=\dfrac{Q^{E602}}{0.134+2.142}=6.208/2.276=2.73t/h$，根据孔板流量计校正，则有实际计量仪表显示平均数值为2.09t/h，计算

可得到 $m_{实}=2.09×1.005t/h=2.10t/h$，与计算所得数据偏差存在一定偏差。

（3）一级加热器理论核算

一级加热器 E605 出口过程气温度为 231℃（447.8℉、504K），加热器压降为 1kPa，根据 $T=504K$ 查该温度下的 S_6 与 S_8 的摩尔分数分别为 0.25 和 0.75。

根据硫平衡有：$N_{S_6}^{E602}+N_{S_8}^{E602}=N_{S_6}^{E605}+N_{S_8}^{E605}$，得出：

$$N_{S_6}^{E605}=0.066kmol/h，N_{S_8}^{E605}=0.198kmol/h$$

从而可以得到一级加热器出口各物料热量分布，见表 4-30。

表 4-30　一级加热器出口各物料热量分布表

项目	气相摩尔流量/（kmol/h）	气相中热量/（MJ/kmol）	热量/（MJ/h）
一级加热器出口物料组分			
H_2S	47.832	-16.38	-783.34
CO_2	78.216	-388.22	-30365.03
H_2O	157.083	-237.44	-37297.53
SO_2	23.916	-294.69	-7047.79
N_2	355.777	5.67	2018.05
O_2	0.000	5.80	0.00
S_2	0.000	131.43	0.00
S_6	0.066	142.07	9.38
S_8	0.198	132.01	26.15
CH_4	0	-69.22	0.00
总计	663.089		$-73.44×10^3$

由此计算出一级加热器加热负荷 $Q^{E605}=Q^{E602}-\Delta H_{\Delta T}^{E605}=-1.78GJ/h$。

一级加热器采取中压饱和蒸汽加热形式，蒸汽温度为 254.8℃，假定该蒸汽加热器运行工况及保温情况较好，则主要利用蒸汽潜热进行热量传递，故有：$\Delta H_{H_2O(l)}^{254.8℃}=1092.54kJ/kg$，$\Delta H_{H_2O(g)}^{254.8℃}=2789.84kJ/kg$。消耗的蒸汽流量为：

$$F^{E605}=\frac{Q^{E605}}{\Delta H_{H_2O(g)}^{254.8}-\Delta H_{H_2O(l)}^{254.8}}=1.048t/h$$

实际显示值为 0.602t/h，对孔板流量计进行校正，可得到 $m_{实}=0.602×1.004t/h=0.604t/h$，与理论计算数据偏差较大，由此可以看出加热器的热效率大约为 57.67%。

（4）一级反应器理论核算

假设在反应器内发生 $H_2S+\frac{1}{2}SO_2 = \frac{3}{4}S_2+H_2O$ 反应的硫化氢摩尔流量为 y，则根据化学反应平衡可以得到物料变化关系，见表 4-31。

表 4-31　一级反应器反应物料配比表

项目	H_2S	SO_2	S_8	H_2O
摩尔配比	2	1	0.375	2
各物质摩尔流量/（kmol/h）	y	$0.5y$	$0.1875y$	y

得出反应器内物料平衡情况，见表4-32。

表4-32　一级反应器物料平衡表　kmol/h

物料组成	入炉原料摩尔流量	反应产物摩尔流量
H_2S	47.832	47.832-y
CO_2	78.216	78.216
H_2O	157.083	157.083+y
SO_2	23.916	23.916-0.5y
N_2	355.777	355.777
S_6	0.066	0.066
S_8	0.198	0.198+0.1875y
总计 $N_{总}$	545.78	545.78-5.3125y

根据物料平衡方程有：$K_p^{R601}=\dfrac{[H_2O]^2\ [S_8]^{0.375}}{[H_2S]^2\ [O_2]^{0.5}}\left[\dfrac{p_{总}^{R601}}{N_{总}^{R601}}\right]^{-\frac{5}{8}}$

$$p_{总}^{R601}=109.5kPa-4kPa-1kPa-1kPa=103.5kPa$$

则得出 $K_p^{R601}\sim y$ 之间的函数关系式。

通过假定一个 y_1 值，将对应得出一个 K_p^{R601} 值。一级反应器内床层温度都在300℃左右，故根据 K_p^{R601} 与 T^{R601} 之间的关系可得出一个床层温度 T^{R601} 值，K_p^{R601} 与 T^{R601} 关系式：

$\ln K_p^{R601}=-\dfrac{14596.4}{T^{R601}}+5.918\ln T^{R601}-5.1239\times10^{-3}T^{R601}+0.7829\times10^{-6}T^{R601\,2}-54.7634$（此关系式为基于$2H_2S+SO_2 \xlongequal{} \frac{3}{8}S_8+2H_2O$的反应方程式）

通过此方法，假定四个 y 值，得出相应的 K_p^{R601}、T^{R601} 及各物料组分的摩尔流量，取 y 值分别为22、25、28、32，得出一级反应器不同反应深度各物料摩尔流量，见表4-33。

表4-33　一级反应器不同参与反应硫化氢摩尔流量与各物料摩尔流量一览表

项目	参与反应硫化氢摩尔流量			
	22kmol/h	25kmol/h	28kmol/h	32kmol/h
K_p^{R601}	165.2	243.2	371.9	714.5
T^{R601}/℃	313.6	303.2	292.2	276.2
H_2S/(kmol/h)	25.8	22.8	19.8	15.8
CO_2/(kmol/h)	78.2	78.2	78.2	78.2
H_2O/(kmol/h)	179.1	182.1	185.1	189.1
SO_2/(kmol/h)	12.9	11.4	9.9	7.9
N_2/(kmol/h)	355.8	355.8	355.8	355.8
O_2/(kmol/h)	0.0	0.0	0.0	0.0
S_2/(kmol/h)	0.0	0.0	0.0	0.0

续表

项目	参与反应硫化氢摩尔流量			
	22kmol/h	25kmol/h	28kmol/h	32kmol/h
S_6/(kmol/h)	0.1	0.1	0.1	0.1
S_8/(kmol/h)	4.3	4.9	5.4	6.2
CH_4/(kmol/h)	0.0	0.0	0.0	0.0

根据各组分的 $\Delta H_T \sim T$ 的关系式得出以上四个温度下各组分的生成热，拟合关系式见表4-11，得到一级反应器不同温度下各组分摩尔焓值，见表4-34。

表4-34　一级反应器不同温度下各组分摩尔焓值表　MJ/kmol

组分/温度	313.6℃	303.2℃	292.2℃	276.2℃
H_2S	-12.40	-12.90	-13.43	-14.20
CO_2	-383.55	-384.14	-384.76	-385.67
H_2O	-233.84	-234.29	-234.77	-235.47
SO_2	-289.04	-289.74	-290.49	-291.58
N_2	8.23	7.91	7.57	7.07
O_2	8.57	8.22	7.85	7.31
S_2	134.51	134.12	133.71	133.11
S_6	147.47	146.77	146.04	144.99
S_8	142.82	141.46	140.02	137.92
CH_4	-64.56	-65.15	-65.78	-66.69

由此可以计算反应产物热量 $Q^{R601} = \Delta H_T^{R601} \times N^{R601}$，得出一级反应器不同温度下的热量分布，见表4-35。

表4-35　一级反应器不同温度下各组成热量分布表

参与反应硫化氢摩尔流量/(kmol/h)	22	25	28	32
温度/℃	313.6	303.2	292.2	276.2
H_2S/(MJ/h)	-320.41	-294.62	-266.38	-224.88
CO_2/(MJ/h)	-30000.00	-30045.96	-30094.44	-30165.41
H_2O/(MJ/h)	-41876.23	-42660.30	-43451.70	-44523.17
SO_2/(MJ/h)	-3733.18	-3307.68	-2880.47	-2308.16
N_2/(MJ/h)	2928.73	2813.54	2692.19	2514.86
O_2/(MJ/h)	0.00	0.00	0.00	0.00
S_2/(MJ/h)	0.00	0.00	0.00	0.00
S_6/(MJ/h)	9.74	9.69	9.64	9.57
S_8/(MJ/h)	617.42	691.11	762.85	854.84
CH_4/(MJ/h)	0.00	0.00	0.00	0.00
反应产物热量/(GJ/h)	-72.37	-72.79	-73.23	-73.84

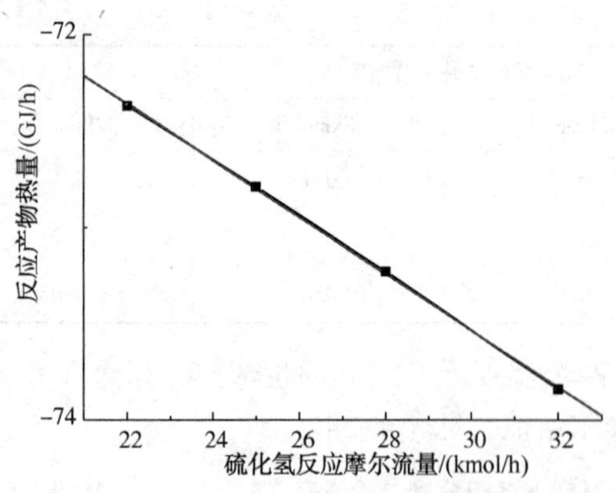

图 4-16　一级反应器参与反应的硫化氢摩尔流量与反应热关系曲线

根据表 4-35 做参与反应硫化氢摩尔流量 y 与反应产物热量 Q^{R601} 关系图，并拟合得出 $Q^{R601}\sim y$ 之间的拟合关系式，见图 4-16。

拟合的 $Q^{R601}\sim y$ 关系式：

$$Q^{R601}=2.7778\times10^{-5}y^3-0.00319y^2-0.03594y-70.32889$$

反应器入口热量 $Q^{E605}=-73.44\text{GJ/h}$。

根据能量守恒定律，反应器无其他热源输入，则只有当 $Q^{R601}=Q^{E605}$ 时，此时对应的 y 值为接近实际的参与反应的硫化氢摩尔流量。

迭代得出 $y=29.4\text{kmol/h}$，从而可以得出对应的一级反应器床层温度为 286.83℃，克劳斯硫转化率为 61.47%，总硫转化率为 86.25%。

一级反应器进出口各物料组成见表 4-36。

表 4-36　一级反应器各组成变化表　　kmol/h

物料组成	反应器入口	反应器出口
H_2S	47.83	18.43
CO_2	78.22	78.22
H_2O	157.08	186.48
SO_2	23.92	9.22
N_2	355.78	355.78
O_2	0.00	0.00
S_2	0.00	0.00
S_6	0.066	0.066
S_8	0.20	5.71
CH_4	0.00	0.00
总计	663.09	653.90

（5）二级硫冷及二级反应器等理论核算

参照一级硫冷器及一级反应器计算方法。

1）二级硫冷器 E603：

出口 S_6 气相分压 $p^{E603}_{S_6(g)}$：0.102kPa；出口 S_8 气相分压 $p^{E603}_{S_8(g)}$：0.526kPa；

出口气相硫总摩尔流量 $N^{E603}_{总硫(g)}$：0.254kmol/h，其中 S_6 摩尔流量 $N^{E603}_{S_6(g)}$ 为 0.028kmol/h，S_8 摩尔流量 $N^{E603}_{S_8(g)}$ 为 0.226kmol/h；

出口液相中 S_6 摩尔流量 $N^{E603}_{S_6(l)}$ 为 0.624kmol/h，S_8 摩尔流量 $N^{E603}_{S_8(l)}$ 为 5.045kmol/h。

出口总热量 $Q^{E603}_{总}$ 为-77.30GJ/h，热负荷 Q^{E603} 为 4.071GJ/h。

$$Q^{E603}_{\Delta T}=F^{E603}_{g}\bar{c}^{142}_{p}\cdot\Delta T^{E602}=F^{E602}_{g}\times4.068\times(142-109)=0.134F^{E602}_{g}\text{GJ/h}$$

产出蒸汽流量为 $F^{E603}=\dfrac{4.071}{0.134+2.142}=1.79$t/h，FE60501 实际显示平均为 1.18t/h，校正后流量为 1.186t/h。

2）二级加热器 E606：

E606 出口温度 210℃，E606 出口硫饱和蒸气压 $P_S^{E606}=0.40$kPa。

E606 出口气相 S_6摩尔流量 $N_{S_6(g)}^{E606}$为 0.052kmol/h，S_8摩尔流量 $N_{S_8(g)}^{E606}$为 0.208kmol/h。

E606 出口总热量 $Q_{总}^{E606}$为−76.13GJ/h，热负荷 Q^{E606}为−1.17GJ/h，消耗蒸汽 0.69t/h，表计量值为 0.479t/h，校正后为 0.481t/h。

3）二级反应器 R602：

计算方法与一级反应器 R601 一致，迭代后可得到 R602 进出口物料摩尔流量，见表 4−37。

表 4−37　二级反应器进出物料变化表　　kmol/h

反应器出口物料组分	反应器入口	反应器出口
H_2S	18.43	6.49
CO_2	78.22	78.22
H_2O	186.48	198.42
SO_2	9.22	3.25
N_2	355.78	355.78
O_2	0.00	0.00
S_2	0.00	0.00
S_6	0.052	0.052
S_8	0.21	2.45
CH_4	0.00	0.00
总计	648.38	644.65

反应平衡常数 $K_p^{R602}=5169.77$；反应器床层温度 $T^{R602}=232.792$℃；出口总热量 $Q_{为}^{R602}$ −76.09GJ/h，二级反应器硫转化率为 64.78%，总硫转化率为 95.16%。

4）三级硫冷器 E604：

出口 S_6气相分压 $p_{S_6(g)}^{E604}$：0.044kPa；出口 S_8气相分压 $p_{S_8(g)}^{E604}$：0.355kPa。

出口气相硫总摩尔流量 $N_{总硫(g)}^{E604}$：0.200kmol/h，其中 S_6摩尔流量 $N_{S_6(g)}^{E604}$为 0.022kmol/h，S_8摩尔流量 $N_{S_8(g)}^{E604}$为 0.178kmol/h。

出口液相中 S_6摩尔流量 $N_{S_6(l)}^{E604}$为 0.259kmol/h，S_8摩尔流量 $N_{S_8(l)}^{E604}$为 2.097kmol/h。

出口总热量 $Q_{为}^{E604}$−78.28GJ/h，热负荷 Q^{E604}为 2.077GJ/h。

产出蒸汽流量为 $F^{E604}=\dfrac{2.077}{0.134+2.142}=0.916$t/h，FE60501 实际显示天平均值为 0.49t/h，校正后流量为 0.492t/h。

4. 反应器硫转化率计算[18]

（1）干基数据计算方法

1）一级反应器 R601：

根据氮平衡法原则，可得到一级反应器出口的总摩尔流量为 $N_{一反出口}=256.33/78.01\%=328.58\text{kmol/h}$，可得到一级反应器出口气体组成的摩尔流量见表 4-38。

表 4-38　一级反应器出口气体组成摩尔流量表

取样位置	分析项目	时间（2018/8/27）	摩尔流量/（kmol/h）
一级反应器出口过程气	H_2S/%（体）	1.79	5.88
	SO_2/%（体）	0.83	2.73
	COS/（μL/L）	280.77	9×10^{-4}
	CS_2/（μL/L）	0.15	5×10^{-5}
	空气/%（体）	78.01	256.33
	CO_2/%（体）	18.78	61.71

① 一级反应器硫转化率计算：

$$\eta=(1-\frac{二反入口气体(H_2S+SO_2+COS+2CS_2)总摩尔流量}{一反入口(H_2S+SO_2+COS+2CS_2)总摩尔流量})\times100\%$$

$$=(1-\frac{5.88+2.73+0.00092+0.000049}{18.67+9.11+1.24+0.0015})\times100\%$$

$$=70.32\%$$

② 一级反应器克劳斯转化率计算：

$$\eta=(1-\frac{二反入口\ SO_2\ 总摩尔流量}{一反入口\ SO_2\ 总摩尔流量})\times100\%$$

$$=(1-2.73/9.11)\times100\%$$

$$=70.03\%$$

③ 一级反应器有机硫水解率计算：

$$\eta=(1-\frac{二反入口(COS+2CS_2)总摩尔流量}{一反入口(COS+2CS_2)总摩尔流量})\times100\%$$

$$=(1-0.00097/1.246)\times100\%$$

$$=99.97\%$$

2）二级反应器 R602：

二级反应器出口的总摩尔流量为 $N_{二级出口}=256.33/81.13\%=315.95\text{kmol/h}$，可得到二级反应器出口气体组成的摩尔流量，见表 4-39。

表 4-39　二级反应器出口气体各组分摩尔流量表

取样位置	分析项目	时间（2018/8/27）	摩尔流量/（kmol/h）
二级反应器出口过程气	H_2S/%（体）	0.44	1.39
	SO_2/%（体）	0.21	0.66
	COS/（μL/L）	260.15	8.2×10^{-4}
	CS_2/（μL/L）	0.03	9×10^{-6}
	空气/%（体）	81.13	256.33
	CO_2/%（体）	18.22	57.57

① 二级反应器硫转化率计算：

$$\eta=(1-\frac{二反出口气体(H_2S+SO_2+COS+2CS_2)总摩尔流量}{一反出口(H_2S+SO_2+COS+2CS_2)总摩尔流量})\times100\%$$

$$=(1-\frac{1.39+0.66+8.2\times10^{-4}+9\times10^{-6}}{2.73+5.88+9.2\times10^{-4}+4.9\times10^{-5}})\times100\%$$

$$=76.18\%$$

② 二级反应器克劳斯转化率计算：

$$\eta=(1-\frac{二反出口SO_2总摩尔流量}{一反出口SO_2总摩尔流量})\times100\%$$

$$=(1-0.66/2.73)\times100\%$$

$$=75.82\%$$

（2）湿基数据计算方法

1）一级反应器 R601：

一级反应器进出口过程气化验分析数据（湿基）见表 4-40。

表 4-40　一级反应器进出口过程气化验分析数据（湿基）

取样位置	分析项目	时间		
		2018/8/27	2018/8/28	2018/8/29
一级反应器入口过程气	H_2S/%（体）	4.23	3.46	4.03
	SO_2/%（体）	2.07	1.71	2.04
	COS/%（体）	0.28	0.379	0.3
	CS_2/（μL/L）	3.43	1.516	5.55
	空气/%（体）	58.16	63.01	56.93
	CO/（μL/L）			
	CO_2/%（体）	15.49	15.73	15.84
一级反应器出口过程气	H_2S/%（体）	1.54	1.53	1.56
	SO_2/%（体）	0.71	0.759	0.748
	COS/（μL/L）	241.8	267.7	258.6
	CS_2/（μL/L）	0.13	0.21	0.21
	空气/%（体）	67.18	67.86	66.80
	CO/（μL/L）			7897.17
	CO_2/%（体）	17.52	16.92	17.57

假定过程气为理想气体，一级反应器 R601 入口过程气中硫化氢摩尔流量为 N_1，参与反应硫化氢含量为 Z_1，简化计算，假设 R601 床层只发生三个反应，具体反应方程式如下：

$$2H_2S+SO_2\rightleftharpoons\frac{3}{8}S_8+2H_2O \quad ①$$

$$COS+H_2O \rightleftharpoons H_2S+CO_2 \quad ②$$

$$CS_2+H_2O \rightleftharpoons COS+H_2S \quad ③$$

反应器温度在300℃左右，上述三个反应唯有反应①摩尔流量发生变化，摩尔流量减小$\frac{3}{8}Z_1$，假设CS_2摩尔流量为N_2，参与反应的量为Z_2，假设COS摩尔流量为N_3，参与反应的量为Z_3，假设SO_2摩尔流量为N_4，

硫转化率：$\frac{N_1}{4.23\%}=\frac{10^6N_2}{3.43}=\frac{N_3}{0.28\%}=\frac{N_4}{2.07\%}$，即可得到各摩尔流量与$N_4$的关系：$N_1=2.04N_4$；$N_2=0.00016N_4$；$N_3=0.14N_4$。

首先，根据SO_2进出口物料平衡有：

$$\frac{N_4-0.5Z_1}{\frac{N_4}{2.07\%}-0.625Z_1}=0.71\%$$

计算得到$Z_1=1.33N_4$，从而可以得到克劳斯反应硫转化率为$Z_1/N_1=1.33/2.04=65.19\%$，与理论计算值63.14%相仿。

CS_2转化率：$\frac{N_2-Z_2}{\frac{N_4}{2.07\%}-0.625Z_1}=0.13\times10^{-6}$，得到$Z_2=0.000154N_4$，从而计算得到$CS_2$转化率为$Z_2/N_2=0.000154/0.00016=96.14\%$。

COS转化率：$\frac{N_2+N_3-Z_3}{\frac{N_4}{2.07\%}-0.625Z_1}=241.8\times10^{-6}$，得到$Z_3=0.12N_4$，从而计算得到COS转化率为$Z_3/N_3=0.124/0.135=91.63\%$。

根据中国石油大学（北京）实验数据（未发表）利用PolyMath软件模拟得到羰基硫COS动力学方程：

$$r=3.232\times10^5 exp[-5.602\times10^4/RT]\times p(H_2S)\times p(SO_2)^{-0.5}\times p(COS) \quad (4-50)$$

由式4-50可以计算得出COS在一级反应器内的反应速率（其中R取8.314，T取反应器床层温度582.85K），根据道尔顿定律有：$p(H_2S)=4.23\%\times105.5kPa=4.462kPa$；$p(SO_2)=2.07\%\times105.5kPa=2.184kPa$；$p(COS)=0.28\%\times105.5kPa=0.295kPa$。

$$\begin{aligned} r &=3.232\times10^5 exp[-5.602\times10^4/RT]\times p(H_2S)\times p(SO_2)^{-0.5}\times p(COS) \\ &=3.232\times10^5 exp[-5.602\times10^4/(8.314\times582.85)]\times4.462\times2.184^{-0.5}\times0.295 \\ &=2.746mol/h\cdot g \end{aligned}$$

由$r\sim T$温度关系可以看出来，T越高，反应速率r越大。

反应器出口过程气中单质硫的体为：$\frac{0.1875Z_1}{\frac{N_4}{2.07\%}-0.625Z_1}=0.525\%$。

2）二级反应器R602：

二级反应器进出口过程气化验分析数据（湿基）见表4-41。

表 4-41　二级反应器进出口过程气化验分析数据(湿基)

取样位置	分析项目	时间		
		2018/8/27	2018/8/28	2018/8/29
一级反应器出口过程气	H_2S/%(体)	1.54	1.53	1.56
	SO_2/%(体)	0.71	0.759	0.748
	COS/(μL/L)	241.8	267.7	258.6
	CS_2/(μL/L)	0.13	0.21	0.21
	空气/%(体)	67.18	67.86	66.80
	CO/(μL/L)			7897.17
	CO_2/%(体)	17.52	16.92	17.57
二级反应器出口过程气	H_2S/%(体)	0.42	0.39	0.49
	SO_2/%(体)	0.20	0.19	0.25
	COS/(μL/L)	250.24	241.5	248.9
	CS_2/(μL/L)	0.029	0.289	0.324
	空气/%(体)	78.04	78.13	78.07
	CO/(μL/)L			8486.82
	CO_2/%(体)	17.90	17.78	17.37

因一级反应器出口有机硫含量明显降低，在二级反应器入口有机硫含量均在 10^{-7} 至 10^{-5} 数量级，在二级反应器内可忽略，故在二级反应器内只考虑克劳斯反应，假设 H_2S 摩尔流量为 N_5，参与反应的量为 Z_5，则有：

$$\frac{N_5-Z_5}{\frac{N_5}{1.54\%}-0.625Z_5}=0.42\%$$

计算得出 $Z_5/N_5=0.727/0.997=72.92\%$。

(3) 总转化率计算

1) 简化合并酸性气燃烧炉至克劳斯反应器反应过程，见式(4-51)。

$$11H_2S+\frac{11}{2}O_2 \longrightarrow 2H_2S+SO_2+S_8+9H_2O \tag{4-51}$$

其余生成有机硫的反应均未发生体积变化，假设尾气中剩余 SO_2 含量为 N_{SO_2}，原料气中硫化氢总摩尔流量为 $N_{原料}$，则通过尾气中 SO_2 占比计算得到 $N_{原料}=350.63N_{SO_2}$，则有硫化氢的总反应转化率为 $(350.63N_{SO_2}-11N_{SO_2})/350.63N_{SO_2}=96.86\%$。

2) 由干基数据计算总转化率方法：

$$\eta=(1-\frac{第三冷凝器出口气体(H_2S+SO_2+COS+2CS_2)总摩尔流量}{入反应炉(H_2S+SO_2+COS+2CS_2)总摩尔流量})\times100\%$$

$$=(1-\frac{22.4\times(1.39+0.66+8.2\times10^{-4}+9\times10^{-6})}{4108.3\times0.7601+1126\times0.003+589\times0.346})\times100\%$$

$$=98.62\%$$

数据偏大较多，主要原因是原料气硫的潜含量分析数据偏差较大。

（四）反应器空速计算

1. 化学反应计算法

因每一级硫冷器产出液硫量无计量，为方便计算利用以上手算各级硫冷器理论产出液硫比进行计算，各级硫冷器比例为：

一级硫冷器：二级硫冷器：三级硫冷器：捕集器=764.6：436.1：181.2：1

根据实际硫黄产量 91.65t/24h=3.82t/h（量存在偏差），则有各级硫冷器产出液硫量（kg/h）分别为：

一级硫冷器：二级硫冷器：三级硫冷器：捕集器=2110.3：1203.6：500.1：2.75

简化计算一级反应器空速，利用合并反应式：

$$11H_2S+\frac{11}{2}O_2 \longrightarrow 2H_2S+SO_2+S_8+9H_2O$$

进炉物料总摩尔流量：

$$N_{总}^{进炉}=N_{酸性气}+N_{空气}+N_{脱气}+N_{氮气}=(259.42+282.59+70.04+2.23)\text{kmol/h}$$
$$=614.28\text{kmol/h}$$

（1）一级反应器空速计算

总摩尔流量应变为：$N_{总}^{进炉}-4.5n_{硫黄}^{E602}=317.52\text{kmol/h}$，其中 $n_{硫黄}^{E602}$ 为 E602 脱出的液硫摩尔流量为 2110.3/32=65.95kmol/h，假设各气体均为理想气体，根据理想气体方程有实际标准体积 V_{OR} 为 317.52×22.4Nm³/h=7112.43Nm³/h，转换为实方体积为 13130.64m³/h，查一级反应器装填量 V_R 为 33m³，则有一级反应器空速 $S_V=13130.64/33\text{h}^{-1}=397.90\text{h}^{-1}$。

（2）二级反应器空速计算

总摩尔流量应变为：$N_{总}^{进炉}-1.625n_{硫黄}^{E603}-4.5n_{硫黄}^{E602}=256.4\text{kmol/h}$。假设各气体均为理想气体，根据理想气体方程有实际标准体积 V_{OR} 为 256.4×22.4Nm³/h=5743.35Nm³/h，转换为实方体积为 10350.62m³/h，查二级反应器装填量 V_R 为 24.9m³，则有一级反应器空速 S_V = 10350.62/24.9h⁻¹=415.69h⁻¹。

（3）加氢反应器空速计算

总摩尔流量应变为：$N_{总}^{R602出口}+N_{氢}^{R603}-n_{硫黄}^{V603}-1.625n_{硫黄}^{E604}=239.85\text{kmol/h}$。

假设各气体均为理想气体，根据理想气体方程实际标准体积 V_{OR} 为 239.85×22.4Nm³/h=5372.60Nm³/h，转换为实方体积为 11276.56m³/h，查加氢反应器装填量 V_R 为 16.9m³，则一级反应器空速 $S_V=11276.56/16.9\text{h}^{-1}=667.25\text{h}^{-1}$。

2. 基于氮平衡数据计算法

根据氮平衡法计算得到一级反应器入口总摩尔流量为 366.03kmol/h，二级反应器入口总摩尔流量为 328.59kmol/h。

（1）一级反应器空速计算

将一级反应器入口总摩尔流量转化为体积流量为 366.03×22.4=8199.07Nm³/h，转化为实方体积为 15136.74m³/h，空速 $S_V=15136.74/33\text{h}^{-1}=458.69\text{h}^{-1}$。

（2）二级反应器空速计算

将二级反应器入口总摩尔流量转化为体积流量为 328.59×22.4=7360.42Nm³/h，转化为实方体积为 13264.92m³/h，空速 $S_V=13264.92/24.9\text{h}^{-1}=532.73\text{h}^{-1}$。

加氢反应器因为进出口无氮气分析数据，无法用此方法进行核算。

（五）氢计算

1. 氢平衡计算

硫黄回收装置氢平衡以酸性气燃烧炉至急冷塔为一个平衡系统进行计算，氢输入的物料主要有：高浓度酸性气、低浓度酸性气、空气、液硫脱气尾气、加氢反应器补氢；氢输出的物料主要有：急冷水、急冷塔出口尾气。

（1）高浓度酸性气氢量计算

高浓度酸性气流量为4108. 3Nm^3/h，水占比为3. 846%，硫化氢占比为73. 086%，甲烷占比为0. 00385%，则有：

$$N_{水}^{高酸气}=\frac{4108.3}{22.4}\times 3.846\%=7.05\text{kmol/h}$$

$$N_{H_2S}^{高酸气}=\frac{4108.3}{22.4}\times 73.086\%=134.04\text{kmol/h}$$

$$N_{CH_4}^{高酸气}=\frac{4108.3}{22.4}\times 0.0385\%=0.071\text{kmol/h}$$

得到：$N_{H}^{高酸气}=2N_{水}^{高酸气}+2N_{H_2S}^{高酸气}+4N_{CH_4}^{高酸气}=282.47\text{kmol/h}$。

（2）低浓度酸性气氢量计算

1）煤制氢低浓度酸性气氢量计算：

煤制氢低浓度酸性气流量为1126. 3Nm^3/h，水占比为3. 66%，硫化氢占比为0. 29%，则有：

$$N_{水}^{煤制氢}=\frac{1126.3}{22.4}\times 3.66\%=1.84\text{kmol/h}$$

$$N_{H_2S}^{煤制氢}=\frac{1126.3}{22.4}\times 0.29\%=0.076\text{kmol/h}$$

得到：$N_{H}^{煤制氢}=2N_{水}^{煤制氢}+2N_{H_2S}^{煤制氢}=3.83\text{kmol/h}$。

2）循环再生酸性气氢量计算：

循环再生酸性气流量为588. 3Nm^3/h，水占比为3. 85%，硫化氢占比为33. 27%，则有：

$$N_{水}^{循环}=\frac{588.3}{22.4}\times 3.85\%=1.01\text{kmol/h}$$

$$N_{H_2S}^{循环}=\frac{588.3}{22.4}\times 33.27\%=16.74\text{kmol/h}$$

得到：$N_{H}^{循环}=2N_{水}^{循环}+2N_{H_2S}^{循环}=35.49\text{kmol/h}$。

（3）空气+液硫脱气尾气氢量计算

酸性气燃烧炉配风空气量为6330Nm^3/h，查鼓泡空气流量为396. 09Nm^3/h，则总空气量为6726. 09Nm^3/h，查九江地区空气湿度在30%左右，各季节略有差异，则有：

$$N_{水}^{空气}=\frac{15.3\text{g/m}^3\times 6726.09\text{Nm}^3\text{/h}\times(40+273)\text{K}}{1000\times 273\text{K}\times 18\text{g/mol}}=6.56\text{kmol/h}$$

液硫池抽出气量为687. 9Nm^3/h，即液硫池内有291. 81Nm^3/h带入酸性气燃烧炉，但因携带的气体随液硫进入液硫池而后又返回至酸性气燃烧炉循环，不发生物料输入输出，抽射器带入的水含量为32. 4kmol/h，得出：$N_{H}^{空气}=2N_{水}^{空气}+64.8=78\text{kmol/h}$。

（4）加氢反应器补氢量计算

加氢反应器补入氢气流量为 246.7Nm³/h，则有：$N_{H}^{H_2}=\frac{246.7}{22.4}\times 2=22.07\text{kmol/h}$。

（5）急冷水外排氢量计算

急冷水外送流量为 2.02t/h，则有 $N_{H}^{急冷}=\frac{2020}{18}=112.22\text{kmol/h}$。

（6）急冷塔出口尾气氢量计算

急冷塔出口尾气流量为 8785.7Nm³/h，化验分析硫化氢含量为 0.98%，氢含量为 2.25%，尾气温度为 40℃，查 40℃水饱和蒸气压为 7.38kPa，则可计算得到尾气中水含量为：

$$N_{水}^{尾气}=\frac{8785.7}{22.4}\times\frac{7.38}{101.325}=28.57\text{kmol/h}$$

$$N_{H_2S}^{尾气}=\frac{8785.7}{22.4}\times 0.98\%=3.84\text{kmol/h}$$

$$N_{H_2}^{尾气}=\frac{8785.7}{22.4}\times 2.25\%=8.83\text{kmol/h}$$

则有：$N_{H}^{尾气}=2N_{水}^{尾气}+2N_{H_2S}^{尾气}+2N_{H_2}^{尾气}=82.48\text{kmol/h}$。

得到氢输入量为 421.87kmol/h，氢输出量为 194.70kmol/h，相差较大，分析主要原因有两个：

① 经硫平衡核算高浓度酸性气中硫化氢含量偏高，使得计算氢输入量增加；

② 假设酸性气中硫化氢含量准确，由于系统内所有的氢最终大部分进入水中，故判断急冷水流量计指示偏低，反算急冷水外排量为：

$$N_{H}^{急冷\prime}=421.866-N_{H}^{尾气}=339.40\text{kmol/h}$$

反算得到外排急冷水实际流量应为 6.11t/h，实际外排量应低于 6.11t/h（将该数应用于物料平衡计算）。

2. 过程气中氢含量核算

假设加氢反应器入口总氢摩尔流量为 $N_{H_2}^{克劳斯尾气}$，由“加氢反应器空速计算”中有加氢反应器的体积流量为 12836Nm³/h，得到克劳斯尾气的总摩尔流量为 573.1kmol/h，加氢反应器内的主要反应式如下：

$$SO_2+3H_2\longrightarrow H_2S+2H_2O \quad (4-52)$$

$$COS+H_2\longrightarrow H_2S+CO \quad (4-53)$$

$$CS_2+4H_2\longrightarrow 2H_2S+CH_4 \quad (4-54)$$

$$S+8H_2\longrightarrow 8H_2S \quad (4-55)$$

根据 S 的饱和蒸气压计算公式：$\ln p=89.273-13463/T-8.9643\ln T$，V603 后温度为 152.4℃，从而计算得到硫的饱和蒸气压为 28.90Pa，进而得到克劳斯尾气中单质硫的摩尔流量为 $N_{S}^{克劳斯尾气}=573.1\times 28.904/(101.325\times 1000)=0.16\text{kmol/h}$，克劳斯尾气中 COS 摩尔流量为 $N_{COS}^{克劳斯尾气}=573.1\times 26.15/10^6=0.015\text{kmol/h}$，克劳斯尾气中 CS_2 摩尔流量为 $N_{CS_2}^{克劳斯尾气}=573.1\times 0.03/10^6=0.000017\text{kmol/h}$ 忽略不计，克劳斯尾气中 SO_2 摩尔流量为 $N_{SO_2}^{克劳斯尾气}=573.1\times 0.21\%=1.20\text{kmol/h}$，则有消耗的氢气总摩尔流量为：

$$N_{H_2}^{反耗}=8N_{S}^{克劳斯尾气}+N_{COS}^{克劳斯尾气}+3N_{SO_2}^{克劳斯尾气}=5.07\text{kmol/h}$$

根据氢平衡有：$0.5N_{H}^{H_2}+N_{H_2}^{克劳斯尾气}=N_{H_2}^{反耗}+N_{H_2}^{尾气}$，得到 $N_{H_2}^{克劳斯}=2.86\text{kmol/h}$，即克劳斯尾气

中氢气占比为0.50%。

考虑氢分析数值是否存在偏差，按DCS在线分析仪数据进行核算，可得到$N_{H_2}^{克劳斯}{}'=$ 12.85kmol/h，即克劳斯尾气中氢气占比为2.24%，该计算值应该偏大，因氢气主要来源于酸性气燃烧炉硫化氢的热分解，利用"HSC Chemistry 6"软件中的"Reaction Equation"反应平衡计算模块，模拟计算0~1300℃时反应平衡常数及热焓，见表4-42。

表4-42 硫化氢在不同温度下分解的平衡常数与焓值表

$2H_2S(g)=2H_2(g)+S_2(g)$				
温度 T/℃	焓值 H/kJ	熵 S/(J/K)	吉布斯自由能 G/kJ	平衡常数 K
0	169.064	76.128	148.269	4.41×10^{-29}
100	171.22	82.857	140.301	2.28×10^{-20}
200	173.209	87.592	131.765	2.83×10^{-15}
300	174.966	90.967	122.828	6.38×10^{-12}
400	176.476	93.4	113.603	1.53×10^{-9}
500	177.739	95.155	104.17	9.15×10^{-8}
600	178.764	96.404	94.589	2.19×10^{-6}
700	179.559	97.269	84.902	2.77×10^{-5}
800	180.143	97.841	75.145	2.20×10^{-4}
900	180.557	98.211	65.341	1.23×10^{-3}
1000	180.83	98.435	55.508	5.28×10^{-3}
1100	180.988	98.555	45.657	1.83×10^{-2}
1200	181.05	98.599	35.799	5.38×10^{-2}
1300	181.032	98.587	25.939	1.38×10^{-1}

通过拟合，可以得到反应温度与平衡常数之间的关系，见图4-17。

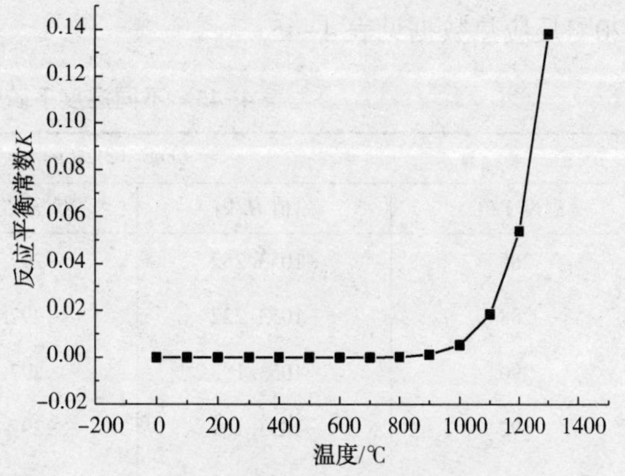

图4-17 硫化氢热分解平衡常数与温度关系曲线

硫化氢热分解反应平衡常数随温度升高而升高，且当温度低于1000℃时，平衡常数接近0，反应基本不发生。但当温度高于1000℃时，存在一定的反应，但可以看到即使当温度达到1300℃，此时反应常数仅为0.138，较小，故过程气中氢含量不可能过高，故认为化验分析数据较DCS在线分析数据准确。

（六）酸性气燃烧炉漏氧计算

由"一级反应器空速计算"中，计算有一级反应器入口过程气流量为12745.6Nm³/h，由化验分析数据一级反应器出口过程气物料组成，见表4-43。

表 4-43　一级反应器出口过程气物料组成表

取样位置	分析项目	时间（2018/8/27）	备注
一级反应器出口过程气	H_2S/%（体）	1.54	
	SO_2/%（体）	0.71	
	COS/（μL/L）	241.8	忽略不计
	CS_2/（μL/L）	0.13	忽略不计
	N_2/%（体）	78.60	
	CO_2/%（体）	18.78	

假设一级反应器入口过程气中氧含量为 a(%)，则将过程气进行归一计算，见表4-44。

表 4-44　一级反应器出口过程气漏氧归一摩尔流量一览表

取样位置	分析项目	时间（2018/8/27）	摩尔流量/（kmol/h）
一级反应器出口过程气	H_2S/%（体）	$1.54\times100/(100+a)$	$1.54\times585.4/(100+a)$
	SO_2/%（体）	$0.71\times100/(100+a)$	$0.71\times585.4/(100+a)$
	COS/%（体）	$2.418/(100+a)$	$2.418\times5.85/(100+a)$
	CS_2/%（体）	$0.0013(100+a)$	$0.0013\times5.85/(100+a)$
	N_2/%（体）	$78.60\times100/(100+a)$	$78.60\times585.4/(100+a)$
	CO_2/%（体）	$18.78\times100/(100+a)$	$18.78\times585.4/(100+a)$
	O_2/%（体）	$a\times100/(100+a)$	$a\times585/(100+a)$

本计算基于 2017 年装置大检修将一级反应器 R601 顶部催化剂更换为 LS-971，更换后利用 LS-971 脱“漏氧”的功能，反应器上部温度由 292℃上升至 316℃，反应式见式 4-55：

$$FeS_2+3O_2 \longrightarrow FeSO_4+SO_2 \qquad (4-56)$$

利用“HSC Chemistry 6”软件中的“Reaction Equation”反应平衡计算模块，模拟 286～320℃反应热数据见表 4-45。

表 4-45　不同温度下硫化亚铁氧化反应焓值表

$FeS_2+3O_2(g)$══$FeSO_4+SO_2(g)$				
温度 T/℃	焓值 H/kJ	熵 S/（J/K）	吉布斯自由能 G/kJ	平衡常数 K
286	−1053.252	−297.784	−886.746	7.00×10^{82}
288	−1053.222	−297.731	−886.15	3.12×10^{82}
290	−1053.193	−297.679	−885.555	1.40×10^{82}
292	−1053.163	−297.626	−884.96	6.31×10^{81}
294	−1053.133	−297.573	−884.365	2.86×10^{81}
296	−1053.102	−297.519	−883.769	1.31×10^{81}
298	−1053.072	−297.465	−883.175	5.99×10^{80}
300	−1053.041	−297.411	−882.58	2.76×10^{80}

续表

$FeS_2+3O_2(g)$ ══ $FeSO_4+SO_2(g)$				
温度 T/℃	焓值 H/kJ	熵 S/(J/K)	吉布斯自由能 G/kJ	平衡常数 K
302	-1053.01	-297.357	-881.985	1.28×10^{80}
304	-1052.978	-297.303	-881.39	5.98×10^{79}
306	-1052.947	-297.248	-880.796	2.80×10^{79}
308	-1052.915	-297.193	-880.201	1.32×10^{79}
310	-1052.883	-297.138	-879.607	6.25×10^{78}
312	-1052.85	-297.082	-879.013	2.98×10^{78}
314	-1052.818	-297.027	-878.419	1.42×10^{78}
316	-1052.785	-296.971	-877.825	6.84×10^{77}
318	-1052.752	-296.915	-877.231	3.31×10^{77}
320	-1052.719	-296.859	-876.637	1.61×10^{77}

由表4-45，可以看出该反应为瞬间反应，查292℃时反应热为-1053.163kJ/mol，即过程气中的氧气完全发生反应，则有总反应绝热$|Q_{FeS_2}|=\dfrac{a\times585.4\times1053.163}{a+100}$。

根据各物料的$\Delta H\sim T$关系式可以计算得到温度从292℃变化至316℃时的热量，通过改变a值使得$|Q_{FeS_2}|+|\Delta H_{316℃}|=|\Delta H_{292℃}|$，经过迭代得到当氧含量为0.25%时满足热量平衡，计算结果如下：

$$|Q_{FeS_2}|=\frac{a\times585.4\times1053.163}{a+100}=0.51\text{kJ/mol}$$

$$|\Delta H_{316℃}|=39.55\text{kJ/mol};\ |\Delta H_{292℃}|=40.06\text{kJ/mol}$$

即酸性气燃烧炉出口过程气中氧含量为0.25%。

（七）各段硫露点温度计算

计算方法：根据各点硫在气相中的分压依据$\ln p=89.273-13463/T-8.9643\ln T$方程倒推温度即为在当前压力下的硫露点温度。

1. 酸性气燃烧炉硫露点核算

根据一级硫冷器产出液硫估算量为2110.3kg/h（根据反应器空速计算比例得出），一级反应器入口过程气量估算量为13112.96Nm³/h（见反应器空速计算），因酸性气燃烧炉出口单质硫均以S_2形式存在，则有硫的摩尔流量为32.97kmol/h，查现场酸性气燃烧炉出口表压为6.5kPa，E602后点温度为158.4℃，从而计算得到硫的饱和蒸气压为39.90Pa[14]，进而得到一级反应器入口过程气中单质硫的摩尔流量为$N_S^{E602出口}=585.4\times39.90/(101.325\times1000)=0.23$kmol/h，可计算出酸性气燃烧炉出口$S_2$的分压$p_S^{F601出口}=\dfrac{32.97+0.230}{585.4+32.97}\times107.825=5.79$kPa，利用公式$\ln p=89.273-13463/T-8.9643\ln T$反算得到露点温度$T_{露}^{F601出口}=566.95\text{K}=292.77℃$。

2. 一级反应器出口硫露点核算

根据二级硫冷器产出液硫估算量为1203.6kg/h，一级反应器入口过程气量估算量为12744.3Nm³/h（见反应器空速计算），查出口温度304.8℃时，S_6的摩尔分率为0.36，S_8的摩尔分率为0.64，则有S_6的摩尔流量为1.860kmol/h，S_8的摩尔流量为3.306kmol/h，查现场一级反应器出口表压为5.5kPa左右，E603后点温度为158.6℃，从而计算得到硫的饱和蒸气压为40Pa，进而得到二级反应器入口过程气中单质硫的摩尔流量为$N_S^{E603出口}=569\times40/(101.325\times1000)=0.225$kmol/h，可计算出一级反应器出口S的分压：

$$p_S^{R601出口}=\frac{1.860+3.306+0.225}{569+1.860+3.306}\times106.825=1.003\text{kPa}$$

利用公式反算得到露点温度$T_{露}^{R601出口}=508.11\text{K}=234.52℃$。

3. 二级反应器出口硫露点核算

根据三级硫冷器产出液硫估算量为500.1kg/h，捕集器产出液硫估算量为2.75kg/h，加氢反应器入口过程气量估算量为12836Nm³/h（见反应器空速计算），除去氢气流量为12589.3Nm³/h，查出口温度228.4℃时，S_6的摩尔分率为0.25，S_8的摩尔分率为0.75，则有S_6的摩尔流量为$\frac{500.1+2.75}{(3\times8+6)\times32}=0.523$kmol/h，$S_8$的摩尔流量为1.569kmol/h，查现场二级反应器出口表压为5kPa左右，V603后点温度为152.4℃，从而计算得到硫的饱和蒸气压为28.9Pa，进而得到加氢反应器入口尾气中单质硫的摩尔流量为$N_S^{V603出口}=562\times40/(101.325\times1000)=0.222$kmol/h，可计算出二级反应器出口S的分压：

$$p_S^{R602出口}=\frac{0.523+1.569+0.222}{562+0.523+1.569}\times106.325=0.44\text{kPa}$$

利用公式反算得到露点温度$T_{露}^{R602出口}=485.01\text{K}=211.86℃$。

4. 加氢反应器入口硫露点核算：

利用"HSC Chemistry 6"软件中的"Reaction Equation"反应平衡计算模块，模拟单质硫加氢反应250~280℃反应热数据，见表4-46。

表4-46 不同温度下单质硫加氢反应焓熵表

$S(g)+H_2(g)$══$H_2S(g)$				
温度T/℃	焓值H/kJ	熵S/(J/K)	吉布斯自由能G/kJ	平衡常数K
250.000	−301.304	−101.929	−247.980	5.781×10^{24}
255.000	−301.373	−102.060	−247.470	3.000×10^{24}
260.000	−301.441	−102.189	−246.959	1.576×10^{24}
265.000	−301.509	−102.315	−246.448	8.377×10^{23}
270.000	−301.576	−102.440	−245.936	4.504×10^{23}
275.000	−301.643	−102.562	−245.424	2.449×10^{23}
280.000	−301.710	−102.683	−244.911	1.346×10^{23}

由表4-46可以看出，该反应吉布斯自由能ΔG远远小于0，说明在250~280℃该反应为自发反应，且平衡常数特别大，反应比较完全，说明尾气经加氢反应后不会有单质硫的存在，故只计算加氢反应器入口的硫露点温度。因经过硫冷器及捕集器后尾气中单质硫为出口温度下的饱和蒸气压，经掺入氢气并加热后硫分压为：

$$p_S^{R603入口}=\frac{0.222}{573}\times104.325=0.0404\text{kPa}$$

利用公式反算得到露点温度$T_{露}^{R602入口}=431.8\text{K}=158.64℃$，其实就是E604的出口温度。

（八）加氢还原计算

1. 尾气捕集器 V603 理论计算

尾气捕集器主要作用是在152℃左右的温度下，进一步将硫脱出，计算与硫冷器一致，可以得到脱出的液硫摩尔流量分别为：

$$N_{S_8}^{V603}=0.012\text{kmol/h};\ N_{S_6}^{V603}=0.001\text{kmol/h}$$

V603 出口气相组成见表 4-47。

表 4-47　捕集器出口各组成摩尔流量表　kmol/h

捕集器出口物料组分	气相摩尔流量	捕集器出口物料组分	气相摩尔流量
H_2S	6.49	N_2	355.78
CO_2	78.22	S_6	0.021
H_2O	198.42	S_8	0.17
SO_2	3.25		

2. 尾气加热器 E618 理论计算

实际尾气加热后温度为 238.6℃，根据 $\ln p=89.273-13463/T-8.9643\ln T$ 计算得到该点温度下的饱和蒸气压为 1.14kPa，该温度下的 S_6、S_8摩尔分率分别为 0.26、0.74，根据硫平衡计算出 S_6、S_8摩尔流量分别为：

$$N_{S_8}^{E618}=0.144\text{kmol/h};\ N_{S_6}^{E618}=0.050\text{kmol/h}$$

根据物料平衡及热量计算公式，可以得到尾气加热器出口物料热量分布，见表 4-48。

表 4-48　尾气加热器出口物料热量分布表

尾气加热器出口物料组分	气相摩尔流量/（kmol/h）	摩尔焓/（MJ/kmol）	热量/（MJ/h）
H_2S	6.492	-16.01	-103.94
CO_2	78.216	-387.79	-30331.44
H_2O	198.423	-237.11	-47047.48
SO_2	3.246	-294.17	-954.84
N_2	355.777	5.91	2101.44
S_6	0.050	142.55	7.19
S_8	0.144	133.00	19.10
总计	642.349		-76.31×10^3

由此计算出尾气加热器加热负荷 $Q^{E618}=Q^{V603}-\Delta H_{\Delta T}^{E618}=-2.01\text{GJ/h}$。

尾气加热器采取中压过热蒸汽加热形式，蒸汽温度为430℃，故加热器主要利用蒸汽温变+焓变进行取热，故有：$\Delta H_{H_2O(l)}^{254.8}=1092.54\text{kJ/kg}$，$\Delta H_{H_2O(g)}^{254.8}=2789.84\text{kJ/kg}$，$\Delta H_{\Delta T}^{E618}=F^{E618}\bar{c}_p\Delta T$。

其中，$\bar{c}_p=\int_{T_1}^{T_2}c_p\text{d}T/(T_2-T_1)=4.6108\text{kJ/(kg}\cdot\text{K)}$，则：$\Delta H_{\Delta T}^{E618}=F^{E618}\times4.6108\times175.2=807.8\text{kJ/kg}$。

消耗的蒸汽流量为：

$$F^{E605}=\frac{Q^{E605}}{\Delta H_{H_2O(g)}^{254.8}-\Delta H_{H_2O(l)}^{254.8}+\Delta H_{\Delta T}^{E618}}=0.80\text{t/h}$$

实际显示值为 0.992t/h，则实际显示蒸汽流量为 $F_{实际}^{E605}=0.992\times1.004\text{t/h}=0.996\text{t/h}$，偏

差较大，初步分析原因主要是过热度越高传热系数越低，换热器传热效果越差。过热蒸汽换热要达到理论的换热效果，需要的换热面大，但现实的过热蒸汽加热器较难满足要求，且采取疏水器形式，疏水效果不佳，导致凝结水的温度高于254.8℃，即 $\Delta H_{\Delta T}^{E618}$ 的利用率低，使得实际消耗的蒸汽量要大于理论计算值。

3. 加氢反应器R603理论计算

（1）加氢反应器催化剂方案

LSH-03A低温耐氧型硫黄尾气加氢催化剂是以改性 $\gamma-Al_2O_3$ 为载体，以钴、钼等为活性金属组分的克劳斯尾气加氢专用催化剂。该催化剂具有侧压强度高、抗工况波动能力强、孔结构合理、低温加氢及水解活性高，且具备一定的耐氧能力的特点，使用温度范围广，可在220~360℃运行，反应空速在200~1500h^{-1}，具体性质见表4-49。

表4-49 LSH-03A低温耐氧加氢催化剂物性表

项目		指标
活性组分含量	MoO_3/%(质)	12±0.5
	CoO/%(质)	1.8±0.2
外观		兰灰色三叶草形
规格/mm		Φ3.0×(5~10)
比表面积/(m^2/g)		≥180
孔体积/(mL/g)		≥0.3
堆密度/(g/cm^3)		0.75±0.05
强度/(N/cm)		≥150
磨耗/%		≤0.5
适用温度/℃		220~350

（2）加氢反应器发生的化学反应

1）主要反应方程式：

$$SO_2+3H_2 \longrightarrow H_2S+2H_2O \tag{4-57}$$

$$COS+H_2 \longrightarrow H_2S+CO \tag{4-58}$$

$$CS_2+4H_2 \longrightarrow 2H_2S+CH_4 \tag{4-59}$$

$$S_8+8H_2 \longrightarrow 8H_2S \tag{4-60}$$

$$COS+H_2O \longrightarrow H_2S+CO_2 \tag{4-61}$$

$$CS_2+H_2O \longrightarrow H_2S+COS \tag{4-62}$$

2）主要副反应方程式：

$$2H_2S+SO_2 \longrightarrow 3S+2H_2O \tag{4-63}$$

$$SO_2+3CO \longrightarrow COS+2CO_2 \tag{4-64}$$

$$S_8+8CO \longrightarrow 8COS \tag{4-65}$$

$$CO+H_2O \longrightarrow CO_2+H_2 \tag{4-66}$$

$$CO+H_2S \longrightarrow COS+H_2 \tag{4-67}$$

$$CS_2+3H_2 \longrightarrow CH_3SH+H_2S \tag{4-68}$$

$$CH_3SH+H_2 \longrightarrow H_2S+CH_4 \tag{4-69}$$

$$2COS+SO_2 \longrightarrow 2CO_2+3S \tag{4-70}$$

$$2CS_2+SO_2 \longrightarrow 2COS+3S \tag{4-71}$$

（3）加氢反应器 R603 计算

加氢反应器温度通过热量守恒定律，即加氢反应器进出物料热量守恒，根据加氢反应器出口分析数据氢气体可估算出加氢反应器出口氢气摩尔流量为 14.9kmol/h，反算入口氢含量为 26.09kmol/h。

假设加氢反应器出口温度为 T^{R603}，利用“HSC Chemistry 6”软件中的“Reaction Equation”反应平衡计算模块，模拟加氢反应 240～280℃反应热数据，见表 4-50。

表 4-50　不同温度下各物质加氢反应的焓值表

	$S_6(g)+6H_2(g)$ ══ $6H_2S(g)$		$S_8(g)+8H_2(g)$ ══ $8H_2S(g)$		$SO_2(g)+3H_2(g)$ ══ $H_2S(g)+2H_2O(g)$	
温度 T/℃	焓值 H/kJ	平衡常数 K	焓值 H/kJ	平衡常数 K	焓值 H/kJ	平衡常数 K
240.000	-241.291	2.220×10^{27}	-288.261	1.204×10^{35}	-212.851	9.374×10^{17}
245.000	-241.656	1.286×10^{27}	-288.782	6.270×10^{34}	-212.977	5.791×10^{17}
250.000	-242.019	7.517×10^{26}	-289.301	3.302×10^{34}	-213.104	3.610×10^{17}
255.000	-242.381	4.437×10^{26}	-289.819	1.758×10^{34}	-213.230	2.270×10^{17}
260.000	-242.740	2.643×10^{26}	-290.334	9.462×10^{33}	-213.357	1.439×10^{17}
265.000	-243.098	1.588×10^{26}	-290.848	5.146×10^{33}	-213.483	9.201×10^{16}
270.000	-243.454	9.629×10^{25}	-291.359	2.827×10^{33}	-213.610	5.930×10^{16}
275.000	-243.809	5.886×10^{25}	-291.869	1.568×10^{33}	-213.737	3.851×10^{16}
280.000	-244.162	3.628×10^{25}	-292.377	8.787×10^{32}	-213.863	2.520×10^{16}

分别利用温度与反应焓值拟合 S_6、S_8、SO_2 曲线，见图 4-18：

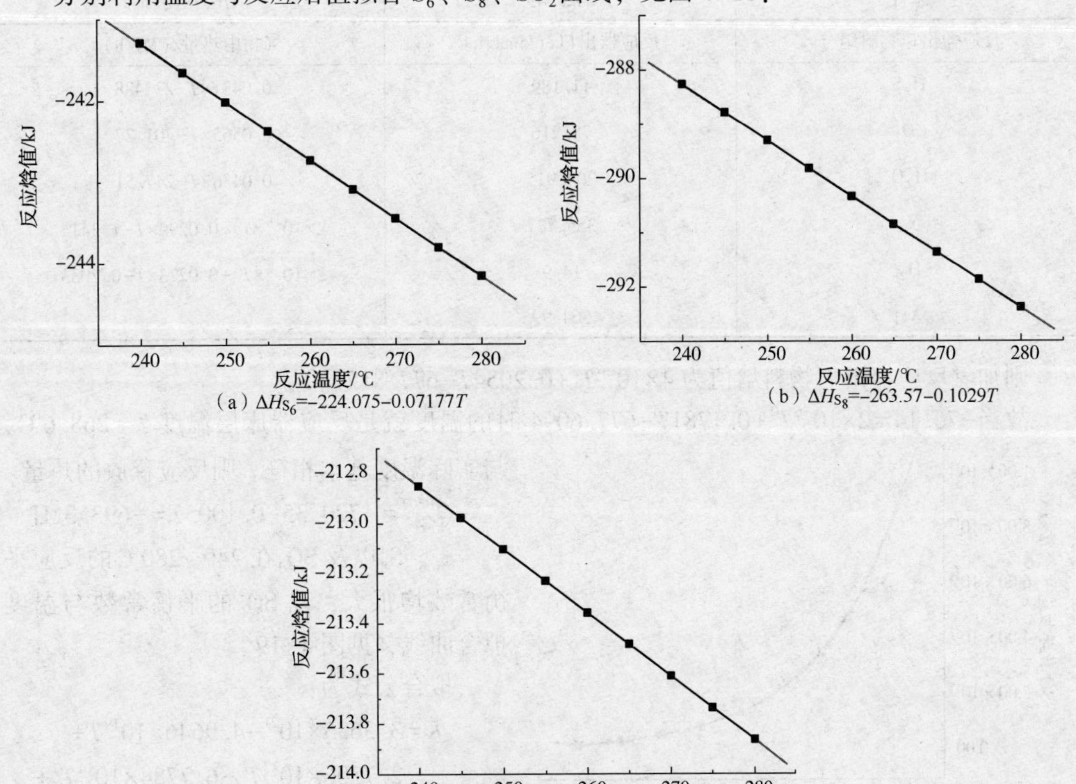

（a）$\Delta H_{S_6}=-224.075-0.07177T$

（b）$\Delta H_{S_8}=-263.57-0.1029T$

（c）$\Delta H_{SO_2}=-206.776-0.0253T$

图 4-18　S_6、S_8、SO_2 焓值与温度关系曲线

根据三个加氢反应释放的总热量应等于进出物料焓值变化，三个加氢反应释放的总热量分别为：

$$Q_{S_6}=0.050\times(-224.075-0.07177T)$$
$$Q_{S_8}=0.144\times(-263.57-0.1029T)$$
$$Q_{SO_2}=3.246\times(-206.776-0.0253T)$$

反应总放热量为 $Q_{总}^{R603}=-720.35-0.1005T$。

根据化学反应摩尔流量变化，可以得到加氢反应器进出口热量平衡，见表 4-51。

表 4-51　加氢反应器进出口热量平衡表

反应器入口物料组分	反应器入口/(kmol/h)	气相中热量/(MJ/h)
H_2S	6.492	-103.94
CO_2	78.216	-30331.44
H_2O	198.423	-47047.48
SO_2	3.246	-954.84
N_2	355.777	2101.44
H_2	26.089	167.49
S_6	0.050	7.19
S_8	0.144	19.10
总计	642.349	-76.14GJ/h
反应器出口物料组分	反应器出口/(kmol/h)	气相中热量/(MJ/h)
H_2S	11.189	$0.0481\times T-27.488$
CO_2	78.216	$0.0565\times T-401.27$
H_2O	204.915	$0.0436\times T-247.51$
N_2	355.777	$2\times10^{-6}\times T^2+0.0299\times T-1.3414$
H_2	14.9	$2\times10^{-6}\times T^2+0.0273\times T-0.2033$
总计	664.99	

则加氢反应器出口物料焓值为 $4\times10^{-6}T^2+0.2054T-677.8127$。

故当 $-76.14=2\times10^{-6}T^2+0.1781T-677.6094$ 时的温度就是反应器床层温度 $T=268.6$℃，与实际温度基本相符。则反应释放的热量：

$$Q_{总}^{R603}=-720.35-0.1005T=-693.3\text{MJ}。$$

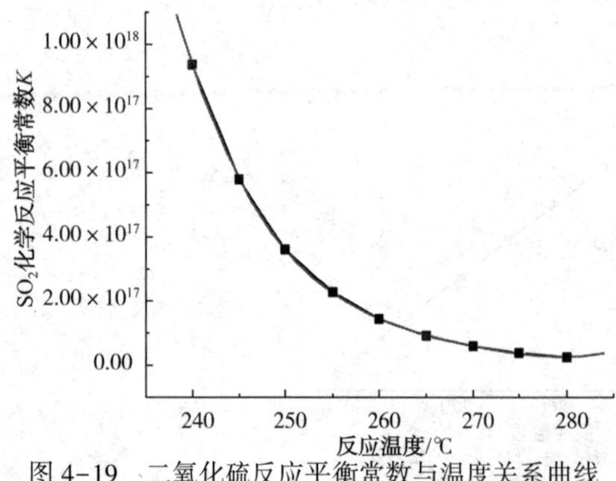

图 4-19　二氧化硫反应平衡常数与温度关系曲线

S_6、S_8 以及 SO_2 在 240~280℃ 的反应平衡常数均很大，以 SO_2 的平衡常数与温度拟合曲线，见图 4-19。

拟合公式为：

$$K=3.3635\times10^{21}-4.9646\times10^{19}T+2.7506\times10^{17}T^2-6.7784\times10^{14}T^3+6.2684\times10^{11}T^4$$

曲线拟合度 99.996%，从而可以计算出266.13℃下的反应平衡常数为：

$$K_{SO_2}^{R603}=3.212\times10^{17}=\frac{[H_2S]\,[H_2O]^2}{[SO_2]\,[H_2]^3}$$

即$[H_2S]\,[H_2O]^2=3.21\times10^{17}[SO_2]\,[H_2]^3$，假设参与反应的二氧化硫浓度为$x$mol/L，总浓度为$n$mol/L，反应器出口氢气浓度为$a$mol/L，则有：

$$\eta_{SO_2}^{R603}=\frac{K\,(3x+a)^3}{8x^2+K\,(3x+a)^3}$$

化验分析数据二氧化硫的体积百分数为0.21%，加氢反应器入口体积流量估算值为12836Nm^3/h，则有$x<<1$，则二氧化硫的反应转化率无限接近100%。

（4）加氢反应器预硫化时间计算

加氢反应器催化剂按最大量MoO_3占比12.5%、CoO占比2%进行计算，装置预硫化气体循环量为3000Nm^3/h左右，因酸性气浓度中硫化氢浓度高，通过调整酸性气流量控制循环气体中硫化氢含量为1%进行预硫化，反应器共装填LSH-03A催化剂16t。

则可根据加氢催化剂中Co、Mo催化剂占比得出：

$$m_{MoO_3}=16t\times12.5\%=2.00t，m_{CoO}=16t\times2\%=0.32t$$

预硫化酸气中硫化氢体积流量为：$V_{H_2S}=3000Nm^3/h\times1\%=30Nm^3/h$

开工初期，因酸性气浓度一般在50%~60%左右，故需要酸性气流量约50 Nm^3/h~60Nm^3/h。

根据状态方程：$m_{H_2S}=V_{H_2S}M_{H_2S}/V_m=30\times34/22.4=45.57kg/h$，

根据预硫化反应方程式：

$$9CoO+H_2+8H_2S\longrightarrow Co_9S_8+9H_2O \tag{4-72}$$

$$MoO_3+H_2+2H_2S\longrightarrow MoS_2+3H_2O \tag{4-73}$$

查元素周期表：CoO的摩尔质量为74.93g/mol，MoO_3的摩尔质量为143.94g/mol。（其中Co的摩尔质量58.93g/mol，Mo的摩尔质量95.94g/mol）

预硫化需要的H_2S总量$M_{总}$=(8×0.32t×34g/mol)/(9×74.93g/mol)+(2×2.00t×34g/mol)/(143.94g/mol)=1.07t。

则预硫化需要时间t=1.07t/(45.57kg/h)=23.5h。

消耗氢气总量M_H=(0.32t×2g/mol)/(9×74.93g/mol)+(2.00t×2g/mol)/(143.94g/mol)=0.028t，氢气的摩尔流量为14kmol，假定为理想气体则有消耗氢气的体积为313.6Nm^3，平均每小时氢气体积流量为13.3Nm^3/h。

急冷塔外排水量为$M_{外排}$=(0.32t×18g/mol)/(74.93g/mol)+(3×2.00t×18g/mol)/(143.94g/mol)=0.83t，每小时外排35.2kg/h。

（5）加氢反应器钝化计算

由加氢反应器预硫化时间计算得到预硫化消耗硫化氢总量为1.07t，换算为单质硫含量为M_S=1.07t×32/34=1.01t，则有生成的二氧化硫总量M_{SO_2}=1.01t×64/32=2.02t。

产生的二氧化硫通过在急冷塔注入96片碱(NaOH)，根据二氧化硫与氢氧化钠的反应式(假定不生成亚硫酸氢钠)：

$$SO_2+2NaOH\longrightarrow Na_2SO_3+H_2O \tag{4-74}$$

急冷塔消耗的碱液量M_{NaOH}=2.02×2×43/64=2.72t，因片碱浓度为96%，则实际消耗96片碱量为2.83t。

催化剂钝化反应方程式为：

$$Co_9S_8+25/2O_2 \longrightarrow 9CoO+8SO_2 \tag{4-75}$$

$$MoS_2+7/2O_2 \longrightarrow MoO_3+2SO_2 \tag{4-76}$$

钝化彻底生成的氧化态钴钼量与预硫化前的量应该一致，所以有耗氧量为：

$$M_{O_2}=(12.5\times0.32t\times32g/mol)/(9\times74.93g/mol)+(3.5\times2.00t\times32g/mol)/(143.94g/mol)$$
$$=1.75t$$

钝化循环量为 3000Nm^3/h，因加氢反应器入口非净化风线有限流孔板，最大流量为 200Nm^3/h，循环气中氧体积浓度为 1.4%，空气中氧气占比 20.9%，则实际氧气的摩尔流量 n=200Nm^3/h×20.9%/22.4L/mol=1.87kmol，质量流量 m=1.87×32/1000=0.060t/h，钝化时间 T=1.75/0.06=29.2h。

（6）加氢反应器有机硫水解效率计算

加氢反应器前后化验分析数据，见表 4-52。

表 4-52　加氢反应器前后化验分析数据

取样位置	分析项目	时间		
		2018/8/27	2018/8/28	2018/8/29
二级反应器出口过程气	H_2S/%（体）	0.42	0.39	0.49
	SO_2/%（体）	0.20	0.19	0.25
	COS/（μL/L）	250.24	241.5	248.9
	CS_2/（μL/L）	0.029	0.289	0.324
	CO/（μL/L）			8486.82
	CO_2/%（体）	17.90	17.78	17.37
加氢反应器出口气体	H_2/%（体）	2.25	2.28	2.14
	H_2S/%（体）	0.98	0.99	1.03
	SO_2/%（体）	0	0	0
	COS/（μL/L）	28.6	27.8	26.9

由表 4-52 可以计算得到三天有机硫的水解率分别为：88.57%、88.50%、89.19%。

4. 蒸汽发生器 E616 理论计算

E616 无相变发生，只是温度的变化，E616 换热后温度为 154.8℃，E616 出口物料组分热量分布见表 4-53。

表 4-53　E616 出口物料组分热量分布表

E616 出口物料摩尔组分	E616 出口/（kmol/h）	摩尔焓/（MJ/kmol）	热量/（MJ/h）
H_2S	11.189	−20.04	−224.26
CO_2	78.216	−392.52	−30701.77
H_2O	204.915	−240.76	−49335.44
H_2	14.9	4.07	60.90
N_2	355.777	3.34	1186.53
总计	650.0980537		-79.01×10^3

则可以计算出 E616 的取热量为 $Q^{E616}=-79.01\times10^3MJ/h=-79.01$GJ/h。

产出蒸汽计算，水的平均比热容为：

$$\bar{c}_P^{142}=4.068\text{kJ/(kg·K)},\ Q_{\Delta T}^{E616}=0.134F_g^{E616}\text{GJ/h}$$

水的相变热为 $Q_{相变}^{E616}=(2741.27-599.04)$，$F_g^{E616}=2.142F_g^{E616}$GJ/h。

则有 $F_g^{E616}=2.87/2.276=1.26$t/h，实际计量仪表显示平均数值为 0.78t/h，则有 $F_{实际}^{E616}=$ 0.7839t/h。

5. 急冷塔 T601 物料计算

急冷塔是将水蒸气冷凝成水，并将尾气由 154.8℃降温至 40℃，则有尾气的热量变化为水蒸气的温变+相变+除水外的各物料温变。

急冷塔出口 40℃时饱和水量计算：查现场急冷塔出口表压为 3kPa 左右，从而计算得到 40℃时水的饱和蒸气压为 7.38kPa，急冷水外排量为 2.02t/h。

相变热 $Q_{相}^{T601}$，$\Delta H_{H_2O(l)}^{47.9℃}=187.35$kJ/kg，$\Delta H_{H_2O(g)}^{47.9℃}=2543.96$kJ/kg，$Q_{相变}^{T601}=4.76$GJ/h，水的平均比热容为$\bar{c}_P^{47.9}=4.059$kJ/(kg·K)，$Q_{温变}^{T601}=0.876$GJ/h。

各组分温度变化焓值见表 4-54。

表 4-54 急冷塔进出口物料能量表(理论)

T601 出口物料组分	T601 出口/(kmol/h)	摩尔焓/(MJ/kmol)	热量/(MJ/h)
H_2S	11.189	-25.56	-286.05
CO_2	78.216	-399.01	-31209.10
H_2O	27.7	-245.77	-6807.72
N_2	355.777	-0.14	-50.59
H_2	14.9	0.89	13.34
总计			-38.36
T601 入口物料组分	**T601 入口/(kmol/h)**	**摩尔焓/(MJ/kmol)**	**热量/(MJ/h)**
H_2S	11.189	-20.04	-71.55
CO_2	78.216	-392.52	-24940.96
H_2O	27.700	-240.76	-6669.07
H_2	14.9	4.07	60.90
N_2	355.777	3.34	964.23
总计			-36.36

T601 的取热量为 $Q_{温变}^{T601}=1.99$GJ/h，则总热量为 $Q^{T601}=7.586$GJ/h。

T601 采用急冷水循环进行降温，T601 底部急冷水温度 47.9℃，返塔温度为 37.1℃，平均比热容为$\bar{c}_P^{40}=4.050$kJ/(kg·K)，计算得到急冷水循环量为 172.7t/h，比实际的消耗量 159t/h 偏大。

以实际数值进行反算，急冷塔出口尾气流量为 8785.7Nm³/h，急冷水脱出水 2.02t/h，则加氢反应器出口水含量为 140kmol/h，加氢反应器出口物料总摩尔流量为 504.44kmol/h，化验分析干基氢体积百分数为 2.25%，硫化氢体积百分数为 0.98%，氢的摩尔流量为 8.2 kmol/h，硫化氢的摩尔流量为 3.57kmol/h，因化验分析未对二氧化碳及氮气进行分析，故取理论计算二氧化碳与氮气比作为估算依据，有二氧化碳的摩尔流量为 63.54kmol/h，氮气的摩尔流量为289.12kmol/h，物料平衡见表4-55。

表4-55 急冷塔进出口物料能量表(反算)

T601出口物料组分	T601出口/(kmol/h)	摩尔焓/(MJ/kmol)	热量/(MJ/h)
H_2S	3.57	-25.56	-91.16
CO_2	63.54	-399.01	-25350.94
H_2O	27.7	-245.77	-6806.99
N_2	289.12	-0.14	-35.90
H_2	8.2	0.91	7.45
总计			-32.28
T601入口物料组分	**T601入口/(kmol/h)**	**摩尔焓/(MJ/kmol)**	**热量/(MJ/h)**
H_2S	3.57	-20.04	-71.55
CO_2	63.54	-392.52	-24940.96
H_2O	27.700	-240.76	-6669.07
N_2	289.12	3.34	1186.53
H_2	8.2	4.07	33.38
总计			-30.68

则总热量为$Q^{T601}{}'=7.226$GJ/h，得急冷水循环量为165.2t/h，与实际的循环量155.4t/h偏差不大。

(九)吸收塔计算

1. 胺液负荷计算

根据尾气分析数据，加氢反应器出口硫化氢体积浓度为0.98%，则根据以上估算数据急冷塔出口尾气流量为8785.7Nm^3/h，急冷水外排量为2.02t/h，则可以计算得到急冷塔出口尾气中硫化氢含量为：

$$\varphi_{T601}^{H_2S}=0.98\%\times10805/8785.7=1.2\%$$

可得到硫化氢总摩尔流量为4.707kmol/h，且吸收塔出口硫化氢含量为28.4μL/L，尾气中剩余的硫化氢的摩尔流量为0.011kmol/h，则有吸收塔共吸收硫化氢量为4.696kmol/h，实际消耗精贫液49.8t/h，半贫液37.9t/h，半贫液贫度约为精贫液1/2，则全部折算为精贫液为68.7t/h，转化为摩尔流量为576.9kmol/h，则可以计算得到吸收塔1mol胺液吸收0.0081mol硫化氢。

其中硫化氢的吸收率$\eta=4.696/4.707=99.77\%$。

以2018年8月28日数据作为依据，每升胺液吸收硫化氢量为1.81g，根据贫富液硫化氢守恒进行计算有胺液循环体积为：

$$(4.696\text{kmol/h}\times34\text{g/mol})/1.81\text{g}=88.2\text{m}^3$$

查胺液密度为1021kg/m^3，则有需消耗的胺液量为90.0t/h，富液中硫化氢分析数据较为稳定，导致计算数据偏离较大的主要原因应该是急冷塔出口气体流量计量不准确或加氢反应器出口硫化氢离线分析数据不准确造成的。

2. 二氧化碳共吸率计算

由于不具备对富液中二氧化碳分析能力，故采用再生塔塔顶酸性气组成估算二氧化碳共吸率，由 2018 年 8 月 27 日数据，硫化氢含量为 34.6%，二氧化碳为 62.4%，再生酸性气流量为 1176.7Nm^3/h，分别计算其摩尔流量如下：

$$n_{硫化氢}=1176.7\times34.6\%/22.4=18.2\text{kmol/h}$$

$$n_{二氧化碳}=1176.7\times62.4\%/22.4=32.8\text{kmol/h}$$

由此可以得到二氧化碳共吸率 $\eta=n_{二氧化碳}/n_{硫化氢}=180\%$，即胺液在吸收 1mol 的硫化氢的同时会吸收 1.8mol 的二氧化碳。

（十）尾气焚烧计算

1. 干气流量校正[11]

干气流量利用体积孔板流量计计量，标定期间干气平均体积流量为：

$$V_{显}=274.6\text{Nm}^3/\text{h}$$

干气分析数据见表 3-9，计算干气各组分的质量分数见表 4-56：

表 4-56 干气分析数据

项　目	体积分数/%	质量分数/%
组成成分		
氢气	50.99	31.283
空气	13.16	8.074
甲烷	21.93	13.454
乙烷	10.44	6.405
乙烯	0.1	0.061
丙烷	0.68	0.417
丙烯	0.01	0.006
异丁烷	0.51	0.313
正丁烷	0.97	0.595
异戊烷	0.12	0.074
正戊烷	0.02	0.012
二氧化碳	0.91	0.558
一氧化碳	0.03	0.018
氮气	12.69	7.785
C_3及C_3以上组分含量之和	2.32	1.423
C_3组分含量之和	0.69	0.423
C_4组分含量之和	1.48	0.908
H_2S	≤1/mg/m³	
相对密度	0.4563	

以 2018 年 8 月 27 日数据为计算依据，干气中氢气的体达到 50.99%，对应的氢甲比(氢气/甲烷)为 2.325，较高。平均密度 $\rho_{实}=0.4563\text{kg/m}^3$，设计条件下干气压力、温度、摩尔质量分别为：0.40MPa、40℃、16.66g/mol，标定期间实际操作条件下干气压力、温度、摩尔质量分别为：0.35MPa、38.7℃、10.22g/mol，干气体积流量校正值 $V_{实}$及干气质量流量 $m_{实}^{干气}$为：

$$V_{实}=V_{显}\sqrt{\frac{M_{设}}{M_{实}}\times\frac{p_{实}}{p_{设}}\frac{T_{设}}{T_{实}}}=333.4\text{Nm}^3/\text{h}，m_{实}^{干气}=V_{实}\rho_{实}=152.1\text{kg/h}$$

$$n_{实}^{干气}=14.88\text{kmol/h}$$

2. 焚烧炉理论计算

取瓦斯部分组分参与计算，见表4-57。

表4-57　干气各组分摩尔流量及焓值对应表

组成成分	摩尔流量/(kmol/h)	38.7℃焓值/(MJ/kmol)
氢气	7.587	0.86
空气	1.958	0.19
甲烷	3.263	-79.54
乙烷	1.553	-35.85
丙烷	0.101	-44.83
异丁烷	0.076	-55.93
正丁烷	0.144	-52.97
二氧化碳	0.135	-399.08
氮气	1.889	0.19

并根据化学反应方程式计算出需氧量：

$$CH_4+2O_2=\!=\!=CO_2+2H_2O \tag{4-77}$$

$$C_2H_6+3.5O_2=\!=\!=2CO_2+3H_2O \tag{4-78}$$

$$C_3H_8+5O_2=\!=\!=3CO_2+4H_2O \tag{4-79}$$

$$C_4H_{10}+6.5O_2=\!=\!=4CO_2+5H_2O \tag{4-80}$$

瓦斯需氧量=2×3.263+3.5×1.553+5×0.101+6.5×(0.076+0.144)= 13.89kmol/h。

氢气需氧量=(14.9+7.587)/2=11.27kmol/h。

焚烧炉烟气氧含量=3.9%×11061/22.4=19.25kmol/h。

则随空气带入系统的氮气量=167.12kmol/h，带入水的量=4.62kmol/h。

得到焚烧炉总进炉物料情况，见表4-58。

表4-58　焚烧炉入口物料热量分布表

F602入口物料	摩尔流量/(kmol/h)	焓值/(MJ/kmol)	热量/(MJ/h)
H_2S	0.043	-25.63	-1.10
CO_2	78.352	-399.08	-31268.89
H_2O	32.388	-245.82	-7961.70
SO_2	0.000	-308.27	0.00
N_2	357.736	0.19	66.90
O_2	44.494	-0.53	-23.75
H_2	22.547	0.86	19.31
甲烷	3.263	-79.54	-259.57
乙烷	1.553	-35.85	-55.69

续表

F602 入口物料	摩尔流量/(kmol/h)	焓值/(MJ/kmol)	热量/(MJ/h)
丙烷	0.101	-44.83	-4.54
异丁烷	0.076	-55.93	-4.24
正丁烷	0.144	-52.97	-7.65
总计			-39.50×10^3

通过调整炉膛温度使得焚烧炉出口物料总热量等于焚烧炉进口物料总热量，当温度为624.50℃时，进出热量平衡，见表4-59。

表4-59　焚烧炉出口物料热量分布表

F602 出口物料摩尔组分	摩尔流量/(kmol/h)	焓值/(MJ/kmol)	热量/(MJ/h)
H_2S	0.000	1.37	0.00
CO_2	85.906	-367.37	-31440.49
H_2O	67.628	-221.35	-14897.20
SO_2	0.043	-270.28	-11.56
N_2	357.736	17.32	6479.00
O_2	19.250	18.37	370.04
H_2	0.000	16.90	0.00
总计			-39.50×10^3

3. 焚烧炉过热器取热计算

因焚烧炉过热器只是热量变化，组分不发生改变，余热锅炉出口温度为358.7℃，直接计算在此温度下各物料的热量即可得到取热量，见表4-60。

表4-60　焚烧炉过热器出口物料组分热量分布表

E613 出口物料组分	摩尔流量/(kmol/h)	焓值/(MJ/kmol)	热量/(MJ/h)
CO_2	85.906	-381.00	-32730.60
H_2O	67.628	-231.90	-15680.90
SO_2	0.043	-286.00	-12.30
N_2	357.736	9.6	3449.00
O_2	19.250	10.1	194.20
总计			-5.30×10^3

焚烧炉过热器取热量 $Q_{E613}=-5.30\times10^3$ MJ/h $=-5.30$ GJ/h。

4. 焚烧炉余热锅炉计算

因焚烧炉余热锅炉只是热量变化，组分不发生改变，余热锅炉出口温度为260℃，直接计算在此温度下各物料的热量即可得到取热量，见表4-61。

表 4-61 焚烧炉余热锅炉出口物料组成热量分布表

V612 出口物料组分	摩尔流量/(kmol/h)	焓值/(MJ/kmol)	热量/(MJ/h)
CO_2	85.906	-386.81	-33229.08
H_2O	67.628	-236.35	-15983.75
SO_2	0.043	-292.97	-12.60
N_2	357.736	6.44	2305.27
O_2	19.250	6.63	127.72
总计			-2.01×10^3

焚烧炉余热锅炉取热量 $Q_{V612}=-2.01\times10^3$MJ/h=-2.01GJ/h。

由第四部分余热锅炉计算可知产汽量=2.01/(0.605+1.697)=0.912t/h。

实际产汽量为0.88t/h，孔板校正后为0.884t/h，与计算量偏差不大。

(十一) 烟囱相关计算

1. 烟气抽力计算[12]

烟囱采用砖烟囱，取温度降为0.5℃/m，则有烟囱在自然通风时内烟气平均温度为：

$$\theta_y=\theta_y'-\frac{H\Delta\theta}{2}=255.9-(100\times0.5)/2=230.9℃$$

则可以计算烟囱的自然抽力，计算式见式4-80：

$$S=Hg\left(\rho_k^\Theta\frac{273}{273+t_k}-\rho_y^\Theta\frac{273}{273+\theta_y}\right)\frac{b}{101325} \tag{4-81}$$

有：$H=100$m，$g=9.81$m/s^2，标准状态下空气密度 $\rho_k^\Theta=1.293$kg/m^3，标准状态下烟气密度 $\rho_y^\Theta=1.34$kg/m^3，查九江当地大气压为100.09kPa。

1) 夏季工况时，$t_k=36$℃，有 $S=403.12$Pa。

查烟囱每米高度的抽风力，见表4-62。

表 4-62 烟囱每米高度的抽风力对应表 Pa

烟囱内烟气平均温度/℃	空气温度						
	-30℃	-20℃	-10℃	0℃	10℃	20℃	30℃
140	5.65	5.15	4.7	4.15	3.68	3.2	2.77
160	5.97	5.5	5.02	4.51	4.03	3.57	3.12
180	6.31	5.85	5.37	4.86	4.38	3.92	3.47
200	6.65	6.2	5.72	5.21	4.73	4.27	3.82
220	6.98	6.5	6.02	5.51	5.03	4.57	4.12
240	7.28	6.78	6.3	5.79	5.31	4.85	4.4
260	7.55	7.05	6.57	6.06	5.58	5.12	4.67
280	7.8	7.28	6.8	6.29	5.81	5.35	4.9
300	8	7.51	7.03	6.52	6.05	5.58	5.13

拟合曲线可以得到36℃，平均温度与抽风力(Pa)的关系式为：

$$S=-3\times10^{-5}\theta_y^{\ 2}+0.0266\theta_y-0.806$$

进而估算得到 $S_{36℃}=3.83$Pa×100m=383Pa，与上述计算值偏差可控。

2）冬季工况时，$t_k=5℃$，有 $S=526.19Pa$，同样拟合得到5℃下的平均温度与抽风力的关系式：$S=-3\times10^{-5}\theta_y^{\ 2}+0.0266\theta_y+0.744$，估算得到 $S_{5℃}=5.27Pa\times100m=527Pa$，基本吻合。

2. 烟气露点温度计算[13]

（1）利用日本中央电力研究所估算公式

$$T=20\lg(KV_{O_2}V_{SO_x}/10^6)+a \tag{4-82}$$

式中　T——烟气露点温度，℃；

$KV_{O_2}V_{SO_x}/10^6$——烟气中 SO_3 体积含量；

a——由烟气中 H_2O 含量决定的常数，见表4-63；

V_{O_2}——烟气中 O_2 的体积百分数，%；

V_{SO_x}——烟气中硫的氧化物的总含量，μL/L；

K——转化系数，取决于烟气中 SO_x 的浓度。

其中：$SO_x\geq500\mu L/L$，$K=1.0$；

$200\mu L/L\leq SO_x<500\mu L/L$，$K=0.4$；

$SO_x<200\mu L/L$，$K=0.2$。

常数 a 与烟气中水汽体积分数关系见表4-63。

表4-63　常数 a 与烟气中水汽体对应表

H_2O/%（体）	5	10	15
a	184	194	201

拟合得到常数 a 与水含量关系式为 $a=-0.06\varphi^{H_2O\,2}+2.9\varphi^{H_2O}+171$。

以2018年8月28日烟气数据 $71.3mg/m^3$ 作为计算依据，即 $V_{SO_x}=(71.3mg/m^3)/2.86=24.93\mu L/L$，吸收塔顶压力为101.24kPa，温度为40.6℃，计算得到该温度下水的饱和蒸气压为0.0076MPa，则有 $\phi_{尾气}^{H_2O}=7.6/101.24=7.5\%$，尾气中水的摩尔流量为 $n_{尾气}^{H_2O}=(8679.8Nm^3/h\times7.5\%)/22.4=29.06kmol/h$，尾气摩尔流量为387.49kmol/h。

因烟气流量数据偏差相对较大，以尾气流量、瓦斯及空气流量作为计算依据，则有瓦斯生成的水摩尔流量为：

$$n_{瓦斯}^{H_2O}=2\times3.263+3\times1.553+4\times0.101+5\times(0.076+0.144)=12.69kmol/h$$

随空气带入的水含量为：

$$N_{H_2O}^{空气,}=\frac{15.3g/m^3\times254.56kmol/h\times22.4L/mol\times(40+273)K}{1000\times273K\times18g/mol}=5.56kmol/h$$

则有烟气中水的总摩尔流量为 $(29.06+12.69+5.56)kmol/h=47.31kmol/h$，从而可以估算到烟气中水的体积分数为7.23%，根据常数 a 与水含量关系式有 $a=188.83$。

则有：

$$\begin{aligned}T&=20\lg(KV_{O_2}V_{SO_x}/10^6)+a\\&=20\times\lg(0.2\times3.9\times24.93/10^6)+188.83\\&=94.6℃\end{aligned}$$

以设计参数进行计算对比：

查设计PDF图纸，烟囱出口设计二氧化硫排放量为119.82μL/L，氧含量为2.0%，水含量为10.42%，则 $a=194.78$，计算得到露点温度 $T=128.4℃$。

（2）利用 F. H. Verhoff 和 J. I. Banchero 方程估算：

$$\frac{1000}{T}=1.7842+0.0269\lg p_{H_2O}-0.1029\lg p_{SO_3}+0.329\lg p_{H_2O}\lg p_{SO_3} \tag{4-83}$$

式中 T——烟气露点温度，K；

p_{H_2O}——烟气中水蒸气的分压，atm（$1atm=1.01325\times10^5Pa$）；

p_{SO_3}——烟气中 SO_3 的分压，atm。

其中，$p_{H_2O}=0.0723atm$，根据焚烧炉相关计算有理论需风量为 186.63kmol/h，实际消耗的风量为 254.56kmol/h，从而有过剩空气系数为 1.36，根据过剩空气系数与三氧化硫转化率关系曲线，可得到三氧化硫的转化率，关系曲线见图 4-20。

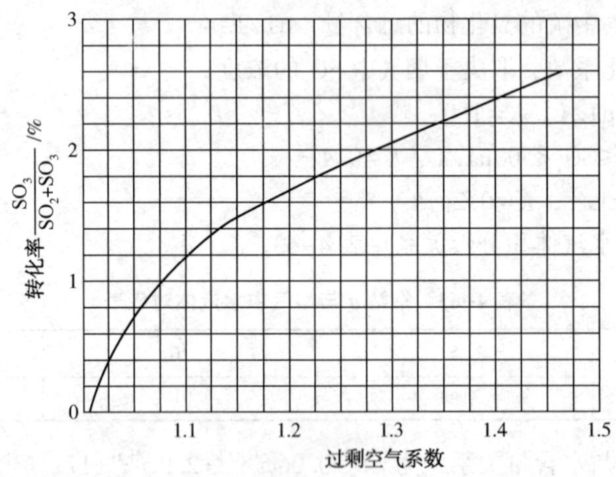

图 4-20　三氧化硫转化率与焚烧炉过剩空气系数关系曲线

查得三氧化硫的转化率为 2.3%（估算值），则有三氧化硫的分压为：

$$p_{SO_3}=24.93\times10^{-6}\times2.3\%=(0.57\times10^{-6})\,atm$$

代入式（4-83）计算得到 $T=210.9K$，说明该方法不适用于烟气中硫氧化物浓度过低时露点温度计算。

3. 烟气二氧化硫相关计算

本节期望通过计算得到净化尾气中硫化氢、COS 含量与烟气二氧化硫的关系。

（1）单位转换

$$1mg/m^3(\text{物质})=\frac{1}{M\times10^3mol}/m^3=\frac{22.4}{M\times10^3}L/m^3=\frac{22.4}{M}\mu L/L$$

则有：$1mg/m^3(H_2S)=0.66\mu L/L \longleftrightarrow 1\mu L/L(H_2S)=1.51mg/m^3$

$1mg/m^3(COS)=0.37\mu L/L \longleftrightarrow 1\mu L/L(H_2S)=2.70mg/m^3$

$1mg/m^3(SO_2)=0.35\mu L/L \longleftrightarrow 1\mu L/L(H_2S)=2.86mg/m^3$

（2）净化尾气中硫化氢、COS 含量与烟气二氧化硫的关系

根据化学方程式：$2H_2S+3O_2 \longrightarrow 2H_2O+2SO_2$ 及 $2COS+3O_2 \longrightarrow 2CO_2+2SO_2$，可以得到 $1\mu L/L(H_2S)_{净化尾气}=1.89mg/m^3(SO_2)_{烟气}$；$1\mu L/L(COS)_{净化尾气}=1.92mg/m^3(SO_2)_{烟气}$。

取 2018 年 8 月 28 日净化尾气分析数据：硫化氢 29.3μL/L，COS11.8μL/L，则计算得到烟气二氧化硫含量为 78.03mg/m³，与实际 CEMS 检测数据 73.1mg/m³偏差不大。

第五部分　装置能耗

一、装置能耗计算

装置涉及物料折能系数见表 5-1。

表 5-1　装置各物料折能系数一览表

项目	1.0MPa 蒸汽	3.5MPa 蒸汽	0.4MPa 蒸汽	循环水	除氧水	电	干气	凝结水
折能系数	76	88	66	0.1	9.2	0.23	950	7.65

根据表 3-10 中数据计算得到装置能耗，见表 5-2。

表 5-2　装置能耗统计数据表

项目	设计能耗	2018 年 8 月 27 日		2018 年 8 月 28 日		2018 年 8 月 29 日	
		实际量/(t 或 kW・h)	单耗/(kgEO/t)	实际量/(t 或 kW・h)	单耗/(kgEO/t)	实际量/(t 或 kW・h)	单耗/(kgEO/t)
硫黄产量	200	91.65		83.6			86.19
1.0MPa 蒸汽 FIQ00201	24.09	26.95	22.35	26.80	24.37	26.43	23.32
自产 3.5MPa 蒸汽 FIQ61401	-172.21	174.80	-167.84	173.00	-182.11	163.90	-167.42
自产 0.4MPa 蒸汽 FIQ60401	-59.64	47.60	-77.16	47.56	-84.62	45.69	-80.18
自产 0.4MPa 蒸汽 FIQ60501		29.91		29.91		29.52	
自产 0.4MPa 蒸汽 FIQ60601		12.47		12.47		12.36	
自产 0.4MPa 蒸汽 FIQ60902		17.17		17.25		17.09	
循环水 FIQ00101	2.48	2407.00	2.63	2399.00	2.87	2431.00	2.82
低压除氧水 FIQ00202	28.91	93.92	35.45	98.46	40.51	102.47	40.67
中压除氧水 FIQ00203		259.25		269.64		278.37	
硫黄 1#变 E675	24.73	2268.00	29.39	2160.00	31.89	2232.00	31.04
硫黄 2#变 E676		3564.00		3672.00		3636.00	
燃烧炉鼓风机 C601A		5880.00		5760.00		5760.00	
燃烧炉鼓风机 C601B		0.00		0.00		0.00	
干气消耗 FIQ61301	33.72	3.85	39.92	3.79	43.07	3.68	40.62
凝结水出 FIQ62001	-9.09	225.80	-18.85	227.60	-20.83	227.50	-20.20
能耗 kgEO/t	-125.29		-134.11		-144.85		-129.33
溶剂再生							
0.4MPa 蒸汽(硫黄自带)	128.44	422.40	174.24	434.10	179.06	435.60	179.68

(一) 酸性气燃烧炉单元能耗计算

酸性气燃烧炉单元含酸性气分液罐(四台排液泵)、液硫脱气系统(不含液硫池)、酸性气及空气预热器、燃烧炉风机、酸性气燃烧炉以及余热锅炉(以“表 3-1　1#硫黄回收装置主要操作参数一览表”作为计算依据)。

1) 在该单元中，因正常工况下酸性气分液罐无液，排液泵处于备用状态，故酸性气燃烧炉单元电量消耗为燃烧炉风机；

2）酸性气及空气预热器均采用1.0MPa蒸汽进行加热，且液硫脱气抽射器采用1.0MPa蒸汽驱动，存在1.0MPa蒸汽消耗，因装置日常消耗1.0MPa蒸汽就是上述两块，故可直接用计量表量计算；

3）酸性气燃烧炉在正常生产工况下不消耗瓦斯，只消耗少量非净化风，不纳入能耗计算；

4）余热锅炉消耗中压除氧水，并产出4.4MPa饱和蒸汽，因该部分饱和蒸汽有部分供反应器加热器使用，需纳入能耗计算；

5）酸性气燃烧炉单元仅燃烧炉风机与三联采样器消耗循环水，因循环水无单独计量，两者加起来估算大致循环水量约5t/h。

因各产汽出口均无计量表，只能根据实际孔板流量计校准后数据进行计算，根据以上分析，可以得到酸性气燃烧炉单元能耗消耗，见表5-3。

表5-3　酸性气燃烧炉单元能耗数据表

项目	2018年8月27日	
	实际量/t	单耗/（kgEO/t）
1.0MPa蒸汽	26.95	22.35
产出4.4MPa饱和蒸汽	189.64	-182.12
循环水	120.00	0.13
中压除氧水	233.16	23.41
燃烧炉鼓风机C601A	5880.00	14.76
燃烧炉鼓风机C601B		
能耗kgEO/t		-120.75

酸性气燃烧炉单元能耗为-120.75kgEO/t。

（二）克劳斯反应单元能耗计算

克劳斯反应单元含三级硫冷器、捕集器、液硫池、两级反应加热器及反应器。

1）三级硫冷器产出0.45MPa蒸汽并入蒸汽管网，液硫池盘管及相应的液硫线夹套伴热消耗0.45MPa蒸汽；

2）反应器出口压力表、捕集器出口压力表以及克劳斯跨线阀等采用1.0MPa夹套伴热，因使用量较小，可忽略不计；

3）两级反应加热器消耗4.4MPa饱和蒸汽，需纳入计算；

4）一级反应器入口电加热器未投用，不纳入能耗计算范畴；

5）三个硫冷器均设置有三联采样器，循环水量估算按8t/h计算。

因各产汽出口均无计量表，只能根据实际孔板流量计校准后数据进行计算，可以得到克劳斯反应单元能耗，见表5-4。

表5-4　克劳斯反应单元能耗数据表

项目	2018年8月27日	
	实际量/t	单耗/（kgEO/t）
自产0.4MPa蒸汽FIQ60401	47.84	-34.46
自产0.4MPa蒸汽FIQ60501	30.06	-21.65

续表

项目	2018年8月27日	
	实际量/t	单耗/(kgEO/t)
自产0.4MPa蒸汽FIQ60601	12.53	-9.03
消耗低压除氧水	78.87	7.92
E605消耗4.4MPa饱和蒸汽	14.51	13.93
E606消耗4.4MPa饱和蒸汽	11.54	11.08
能耗kgEO/t		-32.20

克劳斯反应单元能耗为-32.20kgEO/t。

(三)尾气净化单元能耗计算

尾气净化单元含尾气加热器、加氢反应器、蒸汽发生器、急冷塔及附属设备。

1）尾气加热器依靠中压过热蒸汽加热，消耗3.5MPa过热蒸汽，孔板流量计需校正；

2）加氢反应器有氢气输入，但公司将氢气纳入物料管理，不计算入能耗；

3）蒸汽发生器产出0.45MPa蒸汽，孔板流量计需校正；

4）急冷塔在异常工况下需补低压除氧水置换，但正常不需要补水，主要消耗为急冷水泵电量消耗及急冷水空冷电机电量消耗，通过电机功率计算；

5）蒸汽发生器三联采样器使用循环水按2.5t/h估算，急冷水循环水换热器根据总量减去各采样器及风机循环水用量按80t/h估算。

从而可以得到尾气净化单元能耗，见表5-5。

表5-5　尾气精华单元能耗数据表

项目	2018年8月27日	
	实际量/t	单耗/(kgEO/t)
自产0.4MPa蒸汽FIQ60902	17.26	-12.43
E618消耗3.5MPa过热蒸汽	22.17	21.29
循环水消耗	1980.00	2.16
急冷水泵电耗	1320.00	3.31
急冷水空冷电耗	1440.00	3.61
能耗kgEO/t		17.95

尾气净化单元能耗为17.95kgEO/t。

(四)尾气焚烧单元能耗计算

尾气焚烧单元含焚烧炉风机、尾气焚烧炉、过热器及余热锅炉。

1）尾气焚烧炉炉膛温度依靠瓦斯燃烧维持，需消耗瓦斯，瓦斯流量见第四部分中干气流量校正，炉头消耗少量非净化风忽略不计；

2）焚烧炉风机消耗380V低压电，纳入能耗计算；

3）余热锅炉产出4.4MPa饱和蒸汽，孔板流量计需校正；

4）过热器为维持中压蒸汽温度，第二段过热前注入中压除氧水，增产蒸汽；

5）余热锅炉三联采样器消耗循环水，按2.5t/h估算。

从而可以得到尾气焚烧单元能耗，见表5-6。

表 5-6　尾气焚烧单元能耗数据表

项目	2018 年 8 月 27 日	
	实际量/t	单耗/(kgEO/t)
干气消耗 FIQ61301	3.85	39.92
电耗	2160.00	5.42
循环水消耗	60.00	0.07
V612 产出 4.4MPa 饱和蒸汽	21.20	-20.36
过热器增产蒸汽	15.76	15.13
中压除氧水消耗	15.76	1.58
能耗 kgEO/t		41.76

尾气焚烧炉单元能耗为 41.76kgEO/t。

(五) 吸收再生单元能耗计算

吸收再生单元主要包括吸收塔、贫富液换热流程、贫液储存及过滤设施以及再生塔。

1) 吸收塔相关的主要耗能设备为富液泵;

2) 贫富液换热流程主要耗能为贫液半贫液空冷电机耗电，以及循环水消耗;

3) 贫液储存及过滤设施主要耗能为贫液泵耗电;

4) 再生塔主要为塔底重沸器消耗 0.45MPa 蒸汽，塔底贫液泵及塔中部抽出半贫液泵、塔顶空冷电机、塔顶回流泵耗电;

5) 吸收再生能耗单独计算，以溶剂加工量作为处理量进行计算。

从而可以得到吸收再生单元能耗，见表 5-7。

表 5-7　吸收再生单元能耗数据表

项目	2018 年 8 月 27 日	
	实际量/t	单耗/(kgEO/t)
富液泵耗电	888.00	0.09
贫液泵耗电	1080.00	0.11
半贫液泵耗电	720.00	0.07
塔底泵耗电	720.00	0.07
贫液空冷电机耗电	264.00	0.03
半贫液空冷电机耗电	264.00	0.03
塔顶回流泵耗电	96.00	0.01
酸性气空冷电机耗电	264.00	0.03
循环水消耗	9600.00	0.42
0.45MPa 蒸汽	252.05	7.30
能耗 kgEO/t		8.15

吸收再生单元能耗为 8.15kgEO/t。

二、装置能耗分析

(一) 产量分析

1#硫黄回收装置设计能力为年生产固体硫黄 7×10^4t/a，设计年开工时数为 8400h，计算得到每天产出硫黄能力为200t。

装置自2017年5月底2[#]硫黄回收装置开工以来，受原料气量限制，装置负荷始终维持在50%以下(按硫黄产量计算)，设计处理原料气中硫化氢含量为76.15%，从化验分析数据显示，高浓度酸性气原料中硫化氢浓度在设计范围内。

(二) 1.0MPa 蒸汽消耗分析

1[#]硫黄回收装置正常生产运行连续使用1.0MPa蒸汽点有液硫池蒸汽抽射器和“十补三”蒸汽(供再生塔使用)。标定期间的消耗数据显示，1.0MPa蒸汽消耗量较为稳定，单耗高低随硫黄产量波动而发生变化。

为稳定装置运行，液硫脱气量及胺液循环量控制稳定，且装置产出0.45MPa蒸汽相对稳定，使得液硫池蒸汽抽射器和“十补三”蒸汽消耗的1.0MPa蒸汽相对稳定。通过设计1.0MPa蒸汽的单耗反算硫黄产量可以发现当硫黄产量在84.6t/d以上时，单耗将低于设计单耗。假定装置混合酸性气量稳定在 Q_1 Nm^3/h，其中硫化氢体积浓度为 C_1，其中高浓度酸性气量为 Q_2 Nm^3/h，硫化氢体积浓度为 C_2，低浓度酸性气量为 Q_3 Nm^3/h，硫化氢体积浓度为 C_3，假定硫回收率为99.95%，则可以通过计算得到硫化氢体积浓度 $\frac{Q_1C_1}{22.4}\times 99.95\%\times 32=\frac{84600}{24}$，得到 $C_1=2468.7/Q_1$，且 $Q_2C_2+Q_3C_3=2468.7$。

假定装置混合酸性气量稳定在5800Nm^3/h，其中高浓度酸性气量为4100Nm^3/h，低浓度酸性气量为1700Nm^3/h，则有 $C_1=42.56\%$，以及高、低浓度酸性气中硫化氢含量的关系，如图5-1所示。

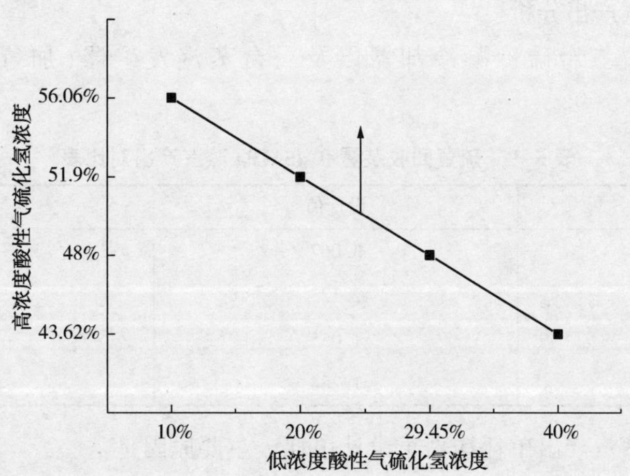

图5-1　高、低浓度酸性气硫化氢浓度临界线

曲线以上区域单耗低于设计单耗，曲线以下高于设计单耗。

(三) 3.5MPa 蒸汽消耗分析

1[#]硫黄回收装置酸性气燃烧炉及尾气焚烧炉余热锅炉均产出4.4MPa中压蒸汽，一部分饱和蒸汽作一、二反应器加热器供热，剩余部分经焚烧炉过热段升温后，再分两路，一部分至加氢反应器加热器供热，剩余经减压后并入3.5MPa蒸汽管网。

设计酸性气燃烧炉余热锅炉E601产出饱和4.4MPa蒸汽为18.510t/h，尾气焚烧炉余热锅炉E612产出饱和4.4MPa蒸汽为1.106t/h，一级加热器E605消耗1.258t/h，占总产汽的

6.41%，二级加热器 E606 消耗 1.037t/h，占总产汽的 5.28%，尾气加热器 E618 消耗 1.064t/h，占总产汽的 5.42%。

通过标定期间数据核算，将实际产耗情况对比，见表 5-8。

表 5-8　硫黄回收装置 3.5MPa 蒸汽产耗对比表

产汽设备	设计值/(t/h)	实际值/(t/h)	耗汽设备	设计值/(t/h)	设计占比	实际值/(t/h)	实际占比
E601 产汽	18.510	7.87	E605 耗汽	1.258	6.41%	0.602	6.88%
E612 产汽	1.106	0.88	E606 耗汽	1.037	5.28%	0.479	5.47%
			E618 耗汽	1.064	5.42%	0.92	10.51%

因酸性气燃烧炉炉膛温度负荷发生变化时，炉膛温度未有太大变化，假定按第四部分按固体硫黄产量所得负荷 43.566%计算，可以认为余热锅炉产汽量与装置负荷成正比关系，按设计值估算应产出蒸汽量为 8.54t/h，与实际产出气量相差不大，说明余热锅炉热效率在设计范围内运行。但从三台加热器耗汽情况看耗汽量均超出设计值，尤其是尾气加热器在 43.566%负荷下，消耗蒸汽量已经接近设计用量，耗汽量占总产汽量远超设计值。

三台加热器耗汽量较大的主要原因分析有两个：① 从 2017 年大检修后 5 个月的运行数据发现，大检修期间加热器抽芯清洗后，加热器的换热效率有所上升，但运行时间达到 6 个月以上，效率开始下降，说明加热器管束外壁可能存在结垢现象影响传热；② 三台加热器均采用吊桶式疏水器，因疏水器的疏水效果不佳，导致蒸汽穿过疏水器直接进入下游闪蒸罐，部分热量未充分利用。

（四）0.45MPa 蒸汽分析

1. 0.45MPa 蒸汽产出分析

1#硫黄回收装置三台硫冷凝冷却器以及一台蒸汽发生器(加氢反应器出口)产出 0.45MPa 蒸汽，见表 5-9。

表 5-9　硫黄回收装置 0.45MPa 蒸汽产出对比表　　t/h

产汽设备	设计值	实际值
E602	3.067	2.09
E603	2.123	1.18
E604	1.055	0.49
E616	1.284	0.78

实际 0.45MPa 蒸汽产出单耗均高于设计单耗，主要原因是：

1) 虽然高浓度酸性气中硫化氢浓度达到设计值，但酸性气燃烧炉除炉头高浓度酸性气进料外，另外低浓度酸性气从炉侧进入，因硫化氢浓度低，使得固体硫黄小时产量低于设计值，即基数较小使得体现的单耗增加。

2) 从实际各级硫冷器及蒸汽发生器温降看，一级硫冷器 E602 温降较大达到 188℃，高出设计值 38℃，故可以看出 E602 产汽量较同等负荷下产汽量大；而二级、三级硫冷器及蒸汽发生器温降与设计相差不大，产汽量在设计范围内。

2. 0.45MPa 蒸汽消耗分析

1#硫黄回收装置 0.45MPa 蒸汽消耗主要发生在胺液再生塔重沸器以及装置液硫管线伴热。

0.45MPa 蒸汽用量高于设计用量，液硫管线伴热一般而言只要疏水器问题不大，消耗的蒸汽量为一个固定值，导致 0.45MPa 蒸汽单耗高的主要因素是再生塔消耗量过大，分析主要原因有：

1）硫黄回收装置原料来源较多，性质不稳定，因上游操作等影响易出现带烃、带水等异常工况，为应对装置异常工况，保证烟气二氧化硫在排放指标以内，提高吸收塔精贫液及半贫液循环量，相应增加再生塔的蒸汽消耗；

2）为了确保烟气二氧化硫排放达标，吸收塔出口净化尾气中的硫化氢含量需尽可能的低，故所需的精贫液贫度高，再生深度大。且因循环量较大，导致富液中硫化氢含量低，再生难度大，消耗蒸汽大。

利用"Aspen PLUS"模拟得到变化趋势图，如图 5-2 所示。

由图 5-2 可以看出，再生塔塔底蒸汽消耗随胺液循环量的增加而增加，两者呈现线性关系，见图 5-3。

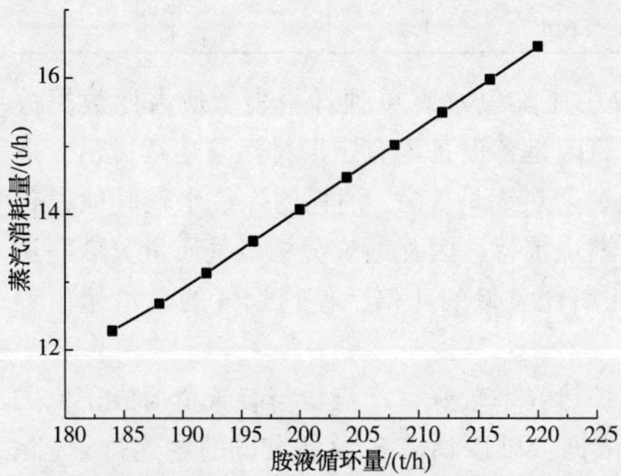

图 5-2 胺液循环量与再生塔蒸汽消耗量关系曲线

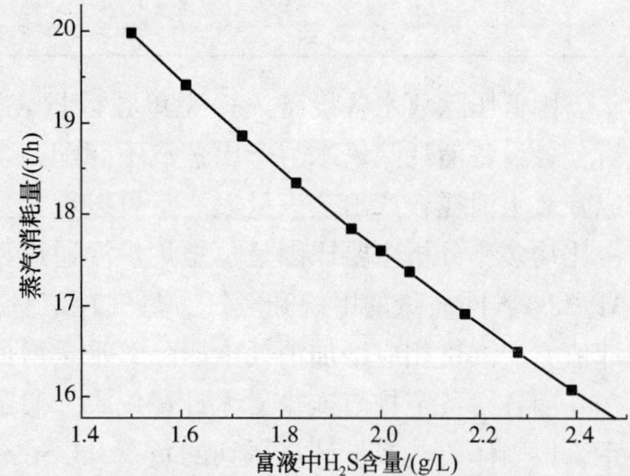

图 5-3 富液中硫化氢含量与再生塔塔底蒸汽关系曲线

由图 5-3 可以看出，富液中硫化氢含量越高，消耗的蒸汽越少，反之，富液中硫化氢含量越低，消耗的蒸汽越多。

（五）循环水消耗分析

硫黄回收装置循环水消耗主要分为四大块：胺液再生区域、急冷水区域、硫黄成型。

以上循环水统计数据为除去胺液再生区域消耗量，其余三大块消耗较设计高的主要原因有：

1）急冷水区域：因急冷水空冷采取翅片形式，装置与焦化焦池毗邻，导致翅片运行一段时间后积灰较为严重，空冷冷却效果不佳，需强化定期清灰工作；且夏季工况下，气温较高，设计装置温度为 36℃，实际装置区域内温度可到 38℃甚至 38℃以上，且循环水场夏季供水压力不足，循环水温度随昼夜温差波动，最高温度达到 34℃左右，影响换热效率，增加循环水消耗。

2）硫黄成型：因装置液硫产量偏低，硫黄成型采取间断生产模式，成型钢带采取除盐水循环，返回的除盐水利用循环水进行冷却。夜间不生产，但循环水未停，导致循环水消耗增加。除盐水循环量为 40t/h，除盐水经循环水从 52℃冷却至 35℃，循环水从 28℃提高至 34℃，从而可以得到除盐水被循环水取热量为：

$$Q = 40\text{t/h} \times 4.186\text{kJ/(kg} \cdot ℃) \times (52℃ - 35℃) = 2.846\text{GJ/h}$$

由此可计算出循环水流量为113t/h，设计使用量为140t/h，在设计范围内运行，成型开机时间一般为7：00至16：00，即停运14h，则有每天有1586t循环水未利用上，折算成能耗为1.76kgEO/t(硫黄产量按90t/d计算)。

(六) 除氧水消耗分析

装置除氧水消耗主要为两台余热锅炉、三台硫冷凝器以及一台蒸汽发生器。各台设备设计补水量见表5-10。

表5-10 硫黄回收装置除氧水消耗对比表

设备	设计耗水/(t/h)	实际总耗水/(t/h)	占比	设备	设计耗水/(t/h)	实际总耗水/(t/h)	占比
V611	18.88	8.97	47.5%	E602	3.128	3.91	50.5%
V612	1.128	0.94	83.3%	E603	2.165		
				E604	1.139		
				E616	1.31		

因低压除氧水各设备入口无单独计量表，仅中压除氧水有单独计量表。从占比数据分析，各设备消耗除氧水与产出蒸汽不匹配，主要原因是各设备均有定期排污与连续排污，造成除氧水消耗较产出蒸汽量大。且可以看到焚烧炉余热锅炉V612消耗的除氧水较其他设备占比均多，分析主要原因是焚烧炉炉温通过瓦斯燃烧维持，因瓦斯成分中氢气质量分数高达31.28%，同质量的甲烷和氢气，氢气耗氧量是瓦斯耗氧量的4倍，使得烟气的总量超出设计值，产汽量相应增加消耗中压除氧水量增加。

因各设备定排与连排量无计量仪表，假定锅炉热效率较好，产汽量与装置负荷成正比关系，以固体硫黄产量计算得到的负荷43.56%为依据，可以估算各设备大概的定连排量(除焚烧炉余热锅炉V612外)，可以得到酸性气燃烧炉余热锅炉V611定连排量约0.7t/h，各低压蒸汽设备定连排量为0.5t/h。

(七) 电耗分析

硫黄回收装置主要用电分6000V、380V以及220V三类用电，其中6000V用电为酸性气燃烧炉鼓风机，其各配备一台入口导叶执行器为220V，其余各动设备电机均为380V用电。

1. 低压电消耗分析

设计硫黄回收装置(除溶剂再生)380V低压电用电为267kW，标定期间实际统计三天低压电用电分别为243kW、243kW、244.5kW。因低压电各台设备具体用电量无法区分，致使低压电用量偏大的原因主要有两个：

1) 焚烧炉风机现场保有一定阀位的放空量，风机部分功率做无用功；

2) 急冷水空冷效果不佳，正常设计为一开一备，实际处于两台运行工况，用电量增加18kW/h。

220V低压电仅燃烧炉风机执行机构使用，入口导叶动作不频繁，耗电量相比其他用电可忽略不计。

2. 高压电消耗分析

燃烧炉风机额定功率为448kW，从统计数据显示，实际每小时消耗电量为245kW，消耗偏大的主要原因有两个。

(1) 燃烧炉风机控制方式

燃烧炉风机采用出口放空量及后路流量控制阀开度配合进行风量控制，故燃烧炉风机出口防喘振阀保有比较大的开度，从而应对酸性气带烃等异常波动情况，使得风机部分做无用功。

(2) 燃烧炉风机运行工况

因装置运行负荷偏低，实际酸性气燃烧炉需风量仅在6300Nm³/h左右，燃烧炉风机设计风量高达18686Nm³/h(质量流量24105kg/h)左右，如防喘振阀全关风量维持在6300Nm³/h左右，入口导叶开度过小，执行机构阀位不稳定，且风机振动及温度偏大，不利于风机长周期运行，故将入口导叶开大至10%~15%，此时风机运行工况较好。

(八) 干气消耗分析

硫黄回收装置干气消耗只有尾气焚烧炉，造成消耗量大的主要原因是干气组分中氢气组分占比较大，同等质量下氢气的热值虽然高于甲烷，但同等质量的氢气耗氧量是瓦斯的四倍，随空气带入系统的氮气量大，氮气的引入造成炉温的降低使得表量瓦斯消耗增加。

利用"HSC Chemistry 6"软件得到甲烷及氢气燃烧的热量关系，可以得到反应方程式及放热量如下：

$$CH_4+2O_2 \longrightarrow CO_2+2H_2O \qquad \Delta Q=-800\text{kJ/mol}$$

$$H_2+0.5O_2 \longrightarrow H_2O \qquad \Delta Q=-246\text{kJ/mol}$$

假定甲烷为1mol，燃烧释放的热量为800kJ，则同等质量下的氢气为8mol，燃烧释放的热量为1968kJ，但引入的氧气量增加2mol，假定为理想气体，则有引入的氧气体积为0.0448m³，进入引入的空气体积为0.213m³，换算为质量为6.165kg，查空气的比热容为1.030kJ/(kg·℃)，空气温度按风机出口温度65℃计算，焚烧炉炉膛温度按610℃计算，则有空气引入吸收的热量为：

$$Q=6.165\text{kg}\times1.030\text{kJ/(kg}\cdot℃)\times(610℃-65℃)=3360\text{kJ}>>1968\text{kJ}$$

由此可见，瓦斯中氢含量越大，需要达到同样的温度需消耗的瓦斯量越大。

第六部分　装置关键动设备分析

一、泵

(一) 相关计算公式

(1) 泵的额定功率 P_a 计算

泵的额定功率由式6-1[24]计算：

$$P_a=\frac{HQ\rho}{102\eta}\text{kW} \tag{6-1}$$

式中　H——泵的额定扬程，m；

Q——泵的额定流量，m³/s；

ρ——介质密度，kg/m³；

η——泵额定工况下的效率。

(2) 电机的配用功率 P

一般而言，电机的配用功率应大于泵的额定功率，可由式6-2计算：

$$P=K\frac{P_a}{\eta_t}\text{kW} \tag{6-2}$$

式中　K——电机功率裕量系数，按表6-1取值；

η_t——泵传动装置效率，按表6-2取值。

表6-1　电机功率欲度系数 K

泵的轴功率 P_a/kW	功率裕量系数 K	泵的轴功率 P_a/kW	功率裕量系数 K
≤22	125%	>55	110%
$22<P_a\leq 55$	115%		

表6-2　泵传动装置效率 η_t 对应表

直联传动	平皮带传动	三角皮带传动	齿轮传动	蜗杆传动
1.0	0.95	0.92	0.9~0.97	0.70~0.90

（3）泵的有效功率 P_u

有效功率式指单位时间内泵输送出的液体获得的有效能量，可由式(6-3)计算：

$$P_u=\frac{HQ\rho g}{1000}\text{kW} \tag{6-3}$$

式中　Q——泵的流量，m^3/s；

H——泵的扬程，m；

ρ——介质密度，kg/m^3。

(4)效率 η'

$$\eta'=P_u/P_a \tag{6-4}$$

（二）硫黄回收装置泵计算

硫黄回收装置急冷水泵、贫液泵、半贫液泵及富液泵均为普通叶轮式离心泵，四台泵设计数据见表6-3。

表6-3　硫黄回收装置泵设计参数一览表

设备名称	轴功率/kW	设计流量/(t/h)	扬程/m	效率/%	电机功率/kW	转速/(r/min)
急冷水泵	39.2	189.5	48	62	55	2950
贫液泵	33.4	171.1	50	71	45	2950
半贫液泵	25.6	138.0	50	70	37	2950
富液泵	29.1	134.0	55	70	37	2950

因各泵负荷计算方法一致，本文计算过程以急冷水泵为例。

1. 泵效率核算

已知 $P_a=39.2\text{kW}$，$H=48\text{m}$，密度 $\rho=983\text{kg/m}^3$(估算)，则有泵的额定流量单位换算：

$$Q=189.5\text{t/h}=189.5\times10^3/(983\times3600)=0.054\text{m}^3/\text{s}$$

由式(6-1)可以得到：$\eta=\frac{HQ\rho}{102P_a}=\frac{48\times0.054\times983}{102\times39.2}=63.2\%>62\%$，说明核算得到的泵效率要比设计给出的效率高，即实际的效率比设计的高。

2. 电机设计功率 P 核算

已知 $P_a=39.2\text{kW}$，K 取 115%，所有机泵均采用联轴器连接，即直联传动 η_t 取 1.0，从而根据式(6-2)：

$$P=K\frac{P_a}{\eta_t}=115\%\times39.2=45\text{kW}<55\text{kW}$$

说明实际电机功率高于电机设计功率，电机功率设计裕量较大。

3. 实际泵效率计算

1）已知 $Q=155.4\text{t/h}=0.045\text{m}^3/\text{s}$，泵的实际扬程由泵的性能曲线查得(见图 6-1)，查得 $H=49\text{m}$，则根据式(6-3)有效功率：

$$P_u=\frac{48\times0.045\times983\times9.81}{1000}=20.8\text{kW}$$

2）已知 $P_a=39.2\text{kW}$，则根据式(6-4)有 $\eta'=P_u/P_a=53\%$，与通过性能曲线查的效率 55%左右略有偏差。

通过同类计算可以得到其余各泵效率对比，见表 6-4。

表 6-4 硫黄回收装置泵核算数据表

设备名称	计算泵效率/%	计算电机功率/kW	实际扬程/m	效率/%
急冷水泵	63	45	49	53
贫液泵	70	38	53	39
半贫液泵	73	29	54	40
富液泵	69	33	52	44

由表 6-4 可以看出，除急冷水效率与设计效率接近，其余三台泵的效率均偏低，主要原因是三台泵的运行负荷低，出口卡量较大。

目前，急冷水负荷率已经高达 82%，装置负荷率基本在 50%左右，夏季工况或大负荷工况下，急冷水泵存在一定瓶颈，随着后期尾气提标改造项目冷媒水板式换热器投用，情况会有所好转，泵负荷问题可以得到解决。其余三台泵的能力富裕较大，能够满足生产负荷变化及工况变化的需求。寂冷水泵、贫液泵、富液泵及半贫液泵特性曲线见图 6-1。

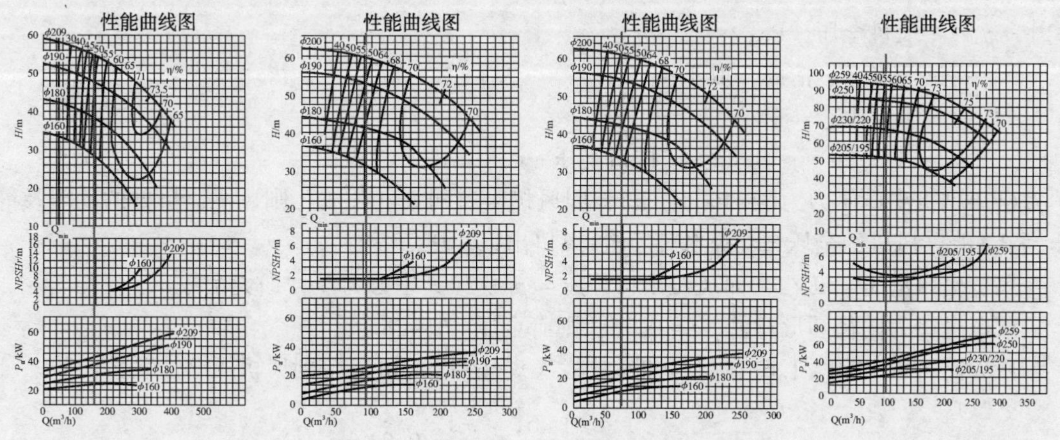

图 6-1 寂冷水泵、贫液泵、富液泵及半贫液泵特性曲线

二、燃烧炉风机

(一) 燃烧炉风机入口实际流量计算

因燃烧炉风机风量采用毕托巴均速管流量计，现场毕托巴流量计将空气密度设定为 1. 293kg/m^3，实际在风机出口温度为90℃，此时可查密度为 0. 972kg/m^3[14]，根据毕托巴流量计测量原理有：

$$q=\alpha A\sqrt{\frac{2\Delta p}{\rho}} \tag{6-5}$$

由此可见 $q_{VN}=q_{测}\sqrt{\frac{\rho_{设}}{\rho_{实}}}=7266.2\text{Nm}^3/\text{h}$。

因 DCS 显示数据为标准状态 0℃、0. 1MPa 下的出口流量，计算实际出口流量见式(6-6)。

$$q_{VS}=q_{VN}\times\frac{T_1}{273} \tag{6-6}$$

式中 q_{VS}——风机实际入口流量，m^3/h；

q_{VN}——风机出口标况下的流量，Nm^3/h；

T_1——风机入口热力学温度，K。

已知 $T_1=32℃=305\text{K}$，将上述已知条件代入式(6-6)，得到：

$$q_{VS}=7266.2\times\frac{305}{273}=8117.9\text{m}^3/\text{h}$$

计算得到风机入口质量流量为 2. 91kg/s。

(二) 燃烧炉风机轴功率计算

燃烧炉风机有效功率[25]

$$P_u=\frac{K_p p_t q_{VS}\rho_{实}}{3600}\times10^{-3} \tag{6-7}$$

其中，K_p 为风机压缩性系数：

$$K_p=\frac{\gamma}{\gamma-1}\,\frac{R_p^{\frac{\gamma-1}{\gamma}}-1}{R_p-1} \tag{6-8}$$

式中 p_t——风机全压，Pa；

γ——气体绝热指数，取 1. 4；

R_p——压力比。

$$R_p=(进口绝压+全压)/进口绝压$$

已知风机出口压力为 35kPa(动压)，因风机入口朝大气开放，则风机进口处的动压及静压为 0，故：风机的全压=风机出口静压+风机出口动压。

风机出口动压=$\rho v^2/2$，而风机出口静压=$\xi\rho v^2/2$(其中 ξ 为压力损失系数)。

风机出口为同径圆形弯管，$\xi=0.75$，则有全压=61kPa。

压力比=161/101=1. 61，将已知参数代入式(6-8)，可以得到风机压缩性系数：

$$K_p=\frac{1.4}{1.4-1}\,\frac{1.61^{\frac{1.4-1}{1.4}}-1}{1.61-1}=0.83$$

将已知参数代入式(6-7)，有：

$$P_u = \frac{0.83 \times 61000 \times 8117.9 \times 0.972}{3600} \times 10^{-3} = 111.0\text{kW}$$

则根据轴功率计算公式：

$$\eta = P_u / P_a = \eta_m \eta_v \qquad (6-9)$$

式中 η_m——机械效率，联轴器联接取 0.98；

η_v——容积效率，本风机为 0.85。

则有：轴功率 $P_a = P_u / \eta_m \eta_v = 111.0/(0.98 \times 0.85) = 133.2\text{kW}$。

计算得到有效耗电量＝133.2×24＝3197.3kW·h。

因风机入口导叶在开度低于15%不稳定，不利于生产运行，通过保持防喘振阀一定开度，即风机部分放空，由此可以计算出因风机放空导致电量消耗量为5880－3197.3＝2682.7kW·h/d，工业用电每度电按0.8元/kW·h计算，则每天放空的成本费为2146元。

燃烧炉风机设计额定轴功率为441.8kW，风机仍有较大裕量。

可通过电量消耗反算实际放空量为6096.7m^3/h(此为非标准状态下的流量)。

实际轴功率为＝5880/24＝245kW，根据实际的气体流量约5.02kg/s，查风机性能曲线(见图6-2)轴功率约250kW，基本吻合。

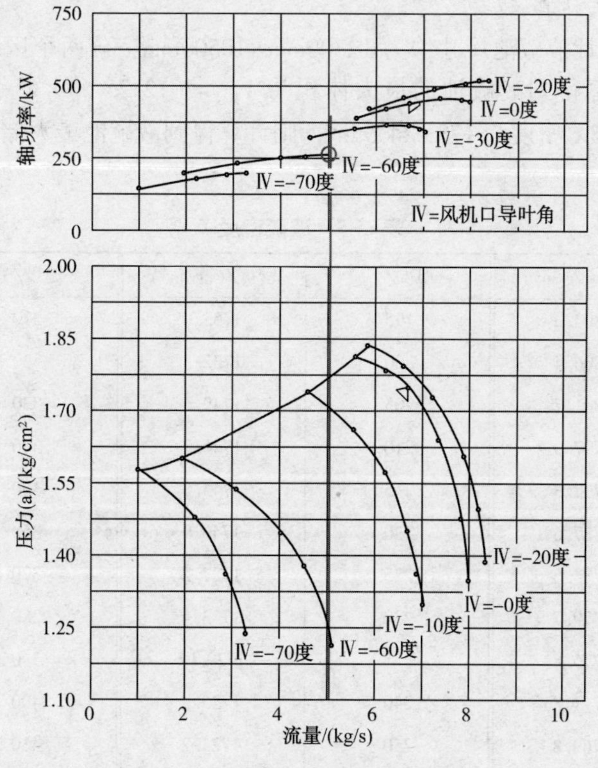

图6-2 燃烧炉风机性能曲线

三、焚烧炉风机

焚烧炉风机计算方法与燃烧炉风机一致，风量测量采用毕托巴均速管流量计测量，查得DCS表量总空气量为5702Nm^3/h，风机出口温度为52℃，标定期间入口温度32℃，出口表压8.15kPa，查52℃、8kPa下空气的密度为：1.093kg/m^3。

1）风量校正：由式(6-5)，可以得到 $q_{VN}=q_{测}\sqrt{\dfrac{\rho_{设}}{\rho_{实}}}=6201.8\text{Nm}^3/\text{h}$；

2）实际风量：由式(6-6)，可以得到 $q_{VS}=6201.8\times\dfrac{305}{273}=6928.7\text{m}^3/\text{h}$；

3）风机全压=(1+0.75)×8.15≈14kPa，压力比 $R_p=1.14$，由式(6-8)计算得到压缩性系数 $K_p=0.95$；

4）风机有效功率：由式(6-7)，可以得到：

$$P_u=\frac{0.95\times14000\times6928.7\times1.093}{3600}\times10^{-3}=28\text{kW}$$

5）轴功率：$P_a=P_u/\eta_m\eta_v=28/(0.98\times0.85)=34\text{kW}$。

因焚烧炉风机耗电量无单独计量表，且标定时未对电流进行记录，故无法计算出风机放空量及风机实际轴功率大小，设计焚烧炉风机轴功率为90kW，即使放空量与进炉风量一致，风机负荷仍有较大裕量。

四、液硫池、成型机及码垛机

(一) 液硫池相关估算

硫黄回收装置设计液硫池尺寸约为12700mm×10500mm，分两个区域分别高2540mm及4000mm，则可以计算得到液硫池的最大体积为 $V_{max}=(12.7\times6)\times4+(12.7\times4.5)\times2.54=450\text{m}^3$，查液硫在145℃密度为1783.6kg/m³，则计算得到液硫池最大储硫能力为802t。液硫密度见表6-5。

表6-5 液硫密度表

温度/℃	密度/(kg/m³)	温度/℃	密度/(kg/m³)	温度/℃	密度/(kg/m³)
115.207	1808.0	195	1755.0	310	1684.4
120	1806.4	200	1752.5	320	1679.0
125	1801.7	205	1749.6	330	1672.8
130	1797.0	210	1746.7	340	1666.7
135	1792.3	215	1743.8	350	1660.8
140	1787.6	220	1740.9	360	1654.8
145	1783.6	225	1737.2	370	1648.8
150	1779.7	230	1733.4	380	1642.8
155	1775.8	235	1729.65	390	1635.4
160	1771.8	240	1725.9	400	1627.9
165	1769.8	250	1723.2	410	1622.9
170	1767.9	260	1720.6	420	1617.9
175	1766.0	270	1712.4	430	1613.0
180	1764.0	280	1704.2	440	1608.6
185	1761.1	290	1697.0	444.6	1601.8
190	1758.2	300	1689.8		

液硫池液位采用反吹风式测量，测量设置量程为4m，正常生产完成后液硫池保持10%

的液位，即液硫池顶部空间剩余储硫能力为747t，如两套硫黄回收装置同时开，单套产硫能力约每天90t，则在不成型的情况下，液硫池可以维持747/90=8.3d，因液硫池底部为斜坡设计，实际维持天数约8d；如单套硫黄回收装置运行，即每天产硫能力约180t，则在不成型的情况下可维持4d，即4d液硫池将满池。

（二）成型机相关计算

设计成型机单台加工能力为5.5t/h，正常生产时四台全开，每小时加工能力为22t，不论几套硫黄回收装置运行，当天总产量约180t，则成型机需满负荷生产运行8.2h。可以发现当单台成型机运行时，完成生产需32h，无法满足生产需求。

1）目前公司总原油加工能力为700×10^4t/a，如提高至1000×10^4t/a的原油加工量，原油硫含量按低硫平均值0.95%计算，一般进入硫黄回收装置硫含量占总数的85%，假定硫黄回收装置硫回收率高达99.9%，则年产硫黄最大量为：

$$M_s=1000\times10^4\text{t/a}\times0.95\%\times85\%\times99.9\%=8.07\times10^4\text{t/a}$$

按年开工时数8400h计算得到每天产出硫黄量为8.07×24/8400=230t/d，此时四台全开满负荷运行需要成型时间为10.5h，仍然可以保持目前间断生产模式，此时两个系列同时运行液硫池抗成型机或码垛机故障天数为4d，单套装置运行仅能维持2d，且按产硫量计算单套硫黄回收装置负荷率将高达115%。

2）当公司加工高硫原油时，固体硫黄总产量约为210t，此时双台成型机需生产19h，生产压力较大。假设公司按目前原油加工能力达到800×10^4t/a计算，由此可以大致求出硫黄装置年产硫黄总量为：

$$m_S=800\times10^4\text{t/a}\times0.95\%\times85\%=64600\text{t/a}$$

按硫黄产量计算，即使单套硫黄装置出现故障，单套装置具有7×10^4t/a处理能力也能消化全厂酸性气量。

按硫平衡原则计算原料酸性气中H_2S含量为：

$$m_{H_2S}=[64600\text{t}/(365\times24)\text{h}]\times34/32=7.83\text{t/h}$$

根据酸性气中H_2S浓度为65%计算，则反算酸性气量为：

$$m_{酸性气}=(7.83\text{t/h})/0.65=12.04\text{t/h}$$

DCS显示数据单位均为Nm^3/h，根据酸性气组成大概估算密度（以空气的密度作为基准）为：

$$\begin{aligned}\rho&=(0.65\times34+0.08\times28+0.27\times44)\times1.29/29\\&=1.611\text{kg/m}^3\end{aligned}$$

首先换算为m^3/h为：

$$\begin{aligned}v_{酸性气}&=(12.04\times10^3\text{kg/h})/1.611\text{kg/m}^3\\&=7473.6\text{m}^3/\text{h}\end{aligned}$$

转换为标准状态下的体积为（酸性气压力按50kPa计算，温度按40℃计算）：

$$V_1=1.5\times273\times7473.6/313=9777\text{Nm}^3/\text{h}$$

设计7×10^4t/a装置满负荷（100%）酸性气处理量为$9200Nm^3/h$，装置设计操作弹性为30%～120%，即120%时的酸性气处理量为$11040Nm^3/h$，装置在负荷范围内。

目前常减压装置设防硫含量为1.5%，即当加工高硫原油，按设防值计算有：$m_S=800\times10^4\text{t/a}\times1.5\%\times85\%=102000\text{t/a}$，此时肯定是单套无法处理。如加工此高硫原油，则公司需进行降量，单纯以硫黄产量反算有(按 120%负荷)：$M=(8.4\times10^4 t/a)/(85\%\times1.5\%)=658\times10^4 t/a$。

即原油加工量需从每天加工 21900t/d，降至 18049t/d。

如需维持 800×10^4t/a 的原油加工量(按 120%负荷计算)，则原油硫含量不能超过 1.23%，否则硫黄将无法应对单系列异常情况。

(三) 全自动包装码垛机

硫黄回收装置设计有一条全自动包装码垛生产线，CJD50 电子秤是生产线的速度控制仪器，设计电子秤每小时的称重能力是 600 袋/h，单包(袋)重量 50kg，则每小时可完成 30t 的生产量，而成型机每小时最大的成型量为 22t，可以满足生产需求。

但因生产线转动设备较多，各零部件故障率高，制约生产线的工作能力。

第七部分　装置炉设备分析

一、燃烧炉

(一) 燃烧炉体积热强度计算

因燃烧炉酸性气进料分两段，高浓度酸性气从烧嘴进入，低浓度酸性气从炉侧进入，已知高浓度酸性气流量为 4108.3Nm³/h，查燃烧炉设计图纸体积除去衬里为 46.7m³，且高浓度酸性气中硫化氢体为 75%(方便计算)，假定酸性气中无其他可燃组分存在，则可以通过式(7-1)计算得到酸性气低位发热量：

$$Q_{net}=107.90\varphi_{H_2}+258.76\varphi_{CH_4}+234.06\varphi_{H_2S}+643.73\varphi_{C_2H_6}+931.87\varphi_{C_3H_8}+876.73\varphi_{C_3H_6} \quad (7-1)$$

因低浓度酸性气浓度低，按燃烧炉部分燃烧法原理，经计算炉头酸性气参与燃烧反应生成二氧化硫的比例为 33.56%(经过硫平衡核算)，则有酸性气低位发热量 $Q_{net}=234.06\times33.56\%\times75=5891.3kJ/m^3$。

根据体积热强度计算式：

$$q=q_{酸性气}Q_{net}/V^{[26]} \quad (7-2)$$

式中 $q_{酸性气}$——酸性气流量，m³/s；

V——燃烧炉体积，m³。

代入式 7-2 计算得到 $q=143.5kW/m^3<165kW/m^3$，在此工况下，燃烧火焰不会对炉膛壁造成冲击，且在装置负荷内，此时的燃烧稳定性高。

(二) 燃烧炉停留时间

根据燃烧炉内的总化学反应方程式[式(4-1)]：

$$5H_2S+4O_2 \longrightarrow 2SO_2+S_2+H_2S+4H_2O$$

因燃烧炉配风投用 APC 先进控制按 $H_2S/2SO_2=1$ 控制，假定配风为当量，则可以看出每消耗 9mol 的 H_2S 气体总物质的量降低 1mol，硫化氢的总摩尔流量为 137kmol/h，空气的总摩尔流量为 283kmol/h，则余热锅炉迎火面处的总摩尔流量：

$$N_{迎火面}=283+183-(137\times1)/9=451kmol/h$$

换算为标准体积为 10102Nm³/h，炉膛后部的温度为 1363K，折算后的体积流量为：

$$q_{迎火面}=1363\times101\times10102/(273\times109)=46736m^3/h=13m^3/s$$

燃烧炉最短停留时间由式(7-3)计算：

$$t_{\min}=\frac{V}{\left(\frac{p_1q_{\text{酸性气}}}{T_1p_{\text{炉}}}+\frac{p_2q_{\text{空气}}}{T_2p_{\text{炉}}}\right)T_{\text{炉膛}}} \tag{7-3}$$

式中 $p_{\text{炉}}$——炉膛压力，0.109MPa；

T_0——绝对温度，273K；

$T_{\text{炉膛}}$——炉膛温度，1402.6K；

p_1——酸性气进炉前压力，0.113MPa(g)；

T_1——酸性气进炉前温度，313K(40℃)；

p_2——空气进炉前压力，0.136MPa(g)；

T_2——空气进炉前温度，363K；

$q_{\text{酸性气}}$——4108.3Nm^3/h=1.14m^3/s；

$q_{\text{空气}}$——6330Nm^3/h=1.76m^3/s。

代入式(7-3)，得到：

$$t_{\min}=\frac{46.7}{\left(\frac{0.113\times1.14}{313\times0.109}+\frac{0.136\times1.76}{363\times0.109}\right)\times1402.6}=3.39\text{s}$$

燃烧炉最大停留时间 $t_{\max}=V/q_{\text{迎火面}}=46.7/13=3.60$s，由此可见此时燃烧炉的停留时间在3.39~3.60s内，装置负荷低停留时间较长。

（三）燃烧炉气速

查燃烧炉设备图，如图7-1所示，燃烧炉炉膛除去衬里隔热内径为2.6m，花墙内径为2.3m，余热锅炉管束迎火面直径为2.36m，余热锅炉共有 ϕ38mm×5mm 炉管1281根。

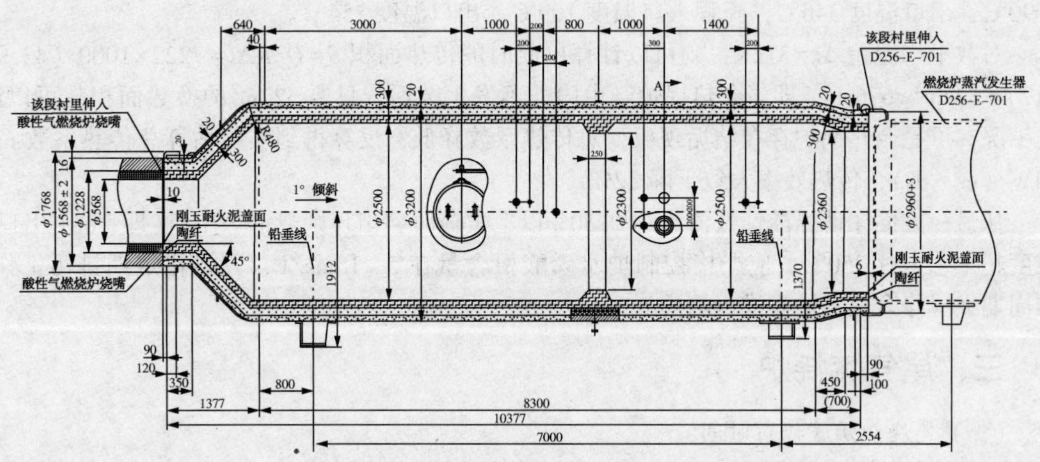

图7-1 酸性气燃烧炉结构图

则有花墙内径面积 $S_{\text{花墙}}=\pi D_2/4=3.14\times2.3^2/4=4.15\text{m}^2$；

炉管通径面 $S_{\text{炉管}}=1281\times\pi(0.038-2\times0.005)^2/4=0.788\text{m}^2$；

故可以计算得到燃烧炉实际气速为：

$$\nu=q_{\text{迎火面}}/S_{\text{炉管}}=13/0.788=16.5\text{m/s}$$

二、燃烧炉余热锅炉

（一）燃烧炉余热锅炉换热面积计算

余热锅炉共有 ϕ38mm×5mm 炉管 1281 根，每根管束长 4.42m，则可以计算单根展开面积 $S_{单管}$：

$$S_{单管}=\pi d\times l=3.14\times0.038\times4.42=0.53\text{m}^2$$

则有总换热面积为 $S_{总}=N_{总}S_{单管}=1281\times0.53=676\text{m}^2$。

（二）燃烧炉余热锅炉设计总传热系数

设计锅炉管程入口温度为 1223.8℃，出口为 320℃，壳程温度 104℃，出口 256℃，总传热量为 12525.6kW，则可以计算出余热锅炉对数平均温差 Δt：

$$\Delta t=\frac{\Delta t_2-\Delta t_1}{\ln(\Delta t_2/\Delta t_1)} \tag{7-4}$$

其中，管程温差 $\Delta t_2=904\text{K}$，壳程温差 $\Delta t_1=152\text{K}$，对数平均温差：

$$\Delta t=\frac{904-152}{\ln(904/152)}=422\text{K}$$

则有总传热系数 K：

$$K=Q/S\Delta t \tag{7-5}$$

即 $K=12525.6\times1000/(676\times422)=43.9\text{W}/(\text{m}^2\cdot\text{K})$。

（三）余热锅炉结垢情况

由第四部分燃烧炉余热锅炉计算中估算得到余热锅炉热量约为 26.02GJ/h，单位转换后为 7222kW，假设余热锅炉管束内外不发生结垢，总传热系数不变，余热锅炉迎火面温度为 1090℃，出口温度 346℃，壳程入口温度 109℃，出口温度 254℃。

对数平均温差 $\Delta t=312\text{K}$，则可以计算出此时的传热面积 $S=Q/K\Delta t=7222\times1000/(43.9\times312)=527\text{m}^2<676\text{m}^2$，即当余热锅炉管束内外不发生结垢，只要 527m^2 的换热面积就可以满足工况，可见余热锅炉存在结垢现象，总传热系数降低，反算得到实际估算总传热系数 $K=34\text{W}/(\text{m}^2\cdot\text{K})$，传热效率大致下降 22%。

从另一方面印证当酸性气流量达到 50%以上负荷时会出现余热锅炉出口（即 E601 出口）温度超工艺卡片 350℃，应严格控制炉水磷酸根含量在 5～15mg/L，并强化定期排污工作，本周期大检修余热锅炉需进行清洗。

三、尾气焚烧炉

（一）焚烧炉炉膛停留时间

根据干气校正后数据，取主要组分进行计算，其中氢气体积含量为 51%，甲烷体积含量为 22%，乙烷体积含量为 10%（简化计算），燃烧反应方程式：

$$2H_2+O_2 \longrightarrow 2H_2O$$
$$CH_4+2O_2 \longrightarrow 2H_2O+CO_2$$
$$C_2H_6+3.5O_2 \longrightarrow 3H_2O+2CO_2$$

由上面三式可以发现，燃烧反应的总物质的量均变化不大，且瓦斯流量相比于空气及尾气量低，故忽略反应体积变化。

则焚烧炉停留时间由式（7-6）进行计算：

$$t=\frac{V}{\left(\frac{p_1 q_{干气}}{\mathrm{T}_1 p_{炉}}+\frac{p_2 q_{空气}}{\mathrm{T}_2 p_{炉}}+\frac{p_3 q_{尾气}}{T_3 p_{炉}}\right)T_{炉膛}} \tag{7-6}$$

式中 $p_{炉}$——炉膛压力，0.100MPa；

T_0——绝对温度，273K；

$T_{炉膛}$——炉膛温度，899K；

p_1——干气进炉前压力，0.187MPa(g)；

T_1——干气进炉前温度，313K(40℃)；

p_2——空气进炉前压力，0.109MPa(g)；

T_2——空气进炉前温度，325K；

$Q_{干气}$——$276\mathrm{Nm^3/h}=0.08\mathrm{Nm^3/s}$；

$q_{空气}$——$5700\mathrm{Nm^3/h}=1.58\mathrm{Nm^3/s}$；

p_3——净化尾气压力，0.101MPa(g)；

$q_{尾气}$——净化尾气流量，采用急冷塔出口尾气量，$8785\mathrm{Nm^3/h}=2.44\mathrm{Nm^3/s}$；

V——焚烧炉容积，$50.3\mathrm{m^3}$。

代入式(7-6)，得到：

$$t=\frac{50.3}{\left(\frac{0.187\times0.08}{313\times0.100}+\frac{0.109\times1.58}{325\times0.100}+\frac{0.101\times2.44}{313\times0.100}\right)\times899}=4.10\mathrm{s}$$

（二）焚烧炉气速

查焚烧炉设备图如图7-2所示，焚烧炉炉膛除去衬里隔热内径为2.6m，花墙内径为2.2m，余热锅炉管束迎火面直径为1.9m，过热段进口2.5m，出口1.7m，余热锅炉共有ϕ51mm×5mm炉管547根。

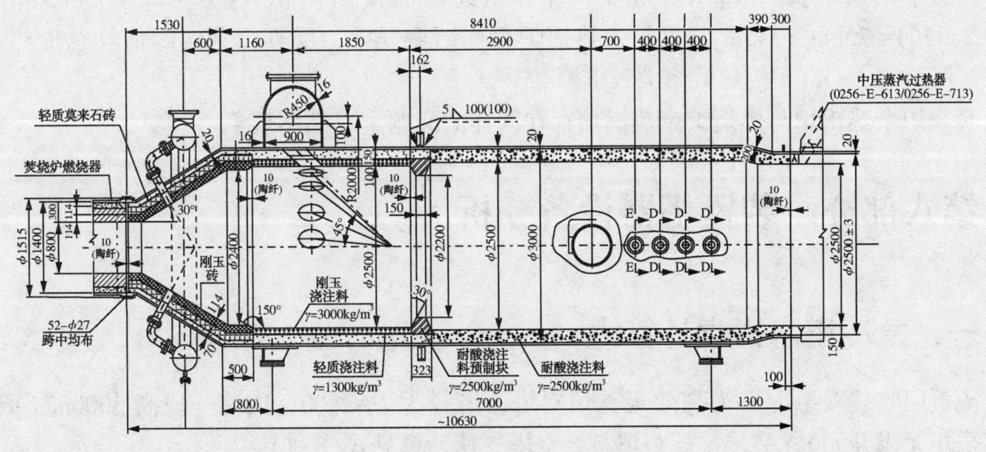

图7-2 尾气焚烧炉结构图

炉管通径面 $S_{炉管}=547\times\pi(0.051-2\times0.005)^2/4=0.722\mathrm{m^2}$；

经过过热段后，尾气温度下降至360℃左右，体积发生变化，计算余热锅炉迎火面处尾气体积流量为：

$$V=(\frac{0.187\times0.08}{313\times0.100}+\frac{0.109\times1.58}{325\times0.100}+\frac{0.101\times2.44}{313\times0.100})\times633=8.63\text{m}^3/\text{s}$$

故可以计算得到焚烧炉气速为：

$$v=q/S_{炉管}=8.63/0.722=11.9\text{m/s}$$

四、燃烧炉余热锅炉

（一）焚烧炉余热锅炉换热面积计算

焚烧炉余热锅炉共有 ϕ51mm×5mm 炉管 547 根，每根管束长 4.9m，则可以计算单根展开面积 $S_{单管}$：

$$S_{单管}=\pi d\times l=3.14\times0.041\times4.9=0.63\text{m}^2$$

则有总换热面积为 $S_{总}=N_{总}S_{单管}=547\times0.63=345\text{m}^2$。

（二）焚烧炉余热锅炉设计总传热系数

设计锅炉管程入口温度为 383℃，出口为 280℃，壳程温度 104℃，出口温度 256℃，总传热量为 748.2kW(查设计资料)，则可以利用式 7-4 计算出余热锅炉对数平均温差 Δt。

其中，管程温差 $\Delta t_2=103$K，壳程温差 $\Delta t_1=152$K，对数平均温差：

$$\Delta t=\frac{103-152}{\ln(103/152)}=126\text{K}$$

根据式 7-5，总传热系数：

$$K=748.2\times1000/(345\times126)=17.2\text{W}/(\text{m}^2\cdot\text{K})$$

（三）余热锅炉结垢情况

由第四部分焚烧炉余热锅炉计算中估算得到余热锅炉热量约为 2.01GJ/h，单位转换后为 558.3kW，假设余热锅炉管束内外不发生结垢，总传热系数不变，余热锅炉迎火面温度为 358.7℃，出口温度 256℃，壳程入口温度 109℃，出口温度 254℃。

对数平均温差 $\Delta t=126$K，则可以计算出此时的传热面积 $S=Q/K\Delta t=558.3\times1000/(17.2\times126)=258\text{m}^2<345\text{m}^2$，可见余热锅炉存在结垢现象，反算得到实际估算总传热系数 $K=12.8\text{W}/(\text{m}^2\cdot\text{K})$，传热效率大致下降 25%。

焚烧炉余热锅炉与燃烧炉余热锅炉存在同样的问题，有结垢现象。

第八部分　装置塔器设备分析

一、急冷塔水力学计算[14]

硫黄回收装置急冷塔为高效规整填料塔，塔径为 DN2800，内装一段高 3000mm 填料，填料采用无锡开元 KY-2.5A 规整填料。空塔气速计算见式(8-1)：

$$\pi\left(\frac{D}{2}\right)^2u=\frac{V}{3600\rho_{\text{V}}} \tag{8-1}$$

$$u=\frac{4V}{3600\pi D^2\rho_{\text{V}}}$$

由贝恩-霍根关联式：

$$\lg\left[\frac{u_F^2}{g}\left(\frac{a_t}{\varepsilon^3}\right)\left(\frac{\rho_V}{\rho_L}\right)\mu_L^{0.2}\right]=A-K\left(\frac{L}{V}\right)^{1/4}\left(\frac{\rho_V}{\rho_L}\right)^{1/8} \tag{8-2}$$

式中 u_F——泛点气速，m/s；

g——重力加速度，m/s^2；

a_t——填料总比表面积，m^2/m^3；

ε——填料层孔隙率，m^3/m^3；

ρ_V、ρ_L——气相、液相密度，kg/m^3；

V、L——气相、液相的质量流量，kg/h；

μ_L——液体黏度，cP；

A、K——填料关联常数，查填料表有，金属孔板波纹填料 $A=0.291$，$K=1.75$。

（一）规整填料特性参数计算

根据设计提供的“填料流体力学核算结果”可查得：100%负荷下，气相负荷为22973kg/h，气体密度1.334kg/m^3，液相负荷为123038kg/h，液相黏度为0.964cP，泛点率为37%。设计塔底温度为60℃，因急冷塔压力较低，急冷水内溶解得硫化氢有限忽略不计，查得60℃水的密度为983kg/m^3。

$$空塔气速\ u_{100\%}=\frac{4V}{3600\pi D^2\rho_V}=\frac{4\times22973}{3600\times3.14\times2.8^2\times1.334}=0.77m/s。$$

则有泛点气速 $u_F^{100\%}=2.10m/s$。

根据贝恩-霍根关联式[式(8-2)]迭代计算有：

$$\lg\left[\frac{2.10^2}{9.81}\left(\frac{a_t}{\varepsilon^3}\right)\left(\frac{1.334}{983}\right)0.964^{0.2}\right]=0.291-1.75\left(\frac{123038}{22973}\right)^{1/4}\left(\frac{1.334}{983}\right)^{1/8}$$

计算得到比表面积 $a_t=176m^2/m^3$，孔隙率 $\varepsilon=0.93m^3/m^3$（大致值），以下计算全部使用 $\left(\frac{a_t}{\varepsilon^3}\right)=218.80$。

KY-2.5A 特性参数见表8-1。

表8-1 KY-2.5A 规整填料特性参数表

型号	材质	比表面积/(m^2/m^3)	孔隙率/(m^3/m^3)
KY-2.5A	金属	176	0.93

（二）空塔气速计算

根据表3-1查得：

急冷塔出口气相流量为 8785.9Nm^3/h，转换为质量流量 $V=8785.9\times1.334kg/h=11720.40kg/h$，则可以计算此工况下空塔气速：

$$u=4\times11720.40/(3600\times3.14\times7.84\times1.334)=0.40m/s$$

（三）泛点气速计算

根据表3-1查得：

急冷水循环量 $L=155400kg/h$，根据式(8-2)可计算得到泛点气速 $u_F^{43\%}$：

$$\lg\left[\frac{(u_F^{40\%})^2}{9.81}\times218.80\times\left(\frac{1.334}{983}\right)\times0.964^{0.2}\right]=0.291-1.75\left(\frac{155400.00}{11720.40}\right)^{1/4}\left(\frac{1.334}{983}\right)^{1/8}$$

得到 $u_F^{40\%}=1.50m/s$，从而有泛点率$u/u_F^{40\%}=0.40/1.50=26.67\%$。

急冷塔运行工况在设计范围内。

（四）一定循环量下的最低负荷

正常在塔设计时，泛点率应不高于 80%，故假定急冷水循环量保持在 155.4t/h，当泛点率达到 80%时，定义此时装置的负荷为最低负荷。假定此时急冷塔出口流量为 Q，假设尾气密度不发生变化。

则有空塔气速 $u=3.38\times10^{-5}Q$，通过恩田关联式可以计算得到泛点气速：

$u_F=10^{\left(0.0083-0.046\times\left(\frac{155400}{Q}\right)^{0.25}\right)}$，从而有 $u/u_F=80\%$，可以计算得到 $Q=1742kg/h$，转换为体积流量 $V=2323Nm^3/h$(摩尔流量 103.7kmol/h)，因此时装置处于超低负荷下运行，假定硫化氢完全燃烧为二氧化硫，且酸性气浓度按 70%计算，则有：酸性气带入的惰性气体 = 30% N；空气带入的惰性气体 = 3.76×70% N；产生的二氧化硫量 = 70% N，水全部进入急冷塔，可以得到 $N=28.56kmol/h$，设计酸性气进料摩尔流量为 362.58kmol/h，则负荷为 7.88%，酸性气量为 639.7Nm³/h。

因装置在全厂大检修期间，在酸性气降至 2000Nm³/h 时已经开始掺烧氢气维持炉温，当酸性气降至 639.7Nm³/h 时，由于氢气拌烧急冷塔尾气量仍较大，装置在任何工况下，急冷塔不存在液泛的可能性。

二、吸收塔水力学计算

吸收塔为高效规整填料塔，塔径 $DN2400$，内装两段填料，每段高度 4000mm，吸收塔和急冷塔采用一样的金属波纹规整填料 KY-2.5A。

（一）空塔气速计算

根据表 3-1 查得：

急冷塔出口气相流量为 8785.9Nm³/h，转换为质量流量 $V=8785.9\times1.334kg/h=11720.40kg/h$，则可以计算此工况下空塔气速：

$$u=4\times11720.40/(3600\times3.14\times5.76\times1.334)=0.54m/s$$

（二）泛点气速计算

根据表 3-1 查得：

胺液循环量 $L=90000kg/h$，通过式(8-2)可计算得到泛点气速 u_F^{T602}：

$$\lg\left[\frac{(u_F^{T602})^2}{9.81}\times218.80\times\left(\frac{1.334}{983}\right)\times1.96^{0.2}\right]=0.291-1.75\left(\frac{90000}{11720.40}\right)^{1/4}\left(\frac{1.334}{983}\right)^{1/8}$$

得到 $u_F^{T602}=1.73m/s$，从而有泛点率$u/u_F^{T602}=0.54/1.73=31.21\%$。

吸收塔同理计算得到当泛点率达到 80%时，气相负荷为 1820kg/h = 2427Nm³/h，$N=29.86kmol/h$，酸性气负荷 = 8.23%，同样吸收塔在当前循环量下，任何负荷不存在液泛可能。

（三）填料有效表面积计算

根据恩田修正关联式：

$$\frac{a_w}{a_t}=1-\exp\left\{-1.45\left(\frac{\sigma_L}{\sigma}\right)^{0.75}\left(\frac{U_L}{a_t\mu_L}\right)^{0.1}\left(\frac{U_L^2a_t}{\rho_L^2g}\right)^{-0.05}\left(\frac{U_L^2}{\rho_L\sigma a_t}\right)^{0.2}\right\}\quad(8-3)$$

式中　a_w——填料有效表面积，m^2/m^3；

σ_L——填料材质表面张力，75dyn/cm（1dyn/cm＝10^{-3}N/m）（查表所得）；

σ——液体表面张力，60dyn/cm；

U_L——液体质量通量，kg/（m^2·h）；

μ_L——液体黏度，1.96cP（1cP＝10^{-3}Pa·s）；

a_t——填料比表面积，176m^2/m^3；

g——重力加速度，$1.27\times10^8 m/h^2$。

则有液体黏度 $\mu_L = 1.96\times3.6 = 7.06$kg/（m·h）；

液体质量通量 $U_L = \dfrac{L}{0.785D^2} = \dfrac{90000}{0.785\times2.4^2} = 19904.46$kg/（$m^2$·h）；

气体质量通量 $U_V = \dfrac{V}{0.785D^2} = \dfrac{11720.40}{0.785\times2.4^2} = 2592.09$kg/（$m^2$·h）。

将已知参数代入式（8-3）：

$$a_w = 176\times\left[1-\exp\left\{-1.45\left(\frac{75}{60}\right)^{0.75}\left(\frac{19904.46}{176\times7.06}\right)^{0.1}\left(\frac{19904.46^2\times176}{983^2\times9.81}\right)^{-0.05}\left(\frac{19904.46^2}{983\times35\times176}\right)^{0.2}\right\}\right]$$

$$=174.43m^2/m^3$$

由此可以看出，吸收塔有效表面积占99.1%，填料效率较高。

三、再生塔水力学计算

查再生塔设计数据见表8-2。

表8-2　再生塔塔板设计数据表

项目		数据	项目	数据
塔径/mm		2800	流道长度/mm	765
塔板间距/mm		600	有效面积/m^2	3.81
流道数		2	浮阀个数/塔板	212
侧降液管	堰高/mm	50	底隙高度/mm	40
	宽度/mm	425	上部面积/m^2	0.59
中降液管	堰高/mm	50	底隙高度/mm	40
	宽度/mm	420	上部面积/m^2	1.17

以再生塔最底层塔板作为计算依据（以底部全抽出进行计算）：

1）进入塔板气体：气相密度 ρ_V 为1.278kg/m^3；体积流量 V_s为18.02t/h＝1.92m^3/s。

2）进入塔板液体：液相密度 ρ_L 为951.8kg/m^3；表面张力 σ_L为46dyn/cm；流量 L_s为155t/h＝162.8m^3/h＝0.045m^3/s，起泡倾向较强。

3）操作条件：操作压力 p＝0.080MPa≈0.80kg/cm^2，操作温度 T＝122.3℃。

（一）当前负荷下塔径对比计算

1. 负荷下最大允许气体速度 u_{max}

$$u_{max} = \frac{0.055\sqrt{gH_T}}{1+2\dfrac{L_s}{V_s}\sqrt{\dfrac{\rho_L}{\rho_V}}}\sqrt{\frac{\rho_L-\rho_V}{\rho_V}} \tag{8-4}$$

其中，重力加速度 $g=9.81m/s^2$，将塔板数据代入式 8-4，可以得到：

$$u_{max}=\frac{0.055\sqrt{9.81\times0.6}}{1+2\frac{0.045}{1.92}\sqrt{\frac{951.8}{1.278}}}\sqrt{\frac{951.8-1.278}{1.278}}=1.60m/s$$

2. 当前负荷下适宜的气体速度 u_a

由于胺液属于易发泡体系，故物性因数 K_s 取 0.73，见表 8-3。

表 8-3　物性因数 K_s 对应表

系统	K	系统	K
无泡沫，正常系统	1.0	重度起泡沫(如胺、乙二醇吸收塔)	0.73
氟化物(如 BF_3，氟利昂)	0.85~0.95	严重起泡沫(如甲乙酮)	0.60
真空塔	0.85	形成稳定泡沫系统(如碱再生塔)	0.30
中等起泡沫(如油吸收、胺、乙二醇再生塔)	0.85		

$$u_a=K_sKu_{max} \tag{8-5}$$

式中 K 为安全系数，对于塔径大于 0.9m，板间距大于 0.5m 的常压和加压塔，K 取值为 0.82；对于塔径小于 0.9m，板间距不大于 0.5m 的常压和加压塔，K 取 0.55~0.65，本塔取 0.82 进行计算。

则通过计算可得到 $u_a=0.73\times0.82\times1.60=0.96m/s$。

3. 计算气相空间截面积

$$S_a=V_s/u_a=1.92/0.96=2m^2 \tag{8-6}$$

4. 计算降液管内液体流速

降液管内液体流速：

$$V_d=0.17K_sK \tag{8-7}$$

$$V_d=7.98\times10^{-3}K_sK\sqrt{H_T(\rho_L-\rho_V)} \tag{8-8}$$

由式(8-7)计算得到：

$$V_d=0.17\times0.73\times0.82=0.101m/s$$

由式(8-8)计算得到：

$$V_d=7.98\times10^{-3}\times0.73\times0.82\sqrt{0.60\times(951.8-1.278)}=0.114m/s$$

两者取小值，即 $V_d=0.101m/s$。

5. 计算降液管面积

$$S'_d=\frac{L_s}{V_d} \tag{8-9}$$

$$S'_d=0.11F_a \tag{8-10}$$

由式 8-9 计算得到 $S'_d=0.45m^2$，由式 8-10 计算得到 $S'_d=0.22m^2$，取 0.45，则可计算得到当前负荷下塔所需的最大截面积为 $2.45m^2$，计算得到塔径为 1.8m，实际设计塔径为 2.8m，塔的截面积为 $6.15m^2$，设计再生塔降液管截面积占比为 19.01%，则有实际降液管面积为 $1.17m^2>>0.45m^2$，说明在当前负荷下，再生塔运行存在较大余量。

（二）降液管中液相停留时间

富液进塔流量为 160t/h，密度为 $1037kg/m^3$，换算为体积流量 L_s 为 $0.043m^3/s$。侧降液

管截面积 $S'_d=0.59m^2$，中间降液管截面积为 1.17m²，塔板间距 $H_T=0.6m$。

根据 $\tau \geqslant \frac{S'_d H_T}{L_s}=\frac{0.59\times 0.6}{0.043}=8.23s>5s$，故在降液管内不会发生液泛。

（三）塔板压力降计算

1. 阀孔临界速度计算

因再生塔采用 ADV 高效浮阀，阀孔临界速度 W_h：

$$W_h=\left(\frac{72.8}{\rho_V}\right)^{0.548} \tag{8-11}$$

可计算得到 $W_h=(72.8/1.278)^{0.548}=9.16m/s$。

2. 干板压力降计算

$$h_d=5.37\frac{W_h{}^2\rho_V}{2g\ \rho_L} \tag{8-12}$$

计算得到 $h_d=0.031m$ 液柱。

3. 气体通过塔盘上液层的压力降校核

已知再生塔塔径 D 为 2.8m，堰长 $l_w=3.9m$，

$$h_1=\beta\left(h_W+2.84\times 10^{-3}\left(\frac{3600L_S}{l_w}\right)^{2/3}\right) \tag{8-13}$$

计算得到：

$$h_1=0.56\times\left(0.05+2.84\times 10^{-3}\left(\frac{3600\times 0.045}{3.9}\right)^{2/3}\right)=0.047m\text{ 液柱}$$

则有气体通过塔板的压力降为 $h=h_d+h_1=0.77kPa$。

因每层塔盘的气液相负荷相差不大，所有可以估算在此负荷工况下，全塔压降 $\Delta p_{总}=0.77kPa\times 27=20.7kPa$，实际塔底压力为 0.091MPa，塔顶压力为 0.076MPa，压降为 15kPa。

（四）雾沫夹带量计算

过量的雾沫夹带会降低塔板效率，一般情况下雾沫夹带量应小于 0.1（kg 液体/kg 气体），当 $\sigma \geqslant 35dyn/cm$ 时，雾沫夹带量 e 可由式 8-14 计算得到：

$$e=\frac{A(0.052h_1-0.206)}{H_t^n\varphi^2}u^{3.69} \tag{8-14}$$

式中 ε——除去降液管面积后的塔板面积与塔截面积之比，$\varepsilon=0.58$；

φ——系数，取 0.6~0.8，当空塔气速为 0.5 倍最大气速，取 0.6；当空塔气速等于最大气速，取 0.8；

H_t——塔板间距，mm；

h_1——塔板上液层高度，mm。

因塔板间距为 600mm 大于 350mm，$A=0.159$，$n=0.95$，

$$h_1=h_W+h_{OW}=0.05+\frac{2.84}{1000}E\left(\frac{3600L_S}{l_W}\right)^{\frac{2}{3}} \tag{8-15}$$

$h_1=0.084m$，将各参数代入式(8-14)，可以得到 $e=5.27\times 10^{-5}$kg 液体/kg 气体<<0.1，再生塔在此负荷下，雾沫夹带量小。

（五）再生塔漏液线计算

板式塔漏液定义为当通过阀孔的气速过低时，液体从阀孔留下，形成“漏液”。对于浮

阀塔板而言，取阀孔动能因数 $F_0=5\sim6$[13] 作为控制漏液量的气相负荷下限，此时漏液量接近 10%[15]。

则有气体最小负荷：$V_s=\frac{\pi}{4}d_0^2Nu_0$ 且 $u_0=\frac{F_0}{\sqrt{\rho_V}}$。

式中 d_0——阀孔直径，m；

F_0——阀孔动能因数；

N——阀孔数；

u_0——孔速，m/s；

ρ_V——气相密度，kg/m^3。

故有：

$$V_s=\frac{\pi}{4}d_0^2N\frac{F_0}{\sqrt{\rho_V}} \tag{8-16}$$

且因阀孔直径及阀孔数不方便进行计算，将其转换为塔的开孔率 $\Phi=A_0/A_T$，其中 A_0、A_T 分别为阀孔总面积、塔截面积，单位 m^2。

$$V_s=\frac{\pi}{4}d_0^2N\frac{F_0}{\sqrt{\rho_V}}=\frac{\pi}{4}D^2\Phi\frac{F_0}{\sqrt{\rho_V}}=\frac{3.14}{4}\times2.8^2\Phi\frac{F_0}{\sqrt{\rho_V}}=6.15\Phi\frac{F_0}{\sqrt{\rho_V}}$$

已知 $\Phi=9.87\%$，ρ_V 为 1.278kg/m^3，取 $F_0=5$，则有：

$$V_s=6.15\times9.87\%\times\frac{5}{\sqrt{1.278}}=2.68\text{m}^3/\text{s}$$

(六) 再生塔雾沫夹带线计算

浮阀塔板的液沫夹带量一般采用验算泛点率的方法，V_s、L_S 分别为塔内气、液负荷，m^3/s；ρ_V、ρ_L 分别为塔内气、液相密度 kg/m^3。取 $e=10\%$ 为雾沫夹带上限，根据式(8-14)有：

$$\frac{0.159(0.052h_l-0.206)}{600^{0.95}0.6^2}u^{3.69}=0.1$$

整理得到：$h_l-3.96=\frac{1897.3}{u^{3.7}}$。

假设 $L_s=80\text{m}^3/\text{h}$，则由式(8-16)得到 $h_l=72\text{cm}$，$u=2.456\text{m/s}$，$V_s=12.26\text{m}^3/\text{h}$。雾沫夹带气液相对应表见表 8-4。

表 8-4　雾沫夹带气液相对应表

项目	数据									
L_s/(m^3/h)	80	90	100	110	120	130	140	150	160	170
L_s/(m^3/s)	0.023	0.026	0.029	0.032	0.035	0.038	0.041	0.044	0.047	0.050
h_l/cm	72.22	74.04	75.80	77.51	79.16	80.76	82.33	83.86	85.35	86.82
u/(m/s)	2.46	2.44	2.43	2.41	2.40	2.38	2.37	2.36	2.35	2.34
V_s/(m^3/h)	12.26	12.17	12.09	12.02	11.94	11.88	11.81	11.75	11.69	11.63

(七) 再生塔液相下限线

液相负荷过小，会造成干板、塔板效率低，为此需要保持一定的堰上液流高度，一般取

$h_{OW}=6mm$ 作为液相负荷下限[16]，有：

$$h_{OW}=\frac{2.84}{1000}E\left(\frac{3600L_S}{l_W}\right)^{\frac{2}{3}} \tag{8-17}$$

式中 l_W——堰长，m；

E——液流收缩系数。

则有 $\frac{L_S}{l_w^{\ 2.5}}=\frac{\frac{160000}{1037}}{3.67^{2.5}}=3.0$，且 $l_w/D=1.3$，查 E 与 $\frac{L_S}{l_w^{\ 2.5}}$ 关系图，取 $E=1.0$(见图 8-1)有：

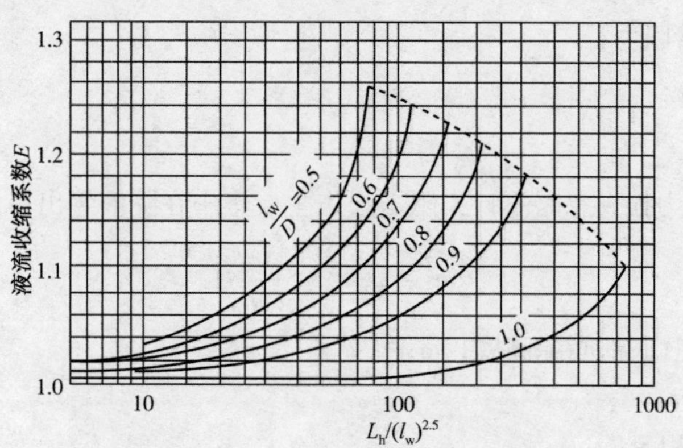

图 8-1　液流收缩系数关联图

$$L_S=\left(\frac{1000h_{OW}}{2.84E}\right)^{3/2}\frac{l_W}{3600}=\left(\frac{1000\times0.006}{2.84\times1.0}\right)^{3/2}\frac{3.67}{3600}=0.031m^3/s$$

（八）再生塔液相上限线

塔板上最大允许液相负荷主要受降液管面积限制。如降液量超过降液管最大通量，则会造成气泡夹带、淹塔。通常规定液体在降液管内的实际平均停留时间不小于 3~5s[14]，易气泡系统选取 5s，液体流量上限可由式(8-18)计算：

$$L_S=\frac{A_fH_T}{5} \tag{8-18}$$

式中 A_f——降液管面积，m^2；

H_T——板间距，m。

因再生塔为双溢流塔，停留时间按两倍计算，双溢流塔盘总降液管面积为 1.18m^2；单溢流塔盘降液管面积为 1.17m^2；取 1.17 作为降液管面积计算。

可得到 $L_S=\frac{1.17\times0.6}{5\times2}=0.07m^3/s$。

（九）再生塔液泛线计算

根据参考文献[14]，为避免发生溢流液泛，必须满足式 8-19：

$$H_{fd}=\frac{H_d}{\phi}<H_T+h_W \tag{8-19}$$

式中 ϕ——相对泡沫密度，与物系的发泡性有关，因胺液属于易发泡物系，故 ϕ 可取 0.3~0.4，本文取 $\phi=0.4$；

H_T——板间距；

H_d——降液管内清液高度；

H_{fd}——降液管内泡沫层高度。

降液管内的清液层高度：

$$H_d = h_W + h_{OW} + \Delta + \sum h_f + h_f$$

式中 h_{OW}——堰上液流高度；

h_W——堰高；

Δ——液面落差；

$\sum h_f$——降液管阻力；

h_f——板压降。

（1）降液管阻力 $\sum h_f$

降液管内沿程阻力损失忽略不计，阻力损失主要集中在降液管出口。

$$\sum h_f = 0.153\left(\frac{L_S}{l_W h_0}\right)^2 \quad (8-20)$$

式中 h_0——为降液管底部间隙高度，m；

l_W——堰长，m；

L_S——液体体积流量，m^3/s。

（2）板压降 h_f

板压降等于干板压降与液层阻力之和。

$$h_f = h_d + h_l = \frac{5.37\rho_V}{2g\ \rho_L}\left(\frac{u_0}{C_0}\right)^2 + \beta(h_W + h_{OW}) \quad (8-21)$$

式中 u_0——孔速；

β——液层充气系数；

C_0——孔流系数，且 C_0 与 δ/d_0 及开孔比率有关，关系图如图 8-2 所示（δ 为塔板厚度，d_0 为孔径）。

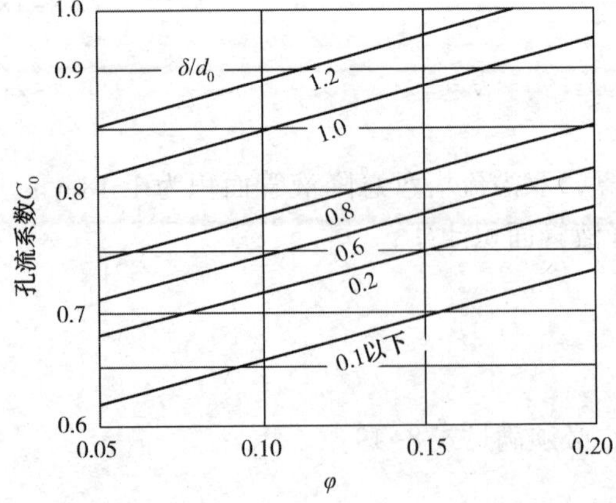

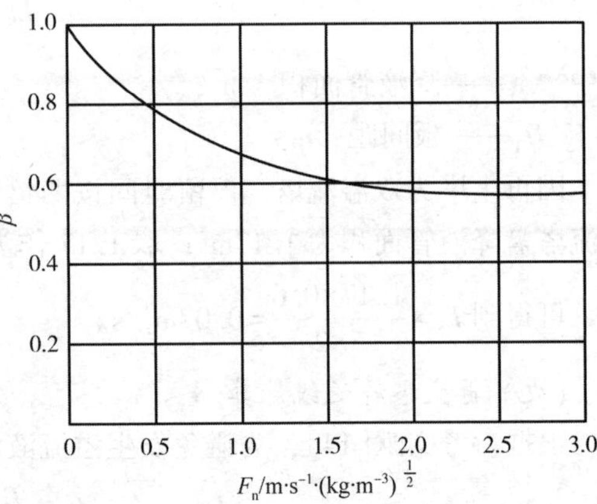

图 8-2 孔流系数关联图（左）、液层充气系数（右）

由图 8-2 左图有：有效开孔率 $\varphi=\dfrac{\text{开孔截面积}}{\text{塔截面积-降液区截面积}}=0.16$，其中开孔面积为 $0.65m^2$，因塔板厚度相比于孔径太小，则 δ/d_0 取 0.1 以下，得到孔流系数 $C_0\approx0.7$。

由图 8-2 右图有，液层充气系数与动能因子 F_n 关系曲线，$F_n=u\rho_V^{0.5}$，由式 8-5 计算可知 1~3 层塔盘气体速度最小都在 1.10m/s，且气体密度为 $1.442kg/m^3$，$F_n>1.4$，取最小值计算得到 $\beta=0.56$。

$$h_f=\frac{5.37\rho_V}{2g\ \rho_L}\left(\frac{u_0}{0.7}\right)^2+0.56(h_W+h_{OW})$$

再者因液体沿塔板流动阻力损失小，液面落差 Δ 可忽略不计。

从而得到：

$$\phi(H_T+h_W)=5.37\frac{8\rho_V V_S{}^2}{g\rho_L\pi^2D^4\Phi^2}+0.153\left(\frac{L_S}{l_W h_0}\right)^2+(1+\beta)\left[h_W+2.84\times10^{-3}E\left(\frac{3600L_s}{l_W}\right)^{2/3}\right] \tag{8-22}$$

ϕ 为相对密度，取 0.4，Φ 为塔开孔率，根据设计 $\Phi=9.83\%$，将数据代入计算，得到：

$$V_S=\sqrt{\frac{0.182-6.29L_S{}^2-0.43L_S{}^{2/3}}{0.001}}$$

得到再生塔负荷性能曲线，由图 8-3 可见，圆点为实际操作点，从图 8-3 可以发现该塔目前工况处于适宜操作区。

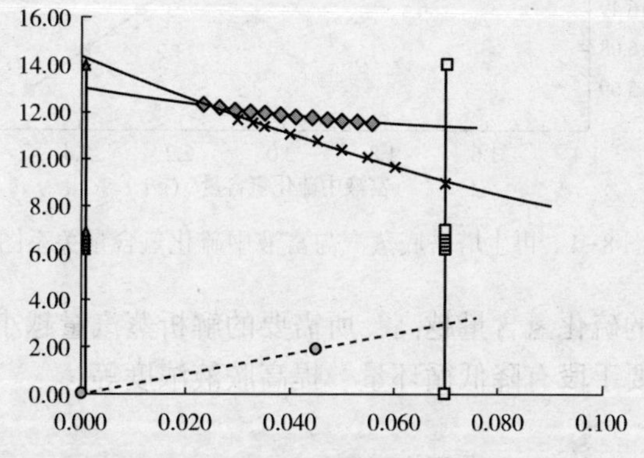

图 8-3　再生塔负荷性能曲线

◆ 雾沫夹带线　—□— 液相上限　—▲— 液相下限　× 液泛线　○ 操作线　- - - - 线性(操作线)

（十）再生塔再生蒸汽与富液硫化氢负荷关系

利用 Aspen Plus 软件建立再生塔模型，通过改变富液中硫化氢含量，并保持塔底贫液中硫化氢含量、MDEA 浓度及塔顶压力不变，得到再生塔塔底蒸汽单耗与富液中硫化氢含量的关系，见表 8-5、图 8-4。

表 8-5　再生塔塔底蒸汽单耗与富液硫化氢含量模拟数据表

富液 H_2S 含量/(g/L)	塔底蒸汽流量/(t/h)	贫液 H_2S 含量/(g/L)
1.50	19.98	0.50
1.61	19.41	0.50

续表

富液 H_2S 含量/(g/L)	塔底蒸汽流量/(t/h)	贫液 H_2S 含量/(g/L)
1.72	18.86	0.50
1.83	18.34	0.50
1.94	17.84	0.50
2.00	17.60	0.50
2.06	17.37	0.50
2.17	16.91	0.50
2.28	16.49	0.50
2.39	16.08	0.50
2.50	15.69	0.50

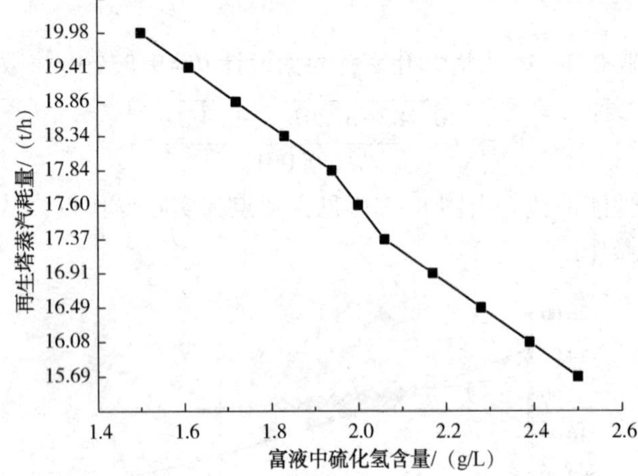

图 8-4　再生塔塔底蒸汽与富液中硫化氢含量关系图

由此可见，富液中的硫化氢含量越高，所需要的解析蒸汽量越小，从节能考虑，应提高富液中硫化氢含量，主要手段有降低循环量、提高胺液浓度等。

第九部分　装置腐蚀[17]

根据硫黄回收装置设备操作以及涉及介质特性，主要存在以下几类主要腐蚀类型，分别为：高温硫腐蚀、湿硫化氢应力腐蚀、胺液多元腐蚀、露点腐蚀以及吸氧腐蚀。

一、高温硫腐蚀[19]

（一）高温硫腐蚀机理

高温硫腐蚀是在高温下，硫化氢直接与金属发生反应或分解形成单质硫和氢气，硫会与金属发生反应形成均匀的腐蚀。腐蚀反应化学方程式如下：

$$H_2S+Fe \longrightarrow FeS+H_2 \text{ 或 } H_2S \longrightarrow H_2+S \quad S+Fe \longrightarrow FeS$$

高温硫腐蚀主要与温度、硫化物形态、介质流速、设备材质等相关，正常情况下，金属在硫化氢氛围中会在金属表面形成硫化铁保护膜，从而起到减缓腐蚀的作用，但当在有氢气存在的环境及高温环境时，氢原子较为活跃，能够不断侵入金属表面垢层，使得垢层疏松多孔，提供更大的比表面积，加速腐蚀。

（二）高温硫腐蚀分布

硫黄回收装置高温硫腐蚀主要存在与酸性气燃烧炉（保温钉、余热锅炉迎火面管板等部件）、反应器壳体及出口管线等温度高于240℃的部位。

（三）高温硫腐蚀防范措施

1. 酸性气燃烧炉[20,21]

1）酸性气燃烧炉采用浇注料+两层砖结构，且迎火层采用刚玉莫来石大砖；第二层采用轻质隔热耐火浇注料；第三层采用轻质隔热浇注料。刚玉莫来石大砖设计为公母边卡扣，不需保温钉固定，从而在当炉膛温度上升后刚玉莫来石大砖膨胀密封性增强，使得温度达到浇注料时的温度偏低，降低保温钉的高温硫腐蚀；

2）酸性气燃烧炉烘炉必须严格按照烘炉曲线进行，切忌出现温度猛升猛降情况发生，以免出现衬里的冷热膨胀松动，正常生产期间，尽可能避免出现装置异常停炉，及时停炉不可大风量降温；

3）装置停工吹硫时，必须保证吹硫时间，从而确保砖缝及各边边角角硫黄吹扫干净，避免再次开工时在800℃以下造成硫腐蚀；

4）余热锅炉迎火面必须确保陶瓷套管施工质量，以免出现管板直接接触火焰造成高温硫腐蚀；

5）从腐蚀经验发现，温度在430℃时腐蚀速率最大，在酸性气燃烧炉炉膛升温及降温时应尽可能避免在该点温度下恒温时间太长，以免加速腐蚀；

6）酸性气燃烧炉人孔封堵前需加耐火砖并加隔热陶纤，避免对人孔造成高温硫腐蚀。

2. 反应器

1）反应器入口分布管或分布器必须选用抗硫化氢材质，且焊接必须全拍片合格，以免出现分布管腐蚀穿孔或脱落，对生产也造成偏流等较大影响；

2）强化反应器衬里施工质量；

3）反应器钢格栅必须采用不锈钢或其他抗硫化氢材质，钢格栅上平铺不锈钢丝网，且多铺两层；

4）人孔同酸性气燃烧炉处理。

二、湿硫化氢腐蚀

（一）湿硫化氢腐蚀机理

湿硫化氢腐蚀是指在有水存在的情况下，硫化氢溶解于水中形成酸性环境，对金属造成的腐蚀。湿硫化氢腐蚀往往表征为一般腐蚀、硫化氢应力腐蚀（SSC）、氢诱导开裂（HIC）、氢鼓包（HB）、应力导向氢诱导开裂（SOHIC）物种形态。主要发生的是电化学腐蚀，具体腐蚀原理如下：

硫化氢在水中发生电离：

$$H_2S \longrightarrow H^+ + HS^- \qquad H_2S \longrightarrow H^+ + S^{2-}$$

金属在酸性环境中发生的电化学反应：

$$\text{阳极：} Fe \longrightarrow Fe^{2+} + 2e$$

$$Fe^{2+} + S^{2-} \longrightarrow FeS$$

$$Fe^{2+}+HS^{-}\longrightarrow FeS+H^{+}$$

$$阴极：2H^{+}+2e\longrightarrow H_2$$

湿硫化氢腐蚀的强弱主要受硫化氢浓度、pH 值、水分、温度四个环境因素的影响，硫化氢浓度越高，pH 值越低，水氛围以及温度越低腐蚀越加剧。

（二）湿硫化氢腐蚀分布

湿硫化氢腐蚀主要分布在硫黄回收装置酸性气分液罐及附属设备管线、急冷塔及附属设备管线以及硫黄回收装置停工设备。

（三）湿硫化氢腐蚀防范措施

1. 酸性气分液罐及附属设备管线

两套硫黄回收装置共有五台酸性气分液罐，酸性气分液罐及附属设备管线均涉及湿硫化氢腐蚀。

1）因酸性气分液罐直接与高浓度硫化氢接触，在酸性气分液罐内，酸性水中硫化氢含量即为在分液罐当前压力下，硫化氢的饱和溶解度，所以压力越低饱和溶解度越小。在满足生产需求的情况下，尽可能降低酸性气分液罐操作压力有助于减缓湿硫化氢腐蚀。

2）因酸性气分液罐罐底一般连接有酸性水泵，故必须维持一定液位避免硫化氢从机封泄漏至环境，所以罐内肯定处于水氛围中，但硫黄进料酸性气分液罐正常工况下基本不带液，罐内液体基本处于静止状态，且浓度偏高，腐蚀速率较快，采取定期补水外排的方式实现对罐内液体进行置换；针对再生塔塔顶回流罐，可采取定期向贫液中补入低压除氧水，并加大提浓量或直接在分液罐内注入一定量水，稀释硫化氢浓度且提高 pH 值，减缓腐蚀。

3）投用分液罐外盘管伴热，提高罐内温度减缓腐蚀速率。

2. 急冷塔及附属设备管线[22]

1）做好急冷水 pH 值在线分析仪运维工作，确保在线分析仪的准确性，定期人工比对；

2）强化急冷水 pH 值监控力度，出现异常及时判断处理，严禁出现 pH 值降至 5.6 以下，采取急冷水注氨和除氧水置换保证 pH 值；

3）上游装置平稳操作，避免酸性气严重带烃情况的发生，以免酸性气燃烧炉配风忽大忽小，引起二氧化硫穿透；

4）投用酸性气燃烧炉主风 APC 先进控制及次风串级控制，避免出现配风过大等情况的出现。

3. 硫黄回收装置停工设备

硫黄回收装置停工后硫冷器及液硫池需保持一定温度，避免水冷凝发生湿硫化氢腐蚀，一般做法是保持液硫池部分伴热盘管维持温度，硫冷凝器采取倒引蒸汽暖锅的方式保护。

三、胺液多元腐蚀

（一）胺液多元腐蚀机理

因胺液呈现弱碱性，对酸性气气体硫化氢及二氧化碳有吸收作用，故在胺液系统内会形成 $RNH_2-CO_2-H_2S-H_2O$ 腐蚀环境，主要表征为湿硫化氢腐蚀及二氧化碳腐蚀，分别在溶液中形成酸性环境造成腐蚀。二氧化碳腐蚀机理如下：

$$Fe+2CO_2+H_2O\longrightarrow Fe(HCO_3)_2+H_2$$

$$Fe(HCO_3)_2\longrightarrow FeCO_3+CO_2+H_2O$$

二氧化碳在有水、温度高于 90℃ 的部位腐蚀最严重，当二氧化碳的浓度在 20%～30%

(体)时，腐蚀率达到0.76mm/a，而当硫化氢和二氧化碳同时存在时腐蚀相比二氧化碳单独存在时腐蚀要轻，并随着硫化氢浓度增加而降低，即硫化氢对二氧化碳的腐蚀具有抑制作用。在高温胺液环境中，由于胺、二氧化碳以及焊后残余应力的共同作用，容易产生焊缝腐蚀开裂[28]。

二氧化碳腐蚀易造成碳钢的点蚀、坑蚀及长条形沟槽腐蚀等。

(二) 胺液多元腐蚀分布

胺液多元腐蚀主要分布在硫黄回收装置胺液再生系统。

(三) 胺液多元腐蚀防范措施

1) 稳定胺液系统热稳态盐监控，出现热稳态盐达到3%以上，尽快联系进行胺液净化，避免热稳态盐对金属保护层的破坏；

2) 投用好贫液罐水封及氮封，避免胺液的氧化降解；

3) 开工前做好胺液系统的水洗工作，避免固体物质积存，破坏金属氧化膜；

4) 从目前装置再生塔顶酸性气中二氧化碳含量分析来看，吸收塔的胺液量偏大，造成二氧化碳的共吸率较大，可在确保烟气达标的前提下，适当降低胺液循环量；

5) 重沸器选型应避免选择虹吸式重沸器，选用釜式重沸器，减小对返回管线的腐蚀；

6) 开展对胺液高温管线(>88℃)管线定期测厚工作。

四、二氧化硫露点腐蚀

(一) 二氧化硫露点腐蚀机理[23]

二氧化硫露点腐蚀是二氧化硫与水形成亚硫酸，具有氧化性会与还原性金属发生氧化还原反应，当有氧气存在的时候二氧化硫还会与氧生成三氧化硫，溶于水形成强氧化性的硫酸。一般二氧化硫露点腐蚀都发生在温度低于150℃的部位，腐蚀反应机理如下：

$$SO_2+H_2O \longrightarrow H_2SO_3 \qquad 3H_2SO_3+2Fe \longrightarrow Fe_2(SO_3)_3+3H_2$$

$$SO_3+H_2O \longrightarrow H_2SO_4 \qquad 3H_2SO_4+2Fe \longrightarrow Fe_2(SO_4)_3+3H_2$$

（氮氧化物露点腐蚀：$3HNO_3+Fe \longrightarrow Fe(NO_3)_3+3/2H_2$）

二氧化硫露点腐蚀主要受二氧化硫浓度、氧浓度以及环境温度影响。

(二) 二氧化硫露点腐蚀分布

二氧化硫露点腐蚀在硫黄回收装置主要分布在尾气焚烧炉及后续设备(蒸汽过热器、余热锅炉、烟道及烟囱)。

(三) 二氧化硫露点腐蚀防范措施

1) 控制好干气脱硫胺液循环量，根据干气进装置量及时调整胺液循环量，目前经验值为当干气流量在12000Nm^3/h时，胺液循环量应大于35t/h(假定胺液贫度一定)，避免干气硫化氢含量超标；

2) 稳定LS-DeGAS液硫脱气等提标改造项目投用，降低净化尾气硫化氢及有机硫含量，即降低烟气二氧化硫排放；

3) 硫黄回收装置停工吹硫、钝化等过程必须充分，避免停工开人孔后造成固体硫黄自燃产生二氧化硫形成露点腐蚀环境；

4) 尽可能避免出现焚烧炉停炉，而克劳斯单元正常运行，尾气自克劳斯跨线进入焚烧炉，导致高含二氧化硫尾气直接进入焚烧炉，否则高含二氧化硫尾气直接进入焚烧炉，易形成腐蚀环境，如出现此情况，应尽快恢复焚烧炉点火，避免温度降低过快，或直接将负荷转移至其他硫黄回收装置，按装置停工处置；

5）尾气焚烧炉炉膛温度不宜控制过高，温度越高氮氧化物生成量越大。

第十部分　装置存在的问题

装置存在的问题主要是凝结水闪蒸罐罐底管线冲刷腐蚀严重。

（一）腐蚀情况描述

凝结水闪蒸罐 V625 主要接收两套硫黄回收装置 4.4MPa 饱和蒸汽、过热蒸汽凝结水及污水汽提 1.0MPa 蒸汽凝结水。闪蒸的气体并入联合装置低低压蒸汽管网，凝结水进入凝结水罐后外送。

自 2016 年年初起，凝结水闪蒸罐 V625 罐底液控调节阀阀后至高位凝结水罐 V626 间的弯管冲刷腐蚀明显，调节阀后第一个弯头每年更换一次，管排弯头因泄漏全部包盒子处理。从调节阀后第一弯头检测发现(见图 10-1)，冲刷腐蚀减薄明显，部分区域厚度不足 1mm。

图 10-1　V625 罐底调节阀后第一弯头泄漏图片

（二）腐蚀原因分析

初步分析造成腐蚀严重的原因有两个：

1）凝结水罐罐底液控阀前后直管距离太短，且罐底调节阀定位器不稳定，频繁出现波动，造成阀后流速波动较大，从而造成冲刷腐蚀严重；

2）V625 实际负荷超出设计负荷，因罐顶闪蒸汽直接与低低压蒸汽管网相连，正常罐顶压力应与低低压蒸汽管网压力保持一致，然而实际罐顶压力始终维持在 0.43MPa 左右高于管网压力 0.387MPa，说明罐顶气相管线管径偏小。

（三）V625 超负荷验证计算

以最近一次截图数据为计算依据，数据见表 10-1：

表 10-1　V625 各股进料流量表

4.4MPa 蒸汽/(t/h)						1.0MPa 蒸汽/(t/h)	
实际压力 3.89MPa						实际压力 0.96MPa	
E605	E606	E618	E705	E706	E718	硫黄预热器	E111
0.522	0.552	0.866	0.667	0.621	0.9	3.47	28.98

查参考文献[14]可以得到凝结水压力、温度与凝结水焓值之间的关系，见表 10-2。

表 10-2 凝结水压力、温度与焓值的关系

凝结水压力/kPa	凝结水焓/(kJ/kg)	凝结水温度/℃
0	419. 19	100
42	461. 34	110
375	632. 2	150
902	763. 25	180
1154	807. 63	190
2219	943. 71	220
3247	990. 18	240
3877	1085. 64	250
4594	1135. 04	260

由表 10-2 可以看出，当温度高于 900kPa 曲线的拟合度不高，故对压力在 900kPa 前后分别进行曲线拟合，拟合得到凝结水压力与焓值之间的曲线如图 10-2 所示。

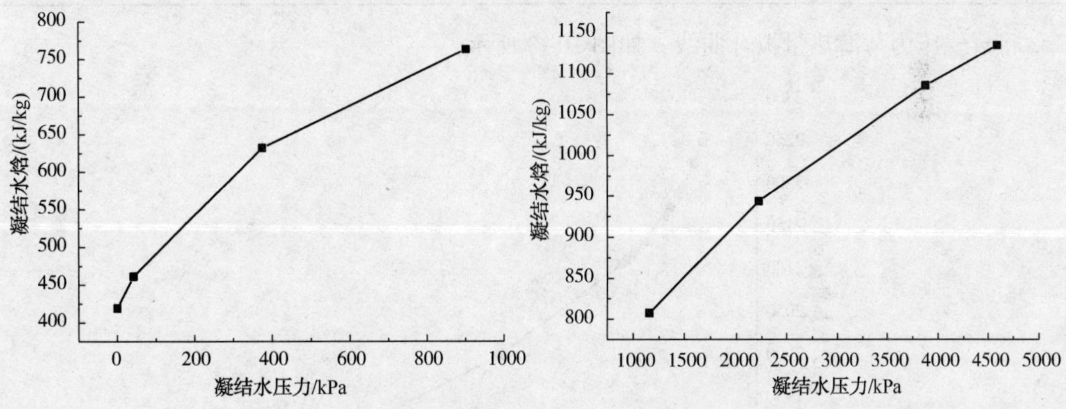

图 10-2 凝结水压力与焓关系曲线

（左：900kPa 以下；右 900kPa 以上）

所得拟合关系式分别为：

1）$p \leqslant 900$kPa，$H=-0.003p^2+0.683p+425.64$；

2）$p>900$kPa，$H=-6\times10^{-6}p^2+0.1317p+659.34$。

通过以上两式可以得到表 10-3。

表 10-3 凝结水压力与焓值对应表

压力/kPa	10	50	389	960	3890
焓值/(kJ/kg)	437. 43	460. 05	650. 00	785. 44	1088. 00

不同温度压力下，蒸汽得潜热表见表 10-4。

表 10-4 不同温度下蒸汽潜热表

压力/kPa	潜热量/(kJ/kg)	显热量/(kJ/kg)	温度/℃
0	2257	419. 04	100
10	2250. 2	430. 2	102. 66

续表

压力/kPa	潜热量/(kJ/kg)	显热量/(kJ/kg)	温度/℃
50	2225.3	468.3	111.61
110	2197	512.2	121.96
130	2188.7	524.6	124.9
170	2173.7	547.1	130.13
200	2163.3	562.2	133.69
300	2133.4	605.3	143.75
340	2122.9	620	147.2
360	2117.3	627.1	148.84
380	2112.9	634	150.44
400	2108.1	640.7	151.96
1000	2000.1	781.6	184.13
2000	1880.2	920.3	214.96

将蒸气压力与潜热量拟合曲线，如图 10-3 所示。

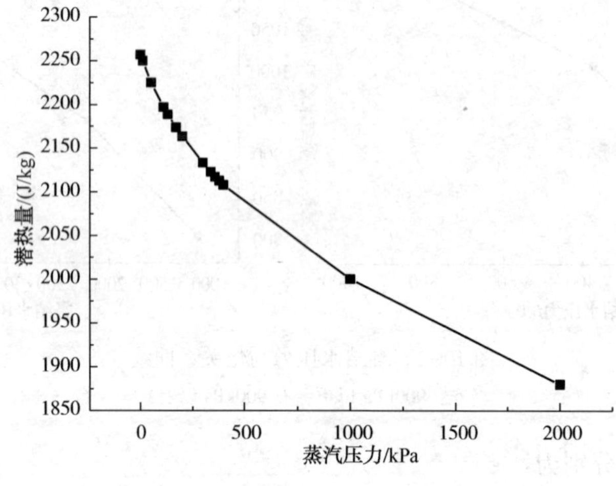

图 10-3　蒸气压力与潜热关系曲线

拟合得到的关系为：$H=9\times10^{-5}p^2-0.35p+2238.6$

由上式可计算得到压力在 389kPa 时蒸汽的潜热为 2116.07kJ/kg。

各股进料闪蒸气量计算如下：

1) 1.0MPa 蒸汽闪蒸量：$q_L=(28.98+3.47)\times(785.44-650.00)/2116.07=2.07$t/h；

2) 4.4MPa 蒸汽闪蒸量：$q_M=\Sigma(\text{加热器})\times(1088-650.00)/2116.07$

$=4.098\times438/2116.07=0.85$t/h

得到总闪蒸气量为 2.92t/h。根据蒸汽管道管径计算公式[27]：

$$d=594.5\sqrt{q_m/(\omega\cdot\rho)} \tag{10-1}$$

已知管径 $d=80$mm，0.389MPa 压力下蒸汽的密度查得为 2.613kg/m³，则将已知条件代入式(10-1)可以得到，管线流速 $\omega=q_m/\rho\ (d/594.5)^2=61.7$m/s，根据蒸汽管道设计原则，一般 $DN<100$mm 的饱和蒸汽管线，其流速应该在 15~30m/s 之间，由此可见，闪蒸罐 V625

闪蒸气量过大，现有 *DN*80 管线无法满足凝结水闪蒸负荷。

如果在不对其他设备或流程进行变动的情况下，如需满足现有工况生产，需将闪蒸罐 V625 罐顶管线进行扩径，将饱和蒸汽最大流速 30m/s 代入上式，得到：

$d=594.5\sqrt{2.92/(30\times2.613)}=115\text{mm}$，查表有当饱和蒸汽管径为 100mm、流速为 40m/s 时，蒸汽流量为 2.98t/h，则顶部管径应至少改至 *DN*125。

分析 V625 闪蒸气量大的原因是硫黄回收装置一级、二级克劳斯反应器及加氢反应器加热器均采用疏水器形式，因疏水效果不佳，造成凝结水携带蒸汽较大，导致闪蒸罐 V625 运行负荷过大，考虑将疏水器改成凝结水罐型式。

(四) 凝结水罐流程设计

拟将流程变更如图 10-4 所示的形式。

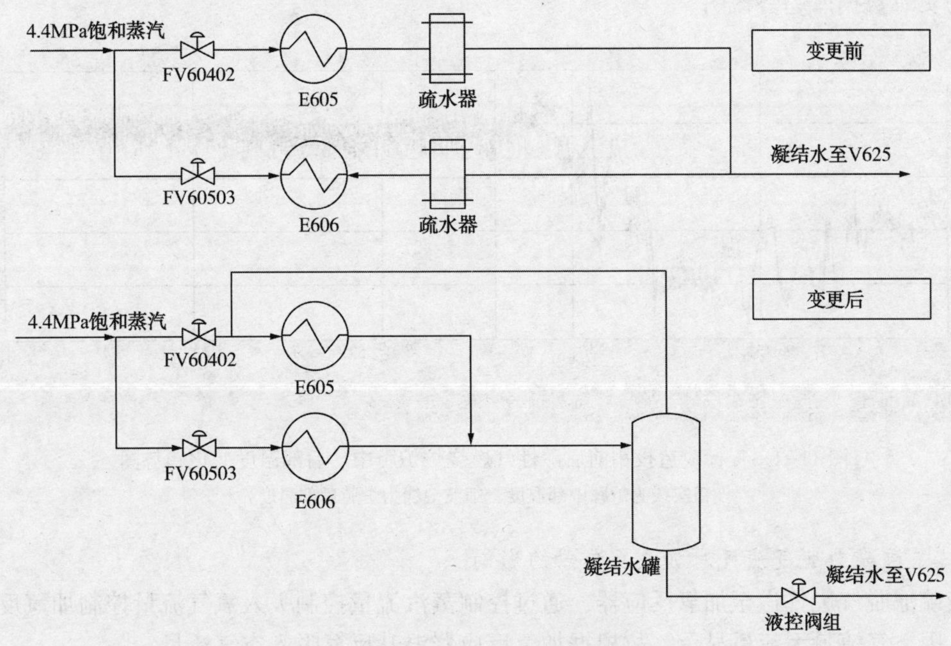

图 10-4 加热器凝结水流程变更对比图

E605 及 E606 设计总流量为 2.3t/h，查在 3.9MPa、254℃下凝结水密度为 814kg/m^3，转化为体积流量为 $2.83\text{m}^3/\text{h}$，按凝结水在罐内停留时间 20min 计算，则有凝结水罐估算容积为 $V=2.83\text{m}^3/\text{h}\times20\text{min}/0.8=1.2\text{m}^3$(其中 0.8 为装满系数)，故该凝结水罐选用容积为 1.5m^3的立式容器，设计正常操作压力为 4.4MPa。

第十一部分 硫黄回收装置提标改造

硫黄回收装置尾气提标改造项目于 2018 年 9 月 27 日投用。

一、提标改造项目投用后的影响

(一) 液硫池废气对燃烧炉的影响

硫黄回收装置尾气提标改造项目投用将液硫池由进酸性气燃烧炉改至加氢反应器，以下对液硫池废气对燃烧炉的影响进行分析计算。

因液硫池废气中主要成分为蒸汽组分，本次计算基于“第四部分-酸性气燃烧炉硫转化率-理论计算”章节计算基础，将燃烧炉进料中水含量去除液硫池废气水含量 0.65t/h，即 36.11kmol/h。

通过假设硫化氢的反应摩尔流量，计算得到 4~5 个硫化氢反应摩尔流量对应的平衡常数，并通过平衡常数与炉膛温度之间的关系，并作出硫化氢反应摩尔流量与反应产物热量关系曲线，从而迭代得到此时参与反应的硫化氢反应摩尔流量为 58.52kmol/h，进而通过反应平衡常数得到炉膛温度为 1070.5℃，从而可以发现液硫池废气从酸性气燃烧炉改出后，炉膛后部温度上升 44℃。

2018 年 9 月 27 日，尾气提标改造开工后 F601 炉膛后部温度实际上升 49℃，如图 11-1 所示为实时数据库趋势截图。

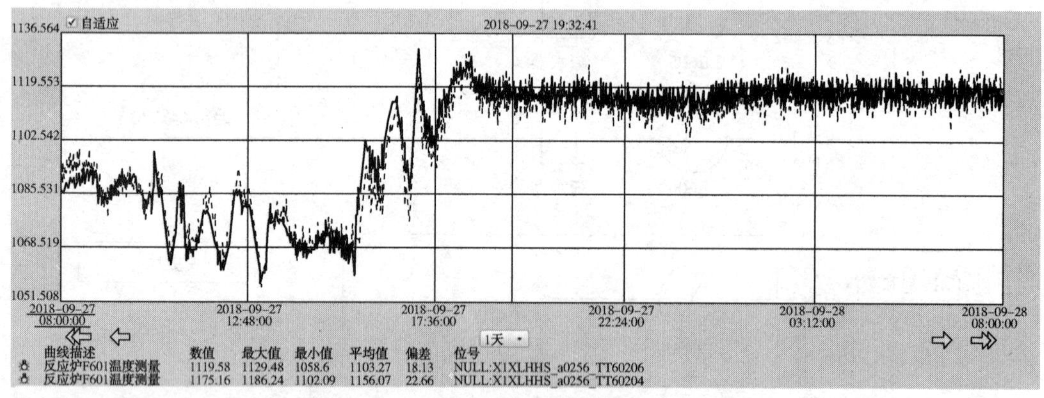

图 11-1 提标改造投用前后酸性气燃烧炉炉膛中、后部温度变化趋势图

（粗实线为炉膛中部温度、细波浪线为炉膛后部温度）

（二）液硫池脱气废气对加氢反应器的影响

液硫池脱气废气送至加氢反应器，通过控制蒸汽流量控制吸入氧气流量控制加氢反应器温度，因空气流量无流量显示，故根据加氢反应器温升反算吸入空气流量。

净化尾气鼓泡系统投用后，加氢反应器出现明显的温升，温度变化趋势如图 11-2 所示。

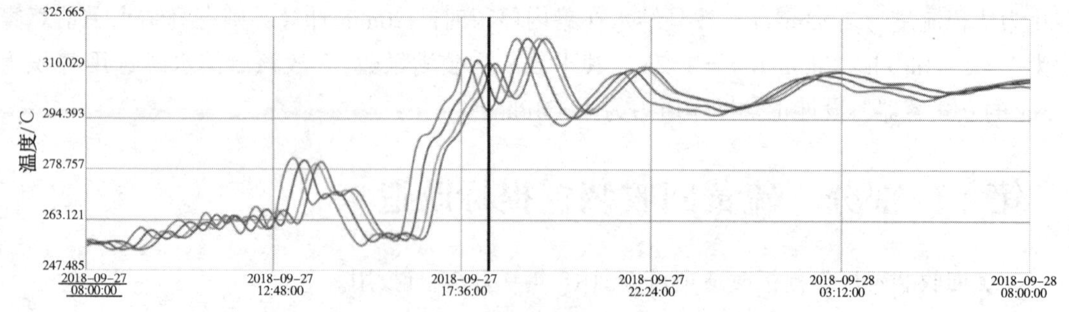

图 11-2 尾气提标改造投用前后加氢反应器床层温度变化趋势图

由图 11-2 可以看出，尾气提标改造项目投用后，加氢反应器床层温度由 265℃上升至 314℃，净化尾气鼓泡气流量为 480Nm^3/h，液硫池脱气废气流量为 760Nm^3/h，可知废气+空

气总流量为280Nm³/h，假设液硫池废气流量为xNm³/h，抽入的空气流量为yNm³/h，则有：$x+y=280$。

其次，酸性气流量为5700Nm³/h，其中高浓度酸性气流量3966Nm³/h，硫化氢浓度为71%左右，煤制氢低浓度酸性气流量400Nm³/h，硫化氢浓度为0.3%左右，循环再生酸性气流量1323Nm³/h，硫化氢浓度为33%左右。且消耗空气量为6600Nm³/h。假设循环酸性气流量及硫化氢浓度不发生变化，且硫回收率达到99.99%（以烟气排放计算），所以有加氢反应器入口流量为：

$$Q=5700+6600-(3966\times71\%\times32/34+400\times0.3\%\times32/34)\approx9649\text{Nm}^3/\text{h}$$

蒸汽抽射器消耗蒸汽为0.45t/h，转化为体积流量为560Nm³/h，消耗氢气流量为200Nm³/h，根据设计提供的经验数据，加氢反应器尾气中每增加1%体积浓度的氧气，反应器床层温度将上升120℃，故：

$$21\%y/(9649+560+760+200)=1\%\times49/120$$

可以求得：$y=217$Nm³/h，则液硫池内废气流量约63Nm³/h。

（三）提标改造投用后加氢反应器有机硫水解效率

提标改造项目加氢反应器进出口标定数据见表11-1。

表11-1　提标改造项目加氢反应器进出口标定数据表

分析项目	分析组分	10月12日		10月15日	
1#尾气捕集器出口尾气	H_2S/%	0.4	0.4	0.33	0.35
	COS/(μL/L)	191.8	235.31	23.8	21.06
1#加氢反应器出口尾气	H_2S/%	0.93	0.94	0.04	0.97
	H_2/%	2.17	2.04	1.89	2.28
	COS/(μL/L)	18.85	19.19	2.9	4.49

从上述四组数据可以发现，仅10月12日早晚两组数据与实际接近，分别计算有机硫水解效率为91.2%、91.8%。由此可见，提标改造项目投用后，加氢反应器的有机硫水解效率提升大致3%左右。

（四）提标改造项目对净化尾气中硫化氢及有机硫的影响

对比8月底与10月初标定数据见表11-2，可以发现：

表11-2　净化尾气分析数据对比表　　μL/L

部位	分析组分	8月27日	10月12日
净化尾气	H_2S	28.4	5.0
	COS	8.1	3.43

1）硫化氢与羰基硫均有不同程度的下降，且羰基硫的量均较加氢反应器出口含量有所下降，猜测是否存在部分有机硫在吸收塔内进入胺液内，从理论来说，急冷塔脱除部分水及吸收塔脱除硫化氢，净化尾气中羰基硫含量应高于加氢反应器出口羰基硫含量。

2）尾气提标改造项目增加急冷水-冷媒水板式换热器，急冷水温度由38.7℃下降至28.5℃，以8月27日标定数据计算当急冷水温度为38.7℃时，硫化氢的吸收效率为99.71%；以10月12日标定数据计算当急冷水温度为28.5℃时，硫化氢的吸收效率为99.95%，低温对胺液的选择性吸收效率有一定的提升。

二、提标改造项目投用前后能耗对比

提标改造投用前后能耗对比见表 11-3。

表 11-3　提标改造投用前后能耗对比表

装置名称	产/耗	介质名称	9 月 21 日~9 月 23 日平均	10 月 13 日~10 月 15 日平均
1#硫黄回收装置	产	0.4MPa 蒸汽/t	109	114
1#硫黄回收装置	产	3.5MPa 蒸汽/t	217	223
1#硫黄回收装置	耗	1.0MPa 蒸汽/t	27	27.54
1#硫黄回收装置	耗	电/kW・h	11204	11364

1）0.45MPa 蒸汽产汽增加的主要原因是液硫池脱气废气引入加氢反应器后，反应器出口温度由 265℃左右上升至 313℃，从而增加了 E616 产汽量，表量显示由 0.73t/h 上升至 0.95t/h，每小时多产 0.22t/h，每天增产约 5.3t，与计量数据基本吻合。

2）3.5MPa 蒸汽产汽增加的主要原因是液硫池脱气废气从酸性气燃烧炉改出，大约 0.55t/h 蒸汽不进入炉内，酸性气燃烧炉炉膛温度由 1120℃左右上升至 1196℃左右，炉温升高余热锅炉产汽量有所增加，产汽量由 8.85t/h 上涨至 9.12t/h(表量波动较大)，每小时多产 0.27t/h，每天增产约 6.5t。

3）电耗增加主要表现在净化尾气风机运行耗电，净化尾气风机电机标定期间未对电流进行记录，实际风机出口风压为 22.3kPa，入口压力约 1kPa，则查风机性能曲线图(见图 11-3)，有轴功率约为 9kW，得到一天耗电量为 216kW・h，与计量数据 160kW・h 有一定偏差。

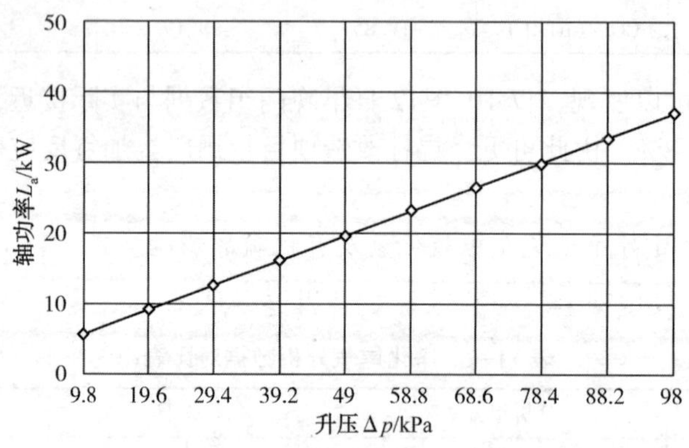

图 11-3　净化尾气风机性能曲线

参 考 文 献

[1] 王秉铨．工业炉设计手册[M]．北京：机械工业出版社，2010.

[2] 王敏．化学分析结果计算中干基与湿基的换算[J]．中国橡胶，2009，25(5)：40-41.

[3] 郭祖梁．石油化工工程师实用手册[M]．北京：化学工业出版社，2005.

[4] 陈赓良、肖学兰等．克劳斯法硫黄回收技术[M]．北京：石油工业出版社，2007.

[5] 耿庆光．硫黄回收装置酸性气燃烧炉平衡温度的计算[J]．石油化工设计，2011，28(3)：8-9.

[6] 郑明之．硫黄回收装置部分氧化法燃烧炉转化率计算方法讨论[J]．齐鲁石油化工，1983(1)：46-48.

[7] 张晋玺 . 用元素平衡法计算硫收率[J]. 石油与天然气化工，2000.
[8] 岑兆海 . 天然气净化厂装置性能考核与硫收率计算探讨[J]. 天然气与石油，2011，29(1)：22-24.
[9] 胡文宾 . LS-971 脱氧保护型硫黄回收催化剂的研制及工业应用[J]. 石油炼制与化工，2001(9).
[10] 卢焕章，等 . 石油化工基础数据手册[M]. 北京：化学工业出版社，1984.
[11] 曹汉昌，郝希仁，等 . 催化裂化工艺计算与技术分析[M]. 北京：石油工业出版社，2000：145-153.
[12] 烟囱的计算[OL]. 豆丁建筑 . https：//jz. docin. com/p-332463796. html.
[13] 李钧，阎维平，等 . 烟气酸露点温度的计算分析[J]. 热力发电，2009，(4)：31-34.
[14] 陈敏恒，丛德滋，等 . 化工原理(下册)[M]. 北京：化学工业出版社，2006.
[15] 姚玉英，等 . 化工原理(下册)[M]. 2 版 . 天津：天津大学出版社，1999.
[16] 熊楚安，赵璞 . 塔板结构参数对负荷性能曲线的影响[J]. 化工设计，2003，(6)：14-16.
[17] 何智灵 . 硫黄回收装置静设备选材、结构、常见问题分析[Z]，2018.
[18] 严崇荣，倪伟，等 . 天然气净化厂 Claus 硫黄回收装置硫回收率计算方法[J]. 石油与天然气化工，2015.
[19] 黄思思 . 硫黄相关回收装置得腐蚀原因与防护措施[J]. 石化技术，2017.
[20] 武俊瑞，王斌，等 . 硫黄回收装置余热锅炉泄漏原因分析及整改[J]. 硫酸工业，2017.
[21] 王文海，孟石，等 . 硫黄回收装置余热锅炉泄漏原因分析及应对措施[J]. 兰州石化职业技术学院学报，2016.
[22] 冷传斌，李兵，等 . 硫黄回收装置急冷水管线裂纹原因分析[J]. 设备管理与维修，2017.
[23] 王韬 . 硫黄回收装置尾气焚烧炉前端腐蚀状况分析[J]. 全面腐蚀控制，2017.
[24] 吴德荣 . 化工工艺设计手册[M]. 4 版 . 北京：化学工业出版社，2009.
[25] 续魁昌 . 风机手册[M]. 北京：机械工业出版社，2001.
[26] 张小康，林本宽 . 硫回收装置主燃烧炉设计中的几个问题[J]. 炼油技术与工程，1997.
[27] 马九荣 . 简明动力管道手册[M]. 北京：机械工业出版社，1997.
[28] 刘燕敦 . 硫黄回收装置工艺设备腐蚀原因分析及防护对策[J]. 石油化工设备技术，2010，31(4)：43-48.

附图

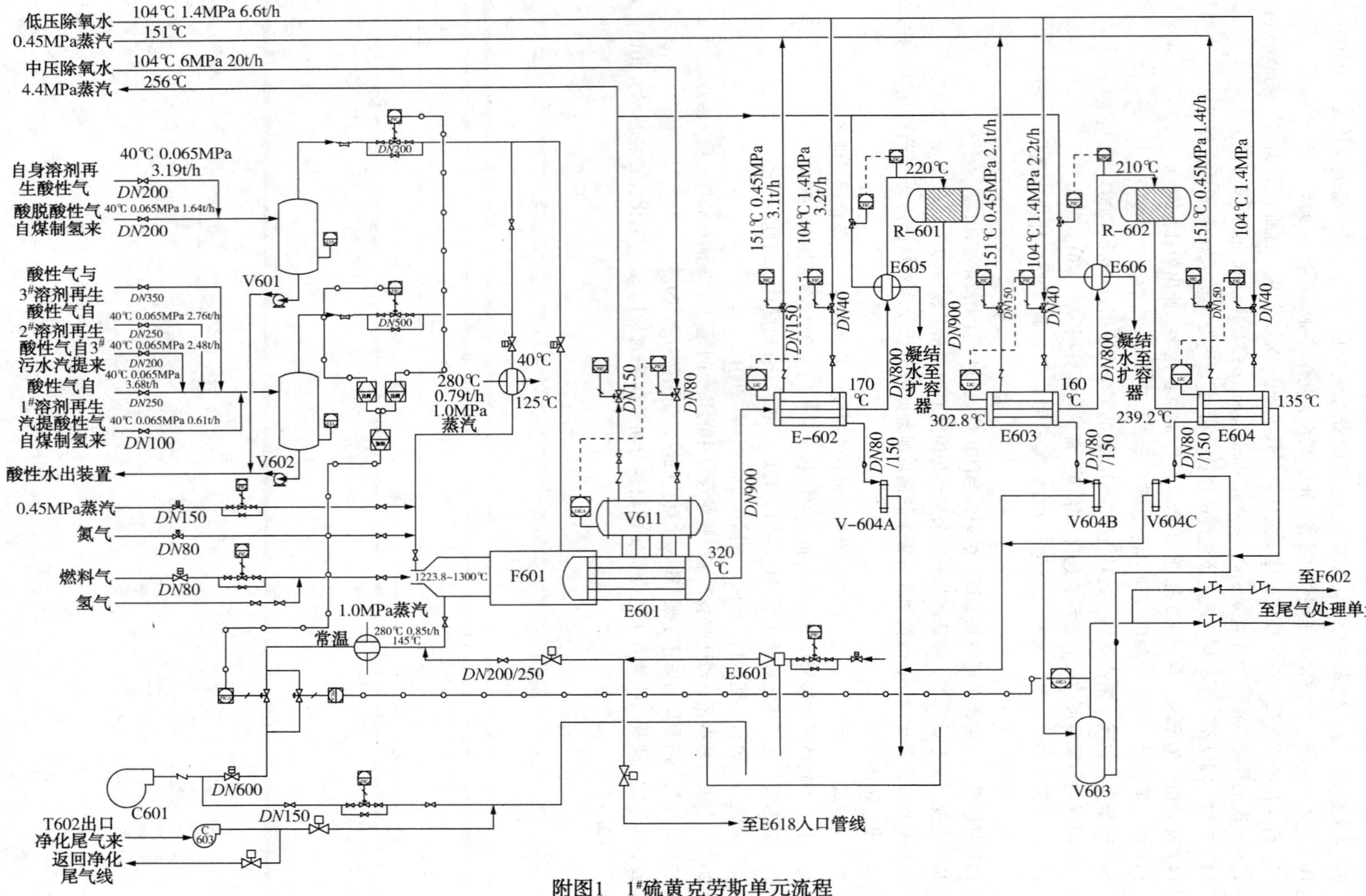

附图1 1#硫黄克劳斯单元流程

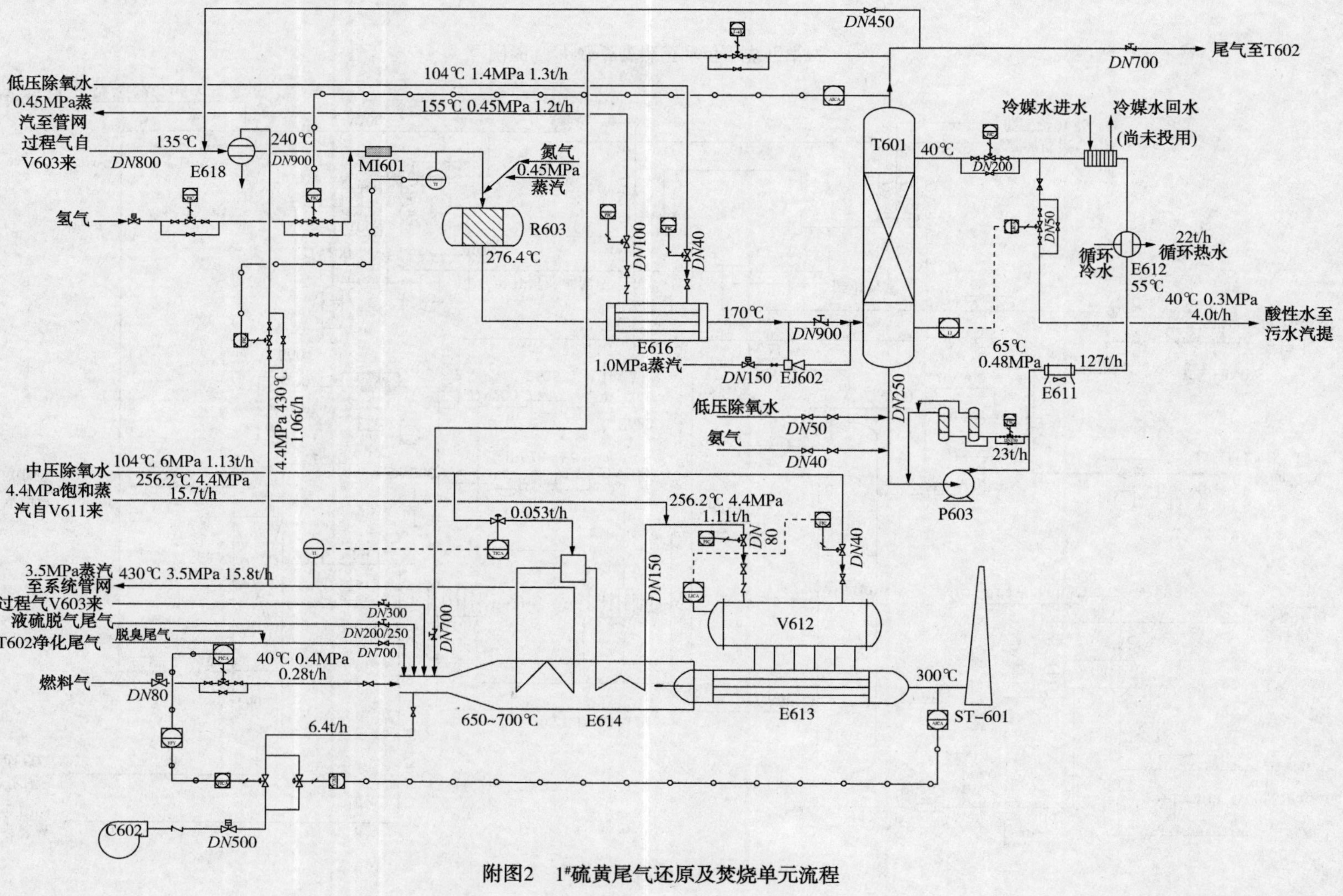

附图2　1#硫黄尾气还原及焚烧单元流程

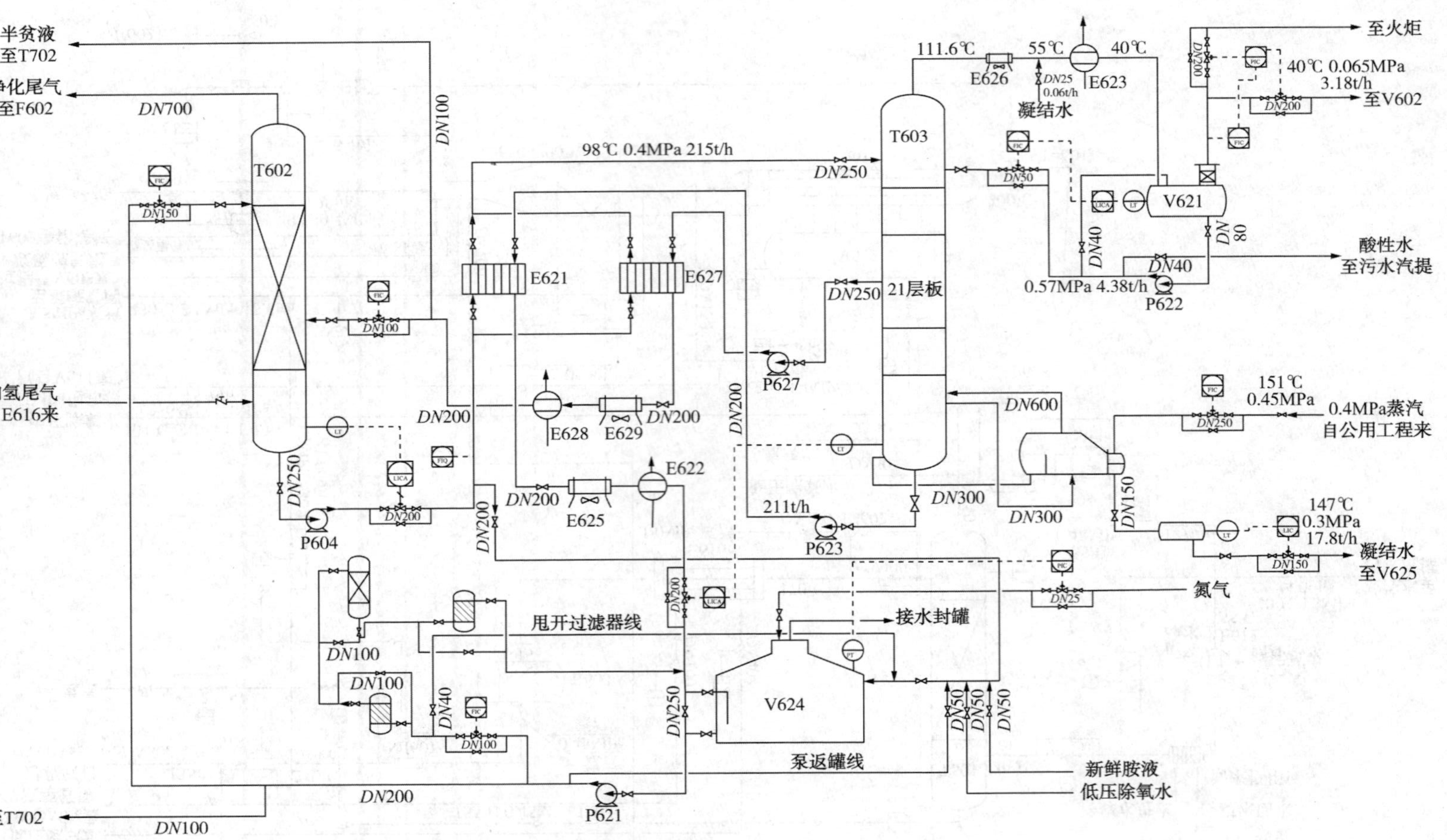

附图3 1#硫黄胺液吸收再生单元流程

广州石化140kt/a硫黄回收装置工艺计算

完成人：兰敏
单　位：中国石化广州石化公司

目　录

第一部分 标定报告

一、概述

中国石化广州石化公司140kt/a硫黄回收联合装置是千万吨炼油改扩建主体装置之一。根据污染集中治理、节省投资与占地、综合利用、节能降耗、合理优化等原则，将改扩建的四套加氢装置的脱硫富溶剂集中再生，全厂加氢型酸性水集中处理，与硫黄回收联合布置操作，实现全厂酸性气、酸性水处理的安全、稳定、优化、长效。

140kt/a硫黄回收联合装置于2005年12月26日建成中交，硫黄回收装置A套于2006年2月26日一次投料开车成功，其他装置分别于2006年7月21日(溶剂再生装置A套)、2006年8月5日[污水汽提(三)氨精制装置]、2006年12月23日(溶剂再生装置B套)、2007年1月22日(硫黄回收装置B套)一次投料开车成功。为考核装置的运行能力、催化剂性能及包括能耗在内的各项技术经济指标，2007年6月底对140kt/a硫黄回收装置进行了首次标定，装置处理量和产品质量技术指标均达到了设计指标。在2011年4月装置进行了第二次标定，污水汽提三装置处理量从90t/h提高至100t/h。2016年4月对140kt/a硫黄回收装置进行第三次标定，对装置催化剂性能进行全面评估，根据标定结果确定了硫黄尾气达标治理装置催化剂的填装方案。在2017年7月检修期间，140kt/a硫黄回收装置实施了“140kt/a制硫节能减排”“硫黄尾气达标改造”“140kt/a制硫中压蒸汽系统改造”“液化气脱硫醇尾气环保治理”等技措项目，为了考核装置改造后运行情况，在2017年10月对装置进行了第四次标定。

结合2018年炼油核心装置专家班的学习，为切实了解装置当前工况下物料平衡、产品质量、装置能耗、相关安全环保等项目指标，了解装置动静设备的运行性能，为装置的生产管理和优化操作提供参考和依据，在2018年8月对140kt/a硫黄回收装置制硫单元进行标定。

140kt/a硫黄回收装置第一周期运行时间：2006年2月26日~2009年4月28日，连续运行1137d；第二周期运行时间：2009年5月31日~2013年5月6日，连续运行1437d；第三周期运行时间2013年6月23日~2017年7月1日，连续运行1469d。自2017年8月17日开工，装置进入第四周期的运行。

二、装置规模及技术特点

(一) 装置规模

中国石化广州石化公司140kt/a硫黄回收联合装置由一套90t/h的污水汽提氨精制装置、2套280t/h的溶剂再生装置、2套70kt/a制硫装置组成。溶剂再生、污水汽提操作弹性60%~120%，制硫装置操作弹性50%~110%，年开工时数为8400h。140kt/a硫黄回收联合装置由中石化洛阳工程有限公司做基础设计，中国石化南京设计院做施工图设计并总承包。其中的硫黄回收装置采用两级克劳斯+RAR尾气处理工艺，硫回收率达99.9%。

根据流程安排，由污水汽提三装置(单元号71)、溶剂再生三A系列(单元号72)、溶剂再生三B系列(单元号73)、硫黄回收A系列(单元号74)及硫黄再生B系列(单元号75)和公用工程(单元号76)单元联合组成。污水汽提三主要以加氢型含硫污水为原料，通过汽提净化回收酸性气、液氨，装置净化水送上游装置回用及部分排含油污水管线；溶剂再生单元处理上游装置送回的富液，通过再生回收酸性气，再生后的贫液送上游装置；硫黄回收单元以酸性气为原料，通过克劳斯硫回收工艺，将 H_2S 转化为产品工业硫黄。

主要产品：

污水汽提装置：净化水，副产品酸性气、液氨等。

溶剂再生装置：贫液，副产酸性气。

硫黄回收：以酸性气为原料，生成优级品硫黄。

本项目是按硫黄回收联合装置设计，年运行时间 8400h，各单元设计公称规模如下：

污水汽提三装置：　　90t/h；

溶剂再生装置：　　2×280t/h；

硫黄回收装置：　　2×70kt/a。

（二）工艺技术特点

1. 装置原设计的主要技术特点

1）硫黄回收采用两个系列（单系列规模 70kt/a）并列操作。

2）酸性气燃烧炉废热锅炉产生 4.2MPa 中压蒸汽。

3）硫黄回收采用二级转化克劳斯制硫工艺，过程气采用自产 4.2MPa 中压蒸气加热方式。

4）硫黄尾气处理采用常规还原-吸收工艺。

5）克劳斯尾气与加氢反应器出口过程气通过气/气换热器被加热到所需温度，利用外补氢气作为加氢反应氢源，保持尾气加氢反应所需的氢气浓度；开工时克劳斯尾气由电加热器加热到所需温度。

6）尾气焚烧炉出口设置蒸汽过热器及余热锅炉，余热锅炉产生 2.0MPa 蒸汽（减压至 1.0MPa 后供联合装置自用）。

7）两个系列尾气处理共用一套溶剂再生系统和排空烟囱，以降低投资和消耗；配套溶剂再生系统的处理能力包括现有 20kt/a 硫黄回收的富液。

8）按每个系列单独设置液硫脱气设施进行设计，将液硫中的 H_2S 降到最低，减轻操作环境的污染。

9）不再设置液硫成型设施，按液硫方式出厂，进一步降低装置的投资、消耗和占地。

10）设置尾气开工循环风机。

11）为节省占地，一、二级冷凝器采用同壳结构。

12）三级冷凝器单独设置，发生低压蒸气，低压蒸气经空冷冷却后，凝结水循环使用。

13）仪表控制采用 DCS 控制系统和 ESD 连锁自保系统；设置尾气在线分析控制系统，连续分析尾气的组成，在线控制进酸性气燃烧炉空气量，尽量保证过程气 H_2S/SO_2 为 2/1，提高总硫转化率；在原料气总管上设置酸性气在线分析仪，连续分析酸性气的组成。

14）联合装置内冷却设施采用空冷+水冷。

15）除关键设备（酸性气燃烧炉烧嘴、尾气焚烧炉烧嘴和循环风机）、关键仪表（分析仪、火眼、高温仪、DCS 等）、少量特殊阀门引进外，其他均采用国内设备。

2. 尾气达标改造项目的主要技术特点

1）增设净化气液硫鼓泡管线，鼓泡后气体至加氢反应器处理。

2）增加液硫池密封性能，增设硫池内压力显示仪表，以及相应的连锁系统。

3）净化尾气硫化氢含量应降低至20μL/L以下，尾气吸收系统采用高性能复合脱硫剂。

4）净化尾气COS含量应降低至20mg/Nm³以下，制硫催化剂和尾气加氢催化剂应采用有机硫水解效果较佳的高性能催化剂。

5）吸收塔后增加一级净化塔，吸收微量硫化氢，吸收硫化氢后的废液注入酸性水管网，防止装置波动时净化气中硫化氢超标而影响排放。

6）增设20kt/a硫黄装置液硫池到70kt/a硫黄装置加氢反应器入口跨线，将池内废气引入70kt/a硫黄装置加氢反应器处理。

7）将20kt/a硫黄装置液硫送到70kt/a硫黄装置液硫池进行脱气处理。利用原20kt/a硫黄装置液硫池液硫输送泵接出跨线至70kt/a硫黄装置液硫池进行脱气处理。

3. 液化气脱硫醇尾气环保治理主要技术特点

脱硫一、脱硫二装置液化气脱硫醇尾气总量为120Nm³/h，进入2×70kt/a硫黄回收装置74系列和75系列尾气焚烧炉焚烧，增加了硫黄回收装置烟囱二氧化硫排放浓度。本项目将脱硫醇尾气引硫黄回收装置主燃烧炉燃烧，增加切断阀、控制阀及阻火器。

三、考核标定

（一）标定数据

装置在2018年8月21~23日对2×70kt/a硫黄回收装置进行标定。

标定的原料及产品性质、工艺条件与设计值、攻关目标值及催化剂性能保证值对比见表1-1~表1-10。

表1-1 酸性气进料性质

项目	设计值	21日	22日	23日	平均
H_2S含量/%(体)	72	95.61	93.71	94.02	94.45
COS含量/%(体)		0.96	0.81	0.87	0.88
CO_2含量/%(体)	20.9	3.07	4.82	4.34	4.08
烃含量/%(体)	1.7	0.12	0.02	0.04	0.06
NH_3/(mg/m³)	1.5%	75	170	85	108.33

表1-2 脱硫醇尾气进料性质

项目	21日	23日	平均
氮气/%(体)	79.23	80.51	79.87
氧气/%(体)	14.62	15.04	14.83
甲烷/%(体)	0.51	0.26	0.385
乙烷/%(体)	0.18	0.07	0.125
乙烯/%(体)	<0.02	<0.02	<0.02
丙烷/%(体)	0.38	0.38	0.38
丙烯/%(体)	1.90	1.83	1.865
正丁烷/%(体)	0.78	0.55	0.665

续表

项 目	21 日	23 日	平均
异丁烷/%(体)	0.65	0.30	0.475
正丁烯/%(体)	0.09	0.05	0.07
顺-2-丁烯/%(体)	0.07	0.06	0.065
反-2-丁烯/%(体)	0.09	0.06	0.075
C_5/%(体)	0.91	0.46	0.685
COS 含量/%(体)	0.55	0.40	0.475
CO_2含量/%(体)	<0.02	<0.02	<0.02
C_3 以上/%(体)	3.04	3.72	3.38
总硫/(mg/Nm^3)	11555	8870	10212.5
相对分子质量	29.7	29.4	29.55
相对密度	1.03	1.01	1.02

表 1-3 天然气进料性质

项 目	21 日	22 日	23 日
丙烷+丙烯/%(体)	1.02	0.29	0.22
相对分子质量	17.61	17.76	17.5
甲烷/%(体)	90.98	90.12	90.34
乙烷/%(体)	3.9	4.48	3.06
氮气/%(体)	2.51	2.11	4.01
C_2/%(体)	3.9	4.48	3.06
烯烃/%(体)	0.02	<0.02	<0.02
乙烯/%(体)	<0.02	<0.02	<0.02
正丁烯/%(体)	<0.02	<0.02	<0.02
一氧化碳/%(体)	<0.02	<0.02	<0.02
异丁烷/%(体)	0.18	0.06	0.03
正丁烷/%(体)	0.28	0.11	0.03
C_3 及以上/%(体)	1.55	0.65	0.29
氢气/%(体)	<0.02	<0.02	<0.02
丙烷/%(体)	1	0.2	0.22
顺-2-丁烯/%(体)	<0.02	<0.02	<0.02
反-2-丁烯/%(体)	<0.02	<0.02	<0.02
相对密度	0.61	0.61	0.6
氧气/%(体)	0.19	0.65	1.23

续表

项 目	21 日	22 日	23 日
C_5/%(体)	0.07	0.19	<0.2
二氧化碳/%(体)	0.63	1.59	1.08
硫化氢/%(体)	<0.02	<0.02	<0.02
低热值/(MJ/m^3)	36.7	35.9	34.61
丙烯/%(体)	0.02	<0.02	<0.02
异丁烯/%(体)	<0.02	<0.02	<0.02

表 1-4 74 系列操作参数

项 目			21 日	22 日	23 日	平均
74 系列克劳斯单元	F7401 酸性气燃烧炉	酸性气流量/(kg/h)	7510.67	7379.67	7988.17	7800.53
		一次风量/(kg/h)	15586.67	15369.00	14312.33	15468.58
		二次风量/(kg/h)	2156.17	2049.33	2475.33	2329.63
		炉前压力/MPa	0.023	0.022	0.025	0.024
		炉膛温度/℃	1018.33	1017.67	1024.17	1021.37
	E7421 废热锅炉	蒸气压力/MPa	4.08	4.05	4.06	4.07
		上水量/(m^3/h)	16.83	17.00	17.67	17.37
		管程出温度/℃	305.83	304.67	310.17	308.11
	E7401A 一级硫冷器	蒸气压力/MPa	0.40	0.43	0.39	0.40
		产汽量/(kg/h)	4892.83	4772.33	5373.50	5124.95
		上水量/(m^3/h)	4.53	4.37	5.02	4.75
		出口温度/℃	157.17	158.67	155.67	157.05
	E7409	蒸汽用量/(kg/h)	1192.33	1236.67	1250.89	1252.32
	R7401 一级反应器	入口温度/℃	231.67	231.67	231.50	231.58
		床层温度/℃	317.67	316.67	317.17	317.47
		出口温度/℃	312.33	312.00	312.17	312.26
	E7401B 二级硫冷器	出口温度/℃	161.00	161.67	161.33	161.53
	E7410	蒸汽用量/(kg/h)	841.83	794.67	891.83	1253.00
	R7402	入口温度/℃	227.67	228.00	228.00	227.89
		床层温度/℃	245.83	246.67	248.50	247.32
		出口温度/℃	250.83	251.33	250.83	251.00
	E7401C	蒸气压力/MPa	0.25	0.26	0.25	0.25
	V7404	AI7402A/%	0.194	0.174	0.191	0.200
		AI7402B/%	0.337	0.389	0.267	0.286
		AIC7402	-0.426	-0.438	-0.373	-0.367
		出口温度/℃	143.00	143.67	140.67	142.47

续表

项目			21日	22日	23日	平均
液硫脱气单元	V7421液硫池	液位(南)/%	39.00	40.00	40.33	39.74
		温度(南)/℃	143.00	143.67	143.17	143.32
		鼓泡气流量/(kg/h)	291.00	293.33	286.17	289.32
		气抽蒸汽量/(kg/h)	635.33	617.33	650.50	640.58
尾气处理单元	R7403加氢反应器	入口温度/℃	273.83	272.33	274.67	274.37
		床层温度/℃	318.33	316.33	312.17	314.11
		出口温度/℃	314.17	313.00	307.83	310.42
	T7401急冷塔	过程气进温度/℃	170.17	171.00	170.33	170.47
		底部水温/℃	60.83	60.00	62.17	61.47
		顶部气温/℃	35.00	34.00	34.00	34.42
		急冷水流量/(m^3/h)	147.00	147.00	146.50	146.74
		急冷水外排量/(m^3/h)	4.68	5.30	4.93	4.98
	T7402吸收塔	底温/℃	36.65	36.00	36.50	36.47
		顶温/℃	34.42	33.67	34.00	33.97
		贫液流量/(m^3/h)	98.17	98.67	98.17	98.32
	T7405碱洗净化塔	pH值	8.20	8.20	7.98	8.13
		循环量/(t/h)	76.83	76.67	77.00	76.95
尾气焚烧单元	F7402尾气焚烧炉	瓦斯量/(kg/h)	518.33	505.00	533.67	524.37
		一次空气量/(kg/h)	8337.17	8031.33	8552.50	8409.42
		二次空气量/(kg/h)	1424.50	1428.00	1429.83	1427.00
		三次空气量/(kg/h)	1468.17	1444.33	1479.00	1471.42
		炉膛温度/℃	690.33	691.00	692.17	691.95
		含氧量/%	3.45	3.40	3.20	3.32
	E7424蒸汽过热器	过热蒸汽温度/℃	429.00	431.33	426.17	429.42
		蒸气压力/MPa	1.30	1.30	1.30	1.30
	E7423余热锅炉	产汽量/(kg/h)	2586.00	2587.00	2576.33	2582.84
		上水量/(m^3/h)	2.59	2.59	2.57	2.58
		出口蒸汽温度/℃	186.33	186.00	185.67	186.00
		烟气出口温度/℃	283.33	283.00	285.83	284.89

表 1-5 75 系列操作参数

项目			21 日	22 日	23 日	平均
75 系列克劳斯单元	F7501 酸性气燃烧炉	酸性气流量/(kg/h)	8242.17	8222.67	8520.83	8374.16
		一次风量/(kg/h)	16341.67	16217.67	17217.83	16884.63
		二次风量/(kg/h)	2120.33	1978.00	2401.17	2255.84
		炉前压力/MPa	0.021	0.020	0.023	0.022
		炉膛温度/℃	1223.83	1219.00	1225.17	1224.05
		脱硫醇尾气压力/MPa	0.10	0.09	0.10	0.10
		脱硫醇尾气流量/(m^3/h)	109.00	105.00	106.83	107.26
	E7521 废热锅炉	蒸气压力/MPa	4.06	4.05	4.05	4.06
		上水量/(m^3/h)	17.27	17.00	18.00	17.61
		管程出温度/℃	308.00	307.00	312.83	311.00
	E7501A 一级硫冷器	蒸气压力/MPa	0.41	0.42	0.39	0.40
		产汽量/(kg/h)	3944.67	4049.67	4407.83	4215.42
		上水量/(m^3/h)	11.50	4.47	5.00	6.99
		出口温度/℃	161.00	162.00	162.00	162.21
	E7509	蒸汽用量/(kg/h)	829.00	799.33	866.33	846.37
	R7501 一级反应器	入口温度/℃	232.00	231.67	231.33	231.63
		床层温度/℃	316.17	315.67	312.33	314.95
		出口温度/℃	310.83	310.67	311.00	311.00
	E7501B 二级硫冷器	出口温度/℃	157.67	161.00	158.33	159.16
	E7510	蒸汽用量/(kg/h)	825.83	805.00	861.67	840.37
	R7502	入口温度/℃	228.50	228.33	227.83	228.11
		床层温度/℃	244.33	245.67	242.33	244.05
		出口温度/℃	253.50	253.33	253.00	242.79
	E7501C	蒸气压力/MPa	0.26	0.26	0.26	0.26
	V7504	AI7402A/%	0.459	0.410	0.444	0.474
		AI7402B/%	0.388	0.371	0.441	0.399
		AIC7402	-0.315	-0.326	-0.415	-0.320
		出口温度/℃	140.17	140.67	140.83	140.47
液硫脱气单元	V7521 液硫池	液位(南)/%	49.73	48.13	49.67	49.55
		温度(南)/℃	140.50	141.33	140.67	140.84
		鼓泡气流量/(kg/h)	599.83	583.00	581.83	590.58
		气抽蒸汽量/(kg/h)	526.83	523.33	518.83	518.11

续表

项目			21日	22日	23日	平均
尾气处理单元	R7503加氢反应器	入口温度/℃	271.17	271.00	274.00	272.79
		床层温度/℃	320.67	323.00	316.33	317.84
		出口温度/℃	317.50	318.00	308.67	311.89
	T7501急冷塔	过程气进温度/℃	173.00	174.00	170.17	172.11
		底部水温/℃	51.67	50.67	53.00	52.11
		顶部气温/℃	32.00	31.00	32.17	31.79
		过程气流量/(Nm^3/h)	12856.17	12417.33	13388.83	13184.42
		急冷水流量/(m^3/h)	46.50	46.67	46.67	46.53
		急冷水外排量/(m^3/h)	3.50	3.50	3.50	3.50
	T7502吸收塔	底温/℃	33.67	33.00	33.50	33.89
		顶温/℃	31.33	30.67	31.17	30.95
		贫液流量/(m^3/h)	98.33	98.00	97.50	97.95
	T7505碱洗净化塔	pH值	8.37	8.40	8.00	8.26
		循环量/(t/h)	77.00	77.00	76.17	76.68
尾气焚烧单元	F7502尾气焚烧炉	瓦斯量/(kg/h)	518.00	515.00	542.67	529.79
		一次空气量/(kg/h)	8148.33	8125.67	8568.67	8330.26
		二次空气量/(kg/h)	1947.00	1929.33	1951.17	1945.79
		三次空气量/(kg/h)	1713.17	1719.00	1731.67	1718.53
		炉膛温度/℃	696.50	699.33	699.67	698.58
		含氧量/%	3.18	3.23	3.10	3.11
	E7524蒸汽过热器	过热蒸汽温度/℃	420.50	423.33	424.00	423.32
		蒸汽流量/(kg/h)	30686.17	29956.33	32227.67	33120.32
		蒸气压力/MPa	1.30	1.30	1.30	1.30
	E7523余热锅炉	产汽量/(kg/h)	3230.00	3207.67	3358.33	3334.74
		上水量/(m^3/h)	3.25	3.33	3.38	3.35
		出口蒸汽温度/℃	183.00	182.33	182.33	182.47
	S7401	烟气出口温度/℃	282.50	283.00	284.67	283.79
		烟囱SO_2含量/(mg/m^3)	33.83	31.67	42.50	38.05
溶剂再生单元	T7503再生塔	富液总量/(m^3/h)	226.67	223.33	225.50	226.42
		富液进塔温度/℃	104.83	104.67	104.50	104.53
		塔底温度/℃	118.00	118.00	118.00	125.37
		塔顶温度/℃	108.00	107.67	108.00	107.63
		E7515A蒸汽量/(kg/h)	12282.33	12178.33	12230.83	12238.74
		E7515B蒸汽量/(kg/h)	12103.17	12083.00	12049.17	12059.68
		塔顶回流量/(m^3/h)	15.50	16.00	14.17	15.16
		酸性气流量/(Nm^3/h)	1538.50	578.67	1428.67	1540.53
		酸性气压力/MPa	0.08	0.08	0.08	0.08
		液硫送HP流量/(t/h)	15.22	15.60	16.30	15.72

表 1-6　克劳斯硫黄单元过程气气体分析结果　　%(体)

分析项目		21日	22日	23日	平均
一级反应器R7401入口过程气	H_2S	8.27	8.24	8.43	8.31
	SO_2	4.21	4.15	4.31	4.22
	COS	0.92	0.78	0.86	0.85
	CS_2	<0.02	<0.02	<0.02	<0.02
	CO	0.68	0.76	0.74	0.73
	CO_2	2.93	3.03	2.91	2.96
二级反应器R7402入口过程气	H_2S	2.76	1.75	1.57	2.03
	SO_2	1.42	0.98	0.79	1.06
	COS	0.61	0.47	0.58	0.55
	CS_2	<0.02	<0.02	<0.02	<0.02
	CO	0.5	0.48	0.49	0.49
	CO_2	3.61	2.88	3.02	3.17
捕集V7404出口过程气	H_2S	0.54	0.68	0.71	0.64
	SO_2	0.31	0.45	0.36	0.37
	COS	0.21	0.32	0.25	0.26
	CS_2	<0.02	<0.02	<0.02	<0.02
	CO	0.41	0.36	0.36	0.38
	CO_2	3.64	3.31	2.97	3.31
一级反应器R7501入口过程气	H_2S	7.94	8.16	8.08	8.06
	SO_2	4.15	4.11	4.31	4.19
	COS	0.8	0.85	0.75	0.80
	CS_2	<0.02	<0.02	<0.02	<0.02
	CO	0.68	0.9	0.73	0.77
	CO_2	2.79	3.15	2.4	2.78
二级反应器R7502入口过程气	H_2S	2.01	1.61	1.76	1.79
	SO_2	1.18	0.89	1.12	1.06
	COS	0.55	0.5	0.54	0.53
	CS_2	<0.02	<0.02	<0.02	<0.02
	CO	0.67	0.45	0.63	0.58
	CO_2	2.99	2.58	3.59	3.05
捕集器V7504出口过程气	H_2S	0.46	0.56	0.63	0.55
	SO_2	0.37	0.31	0.52	0.40
	COS	0.37	0.42	0.48	0.42
	CS_2	<0.02	<0.02	<0.02	<0.02
	CO	0.54	0.49	0.44	0.49
	CO_2	3.66	3.72	2.95	3.44

表 1-7 尾气处理单元尾气分析结果

分析项目		21 日	22 日	23 日	平均
加氢反应器 R7403 入口气体	H_2/%(体)	2.07	2.4	2.31	2.26
	H_2S/%(体)	1.01	2.42	1.02	1.48
	SO_2/%(体)	100	100	750	316.67
	COS/%(体)	0.15	0.18	0.21	0.18
	CS_2/%(体)	<0.02	<0.02	<0.02	<0.02
	CO/%(体)	0.11	0.35	0.37	0.28
	CO_2/%(体)	3.01	3.22	3.41	3.21
急冷塔 T7401 出口气体	H_2S/%(体)	1.97	1.17	1.86	1.67
	CO_2/%(体)	3.3	3.19	3.96	3.48
	H_2/%(体)	1.1	0.9	1.05	1.02
吸收塔 T7402 出口气体	H_2S/(mg/m^3)	30	14	35	26.33
	COS/(mg/m^3)	4.8	0.8	1.2	2.27
	CS_2/(mg/m^3)	20	10	20	16.67
	总硫/(mg/m^3)	54.8	24.8	56.2	45.27
	CO/%(体)	<0.02	<0.02	<0.02	<0.02
	CO_2/%(体)	2.51	2.8	2.9	2.74
碱洗塔 T7405 出口气体	H_2S/(mg/m^3)	20	20	10	16.67
	COS/(mg/m^3)	5.4	9.3	12.6	9.10
	CS_2/(mg/m^3)	20	<10	20	20.00
	总硫/(mg/m^3)	45.4	29.3	42.6	39.10
	CO/%(体)	<0.02	<0.02	<0.02	<0.02
	CO_2/%(体)	2.43	2.74	2.61	2.59
加氢反应器 R7503 入口气体	H_2/%(体)	2.39	3.05	2.57	2.67
	H_2S/%(体)	0.17	0.9	0.48	0.52
	SO_2/%(体)	200	300	300	266.67
	COS/%(体)	0.2	0.32	0.36	0.29
	CS_2/%(体)	<0.02	<0.02	<0.02	<0.02
	CO/%(体)	0.42	0.41	0.43	0.42
	CO_2/%(体)	2.74	3.72	3.25	3.24

续表

分析项目		21 日	22 日	23 日	平均
急冷塔 T7501 出口气体	H_2S/%(体)	1.02	1.07	1.87	1.32
	CO_2/%(体)	3.52	3.96	3.67	3.72
	H_2/%(体)	1.3	1.75	1.21	1.42
吸收塔 T7502 出口气体	H_2S/(mg/m^3)	<5	<5	<5	5
	COS/(mg/m^3)	<0.1	<0.1	5.3	5.30
	CS_2/(mg/m^3)	20	20	20	20.00
	总硫/(mg/m^3)	24.9	20	25.3	23.40
	CO/%(体)	<0.02	<0.02	<0.02	<0.02
	CO_2/%(体)	2.66	2.4	2.81	2.62
碱洗塔 T7505 出口气体	H_2S/(mg/m^3)	5	6	8	6.33
	COS/(mg/m^3)	15.3	10	11.8	12.37
	CS_2/(mg/m^3)	10	10	10	10.00
	总硫/(mg/m^3)	30.3	26	29.8	28.70
	CO/%(体)	<0.02	<0.02	<0.02	<0.02
	CO_2/%(体)	2.72	2.27	2.89	2.63

表 1-8 贫富液、急冷水分析结果

分析项目		21 日	22 日	23 日	平均
急冷塔 T7401 急冷水	硫化物/(mg/L)	87	89	115	97.00
	氨氮/(mg/L)	61	240	187	162.67
	pH 值	7.5	7.4	7.6	7.50
T7402 富液	H_2S 含量/(g/L)	3.81	3.46	3.45	3.57
	CO_2 含量/(g/L)	1.71	2.20	2.21	1.96
急冷塔 T7501 急冷水	硫化物/(mg/L)	2340	2500	1120	1986.67
	氨氮/(mg/L)	1820	2260	1600	1893.33
	pH 值	8.8	8.8	8.5	8.70
T7502 富液	H_2S 含量/(g/L)	3.09	3.91	4.90	3.50
	CO_2 含量/(g/L)	2.58	2.55	2.03	2.39

续表

分析项目		21 日	22 日	23 日	平均
贫液 P7511 出口	H_2S 含量/(g/L)	0.01	0.01	0.01	0.01
	CO_2 含量/(g/L)	<0.3	<0.3	<0.3	<0.3
	热稳定盐/%	1.57	1.63	1.73	1.64
	泡高/cm	15	15	15	15.00
	消泡时间/s	<1	<1	<1	<1
	胺液浓度/%	30	29.37	29.59	29.65
	铁离子/(mg/L)	2.11		1.55	1.83
	含油量/(mg/L)	<1		<1	<1
	pH 值	9.3		9.3	9.30

表 1-9　烟气分析结果

分析项目		21 日	22 日	23 日	平均
S7401	SO_2/(mg/m^3)	35	38	45	39.33
	CO/(mg/m^3)	155	148	165	156.00
	CO_2/%(体)	3.72	3.52	4.17	3.80
	NO_x/(mg/m^3)	49	43	50	47.33
	O_2/%(体)	3.2	3.1	3.1	3.13

表 1-10　硫黄产品分析结果

名称	项目	指标	21 日	23 日
固硫	水分/%(质)	≤0.1	0.04	0.04
	灰分/%(质)	≤0.03	0.013	0.012
	酸度/%(质)	≤0.003	0.0009	0.0006
	有机物/%(质)	≤0.03	0.02	0.018
	铁/%(质)	≤0.003	0.0014	0.0013
	砷/%(质)	≤0.0001	<0.0001	<0.0001
	硫/%	≥99.95	>99.97	99.97
	外观		块状，浅黄色无杂质	块状，浅黄色无杂质
液硫	硫化氢/(μg/g)	≤15	33	30

标定的主要技术指标物料平衡以及装置的工艺消耗情况见表1-11~表1-13。

表1-11 标定的主要技术指标 mg/Nm³

项　目	设计值/环保排放指标	21日	22日	23日	平均
吸收塔出口尾气 H_2S（T7402）	<35	30	14	35	26.33
吸收塔出口尾气 H_2S（T7502）	<35	5	5	5	5
净化尾气COS(T7405)	<20	5.4	9.3	12.6	9.10
净化尾气COS(T7505)	<20	15.3	10	11.8	12.37
烟气（S7401）SO_2	<100	35	38	45	39.33
烟气（S7401）NO_x	<100	49	43	50	47.33
烟气（S7401）CO	<1000	155	148	165	156.00

表1-12 标定的物料平衡

项　目	设计值	21日	22日	23日	平均
酸性气处理量/（kg/h）	22460	15752.83	15602.33	16509.00	15954.72
酸性气 H_2S 浓度/%（体）	72	95.61	93.71	94.02	94.45
负荷率/%	以纯硫化氢量计算	96.01	93.20	98.94	96.05
	以硫黄量计	84.10	82.28	86.85	84.41
空气量/（kg/h）		59243.17	58291.67	60119.50	59218.11
硫黄产量/（t/h）		13.44	13.15	13.88	13.49
转化率/%	>95	95.93	96.68	96.13	96.25
燃气量/（kg/h）		832.77	819.64	864.91	839.11
氢气量/（Nm^3/h）		530.00	560.00	500.00	530.00
烟气量/（Nm^3/h）（干基）		44654	43964	46506	45041.33
烟气 SO_2/（mg/Nm^3）	<100	35	38	45	39.33
回收率/%		99.994	99.994	99.993	99.994
急冷水外排量/（t/h）		10.23	10.20	10.38	10.27

表 1-13　装置工艺能耗

项目	21 日消耗		21 日单耗		22 日消耗		22 日单耗		23 日消耗		23 日单耗		平均单耗	
	实物量/（t/h）	kgEO	t/t	kgEO/t	实物量/（t/h）	kgEO	t/t	kgEO/t	实物量/（t/h）	kgEO	t/t	kgEO/t	t/t	kgEO/t
新鲜水	97.5	16.575	0.307	0.052	105	17.85	0.315	0.054	105	17.85	0.323	0.055	0.315	0.054
中压蒸汽耗量	96	8448	0.303	26.622	98	8624	0.294	25.872	97	8536	0.298	26.238	0.298	26.244
除氧水	950	8740	2.994	27.542	1007	9264.4	3.021	27.793	978.5	9002.2	3.008	27.671	3.007	27.669
循环水	9000	900	28.361	2.836	9450	945	28.350	2.835	9300	930	28.586	2.859	28.432	2.843
燃料气	15.27	14504.46	0.048	45.707	15.27	14504.46	0.046	43.513	15.27	14504.46	0.047	44.583	0.047	44.601
低压蒸汽耗量	248.07	18853.32	0.782	59.412	251.8	19136.8	0.755	57.410	228.6	17373.6	0.703	53.402	0.747	56.742
自产中压蒸汽	-761	-66968	-2.398	-211.034	-827	-72776	-2.481	-218.328	-794	-69872	-2.441	-214.770	-2.440	-214.711
电量	41250	9487.5	129.989	29.898	41250	9487.5	123.750	28.463	41250	9487.5	126.793	29.162	126.844	29.174
凝结水量	-248.07	-1897.7355	-0.782	-5.980	-251.8	-1926.27	-0.755	-5.779	-128.6	-983.79	-0.395	-3.024	-0.644	-4.928
小计		-7915.876		-24.945		-12722.256		-38.167		-11004.176		-33.824		-32.312

（二）标定结果分析

1. 原料分析

原料酸性气硫化氢浓度在94%（体）高于72%的设计值，二氧化碳、烃、氨等含量均低于设计值，酸性气性质优于设计值。

2. 装置处理能力

装置负荷以纯硫化氢量计算，标定期间负荷达到95%；

以140kt/a硫黄产量计算，装置硫黄产量为15. 981t/h，标定期间负荷为84. 41%。

装置在较高负荷下运行工况良好。

3. 产品质量

装置固体硫黄产品质量合格，达到优等品级别。

装置液体硫黄采样分析，硫化氢含量平均为32μg/g，液硫中硫化氢含量偏高，液硫脱气效果较差，需要进一步调整优化，降低液硫中硫化氢含量。

4. 环保排放

本次烟气分析采用人工采样分析，用烟气手持便携式分析仪表及烟气在线分析进行对比。

烟气二氧化硫人工采样分析平均为30g/Nm^3，在线分析数据在30~50mg/Nm^{3}范围内。

烟气一氧化碳人工采样分析在150μL/L，在线分析数据在130~180mg/Nm^{3}范围内。

烟气氮氧化物在线分析数据在40~50mg/Nm^{3}范围内。

本次标定烟气排放达标。

5. 三剂应用情况

（1）催化剂应用情况

在2017年7月检修后，装置催化剂填装情况为：克劳斯一级反应器为山东齐鲁科力化工研究院有限公司型号为LS-971和LS-981G的催化剂；二级反应器对旧剂进行撇头，更换1/2新剂型号为CT6-4B；加氢反应器催化剂为山东齐鲁科力化工研究院有限公司型号LSH-03A的催化剂。反应器床层温升情况见表1-14。

表1-14 反应器床层温升

项 目	R7401	R7501	R7402	R7502	R7403	R7503
进口温度/℃	231	231	227	228	274	272
床层温度/℃	317	315	247	244	314	317
温升/℃	86	84	20	16	40	45

从操作参数看，反应器床层温升正常，满足生产需求；装置硫转化率为96. 25%，高于95%设计值；装置总回收率达到99. 994%，烟气二氧化硫平均为40mg/Nm^3，达到排放指标。反应器填装催化剂满足生产要求。

（2）进口高效脱硫剂

硫黄回收溶剂再生系统采用亨斯迈MS-300脱硫剂，尾气吸收后硫化氢含量T7402平均为26. 33mg/Nm^3，T7502为5mg/Nm^3，达到<35mg/Nm^{3}的指标要求。

6. 能耗分析

140kt/a硫黄回收联合装置的总设计能耗为470. 47×41. 87MJ/t硫黄，包括污水汽提、溶剂再生及制硫单元，本次标定单独对制硫单元进行标定，将制硫装置克劳斯单元、尾气处理单元、尾气焚烧单元、液硫脱气单元及溶剂再生单元能量消耗进行统计，计算出标定期间装置能耗为-32.312×41.87MJ/t 硫黄。装置能耗相较 2017 年 7 月大修前有所增加，主要原因是烟气排放执行<100mg/Nm^3的排放指标后，对溶剂再生后贫度要求苛刻度增加，再生蒸汽用量增加，装置能耗升高。

四、存在问题分析

（一）标定条件单一

由于生产装置受多方面因素制约，无法改变原料、负荷，所以只能在当前工况下进行标定。标定期间装置负荷在 90%左右，此标定数据也具有一定代表性。酸性气负荷受原油硫含量影响，装置可能会往高苛刻度、更高负荷方向调整。所以择机进行高苛刻度和更高负荷工况标定有一定意义。

（二）部分计量仪表测量偏差较大

装置物料平衡酸性气处理量采用超声波流量计，正常生产无法切出校准，酸性气量偏小；液硫计量表安装在液硫池后泵出口管线上，液硫池容积较大，标定期间虽然维持液硫池液位不变，但仍有小幅度变化，造成液硫计量有偏差；20kt/a 制硫与 140kt/a 硫黄装置共用一块计量表，本次硫黄产量根据酸性气处理量占比平衡出的数据，存在偏差，对物料平衡准确性造成了较大影响。通过此次标定，基本找出偏差较大的表进行校核，也对过去物料平衡中存在的一些长期偏差进行校核，使装置工艺指标更加精准。

（三）74 制硫单元烟气二氧化硫偏高

1. 急冷效果不佳

140kt/a 硫黄回收联合装置设计的总循环冷水设计流量为 2779t/h，在 2018 年 1 月前装置循环冷水实际流量平均在 3350t/h，急冷塔顶出口气体温度<34℃，从 2018 年 2 月开始，因其他装置循环水用量增加，公用工程循环水用量紧张，导致装置循环水量降至 2250～2600t/h。循环水用量不足急冷塔顶出口气体温度最高达 37℃，对装置烟气排放造成一定影响。

标定期间急冷塔 T7401 顶部气体出口温度 34.5℃，底部水温度 61.5℃；急冷塔 T7501 顶部气体出口温度 31.8℃，底部水温度 52.1℃，T7401 急冷塔效果明显差于 T7501。

2. 尾气吸收效果

装置尾气吸收塔 T7402 吸收后硫化氢含量平均 26.33mg/Nm^3，总硫含量 45.27mg/Nm^3，净化尾气硫含量偏高，影响烟气二氧化硫排放。74、75 制硫单元，急冷后尾气中硫化氢含量差异不大，贫液由同一套再生提供，同工况下，T7402 吸收效果差于 T7502。

（四）液化气脱硫醇尾气影响

液化气脱硫醇尾气流量 110Nm^3/h，烃类含量在 3%～5%之间，氧气含量高于 14%，硫含量 10880mg/Nm^3；硫化物主要为二甲基二硫、二乙基二硫等有机硫形态，酸性气燃烧反应是部分燃烧法工艺，在反应炉内氧不足，大分子有机硫不能完全燃烧，过程气有机硫含量增加，尾气净化后有机硫含量相对升高，烟气二氧化硫排放升高。

（五）液硫硫化氢含量偏高

液体硫黄硫化氢含量平均为 32μg/g，液硫中硫化氢不达标。主要影响因素：装置高负荷运行，而液硫池容积偏小，液硫脱气过程停留时间仅有 20h，达不到所需的 36h 脱气过程停留时间；液硫池脱气池与产品池底部连通阀门坏无法关闭，在液硫脱气过程存在底部液硫走“短路”，影响液硫脱气效果。

五、结论

装置可以在90%工况下稳定运行，各设备运转良好，烟气排放达标，产品质量合格。但相对硫黄装置建议的70%运行负荷差异较大，长期高负荷运行，装置运行安全风险较高，且装置无后碱洗工艺，高负荷运行对烟气排放，产品质量等带来一定影响。

第二部分　装置流程简介

140kt/a硫黄回收联合装置74制硫、75制硫单元流程一致，溶剂再生属75系列，故装置流程简介以75系列为例。

分液后的酸性气经酸性气预热器(E7503)进入酸性气燃烧炉(F7501)。

由燃烧炉鼓风机(C7501AB)来的空气经空气预热器(E7502)用蒸汽预热至160 ℃后，进入酸性气燃烧炉。酸性气燃烧配风量按烃类完全燃烧和1/3硫化氢生成二氧化硫来控制80%的风量和按克劳斯尾气中$H_2S/SO_2=2$控制20%的风量。

燃烧后高温过程气进入废热锅炉冷却至350℃并发生4.2MPa蒸汽后进入一级冷凝冷却器(E7501A)，过程气在一级冷凝冷却器冷却至170℃并经除雾后，液硫从一级冷凝冷却器底部经液硫封罐(V7503A)进入硫池(V7521)。除雾后的过程气经一级过程气加热器(E7509)用废热锅炉发生的4.2MPa蒸汽加热至240℃后进入一级反应器(R7501)，在克劳斯催化剂作用下，硫化氢与二氧化硫发生反应，生成硫黄。温度为290℃的反应过程气经二级冷凝冷却器(E7501B)冷却至160℃并经除雾后，液硫从二级冷凝冷却器底部经液硫封罐(V7503B)进入硫池。过程气经二级过程气加热器(E7510)用废热锅炉发生的4.2MPa蒸汽加热至220℃后进入二级反应器(R7502)，在克劳斯催化剂作用下，硫化氢与二氧化硫继续发生反应，生成硫黄。温度为235 ℃的反应过程气经三级冷凝冷却器(E7501C)冷却至130℃并经除雾后，液硫从三级冷凝冷却器底部经液硫封罐(V7503C)进入硫池。尾气再经捕集器(V7504)进一步捕集硫雾后，进入尾气处理系统。

在酸性气进酸性气分液罐前的管道上设置有酸性气在线分析仪，分析酸性气中H_2S及烃类等组成，前馈调节进酸性气燃烧炉80%的空气量；在捕集器出口尾气管道上设置尾气在线分析仪，分析尾气中H_2S-2SO_2的值，反馈调节进酸性气燃烧炉20%的空气量，以保证过程气中H_2S/SO_2摩尔比为2∶1，使克劳斯反应转化率达到最高，同时也提高硫回收率，减少硫损失。

从尾气吸收塔T7402尾气出口管道上引一路净化尾气至新增的液硫脱气鼓风机C7403A/B，净化尾气经C7403A/B升压后分两路，分别送至液硫池V7421

内的液硫脱气池分布器A7421和液硫池V7521内的液硫脱气池分布器A7521，对液硫进行鼓泡脱气。V7421的废气经EJ7401A/B增压后送至尾气加热器E7422，V7521的废气EJ7501A/B增压后送至尾气加热器E7522。产品液硫用液硫泵(P7503AB)送出装置。

经捕集硫雾后的克劳斯尾气在气气换热器(E7522)中用加氢反应器出口尾气进行换热升温，克劳斯尾气被加热至300 ℃左右与外补富氢气(外补富氢气由工厂系统供给)混合后进入加氢反应器(R7503)。在开工初期或处理量过小造成换热后温度过低时，克劳斯尾气再经电加热器(E7507A/B)加热升温。克劳斯尾气在加氢催化剂的作用下，SO_2、COS、CS_2及液硫、气态硫等均被转化为H_2S。加氢反应为放热反应，离开反应器后温度为347.6 ℃的过程气经气气换热器换热后进入急冷塔(T7501)。

尾气在急冷塔内利用循环急冷水来降温。70 ℃的急冷水自急冷塔底部流出，经急冷水泵(P7501A/B)加压后，经急冷水空冷器(E7505A/B)、急冷水冷却器(E7504A/B)用循环水冷却至40 ℃后，循环回急冷塔顶。部分急冷水经急冷水过滤器(FI7501A/B)过滤后返回急冷水泵入口。因尾气冷却后其中的水蒸气被急冷水冷凝，产生的酸性水由急冷水泵送至酸性水汽提部分处理。为了防止酸性水对设备的腐蚀，需向急冷水中注氨，急冷水管道设置pH值在线分析仪，操作中根据pH值大小，确定注入的氨量。

自急冷塔(T7501)塔顶出来的尾气到吸收塔(T7502)与高效脱硫剂逆流接触，经高效脱硫剂吸出后，(T7502)塔顶尾气中的硫化氢含量低于50mg/Nm^3，然后该尾气送至新增的尾气净化塔(T7505)与稀碱液逆流接触，稀碱液吸收微量的硫化氢，同时(T7505)塔顶喷洒少量除盐水，除盐水洗涤尾气中夹带的微量的盐，洗涤后的尾气送至焚烧炉(F7502)。

新鲜的10%碱液溶液由新增的溶剂储罐(V7520)供给，从尾气净化塔(T7505)塔底出来的溶剂由循环泵(P7506)送回尾气净化塔(T7505)循环使用。当从T7405(T7505)塔底出来的溶剂的pH值降到规定值时，将该含盐污水排至酸性水汽提单元并向T7505补充新鲜的10%碱液溶液。

从尾气净化塔(T7505)顶出来的净化尾气进入尾气焚烧炉(F7502)焚烧，由燃料气流量控制炉膛温度；尾气中残留的硫化氢及其他硫化物几乎完全转化为二氧化硫。焚烧后的烟气经蒸汽过热器(E7524)和余热锅炉(E7523)吸收热量后，与尾气焚烧炉(F7402)排出的烟气合并经烟囱(S7401)排空。

废热锅炉发生的4.2MPa蒸汽除一部分用于一级过程气加热器、二级过程气加热器外，其余部分经蒸汽过热器过热至430℃，过热后的蒸汽经减压至3.5MPa蒸汽(430℃)后与I套硫黄回收的3.5MPa蒸汽合并进入系统管网。

一、二级冷凝冷却器产生的0.3MPa蒸汽供装置内保温、伴热用，多余部分进入系统管网。

三级冷凝冷却器发生的蒸汽经蒸汽空冷器(E7506)冷却成凝结水后返回三级冷凝冷却器壳程循环使用。

装置内部伴热、夹套伴热及来自溶剂再生部分的凝结水汇集进入凝结水罐(V7506)，闪蒸乏汽后，经凝结水泵(P7505A/B)分别送至E7401A/B壳程、E7401C壳程、E7501A/B壳程、E7501C壳程及溶剂再生部分等用水点回用；剩余凝结水送出装置。

自V7506闪蒸出的乏汽，经乏汽空冷器(E7508A/B)冷凝冷却后，返回凝结水罐。

自尾气吸收塔(T7402，T7502)及20kt/a硫黄回收装置来的混合富液，经富液过滤器(FI7514)过滤后与贫液经贫富液换热器(E7512A~D)换热至98℃，进入再生塔(T7503)，塔底由重沸器(E7515A/B)供热，进行间接蒸汽加热。塔顶气体经酸性气空气冷却器(E7517A~F)、再生塔顶冷凝冷却器(E7514)冷凝冷却、酸性气分液罐(V7512)分液后，酸性气送至硫黄回收部分回收硫黄，冷凝液经再生塔顶回流泵(P7512A/B)返塔作为回流。塔底贫液经贫溶剂循环泵(P7511A/B)加压、富液换热器换热、贫液空气冷却器(E7516A/B)和贫液冷却器(E7513A/B)冷却至40℃后送至各尾气吸收塔(T7402，T7502)和20kt/a硫黄回收装置循环使用。

溶剂配制及溶剂系统补水均采用低压除氧水和凝结水，溶剂缓冲罐设有氮气保护系统，避免溶剂氧化变质。

溶剂循环泵(P7511A/B)出口设置贫液过滤装置(FI7511)，过滤10%~15%的贫溶剂，以除去溶剂中的降解物质，避免溶剂发泡。

装置各单元工艺流程见图2-1~图2-5。

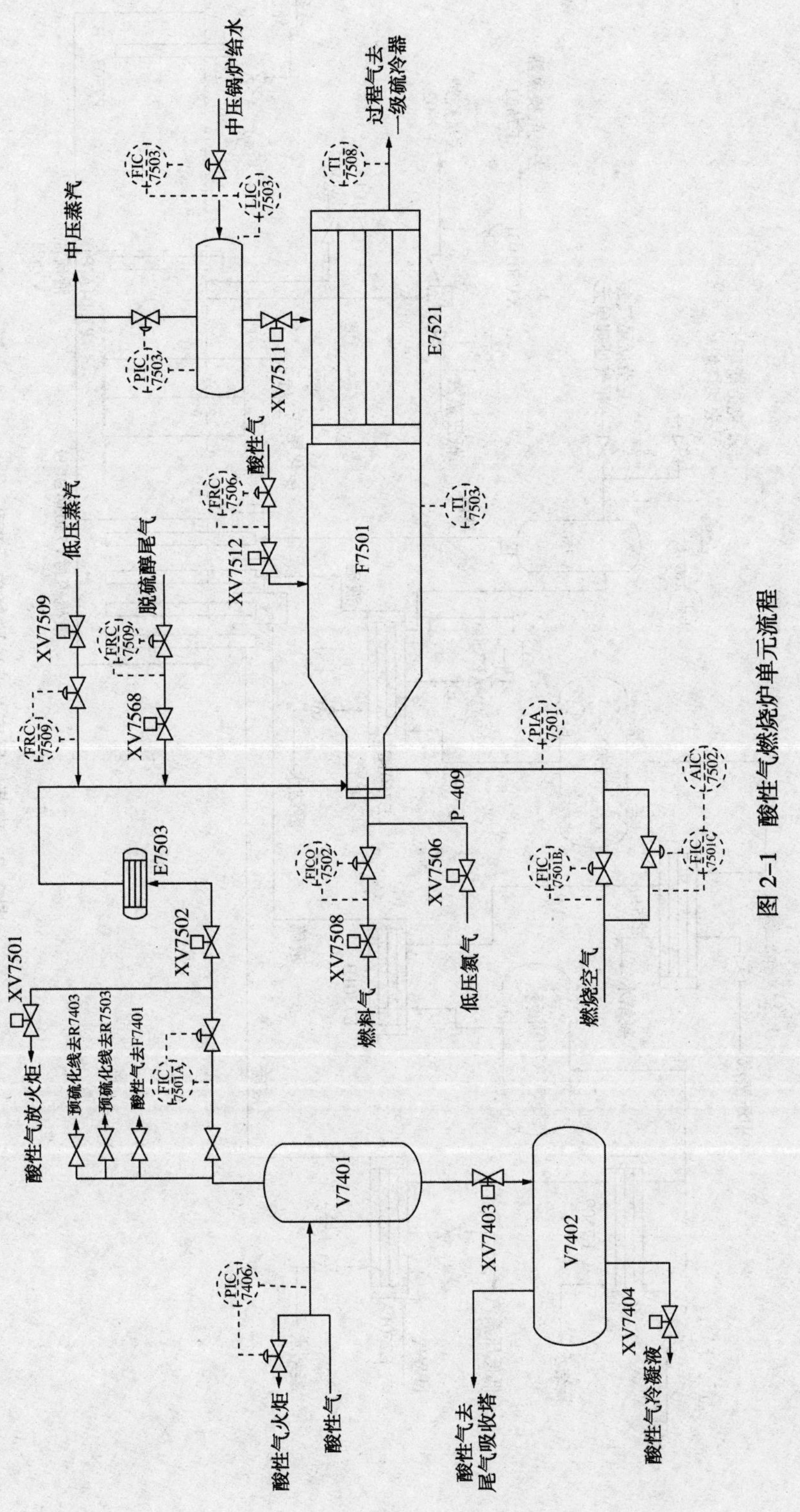

图 2-1 酸性气燃烧炉单元流程

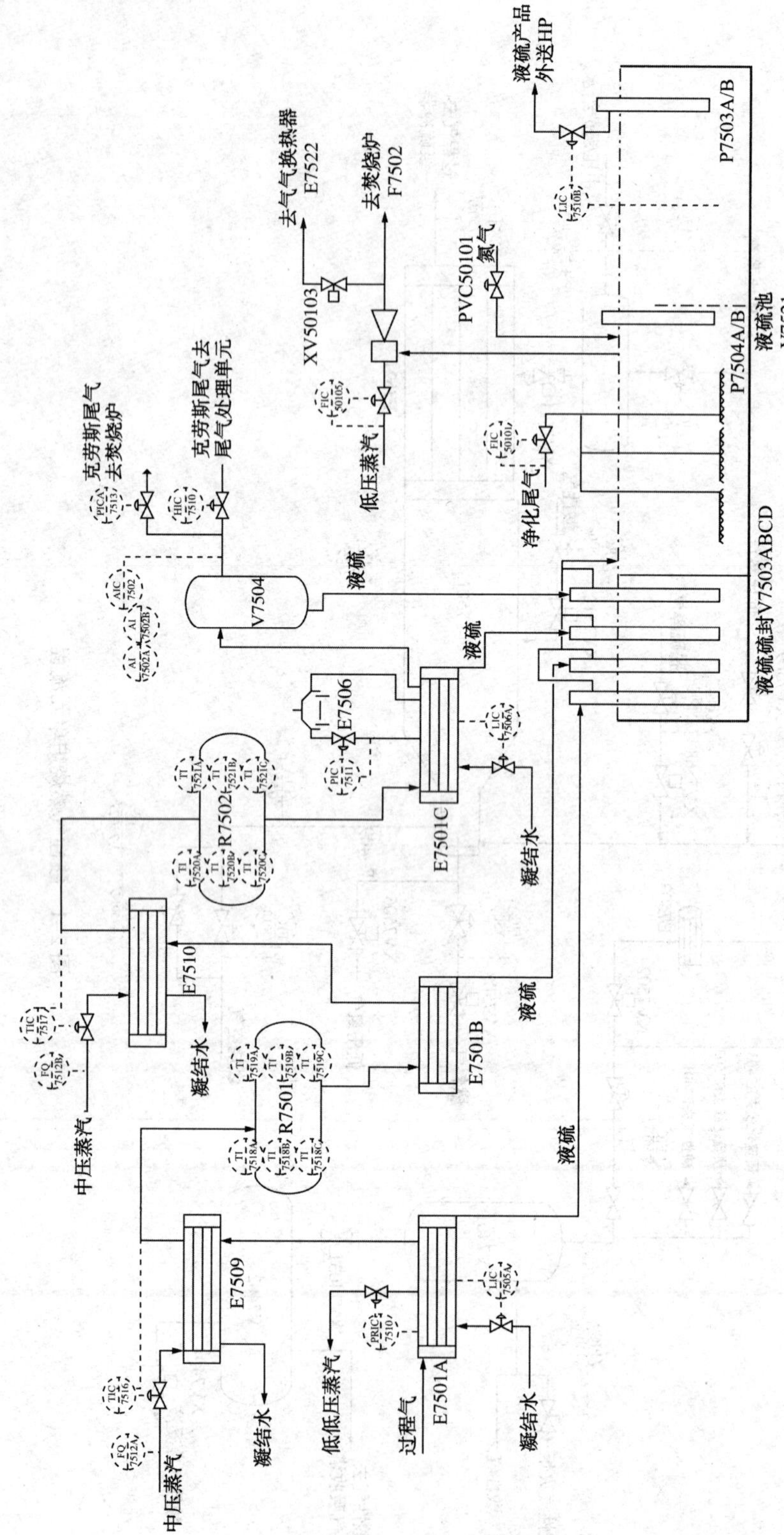

图 2-2 克劳斯反应及液硫脱气单元流程

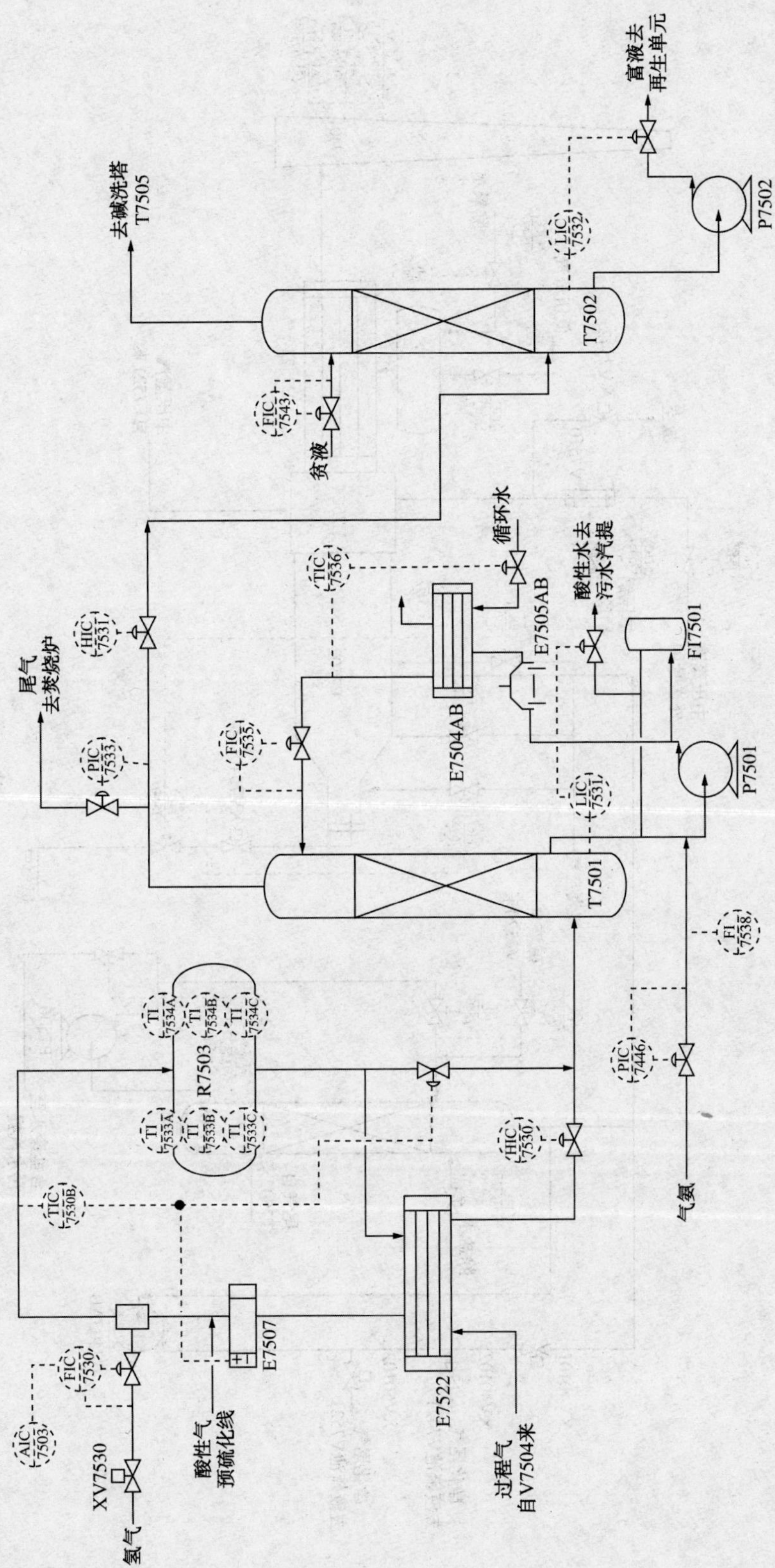

图 2-3 加氢反应及尾气处理单元流程

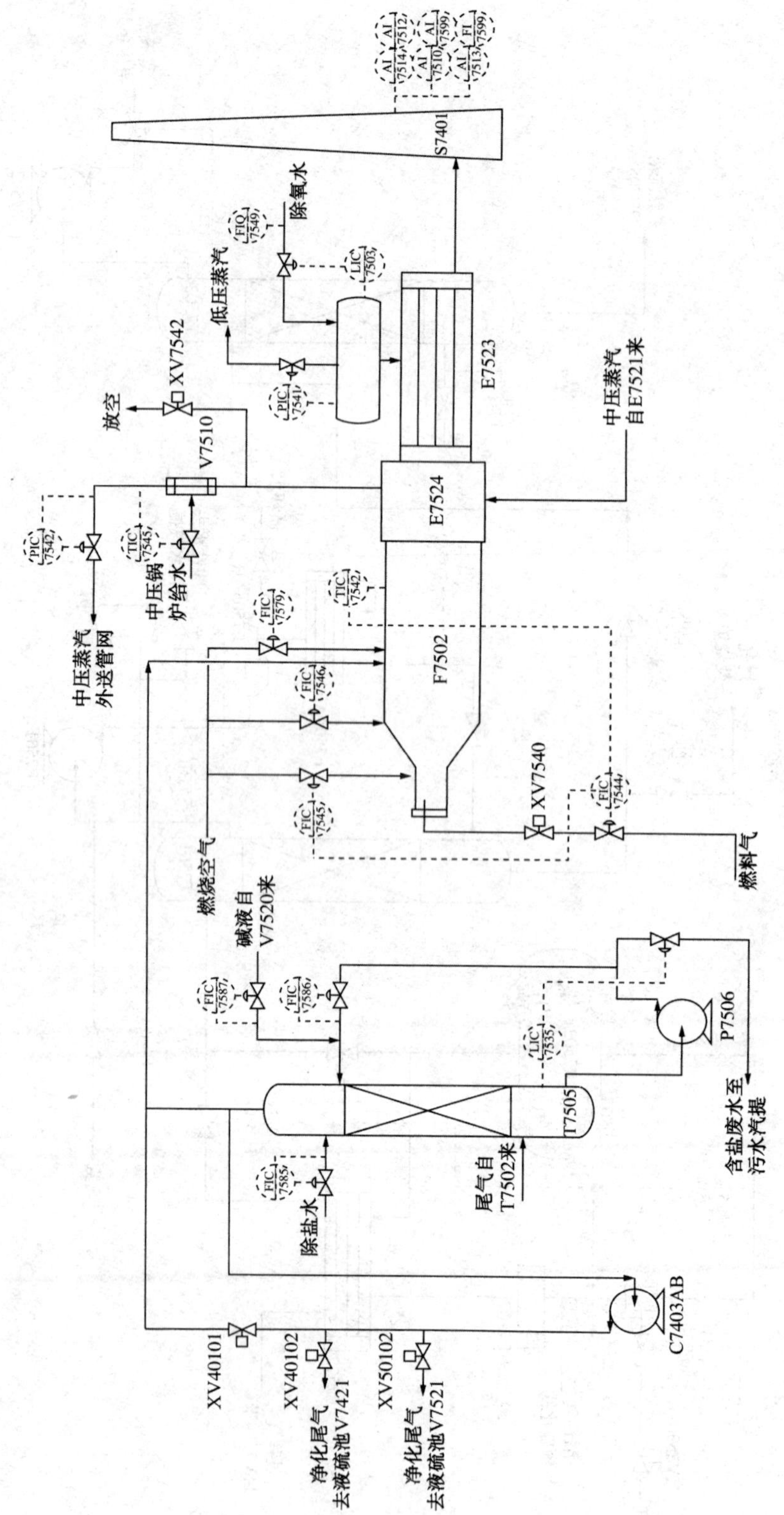

图 2-4 尾气焚烧单元流程

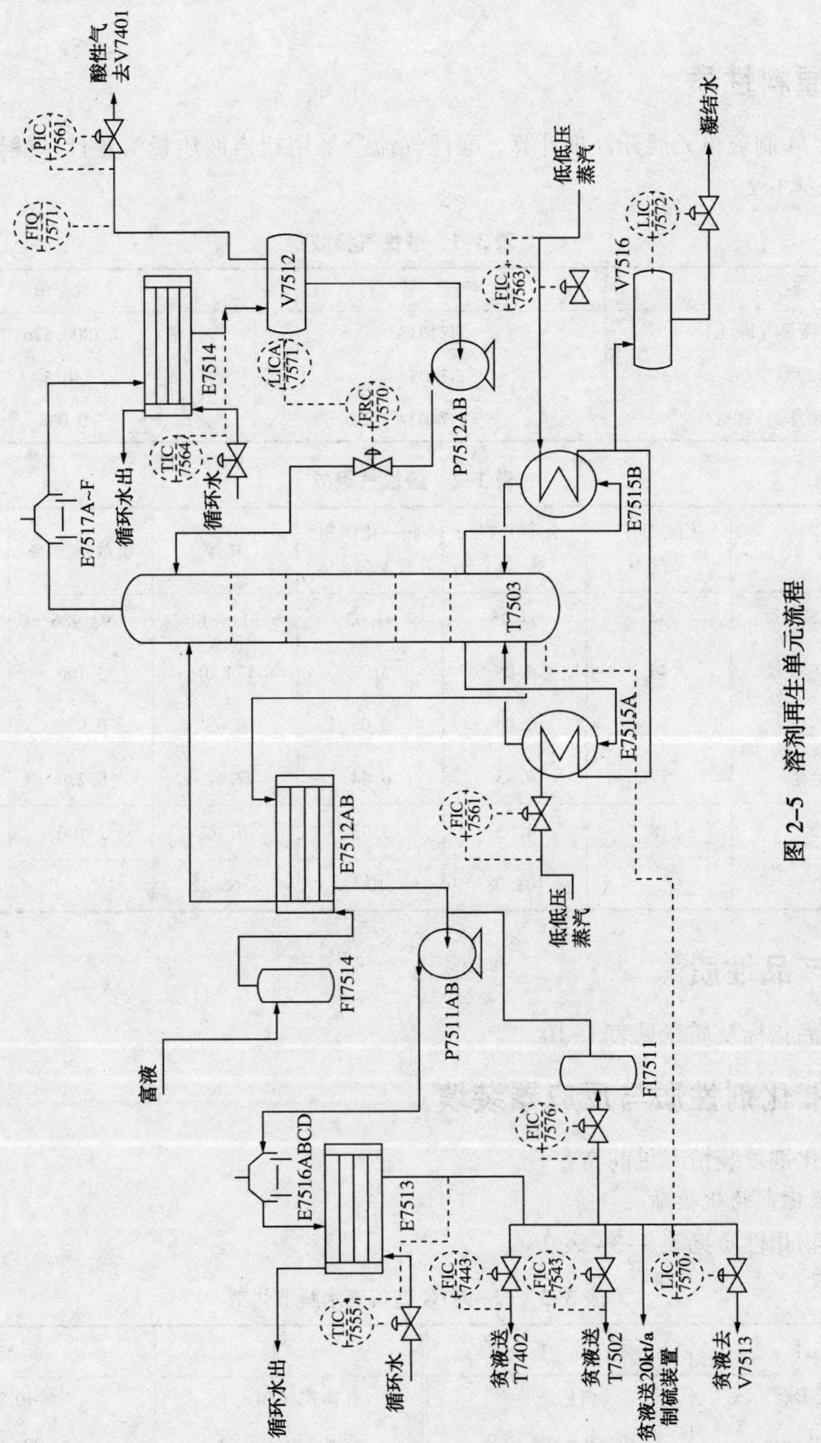

图 2–5　溶剂再生单元流程

第三部分 基础数据

一、原料性质

本次以74制硫单元展开详细计算。酸性气流量采用超声波质量流量计。酸性气的性质见表3-1、表3-2。

表3-1 酸性气参数

名 称	位 号	数 值
测量流量/(kg/h)	FI7401A	7800.526
测量温度/℃	TI7405A	40.5
测量压力/MPa	PI7402A	0.038

表3-2 酸性气组成

项 目		相对分子质量 M	体积分数/%(体)	归一化体积分数 V/%(体)	$M \times V$	质量分数/%	流率/(kmol/h)
干基	H_2S 含量	34	94.45	91.62	3115.14	92.486	212.189
	CO_2 含量	44	4.08	3.95	174.01	5.166	9.159
	CH_4	16	0.06	0.06	0.93	0.028	0.135
	NH_3	17	0.45	0.44	7.42	0.220	1.011
H_2O 含量		18	4.05	3.93	70.72	2.100	9.099
总计			103.08	100	3368.22		

二、产品性质

硫黄产品指标及质量见表1-10。

三、催化剂性质与反应器装填

装置催化剂填装情况见前文。

(一) 催化剂物化性质

催化剂物化性质见表3-3~表3-6。

表3-3 LS-981G 有机硫水解催化剂

项 目	指 标	项 目	指 标
颜色及形状	白色条形	孔体积/(mL/g)	≥0.20
外形尺寸/mm	$\Phi 4 \pm 0.5 \times (5 \sim 20)$	堆密度/(g/cm^3)	0.90~1.00
主要化学组成	Al_2O_3-TiO_2/助剂	抗压碎力/(N/cm)	≥200
比表面积/(m^2/g)	≥100		

表 3-4　LS-971 脱漏氧保护催化剂

项　目	指　标	项　目	指　标
颜色及形状	红褐色球形	孔体积/(mL/g)	≥0.35
外形尺寸/mm	ϕ3~5	堆密度/(g/cm^3)	0.75~0.85
主要化学组成	$Al_2O_3+Fe_2O_3$	抗压碎力/(N/cm)	≥140
比表面积/(m^2/g)	≥220		

表 3-5　CT6-4B 高耐氧低温加氢催化剂

项　目	指　标	项　目	指　标
颜色及形状	红褐色小球	磨损率/%	<0.5
外形尺寸/mm	ϕ4~6	堆密度/(g/cm^3)	0.85
主要化学组成	γ-Al_2O_3浸渍活性化合物	抗压碎力/(N/颗)	≥150
比表面积/(m^2/g)	≥200		

表 3-6　LSH-03A 高耐氧低温加氢催化剂

项　目	指　标	项　目	指　标
MoO_3/%(质)	12±0.5	孔体积/(mL/g)	≥0.3
CoO/%(质)	1.8±0.2	堆密度/(g/cm^3)	0.75±0.05
外观	蓝灰色三叶草形	强度/(N/cm)	≥200
规格/mm	ϕ3.0×(5~10)	磨耗/%	≤0.5
比表面积/(m^2/g)	≥180	适用温度/℃	220~350

(二) 催化剂级配方案及各个反应器装填体积

催化剂装填方案见表 3-7。

表 3-7　反应器装填方案

设备名称	项目	装填方案	催化剂装填体积/m^3	催化剂重量/t
一级反应器 R7401	不锈钢丝网	8 目两层		
	下部瓷球 ϕ10	100mm		3
	催化剂 Ls-981G	670mm	23.5	23.5
	催化剂 Ls-971	330mm	11.8	9.6
	上部瓷球 ϕ10	50mm		1.5
二级反应器 R7402	不锈钢丝网	8 目两层		
	下部瓷球 ϕ10	100mm		3
	催化剂 CT6-4B	570mm	20	17
	原催化剂	430mm	15.3	13
	上部瓷球 ϕ10	50mm		1.5
加氢反应器 R7403	不锈钢丝网	8 目两层		
	下部瓷球 ϕ10	100mm		3
	催化剂 LSH-03A	900mm	26	19.5
	上部瓷球 ϕ10	50mm		1.5

四、吸收塔顶净化尾气

影响吸收塔尾气净化效果的因素(见表3-8)有：①急冷后尾气流量，硫化氢、二氧化碳等气体组分。②溶剂选型，贫液温度及再生贫度等。③吸收循环量，吸收塔规格、填料、分布器等。

表3-8 影响尾气净化的操作参数及分析数据

项 目	位 号	数 值
急冷后尾气温度/℃	TIA7437	34.50
急冷后尾气流量/(Nm^3/h)	FI7434	12250
贫液温度/℃	TIC7555	35.3
净化前尾气 H_2S 含量/%(体)		1.67
净化前尾气 H_2 含量/%(体)		1.02
净化前尾气 CO 含量/%(体)		<0.02
净化前尾气 COS 含量/%(体)		<0.02
净化前尾气 CO_2 含量/%(体)		3.48
净化后尾气 H_2S 含量/(mg/Nm^3)		26.33
净化后尾气 H_2 含量/%(体)		1.02
净化后尾气 CO 含量/%(体)		<0.02
净化后尾气 COS 含量/(mg/Nm^3)		2.27
净化后尾气 CO_2 含量/%(体)		2.74
贫液循环量/(m^3/h)	FIC7443	98.17
贫液硫化氢含量/(g/L)		0.01

五、外排烟气

影响外排烟气的主要因素有：①净化尾气硫化氢、COS、氢气等气体组成。②燃料气组成。③尾气焚烧炉空气流量，三次配风比例。④焚烧炉炉膛温度。⑤焚烧炉火嘴，炉子结构等。尾气焚烧炉情况见表3-9。

表3-9 尾气焚烧炉操作参数及分析数据

项 目	位 号	数 值
瓦斯量/(Nm^3/h)	FI7444A	524.37
一次空气量/(kg/h)	FIC7445	8409.42
二次空气量/(kg/h)	FIC7446	1427.00
三次空气量/(kg/h)	FIC7449	1471.42
炉膛温度/℃	TIC7442	691.95
含氧量/%	AIC7405	3.32
SO_2/(mg/m^3)		56
CO/(mg/m^3)		175

续表

项　目	位　号	数　值
NO_x/(mg/m^3)		52
CO_2/%(体)		4.84
烟气干基流量/(Nm^3/h)		21133
含湿量/%(体)		6.3
干烟气含氧量/%(体)		2.81

六、贫胺液

贫胺液情况见表3-10。

表3-10　贫胺液分析数据

项　目		位　号	数　值
贫液循环量/(m^3/h)		FIC7443	98.17
贫液	H_2S含量/(g/L)		0.01
	CO_2含量/(g/L)		<0.3
	热稳定盐/%		1.64
	泡高/cm		15
	消泡时间/s		<1
	胺液浓度/%		29.65
	铁离子/(mg/L)		1.83
	含油量/(mg/L)		<1
	pH值		9.3
	外观		无色透明液体

七、富胺液

富胺液情况见表3-11。

表3-11　贫胺液分析数据

项　目		位　号	数　值
T7402富液	H_2S含量/(g/L)		3.57
	CO_2含量/(g/L)		1.96
	外观		淡黄绿色透明液体

八、酸性气燃烧炉反应

酸性气燃烧炉内H_2S与氧气发生的主反应为：

$$H_2S+1.5O_2 \longrightarrow SO_2+H_2O \tag{3-1}$$

$$2H_2S+SO_2 \longrightarrow 1.5S_2+2H_2O \tag{3-2}$$

烃类、氨气发生的燃烧反应及相关副反应见下文。

（一）酸性气燃烧炉内发生的主要反应

$$3H_2S+1.5O_2 \longrightarrow H_2O+SO_2+2H_2S \quad (3-3)$$

$$2H_2S+SO_2 \longrightarrow 2H_2O+1.5S_2 \quad (3-4)$$

$$3H_2S+1.5O_2 \longrightarrow 3H_2O+1.5S_2 \quad (3-5)$$

$$H_2S+0.5O_2 \longrightarrow H_2O+S_1 \quad (3-6)$$

$$S_1+O_2 \longrightarrow SO_2 \quad (3-7)$$

$$2S_1 \longrightarrow S_2 \quad (3-8)$$

$$S_2+2O_2 \longrightarrow 2SO_2 \quad (3-9)$$

$$CH_4+2O_2 \longrightarrow 2H_2O+CO_2 \quad (3-10)$$

$$C_2H_6+3.5O_2 \longrightarrow 3H_2O+2CO_2 \quad (3-11)$$

$$C_6H_6 \longrightarrow 6C+3H_2 \quad (3-12)$$

$$C_7H_8 \longrightarrow 7C+4H_2 \quad (3-13)$$

（二）酸性气燃烧炉内可能生成或消耗 CO 和 H_2 的反应

$$CH_4+1.5O_2 \longrightarrow 2H_2O+CO \quad (3-14)$$

$$CH_4+O_2 \longrightarrow H_2O+CO+H_2 \quad (3-15)$$

$$CH_4+2H_2O \longrightarrow CO_2+4H_2 \quad (3-16)$$

$$H_2+CO_2 \longrightarrow H_2O+CO \quad (3-17)$$

$$CO_2+H_2S \longrightarrow CO+H_2O+0.5S_2 \quad (3-18)$$

$$2CO_2+H_2S \longrightarrow 2CO+H_2+SO_2 \quad (3-19)$$

$$H_2S \longrightarrow H_2+0.5S_2 \quad (3-20)$$

$$2CO+O_2 \longrightarrow 2CO_2 \quad (3-21)$$

$$4CO+2SO_2 \longrightarrow 4CO_2+S_2 \quad (3-22)$$

$$H_2+0.5O_2 \longrightarrow H_2O \quad (3-23)$$

$$H_2+0.5S_2 \longrightarrow H_2S \quad (3-24)$$

（三）酸性气燃烧炉内可能生成或消耗 COS 的反应

$$2CH_4+3SO_2 \longrightarrow 4H_2O+2COS+0.5S_2 \quad (3-25)$$

$$CO_2+3S_1 \longrightarrow 2COS+SO_2 \quad (3-26)$$

$$2CS_2+CO_2 \longrightarrow 2COS \quad (3-27)$$

$$CO_2+2S_1 \longrightarrow COS+CO+SO_2 \quad (3-28)$$

$$CO+S_1 \longrightarrow COS \quad (3-29)$$

$$CH_4+SO_2 \longrightarrow H_2O+COS+H_2 \quad (3-30)$$

$$CS_2+H_2O \longrightarrow H_2S+COS \quad (3-31)$$

$$COS+H_2O \longrightarrow H_2S+CO_2 \quad (3-32)$$

$$2COS+SO_2 \longrightarrow 1.5S_2+2CO_2 \quad (3-33)$$

$$COS+CO+SO_2 \longrightarrow S_2+2CO_2 \quad (3-34)$$

$$COS+H_2 \longrightarrow CO+H_2S \quad (3-35)$$

$$COS+1.5O_2 \longrightarrow SO_2+CO_2 \quad (3-36)$$

$$COS \longrightarrow CO+0.5S_2 \quad (3-37)$$

(四) 酸性气燃烧炉内可能生成或消耗CS_2的反应

$$C_1+2S_1 \longrightarrow CS_2 \tag{3-38}$$

$$CH_4+2H_2S \longrightarrow CS_2+4H_2 \tag{3-39}$$

$$CH_4+4S_1 \longrightarrow CS_2+2H_2S \tag{3-40}$$

$$CH_4+2S_2 \longrightarrow CS_2+2H_2S \tag{3-41}$$

$$CO_2+3S_1 \longrightarrow CS_2+SO_2 \tag{3-42}$$

$$C_2H_6+3.5S_2 \longrightarrow 2CS_2+3H_2S \tag{3-43}$$

$$C_3H_8+5S_2 \longrightarrow 3CS_2+4H_2S \tag{3-44}$$

$$CS_2+2H_2O \longrightarrow 2H_2S+CO_2 \tag{3-45}$$

$$CS_2+SO_2 \longrightarrow 1.5S_2+CO_2 \tag{3-46}$$

$$CS_2+CO_2 \longrightarrow S_2+2CO \tag{3-47}$$

(五) 酸性气燃烧炉内NH_3发生的反应

$$2NH_3+1.5O_2 \longrightarrow N_2+3H_2O \tag{3-48}$$

$$2NH_3 \longrightarrow N_2+3H_2 \tag{3-49}$$

$$2NH_3+SO_2 \longrightarrow N_2+2H_2O+H_2S \tag{3-50}$$

$$2NH_3+S_2 \longrightarrow H_2S_2+N_2+2H_2 \tag{3-51}$$

$$2NH_3+CO_2 \longrightarrow CO+H_2O+N_2+2H_2 \tag{3-52}$$

酸性气燃烧炉情况见表3-12。

表3-12 酸性气燃烧炉参数及分析数据

项 目	位 号	数 值
酸性气流量/(kg/h)	FI7401A	7800.526
一次空气量/(kg/h)	FIC7401B	15468.6
二次空气量/(kg/h)	FIC7401C	2329.6
空气温度/℃	TI7405B	90.2
炉头压力/MPa	PIA7401	0.024
炉膛温度/℃	TI7403C	1220
空气压力/MPa	PI7402B	0.056
一级硫冷器出口温度/℃	TI7410	157.5
H_2S/%(体)		8.31
SO_2/%(体)		4.22
COS/%(体)		0.85
CS_2/%(体)		<0.02
CO/%(体)		0.73
CO_2/%(体)		2.96

九、克劳斯硫回收催化反应

克劳斯硫黄反应器发生的催化反应有:

$$2H_2S+SO_2 \longrightarrow 2H_2O+1.5S_2 \tag{3-53}$$

$$COS+H_2O \longrightarrow H_2S+CO_2 \tag{3-54}$$

$$CS_2+H_2O \longrightarrow H_2S+COS \tag{3-55}$$

$$CS_2+2H_2O \longrightarrow 2\ H_2S+CO_2 \tag{3-56}$$

$$3S_2 \rightleftharpoons S_6 \tag{3-57}$$

$$4S_2 \rightleftharpoons S_8 \tag{3-58}$$

$$4S_6 \rightleftharpoons 3S_8 \tag{3-59}$$

克劳斯一级、二级反应器情况见表3-13。

表3-13 克劳斯一级、二级反应器操作参数及分析数据

项目		位号	数值
一级反应器	入口温度/℃	TIC7416	231.58
	床层温度/℃	TI7419	317.47
	出口温度/℃	TI7411	312.26
二级硫冷器	出口温度/℃	TI7412	161.5
二级反应器	入口温度/℃	TIC7417	227.89
	床层温度/℃	TI7420	247.32
	出口温度/℃	TI7413	251.00
三级硫冷器	出口温度/℃	TI7415	142.5
在线比值分析仪	硫化氢含量/%	AI7402A	0.200
	二氧化硫含量/%	AI7402B	0.286
	H_2S-2SO_2值	AIC7402	-0.367
一级反应器 R7401入口气体组成	H_2S/%(体)		7.95
	SO_2/%(体)		4.12
	COS/%(体)		0.85
	CS_2/%(体)		<0.02
	CO/%(体)		0.73
	CO_2/%(体)		2.96
二级反应器 R7402入口气体组成	H_2S/%(体)		2.03
	SO_2/%(体)		1.06
	COS/%(体)		0.55
	CS_2/%(体)		<0.02
	CO/%(体)		0.49
	CO_2/%(体)		3.17
捕集器 V7404出口气体组成	H_2S/%(体)		0.86
	SO_2/%(体)		0.52
	COS/%(体)		0.26
	CS_2/%(体)		<0.02
	CO/%(体)		0.38
	CO_2/%(体)		3.31

十、加氢催化反应

（一）加氢反应器主要反应

$$S_8+8H_2 \longrightarrow 8\,H_2S \tag{3-60}$$

$$SO_2+3H_2 \longrightarrow H_2S+2\,H_2O \tag{3-61}$$

$$CS_2+4H_2 \longrightarrow 2\,H_2S+CH_4 \tag{3-62}$$

$$COS+H_2 \longrightarrow H_2S+CO \tag{3-63}$$

$$COS+H_2O \longrightarrow H_2S+CO_2 \tag{3-64}$$

$$CS_2+H_2O \longrightarrow H_2S+COS \tag{3-65}$$

（二）加氢反应器副反应

$$SO_2+2H_2S \longrightarrow 3S+2\,H_2O \tag{3-66}$$

$$SO_2+3CO \longrightarrow COS+2\,CO_2 \tag{3-67}$$

$$S_8+8CO \longrightarrow 8COS \tag{3-68}$$

$$CO+H_2O \longrightarrow CO_2+H_2 \tag{3-69}$$

$$CO+H_2S \longrightarrow COS+H_2 \tag{3-70}$$

$$CS_2+3H_2 \longrightarrow CH_3SH+H_2S \tag{3-71}$$

$$CH_3SH+H_2 \longrightarrow CH_4+H_2S \tag{3-72}$$

$$2COS+SO_2 \longrightarrow 3S+2CO_2 \tag{3-73}$$

$$2CS_2+SO_2 \longrightarrow 3S+2COS \tag{3-74}$$

加氢反应器操作情况见表3-14。

表3-14　加氢反应器操作参数及分析数据

项　目		位　号	数　值
加氢反应器R7403	氢气流量/(Nm^3/h)	FIC7430	197.5
	入口温度/℃	TIC7430B	274.37
	床层温度/℃	TI7434	314.11
	出口温度/℃	TI7450	310.42
加氢反应器R7403入口气体	H_2/%(体)		2.4
	H_2S/%(体)		0.86
	SO_2/%(体)		0.52
	COS/%(体)		0.18
	CS_2/%(体)		<0.02
	CO/%(体)		0.28
	CO_2/%(体)		3.21
加氢反应器出口气体	H_2S/%(体)		1.67
	COS/%(体)		<0.02
	CS_2/%(体)		<0.02
	CO/%(体)		<0.02
	CO_2/%(体)		3.48
	H_2/%(体)		1.02

第四部分　计算

本节所有工艺计算均依据前文“标定报告”“基础数据”中数据，其他数据如催化剂和介质物性数据等来自《装置操作规程》或查自《炼油技术常用数据手册》，计算方法、反应方程均根据《化工原理》《石油炼制设计手册第四册》等。

一、物料平衡

(一) 硫平衡及硫回收率计算

根据表 3-2 酸性气组成、表 3-12 酸性气燃烧炉参数及分析数据，表 3-13 克劳斯一级、二级反应器操作参数及分析数据进行计算。

风机入口温度 40℃，相对湿度 60%，查表 4-1，空气中水含量为 30.6g/m³。

则转化为标况下：$W_{水}=\frac{(273.15+40)}{273.15}\times30.6=35.08g/Nm^3$。

标况下空气密度：$\rho_{空气}=\frac{29}{22.4}\times1000=1294.6g/Nm^3$。

标况下空气中氮气质量：

$$W_{氮气}=\frac{28\times79\%}{(28\times79\%+32\times21\%)}\times100\%=76.699\%$$

风机入口水占比：$\eta_{水}=\frac{W_{水}}{W_{空气}}=\frac{35.08}{(35.08+1294.6)}\times100\%=2.64\%$。

酸性气燃烧炉空气流量=一次空气流量+二次空气流量

$$=15468.6+2329.6=17798.2kg/h$$

进入酸性气主燃烧炉氮气流量为：

$$\begin{aligned}W_{氮气}&=(1-\eta_{水})\times空气总流量\times W_{氮气}\\&=(1-0.0264)\times17798.21\times76.699\\&=13290.91kg/h\end{aligned}$$

转化为摩尔流量为：$W_{氮气}=\frac{13290.91}{28}=474.675kmol/h$。

1. 制硫炉硫平衡

1) 根据克劳斯反应机理，进入酸性气燃烧炉空气中的 N_2 为惰性气体，不发生化学反应。

2) 在酸性气燃烧炉中，酸性气中的 NH_3 全部转化为氮气。

$$2NH_3+1.5O_2\longrightarrow N_2+3H_2O$$

NH_3 转化为氮气的摩尔流量为=1.011kmol/h÷2=0.5055kmol/h。

燃烧炉出口过程气中氮气的摩尔流量=474.675+0.5055=475.181kmol/h。

根据酸性气燃烧炉出口气体组成及计算得出氮气摩尔流量，可计算出燃烧炉出口过程气各组成的摩尔流量，具体数据见表 4-2。

表 4-1 绝对湿度与相对湿度对应表(大气压 10^5Pa)

温度/℃	相对湿度/%																			
	5	10	15	20	25	30	35	40	45	50	55	60	65	70	75	80	85	90	95	100
	绝对湿度/(g/m^3)																			
5	0.34	0.68	1.02	1.36	1.70	2.04	2.38	2.72	3.06	3.40	3.73	4.07	4.41	4.75	5.09	5.43	5.77	6.11	6.45	6.79
10	0.47	0.94	1.41	1.88	2.35	2.82	3.29	3.76	4.23	4.70	5.16	5.63	6.10	6.57	7.04	7.51	7.98	8.45	8.92	9.39
15	0.64	1.28	1.92	2.56	3.21	3.85	4.49	5.13	5.77	6.41	7.05	7.69	8.33	8.97	9.62	10.26	10.90	11.54	12.18	12.82
20	0.85	1.73	2.59	3.45	4.32	5.18	6.04	6.91	7.77	8.64	9.50	10.36	11.23	12.09	12.95	13.82	14.68	15.54	16.41	17.27
25	1.15	2.30	3.45	4.60	5.75	6.90	8.05	9.20	10.35	11.51	12.66	13.81	14.96	16.11	17.26	18.41	19.56	20.71	21.86	23.01
30	1.52	3.03	4.55	6.06	7.58	9.09	10.61	12.12	13.64	15.16	16.67	18.19	19.70	21.22	22.73	24.25	25.76	27.28	28.79	30.31
35	1.98	3.95	5.93	7.90	9.88	11.85	13.83	15.80	17.78	19.76	21.73	23.71	25.68	27.66	29.63	31.61	33.58	35.56	37.53	39.51
40	2.55	5.10	7.65	10.20	12.75	15.30	17.85	20.40	22.95	25.50	28.05	30.60	33.15	35.70	38.25	40.80	43.35	45.90	48.45	51.00
45	3.26	6.52	9.78	13.04	16.30	19.56	22.82	26.08	29.34	32.61	35.87	39.13	42.39	45.65	48.91	52.17	55.43	58.69	61.95	65.21
50	4.13	8.27	12.40	16.53	20.66	24.80	28.93	33.06	37.19	41.33	45.46	49.59	53.72	57.86	61.99	66.12	70.25	74.39	78.52	82.65
55	5.19	10.39	15.58	20.78	25.97	31.17	36.36	41.56	46.75	51.95	57.14	62.33	67.53	72.72	77.92	83.11	88.31	93.50	98.70	103.89
60	6.48	12.95	19.43	25.91	32.39	38.86	45.34	51.82	58.29	64.77	71.25	77.72	84.20	90.68	97.16	103.63	110.11	116.59	123.06	129.54
65	8.02	16.03	24.05	32.06	40.08	48.09	56.11	64.12	72.14	80.15	88.17	96.18	104.20	112.21	120.23	128.24	136.26	144.27	152.29	160.30
70	9.85	19.69	29.54	39.39	49.24	59.08	68.93	78.78	88.62	98.47	108.32	118.16	128.01	137.88	147.71	157.55	167.40	177.25	187.09	196.94
75	12.02	24.03	36.05	48.06	60.08	72.09	84.11	96.12	108.14	120.16	132.17	144.19	156.20	168.22	180.23	192.25	204.26	216.28	228.29	240.31
80	14.57	29.13	43.70	58.27	72.83	87.40	101.97	116.53	131.10	145.67	160.23	174.80	189.36	203.93	218.50	233.06	247.63	262.20	276.76	291.33
85	17.55	35.10	52.65	70.20	87.75	105.29	122.84	140.39	157.94	175.49	193.04	210.59	228.14	245.69	263.24	280.78	298.33	315.88	333.43	350.98
90	21.02	42.04	63.05	84.07	105.09	126.11	147.13	168.14	189.16	210.18	231.20	252.22	273.23	294.25	315.27	336.29	357.31	378.32	399.34	420.36
95	25.03	50.06	75.09	100.12	125.15	150.18	175.21	200.24	225.27	250.30	275.33	300.36	325.39	350.42	375.45	400.48	425.51	450.54	475.57	500.60
100	29.65	59.30	88.94	118.59	148.24	177.89	207.54	237.18	266.83	296.48	326.13	355.78	385.42	415.07	444.72	474.37	504.02	533.66	563.31	592.96

表 4-2 酸性气燃烧炉分析及计算数据

项目		入方	出方	
		流量/(kmol/h)	体积分数/%(体)	流量/(kmol/h)
干基	H_2S	212.189	7.95	45.300
	SO_2		4.12	23.476
	COS		0.85	4.862
	CS_2		<0.02	0.000
	CO		0.73	4.141
	CO_2		2.96	16.847
	N_2	474.675	83.39	475.181
	NH_3	1.011		
总计				569.806

酸性气燃烧炉硫转化率：

$$\eta_1=\left[1-\frac{一冷出口气体(H_2S+SO_2+COS+2CS_2)总摩尔流量}{入反应炉(H_2S+SO_2+COS+2CS_2)总摩尔流量}\right]\times100\%$$

$$\eta_1=\left(1-\frac{45.300+23.47600+4.862}{212.189}\right)\times100\%=65.296\%$$

经计算得出制硫炉的转化率为65.296%。

2. 克劳斯一级反应器硫平衡

根据克劳斯反应机理，进入一级反应器的过程气中的N_2为惰性气体，不发生化学反应。根据氮气摩尔流量及一级反应器出口气体组成进行计算，可计算出一级反应器R7401出口过程气各组成的摩尔流量，具体数据见表4-3。

表 4-3 一级反应器分析及计算数据

项目		入方		出方	
		体积分数/%(体)	流量/(kmol/h)	体积分数/%(体)	流量/(kmol/h)
干基	H_2S	7.95	45.300	2.03	10.389
	SO_2	4.12	23.476	1.06	5.451
	COS	0.85	4.862	0.55	2.836
	CS_2	<0.02	0.000	<0.02	0.000
	CO	0.73	4.141	0.49	2.512
	CO_2	2.96	16.847	3.17	16.250
	N_2	83.39	475.181	92.70	475.181
总计			569.806		512.619

一级反应器硫转化率：

$$\eta_2=\left[1-\frac{\text{二冷出口气体}(H_2S+SO_2+COS+2CS_2)\text{总摩尔流量}}{\text{入一级反应器}(H_2S+SO_2+COS+2CS_2)\text{总摩尔流量}}\right]\times100\%$$

$$\eta_2=\left(1-\frac{10.389+5.451+2.836}{45.3+23.476+4.862}\right)\times100\%=74.638\%$$

一级反应器后总硫转化率：

$$\eta_2'=\left[1-\frac{\text{二冷出口气体}((H_2S+SO_2+COS+2CS_2))\text{总摩尔流量}}{\text{入炉}(H_2S+SO_2+COS+2CS_2)\text{总摩尔流量}}\right]\times100\%$$

$$\eta_2'=\left(1-\frac{10.389+5.451+2.836}{212.189}\right)\times100\%=91.198\%$$

经计算得出一级反应器的硫转化率为 74.638%，经过一级反应器后的总硫转化率为 91.198%。

3. 克劳斯二级反应器硫平衡

根据克劳斯反应机理，进入二级反应器的过程气中的 N_2 为惰性气体，不发生化学反应。根据氮气摩尔流量及二级反应器出口气体组成进行计算，可计算出二级反应器 R7401 出口过程气各组成的摩尔流量，具体数据见表 4-4。

表 4-4 二级反应器分析及计算数据

项 目		入方		出方	
		体积分数/%(体)	流量/(kmol/h)	体积分数/%(体)	流量/(kmol/h)
干基	H_2S	2.03	10.389	0.86	4.426
	SO_2	1.06	5.451	0.52	2.683
	COS	0.55	2.836	0.26	1.333
	CS_2	<0.02	0.000	<0.02	0.000
	CO	0.49	2.512	0.38	1.931
	CO_2	3.17	16.250	3.31	16.951
	N_2	92.70	475.181	94.67	475.181
总计			512.619		501.934

二级反应器硫转化率：

$$\eta_3=\left[1-\frac{\text{捕集器出口气体}(H_2S+SO_2+COS+2CS_2)\text{总摩尔流量}}{\text{入二级反应器}(H_2S+SO_2+COS+2CS_2)\text{总摩尔流量}}\right]\times100\%$$

$$\eta_3=\left(1-\frac{4.426+2.683+1.333}{10.389+5.451+2.836}\right)\times100\%=54.803\%$$

二级反应器后总硫转化率：

$$\eta_3'=\left[1-\frac{\text{捕集器出口气体}(H_2S+SO_2+COS+2CS_2)\text{总摩尔流量}}{\text{入炉}(H_2S+SO_2+COS+2CS_2)\text{总摩尔流量}}\right]\times100\%$$

$$\eta_3'=\left(1-\frac{4.426+2.683+1.333}{212.189}\right)\times100\%=96.022\%$$

经计算得出二级反应器的硫转化率为 54.803%，经过二级反应器后的总硫转化率为 96.022%。

4. 根据硫黄产量计算克劳斯总硫转化率

140kt/a 硫黄回收装置 74、75 系列总酸性气处理量为 15954.72kg/h，总硫黄产量为 13.43t/h。

$$74\text{单元硫黄产量}=13.43\times\frac{7800.53}{15954.72}=6.566\text{t/h}$$

$$74\text{单元硫黄产量摩尔流量}=6.566\times1000/32=205.192\text{kmol/h}$$

根据硫黄产量，计算出克劳斯单元总硫转化率为 96.702%。

5. 总硫回收率

根据表 3-9 尾气焚烧炉操作参数及分析数据进行计算。标况下干烟气流量 21133Nm^3/h，烟气二氧化硫含量为 56mg/Nm^3。

硫黄回收装置总硫回收率的理论计算公式：

$$\eta_{\text{总}}=\left[1-\frac{\text{烟气总硫}}{\text{入炉}(H_2S+SO_2+COS+2CS_2)\text{总摩尔流量}}\right]\times100\%$$

$$\text{烟气总硫}=\frac{21133\times56}{64\times1000\times1000}=0.01845\text{kmo/h}$$

$$\eta_{\text{总}}=\left(1-\frac{0.01845}{212.189}\right)\times100\%=99.9913\%$$

根据烟气二氧化硫计算得出总硫回收率为 99.9913%。

（二）氢平衡

1. 酸性气燃烧炉

1）酸性气燃烧炉出口 CH_4 主要发生如下反应，CH_4 中氢原子变成了 H_2O：

$$CH_4+2O_2\longrightarrow2H_2O+CO_2$$

$$CH_4+1.5O_2\longrightarrow2H_2O+CO$$

$$2CH_4+3SO_2\longrightarrow4H_2O+2COS+0.5S_2$$

2）CH_4 转化为水的摩尔流量=0.135×2=0.27kmol/h。

$$2NH_3+1.5O_2\longrightarrow N_2+3H_2O$$

NH_3 转化为水的摩尔流量=1.011÷2×3=1.5165kmol/h。

3）空气中水的摩尔流量：

$$W_{\text{空水}}=\eta_{\text{水}}\times\frac{\text{空气总流量}}{18}=0.0264\times\frac{17798.21}{18}=26.086\text{kmol/h}$$

4）在酸性气燃烧炉中，发生反应中 H_2S 中氢原子变成了 H_2O。

根据上面硫平衡计算中，酸性气燃烧炉硫转化率为 65.296%。在酸性气燃烧炉内的氢平衡见表 4-5。

酸性气燃烧炉出口过程气水摩尔流量：

$$W_{\text{水}1}=\text{原料水流量}+\text{反应生成水}=35.185+162.07+0.27+1.5165$$
$$=198.99\text{kmol/h}$$

表 4-5　酸性气燃烧炉氢平衡表　kmol/h

项　目		入方	出方	
		流量	流量	反应生成水
酸性气	H_2S	212.189	45.300	162.07
	SO_2		23.476	
	COS		4.862	
	CH_4	0.135		0.27
	NH_3	1.011		1.5165
	H_2O	9.099	9.099	
空气	H_2O	26.087	26.087	
水，总计		35.185		198.99

2. 一级克劳斯反应器

1）在反应器发生反应中 H_2S 中氢原子变成了 H_2O。

$$2H_2S+SO_2 \longrightarrow 2H_2O+1.5S_2$$

一级反应器生成水量＝入反应器硫化氢摩尔流量－出反应器硫化氢摩尔流量

＝45.300kmol/h－10.389kmol/h

＝34.911kmol/h

2）在反应器中，COS 与 H_2O 发生水解反应，生成 H_2S 和 CO_2；CS_2 与 H_2O 发生水解反应，生成 COS、H_2S 和 CO_2。氢原子量守恒，因此 COS 和 CS_2 水解反应不影响反应后水含量变化。

$$COS+H_2O \longrightarrow H_2S+CO_2$$

$$CS_2+H_2O \longrightarrow H_2S+COS$$

$$CS_2+2H_2O \longrightarrow 2H_2S+CO_2$$

根据硫平衡计算，在一级反应器内的氢平衡见表 4-6。

表 4-6　一级反应器氢平衡表　kmol/h

项　目		入方	出方	
		流量	流量	反应生成水
过程气	H_2S	45.300	10.389	34.911
	SO_2	23.476	5.451	
	COS	4.862	2.836	
	CS_2	0.000	0.000	
	CO	4.141	2.512	
	CO_2	16.847	16.250	
	H_2O	198.999	198.999	
水，总计		198.999		233.909

$W_{水2}$ = 反应器入口水流量+反应生成水 = 198.99+34.911 = 233.909kmol/h

3. 二级克劳斯反应器

1）在反应器发生反应中 H_2S 中氢原子变成了 H_2O。

$$2H_2S+SO_2 \longrightarrow 2H_2O+1.5S_2$$

二级反应器生成水量 = 入反应器硫化氢摩尔流量 - 出反应器硫化氢摩尔流量

= 10.389kmol/h - 4.426kmol/h

= 5.963kmol/h

2）在反应器中，COS 与 H_2O 发生水解反应，生成 H_2S 和 CO_2；CS_2 与 H_2O 发生水解反应，生成 COS、H_2S 和 CO_2，反应方程式同一级反应器。氢原子量守恒，因此 COS 和 CS_2 水解反应不影响反应后水含量变化。

根据硫平衡计算中，在二级反应器内的氢平衡见表 4-7。

表 4-7　二级反应器氢平衡表　　kmol/h

项　目	入方		出方	
	流量	流量		反应生成水
过程气	H_2S	10.389	4.426	5.963
	SO_2	5.451	2.683	
	COS	2.836	1.333	
	CS_2	0.000	0.000	
	CO	2.512	1.931	
	CO_2	16.250	16.951	
	H_2O	233.909	233.909	
水，总计		233.909	239.873	

$W_{水3}$ = 反应器入口水流量+反应生成水 = 233.909+5.963 = 239.873kmol/h

4. 总氢平衡

根据氢原子平衡，计算进入酸性气燃烧炉总氢原子量，与二级反应器出口总氢原子进行对比。

酸性气燃烧炉入氢原子总量 = $2[H_2S]+4[CH_4]+3[NH_3]+2[H_2O]$

= 2×212.189+4×0.135+3×0.135+2×35.185

= 498.32kmol/h

二级反应器出口氢原子总量 = $2[H_2S]+2[H_2O]$

= 2×4.426+2×239.873 = 488.598kmol/h

酸性气燃烧炉入口氢原子总量比二级反应器出口氢原子总量多 9.722kmol/h，即计算结果水产量少了 4.81kmol/h。出现偏差的原因是：硫平衡是根据实际的分析数据进行计算得出，再根据硫平衡展开对氢平衡的计算，分析数据的偏差导致计算结果出现了 1.95% 的偏差，偏差范围很小，分析数据可信度较高。

（三）克劳斯部分物料流量及关键组分平衡

根据表 4-1～表 4-7，进行氮平衡、氧平衡及碳平衡计算，蒸汽平衡见水平衡计算。

1. 氮平衡

根据表 4-1，酸性气组成中 NH_3 为 1.011kmol/h，在燃烧炉内按照如下反应方程进行反应：

$$2NH_3+1.5O_2 \longrightarrow N_2+3H_2O$$

则反应生成的氮气量=0.5[NH_3]=0.5×1.011=0.5055kmol/h。

酸性气燃烧炉出口氮气总量=入炉氮气量+反应生成氮气量=0.5055+474.675=475.181kmol/h。

在克劳斯一级、二级反应器内氮气不发生变化，即二级反应器出口氮气总量为475.181kmol/h。

2. 氧平衡

(1) 酸性气燃烧炉氧平衡

根据表4-1、表4-5计算酸性气燃烧炉进出口氧原子总量。

酸性气燃烧炉入氧原子总量=2[CO_2]+2[O_2]+[H_2O]

=2×9.159+2×126.179+35.185

=305.862kmol/h

酸性气燃烧炉出氧原子总量=2[SO_2]+[COS]+2[CO_2]+[CO]+[H_2O]

=2×23.476+4.862+4.141+2×16.847+198.999

=288.648kmol/h

酸性气燃烧炉入口氧原子总量比出口氧原子总量多17.214kmol/h，出现偏差的原因是：根据实际的分析数据进行计算得出，分析数据的偏差导致计算结果出现了5.628%的偏差，偏差范围较小，分析数据可信度较高。

(2) 一级反应器氧平衡

一级反应器入口氧总量=废热锅炉出口氧总量=酸性气燃烧炉出口氧总量

根据表4-2、表4-6计算一级反应器出口氧原子总量。

一级反应器出口氧原子总量=2[SO_2]+[COS]+2[CO_2]+[CO]+[H_2O]

=2×5.451+2.836+2.512+2×16.25+233.909

=288.11kmol/h

一级反应器入口氧原子总量比出口氧原子总量多0.538mol/h，出现偏差的原因是：根据实际的分析数据进行计算得出，分析数据的偏差导致计算结果出现了0.186%的偏差，偏差范围很小，分析数据可信度较高。

(3) 二级反应器氧平衡

二级反应器入口氧总量=一级反应器出口氧总量

根据表4-3、表4-7计算二级反应器出口氧原子总量。

二级反应器出口氧原子总量=2[SO_2]+[COS]+2[CO_2]+[CO]+[H_2O]

=2×2.683+1.333+1.931+2×16.951+239.873

=285.085kmol/h

二级反应器入口氧原子总量比出口氧原子总量多3.024mol/h，出现偏差的原因是：根据实际的分析数据进行计算得出，分析数据的偏差导致计算结果出现了1.05%的偏差，偏差范围很小，分析数据可信度较高。

(4) 总氧平衡

酸性气燃烧入口氧原子总量为305.863kmol/h，二级反应器出口氧原子总量为285.085kmol/h，差值为20.77kmol/h，偏差率为6.79%，相较过程气系统压力低、水含量较高且含硫蒸气等，采样及分析难度高，此偏差范围在允许范围内。

3. 碳平衡

(1) 酸性气燃烧炉碳氧平衡

根据表 4-1、表 4-5 计算酸性气燃烧炉进出口碳原子总量。

酸性气燃烧炉入碳原子总量 = $[CO_2]+[CH_4]$

= 9.159+0.135 = 9.294kmol/h

酸性气燃烧炉出口碳原子总量 = $[CO_2]+[COS]+[CO]$

= 4.862+2.512+16.847

= 25.85kmol/h

酸性气燃烧炉出口碳子总量比入口碳原子总量多 16.557kmol/h，偏差较大。主要原因是：①酸性气采样时为锡箔袋采样，未采用钢瓶采样，且酸性气硫化氢含量非常高，采样过程及分析过程危险性高，容易造成分析结果烃含量偏差较大。②酸性气燃烧炉入口空气中的二氧化碳含量忽略。

(2) 一级反应器碳平衡

一级反应器入口碳总量 = 废热锅炉出口碳总量 = 酸性气燃烧炉出口碳总量

根据表 4-2、表 4-6 计算一级反应器出口碳原子总量。

一级反应器出口碳原子总量 = $[CO_2]+[COS]+[CO]$ = 2.836+2.512+16.25

= 21.598kmol/h

一级反应器入口碳原子总量比出口碳原子总量多 4.252mol/h，出现偏差的原因是：根据实际的分析数据进行计算得出，分析数据的偏差导致计算结果出现了 16.445%的偏差。偏差率较高，但实际数量偏差值较小，这也与组分含量小有关。

(3) 二级反应器碳平衡

二级反应器入口碳总量 = 一级反应器出口碳总量

根据表 4-3、表 4-7 计算二级反应器出口碳原子总量。

二级反应器出口碳原子总量 = $[CO_2]+[COS]+[CO]$ = 1.333+1.931+16.951

= 20.214kmol/h

二级反应器入口碳原子总量比出口碳原子总量多 1.384mol/h，出现偏差的原因是：根据实际的分析数据进行计算得出，分析数据的偏差导致计算结果出现了 6.4%的偏差。偏差率稍高，但实际数量偏差值较小，这也与组分含量小有关。

(4) 总碳平衡

酸性气燃烧入口碳原子总量为 9.294kmol/h，二级反应器出口碳原子总量为 20.214kmol/h，差值为 10.92kmol/h，偏差率为 117.4%，偏差率非常高。主要原因是原料酸性气中二氧化碳、烃含量较小，采样用锡箔袋可能造成重烃采不到等，分析过程存在偏差等，导致碳平衡偏差过大。

(四) 硫露点及硫组分变化计算

根据表 3-12、表 3-13，及华氏度与摄氏度转换公式(℉ = 1.8×℃ +32)进行计算。不同温度下气相中 S_2、S_6、S_8的摩尔分数占比情况见图 4-1。

1. 酸性气燃烧炉

1) 炉膛温度 1220℃，即 2228℉，硫形态为 S_2。

则炉膛内硫摩尔流量 S_2 = [入炉 (H_2S+S O_2+COS+2C S_2) 总摩尔流量 - 废锅出口 (H_2S+S O_2+COS+2C S_2) 总摩尔流量]÷2。

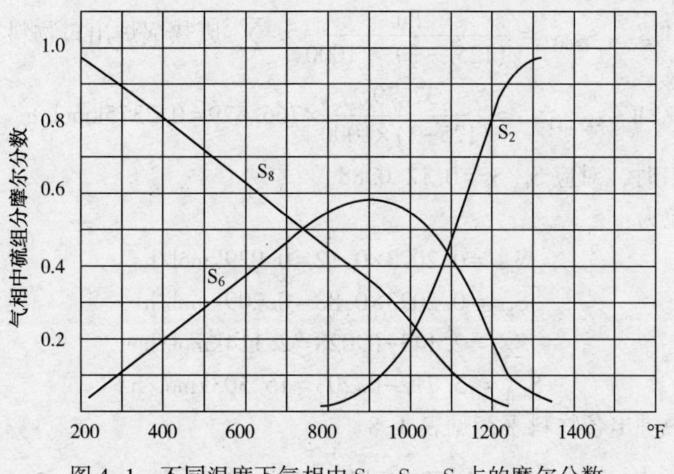

图 4-1　不同温度下气相中 S_2、S_6、S_8 占的摩尔分数

$$S_2=(212.189-45.3-23.476-4.862)\div2=69.275\text{kmol/h}$$

2）废热锅炉出口温度308℃，即586.4℉，查4-1图得：S_2忽略不计，S_6/S_8的摩尔分数之比为0.36/0.64。

由硫平衡：$2[S_2]=6[S_6]+8[S_8]$。

$$S_6=69.275\times2/(6+0.64\times8/0.36)=6.851\text{kmol/h}$$

$$S_8=5.752\times0.64/0.36=12.180\text{kmol/h}$$

3）一级硫冷器过程气出口温度157.5℃，即315.5℉，查图4-1得：S_6/S_8的摩尔分数之比为0.12/0.88。

由硫平衡：$6[S_6]+8[S_8]=6[S_6]'+8[S_8]'$

$$S_6'=(6.851\times6+12.180\times8)/(6+0.88\times8/0.12)=2.143\text{kmol/h}$$

$$S_8'=2.143\times0.88/0.12=15.712\text{kmol/h}$$

4）硫露点计算：

酸性气燃烧炉炉膛压力为24kPa(a)，则绝对压力=24+101=125kPa(g)，查设计数据从酸性气燃烧炉至一级硫冷器出口系统压降为3kPa。

$$\text{硫分压 } p_s=\frac{S_6+S_8}{\sum \text{一冷物料}}\times(125-3)\times1000=2917.96\text{ Pa。}$$

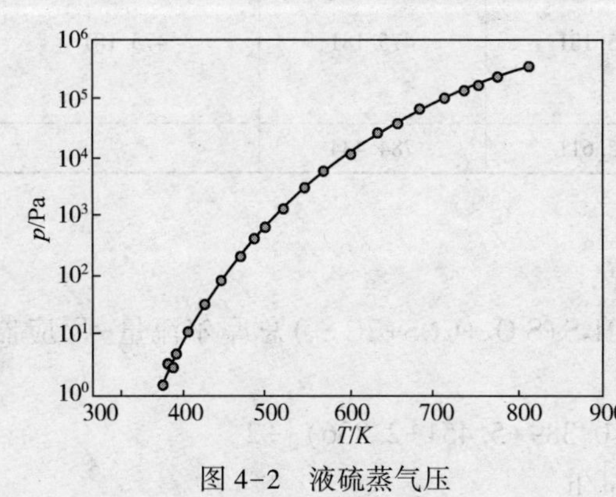

图 4-2　液硫蒸气压

○ 测量值；—— 计算值

根据液硫蒸气压 p_S 拟合公式：$\ln p_s=89.273-13463/T-8.9643\ln T$

计算出 $T=541\text{K}$，则一级硫露点温度=541−273.15=267.85℃。

液硫蒸气压如图4-2所示。

5）一冷气态硫与液态硫的计算：

根据液硫蒸气压 p_S 拟合公式：$\ln p_s=89.273-13463/T-8.9643\ln T$，

当 $T=157.5$℃时，计算 $\ln p_S=3.632$，则 $p_{s1}=37.79\text{Pa}$。

$$p_s>p_{s1}$$

$$W_{硫蒸气一冷出口} = \frac{p_{s1}}{(125-3)\times 1000} \times \sum 废热锅炉出口物料$$

$$W_{硫一冷出口蒸气} = \frac{37.79}{(125-3)\times 1000} \times 766.579 = 0.2375\text{kmol/h}$$

当 $T=157.5$℃时，对应 $S_6/S_8=0.12/0.88$。

则一冷出口硫为：

$$S_{6气}=0.2023\times 0.12=0.029\text{kmol/h}$$
$$S_{8气}=0.2023\times 0.88=0.209\text{kmol/h}$$
$$S_{6液}=2.143-0.028=2.114\text{kmol/h}$$
$$S_{8液}=15.712-0.203=15.503\text{kmol/h}$$

酸性气燃烧炉进出各物料平衡见表4-8。

表4-8　酸性气燃烧炉进出各物料平衡　　kmol/h

项　目	原料		燃烧炉反应后	废热锅炉出过程气	一冷后过程气
	酸性气	空气			
H_2S	212.189		45.300	45.300	45.300
SO_2			23.476	23.476	23.476
COS			4.862	4.862	4.862
S_2			69.275		
S_6				6.851	2.143（其中 $S_{6气}$0.029 $S_{6液}$2.114）
S_8				12.180	15.712（其中 $S_{8气}$0.209 $S_{8液}$15.503）
CO			4.141	2.512	2.512
CO_2	9.159		16.847	16.250	16.250
CH_4	0.135				
NH_3	1.011				
H_2O	9.099	26.087	198.999	198.999	198.999
N_2		474.675	475.181	475.181	475.181
O_2		126.179			
总计	858.533	838.081	785.611	784.434	

2. 克劳斯一级反应器

1）先将反应器生成的硫形态按照 S_2进行计算：

则一反内生成的硫摩尔流量S_2＝［入反应器(H_2S+S O_2+COS+2C S_2)总摩尔流量－反应器出口(H_2S+S O_2+COS+2C S_2)总摩尔流量］÷2

$$S_2=[(45.3+23.476+4.862)-(10.389+5.451+2.836)]\div 2$$
$$=73.638-18.676=27.481\text{kmol/h}$$

2）一级反应器出口温度312.2℃，即593.6℉，查图4-1得：S_2忽略不计，S_6/S_8的摩尔分数之比为0. 36/0. 64。

由硫平衡：　　$2[S_2]+6[S_{6入}]+8[S_{8入}]=6[S_{6出}]+8[S_{8出}]$

$$S_{6出}=(27.481\times2+0.029\times6+0.209\times8)/(6+0.64\times8/0.36)=2.809\text{kmol/h}$$

$$S_{8出}=2.809\times0.64/0.36=4.994\text{kmol/h}$$

3）二级硫冷器过程气出温度161. 5℃，即322. 7℉查图4-1得：S_6/S_8的摩尔分数之比为0. 12/0. 88。

由硫平衡：　　$6[S_6]+8[S_8]=6[S_6]'+8[S_8]'$

$$S_6'=(2.809\times6+4.994\times8)/(6+0.88\times8/0.12)=0.878\text{kmol/h}$$

$$S_8'=0.878\times0.88/0.12=6.442\text{kmol/h}$$

4)硫露点计算：

酸性气燃烧炉炉膛压力为125kPa，查设计数据从酸性气燃烧炉至一级硫冷器出口系统压降为3kPa。一级加热器至二级硫冷器出口压降为5kPa。

$$硫分压\ p_s=\frac{S_6+S_8}{\sum 二冷物料}\times(125-8)\times1000=1210.26\ \text{Pa}$$

根据液硫蒸气压p_S拟合公式：$\ln p_S=89.273-13463/T-8.9643\ln T$，计算出$T=513.2$K，则硫露点温度=513. 2-273. 15=240. 05℃。

5）二冷气态硫与液态硫的计算：

根据液硫蒸气压p_S拟合公式：$\ln p_S=89.273-13463/T-8.9643\ln T$，当$T=161.5$℃时，计算$\ln p_S=3.837$，则$p_{S2}=46.388$Pa。

$$p_S>p_{S2}$$

$$W_{硫蒸气二冷出口}=\frac{p_S}{(125-3-5)\times1000}\times\sum 一级反应器出口物料$$

$$W_{二冷出口蒸气}=\frac{46.388}{(125-8)\times1000}\times745.528=0.296\ \text{kmol/h}$$

当$T=157.5$℃时，对应$S_6/S_8=0.12/0.88$。

则一冷出口硫为：

$$S_{6气}=0.296\times0.12=0.036\text{kmol/h}$$

$$S_{8气}=0.296\times0.88=0.261\text{kmol/h}$$

$$S_{6液}=0.878-0.034=0.843\text{kmol/h}$$

$$S_{8液}=6.442-0.252=6.181\text{kmol/h}$$

克劳斯一级反应进出物料平衡见表4-9。

表4-9　克劳斯一级反应进出各物料平衡　　kmol/h

项　目	一反入口过程气	一反出口过程气	二冷后过程气
H_2S	45. 300	10. 389	10. 389
SO_2	23. 476	5. 451	5. 451
COS	4. 862	2. 836	2. 836
S_6	0. 029	2. 806	0. 878 （$S_{6气}$0. 036，$S_{6液}$0. 843）

续表

项　目	一反入口过程气	一反出口过程气	二冷后过程气
S_8	0.209	4.989	6.442 （$S_{8气}$0.261，$S_{8液}$6.181）
CO	2.512	2.512	2.512
CO_2	16.250	16.250	16.250
H_2O	198.999	233.909	233.909
N_2	475.181	475.181	475.181
总计	766.817	754.331	753.849

3. 克劳斯二级反应器

1）先将反应器生成的硫形态按照S_2进行计算：

则二反内生成的硫摩尔流量S_2=[入反应器($H_2S+SO_2+COS+2CS_2$)总摩尔流量-反应器出口($H_2S+SO_2+COS+2CS_2$)总摩尔流量]÷2

S_2=[(10.389+5.451+2.836)-(4.426+2.683+1.333)]÷2=18.676-8.441=5.118kmol/h

2）二级反应器出口温度251℃，即483.8℉，查图4-1得：S_2忽略不计，S_6/S_8的摩尔分数之比为0.27/0.73。

由硫平衡：　$2[S_2]+6[S_{6入}]+8[S_{8入}]=6[S_{6出}]+8[S_{8出}]$

$$S_{6出}=(5.118\times2+0.036\times6+0.261\times8)/(6+0.73\times8/0.27)=0.454\text{kmol/h}$$

$$S_{8出}=0.454\times0.73/0.27=1.226\text{kmol/h}$$

3）三级硫冷器过程气出温度142.5℃，即288.5℉查图4-1得：S_6/S_8的摩尔分数之比为0.1/0.9。

由硫平衡：　$6[S_6]+8[S_8]=6[S_6]'+8[S_8]'$，

$$S_6'=(0.454\times6+1.226\times8)/(6+0.9\times8/0.1)=0.161\text{kmol/h}$$

$$S_8'=0.161\times0.9/0.1=1.446\text{kmol/h}$$

4）硫露点计算：

酸性气燃烧炉炉膛压力为125kPa，查设计数据从酸性气燃烧炉至一级硫冷器出口系统压降为3kPa；一级加热器至二级硫冷器出口压降为5kPa；二级加热器至三级硫冷器出口压降为5kPa。

$$硫分压\ p_s=\frac{S_6+S_8}{\sum 三冷物料}\times(125-13)\times1000=252.889\ \text{Pa}$$

根据液硫蒸气压p_S拟合公式：$\ln p_S=89.273-13463/T-8.9643\ln T$，计算出$T=471.5$K，则硫露点温度=471.5-273.15=198.35℃。

5）三冷气态硫与液态硫的计算：

根据液硫蒸气压p_S拟合公式：$\ln p_S=89.273-13463/T-8.9643\ln T$，当$T=142.5$℃时，计算$\ln p_S=2.821$，则$p_S=16.793$Pa。

酸性气燃烧炉炉膛压力为125kPa，查设计数据从酸性气燃烧炉至一级硫冷器出口系统压降为3kPa；一级加热器至二级硫冷器出口压降为5kPa；二级加热器至三级硫冷器出口压降为5kPa。

$$W_{硫蒸气三冷出口} = \frac{p_S}{(125 - 3 - 5 - 5) \times 1000} \times \sum 二反出口物料$$

$$W_{硫三冷出口蒸气} = \frac{46.388}{(125-13) \times 1000} \times 742.376 = 0.111\text{kmol/h}$$

当 $T=142.5$℃时，对应 $S_6/S_8=0.1/0.9$。

则一冷出口硫为：

$$S_{6气} = 0.111 \times 0.1 = 0.012\text{kmol/h}$$

$$S_{8气} = 0.111 \times 0.9 = 0.100\text{kmol/h}$$

$$S_{6液} = 0.161 - 0.013 = 0.148\text{kmol/h}$$

$$S_{8液} = 1.446 - 0.098 = 1.346\text{kmol/h}$$

克劳斯二级反应进出各物料平衡情况见表 4-10。

表 4-10　克劳斯二级反应进出各物料平衡　　kmol/h

项　目	二反入口过程气	二反出口过程气	三冷后过程气
H_2S	10.389	4.426	4.426
SO_2	5.451	2.683	2.683
COS	2.836	1.333	1.333
S_6	0.036	0.161	0.161 （$S_{6气}$0.012，$S_{6液}$0.148）
S_8	0.261	1.446	1.446 （$S_{6气}$0.100，$S_{6液}$1.346）
CO	2.512	1.931	1.931
CO_2	16.250	16.951	16.951
H_2O	233.909	239.873	239.873
N_2	475.181	475.181	475.181
总计	746.825	744.056	743.983

（五）热量平衡

气体生成热的焓定义：　$\Delta H_T = \Delta H^{\circ}_{f.298} + \int_{298}^{T} c_P \mathrm{d}T$

式中　$\Delta H^{\circ}_{f.298}$——气体组分的生成热；

$\int_{298}^{T} c_P \mathrm{d}T$——气体组分在 298℃～$T$℃区间焓的增量。

ΔH_T可由进、出物流的焓差直接确定反应温度。

用多项式将含生成热的气体的焓值进行回归。

以 SO_2 和 H_2S 为例，做趋势图如图 4-3、图 4-4 所示：

气体的焓值进行回归拟合公式见表 4-11。

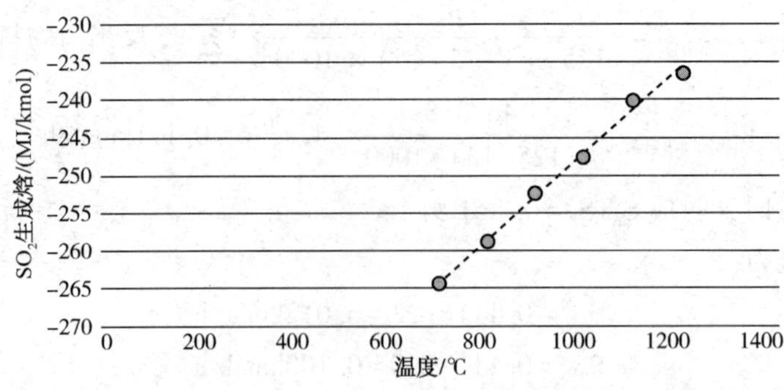

图 4-3　SO_2生成焓值与温度趋势

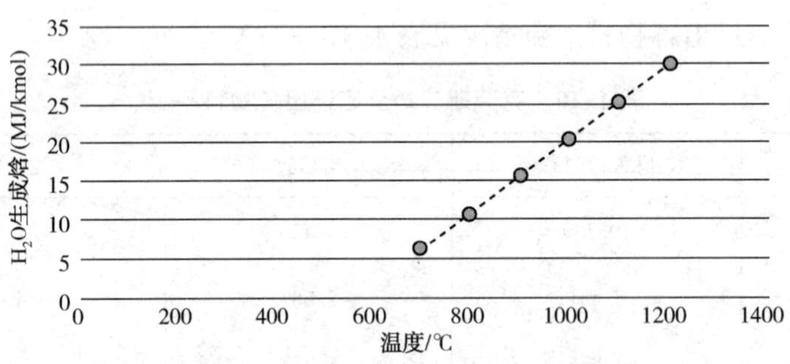

图 4-4　H_2S 生成焓值与温度趋势

表 4-11 气体温度与焓值　　MJ/kmol

组分	700℃	800℃	900℃	1000℃	1100℃	1200	拟合公式
H_2S	6.389	10.958	15.661	20.489	25.418	30.43	$y=0.0481x-27.488$
SO_2	-264.06	-258.64	-252.17	-247.65	-239.99	-236.47	$y=-8\times10^{-6}x^2+0.0728x-311.08$
COS	-107.22	-101.53	-95.78	-89.989	-84.144	-78.274	$y=2\times10^{-6}x^2+0.0536x-145.84$
CS_2	154.1	160	165.94	171.9	177.89	183.89	$y=1\times10^{-6}x^2+0.0572x+113.43$
S_2	148.87	152.6	156.4	160.03	163.75	167.5	$y=-4\times10^{-7}x^2+0.038x+122.5$
S_6	177.94	187.66	197.64	205.3	217.74	228.07	$y=2\times10^{-5}x^2+0.0559x+127.89$
S_8	193.73	206.41	219.3	232.39	245.68	259.17	$y=1\times10^{-5}x^2+0.1117x+110.58$
CO_2	-361.55	-356.08	-350.51	-344.85	-339.11	-333.29	$y=4\times10^{-6}x^2+0.0483x-397.48$
CO	-89.734	-86.4	-83.02	-79.584	-76.111	-72.613	$y=2\times10^{-6}x^2+0.0302x-111.93$
H_2O	-216.83	-212.68	-208.42	-204.06	-199.6	-195.04	$y=5\times10^{-6}x^2+0.0339x-243.07$
H_2	19.874	22.903	25.97	29.075	32.22	35.409	$y=2\times10^{-6}x^2+0.0273x-0.2033$
CH_4	-38.466	-31.179	-23.522	-15.539	-7.28	1.2	$y=1\times10^{-5}x^2+0.051x-81.533$
N_2	20.581	23.866	27.209	30.598	34.024	37.476	$y=2\times10^{-6}x^2+0.0299x-1.3413$
O_2	21.765	25.263	28.803	32.38	35.991	39.627	$y=2\times10^{-6}x^2+0.0324x-1.7907$

根据温度与焓的拟合公式计算得出生成焓值 ΔH，热值 Q=物料摩尔流量×ΔH。

克劳斯硫回收单元各设备情况见 4-12~表 4-14。

表 4-12　克劳斯硫回收单元各设备进出口物料组成

kmol/h

项目	原料		燃烧炉反应后	废热锅炉出过程气	一冷后过程气	一级加热器入口	一反入口过程气	一反出口过程气	二冷后过程气	二级加热器入口	二反入口过程气	二反出口过程气	三冷后过程气
	酸性气	空气											
H_2S	212. 189	0. 000	45. 300	45. 300	45. 300	45. 300	45. 300	10. 389	10. 389	10. 389	10. 389	4. 426	4. 426
SO_2	0. 000	0. 000	23. 476	23. 476	23. 476	23. 476	23. 476	5. 451	5. 451	5. 451	5. 451	2. 683	2. 683
COS	0. 000	0. 000	4. 862	4. 862	4. 862	4. 862	4. 862	2. 836	2. 836	2. 836	2. 836	1. 333	1. 333
S_2	0. 000	0. 000	69. 275	0. 000	0. 000	0. 000	0. 000	0. 000	0. 000	0. 000	0. 000	0. 000	0. 000
S_6	0. 000	0. 000	0. 000	6. 851	2. 143	0. 028	0. 028	2. 806	0. 878	0. 034	0. 034	0. 451	0. 160
S_8	0. 000	0. 000	0. 000	12. 180	15. 712	0. 203	0. 203	4. 989	6. 435	0. 252	0. 252	1. 219	1. 438
CO	0. 000	0. 000	4. 141	2. 512	2. 512	2. 512	2. 512	2. 512	2. 512	2. 512	2. 512	1. 931	1. 931
CO_2	9. 159	0. 000	16. 847	16. 250	16. 250	16. 250	16. 250	16. 250	16. 250	16. 250	16. 250	16. 951	16. 951
CH_4	0. 135	0. 000	0. 000	0. 000	0. 000	0. 000	0. 000	0. 000	0. 000	0. 000	0. 000	0. 000	0. 000
NH3	1. 011	0. 000	0. 000	0. 000	0. 000	0. 000	0. 000	0. 000	0. 000	0. 000	0. 000	0. 000	0. 000
H_2O	9. 099	26. 087	198. 999	198. 999	198. 999	198. 999	198. 999	233. 909	233. 909	233. 909	233. 909	239. 873	239. 873
N_2	0. 000	474. 675	475. 181	475. 181	475. 181	475. 181	475. 181	475. 181	475. 181	475. 181	475. 181	475. 181	475. 181
O_2	0. 000	126. 179	0. 000	0. 000	0. 000	0. 000	0. 000	0. 000	0. 000	0. 000	0. 000	0. 000	0. 000
总计	858. 533	814. 605	838. 081	785. 611	784. 434	766. 817	766. 817	754. 331	753. 849	746. 825	746. 825	744. 056	

表 4-13　克劳斯硫回收单元设备操作温度下各物质生成焓值 ΔH

MJ/kmol

项目	酸性气 40.5℃	空气 90.2℃	炉膛 1220℃	废热锅炉出口 308℃	一冷出口 157.5℃	一级加热器入口 157.5℃	一反入口 231.5℃	一反出口 312.2℃	二冷出口 161.5℃	二级加热器入口 161.5℃	二反入口 228℃	二反出口 251℃	三冷出口 142.5℃
H_2S	-25.540	-23.149	31.194	-12.673	-19.912	-19.912	-16.353	-12.471	-19.720	-19.720	-16.521	-15.415	-20.634
SO_2	-308.145	-304.579	-234.171	-289.417	-299.812	-299.812	-294.656	-289.132	-299.531	-299.531	-294.897	-293.311	-300.868
COS	-143.666	-140.989	-77.471	-129.141	-137.348	-137.348	-133.324	-128.911	-137.131	-137.131	-133.515	-132.260	-138.161
S_2	124.038	125.924	168.265	134.166	128.475	128.475	131.276	134.325	128.627	128.627	131.143	132.013	127.907
S_6	130.187	133.095	225.856	147.004	137.190	137.190	141.903	147.291	137.439	137.439	141.675	143.181	136.262
S_8	115.120	120.737	261.738	145.932	128.421	128.421	136.974	146.427	128.880	128.880	136.567	139.247	126.700
CO	-110.704	-109.190	-72.109	-102.439	-107.124	-107.124	-104.832	-102.307	-107.001	-107.001	-104.940	-104.224	-107.586
CO_2	-395.517	-393.091	-332.600	-382.224	-389.774	-389.774	-386.084	-382.011	-389.575	-389.575	-386.260	-385.105	-390.516
CH_4	-79.451	-76.851	-4.429	-64.876	-73.252	-73.252	-69.191	-64.636	-73.036	-73.036	-69.385	-68.102	-74.062
NH_3	-45.9												
H_2O	-241.689	-239.972	-194.270	-232.154	-237.607	-237.607	-234.954	-231.999	-237.465	-237.465	-235.081	-234.246	-238.138
N_2	-0.127	1.372	38.114	8.058	3.418	3.418	5.688	8.188	3.540	3.540	5.580	6.290	2.960
O_2	-0.475	1.148	40.714	8.378	3.362	3.362	5.817	8.520	3.494	3.494	5.700	6.468	2.867

表 4-14　克劳斯硫回收单元设备操作温度下各物质的热值 Q

MJ/h

项目	酸性气	空气	炉膛	废热锅炉出口	一冷出口	一级加热器入口	一反入口	一反出口	二冷出口	二级加热器入口	二反入口	二反出口	三冷出口
H_2S	-5419. 287	0. 000	1413. 076	-574. 091	-902. 017	-902. 017	-740. 778	-129. 564	-204. 871	-204. 871	-171. 640	-68. 220	-91. 317
SO_2	0. 000	0. 000	-5497. 408	-6794. 348	-7038. 403	-7038. 403	-6917. 340	-1576. 013	-1632. 702	-1632. 702	-1607. 442	-786. 868	-807. 142
COS	0. 000	0. 000	-376. 692	-627. 931	-667. 836	-667. 836	-648. 270	-365. 656	-388. 972	-388. 972	-378. 715	-176. 278	-184. 143
S_2	0. 000	0. 000	11656. 587	0. 000	0. 000	0. 000	0. 000	0. 000	0. 000	0. 000	0. 000	0. 000	0. 000
S_6	0. 000	0. 000	0. 000	1007. 187	293. 935	3. 791	3. 921	413. 334	120. 610	4. 730	4. 876	64. 574	21. 768
S_8	0. 000	0. 000	0. 000	1777. 495	2017. 739	26. 021	27. 754	730. 506	829. 393	32. 526	34. 466	169. 791	182. 167
CO	0. 000	0. 000	-298. 575	-257. 309	-269. 077	-269. 077	-263. 319	-256. 977	-268. 768	-268. 768	-263. 593	-201. 242	-207. 734
CO_2	-3622. 481	0. 000	-5603. 410	-6211. 154	-6333. 832	-6333. 832	-6273. 880	-6207. 689	-6330. 610	-6330. 610	-6276. 732	-6527. 760	-6619. 485
CH_4	-10. 710	0. 000	0. 000	0. 000	0. 000	0. 000	0. 000	0. 000	0. 000	0. 000	0. 000	0. 000	0. 000
NH_3	-46. 405	0. 000	0. 000	0. 000	0. 000	0. 000	0. 000	0. 000	0. 000	0. 000	0. 000	0. 000	0. 000
H_2O	-2199. 111	-6260. 024	-38659. 46	-46198. 42	-47283. 41	-47283. 41	-46755. 56	-54266. 704	-55545. 17	-55545. 17	-54987. 57	-56189. 22	-57122. 72
N_2	0. 000	651. 231	18110. 811	3828. 832	1623. 961	1623. 961	2702. 703	3890. 981	1682. 005	1682. 005	2651. 447	2988. 699	1406. 565
O_2	0. 000	144. 861	0. 000	0. 000	0. 000	0. 000	0. 000	0. 000	0. 000	0. 000	0. 000	0. 000	0. 000
总计	-11297. 99		-19255. 073	-54049. 740	-58558. 940	-60839. 861	-58863. 767	-57766. 645	-61738. 142	-62650. 625	-60993. 622	-60725. 168	-63420. 854

1. 酸性气燃烧炉热量平衡

酸性气燃烧炉热损失：

$$Q_{热损}=\sum 燃烧炉反应产物热值-\sum 酸性气热值-\sum 空气热值$$

$$Q_{热损}=-19255-(-16761.925)=-2493.538\text{MJ/h}$$

2. 废热锅炉热平衡

（1）废热锅炉热负荷

$$Q_{热}=\sum 燃烧炉反应产物热值-\sum 废热锅炉出口热值$$

$$Q_{1热}=[-19255.703-(-54049.74)]\div 1000=34.794\text{GJ/h}$$

（2）废热锅炉产汽计算

废热锅炉产汽量：16.1t/h；　　自产饱和蒸气压力：4.07MPa；

上水压力：5.6MPa；　　锅炉水温度：161℃。

查锅炉水与饱和蒸汽焓值：锅炉水上水焓值为682.79kJ/kg，自产蒸汽焓值为2798.85kJ/kg。

根据废热锅炉热负荷计算产汽量$=Q_{1热}/$(蒸汽焓值-锅炉水焓值)

$=34.79\times1000\div(2798.85-682.79)$

$=16.44\text{t/h}$

根据锅炉水热负荷计算出产汽量为16.44t/h，比实际产汽量16.1t/h多了0.34t/h，偏差率2.09%，偏差较小，同热损失及仪表计量误差有关。

3. 硫冷器

在硫冷器内，气态的S_6和S_8会部分液化，S_6与S_8温度焓变图如图4-5所示。

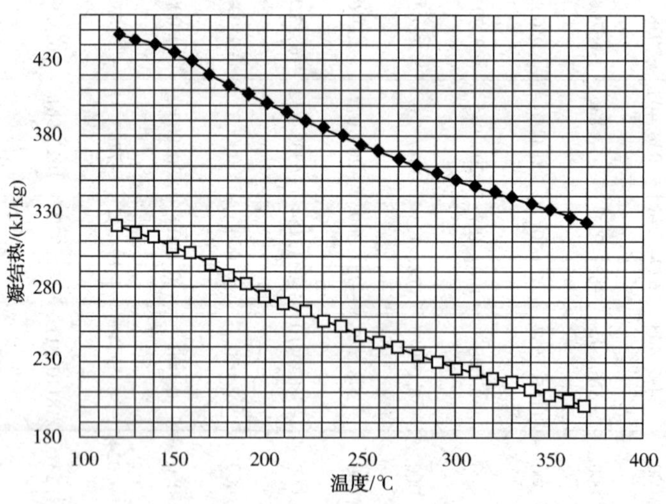

图4-5　S_6与S_8温度焓变

—◆— S_6；—□— S_8

（1）一级硫冷器

$$Q_{热}=\sum 废热锅炉出口热值-\sum 一冷出口热值$$

$$Q_{2热}=[-54049.74-(-58558.94)]\div 1000=4.509\text{GJ/h}$$

查157.5℃时，S_6焓变值为431kJ/kg，S_8焓变值为301kJ/kg；

S_6焓变热：$Q''_1=2.114\times431\times32\times6\div1000000=0.175$GJ/h；

S_8焓变热：$Q''_2=15.503\times301\times32\times8\div1000000=1.195$GJ/h。

（2）二级硫冷器

$$Q_{热}=\sum 一反出口热值-\sum 二冷出口热值$$

$$Q_{3热}=[-57766.645-(-61738.142)]\div1000=3.971\text{GJ/h}$$

查161.5℃时，S_6焓变值为428kJ/kg，S_8焓变值为298kJ/kg；

S_6焓变热：$Q''_3=0.843\times428\times32\times6\div1000000=0.069$GJ/h；

S_8焓变热：$Q''_4=6.181\times298\times32\times8\div1000000=0.472$GJ/h。

$$\begin{aligned}&Q_{2热}+Q_{3热}+Q''_1+Q''_2+Q''_3+Q''_4\\&=4.509+3.971+0.175+1.195+0.069+0.472\\&=10.391\text{GJ/h}\end{aligned}$$

（3）硫冷器产汽计算

一、二级硫冷器产汽量：5.125t/h；　　自产饱和蒸气压力：0.4MPa；

上水压力：0.6MPa；　　锅炉水温度：105℃。

查锅炉水与饱和蒸汽焓值：锅炉水上水焓值为440.599kJ/kg，自产蒸汽焓值为2748.788kJ/kg。

$$\begin{aligned}根据硫冷器热负荷计算产汽量&=Q_{热}/(蒸汽焓值-锅炉水焓值)\\&=10.391\times1000\div(2748.788-440.599)\\&=4.502\text{t/h}\end{aligned}$$

根据硫冷器热负荷计算出产汽量为4.502t/h，比实际产汽量5.125t/h少了0.623t/h，偏差率-13.84%，偏差较大，这与仪表计量误差有关。

（4）三级硫冷器

$$Q_{热}=\sum 二级反应器出热值-\sum 三级硫冷器出热值$$

$$Q_{4热}=[-60725.168-(-63420.854)]\div1000=2.695\text{GJ/h}$$

S_6焓变热：$Q''_5=0.148\times448\times32\times6\div1000000=0.013$GJ/h；

S_8焓变热：$Q''_6=1.346\times309\times32\times8\div1000000=0.080$GJ/h。

$$Q_{4热}+Q''_5+Q''_6=2.695+0.013+0.080=2.788\text{GJ/h}$$

4. 过程气加热器

根据标定数据，一级加热器E7409蒸汽流量为1252.32kg/h，二级加热器E7410蒸汽流量为842.79kg/h。过程气加热器采用3.9MPa、408℃过热蒸汽进行加热，焓值3234.412kJ/kg；3.9MPa饱和水焓值1087.365kJ/kg。

（1）一级加热器

$$Q_{热}=\sum 一级加热器入口-\sum 一级反应器入口$$

$$Q_{5热}=[-60839.861-(-58863.767)]\div1000=-1.976\text{GJ/h}$$

$$\begin{aligned}所需蒸汽量&=Q_{5热}/(蒸汽焓值-饱和蒸汽凝结水焓值)\\&=1.976\times1000\div(3234.412-1087.365)\\&=0.9203\text{t/h}=920.3\text{kg/h}\end{aligned}$$

根据一级加热器热负荷计算出所需蒸汽量为920.3/h，相较实际蒸汽耗量1252.32kg/h少了331.94kg/h，偏差率-36.066%，偏差较大，主要原因是蒸汽疏水器有内漏现象，蒸汽耗量增大。

（2）二级加热器

$$Q_{热} = \sum 二级加热器入口 - \sum 二级反应器入口$$

$$Q_{6热} = [-62650.625-(-60993.662)] \div 1000 = -1.657GJ/h$$

$$所需蒸汽量 = Q_{6热}/(蒸汽焓值-饱和蒸汽凝结水焓值)$$

$$= 1.657\times1000\div(3234.412-1087.365)$$

$$= 0.7718t/h = 771.8kg/h$$

根据一级加热器热负荷计算出所需蒸汽量为 771.8/h，相较实际蒸汽耗量 842.79kg/h 少了 71.03kg/h，偏差率-9.204%，这与疏水器状况及蒸汽计量表偏差有关。

（六）有机硫平衡

1. 一级反应器有机硫水解率

一级反应器有机硫水解率(%)=[1-第二冷凝器入口($COS+2CS_2$)总摩尔流量/第一冷凝器出口($COS+2CS_2$)总摩尔流量]×100%。

$$\eta_{1水} = \left(1-\frac{2.836}{4.862}\right)\times100\% = 41.67\%$$

克劳斯一级反应器催化级配为 2/3LS-981G+1/3LS-971，该催化剂有机硫水解>90%，计算结果仅为 41.67%，主要原因是 COS 组分含量相对较小，分析过程存在偏差，导致计算结果有机水解率偏低。

2. 二级反应器有机硫水解率

有机硫水解率(%)=(1-第三冷凝器入口($COS+2CS_2$)总摩尔流量/第二冷凝器出口($COS+2CS_2$)总摩尔流量)×100%。

$$\eta_{2水} = \left(1-\frac{1.333}{2.836}\right)\times100\% = 52.99\%$$

克劳斯总水解率(%)=(1-第三冷凝器入口($COS+2CS_2$)总摩尔流量/第一冷凝器出口($COS+2CS_2$)总摩尔流量)×100%。

$$\eta_{水} = \left(1-\frac{1.333}{4.862}\right)\times100\% = 72.58\%$$

克劳斯单元总水解率为 72.58%，水解率偏低，水解反应主要发生在一级反应器，二级反应器催化剂为 1/2 新剂+1/2 旧剂，型号 CT6-4B，水解性能较差且床层温度偏低，不利于水解反应进行；一级反应器水解率结算结果过低，导致总水解偏低。实际生产过程，从反应器床层温度、烟气排放情况侧面反应催化剂水解性能较高。

（七）反应器空速

1. 一级反应器空速

$$u_1 = \sum 一级反应器入口物料体积/催化剂体积$$

一级反应器催化剂填装 35.3m^3。

过程气以标准状态体积计算：$u_1 = 766.817\times22.4\div35.3 = 486.592\ h^{-1}$；

过程气以 231℃ 温度时体积计算：$u_1' = 766.817\times22.4\times\frac{0.1\times(273.15+231)}{0.122\times273.15}\div35.3 = 736.15\ h^{-1}$。

2. 二级反应器空速

$$u_2 = \sum 二级反应器入口物料体积/催化剂体积$$

二级反应器催化剂填装 35.3m^3。

过程气以标准状态体积计算：$u_2 = 746.825 \times 22.4 \div 35.3 = 473.91\ h^{-1}$；

过程气以 228℃ 温度时体积计算：$u_2' = 746.825 \times 22.4 \times \dfrac{0.1 \times (273.15+228)}{0.117 \times 273.15} \div 35.3 = 743.16\ h^{-1}$。

二、制硫炉理论转化计算

根据表 3-2 酸性气组成展开理论计算，见表 4-15。

表 4-15 理论计算酸性气原料组成

项目	体积分数/%(体)	流量/(kmol/h)
H_2S	91.62	212.189
CO_2	3.95	9.159
CH_4	0.06	0.135
NH_3	0.44	1.011
H_2O	3.93	9.099

(一) 燃烧过程计算

1. 计算需氧量

根据 1/3H_2S 燃烧生成 SO_2，CH_4、NH_3完全燃烧，计算理论需氧量。

$$H_2S+1.5O_2 \longrightarrow SO_2+H_2O$$

$$CH_4+2O_2 \longrightarrow 2H_2O+CO_2$$

$$2NH_3+1.5O_2 \longrightarrow N_2+3H_2O$$

$$耗氧量 = 212.189 \times \frac{1}{3} \times \frac{3}{2} + 0.135 \times 1 + 1.011 \div 2 \times 1.5 = 107.12\text{kmol/h}$$

$$NH_3燃烧生成的氮气量 = 1.011 \div 2 = 0.5055\text{kmol/h}$$

2. 根据氧含量计算氮气量

空气中氧含量按照 21%计算。

$$氮气量 = 耗氧量 \times \frac{(100\%-21\%)}{21\%} = 107.12 \times \frac{79}{21} = 402.99\text{kmol/h}$$

3. 计算空气中水含量

$$空气量 = 耗氧量 + 氮气量 = 510.11\text{kmol/h}$$

已知空气湿度 60%；风机入口空气温度按 40℃计，空气中水含量为 30.6g/m^3。

$$\begin{aligned}空气中水量 &= 510.11 \times 22.4 \times (273+40)/273 \times 30.6/18/1000 \\ &= 25.53\text{kmol/h}\end{aligned}$$

酸性气燃烧炉燃烧产物组成见表 4-16。

表 4-16　酸性气燃烧炉燃烧产物组成　kmol/h

燃烧产物组成	计算过程
H_2S	212. 189×2/3＝90. 21
CO_2	9. 159+0. 135＝9. 29
H_2O	212. 189×1/3+2×0. 135+1. 011×3/2+9. 099+25. 53＝107. 15
SO_2	212. 189×1/3＝70. 73
N_2	402. 99+1. 011/2＝403. 49

（二）燃烧炉内反应计算

1. 燃烧炉理论转化率

根据燃烧炉内 H_2S 与 SO_2 反应生成 S_2 进行计算，设有 $x$mol H_2S 与 SO_2 反应生成 S_2。

$$H_2S+0.5\,SO_2 \longrightarrow H_2O+\frac{3}{4}S_2$$

$$x \qquad 0.5x \qquad\qquad x \quad \frac{3}{4}x$$

酸性气燃烧炉燃烧反应产物组成情况见表 4-17。

表 4-17　酸性气燃烧炉燃烧反应产物组成　kmol/h

组分	酸性气（40. 5℃）	空气（90. 2℃）	入炉原料气	燃烧炉内反应	
				燃烧产物	反应产物
H_2S	212. 19		212. 19	141. 46	141. 46−x
CO_2	9. 16		9. 16	9. 29	9. 29
H_2O	9. 10	25. 53	34. 63	107. 15	107. 15+x
SO_2			0. 00	70. 73	70. 73−0. 5x
N_2		402. 99	402. 99	403. 49	403. 49
O_2		107. 12	107. 12	0. 00	0
S_2			0. 00	0. 00	0. 75x
S_6			0. 00	0. 00	0
S_8			0. 00	0. 00	0
CH_4	0. 14		0. 14	0. 00	0
NH_3	1. 01		1. 01		
总和	230. 582	535. 64	766. 22	732. 12	732. 12+0. 25x

根据表 4-11 气体温度与焓值拟合方程，计算出 40. 5℃酸性气和 90. 2℃各组分的生成焓值；根据表 4-16 酸性气燃烧炉进料组成，计算物料的热值＝物料的摩尔流量×物料的生产焓 ΔH，可计算出入酸性气燃烧炉时热值。

$$Q_{入炉热} = \sum 物料的摩尔流量 \times 物料的生产焓\ \Delta H = -16.749\ \text{GJ/h}$$

平衡常数 K_p 用分压表示：

$$K_p = \frac{[P_{H_2O}]^2\,[P_{S_X}]^{3/X}}{[P_{H_2S}]^2\,[P_{SO_2}]} \tag{4-1}$$

不同温度下气相中硫组分的分配情况见图 4-6。

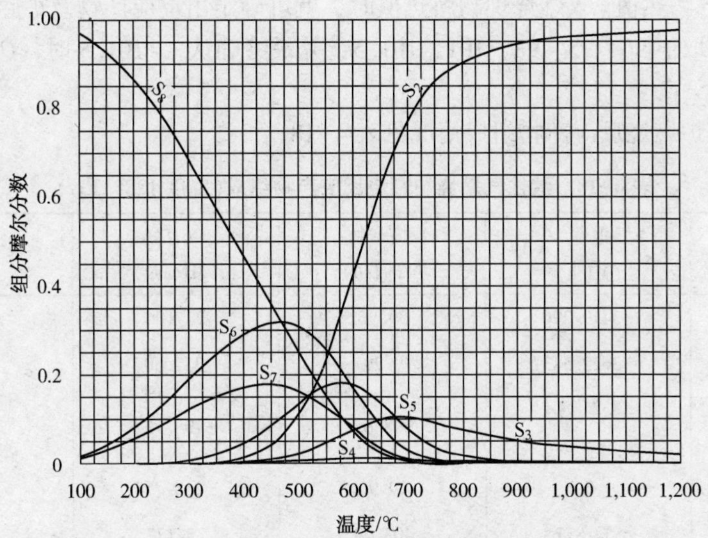

图 4-6　不同温度下气相中硫组分的分配

燃烧炉炉膛温度在 550℃以上，硫形态主要为 S_2，反应方程为：

$$H_2S+0.5\,SO_2 \longrightarrow H_2O+\frac{3}{4}S_2 \tag{4-2}$$

克劳斯反应温度与平衡常数关系见图 4-7。

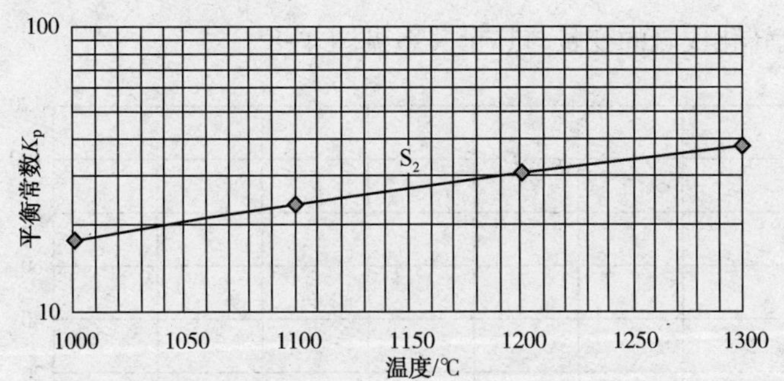

图 4-7　克劳斯反应温度与平衡常数关系

平衡常数与 K_p 与温度用≥700K 时的拟合公式：

$$\ln K_p=-4438/T+1.3260\ln T-1.58\times10^{-3}T+0.2611\times10^{-6}T^2-2.1235 \tag{4-3}$$

燃烧炉反应达到平衡时，$\Delta n=1/4$，则平衡常数：

$$K_p=\frac{[H_2O]\ [S_2]^{3/4}}{[H_2S]\ [SO_2]^{0.5}}\left[\frac{\pi}{\sum n_i}\right]^{1/4} \tag{4-4}$$

燃烧炉出口过程气压力 125kPa。

$$K_p=\frac{(107.15+x)(0.75x)^{0.75}}{(141.46-x)(70.73-0.5x)^{0.5}}\left(\frac{125}{732.12+0.25x}\right)^{0.25}$$

1）取一个 x 值，算出燃烧炉内反应产物组成，计算出 K_p 值。

2）根据 K_p 值用温度平衡常数拟合公式，计算出温度 T。

3）根据反应产物、温度、温度与焓的拟合公式，计算得出反应产物热值。

4）当反应产物热值=入燃烧炉物料热值时，就可确定出反应产物及炉膛温度。

经过 x 分别取值 90、95、98、101、101.5，并最终确认 $x=101.5$ 时，$Q_{入}=Q_{出}$，并做出拟合公式。

酸性气燃烧炉燃烧反应产物组成情况见表 4-18。

表 4-18　酸性气燃烧炉燃烧反应产物组成（温度 1288.3℃）

组分	热值 $Q_{入}$/(MJ/h)	反应产物/(kmol/h)	ΔH/(MJ/mol)	热值 $Q_{出}$/(MJ/h)
H_2S	-5419.296	39.96	27.106	1377.767
CO_2	-3622.543	9.29	-337.507	-3054.159
H_2O	-8326.001	208.65	-198.152	-39872.003
SO_2	0	19.98	-238.758	-4606.702
N_2	552.877	403.49	35.172	16340.704
O_2	122.982	0.00	37.560	
S_2	0	76.13	165.115	13001.504
CH_4	-10.726	0.00	-10.766	0.000
NH_3	-46.405	0.00		
总计	-16749.111	757.5		-16812.888

反应炉硫化氢转化成硫的变量与热量关系见图 4-8。

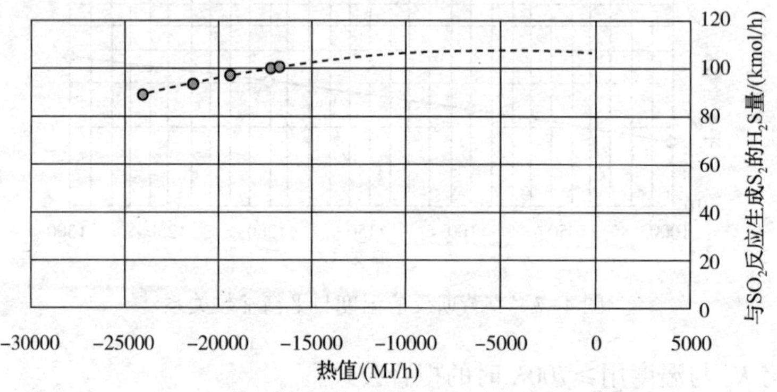

图 4-8　反应炉硫化氢转化成硫的变量与热量关系

$x=101.5$，$K_p=13.38$，炉膛温度为 1288.3℃，$S_2=76.13$kmol/h。

酸性气燃烧炉理论计算转化率=101.5/141.46×100%=71.75%

2. 与根据分析数据计算结果对比

因采样分析采用干燥管，水蒸气与硫蒸气会过滤掉，故计算过程气体积百分比为干基百分比。

从表 4-19 可知：①酸性气炉膛温度理论计算与实际操作温度偏差 68.3℃，主要原因是：(a)燃烧炉理论计算结果未考虑热损失。(b)炉膛温度红外温度测量与仪表安装角度、反吹风量等有关，温度测量存在偏差。②理论燃烧的硫转化率明显高于实际分析数据计算值，这是因为理论计算过程忽略了各种副反应，故理论转化率较高。③CO_2浓度偏差率高，主要原因是：(a)理论计算过程以原料分析数据进行，原料既定反应后的二氧化碳一定。在碳平衡计算中已分析原料烃含量分析数据偏差对二氧化碳的影响。(b)分析数据是对不同部位过程气进行采样，与理论计算结果存在偏差。

表 4-19　燃烧炉理论计算结果与分析结果对比　（炉膛温度 1288.3℃）

组分	理论计算反应产物/(kmol/h)	转化成(干基)/%(体)	操作参数与过程气分析数据/%	偏差率/%
			1220	-5.30
H_2S	39.96	8.45	8.31	-1.66
CO_2	9.29	1.97	2.96	50.25
SO_2	19.98	4.23	4.22	-0.24
N_2	403.49	85.35	83.39	-2.30
S转化率/%	71.75		65.296	-9.00

(三)废热锅炉计算

1. 废热锅炉热出口硫组成计算

废热锅炉出口温度按照 308℃，查图 4-6，$S_6/S_8=0.36/0.64$。

由硫平衡：$2[S_2]=6[S_6]+8[S_8]$，根据表 4-17 数据进行计算。

$$S_6=76.13\times2/(6+0.64\times8/0.36)=7.529\text{kmol/h}$$

$$S_8=7.529\times0.64/0.36=13.385\text{kmol/h}$$

2. 废热锅炉热负荷

$$Q_{热}=\sum 燃烧炉反应产物热值-\sum 废热锅炉出口热值$$

废热锅炉理论热值计算情况见表 4-20。

表 4-20　废热锅炉理论热值计算(温度 308℃)

组分	废锅热值 $Q_入$/(MJ/h)	废热锅炉出口产物/(kmol/h)	ΔH/(MJ/kmol)	废锅热值 $Q_出$/(MJ/h)
H_2S	1377.767	39.96	-12.673	-506.413
CO_2	-3054.159	9.29	-382.224	-3552.391
H_2O	-39872.003	208.65	-232.154	-48438.298
SO_2	-4606.702	19.98	-289.417	-5782.445
N_2	16340.704	403.49	8.058	3251.181
O_2		0.00	8.378	
S_2	13001.504	0.00	134.166	0.000
S_6	0	7.53	147.004	1106.774
S_8	0	13.38	145.932	1953.247
总计	-16812.888	702.28		-51968.345

废锅热负荷为$Q_{1热}$=[-16812-(-51968)]/1000=35.16GJ/h。

3. 废锅热负荷计算值对比

根据分析结果计算出的废热锅炉热负荷为34.794GJ/h，与理论计算结果35.16GJ/h相比，差值为0.366GJ/h，偏差率1.028%，偏差很小。

（四）一级硫冷器计算

1. 一级硫冷器硫组成计算

（1）S_6与S_8计算

一级硫冷器过程气出口温度157.5℃，即315.5℉查图4-1得：S_6/S_8的摩尔分率之比为0.12/0.88。

由硫平衡：$6[S_6]+8[S_8]=6[S_6]'+8[S_8]'$

$$S_6'=(7.529\times6+13.385\times8)/(6+0.88\times8/0.12)=2.966\text{kmol/h}$$

$$S_8'=2.966\times0.88/0.12=16.621\text{kmol/h}$$

（2）气态硫与液态硫计算

根据液硫蒸气压p_S拟合公式：$\ln p_S=89.273-13463/T-8.9643\ln T$，当$T=157.5$℃时，计算$\ln p_S=3.632$，则$p_S=37.79$Pa。

压力按照122kPa进行计算，一冷出口硫蒸气=0.211kmol/h，当$T=157.5$℃时，对应$S_6/S_8=0.12/0.88$，则一冷出口硫为：

$$S_{6气}=0.025\text{kmol/h}\ S_{8气}=0.186\text{kmol/h}$$

$$S_{6液}=2.941\text{kmol/h}\ S_{8液}=16.621\text{kmol/h}$$

2. 硫露点计算

压力按照122kPa进行计算。

$$硫分压\ p_S=\frac{S_6+S_8}{\sum 一冷物料}\times122\times1000=\frac{2.966+16.807}{701.14}\times122\times1000=3440\ \text{Pa}$$

根据液硫蒸气压p_S拟合公式：$\ln p_S=89.273-13463/T-8.9643\ln T$，计算出$T=547$K，则硫露点温度=547-273.15=273.85℃。

3. 一级硫冷器热负荷

根据图4-5，$T=157.5$℃时，$S_{6摩尔焓变热}=431$kJ/kg，$S_{8摩尔焓变热}=301$kJ/kg，计算出硫焓变热：

$$S_{6焓变热}=2.941\times32\times6\times431/1000=243.338\text{MJ/h}$$

$$S_{8焓变热}=16.621\times32\times8\times301/1000=1280.73\text{MJ/h}$$

则硫冷器热负荷为：

$$Q_{2热}=\sum 废热锅炉出口-(\sum 一冷出口+硫焓变热)$$

$$Q_{2热}=\frac{[-51968.3-(-57564.2)]}{1000}=5.6\text{GJ/h}$$

4. 硫冷器计算结果对比

从表4-21可知：克劳斯酸性气燃烧炉理论计算液硫产量高于根据分析数据结果，主要是因为理论计算忽略了副反应。

表 4-21　硫冷器理论计算与分析数据计算结果对比

组分	理论计算结果	根据分析数据计算结果	差值	偏差率/%
硫露点温度/℃	273.85	267.85	6	2.19
$S_{6气}$/(kmol/h)	0.025	0.029	-0.004	-16.00
$S_{6液}$/(kmol/h)	2.941	2.114	0.827	28.12
$S_{8气}$/(kmol/h)	0.186	0.209	-0.023	-12.37
$S_{8液}$/(kmol/h)	16.621	15.503	1.118	6.73

三、克劳斯反应器反应计算

(一) 一级反应器反应计算

1. 一级加热器计算

一级反应器入口温度给定 231℃。该温度下 $S_6/S_8=0.24/0.76$，根据表 4-20 中 $S_{6气}$、$S_{8气}$计算一级加热器出口硫组成：

$$S_6=(0.025\times6+0.186\times8)/(6+0.76\times8/0.24)=0.052\text{kmol/h}$$

$$S_8=S6\times0.76/0.24=0.166\text{kmol/h}$$

一级加热器进出口热值情况见表 4-22。

表 4-22　一级加热器进出口热值

组分	一级加热器入口 157.5℃/(kmol/h)	ΔH/(MJ/kmol)	一冷加热器热值 $Q_入$/(MJ/h)	一冷加热器产物 231℃/(kmol/h)	ΔH/(MJ/kmol)	一级加热器出口热值 $Q_出$/(MJ/h)
H_2S	39.96	-19.912	-795.680	39.96	-16.377	-654.410
CO_2	9.29	-389.774	-3622.555	9.29	-386.109	-3588.499
H_2O	208.65	-237.607	-49575.890	208.65	-234.972	-49026.226
SO_2	19.98	-299.812	-5990.153	19.98	-294.690	-5887.810
N_2	403.49	3.418	1378.956	403.49	5.672	2288.731
S_6	0.025	137.190	3.476	0.052	141.870	7.418
S_8	0.186	128.421	23.859	0.166	136.916	22.670
总计			-58577.987			-56838.126

一级加热器热负荷为：

$$Q_{3热}=[-58577.98-(-56838.13)]/1000=-1.739\text{GJ/h}$$

在物料平衡中用分析数据计算出一级加热器热负荷为-1.976GJ/h，与理论计算差了-0.237GJ/h，偏差较小。

2. 一级反应器转化率计算

克劳斯反应温度与平衡常数关系见图 4-9。

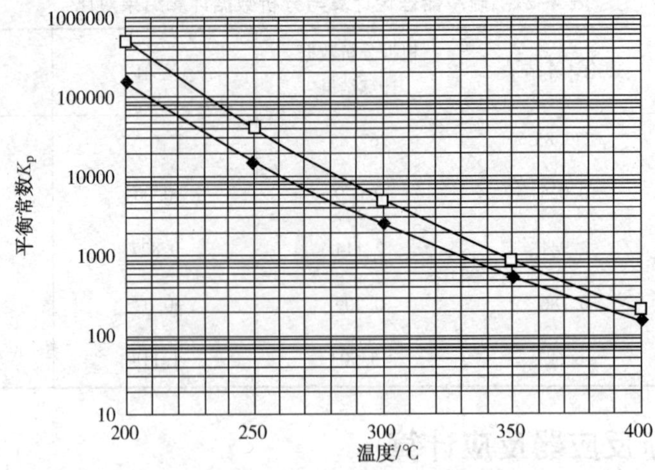

图 4-9 克劳斯反应温度与平衡常数关系

—◆— S_6；—□— S_8

当温度低于 400℃时，硫形态主要为 S_6、S_8，根据克劳斯反应温度与平衡常数关系拟合 <700K 时平衡常数 K_p 与温度 T 关系：

反应方程：

$$2H_2S+SO_2 \longrightarrow 2\,H_2O+\frac{3}{6}S_6 \tag{4-5}$$

$$\ln K_p = 12954/T+5.6699\ln T-5.1394\times10^{-3}T+0.8390\times10^{-6}T^2-50.3414 \tag{4-6}$$

反应方程：

$$2H_2S+SO_2 \longrightarrow 2\,H_2O+\frac{3}{8}S_8 \tag{4-7}$$

$$\ln K_p = 14596.4/T+5.918\ln T-5.1239\times10^{-3}T+0.7829\times10^{-6}T^2-54.763 \tag{4-8}$$

一级反应器内 H_2S 与 SO_2反应，一级反应器压力 120kPa。

设反应器内按式 4-7 进行反应，反应进口硫化氢中有 $y$kmol/h 转化成 S_8。

$$2H_2S+SO_2 \longrightarrow 2\,H_2O+\frac{3}{8}S_8$$

$$y \quad 0.5y \qquad y \quad \frac{3}{16}y$$

一级反应器反应产物组成见表 4-23。

表 4-23 一级反应器反应产物组成 kmol/h

组成	H_2S	CO_2	H_2O	SO_2	N_2	S_6	S_8	总计
反应器入口物料	39.96	9.29	208.65	19.98	403.49	0.025	0.186	672.53
反应器出口物料	39.96−y	9.29	208.65+y	19.98−0.5y	403.49	0.025	0.186+3×y/16	672.53−5×y/16

反应平衡常数：

$$K_p = \frac{[H_2O]^2\ [S_8]^{0.375}}{[H_2S]^2\,[SO_2]}\left[\frac{\pi}{\sum n_i}\right]^{-0.625} \tag{4-9}$$

$$K_p = \frac{(208.65+y)^2(0.186+3y/16)^{0.375}}{(39.96-y)^2(19.98-0.5y)}\left(\frac{120}{672.53-5y/16}\right)^{0.25}$$

1）取一个 y 值，算出一级反应器反应产物组成，计算出 K_p值。

2）根据 K_p 值用温度平衡常数拟合公式，计算出温度 T。

3）根据反应产物，温度，温度与焓的拟合公式，计算得出反应产物热值。

4）反应器入口温度231℃，当反应产物热值=入反应器热值时，就可确定出反应产物及一级反应器温度。

经过 y 分别取值25、27、28、29，并最终确认 $y=29$ 时，$Q_{入}=Q_{出}$，并做出拟合公式。

一级反应器反应产物组成情况见表4-24。

表4-24 一级反应器反应产物组成 （温度285.8℃）

组分	热值 $Q_{入}$/(MJ/h)	反应产物/(kmol/h)	ΔH/(MJ/mol)	热值 $Q_{出}$/(MJ/h)
H_2S	-654.410	10.96	-13.741	-150.592
CO_2	-3588.499	9.29	-383.349	-3562.847
H_2O	-49026.226	237.65	-232.973	-55365.290
SO_2	-5887.810	5.48	-290.927	-1594.184
N_2	2288.731	403.49	7.367	2972.714
S_6	7.418	0.052	145.500	7.608
S_8	22.670	5.603	143.321	803.037
总计	-56838.126	672.53		-56889.555

一级反应器硫化氢转化成硫的变量与热量关系见图4-10。

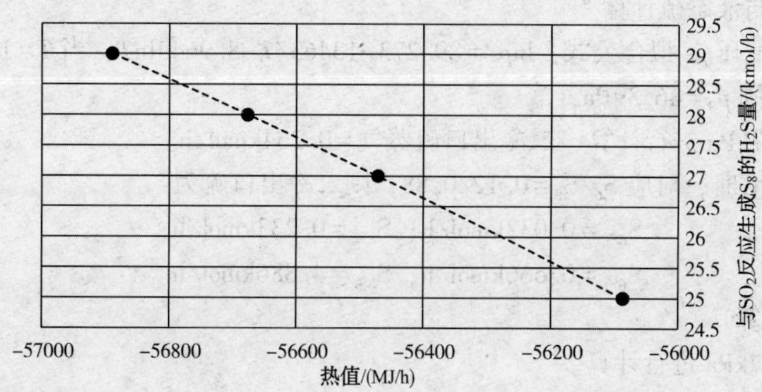

图4-10 一级反应器硫化氢转化成硫的变量与热量关系

$y=29$，$K_p=480.87$，反应器温度为285.8℃，$S_6=0.052$kmol/h，$S_8=5.6$kmol/h。

一级反应器理论计算转化率=29/39.96×100%=72.57%

3. 与根据分析数据计算结果对比

因采样分析采用干燥管，水蒸气与硫蒸气会过滤掉，故计算过程气体积百分比为干基百分比。一级反应器理论计算结果与分析结果对比情况见表4-25。

表4-25 一级反应器理论计算结果与分析结果对比

组分	理论计算反应产物/(kmol/h)	转化成(干基)/%(体)	操作参数与过程气分析数据/%	偏差率/%
反应器温度/℃	285.8		312	9.17
H_2S	10.96	2.55	2.03	20.39
CO_2	9.29	2.17	3.17	-46.08

续表

组分	理论计算反应产物/(kmol/h)	转化成(干基)/%(体)	操作参数与过程气分析数据/%	偏差率/%
SO_2	5.48	1.28	1.06	17.19
N_2	403.49	94.0	92.7	1.38
S转化率/%	72.57		74.68	2.91

从表4-25可以看出：①一级反应器理论计算温度为285.8℃与实际操作温度312℃差了26.2℃，实际转化率高于理论转化率，主要原因是：实际在主燃烧炉内转化率达不到理论计算的转化率，进入反应器的硫化氢和二氧化硫浓度高于理论计算值，在反应器内转化率相应会升高，床层温升增加。②反应后过程气中的硫化氢及二氧化硫浓度数值差较小。

4. 二级硫冷器计算

(1) 二级硫冷硫组成

二级硫冷器过程气出口温度161.5℃，即322.7℉查图4-1得：S_6/S_8的摩尔分数之比为0.12/0.88。

由硫平衡：$6[S_6]+8[S_8]=6[S_6]'+8[S_8]'$

$$S_6'=(0.052\times6+5.6\times8)/(6+0.88\times8/0.12)=0.698\text{kmol/h}$$

$$S_8'=1.963\times0.88/0.12=5.119\text{kmol/h}$$

(2) 气态硫与液态硫计算

根据液硫蒸气压 p_S 拟合公式：$\ln p_S=89.273-13463/T-8.9643\ln T$，当 $T=161.5$℃时，计算 $\ln p_S=3.837$，则 $p_S=46.39$Pa，

压力按照117kPa进行计算，二冷出口硫蒸气=0.264kmol/h。

当 $T=161.5$℃时，对应 $S_6/S_8=0.12/0.88$，则二冷出口硫为：

$$S_{6气}=0.032\text{kmol/h};\ S_{8气}=0.233\text{kmol/h};$$

$$S_{6液}=0.666\text{kmol/h};\ S_{8液}=4.886\text{kmol/h}。$$

5. 硫露点计算

压力按照117kPa进行计算。

$$硫分压\ p_S=\frac{S_6+S_8}{\sum 二冷物料}\times117\times1000=\frac{0.698+5.119}{672.53}\times117\times1000=1011\text{Pa}$$

根据液硫蒸气压 p_S 拟合公式：$\ln p_S=89.273-13463/T-8.9643\ln T$；

计算出 $T=508$K，则硫露点温度=508-273.15=235.85℃。

6. 二级硫冷器热负荷

根据图4-5，$T=161.5$℃时，$S_{6摩尔焓变热}=431$kJ/kg，$S_{8摩尔焓变热}=301$kJ/kg，计算出硫焓变热：

$$S_{6焓变热}=0.666\times32\times6\times431/1000=54.752\text{MJ/h}$$

$$S_{8焓变热}=4.886\times32\times8\times301/1000=372.744\text{MJ/h}$$

则硫冷器热负荷为：

$$Q_{3热}=\sum 一级反应器出口-(\sum 二冷出口+硫焓变热)$$

$$Q_{3热}=\frac{-56889.6-(-60212.4)}{1000}=3.322\text{GJ/h}$$

7. 硫冷器计算结果对比

从表 4-26 可以看出：因实际酸性气燃烧炉转化率低于理论计算值，而相应的在反应器的转化率上升，液硫产量高于理论计算值。

表 4-26　硫冷器理论计算与分析数据计算结果对比

组分	理论计算结果	根据分析数据计算结果	差值	偏差率/%
硫露点温度/℃	235.85	240.05	-4.2	-1.78
$S_{6气}$/(kmol/h)	0.032	0.036	-0.004	-12.50
$S_{6液}$/(kmol/h)	0.666	0.261	0.405	60.81
$S_{8气}$/(kmol/h)	0.233	0.209	0.024	10.30
$S_{8液}$/(kmol/h)	4.886	6.182	-1.296	-26.52

（二）二级反应器反应计算

1. 二级加热器计算

二级反应器入口温度给定 228℃。该温度下 $S_6/S_8=0.24/0.76$，根据表 4-25 中 $S_{6气}$、$S_{8气}$计算一级加热器出口硫组成：

$$S_6=(0.032\times6+0.233\times8)/(6+0.76\times8/0.24)=0.0656\text{kmol/h}$$

$$S_8=S6\times0.76/0.24=0.2196\text{kmol/h}$$

二级加热器进出口热值见表 4-27。

表 4-27　二级加热器进出口热值

组分	一级加热器入口/(kmol/h)	ΔH/(MJ/kmol)	一冷加热器热值 $Q_入$/(MJ/h)	一冷加热器产物/(kmol/h)	ΔH/(MJ/kmol)	一级加热器出口热值 $Q_出$/(MJ/h)
H_2S	10.959	-19.720	-216.116	10.959	-16.521	-181.061
CO_2	9.294	-389.575	-3620.712	9.294	-386.260	-3589.897
H_2O	237.647	-237.465	-56432.744	237.647	-235.081	-55866.227
SO_2	5.480	-299.531	-1641.333	5.480	-294.897	-1615.940
N_2	403.491	3.540	1428.243	403.491	5.580	2251.427
S_6	0.052	137.439	7.186	0.066	141.675	9.294
S_8	0.233	128.880	30.029	0.220	136.567	29.990
总计			-60445.446			-58962.415

注：一级加热器入口温度 161.5℃，一冷加热器出口温度 228℃。

二级加热器热负荷$Q_{3热}=[-60445.446-(-58962.42)]/1000=-1.483\text{GJ/h}$

在物料平衡中用分析数据计算出一级加热器热负荷为-1.657GJ/h，与理论计算结果偏差 0.174GJ/h，偏差较小。

2. 二级反应器理论转化率计算

二级反应器内 H_2S 与 SO_2反应，二级反应器压力 115kPa。

设反应器内按式(4-7)进行反应，反应器进口硫化氢中有 zkmol/h 转化成 S_8。

$$2\,H_2S+SO_2 \longrightarrow 2\,H_2O+\frac{3}{8}S_8$$

$$z \qquad 0.5z \qquad z \qquad \frac{3}{16}z$$

二级反应器反应产物组成见表 4-28。

表 4-28　二级反应器反应产物组成　　kmol/h

组成	H_2S	CO_2	H_2O	SO_2	N_2	S_6	S_8	总计
反应器入口物料	10.959	9.29	237.647	5.48	403.49	0.066	0.220	667.14
反应器出口物料	10.959−z	9.29	237.647+z	5.48−0.5z	403.49	0.066	0.220+3×z/16	667.14−5×z/16

反应平衡常数 $K_p=\dfrac{[H_2O]^2\,[S_8]^{0.375}}{[H_2S]^2\,[SO_2]}\left[\dfrac{\pi}{\sum n_i}\right]^{-0.625}$

$$K_p=\frac{(237.647+z)^2(0.233+3z/16)^{0.375}}{(10.959-z)^2(5.48-0.5z)}\left(\frac{115}{667.14-5z/16}\right)^{0.25} \qquad (4-10)$$

K_p<700K，用平衡常数 K_p 与温度 T 拟合公式见式(4-8)。

1）取一个 z 值，算出一级反应器反应产物组成，计算出 K_p 值。

2）根据 K_p 值用温度平衡常数拟合公式，计算出温度 T。

3）根据反应产物、温度，温度与焓的拟合公式，计算得出反应产物热值。

4）反应器入口温度 228℃，当反应产物热值=入反应器热值时，就可确定出反应产物及二级反应器温度。

经过 z 分别取值 5、6、6.1，并最终确认 z=6.1 时，$Q_{入}=Q_{出}$，并做出拟合公式。

二级反应器反应产物组成见表 4-29。

表 4-29　二级反应器反应产物组成　　（温度 240.9℃）

组分	热值 $Q_{入}$/(MJ/h)	反应产物/(kmol/h)	ΔH/(MJ/mol)	热值 $Q_{出}$/(MJ/h)
H_2S	−181.061	4.859	−15.901	−77.267
CO_2	−3589.897	9.294	−385.612	−3583.882
H_2O	−55866.227	243.747	−234.613	−57186.256
SO_2	−1615.940	2.430	−294.007	−714.338
N_2	2251.427	403.491	5.978	2411.939
S_6	9.294	0.066	142.517	9.349
S_8	29.990	1.377	138.069	190.054
总计	−58962.415	665.26		−58950.401

二级反应器硫化氢转化成硫的变量与热量关系见图 4-11。

z=6.1，K_p=3487.42，反应器温度 240.9℃，S_6=0.032kmol/h，S_8=1.37kmol/h。

二级反应器理论计算转化率=6.1/10.959×100%=55.66%

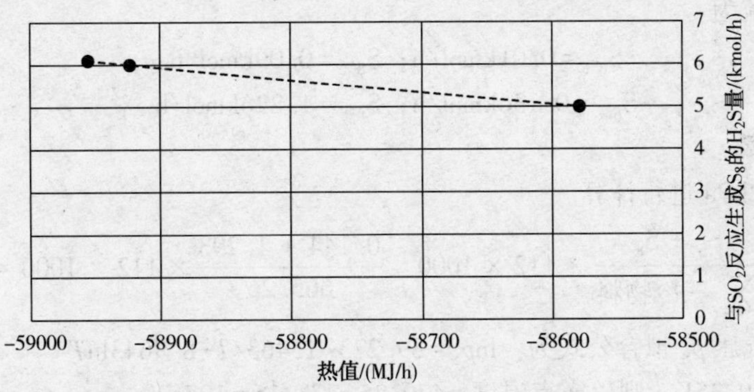

图 4-11　二级反应器硫化氢转化成硫的变量与热量关系

3. 与根据分析数据计算结果对比

因采样分析采用干燥管，水蒸气与硫蒸气会过滤掉，故计算过程气体积百分比为干基百分比。

二级反应器理论计算结果与分析结果对比见表 4-30。

表 4-30　二级反应器理论计算结果与分析结果对比

组分	理论计算反应产物/(kmol/h)	转化成(干基)/%(体)	操作参数与过程气分析数据/%	偏差率/%
反应器温度/℃	240.9		247.32	2.67
H_2S	4.859	1.16	0.86	25.65
CO_2	9.29	2.21	3.31	-49.67
SO_2	2.43	0.58	0.52	10.11
N_2	403.49	96.05	94.67	1.44
S 转化率/%	55.66		54.803	-1.54

从表 4-29 可知：①二级反应器理论计算温度为 240.9℃与实际操作温度 247.32℃差了 6.42℃，实际转化率高于理论转化率，主要原因是：实际在主燃烧炉内转化率达不到理论计算的转化率，进入反应器的硫化氢和二氧化硫浓度高于理论计算值，在反应器内转化率相应会升高，床层温升增加。②反应后过程气中的硫化氢及二氧化硫浓度数值差较小。

4. 三级硫冷器计算

(1) 三级硫冷硫组成

三级硫冷器过程气出温度 142.5℃，即 288.5℉查图 4-1 可得：S_6/S_8的摩尔分数比为 0.1/0.9。

由硫平衡：$6[S_6]+8[S_8]=6[S_6]'+8[S_8]'$

$$S_6'=(0.066\times6+1.377\times8)/(6+0.88\times8/0.12)=0.146\text{kmol/h}$$

$$S_8'=0.146\times0.9/0.1=1.316\text{kmol/h}$$

(2) 气态硫与液态硫计算

根据液硫蒸气压 p_S 拟合公式：$\ln p_S=89.273-13463/T-8.9643\ln T$，当 $T=142.5$℃时，对应 $S_6/S_8=0.1/0.9$，计算 $\ln p_S=2.82$，则 $p_S=16.79$Pa。

压力按照 115kPa 进行计算，三冷出口硫蒸气=0.1kmol/h。

则三冷出口硫为：

$$S_{6气}=0.01kmol/h；S_{8气}=0.09kmol/h；$$
$$S_{6液}=0.136kmol/h；S_{8液}=1.226kmol/h。$$

5. 硫露点计算

压力按照112kPa进行计算。

$$硫分压\ p_S=\frac{S_6+S_8}{\sum 三冷物料}\times 112\times 1000=\frac{0.144+1.293}{665.26}\times 112\times 1000=242Pa。$$

根据液硫蒸气压 p_S 拟合公式为：$\ln p_S=89.273-13463/T-8.9643\ln T$

计算出 $T=470.35K$，则硫露点温度=470.35-273.15=197.2℃。

6. 三级硫冷器热负荷

根据图4-5，$T=142.5℃$ 时，$S_{6摩尔焓变热}=448kJ/kg$，$S_{8摩尔焓变热}=309kJ/kg$，计算出硫焓变热：

$$S_{6焓变热}=0.136\times 32\times 6\times 448/1000=11.698MJ/h$$
$$S_{8焓变热}=1.226\times 32\times 8\times 309/1000=96.981MJ/h$$

则硫冷器热负荷为：

$$Q_{3热}=\sum 一级反应器出口-(\sum 二冷出口+硫焓变热)$$
$$Q_{3热}=\frac{-58950.4-61229.78}{1000}=2.279GJ/h$$

7. 硫冷器计算结果对比

从表4-31可知：因实际酸性气燃烧炉转化率低于理论计算值，而相应的在反应器的转化率上升，液硫产量高于理论计算值。

表4-31 硫冷器理论计算与分析数据计算结果对比

组　分	理论计算结果	根据分析数据计算结果	差值	偏差率/%
硫露点温度/℃	197.2	198.35	-1.15	-0.58
$S_{6气}$/(kmol/h)	0.01	0.012	-0.002	-20.00
$S_{6液}$/(kmol/h)	0.136	0.1	0.036	26.47
$S_{8气}$/(kmol/h)	0.09	0.148	-0.058	-64.44
$S_{8液}$/(kmol/h)	1.226	1.346	-0.12	-9.79

四、加氢反应器计算

(一)液硫池脱气

液硫池脱气操作参数见表4-32。

表4-32 液硫池脱气操作参数

项　目		位号/分析结果	数值
液硫池鼓泡	氮气流量/(kg/h)	FIC40101	289.32
	蒸汽流量/(kg/h)	FIC40105	640.58
	液硫中硫化氢/(mg/kg)		30.00
	温度/℃	TI7422	142.3

液硫中 H_2S 含量与温度关系见图 4-12。

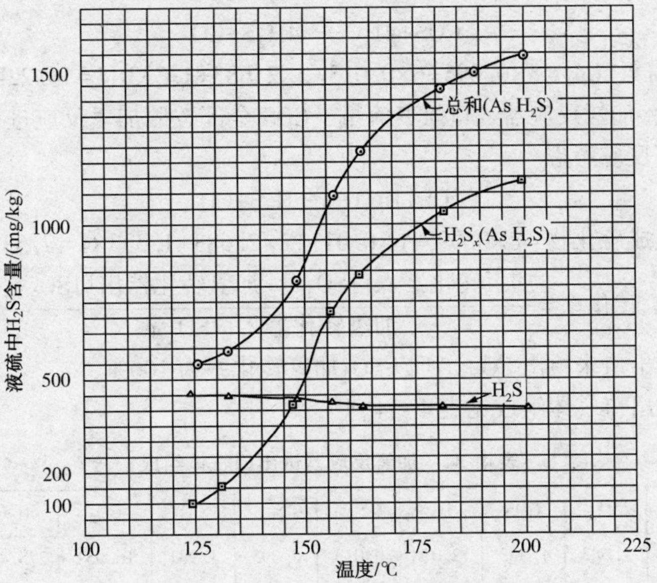

图 4-12　液硫中 H_2S 含量与温度关系

根据液硫中 H_2S 含量与温度关系图(图 4-12)查出，142.3℃时液硫中 H_2S=675mg/kg。

则液硫脱气气体中：

$$H_2S_{流量}=6.566\times(675-30)\div34\div1000=0.128\text{kmol/h}$$

$$N_{2流量}=289.32\div28=10.333\text{kmol/h}$$

$$蒸汽\ H_2O_{流量}=640.58\div18=35.588\text{kmol/h}$$

（二）加氢反应

1. SO_2、S_6、S_8加氢反应

将第四部分中的物料平衡、制硫炉理论转化率计算、克劳斯反应器反应计算的计算结果进行对比，根据实际分析数据计算结果与理论计算结果偏差不大；理论计算忽略了副反应，无 CO、COS 计算结果；故从加氢反应器开始的后续计算，均以实际计算结果数据展开。根据表 4-10 克劳斯二级反应进出各物料平衡数据，捕集器 V7404 出口气体组成见表 4-33。

表 4-33　捕集器 V7404 出口气体组成　kmol/h

项　目	H_2S	SO_2	COS	S_6	S_8	CO	CO_2	H_2O	N_2	总计
捕集器出口	4.426	2.683	1.333	0.013	0.095	1.931	16.951	239.873	475.181	742.486
液硫脱气	0.128							35.588	10.33	
加氢反应器前	4.554	2.683	1.333	0.013	0.095	1.931	16.951	275.460	485.514	788.534

根据表 3-15 加氢反应器操作参数及分析数据，加氢反应器入口氢含量 2.4%，氢气摩尔流量=0.024×(788.534-275.46)/(1-0.024)= 12.018kmol/h。

在加氢反应器中 SO_2、S_6、S_8按照完全还原反应；COS 全部按照加氢反应进行，不考虑水解反应，计算加氢反应所需氢气耗量。

$$S_8+8H_2\longrightarrow8H_2S \tag{4-11}$$

$$S_6+6H_2 \longrightarrow 6H_2S \tag{4-12}$$

$$SO_2+3H_2 \longrightarrow H_2S+2H_2O \tag{4-13}$$

$$COS+4H_2 \longrightarrow 4H_2S+CO \tag{4-14}$$

反应需氢气量 = 8×0.095+6×0.013+3×2.683+1.333×4 = 14.22kmol/h

反应需氢气量>加氢反应器入口氢气流量，COS 全部按照加氢反应进行不合理，因此将 COS 反应按照水解反应考虑。

$$COS+H_2O \longrightarrow H_2S+CO_2 \tag{4-15}$$

反应生成硫化物 = 8×0.095+6×0.013+2×2.683+1.333×1 = 7.537mol/h

$$SO_2\text{加氢转化率}=\frac{\text{加氢转化器入口}SO_2\text{量}-\text{加氢转化器出口}SO_2\text{量}}{\text{加氢转化器入口}SO_2\text{量}}\times 100\%$$

在加氢反应器出口未检出 SO_2，所以 SO_2加氢转化率为 100%。

加氢反应器进出口气体组成见表 4-34。

表 4-34 加氢反应器进出口气体组成 kmol/h

组成	H_2S	SO_2	COS	H_2	S_6	S_8	CO	CO_2	H_2O	N_2	总计
加氢反应器入	4.554	2.683	1.333	12.018	0.013	0.095	1.931	16.951	275.460	485.514	800.552
加氢反应器出	12.091	0	0	3.131	0	0	1.931	18.284	280.826	485.514	801.777

2. COS 加氢反应

COS 全部按照水解反应进行，不考虑加氢反应。

$$COS+H_2O \longrightarrow H_2S+CO_2$$

根据净化尾气中 COS 含量计算加氢反应出口气体总 COS 含量。净化尾气 COS 含量 2.27mg/Nm^3，H_2S 含量 26.33mg/Nm^3，含量很小，计算时体积量可忽略。

查 35℃水蒸气饱和蒸气压及水含量，水含量 39.55g/m^3。

设净化气中的水的摩尔流量为 x kmol/h，

则净化尾气体积流量 = (801.777−12.091−280.826+x)×22.4

$$\text{净化尾气水摩尔流量 } x=(508.86+x)\times 22.4\times 39.55\times\frac{(273+35)}{273}\div 18\div 1000$$

解方程 x = 29.92kmol/h。

则净化尾气 COS 摩尔流量：

$$=(508.86+29.92)\times 22.4\times 2.27\div 60\div 1000000=2.54\times 10^{-5}\text{kmol/h}$$

$$COS\text{ 加氢水解率}=\frac{\text{加氢转化器入口 COS 量}-\text{加氢转化器出 COS 量}}{\text{加氢转化器入口 COS 量}}\times 100\%$$

$$=\frac{1.333-0.0000254}{1.333}\times 100\%=99.998\%$$

（三）硫露点核算

加氢反应压力按照 10kPa 计算。

$$\text{硫分压 } p_S=\frac{S_6+S_8}{\sum\text{一冷物料}}\times 110\times 1000=14.84\text{Pa。}$$

根据液硫蒸气压 p_S 拟合公式：$\ln p_S=89.273-13463/T-8.9643\ln T$，计算出 T = 413.2K，则硫露点温度 = 413.2−273.15 = 140.05℃。

(四) 加氢反应热平衡

加氢反应单元各设备进出口物料组成见表4-35。

表4-35 加氢反应单元各设备进出口物料组成 kmol/h

项 目	气气换热前	加氢反应器入	加氢反应器出	气气换热器出
H_2S	4. 554	4. 554	12. 091	12. 091
SO_2	2. 683	2. 683	0. 000	0. 000
COS	1. 333	1. 333	0. 000	0. 000
S_6	0. 013	0. 013	0. 000	0. 000
S_8	0. 095	0. 095	0. 000	0. 000
CO	1. 931	1. 931	1. 931	1. 931
CO_2	16. 951	16. 951	18. 284	18. 284
H_2	0. 000	12. 018	3. 131	3. 131
H_2O	275. 460	275. 460	280. 826	280. 826
N_2	485. 514	485. 514	485. 514	485. 514

加氢反应单元设备操作温度下各物质生成焓值见表4-36。

表4-36 加氢反应单元设备操作温度下各物质生成焓值 ΔH MJ/kmol

项 目	气气换热器前（142. 5℃）	加氢反应器入口（275℃）	加氢反应器出口（315℃）	气气换热器出口（170. 5℃）
H_2S	-20. 634	-14. 261	-12. 337	-19. 287
SO_2	-300. 868	-291. 665	-288. 942	-298. 9
COS	-138. 161	-130. 949	-128. 758	-136. 643
S_6	136. 262	144. 775	147. 483	138. 002
S_8	126. 700	142. 054	146. 758	129. 916
CO	-107. 586	-103. 474	-102. 219	-106. 723
CO_2	-390. 516	-383. 895	-381. 869	-389. 129
H_2	3. 685	7. 373	8. 500	4. 458
H_2O	-238. 138	-233. 369	-231. 895	-237. 145
N_2	2. 960	7. 032	8. 276	3. 815

加氢反应单元设备操作温度下各物质的热值见表4-37。

表4-37 加氢反应单元设备操作温度下各物质的热值 Q MJ/h

项 目	气气换热器前	加氢反应器入口	加氢反应器出口	气气换热器出口
H_2S	-93. 966	-64. 942	-149. 161	-233. 199
SO_2	-807. 230	-782. 537	0. 000	0. 000
COS	-184. 169	-174. 555	0. 000	0. 000
S_6	1. 771	1. 882	0. 000	0. 000

续表

项　目	气气换热器前	加氢反应器入口	加氢反应器出口	气气换热器出口
S_8	12. 037	13. 495	0. 000	0. 000
CO	-207. 748	-199. 808	-197. 384	-206. 082
CO_2	-6619. 637	-6507. 404	-6982. 085	-7114. 827
H_2	0. 000	88. 608	26. 614	13. 959
H_2O	-65597. 495	-64284. 005	-65122. 327	-66596. 475
N_2	1437. 152	3414. 353	4017. 944	1852. 134
总计	-72059. 286	-68494. 913	-68406. 399	-72284. 489

加氢反应换热流程：克劳斯尾气进入气气换热器与加氢反应出口气体换热后，在经过电加热器加热后，进入加氢反应器。

（1）加氢反应器床层温度计算

根据反应器进出口物料热值$Q_入=Q_出=-68494.913$MJ/h，根据加氢反应产物、温度、温度与焓的拟合公式，计算得出反应产物热值。用试代法，将温度 $T=315$℃、314℃、313℃……代入计算：

当温度＝311. 7℃时，$Q_出=-68495.8$MJ/h，因此，理论计算加氢反应器床层温度为311. 7℃。加氢反应器实际操作温度为315℃，比理论计算中多3. 3℃，偏差很小。

实际上$Q_入-Q_出=-68494.913-(-68406.399)=-0.088$GJ/h。

这与热损失及分析、操作数据误差有关。

（2）电加热器电流90A，电压380V

$$Q_电=90\times380\times\frac{3600}{1000000}=123.12\text{MJ/h}$$

（3）克劳斯尾气入加氢反应前热量变化

$$Q_1=-72059.286-(-68494.913)=-3.56\text{GJ/h}$$

（4）加氢尾气出气气换热器后热量变化

$$Q_2=-68406.399-(-72284.489)=3.878\text{GJ/h}$$

$$气气换热损失=Q_2=3.878+0.123-3.56=0.195\text{GJ/h}$$

（五）加氢反应器空速

$$反应器空速\ u_1=\sum 加氢反应器入口物料体积/催化剂体积$$

加氢反应器催化剂填装26m^3。

过程气以标准状态体积计算：$u_1=800.522\times22.4\div26=689.68\ h^{-1}$。

过程气以275℃温度时体积计算：$u_1'=800.522\times22.4\times\frac{0.1\times(273.15+275)}{0.11\times273.15}\div26=$ 1258. 21 h^{-1}。

五、急冷塔计算

（一）急冷塔物料平衡

急冷塔出口温度35℃，查35℃水蒸气饱和蒸气压及水含量，水含量39. 55g/m^3。

设急冷塔出口气体的水的摩尔流量为 x kmol/h。

则净化尾气体积流量＝(801.777−280.826+x)×22.4

净化尾气水摩尔流量 $x=(520.951+x)\times22.4\times39.55\times\frac{(273+35)}{273}\div18\div1000$

解方程 x＝30.628kmol/h。

急冷水外排水量：＝280.826−30.628＝250.198kmol/h

＝250.198×18÷1000＝4.503t/h

实际操作参数急冷塔外排水量 FI7440 值为 4.98t/h，主要原因：①正常生产中，对急冷塔注少量新鲜水，对系统水进行置换；②当班操作每班两次将急冷塔液位从 60%降低到 30%，进行换水操作。因换水操作故实际排水量与计算数据存在偏差。

(二) 急冷塔热量平衡

急冷塔入口气体温度 170.5℃，出口温度 35℃，塔底入热水温度 61.5℃。

1. 计算过程气中的水蒸气降温—相变冷凝—降温过程热量变化值

在 0.1MPa 下：170.5℃水蒸气的焓值为 2815kJ/kg；61.5℃水焓值为 257.43kJ/kg，则：

$$Q_1=(280.826-30.628)\times(2815-257.43)\times18\div1000000=11.521\text{GJ/h}$$

2. 计算未冷凝的气体进出口物料、物料生成焓，计算出物料热值

急冷塔进出物料组成、生成焓及热值见表 4-38。

表 4-38 急冷塔进出物料组成、生成焓 ΔH 及热值 Q

组 成	H_2S	H_2	CO	CO_2	H_2O	N_2	总计
急冷塔入口/(kmol/h)	12.091	3.131	1.931	18.284	30.628	485.514	551.579
急冷塔出口/(kmol/h)	12.091	3.131	1.931	18.284	30.628	485.514	551.579
急冷塔入焓值/(MJ/kmol)	−19.287	4.458	−106.723	−389.129	−237.145	3.815	
急冷塔出焓值/(MJ/kmol)	−25.805	0.744	−110.871	−395.785	−241.877	−0.292	
急冷塔进口热值/(MJ/h)	−233.199	13.959	−206.082	−7114.827	−7286	1852.134	−12951.267
急冷塔出口热值/(MJ/h)	−312.011	2.330	−214.091	−7236.526	−7408.206	−141.940	−15310.444

未冷凝过程气经急冷塔释放的热量为：

$$Q_2=[-12951-(-15310.44)]\div1000=2.359\text{GJ/h}$$

急冷塔释放热量＝Q_1+Q_2＝11.521+2.359＝13.886GJ/h。

3. 计算急冷水循环量

急冷水温度 34℃，焓值为 142kJ/kg；塔底入热水温度 61.5℃，焓值为 257.43kJ/kg，则急冷水循环量为：

$$13.88\times1000\div(257.43-142)=120.25\text{t/h}$$

实际循环用量为 142t/h 偏差较大。这与循环水计量表、急冷塔的换热效率有关。74 制硫单元急冷塔 T7401 底部热水出口温度为 61.5℃，而同负荷下 75 单元急冷塔 T7501 底部热水温度 52℃，表明 T7401 存在换热效率差问题。

六、吸收塔计算

根据表3-9，按净化后尾气中的硫化氢26.33mg/Nm^3，CO_2含量2.74%进行计算。硫化氢含量很小，忽略净化尾气中硫化氢体积量。

（一）二氧化碳吸收率

设净化尾气中CO_2为x kmol/h，

则净化尾气摩尔流量=干基气体流量+干基气流量×含水量

$$=(485.514+3.131+1.931+x)\times[1+30.628/(551.579-30.628)]$$
$$=(485.514+3.131+1.931+x)\times[1+30.628/(551.579-30.628)]$$
$$=(490.576+x)\times1.0588$$

净化尾气中CO_2体积百分数为：$\frac{x}{[(490.576+x)\times1.0588]}\times100\%=2.74\%$。

解方程得$x=14.657$kmol/h。

净化尾气流量=(490.576+14.657)×1.0588=534.94kmol/h

二氧化碳吸收量=18.284−14.657=3.63kmol/h

二氧化碳吸收率=3.63÷18.284×100%=19.83%

（二）硫化氢吸收率

净化尾气中硫化氢摩尔流量=534.94×22.4×26.33÷34÷1000000=0.00928kmol/h

硫化氢吸收量=12.091−0.00928=12.082kmol/h

硫化氢吸收率=12.082÷12.091×100%=99.923%

产生的总酸性气量=12.082×34+3.63×44=590.84kg/h

吸收塔出口物料组成见表4-39。

表4-39 吸收塔出口物料组成 kmol/h

吸收塔出口尾气组成	H_2S	H_2	CO	CO_2	H_2O	N_2	总计
摩尔流量	0.00928	3.131	1.931	14.66	30.628	485.514	535.87

（三）T7402富液分析数据计算硫化氢及CO_2吸收量

根据表3-9和表3-10，T7402富液分析数据硫化氢含量为3.57g/L，CO_2含量为1.96g/L，贫液硫化氢含量为0.01g/L，CO_2含量<0.03g/L。

吸收硫化氢量=98×(3.57−0.01)/34=10.26kmol/h

吸收二氧化碳量=98×(1.96−0.03)/44=4.30kmol/h

产生的总酸性气量=10.26×34+4.3×44=538.04kg/h

根据过程气与富液分别进行计算吸收塔吸收的硫化氢及二氧化碳的量，计算结果偏差15%，酸性气总量偏差8.9%，这与分析数据、计量误差有关。

七、富胺液计算

硫黄溶剂再生系统富液包括74系列、75系列及20kt/a制硫尾气吸收塔C202富液。T7402/T7502循环量均为98t/h，C202循环量28t/h，总富液量为224t/h。

（一）酸性气负荷计算

T7402富液硫化氢含量为3.57g/L，CO_2含量为1.96g/L；T7502富液硫化氢含量为

3.5g/L，CO_2含量为2.03g/L；则进入再生系统富液以硫化氢含量为3.53g/L、CO_2含量为1.99g/L进行计算。贫液MEDA浓度为29.65%。

$$酸性气负荷=\frac{3.5/34+1.99/44}{1000\times0.2965\div119}=0.0595mol/mol$$

（二）再生出的酸性气量

$$再生出的硫化氢量=224\times(3.53-0.01)/34=23.19kmol/h$$

$$再生出的二氧化碳量=224\times(1.99-0.03)/44=9.978kmol/h$$

查35℃水蒸气饱和蒸气压及水含量，水含量39.55g/m^3，酸水分液罐压力为0.072MPa，则酸性气中水量：

$$=(23.19+9.978)\times22.4\times39.55\times\frac{(273+35)}{273}\times\frac{0.1}{(0.1+0.072)}\div18\div1000$$

$$=1.071kmol/h$$

再生塔塔酸水回流罐出口酸性气组成见表4-40。

表4-40　再生塔塔酸水回流罐出口酸性气组成

项　目	摩尔流量/(kmol/h)	体积/%
硫化氢	23.19	67.73
二氧化碳	9.978	29.14
水	1.071	3.13

（三）再生蒸汽与富液流量及再生效果关系

根据标定结果，再生蒸汽用量为24.28t/h，富液量为224t/h，则再生蒸汽消耗=24.28÷224=0.108t蒸汽/t富液。

1. 再生蒸汽与富液流量关系

用Promax软件对广州石化公司尾气吸收塔及溶剂再生系统进行流程模拟计算，胺液循环量与再生所需蒸汽量关系如图4-13所示。

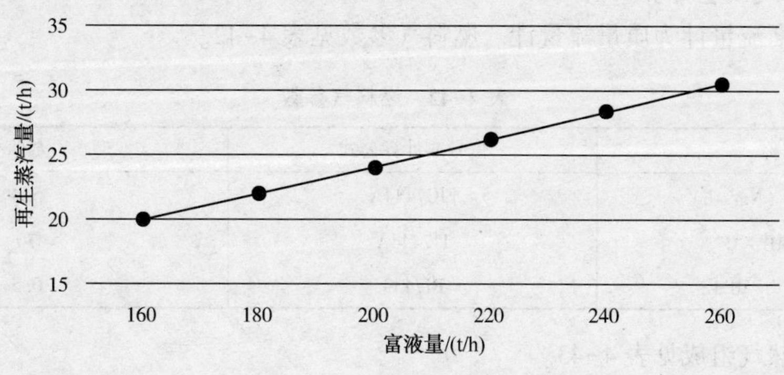

图4-13　富液量与再生蒸汽关系

2. 再生蒸汽与贫液再生效果关系

根据维持富液量224t/h不变，用Promax软件对广州石化公司尾气吸收塔及溶剂再生系统进行流程模拟计算。

Promax软件模拟再生蒸汽量酸气量、贫液质量关系见表4-41。

表 4-41　Promax 软件模拟再生蒸汽量酸气量、贫液质量关系

项　目		数值										
再生蒸汽量/(t/h)		16	17	18	19	20	21	22	23	24	25	26
贫液硫化氢/(mg/L)		579.143	468.649	381.832	312.465	256.347	210.562	173.071	142.222	119.032	95.842	78.559
酸性气/(kmol/h)	硫化氢	23.817	23.880	23.926	23.961	23.987	24.007	24.021	24.032	24.038	24.045	24.048
	CO_2	3.543	3.546	3.549	3.551	3.553	3.554	3.555	3.556	3.557	3.558	3.558
	水含量	0.870	0.872	0.874	0.875	0.876	0.876	0.877	0.877	0.877	0.878	0.878

溶剂再生塔 T7503 蒸汽量与再生效果见图 4-14。

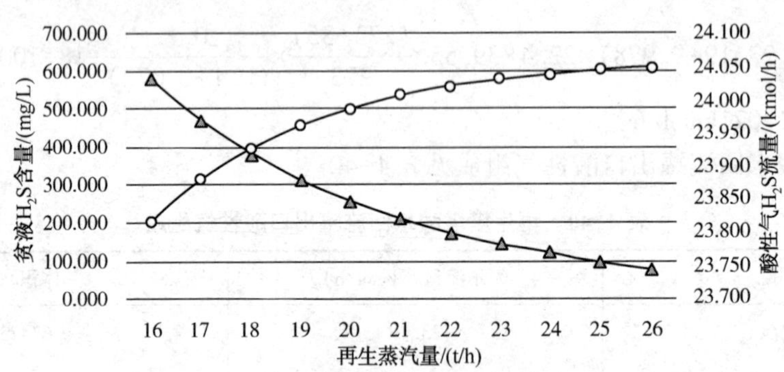

图 4-14　溶剂再生塔 T7503 蒸汽量与再生效果

从表 4-41、图 4-14 可以看出：①在蒸汽量偏低情况下，贫液硫化氢含量较高，再生出的硫化氢流量较少。②随着蒸汽量增加，贫液 H_2S 含量下降，酸性中 H_2S 流量增加，变化幅度逐步放缓。③当蒸汽量达到 25t/h，贫液中的硫化氢含量<0.1g/L，贫度较高，有利于吸收尾气中的 H_2S 吸收，再生蒸汽量维持在 23~25t/h 尾气吸收脱硫效果较好。

八、焚烧炉计算

(一) 燃料气流量计算

焚烧炉瓦斯流量计为质量流量计。燃料气参数见表 4-42。

表 4-42　燃料气参数

名称	位号或计算公式	数值
测量流量/(Nm^3/h)	FIC7444A	524
测量温度/℃	TI7444A	70
测量压力/MPa	PI7439	0.5

焚烧炉天然气组成见表 4-43。

表 4-43　焚烧炉天然气组成

项　目	体积分数/%(体)	归一化体积分数 V/%(体)	相对分子质量 M	$M×V$/%
甲烷	90.98	90.87	16	14.54
乙烷	3.9	3.90	30	1.17
氮气	2.51	2.51	28	0.70

续表

项　目	体积分数/%(体)	归一化体积分数 V/%(体)	相对分子质量 M	M×V/%
异丁烷	0.18	0.18	58	0.10
正丁烷	0.28	0.28	58	0.16
丙烷	1	1.00	44	0.44
氧气	0.19	0.19	32	0.06
二氧化碳	1.08	1.08	44	0.47
总计	100.12	100		17.65

根据体积流量、体积分数及相对分子质量，计算出焚烧炉 F7402 天然气组成及流量，见表 4-44。

表 4-44　焚烧炉天然气摩尔流量　　kmol/h

项目	甲烷	乙烷	氮气	异丁烷	正丁烷	丙烷	氧气	二氧化碳	总计
流量	21.257	0.911	0.586	0.042	0.065	0.234	0.044	0.252	23.393

(二) 焚烧炉内燃烧反应

$$CH_4+2O_2 \longrightarrow 2H_2O+CO_2 \tag{4-16}$$

$$C_2H_6+3.5O_2 \longrightarrow 3H_2O+2CO_2 \tag{4-17}$$

$$C_3H_8+5O_2 \longrightarrow 4H_2O+3CO_2 \tag{4-18}$$

$$C_4H_{10}+6.5O_2 \longrightarrow 5H_2O+4CO_2 \tag{4-19}$$

$$2CO+O_2 \longrightarrow 2CO_2 \tag{4-20}$$

$$H_2+0.5O_2 \longrightarrow H_2O \tag{4-21}$$

$$H_2S+1.5O_2 \longrightarrow H_2O+SO_2 \tag{4-22}$$

$$COS+1.5O_2 \longrightarrow CO_2+SO_2 \tag{4-23}$$

(三) 焚烧炉烟气排放计算

焚烧炉操作参数见表 4-45。

表 4-45　焚烧炉操作参数

项　目	位　号	数　值
一次空气量/(kg/h)	FIC7445	8409.42
二次空气量/(kg/h)	FIC7446	1427.00
三次空气量/(kg/h)	FIC7449	1471.42
炉膛温度/℃	TIC7442	691.95
含氧量/%	AIC7405	3.32
SO_2/(mg/m^3)		56
CO/(mg/m^3)		175
NO_x/(mg/m^3)		52
CO_2/%(体)		4.84
烟气干基流量/(Nm^3/h)		21133
含湿量/%(体)		6.3
干烟气含氧量/%(体)		2.81

风机入口温度40℃，相对湿度60%，查《绝对湿度与相对湿度对应表》，空气中水含量为30.6g/m³。

则转化为标况下：$W_{水}=\frac{(273.15+40)}{273.15}\times 30.6=35.08\text{g/Nm}^3$。

标况下空气密度：$\rho_{空气}=\frac{29}{22.4}\times 1000=1294.6\text{g/Nm}^3$。

标况下空气中氮气质量：

$$W_{氮气}=\frac{28\times 79\%}{(28\times 79\%+32\times 21\%)}\times 100\%=76.699$$

风机入口水占比：$\eta_{水}=\frac{w_{水}}{w_{空气}}=\frac{35.08}{(35.08+1294.6)}\times 100\%=2.64\%$。

焚烧炉空气流量=一次空气流量+二次空气流量+三次空气流量

=8409.42+1427+1471.42=11307.84kg/h

进入焚烧炉的氮气、氧气、水的摩尔流量为：

$$W_{氮气}=(1-\eta_{水})\times 空气总流量\times W_{氮气}\div 28$$

$$=(1-0.0264)\times 11307.84\times 76.699/28$$

$$=301.57\text{kmol/h}$$

$$W_{氧气}=21\times 301.57/79=80.165\text{kmol/h}$$

$$W_{水}=11307.84\times 0.0264/18=16.584\text{kmol/h}$$

根据反应方程，按照天然气、氢气、COS完全燃烧进行计算，烟气CO含量为175mg/Nm³，设有x kmol/h的CO燃烧成CO_2。

焚烧炉进料及燃烧产物流量见表4-46。

表4-46 焚烧炉进料及燃烧产物流量 kmol/h

项目	进料			燃烧产物
	天然气	净化尾气	空气	
H_2S		0.009		
SO_2				0.0090254
COS		0.0000254		
CO		1.931		$1.931-x$
CO_2	0.252	14.657		$39.12+x$
CH_4	21.257			
H_2O		30.628	16.585	97.073
N_2	0.586	485.514	301.573	787.673
O_2	0.044		80.165	$31.0595-0.5x$
C_2H_6	0.911			
i-C_4H_{10}	0.042			
n-C_4H_{10}	0.065			
C_3H_8	0.234			
H_2		3.131		
总计				$956.866-0.5x$

列方程计算，烟气中的CO摩尔流量为：

$$1.931-x=\frac{175\times(956.866-97.073-0.5x)\times 22.4}{1000000\times 28}$$

解方程得 $x=1.8109$kmol/h。

CO 转化率 = 1.8109÷1.931×100% = 93.78%

焚烧炉燃烧产物见表4-47。

表4-47 焚烧炉燃烧产物组成 kmol/h

烟气组成	SO_2	CO	CO_2	H_2O	N_2	O_2	总计
摩尔流量	0.0090245	0.1201	40.9309	97.073	787.673	30.154	955.96

烟气水含量 = 97.073÷955.96×100% = 10.154%

标准态干烟气流量 = (955.96−97.073)×22.4 = 19239.22 Nm^3/h

烟气氧含量 = 30.161÷955.96×100% = 3.155%

干烟气二氧化硫排放浓度 = 0.0090245×64×1000000÷19239.22 = 30.02mg/Nm^3

（四）烟气露点计算

烟气中的 SO_2，有 0.25%~5%会进一步变成 SO_3。

根据烟气二氧化硫排放浓度计算结果进行计算：

烟气中二氧化硫浓度为 = 30.02mg/Nm^3 = 30.02÷2.85 = 10.53μL/L

取 SO_2转化为 SO_3转化率为5%，则烟气中 SO_3含量为 10.53×5% = 0.5265μL/L。

$$SO_3+H_2O \longrightarrow H_2SO_4 \tag{4-24}$$

随着烟气的流动，当烟气温度小于200℃时，烟气中 SO_3有99%和水蒸气结合生成 H_2SO_4。按反应式烟气中硫酸蒸汽的体积含量 = SO_3的体积含量×99%，则烟气中硫酸蒸气的体积含量 = 0.5265×99% = 0.5212μL/L。

烟气中水体积含量 = 97.073÷955.96×100% = 10.154%

以水蒸气11%为基准，基于Halstead数据基础拟合公式：

$$t_{sld}=113.0219+15.0777\lg V_{H_2SO_4}+2.0975\left(\lg V_{H_2SO_4}\right)^2$$

式中 $V_{H_2SO_4}$——烟气中 H_2SO_4蒸气的体积分数，μL/L。

代入 $V_{H_2SO_4}$ = 0.5212μL/L，经计算烟气露点 t_{sld} = 101.09℃。

（五）热量计算

1. 焚烧炉热量计算

根据表4-48焚烧炉进料及燃烧产物流量，计算进料物质焓值及热值。

表4-48 焚烧炉进料物质焓值及热值计算结果

项目	天然气，70℃		净化尾气，35℃		空气，53℃	
	焓值/(MJ/kmol)	热值/(MJ/h)	焓值/(MJ/kmol)	热值/(MJ/h)	焓值/(MJ/kmol)	热值/(MJ/h)
H_2S			−25.805	−0.239		
CO			−110.871	−214.091		
CO_2	−394.079	−99.442	−395.785	−5801.153		
CH_4	−77.914	−1656.242				

续表

项目	天然气，70℃		净化尾气，35℃		空气，53℃	
	焓值/(MJ/kmol)	热值/(MJ/h)	焓值/(MJ/kmol)	热值/(MJ/h)	焓值/(MJ/kmol)	热值/(MJ/h)
H_2O			-241.877	-7408.206	-241.259	-4001.245
N_2	0.762	0.447	-0.292	-141.940	0.249	75.097
O_2	0.487	0.022			-0.068	-5.442
C_2H_6	-84.667	-77.151				
i-C_4H_{10}	-134.52	-5.657				
n-C_4H_{10}	-126.15	-8.253				
C_3H_8	-103.847	-24.264				
H_2			0.744	2.330		

则焚烧进料物质的 $\sum Q_入=-19365.43$MJ。

设焚烧炉炉膛温度为 x，x 取一个值，根据拟合公式带入该数值算出焓值，由焓值×摩尔流量=热值，当计算出的 $\sum Q_出=\sum Q_入$ 时，该温度即为炉膛温度。

将 x=670、680、690……分别带入计算，根据计算结果做出拟合公式如图4-15所示。

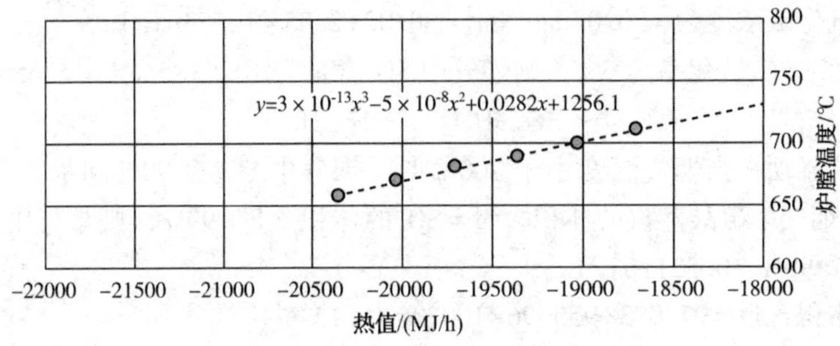

图4-15 焚烧炉炉膛温度与热值关系

当 x = 689.28 时，$\sum Q_出$ = - 19365.63MJ/h，因此，焚烧炉炉膛温度计算结果为689.28℃。

表3-10中焚烧炉炉膛温度TI7442为691.95℃，与计算结果近似。

2. 蒸汽过热器计算

酸性气燃烧炉废热锅炉E7421自产饱和蒸汽流量为16.1t/h，压力4.1MPa，温度250.7℃，焓值为2798.85kJ/kg；E7424蒸汽过热器出口温度429.5℃，压力4.0MPa，焓值为3289.5kJ/kg，计算蒸汽过热所需热量为：

$$Q_{过热}=16.1\times(3289.5-2798.85)=7899.46\text{MJ/h}$$

根据上面焚烧炉燃烧计算结果：炉膛温度为689.15℃，焚烧炉炉膛出口 $\sum Q_出$ = 19365.63MJ/h，则蒸汽过热器出口烟气热值为：

$$\sum Q_1=-19365.38-7899.46=-27264.84\ \text{MJ/h}$$

设蒸汽过热器出口烟气温度为 x，x 取一个值，根据拟合公式带入该数值算出焓值，由焓值×摩尔流量=热值，当计算出的 $\sum Q_{出}=-27264.84$MJ/h 时，该温度即为蒸汽过热器出口烟气温度。

将 $x=420$、430、440、450……分别带入计算，根据计算结果做出拟合公式为 $y=3\times10^{-13}x^3-5\times10^{-8}x^2+0.028x+1256$，因烟气组成、流量无变化，该拟合公式与焚烧炉炉膛温度拟合公式一致。

当 $x=445.4$ 时，$\sum Q_{出}=-27265.18$MJ/h，因此，蒸汽过热器出口烟气温度为445.4℃。

焚烧后物质焓值及热值计算结果见表4-49。

表4-49　焚烧后物质焓值及热值计算结果

项目	焚烧产物/(kmol/h)	焚烧炉出口689.28℃		过热器出口445.4℃		余热锅炉出口285℃	
		焓值/(MJ/kmol)	热值/(MJ/h)	焓值/(MJ/kmol)	热值/(MJ/h)	焓值/(MJ/kmol)	热值/(MJ/h)
SO_2	0.009	-264.701	-2.389	-280.242	-2.529	-290.982	-2.626
CO	0.12	-90.164	-10.829	-98.082	-11.780	-103.161	-12.390
CO_2	40.931	-362.287	-14828.747	-375.174	-15356.195	-383.390	-15692.481
H_2O	97.073	-217.328	-21096.744	-226.979	-22033.615	-233.002	-22618.321
N_2	787.673	20.218	15925.473	12.373	9745.815	7.343	5783.606
O_2	30.154	21.492	648.075	13.037	393.118	7.606	229.344
总计	955.96		-19365.160		-27265.186		-32312.868

3. 焚烧炉余热锅炉计算

余热锅炉E7423出口过程气温度285℃，根据拟合公式带入285℃算出烟气各物料的焓值，由焓值×摩尔流量=热值，计算余热锅炉出口烟气的热量：

$$\sum Q_{出}=-32312.868\text{MJ/h}$$

根据上面蒸汽过热器计算结果，蒸汽过热器出口烟气温度445.4℃，热值为-27265.18MJ/h，则，余热锅炉产生的热量：

$$Q_2=-27265.18-(-32312.868)=5047.628\text{MJ/h}$$

余热锅炉产生饱和蒸汽，压力1.3MPa，温度195.04℃，焓值为2788.4kJ/kg；锅炉上水压力2.8MPa，温度160℃，锅炉水上水焓值为682.79kJ/kg。则自产蒸汽流量=5047.628÷(2788.4-628.79)=2.337t/h。

装置余热锅炉E7423自产流量FIQ7450A测量值为2.57t/h，计算结果与实测值偏差率=(1-2.337÷2.57)×100%=9.07%。

（六）烟囱抽力计算

根据国内常用的烟囱抽力计算公式：

$$\Delta p=0.345\times H\left(\frac{1}{273+t_a}-\frac{1}{273+t_f}\right)\times B$$

式中　t_a——外部空气温度，35℃；

t_f——烟气的平均温度，265℃；

B——大气压力，101325Pa；

H——烟囱高，100m。

则烟囱抽力为 $\Delta p=0.0345\times100\times\left(\frac{1}{273+35}-\frac{1}{273+265}\right)\times101325=485.21\text{Pa}$。

九、单程总硫转化率、总硫收率对比计算

（一）单程总硫转化率

单程总硫转化率即为克劳斯单元总硫转化率，计算公式为：

$$\eta=[1-\text{第三冷凝器出口气体}(H_2S+SO_2+COS+2CS_2)\text{总摩尔流量}/\text{入反应炉}(H_2S+SO_2+COS+2CS_2)\text{总摩尔流量}]\times100\%$$

因第三冷凝器出口还有少量的液硫未分出，在捕集器中进一步分硫，用捕集器出口气体组成相对精确度更高些，故本次对单程总硫转化率采用捕集器出口数据。

在第四部分物料平衡章节中已经进行了计算，计算过程见前文。

$$\eta=\left[1-\frac{\text{捕集器出口气体}(H_2S+SO_2+COS+2CS_2)\text{总摩尔流量}}{\text{入炉}(H_2S+SO_2+COS+2CS_2)\text{总摩尔流量}}\right]\times100\%$$

$$\eta=\left(1-\frac{4.426+2.683+1.333}{212.189}\right)\times100\%=96.022\%$$

（二）总硫回收率

$$\text{总硫回收率}=(S_0-S_e)\times100\%/S_0$$

$$S_0=M_{H_2S}\times Q_0\times32.06/22.4$$

$$S_e=(C_{SO_2}\times0.5+C_{H_2S}\times0.94+C_{COS}\times0.842)\times Q_e\times10^{-6}$$

式中 S_0——酸气中的总硫含量（以S计），kg/h；

S_e——焚烧炉烟道气中的总硫含量（以S计），kg/h；

Q_0——标准状态下的酸气流量，Nm^3/h；

Q_e——标准状态下的焚烧炉废气流量，Nm^3/h；

M_{H_2S}——酸性气中 H_2S 的浓度，mol%（摩尔）；

C_{SO_2}——焚烧炉废气中 SO_2 浓度，mg/Nm^3；

C_{H_2S}——焚烧炉废气中 H_2S 浓度，mg/Nm^3；

C_{COS}——焚烧炉废气中COS浓度，mg/Nm^3。

S的相对分子质量为32.06；标准体积/摩尔流量为22.4；SO_2 中S的含量为0.5；H_2S 中S的含量为0.94；COS中S的含量0.53。根据表3-1、表3-2进行计算：

$$S_0=7800\times92.486\%\times32.06\div34=6802.2909\text{kg/h}$$

根据第四部分计算中标态干烟气流量结果：

$$S_e=30.02\times0.5\times19239.22\times10^{-6}=0.2888\text{kg/h}$$

$$\begin{aligned}\text{总硫回收率}&=(S_0-S_e)\times100\%/S_0\\&=(6802.2909-0.2888)\times100\%\div6802.2909\\&=99.995\%\end{aligned}$$

十、热平衡计算

（一）克劳斯单元温度对比

在第四部分计算中根据实际分析数据对克劳斯单元进行了热平衡计算。

在燃烧炉转化率理论计算、一级反应器理论转化率计算、二级反应器理论计算中，分别对各部分理论转化率、反应温度进行了计算，并与实际操作参数及分析数据进行了分析对比，本章不做详细描述。对之前各计算结果整理，见表4-50。

表4-50　克劳斯单元炉膛温度、反应器温度对比计算

项　目		理论计算	实际操作参数	差值	偏差率/%
燃烧炉 F7401	炉膛温度/℃	1288.3	1220.0	68.3	5.302
	S转化率/%	71.752	65.296	6.456	0.090
一级反应器 R7401	反应温度/℃	285.800	312.000	-26.200	-0.092
	S转化率/%	72.570	74.680	-2.110	-0.029
二级反应器 R7402	反应温度/℃	240.900	247.320	-6.420	-0.027
	S转化率/%	55.660	54.803	0.857	0.015
单程总硫回收率/%		96.565	96.022	0.543	0.006

（二）尾气处理及焚烧单元温度对比

在第四部分计算中对加氢反应器进行了热平衡计算，对焚烧炉进行了热平衡计算，并与实际操作参数及分析数据进行了分析对比，本章不做详细描述。对之前各计算结果整理，见表4-51。

表4-51　尾气处理焚烧单元炉膛温度、反应器温度对比计算

项　目		计算结果	实际操作参数	差值	偏差率/%
加氢反应器 R7403	反应温度/℃	311.7	315	-3.3	-1.06
焚烧炉 F7402	炉膛温度/℃	689.26	691.95	-2.69	-0.39

（三）主要换热设备热量平衡

在第四部分计算中对克劳斯单元换热设备进行了热平衡计算。对加氢反应器单元气气换热器进行了热平衡计算，对急冷塔进行了热平衡计算。对焚烧炉进换热设备热平衡计算，本章不做详细描述。对之前各计算结果整理，见表4-52。

表4-52　主要换热设备热量与操作参数对比

项　目		计算结果	实际操作参数	差值	偏差率/%
废热锅炉 E7421	产汽量/(t/h)	16.44	16.1	0.34	2.07
一二级硫冷器 E7401AB	产汽量/(t/h)	4.505	5.125	-0.62	-13.76
一级加热器 E7409	耗汽量/(kg/h)	920.3	1252.32	-332.02	-36.08
二级加热器 E7410	耗汽量/(kg/h)	771.8	842.79	-70.99	-9.20
急冷塔 T7401	急冷水循环量/(t/h)	120.25	142	-21.75	-18.09
余热锅炉 E7423	产汽量/(t/h)	2.337	2.57	-0.233	-9.97

十一、能耗计算及分析

(一) 燃料气低发热值

燃料气低发热值见表 4-53。

表 4-53 燃料气低发热值

项目	H_2S	O_2	N_2	CO_2	CO	H_2	CH_4	C_2H_6	C_2H_4	C_3H_8	C_3H_6	C_4H_{10}	C_4H_8	C_5H_{12}	C_5H_{10}	总计
相对分子质量	34	32	28	44	28	2	16	30	28	44	42	58	56	72	70	
纯物质低热值/(MJ/m^3)	23.38	0	0	0	12.64	10.74	35.71	63.58	59.47	91.03	86.41	118.41	113.71	145.78	138.37	
天然气	0	0.19	2.51	1.08	0	0	90.87	3.90	0	1.00	0	0.46	0	0	0	100
低热值/(MJ/m^3)	0.00	0.00	0.00	0.00	0.00	0.00	32.45	2.48	0.00	0.91	0.00	0.54	0.00	0.00	0.00	36.38
平均分子量			0.70	0.47			14.54	1.17		0.44		0.27				17.65

燃料气密度 $=17.65/22.4=0.79kg/m^3$

燃料气低发热值 $=36.38\times17.65/22.4=28.67MJ/kg=28.67/41.868=0.68kgEO/kg$

$=36.38/41.868=0.87kgEO/m^3$

(二) 公用系统消耗

1. 蒸汽消耗

表 4-54 中正值为产生或进入装置的物流，负值为使用掉或出装置的物流。

表 4-54 硫黄回收装置各单元蒸汽消耗 t/h

项目	蒸汽消耗					
	再生系统重沸器蒸汽用量(单系列=总量/2)	E7401AB 自产蒸汽	E7423 自产蒸汽	液硫池气抽蒸汽量	液硫系统伴热	总计
低压蒸汽部分	-10	5.125	2.57	-0.64	-0.3	-3.245
中压蒸汽部分	中压蒸汽出蒸汽过热器 16.1	E7409 用蒸汽 -1.238	E7410 -0.859	Σ 总计 14.00		
高压除氧水部分	除氧水进 E7421 -16.1	除氧水进 E7423 -2.58	总计 -18.68			
凝结水部分	凝结水进 E7401AB 5.30	凝结水去凝结水罐 -12.00	过程气加热器 -2.10	液硫系统伴热 -0.3	总计 -9.10	

2. 循环水消耗

硫黄回收装置各单元循环水消耗见表 4-55。

表 4-55　硫黄回收装置各单元循环水消耗　t/h

溶剂再生 （单系列=总量/2）	设备位号	E7514	E7513	总计
	设计用量	74.29	528.82	301.555
	节水操作	14.29		14.29
	实际用量	60	528.82	294.41
急冷水	设备位号	E7404	总计	
	设计用量	190.6	190.6	
	节水操作			
	实际用量	190.6	190.6	
风机冷却	设备位号	C7401	C7402	总计
	设计用量	30	10	40
	节水操作	10		10
	实际用量	20	10	30

3. 电消耗

硫黄回收装置各单元电消耗见表4-56。

表 4-56　硫黄回收装置各单元电消耗

溶剂再生 （单系列=总量/2）	设备位号	P7511	P7512	E7516	E7517	总计		
	设计功率/kW	160	5.5	22	19	207		
	电压/V	380	380	380	380			
	在运台数	1	1	4	4			
	负荷率/%	70	100	100	100			
	实际功率/kW	112	5.5	88	76	282		
克劳斯系统	设备位号	P7516	C7401	E7406	P7403	P7404	总计	
	设计功率/kW	132	800	19	7.5	18.5	911	
	电压/V	380	6000	380	380	380		
	在运台数	1	1	1	1	1		
	负荷率/%	70	65	100	65	80		
	实际功率/kW	92	520	19	4.875	14.8	605	
尾气处理单元	设备位号	P7401	P7402	C7402	E7405	E7407	P7405	总计
	设计功率/kW	37	37	220	19	700	25	1038
	电压/V	380	380	6000	380	380	380	
	在运台数	1	1	1	2	1	1	
	负荷率/%	100	72	70	100		85	
	实际功率/kW	37	26.64	154	38	172	21.25	449

（三）装置能耗分析

装置能耗见表 4-57。

表 4-57　装置能耗

项目	能源折算值 kgEO	全装置	全装置能耗 kgEO	克劳斯单元	克劳斯能耗 kgEO	尾气处理单元	尾气处理能耗 kgEO	尾气焚烧单元	尾气焚烧能耗 kgEO	溶剂再生	溶剂再生能耗 kgEO	总计
进料/t		6. 57	-3. 77	6. 57	32. 49	6. 57	12. 72	6. 57	-166. 45	6. 57	117. 45	-3. 79
燃料气/m^3	0. 87	524. 00	455. 31	0. 00	0. 00	0. 00	0. 00	524. 00	455. 31	0. 00	0. 00	524. 00
3. 5MPa 蒸汽/t	88. 00	-14. 00	-1232. 26	2. 10	184. 54	0. 00	0. 00	-16. 10	-1416. 80	0. 00	0. 00	-14. 00
1. 0MPa 蒸汽/t	76. 00	3. 25	246. 62	-4. 19	-318. 06	0. 00	0. 00	-2. 57	-195. 32	10. 00	760. 00	3. 25
电/kW · h	0. 23	1335. 27	307. 11	604. 88	139. 12	294. 89	67. 82	154. 00	35. 42	281. 50	64. 75	1335. 27
循环水/t	0. 06	515. 01	30. 90	20. 00	1. 20	190. 60	11. 44	10. 00	0. 60	294. 41	17. 66	515. 01
除氧水/t	9. 20	18. 68	171. 86	16. 10	148. 12	0. 00	0. 00	2. 57	23. 64	0. 00	0. 00	18. 67
蒸汽凝结水/t	6. 00	-9. 10	-54. 58	2. 90	17. 42	0. 00	0. 00	0. 00	0. 00	-12. 00	-72. 00	-9. 10
新鲜水/t	0. 15	2. 20	0. 33	0. 70	0. 11	1. 00	0. 15	0. 50	0. 08	0. 00	0. 00	2. 20
净化风/m^3	0. 04	130. 00	4. 94	50. 00	1. 90	30. 00	1. 14	30. 00	1. 14	20. 00	0. 76	130. 00
非净化风/m^3	0. 03	0. 00	0. 00	0. 00	0. 00	0. 00	0. 00	0. 00	0. 00	0. 00	0. 00	0. 00
低压氮/m^3	0. 15	300. 00	45. 00	260. 00	39. 00	20. 00	3. 00	20. 00	3. 00	0. 00	0. 00	300. 00
总计			-24. 77		213. 34		83. 55		-1092. 93		771. 17	

以硫黄产量进料为分母，中压蒸汽自产能耗计在尾气焚烧单元，装置能耗分析结果如下：

克劳斯单元能耗为 213. 34kgEO/t；

尾气处理单元能耗为 83. 55kgEO/t；

尾气焚烧单元能耗为-1092. 93kgEO/t；

溶剂再生单元能耗为 771. 17kgEO/t。

装置各单元能耗分布及消耗量见图 4-16、图 4-17。

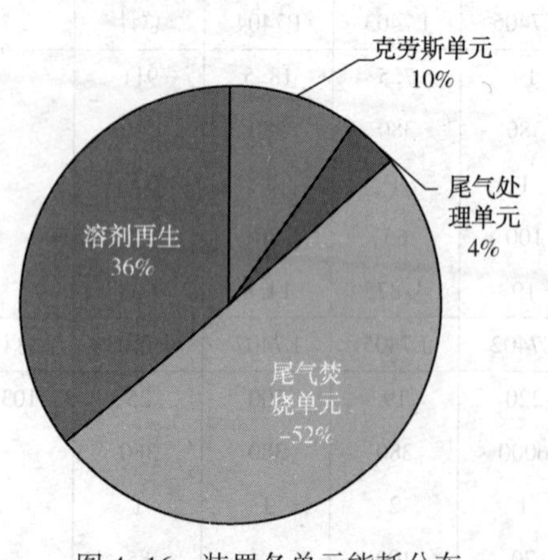

图 4-16　装置各单元能耗分布

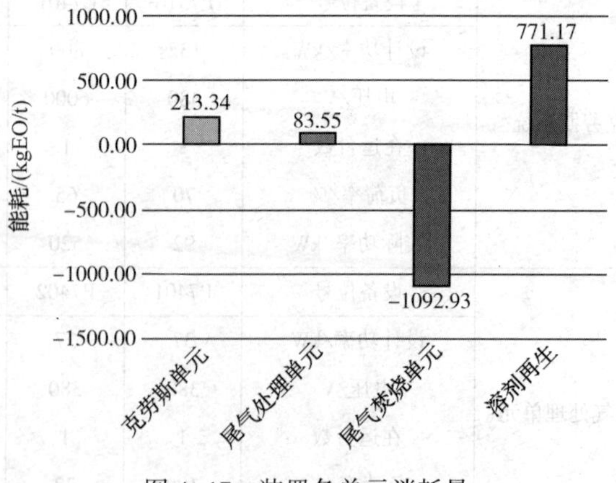

图 4-17　装置各单元消耗量

（1）装置能耗分析

对装置的综合能耗做柱状图进行分析，见图 4-18。

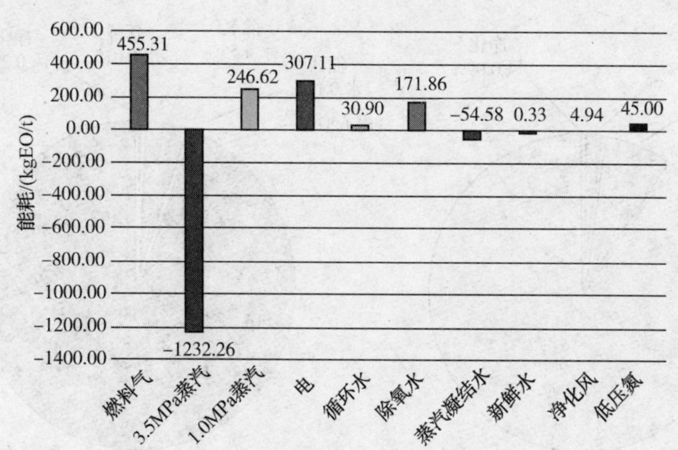

图 4-18 装置综合耗量

对消耗的能耗做饼状图进行分析，见图 4-19。

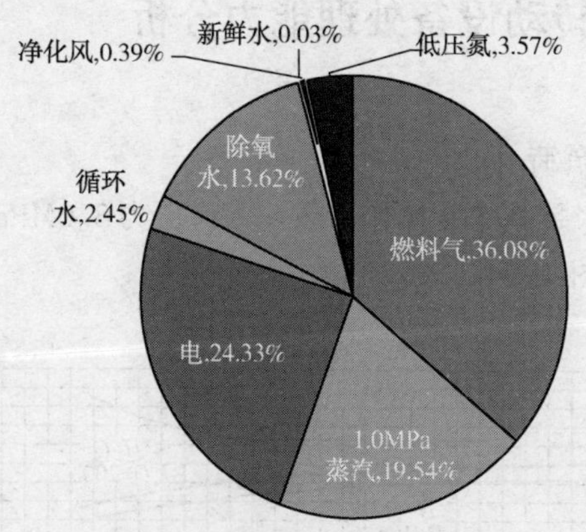

图 4-19 装置综合耗量分布

（2）各单元消耗的能耗

各单元消耗的能耗见图 4-20~图 4-23。

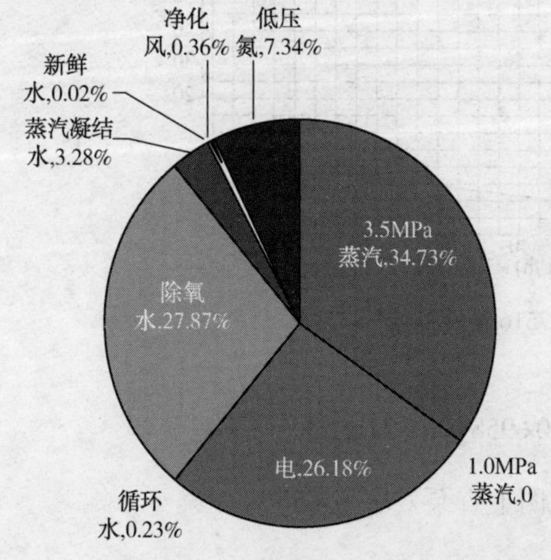

图 4-20 克劳斯单元能耗分布

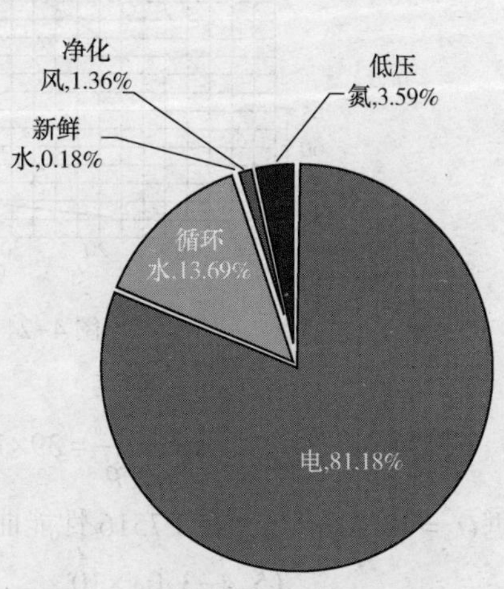

图 4-21 尾气处理单元能耗分布

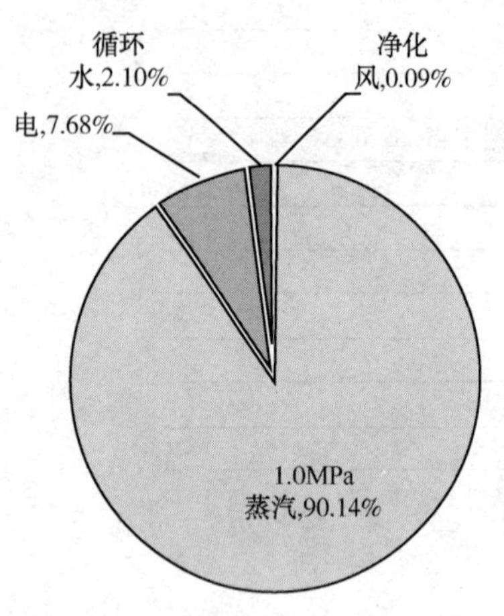

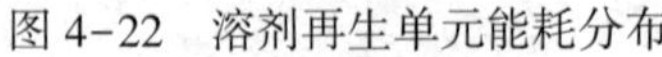
图 4-22　溶剂再生单元能耗分布

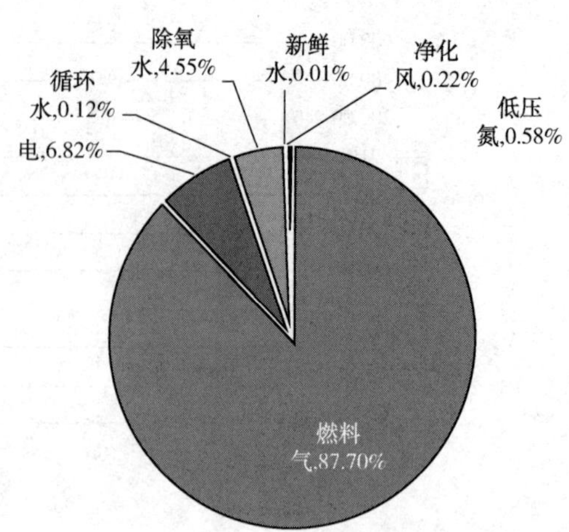

图 4-23　尾气焚烧单元能耗分布

十二、关键设备转动设备处理能力分析

（一）中压锅炉给水泵

1. 酸性气处理量 85%负荷

标定过程中压锅炉给水泵 P7516 操作参数：入口压力 3.0MPa，出口压力 5.4MPa，流量 39t/h。P7516 性能曲线见图 4-24。

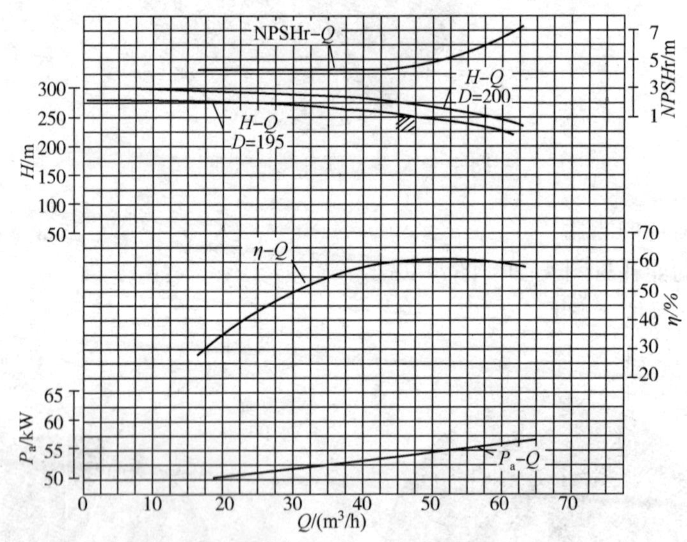

图 4-24　P7516 性能曲线

$$Q_v = \frac{Q_m}{\rho} = 39 \times 1000 \div 958 = 40.71\text{m}^3/\text{h}$$

根据$Q_v = 40.71\text{m}^3/\text{h}$，在 P7516 性能曲线图上查泵效率 $\eta = 58\%$。

扬程 $H = P_{出} - P_{入} = \frac{(5.4-3.0) \times 10^6}{1.0 \times 10^3 \times 9.8} = 244.9\text{m}$。

计算该操作参数下，P7516 的功率为：

$$N=\frac{Q_{v}H\gamma}{367\eta}=\frac{40.71\times244.9\times\left(\frac{958}{1000}\right)}{367\times0.58}=44.87\text{kW}$$

则中压锅炉给水泵的负荷率$=\frac{N}{N_{额}}\times100\%=44.87\div54.4\times100\%=82.48\%$。

2. 酸性气超负荷

在 2017 年 9 月中旬曾出现，74 系列酸性气流量 9500kg/h、75 系列酸性气流量 9700kg/h 时，中压锅炉 E7421、E7521 总上水量达 51t/h，上水调节阀在开大，但废热锅炉液位却不能维持有缓降趋势。

操作参数：入口压力 2.9MPa，出口压力 5.45MPa，流量 51t/h，核算泵负荷：

$$Q_{v}=\frac{Q_{m}}{\rho}=51\times1000\div958=53.34\text{m}^{3}/\text{h}$$

根据$Q_{v}=53.24\text{m}^{3}/\text{h}$，在 P7516 性能曲线图上查泵效率 $\eta=61\%$。

扬程 $H=P_{出}-P_{入}=\frac{(5.45-2.9)\times10^{6}}{1.0\times10^{3}\times9.8}=260.2\text{m}$。

计算该操作参数下，P7516 的功率为：

$$N=\frac{Q_{v}H\gamma}{367\eta}=\frac{53.34\times260.2\times\left(\frac{958}{1000}\right)}{367\times0.61}=62.34\text{kW}$$

则中压锅炉给水泵的负荷率$=\frac{N}{N_{额}}\times100\%=62.34\div54.4\times100\%=114.6\%$。

因在运 P7516 超负荷运行，上水量不能满足废热锅炉产汽需求，废热锅炉液位出现下降。采取措施：①立即稍降再生系统蒸汽量，降低酸性气量。②汇报调度，酸性气超负荷，废热锅炉上水不满足产汽需求，需要调整上游装置负荷，降低酸性气总量。

3. 除氧水管网压力波动

140kt/a 硫黄回收装置无除氧设备，中压锅炉上水由公共除氧水管网经给水泵 P7516 加压后直供废热锅炉，P7516A/B 为自启泵，如在用泵出口压力低过 4.8MPa 时，备泵自启。

在 2018 年 8 月，出现一次，除氧水管网压力由 2.8MPa 压力突降值 2.3MPa。泵入口压力瞬时降至 2.4MPa，出口压力 5.05MPa。出现废热锅炉上水量突然归零，废热锅炉液位下降(最低降至 35%，废热锅炉液位 25%联锁停车)，短时后上水量恢复。此过程备泵未启动。

原因：①上游有装置突然增大除氧水用量，造成管网出现压力突降现象。

②中压锅炉上水为管网经泵升压直供，无缓冲，受管网波动影响较大。

③原设计中压蒸汽外管网压力为 3.5MPa，中压锅炉产汽压力 3.8MPa，中压锅炉给水泵自启压力 4.8MPa。随上游装置对中压蒸汽品质要求，现外管网压力为 3.8MPa，中压锅炉产汽压力 4.15MPa，中压锅炉给水泵自启压力设计相对偏低，出现外管网波动时不能满足要求，需要设计核算进行修改。

(二) 急冷水、贫富液泵及酸性水泵

根据各泵性能曲线图，操作参数进行计算，泵操作参数及负荷见表 4-58。

表 4-58 泵操作参数及负荷

位号	入口压力/MPa	出口压力/MPa	流量/(t/h)	流量/(m^3/h)	泵效率/%	额定功率/kW	扬程/m	功率/kW	泵负荷/%
贫液输送泵 P7511	0.16	1.1	226	223.76	0.61	134.2	95.918	101.839	75.886
酸水回流泵 P7512	0.15	0.44	13	12.87	0.4	4.2	29.592	1.807	43.030
急冷水循环 P7401	0.13	0.63	140	140.00	0.75	35.4	51.020	33.557	94.793
富液输送泵 P7402	0.13	0.68	98	97.03	0.58	28.2	56.122	25.839	91.626

从表 4-58 计算结果可以看出：急冷水循环泵 P7401 和富液输送泵 P7402 负荷较高。原因分析：①急冷水泵 P7401 流量为 140m^3/h，已接近额定流量 145m^3/h。这与广州地区气温较高及装置循环水量不足有关，为降急冷塔后尾气温度，急冷水循环量偏大。②富液输送泵 P7402 设计扬程为 53.2m，实际扬程达到 56.122m，背压升高泵的输出压力较高，导致泵负荷率偏高。

（三）风机

1. 酸性气燃烧炉风机 C7401

酸性气燃烧炉风机 C7401 性能曲线图如图 4-25 所示。

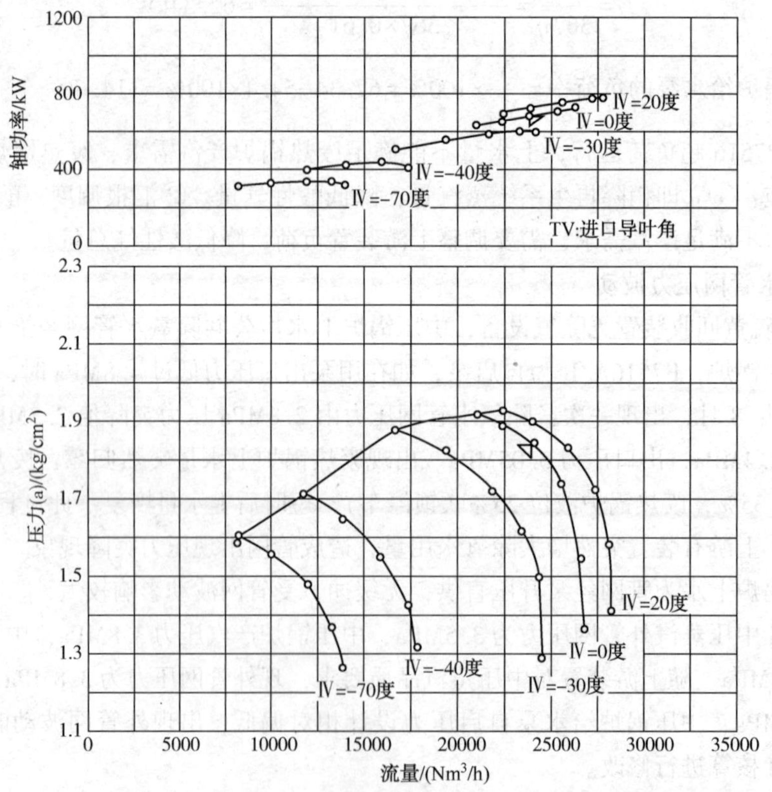

图 4-25 风机 C7401 性能曲线

风机设计参数见表4-59。

表4-59 风机C7401参数

流量/(Nm^3/min)	入口压力/MPa	出口压力/MPa	额定轴功率/kW
400	0.0977	0.18	685

在标定时，风机流量为15600Nm^3/h，出口压力0.058MPa(a)，风机效率取75%，风机机械效率95%，计算风机功率：

$$N=\frac{Q_v \cdot P}{3600\times1000\times0.75\times0.95}=\frac{15600\times0.058\times10^6}{3600\times1000\times0.75\times0.95}=352.75\text{kW}$$

则风机负荷率$=\frac{N}{N_{额}}\times100\%=352.75\div685\times100\%=51.49\%$

负荷率较低的原因是：制硫单元系统压降较小，酸性气燃烧炉炉头压力较低，风机背压低，所需功率下降。

2. 焚烧炉风机C7402

焚烧炉风机C7402性能曲线图如图4-26所示。

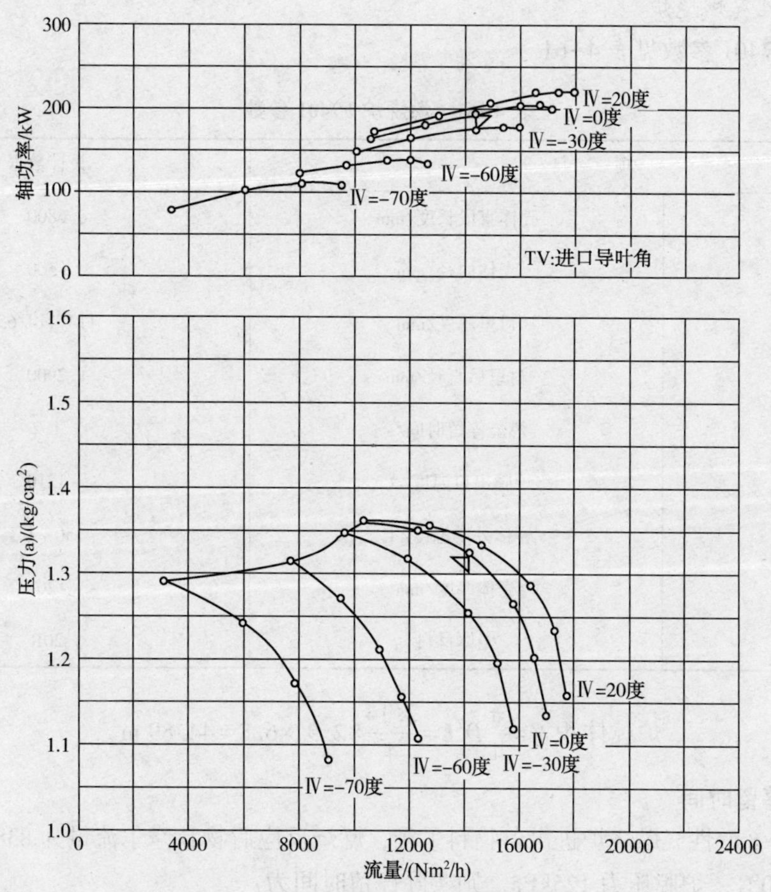

图4-26 风机C7402性能曲线

风机设计参数见表4-60。

表 4-60 风机 C7402 参数

流量/(Nm^3/min)	入口压力/MPa	出口压力/MPa	额定轴功率/kW
240	0.0982	0.13	189

在标定时，风机流量为 9000Nm^3/h，出口压力 0.028MPa(a)，风机效率取 71%，风机机械效率 95%，计算风机功率：

$$N=\frac{Q_v \cdot P}{3600\times1000\times0.71\times0.95}=\frac{9000\times0.028\times10^6}{3600\times1000\times0.71\times0.95}=103.78\text{kW}$$

则风机负荷率$=\frac{N}{N_{额}}\times100\%=103.78\div189\times100\%=55.03\%$。

140kt/a 硫黄回收装置目前烟气氧含量在 2.5%~3.5%之间，相较 2015 年 9 月前控制 5%左右下降幅度较大，风机出口风量下降约 2500Nm^3/h，风机负荷率相应下降，烟囱排烟量减少并节约了电耗量。

十三、关键炉设备运转能力

(一) 酸性气燃烧炉

燃烧炉 F7401 参数见表 4-61。

表 4-61 燃烧炉 F7401 参数

项　　目		设计数据
F7401	壳体直段长度/mm	6800
	壳体内径/mm	3500
	衬里厚度/mm	114/114/65
	衬里后直径/mm	2900
	燃烧停留时间/s	1.2
	炉膛出口温度/℃	1210
	壳体外壁温度/℃	150~325
	壳体厚度/mm	20
	壳体材料	20R

$$炉膛体积\ V=\frac{\pi}{4}D^2L=\frac{3.14}{4}\times2.9^2\times6.8=44.89\ \text{m}^3$$

1. 计算停留时间

根据表 4-8 酸性气燃烧炉进出各物料平衡，燃烧反应后物料摩尔流量为 838.081 kmol/h，炉膛温度 1220℃，炉膛压力 125kPa。则实际停留时间为：

$$t=3600\div\left[838.081\times22.4\times\frac{0.1\times(273.15+1220)}{0.125\times273.15}\div44.89\right]=1.96\text{s}$$

实际停留时间 $t=1.96\text{s}>$设计值 1.2s，经核算在设备能力范围内。

2. 负荷率计算

根据设计停留时间为 1.2s 进行计算，则燃烧炉膛内体积流量 = 44.89 ÷ 1.2 × 3600 = 134677.74 m^3。

炉膛按照温度 1210℃进行计算，则该酸性气燃烧炉气体最大摩尔流量 = 134677.74 ÷ $\frac{0.1\times(273.15+1210)}{0.125\times273.15}$ ÷ 22.4 = 1384.12kmol/h。

酸性气燃烧炉负荷率 = $\frac{838.081}{1384.12}\times100\%=60.54\%$。

（二）废热锅炉

酸性气燃烧炉废热锅炉 E7421 换热面积为 428m^3，由于废热锅炉换热面积较小，在 2017 年大修期间对中压蒸汽系统进行了改造，现以改造后的废热锅炉进行计算。

废热锅炉 E7421 参数见表 4-62。

表 4-62　废热锅炉 E7421 参数

管程	入口温度/℃	1337
	出口温度/℃	300
壳程	给水温度/℃	161
	产汽压力/MPa	4.2
	产汽温度/℃	253.3
总换热系数 K	W/m^2·℃	80.5
换热面积	m^2	565

计算平均对数温差：

$$\Delta t_m=\frac{(T_1-t_1)-(T_2-t_2)}{\ln\dfrac{T_1-t_1}{T_2-t_2}} \tag{4-25}$$

$$\Delta t_m=\frac{(1337-253.43)-(300-253.3)}{\ln\left[\dfrac{(1337-253.43)}{(300-253.3)}\right]}=329.79℃$$

废热锅炉 E7421 的热负荷 $Q=K\cdot A\cdot\Delta t_m$

式中　K——总传热系数，W/m^2·℃；

A——换热面积，m^2。

$$\begin{aligned}Q&=3600\cdot K\cdot A\cdot\Delta t_m/1000=3.6\times80.5\times565\times329.79\\&=53999393.18\text{kJ/h}\\&=53.9994\text{GJ/h}\end{aligned}$$

根据废热锅炉热负荷计算结果，Q_1 为 34.794GJ/h。

废热锅炉的负荷率 = $\frac{34.794}{53.9994}\times100\%=64.435\%$

（三）克劳斯反应器

根据表 3-8 反应器装填方案，各反应器催化剂装填见表 4-63。

表 4-63 各反应器催化剂装填

设备名称	项 目	装填方案	催化剂装填体积/m^3	催化剂重量/t
克劳斯一级反应器 R7401	催化剂 Ls-981G	670mm	23.5	23.5
	催化剂 Ls-971	330mm	11.8	9.6
克劳斯二级反应器 R7402	催化剂 CT6-4B	570mm	20	17
	原催化剂	430mm	15.3	13

克劳斯一级反应器 R7401 催化剂总填装量为 $23.5+11.8=35.3m^3$；克劳斯二级反应器 R7401 催化剂总填装量为 $20+13.5=35.3m^3$，催化剂使用空速为 $600\sim800h^{-1}$。

按照空速 $800h^{-1}$ 计算，反应器可通过的体积流量 $=35.3\times800=28400\ Nm^3$。

过程气最大摩尔流量 $=28400\div22.4=1260.714kmol/h$。

根据表 4-9 克劳斯一级反应器进出各物料平衡，R7401 入口摩尔流量为 766.82kmol/h，则一级反应器负荷率为：$\frac{766.82}{1260.714}\times100\%=60.82\%$。

根据表 4-10 克劳斯二级反应器进出各物料平衡，R7402 入口摩尔流量为 746.82kmol/h，则一级反应器负荷率为：$\frac{746.82}{1260.714}\times100\%=59.24\%$。

（四）尾气焚烧炉

焚烧炉 F7402 参数见表 4-64。

表 4-64 焚烧炉 F7402 参数

项 目		设计数据
F7402	壳体直段长度/mm	9000
	壳体内径/mm	3000
	衬里厚度/mm	250/200
	衬里后直径/mm	2500/2600
	燃烧停留时间/s	1.65
	炉膛出口温度/℃	700
	壳体外壁温度/℃	150~325
	壳体厚度/mm	20
	壳体材料	20R

$$炉膛体积\ V=\frac{\pi}{4}D^2L=\frac{3.14}{4}\times\left(\frac{2.6+2.5}{2}\right)^2\times9=45.95\ m^3$$

1. 计算停留时间

根据焚烧炉排烟计算中表 4-45，焚烧炉燃烧后气体摩尔流量为 995.96kmol/h，炉膛温度 691.95℃，炉膛压力 2kPa。则实际停留时间为：

$$t=3600\div\left[995.96\times22.4\times\frac{0.1\times(273.15+691.95)}{0.102\times273.15}\div45.95\right]=2.14s$$

实际停留时间 $t=2.14s>$设计值 1.65s，经核算在设备能力范围内。

2. 负荷率计算

根据设计停留时间为 1.65s，则燃烧炉膛内体积流量 = 45.95 ÷ 1.65 × 3600 =

$100233.08\ m^3$。

炉膛按照温度 700℃进行计算，则该尾气焚烧炉气体最大摩尔流量 = 100233.08 ÷ $\frac{0.1\times(273.15+700)}{0.102\times273.15}$ ÷22.4 = 1281.105kmol/h。

焚烧炉负荷率 = $\frac{995.96}{1281.105}\times100\%=77.74\%$。

（五）余热锅炉

余热锅炉在 2017 年大修期间进行了更新。废热锅炉 E7421 参数见表 4-65。

表 4-65 废热锅炉 E7421 参数

管程	入口温度/℃	485
	出口温度/℃	350
壳程	给水温度/℃	161
	产汽压力/MPa	2.0
	产汽温度/℃	213
总换热系数 K/[W/(m²·℃)]		39.3
换热面积/m²		163

计算平均对数温差：

$$\Delta t_m=\frac{(485-213)-(350-213)}{\ln\left[\frac{(485-213)}{(350-213)}\right]}=196.84℃$$

余热锅炉 E7423 的热负荷为：

$$\begin{aligned}Q&=3.6\cdot K\cdot A\cdot\Delta t_m=3.6\times39.3\times163\times196.84\\&=4539474.2\text{kJ/h}\\&=4.539\text{GJ/h}\end{aligned}$$

根据焚烧炉计算余热锅炉热负荷计算结果，Q_2为 5.047GJ/h。

计算余热锅炉的负荷率为：$\frac{5.047}{4.539}\times100\%=111.2\%$。

因此，装置余热锅炉偏小，可能成为装置高负荷运行时的瓶颈。

十四、塔器设备运转能力

（一）急冷塔

急冷塔 T7401 规格、填料及操作参数见表 4-66。

表 4-66 急冷塔 T7401 规格、填料及操作参数

项目	塔径 D/m	填料为 *DN*50 矩鞍环				气液相性质				
		a_t/(m²/m³)	ε	A	K	w_V/(kg/h)	w_L/(kg/h)	ρ_V/(kg/m³)	ρ_L/(kg/m³)	μ_L/(mPa·s)
数值	2.8	75	0.97	0.06225	1.75		140000		1000	0.7

加氢尾气进入急冷塔后，尾气中的水蒸气立即冷凝，故急冷塔气体流量以出口气体流量

计算。根据表4-37，急冷塔出口物料总摩尔流量为551.579kmol/h。吸收塔压力为5.5kPa，急冷塔气体温度40℃。急冷塔出口气体组成见表4-67。

表4-67　急冷塔出口气体组成

组成	H_2S	H_2	CO	CO_2	H_2O	N_2	总计
相对分子质量 M	34	2	28	44	18	28	
急冷塔出口气体/(kmol/h)	12.091	3.131	1.931	18.284	30.628	485.514	551.579
体积百分比 V/%	2.192	0.568	0.350	3.315	5.553	88.023	100
$M\times V$	0.745	0.011	0.098	1.459	1.000	24.646	27.959

1. 计算吸收塔气速 u_0

（1）急冷塔气体标态密度

$$\rho_{标}=\frac{PM}{RT} \tag{4-26}$$

$$\rho_{标}=\frac{101325\times27.959}{8.314\times298}\div1000=1.1434\text{kg/h}$$

气体质量流量为：

$$w_v=\text{气体摩尔流量}\times\text{相对分子质量}=551.579\times27.959=15421.616\text{kg/h}$$

（2）急冷塔实际气体密度

$$\rho_v/\rho_{标}=P_1T/P\,T_1 \tag{4-27}$$

$$\rho_v=\frac{1.1434\times(101325+5500)\times298}{101325\times(273+40)}=1.1477\text{kg/h}$$

（3）吸收塔气速 u_0

根据质量定律：

$$\pi\left(\frac{D}{2}\right)^2u=\frac{w_v}{3600\rho_v} \tag{4-28}$$

$$u_0=\frac{w_v}{3600\,\rho_v\pi\left(\frac{D}{2}\right)^2}=\frac{15421.616}{3600\times1.1477\times3.14\times\left(\frac{2.8}{2}\right)^2}=0.6065\text{m/s}$$

2. 计算急冷塔泛点气速 u_f

按照贝恩-霍根关联式计算尾气吸收塔T7401泛点气速：

$$\lg\left[\frac{u_F^2}{g}\left(\frac{\alpha_t}{\varepsilon^3}\right)\left(\frac{\rho_v}{\rho_L}\right)u_L^{0.2}\right]=A-K\left(\frac{w_L}{w_v}\right)^{0.25}\left(\frac{\rho_v}{\rho_L}\right)^{\frac{1}{8}} \tag{4-29}$$

式中　u_F——泛点气速，m/s；

g——重力加速度，9.8m/s²；

α_t——填料总比表面积，m²/m³；

ε——填料总孔隙率，m³/m³；

ρ_v、ρ_L——气相、液相密度，kg/m³；

w_v、w_L——气相、液相质量流量，kg/h；

μ_L——液体黏度，mPa·s；

A、K——关联常数。

$$\lg\left[\frac{u_F^2}{9.8}\left(\frac{75}{0.97^3}\right)\left(\frac{1.1477}{1000}\right)0.7^{0.2}\right]=0.06225-1.75\left(\frac{140000}{15421.616}\right)^{0.25}\left(\frac{1.1477}{1000}\right)^{\frac{1}{8}}$$

$$\lg\left[\frac{u_F^2}{9.8}\left(\frac{75}{0.97^3}\right)\left(\frac{1.1477}{1000}\right)0.7^{0.2}\right]=-1.241$$

$$\frac{u_F^2}{9.8}\left(\frac{75}{0.97^3}\right)\left(\frac{1.1477}{1000}\right)0.7^{0.2}=10^{-1.241}$$

$$u_F^2=0.05741\times 9.8\div\left(\frac{75}{0.97^3}\right)\div\left(\frac{1.1477}{1000}\right)\div 0.7^{0.2}$$

$$u_F=2.53\text{m/s}$$

3. 计算急冷塔泛点率

急冷塔 T7401 泛点率为：

$$u_0/u_F=\frac{0.6065}{2.53}\times 100\%=23.96\% \tag{4-30}$$

表明此负荷生产情况下不会发生液泛现象，且急冷塔能力有富余。

（二）吸收塔

吸收塔 T7402 规格、填料及操作参数见表 4-68。

表 4-68 吸收塔 T7402 规格、填料及操作参数

项目	塔径 D/m	填料为 DN50 矩鞍环				气液相性质				
		a_t/(m²/m³)	ε	A	K	w_V/(kg/h)	w_L/(kg/h)	ρ_V/(kg/m³)	ρ_L/(kg/m³)	μ_L/(mPa·s)
数值	2.6	75	0.97	0.06225	1.75		98000		1010	1.937

根据表 4-69，急冷塔出口物料总摩尔流量为 551.579kmol/h，即吸收塔气体流量为 551.579kmol/h。吸收塔压力为 3.5kPa，吸收塔温度 35℃。

表 4-69 吸收塔出口气体组成

组成	H_2S	H_2	CO	CO_2	H_2O	N_2	总计
相对分子质量 M	34	2	28	44	18	28	
吸收塔气体/(kmol/h)	12.091	3.131	1.931	18.284	30.628	485.514	551.579
体积百分比 V/%	2.192	0.568	0.350	3.315	5.553	88.023	100
$M\times V$	0.745	0.011	0.098	1.459	1.000	24.646	27.959

1. 计算吸收塔气速 u_0

（1）吸收塔气体标态密度

$$\rho=\frac{PM}{RT}=\frac{101325\times 27.959}{8.314\times 298}\div 1000=1.1434\text{kg/h}$$

气体质量流量为：

$$w_v=\text{气体摩尔流量}\times\text{相对分子质量}=551.579\times 27.959=15421.616\text{kg/h}$$

（2）吸收塔实际气体密度

$$\rho_v/\rho_{标}=P_1T/P\,T_1$$

$$\rho_v=\frac{1.1434\times(101325+3500)\times298}{101325\times(273+35)}=1.1445\text{kg/h}$$

(3) 吸收塔气速 u_0

根据质量定律 $\pi\left(\frac{D}{2}\right)^2u=\frac{w_v}{3600\rho_v}$ 得出：

$$u_0=\frac{w_v}{3600\,\rho_v\pi\left(\frac{D}{2}\right)^2}=\frac{15421.616}{3600\times1.1445\times3.14\times\left(\frac{2.6}{2}\right)^2}=0.7053\text{m/s}$$

2. 计算吸收塔泛点气速 u_f

按照贝恩-霍根关联式计算尾气吸收塔 T7402 泛点气速：

$$\lg\left[\frac{u_F^2}{g}\left(\frac{\alpha_t}{\varepsilon^3}\right)\left(\frac{\rho_v}{\rho_L}\right)u_L^{0.2}\right]=A-K\left(\frac{w_L}{w_v}\right)^{0.25}\left(\frac{\rho_v}{\rho_L}\right)^{\frac{1}{8}}$$

$$\lg\left[\frac{u_F^2}{9.8}\left(\frac{75}{0.97^3}\right)\left(\frac{1.1445}{1010}\right)1.937^{0.2}\right]=0.06225-1.75\left(\frac{98000}{15421.616}\right)^{0.25}\left(\frac{1.1445}{1010}\right)^{\frac{1}{8}}$$

$$\lg\left[\frac{u_F^2}{9.8}\left(\frac{75}{0.97^3}\right)\left(\frac{1.1445}{1010}\right)1.937^{0.2}\right]=-1.1279$$

$$\frac{u_F^2}{9.8}\left(\frac{75}{0.97^3}\right)\left(\frac{1.1445}{1010}\right)1.937^{0.2}=10^{-1.1279}$$

$$u_F^2=0.07449\times9.8\div\left(\frac{75}{0.97^3}\right)\div\left(\frac{1.1445}{1010}\right)\div1.937^{0.2}$$

$$u_F=2.62\text{m/s}$$

3. 计算吸收塔泛点率

吸收塔 T7402 泛点率为：$u_0/u_F=\frac{0.7053}{2.62}\times100\%=26.92\%$。

表明此负荷生产情况下不会发生液泛现象，且吸收塔能力有富余。

(三) 再生塔

溶剂再生塔 T7503 塔板结构数据见表 4-70，物料的物性参数见表 4-71。

表 4-70 溶剂再生塔 T7503 塔板结构数据

项目	壳体直径/mm	塔板形式	孔型或浮阀型	塔截面开孔率/%	塔板间距 H_t/mm	溢流程数	降液管型式	降液管占总面积/%	出口堰高度/mm	出口堰长
数值	3400	浮阀塔	型条阀	14	600	双溢流	直降液管	26	50	5.312

表 4-71 溶剂再生塔 T7503 物料的物性参数

项目	液相			气相	
	密度γ_l/(kg/m³)	表面张力 σ/(dyn/cm)	液体黏度 cP	密度γ_v/(kg/m³)	气体黏度μ_v cP
数值	952.3	53.6	0.26	1.2	0.014

注：$1\text{dyn}\cdot\text{cm}=10^{-7}\text{N}\cdot\text{m}$，$1\text{cP}=10^{-3}\text{Pa}\cdot\text{s}$。

1. 雾沫夹带线

根据雾沫夹带量公式：

$$e=\frac{A(0.052h_1-1.72)}{H_t^n\phi'^2}\left(\frac{W}{\varepsilon\cdot m}\right)^{3.7} \tag{4-31}$$

式中 e——雾沫夹带量，kg 液体/kg 气体；

h_1——塔板上液层高度，mm；

ε——除去降液管面积后的塔板面积与塔横截面积之比；

H_t——塔板间距，mm；

ϕ'——系数，取 0.6~0.8；

W——采用的空塔气速，m/s；

A、n——系数，当$H_t<350$mm 时，$A=9.48\times10^7$，$n=4.36$；当$H_t\geqslant350$mm 时，$A=0.159$，$n=0.95$；

m——参数。

$$m=5.63\times10^{-5}\left(\frac{\sigma_1}{\gamma_v}\right)^{0.295}\left(\frac{\gamma_1-\gamma_v}{\mu_v}\right)^{0.425} \tag{4-32}$$

式中 γ_1、γ_v——液相、气相密度，kg/m^3；

σ_1——液相表面张力，dyn/cm；

μ_v——气体黏度，kg·s/m^2。

当对水或物理性质与水相近的液体，雾沫夹带的值用下列公式估算：

$$e=\frac{A(0.052h_1-0.206)}{H_t^n\phi'^2}W^{3.69} \tag{4-33}$$

取 $e=10\%$ 为雾沫夹带的上限，$H_t=600$mm，$A=0.159$，$n=0.95$；ϕ' 取 0.6，代入式(4-33)，即：

$$0.1=\frac{0.159(0.052h_1-0.206)}{600^{0.95}0.6^2}W^{3.69}$$

整理可得出：

$$\frac{98.66}{W^{3.69}}=0.052h_1-0.206 \tag{4-34}$$

其中$h_1=h_w+h_{ow}$，

$$h_{ow}=2.84E\left(\frac{V_1}{l}\right)^{\frac{2}{3}} \tag{4-35}$$

式中 h_w——出口堰高度，mm；

h_{ow}——堰上液层高度，mm；

E——液流收缩系数，近似取 $E=1$，mm；

l——溢流堰长度，m。

$l=5.312$m，近似取 $E=1$，代入式(4-35)进行计算。

设液体体积流量为 120m^3/h，计算出$h_{ow}=22.7$mm，$h_1=72.7$mm，代入式(4-32)中，求出气体流速 $W=2.458$m/s，通过试设几个液体的体积流量，可算出几个雾沫夹带点，画出雾沫夹带线。

雾沫夹带时液体流量与空塔气速关系见表4-72。

表4-72　雾沫夹带时液体流量与空塔气速关系

项　目	数　值						
$V_l/(m^3/h)$	120	160	200	240	280	320	360
h_{ow}/mm	22.70	27.49	31.90	36.03	39.93	43.64	47.21
h_l/mm	72.70	77.49	81.90	86.03	89.93	93.64	97.21
$W_v^{3.69}$	27.604	25.803	24.343	23.120	22.071	21.157	20.348
$W_v/(m/s)$	2.458	2.413	2.375	2.342	2.313	2.287	2.263

塔板雾沫夹带趋势见图4-27。

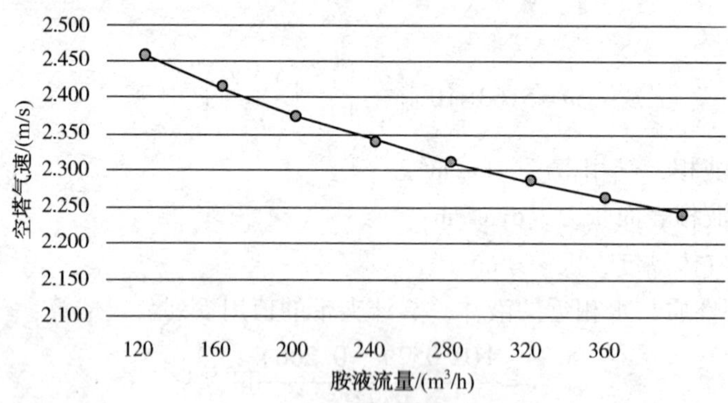

图4-27　塔板雾沫夹带趋势

2. 淹塔界线

(1) 塔板总压力Δp_t

1)干板压力降：

$$\Delta p_d = 5.37\frac{W_h^2\gamma_v}{2g\gamma_l} \tag{4-36}$$

式中　Δp_d——干板压力降，m液柱；

W_h——阀孔气速，m/s。

2) 气体克服鼓泡表面张力的压力降：

$$\Delta p_0 = \frac{2\sigma_l}{h_0\gamma_l} \tag{4-37}$$

式中　h_0——浮阀最大开度，m。

一般Δp_0值很小，可忽略。

3) 气体通过塔板上层的压力降：

$$\Delta p_{vl} = 0.4h_w + 2.35\times10^{-3}\left(\frac{3600V_l}{l}\right)^{\frac{2}{3}} \tag{4-38}$$

气体通过一块塔板的总压力降：

$$\Delta p_t=\Delta p_d+\Delta p_0+\Delta p_{vl}\approx\Delta p_d+\Delta p_{vl} \tag{4-39}$$

（2）降液管压力降Δp_{dk}

$$\Delta p_{dk}=0.153W_b{}^2 \tag{4-40}$$

式中　W_b——降液管边缘出口处流速，m/s。

（3）阀孔流速W_h

塔截面 $F=\dfrac{\pi D^2}{4}=3.14\times\dfrac{3.4^2}{4}=9.07\,5\text{m}^2$

$$V_v=W_h\cdot F_h=W_h\cdot F\cdot\text{塔板开孔率}=9.07\times14\%W_h=1.2704\,W_h$$

$$W_h=\frac{V_v}{1.2704}$$

（4）降液管底出口流速W_b

$$h_b=\frac{V_l}{l\,W_b} \tag{4-41}$$

降液管底缘距塔板高度$h_b=0.05\text{m}$，则$W_b=\dfrac{V_l}{0.05\times5.312}=\dfrac{V_l}{0.2656}$

（5）淹塔界线

降液管内液面高度$=\Delta p_t=\Delta p_d+h_l+\Delta p_{dk}=\Delta p_d+\Delta p_{vl}+h_{ow}+h_w+\Delta p_{dk}$

要求：

$$\Delta p_t\leqslant0.4\sim0.6\ (H_t+h_w) \tag{4-42}$$

因胺液属易发泡介质，降液管内液面控制在：

$$0.4(H_t+h_w)=0.4(0.6+0.05)=0.26\text{m}$$

$$0.26=\Delta p_d+\Delta p_{vl}+h_{ow}+h_w+\Delta p_{dk}$$

$$=5.37\,\frac{W_k^2\gamma_v}{2g\,\gamma_l}+0.4\,h_w+2.35\times10^{-3}\left(\frac{3600V_l}{l}\right)^{\frac{2}{3}}+h_{ow}+h_w+0.153\ (W_b)^2$$

$$=5.37\,\frac{\left(\dfrac{V_v}{1.2704}\right)^2}{2\times9.8}\frac{1.2}{952.3}+0.4\times0.05+2.35\times10^{-3}\left(\frac{3600V_l}{5.312}\right)^{\frac{2}{3}}+$$

$$h_{ow}+0.05+0.153\left(\frac{V_l}{0.2656}\right)^2$$

经整理计算 $0.19=0.000214\,V_v^2+0.1813\,V_l^{\frac{2}{3}}+h_{ow}+2.1689\,V_l{}^2$。

$$V_v^2=\left[0.19-0.1813\left(\frac{V_l}{3600}\right)^{\frac{2}{3}}-h_{ow}-2.169\ (V_l/3600)^2\right]/0.000214 \tag{4-43}$$

设液体体积流量为 120m³/h，则计算出$h_{ow}=22.7\text{mm}=0.0227\text{m}$，代入式(4-43)中，求出气体流速$V_v=26.13\ \text{m}^3/\text{s}$，$W_v=\dfrac{V_v}{F}=\dfrac{26.13}{9.07}=2.879\text{m/s}$，通过试设几个液体的体积流量，可算出几个点，画出淹塔线。

淹塔时液体流量与空塔气速关系见表4-73。

表 4-73　淹塔时液体流量与空塔气速关系

项　目	数　值						
$V_l/(m^3/h)$	120	160	200	240	280	320	360
h_{ow}/mm	22.70	27.49	31.90	36.03	39.93	43.64	47.21
h_l/mm	72.70	77.49	81.90	86.03	89.93	93.64	97.21
V_v^2	682.789	633.058	584.141	535.167	485.604	435.094	383.379
$V_v/(m^3/h)$	26.130	25.161	24.169	23.134	22.036	20.859	19.580
$W_v/(m/s)$	2.879	2.773	2.663	2.549	2.428	2.299	2.158

淹塔界线趋势见图 4-28。

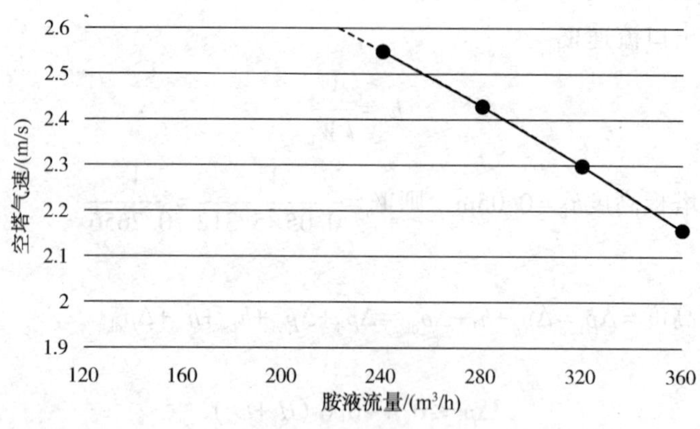

图 4-28　淹塔界线趋势

3. 降液管超负荷线

降液管允许的最大流速取两个计算式，选取两式计算的较小值：

$$V_d = 0.17\,K_s \tag{4-44}$$

$$H_t \leqslant 0.75m\text{ 时},\ V_d = 7.98\times10^{-3}\times K_s\sqrt{H_t(\gamma_l-\gamma_v)} \tag{4-45}$$

式中　V_d——降液管内液体流速，m/s；

K_s——系统因数。

N-甲基二乙醇胺水溶液，系统因数K_s取 0.73，代入式(4-44)进行计算：

$$V_d = 0.17\,K_s = 0.17\times0.73 = 0.1241m/s$$

$$V_d = 7.98\times10^{-3}\times0.73\sqrt{0.6\times(952.3-1.2)} = 0.1392m/s$$

因此，取 0.1241m/s 为降液管的最大流速。

查塔结构数据，降液管底面积为 1.18m²，

$$V_l = V_d\times F_d = 0.1241\times1.18 = 0.1464\ m^3/s = 527.2\ m^3/h$$

根据$V_l = 527.2\ m^3/h$ 可做出降液管的超负荷界线。

4. 泄漏线

$$N_w\times10^4 = 2.09\,(W\gamma_v^{\frac{1}{2}})^{-5.95}\left(\frac{L}{3600}\gamma_l\right)^{1.43} \tag{4-46}$$

式中　N_w——泄漏量,%；

L——堰上液流强度，m³/m(堰长)。

$N_w=10\%$为泄漏的下限。

$$0.1\times10^4=2.09\left(W\gamma_v^{\frac{1}{2}}\right)^{-5.95}\left(\frac{L}{3600}\gamma_1\right)^{1.43}$$

$$1000=2.09\left(W\gamma_v^{\frac{1}{2}}\right)^{-5.95}\left(\frac{V_1}{3600\cdot l}\gamma_1\right)^{1.43}$$

代入数据：$1000=2.09\left(W\cdot1.2^{\frac{1}{2}}\right)^{-5.95}\left(\frac{V_1\cdot952.3}{3600\times5.312}\right)^{1.43}$

整理得：

$$W^{-5.95}=60034.79/V_1^{1.43} \tag{4-47}$$

设液体体积流量为120m³/h，代入式(4-47)中，求出气体流速 $W=0.4973$m/s，通过试设几个液体的体积流量，可算出几个泄漏点，画出泄漏线。

泄漏时液体流量与空塔气速关系见表4-74。

表4-74　泄漏时液体流量与空塔气速关系

项　目	数　值						
V_1/(m³/h)	120	160	200	240	280	320	360
$W_v^{-5.95}$	63.8519	42.3167	30.7560	23.6974	19.0093	15.7050	13.2706
W_v/(m/s)	0.4973	0.5329	0.5622	0.5874	0.6096	0.6295	0.6476

泄漏线趋势见图4-29。

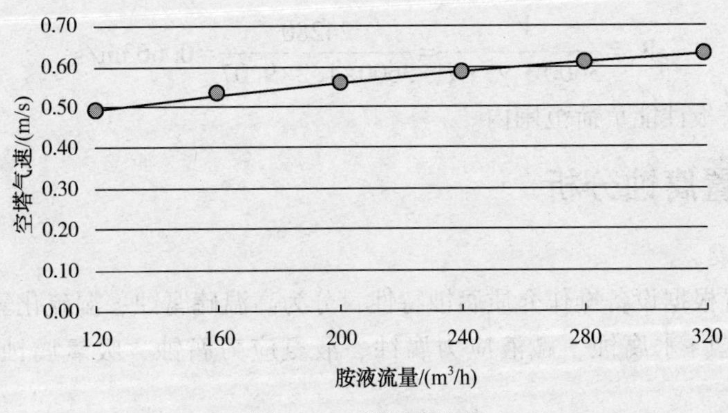

图4-29　泄漏线趋势

5. 液相下限

根据规定h_{ow}不低于6mm，计算液相下限，$l=5.312$m 取 $E=1$。

$$h_{ow}=2.84E\left(\frac{V_1}{l}\right)^{\frac{2}{3}}$$

$$2.84\times\left(\frac{V_1}{5.312}\right)^{\frac{2}{3}}=6$$

经计算$V_1=16.31$ m³/h，根据$V_1=16.31$ m³/h 可做出液相下限线。

6. 塔板负荷性能图

根据上述计算结果，做出塔板性能曲线图如图4-30所示。

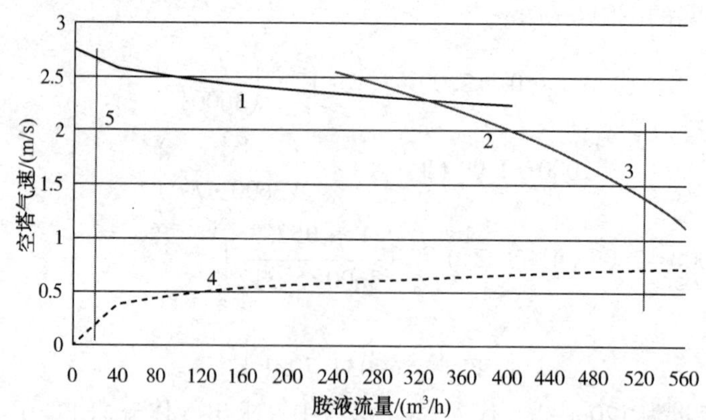

图 4-30 再生塔 T7503 塔板负荷性能

1—雾沫夹带线；2—淹塔界线；3—降液管超负荷线；4—泄漏界线；5—液相下限

7. 设计最大负荷核算

根据设计数据，$V_{lmax}=337.8t/h$，$V_{vmax}=36739kg/h$。

$$W_v=\frac{V_v}{3600\cdot\gamma_v\cdot F}=\frac{36739}{3600\times1.2\times9.07}=0.938m/s$$

8. 目前实际负荷核算

再生塔富液量为224t/h。以塔底最下层塔板进行计算，气相流量=再生蒸汽用量。

再生蒸汽用量为24.28t/h，即塔最下层塔板气相流量为24280kg/h。

$$W_v=\frac{V_v}{3600\cdot\gamma_v\cdot F}=\frac{24280}{3600\times1.2\times9.07}=0.663m/s$$

计算结果在塔板性能负荷范围内。

十五、装置腐蚀分析

（一）腐蚀问题

硫黄回收装置根据设备操作介质腐蚀特性，分为高温硫腐蚀、湿硫化氢应力腐蚀、胺液+二氧化碳+硫化氢+水腐蚀、碱液应力腐蚀、液氨应力腐蚀、吸氧腐蚀、二氧化硫露点腐蚀。

（二）腐蚀机理及防腐措施

1. 高温硫腐蚀

（1）腐蚀机理

高温硫腐蚀形态为H_2S气体对钢材的化学腐蚀，在氢的促进下可使H_2S加速对钢材的腐蚀。其腐蚀产物不像在无氢环境生成物那样致密、附着牢固，具有保护性。在富氢环境中，原子氢能不断侵入硫化物垢层中，造成垢的疏松多孔，使金属原子和H_2S介质得以互相扩散渗透，因而H_2S的腐蚀不断进行。

反应机理：

$$Fe+S\longrightarrow FeS \quad (4-48)$$

$$Fe+H_2S\longrightarrow FeS+H_2 \quad (4-49)$$

当温度达到350~400℃时，硫化氢按下式分解：

$$H_2S \longrightarrow S+H_2 \tag{4-50}$$

分解出来的硫以及过程气中的单质硫比硫化氢具有更强的活性，腐蚀更加剧烈。温度达到480℃时，H_2S分解完全，腐蚀率下降。

高温硫腐蚀的主要腐蚀部位：制硫燃烧炉保温钉、掺合阀的金属阀芯，制硫余热锅炉管板、换热管管头、无衬里的后管箱至一级冷凝器前管箱(含过程气管线)，转化器、加氢反应器壳体及内构件等部位。

(2) 防腐措施

1) 选择耐高温硫腐蚀的材料。

2) 控制高温硫腐蚀部位的温度，降低高温硫腐蚀的速率。

2. 湿硫化氢应力腐蚀

(1) 腐蚀机理

湿硫化氢应力腐蚀分为：一般腐蚀、硫化氢应力腐蚀、氢诱导开裂、氢鼓包和应力导向氢诱导开裂五类。

1) 一般腐蚀：

硫化氢对碳素钢及低合金钢存在化学腐蚀。

2) 硫化氢应力腐蚀(SSC)：

在有水和硫化氢共存的情况下，与腐蚀环境和拉应力[残留的和(或)外加的]有关的一种金属开裂。

硫化氢产生的氢原子渗透到钢的内部，降低金属的韧性，增加裂纹敏感性，最终导致脆性断裂，通常发生在焊缝及热影响区的高硬度区域。

3) 氢诱导开裂(HIC)：

当氢原子扩散进入钢铁材料中，并在陷阱处结合成氢分子(氢气)时，在碳钢和低合金钢材中所引起金属内部分层或裂纹。

裂纹是由于氢的聚集点压力增大而产生的。氢诱导开裂的产生不需要施加外部应力。能够引起HIC的聚集点常常在于钢中杂质水平较高的地方，这是由于杂质偏析形成具有较高密度的平面型夹渣(或)异常显微组织(如带状组织)。这种类型的氢诱导开裂与焊接无关。

4) 氢鼓包(HB)：

发生在钢板表面或近表面的氢诱导开裂(HIC)常常表现为氢鼓包。

5) 应力导向氢诱导开裂(SOHIC)：

与主应力(残余的或施加的)方向垂直的一些阶梯小裂纹，使已有的HIC裂纹连接起来的像梯子样形成的一组裂纹(通常是细小的)。这种开裂可被归类为由外应力和氢致开裂及周围的局部应变引起的SSC。在碳钢和低合金钢容器的纵向焊接接头的母材、热影响区及高应力集中区，都曾观察到SOHIC。但SOHIC并不是一种常见的现象。

反应机理：

硫化氢在水溶液中发生离解：

$$H_2S \longrightarrow H^+ + HS^- \tag{4-51}$$

$$HS^- \longrightarrow H^+ + S^{2-} \tag{4-52}$$

钢在硫化氢在水溶液中发生电化学反应

$$\text{阳极反应：} Fe \longrightarrow Fe^{2+} + 2e \tag{4-53}$$

$$\text{二次过程：} Fe^{2+} + S^{2-} \longrightarrow FeS \tag{4-54}$$

$$或Fe^{2+}+HS^- \longrightarrow FeS+H^+ \quad (4-55)$$

$$阴极反应：H^+ +2e \longrightarrow 2H \longrightarrow H_2\uparrow \quad (4-56)$$

湿硫化氢应力腐蚀的主要腐蚀部位为：酸性气分液罐、急冷塔、污水汽提系统的汽提塔及原料水换热器等设备、停工为保护的硫黄回收制硫系统(从余热锅炉至液硫脱气)的设备。

(2) 防腐措施

1) 降低钢中的L、P含量。

2) 加Ca处理。使条状MnS变成在轧钢过程中易于破碎的球状(MnCa)S。控制Mn含量。

3) 增加不超过0.25%的铜，可以减少氢向钢中的扩散量。

4) 焊后热处理：降低焊接残余应力，使其硬度值控制在不超过HBW200。

3. 乙醇胺+二氧化碳+硫化氢+水($RNH_2+CO_2+H_2S+H_2O$)

(1) 腐蚀机理

在碱性介质下，由碳酸盐及胺引起的应力腐蚀开裂和均匀腐蚀。其腐蚀主要是吸收硫化氢及二氧化碳的胺盐，重新分解生成硫化氢和二氧化碳，形成湿硫化氢及二氧化碳的腐蚀。

反应机理：

$$Fe+2CO_2+H_2O \longrightarrow Fe(HCO_3)_2+H_2 \quad (4-57)$$

$$Fe(HCO_3)_2 \longrightarrow FeCO_3\downarrow +CO_2+H_2O \quad (4-58)$$

CO_2生成碳酸可直接腐蚀设备：

$$Fe+H_2CO_3 \longrightarrow FeCO_3\downarrow +H_2 \quad (4-59)$$

主要腐蚀部位为：再生系统的再生塔、塔底重沸器及贫富液换热器(富液温度>88℃)的部位。

(2) 防腐措施

1) 工艺上满足控制热稳定盐的要求，严格控制工艺操作参数。

2) 在操作温度高于88℃以上选用碳素钢及低合金钢，应进行消除应力热处理。尽可能采用S32168或S31603材料。

3) 对再生塔底重沸器：采用带蒸发空间的釜式重沸器结构，管束采用S32168或S31603材料。对贫富液换热器，管束管束采用S32168或S31603材料。

4. 碱液应力腐蚀

(1) 腐蚀机理

由碱液引起的碳钢设备应力腐蚀开裂，特别是焊缝处。碳钢在NaOH水溶液中钝化而形成表面钝化膜，钝化膜容易产生破口，在破口处热浓的NaOH溶液对钢产生腐蚀。

反应机理：

$$Fe+4OH^- \longrightarrow FeO_2^{2-}+2H_2O+2e \quad (4-60)$$

$$3FeO_2^{2-}+4H_2O \longrightarrow Fe_3O_4+6OH^- +H_2 \quad (4-61)$$

主要腐蚀部位为：碱液储罐、钠法脱硫部分。

(2) 防腐措施

1) 采用非金属衬里设备(如衬胶等)或玻璃钢设备。

2) 根据钢材使用在氢氧化钠溶液中的温度与浓度的关系，进行合理选材。

5. 吸氧腐蚀

(1) 腐蚀机理

碳钢在水中会构成氧的浓差电池而遭受吸氧腐蚀，腐蚀速度随水中氧含量的增加而加大。水处于流动状态和密闭系统内，水的温度升高会使钢材在水中的腐蚀加剧。

反应机理：

$$Fe \longrightarrow Fe^{2+}+2e(\text{阳极}) \tag{4-62}$$

$$1/2\ O_2+H_2O+2e \longrightarrow 2\ OH^-(\text{阴极}) \tag{4-63}$$

$$Fe^{2+}+2\ OH^- \longrightarrow Fe(OH)_2 \tag{4-64}$$

$$4Fe(OH)_2+O_2+2H_2O \longrightarrow 4Fe(OH)_3 \tag{4-65}$$

主要腐蚀部位为：余热锅炉及冷凝器等水侧。

(2) 防腐措施

1) 投用除氧设施。

2) 提高除氧水的温度，控制水中氧含量。

(三) 本装置主要出现的腐蚀

1. 胺+二氧化碳+硫化氢+水($RNH_2+CO_2+H_2S+H_2O$)

广州石化公司硫黄系统溶剂再生单元自2014年开始出现重沸器出口管线腐蚀泄漏现象(管线材质为碳钢)，2014年年底对该管线外部用厚度为10mm管线进行整体包焊。但在2015年中包焊的外管已出现泄漏，该外管整体减薄。在2016年1月消缺过程中，对该管线进行整体更换。

图4-31 重沸器E7515出口管线腐蚀图

图4-31为重沸器E7515出口管线，可看出内部原来的管线腐蚀完全，残余的管线薄如纸片。外部管线厚度在2~6mm。

(1) 腐蚀原因分析

1) 140kt/a制硫装置T7503为双溢流塔盘，西侧降液槽胺液进入重沸器底部，重沸器顶部出口管线返回至T7503东侧，而东侧胺液经重沸器后返回西侧。重沸器出口管线长、弯位多，胺液在重沸器出口管线内不断汽化，流速越来越快，对管线不断冲刷。

2) 管线经过包焊后，胺液从漏点部位泄漏至包焊管线与原管线中间的夹层部位，胺液的沉积加速了管线腐蚀。

3) 重沸器上部及出口管线有明显的二氧化碳腐蚀痕迹。75再生系统处理制硫装置尾气吸收塔富液，二氧化碳含量偏高。胺液在循环吸收过程中会吸收部分二氧化碳，该富液在解析过程析出的二氧化碳会腐蚀设备。

(2) 整改措施

1) 由南京工程公司对E7515A/B出口管线应力进行核算确认后，将西侧重沸器改为由西侧入塔，东侧管线入塔东侧口，减少弯头。

2）将重沸器出口管线材质升级为304。

3）检修过程更换了E7515A壳体、E7515B更换壳体中间两段腐蚀严重部位。

4）冲刷腐蚀主要是因为重沸器未充满液。在运行过程中半贫液补充线阀门关闭，半贫液全部通过受液槽进入再沸器确保足够的压头和流量使重沸器充满液体，尽量避免流量不足引起重沸器和返回管线因汽蚀引起的腐蚀。

2. 酸性气管线的湿硫化氢腐蚀

广州石化公司140kt/a硫黄回收装置主要出现湿硫化氢腐蚀部位是在再生塔顶酸性气空冷出口弯头部位，该管线材质为碳钢。在2015年中易腐蚀管线测厚过程发现管线局部减薄值4~5mm。而溶剂集中再生系统同部位管线出现了腐蚀泄漏现象，酸性气水冷器进口管线有氢鼓包现象。

（1）腐蚀原因分析

腐蚀机理为湿硫化氢腐蚀，管线为易腐蚀材质，在装置运行10a后出现了不同程度的腐蚀减薄现象。

（2）整改措施

1）在2017年大修期间对酸性气空冷出口管线进行了更换。

2）对酸性气水冷器入口管线进行更换。

3）焊后热处理，降低焊接残余应力。

3. 急冷水管线的湿硫化氢腐蚀及亚硫酸腐蚀

在2014年初，75制硫单元急冷水泵出口管线出现腐蚀穿孔泄漏现象。

（1）腐蚀原因分析

急冷水中含硫化氢，易形成湿硫化氢腐蚀，管线有轻微减薄现象。而出现腐蚀穿孔泄漏现象主要是因为：75制硫系统在线比值分析仪故障，分析数据偏差严重，导致出现操作波动，加氢反应器有二氧化硫穿透现象，加氢反应器后尾气含二氧化硫，进入急冷水生成亚硫酸，产生亚硫酸腐蚀，短时间造成管线腐蚀加剧，急冷水泵出口管线出现泄漏情况。

（2）整改措施

1）对在线比值分析仪进行校对。对系统内急冷水进行注氨，并更换急冷水。对管线进行包焊处理。

2）装置检修期间对该管线材质进行升级。

3）焊后热处理，降低焊接残余应力。

（四）腐蚀监测情况

针对装置易腐蚀管线加强管理：

1）制定《装置易腐蚀管线定点测厚台账》，监测频率为1次/a，对重沸器出口管线等腐蚀速率较快管线测厚周期改为180d/次。

2）根据装置检修期间管线测厚情况，及装置出现腐蚀泄漏情况，对《装置易腐蚀管线定点测厚台账》进行修订。

3）在线腐蚀监测系统监控。在重点腐蚀监测部位安装腐蚀探针，对该管线进行在线实时监测。

4）对溶剂再生系统定期分析贫液热稳盐、铁离子含量，分析频次1次/周，监控胺系统腐蚀情况。

第五部分 本企业硫黄装置技改方案

一、降低烟气CO排放的优化方案

广东省地方大气污染物排放限制标准(DB 44/27—2001)，2002年1月1日后建成装置执行第二时段排放标准，二氧化硫浓度<850mg/Nm^3，氮氧化物<120mg/Nm^3，CO浓度<1000mg/Nm^3。在大气污染物综合排放标准(GB 31570—2015)实施后，广东省地方大气污染物排放限制标准，将硫黄回收装置烟气二氧化硫浓度修改为<100mg/Nm^3，氮氧化物<100 mg/Nm^3，CO浓度执行原排放标准<1000mg/Nm^3。

广州石化公司140kt/a硫黄回收联合装置于2006年2月建成投产，该项目设计尾气采用热焚烧后经100m高烟囱排放，烟气中SO_2为25.6kg/h、浓度为520mg/Nm^3，满足国家大气污染物综合排放标准(GB 16297—1996)及广东省地方大气污染物排放限制标准(DB 44/27—2001)SO_2指标要求，未考虑烟气CO排放浓度，导致装置开工运行后长期受CO排放浓度困扰。

(一) 影响CO排放的原因

根据国外的研究结果，尾气炉温在1150K(878℃)时尾气炉后烟气中的CO焚烧量大于90%。尾气炉内CO最低焚烧温度为975K(701℃)，低于此温度即使O_2过量尾气中的CO也不能被烧掉。

尾气CO焚烧炉与炉膛温度关系见图5-1。

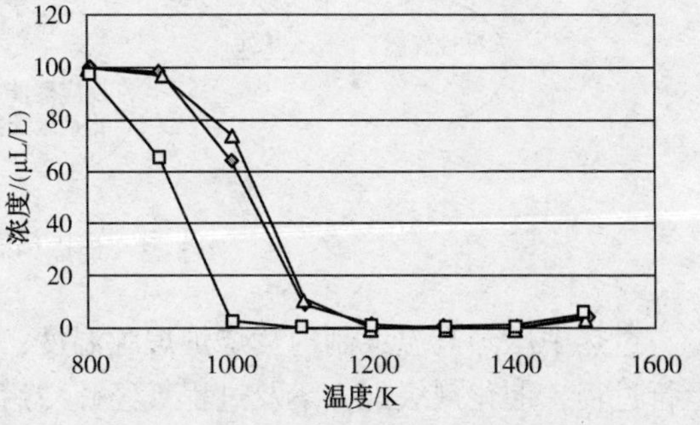

图5-1 尾气CO焚烧炉与炉膛温度关系

1. 现状分析寻找解决问题的方向

硫黄回收装置焚烧炉炉膛一般操作温度在600~700℃，达不到CO焚烧温度。广州石化公司140kt/a硫黄回收装置焚烧炉炉膛温度设计温度为700~800℃，过热蒸汽设计温度为430℃，过热蒸汽联锁值为475℃。实际生产运行中，焚烧炉炉膛温度在650℃时，过热蒸汽温度就达到450℃，稍有波动就会达到装置的联锁停车值。焚烧炉炉膛与过热器蒸汽温度趋势见表5-1。

表5-1 制硫单元焚烧炉与过热蒸汽温度

时间	F7402炉膛温度/℃	E7424过热蒸汽温度/℃
11：15：55	690.43	456.95
11：27：06	622.21	396.39
12：05：10	650.32	433.52
12：35：40	645.81	428.94
13：05：07	688.52	450.26
13：18：06	635.45	416.51

从表5-1可以看出：①焚烧炉F7402炉膛温度低于700℃，达不到CO焚烧温度。②焚烧炉炉膛温度及过热蒸汽温度波动较大。在炉膛温度给定值655℃、发生波动时，波动幅度

可超过±30℃。如将炉膛温度控制提高20℃，出现同幅度波动时，会造成中压蒸汽超温焚烧炉联锁停车情况发生。过热中压蒸汽温度制约了焚烧炉炉膛温，而过热蒸汽温度是由焚烧炉炉温决定的。

2. 头脑风暴法寻找末端因素

对制硫装置全过程进行分析，焚烧炉炉膛不稳的因素及相互关系如图5-2所示。

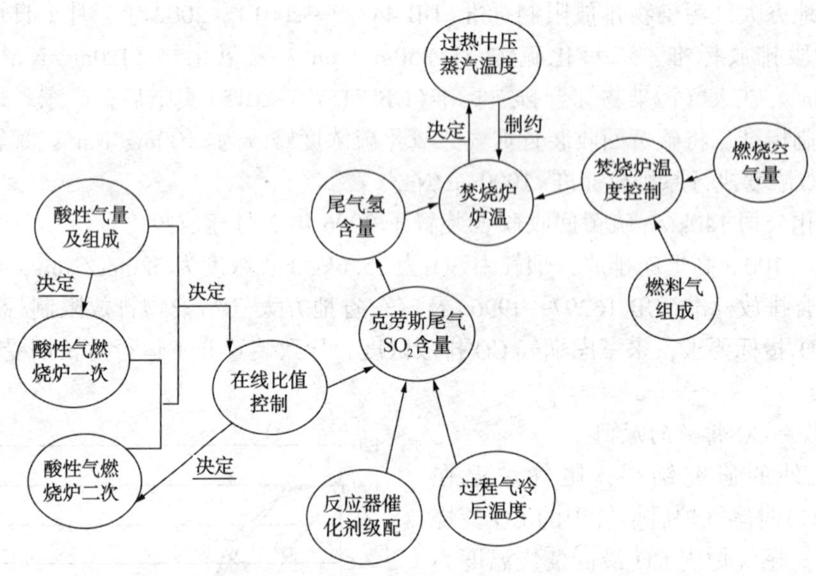

图5-2　焚烧炉温度影响因素关系

过热中压蒸汽温度制约焚烧炉炉膛温度，而过热蒸汽温度是由焚烧炉炉温决定。在装置运行过程，催化剂级配方案及过程气经硫冷后温度是无法优化的，在可操作优化的措施中，影响焚烧炉炉膛温度终端因素的是酸性气配风是否准确和焚烧炉燃烧控制有无波动。

3. 解决问题的方向

CO最低焚烧温度为975K(701℃)，炉温1150K(878℃)时尾气炉后烟气中的CO焚烧量大于90%。因此，仅将炉温提高至700℃还是不能解决烟气CO浓度高的问题。

因此，需要解决140kt/a制硫装置烟囱尾气CO超标的问题需要从两个方面去解决：①稳定焚烧炉炉温。将焚烧炉温度波动范围从±30℃缩小，相应中压蒸汽±30℃温度波动范围也缩小，并在此基础上，提高焚烧炉膛温度。稳定焚烧炉炉温则需要解决酸性气配风不当和焚烧炉燃烧控制波动大两个问题。②如何在炉膛温度680~720℃范围内实现大部分CO能被焚烧。

（二）剖析查找主要原因

1. 酸性气配风的不准

140kt/a制硫装置克劳斯工艺采用了酸性气前馈控制、H_2S-SO_2比值控制两种方法，酸性气前馈控制是利用酸性气管道上设置的在线分析仪，分析酸性气中H_2S及烃类等组成，调节进主燃烧炉80%的空气量。设置在捕集器出口尾气管道上尾气在线分析仪，分析尾气中H_2S和SO_2的浓度，计算H_2S、SO_2的比值，控制进主燃烧炉的空气量，是反馈微调节。

酸性气量与燃烧空气量(根据酸性气流量得出的主风量，加上之前大约两分钟在线比值得出的微风量)，经过反应器后才能至在线比值分析仪，尾气中H_2S-2SO_2变化再反馈至微风量；因此，当主风量的测量值与给定值偏差过大，微风量不仅无法弥补，还会造成下一刻反应配风的误差。

2. 在线比值仪吹扫影响

在线分析仪分析尾气中 H_2S 和 SO_2 的浓度，该分析仪每小时吹扫一次，一次吹扫时间 3min。

在线比值分析仪吹扫期间，H_2S-2SO_2 值保持吹扫前值，吹扫完毕后，测量值发现变化，引起微风阀大幅动作，风量与酸性气量配比失衡，导致克劳斯尾气中 H_2S 与 SO_2 浓度大幅波动，严重影响焚烧炉炉温及烟囱二氧化硫浓度。严重时班组需改回手动，调稳后才能改回自动。该过程经常会引起废热锅炉产汽压力、焚烧炉炉温、过热蒸汽温度等一系列预警，一次波动需要调整 20min 才能恢复正常。

3. 过量氢气量波动幅度大

克劳斯尾气进入尾气处理单元时，SO_2 与氢气在加氢反应器中产生 H_2S，通过急冷塔尾气出口在线 H_2 含量表 AIC7403/7503 进行监控。氢含量过小二氧化硫不能完全转化成硫化氢；氢含量过大时多余的氢在焚烧炉内燃烧，引起焚烧炉炉温波动，严重时出现焚烧炉飞温。

从图 5-3 可以看出，急冷塔后尾气中氢气含量从 1.8%至 4.9%变化，即进入焚烧炉尾气的氢含量为 1.8%~4.9%(氢气流量约 180~480m^3/h)，因此，氢含量不稳定对焚烧炉炉温影响较大。

图 5-3 急冷塔出口氢气在线分析数据趋势

4. 氢气品质影响

炼油厂氢气管网中氢气分为重整氢气和制氢氢气。重整装置氢气纯度在 93%左右，而制氢装置产品氢气纯度达到 99.8%。广州石化公司 140kt/a 硫黄回收装置一般用重整装置外送的氢气。重整装置氢气组成见表 5-2。

表 5-2 重整装置氢气组成 %(摩尔)

组成	H_2	C_1	C_2	C_3	C_4	C_5
数值	93.87	1.69	2.13	1.41	0.66	0.25

氢气中携带的烃类在加氢反应器内不发生反应，将随吸收尾气进入焚烧炉焚烧，如焚烧不完全将产生 CO。

5. 焚烧炉燃烧控制

焚烧炉以天然气、瓦斯等为燃料，以过量空气实现对尾气中含硫气体、氢气等进行焚烧，维持炉膛温度在600~700℃，燃烧不完全将导致烟气VOC、氢气、CO排放超标，严重时可能出现烟气硫化氢超标，焚烧是硫黄回收装置排放最后一道关口。

（三）制定措施及实施过程

1. 对主燃烧炉配风及比值PID参数进行整定

对74系列酸性气燃烧炉主风调节阀FIC7401B、微风调节阀FIC7401C，比值调节AIC7402；75系列酸性气燃烧炉主风调节阀FIC7501B、微风调节阀FIC7501C，比值调节AIC7502，逐回路进行PID参数整定。

2. 更换75系列一次风流量表

在PID参数整定过程，发现经调整74系列比值趋势逐渐变稳，而75系列酸性气燃烧炉一次风偏差加大。通过仪表对FIC7501B流量表进行更换后，75系列比值逐渐稳定。

3. 消除在线分析吹扫影响

在线分析吹扫对比值与微风串级控制影响较大。在线分析每次吹扫3min(用空气吹扫)，吹扫后分析出的硫化氢、二氧化硫因与分析过程残余的空气混合后，浓度不足，导致比值仪计算出的H_2S-2SO_2结果与吹扫前及实际值差异大，而此结果值之间引起二次风阀大幅动作，配风出现偏差。因此将吹扫时H_2S-2SO_2值由维持3min不变的基础上再延长1min，延长的1min为介质置换空气时间，等H_2S-2SO_2数据重新变化时与实际值偏差不大，二次风阀就会根据实际数据准备配风，这就消除了比值分析仪吹扫时引起的波动问题。

4. 优化氢气

1）采用重整氢气时，在比值控制优化趋于平稳后克劳斯尾气中SO_2波动负荷缩小，根据氢气在线分析数据，逐步控低过量氢气量。氢气控制范围从2%~5%，调整为1%~3%，即"低氢控制"。富余氢气量减少，氢气中携带烃类的绝对量减少，相对这股气体燃烧生成CO的量将减少。

2）在装置具备条件情况下，将外加氢气改为采用制氢氢气。

5. 对焚烧炉瓦斯控制回路PID整定

在主燃烧炉控制回路整定完毕后，克劳斯系统各参数趋于平稳，进入焚烧炉尾气组成变化稳定，对焚烧炉温度影响减少后，对焚烧炉温度、瓦斯控制回路进行整定。整定后焚烧炉温度及蒸汽温度波动幅度在±5℃范围内。

6. 调整焚烧炉三路风量

对焚烧炉进行计算机模拟(见图5-4)，根据模拟结果，焚烧炉头、炉膛等各部位温度部位接近火焰部分温度高，而燃烧室后半部分温度偏低。

本装置焚烧炉有三路配风，其中火焰燃烧部位温度最高。温度随距离火焰位置变化递减。

焚烧炉三路风分布见图5-5。

将焚烧炉燃烧分为三个区域，则三个区域温度①区最高，③区最低。如燃烧反应能在①②高温区域内完成，那么即使③区温度偏低也不会影响烟囱尾气CO浓度，即将焚烧炉"燃烧前移"。

（1）焚烧炉配风计算

根据表4-43燃料气数据。焚烧炉F7402燃料气组成见表5-3。

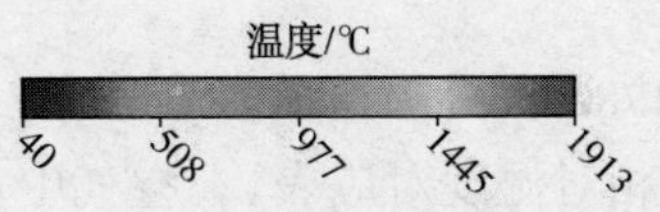

图 5-4　焚烧炉燃烧模拟

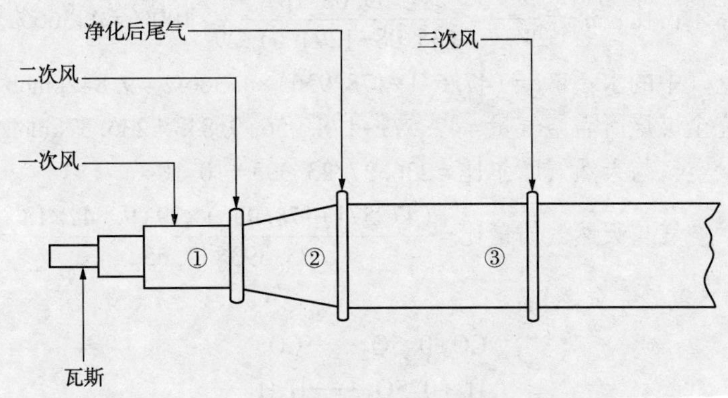

图 5-5　焚烧炉三路风分布

表 5-3　焚烧炉 F7402 燃料气组成　　kmol/h

项目	甲烷	乙烷	氮气	异丁烷	正丁烷	丙烷	氧气	二氧化碳	总计
流量/(kmol/h)	21.257	0.911	0.586	0.042	0.065	0.234	0.044	0.252	23.393

根据表 4-38 吸收塔出口气体组成数据，吸收塔出口尾气组成见表 5-4。

表 5-4　吸收塔出口尾气组成　　kmol/h

吸收塔出口尾气组成	H_2S	H_2	CO	CO_2	H_2O	N_2	总计
摩尔流量	0.00928	3.131	1.931	14.66	30.628	485.514	535.87

1）天然气完全燃烧：

根据反应方程，按照天然气完全燃烧，计算所需的空气量。

$$CH_4+2O_2 \longrightarrow 2H_2O+CO_2 \tag{5-1}$$

$$C_2H_6+3.5O_2 \longrightarrow 3H_2O+2CO_2 \tag{5-2}$$

$$C_3H_8+5O_2 \longrightarrow 4H_2O+3CO_2 \tag{5-3}$$

$$C_4H_{10}+6.5O_2 \longrightarrow 5H_2O+4CO_2 \tag{5-4}$$

反应完全所需氧气量：

$$\begin{aligned} W_{\text{氧气}} &= 2[CH_4]+3.5[C_2H_6]+5[C_3H_8]+6.5[C_4H_{10}] \\ &= 2\times21.257+3.5\times0.911+5\times0.234+6.5\times0.107 \end{aligned}$$

$=47.571\text{kmol/h}$

完全燃烧时空气中的氮气：$W_{氮气}=47.571\times79/21=178.956\text{kmol/h}$。

风机入口40℃相对湿度60%，根据查《绝对湿度与相对湿度对应表》，空气中水含量为30.6g/m^3。

则转化为标况下：$W_{水}=\frac{(273.15+40)}{273.15}\times30.6=35.08\text{g/Nm}^3$。

标况下空气密度：$\rho_{空气}=\frac{29}{22.4}\times1000=1294.6\text{g/Nm}^3$。

风机入口水质量占比：$\eta_{水}=\frac{W_{水}}{W_{空气}}=\frac{35.08}{(35.08+1294.6)}\times100\%=2.64\%$。

风机入口水摩尔占比：$\eta_{水}=\frac{W_{水}}{W_{空气}}=\frac{35.08/18}{(35.08+1294.6)/29}\times100\%=4.366\%$。

完全燃烧时空气中的水：$W_{水}=(47.571+178.956)\times4.366\%=9.842\text{kmol/h}$。

焚烧炉燃料完全燃烧所需空气量=47.571+178.956+9.843=236.37kmol/h。

完全燃烧时，空气与天然气摩尔比=236.37/23.393=10.104。

完全燃烧时，空气与天然气质量比$=\frac{(47.571+178.956)\times29+9.842\times18}{23.393\times17.65}=16.34$。

2)尾气中CO、氢气完全燃烧：

$$CO+0.5O_2\longrightarrow CO_2 \tag{5-5}$$

$$H_2+0.5O_2\longrightarrow H_2O \tag{5-6}$$

$$H_2S+1.5O_2\longrightarrow H_2O+SO_2 \tag{5-7}$$

$$\begin{aligned}W_{氧气}&=0.5[CO]+0.5[H_2]+1.5[H_2S]\\&=0.5\times1.931+0.5\times3.131+1.5\times0.00928\\&=2.545\text{kmol/h}\end{aligned}$$

焚烧炉介质完全燃烧产物见表5-5。

表5-5 焚烧炉介质完全燃烧产物 kmol/h

项目	进料			燃烧产物
	天然气	净化尾气	空气	
H_2S		0.00928		
SO_2				0.00928
CO		1.931		
CO_2	0.252	14.657		41.049
CH_4	21.257			
H_2O		30.628	10.368	90.856
N_2	0.586	485.514	188.530	674.630
O_2	0.044		50.116	
C_2H_6	0.911			
i-C_4H_{10}	0.042			

续表

项　目	进料			燃烧产物
	天然气	净化尾气	空气	
n-C_4H_{10}	0.065			
C_3H_8	0.234			
H_2		3.131		
总计				806.545

焚烧炉介质完全燃烧所需空气量＝10.368+188.53+50.116＝249.014kmol/h。

$$介质完全燃烧时空气与天然气质量比=\frac{(188.53+50.116)\times29+10.368\times18}{23.393\times17.65}=17.214。$$

3）计算过量空气量：

设过量的氧气摩尔流量为 x kmol/h，

$$则过量空气量为=x+\frac{x\cdot79}{21}+\left(x+\frac{x\cdot79}{21}\right)\times0.04366=\frac{104.366x}{21}。$$

烟气氧含量3%，列方程：

$$x=\left(\frac{104.366x}{21}+806.545\right)\times3\%$$

解方程 x＝28.436kmol/h。

$$则过量空气=28.436\times\frac{104.366}{21}=141.3214\text{kmol/h}。$$

$$过量空气中的氮气=28.436\times\frac{79}{21}=106.973\text{kmol/h}。$$

过量空气中的氮气＝(28.436+106.973)×4.366%＝5.912kmol/h。

4）总空气量

空气中总氧气量＝50.116+28.436＝78.552kmol/h。

空气中总氮气量＝188.53+106.973＝295.504mol/h。

空气中总水量＝10.368+5.912＝16.28mol/h。

$$焚烧炉总空气与天然气质量比=\frac{(295.504+78.552)\times29+16.28\times18}{23.393\times17.65}=26.982。$$

（2）焚烧炉三路配风比例

进入焚烧的硫黄尾气一般含有2000~5000μL/L的CO，进入焚烧炉内后经焚烧炉空气及完全燃烧后气体稀释为1100~3000μL/L。

烃类完全燃烧生成 CO_2 和 H_2O，而在欠氧环境下(即空气不足)烃类不能完全燃烧，发生副反应生成CO和 H_2O。即使焚烧炉燃料仅有5%未完全燃烧生成CO，那炉膛内需要焚烧的CO则达到2200~4200μL/L，如烃类不完全燃烧量增加，焚烧炉膛内CO量可成倍增长。CO的最低焚烧温度为975K(701℃)，尾气炉温在1150K(878℃)时尾气炉后烟气中的CO焚烧量大于90%。如炉内烟气CO含量过高，即使炉膛温度足够高，CO燃烧残余量仍较大，可能造成烟气排放CO超标。因此，燃料气完全燃烧是降低烟气CO排放的最关键点。

1）为实现燃料气完全燃烧，取过量空气系数1.2：

一次风量＝燃料气燃烧当量空气×1.2

140kt/a 硫黄回收装置燃料气为天然气，组分相对稳定。根据计算结果，实际操作中：一次风量＝天然气质量流量×16.34×1.2≈天然气质量流量×20。

2）为实现燃料气和吸收塔尾气内氢气、硫化氢等气体完全燃烧，取过量空气系数 1.3：

一次风量+二次风量＝焚烧炉介质完全燃烧的当量空气×1.3
＝天然气质量流量×17.214×1.3
≈天然气质量流量×23

3）烟气氧含量控制在 3%左右，取过量空气系数 1.5，焚烧炉总风量为：

一次风量+二次风量+三次风量＝焚烧炉介质完全燃烧的当量空气×1.5
＝天然气质量流量×17.214×1.5
≈天然气质量流量×26

（四）实施效果

1. 烟囱 CO 排放达标

1）经过对主燃烧炉风量及比值控制回路 PID 参数整定，焚烧炉温度及瓦斯回路整定，焚烧炉炉膛温度趋于平稳。炉膛温度波动范围在±5℃范围内，相较调整前±30℃大幅度下降。

2）采用“低氢控制”和焚烧炉“燃烧前移”，调整焚烧炉一、二、三次风量大小，140kt/a 装置制硫烟气 CO 浓度逐步下降。调整过程中烟气 CO 在线监测数据趋势见图 5-6。

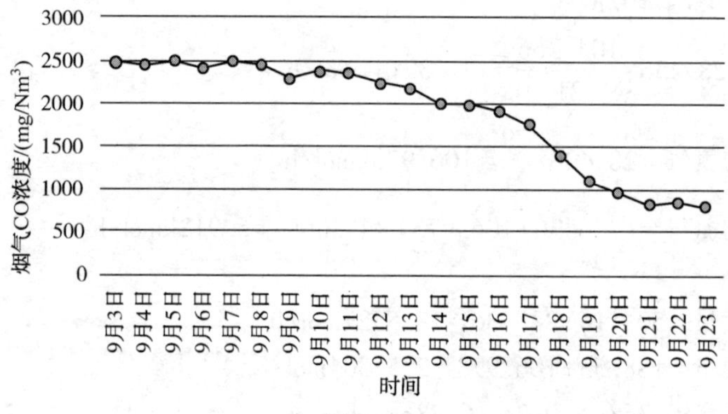

图 5-6　调整过程中烟气 CO 在线监测数据趋势

3）在经过对各参数优化及操作经验摸索后，目前广州石化公司 140kt/a 硫黄回收装置 CO 排放浓度可维持在 100~300mg/Nm³范围内，装置环保监测数据见表 5-6。

表 5-6　140kt/a 硫黄回收装置环保监测数据

采样日期	采样点	干烟气含氧量/%(体)	二氧化硫/(mg/m³)	氮氧化物/(mg/m³)	一氧化碳/(mg/m³)	非甲烷总烃/(mg/m³)	含湿量/%(体)	烟气流速/(m/s)	标况下干排气流量/(m³/h)	颗粒物标况浓度/(mg/m³)	硫化氢/(mg/m³)
2018/12/12 10：00	硫黄Ⅱ尾气	2.01	11.44	62.44	208.75		5.3	17.74	24030		0.00
	硫黄Ⅰ尾气	2.06	42.90	59.65	150.00		5.3	15.77	22343		0.00
2019/1/11 10：00	硫黄Ⅱ尾气	2.06	31.46	70.28	173.75	3.09	4.4	19.70	26808	0.50	<1
	硫黄Ⅰ尾气	2.05	51.48	66.23	96.25	1.42	4.4	21.25	28899	0.62	0.00

续表

采样日期	采样点	干烟气含氧量/%(体)	二氧化硫/(mg/m^3)	氮氧化物/(mg/m^3)	一氧化碳/(mg/m^3)	非甲烷总烃/(mg/m^3)	含湿量/%(体)	烟气流速/(m/s)	标况下干排气流量/(m^3/h)	颗粒物标况浓度/(mg/m^3)	硫化氢/(mg/m^3)
2019/2/27 10：00	硫黄Ⅱ尾气	1.60	42.90	69.86	167.50		5.6	17.15	22533		0.00
	硫黄Ⅰ尾气	2.16	71.50	71.91	83.75		5.6	12.06	16316		0.00
2019/3/12 10：00	硫黄Ⅱ尾气	1.61	48.62	65.34	266.25		5.2	18.60	25023		0.00
	硫黄Ⅰ尾气	2.10	60.06	71.50	112.50		5.3	22.32	29052		0.00
2019/4/10 9：30	硫黄Ⅱ尾气	1.77	42.90	68.75	142.50	0.38	6.3	16.25	21245	0.30	<1
	硫黄Ⅰ尾气	1.99	71.50	66.78	145.00	0.62	6.5	22.40	29057	0.20	<1
2019/5/17 10：00	硫黄Ⅰ尾气	2.29	68.64	63.69	140.00		5.0	20.98	27335		0.00
	硫黄Ⅱ尾气	2.35	40.04	81.57	120.00		5.0	17.68	23096		0.00

2. 克劳斯单元硫转化率提高

硫黄回收装置以 H_2S 和空气为原料，使 H_2S 最大限度地转化为硫黄，混合酸性气进料与适当的空气配比后进入反应炉。

在主燃烧炉中进行的热反应为：

$$1/3\ H_2S+O_2 \longrightarrow 1/3SO_2+1/3\ H_2O+Q \tag{5-8}$$

$$2/3\ H_2S+1/3SO_2 \longrightarrow 1/x\ S_x+2/3\ H_2O+Q \tag{5-9}$$

在反应器中进行的催化反应为：

$$2\ H_2S+SO_2 \longrightarrow 3/x\ S_x+2\ H_2O+Q \tag{5-10}$$

经过两级反应器后的克劳斯尾气进入尾气处理单元，也就是说硫化氢转化为单质硫是在克劳斯单元完成。进入尾气单元的硫含量越少转化率越高。

通过对主燃烧炉控制回路整定后，比值控制趋势逐渐平稳，即捕集器后在线分析尾气中的 H_2S 和 SO_2 含量平稳。

74 系列参数整定前克劳斯尾气中 H_2S+SO_2 值在 0.95%～1.3%之间，整定后 H_2S+SO_2 值在 0.7%～0.86%之间。克劳斯尾气硫含量下降，即进入加氢反应器中的 SO_2 下降，进入尾气吸收塔中的 H_2S 含量下降，净化后尾气的 H_2S 含量相应有所下降，经焚烧后排入烟囱 SO_2 浓度下降。

3. 氢气用量下降

在克劳斯系统平稳后，进入加氢反应器的 SO_2 浓度从 0.1%～1.2%波动范围，变为 0.3%～0.55%波动范围。尾气 SO_2 峰值降低，所需最大氢气量减少。因此，调整后氢气用量有所下降。急冷塔后尾气氢含量在线分析数据趋势图如图 5-7 所示。

4. 焚烧炉“振动”“嗡鸣”现象消除

硫黄回收装置焚烧炉与余热锅炉一体相连，无挡风板等设施。尾气进入焚烧炉，从炉膛经过蒸汽过热器、余热锅炉管束，经烟道直接连接烟囱。烟囱负压抽力使得焚烧炉内气体快速流动，气体流动过程有振动及气流声。如果在焚烧炉中后部有燃烧反应，瓦斯燃烧时体积及热量变化，而蒸汽过热器阻挡气体流通，余热锅炉部位缩颈明显，造成焚烧炉中后部及余热锅炉位置有明显“振动”。另外，尾气氢含量或燃料中氢含量较高时焚烧炉有“嗡鸣”现象，

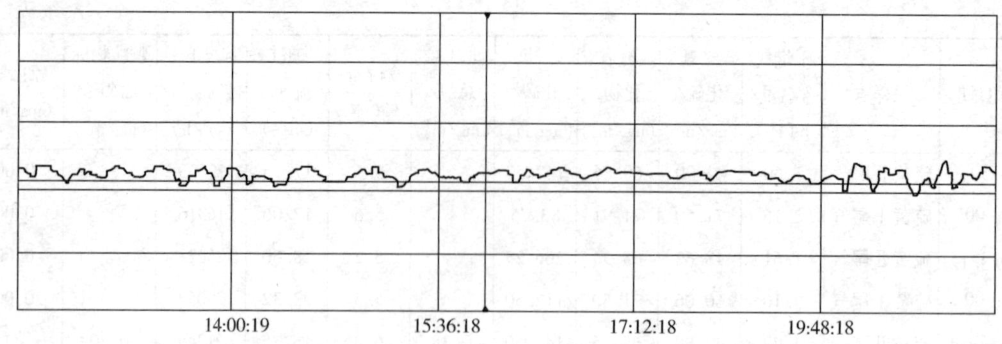

图 5-7　调整后急冷塔出口氢气在线分析数据趋势

严重时低沉的“嗡鸣”声穿透性极强形成噪声污染。这是由于氢气热质低，消耗量大，且氢气燃烧前后气体体积缩了 1/3，气体体积改变形成真空抽力，进一步加快气体流动速度，焚烧炉“嗡鸣”现象加剧。

采用焚烧炉“燃烧前移”措施后，将瓦斯燃烧移至焚烧炉炉头与炉头连接喇叭口位置，燃烧过程产生气体体积变化相对应扩径部位，不会造成气体流速突变，炉膛中后部无燃烧反应；装置氢气用量下降，尾气氢气含量波动较小。140kt/a 硫黄回收装置焚烧炉原来有明显的振动及“嗡鸣”现象消失了。

二、装置核算结果问题分析

（一）一级加热器蒸汽耗量大

1）根据第四部分，一级加热器 E7409 消耗蒸汽的热量与一级加热器进出口物料热量差值的偏差幅度达到 36.1%，蒸汽用量计算出的热量大于过程气热值计算结果。主要原因：蒸汽加热器的疏水器有内漏现象，蒸汽耗量 1252kg/h，相较检修开工后蒸汽耗量 823kg/h 增加了 429kg/h，蒸汽损耗较大。

2）因中压蒸汽加热器疏水器易出现内漏状况，中压蒸汽凝结水线频繁出现冲刷减薄泄漏现象，在 2013 年大修期间均对中压蒸汽凝结水管线进行了更换，2015 年该凝结水管就开始有泄漏现象，在 2017 年大修期间再次进行了更换。

（二）急冷塔冷却效果差

1. 急冷塔传质效果差

140kt/a 硫黄回收装置 74 系列急冷塔 T7401 在 2017 年 7 月大修后，逐步发现急冷塔顶温度在 35℃时，塔底温度最高达 65℃，塔上、下部温差达 30℃，对比 75 系列塔上、下部温差 23℃高了 7℃。

急冷塔 T7401 上、下部温度趋势见图 5-8。

2017 年 7~8 月装置停工检修。同比 2017 年装置大修前后，在相同的急冷水循环量和温度条件下，T7401 检修后塔的上、下部温度明显高于大修前。

对比 74/75 系列急冷塔操作参数及 T7401 检修前后数据，T7401 上、下部温差偏大、塔传质效果差，与检修过程填料清洗及安装有关。

2. 循环水量不足，尾气冷后温度偏高

140kt/a 硫黄回收装置地势高于广州石化公司水平面 10m，地势较高，装置界区循环水

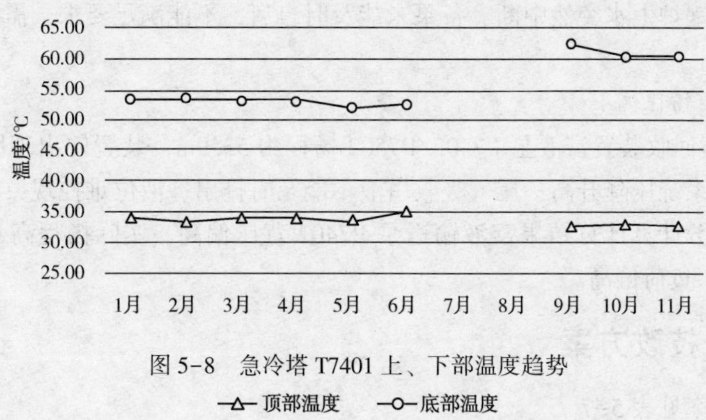

图 5-8 急冷塔 T7401 上、下部温度趋势

—△— 顶部温度 —○— 底部温度

压力相较其他装置低了 0.05~0.1MPa。本装置水冷器均在框架 2~4 平台。因循环水压力偏低，导致上部水冷器存在液位不足或流速过低，垢下腐蚀严重等问题。

本装置循环水由公用工程二循 A 供给，在 2017 年大修前进装置循环水总量在 3300~3500t/h。2017 年大修期间上游重催装置脱硫脱硝改造循环水用量增加 800t/h，根据全厂溶剂流程优化 2018 年 2 月溶剂再生二装置开工，增加循环水用量 500t/h。从 2018 年 5 月气温上升后，140kt/a 硫黄回收装置循环水量从 3200t/h 逐步下降，最低降至 2250t/h。

因循环水量不足，各水冷器冷后温度上升，急冷塔 T7401 出口气体温度最高达 43℃，严重影响了尾气吸收效果，装置烟气二氧化硫在 70~80mg/Nm^{3}左右，高负荷运行时，烟气二氧化硫达 90mg/Nm^3。

装置通过关小低层水冷器循环水量，但效果有限。2018 年是本装置大修后第一年运行，随着运行周期延长换热器换热效果下降，将对装置烟气排放带来巨大考验。

因急冷塔 T7401 传质效果差及循环水量不足，急冷水泵负荷偏高。根据第四部分计算结果，急冷水理论所需循环量为 120.25t/h，而实际循环量为 140t/h，偏差为 16.4%，急冷水循环量偏大，急冷水泵负荷率为 94.79%。

（三）中压锅炉水给水泵存在隐患

1. 中压锅炉给水泵偏小

2017 年 7 月大修期间，对 140kt/a 硫黄回收酸性气燃烧炉废热锅炉 E7421/E7521 进行改造，废热锅炉换热面积从 428m^{2}扩大至 565m^2，中压蒸汽单系列产能增加 1~1.5t/h。

中压锅炉给水泵 P7516 主要为 74/75 系列废热锅炉 E7421/E7521 及中压蒸汽减温减压器供水。装置废热锅炉改造后，P7516 出口锅炉水流量增加了 2~3t/h。

根据第四部分计算结果，P7516 最高负荷率达 114%，超负荷运行废热锅炉液位有下降趋势，不能满足生产需求，存在安全隐患。

2. 自启压力参数设定不合理

140kt/a 硫黄回收装置原设计中压蒸汽外管网压力为 3.5MPa，中压锅炉产汽压力 3.8MPa。装置无除氧设备，中压锅炉上水由公共除氧水管网经给水泵 P7516 加压后直供废热锅炉，P7516A/B 为自启泵，自启压力 4.8MPa。

随上游装置对中压蒸汽品质要求的提升，现中压蒸汽外管网压力为 3.8MPa，中压锅炉产汽压力 4.15MPa，中压锅炉给水泵自启压力设计相对偏低。根据计算结果，装置出现外管网波动时，废热锅炉上水突然中断、备泵未能及时自启，不能满足要求，需要设计核算进行修改。

（四）富液泵扬程偏小

140kt/a 硫黄回收装置富液泵 P7402/P7502 扬程为 53.9m，装置曾出现因后路贫富液换热器部分堵塞，系统压降升高，尾气吸收塔液不能及时排出、液位难控现象。

根据第四部分计算计算结果富液输送泵 P7402 背压偏高，实际扬程高于设计值，泵负荷率为 91.27%，负荷偏高。

三、设备技改方案

设备技改方案见表 5-7。

表 5-7　设备技改方案

项目名称	原因	内容	预期效果	投资/万元	效益/（万元/a）
过程气加热器疏水器改为凝结水罐	①疏水器频繁出现内漏，蒸汽耗量大，装置能耗较高 ②疏水器出现内漏时，中压蒸汽对后路凝结水管线冲刷严重，频繁出现凝结水管线泄漏现象	将过程气加热器疏水器取消，增加凝结罐，凝结水管线后路增加液位控制阀，阀后凝结水蒸汽冷凝液闪蒸罐 V7518	①过程气加热器蒸汽用量下降，预期四台加热器年减少中压蒸汽用量 8760t ②中压蒸汽凝结水管线频繁穿漏问题得到解决，延长管线使用周期，消除装置安全隐患	120	131
中压锅炉给水泵扩容	装置 2017 年大修期间对酸性气燃烧炉废热锅炉进行改造，废热锅炉换热面积扩大了 17%。自装置开工后，在满负荷运行时，出现单台泵给水量不满足废热锅炉上水需求，存在装置安全隐患	①对中压锅炉给水泵进行扩容改造，最大流量由 50t/h 更换为 60t/h ②配套电机、仪表自启等同时改造	解决装置高负荷运行时出现上水量不足，装置废热锅炉液位低联锁停车或废热锅炉干锅等安全隐患	50	0
易腐蚀管线材质升级	本装置 2005 年建设，高温胺液线、酸性气管线等均采用碳钢材质，出现腐蚀减薄泄漏等现象	①将溶剂再生重沸器进出口管线，高于 80℃贫液管线更换为不锈钢材质 ②将再生塔顶、空冷进出、水冷进出等酸性气管线更换为不锈钢材质	解决装置重沸器进出口管线及再生塔顶等酸性气管线泄漏问题	100	0

四、工艺技改方案

工艺技改方案见表5-8。

表5-8　工艺技改方案

项目名称	原因	内容	预期效果	投资/万元	效益/(万元/a)
增加循环水管道升压泵	①本装置地势较高，循环水进装置压力偏低，框架上部水冷器存在液位不足或流速过低，垢下腐蚀严重 ②风机油冷效果下降，油冷后温度同比升高了8℃ ③随上游部分装置改造，循环水用量增加，导致本装置循环水用量严重不足，2018年5~9月，循环水量同比下降30%	①增加循环水管道升压泵2台 ②配套增加相关的管道、电机、仪表	①解决框架水冷器循环水流速过低、淤泥沉积问题，提高换热效率；缓解垢下腐蚀引起的管束泄漏问题 ②提高并保证本装置循环水用量，在气温较高时满足急冷水及贫液冷却需求，确保装置烟气达标排放	80	50
热氮吹硫技术改造	停工过程克劳斯反应器采用热氮吹硫技术，可有效降低停工过程烟气排放、防止床层飞温等	①增加中压蒸汽-氮气加热器 ②增加氮气管线 ③酸性气入炉前增加切断阀，并在切断阀前增加酸性气吹扫流程 ④增加相关管线、仪表	实现停工过程克劳斯反应器吹硫过程环保排放要求 解决烧瓦斯吹硫时控制难度大、烟气排放易超标、床层易超温等问题	200	0
急冷水、贫液增加高效负荷空冷	广州夏天气温较高，急冷塔顶气体及贫液温度较高，影响尾气吸收效果，高负荷运行时烟气二氧化硫排放在80~90mg/Nm^3。生产过程中，多次出现因负荷高、烟气卡边时，上游降负荷情况	①增加2台急冷水高效负荷空冷 ②增加2台贫液高效负荷空冷	满足气温较高时，装置高负荷运行时烟气达标排放	600	0

续表

项目名称	原因	内容	预期效果	投资/万元	效益/(万元/a)
20kt/a 制硫改用制氢装置氢气	①目前 20kt/a 制硫装置采用重整一装置外供的氢气，重整氢气烃含量7%左右，制氢氢气烃含量 0.1%。氢气中的烃随尾气进入焚烧炉，影响烟气CO排放 ②为降低烟气 CO 浓度，20kt/a 制硫焚烧炉炉膛温度控制在725～750℃范围内，炉温较高，瓦斯耗量偏高	增加制氢氢气管网至 20kt/a 制硫装置氢气线流程	①目前 20kt/a 制硫装置烟气 CO 浓度在900～1500mg/Nm^3，改用制氢氢气后预计烟气 CO 下降至 500～800mg/Nm^3 ②焚烧炉炉膛温度可降低 20～50℃，节约瓦斯消耗	10	15

参考文献

[1] 陈庚良，肖学兰，杨仲熙，等．克劳斯法硫黄回收工艺技术[M]．北京：石油工业出版社，5-7.

[2] 陶卫东，刘增让，刘剑利，等．LS 系列硫黄回收催化剂在普光净化厂的工业应用[J]，齐鲁石油化工，2017(1)：1-5.

[3] 朱利凯，克劳斯法硫回收过程工艺参数的简化计算[J]．石油与天然气化工，1997，3：163-169.

[4] 关昌伦，胡平．克劳斯硫回收工艺计算基础[J]．石油规划设计，1992，7：45-49.

[5] 常连生，刘忠，等．电除尘器中影响烟气露点的因素环境工程[J]．1998，2(16)72-75.

[6] 贾明生，凌长明．烟气露点温度的影响因素及其计算方法[J]．工艺锅炉，2003(6)：31-35.

[7] 李鹏飞，佟会玲．烟气酸露点计算方法比较和分析[J]．锅炉技术，2009，11(6)：5-8.

[8] 陈敏恒，丛德滋，方图南，等．化工原理(上册)[M]．3 版．北京：化学工业出版社，2006，5，213.

[9] 王建立，张森，等，卧式错流洗涤塔的设计[J]．机电技术，2016.6：9-11

[10] 魏寿彭．浮阀塔盘水力学特性的快速模拟计算[J]．北京化工学院学报，1981，(3)：188-199.